Springer-Lehrbuch

Ralf Ewert
Alfred Wagenhofer

Interne Unternehmens-rechnung

Sechste, überarbeitete Auflage
mit 48 Abbildungen
und 37 Tabellen

 Springer

Professor Dr. Ralf Ewert
Universität Frankfurt
Lehrstuhl für Betriebswirtschaftslehre,
insbes. Controlling und Auditing
Mertonstraße 17
60054 Frankfurt, Deutschland
E-Mail: ewert@em.uni-frankfurt.de

Professor Dr. Alfred Wagenhofer
Universität Graz
Institut für Controlling und Unternehmensführung
Universitätsstraße 15
8010 Graz, Österreich
E-Mail: alfred.wagenhofer@uni-graz.at

Bibliografische Information Der Deutschen Bibliothek
Die Deutsche Bibliothek verzeichnet diese Publikation in der Deutschen Nationalbiblio-
grafie; detaillierte bibliografische Daten sind im Internet über *http://dnb.ddb.de* abrufbar.

ISBN 3-540-23617-1 6. Auflage Springer Berlin Heidelberg New York
ISBN 3-540-43976-5 5. Auflage Springer Berlin Heidelberg New York

Springer ist ein Unternehmen von Springer Science+Business Media
springer.de

© Springer-Verlag Berlin Heidelberg 1993, 1995, 1997, 2000, 2003, 2005
Printed in Italy

Umschlaggestaltung: design & production GmbH, Heidelberg
Herstellung: Helmut Petri
Druck: Legoprint
SPIN 11339977   Gedruckt auf säurefreiem Papier – 43/3130 – 5 4 3 2 1 0

Vorwort zur 6. Auflage

In der 6. Auflage haben wir umfangreiche inhaltliche Überarbeitungen gegenüber den Vorauflagen vorgenommen. Am augenfälligsten ist ein neues 10. Kapitel über Kennzahlen als Performancemaße. Damit möchten wir eine systematische Darstellung der Ermittlung und der Anreizwirkungen von Erfolgskennzahlen geben. Das Material in anderen Kapiteln wurde entsprechend geändert. Das 6. Kapitel, nunmehr mit „Kostenmanagement" statt „Strategische Entscheidungen" betitelt, wurde inhaltlich angepaßt. Die Darstellung der Vorgehensweise bei der Prozeßkostenrechnung erfolgt nun im 12. Kapitel im Rahmen der Kostenrechnungssysteme.

Um den Umfang der Neuauflage nicht zu erhöhen, haben wir in etlichen anderen Kapiteln Inhalte gekürzt. Dies betrifft vor allem das 3. Kapitel, in dem die Verfahrenswahl und die Eigenfertigung versus Fremdbezug gestrichen wurden, und das frühere 8. Kapitel, in dem das mehrperiodige Auswertungsmodell weggefallen ist und die Abweichungsauswertung anhand eines neuen Agency-Modells gezeigt wird. Dies führt auch dazu, daß das 7. und 8. Kapitel nun in ein Kapitel zusammengefaßt wurden.

Die weiteren Kapitel wurden aktualisiert (teilweise auch mit neuen Modellstrukturen) und insbesondere mit aktueller Literatur ergänzt.

Für zahlreiche Hinweise danken wir vielen Kollegen, insbesondere Prof. Dr. *Robert Göx*, und unseren Mitarbeitern, allen voran Mag. *Daniela Thosold* für die Erstellung bzw Aktualisierung der Verzeichnisse.

Ralf Ewert und *Alfred Wagenhofer*   Frankfurt a.M. und Graz, im November 2004

Vorwort zur 1. Auflage

Inhalt dieses Buches ist die Darstellung der internen Unternehmensrechnung; der Schwerpunkt liegt auf Fragen des *Kosten- und Erlösmanagements* sowie Instrumenten des *Controlling*. Das Buch stellt die *Anwendung* der Instrumente der internen Unternehmensrechnung in den Vordergrund, nicht so sehr verrechnungstechnische Aspekte der Kosten- und Leistungsrechnung. Dem entspricht auch der Aufbau: Nach einer kurzen Einleitung werden *Entscheidungsrechnungen*, *Kontrollrechnungen* und *Koordinationsrechnungen* sehr ausführlich behandelt, den Abschluß bildet ein Überblick über die *Systeme* der Kostenrechnung.

Dieses Buch richtet sich an Fortgeschrittene – **Zielgruppen** sind Studierende der Betriebswirtschaftslehre im Hauptstudium, Wissenschaftler und Spezialisten in der Praxis. Grundlegende Kenntnisse der Kosten- und Leistungsrechnung sowie der Investitionsrechnung werden vorausgesetzt.

Das Buch basiert auf Vorlesungen im Hauptstudium bzw im 2. Studienabschnitt, die wir bereits mehrere Male an der Universität Tübingen bzw an der Universität Graz gehalten haben. Für Anregungen und Anmerkungen danken wir Prof. Dr. *Adolf Stepan* und insbesondere Prof. Dr. *Peter Swoboda*. Für die Durchsicht des Manuskriptes, die Mithilfe bei der Erstellung der Grafiken, einiger Beispiele sowie des Stichwortverzeichnisses danken wir unseren Mitarbeitern Mag. *Christian de Pauli*, Dipl.-Kfm. *Christian Ernst*, Dipl.-Kfm. *Wolfram Heinzel*, Mag. *Ursula Kahr* und Mag. *Christian Riegler*.

Ralf Ewert und *Alfred Wagenhofer*   Tübingen und Graz, im Juni 1993

Inhaltsübersicht

Inhaltsverzeichnis

Die Autoren

Prof. Dr. Ralf Ewert

Seit 1994 Inhaber des Lehrstuhls für Betriebswirtschaftslehre, insbesondere Controlling und Auditing an der Johann Wolfgang Goethe-Universität Frankfurt am Main. Studium an der Universität zu Köln und Promotion an der Universität Passau. Nach einem Jahr Praxis in einem großen deutschen Unternehmen 1990 Habilitation an der Universität Würzburg. 1989/90 Lehrstuhlvertretung für Finanzwirtschaft an der Universität Trier, und von 1990 bis 1994 Inhaber des Lehrstuhls für Unternehmensrechnung an der Eberhard-Karls-Universität Tübingen. In 1995/96 und 1996/97 Gastprofessor an der Universität Graz und in 1998 an der Wharton-School der University of Pennsylvania, USA. In 2001 Erhalt des Finanzinnovationspreises der Bethmann-Bank.

Forschungsinteressen sind interne und externe Unternehmensrechnung, Controlling, Informationsökonomie, Finanzierungstheorie. Autor der Bücher *Rechnungslegung, Gläubigerschutz und Agency-Probleme* und *Wirtschaftsprüfung und asymmetrische Information*, Koautor der *Externen Unternehmensrechnung* sowie Autor zahlreicher Aufsätze in Fachzeitschriften (zB in der *BFuP*, *EAR*, im *JITE*, in der *ZfB* und *zfbf* bzw *sbr*) und in Sammelbänden. Mitherausgeber der *BFuP* und Mitglied des Editorial Board der *GER*.

Prof. Dr. Alfred Wagenhofer

Seit 1991 Vorstand des Institutes für Controlling und Unternehmensführung an der Karl-Franzens-Universität Graz. Nach dem Studium und der Promotion an der Universität Wien 1990 Habilitation an der Technischen Universität Wien. Im Jahr 1989 Gastprofessor an der University of British Columbia in Vancouver, Kanada, 1990/91 Gastprofessor (Lehrstuhlvertretung) am Institut für Unternehmensführung an der Universität Graz, 1996/97 Gastprofessor an der Universität Wien, 2002 Gastprofessor an der University of Sydney und 1997/98 Präsident der *European Accounting Association*. Seit 1998 auch Professor am *European Institute for Advanced Studies in Management*, Brüssel.

Forschungsinteressen sind interne und externe Unternehmensrechnung, Controlling, Informationsökonomie, Management. Autor der Bücher *Bilanzierung und Bilanzanalyse*, *Informationspolitik im Jahresabschluß* und *Internationale Rechnungslegungsstandards – IAS/IFRS*, Koautor der *Externen Unternehmensrechnung* und *Following the Money* sowie Autor zahlreicher Aufsätze in Fachzeitschriften (zB in der *ABR*, *BFuP*, *DBW*, *EAR*, im *JAE*, in der *MAR*, *ZfB* und *zfbf* bzw *sbr*) und in Sammelbänden. Mitherausgeber der *zfbf* und *sbr* sowie Mitglied der Editorial Boards mehrerer internationaler Fachzeitschriften.

Symbolverzeichnis

a	Aktion, Arbeitsleistung
A	Auszahlung
$\mathbf{A}$	Aktionsraum
ab	Abschreibungsrate
Ab	Abschreibung
AR	absolute Risikoaversion
AU	(Netto-) Ausschüttung
b	Beschäftigung; Bezugsgröße; Beurteilungsgröße
B	Bonus
bk	Basisstückkosten
c	Kosten; Kostensatz; Eigenfertigungskosten
$c(x)$	Kostenänderungsfaktor
C	Kosten, zugerechnete Kosten
Cov	Kovarianzoperator
d	(Stück-)Deckungsbeitrag
$\hat{d}$	spezifischer (Stück-)Deckungsbeitrag
$\bar{d}$	vorläufiger Deckungsbeitrag (vor bestimmten Kosten)
d^m	modifizierter Deckungsbeitrag
dv	Verfahrensdeckungsbeitrag
$\hat{dv}$	spezifischer Verfahrensdeckungsbeitrag
D	Deckungsbeitrag
E	Einzahlung; Einzahlungsüberschuß; Erlös
EK	Bilanzielles Eigenkapital
EW	Ertragswert; Endwert
$E[]$	Erwartungswertfunktion
f	Dichtefunktion (kontinuierlich)
F	Wahrscheinlichkeitsfunktion (kontinuierlich)
$_F$	(Index) Fix-
G	Gewinn
$_H$	(Index) hoch, groß
$_i$	(Index) Ist-
i	Zinssatz
I	Investitionsauszahlung; Untersuchungskosten
i, j, l, m, n	Laufindizes jeweils von 0 bzw 1, ..., I, J, L, M, N
K	Kosten, Gesamtkosten
k	variable Stückkosten
$\bar{k}$	vorläufige variable Stückkosten (vor bestimmten Kosten)
$_k$	(Index) kumuliert
KB	Kapitalbindung
KW	Kapitalwert

KW_a	Kapitalwert der Auszahlungen
KW_e	Kapitalwert der Einzahlungen
ℓ	Funktion
L	Leistungen
$_L$	(Index) niedrig, klein
LG	Lagrange-Funktion
LI	Likelihood-Funktion
LQ	Liquidationserlös (Restwert)
M	Marktpreis
N	Nutzen
NF	Nettoauszahlungen aus Fremdfinanzierung
OK	Opportunitätskosten
OL	Operating Leverage
$_p$	(Index) Plan-; Soll-
p	Preis pro Mengeneinheit Output
P	Produktivitätsparameter
Pr	Wahrscheinlichkeit, daß eine Bedingung zutrifft
q	Faktormenge, Verbrauch
r	Preis pro Mengeneinheit Faktorinput
R	Verrechnungspreis; Bewertungsfaktor
RG	Residualgewinn
s	Kompensationsschema
$\underline{S}$	Basisentlohnung
SK	Sicherheitskoeffizient
t	Zeitindex von 0 bzw 1, ..., T
T	Ende des Planungshorizontes
u	Nutzenwert
U	Nutzenfunktion
U^A	Nutzenfunktion des Agenten, $U^A = U(s) - V(a)$
$\underline{U}^A$	Reservationsnutzen des Agenten
U^P	Nutzenfunktion des Prinzipal
$\ddot{U}$	(Zahlungs-)Überschuß
v	Direktverbrauchskoeffizient (Direktbedarfskoeffizient)
$\bar{\mathbf{v}}$	Vektor der Mittelvorräte
$_v$	(Index) variabel
V	Gesamtverbrauch (Gesamtbedarf)
$V(a)$	Disnutzen, private Kosten der Aktion a
$\bar{V}$	Kapazität, Mittelvorrat
vb	Direktverbrauchskoeffizient eines Bauteils
VK	Variationskoeffizient
w	Schlupfvariable
W	Marktwert des Unternehmens; Wert
x	Output in Stück oder in monetärer Größe
X	Kumulierte Stückzahl
y	Einflußgröße; Information
$\mathbf{Y}$	Wertebereich von Informationen y

z	(Index) zahlungswirksam
α, β	Koeffizienten
γ	Korrelationskoeffizient; modifizierter Zinssatz
δ	kleiner Wert
Δ	Abweichung; Differenz; Veränderung
ε	Zufallszahl
η	Informationssystem; Elastizität
θ	Umweltzustand; Information; Typ
Θ	Zustandsraum
κ	Kostenelastizität; Opportunitätskosten
λ, μ, ξ	Multiplikatoren (in *Lagrange*-Ansätzen); Opportunitätskosten
π	Opportunitätskosten (outputbezogene Optimalkosten)
ρ	Aufzinsungsfaktor ($\rho = 1 + i$)
σ	Standardabweichung
τ	Zeitindex
ϕ	Wahrscheinlichkeit (diskrete Verteilung)
Φ	kumulierte Wahrscheinlichkeit (diskrete Verteilung)
Ψ	(definiertes) Risikomaß
ω	Ergebnisfunktion eines Entscheidungsfeldes
$\overline{}$	besonderer Wert; festgelegter Wert; Wertobergrenze; Durchschnitt
	Wertuntergrenze
$\overline{}$ $\wedge$	kritischer Wert; optimaler Wert
$*$	optimaler Wert
$\sim$	Zufallsvariable (ggf zur Verdeutlichung)

1

Einleitung und Überblick

*Reinhard Steiner, der Manager der Kostenstelle Fertigung II, ist schon lange unzu-
frieden mit den Kosten, die ihm für die Nutzung des unternehmenseigenen Fuhrparks angelastet werden. Der Kostenreport vom Oktober bringt das Faß zum Über-
laufen: Ein Kilometer LKW-Fahrt wird im mit 1,503 verrechnet. „Das ist teurer als
die Verwendung der Bahn als Transportmittel", denkt er. Wenn er das noch im
Oktober gewußt hätte, wäre er natürlich auf so eine Alternative ausgewichen.
Steiner ruft sofort den Controller Peter Hammer an, um sich die relevanten Informationen aus der Kostenstellenrechnung aufgliedern zu lassen.*

Kostenarten		Fuhrpark		Fertigung I	Fertigung II
Gehälter		13.200		1.985	5.780
Hilfslöhne		17.315		25.781	13.594
Sozialabgaben	\	5.988		5.445	3.802
Hilfs- und Betriebsstoffe		19.681		6.552	21.788
Instandhaltungsmaterial		377		10.473	14.820
Energie		28		659	27.098
Abschreibungen		19.769		64.807	87.508
Zinsen		1.744		4.780	8.751
Versicherung		6.892		447	1.205
Summe		84.994		120.929	184.346
Fuhrpark		-84.994		37.123	47.871
sonstige Gemeinkosten				23.178	19.444
Summe		0		181.230	251.661

*Die knapp 85.000 an Kosten in der Kostenstelle Fuhrpark erscheinen Steiner zwar
wie üblich hoch, aber sie sind gegenüber früheren Monaten eigentlich etwas
gesunken, muß er zugeben. Ob da das neue effektive Kostenmanagement, das von
Hans-Peter Schuster initiiert wurde, doch Wirkung zeigt? Steiner will es noch nicht
so ganz glauben. Peter Hammer gibt auch noch folgende Information: Insgesamt
wurden 56.556 km gefahren, davon für Fertigung I 24.702 und für Steiners Kostenstelle 31.854. Damit könne ja Steiner die Kosten pro Kilometer selbst nachprüfen.
Nun wird es Steiner klar, warum die Kosten so hoch sind. „Die von der Fertigung I
fahren ja nur mehr in der Stadt herum, dadurch kommen sie auf immer weniger
Kilometer", denkt er. So geht das nicht. Er ist unter Druck vom Produktmanager für
die Maschinen, die vorwiegend von seiner Fertigungsstelle bearbeitet werden.
Dieser argumentiert, daß er mit den Kosten von Fertigung II bald überhaupt nicht
mehr konkurrenzfähig sein wird.*

*Steiner lädt Peter Hammer zum Mittagessen ein und schildert, wie ungerecht die
traditionelle Verrechnung der Fuhrparkkosten im Lichte der geänderten Situation
ist. „Die Verrechnung der Fuhrparkkosten anhand der gefahrenen Stunden ist viel
verursachungsgerechter", so sein Vorschlag. Hammer überlegt kurz und sagt: „Gut,
probieren wir das einmal. Ich werde es Sophie Berger vorschlagen." Sophie Berger
ist die resolute Managerin der Fertigung I. Hammer legt ihr die geänderte Fuhr-
parkverrechnung vor: 854 Stunden für Fertigung I und 648 Stunden für Fertigung II
ergibt mit den Zahlen von Oktober folgendes:*

Kostenarten	Fuhrpark		Fertigung I	Fertigung II
Summe	84.994		120.929	184.346
Fuhrpark	-84.994		48.325	36.669
sonstige Gemeinkosten			23.178	19.444
Summe	0		192.432	240.459

Sophie Berger wirft nur einen kurzen Blick auf die neuen Zahlen und sagt trocken: „Das hat sicher Steiner ausgeheckt. Das könnte ihm so passen. Wenn ihr das macht, hole ich mir sofort einen externen Spediteur, und ihr bleibt auf eurem ganzen Fuhrpark sitzen." Hammer hat schon so etwas befürchtet. Berger fährt fort: „Die Fuhrparkkosten sind zu mindestens 3/4 fix. Sagen Sie Steiner, ich nutze den Fuhrpark einfach nicht mehr. Dann kann er sich ausrechnen, wie hoch seine Kostenbelastung pro gefahrenem Kilometer dann sein wird." Und weil die Gelegenheit günstig ist: „Übrigens, ich sehe überhaupt nicht ein, weshalb wir immer die gesamten Fuhrparkkosten verrechnet bekommen. Grenzkosten sind die richtige Größe, die weiterverrechnet werden sollte. Dann können wir viel günstiger produzieren, und die Produkte werden wieder konkurrenzfähig." Damit hofft sie auf Unterstützung durch die Produktmanager. „Und schließlich bekommt der Hans-Peter die richtigen Anreize, ein ordentliches Fuhrparkmanagement zu installieren. Aber Sie entschuldigen mich jetzt."

Peter Hammer geht. Auch wenn er erwartet hatte, daß Sophie Berger nicht so einfach zu überzeugen sein würde, überrascht ihn doch die Heftigkeit ihrer Reaktion. Sie sieht offenbar überhaupt nicht, daß der Fuhrpark von der Nachfrage der beiden Fertigungsbereiche abhängig ist. Weder Berger noch Steiner würden akzeptieren, wenn einmal kein LKW zur Verfügung steht, wenn sie einen dringenden Auftrag haben. Auf der anderen Seite sind beide nicht bereit, die Kosten dafür zu tragen. Hammer ist klar, daß er darauf achten muß, daß die beiden nicht Aufträge nach außen geben, solange der Fuhrpark noch freie Kapazität hat. Das könnte er vielleicht noch mit einem Vorstandsbeschluß in den Griff bekommen. Aber natürlich hat das Argument, daß die Grenzkosten eigentlich die richtigere Größe wären, einiges für sich. Er wurde vor kurzen auf einen Fall aufmerksam, in dem ein Produktmanager einen Auftrag abgelehnt hat, weil er nicht kostendeckend war. Er kam zu ihm und rechnete ihm vor, daß da durchaus noch ein gutes Stück Deckungsbeitrag zu verdienen gewesen wäre, wenn die Kosten der internen Dienstleister wie zB des Fuhrparks zu Grenzkosten verrechnet worden wären. Bei einem Verrechnen von Grenzkosten würde aber der Fuhrpark auf seinen Fixkosten sitzen bleiben. Und der Vorstand käme sofort mit der Frage, ob es nicht notwendig sei, den Fuhrpark zu schließen. Ein kaltes Schaudern überkommt ihn, als er kurz überlegt, wie aufwendig die Implementierung auf EDV sein würde, wenn jeder mit seinen Besonderheiten käme. Da rettet ihn das Piepsen seines Handys von tiefergehenden Überlegungen. „Ach Du bist es, ...", und sein Gesicht entspannt sich.

Ziele dieses Kapitels

- Vorstellung der Inhalte und Schwerpunkte der internen Unternehmensrechnung
- Diskussion der Entscheidungsfunktion und Verhaltenssteuerungsfunktion der internen Unternehmensrechnung
- Überblick über den Aufbau des Buches

---

1. Interne Unternehmensrechnung

1.1. Inhalt der Unternehmensrechnung

Die Unternehmensrechnung beschäftigt sich mit der **konzeptionellen Gestaltung** und den **Einsatzbedingungen** von Informationssystemen im Unternehmen. Die **interne Unternehmensrechnung** umfaßt grundsätzlich alle Informationssysteme, die für unternehmensinterne Benutzer (Manager als Entscheidungsträger im Unternehmen) konzipiert sind. Die **externe Unternehmensrechnung** ist dagegen an unternehmensexterne Benutzer gerichtet, wie Investoren, Gläubiger, Kunden, Lieferanten, Konkurrenten und die Öffentlichkeit.[1]

Der Grund für die Trennung von interner und externer Unternehmensrechnung liegt vor allem in der unterschiedlichen Struktur der Beziehungen zwischen dem **Ersteller** und dem **Benutzer** der Informationen des jeweiligen Rechnungssystems. In der **externen Unternehmensrechnung** sind Ersteller und Benutzer jedenfalls unterschiedliche Personen; der Ersteller hat wesentlich bessere Informationen über die Größen, die Eingang in das Rechnungssystem finden. Wesentliches Kennzeichen ist der hohe Grad an Regulierung und die Einbettung in das institutionelle Umfeld des Unternehmens. Zur Sicherstellung der Qualität der übermittelten Informationen – Ersteller und Benutzer können unterschiedliche Zielsetzungen verfolgen – dienen vor allem Gesetze und sonstige allgemeine Regelungen, die Wirtschaftsprüfung und zum Teil auch spezifische Vereinbarungen zwischen Ersteller und Benutzer (zB in einem Kreditvertrag).[2] Das Unternehmen (als Institution) wird hier meist als monolithischer Block, eben als *der* Ersteller der Information, betrachtet.

Die **interne Unternehmensrechnung** wird von der Unternehmensleitung so gestaltet, daß sie ihre Aufgaben bestmöglich erfüllen kann. Sie ist frei von gesetzlichen und sonstigen Vorschriften. Zielkonflikte mit Unternehmensexternen treten nicht auf. Das heißt aber nicht, daß in der internen Unternehmensrechnung keine Zielkonflikte vorkommen. Tatsächlich treten solche auch hier auf, nämlich in Form von Konflikten zwischen den Entscheidungsträgern verschiedener Hierarchiestufen

---

[1]   Vgl dazu ausführlich *Wagenhofer* und *Ewert* (2003), S. 4 ff.

[2]   In diesem Sinne würde auch eine „Kostenrechnung" zur Preisrechtfertigung oder die Kalkulation öffentlicher Aufträge zur externen Unternehmensrechnung zu zählen sein.

innerhalb des Unternehmens. Damit kommt der Unternehmensorganisation mit ihrer Zuordnung von Entscheidungskompetenzen und Verantwortungen eine wesentliche Bedeutung für die Gestaltung der internen Unternehmensrechnung zu.

Die Informationssysteme bauen überwiegend auf **monetären** Größen auf. Die drei typischen **Informationssysteme** mit ihren Rechengrößen sind:

- **Investitions- und Finanzrechnungen**: Auszahlungen und Einzahlungen
- **Finanzielles** oder **externes Rechnungswesen**: Aufwendungen und Erträge
- **Kosten- und Leistungsrechnung**: Kosten und Leistungen.

Vielfach werden auch noch **Ausgaben und Einnahmen** als eigene Rechengrößen unterschieden. Sie beruhen auf einer gegenüber Aus- und Einzahlungen etwas erweiterten Fondsdefinition, indem zu den liquiden Mitteln auch noch monetäres Vermögen hinzugezählt und Verbindlichkeiten abgezogen werden. Die Verwendung von Ausgaben und Einnahmen als Grundlage für die Gestaltung eines Informationssystems findet sich im gelegentlich bei den Investitions- und Finanzrechnungen (siehe unten), ist ansonsten jedoch auf absolute Einzelfälle[3] beschränkt.

Für bestimmte Zwecke werden auch **nichtmonetäre Größen** verwendet, so zB Mengengrößen oder Zeitgrößen in der Produktion. Der Vorteil liegt darin, daß direkt die Größen berichtet werden, die von Entscheidungen betroffen sind. Der Nachteil ist, daß sie nicht aggregierbar sind (wie sollten zB Stunden verschiedener Maschinen addiert werden?) und keinen ökonomischen Vergleich der Auswirkungen von verschiedenen Maßnahmen zulassen.

Investitions- und Finanzrechnungen

Investitionsrechnungen werden vor allem für die Ermittlung der Wirtschaftlichkeit von Investitionen eingesetzt. **Finanzrechnungen** dienen der Liquiditätsplanung und Liquiditätssteuerung. Sie werden in der internen und der externen Unternehmensrechnung (Kapitalflußrechnungen) verwendet. Investitions- und Finanzrechnungen rechnen mit **Auszahlungen und Einzahlungen**. Als Auszahlungen werden die Abgänge aus dem Fonds liquide Mittel bezeichnet, Einzahlungen sind die Zugänge zu liquiden Mitteln. Manchmal werden für Investitions- und Finanzrechnungen auch Ausgaben und Einnahmen verwendet. Der Unterschied liegt in der Definition des zugrunde liegenden Fonds: Ausgaben sind die Abgänge vom Fonds Nettogeldvermögen, Einnahmen die entsprechenden Zugänge. Diese Größen entstehen durch Transaktionen mit Unternehmensexternen und sind empirisch beobachtbar.

Die **liquiden Mittel** beinhalten Kassabestände, Schecks, Bankguthaben sowie je nach Definition noch weitere bargeldnahe Zahlungsmittel. Das **Nettogeldvermögen** umfaßt neben den liquiden Mitteln auch Forderungen und Verbindlichkeiten (als negative Posten). Die Abgrenzung der liquiden Mittel zum Nettogeldvermögen ist fließend, weil die zugrunde liegenden Posten nach Fristigkeit der Geldwerdung eingeteilt werden. Die Wahl der Fristigkeit hängt von der Planbarkeit der Größen und dem Zweck der Rechnung ab.

---

[3]   Dabei handelt es sich zB um die Relative Einzelkosten- und Deckungsbeitragsrechnung, die im 12. Kapitel: *Systeme der Kostenrechnung* behandelt wird.

Externes Rechnungswesen bzw Rechnungslegung

Das **externe Rechnungswesen** hat als wesentlichste Aufgaben, Informationen über die Vermögens-, Finanz- und Ertragslage des Unternehmens bereitzustellen. Die Rechengrößen sind **Aufwendungen und Erträge**. Sie ergeben sich aus einer Periodisierung der Auszahlungen und Einzahlungen nach bestimmten Regeln und Kriterien. Aufwendungen sind die Abgänge vom Fonds Reinvermögen bzw äquivalent, Eigenkapital.

Kosten- und Leistungsrechnung

Die **Kosten- und Leistungsrechnung (KLR)** dient der **Planung**, der **Kontrolle** und **Koordination** unternehmensinterner Entscheidungen, vor allem im kurzfristigen Bereich. Die Rechengrößen **Kosten und Leistungen** umfassen die bewerteten, sachzielbezogenen Güterverbräuche bzw Gütererstellungen eines Unternehmens in einer Periode. Üblicherweise werden sie mit der Kostenartenrechnung (Betriebsüberleitung) aus den Aufwendungen und Erträgen abgeleitet. Ihr Inhalt und der Zusammenhang mit Auszahlungen und Einzahlungen werden im 2. Kapitel: *Die Kosten- und Leistungsrechnung als Entscheidungsrechnung* genau dargestellt.

Zwischen der Rechnungslegung und der Kosten- und Leistungsrechnung gibt es eine Reihe von **Berührungspunkten**. Da die Rechnungslegung gesetzlich verpflichtend und damit im Unternehmen vorhanden ist, werden vielfach andere Rechengrößen aus diesen Daten abgeleitet. Umgekehrt benötigt die Rechnungslegung für manche Fragestellungen Größen aus der Kostenrechnung. Ein Beispiel ist die Bewertung von unfertigen und fertigen Erzeugnissen.

Die Kosten- und Leistungsrechnung hat sich im deutschsprachigen Raum von der Rechnungslegung gelöst, was vor allem in der **Kostenartenrechnung** zum Ausdruck kommt. Darin werden die Aufwendungen und Erträge aus der Finanzbuchhaltung in Kosten und Erlöse umgerechnet. In letzter Zeit hat sich jedoch die Verselbständigung der internen Unternehmensrechnung nicht mehr fortgesetzt. Entsprechend internationalen Usancen ist eine Tendenz zur **Harmonisierung des internen und externen Rechnungswesens** zu beobachten.[4] Dies hat zunächst rein praktische Ursachen: Es ist organisatorisch aufwendig, zwei parallele Informationssysteme zu unterhalten, und ihre unterschiedlichen Ergebnisse sind schwer zu interpretieren – dies ist der Grund, daß idR Überleitungsrechnungen zwischen dem Gewinn nach Rechnungslegung und kalkulatorischem Gewinn gefordert werden. Ein weiterer Grund liegt in der wachsenden Internationalisierung der Rechnungslegung, die stärker als das HGB auf die Informationsbedürfnisse der Eigentümer (Investoren) ausgerichtet ist. Diese Zielsetzung ist auch für das **Controlling** relevant, da das Topmanagement gewissermaßen Eigentümerfunktion über Unternehmensbereiche oder Tochterunternehmen ausübt. Die laufende Kostenrechnung und das Reporting nähern sich damit an die Rechnungslegung an. Der Nachteil besteht darin, daß die

---

[4]　　Vgl zB *Hax* (2002).

Rechnungslegung für bestimmte betriebliche Funktionen nicht immer das am besten geeignete Informationssystem sein muß.

1.2. Entscheidungsfunktion der internen Unternehmensrechnung

Die interne Unternehmensrechnung hat zwei **Hauptfunktionen**:[5]

- Entscheidungsfunktion („Beeinflussung eigener Entscheidungen")
- Verhaltenssteuerungsfunktion („Beeinflussung fremder Entscheidungen").

Gemäß der **Entscheidungsfunktion** ist die interne Unternehmensrechnung ein Informationsinstrument als Grundlage für Entscheidungen durch das Management. **Zielkonflikte** werden *nicht* weiter betrachtet. Entweder bestehen keine Zielkonflikte, wenn eine einzelne Person alles macht (**Einpersonenkontext**), oder die Organisation des Unternehmens wird (implizit) als ausreichend betrachtet, die Zielkongruenz zwischen dem Benutzer (Management), der Unternehmensleitung, aber auch dem Ersteller der Information sicherzustellen. Man kann diese Funktion als **Beeinflussung eigener Entscheidungen** bezeichnen. Abbildung 1 zeigt diese Zusammenhänge schematisch für die Kostenrechnung.

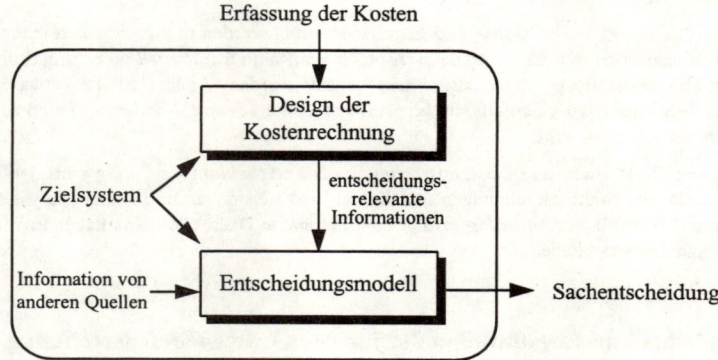

Abb. 1: Entscheidungsfunktion der Kostenrechnung[6]

Die traditionelle Literatur zur Kostenrechnung beschäftigt sich hauptsächlich mit dieser Funktion. Es geht um die Frage der Konzeption und Strukturierung von Rechnungssystemen, die für **bestimmte Entscheidungstypen** die bestmögliche Informationsbasis liefern. **Genauere Informationen** können aus Sicht der Entscheidungsverbesserung niemals schaden, solange man die Informationskosten nicht berück-

---

5   Diese Gliederung entspricht dem „*decision-facilitating*" bzw „*decision-making*" gegenüber dem „*decision-influencing*" bzw „*stewardship*" in der englischsprachigen Literatur. Vgl *Demski* und *Feltham* (1976); *Gjesdal* (1981); vgl dazu auch *Wagenhofer* (1993).

6   Entnommen aus *Wagenhofer* (1997), S. 69.

sichtigt. Das Streben nach „verursachungsgerechterer" Kostenverrechnung, das vielen aktuellen Entwicklungen in der Kostenrechnung zugrunde liegt, ist deshalb zunächst immer ein sinnvolles Ziel. Erst wenn man die Kosten von Informationen berücksichtigt, kann Genauigkeit insgesamt ungünstig werden. Eine marginale Erhöhung der Genauigkeit von Kosteninformationen kann so hohe Kosten der Informationsgewinnung auslösen, daß es sich nicht lohnt, sie zu erstellen.

Typische **Entscheidungen,** für die die interne Unternehmensrechnung genutzt wird, betreffen das Produktionsprogramm, die Preisgestaltung oder die Beschaffungspolitik. Aber auch das Kostenmanagement kommt nicht ohne Informationen über die zu beeinflussenden Kosten aus. Um geeignete Entscheidungen treffen zu können, sind Informationen über die Kostenhöhe, die Kostendynamik und mögliche Auswirkungen der Maßnahmen von Bedeutung.

> In diesem Buch wird der Begriff „Kostenrechnung" auch im Sinne von Kostenmanagement und nicht nur im Sinne der Kosten(ver)rechnung verwendet.

Die **Investitions- und Finanzrechnung** ist typischerweise noch viel stärker auf die Entscheidungsfunktion fixiert. Dabei geht es um Informationen zur Abschätzung der Wirtschaftlichkeit von längerfristigen Entscheidungen sowie um Fragen der Liquidität des Unternehmens. Sogar Instrumente der Investitions*kontrolle* sind vornehmlich auf die Berücksichtigung von (exogener) Unsicherheit und nicht auf Verhaltenssteuerungsaspekte ausgerichtet.

> Rechnungssysteme der **Investitions- und Finanzrechnung** werden in diesem Buch jedoch nicht systematisch weiterverfolgt, da sie im deutschsprachigen Raum *traditionell* nicht zum Stoffgebiet der Unternehmensrechnung (Rechnungswesen) gezählt werden. Anders ist dies etwa im US-amerikanischen Raum, wo jedenfalls die Investitionsrechnung (*capital budgeting*) zum *Management Accounting* gezählt wird.

> Im 2. Kapitel: *Die Kosten- und Leistungsrechnung als Entscheidungsrechnung* wird der Zusammenhang zwischen Zahlungsrechnungen und Kosten und Leistungen umfassend analysiert. Und im 9. Kapitel: *Investitionscontrolling* erfolgt eine kompakte Diskussion simultaner Investitions- und Finanzplanungsprobleme.

1.3. Verhaltenssteuerungsfunktion der internen Unternehmensrechnung

Auch bei der Verhaltenssteuerungsfunktion steht die Unterstützung von Entscheidungen im Mittelpunkt. Anders als bei der Entscheidungsfunktion wird die interne Unternehmensrechnung jedoch zur Beeinflussung von Entscheidungen anderer Entscheidungsträger im Unternehmen verwendet. Es geht also um die **Beeinflussung fremder Entscheidungen**. Diese Funktion setzt im **Mehrpersonenkontext** an und berücksichtigt explizit die Organisation des Unternehmens. Sachentscheidungen werden an verschiedenen Stellen im Unternehmen getroffen, und die Entscheidungsträger können sehr verschiedene Zielvorstellungen haben, die sie ihren Entscheidungen zugrunde legen. Eine solche Situation ist in Abbildung 2 dargestellt.

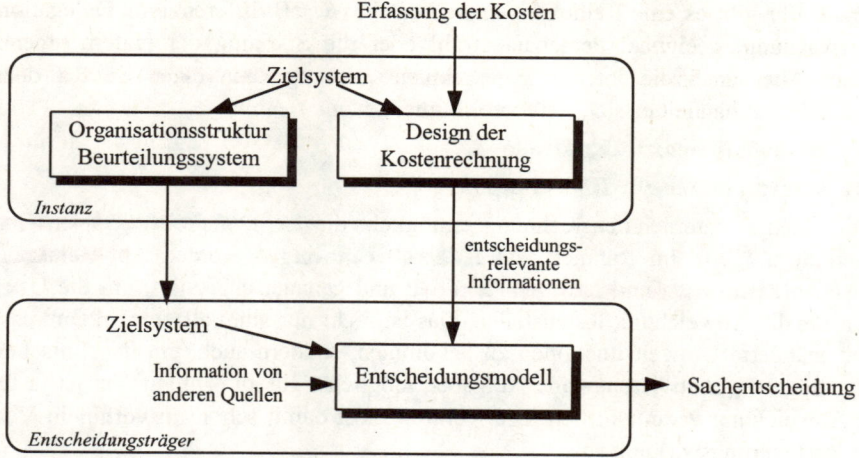

Abb. 2: Verhaltenssteuerungsfunktion der Kostenrechnung[7]

Voraussetzungen für eine Verhaltenssteuerungsfunktion sind:

- Es bestehen – zumindest potentiell – **Zielkonflikte** zwischen Entscheidungsträgern im Unternehmen. *Beispiel*: Ein Bereichsmanager strebt nach einer Erhöhung seines Personals, weil die Anzahl der ihm unterstellten Mitarbeiter Ausdruck seiner Wichtigkeit im Unternehmen ist. Dies erfolgt vielfach ungeachtet der Wirtschaftlichkeit einer solchen Maßnahme.

- Es herrscht **asymmetrisch verteilte Information** zwischen der Unternehmensleitung und dezentralen Entscheidungsträgern. Dies ist meist der Fall: Ein Bereichsmanager wird bessere Informationen über die Details in seinem Bereich haben als die Zentrale. Dies ist auch ein Grund für die Delegation von Entscheidungen an ihn.

Mit der Delegation von Entscheidungen können Informationen besser genutzt werden, die Unternehmensleitung verliert jedoch auch **Kontrollmöglichkeiten**. *Beispiel*: Die Unternehmensleitung hat oft gar keine Möglichkeit, die Effektivität von Aktivitäten von Mitarbeitern in der Forschungsabteilung zu beurteilen, da sie keine Fachkompetenz dafür besitzt. Es kann auch schlicht Mangel an Zeit sein, sich mit allen Aktivitäten nachgeordneter Stellen zu beschäftigen.

Möglichkeiten der Verhaltenssteuerung

Nun ist die interne Organisation des Unternehmens dazu da, Zielkonflikte und Informationsunterschiede zwischen den verschiedenen Personen möglichst zu vermin-

---

7   Entnommen aus *Wagenhofer* (1997), S. 69.

dern. Dafür gibt es eine Reihe von Instrumenten, wie zB differenzierte Delegation, Überwachung, geeignete Personalauswahl oder die Stärkung der Unternehmenskultur. Aber auch die interne Unternehmensrechnung kann einen Beitrag dazu leisten. Dabei handelt es sich um zwei Möglichkeiten:

- **Informationen zur Kontrolle**
- **Informationen zur Koordination**.

Die interne Unternehmensrechnung ermöglicht die **Ergebniskontrolle** von Entscheidungsträgern. Im Rahmen von **Kontrollrechnungen** werden Abweichungen zwischen Planwerten und Istwerten ermittelt und genauer analysiert, um die Ursachen für die Abweichung festzustellen. Das ist nicht nur sinnvoll, um Erkenntnisse über geänderte Umweltsituationen zu bekommen, sondern auch, um den Entscheidungsträger zu motivieren, seine Aufgaben möglichst gut zu erfüllen – er ist ja für die Abweichung verantwortlich. Die Kontrolle löst damit schon im vorhinein Verhaltenssteuerungswirkung aus.

Die interne Unternehmensrechnung liefert auch Informationen für die Entscheidungen der dezentralen Entscheidungsträger, die für die **Koordination** von Entscheidungen genutzt werden können. Je nachdem, welche Informationen angeboten werden, können dezentrale Entscheidungen mehr oder weniger subtil beeinflußt werden. *Beispiele*: Wird das Risiko von Entscheidungen in der Kostenrechnung nicht abgebildet, wird ein Bereichsmanager darauf vielleicht weniger Wert legen. Werden die Kosten einer zentralen Dienstleistung, wie zB der EDV, anhand der Anzahl von PCs in den Abteilungen weiterverrechnet, ergeben sich Anreize, weniger in die PC-Ausstattung zu investieren, nicht aber die Serviceaktivitäten der EDV-Abteilung nur dann zu nutzen, wann es Sinn macht.

Die Koordination des Führungssystems ist auch in der neueren Literatur als wesentliches Definitionsmerkmal des **Controlling** herausgestellt worden.[8] Insoweit behandelt dieses Buch mit der Budgetierung, mit Kennzahlen sowie Verrechnungspreisen und Kostenallokationen auch allgemeine Controlling-Instrumente.

Die **Verhaltenssteuerungsfunktion** kann nun zunächst eigenartige Auswirkungen auf die Gestaltung von Rechnungssystemen haben: Die „Richtigkeit" und Genauigkeit einer Kostenrechnung muß plötzlich gar kein Kriterium mehr sein. *Mehr Information ist nicht immer besser*. Bei der Entscheidungsfunktion war das nicht der Fall: Überspitzt formuliert: Das Management wird sich wohl kaum für die eigenen Entscheidungen absichtlich falsche Daten besorgen. Für die Beeinflussung fremder Entscheidungen trifft dies jedoch nicht mehr unbedingt zu. *Beispiel*: Die „richtigen" Produktkosten für Verkaufs- und Preisentscheidungen sind die Grenzkosten. Viele Unternehmen, die ihren Vertretern die Grenzkosten der Produkte nannten, machten die leidvolle Erfahrung, daß diese in Preisverhandlungen viel zu konziliant waren. Deshalb gibt man ihnen vielfach Vollkosten als „Preisuntergrenze".

---

[8]   Vgl zB *Küpper* (2001), S. 12 f.

Beispiel

Das folgende Beispiel zeigt, daß für die richtige Verhaltenssteuerung von Entscheidungsträgern unter Umständen sogar „falsche" Informationen wesentlich sein können (vgl *Hiromoto* (1991), S. 38 ff).[9]

Ein Unternehmen setzt verstärkt auf Diversifikation, um am Markt bestehen zu können. Eine wesentliche Ursache der deshalb stark steigenden indirekten Gemeinkosten ist die Vielzahl von unterschiedlichen Teilen für die Produkte. Um die Gemeinkosten zu senken, setzt sich das Unternehmen zum Ziel, die Verwendung von Standardteilen durch die Konstrukteure und Produktentwickler zu fördern. Es führt dazu ein Kostenallokationsverfahren ein, das die Gemeinkosten auf der Basis von gewichteten Teilen verteilt. Als Gewichtungsfaktoren werden für produktspezifische Teile 10, für produktgruppenspezifische Teile 5 und für Standardteile 1 vorgegeben, und zwar offensichtlich unabhängig davon, ob dies die Gemeinkosten „veursachungsgerecht" aufteilt oder nicht. Als Folge werden tatsächlich Standardteile signifikant öfter verwendet und die Gemeinkosten verringert.

Ausspruch

„If there is a central thesis in this discussion it is this: that cost accounting has a number of functions, calling for different, if not inconsistent, information. As a result, if cost accounting sets out, determined to discover what the cost of everything is and convinced in advance that there is one figure which can be found and which will furnish exactly the information which is desired for every possible purpose, it will necessarily fail, because there is no such figure. If it finds a figure which is right for some purposes it must necessarily be wrong for others." (*Clark* (1923), S. 234)

1.4. Schwerpunkte dieses Buches

Dieses Buch stellt **beide Hauptfunktionen** der internen Unternehmensrechnung, nämlich die Entscheidungsfunktion und die Verhaltenssteuerungsfunktion, in den Blickpunkt. Die Inhalte sind damit eher vergleichbar mit denen in den amerikanischen Lehrbüchern zum *„Management Accounting"* als mit den Lehrbüchern im deutschsprachigen Raum. Nur im letzten Teil dieses Buches wird darauf mit einer Diskussion der Grenzplankostenrechnung, der Prozeßkostenrechnung und der Relativen Einzelkosten- und Deckungsbeitragsrechnung eingegangen. Diesen Unterschied der Schwerpunktsetzung ins Blickfeld zu rücken, ist auch ein wesentlicher Grund, das Buch mit *„Interne Unternehmensrechnung"* und nicht mit „Kostenrechnung" (oder „Kosten- und Leistungsrechnung") zu benennen.

Wir glauben, daß die vorgenommene Auswahl und Gewichtung der behandelten Bereiche aus zumindest zwei Gründen sinnvoll ist:

- Einschätzungen, wie „Die Kostenrechnung hat sich zu einem sehr *bedeutsamen Instrument der Unternehmensführung* entwickelt."[10], ver-

---

[9]   Analog *Hiromoto* (1989), S. 318. Vgl zur Diskussion dieses Beispiels auch *Wagenhofer* und *Riegler* (1994) sowie *Fröhling* (1994), S. 179 – 183.

[10]   *Männel* (1993b), S. 70 (Hervorhebung im Original).

stärken die **Ausrichtung** auf die Erfordernisse des **Managements** und erfordern eine dementsprechende Herausstellung.

- Das Lehrbuch richtet sich an **Fortgeschrittene**, so daß die Grundlagen der Kosten(ver)rechnung im wesentlichen vorausgesetzt werden können und eine Konzentration auf Anwendungsaspekte möglich wird.

Ein wesentliches Thema ist die Relativität der Konzepte, je nachdem, für welche Funktion sie genutzt werden. Das bekannte Schlagwort von der **Zweckabhängigkeit der Kostenrechnung** gewinnt durch die Verhaltenssteuerungsfunktion noch zusätzlich an Bedeutung. Denn damit werden für plausibel gehaltene Konzepte plötzlich fragwürdig. Daß man zB „die Kosten" eines Produktes tatsächlich kaum ermitteln kann, ist dem halbwegs kundigen Leser – weniger dem Praktiker – klar: Fixkosten oder Synergien auf Produkte aufzuteilen, kann theoretisch nicht gehen. Jede Verteilung muß willkürlich bleiben. Interessant mag auch die Einsicht sein, daß im Mehrproduktunternehmen sogar Durchschnittskosten nicht mehr definiert sind. Daß Abweichungen höherer Ordnung nicht auf einzelne Ursachen heruntergebrochen werden können, ist auch bekannt; dennoch glaubt man häufig, mit der verwendeten Methode der Abweichungsanalyse das „Richtige" zu tun. Wenn nun aber auch schon eine „falsche" Kostenzurechnung eigentlich „richtig" im Sinne der Verhaltenssteuerungsfunktion ist, erfordert dies ein konzeptionelles Verstehen der Wirkungszusammenhänge der Kostenrechnung in einer Organisation. In diesem Buch stehen solche **konzeptionellen Überlegungen** im Mittelpunkt.

Wir haben versucht, viele **neuere Entwicklungen** zu berücksichtigen. Dazu gehören insbesondere die folgenden:

- **Berücksichtigung von Unsicherheit.** Beispielsweise wird in letzter Zeit die Frage der Entscheidungsrelevanz von Fixkosten verstärkt diskutiert.

- **Betonung informationsökonomischer Ansätze.** Dabei werden Grundzüge der Agency-Theorie und – allgemeiner – der Spieltheorie auf Problemstellungen der Unternehmensrechnung angewandt.

Vor allem der letztere Punkt ist eng mit der Verhaltenssteuerungsfunktion verbunden. Informationsökonomische Modelle sind für die Behandlung von Koordinationsinstrumenten und zum Teil von Kontrollinstrumenten praktisch unumgänglich. Häufig wird derartigen Modellen in der Unternehmensrechnung implizit oder explizit der Vorwurf gemacht, daß es sich dabei nur um Einzelergebnisse in ganz spezifischen Situationen handelt. Mit der Diskussion einfacher informationsökonomischer Modelle in diesem Lehrbuch wollen wir aber zeigen, daß die **Denkweise** und die **Lösungsideen**, die hinter diesen Modellen stecken, sehr praxisrelevant sind; die Modelle schärfen den Blick auf grundsätzlich mögliche **Wirkungsmechanismen** und Anreize, die bestimmte Institutionen (zB Art der Ermittlung von Abweichungen, Budgetierungsverfahren, Managementbeurteilung) auslösen *können*, wenngleich nicht unbedingt müssen.

In der Literatur werden manchmal **informationsökonomische Ansätze** und **verhaltenswissenschaftliche Ansätze** zur Verhaltenssteuerung unterschieden.[11] Verhaltenswissenschaftliche Ansätze basieren auf psychologischen und soziologischen Erkenntnissen. Dabei wird von der Rationalitätsannahme abgegangen, die den informationsökonomischen Ansatz prägt. Statt dessen werden empirisch beobachtete Anomalien von Entscheidungsverhalten berücksichtigt. Ein weiterer Unterschied liegt in der methodischen Vorgehensweise: der informationsökonomische Ansatz verwendet die deduktive Methode, der verhaltenswissenschaftliche Ansatz dagegen eher induktive und andere Methoden. Beide Ansätze haben ihre Vor- und Nachteile. Es ist aber verhältnismäßig schwierig, die beiden Ansätze zu kombinieren, wie vielfach gefordert wird. In diesem Buch steht der informationsökonomische Ansatz im Vordergrund, wenngleich manchmal Beispiele auf verhaltenswissenschaftlichen Erkenntnissen fußen – das oben erwähnte Beispiel mit den Vertretern wäre ein solches. Dies geht konform mit der Entscheidungsfunktion, wie sie in der „traditionellen" Kosten- und Leistungsrechnung behandelt wird.

2. Aufbau dieses Buches

2.1. Inhaltlicher Aufbau

Entsprechend dieser grundlegenden Konzeption ist das Buch in **vier Teile** gegliedert:

- **Teil I**: *Entscheidungsrechnungen,*
- **Teil II**: *Kontrollrechnungen,*
- **Teil III**: *Koordinationsrechnungen,*
- **Teil IV**: *Systeme.*

Die ersten drei Teile sind den oben dargestellten Anwendungen der KLR gewidmet. Die Tatsache, daß der verrechnungstechnische Aspekt an den Schluß gestellt wurde, soll den Anwendungsbezug, unter dem die Ausführungen stehen, verdeutlichen.

Teil I: Entscheidungsrechnungen

Teil I behandelt Konzepte und Instrumente für die Unterstützung *eigener* Entscheidungen. Im **2. Kapitel**: *Die Kosten- und Leistungsrechnung als Entscheidungsrechnung* wird die KLR ausgehend vom Grundmodell der Entscheidungstheorie sukzessive entwickelt. Insbesondere kommen dabei die vielen (meist impliziten) vereinfachenden Annahmen zum Ausdruck, die der „traditionellen" Definition von Kosten

---

[11] Vgl zB *Schweitzer/Küpper* (2003), S. 584 ff, mit der Differenzierung in verhaltenswissenschaftliche und institutionenorientierte Ansätze.

und Leistungen zugrunde liegen. Der investitionstheoretische Ansatz der Kostenrechnung kommt mit weniger vereinfachenden Annahmen aus, so daß er *quasi* ein
Konzept zwischen dem allgemeinen entscheidungstheoretischen Grundmodell und
den „traditionellen" Kosten und Leistungen darstellt.

Aufgrund der Fülle von Entscheidungen, für welche die Kosten- und Leistungsrechnung Verwendung findet, werden nur die wesentlichsten Entscheidungsprobleme herausgegriffen; nicht behandelt werden etwa Entscheidungen im Beschaf-
fungs- und Lagerhaltungsbereich. Das **3. Kapitel**: *Produktionsprogrammentscheidungen* ist der Frage gewidmet, welche Produkte in welchen Mengen mit welchen
(der vorhandenen) Fertigungsverfahren in der betrachteten Periode produziert und
abgesetzt werden sollen. Dabei wird nur der kurzfristige Aspekt als typischer
Entscheidungsbezug der Kosten- und Leistungsrechnung betrachtet. Die wesentlichsten Instrumente zur Lösung linearer und zT nichtlinearer Probleme werden
anhand von Situationen mit unterschiedlich wirksamen Restriktionen erläutert. Der
Nutzen von Opportunitätskosten für die Lösung von Entscheidungsproblemen wird
diskutiert.

Das **4. Kapitel**: *Preisentscheidungen* behandelt eines der „klassischen" Probleme
der KLR, allerdings nicht ganz in der traditionellen Art. Die Frage der Bestimmung
von Preisuntergrenzen wird für viele verschiedene Situationen diskutiert, von denen
einige nicht „Standard" sind, wie zB im Zusammenhang mit Kapazitätsdimensionie-
rungsentscheidungen und der Annahme von Zusatzaufträgen bei unsicherem Auftragseingang. Ähnliches gilt für optimale Preise, wenn man vor allem die Kosten als
Grundlage dafür heranzieht.

Das **5. Kapitel**: *Entscheidungsrechnungen bei Unsicherheit* ist einer zumeist stark
vernachlässigten Frage gewidmet: Welchen Einfluß hat die Unsicherheit künftiger
Verhältnisse auf die Verwendbarkeit der Instrumente der KLR? In den traditionellen
Lehrbüchern wird Unsicherheit regelmäßig nicht diskutiert oder nur am Rande ange-
schnitten. Dieses Kapitel behandelt zunächst Break Even-Analysen, die Vorstellungen über die Bedeutung der Unsicherheit geben können, und anschließend – als
Erweiterung des 3. Kapitels: *Produktionsprogrammentscheidungen* – Programmentscheidungen bei Unsicherheit. Es wird auch gezeigt, unter welchen Umständen Fixkosten entscheidungsrelevant sein können und welche Bedeutung es hat, ob man die
Diversifikationsmöglichkeiten des Kapitalmarkts bei der Programmplanung berücksichtigt.

Im **6. Kapitel**: *Kostenmanagement* wird zunächst auf die sogenannte „strategische
Kostenrechnung" eingegangen. Im Anschluß daran werden wichtige Instrumente des
Kostenmanagements dargestellt: Die Verwendung der Prozeßkostenrechnung zum
Kostenmanagement, die Zielkostenrechnung und die Lebenszykluskostenrechnung.

Wir verzichten darauf, den potentiellen Einfluß von **Steuern** auf die optimalen Entscheidungen
im Rahmen der Kosten- und Leistungsrechnung zu problematisieren. Wie zB *Wagner* (1999)
zeigt, ist diese Vorgehensweise für kurzfristig wirksame Entscheidungen regelmäßig gerechtfertigt, weil Steuern bezüglich der dort relevanten Entscheidungen zumeist Gemeinkosten sind oder
keinen Einfluß auf die Rangfolge von Handlungen ausüben. Sofern langfristig wirksame Ent-

scheidungen betrachtet werden, sei auf die umfangreiche Literatur zu Steuerwirkungen im Rahmen von Investitionsentscheidungen verwiesen.

Teil II: Kontrollrechnungen

Das **7. Kapitel**: *Kontrollrechnungen* ist dem zweiten Hauptzweck der Kostenrechnung, der Verhaltenssteuerung, gewidmet. Ein wesentliches Instrument dafür sind Kontrollrechnungen. In einer Welt der Sicherheit würde keine Kontrolle von Istergebnissen im Vergleich zu Planergebnissen benötigt; es kann keine Abweichung geben. Zunächst werden die vielen möglichen Formen von Abweichungsberechnungen erläutert. Es gibt nicht *das* Verfahren schlechthin, was insbesondere deshalb bedeutsam erscheint, weil die Zuweisung von Verantwortung für Abweichungen dadurch in gewissem Rahmen willkürlich wird. In diesem Kapitel werden auch zahlreiche Kosten- und Erlösabweichungen diskutiert.

In der Folge wird der Frage nachgegangen, inwieweit zwischen den verschiedenen Gründen für Abweichungen differenziert werden kann. Es werden mehrere Verfahren zur Entscheidung, welche Abweichungen ausgewertet werden sollen, diskutiert; sie unterscheiden sich nach der Ursache für die Abweichung. Darüber hinaus wird der Zusammenhang mit der Planung aufgezeigt.

Teil III: Koordinationsrechnungen

Teil III führt die **Verhaltenssteuerungsfunktion** weiter aus. Er behandelt Instrumente für die Steuerung dezentraler Unternehmensbereiche, also typische **Controllingthemen**.[12] Damit sollen die Aktivitäten der Bereichsmanager gegenseitig abgestimmt und auf das Unternehmensziel ausgerichtet werden. Die betrachteten personellen Koordinationsprobleme haben ihre Grundlage in der besseren Information der Bereichsmanager über die Situation in ihrem jeweiligen Bereich (asymmetrische Informationsverteilung) *und* in potentiellen Interessenkonflikten, etwa dann, wenn die Bereichsmanager an ihren *Bereichs*gewinnen beurteilt werden. Das Vorliegen von Unsicherheit ist auch in diesem Teil des Buches eine wesentliche Bedingung für das Entstehen von Koordinationsproblemen.

Im **8. Kapitel**: *Koordination, Budgetierung und Anreize* wird nach einer Einführung in Gründe für die Notwendigkeit einer Koordination der Zusammenhang von Verhaltensweisen bei der Budgetierung und der Beurteilung des Managements gezeigt. Daran schließt sich die Analyse der verschiedenen Formen der Partizipation bei der Budgetierung und deren Auswirkungen auf die Leistung des Managements an, die viel differenzierter gesehen werden müssen, als es üblicherweise geschieht.

Das **9. Kapitel**: *Investitionscontrolling* erweitert die im 8. Kapitel diskutierten Fragen auf Fragen der Ressourcenverteilung. Differenziert nach Knappheit der finanziellen Ressourcen und Interessen der Bereichsmanager wird insbesondere die Frage untersucht, inwieweit Managern ein Anreiz gegeben werden kann, ihre bessere

---

[12]   Vgl dazu *Küpper* (2001), S. 28 f.

Information über die Situation des jeweiligen Bereiches wahrheitsgemäß zu berichten oder selbst optimale Investitionsentscheidungen zu treffen.

Das **10. Kapitel**: *Kennzahlen und Performancemaße* diskutiert die Investitionsanreize, die von verschiedenen Beurteilungsgrößen und deren Berechnung ausgehen. Es werden die Eigenschaften von Wertbeitragskennzahlen (zB Residualgewinn, *Cash Value Added*) und Renditekennzahlen (zB *Return on Investment, Cash Flow Return on Investment*) analysiert und deren Beziehungen zum Unternehmenswert verdeutlicht. Außerdem werden die Verwendung nichtmonetärer Größen und die Konzeption der *Balanced Scorecard* als umfassendes System aus monetären und nichtmonetären Kennzahlen besprochen.

Das **11. Kapitel**: *Verrechnungspreise und Kostenallokationen* beschäftigt sich mit zwei nur auf den ersten Blick verschiedenen Themen. Kostenallokationen können nämlich als Spezialfall von Verrechnungspreisen aufgefaßt werden. In beiden Fällen geht es um die Beeinflussung dezentraler Entscheidungen von Bereichen, wenn diese sequentiell Leistungen austauschen oder um zentral bereitgestellte Leistungen konkurrieren. Verrechnungspreise auf Basis von Kosten, Marktpreisen und Verhandlungen werden auf ihre Koordinationseffizienz untersucht. Im Rahmen der Kostenallokationen werden mehrere mögliche Gründe für die Schlüsselung von Fixkosten auf Bereiche (Kostenstellen) gezeigt.

Teil IV: Systeme

Der Konzeption dieses Buches entsprechend – die Anwendung der Kosten- und Leistungsinformationen steht im Vordergrund – werden Aspekte der Kosten*rechnung* zum Schluß im **12. Kapitel**: *Systeme der Kostenrechnung* behandelt. Es geht darin um das Problem, wie man die Daten gewinnt, die für die verschiedenen Zwecke der Kostenrechnung benötigt werden. Dieses Kapitel enthält eine kompakte, aber doch umfassende Darstellung der bekanntesten Verfahren der Plankostenrechnung, nämlich der Grenzplankostenrechnung, der Prozeßkostenrechnung und der *Riebel*'schen Relativen Einzelkosten- und Deckungsbeitragsrechnung.

2.2. Formaler Aufbau

Die weiteren Kapitel dieses Buches sind **einheitlich gegliedert**. Jedes Kapitel beginnt mit einer **Illustration**, in der im Rahmen einer praxisnahen Situation in die Probleme eingeführt wird, die im jeweiligen Kapitel ausführlich behandelt werden. Wir hoffen, dadurch den Leser anzuregen, das Kapitel tatsächlich (weiter) zu lesen. Nach der Illustration werden kurz die **Ziele des Kapitels** aufgezählt. Daran schließt sich der eigentliche **Text** an. Er wird durch eine **Zusammenfassung** abgeschlossen, in der die wichtigsten Ergebnisse wiederholt werden.

> **Einschub**
>
> Der Text wird häufig durch sogenannte *Einschübe* aufgelockert, die Beispiele, empirische Ergebnisse, Aussprüche und ähnliches enthalten, die mit dem Text selbst nicht direkt im Zusammenhang stehen, aber doch stark auf diesen Bezug nehmen.

Fragen und Probleme

Nach dem Text folgen zunächst **Fragen**. Diese sind zum Teil gewissermaßen Standardfragen, die sich aus dem Text des Kapitels direkt beantworten lassen, zum Teil gehen sie aber auch auf größere Zusammenhänge ein, so daß sie mehr „Nachdenken" erfordern können. An die Fragen schließen sich **Probleme** an, bei denen kurz indiziert ist, auf welches Detailproblem sie Bezug nehmen. Das Buch enthält selbst keine Lösungen, also weder zu den Fragen noch zu den Problemen. Wir glauben, daß die Fragen keine Schwierigkeiten in der Beantwortung schaffen.

Literatur

Am Schluß jedes Kapitels werden einige **Literaturempfehlungen** gegeben, die wiederum nach **allgemeiner Literatur** und **spezieller Literatur** zu den im Kapitel behandelten Themenbereichen gegliedert sind. Wir haben uns jeweils auf einige wenige Angaben beschränkt – und sind uns bewußt, daß wir vielleicht dieses oder jenes ebenfalls wichtige Werk ausgelassen haben. Das **Literaturverzeichnis** am Ende des Buches geht aber wesentlich über das hinaus, was im Text zitiert oder in den Literaturempfehlungen genannt ist, so daß der Leser reichlich Quellen für die weitere Beschäftigung mit einem der Themen finden kann.

Manche Kapitel enthalten am Ende noch einen **Anhang**, der mathematisch eher anspruchsvollen Inhalt hat. Darin finden sich zB Beweise von im Text getätigten Aussagen oder allgemeinere Modelle, auf deren Ergebnisse im Text Bezug genommen wurde. Wir wollen damit auch solchen Lesern etwas bieten, die an dem, was „dahinter steht", interessiert sind. Natürlich empfehlen wir darüber hinaus, auch (sofern vorhanden) die Primärliteratur aufzusuchen.

Symbole werden, soweit möglich, durchgängig und einheitlich verwendet. Da die vorgestellten und diskutierten Konzepte aber sehr vielfältig sind, läßt sich dies nicht überall durchhalten, ohne auf „sonderbare" Symbole ausweichen zu müssen. Deshalb werden die selben Symbole zum Teil auch für *ähnliche* Größen verwendet. *Beispiel*: Das Symbol x bezeichnet bei manchen Fragestellungen den Output in Mengeneinheiten, in anderen den Output in Geldeinheiten. Das **Symbolverzeichnis** befindet sich *vor* diesem 1. Kapitel.

2.3. Verwendung des Buches

Das Buch richtet sich – wie schon erwähnt – an **Fortgeschrittene**. Deshalb werden **Grundkenntnisse der Kostenrechnung** etwa im Umfang dessen vorausgesetzt, was im Grundstudium bzw im ersten Studienabschnitt eines Betriebswirtschaftslehre-Studiums vermittelt wird.[13] Die benötigten Grundkenntnisse betreffen insbesondere die **Kostenrechnung**, wie zB Definitionen, Abgrenzungen und Verfahren (Kostenarten-, Kostenstellen- und Kostenträgerrechnung). Grundkenntnisse der **Investitionsrechnung** (zB Kapitalwertmethode) werden ebenfalls vorausgesetzt. Manche Teile dieses Buches sind mathematisch anspruchsvoller – dem Leser wird dies beim ersten Durchblättern vielleicht schon aufgefallen sein –, so daß grundlegende Kenntnisse der Wirtschaftsmathematik sicherlich von Vorteil sind. Wir haben jedoch versucht, das Schwergewicht auf die Denkweise und das Verstehen von Konzepten, nicht aber auf rein mathematische Ableitungen zu legen.

Die einzelnen **Kapitel** sind so angelegt, daß sie **in sich geschlossen** die jeweilige Thematik behandeln; der Leser kann daher – in gewissen Grenzen – von der gegebenen Reihenfolge abweichen, insbesondere das eine oder andere Kapitel auslassen. Die vier Teile des Buches hängen nur geringfügig zusammen. Wir empfehlen jedoch, innerhalb der vier Teile folgendes zu beachten: Im Teil I: *Entscheidungsrechnungen* sollte mit dem 2. Kapitel: *Die Kosten- und Leistungsrechnung als Entscheidungsrechnung* begonnen werden, da es die Basis für das Verstehen von Kosten- und Leistungsgrößen legt. Das 4. Kapitel: *Preisentscheidungen* und das 5. Kapitel: *Entscheidungsrechnungen bei Unsicherheit* bauen in manchen Bereichen auf den Ergebnissen des 3. Kapitels: *Produktionsprogrammentscheidungen* auf. Das 4. Kapitel, das 5. Kapitel und das 6. Kapitel: *Kostenmanagement* hängen dagegen praktisch nicht miteinander zusammen.

Kontrollrechnungen werden in einem einzigen Kapitel behandelt. Im Teil III: *Koordinationsrechnungen* baut das 9. Kapitel: *Investitionscontrolling* zum Teil auf dem 8. Kapitel: *Koordination, Budgetierung und Anreize* auf. Das 10. Kapitel: *Kennzahlen und Performancemaße* greift zum Teil auf das 9. Kapitel zurück, kann aber weitgehend unabhängig gelesen werden. Für das 11. Kapitel: *Verrechnungspreise und Kostenallokationen* ist nur die Einführung in Koordinationsprobleme im 8. Kapitel Voraussetzung. Teil IV: *Systeme* steht mit dem 12. Kapitel am Ende des Buches, es ist jedoch auch möglich, mit diesem Kapitel zu beginnen, weil darin die rechentechnischen Grundlagen für die Informationen gelegt werden.

Die Kapitel sind vom Umfang her relativ homogen, im Durchschnitt kann jedes Kapitel (je nach Intensität) in zwei bis drei Doppelstunden behandelt werden. Unseren Erfahrungen gemäß reicht der **Stoffumfang** dieses Buches daher mindestens für zwei zweistündige Vorlesungen aus. In diesem Fall könnte die erste mit Teil I: *Entscheidungsrechnungen* und Teil IV: *Systeme* beginnen und die zweite im Anschluß Teil II: *Kontrollrechnungen* und Teil III: *Koordinationsrechnungen* behandeln. Eine andere Gliederung könnte in eine zweistündige Kostenrechnungs- oder Kostenmanagement-Vorlesung mit Teil I: *Entscheidungsrechnungen*, Teil II: *Kontroll-*

---

[13] Dieser Stoff wird von vielen Lehrbüchern abgedeckt, wie zB *Hummel* und *Männel* (1983, 1986), *Kloock, Sieben* und *Schildbach* (1999), *Schweitzer* und *Küpper* (2003), *Swoboda, Stepan* und *Zechner* (2004) und vielen anderen.

rechnungen und Teil IV: *Systemen* sowie eine Controlling-Vorlesung vorgenommen werden, die Teil III: *Koordinationsrechnungen* als einen Schwerpunkt verwendet.

2.4. Ergänzende Materialien

Zu diesem Buch gibt es drei ergänzende Materialien, die die Verwendung durch Dozenten und durch Studenten erleichtern soll.

- **Vortragsfolien**. Zu jedem Kapitel gibt es umfangreiche animierte Farbfolien in *Microsoft Powerpoint*, die für Lehrveranstaltungen genutzt werden können. Die Folien können von den Internet-Homepages der Lehrstühle der beiden Autoren unter den folgenden Adressen kostenlos heruntergeladen werden:

    http://www.wiwi.uni-frankfurt.de/Professoren/Ewert/IntU.htm
    oder
    http://www.uni-graz.at/iufwww/IU.

- **Übungsbuch**. Begleitend zum Buch gibt es ein Übungsbuch aus demselben Verlag, in dem zu jedem Kapitel dieses Buches eine Reihe von Aufgaben und Fallstudien mit Lösungen enthalten sind:

    Ernst, Ch., Ch. Riegler und *G. Schenk*: *Übungen zur Internen Unternehmensrechnung*, 2. Auflage, Springer-Verlag: Berlin et al. 2003.

- **Lösungen zu den Problemen**. Zu allen Problemen am Ende der Kapitel können Lösungen – allerdings nur für Dozenten, die das Buch verwenden – von einem der beiden Autoren direkt angefordert werden.

3. Zusammenfassung

Unter interner Unternehmensrechnung werden **Informationssysteme** verstanden, die sich an **unternehmensinterne Benutzer** richten. Es sind dies die **Kosten- und Leistungsrechnung** sowie **Investitions- und Finanzrechnungen**. Diese Informationssysteme werden von der Unternehmensleitung zur Erfüllung bestimmter Funktionen gestaltet.

Die interne Unternehmensrechnung stellt **entscheidungsrelevante Informationen** bereit. Ihre Hauptfunktionen sind die Entscheidungsfunktion und die Verhaltenssteuerungsfunktion. Bei der **Entscheidungsfunktion** dient die interne Unternehmensrechnung zur Unterstützung von Sachentscheidungen durch die Unternehmensleitung. Treffen andere Entscheidungsträger im Unternehmen die Sachentscheidung, wird von vollständiger Zielkongruenz mit der Unternehmensleitung ausgegangen.

Bei der **Verhaltenssteuerungsfunktion** wird die **Organisation** des Unternehmens explizit berücksichtigt. Die interne Unternehmensrechnung dient dabei zur Beeinflussung von Entscheidungen untergeordneter Entscheidungsträger, denen die Unternehmensleitung bestimmte Sachentscheidungen delegierte. Die gelieferten Informationen werden zur **Kontrolle** und **Koordination** von Entscheidungsträgern im Unternehmen genutzt.

Dieses Buch analysiert beide Hauptfunktionen im Detail. Dabei werden insbesondere die **konzeptionellen Überlegungen** in den Vordergrund gerückt und **neuere theoretische Entwicklungen**, insbesondere informationsökonomische Ansätze, berücksichtigt.

Fragen

1. Wie unterscheiden sich die Rechengrößen Auszahlungen, Aufwendungen und Kosten voneinander?

2. Welche Zusammenhänge gibt es zwischen der externen und der internen Unternehmensrechnung?

3. Weshalb hängt die Verhaltenssteuerungsfunktion von der Organisation des Unternehmens ab?

4. Welche Bedingungen sind erforderlich, damit die interne Unternehmensrechnung Verhaltenssteuerungsfunktion erfüllt?

5. Wie beurteilen Sie folgende Verhaltensweise? Philipp Müller kommt notorisch zu spät. Da ihm dies unangenehm ist, stellt er seine Armbanduhr um 5 Minuten vor.

6. Weshalb und unter welchen Bedingungen kann es günstig sein, „falsche" Informationen mit der Kostenrechnung zu produzieren?

Probleme

1. **Dezentrale Entscheidung über Zusatzauftrag.**[14] Ein Unternehmen produziert und verkauft Glasendprodukte. In einer Abteilung werden Trinkgläser erzeugt. Gegenwärtig ist diese Abteilung unterbeschäftigt, von insgesamt möglichen 13.000 Packungen an Gläsern werden nur 10.000 hergestellt. Der durchschnittliche Ver-

---

[14]   Dieses Beispiel basiert auf *Zimmerman* (2000), S. 17 – 19; vgl zu einer Weiterführung *Wagenhofer* (1997), S. 59 – 61.

kaufspreis beträgt 7,5. Die Fixkosten je Periode betragen 15.000 und die variablen Kosten 5 pro Packung. In dieser Situation kommt eine Anfrage nach einem Zusatzauftrag an den Marketingmanager: Kurzfristig und einmalig würden 2.000 Packungen Gläser benötigt. Als maximaler Preis werden 11.000 geboten. Da die Gläser einige Spezifika aufweisen sollten, würden die Kosten pro Packung um 0,6 steigen.

a) Soll dieser Zusatzauftrag angenommen werden?

b) Der Marketingmanager erhält ein Fixgehalt und eine umsatzabhängige Prämie pro Periode. Die Leistung des Produktionsmanagers wird anhand seiner Durchschnittskosten pro Packung Gläser in seiner Abteilung beurteilt. Jeder der beiden Manager entscheidet autonom über die Annahme des Zusatzauftrages. Stimmen beide zu, wird der Auftrag schließlich angenommen, andernfalls nicht. Wird der Zusatzauftrag angenommen?

c) Welche Gründe könnten maßgebend sein, daß die Beurteilung der beiden Manager anhand der oben genannten Größen erfolgt? Welche Alternativen gibt es dazu?

2. **Zweckabhängige Kosten.** Gabriele Floss ist verwirrt. Immer wieder betrachtet sie die Kostenträgerrechnung für ein Produkt in ihrem Bereich, die das EDV-System auswirft (Zahlen gerundet):

Fertigungsmaterial	54
Materialgemeinkosten (12% auf Fertigungsmaterial)	6
Fertigungslöhne	45
Fertigungsgemeinkosten (121% auf Fertigungslöhne)	55
Herstellkosten	160
Verwaltungskosten (14% auf Herstellkosten)	22
Vertriebskosten (8% auf Herstellkosten)	13
Selbstkosten	195

a) Die Konkurrenz bietet ein praktisch identisches Produkt um 189 am Markt an. Gabriele Floss ist sich ziemlich sicher, daß die Konkurrenz keine Kostenvorteile im Vergleich zu ihrer Abteilung hat. Also, schließt sie, muß die Rechnung falsch sein. Angenommen, sie verwendet anstelle eines relativ hochwertigen Materialteils, das 11 kostet, ein anderes Teil mit gleicher Funktion, das nur 7 kostet. Um wieviel sinken die Selbstkosten?

b) Gabriele Floss erfährt, daß die Herstellungskosten, die in der Handelsbilanz angesetzt werden, nur 131 betragen. Für steuerliche Zwecke werden dagegen 152 angesetzt. Aus welchen Gründen kann es zu diesen Abweichungen kommen? Wären diese Überlegungen auch für die Berechnung der (kalkulatorischen) Herstellkosten anwendbar?

c) Gabriele Floss weiß, daß die Gemeinkosten hohe Fixkostenbestandteile enthalten. In den Materialgemeinkosten sind 50% fix, in den Fertigungsgemeinkosten 70%, in den Verwaltungskosten 95% und in den Vertriebskosten 80%. Kürzlich nahm sie einen echten Zusatzauftrag um 140 an, der nach ihrer Kalkulation ein gutes Geschäft war. Im nachhinein ergab die Auswertung aber, daß sie einen Verlust von

140 − 195 = 55 gemacht habe. Dementsprechend frustrierend war das Monats-ergebnis. Was ist richtig?

d) Gabriele Floss beschwert sich beim Controller, daß sie die Verwaltungskosten überhaupt nicht beeinflussen könne. Sie versteht nicht, weshalb man ihrer Abteilung solche Kosten zurechnet. Der Controller erklärt ihr, daß er das so machen müsse, um ein Kostenbewußtsein in den Abteilungen zu erzeugen. Ist das ein überzeugender Grund?

Literaturempfehlungen

Allgemeine Literatur

Ewert, R.: Der informationsökonomische Ansatz des Controlling, in: *Weber, J.*, und *B. Hirsch* (Hrsg.): *Controlling als akademische Disziplin*, Wiesbaden 2002, S. 21-37.

Zimmerman, J.L.: *Accounting for Decision Making and Control*, 3. Auflage, Chicago et al. 2000.

Spezielle Literatur

Demski, J.S.: *Managerial Uses of Accounting Information*, Boston et al. 1994.

Pfaff, D.: Kostenrechnung, Verhaltenssteuerung und Controlling, in: *Die Unternehmung* 1995, S. 437 − 455.

Wagenhofer, A.: Kostenrechnung und Verhaltenssteuerung, in: *C.-C. Freidank, U. Götze, B. Huch* und *J. Weber* (Hrsg.): *Kostenmanagement − Neuere Konzepte und Anwendungen*, Berlin et al. 1997, S. 57 − 78.

Teil I:

Entscheidungsrechnungen

Die Kosten- und Leistungsrechnung als Entscheidungsrechnung

Hans Fit ist seit Januar neuer Geschäftsführer der „Funny & Sunny AG", die im Sport- und Freizeitbereich tätig ist. Das Unternehmen agiert schwerpunktmäßig im Wassersportsektor und hat einen guten Namen als Hersteller langlebiger Wasserskier und Surfbretter, wobei jeweils auch die dazugehörigen Accessoires vertrieben werden. Vor einem Jahr wurde ein Vorstoß in den Markt für Snowboards gewagt, weil man hoffte, die bei der Produktion von Surfbrettern gewonnenen Erfahrungen günstig einsetzen zu können. Das Snowboardgeschäft ließ sich aber eher schleppend an; außerdem zeigte sich, daß die Herstellung der Snowboards wegen andersartiger Anforderungen und Einsatzbedingungen doch etwas schwieriger und daher teurer ist, als anfangs vermutet wurde. Der Absatz im „traditionellen" Stammgeschäft läuft dagegen momentan recht gut; noch im letzten Dezember wurden für die Produktion von Surfbrettern sogar die bisherigen Produktionsanlagen durch neue und technisch verbesserte Aggregate ersetzt.

Im Unternehmen ist eine quartalsweise Planung des Produktions- und Absatzprogramms üblich, wobei man sich stets zum Quartalsbeginn zu einer Planungskonferenz trifft. An dieser Sitzung nehmen außer dem Geschäftsführer des Unternehmens auch der Unternehmenscontroller Max Spitz, die für die allgemeine Unternehmensplanung zuständige Abteilungsleiterin Franziska Lang sowie die technische Fertigungsleiterin Birgitt Nagel teil. Frau Lang war im letzten Jahr die treibende Kraft beim Aufbau des Snowboardgeschäfts, weil sie den früheren Geschäftsführer anläßlich eines Betriebsausfluges der Führungspersonen ins winterliche Kitzbühel davon überzeugen konnte, daß es sich um einen potentiell wichtigen Markt handelt. Für Hans Fit ist die Anfang Januar anberaumte Konferenz naturgemäß die erste Sitzung im Unternehmen; er hofft, dabei vor allem erste und wichtige Einblicke in die Erfolgs- und Absatzsituation des Unternehmens zu erhalten.

Wie üblich beginnt die Planungskonferenz mit einem Vortrag des Controllers Spitz über die Erlös- und Kostensituation der einzelnen Produkte. Neben der eingetretenen Istentwicklung spielen natürlich die für das nächste Quartal erwarteten Kosten- und Erlösdaten eine maßgebende Rolle. Basierend auf diesen Informationen wurde in der Vergangenheit über die einzuschlagende Produktions- und Absatzpolitik entschieden. Hinsichtlich der Erfolgssituation ergibt sich für das Stammgeschäft ein recht günstiges Bild; dagegen schneiden die Snowboards nicht so gut ab. Spitz möchte gegenüber dem neuen Geschäftsführer einen besonders guten und kompetenten Eindruck hinterlassen. Daher hat er einen recht ausführlichen Vortrag vorbereitet, in dem auch im Anschluß an die Präsentation der produktbezogenen Erfolgsdaten einzelne Vorgehensweisen zur Ermittlung der Kosten- und Erlösinformationen detailliert erläutert werden.

„Also", leitet Spitz seine Verfahrenserläuterungen ein, „wir trennen zunächst die fixen von den variablen Kosten, um aussagefähige Überschußgrößen für die Produkte zu erhalten. Die variablen Gemeinkosten werden dann über einen BAB den einzelnen Kostenträgern zugerechnet, wobei wir sogar gegenseitige Stellenbeziehungen über das Kostenstellenausgleichsverfahren, also das mit dem Gleichungssystem, und mit vielfältigen Bezugsgrößen, zum Beispiel Schleifstunden, aber bei

anderen, mehr indirekten Stellen auch ‚Deckung Grenzkosten'...". An dieser Stelle kann sich Franziska Lang nicht mehr zurückhalten. Sie findet diese Konzentration auf die eher kurzfristigen Kosten- und Erlösdaten schon seit langem etwas kleinkariert, zumal die von ihr ins Spiel gebrachten Snowboards bisher immer so schlecht abschneiden. Sie sieht angesichts des neuen Geschäftsführers eine Chance, ihren Vorstellungen von richtiger Planung Geltung zu verschaffen. Daher hat sie sich auf diese Sitzung besonders gut vorbereitet.

„Diese rechentechnischen Details sind doch gar nicht so wichtig", unterbricht sie Spitz. „Wir sollten uns eher über grundsätzlichere Fragen unterhalten. Die vorgelegten Zahlen geben ja gar kein richtiges Bild von den wirklichen Erfolgschancen der Produkte. Dazu müßte man viel langfristiger denken, doch das geht Ihnen, lieber Herr Spitz, wohl etwas ab". „Wir wollen doch sachlich bleiben", beruhigt Fit die Gemüter. „Warum zweifeln Sie an den Spitz'schen Zahlen, Frau Lang?" „Zugegeben", erwidert sie, „die Herstellung der Snowboards ist etwas teurer als erwartet, so daß wir dort nicht so gut aussehen. Doch der Markt wird sich günstig entwickeln, nur leider kann die Fertigung überhaupt nicht besser werden, weil wir gar keine ausreichenden Erfahrungen sammeln können, solange die Snowboards in solch geringen Stückzahlen hergestellt werden. Und später, wenn der Markt boomt, können die anderen Hersteller viel kostengünstiger als wir anbieten, weil sie schon vorher wegen ihres Erfahrungspotentials die Herstellung haben optimieren können. Haben Sie das eigentlich in Ihren Kostendaten auch mal erfaßt, lieber Spitz?"

Während dieser noch um Fassung ringt, erwacht Frau Nagel aus ihrer Lethargie und fühlt sich fachlich angesprochen. „Frau Lang hat gar nicht so unrecht", ergänzt sie deren Ausführungen. „Die Einstellung der Maschinen bei den Snowboards ist sehr kompliziert, und wir haben das immer noch nicht ganz im Griff. Vielleicht können auch Konstruktionsänderungen helfen, doch wir müssen einfach mehr über den Produktionsprozeß wissen, um gezielt handeln zu können." „Eben", meint Frau Lang, „und darüber hinaus möchte ich einen weiteren Zweifel an den Spitz'schen Zahlen anmelden. Ist dort eigentlich erfaßt, daß wir bei den Surfbrettern ebenfalls völlig neue Anlagen haben, mit denen die Mitarbeiter wohl kaum Erfahrungen haben sammeln können? Die Kosten der Surfbretter müßten doch eher höher angesetzt werden, und dann stehen die gar nicht mehr so gut da. Und von Frau Nagel weiß ich, daß bei den Anlagen für die Wasserskier kürzlich viele Ausfälle mit teuren Instandhaltungen angefallen sind. Wenn wir in diesem Bereich viel produzieren, müssen wir künftig mit umfangreichen weiteren Reparaturen rechnen. Was das kostet, kann sich jeder ausmalen. Wir sollten daher diese langfristigen Dinge unbedingt berücksichtigen, und dann kommen wir zu ganz anderen Entscheidungen."

Fit ist von Langs Vortrag sehr beeindruckt, doch Spitz hat sich mittlerweile gefangen. Bewaffnet mit seinem Wissen aus einem jüngst absolvierten Kurs in Investitionsrechnung kontert er: „Das hört sich ja alles ganz schön an, Frau Lang, doch haben Sie völlig übersehen, welche Kosten Ihr Vorschlag an anderer Stelle hervorrufen würde. Wenn wir das alles richtig machen wollten, dann müßten wir doch bei jeder Planungskonferenz letztlich bis zum St. Nimmerleinstag die Planung *festlegen. Denn nur so kann sich beweisen, welche künftigen Konsequenzen die Lern- und Verschleißeffekte wirklich haben werden. Und dabei müßten wir die Reinvestitionspolitik auch noch erfassen, und und und. Dann stelle ich den Antrag auf Verdreifachung des Personals der Controllingabteilung, und selbst dann bin ich mir nicht sicher, ob wir das alles bewältigen können, zumal Prognosen ohnehin sehr ungewiß sind. Wir würden nur planen, planen und planen, und kämen zu nichts anderem mehr. Ich meine, so etwas können wir nur ab und zu machen, nicht aber permanent.* "

Wegen der eingefahrenen Diskussion entschließt sich Fit zu einer Vertagung der endgültigen Entscheidung und bittet jeden Teilnehmer, über das Problem noch einmal nachzudenken. In seinem Büro macht er sich seine eigenen Gedanken. Worauf sollten die Entscheidungen denn nun wirklich basieren? Hat Frau Lang nicht völlig recht, wenn sie auf die stete Berücksichtigung der langfristigen Aspekte pocht? Was ist dann überhaupt von Kostendaten zu halten, an die auch Fit sich zu orientieren gewöhnt hat? Doch ist nicht auch das Spitz'sche Argument der Planungskosten richtig? Fit wird beim Nachdenken etwas nervös, weil ihm die Eigner im Nacken sitzen. Diese sind vornehmlich an ihren Ausschüttungen und am Wert ihrer Aktien interessiert. Wie kann er aber auch noch diesen Aspekt einbeziehen?

Ziele dieses Kapitels

- Ableitung entscheidungstheoretischer Grundlagen zur Lösung von Entscheidungsproblemen

- Diskussion von Vereinfachungen und Repräsentanzgrößen als Basis von Informationssystemen und der Kosten- und Leistungsrechnung

- Diskussion des investitionstheoretischen Ansatzes der Kostenrechnung

- Vorstellung der Kostenrechnung als Informationssystem für kurzfristig wirksame Entscheidungen

- Analyse des Zusammenhangs zwischen Kapitalwert und Kosten bzw Leistungen

---

1. Einführung

Der Erfolg jeder Unternehmenstätigkeit hängt zu einem nicht unerheblichen Teil von der Qualität der gefällten Entscheidungen ab. Wer Entscheidungsprobleme lösen will, benötigt Informationen über die Konsequenzen der erwogenen Maßnahmen. Solche Angaben werden durch Entscheidungsrechnungen bereitgestellt. Daß man sich dabei an Größen wie **Kosten**, **Leistungen** und **Gewinnen** orientiert, scheint praktisch so evident und einleuchtend zu sein, daß es dazu keiner gesonderten Begründung mehr bedarf.

Doch bei näherem Nachdenken ist das keineswegs so selbstverständlich, wie es auf den ersten Blick erscheint. Selbst bei Beschränkung auf rein finanzielle Zielgrößen wird nämlich üblicherweise angenommen, daß Entscheidungsträger bei der Zusammenstellung ihres Handlungsbündels danach streben, einen **Konsumzahlungsstrom** bezüglich seiner **Breite, zeitlichen Struktur** und **Unsicherheit präferenzkonform** zu gestalten. Demgegenüber versteht man unter **Kosten (Leistungen)** allgemein die *sachzielbezogenen, bewerteten Güterverbräuche (Gütererstellungen) eines Unternehmens in einer Periode*, und der (Perioden-)Gewinn ergibt sich daraus als Differenz von Leistungen und Kosten.

Was aber hat ein so verstandener (Perioden-)Gewinn mit der **Optimierung** der eigentlich interessierenden Konsumposition (gemessen anhand der drei obigen Dimensionen) zu tun? Und wie „gut" sind Handlungsprogramme, die sich vorwiegend an der Maximierung solcher (Perioden-)Gewinne orientieren?

Die **Kosten- und Leistungsrechnung (KLR)** in ihrer Eigenschaft als Entscheidungsrechnung ist durch ganz spezifische Festlegungen und Rahmenbedingungen gekennzeichnet. Ehe man davon reden kann, mit Hilfe eines Systems der KLR „optimale" Entscheidungen getroffen zu haben, muß zunächst grundsätzlich geklärt werden, in welchem (größeren) Zusammenhang man derartige Entscheidungsrechnungen und ihre Resultate sehen muß. In diesem Kapitel werden diese Aspekte schrittweise erarbeitet, und es wird aufgezeigt, welche **Abgrenzungen** bei der KLR üblicherweise gesetzt werden, welche **Beziehungen** erfaßt und welche zerschnitten werden, und ob sich die angesprochenen Festlegungen immer problemlos und eindeutig treffen lassen.

Diese Analyse dient nicht nur dazu, die Grenzen der in späteren Kapiteln detailliert behandelten Entscheidungsrechnungen auf Basis der KLR von vornherein aufzuzeigen. Sie liefert zugleich die Grundzüge der **neueren Diskussion** zur Gestaltung der KLR, in der gerade die üblichen Abgrenzungen kritisch gesehen und nicht selten verworfen werden. Diese neuere Diskussion beschäftigt sich insbesondere mit der Einbettung der KLR in längerfristige Planungsrechnungen. Sie findet in eher praxisorientierter Sicht ihre Entsprechung in Vorschlägen für eine „strategische Kostenrechnung", die im 6. Kapitel: *Strategische Entscheidungen* noch behandelt werden. Die Abgrenzungen und Festlegungen der KLR sind somit nicht nur grundlegend für ihren Einsatz als Planungsinstrument, sondern zugleich Dreh- und Angelpunkt aktueller Diskussionen und Weiterentwicklungen.

Ausgangspunkt der folgenden Überlegungen ist eine normative Frage: *„ Wie müßte man eigentlich bei der Lösung von Entscheidungsproblemen vorgehen?"* Diese Fragestellung entspricht letztlich dem Untersuchungsgegenstand der präskriptiven Entscheidungstheorie, und sie läßt sich mit Hilfe des Grundmodells der Entscheidungstheorie im Prinzip beantworten. Es wird daher zunächst das entscheidungstheoretische Grundmodell kurz vorgestellt. Aus dessen Implikationen ergibt sich eine umfassende Interpretation von Rechengrößen wie „Kosten" und „Leistungen", die aber nur sehr wenig mit den üblichen Inhalten dieser Größen zu tun hat.

Um sich diesen traditionellen Inhalten sukzessiv zu nähern, werden nach und nach **Vereinfachungen** eingeführt. Eine erste Vereinfachung greift sich nur noch finanzielle Zielgrößen heraus, wobei die (grundsätzlich mehrperiodigen und unsicheren) finanziellen Konsequenzen von Handlungsalternativen zugleich verdichtet und durch bestimmte Größen (wie etwa den Kapital- oder Marktwert) repräsentiert werden.

Aus den **Veränderungen dieser Repräsentanzgrößen** lassen sich dann erneut „Kosten" und „Leistungen" ableiten. Diese Konzeption spielt in der neueren Diskussion zur KLR eine große Rolle. Ihre Eigenschaften werden daher anhand einiger einfacher Ansätze erarbeitet. Dabei zeigt sich, daß auch diese Konzeption in der praktischen Anwendung derart anspruchsvoll und aufwendig sein dürfte, daß weitere Vereinfachungen notwendig werden.

Die **zusätzlichen Vereinfachungen** betreffen die Vernachlässigung bestimmter zeitlicher und sachlicher Interdependenzen, woraus sogenannte **kurzfristig wirksame Entscheidungsprobleme** resultieren. Daraus ergeben sich schließlich die bekannten und eingangs genannten Inhalte von Kosten und Leistungen. Dennoch können mit einer solchen KLR grundsätzlich auch langfristig wirksame Entscheidungen fundiert werden, was abschließend anhand des „*Lücke*-Theorems" demonstriert wird. Dabei handelt es sich zwar um einen wichtigen, aus der Sicht der Gestaltung von Entscheidungsrechnungen aber eher formalen Aspekt. Materielle Empfehlungen zum Aufbau einer KLR lassen sich daraus kaum ableiten, und eine Lösung der vereinfachungsbedingten Probleme bezüglich der Zerschneidung von Interdependenzen wird ebenfalls nicht gegeben.

2. Entscheidungstheoretische Grundlagen

2.1. Das Grundmodell der Entscheidungstheorie

Entscheidungsprobleme mögen im Detail sehr unterschiedlich sein, doch lassen sie sich alle durch eine einheitliche Grundstruktur charakterisieren.[1] Diese Struktur wird durch das Grundmodell der Entscheidungstheorie beschrieben. Danach läßt sich ein Entscheidungsproblem grundsätzlich kennzeichnen durch

- das **Entscheidungsfeld**, bestehend aus dem Aktionsraum, der Menge möglicher Umweltzustände und der Ergebnisfunktion, sowie durch

- den **Zielplan**, der sich aus dem Präferenzsystem und der Definition der Ergebnisarten zusammensetzt, mit denen die Entscheidungsträger Wertvorstellungen verbinden.

Entscheidungsfeld

Soll überhaupt ein Entscheidungsproblem vorliegen, muß man wenigstens zwei Handlungsmöglichkeiten haben. Die Zusammenstellung aller verfügbaren Aktionen bildet den **Aktionsraum A**; eine einzelne Aktion wird mit $a \in \mathbf{A}$ bezeichnet. Jede

---

[1] Mit der folgenden Darstellung ist keine umfassende Behandlung entscheidungstheoretischer Fragestellungen beabsichtigt. Es handelt sich lediglich um die Erörterung solcher Aspekte, die für das hier interessierende Problem wichtig sind. Zur ausführlichen Behandlung entscheidungstheoretischer Probleme vgl zB *Bamberg* und *Coenenberg* (2002), *Laux* (2003) oder *Sieben* und *Schildbach* (1994).

Aktion besteht aus einer spezifischen Kombination von **Aktionsparametern**. So bildet zB bei einem Problem der Produktionsprogrammplanung jedes zulässige Produktionsprogramm eine bestimmte Aktion. Ein Produktionsprogramm setzt sich wiederum aus der Art und der Menge der darin enthaltenen Produkte zusammen. Bei n Produktarten hat man dann ebenso viele Aktionsparameter, nämlich die zu fertigenden Mengeneinheiten jeder Produktart. Sollen die sich daraus ergebenden Aktionen zulässig sein, müssen die Kombinationen der Aktionsparameter unter Berücksichtigung vorliegender Restriktionen (etwa aus dem Beschaffungs-, Produktions- und Absatzbereich) gebildet werden. So ist es zB beim Vorliegen von Rohstoffbeschränkungen nicht sinnvoll, ein Produktionsprogramm zusammenzustellen, das mehr Rohstoffe benötigt, als auf Grund der Marktengpässe beschafft werden können. Solche Zulässigkeitserfordernisse spiegeln sich letzlich in der Menge **A** wider.

Bei der Formulierung von Aktionen auf der Basis von Aktionsparametern ist das **Exklusionsprinzip** zu beachten. Danach muß die Kombination der Aktionsparameter **vollständig** sein, dh sie muß alle Aktionsparameter in einer spezifischen Ausprägung umfassen, um echte Alternativen zu bilden. Andernfalls besteht ggf gar keine Notwendigkeit, sich zwischen bestimmten Aktionen entscheiden zu müssen, weil sie sich nicht gegenseitig ausschließen und daher gemeinsam realisiert werden können. Die Aktionsparameter können sich auch auf mehrere Zeitpunkte beziehen. Soll etwa eine bestehende Fertigungskapazität durch Zusatzinvestitionen erweitert werden, muß für jede in Frage kommende Erweiterungsstufe (Aktionsparameter hinsichtlich der heutigen Investitionstätigkeit) geprüft werden, welche Produktarten in welchen Mengen dadurch künftig hergestellt und zu welchen Preisen sie abgesetzt werden sollen (Aktionsparameter bezüglich der künftigen Produktions- und Absatzpolitik). In diesem Fall besteht eine Aktion aus einer dem Exklusionsprinzip genügenden Kombination heutiger und künftiger Aktionsparameter, stellt letztlich also eine auf mehrere Perioden bezogene **Handlungsstrategie** dar.

Die Menge möglicher **Umweltzustände** („Zustandsraum") kennzeichnet alle Faktoren, die zwar die Handlungsergebnisse beeinflussen können, sich aber andererseits dem Einfluß des Entscheidungsträgers entziehen. So hängen die künftig erzielbaren Zahlungsüberschüsse unter anderem von den unsicheren Markt- und Nachfragebedingungen ab. Der **Zustandsraum** wird nachfolgend mit Θ, ein einzelner **Zustand** mit $\theta \in \Theta$ bezeichnet. Analog zu einer Aktion läßt sich ein Umweltzustand θ ebenfalls als spezifische, dem **Exklusionsprinzip** genügende Kombination von Umweltparametern (zB Beschaffungspreise, Nachfragemengen, Zinssätze, Konkurrenzaktionen) auffassen. Auch dabei können mehrperiodige Aspekte bedeutsam sein.

Beispiel: Angenommen, die Nachfragemenge für ein bestimmtes Produkt ist ungewiß und kann in jeder Periode entweder 2.000 oder 1.000 Stück betragen. Umfaßt das Entscheidungsproblem zwei Perioden, hat man bezüglich des Nachfrageparameters *vier* Kombinationen zu beachten, nämlich (1.000; 1.000), (1.000; 2.000), (2.000; 1.000) und (2.000; 2.000) (dabei gibt die erste (zweite) Zahl die Nachfragemenge der ersten (zweiten) Periode an). Insofern resultieren alleine aus der Entwicklung des betrachteten Parameters bereits vier mögliche Umweltzustände. Deren Zahl wird aber schnell größer, wenn man weitere Parameter, mehrere Perioden und eine größere Zahl von Ausprägungen der einzelnen Parameter in Betracht zieht. So erhält man etwa bei einem vierperiodigen Entscheidungsproblem mit acht Umweltparametern, die in jeder Periode unabhängig voneinander jeweils sechs verschiedene Ausprägungen annehmen können, insgesamt $6^{(4\cdot8)} = 6^{32} =$ 7,95866·10^{24} mögliche Kombinationen und demnach ebenso viele Umweltzustände.

Vergegenwärtigt man sich, daß Aktionen auch Handlungsstrategien sein können, dann bestehen offenbar **vielfältige Zusammenhänge** zwischen Aktions- und Zustandsraum. Beide Bestandteile des Entscheidungsfeldes können grundsätzlich **mehrperiodige** Parameterkombinationen enthalten. Soll die Formulierung des Aktionsraums dabei alle Anpassungsmöglichkeiten ausschöpfen, muß sie zur Formulierung des Zustandsraums passen, dh die Handlungsstrategien müssen bedingt für die jeweiligen Kombinationen der Umweltparameter vorgenommen werden. So reicht es etwa nicht aus, künftige Möglichkeiten zur Erweiterung einer Maschinenkapazität nur grundsätzlich und unbedingt vorzusehen, denn dadurch wird nicht berücksichtigt, daß man die Möglichkeit hat, Erweiterungen dann vorzunehmen, wenn sich günstige Nachfrageentwicklungen abzeichnen, andernfalls aber nicht.[2] Insofern haben die **für möglich gehaltenen Umweltentwicklungen** Auswirkungen auf die Formulierung des Aktionsraums. Dies kann auch noch aus einem anderen Grund auftreten, dann nämlich, wenn die Umweltparameter unmittelbar solche Sachverhalte betreffen, die für die Zulässigkeit von Aktionen bedeutsam sind (zB unsichere Beschaffungsrestriktionen oder Streiks).[3]

Die **Ergebnisfunktion** als dritter Bestandteil des Entscheidungsfeldes verknüpft die Elemente des Aktions- und Zustandsraums derart, daß für jede Kombination aus Aktion und Umweltzustand das daraus resultierende Ergebnis $\omega(a,\theta)$ angegeben wird. Insgesamt lassen sich diese Zusammenhänge in der sogenannten **Ergebnismatrix** übersichtlich darstellen. Geht man von einem Aktionsraum **A** mit M einander ausschließenden Aktionen a_m ($m = 1, ..., M$) und einem Zustandsraum Θ mit N einander ausschließenden Umweltzuständen θ_n ($n = 1, ..., N$) aus, und ordnet man die Aktionen in der Kopfspalte, die Umweltzustände in der Kopfzeile an, dann sieht die Ergebnismatrix wie in Tabelle 1 gezeigt aus.

Die Ergebnisfunktion $\omega(a,\theta)$ nimmt *nicht* explizit Bezug auf die **Anzahl der Ergebnisarten** und den zeitlichen Anfall der Ergebnisse. Weil aber grundsätzlich beliebig viele Ergebnisarten für den Entscheidungsträger bedeutsam sein können (zB Zahlungen, Macht, Prestige, Einfluß, Vermeidung ökologischer Belastungen oder soziale Aspekte), deren Anfall eine ebenfalls beliebige zeitliche Struktur aufweisen kann, muß man sich $\omega(a,\theta)$ letztlich als vektor- bzw matrizenwertige Funktion vorstellen. Jedes Element $\omega(a,\theta)$ der Ergebnismatrix läßt sich daher als eine Matrix interpretieren, die für jeden Zeitpunkt bzw jede Periode $t = 1, ..., T$ (T kennzeichnet das Ende des Planungszeitraums bzw die Anzahl der Perioden) und für jede Ergeb-

---

[2] Dieser Aspekt betrifft den Unterschied zwischen „starrer" und „flexibler" Planung. Siehe dazu ausführlicher *Hax* und *Laux* (1972), *Inderfurth* (1982) und *Laux* (2003), Kap. IX. Die Berücksichtigung bedingter Handlungsstrategien bei der Formulierung des Aktionsraums ist insbesondere deswegen wichtig, weil bereits die Auswahl der *heute festzulegenden Aktionsparameter* davon abhängen kann, welche Anpassungsmöglichkeiten man künftig hat.

[3] Vgl zu einem Beispiel etwa *Sieben* und *Schildbach* (1994), S. 18 f.

nisart $j = 1, \ldots, J$ (J gibt die Anzahl der Ergebnisarten an) die jeweiligen Ergebnisse enthält, falls die Aktion a und der Umweltzustand θ eintreten.

Umweltzustände Aktionen	θ_1	θ_2	$\ldots$	θ_N
a_1	$\omega(a_1,\theta_1)$	$\omega(a_1,\theta_2)$	$\ldots$	$\omega(a_1,\theta_N)$
a_2	$\omega(a_2,\theta_1)$	$\omega(a_2,\theta_2)$	$\ldots$	$\omega(a_2,\theta_N)$
$\vdots$	$\vdots$	$\vdots$	$\ddots$	$\vdots$
a_M	$\omega(a_M,\theta_1)$	$\omega(a_M,\theta_2)$	$\ldots$	$\omega(a_M,\theta_N)$

Tab. 1: Ergebnismatrix

Dabei bedeuten:
a ....Aktion
θ ....(unsicherer) Umweltzustand
ω ....Ergebnis aus Aktion und Umweltzustand

Die folgende Matrix weist zeilenweise die Ergebnisarten und spaltenweise die Zeitpunkte bzw Perioden aus; somit bezeichnet $\omega_{jt}(a_m, \theta_n)$ das Ergebnis der j-ten Art zum t-ten Zeitpunkt, falls die Aktion a_m gewählt wurde und der Zustand θ_n eintritt:

$$\begin{array}{c} \omega(a_m,\theta_n) \\ (m=1,\ldots,M;\ n=1,\ldots,N) \end{array} = \begin{bmatrix} \omega_{11}(a_m,\theta_n) & \omega_{12}(a_m,\theta_n) & \cdots & \omega_{1T}(a_m,\theta_n) \\ \omega_{21}(a_m,\theta_n) & \omega_{22}(a_m,\theta_n) & \cdots & \omega_{2T}(a_m,\theta_n) \\ \vdots & \vdots & \ddots & \vdots \\ \omega_{J1}(a_m,\theta_n) & \omega_{J2}(a_m,\theta_n) & \cdots & \omega_{JT}(a_m,\theta_n) \end{bmatrix}$$

Zielplan

Die bislang dargestellten Faktoren reichen für eine Entscheidung noch nicht aus. Sie beschreiben im Grunde allein die vom Entscheidungsträger wahrgenommenen und für wichtig gehaltenen Aspekte der zu gestaltenden Realität. Daß es sich dabei nur um solche Dinge handelt, denen der Entscheidungsträger **subjektiv Bedeutung** beimißt, spiegelt sich nicht zuletzt in der Ergebnismatrix wider. Die dort aufgelisteten Ergebnisse werden sich nämlich an der Definition derjenigen **Ergebnisarten** orientieren, denen der Entscheidungsträger überhaupt einen Wert beilegt. Insbesondere macht es bei einem konkret vorliegenden Entscheidungsproblem keinen Sinn, auch solche Ergebnisarten aufzuführen, für die sich der Entscheidungsträger nicht interessiert.

Eine **Entscheidung** wird erst dann ermöglicht, wenn festlegt, wie der Entscheidungsträger die in der Ergebnismatrix zum Ausdruck kommenden Ergebnisstrukturen jeder Aktion subjektiv bewertet. Diese Bewertung wird durch das **Präferenz-**

system vorgenommen. Dieses Präferenzsystem enthält die individuellen Einstellungen des Entscheidungsträgers gegenüber den vier Ergebnismerkmalen: Arten-, Höhen-, Zeit- und Ungewißheitsmerkmal. Diesen Merkmalen stehen folgende **Bestandteile des Präferenzsystems** gegenüber:

- Die **Artenpräferenz** enthält die subjektive Einstellung gegenüber den einzelnen Ergebnisarten. Sie kann zB Rangfolgen der Ergebnisarten oder Gewichtungen festlegen.

- Die **Höhenpräferenz** kennzeichnet die Art und Weise, wie unterschiedliche Ergebnishöhen bewertet werden.

- Die **Zeitpräferenz** gibt an, wie der Entscheidungsträger den unterschiedlichen Zeitanfall der Ergebnisse bewertet, ob er also (bei gegebener Ergebnisart und -höhe) beispielsweise einen früheren Anfall dem späteren vorzieht.

- Schließlich beschreibt die **Sicherheitspräferenz** die subjektive Einstellung des Entscheidungsträgers zur Tatsache, daß die Ergebnisse einer bestimmten Art und Höhe, die zu einem bestimmten Zeitpunkt anfallen, zumeist ungewiß, also vom Eintreten eines bestimmten Umweltzustands abhängig sind. Diese Präferenzen hängen stark davon ab, ob den Umweltzuständen Wahrscheinlichkeiten beigelegt werden können (*„Risiko"*) oder nicht (*„Unsicherheit im engeren Sinn"*).

Letztlich führt die Anwendung des Präferenzsystems auf die Ergebnismatrix dazu, daß je Aktion nur noch *eine* reelle Zahl übrig bleibt, die man auch als Nutzenindex $U(a)$ ($a \in \mathbf{A}$) ansehen kann. Gewählt wird diejenige Aktion mit dem größten Nutzenindex.

Beispiele für Präferenzen

Artenpräferenzen

Angenommen, der Entscheidungsträger strebt nach Gewinnen G und Umsätzen (Erlösen) E. Wird eine Rangfolge dieser beiden Ergebnisarten festgelegt, kann zB der Gewinn zur erstrangigen Ergebnisart erklärt werden. Die Alternativen werden dann zuerst nach Maßgabe des Gewinns beurteilt. Nur solche Alternativen, die diesbezüglich gleichwertig sind, sind anschließend nach dem Erlös zu beurteilen. Ein Gewichtungsverfahren legt demgegenüber Faktoren α für den Gewinn und β für den Erlös fest, so daß eine Zielfunktion der Art $\alpha \cdot G + \beta \cdot E$ resultiert.

Höhenpräferenzen

Werden höhere Ergebnisse stets niedrigeren vorgezogen, so kann dies durch eine Nutzenfunktion $U(\omega)$ erfaßt werden, für die gilt: $U(\omega_1) > U(\omega_2)$, falls $\omega_1 > \omega_2$. Bei einer Maximierung des Gewinns wäre $\omega = G$ und $U(\omega) = U(G) = G$. Bei einer solchen linearen Nutzenfunktion liegen konstante Grenznutzen vor, und Ergebnisdifferenzen werden stets in der gleichen Weise bewertet. Ist dagegen zB die subjektive Wertschätzung zusätzlicher Ergebniseinheiten zwar stets positiv, nimmt sie aber sukzessive ab, kommen streng konkave Nutzenfunktionen in Betracht, etwa die Funktion $U(\omega) = \ln(\omega)$.

Zeitpräferenzen

Zeitpräferenzen lassen sich zB durch subjektive „Diskontierungsfaktoren" erfassen. So kann der Entscheidungsträger festlegen, daß ihm ein Ergebnis im nächsten Jahr nur 90% des Nutzens eines sofort anfallenden Ergebnisses beschert. Gibt ω_0 das heutige und ω_1 das im nächsten Jahr anfallende Ergebnis an, dann könnte die kombinierte Nutzenfunktion somit lauten: $U(\omega_0, \omega_1) = U_0(\omega_0) + 0,9 \cdot U_0(\omega_1)$.

Sicherheitspräferenzen

In der *Risikosituation* können subjektive Wahrscheinlichkeitsverteilungen der Ergebnisse angegeben werden. Jede Alternative ist nicht mehr mit einem einzelnen Ergebnis, sondern mit einer Ergebnisverteilung verbunden. Möglich ist zB eine Orientierung am Erwartungswert $E[\tilde{\omega}]$ eines unsicheren Ereignisses. Diese Präferenz impliziert eine subjektive Äquivalenz eines sicheren und eines risikobehafteten Ergebnisses, falls beide den gleichen Erwartungswert aufweisen. Das Risiko selbst wird also weder positiv noch negativ bewertet (Risikoneutralität).

Ein risikoscheuer Entscheidungsträger könnte zusätzlich zum Erwartungswert ein gesondertes Risikomaß heranziehen, an das die negative Bewertung des Risikos anknüpft. Dabei bieten sich Streuungsmaße der Ergebnisverteilungen, wie zB die Varianz, an. Wird das Risiko in dieser Weise gemessen, und bewertet der Entscheidungsträger eine Risikomenge mit dem Parameter $\alpha > 0$ in einer negativen Form, dann könnte die gesamte Nutzenfunktion lauten: $E[\tilde{\omega}] - \alpha \cdot \sigma^2(\tilde{\omega})$.

Neben der Verwendung von Verteilungsparametern ist auch denkbar, daß der Entscheidungsträger jedes Ergebnis zunächst einer eigenständigen Nutzenbewertung $U(\omega)$ unterwirft und anschließend den Erwartungswert $E[U(\tilde{\omega})]$ des *Nutzens* der Ergebnisse maximiert (Erwartungs*nutzen*maximierung bzw *Bernoulli*-Prinzip).

Bei *Unsicherheit im engeren Sinn* sind die oben beschriebenen Möglichkeiten mangels Wahrscheinlichkeiten nicht gegeben. Denkbar wäre dafür zB eine Orientierung am besten (ungünstigsten) Ergebnis einer Aktion, was einer optimistischen (pessimistischen) Einstellung entspricht. Im ersten (zweiten) Fall spricht man vom *Maximax*-Prinzip (*Minimax*-Prinzip), weil die Alternative gewählt wird, deren bestes (ungünstigstes) Ergebnis am höchsten ist. Es läßt sich aber zB auch eine Kombination von maximalem und minimalem Ergebnis denken (*Hurwicz*-Regel).

2.2. Entscheidungsrechnungen und Kosten-Leistungs-Konzeption I

Die obigen Ausführungen beschreiben einen allgemeinen Rahmen für das Treffen rationaler, dh zielentsprechender Entscheidungen. Will man ganz allgemein wissen, wie man „eigentlich" vorgehen müßte, um „gute" Entscheidungen zu treffen, so lassen sich aus dem dargestellten Grundmodell wichtige Hinweise gewinnen. Notwendig ist zunächst ein **Präferenzmodell**, das die Einstellungen des Entscheidungsträgers zum Ausdruck bringt. Darüber hinaus benötigt man ein **Ermittlungsmodell**, das für jede Kombination von Aktion und Umweltzustand die entsprechenden Ergebnisstrukturen abbildet. Zu den konstitutiven Elementen des Ermittlungsmodells gehört letztlich auch die Formulierung des Aktions- und Zustandsraums, denn erst danach lassen sich Ergebnisstrukturen berechnen. Das Ermittlungsmodell muß nicht immer in eine **Ergebnismatrix** der oben angegebenen Form münden. Bei manchen Problemstellungen ist dies gar nicht möglich, dann etwa, wenn ein

Aktionsparameter kontinuierlich variiert werden kann; in diesem Fall erhält man nämlich unendlich viele Aktionen, die sich nicht mehr in der oben gezeigten Form auflisten lassen. Bei anderen Problemstellungen kann die Aufstellung einer Ergebnismatrix unzweckmäßig und viel zu aufwendig sein.

Beispiel: Hat man etwa eine Fertigungskapazität von 3.000 Stunden, die von zwei Produktarten im Umfang von jeweils 1 Stunde je Mengeneinheit x_1 bzw x_2 (beide Mengen müssen nichtnegativ und ganzzahlig sein) beansprucht wird, so ist die Formulierung des Aktionsraums in der Form

$$x_1 + x_2 \leq 3.000 \quad \text{mit } x_1, x_2 \geq 0 \text{ und ganzzahlig}$$

sicherlich einfacher als die Aufzählung jeder einzelnen zulässigen Kombination der beiden Produktarten. Schon dieses Beispiel zeigt, daß die Formulierung des Aktionsraums mit Hilfe von Gleichungs- und/oder Ungleichungssystemen (falls möglich) in vielen Fällen übersichtlicher und informativer als die unmittelbare Vorgehensweise des Grundmodells sein wird. Das betrifft aber lediglich die Art der Darstellung von Zusammenhängen. Die grundlegenden Prinzipien der Konstruktion von Aktions- und Zustandsräumen werden dadurch nicht berührt.

Entscheidungsrechnungen unter Konzeption I

Wie lassen sich nun **Entscheidungsrechnungen** einordnen und interpretieren? Allgemein besteht die **Aufgabe** von Entscheidungsrechnungen darin, **Informationen** zur **zielentsprechenden Lösung** von Entscheidungsproblemen **bereitzustellen**. Aus dem Grundmodell folgt, daß die im Präferenzmodell einerseits und im Ermittlungsmodell andererseits enthaltenen Angaben notwendig und hinreichend für eine rationale Entscheidung sind. Im weiteren Sinne könnte man eine Entscheidungsrechnung deshalb als Kombination aus Präferenz- und Ermittlungsmodell auffassen. Sie wäre dann identisch mit dem Grundmodell.

In der Literatur wird der Begriff **Entscheidungsrechnung** indes nicht in diesem weiten Sinne verwendet. So enthält etwa eine auf dem pagatorischen Kostenbegriff basierende Kostenrechnung alleine noch keine Angaben über das Präferenzsystem. Statt dessen dient sie lediglich dazu, für die ins Auge gefaßten Maßnahmen oder einzelne Bezugsobjekte eine spezifische Ergebnisgröße – nämlich die pagatorischen Kosten – zu **ermitteln**. Erst im Rahmen weiterführender Rechnungen (etwa durch Einfügung der Bezugsobjekte und ihrer Kosten in bestimmte Kalküle) wird das Präferenzsystem hinzugefügt und eine Entscheidung getroffen. Mit dem Terminus *Entscheidungsrechnung* soll daher im folgenden vorwiegend das **Ermittlungsmodell** angesprochen sein. Eine solche Rechnung dient also vornehmlich zur Ermittlung der interessierenden **Ergebnisstrukturen von Aktionen**.

Der Zusammenhang mit dem **Präferenzsystem** ist aber dennoch vorhanden. Er resultiert allgemein aus der subjektiven Festlegung der Ergebnisarten, die für den Entscheidungsträger bedeutsam sind. Die Ermittlung der Ergebnisstrukturen im Rahmen der Entscheidungsrechnung konzentriert sich nur auf die durch die Ergebnisdefinition abgedeckten Ergebnisarten. Darüber hinaus können sich im Zusammenhang mit der KLR als Entscheidungsrechnung bei manchen Interpretationen von Kosten und Leistungen auch weitergehende Präferenzbestandteile verbergen, was im folgenden noch deutlich wird. Insofern kann die Gleichsetzung von Entscheidungsrechnung und Ermittlungsmodell nicht in allen Fällen streng durchgehalten werden.

Nach der hier gegebenen (strengen) Abgrenzung wäre die **Entscheidungsrechnung** schnell eingeordnet und konzeptionell unproblematisch: *Sie entspricht der Ergebnismatrix.* In einer Entscheidungsrechnung wären demnach für jede Aktion die Zeit- und Risikostrukturen der durch den Zielplan festgelegten Ergebnisarten zu ermitteln. Anknüpfungspunkte sind *unmittelbar* die den Entscheidungsträger interessierenden Ergebnisse. In finanzieller Hinsicht handelt es sich dabei um die Zeit- und Risikostruktur des mit einer Aktion verknüpften Konsumzahlungsstroms.[4] Interessiert sich der Entscheidungsträger darüber hinaus auch für nichtpekuniäre Faktoren, so sind diese als weitere Ergebnisarten ebenfalls einzubeziehen.[5] Rechengrößen wie „Kosten" und „Leistungen" haben in diesem Zusammenhang zwar keine besondere Bedeutung, sie können aber grundsätzlich durch folgende Überlegung entwickelt werden: Identifiziert man – der üblichen Vorgehensweise folgend – „Kosten" mit negativ, „Leistungen" dagegen mit positiv bewerteten Ergebnisaspekten von Aktionen, dann lassen sich diese Größen im vorliegenden Zusammenhang wie folgt definieren:[6]

Definition von Kosten I und Leistungen I

- **Kosten I**: Angesichts eines bestimmten Zielplanes und Entscheidungsfeldes resultierende *negative* Konsequenzen (Ergebnisstrukturen) einer Aktion.

- **Leistungen I**: Angesichts eines bestimmten Zielplanes und Entscheidungsfeldes resultierende *positive* Konsequenzen (Ergebnisstrukturen) einer Aktion.

Diese Konzeption ist zur besseren Unterscheidung von zwei später folgenden Konzeptionen mit der Kennzeichnung 'I' versehen. In der angegebenen Form manifestieren sich Kosten und Leistungen jeweils als Zusammenstellung von Teilergebnissen. Beide Größen sind grundsätzlich **nicht einwertig**, sondern für jede Kombination aus Aktion und Umweltzustand – ganz analog zur Ergebnismatrix – als **vektor-** bzw. **matrizenwertig** aufzufassen. Sie umfassen nicht nur monetäre, sondern auch nichtmonetäre Größen, sofern solche Faktoren durch den Zielplan Bedeutung erlangen. Beide Definitionen beinhalten aber wegen der Attribute „negativ" und „positiv" bereits implizit sehr viel weitergehende Bestandteile des Präferenzsystems als nur die reine Festlegung der Ergebnisarten.

---

[4]   Auf diesen Aspekt wird im folgenden Abschnitt noch einmal eingegangen.

[5]   Dabei stellt sich natürlich die Frage, wie solche Dinge wie Prestige, ökologische Belastungen usw operationalisiert werden können. Weil es hier nur auf den konzeptionellen Zusammenhang ankommt, sei darauf nicht weiter eingegangen.

[6]   Diese Begriffsbildungen finden sich ähnlich auch bei *Kloock* (1989), S. UI 10, sowie speziell für die Kosten bei *Maltry* (1989), S. 124 – 129 (er nennt seine Konzeption „Prospektivkosten").

Dieses **Grundmodell der Entscheidungsrechnung** (samt möglichen Erweiterungen[7]) ist für viele konzeptionelle und theoretische Fragestellungen unverzichtbar. Es
hat auch für konkrete praktische Problemstellungen einen nicht zu unterschätzenden
heuristischen Wert,[8] weil es Entscheidungsträger dazu zwingt, sich Klarheit über die
einzelnen Bestandteile des 'Entscheidungsproblems zu verschaffen, mögliche
Zukunftsszenarien zu durchdenken, Handlungsstrategien zu formulieren und präzise
Beurteilungsmaßstäbe zu entwickeln.

Die Konzeption I sollte aber nur als *grundsätzlich denkbare* Aufteilung der Ergebnismatrix in „Kosten" und „Leistungen" angesehen werden, um weitere Überlegungen vorzubereiten, denn: Mit dem Nachdenken über die Gestaltung von Entscheidungsrechnungen könnte man eigentlich an dieser Stelle aufhören, wenn man
dieses konsequent am entscheidungstheoretischen Grundmodell ausrichtet. Und nach
dem bisher Gesagten erscheint eine Orientierung von Entscheidungen an Kosten und
Leistungen im Sinne irgend einer anderen Definition als sehr verkürzt und stark
vereinfacht. Eine derartige Vorgehensweise kann aber dennoch Sinn machen, weil
sich aus praktischer Sicht die Notwendigkeit von Vereinfachungen ergibt.

2.3. Die Notwendigkeit von Vereinfachungen

Das obige Entscheidungsmodell ist bei einer aktuell zu treffenden Entscheidung eher
programmatischer und struktureller Natur. Eine unmittelbare Formulierung **konkreter Entscheidungsprobleme** auf der Basis der Prinzipien des Grundmodells stößt
nämlich leicht an Grenzen.

Zur Verdeutlichung sei eine vereinfachte Situation betrachtet, bei der ausschließlich finanzielle Zielgrößen eine Rolle spielen. In diesem Fall strebt ein Entscheidungsträger alleine danach, einen **Konsumzahlungsstrom** bezüglich der Dimensionen **Breite, zeitliche Struktur** und **Ungewißheit** präferenzkonform zu gestalten.
Nun möchte man diese Entscheidungen streng an den **Prinzipien** des Grundmodells
ausrichten: Zunächst müssen Aktions- und Zustandsraum unter Berücksichtigung der
oben gezeigten Zusammenhänge formuliert werden. Sollen die gewählten Maßnahmen wirklich optimal sein, muß insbesondere die Abhängigkeit heute festzulegender
Aktionsparameter von künftigen Anpassungsmöglichkeiten berücksichtigt werden.
Insofern sind also stets **Handlungsstrategien** zu betrachten, die letztlich die
gesamte Lebensdauer der (institutionalen) Unternehmung umfassen müßten. Dieses
Prinzip kommt zwar einer langfristigen, strategischen Betrachtung geradezu in Reinkultur entgegen,[9] doch dürfte diese Vorgehensweise praktisch kaum durchführbar
sein. Auch wenn man von einer nicht allzu großen Anzahl von Zustandsparametern,

---

[7]   Das dargestellte Grundmodell kann zB durch die Einbeziehung von Maßnahmen der Informationsbeschaffung erweitert werden. Vgl dazu etwa *Demski* (1980).

[8]   Siehe dazu ähnlich auch *Laux* (2003), S. 61 f.

[9]   So betont bspw auch *Maltry* (1989), S. 124, bei der Vorstellung seiner Prospektivkosten
gerade den strategischen Aspekt dieser Konzeption.

Ausprägungen und Perioden ausgeht, führt dies zu fast unüberschaubar vielen möglichen Umweltzuständen. Pointiert ausgedrückt: Man käme gar nicht zum Produzieren, weil man vollauf mit Planungsüberlegungen beschäftigt ist.

In diese ohnehin komplexen Zusammenhänge greift zusätzlich noch die Unterscheidung von personaler und institutionaler Unternehmung ein. Mit der **institutionalen** (firmenbezogenen) **Unternehmung** sind die Aktivitäten einer konkreten Firma oder Institution angesprochen. Dagegen bezieht sich die **personale Unternehmung** auf sämtliche Aktivitäten einer Person, die freilich an vielen institutionalen Unternehmen beteiligt sein kann. Insofern läßt sich die personale Unternehmung auch mit dem Problem der **individuell optimalen Zusammenstellung eines Portefeuilles** aus ggf vielen Anlageobjekten identifizieren.[10]

Nach den Prinzipien des Grundmodells enthält die Ergebnismatrix (und damit die Entscheidungsrechnung) *unmittelbar* die **den Entscheidungsträger** interessierenden Ergebnisarten, im vorliegenden Fall also die Zeit- und Risikostruktur der **Konsumzahlungsströme**, die mit einzelnen Aktionen verbunden sind. Diese Komsumzahlungen sind aber **nicht identisch** mit den **Zahlungsüberschüssen** des Investitions-, Finanzierungs-, Beschaffungs-, Produktions- und Absatzprogramms einer institutionalen Unternehmung. Diese Überschüsse bilden lediglich die **Ausgangsposition** für einen Investor bei der Gestaltung seiner Konsumzahlungen, denn durch weitere Anlage- und Finanzierungsmaßnahmen im Rahmen seiner *personalen* Unternehmung kann er die ursprüngliche Struktur der Zahlungsüberschüsse in eine andere transformieren.

Enthält die Formulierung des Aktionsraums nur die Parameter der institutionalen Unternehmung, dann können die den Entscheidungsträger interessierenden Ergebnisse streng genommen gar nicht ermittelt werden, weil das **individuelle Portefeuilleproblem** vernachlässigt worden ist. Dieses Portefeuilleproblem könnte aber nur dann vernachlässigt werden, wenn man die durch Entscheidungen der institutionalen Unternehmung geschaffenen Ausgangspositionen eindeutig messen und präferenzkonform bewerten könnte. Dann würde ein Maßstab existieren, der die „beste" Ausgangsposition unabhängig von der konkreten Gestalt des individuellen Portefeuilleproblems anzeigt. Das Problem der institutionalen Unternehmung könnte jetzt vom Problem der personalen Unternehmung **separiert** und für sich alleine optimal gelöst werden. Ist das nicht möglich,[11] müßten im Rahmen der Formulierung von Aktions- und Zustandsraum auch sämtliche Aktionsparameter des individuellen Portefeuilleproblems berücksichtigt werden.

Ein zusätzliches Problem taucht auf, wenn **mehrere Entscheidungsträger** zu berücksichtigen sind, wenn es zB darum geht, im **Interesse mehrerer Anteilseigner** eine optimale Unternehmenspolitik zu bestimmen. Die jeweiligen Portefeuilleprobleme der einzelnen Eigner können

---

[10]   Im 5. Kapitel: *Entscheidungsrechnungen bei Unsicherheit* wird auf das Portefeuilleproblem im Zusammenhang mit optimalen Produktionsprogrammentscheidungen unter Unsicherheit noch genauer eingegangen.

[11]   Im weiteren Verlauf dieses Kapitels wird auf Bedingungen für solche Separationen noch eingegangen.

nämlich sehr unterschiedlich sein (etwa wegen unterschiedlichen Reichtums oder verschiedener persönlicher Anlage- und Finanzierungsmöglichkeiten), so daß fraglich ist, von welchem Portefeuilleproblem bei der Bestimmung der Konsumzahlungen ausgegangen werden soll. Darüber hinaus ist unklar, wessen Präferenzsystem auf die Ergebnismatrix angewandt werden und damit die Aktionswahl bestimmen soll.

Optimaler Komplexionsgrad

Zusammenfassend kann festgestellt werden, daß eine strenge Anwendung der Prinzipien des Grundmodells einerseits auf die Formulierung von **Totalmodellen** hinausläuft und andererseits die Einbeziehung individueller Portefeuilleaktivitäten erfordert. Geht man von diesen Bedingungen ab, läuft man grundsätzlich Gefahr, die tatsächlich zielentsprechende Lösung zu verfehlen. Andererseits ist es offensichtlich, daß derart weitreichende Forderungen praktisch kaum erfüllt werden können; außerdem wäre fraglich, ob die Erfüllung solcher Forderungen selbst wiederum sinnvoll ist, weil auch Planungsaktivitäten nicht kostenlos sind.

Dahinter verbirgt sich letztlich ein vorgelagertes Entscheidungsproblem, nämlich dasjenige des **optimalen Komplexionsgrades eines Entscheidungsmodells**. So läuft man zwar durch Vereinfachungen bei der Formulierung von Aktions- und Zustandsräumen (zB Weglassen oder Zusammenfassen von Zuständen, keine durchgängige Aufstellung zeit-zustandsbedingter Handlungsstrategien)[12] Gefahr, nur suboptimale Lösungen zu erreichen, spart aber andererseits die Planungskosten, die mit einer vollständigeren Problemformulierung verbunden gewesen wären. Man könnte versucht sein, das Problem des optimalen Komplexionsgrades ebenfalls mit den vorgestellten Überlegungen des entscheidungstheoretischen Grundmodells anzugehen, doch setzte dies voraus, daß man verschiedene Komplexionsstufen *explizit* durchrechnet und deren jeweilige Zielerreichung für den Entscheidungsträger ermittelt. Dann aber erübrigt sich das Problem der Bestimmung des Komplexionsgrades, weil man insbesondere das Modell in der höchsten Komplexionsstufe bereits aufgestellt und gelöst haben muß.

Gleichwohl bleibt das Komplexionsproblem bestehen und ist praktisch bedeutsam. **Konzeptionen der KLR** als Entscheidungsrechnung und die darauf basierenden Entscheidungsmodelle können letztlich als ganz **spezifische Lösungsvorschläge dieses Komplexionsproblems** aufgefaßt werden. Es ist an dieser Stelle bewußt nur von Lösungs*vorschlägen* die Rede, weil sich das Komplexionsproblem einer optimalen Lösung grundsätzlich entzieht – es sei denn, daß man begründete **Anhaltspunkte** oder sogar fundierte **Theoreme** für **Separationsmöglichkeiten** findet, so daß bestimmte Facetten des umfassenden Problems abgetrennt werden können, ohne daß man Gefahr läuft, für das vereinfachte, übrig bleibende Problem eine Lösung zu finden, die aus einer Gesamtsicht nicht mehr optimal ist. Die folgende Diskussion zeigt, wie man sich schrittweise durch immer mehr Vereinfachungen den Festlegungen im Rahmen der traditionellen KLR-Systeme nähern kann.

---

[12]   Siehe zu einer instruktiven Übersicht etwa *Laux* (2003), Kap. XII.

3. Kosten-Leistungs-Konzeption II

3.1. Definition

Mit Kosten, Leistungen und Gewinnen verbindet man üblicherweise nur **monetäre Größen**, die zudem **einwertig**, nicht aber vektor- oder matrizenwertig angegeben werden. Darüber hinaus werden bei den Entscheidungen für institutionale Unternehmen die **Portefeuilleprobleme** der verschiedenen Anteilseigner kaum explizit einbezogen. Eine erste Annäherung an diese Vorgehensweise wird durch den folgenden **Satz von Vereinfachungen** erreicht:

1. Bei der Formulierung des **Aktionsraums** werden nur solche Aktionsparameter berücksichtigt, die im Einflußbereich der *institutionalen* Unternehmung liegen.

2. Im **Zielplan** werden nur **finanzielle** Ergebnisarten betrachtet.

3. Die zeit-zustandsabhängig anfallenden **Zahlungen** der Aktionen werden durch bestimmte Transformationen verdichtet und letztlich durch **eine Größe repräsentiert**. Erhöhungen dieser Repräsentanzgröße korrespondieren mit Verbesserungen, Verminderungen der Repräsentanzgröße dagegen mit Verschlechterungen der individuellen Konsumpositionen.

Diese drei Vereinfachungen sind als „Paket" zu sehen: Wer die Portefeuilleprobleme vernachlässigt und trotzdem finanziell zielentsprechende Entscheidungen treffen will, kann als Ergebnisgröße nicht mehr *unmittelbar* den Konsumzahlungsstrom heranziehen, sondern muß auf eine **Ersatzgröße** ausweichen, die sich alleine auf die **Zahlungen** der noch betrachteten (institutionalen) **Aktionsparameter** bezieht. Diese Ersatzgröße sollte dabei eine präferenzkonforme **Ordnung** der Zahlungsströme ermöglichen. Insofern übernimmt die in der dritten Bedingung genannte **Repräsentanzgröße** die Funktion des im entscheidungstheoretischen Grundmodells nach Anwendung des Präferenzsystems resultierenden Nutzenwertes $U(a)$.

Angesichts dieser Zusammenhänge läßt sich dann eine weitere Konzeption von Kosten und Leistungen wie folgt definieren.

Definition von Kosten II und Leistungen II

■ **Kosten II**: Verringerungen der die ggf unsicheren, mehrperiodigen monetären Konsequenzen einer Aktion widerspiegelnden Repräsentanzgröße.

■ **Leistungen II**: Erhöhungen der die ggf unsicheren, mehrperiodigen monetären Konsequenzen einer Aktion widerspiegelnden Repräsentanzgröße.

Repräsentanzgrößen: Kapitalwert und Marktwert

Daß die **Repräsentanzgröße** die Funktion eines Nutzenwertes übernimmt, bedeutet freilich noch nicht, daß dies in allen Fällen auch materiell gerechtfertigt ist. Im Grunde erfüllt jede Abbildung von Zahlungsströmen in die reellen Zahlen formal die gewünschte Aufgabe. Die Frage lautet vielmehr: Unter welchen **Bedingungen** existieren Größen welcher Beschaffenheit, so daß dadurch eine präferenzkonforme Ordnung von Zahlungsströmen gewährleistet wird, obwohl diese Zahlungsströme letztlich nur die Ausgangsposition für die eigentlich interessierenden Konsumzahlungen sind?

Auf diese Frage gibt es zum Teil **positive Antworten**, die in der Investitions- und Finanzierungstheorie im Zusammenhang mit sogenannten **Separationstheoremen** erarbeitet worden sind.[13] Im Kern laufen die Antworten darauf hinaus, daß die **Struktur des Kapitalmarkts** von zentraler Bedeutung für die Existenz der gesuchten Größen ist.

Es wurde bereits darauf hingewiesen, daß gerade im Zusammenhang mit der KLR als Entscheidungsrechnung die strikte Trennung von Präferenz- und Ermittlungsmodell nicht immer durchgehalten werden kann. Die aufgeworfene Frage verdeutlicht dieses Problem: Kosten und Leistungen sind im Grunde spezifische Ergebnisgrößen, doch es kommt letztlich darauf an, solche Ergebnisgrößen heranzuziehen, die Sinn machen. Dazu muß gezeigt werden, in welcher Beziehung die vorgeschlagenen „Kosten" und „Leistungen" zu den eigentlich relevanten Ergebnisarten der Entscheidungsträger stehen. Insofern ergibt sich ein enger Zusammenhang zwischen Kosten und Leistungen als Rechengrößen eines Ermittlungsmodells und dem Präferenzsystem.

Kann man etwa zu einem einheitlichen Zins beliebig viel Geld anlegen und aufnehmen, so wird der Kapitalmarkt als vollkommen bezeichnet. Ein **vollkommener Kapitalmarkt** führt zusammen mit **sicheren Erwartungen** dazu, daß der **Kapitalwert** eines Zahlungsstroms die gesuchte Repräsentanzgröße ist. Der (positive) Kapitalwert eines Investitionsprojekts läßt sich in diesem Zusammenhang als derjenige Betrag interpretieren, der zusätzlich zur Anschaffungsauszahlung aus den Zahlungsüberschüssen der Investition im Zeitablauf getilgt und verzinst werden kann. Finanziert man etwa ein Projekt zur Gänze fremd und verschuldet man sich zusätzlich in Höhe des Kapitalwertes, so kann diese Gesamtverschuldung im Zeitablauf aus den Zahlungsüberschüssen getilgt und verzinst werden. Wie auch immer die bisherige Konsumposition *vor* der Realisierung des Projekts war – die Projektdurchführung eröffnet zum Zeitpunkt der Realisierung ein zusätzliches Konsumpotential in Höhe des Kapitalwerts, ohne daß in irgend einem anderen Zeitpunkt die bisherigen Konsumzahlungen tangiert würden.

Natürlich muß man dieses Konsumpotential nicht sofort verbrauchen; man kann es *via* Transaktionen am Kapitalmarkt in eine andere, subjektiv für besser gehaltene Struktur bringen. Unabhängig von diesen individuellen Transaktionen wird aber bei positivem Kapitalwert ein **dominant** besserer Konsumzahlungsstrom ermöglicht (dh es kann ein Konsumstrom alimentiert werden, der in allen Zeitpunkten wenigstens gleich viel, in mindestens einem Zeitpunkt aber höhere Konsumzahlungen als ohne Investition vorsieht).

---

[13]   Siehe zu einer Übersicht zB *Rudolph* (1983).

Shareholder Value

In der Management-Literatur und in der Praxis wird der *Shareholder Value* als eine umfassende Zielgröße der strategischen Unternehmensführung hervorgehoben. Strategien werden danach beurteilt, inwieweit sie Mehrwert für die Anteilseigner schaffen.

Der *Shareholder Value* entspricht dem Kapitalwert der künftigen Free Cash flows (Cash flow aus der Geschäftätigkeit und Cash flow aus der Investitionstätigkeit zuzüglich Zinsauszahlungen bereinigt um fiktive Ertragsteuern). Als Kalkulationszinssatz werden die langfristigen Kapitalkosten des Unternehmens zugrunde gelegt. Sie werden als durchschnittlicher Kapitalkostensatz aus den Kapitalkosten des Eigenkapitals (risikofreier Zinssatz plus Risikoprämie für das systematische Risiko bzw Marktrisiko) und denen des Fremdkapitals abgeleitet, wobei diese Kostensätze mit den jeweiligen Anteilen des Eigen- bzw Fremdkapitals am gesamten Unternehmenswert gewichtet werden (*weighted average cost of capital*, WACC).[14]

Bei vollkommenem Kapitalmarkt und sicheren Erwartungen kann man also Zahlungsströme nach Maßgabe des **Kapitalwertes präferenzkonform** ordnen, *ohne daß* man das konkrete Konsumproblem des Investors explizit betrachten muß. Das Problem der Bestimmung optimaler Zahlungsströme für ein Unternehmen[15] kann vom späteren Konsumproblem abgetrennt werden, daher die Bezeichnung **Separationstheorem**. Bei analoger Übertragung der obigen Argumentation auf den Fall unsicherer Erwartungen erhält man ein entsprechendes Separationstheorem:[16] Dafür ist der **Marktwert** des Unternehmens die **gesuchte Repräsentanzgröße**.[17] In beiden Fällen spielt es keine Rolle, wie viele verschiedene Eigner am Unternehmen beteiligt sind. Wie auch immer die individuellen Reichtumspositionen und Präferenzsysteme aussehen – alle Investoren würden **einmütig** die Kapital- bzw Marktwertmaximierung befürworten, weil damit für jeden Investor die bestmögliche Ausgangsposition für die individuelle Portefeuilleoptimierung geschaffen wird.

Der investitionstheoretische Ansatz der Kostenrechnung

Weil die Frage nach der Existenz der gesuchten Repräsentanzgrößen durch **investitions- und finanzierungstheoretische Überlegungen** *positiv* beantwortet werden kann, liegt es nahe, gerade aus diesem Zusammenhang heraus eine **Konzeption** der KLR systematisch zu entwickeln. Eine solche Konzeption hätte darüber hinaus den

---

[14]   Diese Beschreibung basiert auf einer Spielart der sogenannten Bruttomethode (*entity approach*), die sich in der Praxis der wohl größten Verbreitung erfreut. Daneben werden aber noch einige weitere Ansätze diskutiert; vgl dazu etwa *Ballwieser* (2004), S. 111 – 180, *Mandl* und *Rabel* (1997), S. 365 – 385. Auf Probleme der Marktwertmaximierung wird noch in etwas anderer Form im 5. Kapitel: *Entscheidungsrechnungen bei Unsicherheit* eingegangen.

[15]   Zur Vereinfachung wird nachfolgend die Kennzeichnung „institutional" bzw „personal" weggelassen. Es ist nur noch die institutionale Unternehmung damit gemeint.

[16]   Siehe dazu ausführlich *DeAngelo* (1981), *Makowski* (1983a, b) und *Makowski* und *Pepall* (1985).

[17]   Bei sicheren Erwartungen und vollkommenem Kapitalmarkt stimmen Kapitalwert und Marktwert überein.

Vorteil, mit den gängigen Zielgrößen etwa von Verfahren der **Investitionsrechnung integrativ** verknüpft werden zu können. Der Gedanke einer **integrierten Planungsrechnung**, in der die Optimierung aller Aktionsparameter unter Berücksichtigung vielfältiger sachlicher und zeitlicher Interdependenzen auf der Basis einer **einheitlichen Zielgröße** vorgenommen werden kann, scheint demnach theoretisch fundiert werden zu können.

Tatsächlich wurde seit Ende der 70er Jahre ein **„Investitionstheoretischer Ansatz der Kostenrechnung"** entwickelt.[18] Er spielt in der neueren Diskussion zur KLR als Entscheidungsrechnung eine große Rolle. Das ist einerseits auf die bereits genannten Eigenschaften zurückzuführen. Andererseits hängt es damit zusammen, daß sich aus investitionstheoretischen Kostengrößen unter bestimmten Bedingungen die nach **traditionellen Verfahren ermittelten Kosten als Spezialfälle** herleiten lassen, was gerade für die in diesem Kapitel zu untersuchende Problemstellung wichtig und interessant ist.

Die Eigenschaften des investitionstheoretischen Ansatzes werden im folgenden anhand von zwei Problemstellungen analysiert. Die erste Problemstellung erfaßt unmittelbar die Funktion der KLR als Entscheidungsrechnung und bezieht sich auf die Bestimmung **optimaler Produktionspolitiken**, wobei die Bedeutung der zeitlichen Interdependenzen herausgearbeitet wird. Die zweite Problemstellung betrifft die Frage, wie man **traditionelle Kosten als Spezialfälle** der investitionstheoretischen Kosten erhalten kann. Das wird am Beispiel linearer Abschreibungen demonstriert.

3.2. Optimale Produktionsstrategien

Unterstellt man sichere Erwartungen und einen vollkommenen Kapitalmarkt, so kann der **Kapitalwert** als Repräsentanzgröße herangezogen werden. Bezeichnet i den (für alle Perioden einheitlichen) Kapitalmarktzins und $\rho = 1 + i$ den Aufzinsungsfaktor, dann läßt sich der Kapitalwert KW als Barwert der Zahlungsüberschüsse wie folgt angeben:

$$KW = \sum_{t=1}^{T} (E_t - A_t) \cdot \rho^{-t} - I \tag{1}$$

Dabei bedeuten:

E_t .... Einzahlungen am Ende der Periode (im Zeitpunkt) $t = 1, ..., T$
A_t .... Auszahlungen am Ende der Periode (im Zeitpunkt) t
I .... Investitionsauszahlung
T .... Ende der Nutzungsdauer.

---

[18]   Siehe dazu zB *Mahlert* (1976); *Swoboda* (1979); *Luhmer* (1980); *Kistner* und *Luhmer* (1981); *Küpper* (1984, 1985a, 1985b, 1988b, 1989, 1990a, 1991, 1993b); *Maltry* (1989), S. 48 – 91; *Küpper* und *Zhang* (1991).

Die Auszahlungen enthalten *keine* Zinszahlungen.[19]

Im Rahmen einer Kapitalwertmaximierung sind grundsätzlich eine Fülle von **Entscheidungen** zu treffen. Hinter den Investitionsauszahlungen I kann sich nicht nur ein einzelnes Projekt, sondern ein ganzes Investitionsprogramm verbergen. Außerdem bieten sich nicht nur heute, sondern zumeist auch künftig Investitionsmöglichkeiten, und zusätzlich ist für jedes Projekt die optimale Nutzungsdauer zu bestimmen. Zur Konzentration auf die für den investitionstheoretischen Ansatz der Kostenrechnung wesentlichen Aspekte sei von derartigen Problemen aber abgesehen.

Der obige Kapitalwert KW beschreibt also lediglich die Zahlungsströme *eines* Investitionsprojekts, dessen **Nutzungsdauer** T bereits festliegen soll. Diese Vorgabe der Nutzungsdauer stellt im Grunde keine Einschränkung der Analyse dar, weil die folgenden Überlegungen für jede Nutzungsdauer (also auch für die letztlich optimale) gültig sind. Die Nutzungsdauer ist insofern nur ein zusätzlicher Aktionsparameter, der im weiteren nicht gesondert problematisiert wird.

Weiterhin werden künftige Investitionsprojekte (vorläufig) vernachlässigt,[20] so daß die Ein- und Auszahlungen nach $t = 0$ als laufende, mit dem jeweiligen Produktionsprogramm verbundene Zahlungen zu interpretieren sind. Der **Kapitalwert** der (laufenden) **Einzahlungen** E_t sei mit KW_e und derjenige der (laufenden) **Auszahlungen** A_t mit KW_a bezeichnet, so daß für KW auch geschrieben werden kann:

$$KW = KW_e - KW_a - I \qquad (2)$$

Unter Verwendung der oben vorgestellten **Kosten-Leistungs-Konzeption II** lassen sich **Kosten** grundsätzlich mit einer **Erhöhung des Kapitalwertes der Auszahlungen** (einschließlich der Investitionsauszahlungen I) und **Leistungen** mit einer **Erhöhung des Kapitalwerts der Einzahlungen** identifizieren. Führt eine Maßnahme aber bei gegebenem Kapitalwert der Einzahlungen zu einer Minderung des Auszahlungskapitalwertes, so lägen ebenfalls Leistungen II vor. Umgekehrt erhielte man Kosten II, wenn eine Maßnahme bei gegebenem Auszahlungskapitalwert mit einer Verringerung des Einzahlungskapitalwertes einherginge.

Bei *gegebener* Investitionsauszahlung I sind offenbar die Kapitalwerte der laufenden Ein- und Auszahlungen maßgebend für die Höhe von KW und damit auch für die Vorteilhaftigkeit des betrachteten Projekts überhaupt. Diese Zahlungen hängen von der künftigen Produktions- und Absatzstrategie ab. Zur Vereinfachung werden Aspekte der Lagerhaltung vernachlässigt, dh Produktions- und Absatzprogramme

---

[19] Im obigen Ansatz ist implizit angenommen, daß die Finanzierung mit Eigenkapital erfolgt und daher keine „Zins"-Zahlungen darauf anfallen. Bei Berücksichtigung von Fremdfinanzierung müßten die daraus resultierenden Zinszahlungen explizit in die Kapitalwertberechnung aufgenommen werden (dh höhere Auszahlungen infolge Zinsen und Rückzahlungen, aber zB auch geringere Investitionsausgabe).

[20] Künftige Investitionsprojekte werden in vereinfachter Form bei der zweiten Problemstellung (traditionelle Kosten als Spezialfälle) einbezogen.

der einzelnen Perioden stimmen überein. Ohne Beschränkung der Allgemeinheit sei weiterhin von einem **Einproduktunternehmen** ausgegangen.

Produktionsstrategie

Eine **Produktionsstrategie** (und Absatzstrategie) besteht also aus der Angabe der Mengen x_t ($t = 1, ..., T$), die in den jeweiligen Perioden t produziert (und abgesetzt) werden sollen. Die Produktionsmengen x_t sind daher Aktionsparameter, und eine Aktion entspricht einer ganz bestimmen Kombination ($x_1, x_2, ..., x_T$) dieser Produktionsmengen.

Das setzt freilich voraus, daß außer den Mengenparametern keine weiteren Aktionsparameter existieren. Das ist – zusätzlich zu den bisherigen Prämissen – etwa dann der Fall, wenn die Preisverhältnisse auf den Beschaffungs- und Absatzmärkten vom Unternehmen entweder nicht beeinflußbar sind oder in eindeutigem Zusammenhang mit den Produktionsmengen stehen.

Im folgenden wird bezüglich des Beschaffungsmarktes von gegebenen, unbeeinflußbaren Beschaffungspreisen ausgegangen, während für die Absatzseite die Existenz einer **Preis-Absatz-Funktion** $p_t(x_t)$ mit den üblichen Eigenschaften unterstellt wird, dh es gilt für $t = 1, ..., T$:

$$E_t = p_t(x_t) \cdot x_t \quad \text{mit} \quad p_t'(x_t) < 0; \tag{3}$$

Es wird angenommen, daß im Rahmen von (3) die Periodenerlöse E_t ausschließlich von den Verhältnissen der jeweils vorliegenden Periode t abhängen. Zwar kann sich die Preis-Absatz-Funktion im Zeitablauf ändern, doch gibt es im hier betrachteten einfachen Modell **keine zeitlichen Interdependenzen im Erlösbereich** (so beeinflussen die Absatzmengen der Periode t also keine Marktkonditionen der Perioden $t+1$, $t+2$, ..., und umgekehrt hängen die Konditionen der Periode t auch nicht von den Absatzmengen der Perioden $t-1$, $t-2$, ... ab).[21] Diese Annahme wird alleine deswegen gesetzt, weil beim investitionstheoretischen Ansatz die **Kosten-** bzw **Auszahlungsseite** im Mittelpunkt steht. Für die nachfolgend zu zeigenden qualitativ-strukturellen Zusammenhänge hat sie dagegen keine Bedeutung.

Wendet man sich nun insbesondere der Auszahlungsseite zu, so lassen sich grundsätzlich zwei Situationen danach unterscheiden, ob auch der Auszahlungsbereich durch das Fehlen zeitlicher Interdependenzen gekennzeichnet ist oder nicht. Im Fall fehlender zeitlicher Auszahlungsinterdependenzen hängen die Auszahlungen A_t ebenfalls nur von den in der jeweiligen Periode t gefertigten Mengen x_t ab. Bezeichnet man mit A_t^F die fixen Periodenauszahlungen und mit k_t die (variablen) Auszahlungen je produzierter Mengeneinheit,[22] folgt für $t = 1, ..., T$:

---

[21] Vgl zu solchen Interdependenzen zB das 4. Kapitel: *Preisentscheidungen* und ausführlich *Simon* (1992), Kapitel 7 und 8.

[22] Bei dieser Modellierung der Auszahlungen fehlen zwar zeitliche Interdependenzen, doch können sich sowohl die fixen Auszahlungen als auch die Auszahlungen je Produkteinheit im Zeitablauf ändern. Diese Änderungen sind aber exogen gegeben und hängen nicht von der gewählten Handlungsstrategie ab.

$$A_t = k_t \cdot x_t + A_t^F \tag{4}$$

Setzt man (3) und (4) in die **Kapitalwertfunktion** (1) bzw (2) ein, ergibt sich

$$KW = \sum_{t=1}^{T} \left[(p_t(x_t) - k_t) \cdot x_t - A_t^F \right] \cdot \rho^{-t} - I \tag{5}$$

Man erkennt, daß sich das Gesamtproblem der Bestimmung einer optimalen Kombination $(x_1, x_2, ..., x_T)$ wegen des Fehlens zeitlicher Interdependenzen in insgesamt T Einzelprobleme **zerlegen** läßt, bei denen jeweils nur die Menge x_t zu bestimmen ist. Der Grund liegt darin, daß sich die Repräsentanzgröße KW als einfache **Addition unverbundener, diskontierter Periodenüberschüsse** auffassen läßt, wenn weder auf der Erlös- noch auf der Auszahlungsseite zeitliche Interdependenzen vorliegen.[23] Die Optimierung der isolierten Periodenprobleme führt im vorliegenden Zusammenhang auf folgende Bedingungen, die an der Stelle der jeweils optimalen Produktionsmengen x_t^* in $t = 1, ..., T$ erfüllt sein müssen:

$$\left[p_t'(x_t^*) \cdot x_t^* + p_t(x_t^*) - k_t \right] \cdot \rho^{-t} = 0 \iff p_t'(x_t^*) \cdot x_t^* + p_t(x_t^*) - k_t = 0 \tag{6}$$

Weil die hier betrachtete Struktur für die Marktverhältnisse der einzelnen Perioden dem bekannten *Cournot*-Monopolmodell gleicht, ergibt sich demnach die bekannte Bedingung „**Grenzerlös = Grenzkosten**". Die fehlenden zeitlichen Interdependenzen erlauben eine getrennte Behandlung jeder Periode, weil die optimalen Produktionsmengen jeder Periode keinerlei Einfluß auf die Handlungsbedingungen und deren Beurteilung in späteren Perioden haben. Die Konsequenzen der Aktionsparameter einer Periode liegen also ausschließlich in der betrachteten Periode, und alle Periodenüberschüsse werden nach Multiplikation mit dem Diskontierungsfaktor **additiv** zur gesamten Beurteilungsgröße KW verknüpft.

Wegen dieser **Problemstruktur** gelingt daher nicht nur eine Separation bei der Möglichkeit, Unternehmensentscheidungen isoliert von individuellen Präferenzsystemen und Portefeuilleproblemen zu beurteilen, sondern das bereits so reduzierte (Unternehmens-)Problem läßt sich sogar noch weiter vereinfachen, indem eine Anzahl voneinander unabhängiger Periodenprobleme gelöst wird, wobei man sich ausschließlich auf die jeweiligen Periodenverhältnisse konzentrieren kann.

Bezieht man den Terminus „kurzfristig" alleine auf eine Periode, so kann offenbar jede Periodenentscheidung als „**kurzfristig wirksam**" bezeichnet werden. Die Maximierung der jeweiligen Periodenüberschüsse führt dann insgesamt zur maximalen Ausprägung der Repräsentanzgröße KW, wodurch wiederum für jeden Anteils-

---

[23] Die Aussage des fehlenden Periodenverbundes setzt streng genommen noch als weitere Prämisse voraus, daß die in einer Periode maximal herstellbare Menge nicht davon abhängen darf, wie viele Produkteinheiten in Vorperioden gefertigt worden sind. Die Vorgehensweise im Text unterstellt implizit stets ausreichende Periodenkapazitäten, so daß in jeder Periode das den reinen Marktverhältnissen entsprechende Optimum realisierbar ist. Weil der investitionstheoretische Ansatz vorwiegend auf die Zusammenhänge im Rahmen der Auszahlungsgrößen ausgerichtet ist, erscheint diese Vorgehensweise vertretbar.

eigner die bestmögliche Ausgangsposition für seine individuelle Konsumoptimie-
rung geschaffen wird.

„Strategische" Überlegungen kommen hier nur am Anfang der Handlungssequenz vor, dann
also, wenn es darum geht, die Produktionskapazität durch Zahlung von I überhaupt zu schaffen;
dafür müssen nämlich die künftige Handlungsstrategie und die daraus resultierenden Überschüsse
bekannt sein. Bei gegebener Kapazität kann aber jeweils kurzfristig entschieden werden, ohne
daß man Gefahr liefe, das Gesamtoptimum zu verfehlen (es sei denn, die Liquidation der
Aggregate stünde zur Debatte; dann müßte wieder eine langfristige Betrachtung analog zum
Anschaffungszeitpunkt erfolgen).

Im Fall bestehender **zeitlicher Auszahlungsinterdependenzen** (zB wegen der
Existenz von Lern- oder Verschleißeffekten) ergeben sich auch Interdependenzen
der Produktionsmengen und der Preise in den Perioden. Ein konkretes Beispiel wird
im 4. Kapitel: *Preisentscheidungen* diskutiert. Folgt man konsequent dem Grund-
gedanken des investitionstheoretischen Ansatzes, kann zB die heute festgelegte
Produktionsmenge nur dann ein wirklich optimaler Bestandteil der **gesamten
Handlungsstrategie** sein, wenn die künftig erwarteten Produktionsmengen ebenfalls
optimal sind. Über die zeitlichen Interdependenzen hängen aber die künftig
optimalen Produktionsmengen auch davon ab, was man in den jeweiligen
Vorperioden getan hat. Die künftig optimalen Produktionsmengen können also erst
dann bestimmt werden, wenn man die heutigen Mengen kennt, und diese Mengen
hängen – wie oben erwähnt – wiederum von den künftigen Mengen ab. In der
Literatur zum investitionstheoretischen Ansatz wird idR *angenommen*, daß diese
Korrespondenz gegeben ist, denn es „wird unterstellt, daß eine längerfristige und
möglichst optimale Planung vorliegt"[24].

Letztlich können investitionstheoretische Grenzkosten für heute zu treffende
Maßnahmen nur dann eine wirkliche Grundlage für optimale Entscheidungen sein,
wenn man auch die künftigen Optima bereits kennt; und weil man diese Optima erst
nach Kenntnis der heutigen Optima ermitteln kann, muß man demnach bereits die
gesamte optimale Handlungsstrategie für alle Perioden kennen. Insofern läuft der
investitionstheoretische Ansatz auf die Formulierung von **Totalmodellen** hinaus,
und das ist bei nochmaliger Betrachtung der für die Kosten-Leistungs-Konzeption II
vorgestellten Vereinfachungen auch gar nicht überraschend. Diese Vereinfachungen
erlauben faktisch nur die Abtrennung des individuellen Portefeuilleproblems und
eine **Reduzierung des Präferenzsystems** auf Konsumzahlungsströme, wobei dieses
Präferenzsystem indirekt durch die gewählte Repräsentanzgröße einbezogen wird.
Hinsichtlich der verbleibenden Aktionsparameter des Unternehmens werden indes
keine Einschränkungen gegeben, so daß grundsätzlich das gleiche Komplexionsproblem wie bei Beachtung der Prinzipien des entscheidungstheoretischen Grundmodells vorliegt. Danach sind vollständig formulierte Handlungsstrategien unter
Berücksichtigung der zeit-zustandsbedingten Anpassungsmöglichkeiten zu formulieren. Diese Schlußfolgerung gilt umso mehr, wenn man an eine Berücksichtigung
des Risikos denkt.

---

[24] *Küpper* (1989), S. 51.

Welche Möglichkeiten gibt es nun, im Rahmen des vorgestellten Konzepts umfassende Handlungsstrategien zu formulieren? In der Literatur wurde der investitionstheoretische Ansatz dazu um **kontrolltheoretische Überlegungen**[25] und die dynamische Programmierung[26] erweitert, die sehr gut zu der oftmals eingeschlagenen zeitstetigen Betrachtungsweise passen. Allerdings zeigen sich dort schon bei der Lösung recht einfacher Probleme analytische Schwierigkeiten, und die Möglichkeit der expliziten Lösung realer dynamischer Entscheidungsprobleme wird eher als Ausnahmefall angesehen.[27]

Diese Ausführungen lassen erkennen, daß die Anwendung der Kosten-Leistungs-Konzeption II bei konkreten Entscheidungsproblemen – trotz der bereits vorliegenden Vereinfachungen – eher zurückhaltend zu beurteilen sein dürfte. Die Fruchtbarkeit dieser Konzeption zeigt sich vielmehr in einer **strukturellen Sicht**, was am Beispiel der Differenzierung der obigen Analyse nach dem Vorhandensein von Zahlungsinterdependenzen zum Ausdruck kommt. Je nachdem, ob solche Interdependenzen vorliegen oder nicht, läßt sich das Gesamtproblem ggf in mehrere Teilprobleme aufspalten, die isoliert handhabbar sind. Dieser potentielle Vorteil ist freilich kaum am Anfang einer Handlungssequenz (zB bei der Entscheidung über ein Investitionsprojekt) vorhanden. Er zeigt sich eher nach deren Beginn, wenn also Kapazitäten vorhanden sind und in den Folgeperioden die den aktuellen Marktkonditionen angemessenen Maßnahmen realisiert werden müssen. Hier kann es sehr sinnvoll sein zu wissen, wann man sich auf die laufende Periode beschränken kann und wann nicht. Daß solches Wissen ausgesprochen „praxisrelevant" ist, liegt wegen der Existenz nicht unerheblicher Planungskosten ebenfalls auf der Hand.

Analysen auf Basis der Kosten-Leistungs-Konzeption II erlauben also die Erarbeitung **struktureller Bedingungen**, welche die gebotene Vorgehensweise anzeigen. Damit stellt dieser Ansatz tatsächlich ein Bindeglied zwischen dem entscheidungstheoretischen Grundmodell und der noch darzustellenden, stark vereinfachten Vorgehensweise der üblichen KLR-Systeme dar. Zuvor wird diese Bindegliedfunktion noch anhand einer zweiten Fragestellung demonstriert, bei der die Ableitung bestimmter Kostengrößen in traditionellen KLR-Systemen aus dem investitionstheoretischen Ansatz unmittelbar zur Debatte steht.

3.3. Lineare Abschreibungen als Spezialfall investitionstheoretischer Abschreibungen

Das Aufzeigen von Bedingungen, unter denen **traditionelle Kostengrößen** als **Spezialfälle** der Kosten II gedeutet werden können, liefert eine interessante theoretische Fundierung bekannter Vorgehensweisen. Sofern die konkret vorliegenden Bedin-

---

[25]   Vgl dazu etwa *Roski* (1986, 1987) und *Küpper* (1988a).

[26]   Vgl zu einer Einführung in die Dynamische Programmierung etwa *Stepan* und *Fischer* (2001), S. 207 – 278.

[27]   Siehe dazu *Feichtinger* und *Hartl* (1986), S. 3.

gungen mit denjenigen der theoretischen Analyse übereinstimmen, führt die vereinfachte Vorgehensweise demnach zum gleichen Ergebnis wie die regelmäßig umfangreichere der Kosten-Leistungs-Konzeption II. Man rechnet dann so, als hätte man doch die theoretisch anspruchsvollere Variante gewählt. Diese Zusammenhänge werden nachfolgend am Beispiel linearer Abschreibungen demonstriert.[28]

Die Ermittlung der **traditionellen linearen Abschreibungen** ist wohlbekannt: Bezeichnet LQ den Liquidationserlös (Restwert) einer Anlage am Ende der Nutzungsdauer T,[29] dann ergeben sich die linearen Abschreibungen als

$$Ab = \frac{I - LQ}{T} \tag{7}$$

Annahmen für die investitionstheoretische Analyse

Zur **investitionstheoretischen Fundierung** dieses Terms wird folgende **Vorgehensweise** eingeschlagen: Zuerst wird der „Wert" eines Aggregats für einen beliebigen Zeitpunkt bestimmt, wobei – in Erweiterung des obigen Modells – von einer **unendlichen, identischen Investitionskette** ausgegangen wird.[30] Die Veränderung dieses Wertes im Zeitablauf bildet dann die investitionstheoretische Abschreibung. Deren Analyse führt schließlich für bestimmte Parameterkonstellationen zur linearen Abschreibung. Betrachtet werden dabei nur die (Netto-)Auszahlungswirkungen (also abzüglich der Auszahlungsminderungen aus Liquidationserlösen). Die Einzahlungen sollen auf Grund eines irgendwie vorbestimmten Produktions- und Absatzprogramms festliegen. Dann liegen natürlich auch die Periodenauszahlungen fest. Wichtig ist nur, daß der Wert- und Abschreibungsverlauf alleine aus der (Netto-)Auszahlungsreihe abgeleitet werden.

Der **Wert einer Anlage** ergibt sich nun durch einen Vergleich der Auszahlungskapitalwerte **neuer** mit jenem **gebrauchter Anlagen**. Der **Kettenkapitalwert** für ein neues Aggregat unmittelbar *vor* dessen Anschaffung sei mit KW_a^{neu} bezeichnet. Er läßt sich wie folgt schreiben:

$$KW_a^{neu} = \left(\sum_{t=1}^{T} A_t \cdot \rho^{-t} + I - LQ \cdot \rho^{-T} \right) \cdot \frac{\rho^T}{\rho^T - 1}$$

---

[28]   Siehe dazu unter Verwendung einer zeitstetigen Darstellung auch *Küpper* (1985a), S. 30 – 32.

[29]   Im folgenden wird von einer gegebenen Nutzungsdauer ausgegangen. Zur Vereinfachung der Notation kann die zusätzliche Kennzeichnung $LQ(T)$ daher weggelassen werden.

[30]   Demnach wird das Aggregat unendlich oft ersetzt, wobei angenommen wird, daß mit jedem Ersatzaggregat stets die gleichen Zahlungsüberschüsse verbunden sind. Diese Vorgehensweise legt letztlich eine bestimmte Handlungsstrategie fest und impliziert streng genommen stationäre Umweltbedingungen. Sie läßt sich in praktischer Sicht aber als Kompromißlösung auffassen: Bei einem grundsätzlich auf unbegrenzte Zeit angelegten Unternehmen weiß man, daß ein Aggregat Nachfolger haben wird, doch kann man naturgemäß nicht all diese Nachfolgeentscheidungen explizit planen (hier spielt wieder das im Text angesprochene Komplexionsproblem herein). Will man aber den Ketteneffekt nicht ganz unberücksichtigt lassen, bietet sich die Annahme einer unendlichen, identischen Investitionskette an.

Mit $KW_a(\tau)$ wird der Kettenkapitalwert der (Netto-)Auszahlungen für eine **vorhandene Anlage** mit der **bisherigen Nutzungsdauer** τ $(0 \leq \tau \leq T)$ bezeichnet, und es ist $\rho = 1 + i$. Bei $\tau = 0$ befindet man sich dann im Zeitpunkt unmittelbar nach Leistung der Investitionsauszahlung I. Für alle anderen Zeitpunkte $\tau > 0$ wird unterstellt, daß die jeweilige Auszahlung A_τ bereits geleistet ist. Im Zeitpunkt $\tau = T$ gilt dies analog; da die Anlage zu diesem Zeitpunkt aber noch vorhanden ist, ist der Liquidationserlös LQ noch erzielbar. Zu berücksichtigen ist weiter, daß zum Zeitpunkt T das **Nachfolgeaggregat** beschafft wird, wodurch wieder eine unendliche, identische Investitionskette eingeleitet wird. Der **Kettenkapitalwert** beginnend mit einem gebrauchten Aggregat zum Zeitpunkt τ beträgt damit

$$KW_a(\tau) = \sum_{t=\tau+1}^{T} A_t \cdot \rho^{-(t-\tau)} - LQ \cdot \rho^{-(T-\tau)} + KW_a^{neu} \cdot \rho^{-(T-\tau)} \quad \text{für } \tau = 0, ..., T-1$$

bzw   (8)

$$KW_a(T) = -LQ + KW_a^{neu} \quad \text{für } \tau = T$$

Wert einer Anlage

Der gesuchte **Wert $W(\tau)$ einer vorhandenen Anlage** zum Zeitpunkt τ kennzeichnet nun denjenigen Betrag, den man für eine vorhandene Anlage maximal zahlen könnte, ohne daß der Kauf einer neuen Anlage günstiger wäre. Dahinter steckt die Überlegung, daß ein potentieller Käufer zum Aufbau der Produktion folgende Alternativen hat: Entweder er erwirbt sofort eine neue Anlage, was mit dem Kapitalwert KW_a^{neu} verbunden ist, oder er kauft eine vorhandene Anlage des Alters τ, die erst nach $T-\tau$ Perioden durch eine neue zu ersetzen ist. Die zweite Alternative ist zB deswegen interessant, weil man auf diese Weise die anfängliche Investitionsauszahlung I spart. Der Wert $W(\tau)$ stellt eine **Preisobergrenze** für das gebrauchte Aggregat dar und wird gerade so bemessen, daß beide Alternativen gleich gut sind, also die gleichen Auszahlungskapitalwerte induzieren:

$$KW_a(\tau) + W(\tau) = KW_a^{neu} \quad \text{für } 0 \leq \tau \leq T$$ (9)

Damit läßt sich für jedes Alter τ ein Wert $W(\tau)$ ermitteln, der folgende **Eigenschaften** aufweist:

1. Zunächst ist es intuitiv einsichtig, daß $W(0) = I$ ist. Für eine völlig neue Anlage, deren Investitionsauszahlung gerade geleistet wurde, wäre niemand bereit, mehr als I zu zahlen, denn ansonsten würde man direkt ein völlig äquivalentes neues Aggregat kaufen.

2. Weiterhin ergibt sich aus (8) und (9), daß $W(T) = LQ$ sein muß, denn der einzige „Vorteil" einer vorhandenen Anlage am Ende ihrer Nutzungsdauer ist die Möglichkeit, sie sofort veräußern und damit den Liquidationserlös LQ erhalten zu können. Niemand wäre daher bereit, für eine

vorhandene Anlage am Ende ihrer Nutzungsdauer mehr als den Liquidationserlös zu zahlen.

Investitionstheoretische Abschreibungen

Die **Abschreibungen** $Ab(\tau)$ für die Periode τ ergeben sich dann einfach durch die
Wertabnahme im Laufe der Periode τ,

$$Ab(\tau) = W(\tau-1) - W(\tau) = KW_a^{neu} - KW_a(\tau-1) - [KW_a^{neu} - KW_a(\tau)]$$
$$= KW_a(\tau) - KW_a(\tau-1) \tag{10}$$

Die **Wertdifferenz** einer Periode entspricht damit der **Veränderung der Auszahlungskapitalwerte** im Laufe der Periode. Diese gemäß (9) und (10) ermittelten
Abschreibungen besitzen die Eigenschaft, daß die **Summe aller Abschreibungen**
der Perioden 1, ..., T exakt der Differenz zwischen Investitionsauszahlung und
Liquidationserlös entspricht:

$$\sum_{\tau=1}^{T} Ab(\tau) = \sum_{\tau=1}^{T}[W(\tau-1) - W(\tau)] = W(0) - W(T) = I - LQ \tag{11}$$

Dies ist zugleich auch ein Kennzeichen aller Abschreibungsverfahren der traditionellen Kostenrechnungssysteme. Schon daran wird deutlich, welch enge Beziehungen der investitionstheoretische Ansatz einerseits und die traditionellen Verfahren
andererseits aufweisen.

Bedingungen für lineare investitionstheoretische Abschreibungen

Um **lineare Abschreibungen** zu erhalten, brauchen daher nur noch Bedingungen
dafür gesucht zu werden, daß die investitionstheoretischen Abschreibungen gemäß
(10) konstant sind. Tatsächlich lassen sich zwei einfache **Bedingungen** identifizieren:[31]

1. Die laufenden **Auszahlungen** A_t sind **konstant**, und

2. der **Zinssatz** i ist **vernachlässigbar** gering.

1. Die **erste Bedingung** betrifft die Struktur der laufenden Auszahlungen A_t und
fordert eine **Konstanz** dieser Auszahlungen:

$$A_t = \overline{A} \qquad \forall t \tag{12}$$

Mit (12) lassen sich die obigen Kapitalwertausdrücke wesentlich vereinfachen,
denn die laufenden Auszahlungen beider Investitionsketten (also sowohl für die mit
einem neuen Aggregat als auch für die mit einem gebrauchten Aggregat beginnende
Kette) gleichen einer ewigen Rente, deren Barwert bekanntermaßen mittels einfacher

---

[31]   Es gibt aber auch noch andere Bedingungen, etwa daß $i > 0$ ist und die periodischen Auszahlungen A_t einer spezifischen Steigerungsrate unterliegen.

Division durch den Kapitalmarktzins i gewonnen werden kann. Damit kann für den **Kettenkapitalwert** $KW_a(\tau)$ geschrieben werden:

$$KW_a(\tau) = \frac{\overline{A}}{i} + \rho^\tau \cdot \left[-LQ \cdot \rho^{-T} + \left(\left(I - LQ \cdot \rho^{-T} \right) \cdot \frac{\rho^T}{\rho^T - 1} \right) \cdot \rho^{-T} \right] =$$

$$\tag{13}$$

$$= \frac{\overline{A}}{i} + \rho^\tau \cdot \left[-LQ \cdot \rho^{-T} + \left(I - LQ \cdot \rho^{-T} \right) \cdot \frac{1}{\rho^T - 1} \right]$$

Gemäß (10) kann für die Abschreibungsberechnung auch die Entwicklung der Auszahlungskapitalwerte herangezogen werden, und (13) zeigt, daß diese Entwicklung nicht mehr durch den Barwert der laufenden Auszahlungen beeinflußt wird. Lediglich der Ausdruck in der eckigen Klammer von (13) spielt bei der zeitlichen Entwicklung eine Rolle, und zwar nur deshalb, weil er mit einem vom Anlagenalter τ abhängigen Multiplikator ρ^τ verknüpft ist. Dessen zeitliche Entwicklung wird aber gerade durch einen Aufzinsungseffekt beschrieben, denn es ist $\rho^{\tau+1} = \rho^\tau \cdot (1 + i)$. Die der **Abschreibung** für die Periode $\tau+1$ entsprechende Differenz $KW_a(\tau+1) - KW_a(\tau)$ läßt sich daher durch einen reinen Zinseffekt ausdrücken:

$$Ab(\tau+1) = KW_a(\tau+1) - KW_a(\tau) = \rho^\tau \cdot \left[-i \cdot LQ \cdot \rho^{-T} + \left(I - LQ \cdot \rho^{-T} \right) \cdot \frac{i}{\rho^T - 1} \right] \tag{14}$$

Gemäß (14) hängt nur der Multiplikator ρ^τ vom Anlagenalter τ ab.[32] Er wächst wegen des Aufzinsungseffekts mit steigendem Anlagenalter. Daraus ergibt sich für den unterstellten Fall konstanter Periodenauszahlungen ein grundsätzlich *progressiver Abschreibungsverlauf*.

2. An dieser Stelle kommt nun die **zweite Bedingung** ins Spiel. Man kann sich nämlich fragen, wie die in (14) ausgedrückte Abschreibung für den Fall eines **vernachlässigbar geringen**[33] **Zinssatzes** i aussieht. Dies ist äquivalent mit einer Annahme, daß die Zinsen in einer eigenen Position („kalkulatorische Zinsen") verrechnet werden. Unproblematisch sind dabei die Größen ρ^τ und ρ^{-T}, deren beider Grenzwert für einen gegen Null strebenden Zins i die Zahl 1 ist. Das Produkt $i \cdot LQ$ bereitet ebenfalls keine Schwierigkeiten und strebt offenbar gegen null. Problematisch bleibt aber der Quotient $i/(\rho^T - 1)$, weil bei einem gegen null gehenden Zins

---

[32] Die in (14) angegebenen Abschreibungen sind für den realistischen Fall $LQ < I$ stets positiv. Wäre dem nicht so, müßte nämlich der Ausdruck in der eckigen Klammer von (14) negativ oder gleich 0 sein. Das aber würde implizieren:

$$-i \cdot LQ \cdot \rho^{-T} + \left(I - LQ \cdot \rho^{-T} \right) \cdot \frac{i}{\rho^T - 1} \leq 0 \Leftrightarrow -LQ \cdot \rho^{-T} \cdot (\rho^T - 1) + I - LQ \cdot \rho^{-T} \leq 0 \Leftrightarrow I \leq LQ,$$

was im Widerspruch zu $LQ < I$ steht.

[33] Einen Zinssatz von exakt null anzunehmen, ist nicht möglich, weil dann beim Quotienten in der eckigen Klammer von (14) eine Division durch null durchzuführen wäre, die jedoch nicht definiert ist. Daher kann die Analyse nur als *Grenzwertbetrachtung* durchgeführt werden, indem man i gegen null gehen läßt.

sowohl Zähler als auch Nenner gegen null streben. Für diesen Quotienten erfolgt die Grenzwertbestimmung nach den Regeln von *de l'Hospital*.[34] Danach ist im vorliegenden Fall der Quotient der ersten Ableitungen von Zähler und Nenner nach i zu bilden. Existiert der Grenzwert dieses Quotienten, hat man den eigentlich gesuchten Grenzwert von $i/(\rho^T-1)$ gefunden. Es folgt also

$$\lim_{i \to 0} \frac{i}{\rho^T - 1} = \lim_{i \to 0} \frac{1}{T \cdot \rho^{T-1}} = \frac{1}{T}$$

Insgesamt ergibt sich dann für die **Abschreibung**

$$\lim_{i \to 0} Ab(\tau+1) = \frac{I - LQ}{T} \tag{15}$$

Sie entspricht der linearen Abschreibung in (7). Es kann daher konstatiert werden, daß **konstante Periodenauszahlungen** gekoppelt mit **vernachlässigbaren Kapitalmarktzinsen** im **investitionstheoretischen Ansatz** zur üblichen linearen Abschreibung führen.

Diskussion

Dieses Ergebnis mag auf den ersten Blick etwas überraschen. Traditionelle Abschreibungsverfahren sind nämlich (bis auf den Liquidationserlös) **vergangenheitsorientiert** ausgelegt, weil ein bereits geleisteter Anschaffungsbetrag abzüglich Restwert auf die einzelnen Perioden der Nutzungsdauer nach bestimmten, kaum überprüfbaren Hypothesen über den „Güterverzehr" **verteilt** wird. Demgegenüber sind die investitionstheoretischen Überlegungen **zukunftsorientiert**, leiten also den Wert und die Abschreibungen *ausschließlich* aus künftig anfallenden Zahlungen ab. Die hier auftretende Korrespondenz wird letztlich durch die Annahme der **unendlichen, identischen Investitionskette** hergestellt. Dadurch sind die (eigentlich schon geleisteten) Investitionszahlungen I immer wieder von neuem relevant. Koppelt man dies mit konstanten Periodenauszahlungen und vernachlässigbaren Zinseffekten, dann können sich (zukunftsorientierte) Wertänderungen nur dadurch ergeben, daß die demnächst zu leistende (Netto-)Investitionsauszahlung $I - LQ$ von Periode zu Periode immer etwas näher rückt, wodurch der Vorteil eines bereits vorhandenen Aggregats gegenüber einem neuen nach und nach schrumpft, und zwar pro Periode eben um den Anteil $1/T$.

Die oben verwendete Annahme vernachlässigbar geringer Kapitalmarktzinsen hat nicht nur für die Abschreibungsermittlung Bedeutung. So läßt sich auch für viele **andere Fragestellungen**, die oftmals mit traditionellen Kostenrechnungssystemen behandelt werden (zB die Bestimmung von Werkzeugkosten, Entscheidungen zwischen Eigenfertigung und Fremdbezug oder die Berechnung von Preisuntergrenzen), zeigen, daß die **Vernachlässigung der Zinseffekte** zur Übereinstimmung zwischen

---

[34]   Siehe dazu etwa *Grauert* und *Lieb* (1976), S. 99 – 102.

der **investitionstheoretischen** und der **traditionellen Vorgehensweise** führt.[35] Besonders deutlich wird dies auch für die Durchführung von Investitionsrechnungen selbst, weil gerade die unterschiedliche Berücksichtigung der Zinseffekte den wohl bedeutsamsten Unterschied zwischen „dynamischen" und „statischen" Investitionsrechnungen ausmacht. Eine Vernachlässigung der Zinseffekte würde demnach die Anwendung der auf Größen der KLR basierenden „statischen" Investitionsrechnungen rechtfertigen.

Durch die oben gezeigte Möglichkeit, unter bestimmten Bedingungen traditionelle Verfahren der KLR aus der Konzeption II entwickeln zu können, ergibt sich jedoch keine veränderte Beurteilung dieser Konzeption bezüglich ihrer Zweckmäßigkeit als Entscheidungsrechnung. Am Beispiel der Annahme über die Konstanz der Periodenauszahlungen läßt sich das leicht einsehen, ergeben sich doch die Periodenauszahlungen letztlich aus einem bestimmten Produktions- und Absatzprogramm. Dieses wurde jedoch bei der obigen Analyse nicht ausdrücklich problematisiert und müßte implizit als optimal angenommen werden. Dann aber sind auch die linearen Abschreibungen nur das **Resultat des Optimierungsprozesses**, nicht aber dessen maßgeblicher Bestimmungsfaktor.

Erneut ist der **Wert** der gezeigten Überlegungen eher **struktureller Natur**, indem die **Bindegliedfunktion** des Ansatzes hervorgehoben wird. Beide Problemstellungen, die hier im Zusammenhang mit dem investitionstheoretischen Ansatz behandelt wurden, haben diese Bindegliedfunktion verdeutlicht. Die diesbezüglichen Argumentationen werden sich im nächsten Abschnitt als hilfreich erweisen, wenn es darum geht, traditionelle Kosten und Leistungen über weitere Vereinfachungen einzuführen. Daß noch **weitergehende Vereinfachungen** erforderlich scheinen, dürfte durch die bisherige Darstellung deutlich geworden sein, denn die der Kosten-Leistungs-Konzeption II innewohnende Tendenz zu Totalmodellen für jede betrachtete Entscheidung wird in realen Entscheidungssituationen kaum durchzuführen und wegen der Planungskosten vermutlich auch nicht empfehlenswert sein.

4. Kosten und Leistungen aus traditioneller Sicht

4.1. Kosten-Leistungs-Konzeption III

Die üblichen Inhalte von Kosten und Leistungen werden hier als Konzeption III geführt.

---

[35] Vgl dazu insbesondere *Küpper* (1985a).

Definition der Kosten III und Leistungen III

■ **Kosten III**: Bewertete, sachzielbezogene Güterverbräuche eines Unternehmens in einer Periode.

■ **Leistungen III**: Bewertete, sachzielbezogene Gütererstellungen eines Unternehmens in einer Periode.

Mit dem Terminus „Unternehmen" sind dabei *institutionale* Unternehmen gemeint. Die so definierten Rechengrößen dienen als Grundlage einer Vielzahl von Rechnungen zur Lösung bestimmter Entscheidungsprobleme, bei denen als Zielsetzung die Maximierung des **Periodenerfolgs** bzw **Periodengewinns** als Differenz von Leistungen und Kosten im Mittelpunkt steht.

**Pagatorische und wertmäßige Kosten
(pagatorische und kostenorientierte Leistungen)**

In der KLR unterscheidet man hinsichtlich des Wertansatzes zwischen folgenden Kosten- und Leistungsbegriffen:[36]

Pagatorische Kosten: Bewertete sachzielbezogene Güterverbräuche eines Unternehmens in einer Periode, wobei der Wertansatz *ausgabenorientiert* ist und auf Preisen des Beschaffungsmarktes basiert.

Wertmäßige Kosten: Bewertete sachzielbezogene Güterverbräuche eines Unternehmens in einer Periode, wobei der Wertansatz *nutzenorientiert* ist und allgemein auf dem (monetären) Grenznutzen eines Verbrauchsfaktors basiert.

Pagatorische Leistungen: Bewertete sachzielbezogene Gütererstellungen eines Unternehmens in einer Periode, wobei der Wertansatz *einnahmenorientiert* ist und auf Preisen des Absatzmarktes basiert.

Kostenorientierte Leistungen: Bewertete sachzielbezogene Gütererstellungen eines Unternehmens in einer Periode, wobei der Wertansatz *kostenorientiert* ist und auf den für die Gütererstellung angefallenen Kosten (pagatorisch oder wertmäßig) basiert.

Pagatorische Kosten und Leistungen geben somit nur spezifische Ergebnisgrößen an. Dagegen beinhalten wertmäßige Kosten (sowie damit bewertete Leistungen) bereits Nutzenvorstellungen und gehen demnach über reine Ermittlungsrechnungen hinaus, denn zur Ermittlung des monetären Grenznutzens muß bekannt sein, wie die Güter optimal hätten verwendet werden können. Diese Frage spielt beim Ansatz sogenannter *Opportunitätskosten* eine große Rolle. Ihr wird im 3. Kapitel: *Produktionsprogrammentscheidungen* ausführlich nachgegangen.

An dieser Stelle ist nun die Frage zu klären, in welcher Beziehung diese Rechengrößen und die darauf aufbauenden Entscheidungsrechnungen zu den obigen Überlegungen stehen, wie „gut" also die mit solchen Rechnungen fundierten Entscheidungen tatsächlich sind. Diese Frage wird unter Zugrundelegung der Kosten-

---

[36] Vgl zB *Kloock, Sieben* und *Schildbach* (1999), S. 31 und 40.

Leistungs-Konzeption II (in der Form des investitionstheoretischen Ansatzes) als Ausgangspunkt für weitere Vereinfachungen untersucht.[37]

Eine erste Verbindung zur Konzeption II ergibt sich durch die Einschränkung auf die Ebene der (institutionalen) Unternehmen. Beide Konzeptionen vernachlässigen die individuellen Portefeuilleprobleme der Anteilseigner und beziehen sich ausschließlich auf die Optimierung des unternehmensbezogenen Entscheidungsfeldes,[38] was letztlich bestimmte **Separationseigenschaften** der bereits oben beschriebenen Art voraussetzt.

Darüber hinaus sind die der Konzeption III entsprechenden Rechengrößen – unabhängig davon, ob man zB bei den Kosten den pagatorischen oder den wertmäßigen Kostenbegriff verwendet – **monetärer Natur**, also **aus Zahlungen abgeleitet**. Das entspricht insofern der Vorgehensweise der Konzeption II, als auch die dort auftauchenden Repräsentanzgrößen alleine aus Zahlungen entwickelt werden. Allerdings ist die Art und Weise, wie die Ableitung aus den Zahlungen erfolgt, bei beiden Konzeptionen unterschiedlich. Während die Konzeption II grundsätzlich die gesamte Lebensdauer des Unternehmens umfaßt und damit mehrperiodig ausgerichtet ist, beschränkt sich die **Konzeption III** explizit auf **eine Periode**, wobei für die Klassifizierung der Periodenzugehörigkeit nicht die Zahlungszeitpunkte selbst, sondern **Güterverbräuche** und **Gütererstellungen** einer Periode herangezogen werden. Die Konzeption II ermöglicht beim Vorliegen der Separationsbedingungen präferenzkonforme Entscheidungen auf Unternehmensebene. Die Frage ist daher, wann die Repräsentanzgrößen der Konzeption II durch die Periodengewinne der Konzeption III ersetzt werden können. Dazu werden zwei Unterschiede diskutiert:

- Kurzfristig und langfristig wirksame Entscheidungen
- Orientierung an Güterverbräuchen und Gütererstellungen.

4.2. Kurzfristig und langfristig wirksame Entscheidungen

Bei der Behandlung dieses Problems erweisen sich die bei der Diskussion der Konzeption II vorgetragenen Überlegungen als hilfreich. Grundlage der Konzeption III ist nämlich eine **weitere Separierung** von Entscheidungsfeldern, diesmal allerdings nur auf der Unternehmensebene. Man teilt dabei die Aktionsparameter in zwei Gruppen ein. Zur ersten Gruppe gehören **langfristig wirksame**, zur zweiten dagegen **kurzfristig wirksame** Aktionsparameter.

Die Aktionsparameter der ersten Gruppe induzieren grundsätzlich **Zahlungswirkungen** für mehrere Perioden. So sind etwa bei einer Entscheidung über die Durchführung eines Investitionsprojektes die Zahlungsüberschüsse sämtlicher Perioden zu betrachten. Das ist nur möglich, indem man bereits zum Anschaffungszeitpunkt Vorstellungen über die *künftig* zu realisierenden Be-

---

[37] Dem Merkmal der Sachzielbezogenheit wird dabei allerdings keine weitere Aufmerksamkeit mehr gewidmet, weil es vorwiegend als Abgrenzungskriterium zur Ertrags- und Aufwandsrechnung zu sehen und im vorliegenden Zusammenhang eher unproblematisch ist.

[38] Die Sachzielbezogenheit unterstreicht diesen Aspekt.

schaffungs-, Produktions- und Absatzprogramme entwickelt, was faktisch die Aufstellung eines Totalmodells erfordert, in dem alle sachlichen und zeitlichen Interdependenzen erfaßt werden. Diesen hehren Zielen wird man freilich wegen des Komplexionsproblems praktisch kaum nachkommen können, doch es bleibt unstrittig, daß Entscheidungen über langfristig wirksame Aktionsparameter auch langfristig ausgerichtete Entscheidungsrechnungen voraussetzen. Die Verfahren der Investitionsrechnung sind der Prototyp derartiger Entscheidungsrechnungen.

Angenommen, man hat einen langfristig wirksamen Aktionsparameter festgelegt, also etwa Maschinen für die Produktion eines bestimmten Produktes beschafft. Zwar hat man bei der Entscheidung über den Kauf dieser Aggregate Erwartungen hinsichtlich der künftigen Produktionspolitiken einbeziehen müssen, möglicherweise wurden sogar diesbezüglich bedingte Handlungsstrategien für wichtige oder wahrscheinliche Umweltentwicklungen erfaßt, doch wird man kaum für alle denkbaren Konstellationen „*Schubladenpläne*" entwickelt haben, die beim Vorliegen der entsprechenden Bedingungen in künftigen Perioden nur noch realisiert werden müssen.

Folglich können in jeder Periode der Kapazitätsnutzung Bedingungen vorliegen, die man zum Anschaffungszeitpunkt nicht in die Planung einbezogen hat und an die man sich aktuell anpassen muß. Solche Anpassungen können wiederum vielfältige Ausprägungen haben. So kann man sich zB zu jedem Zeitpunkt die Frage stellen, ob die vorhandenen Kapazitäten liquidiert werden sollen oder nicht. Dann hat man es mit sogenannten *ex post*-Nutzungsdauerentscheidungen zu tun, die grundsätzlich eine langfristige, investitionstheoretische Betrachtung analog zum Anschaffungszeitpunkt erfordern.[39]

Wegen der Existenz bedeutsamer **Planungskosten** kann man sich aber andererseits auf den Standpunkt stellen, daß die Liquidationsalternative nur dann erwogen wird, wenn man schwerwiegende und begründete Anhaltspunkte dafür hat, daß sie sinnvoll sein könnte.[40] In allen anderen Fällen wird die vorhandene Kapazität dagegen nicht in Frage gestellt, und die aktuellen Anpassungsmaßnahmen betreffen ausschließlich die Nutzung dieser **gegebenen Potentiale** in den einzelnen Perioden. Dabei handelt es sich vorwiegend um die Festlegung des im Lichte der jeweils vorliegenden Marktkonditionen bestmöglichen Beschaffungs-, Produktions- und Absatzprogramms.

Angenommen, es liegen weder im Einzahlungs- noch im Auszahlungs- noch im Restriktionsbereich zeitliche **Interdependenzen** vor, und die Zahlungswirkungen aller Beschaffungs-, Produktions- und Absatzvorgänge einer Periode fallen im Laufe der jeweiligen Periode an. Wie bei der Diskussion optimaler Produktionsstrategien im Rahmen der Konzeption II gezeigt wurde, läßt sich unter diesen Bedingungen das Gesamtproblem in mehrere, isoliert behandelbare Teilprobleme einzelner Perioden zerlegen. Die in diesen Perioden zu treffenden Entscheidungen wurden entsprechend

---

[39] Vgl zu Problemen der optimalen Nutzungsdauer und optimaler Ersatztermine zB *Swoboda* (1996), S. 93 – 131.

[40] Solche Anhaltspunkte könnten etwa dann gegeben sein, wenn über einen längeren Zeitraum negative Zahlungsüberschüsse aufgetreten sind. Allgemeine Empfehlungen lassen sich dazu aber nicht geben.

als „**kurzfristig wirksam**" bezeichnet. Für die Auswahl aktueller Anpassungsmaßnahmen impliziert dies die Möglichkeit, die Entscheidung ausschließlich auf Basis einer kurzfristigen Periodenbetrachtung treffen zu können, ohne daß man Gefahr liefe, eine im Gesamtzusammenhang falsche Aktion zu wählen.

Die **Vernachlässigung zeitlicher Interdependenzen** erscheint allerdings als eine schwerwiegende Annahme. Wenn nämlich zeitliche Interdependenzen vorliegen, wird jedes Anpassungsproblem einer Folgeperiode sofort **langfristig wirksam**, weil die Handlungsbedingungen künftiger Perioden davon abhängen, welche Politik in der laufenden Periode realisiert wird. Die Kennzeichnung eines Entscheidungsproblems als „kurzfristig wirksam" kann also nicht davon abhängig gemacht werden, ob es sich um Entscheidungen bei gegebenem Potentialfaktorbestand handelt. Dies kann lediglich eine Negativabgrenzung sein, denn die Auszahlungsinterdependenzen (zB Lern- und Verschleißeffekte) sind auch und gerade bei unveränderten Potentialfaktoren bedeutsam. Berücksichtigt man zusätzlich die potentiellen Interdependenzen im Erlösbereich, dann dürfte man es in der Realität ausgesprochen selten mit Problemstellungen zu tun haben, die als streng „kurzfristig wirksam" im obigen Sinne bezeichnet werden können.

Andererseits kann man aber nicht immer Totalmodelle aufstellen, wenn man an die Planungskosten und das Problem des **Komplexionsgrades** denkt. Die Lösung dieses Dilemmas kann im Grunde nur sein, daß man ein Entscheidungsproblem – trotz der möglichen Existenz zeitlicher Interdependenzen – als „kurzfristig wirksam" ansieht, weil man die aus der expliziten, mehrperiodigen Betrachtung resultierenden Effekte für vernachlässigbar gering hält und/oder die zusätzlichen Planungskosten als prohibitiv hoch einschätzt.

Dieses Szenario beschreibt damit eine Art „**Arbeitsteilung**" zwischen verschiedenen **Typen von Entscheidungsrechnungen**. Dieser Arbeitsteilung liegen letztlich unterschiedliche **Entscheidungssituationen** und **Entscheidungszeitpunkte** zugrunde: eine jedenfalls langfristige Betrachtung für Potentialentscheidungen und eine kurzfristige Perioden-Betrachtung für spätere Anpassungsentscheidungen, falls die dafür erforderlichen Bedingungen vorliegen. Sind diese Bedingungen erfüllt, lassen sich **beide** Betrachtungen systematisch aus der Konzeption II entwickeln. Das wäre für die Vorgehensweise der auf der Konzeption III basierenden Entscheidungsrechnungen der Idealfall. Die traditionellen KLR-Systeme erstrecken sich nämlich auf „unternehmerische Tätigkeiten [...], die von einem (mengenmäßig) unveränderten Potentialfaktorbestand ausgehen und sich auf eine festgelegte Periode oder auf bestimmte unternehmerische Tätigkeiten einer Periode beziehen"[41]. Sie betreffen also die Anpassungsmaßnahmen der Folgeperioden, und bei Vorliegen der obigen Bedingungen bezüglich der Trennbarkeit der Periodenprobleme könnte man sicher sein, im Zuge der Maximierung von Periodenüberschüssen die tatsächlich „richtigen" Anpassungsentscheidungen getroffen zu haben.

---

[41] *Kloock* (1978), S. 503.

Empirische Ergebnisse

In einer Befragung von insgesamt 180 deutschen mittelständischen Gewerbebetrieben (*Lange* und *Schauer* (1996), S. 204) ergaben sich folgende Rechenzwecke der Kostenrechnung:

Preiskalkulation	94%
Wirtschaftlichkeitskontrolle der Kostenstellen	74%
Bestimmung von Preisuntergrenzen	72%
Bewertung von unfertigen und fertigen Erzeugnissen	70%
Ermittlung und Analyse des Betriebserfolgs	68%
Entscheidungen über Eigenfertigung oder Fremdbezug	59%
Bestimmung optimaler Produktions- und Absatzprogramme	26%
Bestimmung von Preisobergrenzen	12%
Sonstige Rechenzwecke	7%

Typen von kurzfristig wirksamen Entscheidungsproblemen

Die Entscheidungsrechnungen auf der Basis der Kosten-Leistungs-Konzeption III sind mithin geeignet zur Lösung solcher Entscheidungsprobleme, die man als „kurzfristig wirksam" behandeln *will*. In diesem Sinne stellen sie **spezifische Lösungen** des Problems der **Bestimmung eines „optimalen" Komplexionsgrades** von Entscheidungsmodellen dar. Die tatsächliche Qualität „optimaler" Entscheidungen, die auf Basis derartiger Entscheidungsrechnungen ermittelt werden, läßt sich daher erst im Kontext der gesamten Annahmen und Vereinfachungen beurteilen, und das kann letztlich nur **situationsspezifisch** geschehen.

Unter diesem Vorzeichen sind damit auch die in diesem Buch dargestellten Entscheidungsrechnungen und Gestaltungsempfehlungen zu sehen. Gleichwohl sollte man es mit der Relativierung auch nicht zu weit treiben. Wohlklingende Forderungen nach umfassender Berücksichtigung aller Zusammenhänge lassen sich leicht aufstellen, lösen aber nicht *per se* ein praktisches Entscheidungsproblem. Demgegenüber weisen die in der kostenrechnerischen Literatur angestellten Überlegungen zur **Entscheidungsvorbereitung** ein oft beachtliches Niveau auf. Es wurden für vielfältigste Problemsituationen differenzierte Grundsätze entwickelt, die für optimale **Periodenentscheidungen** relevant sind. Manche **Grundsätze** (so etwa die Vorgehensweisen zur Bestimmung optimaler Produktionsprogramme bei knappen Kapazitäten) erweisen sich strukturell auch in vielen anderen Teildisziplinen der Wirtschaftswissenschaft als gültig, und umgekehrt lassen sich Erkenntnisse anderer Teildisziplinen in kostenrechnerische Überlegungen integrieren.[42] Darüber hinaus können die Vorgehensweisen der KLR zumeist leicht um Zusatzaspekte ergänzt werden, falls dafür in einer bestimmten Entscheidungssituation konkrete Anhaltspunkte vorliegen sollten.

Entscheidungsprobleme, die in der Literatur oftmals als „kurzfristig wirksam" angesehen und auf der Basis von Kosten und Leistungen gelöst werden, sind in Abbildung 1 zusammengestellt. In weiteren Kapiteln dieses Buches wird für wichtige, ausgewählte Arten dieser Entscheidungsprobleme gezeigt, wie deren Lösung auf der Basis von Kosten und Leistungen gefunden werden kann.

---

[42] Das wird insbesondere im 5. Kapitel: *Entscheidungsrechnungen bei Unsicherheit* gezeigt.

Kurzfristig wirksame Entscheidungen

■ Entscheidungen im **Beschaffungsbereich** über
  - Beschaffungsmengen
  - Beschaffungswege und Bezugsquellen
  - Preisobergrenzen

■ Entscheidungen im **Produktionsbereich** über
  - Produktionsverfahren
  - Produktionsprogramme
  - Fertigungslosgrößen und Reihenfolgeprobleme
  - Annahme und Ablehnung von Zusatzaufträgen

■ Entscheidungen im **Absatzbereich** über
  - Preisuntergrenzen und Absatzpreise
  - Absatzlagerhaltung
  - Vertriebswege, Verkaufsgebiete und Kundengruppen

■ Integrative Entscheidungen über
  - Fertigungstiefe (Eigenerstellung oder Fremdbezug)
  - Verrechnungspreise für Lieferungen zwischen Unternehmens-
    bereichen
  - innerbetrieblichen Transport und Lagerhaltung

Abb. 1: Kurzfristig wirksame Entscheidungen

Verwendung für strategische Entscheidungen

Für langfristig wirksame Entscheidungen ist die KLR nicht originär konzipiert. Man könnte deshalb meinen, daß so etwas wie eine „Strategische Kostenrechnung" bereits *ex definitione* unmöglich ist. Die **Investitionsrechnung** ist methodisch eher in der Lage, die Wirkungen strategischer Entscheidungen abzubilden. Die Verwendung eines ungeeigneten Instruments zur Entscheidungsunterstützung birgt die Gefahr von Fehlentscheidungen in sich. Die Hauptzielrichtung strategischer Entscheidungen ist nämlich nicht die kurzfristige Kostenreduktion (bei gleichbleibender Leistung) oder die Leistungserhöhung (bei gleichbleibenden Kosten), idR innerhalb gegebener Kapazitäten, sondern der Beitrag der Entscheidung zum strategischen Erfolgsziel, dh zum Erzielen und Halten einer erfolgreichen Position des Unternehmens am Markt.

Nun erfordert die Investitionsrechnung weit mehr an expliziten Daten über die Auswirkungen strategischer Entscheidungen als die KLR. Sie zwingt beispielsweise zu einer Stellungnahme über die zeitliche Verteilung der Zahlungsströme, die Berücksichtigung des Risikos und die Alternativen. Entsprechend der Natur strategischer Entscheidungen läßt sich eben nur sehr schwer angeben, welche Auswirkungen eine Entscheidung in zehn Jahren haben wird oder wie die Konkurrenzsituation in zehn Jahren sein wird, sofern die Erzeugnisse des Unternehmens dann überhaupt noch nachgefragt werden.

Solche Einflußgrößen sind in der KLR durch Annahmen weitgehend fixiert. In der praktischen Anwendung werden die Annahmen auch nur selten hinterfragt, weil sie nicht offen zutage liegen. Damit erweckt die KLR im Vergleich zur Investitionsrechnung den *Anschein* einer gewissen **Robustheit**. Sie erscheint anschaulicher und klarer; sie basiert aber auf vielen restriktiven Annahmen, die nicht aufgedeckt und deshalb meist nicht hinterfragt werden.

Beispiel: In der Praxis werden häufig nicht alle **künftigen Zahlungen** erfaßt. Sowohl die Auszahlungen als auch die Einzahlungen werden unterschätzt. Bei einer Investition in neue Fertigungstechnologien sind es zB die Softwarekosten für die Steuerung des Produktionsablaufes, die nicht in entsprechendem Umfang berücksichtigt werden. Die Einzahlungen müssen auch Vorteile aus der erhöhten Fertigungsflexibilität berücksichtigen, die sich sowohl in geringeren Lagerbeständen als auch schnellerer Einstellung auf Kundenwünsche äußert. Potentielle Vorteile von Folgeinvestitionen (zB mit einem Fuß im Markt zu sein, um später überhaupt eine Chance zu haben) werden nur ungenügend erfaßt. Manchmal sind im Zuge von strategischen Entscheidungen Organisationsänderungen erforderlich; diese Kosten werden idR zu gering geschätzt.

Ein weiteres Problem in der praktischen Anwendung der Investitionsrechnung besteht darin, daß man sich vielfach zu wenig über die **Implikationen der Methoden** und Parameter im Klaren ist. Damit ergibt sich scheinbar wiederum ein Vorteil der KLR, denn man muß sich damit nicht explizit auseinandersetzen.[43]

Beispiel: Das **Risiko** der künftigen Zahlungen wird oft unpassend berücksichtigt. Ein Problem ist die **Länge des betrachteten Zeitraumes**. Strategische Entscheidungen zeigen Erfolgswirkungen meist recht spät; je später dies der Fall ist, desto unsicherer und schwerer abschätzbar wird der Zahlungsstrom. Vielfach wird deshalb ein relativ kurzer Zeitraum betrachtet bzw wird der Amortisationszeitraum zur maßgeblichen Größe. Alternativ dazu werden oft aus Risikoüberlegungen extrem hohe **Diskontsätze** angesetzt. Vielfach besteht das Risiko des Erfolges oder Mißerfolges aber nur in den ersten Jahren; dann müßten für spätere Jahre geringere Diskontsätze angewandt werden.

Beispiel: Mit der Investitionsrechnung werden oft nur **einzelne Investitionsprojekte** und nicht umfassende Projekte evaluiert. Die Unternehmensorganisation weist Entscheidungsrechte oft je nach Höhe der Investition unterschiedlichen Hierarchieebenen zu. Das führt zT dazu, daß anstelle umfassender Projekte viele kleinere Projekte beantragt und realisiert werden. Ein Umstellungsprozeß an geänderte Technologien oder Märkte dauert so sehr viel länger oder ist überhaupt nicht möglich. Ein anderes Problem mit Einzelprojekten ist die Tatsache, daß die Risikodiversifikation mit anderen Projekten nicht oder nur unzureichend berücksichtigt wird.

---

[43]   Diese „Mängel" werden insbesondere von Verfechtern „moderner" Instrumente der KLR betont. Vgl zB *Berliner* und *Brimson* (1988), S. 36 – 39; *Kaplan* und *Atkinson* (1989), S. 475 – 492.

Die Komplexität der Berücksichtigung der erwähnten Zusammenhänge in der Investitionsrechnung hat dazu geführt, spezifische, kompakt handhabbare Ansätze der KLR zur Fundierung strategischer Entscheidungen zu entwickeln. Dies wird ausführlicher im 6. Kapitel: *Kostenmanagement* diskutiert.

Ausspruch

„Denken wir praktisch. Die Kapitalwertmethode ist nicht das einzige Credo. Viele Manager sind so stark in dynamischen Investitionsrechenverfahren aufgegangen, daß sie Überlegungen für die praktische strategische Ausrichtung übersehen haben. Investitionsrechenverfahren berücksichtigen tendenziell spezifische Investitionsprojekte, was oft sehr kurzsichtig erscheint, wenn man das mit den drängenden Anforderungen der Einführung integrierter Systeme vergleicht, die zu weitreichenden Produktivitätsverbesserungen führen." (*J.P. van Blois*[44])

4.3. Orientierung an Güterverbräuchen und Gütererstellungen

In der Kosten-Leistungs-Konzeption III kann nicht einfach unterstellt werden, daß die von den kurzfristig wirksamen Entscheidungen ausgelösten Zahlungen in der betrachteten Periode anfallen. Durch Ausnutzung von Zahlungszielen seitens des Unternehmens selbst und durch Einräumen solcher Ziele gegenüber den Kunden werden die Zahlungswirkungen der periodischen Güterprozesse regelmäßig *nicht* alleine in der jeweiligen Periode auftreten, selbst wenn die künftigen **Handlungsbedingungen** unbeeinflußt bleiben und damit keine zeitlichen Interdependenzen vorliegen sollten. So führt etwa ein Verbrauch von Produktionsfaktoren seitens des Unternehmens nicht zwingend zu Auszahlungen der laufenden Periode, wenn der Verbrauch rein durch den Abbau von Lagerbeständen gespeist wird oder die Beschaffungszahlungen durch die Ausnutzung eines Zahlungsziels erst in einer späteren Periode geleistet werden. Entsprechend führen Absatzvorgänge der laufenden Periode nicht unbedingt zu Periodeneinzahlungen, wenn die Kunden ihrerseits Zahlungsziele ausnutzen und daher erst in den Folgeperioden zahlen.

Die Orientierung an **Güterverbräuchen** und **Gütererstellungen** bei der Kosten-Leistungs-Konzeption III erklärt sich aus diesen **zeitlichen Verwerfungen** beim Zahlungsanfall. Die Ausrichtung der Entscheidungen am Zahlungsüberschuß einer Periode würde nicht berücksichtigen, daß viele Zahlungen anderer Perioden durch die Maßnahmen der laufenden Periode induziert werden. Es erscheint daher sinnvoll, die Entscheidungen an denjenigen Zahlungen zu orientieren, die insgesamt durch die Aktivitäten der laufenden Periode ausgelöst werden: Die „Lösung kurzfristig wirksamer Steuerungsaufgaben bei monetären Zielen [ist] nicht an den Zahlungen der betrachteten Periode selbst, sondern an den insgesamt zu leistenden Auszahlungen und insgesamt zu leistenden Einzahlungen, also an den durch Güterprozesse einer Periode hervorgerufenen Ausgaben und Einnahmen bzw an den mit Ausgaben

---

[44]   Zitiert in *Kaplan* und *Atkinson* (1989), S. 473 (frei übersetzt).

bewerteten Güterverbräuchen einer Periode und an den mit Einnahmen bewerteten Gütererstellungen einer Periode auszurichten"[45]. Das Problem besteht darin, daß in der KLR die daraus entstehenden **Zinseffekte** nicht oder nur im Durchschnitt erfaßt werden, soweit (realistischerweise) von einem Zinssatz von größer null ausgegangen wird.

In der KLR wird versucht, Zinswirkungen aus dem von der Erfassung als Kosten und Leistungen unterschiedlichen Zahlungsanfall durch den Ansatz von **Zinsen auf das durchschnittlich gebundene Kapital** zu ermitteln. Die Berechnung erfolgt allerdings periodenbezogen und im allgemeinen nicht entscheidungsbezogen. Da in kurzfristig wirksamen Entscheidungssituationen das Kapital nicht disponierbar ist, werden auch die Zinskosten meist als fix betrachtet (Ausnahmen finden sich uU bei der Kalkulation von Zusatzaufträgen; siehe 4. Kapitel: *Preisentscheidungen*). Im folgenden Abschnitt wird im Rahmen des *Lücke*-Theorems gezeigt, wie Zinsen exakt berechnet werden müßten; die Kosten, mit denen dabei gerechnet werden muß, dürfen aber keine (weiteren) Zinskosten enthalten.

Harmonisierung des internen und externen Rechnungswesens

Die Orientierung an Güterverbräuchen und Gütererstellungen impliziert noch nicht zwingend ein **spezifisches Periodisierungsprinzip**. Man kann für die Ermittlung der Kosten und Leistungen unternehmensintern eigene Regeln entwickeln, man kann sich allerdings auch an die Periodisierungsregeln des externen Rechnungswesens halten, seien es die Regelungen des Handelsrechts, des Steuerrechts oder internationale Standards (zB *International Financial Reporting Standards*, IFRS). Die Entscheidung macht eine Kosten-Nutzen-Abwägung erforderlich. Zu den **Vorteilen** einer **Angleichung** der internen und externen Unternehmensrechnung gehören etwa:

■ Da für die externe Unternehmensrechnung (mindestens) ein solches System im Unternehmen ohnehin geführt werden muß, ist es **kostengünstiger**, auf dieses zurückzugreifen.

■ Da die Geschäftsführung nach außen hin auf Basis der Zahlen der externen Unternehmensrechnung beurteilt wird, führt die Anwendung derselben Grundsätze auch intern zu einer **Konsistenz der Controlling- und Reportingsysteme** im Unternehmen.

■ Die Kosten auf Basis der externen Unternehmensrechnung sind **objektiver** und weniger manipulationsanfällig, weil sie nach bekannten Regeln aufgestellt werden und vielfach auch von externen Dritten geprüft sind.

Mögliche **Nachteile** einer Angleichung sind:

■ Die **Ziele** der internen Unternehmensrechnung können von denen der externen Unternehmensrechnung abweichen. Nicht umsonst lautet einer der grundlegenden Leitsätze der Kostenrechnung: *„Different costs for different purposes."*[46]

---

[45]   *Kloock* (1978), S. 504.
[46]   Vgl dazu bereits *Clark* (1923); siehe auch *Pfaff* (1994).

- Die Periodisierungsregeln der externen Unternehmensrechnung können die spezifischen Geschäftsfälle des Unternehmens **ungeeignet** abbilden (zB dürfen meist Entwicklungsauszahlungen nicht aktiviert werden, sie würden dann sofort als Kosten erfaßt).

- Für Entscheidungen werden **Plangrößen** und nicht Istgrößen benötigt. Die externe Unternehmensrechnung ist jedoch weitgehend vergangenheitsorientiert und kann daher nur dann sinnvolle Plangrößen liefern, wenn über die Zeit stabile Verhältnisse angenommen werden.

- Durch die rein ausgabenorientierte (pagatorische) Ermittlung wird verhindert, daß für bestimmte Entscheidungsprobleme **Opportunitätskosten** angesetzt werden.

Eine Betrachtung der Vor- und Nachteile zeigt, daß für die **Entscheidungsfunktion** der Kostenrechnung tendenziell eine spezifische Ausprägung der Kostenermittlung sinnvoll sein wird, während für die **Verhaltenssteuerungsfunktion** der Kostenrechnung eine **Angleichung** an die externe Unternehmensrechnung eher in Frage kommen könnte. Falls man davon ausgeht, daß die laufende Kostenrechnung in den Unternehmen eher der Verhaltenssteuerung dient, kann eine Angleichung daher häufig sinnvoll sein. Doch auch in einem solchen Fall darf nicht übersehen werden, daß sich die **materiellen Aspekte**, die in einem solchen Rahmen auf Basis der internen Unternehmensrechnung zu diskutieren und zu lösen sind (zB die Fragen der Kontroll- und Koordinationsrechnungen), von denen des externen Rechnungswesens unterscheiden.

5. Zusammenhang zwischen Rechengrößen: Das *Lücke*-Theorem

Nach der Argumentation in den vorigen Abschnitten kommt für die Fundierung langfristig wirksamer Entscheidungen vor allem die Kosten-Leistungs-Konzeption II in der Form des investitionstheoretischen Ansatzes in Frage. Danach bildet der **Kapitalwert** das relevante **Entscheidungskriterium**, wenn über die Vorteilhaftigkeit einer langfristig wirksamen Maßnahme (zB die Durchführung eines Investitionsprojekts) zu entscheiden ist. Dieser Kapitalwert ist ein Barwert von **Zahlungsüberschüssen**, nicht aber von kalkulatorischen **Gewinnen** als Differenz von Leistungen und Kosten auf Basis der Konzeption III. Wegen der unterschiedlichen Periodisierung der Zahlungen können die Gewinne einer KLR von den periodischen Zahlungsüberschüssen erheblich abweichen. Würde man mit den aus einer KLR resultierenden Gewinnen eine Kapitalwertberechnung vornehmen, würden somit die Zinswirkungen falsch erfaßt, was zu Fehlentscheidungen führen kann. Mit dem sogenannten „*Lücke*-Theorem" kann gezeigt werden, daß sich der Barwert eines Zahlungsstroms unter bestimmten Bedingungen auch mit Hilfe der Kosten und Leistungen III ermitteln läßt (**Barwertäquivalenz**).

Im 1. Kapitel: *Einleitung und Überblick* wurden drei Arten von **Rechengrößen** unterschieden: Auszahlungen und Einzahlungen, Aufwendungen und Erträge sowie Kosten und Leistungen. Darauf basieren verschiedene Informationssysteme. Mit Hilfe des *Lücke*-Theorems können sie im Hinblick auf die Ermittlung von Kapitalwerten äquivalent gemacht werden. Es ist aber dennoch nicht gleichgültig, welche Rechengrößen verwendet werden, weil sie noch weiteren – unterschiedlichen – Zielen dienen, wie insbesondere der periodischen Erfolgsermittlung.

Einführendes Beispiel

Angenommen eine Investition beschert in $t = 0$ eine Auszahlung von 100 und in $t = 1$ eine Einzahlung von 109. Bei einem Kapitalmarktzins von $i = 10\%$ ergibt sich ein Kapitalwert $KW = -100 + 109/1,1 = -0,91$. Das Projekt ist damit unvorteilhaft. Eine Kapitalwertberechnung mit kalkulatorischen Gewinnen würde demgegenüber zu einer anderen Beurteilung führen. Unterstellt man, daß die anfängliche Investitionsauszahlung von 100 in voll aktivierbare Vermögensgegenstände fließt (zB Kauf einer Maschine), daß also in $t = 0$ weder ein Güterverzehr noch eine Gütererstellung stattgefunden hat, dann beträgt der kalkulatorische Gewinn $G_0 = 0$. Wegen der einperiodigen Lebensdauer werden die in $t = 0$ aktivierten 100 vollständig zu Kosten der ersten Periode.

Werden keine kalkulatorischen Zinsen berücksichtigt, beträgt der kalkulatorische Gewinn in $t = 1$ $G_1 = 109 - 100 = 9$. Die Kapitalwertberechnung mit diesen Gewinnen ergibt: $G_0 + G_1/1,1 = 9/1,1 = 8,18$. Danach wäre das Projekt vorteilhaft. Zum selben Ergebnis gelangt man, wenn die kalkulatorischen Zinsen vom Bestand zu $t = 1$ ermittelt würden; dieser beträgt im Beispiel null. Bei starken Schwankungen des Bestandes wird häufig vorgeschlagen, die kalkulatorischen Zinsen auf das durchschnittlich gebundene Kapital zu berechnen. Dieses ist $(100 + 0)/2 = 50$. Mit einem Kalkulationszinssatz von 10% ergeben sich kalkulatorische Zinsen von 5 und ein Gewinn $G_1 = (109 - 5) - 100 = 4$. Der Gewinnkapitalwert beträgt dann zwar nur mehr $G_0 + G_1/1,1 = 4/1,1 = +3,64$, er ist aber immer noch positiv, so daß das Projekt weiterhin vorteilhaft erscheint.

Das Beispiel verdeutlicht, weshalb bei einer gewinnorientierten Kapitalwertberechnung Fehler auftreten können. Die anfänglichen Investitionsauszahlungen wurden **anders periodisiert**, also zB über die Abschreibungsverrechnung auf spätere Perioden verlagert, so daß die Auszahlungen den Kosten vorausgingen. Dies kann durch die Berücksichtigung der **kalkulatorischen Zinsen** nach den üblichen **approximativen Berechnungsmethoden** im allgemeinen nicht exakt ausgeglichen werden. Dadurch ergab sich eine Überschätzung der Vorteilhaftigkeit des Projektes.

Ähnliches kann sich etwa bei **Zielverkäufen** ergeben. Dabei gehen die Leistungen den Einzahlungen voraus, und erneut ergäbe sich eine Tendenz zur Überschätzung der Vorteilhaftigkeit. Umgekehrt können sich durch die Orientierung an Gewinnen auch Unterschätzungen der Vorteilhaftigkeit ergeben, dann etwa, wenn Zieleinkäufe von Produktionsfaktoren vorliegen, die sofort im Fertigungsprozeß verbraucht werden. In diesem Fall gehen die Kosten den Auszahlungen voraus, woraus sich eine Tendenz zur Unterschätzung ergibt. Gleiches resultiert bei Anzahlungen von Kunden, denn die Leistungen fallen im allgemeinen erst mit der Gütererstellung an.

Dies legt nahe, daß man durch einen **exakten Ausgleich** dieser **Zinseffekte** dafür sorgen kann, daß die Kapitalwertberechnung anhand von kalkulatorischen Gewinngrößen zum selben Ergebnis führt wie die Berechnung anhand der Zahlungsgrößen. Am obigen Beispiel läßt sich die Idee leicht verdeutlichen: Die Differenz der Kapitalwerte läßt sich alleine auf die Nachverlagerung der anfänglichen Auszahlung zurückführen und beträgt:

$$\underbrace{\frac{9}{1,1}}_{\substack{\text{Kapitalwert}\\\text{der Gewinne}}} - \underbrace{\left(\frac{109}{1,1} - 100\right)}_{\substack{\text{Kapitalwert der}\\\text{Zahlungsgrößen}}} = \frac{9}{1,1} + \frac{1}{1,1} = 9,09$$

Die Differenz gleicht also dem Barwert der Zinsen auf die anfängliche Auszahlung von 100. Will man eine Kapitalwertäquivalenz herstellen, muß demnach der Gewinn G_1 modifiziert werden, indem er um die mit dem Kalkulationszinsfuß berechneten Zinsen auf die nachverlagerte Auszahlung von 100 vermindert wird. Der **Barwert** des so **modifizierten Gewinns** lautet:

$$G_0 + \frac{G_1}{1,1} = 0 + \frac{9 - 0,1 \cdot 100}{1,1} = \frac{-1}{1,1} = -0,91$$

Die nachverlagerte anfängliche Auszahlung läßt sich dabei auch noch etwas anders darstellen: Sie gleicht der **Differenz der Überschüsse** von KLR und Zahlungsrechnung in $t = 0$, nämlich

$$G_0 - \left(-100\right) = 0 + 100 = 100$$

und gibt damit denjenigen Betrag an, um den die Überschußverrechnung bei der KLR in $t = 0$ derjenigen bei der Zahlungsrechnung vorauseilt.

Kapitalbindung und Kongruenzprinzip

Dies läßt sich nun systematisch für eine **gewinnorientierte Kapitalwertberechnung** nutzen. Man berechnet für jeden Zeitpunkt die **Differenz aus kumulierten Gewinnen und kumulierten Zahlungsüberschüssen**. Sie bezeichnet für jeden Zeitpunkt den bei der KLR insgesamt zuviel oder zuwenig verrechneten Überschuß relativ zu den sich aus der Zahlungsrechnung tatsächlich ergebenden Zahlungsüberschüssen. Diese Differenz wird **Kapitalbindung** genannt und läßt sich wie folgt darstellen:

$$KB_t = \sum_{\tau=0}^{t}\left(L_\tau - K_\tau\right) - \sum_{\tau=0}^{t}\left(E_\tau - A_\tau\right) \qquad (t = 0,\ldots,T; A_0 = I) \tag{16}$$

Darin bedeuten (ergänzend zur bisherigen Symbolik):
KB_t ...... Kapitalbindung im Zeitpunkt $t = 0, ..., T$
L_τ .... Leistungen im Zeitpunkt $\tau = 0, ..., T$
K_τ .... Kosten (ohne kalkulatorische Zinsen) im Zeitpunkt $\tau = 0, ..., T$.

Daß es sich bei der in (16) dargestellten Größe tatsächlich um eine Kapitalbindung handelt, läßt sich durch eine einfache Umstellung erkennen:

$$KB_t = \underbrace{\sum_{\tau=0}^{t}(A_\tau - K_\tau)}_{\text{Auszahlungen, noch nicht Kosten}} + \underbrace{\sum_{\tau=0}^{t}(L_\tau - E_\tau)}_{\text{Leistungen, noch nicht Einzahlung}} \tag{17}$$

Beide Summanden korrespondieren mit Größen, wie man sie zB in der Aktivseite einer **Bilanz** oder einer **kalkulatorischen Vermögensrechnung** findet. Zur Gruppe *„Auszahlungen, noch nicht Kosten"* gehören etwa die noch nicht abgeschriebenen Buchwerte von Maschinen, während der Gruppe *„Leistungen, noch nicht Einzahlung"* selbsterstellte Güter, Forderungen usw zuzurechnen sind. Die Analogie zur Interpretation des Bilanzinhalts im Rahmen der **Dynamischen Bilanzauffassung**[47] ist offensichtlich.

Es wird nun angenommen, daß die Unterschiede zwischen Gewinnen und Zahlungsüberschüssen alleine auf der unterschiedlichen Periodisierung der Zahlungen beruhen (das schließt zB die Verrechnung von Abschreibungen auf Wiederbeschaffungspreisbasis aus). Diese Annahme wird als **Kongruenzprinzip** bezeichnet, wonach die Summe der Gewinne gleich der Summe der Zahlungsüberschüsse über die **Totalperiode** ist:[48]

$$\sum_{t=0}^{T}(L_t - K_t) = \sum_{t=0}^{T}G_t = \sum_{t=0}^{T}(E_t - A_t) \tag{18}$$

Aus (16) und (18) folgt sofort $KB_T = 0$, dh am Ende der Nutzungsdauer liegt keine Kapitalbindung mehr vor. Ganz analog zum obigen Beispiel wird nun der ursprüngliche Gewinn G_t jeder Periode um die Zinsen auf das in der jeweiligen Periode gebundene Kapital vermindert, woraus der sogenannte **Residualgewinn** RG_t entsteht:

$$RG_t = L_t - K_t - i \cdot KB_{t-1} = G_t - i \cdot KB_{t-1} \qquad \text{für } t = 0,\ldots,T \tag{19}$$

wobei $KB_{-1} = 0$ definiert wird.

Lücke-Theorem

Das **Lücke-Theorem** (vielfach auch als *Lücke-Preinreich*-Theorem bezeichnet)[49] besagt nun, daß bei Geltung des in (18) ausgedrückten Kongruenzprinzips der **Kapi-**

---

[47]   Vgl zu einer Übersicht etwa *Münstermann* (1981).

[48]   Im 10. Kapitel: *Kennzahlen als Performancemaße* wird eine strengere Version des Kongruenzprinzips, nämlich die *clean surplus*-Relation, verwendet.

[49]   Die Bezeichnung als *Lücke*-Theorem rührt daher, daß die mit diesem Theorem zusammenhängenden Aussagen erstmals von *Lücke* (1955, 1965) vorgetragen wurden. Siehe zu einer verallgemeinerten Darstellung insbesondere *Kloock* (1981a) und *Marusev* und *Pfingsten* (1993). Es wurde jedoch auch schon viel früher von *Preinreich* (1937) und anderen dargestellt (siehe dazu *Brief* und *Peasnell* (1996), S. IX ff). Während die frühen Arbeiten sehr einschränkende Annahmen über Zinssätze und Risiko machten, gilt das Lücke-Theorem auch bei stochastischen Zahlungsströmen und Zinssätzen. Vgl dazu *Feltham* und *Ohlson* (1999).

talwert der Residualgewinne dem **Kapitalwert** auf der Basis von **Zahlungsüberschüssen** entspricht:

$$\sum_{t=0}^{T} RG_t \cdot \rho^{-t} = \sum_{t=0}^{T} \left(E_t - A_t\right) \cdot \rho^{-t} = KW \tag{20}$$

Obwohl die in (20) dargestellte Aussage durch die obigen Erläuterungen und das Beispiel intuitiv plausibel sein dürfte, läßt sie sich auch formal beweisen. Dieser Beweis findet sich im **Anhang** zu diesem Kapitel. Er zeigt auf, daß die Barwertäquivalenz letztlich für **alle Rechengrößen** gültig ist, deren Periodenüberschüsse dem Kongruenzprinzip entsprechen, denn der Beweis hängt nur von formalen Zusammenhängen, aber nicht von inhaltlichen Festlegungen der Ermittlung der Rechengrößen ab. Insbesondere gilt das *Lücke*-Theorem auch für Rechnungen auf der Basis von **Aufwendungen und Erträgen**.

Implikationen

Das *Lücke*-Theorem liefert die Grundlage für eine einheitlich auf alle Entscheidungsprobleme anwendbare Entscheidungsrechnung, allerdings in einem etwas anderen Zusammenhang als auf Basis der Kosten-Leistungs-Konzeption II. Dort werden die Rechengrößen nämlich unmittelbar aus der langfristigen Zielgröße (ausgedrückt durch die Repräsentanzgröße „Kapitalwert") abgeleitet; eine weitere Aufspaltung des unternehmensbezogenen Entscheidungsfeldes nach Fristigkeitsstufen mag zwar in einer konkreten Situation möglich sein, bildet aber kein konstitutives Merkmal der Konzeption selbst.

Das ist bei der **Konzeption III** jedoch anders, wie aus den obigen Überlegungen hervorgeht. Die nach diesem Ansatz ermittelten Kosten und Leistungen sind grundsätzlich nur zur Lösung kurzfristig wirksamer Entscheidungsprobleme gedacht, wobei diese Abgrenzung nicht immer eindeutig ist und zudem Zinseffekte allenfalls approximativ berücksichtigt werden. Die nach der Konzeption III sich ergebenden Rechengrößen sind daher regelmäßig nicht identisch mit Kapitalwertänderungen. In der Gesamtschau über die Totalperiode liefern sie aber eine Periodisierung der anfallenden Zahlungen (sofern das Kongruenzprinzip gilt). Dieser Sachverhalt läßt sich durch Korrektur der periodisierungsbedingten Zinsverzerrungen für eine Kapitalwertberechnung nutzen, indem **Residualgewinne** an Stelle der ursprünglichen Periodengewinne diskontiert werden.

Demnach können sowohl **kurzfristig** als auch **langfristig wirksame** Entscheidungen auf Basis der Konzeption III fundiert werden: Weil die kalkulatorischen Zinskosten einer Periode gemäß (19) nur von kumulierten Werten der jeweiligen Vorperioden abhängen, für die laufende Periode (unter den genannten Bedingungen) fixen Charakter haben, ist die Maximierung des Gewinns G_t im Rahmen kurzfristig wirksamer Entscheidungen äquivalent zur Maximierung des Residualgewinns RG_t. Und eine Diskontierung dieser Residualgewinne führt bei Geltung des Kongruenzprinzips stets zum richtigen Kapitalwert, so daß langfristig wirksame Entscheidungen nach Maßgabe der Kapitalwertmaximierung ebenfalls zutreffend fundiert werden können.

Dieses Ergebnis liefert für ein Unternehmen zunächst wichtige **Erkenntnisse**. So benötigt man grundsätzlich nicht verschiedene Informationssysteme für verschiedene Entscheidungen, sondern kann mit **einheitlichen Rechengrößen** arbeiten.[50] Darüber hinaus wird eine Korrespondenz zwischen der langfristigen Zielgröße (Kapitalwert) und dem eher kurzfristigen Gewinn bzw Residualgewinn hergestellt, was für reale Verhältnisse alleine deswegen bedeutsam ist, weil die Beurteilung von Managern oftmals gewinnorientiert erfolgt.[51] Folgt man der plausiblen Hypothese, daß sich Manager bei ihren Entscheidungen vor allem nach den Größen richten werden, anhand derer ihre Beurteilung erfolgt, dann führt die Verwendung des **Residualgewinns** als periodische **Beurteilungsgröße** zu einer **Interessenharmonisierung**. Wählt ein Manager zB stets solche Maßnahmen, die den Barwert seiner Entlohnung maximieren, und gewährt man ihm neben einem Fixgehalt in jeder Periode eine vom Residualgewinn proportional abhängige Prämie, dann führt die Maximierung des Prämienbarwerts zur kapitalwertmaximalen Unternehmenspolitik.[52] In enger Beziehung dazu steht die Verwendung von Residualgewinnen bei der **Steuerung divisionalisierter Unternehmen**, was praktisch bedeutsam ist und im 9. Kapitel: *Investitionscontrolling* noch näher diskutiert wird.

Weiterhin lassen sich die Ergebnisse des *Lücke*-Theorems auch für Probleme der **Investitionskontrolle** einsetzen. So zeigt eine Betrachtung von (20), daß ein Investitionsprojekt mit stets positiven Residualgewinnen auch einen positiven Kapitalwert hat, also zumindest **absolut vorteilhaft** ist. Ermittelt man demnach für ein realisiertes Projekt im Zeitablauf stets positive Residualgewinne, so kann man sicher sein, trotz möglicher Änderungen der ursprünglich erwarteten Bedingungen ein Projekt gewählt zu haben, dessen Verzinsung über derjenigen des Kapitalmarktes liegt. Über die Frage, ob ein Alternativprojekt nicht noch besser gewesen wäre, kann damit freilich nichts gesagt werden.

Diese Ausführungen zeigen, daß das *Lücke*-Theorem einen wichtigen *Ausgangspunkt* zur Behandlung vieler Problemstellungen bietet. Hinsichtlich der **Gestaltung von Entscheidungsrechnungen** hat es dennoch nur eine **formale**, nicht aber eine materielle **Bedeutung**. Den Grund dafür erkennt man leicht, wenn man die Frage zu beantworten versucht, nach welchen Kriterien etwa bei einer Investitionsentscheidung die künftigen Residualgewinne ermittelt werden sollen. Diese Residualgewinne

---

[50]   Dabei ist allerdings zu beachten, daß die Berechnung der Kapitalbindung die Kenntnis der Zahlungsreihe voraussetzt. Insofern beinhaltet das „einheitliche System" stets eine Rechnung auf der Basis von Ein- und Auszahlungen.

[51]   Diese Aspekte werden in Teil III: *Koordinationsrechnungen* noch ausführlich behandelt.

[52]   Implizit ist dabei vorausgesetzt, daß der Planungshorizont für die unternehmensbezogene Entlohnungsplanung des Managers nicht kürzer ist als die Lebensdauer eines zur Entscheidung anstehenden Investitionsprojekts. Diese Bedingung ist zB dann verletzt, wenn der Manager mit einer bestimmten Wahrscheinlichkeit vor dem Nutzungsdauerende das Unternehmen verläßt.

setzen nämlich die Kenntnis der künftigen Unternehmenspolitik voraus, und damit ist man letztlich wieder bei der Ausgangsproblemstellung dieses Kapitels angelangt.

Das *Lücke*-Theorem besagt im Grunde „nur": Wie auch immer die künftige Unternehmenspolitik aussieht – bei Geltung des Kongruenzprinzips erhält man durch Diskontierung der Residualgewinne stets den richtigen Kapitalwert. Wie aber die **Unternehmenspolitik** selbst bestimmt wird, welche Interdependenzen dabei in welcher Form in welcher Entscheidungsrechnung erfaßt werden, wird nicht problematisiert.

Zwar kann man sich auf den Standpunkt stellen, daß die Maximierung des Barwertes der Residualgewinne letztlich äquivalent zur Maximierung des Kapitalwertes und mithin der Repräsentanzgröße der Konzeption II ist, doch gerade daraus folgt, daß alle Zusammenhänge und Probleme, die beim Ansatz II diskutiert wurden, auch bei den Residualgewinnen des *Lücke*-Theorems wieder auftauchen müssen. Dieses Theorem zeigt also den **formalen Zusammenhang** zwischen Residualgewinnen und Kapitalwerten auf, liefert aber – bis auf den Hinweis zur Art und Weise der Erfassung kalkulatorischer Zinskosten – **keine** neuen **materiellen Erkenntnisse** zur Lösung etwa des Komplexionsproblems, zur Auflösung von Interdependenzen oder zur konkreten Gestaltung einer KLR als Entscheidungsrechnung.[53]

6. Zusammenfassung

Die Kosten- und Leistungsrechnung wird als Instrument zur Vorbereitung von Entscheidungen institutionaler (firmenbezogener) Unternehmen verwendet. Die Fundierung von Entscheidungen mit Hilfe von Kosten und Leistungen im üblichen Sinne ist jedoch keineswegs selbstverständlich. Dieser Vorgehensweise liegen **vielfältige Vereinfachungen von Entscheidungszusammenhängen** zugrunde. Diese Vereinfachungen lassen sich schrittweise aufzeigen, wenn man vom Grundmodell der Entscheidungstheorie und den damit zusammenhängenden Prinzipien der Entscheidungsfindung ausgeht. Zur Lösung von Entscheidungsproblemen wären danach grundsätzlich **langfristig ausgerichtete, zeit-zustandsabhängig formulierte Handlungsstrategien** aufzustellen; darüber hinaus müßten diese Strategien auch die **individuellen Portefeuilleprobleme** der Eigner umfassen, wenn sie aus finanzieller Sicht (dh Gestaltung von Konsumzahlungsströmen hinsichtlich der Höhe, zeitlichen Struktur und Unsicherheit) zielentsprechend festgelegt werden sollen.

In diesem Rahmen wäre eine **Entscheidungsrechnung** grundsätzlich mit der **Ergebnisfunktion** bzw der **Ergebnismatrix** des Grundmodells gleichzusetzen.

---

[53] In diesem Sinne wird man wohl den Ausspruch von *Schneider* (1997), S. 58, verstehen können, wenn er meint: „Die Lücke, die ein Verzicht auf das *Lücke*-Theorem hinterläßt, ersetzt es vollkommen."

Spaltet man daraus positive und negative Ergebnisbestandteile ab, läßt sich eine erste Kosten-Leistungs-Konzeption wie folgt benennen:

- **Kosten I:** Angesichts eines bestimmten Zielplanes und Entscheidungs- feldes resultierende *negative* Konsequenzen (Ergebnisstrukturen) einer Aktion.

- **Leistungen I:** Angesichts eines bestimmten Zielplanes und Entschei- dungsfeldes resultierende *positive* Konsequenzen (Ergebnisstrukturen) einer Aktion.

Diese Konzeption ist allgemein für beliebig viele Ergebnisarten ausgerichtet und lie- fert vektor- bzw matrizenwertige Kosten- und Leistungsgrößen.

Eine strenge Orientierung an den Prinzipien des Grundmodells ist allerdings prak- tisch kaum möglich und auch nicht für jedes Problem wirtschaftlich, so daß Verein- fachungen bedenkenswert sind. Erste Vereinfachungen bestehen darin, daß man die individuellen Portefeuilleprobleme der Eigner vernachlässigt, nur noch finanzielle Zielgrößen berücksichtigt und die Zahlungen der Aktionen zu einer **Repräsentanz- größe** verdichtet. Diese Größe übernimmt die Funktion eines Nutzenindex, so daß höhere Werte mit einer besseren Zielerreichung der Investoren verknüpft sind. Daraus läßt sich eine weitere Kosten-Leistungs-Konzeption entwickeln:

- **Kosten II:** Verringerungen der die ggf unsicheren, mehrperiodigen monetären Konsequenzen einer Aktion widerspiegelnden Repräsentanz- größe.

- **Leistungen II:** Erhöhungen der die ggf unsicheren, mehrperiodigen monetären Konsequenzen einer Aktion widerspiegelnden Repräsentanz- größe.

Für diese Konzeption II existiert eine Präzisierung in Form des **investitionstheore- tischen Ansatzes** der Kostenrechnung. Dort ist der **Kapitalwert** die gesuchte Reprä- sentanzgröße, der unter bestimmten Bedingungen über die Struktur des Kapital- marktes auch sämtliche Bedingungen erfüllt, die zur Begründung der **Separations- eigenschaften** der Konzeption II erforderlich sind. Die Kosten und Leistungen II berücksichtigen grundsätzlich langfristige Wirkungen. Unter bestimmten Bedingun- gen lassen sich sogar traditionelle Kostengrößen als Spezialfälle der Kosten II auf- fassen, wodurch die Bindegliedfunktion der Konzeption II verdeutlicht wird. Dennoch wäre auch die Anwendung dieser Konzeption bei jedem Entscheidungspro- blem sehr anspruchsvoll, weil – analog zur Konzeption I – immer noch **Total- modelle** aufgestellt werden müßten.

Weitere Vereinfachungen bestehen zunächst in der **Trennung von langfristig wirksamen** (Potentialentscheidungen) **und kurzfristig wirksamen Entschei- dungen** (Anpassungsentscheidungen). Letztere umfassen die Festlegung konkreter Beschaffungs-, Produktions- und Absatzprogramme bei gegebenen Potentialen. Wird nun angenommen, daß – gegeben die Potentiale – die Handlungsbedingungen verschiedener Perioden nicht miteinander verbunden sind und daß die Zahlungskon- sequenzen aller Periodenmaßnahmen in der jeweiligen Periode anfallen, dann könnten ausgehend von der Konzeption II die Periodenentscheidungen stets durch Maximierung der periodischen Zahlungsüberschüsse optimal festgelegt werden. Weil die Zahlungswirkungen von Periodenmaßnahmen aber auch in anderen Perioden liegen können, wird zur weiteren Vereinfachung nur noch auf diejenigen Zahlungen abgestellt, die durch Entscheidungen einer Periode und den damit zusammenhängenden Güterverbräuchen und Gütererstellungen ausgelöst werden. Dadurch ist man schließlich bei den traditionellen Inhalten von Kosten und Leistungen angelangt:

- **Kosten III:** Bewertete, sachzielbezogene Güterverbräuche eines Unternehmens in einer Periode.

- **Leistungen III:** Bewertete, sachzielbezogene Gütererstellungen eines Unternehmens in einer Periode.

Diese Größen dienen zur **Fundierung kurzfristig wirksamer Entscheidungen** im beschriebenen Sinne, wobei diese Abgrenzung allerdings nicht unproblematisch ist und kaum schematisch vorgenommen werden kann. Die Optimalität der Resultate von Entscheidungskalkülen, die mit der Konzeption III arbeiten, ist letztlich unter der Gesamtheit aller genannten Vereinfachungen zu sehen. Man kann diese Vereinfachungen als eine **spezifische Lösung des Problems eines optimalen Komplexionsgrades** von Entscheidungsmodellen auffassen.

Trotz der Konzentration auf kurzfristig wirksame Entscheidungen lassen sich die Rechengrößen der Konzeption III gemäß dem *Lücke*-Theorem auch zur Fundierung langfristig wirksamer Maßnahmen einsetzen, wenn man mit **Residualgewinnen** arbeitet. Das *Lücke*-Theorem zeigt die Barwertäquivalenz dieser Rechengrößen bei Gültigkeit des Kongruenzprinzips. Es ist allerdings bezüglich der Gestaltung von Entscheidungsrechnungen ein eher formales Resultat. Es löst nicht das Komplexionsproblem und die Frage nach dem Umfang einzubeziehender Interdependenzen bei der Lösung von Entscheidungsproblemen.

Fragen

1. Warum ist die Beachtung des Exklusionsprinzips bei der Formulierung von Aktionen wichtig?

2. Warum ist es erforderlich, bei Entscheidungen auf der Ebene institutionaler Unternehmen auch die Portefeuilleprobleme der Investoren grundsätzlich einzubeziehen, wenn die Unternehmensentscheidungen so festgelegt werden sollen, daß sie für die Investoren finanziell optimal sind?

3. In welcher Beziehung stehen Kosten und Leistungen I zum Präferenzsystem?

4. Was hat die Kosten-Leistungs-Konzeption II mit der Separation von Entscheidungsproblemen zu tun?

5. In der Unternehmensrechnung spielt bei vielen Fragestellungen der sogenannte *Totalerfolg* eine Rolle. Dabei handelt es sich um die einfache Summe aller Zahlungsüberschüsse aus dem Leistungsbereich des Unternehmens (also um die Differenz aller Ein- und Auszahlungen ohne die Zahlungen zwischen Unternehmen und Eignern). Wie beurteilen Sie die Verwendung dieses Totalerfolges als Repräsentanzgröße der Konzeption II?

6. Beim investitionstheoretischen Ansatz der Kostenrechnung wird zumeist von einer gegebenen künftigen Planbeschäftigung ausgegangen. Welche Bedeutung hat diese Annahme für die Bestimmung der heute optimalen Produktionspolitik, und welche Problematik beinhaltet sie allgemein?

7. Unter welchen Bedingungen lassen sich traditionelle Abschreibungen als Spezialfälle der Kosten II ableiten, und wie läßt sich das Ergebnis ökonomisch erklären? In welcher Form können Sie diese linearen Abschreibungen in einer Entscheidungsrechnung verwenden?

8. Was hat es mit der Bindegliedfunktion der Konzeption II auf sich?

9. Welche weiteren Vereinfachungen liegen dem Übergang von der Konzeption II auf die Kosten und Leistungen der Konzeption III zugrunde?

10. Warum können „kurzfristig wirksame" Entscheidungen nicht schematisch abgegrenzt werden?

11. Was besagt das *Lücke*-Theorem? Warum liefert es keine Lösung der Komplexions- und Interdependenzprobleme, obwohl man doch über die Verwendung von Residualgewinnen stets zur gleichen Gesamtlösung wie bei der Konzeption II gelangt?

Probleme

1. **Bestimmung von Handlungsstrategien und Aufstellung einer Ergebnismatrix im Grundmodell der Entscheidungstheorie.** Betrachtet wird ein Unternehmen, dessen Handlungszeitraum auf zwei Perioden begrenzt ist und dessen Absatzmarkt ebenfalls festliegt. Das Unternehmen verfügt aber noch nicht über entsprechende Produktionskapazitäten. Hinsichtlich deren Dimensionierung bieten sich folgende Möglichkeiten: Zu Beginn *jeder* Periode können Fertigungsanlagen beschafft werden, wobei am Markt zwei Größenordnungen angeboten werden. Eine relativ große Anlage, mit der pro Periode 10.000 Produkteinheiten gefertigt werden können, und eine eher kleine Anlage, die pro Periode nur die Herstellung von 5.000 Produkteinheiten erlaubt. Jeder Anlagetyp kann in jeder Periode höchstens einmal beschafft werden. Die relativ große Anlage weist höhere laufende Fixauszahlungen pro Peri-

ode (200.000) als die kleinere Anlage (50.000) auf, doch sind dafür die (proportionalen) Auszahlungen je Stück für die große Anlage (40 pro Stück) niedriger als für die kleinere (50 pro Stück). Die Beschaffung der großen Anlage erfordert eine Anschaffungsauszahlung von 520.000, während für die kleinere Anlage nur 200.000 zu zahlen sind. Versäumt man den Markteintritt in der ersten Periode, dann vergibt man sich auch alle Absatzmöglichkeiten in der zweiten Periode. Beide Anlagen haben eine Nutzungsdauer von jeweils zwei Perioden, und ihr Liquidationserlös wird stets mit 0 angesetzt.

Der relevante Markt ist durch einen für beide Perioden als gleich und konstant betrachteten Absatzpreis von 200 pro Stück gekennzeichnet. Unsicher ist aber die mengenmäßige Nachfrageentwicklung. Für jede Periode werden zwei Szenarien für möglich gehalten. Die Nachfrage ist entweder „gut" (9.000 Stück pro Periode) oder „schlecht" (3.000 Stück pro Periode). In der ersten Periode gelten beide Zustände als gleich wahrscheinlich. Die Wahrscheinlichkeitsverteilung für die zweite Periode hängt jedoch davon ab, wie die Entwicklung in der ersten Periode verlaufen ist. Gab es in der ersten Periode eine „gute" Nachfrage, wird die Wahrscheinlichkeit für eine „gute" Nachfrage in der zweiten Periode mit 90% angesetzt. War dagegen die Nachfrageentwicklung in der ersten Periode „schlecht," so wird für die zweite Periode mit 80% Wahrscheinlichkeit einer „schlechten" Nachfrage gerechnet. Die tatsächliche Nachfrageentwicklung offenbart sich erst im Laufe einer Periode, doch noch früh genug, um die Produktionsmenge entsprechend anpassen zu können. Lagerhaltung ist ausgeschlossen. Das Präferenzsystem knüpft ausschließlich an den Zahlungsüberschüssen der jeweiligen Perioden an, wobei höhere Periodenüberschüsse stets niedrigeren vorgezogen werden.

Stellen Sie das Entscheidungsfeld und die Ergebnismatrix des beschriebenen Problems in der Form des entscheidungstheoretischen Grundmodells dar. (*Hinweis*: Nach Vorabfestlegung der Aktionsparameter der Produktionsplanung verbleiben nur noch diejenigen der Investitionspolitik. Beim diesbezüglichen Aktionsraum müssen Sie grundsätzlich auf 49 Alternativen kommen. Viele davon können Sie aber erneut durch Vorüberlegungen von der weiteren Betrachtung ausschließen. Für die Aufstellung der Ergebnismatrix bleiben schließlich noch fünf Aktionen übrig.)

2. Investitionstheoretische Abschreibungen. Betrachtet wird eine Anlage mit einer Nutzungsdauer von $T = 3$, einer Investitionsauszahlung von $I = 1.000$, konstanten Auszahlungen je Periode von $A_t = A = 500$ und einem Liquidationserlös in $T = 3$ von $LQ = 100$. Die Anlage wird unendlich oft identisch ersetzt. Bestimmen Sie die investitionstheoretischen Abschreibungen dieser Anlage für Kalkulationszinsfüße von 10% und 1%.

3. Kapitalwert und Periodengewinne auf der Basis des *Lücke*-Theorems. Ein Unternehmen erwägt die Realisierung eines Investitionsprojekts mit einer Nutzungsdauer von $T = 5$, einer Anschaffungsauszahlung von $I = 50.000$ und einem Liquidationswert von $LQ = 0$. Die Anlage dient zur Herstellung eines Produktes, von dem in jeder Periode 3.000 Stück gefertigt werden. Für diese Produktion fallen in den ersten zwei Perioden Auszahlungen von jeweils 6.000, in den letzten drei Perioden von jeweils 7.500 an (für Material und Arbeitskräfte (reine Akkordlöhner), wobei keine Lagerhaltung für Materialien stattfindet). Der Absatzpreis pro Mengeneinheit des Produkts beträgt 8, und der Absatzverlauf gestaltet sich wie folgt:

Periode 1: Absatz 3.000, davon 1.000 auf Ziel (Zahlung in $t = 3$)

Periode 2: Absatz 2.000 (Zahlung sofort)

Periode 3: Absatz 2.500, davon 500 auf Ziel (Zahlung in $t = 5$)

Periode 4: Absatz 3.000 (Zahlung sofort)

Periode 5: Absatz 4.500 (Zahlung sofort)

Die Anlage wird in der Kostenrechnung linear abgeschrieben. Vorhandene Bestände an fertigen Erzeugnissen werden stets zu variablen Kosten bewertet, und Lagerabgänge beim Fertigwarenlager vollziehen sich immer nach dem LIFO-Prinzip. Der Kalkulationszinsfuß ist $i = 0,1$.

a) Erstellen Sie die Zahlungsreihe für dieses Projekt, und berechnen Sie den Kapitalwert.

b) Erstellen Sie die Reihe der kalkulatorischen Gewinne (ohne Zinskosten), und berechnen Sie den Kapitalwert dieser Gewinnreihe.

c) Ermitteln Sie den projektspezifischen Kapitalbindungsverlauf gemäß dem für das *Lücke*-Theorem angegebenen Berechnungsmodus für KB_t, und berechnen Sie den Kapitalwert der Residualgewinne.

d) Ermitteln Sie alternativ die Kapitalbindungen der einzelnen Perioden durch Betrachtung der am Ende jeder Periode vorliegenden, projektspezifischen Vermögensgegenstände.

Literaturempfehlungen

Allgemeine Literatur

Kloock, J.: Aufgaben und Systeme der Unternehmensrechnung, in: *Betriebswirtschaftliche Forschung und Praxis* 1978, S. 493 – 510.

Sieben, G., und *T. Schildbach*: *Betriebswirtschaftliche Entscheidungstheorie*, 4. Auflage, Düsseldorf 1994.

Spezielle Literatur

Ewert, R.: Finanzwirtschaft und Leistungswirtschaft, in: *HWB*, 5. Auflage, Teilband 1, Stuttgart 1993, Sp. 1150 – 1161.

Kloock, J.: Mehrperiodige Investitionsrechnungen auf der Basis kalkulatorischer und handelsrechtlicher Erfolgsrechnungen, in: *Zeitschrift für betriebswirtschaftliche Forschung* 1981, S. 873 – 890.

Küpper, H.-U.: Investitionstheoretische Fundierung der Kostenrechnung, in: *Zeitschrift für betriebswirtschaftliche Forschung* 1985, S. 26 – 46.

Swoboda, P.: Die Ableitung variabler Abschreibungskosten aus Modellen zur Optimierung der Investitionsdauer, in: *Zeitschrift für Betriebswirtschaft* 1979, S. 565 – 580.

Anhang:
Beweis des *Lücke*-Theorems

Das *Lücke*-Theorem besagt, daß

$$\sum_{t=0}^{T} RG_t \cdot \rho^{-t} = \sum_{t=0}^{T} (E_t - A_t) \cdot \rho^{-t} = KW$$

sofern das Kongruenzprinzip erfüllt ist, dh

$$\sum_{t=0}^{T} (L_t - K_t) = \sum_{t=0}^{T} G_t = \sum_{t=0}^{T} (E_t - A_t)$$

Beweis

Gemäß dem in (24) angegebenen Kapitalbindungsansatz ergibt sich für die Differenz zweier aufeinander folgender Kapitalbindungen:

$$KB_t - KB_{t-1} = (L_t - K_t) - (E_t - A_t) = G_t - (E_t - A_t)$$

Daraus erhält man:

$$G_t = E_t - A_t - (KB_{t-1} - KB_t)$$

Unter Verwendung dieser Beziehung folgt dann für den Barwert der Residualgewinne:

$$\sum_{t=0}^{T} RG_t \cdot \rho^{-t} = \sum_{t=0}^{T} (L_t - K_t - i \cdot KB_{t-1}) \cdot \rho^{-t} = \sum_{t=0}^{T} (G_t - i \cdot KB_{t-1}) \cdot \rho^{-t} =$$

$$\sum_{t=0}^{T} (E_t - A_t - (KB_{t-1} - KB_t) - i \cdot KB_{t-1}) \cdot \rho^{-t} = \sum_{t=0}^{T} (E_t - A_t - \rho \cdot KB_{t-1} + KB_t) \cdot \rho^{-t} =$$

$$\sum_{t=0}^{T} (E_t - A_t) \cdot \rho^{-t} - \rho \cdot \sum_{t=0}^{T} KB_{t-1} \cdot \rho^{-t} + \sum_{t=0}^{T} KB_t \cdot \rho^{-t} =$$

$$\sum_{t=0}^{T} (E_t - A_t) \cdot \rho^{-t} - \rho \cdot \underbrace{\sum_{t=1}^{T+1} KB_{t-1} \cdot \rho^{-t}}_{(\text{wegen } KB_{-1}, KB_T = 0)} + \sum_{t=0}^{T} KB_t \cdot \rho^{-t} =$$

$$\sum_{t=0}^{T} (E_t - A_t) \cdot \rho^{-t} - \sum_{t=1}^{T+1} KB_{t-1} \cdot \rho^{-(t-1)} + \sum_{t=0}^{T} KB_t \cdot \rho^{-t} =$$

$$\sum_{t=0}^{T} (E_t - A_t) \cdot \rho^{-t} - \sum_{t=0}^{T} KB_t \cdot \rho^{-t} + \sum_{t=0}^{T} KB_t \cdot \rho^{-t} = \sum_{t=0}^{T} (E_t - A_t) \cdot \rho^{-t} = KW$$

Produktionsprogramm-
entscheidungen

Die Paper Systems AG ist ein größeres Unternehmen in der Papierindustrie. Es erzeugt insbesondere hochwertiges Kopierpapier, Fotopapier sowie hochglänzendes Papier für Werbezwecke und Zeitungsmagazine. Seit drei Jahren läuft im Unternehmen ein Projekt, das auf die Verbesserung der Qualität des Papiers zielt und dessen wesentlicher Ausfluß in der Installierung einer eigenen Stelle für eine elektronische Endkontrolle vor einem Jahr bestand. Durch diese Endkontrolle wird jede Rolle Papier geschickt, die das Unternehmen verläßt. Tatsächlich konnten in der Folge aufgrund der Messungen etliche Informationen über Qualitätsmängel in der Fertigung entdeckt und behoben werden.

Mit allen drei Produktgruppen erzielt die Paper Systems AG relativ hohe Deckungsbeiträge, da die Produkte im Segment „hohe Qualität und hohe Preise" angesiedelt sind. Den höchsten Deckungsbeitrag pro Tonne erzielt Fotopapier, gefolgt von Kopierpapier und dem hochglänzenden Papier. Da die Produktionskapazität relativ hoch ist, kommt es zu keinen Engpässen; die Produkte werden mit ihren erwarteten jährlichen Absatzmengen produziert.

Die neue Endkontrollstelle wurde aus damaliger Sicht ebenfalls ausreichend dimensioniert. Infolge einer unvorhergesehenen Absatzausweitung kam es vor kurzem aber erstmals zu einem Engpaß in dieser Endkontrollstelle. Das Papier staute sich vor dieser Stelle. Der Produktionsleiter Wolfgang Wesnig ruft in der Controlling-Abteilung an. Denise Springer ist selbst am Apparat. Wesnig bittet sie, möglichst rasch Vorschläge zur Bereinigung dieser Situation zu machen.

Am nächsten Morgen betritt Denise das Büro von Wolfgang Wesnig. Wesnig ist beeindruckt – von der Schnelligkeit, mit der die Controlling-Abteilung arbeitete, und natürlich wieder einmal von Denise's modischem Outfit. Denise beginnt: „Wir könnten eine ganze Menge machen. Ich bin davon ausgegangen, daß wir auf die Qualitätstests nicht verzichten können. Eine schlechte Rolle, und wir haben Probleme mit unserem selbst gesetzten Anspruch, daß wir nur beste Qualität liefern. Außerdem wird sich die Situation kurzfristig nicht wieder einspielen, die Absatzmenge wird unseren Prognosen zufolge immer über der Kapazität der Endkontrolle liegen." Wesnig nickt zustimmend. Denise fährt fort: „Kurzfristig sollten wir sofort die Produktion entsprechend einschränken. Ich schlage dazu vor, die Produktion von Fotopapier herunterzuschrauben." Wesnig ist entsetzt: „Aber das ist doch das Produkt mit dem höchsten Deckungsbeitrag, unser liebstes Stück!" „Das war einmal", sagt Denise. „Bei einem Engpaß wird alles anders: Fotopapier braucht in der Endkontrolle am längsten, und zwar weit länger als das, was durch seinen hohen Tonnen-Deckungsbeitrag wieder hereinkommt."

„Das verstehe ich nicht", gibt Wesnig zu. Denise denkt, „Das habe ich mir gedacht", und sagt laut: „Die Idee ist einfach die: wenn ein Engpaß auftritt, muß man diesen bestmöglich auslasten. Am besten stellen Sie sich das folgendermaßen vor: Sie verkaufen nicht mehr Fotopapier, Kopierpapier und Hochglanzpapier, sondern Stunden der Endkontrolle. Das, was Sie für eine Stunde Endkontrolle bekommen, hängt von der Belegung mit dem Produkt ab." Wesnig schüttelt den Kopf, meint aber: „Wie dem auch sei; probieren wir es halt auf Ihre Art. Ich hoffe nur,

daß das auch wirklich funktioniert." Denise beruhigt: „Kein Problem. Sie werden sehen, ich habe recht."

Dann fährt sie fort: „Wir haben aber auch noch eine andere Möglichkeit geprüft. Glauben Sie, wäre es möglich, einen Teil der Endkontrolle sozusagen außer Haus zu geben? Ich könnte mir vorstellen, die TQSystems könnte in wenigen Tagen einspringen und unsere Endkontrolle entlasten. Es ist nur eine Frage des Preises." Wesnig ist nicht überzeugt: „Ich fürchte, die würden zu lange brauchen, um unseren Qualitätsstandard einigermaßen zu gewährleisten. Wir haben auch lange genug experimentiert und getestet." „Also gut, das fällt dann als kurzfristige Ausweichmöglichkeit aus. Aber mittelfristig müßte das doch eine sinnvolle Alternative sein. Ich werde, wenn Sie einverstanden sind, einmal mit Herrn Weber von TQSystems über deren Preisvorstellungen sprechen. Damit kann ich die Auswirkungen auf unser Produktionsprogramm kalkulieren." „Wieso wirkt sich das auf das Produktionsprogramm aus? Wir brauchen doch nur genügend nach außen zu geben, und schon haben wir wieder hinreichend Kapazität." fragt Wesnig Denise. Diese antwortet: „Das Ganze hängt von der Differenz der Kosten, wenn wir den Auftrag an TQSystems geben, und unseren eigenen Kontrollkosten ab. Es könnte sein, daß es ein Produkt gibt, das von TQSystems kontrolliert werden sollte, das aber wegen deren Kosten dann keinen positiven Deckungsbeitrag mehr bringt. Allerdings ist das wegen unserer hohen Deckungsbeiträge nicht wahrscheinlich." Wesnig bewundert Denise (Was die alles weiß!).

Denise ist aber noch nicht fertig. „Mittelfristig sollten wir natürlich auch überlegen, den Engpaß zu beseitigen, indem wir die Kapazität der Endkontrollstelle aufstocken. Dabei ist aber wieder das Problem, Sie kennen diese Geschichte, daß eine neue Anlage wieder zuviel Kapazität hat. Und teilbar ist sie nicht." Wesnig erinnert sich noch lebhaft an die diesbezüglichen nächtelangen Sitzungen bei der Planung der Endkontrollstelle. Nachdem Denise geendet hat, beeilt sich Wesnig, die Produktionseinschränkung des Fotopapiers anzuordnen.

Ziele dieses Kapitels

- Darstellung der Lösungsverfahren für die Planung des optimalen kurzfristigen Produktionsprogramms mit und ohne Kapazitätsrestriktionen
- Analyse des Einflusses von Fixkosten auf die optimale Entscheidung
- Verstehen des Inhalts und des Nutzens von verschiedenen Opportunitätskosten-Konzepten

1. Grundlagen

1.1. Vorbemerkungen und Annahmen

Das vorliegende Kapitel widmet sich Problemen der (operativen) Produktionspro-grammplanung, deren Lösung üblicherweise auf der Basis von Kosten und Leistungen im traditionellen Sinne vorgenommen wird. Im Mittelpunkt stehen dabei Grundsätze und Methoden zur Bestimmung gewinnmaximaler Unternehmenspoliti-ken, also die gestalterischen Fragen des **Kosten- und Erlös***managements* (siehe dazu auch 6. Kapitel: *Kostenmanagement*). Dadurch wird vor allem der **Verwen-dungsaspekt** von Kosten- und Erlösinformationen betont.

Implizit wird bei dieser Vorgehensweise unterstellt, daß die erforderlichen Ein-gangsdaten der Entscheidungskalküle (also zB die Kosten für End- und Zwischen-produkte, Aufträge und Fertigungsverfahren) gegeben sind. Die Ermittlung solcher Basisdaten ist Gegenstand von Verfahren der Kosten- und Leistungs*rechnung*. Die damit zusammenhängenden Rechentechniken werden gemäß der Konzeption dieses Buches im 12. Kapitel: *Systeme der Kostenrechnung* behandelt.

Natürlich sind Fragen des Kosten- und Erlös*managements* und Fragen der Kosten- und Erlös*rechnung* nicht völlig unabhängig voneinander zu sehen. Die angestrebten **Verwendungsweisen** der Kosten- und Erlösinformationen bestimmen die Solleigen-schaften einer KLR,[1] und umgekehrt determiniert die Qualität der Informationen einer gegebenen KLR die Güte der darauf basierenden **Entscheidungen**.[2] Diese **Interdependenz** wird auch in diesem Kapitel für zwei spezifische Fragestellungen Bedeutung erlangen:

1. Einerseits handelt es sich um das Problem der **Opportunitätskosten**, die ein zentraler Bestandteil der **wertmäßigen Kosten** sind. Die Frage nach der Bedeutung solcher Kosten für die Lösung von Entscheidungsproble-men läßt sich sinnvoll nur im direkten Zusammenhang mit der Lösungs-struktur von Entscheidungsproblemen diskutieren. Sie betrifft sowohl Aspekte des Kosten*managements* als auch Aspekte der Kosten*rechnung* und wird ebenfalls im 4. Kapitel: *Preisentscheidungen* bedeutsam.

2. Andererseits ist die Frage „**Vollkosten** *versus* **Teilkosten**" angespro-chen, die auch in allen weiteren Kapiteln des Teils I: *Entscheidungsrech-nungen* und darüber hinaus im 11. Kapitel: *Verrechnungspreise und Kostenallokationen* eine Rolle spielt. Für das Problem der Programment-scheidungen ist es sinnvoll, die Beantwortung dieser Frage gemeinsam mit der Darstellung einiger allgemeiner Prämissen der eigentlichen Pro-grammplanung voranzustellen.

---

[1]   Dies ergibt sich bereits aus den Ausführungen im 2. Kapitel: *Die Kosten- und Leistungsrech-nung als Entscheidungsrechnung* hinsichtlich des Fristigkeitsaspekts von Entscheidungsproblemen.

[2]   Vgl etwa *Schauenberg* (1992) für eine instruktive Illustration dieser Probleme.

Grundszenario

Das der Behandlung von Produktionsprogrammentscheidungen zugrunde gelegte **Szenario** ist wie folgt charakterisiert:

- Es handelt sich um eine **kurzfristig wirksame** Betrachtung bei **gegebenem Bestand an Potentialfaktoren**. Insbesondere die Art und Anzahl maschineller Anlagen und damit die verfügbaren Fertigungsverfahren sind durch langfristig wirksame Entscheidungen gegeben und für die betrachtete Periode unveränderbar. Weiterhin liegen die Beschaffungs- und Absatzpotentiale auf Grund von (langfristig wirksamen) Maßnahmen der Beschaffungs- und Absatzpolitik fest (zB in der Form von Beschaffungshöchstmengen für Rohstoffe, Absatzhöchstmengen für Fertigerzeugnisse oder Preis-Absatz-Funktionen). Aus langfristigen Marktstrategien können sich darüber hinaus Mindestanforderungen an die Beschaffungs- und Absatzpolitik der laufenden Periode ergeben. Auf Grund langfristiger Verträge mit Lieferanten müssen möglicherweise bestimmte Beschaffungsmindestmengen eingehalten werden; bezüglich des Absatzmarktes können „strategische" Überlegungen dafür sprechen, einen bestimmten Marktanteil aufrechtzuerhalten, woraus Absatzuntergrenzen für einzelne Produkte resultieren können.

- **Programmentscheidungen** betreffen jetzt die **Frage**, welche Produkte in welchen Mengen mit welchen (der vorhandenen) Fertigungsverfahren in der betrachteten Periode produziert und abgesetzt werden sollen. Dabei wird angenommen, daß die produzierte und abgesetzte Menge übereinstimmen; Lagerhaltung wird nicht explizit berücksichtigt. Neben Entscheidungen über Art und Anzahl der Endprodukte kann es grundsätzlich auch darum gehen, auf welche Weise diese Fertigerzeugnisse hergestellt werden sollen, sofern das Unternehmen über mehrere geeignete Fertigungsverfahren verfügt. Weil der Fokus der folgenden Darstellung auf grundlegenden Techniken und der Problematik von Opportunitätskosten liegt, wird auf die explizite Einbeziehung der Verfahrenswahl verzichtet (sie läßt sich oftmals durch eine schlichte Uminterpretation des Basisansatzes erfassen, dies wird weiter unten in einem Einschub demonstriert).

- Die Behandlung des Programmplanungsproblems erfolgt hier unter der Annahme **sicherer Erwartungen** für die betrachtete Periode, um die grundlegenden Zusammenhänge sichtbar zu machen. Dem Unternehmen sind also – für die laufende Periode – sämtliche Verhältnisse auf den Beschaffungs- und Absatzmärkten sowie die internen Fertigungsbedingungen und Kostenrelationen bekannt. Unsichere Erwartungen werden im 5. Kapitel: *Entscheidungsrechnungen bei Unsicherheit* eingeführt.

- Bezüglich des unternehmerischen Zielplans werden nur **monetäre Zielgrößen** betrachtet. Die Höhenpräferenz ist dabei streng monoton steigend hinsichtlich des Periodengewinns G, der auf der Basis **pagatori-**

scher Kosten und Leistungen berechnet wird. Mehrperiodige Bewertungsinterdependenzen liegen nicht vor.

1.2. Das Vollkostenproblem

In diesem Grundszenario läßt sich durch eine Analyse des Zielplans und des Entscheidungsfeldes die Frage, ob Vollkosten oder Teilkosten verwendet werden sollen bzw. können, relativ leicht beantworten. Wegen des als kurzfristig wirksam angesehenen Entscheidungsproblems wird implizit unterstellt, daß keine oder nur vernachlässigbar geringe Auswirkungen der heutigen Maßnahmen für die Entscheidungsfelder der Folgeperioden vorliegen. Weil intertemporale Bewertungsinterdependenzen ebenfalls unbeachtlich sind, folgt daraus eine alleinige Orientierung an den Ergebnissen der laufenden Periode. Für die Entscheidungsfindung sind daher **keinerlei Zeitpräferenzen** zu beachten, und wegen der Annahme sicherer Erwartungen ebenfalls **keine Sicherheitspräferenzen**. Es verbleibt nur noch die **Höhenpräferenz**, weil die alleinige Orientierung an monetären Zielgrößen auch die **Artenpräferenz** entbehrlich macht. Da die Höhenpräferenz streng monoton steigend bezüglich des Periodengewinnes G ist, kennzeichnet diejenige Politik mit dem **maximalen Periodengewinn** die optimale Unternehmenspolitik.[3]

Hinsichtlich des (periodenbezogenen) **Entscheidungsfelds** ist folgendes zu beachten: Wegen der Zerlegung des Gesamtproblems nach der Fristigkeit sind nicht mehr alle Aktionsparameter frei wählbar. Die für die Betrachtungsperiode noch variablen Aktionsparameter werden durch langfristig wirksame Maßnahmen (insbesondere den Potentialfaktorbestand) eingeschränkt. Mit a^V sei daher eine Aktion bezeichnet, die aus einer Kombination der noch variablen Aktionsparameter (zB Mengen an End- und Zwischenprodukten) gebildet wird, und $\mathbf{A}^V(\overline{a}^F)$ sei der dafür relevante Aktionsraum, der von den vorab bestimmten, „fixen" Aktionsparametern $\overline{a}^F$ abhängt.

Allgemein läßt sich das verbleibende **Entscheidungsproblem** damit wie folgt schreiben:

$$\max_{a^V} G(a^V, \overline{a}^F) \quad \text{mit } a^V \in \mathbf{A}^V(\overline{a}^F) \tag{1}$$

Der Periodengewinn G hängt von den noch variablen und den bereits vorab festgelegten Aktionsparametern ab. Er läßt sich in zwei Gewinnanteile zerlegen: Einerseits in einen **fixen Gewinnanteil** $G^F(\overline{a}^F)$, der ausschließlich durch die bereits fixierten Aktionsparameter bestimmt wird; geht man davon aus, daß fixe Leistungen (bis auf Ausnahmefälle wie etwa Grundgebühren bei Telefonanschlüssen) praktisch nicht relevant sind, dann verbergen sich hinter $G^F(\overline{a}^F)$ hauptsächlich fixe Kosten, wie etwa zeitabhängige Abschreibungen für den als unveränderlich angesehenen Anla-

---

[3] Siehe zu einer ähnlichen Einordnung der Kostenrechnung als Entscheidungsrechnung auch *Sieben* und *Schildbach* (1994), S. 115 – 119.

genbestand. Andererseits ist ein **variabler Gewinnanteil** $G^V(a^V|\bar{a}^F)$ zu beachten, der von den noch frei wählbaren Aktionsparametern abhängt, wobei die dafür maßgeblichen Wirkungszusammenhänge durch die vorab bestimmten Parameter $\bar{a}^F$ beeinflußt sein können (so kann etwa bei einer Preis-Absatz-Funktion die Steigung und/oder der Prohibitivpreis von langfristig wirksamen Marketingmaßnahmen abhängen, die Kostenfunktionen können vom Mechanisierungsgrad der verfügbaren Fertigungstechnologien beeinflußt sein). Das in (1) vorgestellte Problem läßt sich somit auch wie folgt schreiben:

$$\max_{a^V} G^V(a^V|\bar{a}^F) + G^F(\bar{a}^F) \quad \text{mit } a^V \in \mathbf{A}^V(\bar{a}^F) \tag{2}$$

Weil der fixe Gewinnanteil $G^F(\bar{a}^F)$ für das vorliegende Problem eine *Konstante* darstellt, ist die optimale Lösung a^{V*} offenbar diejenige, die den variablen Gewinnanteil $G^V(a^V|\bar{a}^F)$ maximiert.

Zur Bestimmung gewinnmaximaler, kurzfristig wirksamer Unternehmenspolitiken ist es unter den obigen **Bedingungen** somit **hinreichend, nur die variablen Gewinnanteile** und damit eine auf Teilkosten und Teilleistungen basierende KLR zu verwenden.[4] Das ist aber keine *notwendige* Bedingung, sofern eine **Vollkostenrechnung als Periodenrechnung** durchgeführt wird.[5] In einer Periodenrechnung werden die Fixkosten *nicht* auf einzelne Bezugsobjekte (zB Produkte) verteilt, sondern einfach kostenartenweise als Block erfaßt. Die Fixkosten bilden dann nur eine Konstante, die keinen Einfluß auf die Bestimmung des Optimums hat. Die Frage „Vollkosten *versus* Teilkosten" ist hier schlicht irrelevant.

In den meisten Fällen verbindet man mit dem Begriff „**Vollkostenrechnung**" aber eine **Stückrechnung**, bei der Bezugsobjekten nicht nur die variablen, sondern auch anteilige Fixkosten zugerechnet werden. Auch das muß für die Lösung von Entscheidungsproblemen nicht zwingend zu Fehlern führen, sofern nämlich die Gesamtkosten einer aus den Bezugsobjekten gebildeten Aktion stets den Gesamtkosten der entsprechenden Periodenrechnung gleichen. Im allgemeinen ist dies aber nur dann gewährleistet, wenn die für die Entscheidungsfindung betrachtete Alternative zugleich die jeweilige Basis für die Fixkostenzurechnung auf die Bezugsobjekte ist. Das ist freilich ein sehr umständlicher Weg, denn die Bestimmung des Periodengewinns **neutralisiert** die ursprüngliche **Fixkostenschlüsselung**, so daß man darauf auch von vorneherein verzichten kann.

Beispiel

Als Bezugsobjekte werden zwei Endprodukte betrachtet. Die konstanten, variablen Kosten von Produkt 1 (2) betragen 20 (40), und man rechnet für die laufende Periode

---

4   Steht auch eine Änderung von Potentialfaktoren zur Diskussion, können Fixkosten dafür entscheidungsrelevant werden, zB im Fall, daß der erzielte gesamte Deckungsbeitrag die Fixkosten nicht deckt.

5   Vgl auch *Sieben* und *Schildbach* (1994), S.121.

mit Fixkosten in Höhe von 21.000. Der (variable) Aktionsraum besteht nur aus zwei Alternativen: Alternative 1 umfaßt die Fertigung von 100 (200) Stück von Produkt 1 (2), Alternative 2 dagegen die Herstellung von 150 (100) Stück von Produkt 1 (2). Zur Schlüsselung der Fixkosten wird das Verfahren der summarischen Zuschlagskalkulation mit den gesamten variablen Kosten als Zuschlagsbasis verwendet.

Alternative 1: Die variablen Kosten betragen $20 \cdot 100 + 40 \cdot 200 = 10.000$. Daraus ergibt sich ein Zuschlagsatz für die Fixkosten von $21.000/10.000 = 2,1$ (bzw 210%). Die Periodenkosten sind $10.000 + 21.000 = 31.000$. Eine Stückrechnung zu Vollkosten lautet dann:

Produkt 1: $20 + 20 \cdot 2,1 = 62$

Produkt 2: $40 + 40 \cdot 2,1 = 124$

Die Gesamtkosten von Alternative 1 auf Basis der Stückkosten sind damit:

$100 \cdot 62 + 200 \cdot 124 = 31.000$

Alternative 2: Die variablen Kosten sind $20 \cdot 150 + 40 \cdot 100 = 7.000$. Der Zuschlagsatz beträgt nunmehr $21.000/7.000 = 3$ (bzw 300%). Die Periodenkosten betragen $7.000 + 21.000 = 28.000$. Die Stückrechnung zu Vollkosten lautet nun:

Produkt 1: $20 + 20 \cdot 3 = 80$

Produkt 2: $40 + 40 \cdot 3 = 160$

Und die Gesamtkosten von Alternative 2 auf Basis der Stückkosten ergeben sich zu:

$150 \cdot 80 + 100 \cdot 160 = 28.000$

Alternative 1 führt also zu höheren Kosten. Dieselbe Kostendifferenz erhält man (natürlich), wenn man nur die variablen Kosten vergleicht: $10.000 - 7.000 = 3.000$. Die Gesamtkosten der beiden Alternativen werden also *trotz* der Stück-Vollkostenrechnung stets richtig ermittelt, weil die jeweilige Alternative Basis der Kostenschlüsselung ist. Eine Entscheidung auf der Grundlage des sich daraus ergebenden Periodengewinns ist demnach immer richtig.

Fehlerquellen

Das Beispiel verdeutlicht, wo letztlich die Fehlerquellen einer als Stückrechnung verstandenen Vollkostenrechnung liegen. Einerseits können Fehlentscheidungen resultieren, wenn man die Stückkosten mittels irgendeiner „**Basisalternative**" berechnet, mit diesen einmal berechneten Stückkosten dann aber auch die Gesamtkosten anderer Alternativen ermittelt. So kommt man etwa für die Alternative 2 zu falschen Gesamtkosten, wenn man mit den Stückkosten der Alternative 1 rechnet. In diesen Fällen werden die Schlüsselungen nicht mehr neutralisiert, und es liegt letztlich eine falsche Erfassung der Beziehungen zwischen den Aktionsparametern und den Gesamtkosten vor. Daß sich daraus Fehlentscheidungen ergeben können, liegt auf der Hand.

Eine zweite Ursache für Fehlentscheidungen ist dann gegeben, wenn die **Entscheidungsfindung** unmittelbar auf der **Basis** von **Stückkosten** erfolgt, wenn also gar keine Periodengewinne mehr ermittelt werden. Auch das kann am obigen Beispiel leicht verdeutlicht werden, wenn man unterstellt, daß das Produkt 2 alternativ zur Eigenfertigung auch am Markt zum Preis von 50 pro Stück fremdbezogen werden kann. Beide Vollkostenrechnungen würden den Fremdbezug nahelegen, wenn man *lediglich* die Stückgrößen einander gegenüberstellt. Die Stück-Vollkosten der Eigenfertigung beinhalten aber Anteile willkürlich zugerechneter Fixkosten, die auch dann anfallen, wenn das Produkt 2 vollständig fremdbezogen wird. Es wird also hinsichtlich der zugeschlüsselten Fixkostenbeträge implizit eine Proportionalität unterstellt, die faktisch nicht existiert. Dieser Effekt würde sich aber erst in einer Periodenrechnung zeigen. Dagegen induziert die Verwendung nur der variablen Stückkosten im obigen Beispiel die richtige Entscheidung: Der Fremdbezug ist teurer als die Eigenfertigung, und daher sollte man auf ihn verzichten.[6]

Empirische Ergebnisse

Eine Umfrage unter 292 großen britischen Industrieunternehmen aus dem Jahr 1991 (*Drury* et al 1993, S. 6 f) ergab auf die Frage nach den verschiedenen Kosten, die für Entscheidungszwecke (zB Programmentscheidungen, Eigenfertigung *versus* Fremdbezug) verwendet werden, folgendes:

	nie/selten	manchmal	oft/immer
Variable (bzw Grenz-)Herstellkosten	20%	28%	52%
Gesamte Herstellkosten	32%	22%	46%
Variable (bzw Grenz-)Selbstkosten	40%	26%	34%
Gesamte Selbstkosten	45%	24%	31%

Dabei wurden variable (bzw Grenz-)Kosten von größeren Unternehmen signifikant häufiger verwendet als von kleineren Unternehmen. Aus den Antworten ist jedoch nicht klar erkennbar, ob die Unternehmen, die Vollkosten angegeben haben, mit diesen direkt die Entscheidungen treffen, oder ob sie sie nur als Ausgangspunkt weiterer Analysen verwenden.

Weil im vorliegenden Zusammenhang die Berücksichtigung nur der variablen Gewinnanteile *hinreichend* zur Bestimmung optimaler Politiken ist, wird nachfolgend vorwiegend mit diesen variablen Ergebnisgrößen gearbeitet. Es sei aber nochmals betont, daß die obigen Ergebnisse nur unter den gesetzten Prämissen gelten, wozu insbesondere die Vernachlässigung der Unsicherheit gehört. Im 5. Kapitel:

---

6   Implizit ist dabei unterstellt, daß sich der Aktionsraum nicht verändert. Die Möglichkeit des Fremdbezugs von Produkt 2 kann natürlich neue Absatzmöglichkeiten eröffnen, weil die durch den verfügbaren Maschinenpark des Unternehmens gegebenen Restriktionen gelockert werden können. Für eine Beurteilung dieses Sachverhalts reichen Stückgrößen im allgemeinen nicht mehr aus. Es muß eine umfassende Betrachtung einschließlich der Absatzseite vorgenommen werden.

Entscheidungrechnungen bei Unsicherheit wird demgegenüber gezeigt, daß bei Berücksichtigung unsicherer Erwartungen Entscheidungssituationen auftreten können, bei denen die Größe $G^F(\bar{a}^F)$ – selbst wenn sie sicher sein sollte – nicht vernachlässigt werden darf. Dann bietet *nur* eine **Vollkostenrechnung als Periodenrechnung** die Gewähr einer richtigen Entscheidung, während die alleinige Betrachtung der variablen Gewinnbestandteile zu Fehlentscheidungen führen kann.

1.3. Deckungsbeiträge, Gewinnfunktionen und Restriktionstypen

Für die weitere Behandlung des oben charakterisierten Programmplanungsproblems sind noch einige zusätzliche Begriffe und Abgrenzungen erforderlich.

Deckungsbeiträge und Gewinnfunktionen

Zunächst wurde bislang noch nichts über die **funktionale Abhängigkeit** des Gewinns von den variablen Aktionsparametern a^V gesagt. Grundsätzlich sind also sowohl lineare als auch nichtlineare Beziehungen möglich. Hinsichtlich der Endprodukte implizieren lineare Beziehungen konstante Absatzpreise und konstante variable Stückkosten für die einzelnen Endprodukte. In diesem Zusammenhang spielt der Begriff des **Deckungsbeitrages pro Stück (Deckungsspanne)** d eines Endproduktes für die Programmplanung eine große Rolle. Er bezeichnet die Differenz zwischen dem Absatzpreis p und den variablen Stückkosten k eines Produktes:

$$d = p - k \tag{3}$$

Bei gegebenen Fertigungsverfahren verbleiben die **Mengeneinheiten** der Endprodukte als einzige Aktionsparameter. Kann das Unternehmen auf dem vorhandenen Anlagenbestand insgesamt J Endproduktarten fertigen, dann läßt sich der Periodengewinn im Falle linearer Abhängigkeitsbeziehungen wie folgt schreiben:

$$G = \sum_{j=1}^{J} (p_j - k_j) \cdot x_j - K^F = \sum_{j=1}^{J} d_j \cdot x_j - K^F = D(x_1, \ldots, x_J) - K^F \tag{4}$$

Dabei bedeuten:

p_j .... konstanter Absatzpreis des Produktes j
k_j .... konstante variable Stückkosten des Produktes j
d_j .... Stückdeckungsbeitrag des Produktes j
x_j .... Produktions- und Absatzmenge des Produktes j
K^F .... Fixkosten $(= -G^F(\bar{a}^F))$
$D(x_1, \ldots, x_J)$ .... gesamter Deckungsbeitrag $(= G^V(a^V|\bar{a}^F))$

Die Bezeichnung **Deckungsbeitrag** resultiert daher, daß die in (3) bzw (4) angegebenen Größen denjenigen Betrag angeben, mit dem eine abgesetzte Einheit des entsprechenden Endproduktes zur Deckung der Fixkosten beiträgt. Insofern entspricht der Deckungsbeitrag auch dem **Grenzgewinn** für das betrachtete Endprodukt:

$$\frac{\partial G}{\partial x_j} = \frac{\partial D(x_1,\ldots,x_J)}{\partial x_j} = d_j \text{ für } j = 1,\ldots,J \qquad (5)$$

Nur im Falle rein linearer Abhängigkeiten macht es Sinn, von *dem* Deckungsbeitrag und *dem* Grenzgewinn eines Produktes zu sprechen. Andernfalls wird der Grenzgewinn eines Produktes von der bisherigen Produktions- und Absatzmenge beeinflußt.

Restriktionstypen

Im Rahmen der obigen, grundlegenden Charakterisierung des Programmplanungs-problems wurden der gegebene Potentialfaktorbestand und gegebene Verhältnisse auf den Beschaffungs- und Absatzmärkten betont. Daraus ergeben sich für die Planung der laufenden Periode **Restriktionen**, die sich allgemein im (variablen) Aktionsraum $\mathbf{A}^V(\bar{a}^F)$ niederschlagen. Diese Beschränkungen der Handlungsmöglich-keiten können sich inhaltlich auf den Beschaffungs-, Produktions- und Absatz-bereich beziehen.

Die in den Restriktionen zum Ausdruck kommenden Abhängigkeiten können **linear**, stückweise linear oder **nichtlinear** sein. So kann der Rohstoffverbrauch pro Stück vom Produktionsprogramm abhängen, weil etwa höhere Mengen nur durch Steigerung der Fertigungsintensität (Mengeneinheiten pro Zeiteinheit) möglich sind und dadurch Mehrverbräuche anfallen (in diesem Fall würde sich natürlich auch der Zeitbedarf pro Stück ändern).

Die Beschränkungen können in der Form von **Obergrenzen** (Restriktionen des Typs ‚kleiner gleich'), **Untergrenzen** (Restriktionen des Typs ‚größer gleich') oder in Form von **Gleichungen** auftreten. Formal lassen sich aber alle drei Typen durch eine Restriktion des Typs ‚kleiner gleich' darstellen. So kann jede Gleichung durch zwei Ungleichungen (Unter- und Obergrenze) ersetzt werden, und jede Untergrenze läßt sich durch Multiplikation beider Seiten mit −1 formal in die **Obergrenzendar-stellung** überführen. Letztlich liegen dann nur Obergrenzen vor.[7]

Nicht alle Restriktionen müssen alle Produkte betreffen. Ist zB der Absatz einer Produktart in der betrachteten Periode auf maximal 2.000 Stück beschränkt, so betrifft diese Restriktion unmittelbar nur die angesprochene Produktart. Solche Restriktionen werden als **Einproduktrestriktionen** bezeichnet. Sie können sich freilich auch in anderen Funktionsbereichen wiederfinden. Wird etwa ein beschränk-

---

[7] Siehe dazu ausführlicher zB *Hax* (1974), S.120 – 123. Die Möglichkeit der formal einheitli-chen Darstellung von Restriktionen hebt natürlich die *materiellen* Unterschiede zwischen Unter- und Obergrenzen nicht auf. Dies zeigt sich auch bei der Anwendung bestimmter Lösungsalgorithmen – wie etwa der später behandelten Simplex-Methode bei der Linearen Programmierung – für spezifi-sche Problemstrukturen. Die Existenz von Untergrenzen kann hier besondere „Vorschaltrechnungen" erfordern, um zunächst zu einer zulässigen Ausgangslösung zu kommen, die anschließend mit Stan-dardalgorithmen weiter modifiziert wird. Die Behandlung derartiger Fragen ist aber eher Gegenstand des *Operations Research* und würde den Rahmen des vorliegenden Buches sprengen. Eine aus-führliche Darstellung und Beweisführung findet sich zB in *Bol* (1980), S. 121 – 147.

ter Rohstoff von nur einem Produkt in Anspruch genommen wird, liegt für den Beschaffungsbereich ebenfalls eine Einproduktrestriktion vor.

Bezieht sich eine Beschränkung dagegen gleichzeitig auf wenigstens zwei Produktarten, hat man es mit einer **Mehrproduktrestriktion** zu tun. Diese Restriktionen können sich ebenfalls in allen Funktionsbereichen finden. Solche Restriktionen bringen zum Ausdruck, daß die Produkte um möglicherweise **knappe Ressourcen konkurrieren.** Diejenigen Ressourcenteile, die für eine Produktart verwendet werden, stehen für andere Produktarten definitiv nicht zur Verfügung und verhindern damit eine entsprechende Ausweitung deren Produktion.

Für die Programmplanung ist es dabei bedeutsam, ob die durch solche **Mehrproduktrestriktionen** grundsätzlich gegebenen Konkurrenzverhältnisse **tatsächlich wirksam** werden oder nicht. Ein von mehreren Produktarten benötigtes Aggregat mag zB nur in beschränktem Umfang zur Verfügung stehen; sollten jedoch die individuellen Absatzobergrenzen insgesamt noch strenger sein, wäre die Mehrproduktrestriktion im Produktionsbereich zwar grundsätzlich vorhanden, faktisch jedoch irrelevant. Dann spielt der im Produktionsbereich grundsätzlich existierende Konkurrenzaspekt für das konkret vorliegende Planungsproblem keine Rolle. Daraus erklärt sich die Bedeutung der tatsächlichen **Wirksamkeit von Mehrproduktrestriktionen.** Die bei der Programmplanung verwendeten Entscheidungskriterien und Methoden hängen nämlich größtenteils davon ab, ob – und wenn ja, wie viele – Mehrproduktrestriktionen wirksam sind. Dieser Aspekt wird im weiteren Verlauf dieses Kapitels noch deutlich werden.

1.4. Grundmodell der „reinen" Produktionsprogrammplanung

Basierend auf den bisherigen Prämissen und Abgrenzungen wird im folgenden die Produktionsprogrammplanung ohne explizite Verfahrenswahl behandelt. Dadurch wird es möglich, grundsätzliche Entscheidungskriterien und Methoden zu erläutern, die der Art nach auch für die Verfahrensentscheidungen gültig bleiben und als Grundlage für die Analyse der Opportunitätskosten dienen. In diesen „reinen" Programmplanungsproblemen liegen die zur Anwendung kommenden Fertigungsverfahren *a priori* fest. Es werden nur **technisch unverbundene Produktionsprozesse** betrachtet; die Entscheidungskriterien lassen sich aber analog auf Prozesse der **Kuppelproduktion** übertragen.[8]

Zu **maximieren** ist der Periodengewinn G (oder der gesamte Deckungsbeitrag D bzw der variable Gewinnanteil G^v), der nur noch von den Mengen x_j der insgesamt J Endproduktarten abhängt. Es wird unterstellt, daß für jede Produktart zunächst eine Absatzobergrenze $\bar{x}_j > 0$ (als Einproduktrestriktion) existiert. Darüber hinaus können weitere Beschränkungen in den einzelnen Funktionsbereichen (als Ein- und/oder Mehrproduktrestriktionen) vorliegen. Sofern es sich um Einproduktrestriktionen handelt, ist im Zusammenhang mit den bestehenden (isolierten) Absatzobergrenzen natürlich nur die jeweils strengste Einproduktrestriktion relevant. Ohne Beschränkung der Allgemeinheit sei unterstellt, daß es sich dabei um die jeweilige Absatzobergrenze handelt. Andere Einproduktrestriktionen haben formal die gleiche

---

[8]   Siehe dazu *Kruschwitz* (1973, 1974).

Gestalt wie Absatzobergrenzen. Insofern liegen außer den J Absatzobergrenzen nur noch Mehrproduktrestriktionen vor. Insgesamt seien I solcher Restriktionen („**Ressourcen**") vorhanden; dabei bezeichnet v_{ij} den **Verbrauch der Ressource** i je Mengeneinheit des Produktes j, und $\overline{V}_i$ gibt den **verfügbaren Mittelvorrat (Kapazität)** dieser Ressource für die betrachtete Periode an. Weil negative Produktionsmengen nicht möglich sind, müssen für alle Produkte noch **Nichtnegativitätsbedingungen** beachtet werden. Diese Restriktionen in Form von linearen Ungleichungen des Typs 'kleiner gleich' charakterisieren gemeinsam den Aktionsraum $\mathbf{A}^V(\bar{a}^F)$.

Das Planungsproblem

Das Planungsproblem läßt sich allgemein wie folgt schreiben:

$$\max_{x_j} G(x_1,\ldots,x_J) = D(x_1,\ldots,x_J) - K^F \tag{6a}$$

unter den Nebenbedingungen

$$\sum_{j=1}^{J} v_{ij} \cdot x_j \leq \overline{V}_i \qquad i = 1,\ldots,I \tag{6b}$$

$$0 \leq x_j \leq \overline{x}_j \qquad j = 1,\ldots,J \tag{6c}$$

Alle Werte v_{ij} seien nichtnegativ und alle Mittelvorräte $\overline{V}_i$ positiv. Dann befinden sich für das reine Programmplanungsproblem unter den I Mehrproduktrestriktionen keine Untergrenzen[9], dies ist der „**Standardfall**". Im Zuge der Argumentation wird aber auf Besonderheiten eingegangen, die sich aus der potentiellen Existenz von Einprodukt-Untergrenzen ergeben können, denn diese Zusammenhänge lassen sich relativ leicht integrieren. Im Anschluß an die Analyse verschieden komplexer Probleme wird auf die Frage eingegangen, ob die Einbeziehung von **Opportunitätskosten** und damit die Verwendung von **wertmäßigen Kosten** an Stelle der pagatorischen Kosten eine Hilfestellung bei der Entscheidungsfindung geben kann.

2. Produktionsprogrammplanung in verschiedenen Szenarien

Je nachdem, welche Form die Gewinnfunktion und die Restriktionstypen aufweisen, ergeben sich für die Produktionsprogrammplanung verschiedene **Lösungsstrukturen** und **Lösungsverfahren**. Tabelle 1 zeigt sie im Überblick.

---

[9] Befänden sich unter den Mehrproduktrestriktionen dagegen auch Untergrenzen, sind einige Koeffizienten v_{ij} regelmäßig negativ, weil die ursprüngliche Untergrenzenrestriktion durch Multiplikation mit -1 in die Obergrenzendarstellung überführt wurde.

	Lineare Gewinnfunktion	Nichtlineare Gewinnfunktion
Keine wirksame Mehrprodukt-restriktion	Erzeugung der Produkte mit positivem Deckungsbeitrag bis zur Absatzgrenze (Randlösung)	Erzeugung der Produkte mit positivem Deckungsbeitrag bis zur Absatzgrenze oder solange Grenzgewinn > 0
Eine wirksame Mehrprodukt-restriktion	Reihung der Produkte nach abnehmendem spezifischen Deckungsbeitrag (Randlösung)	Erzeugung der Produkte im Verhältnis gleicher Grenz-deckungsbeiträge
Mehrere wirksame Mehrprodukt-restriktionen	Standardfall der linearen Pro-grammierung, zB Simplex-Methode (Eckpunktlösung)	Lösung mit *Lagrange*-Funktion und *Kuhn-Tucker*-Bedingungen

Tab. 1: Typen von Produktionsprogrammen

2.1. Ausgangsbeispiel

Die für die einzelnen Entscheidungssituationen relevanten Zusammenhänge werden unter Heranziehung eines Beispiels analysiert. Dieses Beispiel wird im Laufe der Argumentation sukzessive modifiziert, um zusätzliche Problemkreise zu erfassen.

Dabei wird ein Unternehmen betrachtet, das $J = 3$ Produktarten auf $I = 2$ Fertigungsaggregaten produziert. Die Fixkosten betragen $K^F = 4.000$, und die weiteren Ausgangsdaten lassen sich der folgenden Tabelle 2 entnehmen. Diese Daten weisen konstante Absatzpreise und Stückkosten und mithin lineare Abhängigkeiten im Rahmen der Gewinnfunktion auf. Angaben für nichtlineare Gewinnfunktionen werden jeweils an entsprechender Stelle eingeführt. Die Beanspruchungen v_{ij} der beiden Fertigungsaggregate werden in Stunden gemessen. Die Maschinen stehen dabei für die laufende Periode mit Stundenzahlen zur Verfügung, die im zweiten Teil von Tabelle 2 als Kapazitäten angegeben sind.

2.2. Keine wirksame Mehrproduktrestriktion

Nach den bisherigen Ausführungen sind die Fixkosten für die Lösung des Entscheidungsproblems irrelevant. Zu maximieren ist der gesamte Deckungsbeitrag D des Produktionsprogramms.

Produkt	$j = 1$	$j = 2$	$j = 3$
Preis p_j	200	480	1.100
variable Kosten k_j	160	400	1.170
Deckungsbeitrag d_j	40	80	−70
Obergrenze $\bar{x}_j$	300	200	600
Verbrauch v_{1j}	2	8	5
Verbrauch v_{2j}	9	4	1

Aggregat	$i = 1$	$i = 2$
Kapazität $\bar{V}_i$	2.500	3.700

Tab. 2: Daten des Ausgangsbeispiels

Aus der Beziehung (5) folgt sofort, daß nur solche Produkte hergestellt werden sollten, deren **Stückdeckungsbeitrag** d_j **positiv** ist. Nur diese Produkte leisten einen Beitrag zur Deckung der Fixkosten und zur Erhöhung des Gewinns. Produkte mit **negativen Deckungsbeiträgen** können daher keinesfalls optimal sein. Nach diesen Überlegungen scheidet Produkt 3 für eine Aufnahme ins Produktionsprogramm aus.

Eine Betrachtung der Absatzobergrenzen für Produkt 1 und 2 zeigt, daß **beide Fertigungsrestriktionen** *nicht* wirksam sind. Der Gesamtverbrauch V_i der Ressource i bei voller Ausschöpfung des Absatzpotentials beträgt nämlich:

$$2 \cdot \bar{x}_1 + 8 \cdot \bar{x}_2 = 2 \cdot 300 + 8 \cdot 200 = 2.200 = V_1 < \bar{V}_1 = 2.500$$

$$9 \cdot \bar{x}_1 + 4 \cdot \bar{x}_2 = 9 \cdot 300 + 4 \cdot 200 = 3.500 = V_2 < \bar{V}_2 = 3.700$$

Die **optimale Politik** besteht demnach darin, die Produkte 1 und 2 in Höhe ihrer jeweiligen Absatzobergrenzen und Produkt 3 gar nicht zu fertigen:

$$x_1^* = 300; \quad x_2^* = 200; \quad x_3^* = 0.$$

Der daraus resultierende Deckungsbeitrag beträgt $D = 28.000$ und der Gewinn $G = D - K^F = 24.000$.

Lösungsstruktur

Zusammenfassend läßt sich das Vorgehen wie folgt angeben: Im linearen Fall liegt eine Situation ohne wirksame Mehrproduktrestriktion vor, wenn die Beanspruchung der Mehrproduktrestriktionen durch alle Produktarten mit **positiven Deckungsbeiträgen** in Höhe ihrer jeweiligen Absatzobergrenzen niedriger ist als der vorhandene Mittelvorrat. Das optimale Produktionsprogramm lautet dann: $x_j^* = \bar{x}_j$ für alle Produkte j mit $d_j > 0$ und $x_j^* = 0$ sonst.

Das Optimum besitzt die **Eigenschaft**, zumindest einige **Absatzobergrenzen** und somit einige Restriktionen vollständig auszuschöpfen. Die optimale Produktionspolitik liegt im linearen Fall ohne wirksame Mehrproduktrestriktion auf dem **Rand des zulässigen Bereichs.** Der Rand besteht aus **Randpunkten**, das sind alle Mengenkombinationen der Produkte des durch die Restriktionen definierten zulässigen Bereichs, bei denen wenigstens eine Restriktion als Gleichung erfüllt ist. Die folgenden Abschnitte werden zeigen, daß dies ein generelles Ergebnis für lineare Verhältnisse ist.

Die obige Regel ist zu modifizieren, wenn es für einzelne oder alle Produkte **Untergrenzen** geben sollte. In diesem Fall ist das gefundene Programm nur dann zulässig, wenn es auch alle Untergrenzen erfüllt. Im Beispiel wäre das nicht mehr gegeben, wenn zB für Produkt 3 eine Untergrenze in Höhe von 100 existieren sollte.

Eine solche **Untergrenze** könnte zB aus **langfristigen Überlegungen** resultieren. Will man in späteren Perioden ebenfalls noch Chancen haben, das Produkt 3 absetzen zu können, kann man sich nicht ohne weiteres vom Markt zurückziehen, wenn man in den Augen der Kunden noch als Anbieter wahrgenommen werden möchte. Auch verzeichnen oft Produkte, die am Beginn des Lebenszyklus stehen, noch einen negativen Deckungsbeitrag.

Die Menge für Produkt 3 müßte jetzt jedenfalls auf 100 gesetzt werden; man würde aber wegen des negativen Deckungsbeitrages auch *nicht mehr* als 100 Stück herstellen. Allerdings beansprucht Produkt 3 Fertigungskapazitäten der beiden Aggregate, und zwar 500 Stunden vom ersten und 100 Stunden vom zweiten Aggregat. Dann aber sind beim ersten Aggregat für die beiden anderen Produkte nur noch 2.000 Stunden verfügbar, und damit wird diese Mehrproduktrestriktion wirksam, denn für die Politik, die man ansonsten wählen würde, sind 2.200 Stunden erforderlich.

Auswertung der Lösung

Ausgehend von der optimalen Lösung lassen sich weitere Fragen beantworten. Zunächst könnte man daran denken, die Erfolgssituation durch kurzfristige **Erhöhung der Maschinenkapazitäten** zu verbessern, etwa *via* Einführung einer zusätzlichen Arbeitsschicht oder der Unterlassung von Inspektionen. Im obigen Fall können aber derartige Maßnahmen zu **keinen Erfolgsverbesserungen** durch Änderung des Produktionsprogramms führen, weil die Kapazitäten bereits im Überfluß vorhanden sind.

Nichtlineare Gewinnfunktionen

Bei nichtlinearen Verhältnissen sind die Deckungsbeiträge niveauabhängig. Im folgenden wird unterstellt, daß sie nur von der Produktionsmenge des jeweiligen Produktes j, nicht aber von der Menge der anderen Produkte abhängen. Verantwortlich für die Nichtlinearität sei für jedes Produkt eine Preis-Absatz-Funktion mit den üblichen Eigenschaften, es gilt also:

$$d_j = d_j(x_j) = p_j(x_j) - k_j \quad \text{mit} \quad p_j'(x_j) < 0 \text{ und } p_j''(x_j) \leq 0 \quad \text{für } j = 1, ..., J$$

Für die Prüfung der Wirksamkeit von Mehrproduktrestriktionen sind die *Grenzdeckungsbeiträge* der Produkte relevant, die aus dem Deckungsbeitrag $D_j = d_j(x_j) \cdot x_j$ der Produktart j ermittelt werden. Die **Vorgehensweise** ist wie folgt:

1. Zunächst wird für jedes Produkt das **unbeschränkte Optimum** ermittelt. Es kennzeichnet denjenigen Punkt, bei dem der jeweilige Grenzdeckungsbeitrag gleich Null ist.
2. Sofern dieses unbeschränkte Optimum niedriger als die jeweilige Absatzobergrenze ist, kann es *vorläufig* als zulässig akzeptiert werden. Andernfalls ist nur die entsprechende Absatzobergrenze zulässig. Dort ist der jeweilige Grenzdeckungsbeitrag noch positiv.
3. Mit den sich daraus ergebenden zulässigen Mengen wird die Beanspruchung der Mehrproduktrestriktionen geprüft. Daraus ergibt sich deren Wirksamkeit.

Der wesentliche **Unterschied** zum linearen Fall verbirgt sich im Schritt 2. Sind nämlich alle unbeschränkten Optima zulässig im Sinne der Absatzobergrenzen, so ist die optimale Produktionspolitik im Regelfall **kein Randpunkt** des insgesamt zulässigen Bereichs mehr.

Beispiel

Als Basis dient das Ausgangsbeispiel (Tabelle 2), wobei (bis auf Produkt 3) die bisherigen Absatzpreise als Prohibitivpreise der jeweiligen Preis-Absatz-Funktionen aufzufassen sind, die wie folgt angenommen werden:

$$p_1(x_1) = 200 - x_1; \quad p_2(x_2) = 480 - 2 \cdot x_2; \quad p_3(x_3) = 1.260 - 1{,}5 \cdot x_3$$

Daraus ergeben sich folgende Stückdeckungsbeiträge für die Produktarten:

$$d_1(x_1) = 40 - x_1; \qquad d_1(x_1) \cdot x_1 = 40 \cdot x_1 - x_1^2$$
$$d_2(x_2) = 80 - 2 \cdot x_2; \qquad d_2(x_2) \cdot x_2 = 80 \cdot x_2 - 2 \cdot x_2^2$$
$$d_3(x_3) = 90 - 1{,}5 \cdot x_3; \qquad d_3(x_3) \cdot x_3 = 90 \cdot x_3 - 1{,}5 \cdot x_3^2$$

Berechnet man durch Nullsetzen des Grenzgewinns bzw Grenzdeckungsbeitrages das jeweils unbeschränkte Optimum, folgt:

$$x_1^{*u} = 20 = x_2^{*u}; \quad x_3^{*u} = 30$$

Alle drei Werte sind zulässig, und ihr Einsetzen in die beiden Fertigungsbeschränkungen zeigt die Nichtwirksamkeit beider Restriktionen und damit letztlich *aller Restriktionen*. Das Optimum ist ein echter innerer Punkt des zulässigen Bereichs. Dies ändert sich, wenn etwa die Preis-Absatz-Funktion für Produkt 1 wie folgt angenommen wird:

$$p_1(x_1) = 200 - 0{,}05 \cdot x_1$$

Daraus ergäbe sich nämlich $x_1^{*u} = 400$, was offenbar unzulässig ist. In diesem Fall müßte die Menge für Produkt 1 auf die Absatzobergrenze 300 herabgesetzt werden. Die beiden Mehrproduktrestriktionen bleiben aber unwirksam.

Eine **Unterlassung von Inspektionen** oder anderen Wartungsaktivitäten kann zwar zu einer Reduzierung der **Fixkosten** K^F führen, denn diese Kosten beinhalten letztlich alle bewerteten Güterverbräuche für Maßnahmen außerhalb des betrachteten Alternativenraums, die bereits vorher festgelegt wurden. Doch sind bei einer solchen Entscheidung auch langfristige Wirkungen zu beachten, denn eine Verminderung der heutigen Wartungsmaßnahmen kann vermehrte künftige Reparaturen und Maschinenausfälle nach sich ziehen, was zu einer Beeinträchtigung der Zielerreichung in Folgeperioden führen kann. Insofern wird hier nicht nur die **Dispositionsabhängigkeit der Fixkosten** deutlich, sondern zugleich die Einbettung des betrachteten Periodenproblems in den längerfristigen Zusammenhang.

Will man kurzfristig Erfolgsverbesserungen erreichen, dann bietet sich statt dessen eine **Ausweitung der Absatzobergrenzen** an; dies könnte durch absatzpolitische Maßnahmen erreicht werden. Lassen sich durch solche Aktionen beide Absatzobergrenzen zB um jeweils 10 steigern, dann würden noch keine Engpässe auftreten. Bei gegebenen Deckungsbeiträgen induziert dies eine Brutto-Erfolgsverbesserung von $10 \cdot 40 + 10 \cdot 80 = 1.200$. Sie ist den **zusätzlichen Kosten** der absatzpolitischen Maßnahmen gegenüberzustellen, um die Netto-Erfolgsverbesserung zu ermitteln.

Allerdings dürften auch hier längerfristige Aspekte zu beachten sein. So implizieren aus längerfristiger Sicht zusätzliche Kosten von etwa 1.500 nicht unbedingt die Unvorteilhaftigkeit dieser Maßnahmen, sofern auch in den Folgeperioden Erhöhungen der Absatzobergrenzen zu verzeichnen sind. Umgekehrt bedeuten zusätzliche Absatzkosten von zB 900 nicht zwingend die Vorteilhaftigkeit der Maßnahmen, wenn die heutige Absatzerhöhung auf Kosten künftiger Absatzmengen gehen sollte (zB durch vorgezogene Käufe).

Diese Ausführungen verdeutlichen die bereits im 2. Kapitel: *Die Kosten- und Leistungsrechnung als Entscheidungsrechnung* getroffene Aussage, daß die Abgrenzung „**kurzfristig wirksam**" nicht immer einwandfrei getroffen werden kann; letztlich kann stets nur für den konkret vorliegenden Einzelfall entschieden werden, ob man davon ausgehen kann oder nicht. Dennoch gibt die gefundene Lösung des Programmplanungsproblems wichtige Hinweise für Anknüpfungspunkte von Verbesserungsmaßnahmen; und für gegebene Vorschläge ist die optimale Lösung der einzig sinnvolle **Ausgangspunkt**, um wenigstens die kurzfristigen Erfolgswirkungen abschätzen zu können. Dies gilt erst recht für die Situationen *mit* wirksamen Mehrproduktrestriktionen, weil dort die Prognose der Änderungen im optimalen Programm nicht mehr so leicht wie bisher vorgenommen werden kann.

2.3. Eine wirksame Mehrproduktrestriktion

Das Ausgangsbeispiel wird jetzt leicht modifiziert, indem die verfügbaren Fertigungsstunden der ersten Fertigungsrestriktion auf 1.000 herabgesetzt werden, während alle anderen Angaben (gemäß Tabelle 2) weiterhin gültig bleiben (die Änderung ist in Tabelle 3 schattiert hervorgehoben). Weil das bislang gewählte Programm 2.200 Stunden auf dem Aggregat 1 benötigt, ist es unter den jetzt vorliegenden Bedingungen offenbar unzulässig. Die Restriktion für Maschine 1 stellt also eine wirksame Beschränkung dar, während diejenige für Maschine 2 nach wie vor irrelevant ist. Produkt 3 kann auch weiterhin vernachlässigt werden, doch sind die optimalen Produktionsmengen der Produkte 1 und 2 neu festzulegen.

Aggregat	$i = 1$	$i = 2$
Kapazität $\overline{V}_i$	1.000	3.700

Tab. 3: Veränderte Kapazität

Bei Betrachtung der Daten beider Produkte wäre man auf den ersten Blick geneigt, dem Produkt 2 ein starkes Gewicht zu geben, ist doch dessen Deckungsbeitrag doppelt so hoch wie derjenige von Produkt 1. Gibt man daher vorläufig dem Produkt 2 die erste Priorität, so könnten zwar nach Maßgabe der Absatzobergrenze 200 Stück abgesetzt werden, doch wegen der starken Beanspruchung des ersten Aggregats sind faktisch nur 125 Stück herstellbar. Die Kapazität der ersten Maschine wäre damit vollständig ausgeschöpft; von Produkt 1 könnte gar nichts produziert werden. Diese Politik würde einen Deckungsbeitrag von 10.000 bescheren.

Sie kann aber unmöglich optimal sein. Man braucht sie nur mit einer anderen zu vergleichen, bei der *ausschließlich* Produkt 1 im Umfang von 300 Stück gefertigt wird. Dafür werden 600 Fertigungsstunden des ersten Aggregats benötigt; 400 Stunden bleiben also ungenutzt. Diese Politik erbringt einen Deckungsbeitrag von 12.000 und ist daher offensichtlich besser als die anfangs erwogene. Weil sie darüber hinaus noch freie Kapazitäten auf dem ersten Aggregat beläßt, kann der Deckungsbeitrag sogar noch über 12.000 hinaus gesteigert werden.

Im Falle einer wirksamen Mehrproduktrestriktion machen die jetzt relevanten **Konkurrenzverhältnisse zwischen den Produkten** die Orientierung an den absoluten Deckungsbeiträgen unsinnig. Die Konkurrenzverhältnisse müssen ihren Niederschlag im angewandten **Entscheidungskriterium** finden. Dazu läßt sich folgende Überlegung anstellen: Wenn man weiß, daß die Mehrproduktressource i knapp ist, geht es nur noch darum, diesen knappen Mittelvorrat den günstigsten Verwendungen (Produktarten) zuzuführen. Insofern muß man sich fragen, welchen Deckungsbeitrag man pro Einheit der Ressource i erlangt, wenn man sie in die Verwendung (Produktart) j lenkt. Dieser (Stück-)Deckungsbeitrag wird als **spezifischer Deckungsbeitrag** $\hat{d}_{ij}$ (spezifische Deckungsspanne) bezeichnet.[10] Er ergibt sich aus der Division des absoluten Deckungsbeitrags d_j durch die Beanspruchung der knappen Mehrproduktressource i:

$$\hat{d}_{ij} = \frac{d_j}{v_{ij}} \qquad j = 1, \ldots, J \tag{7}$$

Die erste **Priorität** erhält die Produktart mit dem **höchsten spezifischen Deckungsbeitrag**. Bei ihr verdient man je Einheit eingesetzter Kapazität das meiste, und man würde ihre Produktion solange ausdehnen, bis entweder die Ressource i

---

10 Oftmals findet sich dafür auch die Bezeichnung „relativer Deckungsbeitrag". Diese Begriffsbildung ist aber ggf problematisch, weil Verwechslungen mit den Größen der von *Riebel* entwickelten „Relativen Einzelkosten- und Deckungsbeitragsrechnung" möglich sind. Die Grundlagen dieses Systems werden im 12. Kapitel: *Systeme der Kostenrechnung* erläutert.

oder die entsprechende Absatzobergrenze die Produktion beschränkt. Sofern letzteres zuerst auftritt, kann diejenige Produktart mit dem zweithöchsten spezifischen Deckungsbeitrag ins Programm aufgenommen werden usw. Dieses Procedere endet bei voller Ausschöpfung der knappen Mehrproduktkapazität.

Im obigen Beispiel lauten die spezifischen Deckungsbeiträge wie folgt:

$$\hat{d}_{11} = \frac{d_1}{v_{11}} = \frac{40}{2} = 20 \quad \text{und} \quad \hat{d}_{12} = \frac{d_2}{v_{12}} = \frac{80}{8} = 10$$

Bezogen auf die erforderlichen Maschinenstunden kehren sich die bisherigen Verhältnisse also um; tatsächlich verdient man mit Produkt 1 doppelt so viel wie mit Produkt 2, wenn man die spezifischen Deckungsbeiträge betrachtet. Daher sollte Produkt 1 zunächst bis zum Verbrauch der Kapazität oder (wie im Beispiel) bis zu seiner Absatzhöchstgrenze produziert werden. Bei der Festlegung von x_2^* muß berücksichtigt werden, daß die verfügbaren 1.000 Stunden der Ressource 1 zunächst vom Produkt 1 im Umfang von $300 \cdot 2 = 600$ Stunden belegt werden. Es verbleiben daher nur noch 400 Stunden für Produkt 2, womit maximal 50 Stück des zweiten Produktes und damit bedeutend weniger als die entsprechende Absatzobergrenze gefertigt werden können.

Die **optimale Politik** lautet demnach

$$x_1^* = 300; \quad x_2^* = \min\{200; (1.000 - 300 \cdot 2)/8\} = \min\{200; 50\} = 50; \quad x_3^* = 0$$

Insgesamt ergibt sich ein Deckungsbeitrag $D = 16.000$ und ein Gewinn $G = 12.000$. Offensichtlich befindet sich auch diese Produktionspolitik auf dem *Rand* des zulässigen Bereichs, weil wenigstens eine Mehrproduktrestriktion als Gleichung erfüllt ist.

Lösungsstruktur

Allgemein läßt sich die Verfahrensweise für den Fall einer wirksamen Mehrproduktrestriktion im linearen Fall wie folgt kennzeichnen: Seien wiederum lineare Abhängigkeiten gegeben, und sei i der Index der einen wirksamen Mehrproduktrestriktion. Dann sind die Produkte mit $d_j > 0$ nach Maßgabe ihrer **spezifischen Deckungsbeiträge** $\hat{d}_{ij}$ zu ordnen und gemäß dieser Reihenfolge unter Beachtung der jeweiligen Absatzobergrenzen der knappen Kapazität solange zuzuordnen, bis sie erschöpft ist.

Der Fall **einer wirksamen Mehrproduktrestriktion** liegt dann vor, wenn

- die Ausgangspolitik „$x_j = \bar{x}_j$ für alle Produkte j mit $d_j > 0$" dazu führt, daß der Mittelvorrat genau einer Mehrproduktrestriktion niedriger als der entsprechende Mittelbedarf ist;

- bei der Ausgangspolitik zwar mehrere Mehrproduktrestriktionen (potentiell) binden, aber die **Rangordnung** der Produkte nach Maßgabe der spezifischen Deckungsbeiträge für **alle diese Restriktionen** übereinstimmt (in diesem Fall ist die Zuordnung nach der gegebenen

Rangfolge vorzunehmen; es ergibt sich aber erst im Laufe der Zuordnung, welche Restriktion letztlich bindet) (*Sonderfall 1*, siehe unten);

- bei der Ausgangspolitik zwar mehrere Mehrproduktrestriktionen (potentiell) binden, es aber eine für alle Produkte gleiche Restriktion gibt, die die Produktionsmengen der einzelnen Produkte absolut stärker als die jeweilige Absatzobergrenze und alle anderen Mehrproduktrestriktionen beschränkt (*Sonderfall 2,* siehe unten).

Sofern für einzelne Produkte **Untergrenzen** existieren, ist wie folgt zu verfahren: Zunächst werden die Produkte mit den jeweiligen Mindestmengen ins Programm aufgenommen. Der verfügbare Mittelvorrat der Restriktionen wird anschließend um die jeweilige Kapazitätsbeanspruchung dieser Mindestmengen reduziert. Es verbleibt ein Programmplanungsproblem für *zusätzliche* Mengeneinheiten und noch bestehende Mittelvorräte, das auf Basis der obigen Vorgehensweise gelöst werden kann.

Sonderfälle

Die beschriebene **Vorgehensweise** ist nicht nur dann anwendbar, wenn bei der Ausgangspolitik „$x_j = \bar{x}_j$ für alle Produkte j mit $d_j > 0$" *genau eine* Mehrproduktrestriktion wirksam ist. In den oben erwähnten **Sonderfällen** gilt sie auch dann, wenn beim Ausgangsprogramm mehrere Mehrproduktrestriktionen binden. Diese Fälle lassen sich wie folgt verdeutlichen:

Sonderfall 1: Sollten die spezifischen Deckungsbeiträge für alle derart wirksamen Mehrproduktrestriktionen zur **gleichen Rangordnung** der Produkte führen, spielt es letztlich keine Rolle, welche der Restriktionen man für die Produktauswahl heranzieht. Im Beispiel wäre dies etwa bei den Daten in Tabelle 4 der Fall (Änderungen gegenüber der Ausgangssituation aus Tabelle 2 sind wieder schattiert hervorgehoben).

Bei der Ausgangspolitik $x_1 = 300$ und $x_2 = 200$ ist die zweite Restriktion jetzt ebenfalls wirksam. Die spezifischen Deckungsbeiträge für $i = 2$ betragen:

$$\hat{d}_{21} = \frac{d_1}{v_{21}} = \frac{40}{1} = 40 \quad \text{und} \quad \hat{d}_{22} = \frac{d_2}{v_{22}} = \frac{80}{3} = 26{,}67$$

Die **Reihung** der Produkte nach Maßgabe der **spezifischen Deckungsbeiträge** stimmt also für *beide* Restriktionen überein. Man wird mithin erneut mit dem Produkt 1 beginnen und 300 Stück fertigen. Anschließend wird man Produkt 2 ins Programm aufnehmen, wobei grundsätzlich *drei* Beschränkungen zu beachten sind, nämlich neben den beiden bisherigen zusätzlich diejenige von $i = 2$. Dort sind aber noch 330 Stunden verfügbar, die eine Produktion von 110 Stück des Produktes 2 erlauben würden. Die bereits oben gezeigten Beschränkungen sind daher strenger, und es bleibt bei der bislang optimalen Politik von 50 Stück für Produkt $j = 2$.

Produkt	$j = 1$	$j = 2$	$j = 3$
Preis p_j	200	480	1.100
variable Kosten k_j	160	400	1.170
Deckungsbeitrag d_j	40	80	−70
Obergrenze $\bar{x}_j$	300	200	600
Verbrauch v_{1j}	2	8	5
Verbrauch v_{2j}	1	3	1

Aggregat	$i = 1$	$i = 2$
Kapazität $\bar{V}_i$	1.000	630

Tab. 4: Daten des Sonderfalls

Im Endeffekt ist also auch jetzt wieder nur **eine Mehrproduktrestriktion** *faktisch* wirksam; man weiß nur *a priori* nicht, welche es sein wird. Dies spielt aber keine Rolle, weil die Rangfolge der Produkte nach Maßgabe der spezifischen Deckungsbeiträge für alle in Frage kommenden Restriktionen die gleiche ist.

Sonderfall 2: Die beschriebene Vorgehensweise ist auch anwendbar, wenn es unter den wirksamen Mehrproduktrestriktionen genau eine, für alle Produktarten gleiche Restriktion $\bar{i}$ gibt, die die Fertigung *jedes* Produktes **absolut stärker beschränkt** als die jeweilige Absatzobergrenze und alle anderen Mehrproduktrestriktionen.

Beispiel: Die obige Beschränkung für $i = 2$ sei (*ceteris paribus*) noch geringer, nämlich $\bar{V}_2 = 240$. Angenommen, man würde nur ein Produkt fertigen. Dann könnten unter diesen Bedingungen von $j = 1$ maximal 240 und von $j = 2$ maximal 80 Stück gefertigt werden. Beide Werte sind niedriger als die jeweiligen Absatzobergrenzen; diese Obergrenzen und die Restriktion $i = 1$ sind damit irrelevant, obwohl natürlich auch $i = 1$ bei der Ausgangspolitik auf Basis der Absatzobergrenzen bindet. In dieser Situation kann offenbar nur die zweite Fertigungsrestriktion im Optimum wirksam sein. Die optimale Politik besteht darin, nur das Produkt mit dem höchsten spezifischen Deckungsbeitrag für $i = 2$ in maximal zulässigem Umfang zu fertigen, dh also Produkt 1 mit $x_1 = 240$.

Beispiel mit nichtlinearer Gewinnfunktion

Gegeben seien drei Produktarten und folgende Deckungsbeiträge:

$$d_1(x_1) \cdot x_1 = 80 \cdot x_1 - 2 \cdot x_1^2$$
$$d_2(x_2) \cdot x_2 = 640 \cdot x_2 - 16 \cdot x_2^2$$
$$d_3(x_3) \cdot x_3 = 100 \cdot x_3 - 2{,}5 \cdot x_3^2$$

Es gelten die Absatzobergrenzen und Fertigungsrestriktionen des Ausgangsbeispiels (Tabelle 2), wobei die Fertigungsrestriktion 1 wie folgt verwendet wird:

$$2 \cdot x_1 + 8 \cdot x_2 + 5 \cdot x_3 \leq \overline{V} = 2.500$$

Die unbeschränkten Optima aller drei Produkte betragen 20. Daraus resultiert ein Bedarf an Fertigungsstunden in Höhe von 300 (280) für die Fertigungsrestriktion 1 (2). Alle Absatzobergrenzen und die Fertigungsbeschränkung 2 sind unwirksam.

Bei $\overline{V} \leq 300$ liegt damit der Fall einer wirksamen Mehrproduktrestriktion vor. Für die Lösung sind jetzt die **spezifischen Grenzdeckungsbeiträge** der einzelnen Produkte bei $i = 1$ relevant. Sie lauten wie folgt:

$$\hat{d}'(x_1)_{11} = 40 - 2 \cdot x_1$$

$$\hat{d}'(x_2)_{12} = 80 - 4 \cdot x_2$$

$$\hat{d}'(x_3)_{13} = 20 - x_3$$

Ausgehend von einer Produktionsmenge von $x_j = 0$ ($j = 1, 2, 3$) würde man offenbar mit Produkt 2 beginnen, weil es den höchsten spezifischen Grenzdeckungsbeitrag aufweist. Dieser nimmt aber sukzessive ab und erreicht bei der Menge $x_2 = 10$ den Wert 40, der dem spezifischen Grenzdeckungsbeitrag für Produkt 1 an der Stelle $x_1 = 0$ entspricht. An der Stelle $x_2 = 10$ werden 80 Fertigungsstunden benötigt, und daraus folgt:

Für $\overline{V} \leq 80$ lautet das optimale Programm: $x_1^* = 0$; $x_2^* = \overline{V}/8$; $x_3^* = 0$.

Ist $\overline{V} > 80$, befinden sich sowohl Produkt 2 als auch Produkt 1 im Programm. Die Mengen dieser beiden Produkte sind simultan zu erhöhen unter der Nebenbedingung gleicher spezifischer Grenzdeckungsbeiträge:

$$40 - 2 \cdot x_1 = 80 - 4 \cdot x_2 \Rightarrow x_1 = -20 + 2 \cdot x_2$$

Einsetzen in die Restriktion $i = 1$ erbringt:

$$2 \cdot (-20 + \cdot x_2) + 8 \cdot x_2 = \overline{V} \Rightarrow x_2 = \frac{\overline{V} + 40}{12}$$

Diese simultane Erhöhung geschieht solange, bis die Mengen beider Produkte denjenigen Wert erreicht haben, für den der jeweilige spezifische Grenzdeckungsbeitrag gleich 20 ist und damit dem spezifischen Grenzdeckungsbeitrag von Produkt 3 an der Stelle $x_3 = 0$ entspricht. Diese Mengen lauten $x_1 = 10$ und $x_2 = 15$. Dort werden 140 Fertigungsstunden benötigt, und man hat als weiteres Ergebnis:

Für $80 < \overline{V} \leq 140$ folgt: $x_1^* = -20 + 2 \cdot x_2^*$; $x_2^* = \frac{\overline{V} + 40}{12}$; $x_3^* = 0$.

Gilt schließlich $140 < \overline{V} \leq 300$, so sind alle Produkte im Programm vertreten. Ihre Mengen sind (analog zum obigen Fall) unter der Bedingung gleicher spezifischer Grenzdeckungsbeiträge festzulegen. Für x_1^* kann die obige Funktion verwendet werden; für x_3^* folgt analog:

$$x_3^* = -60 + 4 \cdot x_2^*$$

Einsetzen beider Funktionen in $i = 1$ erbringt $x_2^* = \frac{\overline{V} + 340}{32}$.

Damit liegen also die optimalen Lösungen in Abhängigkeit von der Strenge der ersten Fertigungsrestriktion fest. Je nachdem, wie hoch $\overline{V}$ ist, sind bestimmte Produkte im Programm enthalten oder nicht.

Dies ist auch dafür verantwortlich, daß das optimale Programm *nicht* einfach dadurch ermittelt werden kann, daß man einen *Lagrange*-Ansatz aufstellt und diesen durch Nullsetzen der partiellen Ableitungen löst. Die dafür maßgebliche *Lagrange*-Funktion wäre:

$$LG(x_1, x_2, x_3, \lambda, \overline{V}) = \sum_{j=1}^{3} d_j(x_j) \cdot x_j - \lambda \cdot \left(\sum_{j=1}^{3} v_{1j} \cdot x_j - \overline{V} \right)$$

Würde man diese Funktion maximieren, indem man die ersten Ableitungen von *LG* nach x_j (*j* = 1, 2, 3) und λ bildet, diese jeweils gleich null setzt und das so entstehende Gleichungssystem löst, erhielte man die oben für den Fall 140 < $\overline{V}$ abgeleiteten Resultate (der Leser ist eingeladen, dies zu überprüfen).

Implizit wird also ein bestimmter Bereich für $\overline{V}$ unterstellt, und die Lösung gilt nicht für andere Intervalle. Im Grunde müßte man *a priori* wissen, welche Produkte bei einem bestimmten Vorrat an Fertigungsstunden im Programm enthalten sind und welche nicht. Nur für die enthaltenen Produkte kann die Lösung durch Nullsetzen der ersten Ableitungen gefunden werden; für die nicht enthaltenen Produkte ist dagegen die erste Ableitung von *LG* an der Stelle $x_j = 0$ regelmäßig *negativ* (dafür ist letztlich der *Lagrange*-Multiplikator λ verantwortlich). Dies wird in den sogenannten *Kuhn-Tucker*-Bedingungen[11] deutlich, die hinsichtlich der Produkte für den obigen *Lagrange*-Ansatz wie folgt lauten:

$$x_j^* > 0 \quad \text{und} \quad \frac{\partial LG^*}{\partial x_j} = 0; \quad x_j^* = 0 \quad \text{und} \quad \frac{\partial LG^*}{\partial x_j} \leq 0$$

Es läßt sich aber auch beim *Lagrange*-Verfahren eine *iterative* Vorgehensweise denken. So kann man zB im ersten Schritt die *Lagrange*-Funktion *LG* durch Nullsetzen der ersten Ableitungen für *alle* Produkte und den *Lagrange*-Multiplikator maximieren. Man erhält die oben für den dritten Fall abgeleiteten Lösungen, die vom Mittelvorrat $\overline{V}$ abhängen. Setzt man einen gegebenen Wert für $\overline{V}$ (zB 90) ein, kann leicht überprüft werden, ob alle Lösungen nichtnegativ sind. Sofern man für wenigstens ein Produkt eine negative Menge erhält, ist die Gesamtlösung unzulässig (bei $\overline{V}$ = 90 erhält man für Produkt 3 ein negatives Ergebnis). Man kann im zweiten Schritt die Optimierung neu starten, indem die Produkte mit negativen Mengen *a priori* auf 0 gesetzt werden. In dieser Form kann so lange verfahren werden, bis sich ein zulässiges Optimum ergibt.

Stückweise lineare Deckungsbeiträge

Gewissermaßen „in der Mitte" zwischen den linearen und nichtlinearen Gewinnverläufen liegt der Fall stückweise linearer Deckungsbeiträge. Diese Situation ist dadurch gekennzeichnet, daß es für die einzelnen Produkte Produktionsmengen-Intervalle gibt, für die jeweils konstante, aber unterschiedlich hohe Deckungsbeiträge gelten. Sie kann sich zB dadurch ergeben, daß für einen Rohstoff, der zur Herstellung eines bestimmten Produkts benötigt wird, ab einem vorgegebenen Einkaufsvolumen ein **Rabatt** eingeräumt wird. Dadurch sinken *ceteris paribus* die variablen Stückkosten (steigt der Deckungsbeitrag) für das betreffende Produkt, allerdings erst

---

[11]   Vgl dazu zB *Stepan* und *Fischer* (2001), S. 193 – 195.

ab einem bestimmten Produktionsvolumen. Natürlich ist auch der umgekehrte Fall möglich, in dem die Deckungsbeiträge ab einem bestimmten Produktionsvolumen sinken, weil zB zur Ausweitung des Absatzes Preisnachlässe gewährt werden müssen.

Lösung bei degressiven Deckungsbeitragssprüngen (Quasi-Produkt-Regel)

Die Lösung der Programmplanung unter diesen Bedingungen kann wie im obigen Standardfall für lineare Deckungsbeiträge vorgenommen werden, falls bei jedem Produkt nur **degressive Deckungsbeitragssprünge** vorliegen. Jedes Produkt wird dann in so viele **Quasi-Produkte** aufgespalten, wie es Deckungsbeitragssprünge gibt. Sämtliche Quasi-Produkte aller Produktarten lassen sich dann nach Maßgabe der spezifischen Deckungsbeiträge ordnen und sukzessive der knappen Kapazität zuteilen. Weil niedrigere spezifische Deckungsbeiträge für die Quasi-Produkte einer Produktart bei degressiven Sprüngen nur für höhere Produktionsvolumina auftreten können, bleiben die obigen Zuordnungsregeln für den Standardfall weiterhin gültig.

Beispiel: Der Lösungsweg soll durch eine Modifizierung des Beispiels verdeutlicht werden, indem für Produktart 1 unterstellt wird, daß ab einer Absatzmenge von 200 Stück der Absatzpreis für die restlichen 100 Stück auf 170 gesenkt werden muß. Produktart 1 wird mithin in die beiden Quasi-Produkte 1a und 1b aufgespalten, für die *ceteris paribus* unterschiedliche Deckungsbeiträge gelten. Tabelle 5 zeigt (unter Vernachlässigung der Produktart 3) die neue Situation:

Produkt	$j = 1a$	$j = 1b$	$j = 2$
Preis p_j	200	170	480
variable Kosten k_j	160	160	400
Deckungsbeitrag d_j	40	10	80
Obergrenze $\overline{x}_j$	200	100	200
Verbrauch v_{1j}	2	2	8
Verbrauch v_{2j}	9	9	4

Tab. 5: Degressive Deckungsbeitragssprünge

Die Absatzobergrenze für Produktart 1 beträgt weiterhin insgesamt 300 Stück, doch können nur 200 Stück zum höheren Preis abgesetzt werden. Die Reihung nach Maßgabe der spezifischen Deckungsbeiträge hinsichtlich $i = 1$ ergibt:

$$\hat{d}_{11a} = \frac{40}{2} = 20; \quad \hat{d}_{11b} = \frac{10}{2} = 5; \quad \hat{d}_{12} = \frac{80}{8} = 10$$

Das optimale Programm lautet demnach für $\overline{V}_1 = 1.000$:

$$x_{1a}^* = 200; \quad x_{1b}^* = 0; \quad x_2^* = 75$$

Hinsichtlich der einzelnen (reinen) Produktarten erhält man mithin bei der **Lösungsstruktur** ein ähnliches Ergebnis wie für vollständig nichtlineare Gewinnfunktionen: Das Programm kann aus mehreren Produktarten bestehen, die nicht mit ihren Höchstmengen gefertigt werden (im rein linearen Fall ist das nur möglich, wenn die eine wirksame Mehrproduktrestriktion stärker als alle Absatzobergrenzen bindet, so daß faktisch nur eine Produktart ins Programm aufgenommen wird). Bezüglich der **Quasi-Produkte** gelten aber die Schlußfolgerungen für die lineare Standardsituation völlig analog.

Lösung bei progressiven Deckungsbeitragssprüngen

Sollten dagegen progressive Deckungsbeitragssprünge vorliegen, versagen die Standard-Zuordnungsregeln. Der Grund besteht darin, daß man die knappe Kapazität ja zuerst mit solchen Produkten belegen wollte, die die höchsten spezifischen Deckungsbeiträge aufweisen; dies ist im vorliegenden Zusammenhang jedoch nicht möglich, weil die höheren Deckungsbeiträge voraussetzen, daß zuerst ein bestimmtes Produktionsvolumen mit niedrigeren Deckungsbeiträgen gefertigt werden muß.

In diesem Fall führt nur eine **Gesamtbetrachtung des Programms** zur optimalen Lösung, wobei allerdings die **spezifischen Deckungsbeiträge** verwendet werden können.

Beispiel: Die Vorgehensweise wird wieder am Beispiel verdeutlicht. Bezüglich der Deckungsbeiträge bei der Produktart 1 werden die obigen degressiven Sprünge einfach umgedreht.

Produkt	$j = 1a$	$j = 1b$	$j = 2$
Preis p_j	200	200	480
variable Kosten k_j	190	160	400
Deckungsbeitrag d_j	10	40	80
Obergrenze $\bar{x}_j$	100	200	200
Verbrauch v_{1j}	2	2	8
Verbrauch v_{2j}	9	9	4

Tab. 6: Progressive Deckungsbeitragssprünge

Für die spezifischen Deckungsbeiträge ergäbe sich

$$\hat{d}_{11a} = \frac{10}{2} = 5; \quad \hat{d}_{11b} = \frac{40}{2} = 20; \quad \hat{d}_{12} = \frac{80}{8} = 10$$

Damit man bei Produktart 1 in den Genuß der niedrigeren variablen Stückkosten (zB durch einen spezifischen Faktorrabatt) kommt, müssen zuerst 100 Stück zu ungünstigeren Konditionen hergestellt werden. Damit würde die knappe Kapazität $i = 1$ mit 200 Stunden belegt. Hat man von $i = 1$ nicht mehr als 200 Stunden zur Verfügung, würde man aber eher Produktart 2 herstellen wollen, denn damit würde eine günstigere Ausnutzung der Kapazität erzielt. Die Fertigung von Produktart 1 kann daher nur in Frage kommen, wenn die **knappe Kapazität** einen gewissen **Mindestumfang** hat. Belegt man fiktiv die gesamte knappe Kapazität von $i = 1$ mit Produktart 1 (bis zur vollständigen Ausschöpfung der Absatzhöchstgrenze), erzielt man *im Durchschnitt* einen **spezifischen Deckungsbeitrag** von:

$$\hat{d}_{11}^{\phi} = \frac{\overline{x}_{1a} \cdot v_{11} \cdot \hat{d}_{11a} + \left(\overline{V}_1 - \overline{x}_{1a} \cdot v_{11}\right) \cdot \hat{d}_{11b}}{\overline{V}_1} = \hat{d}_{11b} - \left(\hat{d}_{11b} - \hat{d}_{11a}\right) \cdot \frac{\overline{x}_{1a} \cdot v_{11}}{\overline{V}_1} =$$

$$= 20 - 15 \cdot \frac{200}{\overline{V}_1} \qquad \left(\text{für } 200 \leq \overline{V}_1 \leq 600\right)$$

Im Durchschnitt wird also Produktart 1 um so **günstiger**, je **mehr Kapazität** man hat. Der kritische Mittelvorrat, bei dem Produktart 1 im Durchschnitt eine ebenso günstige Kapazitätsbelegung wie Produktart 2 aufweist, ergibt sich aus:

$$20 - \frac{3.000}{\overline{V}_1^{\circ}} = \hat{d}_{12} = 10 \quad \Rightarrow \quad V_1^{\circ} = \frac{3.000}{10} = 300$$

Die **Lösung** ist abhängig von der knappen Kapazität wie folgt:

$0 \quad < \overline{V}_1 \leq 300$: nur Produktart 2

$300 < \overline{V}_1 \leq 600$: nur Produktart 1

$600 < \overline{V}_1 \qquad$: Produktart 1 voll, Produktart 2 je nach Kapazitätshöhe

Bei progressiven Deckungsbeitragssprüngen kann demnach die **Rangfolge** der Produktarten nicht unabhängig von der **Kapazitätshöhe** angegeben werden. Eine bestimmte Rangfolge gilt somit nur *lokal* bezogen auf die gerade verfügbare Kapazität. Andere Kapazitäten können die Reihenfolge der Zuordnung von Produktarten zur knappen Kapazität beeinflussen.

Auswertung der Lösung

Für die Behandlung der Auswertungsaspekte wird wieder auf die Lösung für den (rein linearen) Standardfall zurückgegriffen. Die gefundene **optimale Lösung** des Programmplanungsproblems liefert wertvolle Hinweise für weitere Analysen.[12] Sie erlaubt es insbesondere, den **Wert von Restriktionsänderungen** abzuschätzen. Dieser Wert beinhaltet die Brutto-Erfolgsänderung, wenn eine Restriktion im

---

[12] Potentielle langfristige Aspekte wären natürlich grundsätzlich auch im vorliegenden Fall zu beachten. Im weiteren wird jedoch nur mehr auf kurzfristig wirksame Aspekte eingegangen.

Umfang von einer Einheit mehr oder weniger zur Verfügung steht und kennzeichnet daher den **Grenzpreis dieser Einheit** als denjenigen Betrag, den man maximal für sie zahlen könnte bzw erhalten müßte, ohne sich schlechter zu stellen als in der Ausgangssituation. Dafür muß eben bekannt sein, welche Produkte man mit zusätzlichen bzw verminderten Einheiten in welchem Umfang mehr oder weniger fertigen würde, und genau diese Angaben lassen sich aus der Lösung des Programmplanungsproblems ableiten. Die folgenden Beispiele zeigen, daß diese Werte nicht konstant bleiben, sondern vom jeweiligen Niveau der Beschränkungen und der damit verbundenen optimalen Lösung abhängen.

Legt man die Lösung des Ausgangsproblems (Tabelle 3) von 300 Stück für Produkt 1 und 50 Stück für Produkt 2 zugrunde, dann ist zB eine **kurzfristige Ausweitung der Fertigungskapazität** von Maschine 1 bedenkenswert. Jede zusätzliche Fertigungsstunde würde in die Herstellung des Produktes 2 fließen und eine Brutto-Erfolgsverbesserung in Höhe des spezifischen Deckungsbeitrags von 10 bescheren. Weil das noch ungenutzte Absatzpotential des zweiten Produktes 150 Stück beträgt, wäre es aus Sicht der laufenden Periode *ceteris paribus* keinesfalls sinnvoll, mehr als 1.200 zusätzliche Fertigungsstunden verfügbar zu machen, denn damit könnten gerade 150 Stück von Produkt 2 gefertigt werden. Wären so etwa durch eine zusätzliche Schicht weitere 1.000 Stunden zu erlangen, und müßte man dafür zusätzliche Gehaltskosten in Höhe von 8.000 in Kauf nehmen, dann ergäbe sich eine **Netto-Erfolgsverbesserung** von $10.000 - 8.000 = 2.000$. Dieser Wert ließe sich ggf weiter steigern, wenn auch die Absatzobergrenzen durch absatzpolitische Maßnahmen ausgeweitet und zugleich noch weitere Fertigungsstunden erlangt werden könnten. Bei diesen Überlegungen wäre aber auch die Kapazität des zweiten Aggregats zu beachten, weil dieses ansonsten zum Engpaß werden könnte.

Bezogen auf die isolierte **Beeinflussung der Absatzobergrenzen** lassen sich ähnliche Überlegungen anstellen. Dabei ist aber das Vorliegen einer wirksamen Mehrproduktrestriktion zu berücksichtigen. Soll zB die Absatzobergrenze von Produkt 1 erhöht werden,[13] ist zu bedenken, daß jede anschließende Erhöhung der Produktionsmenge von Produkt 1 wegen des Konkurrenzverhältnisses bei der ersten Fertigungsrestriktion mit einer Verminderung der Menge von Produkt 2 einhergeht. Daher ist mit der Erhöhung der Obergrenze für Produkt 1 um eine Einheit nicht etwa ein zusätzlicher Brutto-Erfolg von 40 verbunden; für jede Einheit von Produkt 1 muß nämlich die Fertigung von Produkt 2 um 0,25 Einheiten vermindert werden.[14] Jede zusätzlich absetzbare Einheit von Produkt 1 beschert somit nur einen Erfolg von $40 - 0,25 \cdot 80 = 20$, und dies auch nur so lange, wie das zusätzliche Absatzpotential nicht größer als 200 ist; andernfalls würden die 1.000 Fertigungsstunden der ersten Maschine eine weitere Produktionssteigerung definitiv verhindern.

---

[13] Die Erhöhung der Absatzobergrenze von Produkt 2 ist ohne Belang, weil schon die bisherige Grenze wegen knapper Fertigungsbeschränkungen nicht erreicht werden kann.

[14] Von potentiellen Ganzzahligkeitsbedingungen wird im folgenden abgesehen.

Natürlich lassen sich diese Überlegungen auch in umgekehrter Richtung anstellen. So kann gefragt werden, welche **Erfolgseinbußen mit Kapazitäts*verringerungen*** verbunden sind, was es also „kostet", wenn zB Maschine 1 eine Stunde weniger zur Verfügung steht. Derartige Überlegungen sind vor allem dann wichtig, wenn man im Laufe der Periode **Zusatzaufträge** erhält, die bei der ursprünglichen Planung noch nicht berücksichtigt werden konnten (siehe dazu 4. Kapitel: *Preisentscheidungen*). Bei knappen Kapazitäten beanspruchen solche Zusatzaufträge knappe Ressourcen, die aus anderweitigen Verwendungen abgezogen werden müssen; die Zusatzaufträge können demnach nur dann vorteilhaft sein, wenn sie wenigstens das erbringen, was je beanspruchter (knapper) Kapazitätseinheit ansonsten erzielbar gewesen wäre. Dafür ist wieder der spezifische Deckungsbeitrag relevant; jede verlorene Fertigungsstunde des ersten Aggregats würde aus der Produktion von Produkt 2 abgezogen und demnach mit einer Erfolgseinbuße von 10 einhergehen. Dieser Wert gilt aber nur für die ersten 400 abgezogenen Stunden; darüber hinaus muß die Fertigung von Produkt 1 eingeschränkt werden, was mit Erfolgseinbußen von 20 je Stunde verbunden ist.

Analog kann ermittelt werden, was eine **Verringerung des Absatzpotentials** von Produkt 1 „kosten" würde. Dabei muß nämlich bedacht werden, daß jede nicht gefertigte Einheit von Produkt 1 die *zusätzliche* Produktion von 0,25 Einheiten des zweiten Produktes gestatten würde. Die resultierende Erfolgseinbuße beträgt daher nur $40 - 0{,}25 \cdot 80 = 20$.

2.4. Mehrere wirksame Mehrproduktrestriktionen

Für die weitere Analyse werden auch die verfügbaren Fertigungsstunden der zweiten Maschine vermindert. Diese neue Situation ist in Tabelle 7 dargestellt.

Produkt	$j = 1$	$j = 2$	$j = 3$
Preis p_j	200	480	1.100
variable Kosten k_j	160	400	1.170
Deckungsbeitrag d_j	40	80	−70
Obergrenze $\bar{x}_j$	300	200	600
Verbrauch v_{1j}	2	8	5
Verbrauch v_{2j}	9	4	1

Aggregat	$i = 1$	$i = 2$
Kapazität $\bar{V}_i$	1.000	1.620

Tab. 7: Daten für mehrere wirksame Mehrproduktrestriktionen

Produkt 3 kann wegen des negativen Deckungsbeitrags generell vernachlässigt werden, so daß man es letztlich nur mit einem Zweiproduktfall zu tun hat. Die Ausgangspolitik mit 300 (200) Stück für Produkt 1 (2) verletzt jetzt *beide* **Fertigungsrestriktionen**; faktisch sind sogar beide Absatzobergrenzen redundant, weil selbst bei alleiniger Produktion von Produkt 1 (2) die Fertigungsrestriktionen stärkere Beschränkungen liefern (von Produkt 1 können wegen $\overline{V}_2 = 1.620$ maximal $1.620/9 = 180$ und von Produkt 2 wegen $\overline{V}_1 = 1.000$ maximal $1.000/8 = 125$ Stück hergestellt werden).[15]

Im vorliegenden Fall kann die Lösungsstruktur daher nur so aussehen, daß im Optimum **beide Fertigungsrestriktionen binden** müssen. Dies kann in der Form eines linearen Gleichungssystems dargestellt werden:

$$2 \cdot x_1^* + 8 \cdot x_2^* = 1.000$$

$$9 \cdot x_1^* + 4 \cdot x_2^* = 1.620$$

Löst man die zweite Gleichung nach x_2^* auf, folgt

$$x_2^* = \frac{1.620}{4} - \frac{9}{4} \cdot x_1^* = 405 - 2,25 \cdot x_1^*$$

Eingesetzt in die erste Gleichung erhält man

$$2 \cdot x_1^* + 8 \cdot (405 - 2,25 \cdot x_1^*) = 1.000 \quad \Rightarrow x_1^* = 140$$

Daraus wiederum ergibt sich $x_2^* = 405 - 2,25 \cdot 140 = 90$. Der Deckungsbeitrag dieser Politik beträgt 12.800 und der Periodengewinn 8.800. Unter den gegebenen Bedingungen kann kein anderes Produktionsprogramm einen höheren Periodenerfolg bescheren.

Lösungsstruktur bei der Linearen Programmierung

Im vorliegenden Beispiel konnte die Lösung wegen der geringen Anzahl von Produkten und Restriktionen leicht gefunden werden. Das ändert sich aber mit einer (realistischen) Ausweitung der Produkt- und Restriktionenzahl. Zwar könnte man in diesen Fällen alle denkbaren Restriktionskombinationen explizit durchrechnen, doch wird dies schnell aufwendig und zeitraubend. In solchen Fällen ist es besser, sich zur Problemlösung der Verfahren der **Linearen Programmierung**, insbesondere der **Simplex-Methode** zu bedienen. In diesem Buch können naturgemäß nicht alle Aspekte der Theorie und der Anwendungen dieser Methode behandelt werden.[16] Der Schwerpunkt liegt vielmehr auf der **Anwendung** dieser Technik, der **Struktur der**

---

[15]   Der Leser ist eingeladen, das Vorliegen der beiden oben genannten Spezialfälle zu überprüfen, bei denen wie bei nur *einer* wirksamen Mehrproduktrestriktion verfahren werden könnte.

[16]   Siehe dazu zB einführend *Domschke* und *Drexl* (2002), S. 12 – 58, und umfassend *Bol* (1980).

optimalen Lösung sowie den **Auswertungsmöglichkeiten**. Grundlegende Kenntnisse der Linearen Programmierung werden dabei vorausgesetzt.

Die **Lösungsstruktur** kann folgendermaßen zusammengefaßt werden: Seien *lineare* Abhängigkeiten und wenigstens *zwei* wirksame Mehrproduktrestriktionen gegeben. Dann kann eine optimale Lösung des Programmplanungsproblems stets unter den **Eckpunkten** des zulässigen Bereichs gefunden werden.[17] Abbildung 1 zeigt die grafische Lösung des linearen Programms für das obige Beispiel.

Sollten für einzelne Produkte **Untergrenzen** bestehen, kann ähnlich vorgegangen werden wie im Falle nur einer wirksamen Mehrproduktrestriktion. Demnach sind alle Produkte zunächst auf das Niveau ihrer jeweiligen Untergrenzen zu setzen; anschließend müssen die Kapazitäten um die damit verbundenen Mittelbeanspruchungen reduziert werden. Das verbleibende Optimierungsproblem betrifft *zusätzliche* Mengen und *verbleibende* Mittelvorräte. Für dieses verbleibende Problem gilt die obige Lösungsstruktur analog.

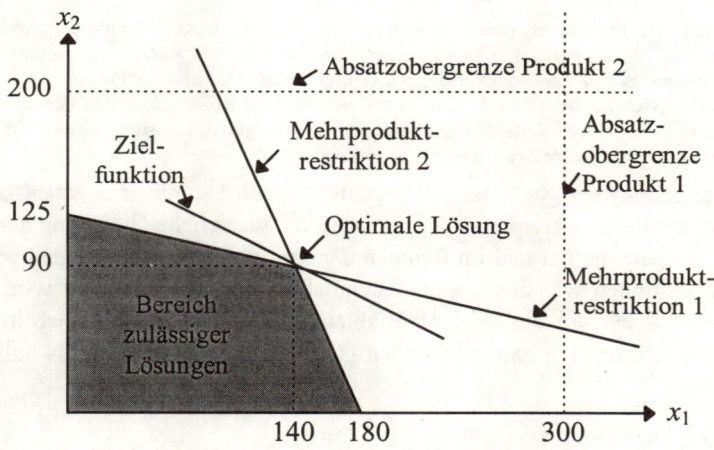

Abb. 1: Grafische Lösung des linearen Programms

Simplex-Methode

Da die optimale Lösung ein Eckpunkt des zulässigen Bereichs ist, kann man grundsätzlich so vorgehen, daß man alle Eckpunkte des zulässigen Bereichs ermittelt und deren Deckungsbeiträge bestimmt. Der Eckpunkt mit dem höchsten Deckungsbeitrag kennzeichnet die optimale Lösung. Dies kann jedoch sehr aufwendig sein.

Die Simplex-Methode ist ein intelligentes Verfahren zum Absuchen der Eckpunkte, indem Such- und Stoppkriterien angegeben werden. Zur formalen **Lösung**

---

[17] Siehe zu diesem *Eckentheorem* der Linearen Programmierung und zum Beweis *Bol* (1980), S. 57 – 59. Eckpunkte einer Menge lassen allgemein durch eine *formale Definition* präzisieren. Danach ist ein Eckpunkt einer (konvexen) Menge ein Punkt (Element der Menge), der sich *nicht* als Konvexkombination zweier anderer, von dem betrachteten Punkt verschiedener Elemente dieser Menge darstellen läßt; nach dieser Definition sind zB auch alle Punkte der Randkurve eines Kreises Eckpunkte. Siehe dazu ausführlicher *Bol* (1980), S. 49 – 51.

formt man zunächst durch Einführung *nichtnegativer* **Schlupfvariablen** *w* die in der Form von Ungleichungen vorliegenden Restriktionen in Gleichungen um. Im Beispiel sind insgesamt $N = I + J = 4$ Restriktionen vorhanden, die sich nach Einführung dieser Schlupfvariablen w_n ($n = 1, ..., N$) wie folgt darstellen lassen:

$$2 \cdot x_1 + 8 \cdot x_2 + 1 \cdot w_1 + 0 \cdot w_2 + 0 \cdot w_3 + 0 \cdot w_4 = 1.000$$
$$9 \cdot x_1 + 4 \cdot x_2 + 0 \cdot w_1 + 1 \cdot w_2 + 0 \cdot w_3 + 0 \cdot w_4 = 1.620$$
$$1 \cdot x_1 + 0 \cdot x_2 + 0 \cdot w_1 + 0 \cdot w_2 + 1 \cdot w_3 + 0 \cdot w_4 = 300 \qquad (8)$$
$$0 \cdot x_1 + 1 \cdot x_2 + 0 \cdot w_1 + 0 \cdot w_2 + 0 \cdot w_3 + 1 \cdot w_4 = 200$$
$$x_1, x_2 \geq 0; \quad w_1, w_2, w_3, w_4 \geq 0$$

Die Schlupfvariablen geben die jeweils **nicht ausgeschöpfte Kapazität** an; ein Wert von zB $w_1 = 200$ würde demnach bedeuten, daß 200 Stunden des ersten Aggregats vom Produktionsprogramm nicht benötigt werden.

Man erhält ein lineares Gleichungssystem mit den eigentlich zu optimierenden *J* **Strukturvariablen** x_j, *N* **Schlupfvariablen** (insgesamt also $M = J + N = 2 \cdot J + I$ Variablen) und *N* **Restriktionen**. Zur Bestimmung von Eckpunkten gibt man üblicherweise für $M - N = J$ Variablen (sogenannte **Nichtbasisvariablen**) den Wert 0 vor und löst das verbleibende Gleichungssystem (Bestimmung der Werte der **Basisvariablen**). Bei **nichtnegativen** Lösungen dieser Basisvariablen ist ein Eckpunkt des zulässigen Bereichs gefunden.

Die Festlegung der Such- und Stoppkriterien wird durch eine **spezifische Einbindung der Zielfunktion** erreicht. Sie wird als zusätzliche Gleichung dem bisherigen System hinzugefügt und im Rahmen der Ermittlung von Lösungen den gleichen Rechenoperationen wie die Koeffizientenmatrix unterworfen. Dazu wird die Zielfunktion zunächst um die Schlupfvariablen ergänzt. Weil diese allerdings keinen Zielbeitrag erbringen, erhalten sie einen Deckungsbeitrag von jeweils null. Im Beispiel folgt:

$$D = 40 \cdot x_1 + 80 \cdot x_2 + 0 \cdot w_1 + 0 \cdot w_2 + 0 \cdot w_3 + 0 \cdot w_4 \qquad (9)$$

Diese **Zielfunktion** läßt sich auch wie folgt schreiben:

$$-40 \cdot x_1 - 80 \cdot x_2 - 0 \cdot w_1 - 0 \cdot w_2 - 0 \cdot w_3 - 0 \cdot w_4 + D = 0 \qquad (10)$$

In dieser Form wird sie als zusätzliches Element des Gleichungssystems berücksichtigt, wodurch eine neue, fiktive Variable *D* hinzukommt, deren Koeffizienten bei den anderen Gleichungen aber jeweils null sind; sie spielt daher bei den diesbezüglichen Transformationen keine Rolle.[18]

---

[18] Aus diesem Grunde wird die Matrixspalte für die Variable *D* regelmäßig weggelassen. Im folgenden wird sie aber zur Verdeutlichung mit aufgeführt.

Iterationen bei der Simplex-Methode

Als **Startpunkt** geht man von einer trivialen Basislösung aus, bei der gerade die J **Strukturvariablen** x_j auf den Wert null gesetzt werden.[19] Diese Lösung läßt sich als „*Unterlassensalternative*" kennzeichnen. Nur die Schlupfvariablen befinden sich in der Basis, wodurch ein Deckungsbeitrag $D = 0$ erzielt wird. Das Gleichungssystem wird jetzt in folgendem (Ausgangs-)**Tableau** dargestellt, wobei die Kopfspalte *BV* die jeweiligen **Basisvariablen**, die *RS*-Spalte die Werte der „**rechten Seite**" des Gleichungssystems (also die verfügbaren Mittelvorräte bzw Obergrenzen) und die letzte Zeile die Zielfunktion angeben:

Ausgangstableau

BV	x_1	x_2	w_1	w_2	w_3	w_4	D	RS
w_1	2	8	1	0	0	0	0	1.000
w_2	9	4	0	1	0	0	0	1.620
w_3	1	0	0	0	1	0	0	300
w_4	0	1	0	0	0	1	0	200
	−40	−80	0	0	0	0	1	0

Der Wert rechts unten in der *RS*-Spalte gibt den Deckungsbeitrag der jeweiligen Basislösung an.

Diese Ausgangslösung ist freilich *nicht* optimal, denn sie kann durch Aufnahme entweder von Produkt 1 oder Produkt 2 verbessert werden. Auf Grund der Art der Berücksichtigung des Deckungsbeitrages werden solche Verbesserungsmöglichkeiten allgemein durch **negative Koeffizienten** der jeweiligen **Nichtbasisvariablen** angezeigt. Im Regelfall wählt man diejenige Nichtbasisvariable mit dem am stärksten negativen Zielfunktionskoeffizienten als Kandidat für einen Basistausch (hier also x_2); sie kommt in die Basis herein, und die zugehörige Spalte des Tableaus wird **Pivotspalte** genannt.

Zu bestimmen ist jetzt noch die Variable, welche die bisherige Basis verläßt. Dazu wird überlegt, welche Restriktion den Umfang der neu aufzunehmenden Basisvariablen am meisten beschränkt. Dies läßt sich durch Division der Werte der *RS*-Spalte durch die jeweiligen Koeffizienten der **Pivotspalte** ermitteln. Der niedrigste (positive) Quotient kennzeichnet die strengste Restriktion.[20] Im Beispiel handelt es sich dabei um die erste Zeile des Tableaus. Allgemein heißt die Zeile mit der am stärksten bindenden Restriktion **Pivotzeile**, und das durch *Pivotspalte* und *Pivotzeile*

---

[19] An dieser Stelle werden die Komplikationen bei der potentiellen Existenz von Mehrprodukt-Untergrenzen deutlich, denn in diesem Fall ist diese Ausgangslösung unzulässig.

[20] Negative Quotienten sind unbeachtlich, weil sie die Nichtnegativitätsbedingung verletzen. Koeffizienten in der Pivotspalte mit dem Wert null sind ebenfalls unbeachtlich. Der Quotient ist hier gar nicht definiert, weil die neue Basisvariable die Restriktion faktisch nicht beansprucht. Solche nicht existierenden Beanspruchungen brauchen gleichfalls nicht berücksichtigt zu werden.

gekennzeichnete Element wird **Pivotelement** genannt (im Beispiel ist dies $v_{12} = 8$). Somit verläßt w_1 die Basis, weil die Kapazität der ersten Maschine völlig ausgeschöpft wird.

Die neue Basislösung wird ermittelt, indem die **Pivotspalte** (inklusive dem Element in der Zielfunktionszeile) zum **Einheitsvektor** transformiert wird. Alle Elemente der **Pivotzeile** werden also zunächst durch das **Pivotelement** dividiert. Anschließend werden die üblichen Regeln zur Umformung von Gleichungssystemen angewandt, um in der x_2-Spalte (Pivotspalte) einen Einheitsvektor zu erzeugen. Nach dieser 1. Iteration erhält man folgendes Tableau:

Tableau nach der 1. Iteration

BV	x_1	x_2	w_1	w_2	w_3	w_4	D	RS
x_2	1/4	1	1/8	0	0	0	0	125
w_2	8	0	−1/2	1	0	0	0	1.120
w_3	1	0	0	0	1	0	0	300
w_4	−1/4	0	−1/8	0	0	1	0	75
	−20	0	10	0	0	0	1	10.000

Die **Koeffizienten** in den Spalten der beiden **Nichtbasisvariablen** x_1 und w_1 lassen sich intuitiv einleuchtend als **Änderungsfaktoren** für die Restriktionen interpretieren. Sie geben an, welche Änderungen der mit der jeweiligen Zeile verbundenen Basisvariablen erforderlich sind, wenn *eine Einheit* der betreffenden Nichtbasisvariablen in die Basis aufgenommen würde:

- Würde x_1 in die Basis aufgenommen, müßte x_2 um 0,25 Einheiten eingeschränkt werden, weil die erste Maschine vollständig belegt ist. Entsprechend würden (netto) 8 *zusätzliche* Fertigungsstunden auf der Maschine 2 benötigt: 9 Stunden brutto je Einheit x_1 abzüglich 0,25·4 = 1 Stunde wegen der Verminderung von x_2. Daraus ergibt sich auch der Wert in der Zielfunktionszeile für die erste Spalte. Jede zusätzliche Einheit x_1 beschert zunächst einen Deckungsbeitrag von 40, der jedoch um die Deckungsbeitragseinbuße von 0,25·80 = 20 vermindert werden muß.

- Würde w_1 in die Basis aufgenommen, wird wieder freie Kapazität beim Aggregat 1 geschaffen. Je Einheit freier Kapazität muß auf 0,125 Stück von Produkt 2 verzichtet werden. Daraus resultiert auch eine Verminderung der Beanspruchung von Maschine 2 um 0,125·4 = 0,5 Stunden. Die Deckungsbeitrags*einbuße* beträgt 0,125·80 = 10.

Negative Zielfunktionskoeffizienten der Nichtbasisvariablen zeigen also Möglichkeiten der Erfolgsverbesserung, **positive Koeffizienten** dagegen Verschlechterungen an. Dies wird auch aus der Art der Erfassung der Zielfunktion deutlich, die sich nach der 1. Iteration wie folgt schreiben läßt:

$$-20 \cdot x_1 + 10 \cdot w_1 + D = 10.000 \quad \Rightarrow \quad D = 10.000 + 20 \cdot x_1 - 10 \cdot w_1 \tag{11}$$

Durch Aufnahme von Produkt 1 in die Basis kann daher eine weitere Verbesserung erzielt werden. Im nächsten Schritt wird somit Spalte 1 zur Pivotspalte und Zeile 2 zur Pivotzeile, so daß w_2 die Basis verläßt. Die erforderlichen Umformungen sind völlig analog zu den für die 1. Iteration gezeigten Rechenoperationen vorzunehmen. Das neue Tableau lautet:

Tableau nach der 2. Iteration (= Endtableau)

BV	x_1	x_2	w_1	w_2	w_3	w_4	D	RS
x_2	0	1	9/64	−1/32	0	0	0	90
x_1	1	0	−1/16	1/8	0	0	0	140
w_3	0	0	1/16	−1/8	1	0	0	160
w_4	0	0	−9/64	1/32	0	1	0	110
	0	0	8,75	2,5	0	0	1	12.800

Die **optimale Lösung** ist jetzt gefunden, weil in der Zielfunktionszeile nur noch positive Koeffizienten bei den Nichtbasisvariablen auftreten. Ein weiterer Basistausch könnte nämlich die gefundene Lösung nur noch verschlechtern:

$$8,75 \cdot w_1 + 2,5 \cdot w_2 + D = 12.800 \quad \Rightarrow \quad D = 12.800 - 8,75 \cdot w_1 - 2,5 \cdot w_2$$

Die Interpretation der **Koeffizienten** in den Spalten der **Nichtbasisvariablen** ist völlig analog zum Tableau der 1. Iteration. Die Deckungsbeitragseinbuße von w_1 ergibt sich daraus, daß jede freie Fertigungsstunde zur Verminderung der Produktion von x_2 in Höhe von 9/64 und zur Erhöhung der Produktion von x_1 in Höhe von 1/16 führt. Die damit einhergehende Erfolgsänderung beträgt $1/16 \cdot 40 - 9/64 \cdot 80 = -8,75$. In ähnlicher Weise erklärt sich die Erfolgseinbuße von w_2.

> Natürlich ist die **Simplex-Methode** auch für die vorher betrachteten Situationen mit einer wirksamen Mehrproduktrestriktion bzw ohne solche Restriktionen anwendbar. Dort kann das Optimum aber – wie gezeigt – einfacher und mit leicht anwendbaren Kriterien gefunden werden.

Auswertung der Lösung

Die im Endtableau erscheinenden Werte lassen sich zur Beantwortung weiterführender Fragestellungen nutzen. Die dort ausgedrückten Zusammenhänge können wie folgt geschrieben werden:

Verfahrenswahl

Der dargestellte Basisansatz läßt sich auch zur Einbeziehung der Verfahrenswahl verwenden. Zur Verdeutlichung wird das im Text verwendete Beispiel so abgewandelt, daß die beiden Mehrproduktrestriktionen jetzt zwei alternative Verfahren bezeichnen, die für jedes Produkt zur Verfügung stehen (jedes Produkt durchläuft also nur noch eine Fertigungsstufe, auf der zwei Verfahren verfügbar sind).

Die variablen Kosten und mithin die Deckungsbeiträge der Produkte hängen typischerweise vom gewählten Verfahren ab. Für jedes Produkt $j = 1,2,3$ gibt es zwei Produktionsalternativen $n = 1,2$ und demnach zwei mögliche Deckungsbeiträge d_{nj}, so daß jedes Produkt in so viele (virtuelle) Quasiprodukte aufgefächert wird, wie es Produktionsalternativen gibt. Die Gesamtmenge eines Produktes entspricht der Summe der mit diesen Kombinationen jeweils gefertigten Mengen und darf die produktspezifische Absatzobergrenze nicht überschreiten. Demnach erhält man für das Beispiel folgendes Programm:

$$\max_{x_{nj}} \sum_{j=1}^{3}\sum_{n=1}^{2} d_{nj} \cdot x_{nj}$$

unter den Nebenbedingungen (es wird unterstellt, daß Verfahren $n = 1$ (2) die Mehrproduktrestriktion $i = 1$ (2) betrifft):

$$2 \cdot x_{11} + 8 \cdot x_{12} + 5 \cdot x_{13} \leq 1.000$$

$$9 \cdot x_{21} + 4 \cdot x_{22} + 1 \cdot x_{23} \leq 1.620$$

$$x_{11} + x_{21} \leq 300 \qquad x_{12} + x_{22} \leq 200 \qquad x_{13} + x_{23} \leq 600$$

Dieses Verfahren nennt sich **Alternativkalkulation**. Offenbar ist die Problemstruktur völlig analog dem im Text beschrieben Procedere, nur die Anzahl der Strukturvariablen vergrößert sich typischerweise wegen der vielen Kombinationsmöglichkeiten beträchtlich (als Alternative kann ein sogenanntes **Arbeitsgangverfahren** verwendet werden, bei dem die Optimierungsvariablen direkt aus den arbeitsgangspezifischen Verfahrensbelegungen bestehen).

$$x_2 = 90 - \frac{9}{64} \cdot w_1 + \frac{1}{32} \cdot w_2$$

$$x_1 = 140 + \frac{1}{16} \cdot w_1 - \frac{1}{8} \cdot w_2$$

$$w_3 = 160 - \frac{1}{16} \cdot w_1 + \frac{1}{8} \cdot w_2$$

$$w_4 = 110 + \frac{9}{64} \cdot w_1 - \frac{1}{32} \cdot w_2$$

$$D = 12.800 - 8,75 \cdot w_1 - 2,5 \cdot w_2$$

Im Zuge der Besprechung der **Simplex-Methode** wurde bereits gezeigt, wie sich die Koeffizienten in den Spalten der Nichtbasisvariablen als **Änderungsfaktoren** deuten lassen. Die dortigen Ausführungen bezogen sich dabei auf die Hereinnahme einer bisherigen Nichtbasisvariablen in die Basis. Bezüglich des Beispiel-Endtableaus handelt es sich um die Aufnahme von Schlupfvariablen, was gleichbedeutend mit einer **Verminderung** der jeweils verfügbaren **Fertigungskapazität** ist. Stünde also aus irgendwelchen Gründen *eine* Fertigungsstunde des Aggregats 1 (2) *ceteris paribus* weniger zur Verfügung, so beeinflußte dies die Produktionsmengen und Absatzpotentiale in der obigen Weise, woraus insgesamt eine Deckungsbeitragseinbuße von 8,75 (2,5) resultiert.

Nichtlineare Gewinnfunktionen

Im nichtlinearen Fall braucht das Optimum *nicht* auf dem Rand des zulässigen Bereichs zu liegen. Daher bietet ein Absuchen der Eckpunkte keinerlei Gewähr für den Erhalt einer optimalen Lösung. Das Optimum läßt sich im allgemeinen nur anhand seiner *notwendigen Bedingungen* beschreiben, die den *Kuhn-Tucker*-Bedingungen entsprechen. Dazu wird eine *Lagrange*-Funktion wie folgt aufgestellt:

$$LG = \sum_{j=1}^{J} d_j(x_j) \cdot x_j - \sum_{i=1}^{I} \lambda_i \cdot \left(\sum_{j=1}^{J} v_{ij} \cdot x_j - \overline{V}_i \right) - \sum_{j=1}^{J} \mu_j \cdot (x_j - \overline{x}_j)$$

Dabei sind λ_i und μ_j *Lagrange*-Multiplikatoren für die Mehrproduktrestriktionen bzw die Absatzobergrenzen. Sie sind positiv, wenn die dazugehörige Restriktion als Gleichung erfüllt ist; ansonsten haben sie den Wert 0. An der Stelle der optimalen Lösung müssen dann folgende Bedingungen 1. Ordnung erfüllt sein:

$$x_j^* > 0 \quad \text{und} \quad \frac{\partial LG^*}{\partial x_j} = 0; \quad x_j^* = 0 \quad \text{und} \quad \frac{\partial LG^*}{\partial x_j} \leq 0$$

$$\lambda_i > 0 \quad \text{und} \quad \sum_{j=1}^{J} v_{ij} \cdot x_j = \overline{V}_i \; ; \quad \lambda_i = 0 \quad \text{und} \quad \sum_{j=1}^{J} v_{ij} \cdot x_j \leq \overline{V}_i$$

$$\mu_j > 0 \quad \text{und} \quad x_j = \overline{x}_j; \quad \mu_j = 0 \quad \text{und} \quad x_j \leq \overline{x}_j$$

Auf Grund dieser Struktur gilt stets $LG^* = D^*$. Die obigen Bedingungen sind im allgemeinen nur notwendig für das Vorliegen eines (lokalen) Optimums; sie sind auch hinreichend, wenn die Deckungsbeitragsfunktion *D konkav* ist. Sofern *D streng konkav* ist, ist das oben gekennzeichnete Optimum *eindeutig*, weil eine streng konkave Funktion nur ein Maximum haben kann. Die Bedingungen sollten nicht mit einem Algorithmus verwechselt werden; aus ihnen läßt sich nur in bestimmten Fällen ein klares Vorgehen zur konkreten Berechnung des Optimums ableiten.

Die Werte der *Lagrange*-Multiplikatoren entsprechen *im Optimum* den (marginalen) Deckungsbeitragsänderungen bei (marginalen) Änderungen der Beschränkungen für die Restriktionen:

$$\lambda_i = \frac{\partial LG^*}{\partial \overline{V}_i} = \frac{\partial D^*}{\partial \overline{V}_i}; \quad \mu_j = \frac{\partial LG^*}{\partial \overline{x}_j} = \frac{\partial D^*}{\partial \overline{x}_j}$$

Weil lineare Zielfunktionen einen Spezialfall von *LG* darstellen, lassen sich die im Endtableau des Simplex-Verfahrens angegebenen Zielfunktionskoeffizienten der *Schlupfvariablen* als die Werte der entsprechenden Multiplikatoren interpretieren.

Allgemein muß zur Lösung nichtlinearer Programmplanungsprobleme auf die Methoden der *nichtlinearen Programmierung* zurückgegriffen werden (vgl dazu zB *Künzi* und *Krelle* (1979) oder *Luptácik* (1981)).

Wie bei den beiden vorherigen Entscheidungssituationen können aber auch diese Werte nicht für **beliebige Änderungen** angesetzt werden. Sie gelten – ausgehend von der dem Endtableau entsprechenden Basis – nur solange, wie keine Nichtnegativitätsbedingungen für die Basisvariablen verletzt werden. Eine Erhöhung von w_1 führt zB zur Verminderung von x_2 und w_3; sollen die obigen Angaben gültig bleiben, kann w_1 nur solange erhöht werden, bis entweder x_2 oder w_3 gleich 0 werden. Unter der Bedingung $w_2 = 0$ ergibt dies einen Höchstwert von 640 Stunden für w_1. Analog ermittelt man für w_2 einen Höchstwert von 1.120. Die durch die obigen Gleichungen ausgedrückte **Struktur der Optimallösung** gilt damit nur für Kapazitäten von 1.000 – 640 = 360 Stunden für Maschine 1 bzw 1.620 – 1.120 = 500 Stunden für Maschine 2 (jeweils *ceteris paribus* unter der Annahme einer unveränderten Kapazität der anderen Restriktion).

Das zum Endtableau gehörige Gleichungssystem läßt sich aber auch in umgekehrter Weise nutzen. Fragt man nämlich wie bei den beiden bisherigen Entscheidungssituationen nach den Erfolgsverbesserungen für potentielle **Ausweitungen der Fertigungskapazitäten** und/oder **Absatzpotentiale**, dann ist dies gleichbedeutend mit einer Verminderung der jeweiligen Schlupfvariablen. Eine Kapazitätserhöhung von zB 100 Stunden bei Maschine 1 würde demnach einen *negativen* Wert $w_1 = -100$ bedeuten. Aus der Zielfunktionszeile läßt sich daraus eine Brutto-Erfolgsverbesserung von 875 ableiten, die sich im Detail durch eine Verminderung von x_1 um 6,25 und eine Erhöhung von x_2 um 14,0625 ergibt. Analog bewirkt ein Wert $w_2 = -100$ eine Brutto-Erfolgsverbesserung von 250 auf Grund einer Erhöhung von x_1 um 12,5 und einer Verminderung von x_2 um 3,125. Natürlich gelten auch diese Zusammenhänge nicht für beliebig große Kapazitätserhöhungen, weil wieder Nichtnegativitätsbedingungen für die Basisvariablen zu beachten sind. Aus diesen Überlegungen ermittelt man (jeweils *ceteris paribus*) für w_1 eine Untergrenze von $-782,\overline{2}$ und für w_2 eine solche von -1.280. Damit gelten die dem Endtableau entsprechenden strukturellen Zusammenhänge für Fertigungskapazitäten von maximal $1.000 + 782,\overline{2} = 1.782,\overline{2}$ Stunden von Maschine 1 und $1.620 + 1.280 = 2.900$ Stunden von Maschine 2 (jeweils *ceteris paribus* unter der Annahme der unveränderten Kapazität des anderen Aggregats). Erhöhungen der Absatzpotentiale haben – bei ansonsten gegebenen Fertigungskapazitäten – offenbar kurzfristig keinerlei positive Wirkungen, weil sie ohnehin im Überfluß vorhanden sind.

Darüber hinaus könnte man auch diskutieren, welche **Erfolgsänderungen** zB mit **kurzfristigen Preisveränderungen** bei einzelnen Produkten verbunden sind. Damit wären zunächst Änderungen der jeweiligen Stück-Deckungsbeiträge und demnach Änderungen der Zielfunktionskoeffizienten verbunden. Grafisch führt dies zu einer veränderten Steigung der Iso-Deckungsbeitragslinien. Damit müssen nicht unbedingt Veränderungen der bisherigen Optimallösung verbunden sein; diese Lösung bleibt so lange gültig, wie der bisherige Eckpunkt Tangentialpunkt der neuen Iso-Deckungsbeitragslinien bleibt. Im Beispiel führen erst relativ bedeutsame Änderungen der Deckungsbeiträge zu einer neuen Ecklösung.

Diese Fragestellungen sollen hier aber nicht weiter vertieft werden; sie sind Gegenstand der **parametrischen Programmierung**, so daß diesbezüglich auf entsprechende *Operations*

Research-Literatur verwiesen wird.[21] Statt dessen soll im nächsten Abschnitt auf mögliche Inhalte und Eigenschaften von **Opportunitätskosten** eingegangen werden, deren Verwendung in manchen Systemen der Kostenrechnung – etwa in der Standard-Grenzpreisrechnung[22] – als für die Entscheidungsfindung bedeutsam eingestuft wird.

3. Opportunitätskosten und Entscheidungsfindung

3.1. Begriffliche Grundlagen

Mit Opportunitätskosten[23] sind – dem Wortsinn nach – **Kosten** im Sinne „**entgangener Gelegenheiten**" gemeint: Realisiert man eine bestimmte Alternative, vergibt man sich ggf die Möglichkeit, eine andere Maßnahme durchzuführen. Deren Zielbeitrag geht daher verloren. Um die Vorteilhaftigkeit der geplanten Alternative zu beurteilen, können diese entgehenden Zielbeiträge als „Kosten" der Planalternative berücksichtigt werden. Nach dieser Charakterisierung können Opportunitätskosten für beliebige Zielfunktionen definiert werden. Gemäß den hier gesetzten Annahmen über die unternehmerische Zielsetzung beziehen sich die folgenden Ausführungen aber nur auf das Gewinnziel.

Die obige Charakterisierung stellt verdrängte Alternativen als wesentliches Merkmal heraus. Tatsächlich wird der **Opportunitätskostenbegriff** jedoch vielschichtiger verwendet. Die einzelnen **Typen** lassen sich wie in Abbildung 2 gliedern.[24]

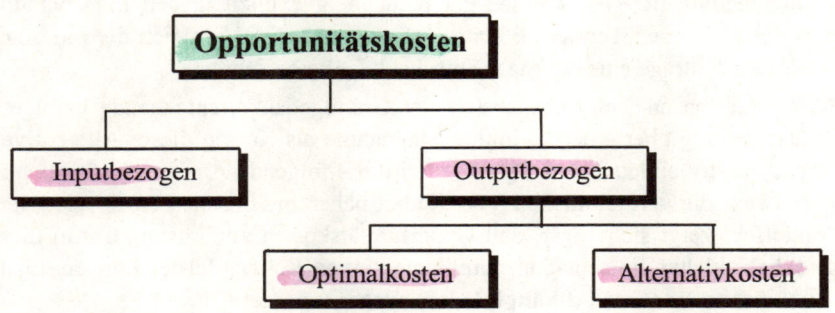

Abb. 2: Typen von Opportunitätskosten

21   Vgl zB *Dinkelbach* (1969).

22   Siehe dazu etwa *Böhm* und *Wille* (1974).

23   Siehe zu einer kompakten Darstellung der Entwicklung, Voraussetzungen und Verwendungen des Opportunitätskostenbegriffs zB *Münstermann* (1969), S. 169 – 179.

24   Vgl zu dieser Systematik auch *Coenenberg* (1976), S. 109, und *Coenenberg* (1999), S. 309.

Inputbezogene Opportunitätskosten beziehen sich auf im Produktionsprozeß eingesetzte Faktoreinheiten, wie zB Maschinenstunden und Rohstoffeinheiten. Sie bezeichnen den bei *optimalem* Einsatz des betrachteten Faktors **erzielbaren Grenzerfolg** je Faktoreinheit. Sie weisen daher enge Beziehungen zum **wertmäßigen Kostenbegriff** auf (siehe dazu 2. Kapitel: *Die Kosten- und Leistungsrechnung als Entscheidungsrechnung*), bei dem die Bewertung von Güterverbräuchen auf der Basis des monetären Grenznutzens erfolgt. Der optimale Grenzerfolg eines Faktors ist dabei – anders als zB der Beschaffungspreis eines Produktionsfaktors – keine *a priori* festlegende Größe. Er hängt vielmehr vom konkret gegebenen Entscheidungsproblem und den darin enthaltenen Knappheitssituationen ab.

Outputbezogene Opportunitätskosten beziehen sich auf die Einheiten der Endprodukte. Als **Optimalkosten** beinhalten sie die Bewertung der für eine Produkteinheit benötigten Ressourcen mit dem jeweiligen **inputbezogenen Grenzerfolg** dieser Ressourcen; als **Alternativkosten** entsprechen sie dagegen dem **Erfolg der besten, nicht mehr genutzten Verwendungsmöglichkeit**, was mit der eingangs vorgestellten Charakterisierung von Opportunitätskosten übereinstimmt.

Die Intention der Berücksichtigung von Opportunitätskosten bei der Entscheidungsfindung liegt in der **Erfassung der Faktorknappheit im Wertansatz** verbrauchter Ressourcen. Man stellt sich dabei vor, daß diese Einbeziehung von Faktorbeschränkungen ausreicht, um eine optimale Entscheidung herbeizuführen. Man könnte also zB für die Endprodukte modifizierte Deckungsbeiträge berechnen, indem nicht nur die pagatorischen Kosten, sondern zusätzlich noch die Opportunitätskosten von den Erlösen abgezogen werden. Weil die neuen Deckungsbeiträge die Knappheit bereits durch die Kostenbewertung vollständig berücksichtigen, bräuchte man im Idealfall die Restriktionen gar nicht mehr explizit in den Entscheidungsprozeß einzubeziehen, sondern könnte einfach durch den Vergleich der modifizierten Deckungsbeiträge eine optimale Entscheidung herbeiführen.

Diese Intention erscheint ebenso wie der Grundgedanke, entgehende Erfolge bei der Entscheidung über eine bestimmte Maßnahme als Kosten dieser Alternative zu erfassen, intuitiv einleuchtend. Dennoch wird die folgende Analyse ausführlich zeigen, daß sich die vermeintlichen Vorteile bei näherem Hinsehen rasch relativieren. Im Endeffekt zeigt sich sogar, daß Opportunitätskosten zur Lösung der in diesem Kapitel behandelten Entscheidungsprobleme **keinen Beitrag** leisten können. In allen Fällen wird von **linearen Abhängigkeiten** ausgegangen.

3.2. Inputbezogene Opportunitätskosten

Aus der Definition dieser Kostenkategorie geht hervor, daß diese Kosten auf Basis der optimalen Verwendung der jeweiligen Ressource berechnet werden müssen. Gefragt wird nach dem **Grenzerfolg je Faktoreinheit** bei **optimaler** Faktorverwendung, also nach der Erfolgsänderung, die sich ergibt, wenn man von der betreffenden Ressource eine Einheit mehr oder weniger zur Verfügung hätte; dabei ist von einem optimalen Einsatz dieser mehr oder weniger verfügbaren Einheit auszugehen. Alleine aus diesen definitorischen Zusammenhängen geht hervor, daß man die inputbezogenen Opportunitätskosten erst dann kennt, wenn man auch die optimale Lösung des zugrundeliegenden Entscheidungsproblems kennt; nur daraus kann nämlich abgeleitet werden, welche Verwendung welcher Ressourcen optimal ist und welche Grenzerfolge sich daraus ergeben.

Für die in diesem Kapitel betrachteten Entscheidungssituationen lassen sich die **inputbezogenen Opportunitätskosten** aus den jeweiligen Lösungen ablesen:

1. *Keine wirksame Mehrproduktrestriktion*. Hier sind die Grenzerfolge der I Mehrproduktressourcen jeweils **null**, da sie in ausreichendem Umfang zur Verfügung stehen. Zusätzliche Ressourceneinheiten wären wertlos, weil die verfügbaren Absatzpotentiale den wirklichen Engpaß darstellen, und Verminderungen der verfügbaren Ressourcen wären aus dem gleichen Grund unschädlich (es sei denn, diese Verminderungen werden bedeutsamer als die Absatzobergrenzen; dann liegt aber bereits der Fall mit wirksamen Mehrproduktrestriktionen vor).

Auch die **Absatzpotentiale** lassen sich natürlich als Inputfaktoren auffassen. Jede abgesetzte Produkteinheit beansprucht die Ressource „Absatzpotential" mit einer Einheit. Weil die Absatzpotentiale knapp sind, sind ihre inputbezogenen Opportunitätskosten ungleich null und entsprechen dem Stück-Deckungsbeitrag d_j des jeweiligen Produktes.

2. *Eine wirksame Mehrproduktrestriktion*. In diesem Fall ist genau eine Mehrprodukt-Ressource i knapp. Jede zusätzlich (weniger) verfügbare Faktoreinheit würde daher wertvoll (schädlich) sein: sie beschert (kostet) den **spezifischen Deckungsbeitrag** der zuletzt ins Programm aufgenommenen Produktart.[25] Der inputbezogene Grenzerfolg der anderen Mehrproduktressourcen ist wieder **null**.

Die inputbezogenen Opportunitätskosten der Absatzpotentiale für die im Programm befindlichen Produkte sind positiv, falls sie völlig ausgeschöpft sind; andernfalls sind auch sie null. Sie gleichen aber nicht mehr den Stück-Deckungsbeiträgen d_j der entsprechenden Produkte, weil wegen der knappen Restriktion i die Mehrproduktion eines Produktes nur durch Verminderung der Produktion anderer Produkte möglich ist. Steht also von einem Produkt j eine Einheit Absatzpotential mehr zur Verfügung, ist der Deckungsbeitrag d_j um den Betrag zu vermindern, der sich aus dem spezifischen Deckungsbeitrag des **nächstgünstigeren Produktes** multipliziert mit den zur Produktion einer Einheit von Produkt j freizusetzenden Kapazitätseinheiten ergibt. Im Ausgangsbeispiel für den Fall einer wirksamen Mehrproduktrestriktion wurde dieser Wert für $\bar{x}_1$ im Rahmen der Auswertung der gefundenen Lösung schon einmal ermittelt:

$$d_1 - \frac{v_{11}}{v_{12}} \cdot d_2 = d_1 - v_{11} \cdot \frac{d_2}{v_{12}} = d_1 - v_{11} \cdot \hat{d}_{12} = 40 - \frac{2}{8} \cdot 80 = 40 - 2 \cdot 10 = 20$$

---

[25] Für einen Spezialfall muß diese Aussage modifiziert werden. Sollte nämlich zufällig das Absatzpotential der zuletzt aufgenommenen Produktart an der Kapazitätsgrenze der Restriktion i ebenfalls erschöpft sein, würden zusätzliche Faktoreinheiten der Ressource i in die Produktart mit dem nächstgünstigeren spezifischen Deckungsbeitrag fließen.

3. *Mehrere wirksame Mehrproduktrestriktionen.* Hier lassen sich die inputbezogenen Opportunitätskosten aus dem Simplex-Endtableau ableiten. Sie entsprechen den **Koeffizienten der Schlupfvariablen** in der Zielfunktionszeile. Die optimale Verwendung zusätzlicher Faktoreinheiten wird durch die *Änderungskoeffizienten* in den Spalten der Schlupfvariablen angezeigt.

In allen Fällen ergeben sich die inputbezogenen Opportunitätskosten als **Nebenprodukt der optimalen Lösung**. Sie können daher zu deren Ermittlung nichts beisteuern. Dieser Aspekt erweist sich auch für die outputbezogene Form dieser Kosten als wichtig.

3.3. Outputbezogene Optimalkosten

Gegeben seien nun die inputbezogenen Opportunitätskosten der I Mehrproduktressourcen und J Absatzpotentiale. Bezeichnen λ_i den inputbezogenen Grenzerfolg der Mehrproduktressource $i = 1, ..., I$ und μ_j den inputbezogenen Grenzerfolg des Absatzpotentials für Produkt $j = 1, ..., J$. Dann folgt nach der Definition für die outputbezogenen Optimalkosten π_j des Produktes j:

$$\pi_j = \sum_{i=1}^{I} v_{ij} \cdot \lambda_i + \mu_j \qquad j = 1, ..., J \tag{12}$$

Der **modifizierte Deckungsbeitrag** d_j^m lautet

$$d_j^m = d_j - \pi_j = p_j - k_j - \pi_j \qquad j = 1, ..., J \tag{13}$$

Die in (12) und (13) angegebenen Größen haben einige interessante Eigenschaften, die anhand des Ausgangsbeispiels gezeigt werden können. Zunächst wird der Fall *einer* wirksamen Mehrproduktrestriktion behandelt. Dort war $i = 1$ die knappe Mehrproduktrestriktion, und die optimale Lösung lautete 300 (50) Stück von Produkt 1 (2). Aus der Lösungsauswertung lassen sich folgende Daten ableiten:

$$\lambda_1 = \hat{d}_{12} = 10; \quad \lambda_2 = 0; \quad \mu_1 = d_1 - v_{11} \cdot \hat{d}_{12} = 20; \quad \mu_2 = 0 \tag{14}$$

Daraus resultieren folgende **Optimalkosten** und modifizierte Deckungsbeiträge:

$$\pi_1 = 2 \cdot 10 + 20 = 40; \qquad d_1^m = 40 - 40 = 0 \tag{15}$$

$$\pi_2 = 8 \cdot 10 = 80; \qquad d_2^m = 80 - 80 = 0 \tag{16}$$

Beide Produkte haben also einen **modifizierten Deckungsbeitrag** von null. Dieses Ergebnis gilt auch für den Fall *mehrerer* wirksamer Mehrproduktrestriktionen. Aus dem Endtableau folgt nämlich

$$\lambda_1 = 8,75; \quad \lambda_2 = 2,5; \quad \mu_1 = \mu_2 = 0 \tag{17}$$

Die Optimalkosten und modifizierten Deckungsbeiträge lauten hier:

$$\pi_1 = 2 \cdot 8,75 + 9 \cdot 2,5 = 40; \quad d_1^m = 0 \tag{18}$$

$$\pi_2 = 8 \cdot 8,75 + 4 \cdot 2,5 = 80; \quad d_2^m = 0 \tag{19}$$

Modifizierte Deckungsbeiträge von **null** für alle im Optimalprogramm enthaltenen Produkte gelten nicht nur für die Beispiele, sondern generell für *lineare* Abhängigkeiten. Sie folgen aus der allgemeinen Struktur der optimalen Lösung, die oben gemeinsam mit den Verhältnissen für nichtlineare Gewinnfunktionen im Falle mehrerer wirksamer Mehrproduktrestriktionen angegeben wurde. Danach muß für alle Produkte, die im Optimalprogramm enthalten sind, gelten

$$x_j^* > 0 \quad \text{und} \quad \frac{\partial LG^*}{\partial x_j} = 0 \tag{20}$$

Die Ableitung der *Lagrange*-Funktion LG^* lautet im linearen Fall

$$\frac{\partial LG^*}{\partial x_j} = d_j - \sum_{i=1}^{I} v_{ij} \cdot \lambda_i - \mu_j = d_j - \pi_j = d_j^m \tag{21}$$

Insofern sind also stets für alle im Optimalprogramm enthaltenen Produkte die **modifizierten Deckungsbeiträge null**; für alle nicht im Optimalprogramm enthaltenen Produkte sind sie regelmäßig **negativ**. In welchem **Umfang** die Produkte mit modifizierten Deckungsbeiträgen von null zu fertigen sind, geht alleine daraus aber nicht hervor.

Ein weiteres interessantes Resultat erhält man dann, wenn man (21) wie folgt schreibt:

$$d_j = \sum_{i=1}^{I} v_{ij} \cdot \lambda_i + \mu_j \quad \left(\text{für } x_j^* > 0 \right) \tag{22}$$

Multipliziert man beide Seiten von (22) mit x_j^*, summiert dann über alle Produkte j (für Produkte, die nicht im optimalen Programm enthalten sind, ist $d_j \cdot x_j^* = 0$) und berücksichtigt die Tatsache, daß nur knappe Restriktionen inputbezogene Opportunitätskosten ungleich null besitzen, erhält man

$$\sum_{j=1}^{J} d_j \cdot x_j^* = D^* = \sum_{i=1}^{I} \overline{V_i} \cdot \lambda_i + \sum_{j=1}^{J} \overline{x}_j \cdot \mu_j \tag{23}$$

Eine Bewertung der gesamten Mittelvorräte und Absatzpotentiale mit ihren jeweiligen inputbezogenen Grenzerfolgen entspricht also insgesamt gerade dem gesamten Deckungsbeitrag, der mit dem optimalen Produktionsprogramm verbunden ist.[26] Insofern handelt es sich um zwei Seiten einer Medaille: Einerseits kann man den optimalen Deckungsbeitrag unmittelbar über das Produktionsprogramm selbst

---

[26] Dieses Resultat ist auch Bestandteil des Dualitätssatzes der Linearen Programmierung. Vgl dazu zB *Bol* (1980), S. 148 – 171.

bestimmen. Andererseits kann man zur Ermittlung des **optimalen Deckungsbeitrages** die **inputbezogenen Bewertungsfaktoren** für die **Ressourcen** heranziehen, die sich aus deren optimaler Verwendung und damit implizit wieder aus dem Optimalprogramm ergeben. In beiden Fällen erhält man den gleichen Deckungsbeitrag. Am obigen **Simplex-Endtableau** kann dies leicht überprüft werden. Die Bewertung aller Faktoren ergibt

$$1.000 \cdot 8{,}75 + 1.620 \cdot 2{,}5 + 300 \cdot 0 + 200 \cdot 0 = 12.800 = D^* \tag{24}$$

Zusammenfassend ergeben sich also mehrere Schwierigkeiten, wollte man der eingangs dargestellten Intention der Verwendung von Opportunitätskosten folgen. Zunächst kennt man ihre Werte exakt erst bei gleichzeitiger Kenntnis der optimalen Lösung, und dann erübrigt sich eigentlich die Berechnung dieser Kosten. Zum anderen ergibt sich bei den Beispielen aus den modifizierten Deckungsbeiträgen **keine Rangfolge** der Produkte; man weiß damit nur, daß *beide* Produkte im Programm enthalten sind, doch über den jeweiligen Umfang weiß man nichts. Die inputbezogenen Opportunitätskosten weisen dabei die beiden Fertigungsrestriktionen als knapp aus, so daß unter *expliziter Verwendung dieser Restriktionen* ein entsprechendes Gleichungssystem zu lösen ist. Selbst wenn also ein allwissender Controller zufällig die richtigen Opportunitätskosten ohne Kenntnis des Optimalprogramms geliefert hätte – auf die explizite Einbeziehung der Restriktionen kann dennoch *nicht verzichtet* werden.

3.4. Outputbezogene Alternativkosten

Zur Verdeutlichung outputbezogener Alternativkosten wird das Ausgangsbeispiel (Tabelle 2) entsprechend den Angaben in Tabelle 8 modifiziert (Änderungen sind wieder schattiert gekennzeichnet).

Produkt 3 hat jetzt einen positiven Deckungsbeitrag; und es gibt vorläufig keine Absatzobergrenzen, sondern *nur* die mit der ersten Maschine zusammenhängende Fertigungsrestriktion, so daß bei den Verbrauchskoeffizienten der Restriktionsindex zur Vereinfachung weggelassen werden kann. Damit liegt der Fall *einer wirksamen Mehrproduktrestriktion* vor, und das optimale Produktionsprogramm ergibt sich aus der Rangfolge der spezifischen Deckungsbeiträge. Diese Rangfolge stimmt mit der Indexierung der Produktarten überein:

$$\hat{d}_1 = 20 > \hat{d}_2 = 10 > \hat{d}_3 = 2 \tag{25}$$

Wegen fehlender Absatzobergrenzen wird allerdings *nur* Produkt 1 mit $1.000/2 = 500$ Stück gefertigt. Es gilt also:

$$x_1^* = 500; \quad x_2^* = x_3^* = 0; \quad D^* = 20.000 \tag{26}$$

Die **outputbezogenen Alternativkosten** κ_j eines Produktes bezeichnen den Erfolg der besten, nicht mehr genutzten Verwendungsmöglichkeit. Wird also ein bestimmtes Produkt j gefertigt, verzichtet man auf die Produktion des nächstgünstigeren Produktes; die damit einhergehende Deckungsbeitragseinbuße wird dem Produkt j als Kostenfaktor angelastet.

Produkt	$j = 1$	$j = 2$	$j = 3$
Preis p_j	200	480	1.100
variable Kosten k_j	160	400	1.090
Deckungsbeitrag d_j	40	80	10
Obergrenze $\overline{x}_j$	$+\infty$	$+\infty$	$+\infty$
Verbrauch v_{1j}	2	8	5
Verbrauch v_{2j}	0	0	0

Aggregat	$i = 1$	$i = 2$
Kapazität $\overline{V}_i$	1.000	0

Tab. 8: Geändertes Beispiel

Im Beispiel ergibt sich die bestmögliche Alternative zu jedem Produkt aus der Rangfolge der **spezifischen Deckungsbeiträge**. Die Fertigung von Produkt 1 verhindert diejenige von Produkt 2, und die Fertigung von Produkt 2 oder 3 verhindert jeweils die Herstellung von Produkt 1. Daraus folgt für die outputbezogenen Alternativkosten und die entsprechenden modifizierten Deckungsbeiträge $d_j^m = d_j - \kappa_j$:

$$\kappa_1 = v_1 \cdot \hat{d}_2 = 2 \cdot 10 = 20 \qquad d_1^m = 40 - 20 = 20$$
$$\kappa_2 = v_2 \cdot \hat{d}_1 = 8 \cdot 20 = 160 \qquad d_2^m = 80 - 160 = -80$$
$$\kappa_3 = v_3 \cdot \hat{d}_1 = 5 \cdot 20 = 100 \qquad d_3^m = 10 - 100 = -90$$

Wendet man die **Entscheidungsregel** an, daß nur Produkte mit **nichtnegativen modifizierten Deckungsbeiträgen** ins Programm aufgenommen werden sollten, indizieren die modifizierten Deckungsbeiträge jetzt offenbar die richtige Entscheidung: Nur Produkt 1 wird gefertigt, die beiden anderen dagegen nicht.

Anscheinend können demnach die outputbezogenen Alternativkosten zur Entscheidungsfindung verwendet werden, während die Optimalkosten – wie oben gezeigt – problematisch sind. Doch diese Schlußfolgerung wäre voreilig. So könnten im obigen Beispiel auch die Optimalkosten verwendet werden. Sie entsprechen nämlich für die Produkte 2 und 3 den Alternativkosten, weil der inputbezogene Grenzerfolg dem spezifischen Deckungsbeitrag des ersten Produktes gleicht; und für Produkt 1 ergäbe sich daraus ein modifizierter Deckungsbeitrag von null. Damit würde die optimale Entscheidung ebenso gefunden wie bei den Alternativkosten. Außerdem ist die **Entscheidungsfindung bei den Alternativkosten** nicht minder umständlich wie bei den Optimalkosten, denn man muß in beiden Fällen über diejenigen Informationen verfügen (Rangordnung der Produkte nach Maßgabe der spezifischen Deckungsbeiträge), die auch unmittelbar zur Bestimmung des Optimums herangezogen werden könnten.

Diese Ausführungen lassen vermuten, daß das auf den ersten Blick günstige Abschneiden der Alternativkosten an der speziellen Struktur des Beispiels liegt. Diese Vermutung wird bestätigt, wenn man als zusätzliche Restriktionen wieder die Absatzobergrenzen des Ausgangsbeispiels einführt. Dann lautet das optimale Produktionsprogramm:

$$x_1^* = 300; \quad x_2^* = 50; \quad x_3^* = 0 \tag{27}$$

Die **Alternativkosten** sind jetzt nur noch für Produkt 1 zweifelsfrei bestimmbar, denn Produkt 1 verhindert nach wie vor Produkt 2. Doch welche Produktart wird durch Produkt 2 verhindert? Nimmt man an, die optimale Lösung in (27) sei *nicht* bekannt, dann müßte man Produkt 1 ansetzen. Daraus ergäbe sich aber ein modifizierter Deckungsbeitrag von −80 für Produkt 2, wodurch die tatsächlich optimale Politik offensichtlich verfehlt würde.

Die **richtigen Alternativkosten** erhält man also ebenfalls nur dann, wenn man – wie bei den Optimalkosten – von der **optimalen Lösung** des Programmplanungsproblems ausgeht. Dann verhindert Produkt 2 nicht Produkt 1, sondern Produkt 3, weil man die Fertigung von Produkt 1 nicht einschränken müßte. Die dem Produkt 2 zuzurechnenden Alternativkosten wären jetzt $8 \cdot 2 = 16$; sie sind offenbar niedriger als d_2, so daß der modifizierte Deckungsbeitrag von Produkt 2 mit $80 - 16 = 64$ positiv ist. Entsprechend verhindert Produkt 3 das Produkt 2, was zu einem modifizierten Deckungsbeitrag von $10 - 50 = -40$ führen würde. Jetzt indizieren die modifizierten Deckungsbeiträge die richtige Entscheidung, nämlich nur die Produkte 1 und 2 herzustellen. Wegen der knappen Fertigungsrestriktion wird – in diesem Beispiel – die Rangfolge beider Produkte durch die spezifischen modifizierten Deckungsbeiträge angegeben, wonach wieder Produkt 1 mit einem Wert von 10 besser abschneidet als Produkt 2 mit einem Wert von 8.

An diesem einfachen Beispiel zeigt sich, daß das **Dilemma** der Optimalkosten auch bei den Alternativkosten besteht: *Die optimale Lösung muß bereits bekannt sein, wenn die Entscheidungen auf Grundlage der Alternativkosten optimal sein sollen.*

Zusammenfassend kann daher festgestellt werden, daß Opportunitätskosten keine wirkliche Hilfestellung oder Vereinfachung bei der Entscheidungsfindung geben können, wenn es um die Festlegung des Optimalprogramms selbst geht. Sie lassen sich vielmehr als **Nebenergebnis** dieses Programms auffassen. Ihr Einsatz wird eher bei **postoptimalen Analysen** bedeutsam, wenn es zB darum geht, ob ein während der Periode eingehender und bei der ursprünglichen Planung unberücksichtigter Zusatzauftrag akzeptiert werden sollte oder nicht. Solche Fragestellungen werden im Zusammenhang mit Preisuntergrenzen im folgenden 4. Kapitel: *Preisentscheidungen* angesprochen.

4. Zusammenfassung

Zur Lösung kurzfristig wirksamer Programmentscheidungen auf der Basis von Kosten und Leistungen ist die Verwendung ausschließlich **variabler Erfolgsgrößen hinreichend**, aber nicht notwendig. Das Optimum kann auch mit einer als **Periodenrechnung ausgestalteten Vollkostenrechnung** gefunden werden. Sofern allerdings Stückrechnungen verwendet werden, führt die Orientierung an Stück-Vollkosten – unter den hier gesetzten Prämissen für kurzfristig wirksame Entscheidungsprobleme – regelmäßig zu falschen Entscheidungen.

Bei der „reinen" **Programmplanung** wird von *a priori* festgelegten Fertigungsverfahren für die Endprodukte ausgegangen. Dann ist nur noch über die optimalen Produktions- und Absatzmengen der Endprodukte zu entscheiden. Hier spielen bei linearen Abhängigkeiten **Deckungsbeiträge** eine zentrale Rolle für die Entscheidungsfindung. Bei **freien Kapazitäten** sind alle Produkte mit positivem Deckungsbeitrag im Umfang ihrer jeweiligen Absatzhöchstgrenzen zu fertigen. Bei **einer wirksamen Mehrproduktrestriktion** sind dagegen spezifische Deckungsbeiträge (Deckungsbeiträge je Engpaßeinheit) heranzuziehen. Die Produkte werden nach der Höhe ihrer spezifischen Deckungsbeiträge und unter Berücksichtung ihrer individuellen Absatzbeschränkungen dem Engpaß solange zugeteilt, bis er erschöpft ist. Liegen **mehrere wirksame Mehrproduktrestriktionen** vor, ist dagegen ein Simultanansatz unter Verwendung der Methoden der Linearen Programmierung zu lösen. Bei linearen Abhängigkeiten befindet sich das Optimum stets auf dem *Rand* des zulässigen Bereichs und ist darüber hinaus ein **Eckpunkt**. Diese Verhältnisse lassen sich nicht auf den Fall nichtlinearer Gewinnfunktionen übertragen; dort kann das Optimum zB auch im Inneren des zulässigen Bereichs liegen. Die zusätzliche Einbeziehung der **Verfahrenswahl** läßt sich durch analoge Anwendung der bei der „reinen" Programmplanung gefundenen Grundsätze behandeln, was insbesondere bei der Vorgehensweise der **Alternativkalkulation** deutlich wird..

Opportunitätskosten treten in Form **input- und outputbezogener Typen** auf; alle Typen setzen letztlich die **Kenntnis der optimalen Lösung** des Programmplanungsproblems voraus. Sie können daher zur Berechnung des Optimums keinen wirklichen Beitrag leisten; ihre Bedeutung ergibt sich allenfalls bei postoptimalen Analysen.

Fragen

1. Durch welche Rahmenbedingungen lassen sich die Probleme der Produktionsprogrammplanung kennzeichnen? Welche Präferenzarten werden dadurch entbehrlich?

2. Wann können Vollkostenrechnungen zu Fehlentscheidungen führen?

3. Was versteht man unter einem Stückdeckungsbeitrag, und wie läßt er sich interpretieren?

4. Wie lassen sich die Restriktionen eines Programmplanungsproblems klassifizieren?

5. Warum ist die Unterscheidung der Planungsprobleme nach dem Vorliegen wirksamer Mehrproduktrestriktionen wichtig?

6. Wie läßt sich die optimale Produktionspolitik ohne wirksame Mehrproduktrestriktion allgemein kennzeichnen?

7. Warum muß im Falle einer wirksamen Mehrproduktrestriktion auf den spezifischen Deckungsbeitrag zurückgegriffen werden?

8. Was versteht man unter einer *Quasi-Produktregel*?

9. Warum kann man bei progressiven Deckungsbeitragssprüngen und einer wirksamen Mehrproduktrestriktion nicht mehr nach der *Quasi-Produktregel* verfahren?

10. Wie läßt sich bei wenigstens zwei wirksamen Mehrproduktrestriktionen die optimale Produktionspolitik bestimmen? Welche Eigenschaften der Lösungsstruktur macht man sich dabei zunutze?

11. Wie unterscheiden sich die Lösungsstrukturen linearer und nichtlinearer Probleme der Produktionsprogrammplanung?

12. Wie lassen sich Opportunitätskosten klassifizieren?

13. In welcher Weise können Opportunitätskosten bei der Entscheidungsfindung hilfreich sein?

14. Wie läßt sich der Basisansatz zur reinen Programmplanung auch bei der Einbeziehung der Verfahrenswahl modifizieren?

Probleme

1. **„Reine" Produktionsprogrammplanung und Opportunitätskosten.** Ein Unternehmen kann bei Fixkosten in Höhe von 1.000 auf seinen beiden vorhandenen Anlagen drei Produkte herstellen, deren Daten wie folgt gegeben sind:

Produkt	$j = 1$	$j = 2$	$j = 3$
Preis p_j	400	560	2.100
variable Kosten k_j	370	502	2.120
Obergrenze $\overline{x}_j$	100	100	600
Verbrauch v_{1j}	10	20	5
Verbrauch v_{2j}	3	8	1

Die Fertigungskapazitäten der beiden Aggregate lauten:

Aggregat	$i = 1$	$i = 2$
Kapazität $\overline{V}_i$	4.000	1.200

Alle Rahmenbedingungen für kurzfristig wirksame Planungsprobleme werden als erfüllt unterstellt.

a) Wie lautet das optimale Produktions- und Absatzprogramm?

b) Gehen Sie nun davon aus, daß sich die Absatzobergrenzen wie folgt geändert haben:

Produkt	$j = 1$	$j = 2$	$j = 3$
Obergrenze $\overline{x}_j$	300	500	800

Wie lautet unter diesen Bedingungen das optimale Produktions- und Absatzprogramm? Welchen Betrag könnte das Unternehmen für 200 (50) zusätzliche Fertigungsstunden des Aggregats 1 (2) maximal bezahlen?

c) Gehen Sie jetzt davon aus, daß sich die Zeitbedarfe bei der zweiten Fertigungsrestriktion ebenfalls geändert haben, so daß jetzt insgesamt folgende Situation (bei gleichbleibenden Mittelvorräten) gegeben ist:

Produkt	$j = 1$	$j = 2$	$j = 3$
Preis p_j	400	560	2.100
variable Kosten k_j	370	502	2.120
Obergrenze $\overline{x}_j$	300	500	800
Verbrauch v_{1j}	10	20	5
Verbrauch v_{2j}	5	2	1

Bestimmen Sie erneut das optimale Produktions- und Absatzprogramm. Wie groß sind die inputbezogenen Opportunitätskosten der beiden Aggregate, und wie groß sind die outputbezogenen Optimalkosten der drei Produkte? Lohnt sich eine Ausweitung der Absatzobergrenzen durch zusätzliche Werbemaßnahmen? Wie ändern sich die optimalen Produktionsmengen, wenn beim ersten Aggregat 30 Stunden mehr zur Verfügung stünden?

2. **Outputbezogene Alternativkosten.** Die Situation von Problem 1 sei wie folgt modifiziert:

Produkt	$j = 1$	$j = 2$	$j = 3$
Preis p_j	400	560	2.100
variable Kosten k_j	370	502	**2.090**
Obergrenze $\overline{x}_j$	$+\infty$	$+\infty$	$+\infty$
Verbrauch v_j	10	20	5

Es liegt also nur noch die erste Fertigungsrestriktion vor (Kapazität $\overline{V} = 4.000$), und es bestehen vorläufig keine Absatzobergrenzen.

a) Wie groß sind die outputbezogenen Alternativkosten der drei Produkte?

b) Nun sei ausschließlich für das Produkt $j = 1$ eine Absatzobergrenze $\overline{x}_1 = 200$ gegeben. Bestimmen Sie erneut die outputbezogenen Alternativkosten der drei Produkte.

3. **Alternativkalkulation und Verfahrenswahl.** Ein Unternehmen fertigt drei Produkte in zwei Arbeitsgängen $i = 1, 2$, wobei für den ersten (zweiten) Arbeitsgang zwei (drei) Verfahrensalternativen gegeben sind. Darüber hinaus ist zu berücksichtigen, daß ein von allen Produkten verwendeter Rohstoff ($i = 3$) nur in begrenzten Mengeneinheiten beschafft werden kann. Die Daten lauten wie folgt (die Zahlen hinsichtlich der Zeitbedarfe sowie die Absatzobergrenzen sind einem Beispiel von *Kilger, Pampel* und *Vikas* (2002), S. 586, entnommen; die Verbrauchskoeffizienten v_{imj} bezeichnen den Zeitbedarf des Produkts j am Verfahren m des Arbeitsgangs i, die Rohstoffbedarfe v_{3j} sind unabhängig von der Verfahrenswahl).

Der Rohstoff steht im Umfang von $\overline{V}_3 = 160.000$ zur Verfügung. Ansonsten sind auch hier alle Voraussetzungen für ein kurzfristig wirksames Planungsproblem erfüllt. Formulieren Sie den grundsätzlichen Ansatz zur Optimierung von Produktionsprogramm und Verfahrenswahl auf Basis der Alternativkalkulation.

Produkt	$j = 1$	$j = 2$	$j = 3$
Obergrenze $\bar{x}_j$	10.000	12.000	8.000
Verbrauch v_{11j}	5	5	7
Verbrauch v_{12j}	4	3	6
Verbrauch v_{21j}	8	5	5
Verbrauch v_{22j}	5	5	5
Verbrauch v_{23j}	3	3	4
Verbrauch v_{3j}	5	3	6

Arbeitsgang	$i = 1$		$i = 2$		
Verfahren	$m = 1$	$m = 2$	$m = 1$	$m = 2$	$m = 3$
Kapazität $\bar{V}_{im}$	120.000	120.000	120.000	120.000	120.000

Literaturempfehlungen

Allgemeine Literatur

Jacob, H. (Hrsg.): *Industriebetriebslehre*, 4. Auflage, Wiesbaden 1990.

Kilger, W., J. Pampel und *K. Vikas*: *Flexible Plankostenrechnung und Deckungsbeitragsrechnung*, 11. Auflage, Wiesbaden 2002.

Streitferdt, L.: Produktionsprogrammplanung, in: *HWB*, 5. Auflage, Teilband 2, Stuttgart 1993, Sp. 3478 – 3491.

Spezielle Literatur

Hax, H.: Kostenbewertung mit Hilfe der mathematischen Programmierung, in: *Zeitschrift für Betriebswirtschaft* 1965, S. 197 – 210.

Kilger, W.: *Optimale Produktions- und Absatzplanung*, Opladen 1973.

Kloock, J.: Kurzfristige Produktionsplanungsmodelle auf der Basis von Entscheidungsfeldern mit den Alternativen Fremd- und Eigenfertigung (mit variablen Produktionstiefen), in: *Zeitschrift für betriebswirtschaftliche Forschung* 1974, S. 671 – 682.

Preisentscheidungen

Johann Leitmeier ist Eigentümer der Leitdruck GmbH. Um 18:10 Uhr, gerade bereit, auf den Golfplatz zu gehen, piepst sein Computer. Eine e-mail ist hereingekommen. From: Erich Eichberger. Subject: DRINGEND. Kurz steigt in Leitmeier Ärger auf: „Woher hat der Eichberger meine persönliche e-mail-Adresse?", denkt er. Trotzdem klickt er die e-mail an und liest folgenden Text:

```
Fa. Leitdruck GmbH
z.H. Johann Leitmeier
von: Erich Eichberger
Media-AD Werbegesellschaft mbH


Wir haben Ihnen vorige Woche ein Muster für ein
direct mailing unseres Kunden FOP mit der Bitte
gesandt, uns bis heute ein Angebot für den Druck
von 100.000 Stück zu übermitteln. Da wir von
Ihnen keine Antwort bekamen, richten wir
höflichst die Frage an Sie, ob Sie an diesem
Auftrag weiter interessiert sind. In diesem
Falle bitten wir Sie, bis morgen spätestens 10
Uhr ein Angebot vorzulegen, da wir uns andern-
falls außerstande sehen, Sie weiterhin zu
berücksichtigen.
Mit freundlichen Grüßen
E. Eichberger
```

„Davon weiß ich ja gar nichts!" denkt Leitmeier aufgeregt, „Wer hat denn dieses ominöse Muster erhalten?" Er greift zum Telefon. Der dritte Versuch, noch jemanden zu erreichen, mündet in einem Teilerfolg: Seine Verkaufsleiterin für Kleinaufträge, Franziska Wegener, ist noch da. Leitmeier ist froh: „Es gibt doch noch Leute, die etwas arbeiten." Wegener weiß etwas über das Muster: „Ja, ja, das habe ich gesehen; da aber Herr Schemer die Media-AD betreut, habe ich es intern weiterleiten lassen." Schemer ist nicht mehr im Betrieb. Leitmeier macht seiner Sekretärin eine Notiz, daß sie Schemer am nächsten Morgen sofort kontaktieren sollte; dann macht er sich auf zum Golfplatz.

Am nächsten Morgen wartet Schemer schon auf Leitmeier. „Warum haben Sie auf die Anfrage nicht reagiert? – Wir sind doch interessiert, oder?" fragt Leitmeier. „Ja, natürlich. Ich habe das Muster selbst genau durchgesehen und dann Frau May gebeten, das für mich zu kalkulieren. Sie hat sich aber nicht gerührt, und so habe ich einfach den Termin aus den Augen verloren." Leitmeier ist zwar verärgert, aber Schemer schaut ohnedies schon schuldbewußt genug, also sagt er nichts, sondern bittet Frau May von der Kostenrechnungsabteilung zu sich.

May kommt mit dem Muster (das gibt es zum Glück noch, denkt sich Leitmeier) und – tatsächlich – einer Kostenaufstellung. May lächelt verlegen: „Das sind die Kosten", und gibt Leitmeier den Zettel.

Auftrag Media-AD für 100.000 mailings:	
Druckpapier Q1	30.000
Folie MM2	4.500
Klebstoff	900
Farbe 33502	600
Farbe 34622	300
Farbe 34880	600
Arbeitszeit 8 Stunden	7.000
Druckmaschinenstunden auf A4 20 Stunden	20.000
Schneidemaschine S8 4 Stunden	2.800
Herstellkosten	66.700
20% Verwaltungs- und Vertriebskosten	13.340
Selbstkosten	80.040
10% Gewinnaufschlag	8.004
Gesamt	88.044
Kosten pro Stück	0,88

Schemer schaut irritiert: „Das ist aber schon etwas hoch! Können wir da nicht noch herunterkommen, sagen wir, auf 0,60 pro Stück; damit müßten wir den Auftrag an Land ziehen können. Sonst sehe ich schwarz." May sagt: „Sicher. Sie können den Gewinnaufschlag streichen, das bringt 0,08 pro Stück." Und etwas sarkastisch: „Ja, und dann natürlich den Beitrag zur Abdeckung der Verwaltungs- und Vertriebskosten; wird halt dann jemand gekündigt." Leitmeier bittet um mehr Ernst. May setzt fort: „Okay. Ich glaube nicht, daß 0,60 realistisch ist. Das Papier brauchen wir in dieser Menge, und die Stunden haben Sie, Schemer, mir gegeben; da ist wohl auch nichts mehr möglich."

Schemer fragt: „Aber A4 ist doch derzeit nicht ausgelastet, und bei S8 könnten wir doch den Auftrag von KLL nach hinten verschieben. Hilft uns das nicht?" „Wenn Sie meinen. Ich kann natürlich rein die variablen Kosten rechnen – aber wir werden daran nichts verdienen –, dann müßte sich ..." May rechnet leise und kommt auf 0,45, aber das sagt sie lieber nicht. „Ja, dann gehen sich die 0,60 wohl aus. Aber wenn wir das bei jedem Auftrag tun würden ..." Schemer schlägt vor: „Ich veranlasse sofort das Schreiben des Angebots mit 0,60 pro Stück."

Leitmeier zögert noch. Aber wie er Herrn Eichberger von der Media-AD kennt, wird ihn dieser auch bei künftigen Anfragen eher außer acht lassen, wie sollte er den letzten Satz des e-mails sonst interpretieren? Vielleicht kostet ihn dies auch seine lang gepflegte Reputation der Zuverlässigkeit und raschen Reaktion. Das kann sich Leitmeier nicht leisten. Also stimmt er zu, und Schemer eilt in sein Büro, von wo aus er um 9:40 das Angebot faxt. Das ist wieder einmal gut gegangen.

Leitmeier ist wieder allein in seinem sehr schönen Büro; nachträglich ist ihm aber nicht ganz wohl bei der Vorgangsweise. Wie kommt Schemer eigentlich auf die 0,60? Und hat May nicht recht: Wenn er das bei jedem Auftrag so macht, dann entsteht doch ein Verlust – vorbei wären die Zeiten, in denen er sich jedes Jahr ein neues Auto leisten kann. Auf der anderen Seite: May hält doch sicher noch einige Informationen zurück; wieso war ihr keine Preisuntergrenze zu entlocken? Und dann noch: Wie steht es mit der Druckmaschine A4, Schemer hat doch gesagt, sie sei nicht ausgelastet, wo doch gerade Schemer sie vor drei Jahren so dringend gefordert hatte? Da unterbricht ihn das Läuten des Telefons.

Ziele dieses Kapitels

- Identifizieren der relevanten Kosten zur Ermittlung von Preisgrenzen
- Bestimmen von Preisuntergrenzen und Preisobergrenzen
- Ableiten von Optimierungsbedingungen für Preisentscheidungen
- Analyse des Einflusses von Fixkosten auf die Preisgestaltung
- Einfluß der Konkurrenz auf die eigene Preisstellung

---

1. Kosten als Grundlage von Preisentscheidungen

Unternehmen besitzen im Regelfall einen mehr oder weniger großen **Spielraum** bei der Festlegung von Preisen für ihre Produkte (und Leistungen); dies gilt im besonderen für differenzierte Produkte, für die das Unternehmen *quasi* Monopolstellung besitzt. Dafür sind autonom Preisentscheidungen zu treffen. Aber auch dann, wenn der Preis verhandelt werden soll oder durch einen Kunden vorgegeben wird (zB bei einer Anfrage für einen Auftrag), sind Entscheidungen zu treffen, zB ob das Produkt überhaupt angeboten werden soll.

Fragen hinsichtlich des optimalen Produktionsprogramms bei *gegebenen* Preisen wurden im vorigen 3. Kapitel: *Produktionsprogrammentscheidungen* bereits behandelt. In diesem Kapitel wird die Frage nach der Produktion abhängig vom Preis untersucht; es handelt sich dabei im wesentlichen um die Ermittlung von **Preisuntergrenzen** für die hergestellten Produkte sowie um **Preisobergrenzen** für benötigte Inputfaktoren. Dies sind typische Entscheidungen, für die die KLR verwendet wird. Anschließend werden einige Probleme der **Ermittlung optimaler Preise** behandelt. Preisentscheidungen können *nicht alleine* auf Basis der Kosten getroffen werden. Neben den Kosten sind weitere interne Gegebenheiten (zB Produktionskapazität, Finanzkraft) und insbesondere auch externe Gegebenheiten maßgebend, wie zB das Verhalten der Kunden und der Konkurrenz. Gesetzliche Beschränkungen im Rahmen des Wettbewerbsrechts (zB Gesetz gegen Wettbewerbsbeschränkungen (dGWB), Gesetz gegen den unlauteren Wettbewerb (dUWG, öUWG)) sind als Nebenbedingungen zu beachten. Darüber hinaus muß das Zusammenwirken der Preisfestlegung mit allen **anderen Marketinginstrumenten** beachtet werden. Das sind zB die Konditionen, Produkteigenschaften, Werbung, der Distributionskanal oder der Serviceumfang. Des weiteren spielen Aspekte wie Durchsetzbarkeit des Preises, Preiselastizitäten und die Höhe der Konkurrenzpreise eine wesentliche Rolle.

Die **Kosten** sind jedoch *ein* wichtiger Aspekt für die Preisentscheidung. Die ökonomischen Modelle der Bestimmung optimaler Preise benötigen Kosten als eine wesentliche Einflußgröße. Daneben dienen Kosten nicht nur als Untergrenze für die Preisgestaltung, sondern auch zur **Rechtfertigung** höherer Preise vor den Kunden oder als Basis für **Angebotspreise** bei öffentlichen Aufträgen. Bei der Preisfindung arbeiten deshalb in der Praxis die Bereiche Marketing und Rechnungswesen meist eng zusammen.

Empirische Ergebnisse

Eine britische Studie von 52 Produktionsunternehmen und 42 Dienstleistungsunternehmen (*Mills* und *Sweeting*[1]) ergab, daß die große Mehrheit der untersuchten Unternehmen die Preise aufgrund der Kosten festlegt; hier wiederum zumeist anhand der Vollkosten – etwas, was theoretisch nur unter ganz bestimmten Bedingungen zweckmäßig sein kann, wie in diesem Kapitel noch näher behandelt wird.

	Produktion	Dienstleistung
Kostenorientiert, davon Basis:	71%	68%
Deckungsbeitrag	27%	28%
Vollkosten	59%	45%
Vollkosten plus Aufschlag (*Target Pricing*)	12%	20%
sonstige	2%	7%
Kundenorientiert	17%	11%
Kombination	12%	21%

Das bereits im 3. Kapitel: *Produktionsprogrammentscheidungen* zugrunde gelegte **Szenario** wird auch im folgenden verwendet. Es werden vorwiegend kurzfristig wirksame Preisentscheidungen betrachtet, längerfristig wirksame Überlegungen werden nur in Grundzügen dargestellt – dies entspricht der KLR als operativem Entscheidungsinstrument. Nicht untersucht werden zB Entscheidungen über die Einführung neuer Produkte (solche Fragen bleiben dem 6. Kapitel: *Kostenmanagement* vorbehalten). Der Bestand an Potentialfaktoren wird im Regelfall als gegeben angenommen, ebenso werden sichere Erwartungen unterstellt. Von beiden Annahmen wird jedoch für die Analyse bestimmter Sonderprobleme abgewichen; bei Berücksichtigung von Unsicherheit wird aber nur Risikoneutralität bzw Erwartungswertmaximierung angenommen; andere Präferenzen werden im 5. Kapitel: *Entscheidungsrechnungen bei Unsicherheit* ausführlich behandelt.

---

[1]   Zitiert in *Brignall* et al. (1991), S. 231.

Im Rahmen der Entscheidungsfunktion der KLR wird grundsätzlich von der **Maximierung des Periodengewinnes** (auf Basis der **Kosten-Leistungs-Konzeption III**) ausgegangen; für manche Analysen wird die Maximierung des Kapitalwertes angestrebt. Bei Zugrundelegung anderer Ziele, wie zB Marktanteilsmaximierung, können sich andere Aussagen ergeben.

In gewissem Sinne erfolgt eine Umkehrung der **Fragestellung** gegenüber dem vorigen 3. Kapitel: *Produktionsprogrammentscheidungen*. Dort stand die Frage nach der Produktionsmenge bei *gegebenen* Preisen im Vordergrund, hier ist es die Frage nach der **Höhe der Preise bei bestimmten Produktionsmengen**. Es verwundert daher auch nicht weiter, daß viele der im 3. Kapitel: *Produktionsprogrammentscheidungen* besprochenen Überlegungen weiterhin gültig sind. Dies wird insbesondere bei Preisuntergrenzen deutlich, bei denen die Opportunitätskosten eine große Rolle spielen können.

Aus Sicht der KLR ist die **Erscheinungsform des Preises** irrelevant; dies ist eine Marketing-Entscheidung. Parameter sind Rabatte, Boni, Packungsgröße, Einzelkomponenten oder Gesamtsystem, Differenzierung nach Kunden usw. In der Folge wird unter dem *Preis* die tatsächlich dem Unternehmen verbleibende **Gegenleistung** für die eigene Leistung (den Verkauf von Produkten) verstanden.

2. Preisgrenzen

2.1. Überblick

Preisgrenzen sind **kritische Werte**, für die das Unternehmen bei der Entscheidung zwischen zwei Aktionen **indifferent** ist. Preisgrenzen umfassen Preisobergrenzen und Preisuntergrenzen.

Die **Preisuntergrenze** ist der **niedrigste Preis** für ein (End-)Produkt, zu dem dieses gerade noch oder mit einer bestimmten Menge angeboten wird.

Die **Preisobergrenze** ist der **höchste Preis** für einen **Inputfaktor**, den das Unternehmen zur Leistungserstellung benötigt, zu dem dieser gerade noch oder mit einer bestimmten Menge bezogen und verwendet wird.

Preisgrenzen werden in vielen Situationen benötigt. Zu den wichtigsten gehören:

- **Annahme oder Ablehnung eines Zusatzauftrages**. Darin bildet die Preisuntergrenze die Grenze für Konzessionen in der Preisverhandlung über den (kurzfristigen) Zusatzauftrag. Für einen gegebenen Preis des Zusatzauftrages bildet die Preisobergrenze für einen benötigten Inputfaktor den Entscheidungswert für die Annahme oder Ablehnung.

- **Elimination eines Produktes aus dem Produktionsprogramm**. Sinkt der Preis unter die Preisuntergrenze (steigt der Preis eines benötigten Inputfaktors über dessen Preisobergrenze), wird die Produktion dieses Produktes (kurzfristig) eingestellt.

■ **Veränderung der Zusammensetzung des Produktionsprogramms**.
Bei einem Preis unterhalb einer bestimmten Preisgrenze oder bei einem
Preis eines Inputfaktors über einer bestimmten Preisgrenze wird die Pro-
duktionsmenge des betreffenden Produktes verringert, wobei die ggf frei
werdende Kapazität für die Erhöhung der Produktionsmenge anderer
Produkte verwendet werden kann. Man spricht hier auch von **relativen
Preisgrenzen**[2].

Zu beachten ist dabei, daß bei diesen Entscheidungen *nicht dieselbe* Preisgrenze
relevant sein muß; **Preisgrenzen sind Entscheidungswerte**, die nur für eine ganz
spezifische Entscheidungssituation zutreffen.

Die **grundsätzliche Vorgehensweise** bei der Bestimmung von Preisgrenzen ist der
Vergleich des Deckungsbeitrages, der bei Weiterführung des *status quo* erzielt wird,
mit dem Deckungsbeitrag, der sich bei Änderung des *status quo* aufgrund einer bestimmten Entscheidung ergibt. Dieser Deckungsbeitrag hängt vom Absatzpreis des
Produktes bzw vom Beschaffungspreis eines benötigten Inputfaktors ab.[3] Die Preisgrenze entspricht dann dem Preis, bei dem der Deckungsbeitrag gerade dem
Deckungsbeitrag entspricht, der im *status quo* erzielt wird.[4]

Diese an sich einfache Vorgangsweise kann in spezifischen Situationen relativ
komplex werden, weil *sämtliche* kostenmäßigen Auswirkungen der geänderten Entscheidung berücksichtigt werden müssen (Prinzip der **relevanten Kosten**). Die folgende Analyse von Preisgrenzen bedient sich daher im wesentlichen zahlreicher Beispiele, die viele typische Möglichkeiten abdecken.

2.2. Kurzfristige Preisuntergrenzen – Grundlagen

Angenommen, ein Zusatzauftrag umfaßt nur ein einziges Stück eines nicht im Produktionsprogramm befindlichen Produktes. Als **Basis für die Preisuntergrenze**
fungieren die **Grenzkosten** der Erstellung dieses Produktes. Für ein einziges Stück
entsprechen die Grenzkosten den variablen Kosten. Bestehen keine Interdependenzen zum bisherigen Leistungsprogramm (zB keine Engpässe), so entspricht die
Preisuntergrenze $\hat{p}$ gerade den variablen Kosten k des Zusatzauftrages. Dazu
gehören nicht nur die Kosten für die benötigten Inputfaktoren, sondern auch die
variablen Produktions-, Verwaltungs- und Vertriebskosten. Hier ergeben sich in der
Praxis oft Schwierigkeiten, weil die variablen Kosten idR nicht zur Gänze gesondert

---

2   Vgl zB *Reichmann* (2001), S. 239.

3   Dabei wird davon ausgegangen, daß der Deckungsbeitrag bei geänderter Entscheidung mit
Erhöhung des Produktpreises zunimmt und bei Erhöhung des Beschaffungspreises eines Inputfaktors
sinkt. Andernfalls wäre die Preisgrenze nicht eindeutig.

4   Vorausgesetzt wird hier, daß die Ablehnung des Zusatzauftrages *keine* Kosten verursacht.
Denkbar wäre etwa auch, daß der Nachfrager bei einer Ablehnung verärgert reagiert und bisherige
Käufe einstellt. Solche Änderungen des *status quo* müßten gesondert berücksichtigt werden.

ausgewiesen werden. Teile davon sind in den (unechten) Gemeinkosten enthalten, so daß eine anteilige Zurechnung erforderlich sein mag.[5]

Aber auch im Einprodukt-Unternehmen (der Zusatzauftrag würde dann ein zusätzliches Stück des erzeugten Produktes umfassen) gibt es Kosten, die auf der Ebene des einzelnen Stücks Gemeinkosten sind (zB losgrößenfixe Kosten, bestellfixe Kosten), deren Änderung in bezug auf den Zusatzauftrag genau geprüft werden müßte.

Relevante Kosten

Die **Bewertung** der variablen Güterverbräuche hängt von den Alternativen ab (relevante Kosten).

Beispiel: Ein Zusatzauftrag verursacht Kosten in Höhe von 120 und benötigt zusätzlich $v = 2$ Einheiten eines Inputfaktors, von dem noch 100 Einheiten im Unternehmen auf Lager liegen. Die Anschaffungskosten der auf Lager liegenden Einheiten betrugen 30 pro Einheit; der Tagespreis zum Zeitpunkt der Entscheidung über den Zusatzauftrag beträgt 35. Das Unternehmen plant, die zwei Einheiten im Fall der Annahme des Zusatzauftrages vom Lager zu nehmen. Wie hoch ist die Preisuntergrenze?

Die Bewertung der zwei Einheiten des Inputfaktors hängt von der **geplanten weiteren Nutzung** der auf Lager liegenden Einheiten ab, wenn der Zusatzauftrag nicht angenommen wird. Werden sie im Lauf der Zeit für die normale Produktion plangemäß eingesetzt (dies dürfte die Regel sein), kann die Preisuntergrenze mit dem **Tagespreis** angesetzt werden, sofern eine Nachbeschaffung keine Transaktionskosten erfordert, dh

$$\hat{p} = 120 + 2 \cdot 35 = 190$$

Das Lager wird dadurch wieder auf den ursprünglichen Zustand aufgefüllt. Andernfalls wäre die normale Produktion im Falle der Annahme des Zusatzauftrages beeinträchtigt, weil die gelagerte Menge ja *dafür* beschafft worden war.[6]

---

[5]   Aus Sicht der Konzipierung des Kostenrechnungssystems ergibt sich dabei ein Dilemma: Für die Entscheidung, welche Kostenarten als Einzelkosten oder als unechte Gemeinkosten erfaßt werden sollen, sind ausschließlich Wirtschaftlichkeitsüberlegungen maßgebend. Die Kosten der Erfassung als Einzelkosten müssen den Nachteilen aufgrund der Bereitstellung ungenauerer Information entgegen gehalten werden. Nun ist die Bestimmung der Preisuntergrenze eine Situation, die einen solchen Nachteil aufzeigen kann. Das bedeutet aber, daß die Nachteile ungenauer Information erst im Rahmen spezieller Entscheidungssituationen bewertet werden können. Die Genauigkeit des Kostenrechnungssystems kann daher eigentlich nur simultan mit den (potentiellen) Folgen von Entscheidungen festgelegt werden.

[6]   Vgl dazu auch die sogenannte Revisionshypothese: Knappe Faktoren werden zu Marktpreisen im notwendigen Umfang beschafft, „um die durch die Realisierung der Entscheidung entstandene veränderte Situation derart rückgängig zu machen, daß jede andere Wahlmöglichkeit wahrgenommen werden kann, daß der Unternehmung also keine Gelegenheit entgeht." So *Bohr* (1988), S. 1177.

Grüne oder reife Avocados?[7]

Ein Kalifornier zieht an die Ostküste der USA und beobachtet dort: Es gibt keine *reifen* Avocados zu kaufen, sondern nur grüne, unreife. Für jemanden, der reife Avocados gewohnt ist, führt dies zu Mehraufwand, weil er die grünen Avocados zu Hause sehr sorgfältig lagern und hegen muß, um sie schließlich reif genießen zu können.

Um diesem Rätsel auf die Spur zu kommen, deutet er dem Obsthändler an, daß er – genauso wie viele andere Westküsten-Aussiedler – durchaus einen höheren Preis für reife anstelle von grünen Avocados bezahlen würde, um den Obsthändler für die höheren Kosten aufgrund der Lagerung und ggf des Risikos des Verfaulens zu entschädigen (variable Kosten). Der Obsthändler entgegnet jedoch, daß er reife Avocados tatsächlich *billiger* verkaufen müsse, weil sie nur kurze Zeit reif sind und dann rasch verfaulen; die Kunden würden ihm nur einen geringeren Preis bezahlen, weil sie genau wüßten, daß sie der Obsthändler sonst gar nicht mehr verkaufen könnte (Alternative).

Handelt es sich bei den gelagerten Inputfaktoren aber um einen **Restposten**, der – abgesehen von dem unerwarteten Zusatzauftrag – für die Produktion nicht mehr verwendet wird, ist für die Preisuntergrenze der (Netto-)**Veräußerungswert** anzusetzen. Besitzt der Restposten am Markt keinen Wert mehr und können durch die Annahme des Zusatzauftrages vielleicht sogar Lagerkosten oder Entsorgungskosten in Höhe von 2 eingespart werden, ergibt sich:

$$\hat{p} = 120 - 2 = 118$$

Eine Preisuntergrenze *unter* den variablen Kosten kommt hier deshalb zustande, weil gewissermaßen der *status quo* geändert wird. Wenn der Zusatzauftrag *nicht* angenommen wird, fallen künftig bestimmte Kosten an; diese sind bei der Entscheidung daher zu berücksichtigen. Insgesamt zeigt sich, daß der Anschaffungswert für *kurzfristige* Preisuntergrenzen keine Bedeutung hat.[8]

Hat die Annahme des Zusatzauftrages Auswirkungen auf das Basisgeschäft, sind die dabei **entgehenden Deckungsbeiträge** dem Zusatzauftrag anzulasten. Ein Beispiel sind Engpässe in der Produktion, ein anderes die Substitution eines anderen Produktes aufgrund von Nachfrageverschiebungen wegen des Zusatzauftrags.

Beispiel: Ein Kunde bestellt einmalig 100 Stück eines Produktes, das sich nur durch eine besondere Farbe von einem von ihm bisher bezogenen Produkt 1 unterscheidet. Die variablen Kosten des Spezialproduktes sind um 2 höher als die des Produktes 1, das $k_1 = 42$ kostet. Für Produkt 1 wird ein (Netto-)Listenpreis $p_1 = 60$ verlangt. Die Preisuntergrenze für den Zusatzauftrag ist unter der Vermutung, daß der Kunde 100 Stück weniger von Produkt 1 nachfragt (also voll substituiert),

$$\hat{p} = (42 + 2) + (60 - 42) = 62$$

---

[7] *Scotchmer* (1990), S. 192.

[8] Für langfristige Preisuntergrenzen sind dagegen die Anschaffungswerte maßgebend, weil sie für das eingesetzte (Nominal-)Kapital stehen. Vgl ausführlich *Swoboda* (1973).

Wird erwartet, daß der Kunde *jedenfalls* substituiert und daß er gleichzeitig zu einem Konkurrenten abwandert, falls ein Preis von über 60 gefordert wird (dh daß er dann nicht einmal die 100 Stück des Produktes 1 kauft), sinkt die Preisuntergrenze auf $k = 44$.

Unter Umständen können anstelle von Substitutionseffekten auch **Komplementaritätseffekte** auftreten, die die Preisuntergrenze entsprechend vermindern würden. *Beispiel*: Der Kunde benötigt im Fall der Durchführung des Zusatzauftrages noch ein anderes Produkt des Unternehmens.

Bisweilen ist ein Auftrag, der als typischer Zusatzauftrag erscheint, nur ein Test, der bei Zufriedenheit des Kunden plötzlich einmal verlängert wird, dann immer wieder verlängert wird und schließlich zum **Normalgeschäft** zählt. Wird für den Zusatzauftrag zunächst ein Preis nahe der kurzfristigen Preisuntergrenze geboten, wird es später sehr schwer sein, den Kunden davon zu überzeugen, daß eigentlich ein höherer Preis gerechtfertigt wäre, weil der Zusatzauftrag ins Normalgeschäft rutscht.

Fallbeispiel

Der *Baldwin Bicycle Company Fall* liefert eine gute Illustration für strategische Erwägungen, die im Fall der Entscheidung über einen Zusatzauftrag zu beachten sind.[9]

Baldwin ist ein Fahrradhersteller im mittleren Preis- und Qualitätssegment. Die Geschäftslage ist nicht übermäßig gut, Baldwin ist nur zu 75% ausgelastet. Da fragt eine Supermarktkette an, ob Baldwin Fahrräder in gleich guter Qualität liefern könne, die diese unter einer anderen Marke exklusiv in den eigenen Supermärkten anbieten würde. Dies würde die Auslastung auf fast 100% anheben. Der angebotene Abnahmepreis deckt die variablen Kosten bei weitem; insgesamt scheint dies ein gutes Geschäft für Baldwin zu sein.

Eine strategische Analyse zeigt aber, daß sich Baldwin damit durch Einsteigen in das Billigpreissegment den eigenen Markt wie auch den Markt der Konkurrenten im mittleren Preis- und Qualitätssegment abgraben würde. Der Grund: Die Fahrradkäufer werden mit hoher Wahrscheinlichkeit erkennen, daß die im Supermarkt angebotenen Fahrräder mittlere Qualität *zu einem niedrigen Preis* sind; die Supermarktkette könnte dies sogar als Kaufargument verwenden. Außerdem ist die Menge nicht vernachlässigbar gering. Entsprechende Zahlenrelationen unterstellt, kann es sehr sinnvoll sein, den Zusatzauftrag abzulehnen.

Nichtlineare Kostenfunktionen: Erfahrungskurve

Bei linearen Kostenfunktionen stimmen die Grenzkosten immer mit den variablen Kosten überein. Für einen Zusatzauftrag, der mehrere Stück umfaßt, wird daher die Preisuntergrenze unabhängig von der Stückzahl gelten. Anders ist die Situation für nichtlineare Kostenfunktionen. Sie wird am Beispiel der Kostenverläufe aufgrund der **Erfahrungskurve** gezeigt.

---

[9]   Vgl *Shank* und *Govindarajan* (1988).

Beispiel: Das Unternehmen erhält eine Anfrage für die Produktion von $x = 30$ Stück eines bisher noch nie gefertigten Produktes, für das jedoch technisch die Voraussetzungen im Unternehmen gegeben sind. Eine Schätzung der Konstrukteure anhand eines Prototyps ergibt Grenzkosten des ersten Stückes von $K' = 270$, die sich jedoch anhand der durch die Herstellung gewonnenen Erfahrung entsprechend einer Erfahrungskurve mit einer Lernrate $\alpha = 15\%$ verringern dürften. Wie hoch ist die Preisuntergrenze?

Die **Erfahrungskurve** geht von der Hypothese aus, daß sich die Stückkosten jeweils mit einer Verdoppelung der kumulierten Produktionsmenge um einen bestimmten Faktor (Lernrate α) verringern.[10] Es handelt sich dabei um eine Erweiterung der **Lernkurve**, die für Arbeitskosten formuliert wurde. $K'(X)$ bezeichne die Grenzkosten des X-ten Stückes, dh es liegt eine kumulierte Produktionsmenge von X vor. Sie sind

$$K'(X) = K'(1) \cdot (1 - \alpha)^z \qquad (1)$$

wobei $K'(1)$ die Grenzkosten des ersten Stückes bezeichnet. z ist die Anzahl der Verdoppelungen, dh $X = 1 \cdot 2^z$. Um für beliebige kumulierte Mengen X Grenzkosten zu bestimmen, wird wie folgt vorgegangen: Aus $X = 2^z$ ergibt sich durch Logarithmieren

$$z = \frac{\log X}{\log 2}$$

Logarithmieren von $(1 - \alpha)^z$ führt zu

$$z \cdot \log(1-\alpha) = \frac{\log X}{\log 2} \cdot \log(1-\alpha) = \log X \cdot \frac{\log(1-\alpha)}{\log 2} = \log X \cdot \kappa$$

Daraus folgt $(1-\alpha)^z = X^\kappa$. Der Parameter κ wird als **Kostenelastizität** (relative Kostensenkung bei Erhöhung der Produktionsmenge) bezeichnet und ergibt sich aus der Lernrate α wie folgt:

$$\alpha = 1 - 2^\kappa \quad \text{bzw} \quad \kappa = \frac{\log(1-\alpha)}{\log 2} \qquad (2)$$

wobei für den Logarithmus eine beliebige (im Zähler und Nenner gleiche) Basis genommen werden kann. Bei einer Lernrate von $\alpha = 0,15$ ergibt sich gemäß (2) $\kappa = -0,2345$.

Die **Grenzkostenfunktion** lautet schließlich

$$K'(X) = K'(1) \cdot X^\kappa \qquad (3)$$

---

[10] Vgl zu einem Überblick etwa *Kloock*, *Sabel* und *Schuhmann* (1987) und *Coenenberg* (2003), S. 185 – 203.

Empirische Ergebnisse zur Erfahrungskurve

Die Lernrate bewegt sich im Durchschnitt im Rahmen von 10 – 30 Prozent, wobei sie für industrielle Vor- und Zwischenprodukte tendenziell höher ist als für Verbraucherprodukte. Neben der Lernrate ist das Wachstum der Absatzmengen für die Höhe der Kostensenkung wesentlich. Für ein chemisches Verbrauchsprodukt bewegen sich die Verdoppelungen etwa im Rahmen von 2 bis 5 Monaten, für die PKW-Produktion dagegen von 1 bis 7 Jahren, Tendenz jeweils steigend. (*Simon* (1992), S. 284 – 286)

Im Beispiel sind die Grenzkosten für das erste produzierte Stück 270, mit dem zweiten Stück geht bereits eine Verdoppelung der kumulierten Menge $(1 + 1 = 2 \cdot 1)$ einher, die Grenzkosten sinken auf $270 \cdot (1 - 0,15) = 229,5$, die Grenzkosten des vierten Stücks betragen $229,5 \cdot (1 - 0,15) = 195,08$ (gerundet, wie im weiteren alle Werte). Das 30. Stück kostet nur mehr

$$K'(X = 30) = 270 \cdot 30^{-0,2345} = 121,63$$

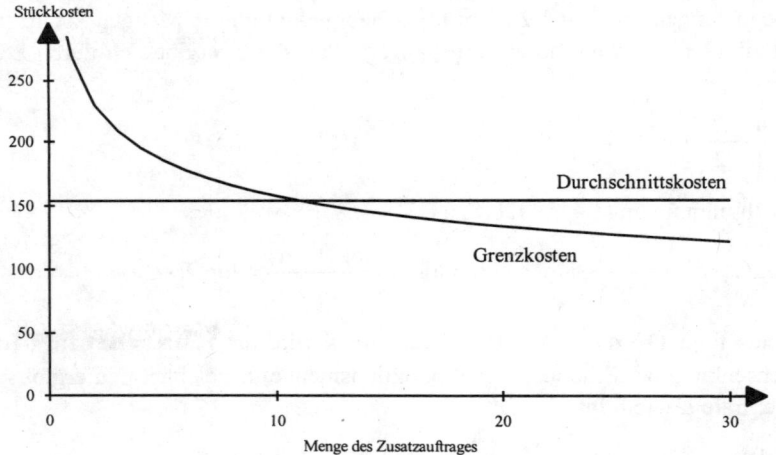

Abb. 1: Erfahrungskurve

Der Verlauf der Grenzkosten für den Auftrag von 30 Stück ist in Abbildung 1 dargestellt. Die **Preisuntergrenze** entspricht den **durchschnittlichen Stückkosten** k, die sich unter Zuhilfenahme eines Kalkulationsprogramms als

$$k = \frac{\sum_{X=1}^{30} K'(1) \cdot X^{-0,2345}}{30} = 153,82$$

ermitteln lassen. Eine **Näherung** an diesen Wert läßt sich durch Integration anstelle der Summation auf folgende Weise ermitteln:[11]

$$k = \frac{1}{30} \cdot \int_1^{30} K'(1) \cdot X^{-0,2345} dX = \frac{1}{30} \cdot \left[\frac{270 \cdot 30^{1-0,2345}}{1-0,2345} - \frac{270}{1-0,2345} \right] = 147,12$$

2.3. Kurzfristige Preisuntergrenzen bei potentiellen Engpässen

Die Ermittlung von Preisuntergrenzen muß auf das Bestehen von Engpässen Rücksicht nehmen. Grundsätzlich bestehen *kurzfristig* zwei Reaktionsmöglichkeiten:

1. **Ausweitung der gegebenen Kapazität**. *Beispiele*: Die Mitarbeiter in einer Fertigungsabteilung sind bereits voll beschäftigt. Der Zusatzauftrag könnte aber durch die Leistung von Überstunden durchgeführt werden. Eine Fertigungsanlage läuft bereits während der gesamten zur Verfügung stehenden Produktionszeit. Der Zusatzauftrag würde eine Erhöhung der Intensität (intensitätsmäßige Anpassung über die optimale Intensität hinaus) erfordern. Dadurch entstehen **erhöhte variable Kosten**, die direkt dem Zusatzauftrag zugerechnet werden können. Andere als kurzfristige Kapazitätsanpassungen werden bei den längerfristigen Preisuntergrenzen noch genauer besprochen.

2. **Einschränkung des bisherigen Produktionsprogramms**. Wird die Kapazität nicht ausgeweitet, muß das bisherige Produktionsprogramm eingeschränkt werden, um den Zusatzauftrag durchführen zu können. Dadurch entfallen bisher erzielte Deckungsbeiträge, die dem Zusatzauftrag als **Opportunitätskosten** angelastet werden müssen; die Preisuntergrenze erhöht sich entsprechend. Dies wird am nachfolgenden Beispiel gezeigt.

Beispiel: Im 3. Kapitel: *Produktionsprogrammentscheidungen* wurde das Ausgangsbeispiel mit folgenden Daten (Tabelle 1) untersucht. Dabei ergab sich ein optimales Produktionsprogramm in Höhe der Absatzobergrenzen der beiden Produkte von $x_1^* = 300$ und $x_2^* = 200$, weil die Deckungsbeiträge pro Stück positiv sind *und* die Kapazitäten der beiden Fertigungsaggregate mit $\overline{V}_1 = 2.500$ bzw $\overline{V}_2 = 3.700$ nicht ausgelastet sind.

---

[11] Vgl dazu *Coenenberg* (2003), S. 191 f. Ein formales Problem bei der Bestimmung der durchschnittlichen Stückkosten *k*, und zwar gleichgültig, ob sie als Summe oder als Näherung durch ein Integral ermittelt werden, liegt darin, daß nicht geklärt ist, wie der Produktionsprozeß „innerhalb" der Produktion eines (diskreten) Stückes verläuft. Für die Bestimmung von *k* ist es daher fraglich, ob die Kosten bei Fertigstellung des Stückes (dies wurde hier angenommen) oder vielleicht ein Durchschnitt über die Produktionszeit genommen werden soll. Längerfristig sind die Auswirkungen jedoch marginal.

Produkt	$j = 1$	$j = 2$	Zusatzauftrag $j = 0$
Preis p_j	200	480	$\hat{p}$
variable Kosten k_j	160	400	270
Deckungsbeitrag d_j	40	80	$\hat{p} - 270$
Obergrenze $\bar{x}_j$	300	200	–
Verbrauch v_{1j}	2	8	3
Verbrauch v_{2j}	9	4	5

Tab. 1: Daten des Beispiels

Preisuntergrenze ohne wirksame Mehrproduktrestriktion

Umfaßt der Zusatzauftrag (das Produkt wird mit 0 indexiert) nur ein einziges Stück, bleiben beide Fertigungsaggregate weiterhin unterbeschäftigt:

$$V_1 = 2.200 + 1 \cdot v_{10} = 2.203 < 2.500$$
$$V_2 = 3.500 + 1 \cdot v_{20} = 3.505 < 3.700$$

Das bedeutet, daß das bisherige Produktionsprogramm unverändert aufrecht erhalten werden kann. Bei Annahme des Zusatzauftrages entstehen nur die Kosten in Höhe von $k_0 = 270$, und die Preisuntergrenze beträgt

$$\hat{p} = k_0 = 270$$

Dies gilt auch für einen größeren Zusatzauftrag, solange kein Engpaß auftritt.

Preisuntergrenze bei einer wirksamen Mehrproduktrestriktion

Angenommen, der Zusatzauftrag umfaßt nicht ein Stück, sondern 60 Stück. Dann ergibt eine Überprüfung der Auslastung der Fertigungsaggregate, daß die Kapazität der Maschine $i = 2$ um 100 Stunden überschritten würde:

$$V_1 = 2.200 + 60 \cdot v_{10} = 2.380 < 2.500$$
$$V_2 = 3.500 + 60 \cdot v_{20} = 3.800 > 3.700$$

Damit muß das Produktionsprogramm bei Annahme des Zusatzauftrages gegenüber dem *status quo* eingeschränkt werden. Gesucht ist damit das **optimale Produktionsprogramm** für die Produkte $j = 1, 2$ unter der Beschränkung der Kapazität auf $\bar{V}_2 = 3.400$ (von der vorhandenen Kapazität von 3.700 werden 300 Stunden für den Zusatzauftrag benötigt). Da nur ein Engpaß vorliegt, genügt es, die spezifischen Deckungsbeiträge zu betrachten:

$$\hat{d}_{21} = \frac{40}{9} = 4,\overline{4} \quad \text{und} \quad \hat{d}_{22} = \frac{80}{4} = 20$$

Produkt $j = 1$ erbringt den geringeren spezifischen Deckungsbeitrag und wird durch den Zusatzauftrag zum Teil verdrängt. Die 100 benötigten Stunden brachten über die Produktion von Produkt $j = 1$ einen Deckungsbeitrag von insgesamt

$$100 \cdot \hat{d}_{21} = 100 \cdot 4,\overline{4} = 444,\overline{4}$$

der nun als (inputbezogene) **Opportunitätskosten** dem Zusatzauftrag angelastet werden muß. Die Preisuntergrenze erhöht sich damit auf

$$\hat{p} = \frac{k_0 \cdot x_0 + 100 \cdot \hat{d}_{21}}{x_0} = 270 + \frac{444,\overline{4}}{60} = 277,41 \text{ (gerundet)}$$

Alternativ gerechnet, muß Produkt $j = 1$ um $100/v_{21} = 100/9 = 11,\overline{1}$ Stück eingeschränkt werden.[12] Die Opportunitätskosten ergeben sich dann als

$$11,\overline{1} \cdot d_1 = 11,\overline{1} \cdot 40 = 444,\overline{4}$$

Die **Kapazitätsauslastung** beträgt für Aggregat $i = 2$ die maximalen 3.700 Stunden, bei Aggregat $i = 1$ wird die Einschränkung des bisherigen Produktionsprogramms nun auch spürbar, sie lautet

$$V_1 = 2.200 - 11,\overline{1} \cdot v_{11} + 60 \cdot v_{10} = 2.200 - 11,\overline{1} \cdot 2 + 60 \cdot 3 = 2.357,\overline{7} < 2.500$$

Preisuntergrenze bei zwei wirksamen Mehrproduktrestriktionen

Treten mehrere (potentielle) Engpässe auf, besteht die **Vorgehensweise** grundsätzlich aus zwei Schritten:

1. Die vorhandenen Kapazitäten sind um die vom Zusatzauftrag benötigten Einheiten zu verringern.

2. Das optimale Produktionsprogramm wird für die reduzierten Kapazitäten ermittelt. Die Differenz zwischen dem ursprünglich erzielbaren Deckungsbeitrag und dem Deckungsbeitrag bei reduzierten Kapazitäten ist dem Zusatzauftrag als Opportunitätskosten anzulasten.

Fortsetzung des Beispiels: Steigt die Menge des Zusatzauftrages weiter, werden auf diese Weise immer mehr Stück des Produktes mit dem geringeren spezifischen Deckungsbeitrag (im Beispiel $j = 1$) verdrängt, solange bis eine von **zwei Bedingungen** zutrifft:

1. Produkt $j = 1$ ist völlig aus dem Produktionsprogramm verschwunden.

2. Ein weiteres Aggregat wird zum Engpaß.

---

[12] Eine *Ganzzahligkeitsbedingung*, daß nur ganze Stück eines Produktes in der betreffenden Periode entfallen können, hängt von der Übertragbarkeit unfertiger Stücke auf die nächste Periode ab. Sofern dies gegeben ist, kann problemlos mit Teilen von ganzen Stücken gerechnet werden. Würde man eine Ganzzahligkeitsbedingung im Beispiel setzen, müßten 12 Stück entfallen, die Opportunitätskosten stiegen auf $12 \cdot 40 = 480$ und die Preisuntergrenze auf 278.

Fall 1: Im Beispiel trifft die zweite Bedingung zu. Um die Folgen zu zeigen, die sich bei Zutreffen der ersten Bedingung ergäben, sei momentan angenommen, daß Aggregat $i = 1$ keinen Engpaß verursachte, also zB $\overline{V}_1 = 10.000$. Dann ergibt sich die Bedingung im Beispiel bei einem Zusatzauftrag, der mehr als 580 Stück umfaßt, was sich wie folgt errechnet: Produkt $j = 1$ belegt insgesamt $x_1 \cdot v_{21} = 300 \cdot 9 = 2.700$ Stunden; da im *status quo* 200 Stunden frei waren, muß der Zusatzauftrag einen Umfang von $2.700 + 200 = 2.900$ Stunden erfordern; daraus ergibt sich $x_0 = 2.900/v_{20} = 2.900/5 = 580$ Stück. Bei $x_0 > 580$ muß das nächstschlechtere (im Sinne des nächsthöheren spezifischen Deckungsbeitrages) Produkt eingeschränkt werden. Im Beispiel ist dies das Produkt $j = 2$. Es bringt einen spezifischen Deckungsbeitrag von 20, der die Opportunitätskosten für jedes Stück über dem 580. Stück auf $20 \cdot v_{20} = 100$ pro Stück erhöht.

Fall 2: Bedingung 2 kann nur schlagend werden, wenn – wie im Beispiel – der Verbrauchskoeffizient des Zusatzauftrages die freigesetzten Stunden durch Substitution des verdrängten Produktes übersteigt, dh $v_{10} > v_{11} \cdot v_{20}/v_{21}$. Andernfalls könnte auf Aggregat 1 mit steigender Menge des Zusatzauftrages kein Engpaß auftreten. Bedingung 2 ist ab $x_0 > 135$ (gerundet) erfüllt. Dies ergibt sich wie folgt: Zunächst wird von der jeweiligen Kapazität der Aggregate der von Produkt $j = 2$ benötigte Verbrauch abgezogen. Das sind bei $x_2 = 200$ Stück $200 \cdot 8 = 1.600$ Stunden bei Aggregat $i = 1$ und $200 \cdot 4 = 800$ Stunden bei Aggregat $i = 2$. Da bei $x_0 > 40$ Stück Aggregat $i = 2$ zum Engpaß wurde, ergibt sich dafür

$$9x_1 + 5x_0 = 3.700 - 4\overline{x}_2 = 3.700 - 800 = 2.900 \quad \text{bzw}$$

$$x_1 = \frac{2.900 - 5x_0}{9}$$

Die entsprechende Verbrauchsrestriktion für Aggregat $i = 1$ lautet

$$2x_1 + 3x_0 \leq 2.500 - 8\overline{x}_2 = 2.500 - 1.600 = 900$$

und für x_1 eingesetzt ergibt sich schließlich $x_0 \leq 2.300/17 = 135$ (gerundet). Für größere Zusatzaufträge müssen **beide** bisherigen Produkte **eingeschränkt** werden. Die Opportunitätskosten entsprechen dann pro Stück des Zusatzauftrages den mit den Verbrauchskoeffizienten multiplizierten **Koeffizienten der Schlupfvariablen** in der Zielfunktionszeile des entsprechenden Simplex-Endtableaus.

Fortsetzung des Beispiels: Angenommen, der Zusatzauftrag umfaßt $x_0 = 150$ Stück. Dann sind die verfügbaren Kapazitäten der beiden Aggregate neu zu berechnen:

$$\overline{V}_1^{neu} = 2.500 - 150 \cdot v_{10} = 2.500 - 450 = 2.050$$
$$\overline{V}_2^{neu} = 3.700 - 150 \cdot v_{20} = 3.700 - 750 = 2.950$$

Die Lösung kann mit Hilfe des Simplex-Verfahrens ermittelt werden:[13]

Ausgangstableau

BV	x_1	x_2	w_1	w_2	RS
w_1	2	8	1	0	2.050
w_2	9	4	0	1	2.950
	−40	−80	0	0	0

Tableau nach der 1. Iteration

BV	x_1	x_2	w_1	w_2	RS
x_2	1/4	1	1/8	0	256,25
w_2	8	0	−1/2	1	1.925
	−20	0	10	0	20.500

Tableau nach der 2. Iteration (Endtableau)

BV	x_1	x_2	w_1	w_2	RS
x_2	0	1	9/64	−1/32	196,09375
x_1	1	0	−1/16	1/8	240,625
	0	0	8,75	2,5	25.312,5

Die **Opportunitätskosten** betragen für das letzte Stück des Zusatzauftrages

$$8,75 \cdot v_{10} + 2,5 \cdot v_{20} = 8,75 \cdot 3 + 2,5 \cdot 5 = 38,75$$

Die Höhe dieser Opportunitätskosten hängt *nur* von der Tatsache ab, daß beide Aggregate zu Engpässen werden. Sie hängt aber (innerhalb bestimmter Grenzen) **nicht von der Menge** des Zusatzauftrages ab. Dies kann einfach daraus ersehen werden, daß die selben Koeffizienten der Schlupfvariablen bereits im Beispiel im 3. Kapitel: *Produktionsprogrammentscheidungen* in einem vollständigen Endtableau ermittelt wurden. Deshalb sind die Opportunitätskosten für jedes Stück des Zusatzauftrages über $x_0 = 135$ (gerundet) hinaus (solange die Lösungsstruktur wie im Endtableau bleibt) gleich groß.

Beide Produkte werden nun verringert: Um ein (zusätzliches) Stück des Zusatzauftrages zu produzieren, müssen 3 Stunden des Aggregates $i = 1$ und 5 Stunden des

---

[13] Zur Berechnung wurden die im Beispiel redundanten Absatzobergrenzen sowie die *dummy*-Spalte mit dem Einheitsvektor für die Zielfunktion weggelassen; dies hat keinen Effekt auf die Lösung. (Eine vollständige Formulierung des Simplex-Tableaus findet sich im 3. Kapitel: *Produktionsprogrammentscheidungen.*)

Aggregates $i = 2$ freigegeben werden. Aus dem Endtableau können die Einschränkungen der beiden Produkte abgelesen werden. Produkt 1 wird um

$$3 \cdot \left(-\frac{1}{16} \right) + 5 \cdot \left(\frac{1}{8} \right) = \frac{7}{16}$$

eingeschränkt, Produkt 2 um

$$3 \cdot \left(\frac{9}{64} \right) + 5 \cdot \left(-\frac{1}{32} \right) = \frac{17}{64}$$

Es läßt sich leicht überprüfen, daß bei einem Zusatzauftrag von 700 Stück die gesamte Produktion von Produkt 1 eingestellt wird. Ab diesem Umfang kann nur mehr Produkt 2 reduziert werden. Dies gilt solange, bis einer der beiden Engpässe i = 1, 2 zur Gänze durch den Zusatzauftrag blockiert wird. Im Beispiel ist das für Aggregat $i = 2$ bei $x_0 = 3.700/5 = 740$ Stück der Fall (Aggregat $i = 1$ erlaubt dagegen $2.500/3 = 833,\overline{3}$ Stück). Dann wird die gesamte bisherige Produktion eingestellt und nur mehr der Zusatzauftrag produziert.

Generell ergibt sich: **Mit steigender Menge** x_0 des Zusatzauftrages **steigt die Preisuntergrenze** monoton (schwach) an. Die ersten $200/v_{20} = 200/5 = 40$ Stück können ohne Einschränkung des *status quo*, dh mit einer Preisuntergrenze von konstanten 270, produziert werden. Danach muß wieder zwischen Fall 1 und 2 unterschieden werden:

Fall 1: Für eine Menge von $40 < x_0 \leq 580$ wird pro Stück des Zusatzauftrages eine gleichbleibende Menge des Produktes $j = 1$ ersetzt, dh jedes zusätzliche Stück kostet

$$k_0 + 5 \cdot \hat{d}_{21} = 270 + 5 \cdot 4,\overline{4} = 292,\overline{2}$$

Für $580 < x_0 \leq 740$ muß eine bestimmte Menge des Produktes $j = 2$ ersetzt werden, dh die Grenz-Preisuntergrenze steigt auf

$$k_0 + 5 \cdot \hat{d}_{22} = 270 + 5 \cdot 20 = 370$$

Fall 2: Für eine Menge von $40 < x_0 \leq 135$ (gerundet) verursacht jedes Stück wiederum Grenzkosten von $292,\overline{2}$. Für $135 < x_0 \leq 700$ ergeben sich Grenzkosten von

$$270 + 8,75 \cdot v_{10} + 2,5 \cdot v_{20} = 270 + 8,75 \cdot 3 + 2,5 \cdot 5 = 308,75$$

Für $700 < x_0 \leq 740$ wird wiederum nur Produkt $j = 2$ ersetzt, und die Grenz-Preisuntergrenze steigt auf 370.

Insgesamt ergibt sich für die **Preisuntergrenze als Funktion der Menge**, die der Zusatzauftrag umfaßt, ein Verlauf, wie er in Abbildung 2 für beide Fälle gezeigt ist. Die Folgen sind zB: (i) Je besser die Geschäftslage (interpretiert als Beschäftigung) des Unternehmens ist, desto höher ist die Preisuntergrenze; je schlechter die Geschäftslage, desto niedriger ist die Preisuntergrenze. (ii) Eine Preisreduktion (zB Rabatt) für einen umfangreicheren Zusatzauftrag kann nur dann ins Auge gefaßt werden, wenn der grundlegende Preis bei geringerer Menge wesentlich über der Preisuntergrenze liegt.

Was hier am Beispiel der Bestimmung der Preisuntergrenze eines Zusatzauftrages diskutiert wurde, kann analog auf die Frage nach der (kurzfristigen) **Einschränkung und letztlich Elimination** eines im Produktionsprogramm enthaltenen Produktes übertragen werden. Bei einer Änderung des Preises eines Produktes ändert sich die Zielfunktion, weil der Stückdeckungsbeitrag verändert wird. Ein Durchrechnen des Programms liefert wieder die optimalen Produktionsmengen und den gesamten Deckungsbeitrag. Angenommen, die beiden Produkte $j = 1, 2$ sowie das Produkt 0 des Zusatzauftrages im Beispiel wären das bestehende Produktionsprogramm. Dann bilden die ermittelten (Grenz-)Preisuntergrenzen (270, 292,$\overline{2}$, 308,75, 370) die Entscheidungsgrundlage für die Produktionsmengen der drei Produkte, soweit für Produkt 0 keine Obergrenze gilt.

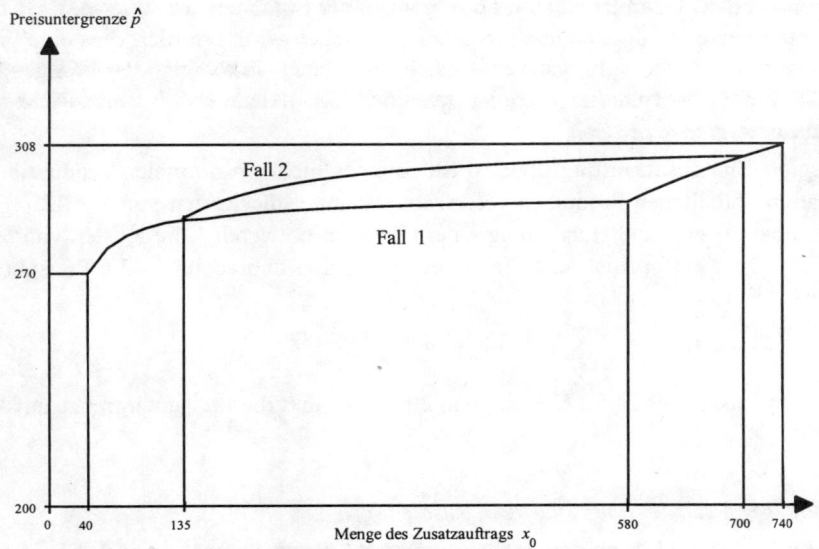

Abb. 2: Verlauf der Preisuntergrenze

Zusammenfassend zeigt sich, daß die Bestimmung der Preisuntergrenze bei mehreren wirksamen Mehrproduktrestriktionen auf eine **Sensitivitätsanalyse** (bzw eine **parametrische Programmierung**) hinausläuft. Die Opportunitätskosten, die sich im Rahmen der Produktionsprogrammplanung gewissermaßen als Nebenprodukt der optimalen Lösung ergeben, sind hierfür grundsätzlich verwendbar, solange die Lösungsstruktur (im Simplex-Tableau der gleiche Eckpunkt) gleich bleibt.

2.4. Längerfristige Preisuntergrenzen

Preisuntergrenzen und Fixkosten

Es gibt viele kurzfristig fixe Kosten, die in der Kostenrechnung als variabel aufscheinen; das typische Beispiel sind Fertigungslöhne. Bei diesen ist das *Mengengerüst* (Fertigungsstunden) dem einzelnen Stück zurechenbar und damit variabel, die
Fertigungslohn*kosten* sind jedoch kurzfristig nicht veränderbar.[14] Solche Kosten sind
für die Kalkulation von Preisuntergrenzen nicht relevant, da sie mit und ohne
Zusatzauftrag anfallen; Voraussetzung ist, daß die Fertigungsstunden keinen Engpaß
bilden. Andernfalls entstehen Opportunitätskosten, deren Höhe jedoch dem entfallenden Deckungsbeitrag entspricht, nicht den Stunden multipliziert mit dem Stun-
densatz.

Verursacht der Zusatzauftrag sogenannte **auftragsfixe Kosten**, so sind diese
jedoch in voller Höhe zu berücksichtigen. Die auftragsfixen Kosten sind variabel
bezogen auf den Auftrag, jedoch fix bezogen auf die Einheiten des Auftrages. Da die
Preisuntergrenze im allgemeinen pro Stück angegeben wird, erfordert dies eine Proportionalisierung der auftragsfixen Kosten. Bei einer Erhöhung der Menge des
Zusatzauftrages haben auftragsfixe Kosten einen (Fix-)**Kostendegressionseffekt** auf
die Preisuntergrenze pro Stück.

Beispiel: Ein Zusatzauftrag über 10 Stück eines nicht im normalen Produktionsprogramm enthaltenen Produktes verursacht variable Stückkosten von $k = 120$. Für
die Produktion wird die Herstellung einer Gußform notwendig, die Kosten von 500
erfordert. Die Gußform ist nach Ende der Produktion unbrauchbar. Die Preisuntergrenze beträgt

$$\hat{p} = k + \frac{500}{10} = 170$$

Bei einem Zusatzauftrag im Umfang von 20 Stück sinkt die Preisuntergrenze auf $k +$
500/20 = 145.

Preisuntergrenzen bei längerfristigen Zusatzaufträgen

Erfordert die Durchführung eines Zusatzauftrages Investitionen, die nach Fertigstellung wieder abgebaut werden können, sind diese in der Preisuntergrenze zu berücksichtigen.

Beispiel: Dem Unternehmen wird ein langfristiger Zusatzauftrag über 50 Stück
eines nicht im Produktionsprogramm befindlichen Produktes angeboten. Pro Jahr
sollen 10 Stück gefertigt werden. Bei Annahme muß in eine Spezialanlage investiert
werden, die Investitionsauszahlungen I erfordert und nach den fünf Jahren einen
Restwert LQ bringt. Der Nachfrager möchte einen fixen Preis pro Stück vereinbaren.
Die variablen Stückkosten werden auf k geschätzt; obwohl künftig mit einer Steige-

---

14   Vgl dazu auch 12. Kapitel: *Systeme der Kostenrechnung*.

rung der Stückkosten gerechnet wird, glaubt man, diese durch Erfahrungseffekte ausgleichen zu können, so daß k jede Periode konstant angenommen wird.

Angenommen, es erfolgt keine Diskontierung der künftigen Zahlungsüberschüsse. Die Preisuntergrenze ergibt sich dann einfach als

$$\hat{p} = k + \frac{(I - LQ) \cdot 0,2}{10}$$

Die Investitionszahlungen abzüglich des Restwertes werden einfach gleichmäßig auf die Jahre verteilt und anschließend auf ein Stück umgelegt.

Bei einem Zinssatz $i > 0$ ($\rho = 1 + i$) muß der **Kapitalwert** KW der gesamten Zahlungsreihe ermittelt und für die Bestimmung der Preisuntergrenze gleich null gesetzt werden.[15] Für das Beispiel ergibt sich[16]

$$KW = \sum_{t=1}^{5} 10 \cdot (\hat{p} - k) \cdot \rho^{-t} - I + LQ \cdot \rho^{-5} = 0$$

Unter Berücksichtigung der Tatsache, daß

$$\sum_{t=1}^{5} \rho^{-t} = \frac{\rho^5 - 1}{i \cdot \rho^5} = \frac{1}{WGF(\rho, T = 5)}$$

mit WGF als Wiedergewinnungsfaktor (bzw Annuitätenfaktor), folgt die Preisuntergrenze als

$$\hat{p} = k + \frac{(I - LQ \cdot \rho^{-5}) \cdot WGF(\rho, T = 5)}{10} \qquad (4)$$

Empirische Ergebnisse

Eine Untersuchung von 203 deutschen Industrieunternehmen im Jahr 1988 von *Küpper, Winckler* und *Zhang* (1990), S. 452, ergab folgendes Bild der Bestimmung von Preisuntergrenzen. Überraschenderweise werden auch für kurzfristige Preisuntergrenzen (PUG) Vollkosten verwendet.

Fristigkeit der PUG PUG enthält	kurzfristig	langfristig	kurz- und langfristig
nur variable Kosten	60%	46%	64%
Vollkosten	34%	52%	18%
Beide	6%	2%	18%
Summe	148 = 100%	44 = 100%	11 = 100%

---

[15] Vgl dazu auch *Küpper* (1985a), S. 41– 43.

[16] Angenommen ist dabei implizit, daß die variablen Produktionskosten (wie auch das Entgelt) jeweils *am Ende* der Periode anfallen; andere Annahmen verändern die *KW*-Funktion natürlich.

Daraus sind zwei Effekte erkennbar: Anstelle von $I - LQ$ wird nun der höhere Betrag $I - LQ \cdot \rho^{-5}$ verteilt, wodurch sich ein Steigen der Preisuntergrenze ergibt. In dieselbe Richtung wirkt auch die Verwendung des Wiedergewinnungsfaktors anstelle der gleichmäßigen, jährlichen Aufteilung. Bei einem Zinssatz von zB $i = 0,1$ ist $WGF(1,1; T=5) = 0,2638 > 0,2$. Beide Effekte werden mit steigendem Zinssatz i höher, und deshalb steigt die Preisuntergrenze mit höherem Zinssatz an. Würden die variablen Kosten (entgegen der Annahme im Beispiel) ansteigen, erhöhte dies die Preisuntergrenze noch weiter.

Preisuntergrenzen bei ungenutzten Kapazitäten

Wird ein Zusatzauftrag nicht angenommen, besteht vielfach die Möglichkeit, einen Teil der ungenutzten Kapazität stillzulegen oder zu veräußern. Diese Alternative verändert den *status quo* und ist deshalb bei der Ermittlung der Preisuntergrenze grundsätzlich relevant.

Das Problem besteht dann aber darin herauszufinden, inwieweit die **eingesparten Fixkosten** *dem Auftrag* zugerechnet werden können. Dazu wäre zunächst die Frage zu beantworten, weshalb die Kapazitätseinschränkung nicht schon früher gemacht wurde. Argumentiert man zB damit, daß die Ablehnung des Zusatzauftrages *quasi* der Auslöser für die Einschränkung wäre, bleibt offen, wie viele Perioden die Fixkosten dem Auftrag zugerechnet werden können. Dies betrifft gleichermaßen die Frage der Zurechnung eines allfälligen Veräußerungserlöses der Kapazitäten oder Wiederanlaufkosten.

IdR wird die Stillegung oder Veräußerung aber *nicht* die *optimale* Alternative zur Annahme eines Auftrages darstellen. **Kapazitäten** werden ja geschaffen, um Chancen für die Herstellung von gewinnbringenden Produkten wahrnehmen zu können. Die Alternative zur Annahme eines Auftrages ist daher die Hoffnung auf einen anderen Auftrag. Diese Alternative ist jedoch mit einer gewissen Unsicherheit verbunden. Im folgenden wird ein einfaches Beispiel dargestellt, das als Kriterium der Entscheidung den Erwartungswert (Risikoneutralität des Entscheidungsträgers) im Rahmen eines sequentiellen Modells verwendet.[17]

Beispiel

Ein Auftragsfertiger verfügt über eine unveränderbare Kapazität, die (vereinfachend) so groß ist, daß er genau einen und nur einen Auftrag annehmen kann. Die variablen Kosten k seien mit Sicherheit bekannt. Dreimal nacheinander wird ihm ein Auftrag angeboten, den er nun annehmen oder ablehnen kann. Nimmt er einen davon an, so muß er ihn erfüllen *und* kann später keinen Auftrag mehr annehmen, weil der Kapazitätsvorrat verbraucht ist.

Die Verteilung der Deckungsbeiträge d der möglichen Aufträge lautet wie folgt:

---

[17]   Vgl ausführlich dazu *Schildbach* und *Ewert* (1988).

$d_L = 30$ mit Wahrscheinlichkeit $\phi_L = 0,2$

$d_M = 60$ mit Wahrscheinlichkeit $\phi_M = 0,4$

$d_H = 90$ mit Wahrscheinlichkeit $\phi_H = 0,4$

und sie bleibt jede Periode gleich. Der Entscheidungsbaum für diese Situation ist in Abbildung 3 dargestellt. Die dickeren Pfeile kennzeichnen darin die in der jeweiligen Situation optimalen Folgeentscheidungen.

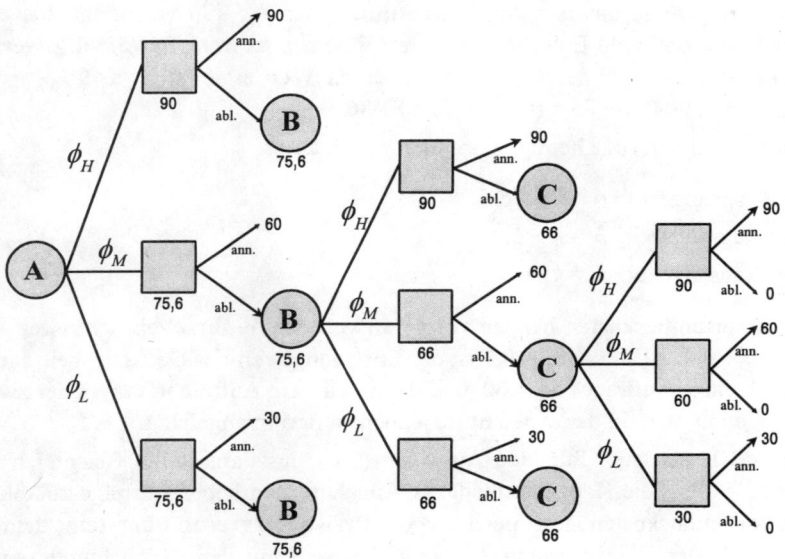

Abb. 3: Entscheidungsbaum

Eine solche sequentielle Entscheidungssituation löst man ausgehend von der zeitlich letzten Entscheidung. Zunächst wird die optimale Entscheidung für den Fall ermittelt, daß die beiden ersten Auftragsangebote abgelehnt wurden. Dann geht man einen Schritt zurück und löst das zeitlich vorgelagerte Entscheidungsproblem für alle Situationen. Dies folgt aus dem **Optimalitätsprinzip der dynamischen Programmierung** (*roll back*-Verfahren).

Betrachtet man also die Entscheidungssituation in Knoten C, ist die Lösung dafür einfach: Bei einer Ablehnung wird ein Deckungsbeitrag von 0 erzielt, es ist daher optimal, in dieser Situation *jeden* Auftrag anzunehmen. Der Erwartungswert beträgt

$$\sum_{j=L,M,H} \phi_j \cdot d_j = 66$$

Sodann wird die Entscheidung gesucht, gegeben der erste Auftrag wurde abgelehnt. Kommt ein Auftrag mit $d_H = 90$, so wird er angenommen, da der Deckungsbeitrag größer ist als der erwartete Deckungsbeitrag bei Ablehnung, nämlich 66.

Kommt ein Auftrag mit $d_M = 60$ oder mit $d_L = 30$, so wird er aus dem selben Grund abgelehnt. Die Preisuntergrenze als Entscheidungswert für die Annahme oder Ablehnung entspricht damit den variablen Kosten k zuzüglich der Opportunitätskosten von 66.

Der **Erwartungswert** der optimalen Entscheidungsstrategie in der zweiten Stufe (Knoten B) beträgt damit $90 \cdot \phi_H + 66 \cdot \phi_M + 66 \cdot \phi_L = 90 \cdot 0{,}4 + 66 \cdot (0{,}4 + 0{,}2) = 75{,}6$; das sind die Opportunitätskosten für die Entscheidung über das erste Auftragsangebot. Ein Auftrag sollte nur angenommen werden, wenn er einen Deckungsbeitrag höher als 75,6 bringt, und das ist alleine ein Auftrag, der $d_H = 90$ verspricht. Insgesamt verspricht die optimale Entscheidungsstrategie einen *ex ante* **Erwartungswert** des Deckungsbeitrages von 81,36 (Knoten A); dieser Wert ergibt sich aus $90 \cdot \phi_H + 75{,}6 \cdot \phi_M + 75{,}6 \cdot \phi_L = 90 \cdot 0{,}4 + 75{,}6 \cdot (0{,}4 + 0{,}2) = 81{,}36$.

Die **Preisuntergrenze** beträgt zusammengefaßt also

1. Auftragsangebot: $\hat{p} = k + 75{,}6$
2. Auftragsangebot: $\hat{p} = k + 66$
3. Auftragsangebot: $\hat{p} = k$

Die Opportunitätskosten hängen vor allem von den **Wahrscheinlichkeiten** ϕ_j ab. Für zB $\phi_L = 0{,}4$, $\phi_M = 0{,}4$, $\phi_H = 0{,}2$ ist der Erwartungswert des Deckungsbeitrages bei Annahme eines Auftrages $54 < 60$, und damit wird ein Auftrag mit d_M in der zweiten Stufe angenommen, in der ersten Stufe jedoch weiterhin abgelehnt.

Generell lassen sich folgende Aussagen (über das dargestellte Beispiel hinaus) erkennen: Sofern die Kapazität nicht die Annahme sämtlicher Aufträge zuläßt, sind die Opportunitätskosten strikt positiv;[18] die **Preisuntergrenze übersteigt** damit die variablen Kosten. Die Preisuntergrenze ändert sich mit dem Betrachtungszeitraum und den bis zu diesem Zeitpunkt getroffenen früheren Entscheidungen. Je **knapper** die verbliebene Kapazität oder je **mehr** zusätzliche Auftragsangebote, desto **höher** sind Opportunitätskosten und Preisuntergrenze.

2.5. Preisobergrenzen

Die Preisobergrenze ist jener **Preis**, den ein Unternehmen für einen benötigten **Inputfaktor höchstens zu zahlen** bereit ist. Die Beschaffung des Inputfaktors von außen ist nur eine von mehreren Möglichkeiten für das Unternehmen, sein Produktionsprogramm durchzuführen. Weitere **Möglichkeiten** sind:

- direkte **Substitution** durch einen anderen Inputfaktor,
- **Substitution** des Inputfaktors durch eine Änderung des Produktionsverfahrens,

---

[18]   Diese Beobachtung könnte als eine Erklärung für die Berücksichtigung von zusätzlichen Kosten neben den Grenzkosten (zB Vollkosten) in der Berechnung der Preisuntergrenze (als Approximation) dienen.

■ **Eigenfertigung** des Inputfaktors anstelle Fremdbezug.

Zunächst wird davon ausgegangen, daß nur ein (End-)Produkt den Inputfaktor benötigt. Für die Bestimmung der Preisobergrenze geht man grundsätzlich vom Deckungsbeitrag aus, den dieses Produkt erzielt (**verwendungsorientierte Preisobergrenze**). Die Preisobergrenze entspricht dann dem höchsten Betrag, den der Inputfaktor kosten kann, so daß der Deckungsbeitrag des Endproduktes gerade gleich null wird.

Angenommen, der Verkaufspreis des Endproduktes j ist p_j, und die variablen Kosten mit Ausnahme der Kosten des Inputfaktors, dessen Preisobergrenze zu bestimmen ist, seien $\overline{k}_j$; ein Stück des Produktes j benötige v_j Einheiten des Inputfaktors. Die gesamten **variablen Stückkosten** des Produktes j sind

$$k_j = \overline{k}_j + v_j \cdot r$$

wobei r den Preis des Inputfaktors bezeichnet. Dann ergibt sich die **Preisobergrenze** als

$$p_j - (\overline{k}_j + v_j \cdot \hat{r}) = 0 \quad \text{bzw} \quad \hat{r} = \frac{p_j - \overline{k}_j}{v_j} \tag{5}$$

Beispiel

Das Produkt $j = 1$ benötigt $v_{11} = 4$ Einheiten des Inputfaktors 1; der Absatzpreis beträgt $p_1 = 200$, die variablen Stückkosten ohne die Kosten des Inputfaktors sind $\overline{k}_j = 140$. Die Preisobergrenze lautet

$$\hat{r}_1 = \frac{200 - 140}{4} = 15$$

Falls anstelle des Inputfaktors 1 auch ein anderer Inputfaktor 2 mit einem Beschaffungspreis von $r_2 = 10$ verwendet werden könnte (**Substitution**), von diesem allerdings $v_{21} = 5$ Einheiten benötigt werden, ergäbe sich ein Stückdeckungsbeitrag des Produktes 1 von

$$d_1 = p_1 - (\overline{k}_j + v_{21} \cdot r_2) = 200 - (140 + 5 \cdot 10) = 10$$

Die Preisobergrenze für Inputfaktor 1 bei Bestehen dieser direkten **Substitutionsmöglichkeit** ist dann:

$$\hat{r}_1 = \frac{p_1 - \overline{k}_1 - d_1}{v_{11}} = \frac{200 - 140 - 10}{4} = 12,5$$

Würde der Preis über 12,5 steigen, wäre es für das Unternehmen kostengünstiger, den Inputfaktor 2 anstelle von 1 zu verwenden.[19]

Sei weiter angenommen, daß außer dieser Substitutionsmöglichkeit ein **anderes Verfahren** (mit I indexiert) zur Erzeugung des Produktes $j = 1$ eingesetzt werden könnte, das *beide* Inputfaktoren 1 und 2 benötige. Ein Stück des Produktes 1 erfordert $v_{11}^I = 1$ Einheit des Inputfaktors 1 und $v_{21}^I = 2$ Einheiten des Inputfaktors 2. Das Produkt kann dann alternativ durch **drei Verfahren** hergestellt werden:

1. Inputfaktor 1 alleine mit variablen Stückkosten

$$\overline{k}_j + v_{11} \cdot r_1 = 140 + 4r_1$$

2. Inputfaktor 2 alleine mit variablen Stückkosten

$$\overline{k}_j + v_{21} \cdot r_2 = 140 + 5 \cdot 10 = 190$$

3. Verfahren I mit beiden Inputfaktoren mit variablen Stückkosten

$$\overline{k}_j + v_{11}^I \cdot r_1 + v_{21}^I \cdot r_2 = 140 + 1r_1 + 2 \cdot 10 = 160 + r_1$$

Es läßt sich leicht überprüfen, daß Verfahren I **effizient** ist, weil es für bestimmte Werte von r_1, nämlich $6,\overline{6} \leq r_1 \leq 30$, am kostengünstigsten ist.[20] Der obere Grenzwert entspricht gleichzeitig der Preisobergrenze: Für $6,\overline{6} \leq r_1 < 30$ ist es am günstigsten, mit Verfahren I zu produzieren, welches den Inputfaktor 1 benötigt. Für $r_1 > 30$ wird Inputfaktor 1 vollständig durch Inputfaktor 2 substituiert. Sinkt der Beschaffungspreis r_1 unter $6,\overline{6}$, so ist es am günstigsten, nur Inputfaktor 1 zu verwenden; im Zusammenhang mit der Preisobergrenze bedeutet dies, daß unter diesem Preis sprunghaft mehr (nämlich das vierfache) der Menge von Inputfaktor 1 bezogen wird.

Der Vergleich der ersten und zweiten Möglichkeit (mit einer Preisobergrenze von 12,5) ist obsolet, weil er in diesem Bereich nicht effiziente Produktionsverfahren vergleicht. Wie in diesem Fall kann aber die Preisobergrenze *nicht* den gesamten von Produkt 1 erzielten Deckungsbeitrag für sich ausschöpfen; es bleibt ein Stückdeckungsbeitrag von mindestens $d_1 = 10$ übrig.

Vielfach besteht die Möglichkeit, den benötigten Inputfaktor 1 im Unternehmen **selbst zu fertigen**, anstelle ihn fremd zu beziehen. In diesem Fall muß für den Inputfaktor, der dadurch zum (Zwischen-)Produkt wird, eine Preisuntergrenze ermittelt werden; diese ist gleichzeitig die obere Grenze für die Preisobergrenze des Inputfaktors.

Nun sei angenommen, daß der **Inputfaktor in mehrere Endprodukte** eingeht, nicht nur in eines. Dann ist grundsätzlich für jedes einzelne Produkt eine **produktspezifische Preisobergrenze** zu ermitteln; die höchste dieser Preisobergrenzen ist die **absolute Preisobergrenze**. Bei einem höheren Beschaffungspreis wird über-

---

[19] Die Preisobergrenze $\hat{r}_1$ ergibt sich auch durch die entsprechenden Grenzproduktivitäten der Faktoren aus den Eigenschaften der Minimalkostenkombination: $\hat{r}_1 : r_2$ = Grenzproduktivität Faktor 1 : Grenzproduktivität Faktor 2 = 1/4 : 1/5, dh $\hat{r}_1 = r_2 \cdot 5/4$.

[20] Dazu brauchen nur die Stückkosten der drei Verfahren paarweise gleichgesetzt zu werden.

haupt nichts mehr produziert. Für einen Preis unter einer der produktspezifischen Preisobergrenzen wird dieses Produkt ins Produktionsprogramm aufgenommen, andernfalls bleibt es draußen.

Beispiel: Als Ausgangsdaten werden die Daten eines früheren Beispiels abgewandelt. Das (potentielle) Produktionsprogramm besteht aus drei Produkten $j = 1, 2$ und 3. Die relevanten Daten sind in Tabelle 2 enthalten. Dabei sind zunächst die variablen Kosten einschließlich der (gegenwärtigen) Kosten des Inputfaktors $r = 5$ angegeben. Daraus können die vorläufigen variablen Kosten vor den Kosten des Inputfaktors ermittelt werden:

$$\overline{k}_j = k_j - v_j \cdot r$$

Der vorläufige Deckungsbeitrag pro Stück vor Kosten des Inputfaktors ist $p_j - \overline{k}_j$, und die produktspezifischen Preisobergrenzen betragen

$$\hat{r}_j = \frac{p_j - \overline{k}_j}{v_j}, \quad j = 1, 2, 3$$

Produkt	$j = 1$	$j = 2$	$j = 3$
Preis p_j	200	480	320
variable Kosten k_j	160	400	270
Deckungsbeitrag d_j	40	80	50
Verbrauch v_j	4	5	8
Absatzmenge x_j	300	200	40
vorläufige variable Kosten $\overline{k}_j$	140	375	230
Preisobergrenze $\hat{r}_j$	15	21	11,25

Tab. 2: Daten des Beispiels

Die **absolute Preisobergrenze** ist daher 21. Die **Nachfragemenge** q nach dem Inputfaktor ist abhängig vom Preis r und ergibt sich wie folgt:

$r < 11{,}25$:	$q = \sum_{j=1}^{3} v_j \cdot x_j = 4 \cdot 300 + 5 \cdot 200 + 8 \cdot 40 =$	2.520
$11{,}25 \le r < 15$:	$q = v_1 x_1 + v_2 x_2 = 4 \cdot 300 + 5 \cdot 200 =$	2.200
$15 \le r < 21$:	$q = v_2 x_2 = 5 \cdot 200 =$	1.000
$21 \le r$:	$q =$	0

Wenn einzelne Produkte des Produktionsprogramms **interdependent** sind, muß dies bei der Ermittlung der Preisobergrenze entsprechend berücksichtigt werden.

Fortsetzung des Beispiels: Angenommen, die Produkte 2 und 3 werden ausschließlich in Packungen mit 5 Stück Produkt 2 und einem Stück Produkt 3 angeboten (vollständig komplementär). Die produktgruppenspezifische Preisobergrenze beträgt nun

$$\hat{r}_{23} = \frac{\left(p_2 - \overline{k}_2\right) \cdot x_2 + \left(p_3 - \overline{k}_3\right) \cdot x_3}{v_2 \cdot x_2 + v_3 \cdot x_3} = \frac{105 \cdot 200 + 90 \cdot 40}{5 \cdot 200 + 8 \cdot 40} = 18,\overline{63}$$

Dies ist im Beispiel gleichzeitig die absolute Preisobergrenze.

Soll die **Zusammensetzung** des gesamten bestehenden Produktionsprogramms **bestehen** bleiben, ergibt sich als (einzige) Preisobergrenze

$$\hat{r}_{123} = \sum_{j=1}^{3} \frac{\left(p_j - \overline{k}_j\right) \cdot x_j}{v_j \cdot x_j} = \frac{42.600}{2.520} = 16,905$$

Beim Ausdruck im Zähler (im Beispiel 42.600) spricht man hier auch von **Kostenobergrenze**. Sie hat nur unter der obigen Bedingung Entscheidungsrelevanz.

3. Optimale Preise

3.1. Das Grundmodell

Kosten bilden für die Preisfestlegung durch das Unternehmen *eine* von mehreren wichtigen Einflußgrößen. Wenn im Rahmen der Unternehmensrechnung optimale Preise untersucht werden sollen, erfolgt dies alleine aus Kostengesichtspunkten, dh unter Konstanthalten des ganzen marktpolitischen Instrumentariums (*ceteris paribus*-Analyse). Im wesentlichen wird der Frage nachgegangen, welche Kosten für die Bestimmung optimaler Preise verwendet werden sollten und wie sich der Aufschlag auf diese Kosten bestimmt.

Voraussetzung für eine Analyse ist die Kenntnis einer **Preis-Absatz-Funktion**

$$x = x(p) \tag{6}$$

dh des Zusammenhanges von Preis p und Absatzmenge x eines Produktes. Die Preis-Absatz-Funktion beschreibt sämtliche Marktgegebenheiten, die keine spezifische Interaktion unter mehreren Anbietern annehmen (Monopol und vollständige Konkurrenz). Im folgenden wird von einem Monopol (oder einem monopolistischen Bereich) ausgegangen; die explizite Berücksichtigung von Konkurrenzreaktionen wird weiter unten näher betrachtet.

Für „normale" Produkte ist dann $x' = dx/dp < 0$, dh bei höherem Preis sinkt die Nachfrage nach dem Produkt; davon wird im weiteren ausgegangen. Die Preis-Absatz-Funktion ist nur für positive Mengen x definiert. Die **Preiselastizität** η ist ein Maß für den Einfluß des Preises auf die Absatzmenge. Sie ergibt sich als relative Mengenänderung bezogen auf eine relative Preisänderung,

$$\eta = \frac{dx}{x} : \frac{dp}{p} = \frac{dx}{dp} \cdot \frac{p}{x} \tag{7}$$

Da $x' < 0$ gilt, ist die **Preiselastizität negativ**. Die Höhe von η hängt idR vom Preis p (und damit über die Preis-Absatz-Funktion von x) ab. Bei multiplikativen Preis-Absatz-Funktionen mit $x(p) = \alpha \cdot p^{\beta}$ ist $\eta = \beta < 0$ konstant. Die Preiselastizität (als Funktion) enthält genauso viel Information wie die Preis-Absatz-Funktion.

Wenn das Unternehmen seinen **Gewinn G maximieren** möchte, muß der Erlös den Kosten, in allgemeiner Form $K = K(x)$, gegenübergestellt werden,

$$\max_{p} G(p) = p \cdot x(p) - K\big(x(p)\big)$$

Notwendige **Bedingung** für ein Maximum ist, daß die erste Ableitung null beträgt:

$$G' = x(p) + p \cdot \frac{dx}{dp} - K'(x) \cdot \frac{dx}{dp} = 0 \tag{8}$$

Dahinter verbirgt sich die **bekannte Gleichung**: Beim optimalen Preis p^* sind **Grenzerlös** (die beiden ersten Terme in (8)) und **Grenzkosten** (der dritte Term) gerade gleich.[21] Voraussetzung ist, daß hinreichend Kapazität für die Erzeugung von $x(p^*)$ zur Verfügung steht.

Der optimale Preis

Multipliziert man die Optimalitätsbedingung mit p/x und ersetzt den Ausdruck $(dx/dp) \cdot (p/x)$ durch die Preiselastizität η, erhält man die sogenannte *Amoroso-Robinson*-**Relation**:[22]

$$p^* = \frac{\eta}{1+\eta} \cdot K'\big(x(p^*)\big) \tag{9}$$

Da der umsatzmaximale Preis, der alleine aus der Preis-Absatz-Funktion ermittelt werden kann, bei $\eta = -1$ liegt, muß der gewinnmaximale Preis p^* im Bereich $\eta < -1$ liegen. Andernfalls würde der optimale Preis die Grenzkosten nicht decken, er würde sogar negativ. Die *Amoroso-Robinson*-Relation entsteht nur durch eine Umformung der Optimalitätsbedingung und erlaubt deshalb nicht unbedingt eine direkte Berechnung des optimalen Preises p^*, weil dieser auch die Grenzkosten beeinflußt.

Beispiel: Angenommen, die **Preis-Absatz-Funktion** ist **linear**, dh $x(p) = \alpha - \beta \cdot p$ (mit $\alpha > 0$ und $\beta > 0$), und die Kostenfunktion ist ebenfalls linear, dh $K(x) = K^F + k \cdot x$. Dann vereinfacht sich die Gewinngleichung zu

$$G = p \cdot (\alpha - \beta \cdot p) - K^F - k \cdot (\alpha - \beta \cdot p)$$

---

[21] In weiterer Folge wird immer angenommen, daß die erste Ableitung des Gewinnes G das alleinige Maximum identifiziert, dh daß G' im zu maximierenden Parameter streng konkav verläuft. Dies wäre zB dann nicht erfüllt, wenn die Grenzkosten K' mit höherem x stark sinken.

[22] Vgl zB *Simon* (1992), S. 163.

und die Optimalitätsbedingung lautet

$$p^* = \frac{1}{2} \cdot \left(\frac{\alpha}{\beta} + k \right) \tag{10}$$

Beispiel: Bei einer **multiplikativen Preis-Absatz-Funktion** der Form $x(p) = \alpha \cdot p^\beta$ ist der optimale Preis nur für $\beta < -1$ definiert und lautet wegen $\eta = \beta$

$$p^* = \frac{\beta}{1+\beta} \cdot K' \tag{11}$$

Bei einer linearen Kostenfunktion gilt $K'(x) = k$ konstant, womit sich daraus direkt der optimale Preis ableiten läßt.

Die modellhafte Betrachtung der Bestimmung optimaler Preise ergibt also die einfache Relation: **Grenzerlös = Grenzkosten.** Das bedeutet, daß die Kosten nur im Wege der Grenzkosten, genauer der **Grenzkosten***funktion*, in das Modell eingehen. Für lineare Kostenfunktionen sind die **variablen Kosten** der relevante Bestimmungsfaktor. **Fixkosten** sind irrelevant (siehe aber 5. Kapitel: *Entscheidungsrechnungen bei Unsicherheit*), was insbesondere zur Folge hat, daß beim Ansatz des optimalen Preises p^* nicht gesichert ist, daß der damit erzielte Deckungsbeitrag die Fixkosten überhaupt deckt.

Der **Zusammenhang mit der Preisuntergrenze** ist offensichtlich: Bei beiden sind die relevanten Kosten (gesamte Grenzkosten) maßgebend. Der Unterschied zur Preisuntergrenze liegt nur in der zugrunde liegenden Menge: Die Preisuntergrenze ist der Durchschnittswert über die relevanten Kosten des gesamten (zB) Zusatzauftrages, für den optimalen Preis bildet die Grenzkostenfunktion die Basis. Ist die Grenzkostenfunktion konstant, entsprechen sich die beiden Konzepte: Der optimale Preis bestimmt sich dann aus der Preisuntergrenze und einem Aufschlag (Deckungsbeitrag).

Würde man die Vollkosten für die Preiskalkulation verwenden, könnte dies aus der oben gewonnenen Sicht nur zufällig zum tatsächlich optimalen Preis führen, nämlich dann, wenn bei der geplanten Menge der Vollkostenpreis gerade die *Amoroso-Robinson*-Relation (9) erfüllt. Im Normalfall erhält man damit aber (kurzfristige) Preisentscheidungen, die den maximalen Gewinn bei weitem verfehlen.

Empirische Ergebnisse

In einer Studie von 233 Industrieunternehmen in Deutschland im Jahr 1988 von *Küpper, Winckler* und *Zhang* (1990), S. 452, zeigte sich, daß bei der Preiskalkulation das traditionelle Zuschlagsverfahren vorherrscht. Dabei gehen rund 80% der Unternehmen von den Gesamtstückkosten aus. Es wird zwar eine Trennung in fixe und variable Kosten vorgenommen, die Preisstellung basiert aber in hohem Maß auf den Vollkosten.

Genauso sind Verfahren der **progressiven Preiskalkulation**, die von den Kosten ausgehen, diese ggf um einen Gewinnzuschlag erhöhen und dies dann als Preis anbieten, nicht optimal. Sie berücksichtigen nämlich die Marktseite überhaupt nicht. Bei Verwendung von Vollkosten entsteht darüber hinaus ein **Zirkelschluß**: Um die

Vollkosten pro Stück ermitteln zu können, muß die Absatzmenge bekannt sein. Diese hängt jedoch vom verlangten Preis und damit wiederum von den Kosten ab. Ein „**sich aus dem Markt kalkulieren**" ist eine typische mögliche Begleiterscheinung.

Kosten plus-Preisbildung

Bei der Kosten plus-Preisbildung erfolgt die Bestimmung des Preises als

$$p = (1 + \delta) \cdot k$$

wobei für k entweder die variablen Stückkosten oder die Stückkosten auf Vollkostenbasis verwendet werden. Die Größe $\delta \cdot k$ soll die (ggf verbleibenden) Fixkosten und den Gewinn abdecken.

Dieses Verfahren erfreut sich vor allem im Handel als **Handelsspannenkalkulation** einiger Beliebtheit. Grund ist, daß es sich um ein sehr **einfaches** und **schematisches** Verfahren handelt. Die Stückkosten sind darin die Einstandspreise der Waren (also die Einzelkosten). Für die Festlegung des produktgruppenspezifischen Aufschlagsatzes gibt es etliche Faustregeln.

Eine Modifikation dieses Verfahrens ist das ***Target pricing***. Dabei wird ein **Ziel-ROI** als Gewinnaufschlag festgelegt. Der *Return on Investment* (*ROI*) bestimmt sich aus Quotient des Gewinnes einschließlich der Zinsen auf das Fremdkapital durch das Gesamtkapital. Dieses Verfahren wird in den USA häufig verwendet, weil der *ROI* als eine wesentliche Steuerungsgröße dezentraler Unternehmenseinheiten angesehen wird (siehe auch 10. Kapitel: *Kennzahlen als Performancemaße*). Die Preisbestimmung ergibt sich aus:

$$p = k + i \cdot I$$

Dabei entspricht k den Vollkosten pro Stück (mit allen diesbezüglichen Problemen), i symbolisiert den geforderten Zinssatz auf das eingesetzte Kapital I zur Erzeugung des Produktes. Der **Vorteil** dieses Verfahrens ist, daß der Gewinnaufschlag nicht auf Kostenschwankungen reagiert und diese nicht verstärkt auf den Preis weitergibt, als Nachteil kann man (abgesehen von den Vollkosten pro Stück) die Probleme bei der Zurechnung des Kapitals I auf das Produkt sehen.

Ein Experiment

Im Rahmen eines (Fern-)Planspiels wurden von *Franzen* (1984) insgesamt 1.280 Teilnehmer aus der Praxis in zwei Gruppen geteilt: Eine Gruppe von Teams erhielt als Quartalsinformation neben Umsatzstatistik, Finanzsituation, Produktionsauslastung und Lagerbeständen eine Kostenträgerstückrechnung auf der Grundlage von *Vollkosten*, die andere auf der Grundlage von *Teilkosten*.

Es zeigte sich, daß die Teams mit Vollkosteninformationen recht „absonderliche" Entscheidungen trafen: Ein relativ neues Produkt war mit hohen (fixen) Gemeinkosten belastet. Um (scheinbar) profitabel zu werden, hoben die Teams den Preis stark an mit der Folge, daß der Absatz sank und sich ein hoher Lagerbestand aufbaute. Als Reaktion darauf wurde die Produktion reduziert, womit ein Sinken der Auslastung und Steigen der Stückkosten (zu Vollkosten) einherging. Um den Umsatzausfall zu mindern, wurde ein „altes" Produkt forciert, was hauptsächlich über einen Preiskampf erfolgte. Das Volumen des alten Produktes weitete sich entsprechend aus. Das Ergebnis: ein überaltertes Sortiment und eine Fehlsteuerung von Ressourcen.

Die Teams mit Teilkosteninformationen brachten es auf wesentlich bessere Ergebnisse. Auch die oft beschworene Gefahr, zu niedrige Preise zu verlangen, konnte im Experiment nicht bestätigt werden.

Die Kosten plus-Preisbildung führt nur unter ganz **speziellen Voraussetzungen** auch zum *optimalen* Preis:

1. Es dürfen **nur variable Kosten** angesetzt werden, und diese müssen **konstant** pro Stück sein.

2. Die Preis-Absatz-Funktion muß eine **konstante Elastizität** aufweisen. Dann ergibt ein Aufschlag von $\delta = \eta/(1 + \eta) - 1$ den optimalen Preis (siehe (11)).

3. Bei einer *linearen* Preis-Absatz-Funktion ist der Aufschlag $\delta = [\alpha/(\beta \cdot k) - 1]/2$ und damit zwar nicht von der Menge x, jedoch von den variablen Kosten abhängig (mit höherem k sinkt der Aufschlag).

Außerdem dürfen keinerlei Interdependenzen zeitlicher Art oder zwischen Produkten vorliegen.

3.2. Längerfristig optimale Preise

Für längerfristig optimale Preise müssen differenziertere Analysen angestellt werden. Dies geschieht im folgenden für zwei Aspekte, Kapazitätskosten und dynamische Preisstrategien.

Kapazitätskosten

Das grundlegende Ergebnis, daß Fixkosten für Preisentscheidungen nicht berücksichtigt werden dürfen, gilt nur für **kurzfristig optimale Preise**. Aus längerfristiger Sicht müssen für die Ermöglichung der Produktion Kapazitäten aufgebaut werden, die Kosten (aus kurzfristig Sicht Fixkosten) verursachen. *Beispiel*: Serienfertiger (zB Fahrzeugzulieferer) müssen zur Erfüllung von längerfristigen Aufträgen häufig erst die notwendigen Investitionen durchführen.[23]

Die Kosten von Kapazitäten, die im Zuge der Planung des Produktes samt seinem Preis erst längerfristig festgelegt werden, dann aber nicht mehr beeinflußbar sind, müssen für die *ex ante* Preisbestimmung berücksichtigt werden. Es handelt sich um **relevante Kosten** für den langfristig optimalen Preis; für den *kurzfristig* optimalen Preis sind sie dagegen differenziert zu behandeln. Die genaue Art und Weise, wie derartige Kosten Berücksichtigung finden können, wird an folgender Situation gezeigt.[24]

Die Erzeugung des Produktes verursacht (kurzfristig) variable Kosten pro Stück von k. Sie erfordert des weiteren v **Einheiten einer Ressource**, die kurzfristig nicht an Beschäftigungsänderungen angepaßt werden kann. Beispiele dafür wären eine Fertigungsanlage bestimmter Kapazität oder Personal, das über den betrachteten Zeitraum nicht gekündigt werden darf. Wird deren Kapazität $\overline{V}$ einmal festgelegt, kann sie nicht nach unten korrigiert werden. Eine kurzfristige Ausweitung ist dagegen möglich, wenngleich dies vergleichsweise hohe Kosten verursacht. Für die beiden obigen Beispiele würde dies eine Intensitätssteigerung bzw Überstunden bedeuten. Die Ausweitung sei unbeschränkt möglich (insbesondere um Kapazitätsbeschränkungen aus Vereinfachungsgründen nicht berücksichtigen zu müssen).

Konkret möge die **Kapazität** $\overline{V}$ insgesamt (Fix-)**Kosten** in Höhe von $c_0 \cdot \overline{V}$ je Periode bewirken. Eine Einheit der Ressource über der Kapazität $\overline{V}$ koste dagegen $c_1 > c_0$. Weitere Fixkosten des Unternehmens werden mit K^F bezeichnet. Die Gesamtkosten der Produktion von x Stück sind damit je nach Festlegung der Kapazität

$$K(x,\overline{V}) = K^F + k \cdot x + c_0 \cdot \overline{V} + \begin{cases} 0 & \text{falls } v \cdot x \leq \overline{V} \\ c_1 \cdot (v \cdot x - \overline{V}) & \text{falls } v \cdot x > \overline{V} \end{cases} \tag{12}$$

Die Entscheidung über die Dimensionierung der Kapazität ist dann fast trivial, wenn die künftige Nachfrage x im Entscheidungszeitpunkt **mit Sicherheit** bekannt ist. Da sowohl eine zu hohe als auch eine zu geringe Kapazität in weiterer Folge Mehrkosten verursacht, ist es optimal, $\overline{V}$ gleich der benötigten Menge $v \cdot x$ festzulegen. Die *ex ante* Gewinnfunktion lautet dann

$$G = p \cdot x - \left(k \cdot x + c_0 \cdot \overline{V} + K^F\right) = p \cdot x - \left(k \cdot x + c_0 \cdot v \cdot x + K^F\right)$$

Bei einer linear geneigten Preis-Absatz-Funktion $x = \alpha - \beta \cdot p$ ($\alpha, \beta > 0$, so daß $x > 0$ gewährleistet ist) lautet die notwendige Bedingung für ein Gewinnmaximum

$$\frac{\partial G}{\partial p} = \alpha - 2\beta \cdot p + \beta \cdot k + \beta \cdot c_0 \cdot v = 0$$

und

---

[23] Vgl *Bosse* (1991), S. 103.

[24] Das Modell entstammt *Banker* und *Hughes* (1994).

$$p^* = \frac{1}{2} \cdot \left(\frac{\alpha}{\beta} + \left(k + v \cdot c_0 \right) \right) \tag{13}$$

Daraus ist ersichtlich, daß der optimale Preis die Kapazitätskosten genauso berücksichtigt, als ob sie variable Kosten wären.[25] Das heißt, die Kapazitätskosten sind für die Preisbestimmung *ex ante* relevant. Ist die Kapazität aber einmal festgelegt, reduzieren sich die relevanten Kosten auf k, die Kosten der Kapazität sind „*sunk*". Der *ex post* optimale (kurzfristige) Preis wird jedoch *nicht* geringer, sondern **bleibt gleich**. Der Grund liegt darin, daß zu diesem Preis p^* die Kapazität gerade zur Gänze ausgelastet wird, und ein Senken des (kurzfristigen) Preises eine höhere Menge mit sich brächte. Diese könnte nur durch ein Produzieren über der Kapazität von $\overline{V}$ abgedeckt werden und würde Stückkosten von $k + v \cdot c_1 > k + v \cdot c_0$ verursachen, das kann aufgrund der Optimalitätsbedingung für p^* nicht optimal sein. Die Differenz zwischen k und p^* ist der Deckungsbeitrag eines (zu verdrängenden Stückes) und entspricht gerade den Opportunitätskosten der knappen Kapazität. Kurzfristiger und langfristiger Preis fallen also zusammen.

Unsicherheit über die Absatzmenge

Nun ist die Sicherheitssituation wenig deskriptiv. Die Kapazitätsentscheidung wird so getroffen, daß es niemals zu Mehrkosten c_1 kommen wird. Diese sind daher in den Kosten für die Preisentscheidung nicht enthalten. Im folgenden wird eine **stochastische Preis-Absatz-Funktion** angenommen:

$$x = \alpha - \beta \cdot p + \varepsilon$$

mit ε als Zufallsvariable mit Erwartungswert $E[\varepsilon] = 0$. Ein Preis p führt demgemäß zu einer erwarteten Absatzmenge $E[x] = \alpha - \beta \cdot p$. Die Dichtefunktion der (Zufalls-)Variablen x wird mit $f(x) > 0$, die Verteilungsfunktion mit $F(x)$ bezeichnet.

Der **erwartete Gewinn** für eine bestimmte Kapazität $\overline{V}$ und einen Preis p lautet

$$E\left[G(p, \overline{V}) \right] = (p - k) \cdot E[x] - K^F - c_0 \cdot \overline{V} - \int_{\overline{V}/v}^{\infty} c_1 \cdot \left(v \cdot \xi - \overline{V} \right) \cdot f(\xi) d\xi \tag{14}$$

Der erste Ausdruck ist der erwartete Deckungsbeitrag; von diesem werden die Fixkosten K^F sowie die fixen Kosten der Ressource mit Kapazität $\overline{V}$ und der Erwartungswert der Mehrkosten infolge zu geringer Dimensionierung von $\overline{V}$ abgezogen (ξ ist die Integrationsvariable für x). Diese Mehrkosten entstehen für jedes $x > \overline{V}/v$.[26]

---

[25] Unter Berücksichtigung der Tatsache, daß die Qualifizierung als Fixkosten von der Fristigkeit des Problems abhängt, handelt es sich eigentlich um (bei richtiger Fristigkeit gesehen) variable Kosten.

[26] Implizit wird dabei $p^* > k + v \cdot c_1$ angenommen, dh die Mehrkosten sind nicht zu hoch, weil das Unternehmen sonst nur genau an der (Normal-)Kapazität produzierte und einer erhöhten Nachfrage nicht nachkäme.

Das Unternehmen hat zwei Entscheidungen zu treffen: die optimale Kapazität $\bar{V}^*$ und den optimalen Preis p^*. Die notwendigen Bedingungen ergeben sich aus den partiellen Ableitungen von (14) nach den beiden Größen. Sei zunächst die **Kapazitätsentscheidung** betrachtet:

$$\frac{\partial E[G]}{\partial \bar{V}} = -c_0 + c_1 \cdot \underbrace{\int_{\bar{V}/v}^{\infty} f(\xi)d\xi}_{=1-F\left(\frac{\xi}{v}\right)} + \frac{1}{v}\cdot c_1 \cdot \underbrace{\left[v\cdot\frac{\bar{V}}{v}-\bar{V}\right]}_{=0} \cdot f\left(\frac{\bar{V}}{v}\right) = 0$$

Die **optimale Kapazität** $\bar{V}^*$ bestimmt sich implizit durch

$$1-F\left(\frac{\bar{V}^*}{v}\right) = \frac{c_0}{c_1} \tag{15}$$

Je höher die Mehrkosten c_1 relativ zu c_0 sind, desto größer wird $F(\bar{V}^*/v)$, dh desto größer wird die Kapazität $\bar{V}^*$ gewählt. Angenommen, $F(\cdot)$ ist symmetrisch, dann wird für $c_1 > 2c_0$ sogar eine höhere Kapazität aufgebaut, als dem Erwartungswert der Absatzmenge entspricht.

Der **optimale Preis** p^* ergibt sich durch Nullsetzen der partiellen Ableitung von (15):

$$\frac{\partial E[G]}{\partial p} = E[x]+(p-k)\cdot E'[x]-c_1\cdot\frac{\partial}{\partial p}\left(\int_{\bar{V}/v}^{\infty}(v\cdot\xi-\bar{V})\cdot f(\xi)d\xi\right) =$$

$$= (\alpha-\beta\cdot p)+(p-k)\cdot(-\beta)+c_1\cdot v\cdot\beta\cdot\left[1-F\left(\frac{\bar{V}}{v}\right)\right]$$

wobei zunächst für x die Preis-Absatz-Funktion eingesetzt wurde. Der letzte Term dieses Ausdrucks ergibt sich wie folgt, wenn die Dichtefunktion $f(x) = f(\alpha - \beta\cdot p + \varepsilon)$ in die Dichtefunktion $f_0(\varepsilon)$ transformiert wird:

$$\frac{\partial}{\partial p}\left(c_1\cdot\int_{\bar{V}/v}^{\infty}(v\cdot\xi-\bar{V})\cdot f(\xi)d\xi\right) = \frac{\partial}{\partial p}\left(c_1\cdot\int_{\bar{V}/v-\alpha+\beta\cdot p}^{\infty}\left[v\cdot(\alpha-\beta\cdot p+\varepsilon)-\bar{V}\right]\cdot f_0(\varepsilon)d\varepsilon\right) =$$

$$= -c_1\cdot v\cdot\beta\cdot\int_{\substack{\bar{V}/v\\-\alpha+\beta\cdot p}}^{\infty} f_0(\varepsilon)d\varepsilon - c_1\cdot\beta\cdot\underbrace{\left[v\cdot(\alpha-\beta\cdot p+\frac{\bar{V}}{v}-\alpha+\beta\cdot p)-\bar{V}\right]}_{=0}\cdot f_0\left(\frac{\bar{V}}{v}-\alpha+\beta\cdot p\right)$$

Eine Vereinfachung der Bedingung und Einsetzen der Optimalitätsbedingung (15) für $\bar{V}^*$ ergibt

$$\frac{\partial E[G]}{\partial p} = \alpha - 2\beta\cdot p + \beta\cdot k + \beta\cdot c_1\cdot v\cdot\frac{c_0}{c_1} = 0$$

und schließlich

$$p^* = \frac{1}{2} \cdot \left(\frac{\alpha}{\beta} + \left(k + v \cdot c_0 \right) \right) \tag{16}$$

Daraus wird ein vielleicht überraschendes Ergebnis sichtbar: Der optimale Preis p^* entspricht dem optimalen Preis in der Sicherheitssituation (siehe (15)). Er hängt weiterhin *nicht* von den Mehrkosten c_1 der Überbelastung der optimal dimensionierten Kapazität ab, sondern nur von den variablen Kosten k und den Stückkosten der Verwendung der Ressource $v \cdot c_0$. Die Mehrkosten c_1 spielen für die Bestimmung der optimalen Kapazität eine prominente Rolle, für den optimalen Preis sind sie – darüber hinaus – jedoch nicht mehr weiter wichtig. Die optimale Kapazität berücksichtigt damit bereits den gesamten Effekt von c_1. Natürlich hängt dieses Ergebnis von den Modellspezifikationen ab, in erster Linie von der Funktion der Kapazitätskosten.

Die Kosten der Kapazität $c_0 \cdot \overline{V}$ werden **gleichmäßig** auf die bei völliger Ausnutzung der Normalkapazität produzierbare Absatzmenge $x = \overline{V}^*/v$ umgelegt. Diese „Stückkosten" $(k + v \cdot c_0)$ entsprechen *nicht* den durchschnittlichen Kosten der Ressourcennutzung; diese sind höher, weil dafür die Mehrkosten $v \cdot c_1$ sehr wohl relevant sind; es kommt ja mit einer Wahrscheinlichkeit von $1 - F(\overline{V}^*/v) > 0$ zu einer Überbeanspruchung der Kapazität und damit zu den Mehrkosten pro Stück.

Dieser langfristig optimale Preis wird gemeinsam mit der Kapazität einmal festgelegt. Fallen diese beiden Entscheidungen zeitlich auseinander und kommen zwischen dem Bestimmen der Kapazität und dem Preis **neue Informationen** zutage, hat dies wiederum einen Effekt auf die Kapazitätsbestimmung, der im Rahmen eines sequentiellen Entscheidungsmodells gelöst werden muß. Wird beispielsweise ε *vor* Festlegung des Preises bekannt, dann ergibt sich ein Variieren des Preises zwischen zwei (zustandsabhängigen) Extremfällen: Reicht die Kapazität mit Sicherheit aus, dann ist der kurzfristig optimale Preis

$$p = \frac{1}{2} \cdot \left(\frac{\alpha + \varepsilon}{\beta} + k \right)$$

Wird die Kapazität mit Sicherheit überschritten, steigt er auf

$$p = \frac{1}{2} \cdot \left(\frac{\alpha + \varepsilon}{\beta} + \left(k + v \cdot c_1 \right) \right)$$

Die auf die Information sensibel reagierenden Preisentscheidungen haben jedoch *rückwirkend* einen Einfluß auf die Kapazitätsentscheidung, die in einem solchen Fall nicht mehr durch (15) bestimmt werden kann; dafür ist ein sequentielles Modell aufzustellen.[27]

---

[27] Der Grund liegt darin, daß ε nicht linear in das Modell eingeht, sondern über $p \cdot x(p)$ multiplikativ. Deshalb wirkt sich ein schwankendes ε nicht gleichmäßig auf den Erwartungswert aus. Vgl zu einem sequentiellen Ansatz im Zusammenhang mit dem obigen Modell und der vergleichenden Analyse verschiedener, kostenbasierter Preisbildungsregeln *Göx* (2001).

3.3. Dynamische Preisstrategien

Preise können vielfach nicht jede Periode beliebig stark geändert werden, sondern müssen sich an den bis dahin verlangten Preisen orientieren. Eine **Preisstrategie** ist eine Menge von Preisen $\{p_1, p_2, ..., p_T\}$ über den Betrachtungszeitraum $t = 1, ..., T$. Im Gegensatz zu einer statischen Analyse werden hier Variablen verschiedener Zeitpunkte bzw Perioden einbezogen.

Gründe für Interdependenzen zwischen Preisen und den Absatzmengen verschiedener Perioden sind vielfältig. Sie können aus Markt- und Produktionsgegebenheiten resultieren. Beispiele sind:[28]

- Der Preis einer Periode formt die **Preiserwartungen** in späteren Perioden, dies kann zB Spekulationen auslösen. Preiserhöhungen und Preissenkungen verändern das Nachfrageverhalten uU nicht symmetrisch; das kann durch Pulsationsstrategien ausgenutzt werden.

- *Carry over*-**Effekte**, wie zB Markentreue beim Wiederkauf bzw Ersatzkauf, das Bedürfnis nach Abwechslung, Mund-zu-Mund-Werbung, Imitation.

- **Produktlebenszyklus**. Er bestimmt die Nachfrage und die Konkurrenzwirkungen.

- **Kostendynamik**. Die Stückkosten einer Periode hängen von der Produktionsmenge (und damit Absatzmenge) der früheren Perioden ab (Erfahrungskurve bzw Lernkurve, Verschleißeffekte). In diesem Zusammenhang haben *skimming*-Strategien (Abschöpfung) und *penetration*-Strategien (Marktdurchdringung) Bekanntheit erlangt.

- Interdependenzen aufgrund der **Ziele** des Unternehmens (zB Bewertungsinterdependenzen: siehe 2. Kapitel: *Die Kosten- und Leistungsrechnung als Entscheidungsrechnung*).

Im Rahmen der KLR erhebt sich (wiederum) die Frage, inwieweit es sinnvoll sein kann, solche Probleme mit Hilfe der Kosten-Leistungs-Konzeption III zu behandeln, die ja Separationsannahmen zeitlicher Art beinhalten. Viel eher ist die Kosten-Leistungs-Konzeption II gerechtfertigt, die zB mit dem Kapitalwert der Zahlungen rechnet.

Zeitliche Interdependenzen können über eine **dynamische Preis-Absatz-Funktion** der folgenden Form erfaßt werden:

$$x_t = x_t(p_1, p_2, ..., p_t) \quad \text{oder} \quad x_t = x_t(x_1, x_2, ..., x_{t-1}, p_t) \tag{17}$$

Die Absatzmenge in Periode t hängt nicht nur vom Preis p_t der jeweiligen Periode, sondern auch von einem oder mehreren Preisen der Vergangenheit ab. Da die vergangenen Preise über die Preis-Absatz-Funktion mit den Absatzmengen zusammen-

---

[28] Vgl *Simon* (1992), S. 239 – 290. Kontrolltheoretische Modelle zu einzelnen Strategien finden sich zB in *Feichtinger* und *Hartl* (1986), S. 334 – 342.

hängen, kann diese Abhängigkeit auch gegenüber den früheren Absatzmengen dargestellt werden.

Betrachtet man vereinfachend nur zwei Perioden, so kann die Absatzmenge in der zweiten Periode als $x_2 = x_2(x_1, p_2)$ geschrieben werden. Der Barwert des Gewinnes über die beiden Perioden unter Verwendung des Diskontfaktors $\rho = 1 + i$ lautet dann

$$G = \left[p_1 \cdot x_1 - K(x_1) \right] \cdot \rho^{-1} + \left[p_2 \cdot x_2 - K(x_2) \right] \cdot \rho^{-2}$$

Daraus zeigt sich zunächst, daß sich der optimale Preis in der **zweiten** (allgemein letzten betrachteten) **Periode** strukturell nicht vom kurzfristig optimalen Preis unterscheidet; sämtliche zeitlich vorausgegangenen Größen sind zu Daten geworden, die bei Bildung der ersten Ableitung als notwendige Bedingung für ein Maximum wegfallen.

Der optimale (dynamische) Preis in der **ersten Periode** ergibt sich durch

$$\frac{\partial G}{\partial p_1} = \left(x_1 + \left[p_1 - K'(x_1) \right] \cdot \frac{dx_1}{dp_1} \right) \cdot \rho^{-1} + \left[p_2 - K'(x_2) \right] \cdot \frac{\partial x_2}{\partial x_1} \cdot \frac{dx_1}{dp_1} \cdot \rho^{-2} = 0 \qquad (18)$$

Vergleicht man diesen Ausdruck mit dem kurzfristig optimalen Preis in $t = 1$, nämlich (siehe auch (8))

$$x_1 + \left[p_1 - K'(x_1) \right] \cdot \frac{dx_1}{dp_1} = 0$$

unterscheiden sie sich durch den abgezinsten Deckungsbeitrag in der zweiten Periode. Der optimale Preis entsteht aus einem Trade-off zwischen kurzfristigem und langfristigem Gewinn.

Die **Wirkung** des Differenzausdruckes auf den optimalen Preis p_1^* hängt vom Vorzeichen der partiellen Ableitung $\partial x_2 / \partial x_1$ ab. Unter den üblichen Annahmen, daß $dx_1/dp_1 < 0$ und $p^* - K'(x) > 0$ sind, ergibt sich:

Fall 1: $\partial x_2 / \partial x_1 > 0$: Dann ist der Differenzausdruck negativ. Der optimale Preis p_1^* ist damit *geringer* als im kurzfristigen Fall. Der Grund ist einleuchtend: Wird in der ersten Periode (relativ) mehr abgesetzt, erhöht dies für sich den Absatz in der nächsten Periode. Einen Mehrabsatz in Periode 1 kann man durch Senkung des Preises erzielen.

Fall 2: $\partial x_2 / \partial x_1 < 0$. Dann ergibt sich ein höherer optimaler Preis p_1^* als kurzfristig.

Die Entscheidung über den Preis in der ersten Periode verschiebt also die in der nächsten Periode geltende Preis-Absatz-Funktion. Der Effekt wird (*ceteris paribus*) größer, wenn die Grenzkostenfunktion in der Folgeperiode gegenüber der ersten Periode ein niedrigeres Niveau erreicht, was zB bei Lerneffekten der Fall ist. Das heißt, für die Bestimmung der optimalen Preis*strategie* sind auch die späteren Kosten von Bedeutung. Sind die Auswirkungen auf die Folgeperiode sehr stark, kann es sich sogar lohnen, einen Anfangspreis *unter* den Grenzkosten zu verlangen.

Auf analoge Weise können **Kosteninterdependenzen** aufgrund von $k_t = k_t(x_1, x_2, ..., x_{t-1}, x_t)$ berücksichtigt werden. Ein Beispiel sind **Lerneffekte**, aus denen eine Minderung der Produktionskosten je Produkteinheit mit steigender kumulierter Produktionsmenge resultiert (siehe die Diskussion zu Beginn dieses Kapitels). Ein anderes Beispiel sind **Verschleißeffekte**: Mit Ausdehnung der Produktion können auf Grund von Materialermüdung und Verschleißerscheinungen bei den Aggregaten häufigere und/oder vermehrte Wartungs- und Instandhaltungsaktivitäten erforderlich werden. Auch die Verbrauchseigenschaften der Aggregate bezüglich der Betriebs- und Rohstoffverbräuche können sich durch umfangreiche Nutzung ändern. Umgerechnet auf eine Produkteinheit führen diese Effekte zu einer Erhöhung der Produktionskosten je Produkteinheit mit fortschreitender Ausdehnung der Produktion.

Zur Abbildung dieser Zusammenhänge wird gedanklich von **Basisstückkosten** bk_t einer Periode t ausgegangen, die nur denn gelten, wenn in den früheren Perioden *keine* Fertigung stattgefunden hätte. Die Abhängigkeiten von der kumulierten Produktionsmenge werden dann durch **Änderungsfaktoren** $c_t(x_t)$ der Stückkosten (Auszahlungen) berücksichtigt. Diese geben an, in welchem Umfang sich die *künftigen* (also für die Perioden $t+1$, $t+2$, ... gültigen) Stückkosten ändern, wenn in der Periode t die Produktionsmenge x_t gewählt wird. Für die resultierenden Stückkosten k_t gilt also

$$k_t = \left[\prod_{\tau=1}^{t-1}\left(1 + c_\tau\left(x_\tau\right)\right)\right] \cdot bk_t \qquad t = 1, ..., T; k_1 = bk_1 \qquad (19)$$

So folgt zB für die Stückkosten in $t = 4$

$$k_4 = \left(1 + c_1\left(x_1\right)\right) \cdot \left(1 + c_2\left(x_2\right)\right) \cdot \left(1 + c_3\left(x_3\right)\right) \cdot bk_4$$

In dieser Darstellung werden die Effekte früherer Produktionsmengen auf die Stückkosten späterer Perioden deutlich. Normiert man die Änderungsfaktoren auf $c_t(0) = 0$, ergibt sich:

- $c_t'(x_t) < 0$ im Falle von **Lerneffekten**
- $c_t'(x_t) > 0$ im Falle von **Verschleißeffekten**.

Angenommen, man befindet sich am Beginn der Periode $t = 1$, für die das optimale Produktionsprogramm und die optimalen Preise zu bestimmen sind. Die Produktionsmengen für die Perioden $t = 2$, ..., T seien vereinfachend auf Grund bestimmter Erwartungen gegeben, es gilt also $x_t = \bar{x}_t$ für $t = 2$, ..., T. Damit sind aber auch alle Änderungsfaktoren $c_t(x_t)$ für die Folgeperioden festgelegt. Daraus ergibt sich ein modifizierter Faktor für die Auszahlungen je Produkteinheit:

$$\bar{k}_t = \left[\prod_{\tau=2}^{t-1}\left(1 + c_\tau(\bar{x}_\tau)\right)\right] \cdot bk_t \qquad t = 2, ..., T; \bar{k}_2 = bk_2 \qquad (20)$$

Der Auszahlungskapitalwert KW_a im Sinne der Kosten-Leistungs-Konzeption II (siehe 2. Kapitel: *Die Kosten- und Leistungsrechnung als Entscheidungsrechnung*) lautet wie folgt:

$$KW_a = k_1 \cdot x_1 \cdot \rho^{-1} + \left(1 + c_1(x_1)\right) \cdot \sum_{t=2}^{T} \overline{k}_t \cdot \overline{x}_t \cdot \rho^{-t} + \sum_{t=1}^{T} A_t^F \cdot \rho^{-t}$$

wobei $\rho = 1 + i$ den Aufzinsungsfaktor und A_t^F die fixen Periodenauszahlungen bezeichnen. Unter den gesetzten Annahmen ist der Auszahlungskapitalwert faktisch nur von der **Produktionsmenge der ersten Periode** abhängig, dh $KW_a = KW_a(x_1)$. Die **Grenzkosten** einer Mengeneinheit x_1 entsprechen der ersten Ableitung der Funktion des Auszahlungskapitalwertes nach x_1:

$$KW_a'(x_1) = k_1 \cdot \rho^{-1} + c_1'(x_1) \cdot \sum_{t=2}^{T} \overline{k}_t \cdot \overline{x}_t \cdot \rho^{-t} \qquad (21)$$

Die in (21) angegebenen „**dynamischen**" Grenzkosten unterscheiden sich von den „statischen" Grenzkosten k_1 (ohne Zinseffekt) bzw $k_1 \cdot \rho^{-1}$ (mit Zinseffekt) der ersten Periode also durch die Auswirkungen auf die künftigen Produktionsauszahlungen. Beim Vorliegen von Lerneffekten sind die „dynamischen" Grenzkosten niedriger, beim Vorliegen von Verschleißeffekten dagegen höher als die „statischen" Grenzkosten.

Das optimale Produktionsprogramm wird aus dem Kapitalwert KW, also der Differenz zwischen Einzahlungskapitalwert und Auszahlungskapitalwert abgeleitet. Für die laufenden Einzahlungen gelte $E_t = p_t(x_t) \cdot x_t$ mit $p_t'(x_t) < 0$. Wegen der Annahme gegebener Mengen für $t = 2, \ldots, T$ und des Fehlens zeitlicher Erlösinterdependenzen stehen auch die Einzahlungen für alle $t = 2, \ldots, T$ fest. Nullsetzen der ersten Ableitung von KW nach x_1 erbringt folgende **Bedingung** für die jetzt **optimale Menge** $\hat{x}_1$:

$$\left[p_1'(\hat{x}_1) \cdot \hat{x}_1 + p_1(\hat{x}_1) - k_1\right] \cdot \rho^{-1} - c_1'(\hat{x}_1) \cdot \sum_{t=2}^{T} \overline{k}_t \cdot \overline{x}_t \cdot \rho^{-t} = 0 \qquad \text{bzw}$$

$$p_1'(\hat{x}_1) \cdot \hat{x}_1 + p_1(\hat{x}_1) - k_1 - c_1'(\hat{x}_1) \cdot \sum_{t=2}^{T} \overline{k}_t \cdot \overline{x}_t \cdot \rho^{-(t-1)} = 0 \qquad (22)$$

Formal gesehen bleibt die Beziehung „**Grenzerlös = Grenzkosten**" weiterhin gültig, doch beinhalten die Grenzkosten jetzt einen dynamischen Aspekt. Bezeichnet man mit x_1^* und p_1^* die optimale Lösung aus „traditionell" kostenrechnerischer und damit statischer (einperiodiger) Sicht, zeigt eine Betrachtung von (22) folgende materielle Konsequenzen:

■   Bei **Lerneffekten** ist $\hat{x}_1 > x_1^*$ und damit $\hat{p}_1 < p_1^*$, weil aufgrund von $c_1'(\hat{x}_1) < 0$ der zusätzliche Term in (22) positiv ist. Es lohnt sich daher, unter Berücksichtigung der „dynamischen" Effekte den Preis zu senken, um **mehr zu produzieren** (und zu verkaufen) als bei alleiniger Betrachtung der laufenden Periode. Man kann diesen Effekt als eine Art

„Investition in Erfahrung" bezeichnen.[29] Der Überschuß in der ersten
Periode wird (durch eine in kurzfristiger Hinsicht vorgenommene
Überproduktion) bewußt verringert, um langfristig die Vorteile der
dadurch gesammelten Erfahrung in der Form niedrigerer künftiger Produktionsauszahlungen nutzen zu können.

■ Bei **Verschleißeffekten** ist demgegenüber $\hat{x}_1 < x_1^*$ bzw. $\hat{p}_1 > p_1^*$. Hier ist
es also vorteilhaft, unter Berücksichtigung der „dynamischen" Effekte
einen höheren Preis zu verlangen und damit **weniger zu produzieren**,
weil mit jeder in $t = 1$ produzierten Mengeneinheit die Auszahlungen für
das (vorläufig noch gegebene) künftige Produktionsprogramm steigen.
Man schränkt daher bereits heute die Produktion ein, um derartige Nachteile nicht zu groß werden zu lassen.

Die **Intensität der jeweiligen Effekte** hängt von folgenden Faktoren ab: Zunächst sind die
Erwartungen bzw Festlegungen bezüglich der *künftigen Produktionsprogramme* bedeutsam.
Betrachtet man zB die Verschleißeffekte, so induzieren höhere künftige Produktionsmengen auch
höhere Kostensätze. Daraus ergeben sich eindeutig höhere negative Zahlungskonsequenzen für
die heute zu treffende Produktionsentscheidung, was zu einer niedrigeren optimalen Menge für
die erste Periode führt. Bei den Lerneffekten verstärken höhere künftige Produktionsmengen zwar
die Intensität des heutigen Lerneffektes (weil die gesammelten Erfahrungen auf eine größere
Anzahl künftiger Produkte durchschlagen), bewirken andererseits aber eine Senkung der Kostensätze, was durch den Lerneffekt der *künftigen Mengen* hervorgerufen wird. Der kombinierte
Effekt steht *a priori* nicht fest.

Weiterhin ist auch die **Nutzungsdauer** T bedeutsam. Je länger das betrachtete Projekt genutzt
wird, desto größer wird – bei *gegebenen, unveränderten Produktionsmengen* der einzelnen
Perioden – das Gewicht der mehrperiodigen Lern- oder Verschleißeffekte. Schließlich spielt auch
der **Zinssatz** i eine Rolle. Je größer der Kapitalmarktzins ist, desto größer ist der Diskontierungs-
effekt und desto weniger wichtig werden (*ceteris paribus*) die künftigen Zahlungskonsequenzen
heute getroffener Maßnahmen.

Die bisherige Annahme gegebener Mengen für $t = 2, ..., T$ diente zur Verdeutlichung der grundlegenden Zusammenhänge, ist aber natürlich restriktiv. Die **künftigen Mengen und Preise** unterliegen grundsätzlich den **gleichen intertemporalen
Optimierungsüberlegungen** wie die Politik in der ersten Periode. Die Mengen der
Folgeperioden hängen daher von der anfangs gewählten Produktionsmenge ab, die
ihrerseits von den künftigen Mengen beeinflußt wird. Eine umfassende Optimierung
verlangt daher eine *simultane* Festlegung der gesamten Produktionsstrategie im
Zeitablauf.

---

[29]   Eine ähnliche Schlußfolgerung ergibt sich auch aus den Überlegungen bei *Maltry* (1989), S. 95
– 100.

Beispiel

In einem zweiperiodigen Problem beträgt der Kapitalmarktzins $i = 0,25$. Die Preis-Absatz-Funktionen seien für beide Perioden gleich, es gilt also: $p_t(x_t) = p(x_t) = 100 - 2x_t$ für $t = 1, 2$. Fixe Periodenauszahlungen liegen nicht vor. Die variablen Basis-Auszahlungen je Produkteinheit seien konstant und betragen $bk_1 = bk_2 = 20$.

„Statische" Optimierung

Vernachlässigt man zunächst potentielle Auszahlungsinterdependenzen, dann lassen sich beide Perioden voneinander trennen. Die optimale Produktionsmenge für jede Periode ergibt sich aus der Bedingung Grenzkosten = Grenzerlös. Auf Grund der für beide Perioden gleichen Verhältnisse folgt daraus eine für beide Perioden gleich hohe optimale Produktionsmenge. Die Grenzerlöse betragen $100 - 4x_t$, und mit den konstanten (statischen) Grenzkosten von 20 führt dies auf folgende optimale Produktionsmengen für $t = 1, 2$:

$$x_t^* = 80/4 = 20 \quad \text{und} \quad p_t^* = 60$$

Daraus resultiert ein Zahlungsüberschuß von 800 pro Periode. Der Barwert beider Überschüsse beträgt (bei $\rho = 1,25$) 1.152. Bei einer Investitionsauszahlung von 700 ergibt dies $KW = 1.152 - 700 = 452$.

„Dynamische" Optimierung

Wegen $T = 2$ brauchen beim Vorliegen von Auszahlungsinterdependenzen indirekte Effekte nur für die Produktionsentscheidung der ersten Periode berücksichtigt zu werden. Es reicht daher *ein* Änderungsfaktor aus, der im folgenden als Verschleißeffekt modelliert und in der Form $c(x_1) = 0,1x_1$ ausgedrückt wird. Die weitere Vorgehensweise ist wie folgt: Zuerst wird die optimale Produktionsmenge der *zweiten* Periode berechnet. Diese läßt sich als Funktion von x_1 ausdrücken. Dadurch kann auch der Zahlungsüberschuß der zweiten Periode als Funktion von x_1 geschrieben werden. Die gesamte Kapitalwertfunktion ist dann aber nur noch von x_1 abhängig, so daß diese Menge unter Berücksichtigung der indirekten Auszahlungswirkungen optimiert werden kann. Wegen der im ersten Schritt ermittelten Funktion für x_2 kann schließlich auch die in der zweiten Periode optimal zu fertigende Menge berechnet werden.

Optimierung für die zweite Periode

Die Grenzerlöse bleiben mit $100 - 4x_2$ unverändert, doch betragen die Grenzkosten jetzt $20 \cdot (1 + 0,1x_1)$. An der Stelle der für die zweite Periode optimalen Produktionsmenge muß daher gelten:

$$100 - 4\hat{x}_2 - 20 \cdot (1 + 0,1x_1) = 0 \quad \text{bzw.} \quad \hat{x}_2 = \frac{80 - 2x_1}{4} = 20 - 0,5x_1$$

Eine höhere Produktionsmenge in der ersten Periode induziert daher eine Verminderung der Produktion in der zweiten Periode. Berechnet man mit der gefundenen Lösung den Zahlungsüberschuß der zweiten Periode, folgt

$$\underbrace{[20 - 0,5x_1]}_{\hat{x}_2} \cdot \underbrace{[100 - 2 \cdot (20 - 0,5x_1)]}_{p(\hat{x}_2)} - \underbrace{(1 + 0,1x_1)}_{1 + c(x_1)} \cdot \underbrace{[20 \cdot (20 - 0,5x_1)]}_{bk_2 \cdot \hat{x}_2} = 800 - 40x_1 + 0,5x_1^2$$

Optimierung für die erste Periode

Für die Bestimmung von x_1 resultiert damit die Zielfunktion

$$KW = \frac{100x_1 - 2x_1^2 - 20x_1}{1,25} + \frac{800 - 40x_1 + 0,5x_1^2}{(1,25)^2} - 700$$

Nullsetzen der ersten Ableitung nach x_1 führt auf die Lösung

$$\frac{80 - 4\hat{x}_1}{1,25} + \frac{\hat{x}_1 - 40}{(1,25)^2} = 0 \quad \text{bzw} \quad 80 - 4\hat{x}_1 + 0,8\hat{x}_1 - 32 = 0$$

sowie $\hat{x}_1 = 15$ und $\hat{p}_1 = 70$

Für die zweite Periode folgt: $\hat{x}_2 = 20 - 0,5\hat{x}_1 = 20 - 0,5 \cdot 15 = 12,5$ sowie $\hat{p}_2 = 75$. Mit dieser Lösung ergibt sich für die erste (zweite) Periode ein Zahlungsüberschuß von 750 (312,5). Der Barwert dieser Überschüsse beträgt 800 und der Kapitalwert demnach 100. Würde man trotz der Auszahlungsinterdependenzen die obige „statische" Lösung realisieren (also in beiden Perioden 20 Stück fertigen), erzielte man in der ersten Periode zwar einen Überschuß von 800, in der zweiten Periode aber nur 0. Der Kapitalwert dieser Politik ist mit –60 negativ, das Projekt wäre daher (fälschlicherweise) unvorteilhaft. Wählt man statt dessen nur in der ersten Periode die „statische" Politik von 20 Stück, und paßt man sich in der zweiten Periode an diese Bedingungen an, dann würde man dort nur 20 – 0,5·20 = 10 Stück herstellen. Der Überschuß in $t = 2$ wäre dann 200, und man erhielte einen Kapitalwert von 68.

Dieser Fall entspricht einer grundsätzlich sukzessiv-kurzfristigen Politik, bei der nur die Bedingungen der jeweils vorliegenden Periode erfaßt werden. Dabei findet nur Beachtung, daß diese Bedingungen durch *frühere* Maßnahmen vorgegeben sein können. Eine permanente Realisierung der „statischen" Politik würde demgegenüber noch nicht einmal das berücksichtigen.

Hinweis: Das obige Beispiel läßt sich alternativ auch dadurch lösen, daß aus den Bedingungen erster Ordnung für die Maximierung der gesamten Kapitalwertfunktion ein (lineares) Gleichungssystem gebildet wird, das nur von x_1 und x_2 abhängt und nach diesen Variablen aufgelöst werden kann. Der Leser ist eingeladen, dies selbst zu versuchen.

3.4. Interdependenzen zwischen Produkten

Sämtliche der bisherigen Analysen über die Höhe optimaler Preise bezogen sich auf ein *einzelnes* Produkt. Dies ist solange problemlos, als keine Interdependenzen des Produktes mit den anderen Produkten des Unternehmens bestehen. Das diesbezüglich problemloseste Szenario ist ein Einproduktunternehmen. Normalerweise gibt es jedoch verschiedene Interdependenzen, wie insbesondere[30]

- **Substitutive Beziehungen**. *Beispiel*: Beim Kauf von PKW 525 wird PKW 325 nicht gekauft (vollständige Substitution).

- **Komplementäre Beziehungen**. *Beispiel*: Beim Kauf eines Naßrasierers werden auch Klingen mit gekauft.

- **Produktbündelung**. *Beispiel*: Fünf Schrauben und fünf Muttern sind in einer Schachtel verpackt.

- **Kosteninterdependenzen**. *Beispiel*: Bei gemeinsamer Produktion von zwei Produkten entstehen in Summe weniger Kosten als im Fall, daß jeweils nur ein Produkt erzeugt wird (*economies of scope*, Synergien);

---

[30] Vgl dazu *Simon* (1992), S. 423 – 425.

oder es entstehen mehr Kosten als im Fall, daß nur jeweils ein Produkt erzeugt wird (Kosten der Komplexität und der Variantenvielfalt).

Im Fall des Bestehens solcher Interdependenzen spricht man auch von **Sortimentsverbund** oder von **Produktlinien**.

Aus Sicht der KLR sind besonders die Kosteninterdependenzen von Bedeutung. Sie führen nämlich – wie auch schon bei der Ermittlung von Preisgrenzen angeführt – zum Problem der Ermittlung der Grenzkostenfunktionen für die jeweiligen Produkte. Gerade Kostenvorteile wie auch Kostennachteile lassen sich idR nicht exakt, sondern allenfalls willkürlich, den einzelnen Produkten zurechnen. Damit ist aber eine der wesentlichen Einflußgrößen für die optimale Preisbildung (bestenfalls) unscharf verfügbar. Es können dann aus Kostensicht nur beide Produkte gemeinsam betrachtet werden (dies ist insbesondere bei der Kuppelproduktion evident). Das Dilemma ist, daß aus Marketingüberlegungen eine getrennte Sichtweise sinnvoll erscheinen mag.

Die Auswirkungen bei Vorliegen (alleine) **marktmäßiger Interdependenzen** können ähnlich wie bei dynamischen Preisstrategien gezeigt werden. Der Zusammenhang zwischen Produkt $j = 1$ und Produkt $j = 2$ sei durch folgende Preis-Absatz-Funktion gegeben:

$$x_j = x_j(p_1, p_2) \quad \text{oder} \quad x_j = x_j(p_j, x_i) \qquad \text{für } i, j = 1, 2; \; i \neq j \tag{23}$$

Der Gesamtgewinn ergibt sich als

$$G = \big(p_1 \cdot x_1 - K(x_1) \big) + \big(p_2 \cdot x_2 - K(x_2) \big)$$

Die notwendige **Bedingung** für den optimalen Preis p_1 ergibt sich durch partielle Ableitung von G zu

$$\frac{\partial G}{\partial p_1} = x_1 + \big(p_1 - K'(x_1) \big) \cdot \frac{\partial x_1}{\partial p_1} + \big(p_2 - K'(x_2) \big) \cdot \frac{\partial x_2}{\partial p_1} = 0 \tag{24}$$

Gegenüber dem optimalen Preis des Produktes 1, wenn man Interdependenzen außer acht läßt, ergibt sich wieder ein **Differenzausdruck** (der letzte Term in (24)). Unter der Voraussetzung, daß $p_2 - K'(x_2) > 0$ ist, hängt das Vorzeichen von der partiellen Ableitung $\partial x_2 / \partial p_1$ ab.

Fall 1: $\partial x_2 / \partial p_1 > 0$. Steigt die Menge des Produktes $j = 2$, wenn man den Preis des Produktes $j = 1$ erhöht, liegt eine **substitutive Beziehung** vor. Der Differenzausdruck ist dann positiv. Die Folge ist, daß der optimale Preis p_1^* *über* dem Preis liegt, der ohne Berücksichtigung der Substitution ermittelt würde. Dadurch wird die Absatzmenge des Produktes $j = 1$ verringert, während gleichzeitig die Absatzmenge des Produktes $j = 2$ steigt. Im Optimum werden die Deckungsbeitragsgewinne und Deckungsbeitragsverluste daraus gerade ausgeglichen.

Fall 2: $\partial x_2 / \partial p_1 < 0$. Hier liegt eine **komplementäre Beziehung** vor. Der Differenzausdruck ist dann negativ. Die Folge ist, daß der optimale Preis p_1^* *unter* jenem Preis liegt, der ohne Berücksichtigung der Komplementarität ermittelt würde.

Dadurch wird die Absatzmenge des Produktes $j = 1$ gesteigert, was auch die Absatzmenge des Produktes $j = 2$ erhöht.

Die notwendige Bedingung (24) kann auch wie folgt geschrieben werden:

$$\frac{\partial G}{\partial p_1} = x_1 + \frac{\partial x_1}{\partial p_1} \cdot \left[\left(p_1 - K'(x_1) \right) + \left(p_2 - K'(x_2) \right) \cdot \frac{\partial x_2}{\partial x_1} \right] = 0 \qquad (25)$$

Dafür gelten die obigen Aussagen entsprechend mit dem Unterschied, daß $\partial x_2 / \partial x_1 >$
0 Komplementarität und $\partial x_2 / \partial x_1 < 0$ Substitutivität bedeuten.

Die Höhe des Unterschieds zwischen optimalem Preis unter Berücksichtigung des
Verbundes im Vergleich zum Preis ohne die Berücksichtigung hängt von der Höhe
des Grenzdeckungsbeitrages des anderen Produktes und von der Stärke des Zusammenhanges ab. Auch bei Interdependenzen zwischen Produkten kann der optimale
Preis *unter* den Grenzkosten liegen, wenn die indirekten Effekte hinreichend stark
sind (also zB bei substitutiven Beziehungen zu mehreren Produkten).

Die getroffenen Aussagen über die Auswirkungen von Marktinterdependenzen auf den optimalen
Preis erfolgten *ceteris paribus*, dh insbesondere unter der Annahme, daß der Preis des anderen
Produktes $j = 2$ konstant gehalten wird. Werden die Preise *beider* Produkte simultan optimiert,
müssen die Aussagen nicht unbedingt mehr zutreffen.[31]

Kalkulatorischer Ausgleich und Fixkostenallokation

Über die gegenseitige Beeinflussung der Preise bei Interdependenzen zwischen den
Produkten wird ein sogenannter **kalkulatorischer Ausgleich** erzielt, auch Mischkal-
kulation, Sortimentskalkulation oder Kompensationskalkulation genannt.[32] Darunter
versteht man grundsätzlich den Ausgleich geringer (oder gar negativer) Deckungsbeiträge von Produkten, die aus marketingpolitischen Erwägungen im Sortiment
gehalten werden (zB Lockartikel), durch hohe Deckungsbeiträge, die mit anderen
Produkten erwirtschaftet werden, bei denen dies der Markt zuläßt (zB Prestigepro-
dukte). Diese Charakterisierung hilft für die optimale Preisbildung jedoch noch
nichts. Benutzt man die Kostenrechnung, um einen solchen Ausgleich implizit zustande zu bringen, wird häufig die Anwendung des sogenannten **Tragfähigkeitsprinzips** empfohlen, wonach Produkte mit hohem Deckungsbeitrag mehr Fixkosten
(oder Gemeinkosten) zugerechnet erhalten, dh tragen müssen, als Produkte mit niedrigem Deckungsbeitrag. Auf diese Weise erscheinen die Verlustbringer „günstiger",

---

31 Beispiele für einen höheren (niedrigeren) Preis für ein Produkt trotz Komplementarität
(Substitutivität) finden sich in *Simon* (1992), S. 435 – 437.

32 Neben dem Ausgleich quer über Produkte gibt es noch einen zeitlichen oder räumlichen Ausgleich bei einem Produkt. Vgl zB *Diller* (2000), S. 264 – 268.

die Gewinnbringer „ungünstiger". Betrachtet ein Entscheidungsträger die Produkte isoliert, soll er dadurch von Fehlentscheidungen abgehalten werden.[33]

Eine **Fixkostenzurechnung** ist jedoch als Instrument für Preisentscheidungen (auch) bei Produktinterdependenzen **ungeeignet**.[34] Dem besseren Verständnis wegen wird dies an folgendem Beispiel gezeigt.

Beispiel: Das Unternehmen produziert zwei substitutive Produkte $j = 1$ und 2 mit folgenden Preis-Absatz-Funktionen und variablen Kosten

$$x_1 = 100 - 2p_1 + p_2 \quad \text{und} \quad k_1 = 4$$
$$x_2 = 200 - 2p_2 + p_1 \quad \text{und} \quad k_2 = 5$$

An Fixkosten fallen 5.096,5 an. Die Deckungsbeitragsfunktion lautet (die Fixkosten sind nicht relevant)

$$D = (p_1 - 4)\cdot(100 - 2p_1 + p_2) + (p_2 - 5)\cdot(200 - 2p_2 + p_1)$$

$$\frac{\partial D}{\partial p_1} = 100 - 2p_1 + p_2 - 2\cdot(p_1 - 4) + p_2 - 5 = 103 - 4p_1 + 2p_2 = 0$$

$$\frac{\partial D}{\partial p_2} = 200 - 2p_2 + p_1 - 2\cdot(p_2 - 5) + p_1 - 4 = 206 - 4p_2 + 2p_1 = 0$$

Daraus ergeben sich die optimalen Preise $p_1^* = 68,\overline{6}$ und $p_2^* = 85,8\overline{3}$, entsprechende Absatzmengen $x_1^* = 48,5$ und $x_2^* = 97$ sowie ein Deckungsbeitrag $D = 10.977,1\overline{6}$.

Zur Illustration: Bei *isolierter* Optimierung von D_1 und D_2 ergibt sich

$$\frac{\partial D_1}{\partial p_1} = 100 - 2p_1 + p_2 - 2\cdot(p_1 - 4) = 108 - 4p_1 + p_2 = 0$$

$$\frac{\partial D_2}{\partial p_2} = 200 - 2p_2 + p_1 - 2\cdot(p_2 - 5) = 210 - 4p_2 + p_1 = 0 \tag{26}$$

Daraus ergeben sich $p_1 = 42,8$ und $p_2 = 63,2$ mit isolierten Deckungsbeiträgen $D_1 = 3.010,88$ und $D_2 = 6.774,48$, zusammen $D = 9.785,36$. Die Preise liegen wesentlich *unter* denen bei optimaler Preisbildung, und der damit erzielte **Deckungsbeitrag** ist um rund 11% **niedriger**.

Läßt man die variablen Kosten k_j als Parameter in den Deckungsbeiträgen D_j von (26), so kann man die (isoliert) optimalen Preise p_j wie folgt ausdrücken:

---

[33]   Probleme dezentralisierter Entscheidungen, bei denen der Entscheidungsträger ein begrenztes Entscheidungsfeld hat, werden im Rahmen des Teils III: *Koordinationsrechnungen* noch ausführlicher behandelt. Im vorliegenden Kontext wäre die Vorgabe von *Deckungsbudgets* als Zieldeckungsbeitrag je Produkt der Allokation von Fixkosten jedenfalls vorzuziehen. Vgl zB *Riebel* (1994), S. 498 – 513.

[34]   Vgl dazu auch die Diskussion von Kostenallokationen im 11. Kapitel: *Verrechnungspreise und Kostenallokationen*.

$$p_1 \doteq 25 + \frac{p_2}{4} + \frac{k_1}{2} \quad \text{und} \quad p_2 = 50 + \frac{p_1}{4} + \frac{k_2}{2}$$

Man ersieht daraus, daß die Preise p_j jeweils in den anderen Preisen und in den eigenen Kosten k_j steigen. Das heißt, die Verwendung von Vollkosten anstelle von variablen Kosten erscheint grundsätzlich sinnvoll, weil die isoliert ermittelten Preise zu niedrig sind; der Ansatz höherer Kosten wirkt preiserhöhend.

Dazu sei folgender Zurechnungsmodus gegeben: Die Fixkosten in Höhe von 5.096,5 werden im Verhältnis von 38,46% : 61,54% = 1.960,2 : 3.136,3 zur Gänze den Produkten $j = 1$ bzw $j = 2$ zugerechnet.[35] Von Produkt 1 werden 48,5 Stück produziert, dh ein Stück „kostet" 4 + 1.960,2/48,5 = 44,416, ein Stück des Produktes 2 „kostet" 5 + 3.136,3/97 = 37,33. Da von Produkt 1 nur halb so viel wie von Produkt 2 erzeugt wird, trägt ein Stück des Produktes 1 allerdings mehr Fixkosten als ein Stück des Produktes 2, obwohl Produkt 2 den höheren Stückdeckungsbeitrag ($d_2 = 80,8\overline{3}$) erbringt. Setzt man diese Werte anstelle von k_j in die Bestimmungsgleichungen (26) für die isoliert optimalen Preise ein, erhält man (mit Rundungsdifferenzen) die (tatsächlich) optimalen Preise $p_1^* = 68,\overline{6}$ und $p_2^* = 85,8\overline{3}$. Die optimalen Mengen bleiben gleich.

Bei einer solchen Vorgangsweise wird allerdings ein wichtiges Detail außer Acht gelassen: Die Berechnung der anzulastenden Fixkosten könnte gar nicht erfolgen, wenn die optimalen Absatzmengen nicht schon bekannt wären, und diese erfordern die Kenntnis der optimalen Preise. Die „Lösung" des Interdependenzproblems durch Zurechnung von Fixkosten beruht daher auf einem Zirkelschluß: *Nach* Kenntnis der optimalen Preise und Mengen kann eine (idR partielle) Zurechnung der Fixkosten *konstruiert* werden, die auch isoliert betrachtet die optimalen Preise erzeugt.

Zusammenfassend ergibt sich also: Für die optimale Preisentscheidung bei Vorliegen von Produktinterdependenzen sind (weiterhin) nur die variablen Kosten maßgebend. Fixkosten, gleich, wie sie den Produkten zugeschlüsselt werden, führen zu falschen Entscheidungen. Bei substitutiven Beziehungen kann man jedoch durch Zurechnung von (idR Teilen der) Fixkosten zu den variablen Kosten zu „besseren" Preisentscheidungen kommen, *wenn* man (fälschlicherweise oder vereinfachend) von isolierter Optimierung jedes Produktes ausgeht.[36] Bei Komplementarität ist die Interpretation als Fixkostenzurechnung nicht mehr möglich, da die optimalen Preise geringer als die isoliert optimalen Preise sind. Dagegen ist diese Interpretation weiterhin denkbar, wenn der optimale Preis eines Produktes relativ steigt, der andere relativ sinkt. Dies ist unter bestimmten Konstellationen sowohl bei Substitutivität als auch Komplementarität möglich. Dann müßte ein Produkt Kosten des anderen tragen.

---

[35] Die Höhe der Fixkosten wie auch der Verteilungsschlüssel sind (von der Lösung her kommend) so konstruiert, daß die vollständige Fixkostenallokation gerade die optimalen Preise ergibt. Eine darüber hinaus gehende Begründung gibt es nicht.

[36] Bei Unsicherheit und einem risikoscheuen Entscheidungsträger wurde eine ähnliche Vorgangsweise vorgeschlagen: Vgl *Dickhaut* und *Lere* (1983); *Lere* (1986); *Krönung* (1988), S. 123 ff.

3.5. Konkurrenzreaktionen

Die Preis-Absatz-Funktion wurde bisher immer als gegeben angenommen. Dies trifft typischerweise dann zu, wenn das Unternehmen Monopolstellung auf einem bestimmten Produktmarkt innehat oder wenn es infolge eines unvollkommenen Marktes einen gewissen monopolistischen Spielraum besitzt. Konkurrenzreaktionen haben dann keine spürbare Auswirkung auf das Unternehmen, so daß sie für die Preisgestaltung nicht besonders zu berücksichtigen sind.

Im Falle eines **oligopolistischen Absatzmarktes** trifft diese Annahme jedoch jedenfalls nicht zu: Hier beobachtet eine geringe Zahl von Konkurrenten gegenseitig meist sehr genau, welche Preise ein Unternehmen anbietet, um ggf Gegenmaßnahmen zu treffen (zB Mitziehen mit einer Preissenkung oder Preiserhöhung). Die strategischen Reaktionen der Mitbewerber sind daher für die eigene Preisentscheidung wesentlich. Da diese Reaktionen wiederum maßgeblich durch die den Mitbewerbern entstehenden Kosten beeinflußt werden, ergibt sich ein Einfluß der Kosten anderer Unternehmen auf die Preisentscheidung eines Unternehmens. In der Folge wird dies zunächst an einer klassischen Duopolsituation (dem *Bertrand*-Gleichgewicht) und anschließend an der Kalkulation von Angebotspreisen bei Ausschreibungen gezeigt.

Eine klassische Duopolsituation

Um genaue Aussagen über den Einfluß der Reaktionen der Konkurrenten machen zu können, muß die Marktsituation spezifiziert werden. Dafür gibt es verschiedene Möglichkeiten. Für die Modellierung einer Preisentscheidung eignet sich das sogenannte *Bertrand*-**Gleichgewicht** am ehesten.[37]

Beispiel: Zwei Unternehmen 1 und 2 stellen ein homogenes Produkt her. Die Kostenfunktionen sind linear mit (vorerst) gleich hohen variablen Kosten $k_1 = k_2 = k$. Zu einem bestimmten Zeitpunkt geben beide Unternehmen gleichzeitig ihre Preise p_j bekannt, die sie während der betrachteten Periode nicht mehr ändern können. Daraus ergibt sich eine bestimmte Aufteilung der Nachfrage nach dem Produkt entsprechend der Preis-Absatz-Funktion des Marktes für dieses Produkt $x(p_1, p_2)$. Die Unternehmen müssen diese Nachfrage mit Absatzmengen x_1 und x_2 anschließend erfüllen.

Die Nachfrager werden gänzlich vom Unternehmen mit dem geringeren bekanntgegebenen Preis kaufen, das andere Unternehmen geht leer aus. Falls beide denselben Preis offerieren, wird die Menge nach einer bestimmten Regel (zB gleiche Menge für beide) aufgeteilt; dies ist jedoch für das folgende nicht wesentlich.

Angenommen, Unternehmen 1 wüßte, daß Unternehmen 2 p_2 anbietet. Dann besteht seine optimale Preisentscheidung darin, einen Preis knapp darunter, $p_1 = p_2 - \varepsilon$ anzubieten. Damit kann es die gesamte Nachfrage auf sich vereinen. Da beide Unternehmen aber nur einen Preis $p_j \geq k$ anbieten werden (ansonsten würden sie einen

---

[37]   Vgl ausführlich dazu zB *Tirole* (1988), S. 209 – 218; sowie zu etlichen Erweiterungen und auch anderen Marktsituationen (zB dem bekannten *Cournot*-Gleichgewicht) S. 218 – 287.

Verlust machen), ist das **einzige Gleichgewicht** $p_1^* = p_2^* = k$. In jedem anderen Fall besteht die Möglichkeit, daß das andere Unternehmen den eigenen Preis unterbietet, genauso wie das Unternehmen selbst einen Anreiz hätte, den Preis des anderen zu unterbieten. Diese Lösung ist allerdings relativ unbefriedigend, weil kein Unternehmen einen Deckungsbeitrag erzielt.[38]

Wenn **Fixkosten** bestehen, erleiden beide einen Verlust genau in Höhe dieser Fixkosten. Beide hätten einen Anreiz, (zumindest) einen Preis anzubieten, der die Fixkosten in dem Falle deckt, daß sie eine bestimmte Menge absetzen können. Da die Fixkosten aber versunken (*sunk*) sind, hat jedes Unternehmen immer einen Anreiz, das andere zu unterbieten, dadurch die gesamte Nachfrage zu bekommen und zumindest einen positiven Deckungsbeitrag zu erzielen, wenn auch nicht in Höhe der gesamten Fixkosten. Letztlich bleibt wieder das Gleichgewicht $p_1^* = p_2^* = k$ als einzige Lösung übrig.

Was passiert, wenn die **variablen Kosten** der beiden Unternehmen **unterschiedlich** sind, also zB $k_1 < k_2$? In diesem Fall ist der optimale Preis von Unternehmen 1 ein Preis ganz knapp[39] unter k_2, dh $p_1^* = k_2 - \varepsilon$ (es sei denn, der Monopolpreis liegt darunter; dann wäre dieser optimal). Damit zieht es die ganze Nachfrage an sich und macht so den maximalen Gewinn unter Berücksichtigung der Tatsache, daß Unternehmen 2 einen Preis von mindestens k_2 anbieten muß, um selbst keine Verluste zu machen. In diesem Fall hängt der optimale Preis von Unternehmen 1 *alleine* von den variablen Kosten des Unternehmens 2 ab.

Nun ist die „reine" *Bertrand*-Situation sicherlich extrem, weil die Unternehmen ausschließlich über den Preis konkurrieren. Berücksichtigt man zB, daß sich die Produkte zumindest ein wenig unterscheiden, kommt man zu einem anderen Ergebnis. Das gleiche gilt für den Fall, daß die Unternehmen knappe Kapazität haben, so daß sie gar nicht die gesamte Nachfrage befriedigen könnten. Wenig realistisch ist auch die Annahme, daß die Unternehmen ihre Preise, wenn sie einmal angekündigt sind, auch halten müssen. Die Unternehmen könnten sich auch vorher absprechen und den Markt irgendwie aufteilen. In jedem Fall kommt es allerdings dazu, daß die Kosten der Konkurrenz einen Einfluß auf den eigenen optimalen Preis haben.

Die Lösung dieser Konkurrenzsituation hängt wesentlich davon ab, daß die Unternehmen die jeweiligen **Kosten beider** vorweg **kennen**. Typischerweise ist dies jedoch nicht der Fall: Ein Unternehmen wird zwar relativ gut schätzen können, wie hoch die Kosten für die Erstellung des Produktes durch das andere Unternehmen sind, aber mit Sicherheit kennt es diese kaum. Handelt es sich um ein neues Produkt, dann kennt das produzierende Unternehmen nicht einmal selbst die eigenen Kosten genau. Eine solche **Unsicherheitssituation** wird im folgenden an Ausschreibungen diskutiert.

---

[38] Deshalb ist es auch gleichgültig, wie sich die gesamte Nachfrage bei gleichen Preisen auf die beiden Unternehmen verteilt.

[39] „Ganz knapp" bedeutet den höchsten Preis p_1, der strikt kleiner ist als k_2; bei einer Mindestgeldeinheit (zB Cent) also genau um eine solche Einheit weniger.

Kalkulation bei Ausschreibungen

Eine Ausschreibung (Submission) ist ein besonderes Versteigerungsverfahren (*competitive bidding*) für die Vergabe eines Auftrages. Eine typische Form ist die *closed bid*: Dabei gibt der jeweilige Anbieter sein Angebot in einem verschlossenen Umschlag beim Auftraggeber ab, der die eingelangten Angebote zu einem bestimmten Zeitpunkt öffnet und sich für das beste Angebot entscheidet. Ausschreibungen sind bei öffentlichen Auftraggebern vielfach vorgeschrieben, aber auch in der Privatwirtschaft bei vielen Investitionsgütern (zB Bauvorhaben, Computeranlagen, Fertigungsanlagen) anzutreffen.

Das **beste Angebot** richtet sich nach der Qualität der Leistung (die bestimmten Mindestanforderungen entsprechen muß), dem angebotenen Preis und vielfach noch anderen Überlegungen, wie zB Verläßlichkeit oder Erfahrung des Anbieters. Sind beispielsweise die Angebote in der Qualität der Leistung gleich und spielen keine sonstigen Überlegungen eine Rolle, so entspricht das beste Angebot dem mit dem niedrigsten Preis; davon wird im weiteren ausgegangen.

Das anbietende Unternehmen ist bestrebt, den höchsten Preis p anzubieten, der ihm gerade noch den Zuschlag sichert, sofern dieser Preis größer ist als die relevanten Kosten der Leistungserstellung k. Bezeichnet $\Phi(p)$ die Wahrscheinlichkeit, daß das Unternehmen beim angebotenen Preis p die Ausschreibung gewinnt, dann lautet die **Zielfunktion** bei *Risikoneutralität* des Unternehmens

$$\max_{p} E[G] = (p - k) \cdot \Phi(p) \tag{27}$$

Daraus wird der Trade-off der optimalen Preisbestimmung ersichtlich: Je höher der angebotene Preis, desto höher ist zwar der erzielte Deckungsbeitrag $p - k$, doch desto geringer wird die Wahrscheinlichkeit $\Phi(p)$, den Auftrag zu erhalten. Das eigentliche Problem der Preisentscheidung liegt in der Schätzung dieser Wahrscheinlichkeit. Dafür sind jedenfalls Informationen über die Kostensituation der Konkurrenten wertvoll. Angenommen, es gibt nur einen zweiten Anbieter, und man ist sich sicher, daß dessen Kosten größer als 300.000 sind. Die Wahrscheinlichkeit, den Auftrag zu erlangen, wenn weniger als 300.000 angeboten werden, ist gleich eins. Voraussetzung ist, daß ein Anbieter nicht unter seinen eigenen Kosten anbietet.

Ganz grundsätzlich ist der **optimale angebotene Preis** höher als die Kosten k, es wird also ein positiver Deckungsbeitrag erzielt. Die Höhe des **Aufschlages** auf die Kosten hängt von den Umständen der Ausschreibung ab, insbesondere sind dies:

- Art der Auswahl des Offerts (zB Niedrigstpreis, *Vickrey*-Regel[40], Möglichkeit von nachträglichen Verbesserungen),

- Informationen über die eigenen Kosten,

---

[40]   Die *Vickrey*-Auktion ist ein Verfahren, in dem der Billigstbieter den Zuschlag erhält, jedoch den Preis des nächstteureren Bieters erhält. Dieses Verfahren hat die interessante Eigenschaft, daß (als dominante Strategie) ein Preis in Höhe der eigenen Kosten k geboten wird. Vgl zB *Zelewski* (1988).

- Informationen über die Kosten der Konkurrenten,
- Zusammenhang der Kosten mit den Kosten der Konkurrenten,
- Anzahl der Konkurrenten.

Im **Anhang** zu diesem Kapitel wird der optimale Angebotspreis für eine einfache Situation mit zwei Anbietern ermittelt, deren Kosten voneinander unabhängig, aber *a priori* gleich verteilt sind.

Der Fluch des Gewinners[41]

Als Fluch des Gewinners (*winner's curse*) wird das Paradoxon bezeichnet, daß die Erteilung des Zuschlages an einen Anbieter diesen nicht immer wirklich glücklich macht. Der Grund: Verursacht die ausgeschriebene Leistung für alle Anbieter die gleichen Kosten, sind diese den Unternehmen jedoch selbst noch nicht bekannt, müssen sie geschätzt werden. Das Unternehmen, das die Kosten am geringsten geschätzt hat, erhält den Zuschlag, weil es den kleinsten Preis anbieten kann. Die Tatsache aber, daß alle anderen Unternehmen die (gleichen) Kosten höher geschätzt haben, heißt nichts anderes, als daß die eigene Kostenschätzung zu niedrig war. Das bedeutet weiter, daß der Preis nicht den erwarteten Deckungsbeitrag bringen wird. Dies sind „*bad news*", die mit Auftragserteilung bekannt werden.

Rationale Unternehmen werden dies bei ihrem Preisangebot berücksichtigen und einen höheren Preis fordern; erhalten sie den Auftrag trotzdem, müssen sie dies nicht bedauern, und erhalten sie ihn nicht, verursacht dies keinerlei zusätzliche Kosten. Da aber alle Unternehmen dies entsprechend berücksichtigen, verändert dies die Vergabe nicht.

Kosten der Vorbereitung des Angebotes sind für den optimalen Angebotspreis nicht relevant, weil sie mit der *Angebots*entscheidung anfallen und unabhängig vom Ergebnis der Ausschreibung sind. Die Entscheidung, *ob* angeboten werden soll, würde sich durch einen Vergleich des erwarteten Deckungsbeitrages und der Kosten der Angebotslegung ergeben.

Bestimmte Leistungen, die private Unternehmen gegenüber **öffentlichen Auftraggebern** anbieten, müssen besonderen Vorschriften genügen. In der BRD sind dies insbesondere die Leitsätze für die Preisbildung aufgrund von Selbstkosten (LSP), eine Verordnung aus dem Jahr 1953. Im wesentlichen handelt es sich um eine Zuschlagskalkulation auf Vollkostenbasis mit genauen Vorschriften über den Ansatz und die Bewertung von Kostenarten.[42]

Diese Vorschriften können Unternehmen jedoch nicht daran hindern, den optimalen Preis nach den obigen Überlegungen festzulegen.[43] Mit Hilfe von Kostenallokationen kann man vermutlich von diesem Preis auf die „Kosten" zurückrechnen, mit denen das Angebot gegenüber dem öffentlichen Auftraggeber gerechtfertigt wird. Vorschriften dieser Art entfalten ökonomische Relevanz dann, wenn der Wettbewerb unter mehreren Anbietern gering oder ausgeschlossen ist (zB ein Unternehmen ist Monopolanbieter).

---

[41]   Vgl dazu zB *McAfee* und *McMillan* (1987a), S. 720 – 722; zu etlichen Beispielen *Thaler* (1988).

[42]   Zu Details vgl *Coenenberg* (2003), 6. Kapitel.

[43]   Zur optimalen Gestaltung von Verträgen über die Preisgestaltung und Risikoverteilung bei öffentlichen Ausschreibungen vgl *Reichelstein* (1992).

4. Zusammenfassung

Preisgrenzen sind **Entscheidungswerte** für das Unternehmen, bei deren Über- oder Unterschreiten bestimmte Entscheidungen ausgelöst werden. **Preisuntergrenzen** werden zB für die Entscheidung über die Annahme oder Ablehnung eines Zusatzauftrages oder die Eliminierung eines Produktes aus dem Produktionsprogramm benötigt. **Preisobergrenzen** legen die Entscheidung über den Bezug von benötigten Beschaffungsgütern fest. **Relative Preisgrenzen** führen zu einer Veränderung der Zusammensetzung des Produktionsprogramms.

Für die Bestimmung von Preisgrenzen sind die **relevanten Kosten** zu ermitteln, das sind jene Kosten, die sich gegenüber der Ausgangssituation durch Änderung der Entscheidung ergeben. Sie umfassen bei einem Zusatzauftrag immer die **Grenzkosten** (des gesamten Auftrages, nicht nur des letzten Stücks) und alle weiteren Kosten, die durch die **Entscheidung beeinflußt** werden können. Dabei handelt es sich einmal um **Opportunitätskosten**, die dann auftreten, wenn ein Auftrag das bisherige Produktionsprogramm verändert. Dies kann auch (kurzfristig) **fixe Kosten** betreffen, zB bei der Möglichkeit des Ausbaues (der Einschränkung) der Kapazitäten bei Annahme (Ablehnung) des Auftrages.

Preisgrenzen sind kritische Werte, bei denen sich eine Entscheidung gerade ändert. Das heißt noch nicht, daß die tatsächlichen Preise diesen Preisen entsprechen müssen. Insbesondere können Kosten auch für die **Ermittlung optimaler Absatzpreise** verwendet werden. Sie sind jedoch nicht isoliert, sondern immer im Zusammenhang mit sämtlichen **Marketinginstrumenten** zu sehen.

Der **kurzfristig optimale Preis** ergibt sich grundsätzlich aus der fundamentalen Gleichung: **Grenzerlös = Grenzkosten**. Fixkosten spielen dabei keine Rolle. Das bedeutet, daß typische Verfahren der Preiskalkulation (zB Zuschlagskalkulation, Handelsspannenkalkulation, *Target pricing*) im Regelfall nicht zu optimalen Preisen führen. Sind (aus kurzfristiger Sicht) Fixkosten jedoch beeinflußbar, sind sie ebenfalls relevant. Es handelt sich dabei um die selben Überlegungen wie bei der **Preisuntergrenze**. Je nach Dauer der Leistungserstellung (Fristigkeit) werden damit mehr oder weniger (kurzfristig) fixe Kosten berücksichtigt. Beispielsweise sind für die Angebotserstellung eines langfristigen Fertigungsauftrages die meisten Kosten beeinflußbar, die Preisentscheidung basiert dann auf Vollkosten. Das Zurechnungsproblem von (dann nur mehr variablen) Gemeinkosten bei mehreren Aufträgen bleibt aber bestehen. Der optimale Preis hängt nicht nur von den **Produktkosten** in der betreffenden Periode ab, sondern zusätzlich von **künftigen Kosten** (dynamische Preisstrategien), von den **Interdependenzen** zu anderen Produkten und damit deren Kosten als auch von **Kosten der Konkurrenten**, wenn diese einen spürbaren Einfluß auf das Entscheidungsfeld des Unternehmens haben.

Das Ergebnis der Untersuchung, wie optimale Preise von den Kosten abhängen, hat gezeigt, daß es sehr **vielfältige Zusammenhänge** gibt, die eigentlich alle beachtet werden sollten. Für eine formale Analyse kann man sich leicht auf ein oder höchstens zwei Produkte und auf eine oder höchstens zwei Perioden beschränken und alles andere unbeachtet lassen (*ceteris paribus*-Annahme). In der **praktischen Anwendung** der Ergebnisse treten diesbezüglich jedoch Schwierigkeiten auf. Es existieren weit **mehr und komplexere Zusammenhänge**. Zusätzliche **Probleme** mit der Anwendung der Modellergebnisse liegen in den benötigten **Daten** selbst. So ist beispielsweise die Schätzung der Preis-Absatz-Funktion nicht gerade einfach. Schwierigkeiten liegen zB in der Produkt- und Marktdefinition, der Berücksichtigung von Produktinterdependenzen und den Einflüssen anderer Marketinginstrumente, die vom Preis als Einflußgröße kaum hinreichend isoliert werden können.

Fragen

1. Worin unterscheiden sich die Preisgrenzen für den Käufer und den Verkäufer eines Produktes?

2. Unter welchen Umständen ist es sinnvoll, den Wiederbeschaffungswert für benötigte Rohstoffe für die Preisuntergrenze eines damit hergestellten Produktes zu verwenden?

3. Wie unterscheiden sich Grenzkosten und relevante Kosten?

4. Weshalb muß bei der Kalkulation der Preisuntergrenze für einen Zusatzauftrag bei Kapazitätsbeschränkungen das *optimale* Produktionsprogramm bei Annahme des Zusatzauftrages mit dem *status quo* verglichen werden?

5. Was bedeuten die Kostenelastizität und die Lernrate im Rahmen der Erfahrungskurve?

6. Wie verhält sich die Preisuntergrenze (pro Stück) eines Zusatzauftrages mit höherer Auftragsmenge, wenn die Produktionskosten pro Stück konstant sind und nur potentielle Engpässe auftreten?

7. Welche Arten von Substitutionseffekten oder Komplementaritätseffekten gibt es zwischen Produkten? Wie wirken sich diese auf Preisuntergrenzen und optimale (kostenorientierte) Preise dieser Produkte aus?

8. Wie wirkt sich die Berücksichtigung von Zinseffekten auf die Preisuntergrenze von längerfristigen Aufträgen aus?

9. Für welche Arten von Preisentscheidungen werden Entscheidungsbäume verwendet?

10. Was muß alles für die Bestimmung der Preisobergrenze für einen Inputfaktor berücksichtigt werden?

11. Unter welchen Bedingungen führt eine Kosten plus-Preisbildung zu optimalen Preisen?

12. Was versteht man unter dem kalkulatorischen Ausgleich?

13. Welche Auswirkungen haben die Marktform und Konkurrenz auf die eigene Preisgestaltung? Wie kann man diese Auswirkungen erfassen?

14. Welche Konsequenzen ergeben sich aus dynamischen Kostenverhältnissen für die Bestimmung von Produktionsstrategien?

Probleme

1. **Preisuntergrenze und Lernkurve.** Die *Mäh&Drescher AG* erzeugt Traktoren. Da tritt *ASA* mit einem Zusatzauftrag über fünf Stück einer ganz speziellen, selten gewünschten Traktorvariante an sie heran. *Mäh&Drescher* erwartet, daß sich die Montagestunden pro Stück jeweils mit einer Verdoppelung der kumulierten Produktionsmenge um einen bestimmten Prozentsatz verringern. Von dieser Art Traktoren wurden vor einiger Zeit bereits einmal vier Stück hergestellt; dabei wird eine Lernrate α von 0,12 geschätzt. Ermitteln Sie die kurzfristige Preisuntergrenze für den Zusatzauftrag über diese fünf (weiteren) Traktoren. An Daten für die Kalkulation stehen zur Verfügung:

Materialkosten je Traktor	360.000
Materialgemeinkosten	25% der Materialkosten
Fertigungslohnkosten je Stunde	800
Fertigungsgemeinkosten	40% der Lohnkosten
durchschnittliche Montagestunden je Traktor (auf Basis der ersten vier Traktoren)	434 Stunden
variable Verwaltungsgemeinkosten	5% der variablen Herstellkosten
auftragsfixe Kosten	125.000

2. **Vollkostenkalkulation aus dem Markt heraus und in den Markt hinein.** Ein Unternehmen bestimmt seinen Absatzpreis für ein bestimmtes Produkt auf der Basis von Vollkosten zuzüglich eines prozentualen Gewinnaufschlags in Höhe von 10%. Die variablen Stückkosten des Produkts betragen $k = 200$, und man rechnet mit Fixkosten in Höhe von $K^F = 20.000$. Diese Kostengrößen werden für die folgenden Perioden als konstant angesetzt.

Die Marktverhältnisse sind durch eine für alle Perioden gleiche lineare Preis-Absatz-Funktion der Art $p(x) = 520 - x$ gekennzeichnet. Diese Funktion ist dem Unternehmen allerdings nicht bekannt. Es paßt seine Kalkulationen und mithin seine Preisstellung der jeweiligen aktuellen Nachfrageentwicklung an.

a) Angenommen, das Unternehmen legt seiner ersten Preisstellung eine Ausgangs-beschäftigung von $x = 120$ zugrunde. Verfolgen Sie die Nachfrage- und Preisent-wicklung über mehrere Perioden.

b) Gehen Sie jetzt davon aus, daß die erste Preisstellung auf Basis einer Ausgangs-beschäftigung von 170 durchgeführt wird. Verfolgen Sie die Nachfrage- und Preis-entwicklung über wenigstens 10 Perioden. Gegen welchen Wert konvergiert diese Entwicklung?

c) Angenommen, das Unternehmen weiß, daß die Marktverhältnisse durch eine für alle Perioden gleiche lineare Preis-Absatz-Funktion gekennzeichnet sind; es kennt lediglich die Parameter dieser Funktion nicht. Nach wie vielen Perioden sollte das Procedere der Teilaufgaben a) und b) spätestens aufgegeben werden? Wie lauten dann der wirklich optimale Preis und die wirklich optimale Beschäftigung? Wird diese Konstellation beim obigen Procedere jemals erreicht?

3. Angebotskalkulation. Die öffentliche Müllabfuhr hat einen Auftrag von acht Müllwägen ausgeschrieben. Das Unternehmen könnte den Auftrag ohne Engpässe durchführen. Es schätzt die variablen Kosten eines Müllwagens auf 45, wobei für besondere Ausschreibungserfordernisse noch zusätzlich 3 pro Müllwagen anfallen werden. Die Vollkosten betragen bei der derzeitigen Auslastung 125. Der Verkaufs-preis für ähnliche LKW bewegt sich im Rahmen von 140 bis 190 pro Stück. Die Kosten des Einschiebens des Auftrages in die normale Produktion infolge Um-stellung von Anlagen, insbesondere in der Lackiererei, werden auf 16 geschätzt. An Kosten für die Angebotserstellung fallen 10 an. Das Unternehmen glaubt aufgrund seiner Erfahrung, sowohl was Preise bei früheren Aufträgen der Müllabfuhr als auch, was das Konkurrenzverhalten angeht, von folgender Wahrscheinlichkeitsverteilung der Auftragserteilung ausgehen zu können:

$$\Phi(p) = \begin{cases} 0 & 250 < p \\ 1 - p/250 & 0 \leq p \leq 250 \\ 1 & p < 0 \end{cases}$$

Wie hoch ist der optimale Angebotspreis (das Unternehmen ist risikoneutral)? Um wieviel steigt der optimale Angebotspreis, wenn die variablen Kosten um 50 höher wären?

4. Angebotskalkulation mit vereinfachter Kostenrechnung.[44] Eine Straßenbauge-sellschaft macht eine Ausschreibung von fünf Tunnelprojekten. Um die Zuteilung dieser Projekte bewerben sich die *Grab & Wühl OHG* und die *Spreng & Bohr AG*. Die Vergabe erfolgt nach dem niedrigeren Angebotspreis. Die aktuellen, und für *beide* Unternehmen gleichen auftragsbezogenen Gesamtkosten für die Ausführung eines Tunnelprojektes j betragen: $K_j = 100 + 20M_j + 40A_j$, wobei M_j für die notwen-

---

[44] In Anlehnung an *Magee* (1986), S. 185.

digen Maschinenzeiteinheiten und A_j für die erforderlichen Arbeitszeiteinheiten stehen. Die Ausführung eines durchschnittlichen Tunnelprojektes benötigt 40 Maschinenzeiteinheiten sowie 20 Arbeitszeiteinheiten.

Für die fünf Tunnelprojekte ergeben sich folgende Einsätze an Material und Arbeitseinheiten:

Tunnelprojekt Nr.	Maschinenzeiteinheiten	Arbeitszeiteinheiten
1	21	8
2	17	10
3	24	11
4	20	12
5	19	7

Grab & Wühl verwendet eine einfache Zuschlagskalkulation, in der alle Kosten auf Basis der Arbeitszeiteinheiten abgerechnet werden. Die Gesamtkosten eines durchschnittlichen Projektes betragen 1.700, womit sich ein durchschnittlicher Zuschlagsatz von 85 pro Arbeitszeiteinheit errechnet. *Spreng & Bohr* verwendet dagegen *alleine* Maschinenzeiteinheiten für die Kalkulation; die durchschnittlichen Kosten pro Maschinenzeiteinheit betragen 42,5. Beide Unternehmen schlagen einen fixen Gewinn von 60 auf die so ermittelten Kosten auf.

a) Ermitteln Sie für jedes Projekt die beiden Angebote, die tatsächlichen (erwarteten) Kosten und jenes Unternehmen, das den Zuschlag erhält.

b) Unterscheidet sich der aufgrund von a) zu erwartende Gewinn vom projektierten Gewinn bei der Kalkulation? Wenn ja, um wieviel und warum?

5. **Preisuntergrenzen.** Ein Unternehmen stellt im Rahmen seiner regulären Politik drei Produkte auf einer Fertigungsanlage $i = 1$ her; darüber hinaus kann noch ein viertes Produkt gefertigt werden, das jedoch nur selten nachgefragt wird. Man bezieht es demnach nicht in die standardmäßige Planung des periodischen Produktions- und Absatzprogramms ein, sondern wartet aktuell eingehende Kundenanfragen ab. Die drei Standardprodukte benötigen einen Rohstoff ($i = 2$), der in der laufenden Periode nur in begrenztem Umfang zur Verfügung steht. Hinsichtlich der drei Standardprodukte $j = 1, 2, 3,$ der Mittelvorräte für das Aggregat und des Rohstoffs gelten für die laufende Periode nachfolgend dargestellte Daten.

Bei allen folgenden Fragen können potentielle Ganzzahligkeitsbedingungen vernachlässigt werden. Es fallen Fixkosten in Höhe von 6.000 an, und das Unternehmen strebt nach Maximierung des Periodengewinns, wobei die Bedingungen eines kurzfristig wirksamen Entscheidungsproblems erfüllt sein sollen.

Produkt	$j = 1$	$j = 2$	$j = 3$
Preis p_j	500	750	90
variable Kosten k_j	460	725	55
Obergrenze $\bar{x}_j$	800	1.000	200
Verbrauch v_{1j}	4	1	2
Verbrauch v_{2j}	5	5	3

	Anlage $i = 1$	Rohstoff $i = 2$
Kapazität $\bar{V}_i$	1.000	1.800

a) Unmittelbar nach Periodenbeginn, aber noch *vor* Realisierung des optimalen Programms der drei Standardprodukte geht überraschend eine Kundenanfrage nach dem Spezialprodukt $j = 4$ ein. Der Kunde hat einen Bedarf von 150 Stück des Spezialproduktes, für dessen Fertigung 3 Zeiteinheiten des Aggregats und 2 Mengeneinheiten des Rohstoffs benötigt werden (jeweils pro Stück des Spezialproduktes). Die variablen Stückkosten betragen $k_4 = 50$. Angenommen, das Unternehmen könne völlig frei darüber entscheiden, in welchem Umfang es die Kundenanfrage befriedigt (es kann zB auch nur ein Stück des Spezialprodukts liefern). Wie hoch ist dann die Preisuntergrenze für das Spezialprodukt?

b) Gehen Sie davon aus, daß der Kunde bereit ist, einen Preis von maximal 74 für das Spezialprodukt zu zahlen, und daß das Unternehmen weiterhin frei darüber entscheiden kann, in welchem Umfang es die Kundenanfrage befriedigt. Wie viele Einheiten des Spezialprodukts nimmt es zu diesem Preis in sein Programm auf? Wie wäre diese Frage zu beantworten, wenn die Aufnahme des Spezialproduktes zusätzliche Umstellungskosten am Aggregat in Höhe von 200 verursachen würde?

c) Unterstellen Sie jetzt, daß der Auftrag nur zur Gänze angenommen werden kann. Wie hoch ist die Preisuntergrenze für das Spezialprodukt?

6. Preisuntergrenzen in einem sequentiellen Modell. Gegeben sei ein Unternehmen mit Auftragsfertigung. Die vorhandene Kapazität erlaubt die Annahme von genau *zwei* Aufträgen während der anstehenden Planungsperiode, doch rechnet man mit insgesamt *drei* möglichen Auftragseingängen. Deren Konditionen sind jedoch unsicher. Für jeden Auftragseingang werden drei Konstellationen des Auftragsdeckungsbeitrags mit folgenden Wahrscheinlichkeiten erwartet:

$d_L = 40$; Wahrscheinlichkeit $\phi_L = 0{,}3$

$d_M = 70$; Wahrscheinlichkeit $\phi_M = 0{,}2$

$d_H = 100$; Wahrscheinlichkeit $\phi_H = 0{,}5$

Die variablen Kosten eines Auftrages betragen $k = 400$. Jeder angenommene Auftrag muß erfüllt werden.

a) Bestimmen Sie die Entwicklung der Preisuntergrenzen und Opportunitätskosten für die beschriebene Situation. Wie groß ist der erwartete Deckungsbeitrag, den das Unternehmen für die Planungsperiode erhalten kann? Angenommen, das Unternehmen könnte durch Realisierung bestimmter Maßnahmen die Kapazität auf drei Aufträge erweitern. Wieviel könnte es maximal für diese Maßnahmen zahlen?

b) Wie müßten die Fragen der Teilaufgabe a) beantwortet werden, wenn es nicht drei, sondern *vier* mögliche Auftragseingänge gäbe?

c) Wie müßten die Fragen der Teilaufgabe a) beantwortet werden, wenn es vier mögliche Auftragseingänge gäbe und $d_L = -10$ und $d_H = 130$ wäre?

7. **Kostendynamik und intertemporale Strategien.** Ein Unternehmen erwirbt eine Produktionsanlage zum Preise von 60.000, deren Nutzungsdauer *drei* Perioden beträgt und die nicht ersetzt wird. Mit der Anlage läßt sich eine Produktart herstellen. Die Absatzpreise und variablen Auszahlungen pro Stück lauten wie folgt ($t = 1, 2, 3$; $x_0 = 0$):

$$p_t(x_t) = 2.300 - 4 \cdot x_t$$
$$k_t = 1.500 - c \cdot x_{t-1} ; \quad c \geq 0$$

Die fixen Auszahlungen betragen in jeder Periode $A_t^F = A^F = 10.000$, und der Kapitalmarktzins wird mit $i = 0,25$ angesetzt.

a) Angenommen, es gilt $c = 0$. Ermitteln Sie die optimalen Produktionspolitiken der einzelnen Perioden und den sich daraus ergebenden Kapitalwert des Projekts. Wäre im vorliegenden Fall die Vorgehensweise einer „traditionellen" Kosten- und Leistungsrechnung (periodische Betrachtung) gerechtfertigt?

b) Gehen Sie jetzt von $c = 2$ aus. Welche Art von intertemporalen Kostenverbundeffekten liegt vor? Berechnen Sie die Produktionsmengen, Absatzpreise, Periodenüberschüsse und den Kapitalwert unter der Annahme *sukzessiv-isolierter* Periodenbetrachtungen.

c) Berechnen Sie jetzt für $c = 2$ die optimalen Politiken der einzelnen Perioden sowie den Kapitalwert des Projekts bei voller Berücksichtigung der Verbundeffekte (*Hinweis*: Es gibt zwei Möglichkeiten zur Lösung dieses Problems). Zu welchen Veränderungen bei Produktions- und Absatzmengen, Absatzpreisen, Periodenüberschüssen und Kapitalwert führt eine Senkung (Erhöhung) des Kalkulationszinsfußes auf 0% (100%)?

Literaturempfehlungen

Allgemeine Literatur

Coenenberg, A.G.: Kostenrechnung und Kostenanalyse, 5. Auflage, Landsberg am Lech 2003.

Simon, H.: Preismanagement, 2. Auflage, Wiesbaden 1992.

Spezielle Literatur

Banker, R.D., und *J.S. Hughes*: Product Costing and Pricing, in: *The Accounting Review* 1994, S. 479 – 494.

Reichmann, T.: Kosten und Preisgrenzen, Wiesbaden 1973.

Schildbach, T., und *R. Ewert*: Preisuntergrenzen in sequentiellen Entscheidungsprozessen, in: *H. Hax, W. Kern* und *H.-H. Schröder* (Hrsg.): *Zeitaspekte in betriebswirtschaftlicher Theorie und Praxis*, Stuttgart 1988, S. 231 – 244.

Anhang:
Ermittlung des optimalen Angebotspreises einer Ausschreibung

In diesem Anhang wird für den Fall, daß zwei Unternehmen bei einer Ausschreibung ein Angebot erstellen, der optimale Angebotspreis als *Nash*-Gleichgewicht[45] abgeleitet. Das Unternehmen, das den geringeren Preis anbietet, erhält den Zuschlag. Die Kosten k_i der Leistungserstellung durch Unternehmen i seien voneinander unabhängig, jedoch mit gleichen *a priori* Dichtefunktionen $f(k_i) > 0$ verteilt. Gewissermaßen zieht jedes Unternehmen aus der gleichen Grundgesamtheit möglicher Kosten $k = [\underline{k}, \overline{k}]$ seine tatsächlichen Kosten, die es vor Angebotslegung kennenlernt.

Die Wahrscheinlichkeit, bei einem Preis p_1 den Auftrag zu erhalten, beträgt

$$\Phi(p_1) = Pr(p_2 > p_1) = 1 - Pr(p_2 < p_1)$$

Unternehmen 1 nimmt an, daß Unternehmen 2 seinen Preis anhand einer Funktion $p_2 = P_2(k_2)$ festlegt; es selbst verwendet $P_1(k_1)$ für die Preisentscheidung. Da die Kostensituation symmetrisch ist, müssen die beiden Funktionen in einem Gleichgewicht identisch sein, nämlich $P(k_i)$; das folgt aus rationalen Erwartungen. Damit wird für die Ableitung der optimalen Preis*funktion* so getan, als wüßte Unternehmen 1 seine eigenen Kosten nicht. Die sich dann ergebende Preisfunktion entspricht der des Konkurrenten.

Unter der Annahme, daß die Funktion $P(k_i)$ in k_i steigt, kann die Wahrscheinlichkeit $Pr(p_2 < p_1)$ umgeschrieben werden zu

$$Pr(p_2 < p_1) = Pr(k_2 < k_1) = F(k_1) = F(P^{-1}(p_1))$$

---

[45] Ein *Nash*-Gleichgewicht ist eine Lösung eines nicht kooperativen Spiels. Strategien der Spieler bilden ein *Nash*-Gleichgewicht, wenn die jeweilige Strategie die beste Antwort auf die Gleichgewichtsstrategie des anderen Spielers ist. Dh, bleibt der andere Spieler bei seiner Gleichgewichtsstrategie, hat der betreffende Spieler keinen Grund abzuweichen. Vgl dazu genauer 9. Kapitel: *Investitionscontrolling*.

Damit lautet die Zielfunktion

$$E[G_1] = (p_1 - k_1) \cdot [1 - F(P^{-1}(p_1))] \tag{A1}$$

Die Maximierung von (A1) nach p_1 liefert die notwendige Bedingung $\partial E[G_1]^* / \partial p_1 = 0$. Die partielle Ableitung läßt sich jedoch nicht direkt lösen. Man verwendet daher folgenden Kunstgriff:[46] Zunächst wird die totale Ableitung von (A1) nach k_1 gebildet,

$$\frac{d E[G_1]^*}{dk_1} = \frac{\partial E[G_1]^*}{\partial k_1} + \underbrace{\frac{\partial E[G_1]^*}{\partial p_1} \cdot \frac{dp_1}{dk_1}}_{\substack{=0 \text{ wegen der} \\ \text{Optimalität von } p_1^*}} = \frac{\partial E[G_1]^*}{\partial k_1} = -\left[1 - F(P^{-1}(p_1^*))\right] =$$

$$= -1 + F(k_1) \tag{A2}$$

Integrieren dieses Ausdrucks liefert

$$E[G_1]^* = -\int_{k_1}^{k_1} [1 - F(\kappa)] \cdot d\kappa + c \tag{A3}$$

mit c als Integrationskonstante. (A3) kann nun mit (A1) gleichgesetzt und nach p_1 aufgelöst werden:

$$\left[p_1^* - k_1\right] \cdot [1 - F(k_1)] = -\int_{k_1}^{k_1} [1 - F(\kappa)] \cdot d\kappa + c \tag{A4}$$

Um c zu bestimmen, muß eine Anfangsbedingung für $p_1^*(k_1)$ gesucht werden. Hat das Unternehmen die höchsten Kosten $k_1 = \overline{k}_1$, dann ist die linke Seite von (A4) gleich null, und damit folgt

$$c = \int_{k_1}^{\overline{k}_1} [1 - F(\kappa)] \cdot d\kappa$$

Diese Anfangsbedingung besagt, daß das Unternehmen mit den höchsten Kosten keinen Gewinn erzielen kann, weil kein rationaler Auftraggeber bereit wäre, mehr zu bezahlen. Der **optimale Preis** ist schließlich

$$p_1^* = k_1 + \frac{\int_{k_1}^{\overline{k}_1} [1 - F(\kappa)] \cdot d\kappa}{1 - F(k_1)} \tag{A5}$$

Es läßt sich leicht überprüfen, daß $p_1^*(k_1)$ in k_1 steigt, dh die Ausgangsbedingung über $P(k_i)$ erfüllt ist.

---

[46] Die Ableitung folgt McAfee und *McMillan* (1987a), S. 708 f.

Obwohl sich die Situation so darstellt, als ob nur k_1 eine Rolle spielt, ist dies tatsächlich nicht so. Es sind *auch* die **Erwartungen über die Kosten des Konkurrenten** k_2, die in die Preisentscheidung einfließen (die eigenen Kosten sind annahmegemäß bekannt). Dieser Preis ist immer größer als die Kosten k_1 (außer für $k_1 = \overline{k_1}$), dh das Unternehmen kalkuliert mit einem Aufschlag auf die relevanten Kosten k_1. Gleichzeitig bedeutet dies, daß es Fälle gibt, in denen Unternehmen 2 und nicht Unternehmen 1 den Zuschlag erhält, obwohl die Relation $p_2^* > k_1$ gilt. Das resultiert aus den Auswirkungen der asymmetrisch verteilten Information. Das Modell läßt sich auch um die Einbeziehung von Kapazitätskosten erweitern.[47]

Beispiel

$k_i \in [0, 1]$ ist gleichverteilt, dh $F(k_i) = k_i$. Setzt man dies in (A5) ein, ergibt sich für den optimalen Preis ein besonders einfacher Ausdruck, nämlich

$$p_1^* = \frac{1 + k_1}{2}$$

Daraus folgt $0,5 \leq p_1^* \leq 1$. Es gibt also einen relativ hohen **Mindestpreis** von 0,5. Der Aufschlag auf k_1 sinkt mit steigendem k_1 sowohl absolut als auch relativ. Für Kosten von $k_1 = 1/2$ etwa ergibt sich ein optimaler Preis von 3/4. Die Wahrscheinlichkeit, bei diesem Preis den Zuschlag zu erhalten, beträgt $1 - F(1/2) = 1/2$, der erwartete Deckungsbeitrag aus der Teilnahme an der Ausschreibung damit $E[G_1]^* = (3/4 - 1/2) \cdot 1/2 = 1/8$.

---

[47] Vgl *Budde* und *Göx* (1999).

Entscheidungsrechnungen bei Unsicherheit

Katharina Blumberger sitzt gerade vor einer Konkurrenzanalyse und starrt auf die Daten, die sie bisher gesammelt hat. „Das verstehe ich nicht", denkt sie und geht schließlich zu Martin, ihrem Kollegen in der Controlling-Abteilung der ASD GmbH, die im Bereich der Kunststofftechnik tätig ist. „Martin, hast Du ein bißchen Zeit?" – „Für Dich doch immer, Katharina."

Katharina beginnt: „Ich bin dabei, den Markt für PKW-Zubehör zu durchleuchten; das hängt mit dem top priority-Projekt zusammen, das unsere Geschäftsleitung ausgeheckt hat, die glauben, daß es sich lohnt, auf diesem Markt ebenfalls anzubieten. Jetzt habe ich zwei Unternehmen ausgemacht, Dobas Industries und Herber Technik. Die sind fast völlig gleich strukturiert: sie verwenden dieselbe Technologie und beziehen im wesentlichen von denselben Lieferanten. Ich kann mir nicht vorstellen, daß sie unterschiedliche Kosten hätten. Soweit o.k.?" „Ja, da hast Du wahrscheinlich recht", meint Martin.

„Dabei ist mir folgendes aufgefallen: Dobas verfolgt im Vergleich zu Herber eine ganz seltsame Produktpolitik. Zum einen machen sie auch Produkte, die einen niedrigen Deckungsbeitrag bringen, obwohl sie an der Kapazitätsgrenze produzieren. Und dann: Dobas ist in geringem Umfang auch in den Fahrrad-Markt mit so einer eigentümlichen Kunststoffhalterung eingestiegen. Wie ich gehört habe, ist der Markt aber dort ausgesprochen ungünstig, das heißt, sie machen dort auf jeden Fall Verluste. Ich schätze, sie können nicht einmal ihre variablen Kosten verdienen; daran wird sich auch mittelfristig nichts ändern. Ich verstehe das einfach nicht. Wissen die nicht, wie man ein Produktionsprogramm optimiert? Herber sieht da viel konsistenter aus."

Martin denkt nach: „Naja, da kann ich mir mehrere Gründe vorstellen. Es kann schon sein, daß Dobas aus strategischer Sicht einen Fuß im Fahrradmarkt haben möchte, und bei den anderen Produkten werden sie vielleicht längerfristig gebunden sein. Dann können sie nicht so kurzfristig alles umstoßen. Vielleicht haben sie sich auch den Markt irgendwie aufgeteilt, daß Dobas in einem Segment stärker ist und Herber im anderen; das kann doch ein Weg sein, die Konkurrenzsituation zu verbessern." „Ja, das dachte ich zuerst auch", erwidert Katharina, „doch so einfach ist es nicht. Ich glaube nicht, daß sie so stark am Markt sind, daß sie sich gegenseitig derart spüren; da gibt es weit Größere am Markt. Und dann, soweit ich das bisher gesehen habe, können sie in weiten Bereichen wirklich kurzfristig planen. Das ist Spezialzubehör, das ist mehr zum Gag, es ist nicht wirklich notwendig, langfristige Lieferverbindungen mit einem bestimmten Produkt aufrecht zu erhalten."

Nach einigem Hin und Her der Ratlosigkeit stößt Katharina auf ein Detail, das sie bis dahin nicht wirklich bedachte. Herber gehört zu einem größeren Industriekonzern, der in vielen Bereichen tätig ist. Wenn es im Kunststoff-Bereich Probleme gibt, zB aufgrund der Konjunktur, dann können sie sicher sein, daß sie finanzielle Unterstützung von „oben" bekommen. Bei Dobas ist das anders. Das ist ein Familienbetrieb ohne derartigen Rückhalt. Das könnte bedingen, daß die Einstellung zum Risiko anders ist; Herber ist sicher weniger risikoscheu als Dobas.

Martin sieht den Zusammenhang noch nicht. Katharina erläutert: „Diese üblichen Kriterien für die Festlegung des Produktionsprogrammes – Du weißt schon, die Reihung nach den Deckungsbeiträgen bezogen auf allfällige Engpässe – müssen für Unsicherheit nicht mehr gelten. Warum? Weil es plötzlich nicht mehr gleichgültig ist, ob das Risiko der einzelnen Produkte zusammenhängt oder nicht. Ja natürlich – jetzt wird mir auch die Strategie mit dem Fahrrad-Markt klar: Die sind gar nicht so dumm. Fahrräder und Autos sind mehr oder weniger substitutiv. Geht der Absatz bei Autos zurück, kann man annehmen, daß mehr Fahrräder gekauft werden. Das muß natürlich auch auf das Zubehör durchschlagen. Ist dieser Effekt hinreichend stark, kann es sogar günstig sein, Fahrrad-Zubehör anzubieten, das im Durchschnitt nur einen negativen Deckungsbeitrag erwarten läßt. Die Vorteile der Risikominderung für das gesamte Unternehmen können dies mehr als ausgleichen. Danke, daß Du mir geholfen hast, Martin. Ich weiß, daß ich mich auf Dich verlassen kann!" sagt sie und schlüpft aus dem Zimmer.

Nachdem Katharina ihren Bericht über die Situation am PKW-Zubehörmarkt fertiggestellt und der Geschäftsleitung übermittelt hat, wird sie von Richard Gutensohn, dem zuständigen Vorstand, gerufen. „Wissen Sie, Ihr Bericht ist sehr interessant. Aber Ihr Kernergebnis, daß sich der Einstieg in den Markt eher nicht lohnt, weil der erwartete Umsatz nur um 10% über dem Break Even-Umsatz liegt, hat mich irritiert. Sie erläutern das zwar kurz auf Seite 2; aber der Break Even-Umsatz mit 1,3 Millionen erscheint mir doch sehr hoch gegriffen. Nach unseren Vorinformationen haben wir immer mit nur einer Million gerechnet. Wie kommen Sie zu 1,3 Millionen?" fragt er Katharina.

Diese erwidert: „Das Problem ist, daß man für den Break Even-Umsatz Annahmen braucht; er ist bei mehreren Produkten nicht mehr eindeutig. Wir unterscheiden uns einfach in der verwendeten Annahme. Ich kenne die Version mit der einen Million auch, aber dabei wurde von einem sehr 'günstigen' Produktmix ausgegangen. Ich habe eher eine pessimistischere Variante gewählt, weil sehr schlecht abzuschätzen ist, wie sich die Situation wirklich entwickeln wird, wenn wir einsteigen." Mit der im Hintergrund stehenden Abschätzung der Wahrscheinlichkeitsverteilung der möglichen Umsätze möchte sie Gutensohn lieber nicht belasten. Sie fügt jedoch schon hinzu: „Das habe ich aber hinten im Bericht recht ausführlich begründet."

Gutensohn übergeht diese Meldung. Er steht unter Termindruck. „Liebe Frau Blumberger, darf ich Sie bitten, Ihre Meinung diesbezüglich noch einmal zu überdenken? Mir erscheint Ihr Pessimismus doch ein wenig aus der Luft gegriffen." Mit diesen Worten schiebt ihr Gutensohn den Bericht über den Tisch zu. „Morgen Mittag brauche ich dann den endgültigen Bericht. Danke." Katharina verläßt mit ihrem (nunmehr) Berichtsentwurf das Vorstandszimmer. Sie denkt: „Ganz verstehe ich nicht, warum er unbedingt in diesen Markt einsteigen will. Aber was soll's. Bekommt er halt den Bericht so, wie er ihn haben will."

Ziele dieses Kapitels

■ Darstellung der Vorgehensweise bei der Break Even-Analyse

■ Analyse der Auswirkungen von Unsicherheit auf die Produktionsprogrammplanung

■ Aufzeigen der Entscheidungsrelevanz von Fixkosten unter verschiedensten Bedingungen

---

1. Einführung

Die meisten in der Literatur diskutierten Anwendungen der KLR als Entscheidungsrechnung basieren auf **sicheren Erwartungen**.[1] So wurden auch in den bisherigen Kapiteln von Teil I: *Entscheidungsrechnungen* zumeist sichere Erwartungen unterstellt.[2] Die Vorliebe für Sicherheitsansätze in der kostenrechnerischen Literatur kann mehrere **Gründe** haben, insbesondere die beiden folgenden:

1. Einerseits ist die KLR vornehmlich als Informationsinstrument für **kurzfristig wirksame Entscheidungen** gedacht, deren Konsequenzen nur für eine bestimmte Periode (zB Monat, Quartal oder Jahr) erfaßt werden. Hier kann man sich auf den Standpunkt stellen, daß in einem periodenbezogenen Rahmen Prognoseprobleme vernachlässigbar gering seien, so daß man wie bei sicheren Erwartungen rechnen könne.

2. Andererseits ließe sich ins Feld führen, daß es bei der Verwendung von KLR-Daten zur Entscheidungsvorbereitung vor allem darauf ankomme, **grundlegende Prinzipien** zu erläutern, die der Art nach auch bei Unsicherheit gültig bleiben.

Beide Argumente sind jedoch wenig überzeugend. Selbst in einem kurzfristigen Rahmen können Ungewißheitsaspekte nicht einfach ausgeklammert werden, denn wer weiß zB schon am Beginn eines Quartals, einer Saison oder eines Jahres, wie sich der Preisverlauf auf der Beschaffungs- und Absatzseite sowie die Beschäftigungslage und die Absatzpotentiale im Laufe der Periode entwickeln werden? Ob derartige Unsicherheiten zwar grundsätzlich vorhanden, dennoch aber vernachlässigbar gering sind, kann streng genommen erst *nach* einer expliziten Analyse der Entscheidungen bei **Einbeziehung der Unsicherheit** gesagt werden; erst dann kennt man die möglichen Änderungen der optimalen Politik, die durch die Unsicherheit induziert werden. Ähnlich ist auch das zweite angeführte Argument zu beurteilen. Ob bestimmte Prinzipien der Entscheidungsfindung auf Basis der KLR auch bei Unsicherheit gelten oder nicht, läßt sich erst durch eine ausdrückliche Einbeziehung

---

[1]   Vgl dazu auch *Sieben* und *Schildbach* (1994), S. 117 – 119.

[2]   Eine Ausnahme bildete die Kosten-Leistungs-Konzeption I; sie beinhaltet zwar grundsätzlich auch unsichere Erwartungen, wurde allerdings nur konzeptionell diskutiert. Unsicherheit wurde auch schon im 4. Kapitel: *Preisentscheidungen* gestreift.

unsicherer Erwartungen ins Kalkül entscheiden. Im folgenden sollen daher Ansätze vorgestellt werden, die sich explizit mit unsicheren Erwartungen im Rahmen kurzfristig wirksamer Entscheidungsprobleme beschäftigen.

Es sei aber bereits an dieser Stelle darauf hingewiesen, daß Unsicherheit nicht nur bei Entscheidungsrechnungen eine Rolle spielt. Die in Teil II: *Kontrollrechnungen* und Teil III: *Koordinationsrechnungen* behandelten Probleme setzen nämlich **unsichere Erwartungen** *definitiv* voraus, um überhaupt sinnvoll analysiert werden zu können. Dies wird bei den entsprechenden Kapiteln noch deutlich werden.

In diesem Kapitel werden zunächst Ansätze erörtert, mit denen der Entscheidungsträger ein „Gefühl für die Bedeutung der Unsicherheit" hinsichtlich seines Entscheidungsproblems entwickeln kann; angesprochen ist damit die **Break Even-Analyse** (*BEA*), deren Grundlagen für den Ein- und Mehrproduktfall sowie für die „stochastischen" Varianten erläutert werden. Weil eine *BEA* allerdings das Präferenzsystem nicht ausdrücklich erfaßt, werden anschließend Modellansätze für **kurzfristig wirksame (Programm-)Entscheidungen** und deren **Lösungsstrukturen** unter expliziter Einbeziehung verschiedener Entscheidungskontexte und Präferenzsysteme analysiert.

Im Mittelpunkt steht dabei stets der Fall des *Risikos*, wonach vom Entscheidungsträger subjektive **Wahrscheinlichkeitsverteilungen** für die Parameter des Entscheidungsproblems angegeben werden können. Mit der Differenzierung nach dem **Entscheidungskontext** sind Aspekte der **Handelbarkeit des Eigenkapitals** (Börsennotierung) angesprochen. Es wird gezeigt, daß die Struktur optimaler Programmentscheidungen grundsätzlich davon abhängen kann, ob die Beteiligungstitel einer Unternehmung börsennotiert sind oder nicht. Eine Konvergenz der Lösungsstrukturen tritt allerdings dann ein, wenn Eigner nicht börsennotierter Unternehmen die Möglichkeit berücksichtigen, optimale **Konsumstrukturen durch Portefeuillebildung** am Kapitalmarkt zusammenzustellen.

Im Zuge dieser Diskussion wird auch auf die verstärkt diskutierte Frage nach der **Entscheidungsrelevanz von Fixkosten** eingegangen. Die Beantwortung dieser Frage ergibt sich gewissermaßen als *Nebenergebnis* aus der Analyse der einzelnen Problemstrukturen. Es wird gezeigt, daß nur im Falle eines nicht börsennotierten Unternehmens eine Entscheidungsrelevanz von Fixkosten gegeben sein kann, sofern die Eigner die Möglichkeiten der Portefeuillebildung am Kapitalmarkt zugleich unberücksichtigt lassen und bestimmte Risikopräferenzen vorliegen. In solchen Situationen kann die Verwendung nur der variablen Gewinnbestandteile zur Entscheidungsvorbereitung bei unsicheren Erwartungen zu **Fehlentscheidungen** führen. Dann ist die Berücksichtigung nur variabler Ergebniskomponenten nicht mehr hinreichend zum Auffinden einer optimalen Entscheidung. Insofern können sich auch grundlegende Prinzipien der Verwendung von KLR-Informationen durch die Berücksichtigung unsicherer Erwartungen ändern.

2. Break Even-Analysen

2.1. Grundsätzliches

Unsichere Erwartungen manifestieren sich vor allem darin, daß die **Parameter** eines Entscheidungsproblems (zB Beschaffungs- und Absatzpreise, Mittelvorräte oder Absatzpotentiale) nicht mehr als gegeben angesetzt werden können. Man weiß nur, daß der Parameterwert innerhalb eines bestimmten Bereichs liegen wird, doch welcher Wert tatsächlich eintritt, ist *a priori* nicht bekannt. Will man ein „Gefühl" für die Konsequenzen dieses Sachverhalts bezüglich des betrachteten Entscheidungsproblems entwickeln, so kann nach der „*Empfindlichkeit*" der Resultate in Abhängigkeit von den möglichen Parameterausprägungen gefragt werden. Dies entspricht den Fragestellungen einer **Sensitivitätsanalyse** und läßt sich zweifach präzisieren:

1. Einerseits kann für gegebene Ausprägungen der Entscheidungsvariablen untersucht werden, wie empfindlich die **Zielgröße auf Änderungen** der ursprünglich angesetzten Parameter reagiert. Dies führt zu einem Schwankungsbereich der Zielgröße, der zB mit einem subjektiv für tolerabel gehaltenen Schwankungsintervall verglichen werden kann.

2. Andererseits kann gefragt werden, für welche Konstellationen der unsicheren Parameter die ursprüngliche **Entscheidung optimal bleibt**. In diesem Fall erhält man einen „*günstigen*" **Parameterbereich**, der mit dem insgesamt für möglich gehaltenen Parameterbereich konfrontiert werden kann. Im Idealfall ist der gesamte Möglichkeitsbereich der Parameter eine Teilmenge des „günstigen" Bereichs; dann hat die Unsicherheit für das vorliegende Problem insofern keine Bedeutung, als man stets zur gleichen optimalen Lösung gelangen würde. Die „günstigen" Parameterbereiche müssen sich dabei nicht unbedingt auf optimale Lösungen beziehen. Sie können auch „kritische" Ergebnisse (zB bestimmte Mindestgewinne) betreffen. In diesem Fall bezeichnet der „günstige" Parameterbereich diejenigen Parameterkombinationen, bei denen das gegebene „kritische" Ergebnis erreicht oder übertroffen wird.

Bei einer Break Even-Analyse (*BEA*) steht – in *rechentechnischer* Sicht – die zweite Fragestellung im Mittelpunkt. Das **Grundmodell** der *BEA* greift vor allem die **Beschäftigungsunsicherheit** heraus; dort geht es um die Berechnung eines spezifischen „*kritischen*" Wertes, nämlich um diejenige **Absatzmenge**, bei der das Unternehmen weder einen Gewinn noch einen Verlust macht. Diese Menge wird als **Break Even-Menge** bezeichnet. Durch den Vergleich der tatsächlich für möglich erachteten Absatzmengen oder der im Laufe der Periode eingetretenen Absatzentwicklung mit der Break Even-Menge lassen sich dann einige (bestenfalls allerdings nur vorläufige) Einsichten über das Erfolgsrisiko und die ggf bestehende Notwendigkeit von Anpassungsmaßnahmen gewinnen. Dies zeigt allerdings, daß sich die

Zusammenhänge einer *BEA* letztlich für *beide* obigen Fragestellungen nutzen lassen; dies wird auch im Rahmen der weiteren Erläuterungen noch deutlich.

Im folgenden werden einige wichtige Grundlagen und Anwendungsfälle von Break Even-Analysen erörtert. Dazu ist es notwendig, strukturelle Zusammenhänge zwischen der Zielgröße (Periodenerfolg) und den Parametern bzw Variablen des Problems zu präzisieren. Nachfolgend wird diesbezüglich grundsätzlich von linearen Abhängigkeiten analog dem im 3. Kapitel: *Produktionsprogrammentscheidungen* gezeigten Problem der Programmplanung ausgegangen. Ausnahmen von der Linearität werden aber im Zuge der Darstellung gelegentlich angesprochen.

2.2. Break Even-Analyse im Einproduktfall

Die einfachste Situation liegt vor, wenn nur ein Produkt erzeugt wird. Der Periodengewinn lautet

$$G = (p - k) \cdot x - K^F = d \cdot x - K^F \qquad\qquad (1)$$

Dabei bedeuten:
d .... Deckungsbeitrag
k .... variable Stückkosten je Produkteinheit
p .... Absatzpreis je Produkteinheit
x .... Produkteinheiten
K^F .... Fixkosten.

Die **Break Even-Menge** $\hat{x}$ erhält man durch Auflösen von (1) nach der Absatzmenge unter der Bedingung $G = 0$:

$$\hat{x} = \frac{K^F}{d} = \frac{K^F}{p - k} \qquad\qquad (2)$$

Beispiel: Für Fixkosten von 120.000, einen Absatzpreis von 100 und variable Stückkosten von 40 erhält man eine Break Even-Menge von 120.000/(100 − 40) = 2.000. Für die zugrunde gelegte Parameterkonstellation (Absatzpreis, Stückkosten, Fixkosten) müssen daher wenigstens 2.000 Stück abgesetzt werden, um die Gewinnzone zu erreichen. Sollte die Fertigungskapazität allerdings nur eine Produktion von zB 1.700 Stück erlauben, ist ein Erreichen der Gewinnzone von vorneherein ausgeschlossen, ebenso dann, wenn man es aus Gründen der Marktsituation für unmöglich hält, die Break Even-Menge zu erreichen. Kann dagegen die Absatzmenge etwa im Intervall [1.000, 3.000] schwanken, sind sowohl Gewinn- als auch Verlustsituationen möglich. Aus dem gezeigten *BEA*-Grundmodell alleine kann aber nicht gesagt werden, welche Situationen bedeutsamer und/oder wahrscheinlicher sind.

Für den dargestellten **Einproduktfall** ist nicht zwingend ein Einproduktunternehmen im strengen Sinne erforderlich. Man kann die Analyse auch so auffassen, daß bei grundsätzlich vorliegendem Mehrproduktfall für jede Produktart eine *isolierte* Untersuchung durchgeführt wird. In diesem Fall müßten die gesamten *Fixkosten* des Unternehmens auf einzelne Produktarten *aufgeteilt* werden. Anschließend wird gemäß (1) und (2) die Break Even-Menge jedes einzelnen Produktes

berechnet. Diese Untersuchung erfaßt keinerlei Kompensationseffekte zwischen den Produktarten, denn es wird nicht berücksichtigt, daß Verluste bei einem Produkt durch Gewinne bei
einem anderen Produkt kompensiert werden könnten. Die Aufteilung der Fixkosten auf die einzelnen Produkte kann zudem mit erheblichen Problemen verbunden oder sogar unmöglich sein,
wenn etwa die Abschreibungen für ein Gebäude aufgeteilt werden sollen, in dem mehrere Produktarten gefertigt werden.

Die in (1) und (2) gezeigten Zusammenhänge lassen sich wie in Abbildung 1
darstellen. Der Schnittpunkt der Erlösfunktion E und der Gesamtkostenfunktion K
gibt die Break Even-Menge an. Übersteigen die Erlöse die Kosten, ist das Unternehmen in der Gewinnzone, andernfalls in der Verlustzone.

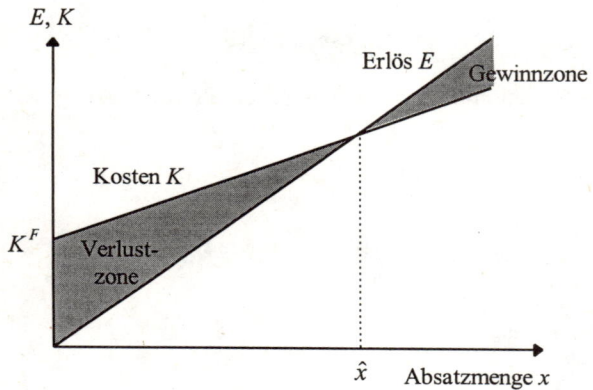

Abb. 1: Break Even-Modell

Der **Schwellenwert** $G = 0$ ist freilich nicht die einzige Möglichkeit; allgemein
ergibt sich für einen beliebigen **kritischen Gewinn** $\underline{G}$ folgender Break Even-Punkt:

$$\hat{x} = \frac{K^F + \underline{G}}{d} \tag{3}$$

Geht man von einer gegebenen Absatzmenge x aus, kann nach dem **Break Even-
Preis** $\hat{p}$ gefragt werden. Er ergibt sich aus:

$$\hat{p} = k + \frac{K^F + \underline{G}}{x} \tag{4}$$

Fortsetzung des Beispiels: Unterstellt man im obigen Beispiel etwa eine Menge $x =$
1.800 und $\underline{G} = 0$, dann ist ein Break Even-Preis von 106,67 erforderlich, um unter
den gegebenen Bedingungen in die Gewinnzone zu kommen. Beträgt der bisherige
Absatzpreis zB 90, wäre (*ceteris paribus*) eine Preiserhöhung von 16,67 nötig.
Sofern man dies tatsächlich in Erwägung zieht, wären freilich potentielle Rückwirkungen auf die Absatzmenge zu beachten, falls man es auf der Absatzseite mit einer
(geneigten) Preis-Absatz-Funktion zu tun hat. Kommt eine Preiserhöhung nicht in

Frage, wäre alternativ zu überlegen, ob auf Grund von Rationalisierungsmaßnahmen Kostensenkungen möglich sind. So ergeben sich die *Break Even-Stückkosten* aus:

$$\hat{k} = p - \frac{K^F + G}{x} \tag{5}$$

Im obigen Beispiel wären bei $p = 90$ somit variable Stückkosten von höchstens 23,33 erlaubt, wenn ein Verlust vermieden werden soll. Allerdings dürften für erfolgreiche Rationalisierungsmaßnahmen Investitionen nötig sein, wodurch die Abgrenzung des kurzfristig wirksamen Entscheidungsproblems überschritten wird. Die Ergebnisse einer *BEA* können hier also nur eine *Signalfunktion* haben.

Auswertung der Ergebnisse

Durch geeignete Festlegung von G und durch entsprechende Anwendung der gezeigten Formeln lassen sich viele weitere **Fragestellungen** beantworten, wie:

- Wie beeinflußt eine **Veränderung** der proportionalen Stückkosten, des Absatzpreises, der Fixkosten, des Mindestgewinns usw die Break Even-Menge? Rechnet man etwa für künftige Perioden auf Grund von Lohnsteigerungen und sonstigen Preiserhöhungen auf der Beschaffungsseite mit einer bestimmten Erhöhungsrate der variablen Stückkosten und Fixkosten, so kann (*ceteris paribus*) die Absatzmengensteigerung berechnet werden, die je Periode erforderlich ist, um zB den bisherigen Gewinn G zu halten.

- Angenommen, man erwägt **zusätzliche Werbemaßnahmen** oder die Einstellung zusätzlichen Verkaufspersonals. Dies ist mit einer Erhöhung des Fixkostenblocks verbunden, und man kann mit Hilfe von (3) ermitteln, welche Absatzmenge erforderlich ist, um wenigstens das bisherige Erfolgsniveau zu erreichen.

- Welche Absatzmenge ist erforderlich, um wenigstens die **auszahlungswirksamen Teile** der Fixkosten zu decken? In diesem Fall wird G in Höhe der (negativen) zahlungsunwirksamen Fixkostenbestandteile angesetzt. Soll die sich ergebende Rechnung liquiditätsmäßigen Informationsgehalt haben, muß aber zusätzlich unterstellt werden, daß die Absatzpreise und variablen Stückkosten jeweils voll zahlungswirksam sind.

- Wie ändert sich die *Break Even-Menge*, wenn man vom bisherigen **Produktionsverfahren** auf ein anderes wechselt, das mit niedrigeren variablen Stückkosten, aber höheren Fixkosten (zB wegen höherer Automatisierung und höherer Anlagenintensität) verbunden ist? Hier ergeben sich gegenläufige Effekte: Die Erhöhung der Fixkosten führt zu einer Steigerung, die Senkung der Stückkosten dagegen zu einer Verminderung der Break Even-Menge. Ist der Netto-Effekt positiv, ist weiter zu fragen, ob man realistischerweise davon ausgehen kann, daß die zusätz-

lich erforderlichen Absatzmengen am Markt untergebracht werden
können. Auch hier spielt aber wieder das Fristigkeitsproblem herein,
denn Verfahrensumstellungen dürften regelmäßig langfristig wirksamer
Natur sein.

■   In einer Erweiterung bietet sich für Fragestellungen, die Produktionsver-
    fahren und Kapazitäten ändern, eine **dynamische Break Even-Analyse**
    an. Mit ihr wird der **Zeitpunkt** ermittelt, zu dem die Gewinnschwelle
    erreicht wird. Diese Analyse entspricht der **Amortisationsdauer** (*pay
    off*-Dauer) in der Investitionsrechnung.

2.3. Sicherheitskoeffizient und *Operating Leverage*

Bei Analysen unter Unsicherheit taucht oftmals die Frage auf, ob es nicht eine Größe
gibt, die in prägnanter Form die **Unsicherheit mißt**. Im Rahmen der *BEA* werden
diesbezüglich zwei „Risikomaße"[3] genannt, der Sicherheitskoeffizient *SK* und der
Operating Leverage OL.

Der **Sicherheitskoeffizient** gibt an, um welchen Prozentsatz der Umsatz bzw die
Absatzmenge (ausgehend von einem bestimmten Basiswert) sinken darf, ohne in die
Verlustzone zu geraten. Bezeichnet x das Ausgangsniveau der Absatzmenge, folgt:

$$SK = \frac{p \cdot x - p \cdot \hat{x}}{p \cdot x} = \frac{x - \hat{x}}{x} = 1 - \frac{\hat{x}}{x} \qquad (6)$$

Bei $\hat{x} < x$ ist $SK > 0$, und man hat einen gewissen Spielraum für Umsatz- bzw
Absatzmengenrückgänge. Je höher der Sicherheitskoeffizient *SK* ist, desto sicherer
wird ein positiver Periodenerfolg bzw das Erreichen eines bestimmten Gewinns G
angesehen.

Zu präzisieren ist in diesem Zusammenhang natürlich die **Ausgangsmenge** x. In
der Literatur wird dabei zumeist auf diejenige Menge abgestellt, die eine volle
Kapazitätsauslastung der Fertigungsaggregate gewährleistet.[4] Dies läßt sich damit
begründen, daß man bei einem unterstellten positiven Stückdeckungsbeitrag für
beliebige Mengen aus Kostensicht gerne an der Kapazitätsgrenze produzieren würde
(wenn man nur könnte). Ausgehend von diesem Optimalwert wird dann die Unsicherheit der Absatzmengen durch den Sicherheitskoeffizienten zu messen versucht.

Beispiel: Bei einer Kapazität $x = 4.000$ und einer Break Even-Menge von 3.000 erhält man einen
Sicherheitskoeffizienten von $1 - 3.000/4.000 = 0,25$; die Kapazitätsauslastung kann also um 25%
unterschritten werden, ehe man in die Verlustzone gerät.

Mit dem *Operating Leverage* soll die **Variabilität des Gewinns** G in Abhängigkeit von einer Umsatzänderung gemessen werden, wobei dem Einfluß der Fixkosten

---

[3]   Der Grund für die Anführungszeichen liegt darin, daß diese „Risikomaße" nichts mit Wahrscheinlichkeitsverteilungen und demnach mit der eigentlichen relativen Häufigkeit des Eintretens verschiedener Größen zu tun haben. Darauf wird weiter unten noch eingegangen.

[4]   Vgl etwa *Coenenberg* (2003), S. 268.

besondere Aufmerksamkeit geschenkt wird. Als *Operating Leverage* wird konkret die **relative Gewinnänderung** im Verhältnis zur **relativen Umsatzänderung** bezeichnet (Umsatz = Erlös = E):

$$OL = \frac{\text{relative Gewinnänderung}}{\text{relative Erlösänderung}} = \frac{\dfrac{\Delta G}{G}}{\dfrac{\Delta E}{E}} \qquad (7)$$

Werden der Absatzpreis und die Stückkosten konstant gehalten, lassen sich Gewinn- und Umsatzänderungen auf Änderungen der Absatzmenge zurückführen:

$$OL = \frac{\dfrac{\Delta x \cdot d}{x \cdot d - K^F}}{\dfrac{\Delta x \cdot p}{x \cdot p}} \qquad (8)$$

Durch diese Darstellung wird der **Einfluß der Fixkosten** schnell deutlich: Höhere Fixkosten verringern den Nenner des Gewinnänderungsquotienten, bewirken mithin eine Erhöhung dieses Quotienten und demnach auch eine Erhöhung des *Operating Leverage*. Gegebene prozentuale Umsatzänderungen induzieren somit um so größere prozentuale Gewinnänderungen, je größer die Fixkosten sind. Die Variabilität des Gewinns ist dadurch positiv mit den Fixkosten verknüpft; ein Unternehmen ist bei Umsatzrückgängen umso anfälliger für Verluste, je größer der Fixkostenblock ist.

Der *OL*-Koeffizient soll zwar ein Maßstab der Gewinnvariabilität sein; er mißt aber letztlich nichts anderes als der Sicherheitskoeffizient, was durch folgende Umformungen deutlich wird:

$$OL = \frac{\Delta x \cdot d \cdot x}{\Delta x \cdot (x \cdot d - K^F)} = \frac{x}{x - \dfrac{K^F}{d}} = \frac{1}{\dfrac{x - \hat{x}}{x}} = \frac{1}{SK} \qquad (9)$$

Demnach ist *OL* einfach der **Reziprokwert** des Sicherheitskoeffizienten. Je höher *SK* ist, als desto sicherer wird die Absatzsituation eingestuft und desto niedriger fällt folglich auch *OL* als „Risikomaß" aus. Beide Koeffizienten geben zwei Seiten einer Medaille wieder.

Beide Größen *SK* und *OL* werden im Rahmen von **Break Even-Analysen** gerne als „Risikomaße" bezeichnet. „**Risiko**" bezieht sich dabei allerdings nur auf „negative" Umweltentwicklungen"; als Gegenbegriff fungiert die „Chance". Interpretiert man **Risiko** im Sinne von **Wahrscheinlichkeitsverteilungen** bestimmter Parameter, dh sowohl positive als auch negative Entwicklungen, dann gehen diese Aspekte in keines dieser Maße unmittelbar ein. Dies kann problematische Folgen haben.

Beispiel: Der *Operating Leverage* wird häufig im Zusammenhang mit Verfahrens- umstellungen verwendet, in deren Rahmen ein Verfahren mit niedrigen variablen Stückkosten und hohen Fixkosten einem anderen mit höheren variablen Stückkosten aber niedrigeren Fixkosten gegenübergestellt wird. Diesbezüglich wird oftmals behauptet, das Verfahren mit den niedrigeren Stückkosten sei *risikoreicher* als das andere Verfahren, weil – unabhängig von den Fixkosten – alleine die niedrigeren variablen Stückkosten eine größere Variabilität des Gewinns induzieren würden.[5] Diese Aussage wird dann verständlich, wenn man das Risiko zB an der **Varianz des Gewinns** mißt. Mit der Absatzmenge $\tilde{x}$ als einziger unsicherer Größe ergibt sie sich wie folgt:

$$\sigma^2(\tilde{G}) = \sigma^2(\tilde{x} \cdot d - K^F) = \sigma^2(\tilde{x} \cdot d) = \sigma^2(\tilde{x}) \cdot d^2 = \sigma^2(\tilde{x}) \cdot (p-k)^2 \qquad (10)$$

Niedrigere variable Stückkosten k führen demnach zu einem höheren Deckungsbeitrag d und zu einer höheren Varianz des Gewinns; dagegen haben die (konstanten) Fixkosten gar keine Konsequenzen für das *so gemessene* Risiko.

Diese Beziehungen gelten aber nicht für den *Operating Leverage*. Gemäß (9) induzieren niedrigere Stückkosten einen höheren Deckungsbeitrag, dadurch eine niedrigere **Break Even-Menge** und diese wiederum einen *höheren* Sicherheitskoeffizienten, der mit einem *niedrigeren Operating Leverage* korrespondiert. Der Effekt der Stückkosten wird also bei *OL* genau in **umgekehrter Richtung** wirksam. Andererseits bewirken höhere Fixkosten einen größeren *Operating Leverage*, während die Varianz des Gewinns davon unbeeinflußt bleibt.

Beispiel

Die Varianz der Absatzmengen beträgt 150 und der Absatzpreis ist $p = 10$. Es stehen zwei Verfahren mit folgenden Daten zur Diskussion:

$$K_1^F = 1.000; \qquad k_1 = 8; \qquad \Rightarrow \qquad d_1 = 2; \qquad \hat{x}_1 = \frac{1.000}{2} = 500$$

$$K_2^F = 2.000; \qquad k_2 = 6; \qquad \Rightarrow \qquad d_2 = 4; \qquad \hat{x}_2 = \frac{2.000}{4} = 500$$

Die Varianzen der Gewinne beider Verfahren ergeben sich aus:

Varianz von Verfahren 1: $\sigma^2(\tilde{G}_1) = \sigma^2(\tilde{x}) \cdot d_1^2 = 150 \cdot 2^2 = 150 \cdot 4 = 600$

Varianz von Verfahren 2: $\sigma^2(\tilde{G}_2) = \sigma^2(\tilde{x}) \cdot d_2^2 = 150 \cdot 4^2 = 150 \cdot 16 = 2.400$

Gemessen an der Varianz weist das Verfahren 2 also ein höheres Erfolgsrisiko auf, doch haben beide Verfahren wegen der **gleichen Break Even-Mengen** auch gleiche **Werte** für *SK* und *OL*, wie immer man die Ausgangsmenge *x* wählt.

Die Eigenschaften von *SK* und *OL* bezüglich der Repräsentation von Risiken hängen allerdings auch vom Risikomaß ab. Wird statt der Varianz (als absoluter Größe) etwa der **Variationskoeffizient** (eine relative Größe) verwendet, ändert sich die Beurteilung. Der Variationskoeffizient *VK* ist definiert als das Verhältnis von Standardabweichung zum (absolut gesetzten) Erwartungswert:

---

5   Siehe dazu etwa *Ross*, *Westerfield* und *Jaffe* (2002), S. 316 – 319.

$$VK = \sigma(\tilde{G}) \Big/ \big| \mathrm{E}[\tilde{G}] \big| \qquad \left(\mathrm{E}[\tilde{G}] \neq 0 \right)$$

Einsetzen der Beziehungen ergibt

$$VK = \frac{(p-k) \cdot \sigma(\tilde{x})}{\left| (p-k) \cdot \mathrm{E}[\tilde{x}] - K^F \right|} = \frac{\sigma(\tilde{x})}{\left| \mathrm{E}[\tilde{x}] - \hat{x} \right|}$$

Bei positivem Gewinnerwartungswert steigt (sinkt) demnach das Risikomaß *VK* mit steigender (fallender) Break Even-Menge. Eine höhere Break Even-Menge induziert aber auch einen geringeren Wert für *SK* (bzw einen höheren Wert für *OL*) und folglich eine Erhöhung des so gemessenen Risikos. In diesem Fall stimmen die Beurteilungen also qualitativ überein.[6]

Doch auch aus einem weiteren Grund sind Anwendungen von *SK* bzw *OL* ohne explizite Berücksichtigung der Wahrscheinlichkeitsverteilungen mit gewisser Vorsicht zu genießen, insbesondere wenn als Basismenge *x* die Kapazitätsauslastung herangezogen wird. Unterstellt man etwa $x = 4.000$ und $\hat{x} = 2.000$, erhält man *SK* = 0,5. Demnach reicht bereits eine Kapazitätsauslastung von 50% aus, um nicht in die Verlustzone zu geraten. Man könnte dies mit einem „guten Polster" und einem geringen Verlustrisiko gleichsetzen, doch wird diese Schlußfolgerung absurd, wenn beispielsweise die Wahrscheinlichkeit dafür, daß die Absatzmenge größer als 2.000 ist, mit *null* angesetzt werden muß. Es sind genau diese Probleme, die zur Entwicklung der sogenannten **Stochastischen BEA** geführt haben.[7] Sie wird nachfolgend in den Grundzügen erläutert.

2.4. Stochastische Break Even-Analyse im Einproduktfall

Will man genauere Vorstellungen über das Erfolgsrisiko gewinnen, erweist es sich angesichts der bisherigen Ausführungen als sinnvoll, die **Wahrscheinlichkeitsverteilung** des Gewinns explizit zu untersuchen. Weil sich diese Verteilung letztlich aus den **Verteilungen der einzelnen Bestimmungsfaktoren** des Gewinns ergibt, muß die Analyse an diesen Einzelverteilungen ansetzen. Insbesondere in den USA hat man sich diesen Fragestellungen intensiv gewidmet. Dabei wurde anfangs das *BEA*-Grundmodell (1) unter der zusätzlichen Annahme **risikobehafteter Absatzmengen** verwendet; die anderen Größen (Preise, Stückkosten, Fixkosten) wurden weiterhin als konstant betrachtet. Aus diesen Annahmen ergibt sich ein erwarteter Gewinn wie folgt:

$$\mathrm{E}[\tilde{G}] = \mathrm{E}[\tilde{x}] \cdot d - K^F \tag{11}$$

mit E[·] als Erwartungswertoperator. Das Risiko manifestiert sich jetzt in der **Wahrscheinlichkeit** dafür, daß ein bestimmtes **Erfolgsniveau** $\underline{G}$ mindestens erreicht wird:

---

[6] Im Rahmen eines auf dem *Capital Asset Pricing Model* basierenden Ansatzes kann eine analoge Beziehung zwischen *SK* bzw *OL* und dem risikoadjustierten Kapitalkostensatz gezeigt werden. Vgl *Dierkes* (2004), S. 113 – 119.

[7] Siehe dazu ausführlich *Welzel* (1987).

$$Pr\{\widetilde{G} \geq \underline{G}\} \tag{12}$$

Dabei bezeichnet $Pr(\cdot)$ die Wahrscheinlichkeit, daß die spezifizierte Bedingung zutrifft. Für $\underline{G} = 0$ läßt sich daraus die **Break Even-Wahrscheinlichkeit** angeben als:

$$\Pr\{\widetilde{G} \geq 0\} \Leftrightarrow \Pr\{\widetilde{x} \geq \hat{x}\} \tag{13}$$

Entspricht die Verteilung der Absatzmengen bestimmten Standardverteilungen, lassen sich die gesuchten Wahrscheinlichkeiten für den Gewinn *analytisch* bestimmen.

Beispiel

Angenommen, die Absatzmengen x sind im Intervall $[\underline{x}, \overline{x}]$ gleichverteilt. Die Dichtefunktion $f(x)$ und die Verteilungsfunktion $F(x)$ der Absatzmengen lauten dann:

$$f(x) = \frac{1}{\overline{x} - \underline{x}}; \quad F(x) = \frac{x - \underline{x}}{\overline{x} - \underline{x}} \quad x \in [\underline{x}; \overline{x}] \tag{14}$$

Aus (13) und (14) folgt für die **Break Even-Wahrscheinlichkeit**:

$$\Pr\{\widetilde{G} \geq 0\} = 1 - F(\hat{x}) \tag{15}$$

Analog erhält man die entsprechende Wahrscheinlichkeit für ein beliebiges Erfolgsniveau $\underline{G}$ durch Addition von $\underline{G}$ zu den Fixkosten.

Bei der Berechnung der Verteilungsfunktion an der Stelle $\hat{x}$ muß beachtet werden, daß die **Break Even-Menge** nicht notwendigerweise *innerhalb* des Intervalls für die möglichen Absatzmengen liegen muß. Ist sie niedriger als die Intervalluntergrenze, ergibt sich für die Break Even-Wahrscheinlichkeit ein Wert von 1; ist sie größer als die Intervallobergrenze, ist die Break Even-Wahrscheinlichkeit 0. Ansonsten kann die Verteilungsfunktion der Absatzmengen verwendet werden. Insgesamt erhält man also:

$$Pr\{\widetilde{G} \geq 0\} = \begin{cases} 0 & \text{falls } \hat{x} \geq \overline{x} \\ \dfrac{\overline{x} - \hat{x}}{\overline{x} - \underline{x}} & \text{falls } \underline{x} < \hat{x} < \overline{x} \\ 1 & \text{falls } \hat{x} \leq \underline{x} \end{cases} \tag{16}$$

Natürlich kann man die bisherige Fragestellung auch umdrehen: Wie hoch ist der **maximale Erfolg**, der mit einer **vorgegebenen Wahrscheinlichkeit** *überschritten* wird? Gesucht ist jetzt also der Gewinn $\underline{G}$, für den gilt:

$$Pr\{\widetilde{G} \geq \underline{G}\} = \overline{Pr} \tag{17}$$

Beispiel

Die Absatzmengen seien im Intervall [0, 10.000] gleichverteilt. Die Dichtefunktion beträgt dann 0,0001 und die Verteilungsfunktion $F(x) = 0,0001x$ für alle x im angegebenen Intervall. Bei einem Deckungsbeitrag $d = 50$ und Fixkosten in Höhe von 200.000 ergibt sich eine **Break Even-Menge** von 4.000. Der Wert der Verteilungsfunktion an dieser Stelle beträgt 0,4, die **Break Even-Wahrscheinlichkeit** 0,6. Demnach kann man in 60% aller Fälle davon ausgehen, einen positiven Gewinn zu erzielen. Die Wahrscheinlichkeiten für einige andere Erfolgsniveaus lauten:

$$Pr\{\tilde{G} \geq \underline{G} = -100.000\} = 1 - F(2.000) = 0,8$$

$$Pr\{\tilde{G} \geq \underline{G} = 125.000\} = 1 - F(6.500) = 0,35$$

$$Pr\{\tilde{G} \geq \underline{G} = 480.000\} = 1 - F(13.600) = 0$$

Allgemein läßt sich die Verteilung für das Erreichen verschiedener Erfolgsniveaus wie folgt ermitteln: Die **Break Even-Menge** beträgt für einen Gewinn $\underline{G}$:

$$\hat{x} = \frac{200.000 + \underline{G}}{50} = 4.000 + 0,02 \cdot \underline{G}$$

Setzt man dies in den Ausdruck $1 - F(\hat{x})$ ein, ergibt sich

$$1 - F(\hat{x}) = \frac{\overline{x} - \hat{x}}{\overline{x} - \underline{x}} = \frac{10.000 - 4.000 - 0,02 \cdot \underline{G}}{10.000 - 0} = 0,6 - 0,000002 \cdot \underline{G}$$

Daraus folgt

$$Pr\{\tilde{G} \geq \underline{G}\} = \begin{cases} 0 & \text{falls } \underline{G} \geq 300.000 \\ 0,6 - 0,000002\underline{G} & \text{falls } -200.000 < \underline{G} < 300.000 \\ 1 & \text{falls } \underline{G} \leq -200.000 \end{cases}$$

Wegen $Pr\{\tilde{G} \geq \underline{G}\} = 1 - F(\hat{x})$ folgt für gleichverteilte Absatzmengen x:

$$1 - F(\hat{x}) = \frac{\overline{x} - \hat{x}}{\overline{x} - \underline{x}} = \frac{\overline{x} - \dfrac{K^F + \underline{G}}{d}}{\overline{x} - \underline{x}} = \overline{Pr} \tag{18}$$

Dies läßt sich nach $\underline{G}$ auflösen, woraus folgt:

$$\underline{G} = d \cdot \left(\overline{x} - \overline{Pr} \cdot (\overline{x} - \underline{x}) \right) - K^F \tag{19}$$

Offenbar repräsentieren beide Fragestellungen zwei Seiten des gleichen Sachverhalts, denn die gegebenen Formeln müssen lediglich nach jeweils anderen Größen aufgelöst werden.

Simulationsverfahren

Der **Ablauf** von Simulationsverfahren gestaltet sich wie folgt:[8]

a) Zunächst werden die als unsicher betrachteten Parameter ausgewählt (zB Absatz-preis, Absatzmenge, Stückkosten).

b) Anschließend wird für jeden unsicheren Parameter eine isolierte Wahrscheinlichkeits-verteilung geschätzt.

c) Im dritten Schritt werden die Ausgangsgrößen für einen Simulationslauf ermittelt. Dazu werden für jeden unsicheren Parameter zunächst Zufallszahlen erzeugt, die im Intervall [0, 1] gleichverteilt sind. Der Wert der so erhaltenen Zufallszahl wird dann gemäß der jeweiligen *Verteilungsfunktion* der unsicheren Parameter in einen konkreten Parameterwert transformiert (ist zB $F(x)$ die (stetige) Verteilungsfunktion der unsicheren Absatzmenge, und wurde die Zufallszahl 0,4 erhalten, dann ergibt sich die für den Simulationslauf zu verwendende Absatzmenge aus $x = F^{-1}(0,4)$). Auf diese Weise werden die Parameterwerte entsprechend ihrer jeweiligen Verteilung erzeugt. Stocha-stische Abhängigkeiten zwischen einzelnen Parametern lassen sich durch ein sukzessi-ves Vorgehen berücksichtigen. Hängt zB die Verteilung der Absatzmengen vom Absatz-preis ab, so wird in einem ersten Schritt der Absatzpreis erzeugt; anschließend wird aus der für diesen Preis *bedingten* Absatzmengenverteilung die entsprechende Absatz-menge generiert.

d) Mit den im dritten Schritt erzeugten Parametern wird die Zielgröße berechnet.

e) Die Schritte (3) und (4) werden häufig (zB 10.000 mal) wiederholt.

f) Aus den relativen Häufigkeiten der Zielgröße läßt sich eine Verteilungsfunktion dieser Zielgröße bestimmen.

In der Literatur wurde im Zusammenhang mit diesen beiden Fragestellungen insbe-sondere der Fall **normalverteilter Zufallsvariablen** betrachtet, weil sich hier die gesuchten Daten aus den Tabellen für Standardnormalverteilungen ablesen lassen. Die Annahme der Normalverteilung hat darüber hinaus den Vorzug, daß bei additi-ven Verknüpfungen mehrerer Zufallsvariablen (so etwa im Mehrproduktfall) die resultierende Gesamtzufallsvariable wiederum normalverteilt ist, so daß das tabella-rische Verfahren weiterhin anwendbar bleibt (demgegenüber ist die Gleichverteilung bei mehreren Produkten nicht mehr so „freundlich"). Allerdings stößt auch die Normalverteilung auf Schwierigkeiten, dann nämlich, wenn multiplikative Verknüp-fungen von Zufallsvariablen vorliegen (zB wenn der Deckungsbeitrag ebenfalls risi-kobehaftet ist). Eine Zufallsvariable, die sich als Produkt zweier normalverteilter Zufallsvariablen ergibt, ist nämlich im allgemeinen nicht mehr normalverteilt. Das tabellarische Verfahren kann dann nur noch als vorläufige Näherung angesehen werden, deren „Güte" indes schwer abschätzbar ist. Bei komplexeren stochastischen Beziehungen muß daher im Regelfall auf **direkte Simulationsverfahren** zurück-gegriffen werden,[9] um die Verteilungsfunktion des risikobehafteten Gewinns zu ermitteln.

---

8   Vgl *Hertz* (1964).
9   Siehe dazu etwa *Kottas* und *Lau* (1978).

Beispiel

Für das in einem früheren Einschub präsentierte Beispiel (gleichverteilte Absatzmengen im Intervall [0, 10.000] bei Fixkosten in Höhe von 200.000 und einem Deckungsbeitrag von 50) stehe eine zusätzliche Maßnahme zur Wahl: Man kann weiteres Verkaufspersonal einstellen, wodurch einerseits zusätzliche Fixkosten von 90.000 entstehen, andererseits aber die Obergrenze der Absatzmengenverteilung auf 12.500 (bei gegebener Gleichverteilungsannahme) erhöht werden kann.

Wahrscheinlichkeitsmaximierung bei vorgegebener Ergebnishöhe

Gegeben sei ein Mindestgewinn von $\underline{G}$ = 200.000. In der Ausgangssituation wäre dazu eine Absatzmenge von wenigstens 8.000 erforderlich, die mit einer Wahrscheinlichkeit von 0,2 erreicht wird. Mit zusätzlichem Personal und zusätzlichen Fixkosten würde man eine Menge von mindestens 9.800 benötigen. Wegen der nunmehr höheren Obergrenze der Absatzmengenverteilung wird diese Menge aber mit folgender Wahrscheinlichkeit erreicht:

$$1 - \frac{9.800}{12.500} = 0,216$$

Somit wäre die Einstellung zusätzlichen Verkaufspersonals vorteilhaft.

Ergebnismaximierung bei vorgegebener Wahrscheinlichkeit

Bei einer vorgegebenen Wahrscheinlichkeit von $\overline{Pr}$ = 0,55 ergibt sich ein Erfolg von

$\underline{G}$ = 50·[10.000 − 0,55·(10.000 − 0)] − 200.000 = 25.000

Mit zusätzlichem Verkaufspersonal ergibt sich dagegen

$\underline{G}$ = 50·[12.500 − 0,55·(12.500 − 0)] − 290.000 = −8.750

Jetzt wäre es besser, auf die Einstellung zu verzichten.

Bei der bisherigen Analyse blieb offen, *wie* die erhaltenen Informationen über die Wahrscheinlichkeiten im Rahmen der Entscheidungsfindung zu verwenden sind. Allgemein gilt, daß die bereitgestellten Informationen zu den Entscheidungskriterien „passen" sollten, die bei der Entscheidungsfindung verwendet werden. Zu den Informationen der **Stochastischen Break Even-Analyse** passen am ehesten zwei aus der Entscheidungstheorie bekannte **Kriterien**, die sich wie folgt beschreiben lassen:[10]

- **Wahrscheinlichkeitsmaximierung bei vorgegebener Ergebnishöhe**: Man wählt die Alternative mit der maximalen Wahrscheinlichkeit dafür, daß ein bestimmtes Ergebnis mindestens erreicht wird. Bei einem Mindesterfolg von 0 wäre dies die Maßnahme mit der maximalen Break Even-Wahrscheinlichkeit, allgemein aber diejenige Alternative, deren Wahrscheinlichkeit $Pr\{\widetilde{G} \geq \underline{G}\}$ am höchsten ist.

- **Ergebnismaximierung bei vorgegebener Wahrscheinlichkeit**: Man wählt die Alternative mit dem höchsten Erfolg, der mit einer vorgegebenen Wahrscheinlichkeit überschritten wird. Gesucht ist also das maximale $\underline{G}$, für das die Relation $Pr\{\widetilde{G} \geq \underline{G}\} = \overline{Pr}$ gilt.

---

[10] Vgl dazu zB *Sieben* und *Schildbach* (1994), S. 61 f.

Value-at-Risk (VaR) und Cash-Flow-at-Risk (CFaR)

Die hier dargestellte **stochastische Break Even-Analyse** steht in enger Beziehung zu spezifischen Risikomaßen, die im Rahmen des **praktischen Risikomanagements** in den letzten Jahren eine besondere Bedeutung erlangt haben.[11] Vorreiter dieser Entwicklung waren die Finanzinstitute, die sich insbesondere bei Trading- und Handelsstrategien am Kapitalmarkt um „griffige" Größen zur Messung und Steuerung der damit einhergehenden **Risiken** bemühten.

In diesem Zusammenhang wird typischerweise der *Value at Risk* (*VaR*) als Variante eines sogenannten *Downside*-**Risikomaßes** genannt.[12] Im Zusammenhang mit marktbasierten Handelsstrategien orientiert man sich an der Wertveränderung ΔW eines Portefeuilles von Finanztiteln im Laufe einer bestimmten überschaubaren Halteperiode (zB 10 Tage). Solche Wertänderungen können positiv oder negativ sein, und sie unterliegen einer Wahrscheinlichkeitsverteilung. Bei marktgehandelten Finanztiteln lassen sich solche Verteilungen zB aus den täglich verfügbaren Kursdaten relativ gut abschätzen. Auf Basis einer Wahrscheinlichkeitsverteilung kann man die Frage beantworten, **welcher Verlust** mit einer **vorgegebenen Wahrscheinlichkeit** $\overline{Pr}$ (zB 95%) in der betrachteten **Halteperiode** nicht überschritten wird. Dieser Betrag wird als *VaR* bezeichnet.[13] Umgekehrt bedeutet das, daß die **eintretenden Verluste** nur mit der Gegenwahrscheinlichkeit (zB 5%) den *VaR* überschreiten werden.

Formal ergibt sich der *VaR* demnach aus

$$\Pr\left\{\Delta\tilde{W} \geq VaR\right\} = \overline{\Pr}$$

Diese Darstellung zeigt unmittelbar die **Beziehung** zu den Fragestellungen der **stochastischen Break Even-Analyse**, denn die Definition des *VaR* ist völlig analog zu der in (17) beschriebenen Problemstellung, nämlich der Bestimmung des maximalen Erfolgs, der mit einer vorgegebenen Wahrscheinlichkeit überschritten wird.

Der *VaR* wird üblicherweise als *positive* Größe angegeben. Erhält man also gemäß der obigen Definition einen Wert von zB −150, würde man den *VaR* mit 150 benennen („Der Verlust 150 wird mit 95%-iger Wahrscheinlichkeit nicht überschritten"). Ergibt die Berechnung gemäß der Definition dagegen einen positiven Wert, liegt strenggenommen kein Verlust vor – der *VaR* würde dann mit null angegeben. Alternativ kann der *VaR* auch als „Verlust" vom Erwartungswert oder einem geplanten Wert definiert werden.

Der *VaR* hat sich in der Praxis des Finanzgeschäfts als Risikomaß und Grundlage für spezifische, risikoorientierte Renditegrößen (zB *RORAC* als *Return on Risk Adjusted Capital* mit dem *VaR* als „Kapitalgröße" im Nenner) durchgesetzt.[14] Seine

---

[11]   Vgl dazu auch *Ewert* und *Wagenhofer* (2000), S. 38 – 43.

[12]   Damit sind Risikomaße gemeint, die sich am Verlustbereich einer Verteilung orientieren. Vgl näher *Oehler* und *Unser* (2002), S. 22 – 25.

[13]   Vgl *Bühler* (1997), S. 222.

[14]   Der *VaR* kann allerdings grundlegenden Entscheidungspostulaten bei Risiko widersprechen, siehe dazu zB *Ewert* und *Wagenhofer* (2000), S. 41 f.

Anwendung im **Nichtbankenbereich** stößt aber auf **Probleme**, denn bei Handels-, Dienstleistungs- und Industrieunternehmen geht es vorrangig um die **Volatilität** der Überschüsse aus den **operativen Geschäften**. Die Verteilungen dieser Überschüsse ändern sich von Periode zu Periode in Abhängigkeit der verfolgten Strategien des Unternehmens und der Konkurrenten, der Entwicklungen auf den Beschaffungs- und Absatzmärkten usw. Die Vorstellung, analog der Auswertung vergangener Kursdaten bei der *VaR*-Berechnung verläßliche Grundlagen zur Risikomessung zu erhalten, erweist sich daher für operative Risiken in Industrie- und Handelsunternehmen praktisch als schwierig.

Für den Nichtbankenbereich wurde daher das Konzept des ***Cash Flow at Risk*** (*CFaR*) propagiert,[15] das zwar von der Zielrichtung dem *VaR* verwandt ist, aber die Besonderheiten im Nichtbankenbereich berücksichtigt. Bezeichnet man mit *CF* den operativen Cash flow des Unternehmens in einer Periode, erhält man analog zum *VaR* folgende **Definition**:

$$\Pr\left\{\widetilde{CF} \geq CFaR\right\} = \overline{\Pr}$$

Man bemüht sich hier um die Generierung einer Verteilung der operativen Cash flows auf der Basis von Einzelverteilungen der Beschaffungs- und Absatzpreise, der Wechselkurse, der Absatzmengen usw. Im Grunde handelt es sich daher beim *CFaR* exakt um eine **Variante der stochastischen Break Even-Analyse** unter Verwendung der **Simulationstechnik** als Methode zur Bestimmung der Gesamtverteilung von Überschüssen. So gesehen ist die stochastische Break Even-Analyse von besonderer Aktualität, wenn auch unter einer anderen Bezeichnung.

2.5. Break Even-Analyse im Mehrproduktfall

Im Mehrproduktfall werden mit einer *BEA* grundsätzlich die gleichen Fragestellungen wie oben verfolgt. Die Analyse ist aber etwas komplizierter, weil jetzt auch **Ausgleichseffekte** zwischen verschiedenen Produktarten auftreten können: Erreicht man die für eine Verlustvermeidung erforderlichen Deckungsbeiträge nicht mit *einem* Produkt, könnte man diese Unterdeckung durch entsprechende Absatzmengen einer anderen Produktart kompensieren. Letztlich kommt es nur darauf an, daß das **Produktionsprogramm in seiner Gesamtheit** die gewünschten Resultate beschert.

Allgemein gibt es also nicht mehr *eine* Break Even-Menge, sondern eine **Vielzahl von Mengenkombinationen** mit der Eigenschaft, die Fixkosten und einen wie auch immer bestimmten Mindestgewinn *G* zu „decken". Im weiteren wird wieder auf das deterministische Modell zurückgegriffen. Bezeichnet $\hat{\mathbf{X}}$ die Menge dieser Kombinationen von Absatzmengen der einzelnen Produktarten $j = 1, ..., J$ und ist

---

[15] Siehe dazu *Bühler* (1997), S. 225, sowie die umfassende Darstellung bei *Hoitsch* und *Winter* (2004).

$\hat{\mathbf{x}} = (\hat{x}_1, \hat{x}_2, \ldots, \hat{x}_J) \in \hat{\mathbf{X}}$ ein (nichtnegativer) Absatzmengenvektor, dann ist die Menge der Mengenkombinationen wie folgt definiert:

$$\hat{\mathbf{X}} = \left\{ \hat{\mathbf{x}} \geq 0 \,\middle|\, \sum_{j=1}^{J} \hat{x}_j \cdot d_j = K^F + \underline{G} \right\} \tag{20}$$

Im **Zweiproduktfall** läßt sich (20) in Form einer **Geraden** schreiben:

$$\hat{x}_1 \cdot d_1 + \hat{x}_2 \cdot d_2 = K^F + \underline{G} \quad \Rightarrow \quad \hat{x}_2 = \frac{K^F + \underline{G}}{d_2} - \frac{d_1}{d_2} \cdot \hat{x}_1 \tag{21}$$

Bei **mehr als zwei Produkten** ist eine solche Auflösung allerdings nicht mehr möglich. Dann kann man sich wie folgt behelfen:[16] Zunächst wird für *jedes* Produkt die *isolierte* Break Even-Menge $\hat{x}_j^i$ berechnet, es wird also so getan, als wollte man nur mit dem jeweiligen Produkt den Betrag $K^F + \underline{G}$ abdecken. Man erhält dann insgesamt J verschiedene Break Even-Mengen, die sich nach (2) bzw (3) leicht ermitteln lassen. Diese isolierten Mengen geben offenbar auch die jeweiligen Obergrenzen der einzelnen Produktarten in (20) an und sind zugleich Elemente der Menge $\hat{\mathbf{X}}$, wenn man sie als Vektoren ansieht, bei denen ausschließlich die j-te Komponente positiv ist. Somit sind diese J Vektoren *linear unabhängig* und spannen einen Vektorraum der Dimension J auf. Damit aber kann jeder Break Even-Vektor aus $\hat{\mathbf{X}}$ durch eine **Konvexkombination** der isolierten Break Even-Vektoren erhalten werden. Demnach ergibt sich die j-te Komponente eines beliebigen $\hat{\mathbf{x}} \in \hat{\mathbf{X}}$ einfach durch Multiplikation der *isolierten Break Even-Menge* $\hat{x}_j^i$ des Produktes j mit einem nichtnegativen Anteil α_j, wobei sich die Anteile aller Produkte zu 1 summieren müssen.

Bezeichnet $\hat{\mathbf{x}}_j = (0, \ldots, \hat{x}_j^i, \ldots, 0)$ also den isolierten Break Even-Vektor für das Produkt j, folgt demnach für jedes $\hat{\mathbf{x}} \in \hat{\mathbf{X}}$:

$$\hat{\mathbf{x}} = \alpha_1 \cdot \hat{\mathbf{x}}_1 + \alpha_2 \cdot \hat{\mathbf{x}}_2 + \cdots + \alpha_J \cdot \hat{\mathbf{x}}_J = \sum_{j=1}^{J} \alpha_j \cdot \hat{\mathbf{x}}_j \tag{22}$$

mit $\alpha_j \geq 0 \quad \forall j; \quad \sum_{j=1}^{J} \alpha_j = 1$.

Konstanter Absatzmix

In bestimmten Fällen läßt sich der Mehrproduktfall auf eine Einproduktanalyse zurückführen, dann nämlich, wenn das „**Absatzmix**" **konstant** ist, wenn also die Produktarten stets in einem konstanten Verhältnis zueinander abgesetzt werden. In dieser Situation kann ein beliebiges Produkt als **Leitprodukt** gewählt werden; die Mengen der jeweils anderen Produkte lassen sich dann in Abhängigkeit vom Leit-

---

[16]   Es werden positive Stückdeckungsbeiträge für jedes Produkt vorausgesetzt.

produkt angeben. Im folgenden sei das *erste Produkt* als Leitprodukt gewählt, und mit β_j seien die konstanten Verhältnisse der Absatzmengen der Produkte j zur Menge des Produktes 1 bezeichnet:

$$\beta_j = \frac{x_j}{x_1} \qquad \text{für } j = 1, \ldots, J \tag{23}$$

Der gesamte Deckungsbeitrag D läßt sich jetzt schreiben als

$$D = \sum_{j=1}^{J} x_j \cdot d_j = \sum_{j=1}^{J} (x_1 \cdot \beta_j) \cdot d_j = x_1 \cdot \sum_{j=1}^{J} \beta_j \cdot d_j = x_1 \cdot \overline{d} \tag{24}$$

Er ergibt sich also einfach aus der Menge des Leitproduktes multipliziert mit einem kombinierten Stückdeckungsbeitrag, der sich aus den individuellen Stückdeckungsbeiträgen und den jeweiligen (konstanten) Mengenrelationen zusammensetzt. Damit kann die **Break Even-Menge** des Leitproduktes wie folgt angegeben werden:

$$\hat{x}_1 = \frac{K^F + G}{\overline{d}} \tag{25}$$

Die dazugehörigen Mengen der jeweils anderen Produkte lassen sich dann aus (23) und (25) leicht ableiten.

Bei konstantem Absatzmix kann die *BEA* auch noch in Form eines **Break Even-Umsatzes** dargestellt werden. Dazu wird zunächst der gesamte Umsatz (Erlös) berechnet:

$$E = \sum_{j=1}^{J} x_j \cdot p_j = x_1 \cdot \sum_{j=1}^{J} \beta_j \cdot p_j = x_1 \cdot \overline{p} \tag{26}$$

Zur Ermittlung des Break Even-Umsatzes wird (25) um $\overline{p}$ erweitert, dh

$$\hat{E} = \overline{p} \cdot \hat{x}_1 = \frac{K^F + G}{\overline{d}/\overline{p}} \tag{27}$$

Dabei ist $\overline{d}$ gemäß (24) die Summe der gewichteten Stück-Deckungsbeiträge aller Produkte. Nun ist aber das Verhältnis des gesamten Deckungsbeitrags D_j einer Produktart j zum Umsatz wie folgt gegeben:

$$\frac{D_j}{E} = \frac{x_j \cdot d_j}{x_1 \cdot \overline{p}} = \frac{x_1 \cdot (\beta_j \cdot d_j)}{x_1 \cdot \overline{p}} = \frac{\beta_j \cdot d_j}{\overline{p}} \tag{28}$$

Demnach ist die Deckungsbeitrags-Umsatz-Relation für jedes Produkt j gegeben und konstant. Daraus ergibt sich der *Break Even-Umsatz* schließlich zu:

$$\hat{E} = \frac{K^F + G}{\displaystyle\sum_{j=1}^{J} \frac{D_j}{E}} \tag{29}$$

Beispiel

Es seien $J = 4$ Produktarten mit folgenden Deckungsbeiträgen gegeben:
$d_1 = 50$; $d_2 = 100$; $d_3 = 80$; $d_4 = 120$

Die Fixkosten seien 240.000; ein Mindestgewinn sei nicht verlangt, es wird also der „reine" Break Even-Fall betrachtet. Daraus resultieren folgende isolierte *Break Even–Mengen*:

$\hat{x}_1^i = 4.800$; $\hat{x}_2^i = 2.400$; $\hat{x}_3^i = 3.000$; $\hat{x}_4^i = 2.000$

Ein beliebiger *Break Even-Vektor* läßt sich dann mit nichtnegativen α_j, die sich zu 1 summieren, wie folgt schreiben:

$$\begin{bmatrix} \hat{x}_1 \\ \hat{x}_2 \\ \hat{x}_3 \\ \hat{x}_4 \end{bmatrix} = \alpha_1 \cdot \begin{bmatrix} 4.800 \\ 0 \\ 0 \\ 0 \end{bmatrix} + \alpha_2 \cdot \begin{bmatrix} 0 \\ 2.400 \\ 0 \\ 0 \end{bmatrix} + \alpha_3 \cdot \begin{bmatrix} 0 \\ 0 \\ 3.000 \\ 0 \end{bmatrix} + \alpha_4 \cdot \begin{bmatrix} 0 \\ 0 \\ 0 \\ 2.000 \end{bmatrix} = \begin{bmatrix} \alpha_1 \cdot 4.800 \\ \alpha_2 \cdot 2.400 \\ \alpha_3 \cdot 3.000 \\ \alpha_4 \cdot 2.000 \end{bmatrix}$$

Mit zB $\alpha_j = 0{,}25$ für alle j folgt:

$\hat{x}_1 = 1.200$; $\hat{x}_2 = 600$; $\hat{x}_3 = 750$; $\hat{x}_4 = 500$

Der Leser kann leicht nachprüfen, daß diese Mengenkombination tatsächlich die Fixkosten deckt.

Umgekehrt lassen sich für einen beliebigen *Break Even-Vektor* die entsprechenden Anteilskoeffizienten ermitteln. Sei dazu folgender *Break Even-Vektor* gegeben:

$\hat{x}_1 = 2000$; $\hat{x}_2 = 200$; $\hat{x}_3 = 0$; $\hat{x}_4 = 1000$

Dieser Vektor läßt sich als Konvexkombination der isolierten *Break Even-Vektoren* mit folgenden Anteilen darstellen:

$$\alpha_1 = \frac{2.000}{4.800} = 0{,}41\overline{6}; \quad \alpha_2 = \frac{200}{2.400} = 0{,}08\overline{3}; \quad \alpha_3 = 0; \quad \alpha_4 = \frac{1.000}{2.000} = 0{,}5$$

Diese Werte summieren sich offensichtlich wieder zu 1.

Die Beliebtheit der **Umsatzversion** einer *BEA* für den Mehrproduktfall läßt sich insbesondere dann verstehen, wenn man sich eine Kontrolle der Gewinnentwicklung im Laufe einer Periode vorstellt. Der Umsatz ist eine leicht zu beobachtende und **eindimensionale Größe**, deren Vergleich mit dem Break Even-Umsatz schnell Fehlentwicklungen erkennen läßt, so daß ggf Anpassungsmaßnahmen ergriffen werden können. Demgegenüber ist die direkte Beobachtung des **vieldimensionalen Produktmix** schwieriger zu interpretieren und müßte mit der Gesamtmenge der Break Even-Vektoren $\hat{\mathbf{X}}$ verglichen werden. Dieser Anwendungsvorteil der Umsatzversion darf freilich nicht über die enge Prämisse eines konstanten Absatzmix hinwegtäuschen. Ist sie nämlich erfüllt, reicht auch alleine die Beobachtung des Leitproduktes aus, um die gleichen Schlüsse ziehen zu können. Ist die Prämisse nicht erfüllt, ist wiederum die Beobachtung alleine des Umsatzes wenig aussagefähig, kommt es doch letztlich wieder darauf an, *welche* Produkte den Umsatz beschert haben, wie also das Absatzmix tatsächlich aussieht.

Beispiel

Das Beispiel des vorigen Einschubs sei weitergeführt, indem eine Mengenrelation von 1 : 2 : 3,375 : 4 unterstellt wird. Dann folgt:

$$\overline{d} = 1 \cdot 50 + 2 \cdot 100 + 3,375 \cdot 80 + 4 \cdot 120 = 1.000$$

Die Break Even-Menge des Leitproduktes beträgt

$$\hat{x}_1 = \frac{240.000}{1.000} = 240$$

Daraus ergeben sich die anderen Mengen wie folgt:

$$\hat{x}_2 = 240 \cdot 2 = 480; \quad \hat{x}_3 = 240 \cdot 3,375 = 810; \quad \hat{x}_4 = 240 \cdot 4 = 960$$

Seien zusätzlich folgende Preise angenommen:

$$p_1 = 110; \quad p_2 = 200; \quad p_3 = 160; \quad p_4 = 220$$

Dann folgt $\overline{p} = 1 \cdot 110 + 2 \cdot 200 + 3,375 \cdot 160 + 4 \cdot 220 = 1.930$.

$$\frac{D_1}{E} = \frac{50}{1.930}; \quad \frac{D_2}{E} = \frac{200}{1.930}; \quad \frac{D_3}{E} = \frac{270}{1.930}; \quad \frac{D_4}{E} = \frac{480}{1.930}$$

Die Summe dieser Relationen beträgt 1.000/1.930. Damit ermittelt man einen *Break Even-Umsatz* von:

$$\hat{E} = \frac{240.000}{\dfrac{1.000}{1.930}} = \frac{240.000 \cdot 1.930}{1.000} = 463.200$$

Der Leser kann sich leicht davon überzeugen, daß die ermittelte Mengenkombination (240; 480; 810; 960) exakt diesen Umsatz beschert. Wegen des konstanten Absatzmix ist diese Kombination zudem eindeutig.

Pessimistische und optimistische Varianten

Um bei unsicherem Absatzmix eine Vorstellung von der Streubreite des zu erwartenden Gewinns zu erhalten, wird die obige Umsatzversion der *BEA* für den Mehrproduktfall oftmals in Form einer **pessimistischen** und einer **optimistischen Variante** durchgerechnet. Dabei werden zusätzlich Absatzgrenzen für die einzelnen Produkte verwendet. In der **pessimistischen Variante** ordnet man die Produkte nach den *individuellen* Deckungsbeitrags-Umsatz-Relationen D_j/E_j in aufsteigender Reihenfolge, also beginnend bei dem Produkt mit dem niedrigsten Deckungsbeitrag je Umsatzeinheit. Dann wird unterstellt, daß die Umsätze nach Maßgabe dieser Reihenfolge erzielt werden. Die ersten Umsätze werden also ausschließlich durch das Produkt mit der niedrigsten Relation D_j/E_j erzielt, bis dessen **Absatzobergrenze** (oder sonstige Planmenge) erreicht ist. Darüber hinaus gehende Umsätze werden mit dem zweitschlechtesten Produkt bis zu dessen Absatzobergrenze erzielt, usw. Insofern wird für jeden Gesamtumsatz unterstellt, daß bis dahin stets nur die ungünstigsten Produkte abgesetzt werden konnten. Falls keine Grenze angenommen wird, kommt nur das „schlechteste" Produkt für die Bestimmung des Break Even-Umsatzes zum Tragen.

Dagegen geht die **optimistische Variante** von der umgekehrten Rangordnung der Produkte aus. Hier werden die Produkte nach den Relationen D_j/E_j in absteigender Reihenfolge geordnet, beginnend bei dem Produkt mit der höchsten individuellen Deckungsbeitrags-Umsatz-Relation. Damit werden jetzt die ersten Umsätze erzielt, bis die entsprechende Absatzobergrenze erschöpft ist. Anschließend kommt das zweitgünstigste Produkt zum Tragen, und so fort. Dieser Vorgehensweise liegt die Annahme zugrunde, daß für jeden Gesamtumsatz bis dahin stets nur die günstigsten Produkte abgesetzt wurden.

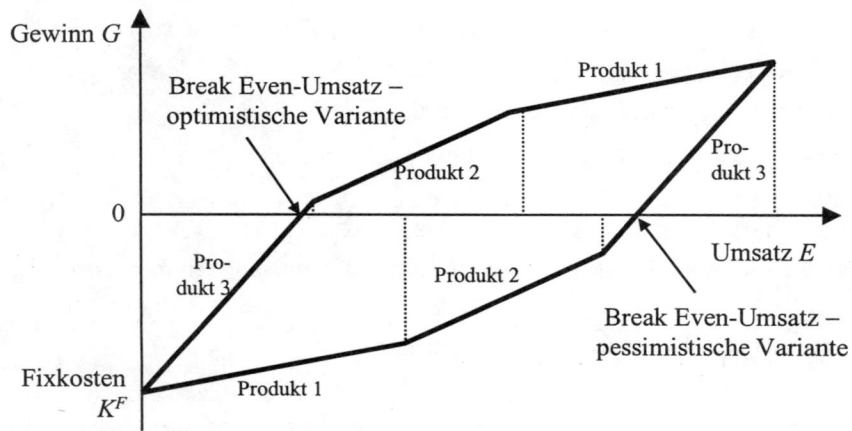

Abb. 2: Break Even-Umsatz bei drei Produkten

Die Beziehungen sind in Abbildung 2 für drei Produkte verdeutlicht, die nach steigenden **Deckungsbeitrag-Umsatz-Relationen** indexiert sind. Bei der pessimistischen Variante ist der Break Even-Umsatz wesentlich höher als im optimistischen Fall. Das Ergebnis der Umsatzversion mit konstantem Absatzmix liegt zwischen den Ergebnissen der pessimistischen und der optimistischen Variante.

Auch für den Mehrproduktfall wurden Versionen einer **stochastischen BEA** entwickelt (so etwa bei *Johnson* und *Simik* (1971) sowie *Miller* und *Morris* (1985)), wobei dort dem **Risikoverbund** zwischen den Produktarten eine besondere Bedeutung zukommen kann. Die Intentionen solcher Break Even-Analysen sind aber völlig analog zu denjenigen des Einproduktfalls, so daß auf eine Darstellung diesbezüglicher Ansätze verzichtet wird.[17] Probleme stochastischer Abhängigkeiten zwischen verschiedenen Produktarten werden im nächsten Abschnitt ausführlich behandelt.

---

[17]   Siehe zu vielfältigen Erweiterungsmöglichkeiten von Break Even-Analysen auch *Schweitzer* und *Troßmann* (1986) und für Risikosituationen insbesondere *Welzel* (1987)

2.6. Ergebnis

Ziel der obigen Darstellung war es zu zeigen, daß eine *BEA* vor allem dazu dient, ein Gefühl für die **Bedeutung der Unsicherheit** für ein Entscheidungsproblem zu erhalten. Sie kann damit eine wichtige **Signalfunktion** erfüllen, die konkret zu weiteren Informationsbeschaffungen und/oder der Aufstellung umfassender Planungsansätze mit expliziter **Einbeziehung von Wahrscheinlichkeitsverteilungen** führen kann. Letzteres ist insbesondere dann denkbar, wenn man auf der Basis einer Stochastischen *BEA* genauere Vorstellungen über die Erfolgsverteilungen bei verschiedenen Aktionen gewonnen hat.

Die **Probleme** einer *BEA* bestehen vor allem darin, daß aus ihren Ergebnissen alleine keinerlei Implikationen darüber folgen, wie denn nun *konkret* zu entscheiden ist. Die Resultate einer stochastischen *BEA* passen zwar unmittelbar zu zwei bekannten Entscheidungskriterien bei Risiko, doch dürften diese Kriterien recht spezieller Natur sein. Es erscheint daher notwendig, die Planungsprobleme bei Risiko genauer zu untersuchen, indem die Konsequenzen verschiedener Problemstrukturen für die (kurzfristig wirksame) Unternehmenspolitik explizit analysiert werden.

3. Programmplanung bei Risiko

3.1. Annahmen und Vorgehensweise

Die Implikationen der expliziten Risikoberücksichtigung werden exemplarisch anhand des bereits im 3. Kapitel: *Produktionsprogrammentscheidungen* analysierten Problems der „reinen" **Produktionsprogrammplanung** untersucht.[18] Die Frage ist vor allem, ob durch das **Risiko** und dessen **Bewertung** Unterschiede in der **Lösungsstruktur** des Programmplanungsproblems induziert werden können, und wenn ja, worin diese Unterschiede bestehen.

Dazu wird unterstellt, daß sowohl **Beschaffungs-** als auch **Absatzpreise risikobehaftet** sind. Damit unterliegt der **Deckungsbeitrag** eines jeden Produktes einer Wahrscheinlichkeitsverteilung. Außerdem können die **Fixkosten** risikobehaftet sein; sie seien zwar unabhängig von den Entscheidungsvariablen (Absatzmengen) gegeben, doch impliziert das nicht notwendigerweise ihre Konstanz, wenn man zB an unsichere Lohnsätze denkt. Insofern läßt sich der Periodengewinn als **Zufallsvariable** auffassen und wie folgt schreiben:

$$\widetilde{G} = \sum_{j=1}^{J} x_j \cdot (\widetilde{p}_j - \widetilde{k}_j) - \widetilde{K}^F = \sum_{j=1}^{J} x_j \cdot \widetilde{d}_j - \widetilde{K}^F = \widetilde{D} - \widetilde{K}^F \tag{30}$$

---

[18] Vergleichbare Überlegungen gelten für andere kurzfristig wirksame Entscheidungsprobleme. Vgl grundsätzlich zB *Dillon* und *Nash* (1978) sowie *Schneider* (1984); zur Entscheidung über einen Zusatzauftrag zB *Demski* (1994), S. 359 – 363.

Zur Konzentration auf die Risikoproblematik werden bezüglich des Restriktionen-systems Vereinfachungen eingeführt.[19] Potentielle Absatzobergrenzen einzelner Pro-dukte werden vernachlässigt, und es wird von nur *einer* **Mehrproduktrestriktion** ausgegangen. Damit kann auf den Restriktionsindex verzichtet werden. Der Mittel-vorrat $\overline{V}$ und die Verbrauchskoeffizienten v_j seien nicht risikobehaftet. Risikobehaf-tete Größen werden also nur für die Zielfunktion zugelassen, während das Restrik-tionensystem als sicher behandelt wird. Die Restriktion lautet:

$$\sum_{j=1}^{J} v_j \cdot x_j \leq \overline{V} \tag{31}$$

Es wird davon ausgegangen, daß das gesamte **Produktionsprogramm** (die jewei-ligen Mengen der erzeugten und abgesetzten Produkte) **im voraus festgelegt** werden muß und im Laufe des Planungszeitraumes nicht mehr geändert werden kann.

Der Grund für diese Annahme liegt darin, daß im Verlauf der Produktion üblicherweise **Informa-tionen** über die unsicheren Deckungsbeiträge bekannt werden; am Ende des Planungszeitraumes ist die gesamte Unsicherheit verschwunden. Werden Informationen bekannt (zB die Einstands-preise für Inputfaktoren), kann und wird dies zu kurzfristigen Adaptionen des Produktionspro-gramms führen. Diese Möglichkeit wiederum müßte *a priori* bei der Bestimmung des Produk-tionsprogramms in einem *sequentiellen Modell* berücksichtigt werden.[20] Bei Sicherheit ist eine derartige Annahme nicht erforderlich.

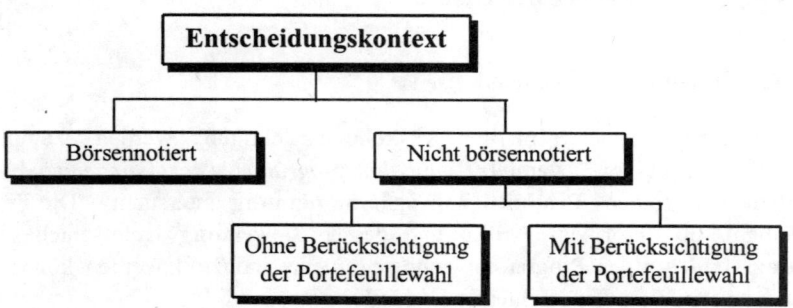

Abb. 3: Entscheidungskontext der Programmplanung

Bei **sicheren Erwartungen** ergibt sich die Lösung bekanntermaßen aus der Rang-folge der spezifischen Deckungsbeiträge, wobei wegen der hier fehlenden Absatz-obergrenzen *nur* dasjenige Produkt mit dem höchsten spezifischen Deckungsbeitrag hergestellt wird. Bei **unsicheren Erwartungen** kann aber nicht mehr so einfach vorgegangen werden. Hier hängt die Lösungsstruktur vom **Entscheidungskontext**

---

[19]   Eine Aufhebung dieser Annahmen wäre zwar grundsätzlich möglich, würde aber zu einer Erhöhung der Komplexität führen, ohne wesentliche Zusatzerkenntnisse zu erbringen.

[20]   Vgl dazu auch das sequentielle Modell im 4. Kapitel: *Preisentscheidungen* im Zusammenhang mit Preisuntergrenzen.

und vom **Präferenzsystem** ab. Die folgende Darstellung ist gemäß der Differenzierung nach dem Entscheidungskontext aufgebaut.

3.2. Börsennotierte Unternehmen: Marktwertmaximierung

Für börsennotierte Unternehmen spielt insbesondere in der finanzwirtschaftlichen Literatur die Zielsetzung **Marktwertmaximierung**, oft als **Unternehmenswertsteigerung** oder als Steigerung des *Shareholder Value* bezeichnet, eine überragende Rolle. Sie läßt sich unter bestimmten Voraussetzungen über die Struktur des Kapitalmarkts auch als **Dominanzkriterium** für die Bestimmung optimaler Unternehmenspolitiken aus Sicht der Eigner ableiten, weil die marktwertmaximale Politik die besten Voraussetzungen für die individuelle Zielerreichung jedes Eigners schafft. Im 2. Kapitel: *Die Kosten- und Leistungsrechnung als Entscheidungsrechnung* wurde diese Argumentation bereits in den Grundzügen erläutert.[21] Im folgenden werden die Implikationen der Marktwertmaximierung für die Bestimmung des optimalen Produktionsprogramms und die Fixkostenproblematik aufgezeigt.[22]

Zur Bestimmung marktwertmaximaler Politiken muß zunächst präzisiert werden, wie Marktwerte überhaupt berechnet werden können. Den bekanntesten Zugang zu diesem Problem liefert der *Time State Preference*-**Ansatz**, der durch die *Arbitrage Pricing Theory* (*APT*) verallgemeinert wurde. Darin werden die strukturellen Zusammenhänge für die Bewertung von Finanztiteln alleine aus der Annahme abgeleitet, daß ein gleichgewichtiger Kapitalmarkt frei von Arbitragemöglichkeiten sein muß.[23] Das daraus erwachsende Bewertungsfunktional hat überraschenderweise eine denkbar einfache Struktur.

Dazu sei ein Planungszeitraum von T Perioden unterstellt. Die Zahlungsüberschüsse $\ddot{U}$ eines Finanztitels fallen am Ende der Perioden $t = 1, ..., T$ an; sie sind jedoch risikobehaftet und hängen in jedem Zeitpunkt vom Eintritt bestimmter Zustände $\theta(t)$ ab. Der Zustandsraum für die Periode t sei mit $\Theta(t)$ bezeichnet. Ein wichtiges Ergebnis des *Time State Preference*-Ansatzes bzw der *APT* besteht darin, daß für jeden Zustand $\theta(t) \in \Theta(t)$ $(t = 1, ..., T)$ ein **positiver Bewertungsfaktor** $R(\theta(t))$ existiert, der gewissermaßen den Marktwert genau *einer*, in dieser Zeit-Zustandskombination anfallenden Geldeinheit aus der Sicht von $t = 0$ angibt. Der in $t = 0$ zu ermittelnde **Marktwert** W ergibt sich dann durch die Multiplikation der zeit-zustandsabhängigen **Überschüsse** $\ddot{U}(\theta(t))$ mit diesen Bewertungsfaktoren und durch

---

[21]   Siehe dazu auch *DeAngelo* (1981), *Rudolph* (1983) sowie *Makowski* und *Pepall* (1985). Nach der Darstellung der für gleichgewichtige Marktwerte grundlegenden Zusammenhänge werden im Rahmen eines Einschubs die Bedingungen erläutert, die im vorliegenden Zusammenhang für die Gültigkeit als Dominanzkriterium relevant sind. Diese Bedingungen lassen sich besser verstehen, wenn die Struktur der Marktbewertung bekannt ist.

[22]   Erstaunlicherweise ist die Einbeziehung von Kapitalmarktaspekten in der Literatur zur KLR (insbesondere der deutschsprachigen) nur äußerst selten zu finden. Eine Ausnahme bildet zB *Magee* (1975).

[23]   Einen Überblick über diese Ansätze vermitteln die Arbeiten von *Wilhelm* (1983, 1985).

anschließende Summation über alle Zeit-Zustandskombinationen. Er läßt sich wie folgt schreiben:

$$W = \sum_{t=1}^{T} \sum_{\theta(t) \in \Theta(t)} \ddot{U}\big(\theta(t)\big) \cdot R\big(\theta(t)\big) \tag{32}$$

Die Darstellung der Marktbewertung durch zeit-zustandsabhängige Bewertungsfaktoren wirft bei der **praktischen Anwendung** naturgemäß die Frage nach der Ermittlung dieser Faktoren auf, zumal diese Preise in den meisten Fällen nicht unmittelbar beobachtet werden können. Es läßt sich jedoch zeigen, daß diese Bewertungsfaktoren aus *Optionspreisen* abgeleitet werden können.[24]

Es ist aber zu bemerken, daß es im vorliegenden Fall nur um die **Struktur** gleichgewichtiger Bewertungsfunktionen geht. Diese strukturellen Aspekte sind alleine entscheidend für die Konsequenzen der Marktwertmaximierung hinsichtlich des Kosten- und Erlösmanagements.

Die **Bewertungsfaktoren** $R(\theta(t))$ beinhalten die **Zeit- und Risikopräferenzen** der Kapitalmarktteilnehmer sowie ihre Erwartungen, ausgedrückt in subjektiven Wahrscheinlichkeiten für das Eintreten eines Zustands $\theta(t)$. Darüber hinaus enthalten sie auch implizit den Zinssatz für sichere Anlagen. Bezeichnet i_1 den sicheren Zins für die erste Periode, so berechnet sich zB der Marktwert einer in $t = 1$ mit Sicherheit erzielten Geldeinheit durch:

$$\frac{1}{1+i_1} = \sum_{\theta(1) \in \Theta(1)} R\big(\theta(1)\big) \tag{33}$$

Die in (32) angegebene Bewertungsfunktion berücksichtigt grundsätzlich mehrperiodige Zahlungswirkungen. In diesem Kapitel stehen aber immer noch **kurzfristig wirksame Entscheidungen** auf der Basis von KLR-Daten im Mittelpunkt. Für die weiteren Ausführungen sei deshalb – im Einklang mit der im 2. Kapitel: *Die Kosten- und Leistungsrechnung als Entscheidungsrechnung* dargestellten Charakterisierung der kurzfristigen Wirksamkeit – unterstellt, daß die in der laufenden Periode getroffenen Entscheidungen keinerlei Konsequenzen für künftige Entscheidungsfelder aufweisen. Dann können die Marktwerte aller Überschüsse der Folgeperioden vernachlässigt werden, weil sie nicht von den Maßnahmen abhängen, die in der aktuellen Periode zu treffen sind.

Für die momentane Entscheidungsfindung interessieren daher nur die **Marktwerte** der in $t = 1$ anfallenden Überschüsse, die als Beitrag des in der laufenden Periode realisierten Produktionsprogramms zum gesamten Unternehmenswert aufgefaßt werden können. Verzichtet man somit auf die Zeitindizes, wird den weiteren Ausführungen folgende Bewertungsfunktion zugrundegelegt:

$$W = \sum_{\theta \in \Theta} \ddot{U}(\theta) \cdot R(\theta) \tag{34}$$

---

[24]   Vgl dazu etwa *Banz* und *Miller* (1978) sowie *Breeden* und *Litzenberger* (1978).

Interpretation der Bewertungsfaktoren

Die Aussage, daß die Bewertungsfaktoren **Präferenzen** und **Erwartungen der Investoren** beinhalten, läßt sich durch ein einfaches *Time State Preference*-Modell zeigen.[25] Dazu sei ein *einperiodiges* Portefeuilleproblem eines Investors betrachtet, der in $t = 0$ sein Vermögen V auf den sofortigen Konsum c_0 und die am Markt verfügbaren Finanztitel $j = 1,...,J$ aufteilen will (die Menge x_j der gehaltenen Finanztitel j kann wegen der Zulässigkeit von Leerverkäufen auch negativ sein). Die Wahrscheinlichkeiten für den Eintritt der Zustände sind $\phi(\theta) > 0$, und der Anleger maximiert seinen Erwartungsnutzen EU gegeben die Vermögensbeschränkung und die Preise W_j der einzelnen Finanztitel:[26]

$$\max EU = \sum_{\theta} U\big(c_0, c(\theta)\big) \cdot \phi(\theta)$$

unter der Nebenbedingung

$$c_0 + \sum_j x_j \cdot W_j \le V$$

Darin bezeichnet $U(c_0, c(\theta))$ eine (streng konkave und in beiden Argumenten streng monoton steigende) Nutzenfunktion, die vom heutigen Konsum c_0 und dem künftigen zustandsabhängigen Konsum $c(\theta)$ abhängt, wobei für $c(\theta)$ gilt:

$$c(\theta) = \sum_j x_j \cdot \ddot{U}_j(\theta) \qquad \forall \theta$$

Die *Lagrange*-Funktion lautet:

$$LG = EU - \lambda \cdot \left(c_0 + \sum_j x_j \cdot W_j - V \right)$$

Unter Berücksichtigung der Beziehung für $c(\theta)$ ergeben sich folgende Bedingungen erster Ordnung:

$$\frac{\partial LG^*}{\partial c_0} = \frac{\partial EU^*}{\partial c_0} - \lambda^* = 0$$

$$\frac{\partial LG^*}{\partial x_j} = \sum_{\theta} \frac{\partial U\big(c_0^*, c(\theta)^*\big)}{\partial c(\theta)} \cdot \ddot{U}_j(\theta) \cdot \phi(\theta) - \lambda^* \cdot W_j = 0 \qquad \forall j$$

Definiert man nun

$$R(\theta) = \frac{\partial U\big(c_0^*, c(\theta)^*\big)}{\partial c(\theta)} \cdot \frac{\phi(\theta)}{\lambda^*} > 0 \,,$$

dann folgt aus der Bedingung für x_j für den Preis W_j:

$$W_j = \sum_{\theta} \ddot{U}_j(\theta) \cdot R(\theta) \qquad \forall j$$

---

[25] Hier kann nur eine kompakte Darstellung gegeben werden. Vgl ausführlich zB *Kruschwitz* (2004), S. 237 – 249.

[26] Die Maximierung des Erwartungsnutzens wird weiter unten noch näher besprochen.

Dies ist bereits die Form der im Text dargestellten **Bewertungsgleichung**. Der Ausdruck für $R(\theta)$ zeigt, wie die individuellen Präferenzen und Erwartungen in die Bewertung eingehen. Ein solcher Zusammenhang existiert für jeden Investor, wobei nicht gefordert wird, daß homogene Erwartungen bezüglich des Eintritts der Zustände herrschen müssen. Unter bestimmten Bedingungen („Vollständigkeit" des Kapitalmarkts) stimmen die individuellen Faktoren $R(\theta)$ im Marktgleichgewicht für alle Anleger überein; ansonsten gibt es viele verschiedene Faktorensysteme, die aber für die Bewertung im Marktgleichgewicht alle äquivalent sind, denn alle ergeben den Gleichgewichtspreis W_j.

Eine wichtige Eigenschaft dieser Bewertungsfunktion (aber auch derjenigen in (32)) ist die **Wertadditivität**.[27] Interessiert man sich zB für den Wert einer risikobehafteten Überschußstruktur $\tilde{U}$, die sich als Summe zweier Überschußstrukturen $\tilde{U}_1$ und $\tilde{U}_2$ darstellen läßt (es gilt also $\tilde{U} = \tilde{U}_1 + \tilde{U}_2$), dann folgt:

$$W\left[\tilde{U}\right] = \sum_{\theta \in \Theta} \ddot{U}(\theta) \cdot R(\theta) = \sum_{\theta \in \Theta} \left(\ddot{U}_1(\theta) + \ddot{U}_2(\theta)\right) \cdot R(\theta) =$$

$$= \sum_{\theta \in \Theta} \ddot{U}_1(\theta) \cdot R(\theta) + \sum_{\theta \in \Theta} \ddot{U}_2(\theta) \cdot R(\theta) = W\left[\tilde{U}_1\right] + W\left[\tilde{U}_2\right]$$

(35)

Der Marktwert einer Summe von Zufallsvariablen ergibt sich also einfach durch die **Summe der Marktwerte** der einzelnen Zufallsvariablen, die quasi als isolierte Finanztitel behandelt werden können und deren Marktwerte so in die Berechnung des Gesamtwertes eingehen, als wären sie einzeln am Markt vorhanden.

Beispiel

Es sei $T = 1$, so daß auf die Zeitindizierung der Zustände verzichtet werden kann. Es können drei Zustände eintreten. Die Überschüsse des zu bewertenden Finanztitels und die zustandsabhängigen Bewertungsfaktoren lauten:

Zustand	θ_1	θ_2	θ_3
Überschuß $\ddot{U}(\theta)$	100	200	300
Bewertungsfaktor $R(\theta)$	0,3	0,25	0,25

Der Marktwert des Finanztitels ergibt sich wie folgt:

$W = 100 \cdot 0,3 + 200 \cdot 0,25 + 300 \cdot 0,25 = 155$

Der sichere Zins lautet: $\frac{1}{1+i} = 0,3 + 0,25 + 0,25 = 0,8 \Rightarrow i = \frac{1}{0,8} - 1 = 0,25$

[27] Vgl zur Wertadditivität allgemein *Schall* (1972).

Struktur des optimalen Produktionsprogramms und Irrelevanz der Fixkosten

Zur Anwendung der in (34) angegebenen Bewertungsfunktion sind die **Zahlungsüberschüsse** des Produktionsprogramms anzusetzen. Dazu wird unterstellt, daß die Stückdeckungsbeiträge $\tilde{d}_j$ der einzelnen Produkte stets zahlungswirksam sind. Bei den Fixkosten kann diese Annahme aber nicht aufrechterhalten werden, was am Beispiel der Abschreibungen sofort einsichtig ist. Hier sind also nur die (ggf stochastischen) *zahlungswirksamen* Fixkosten $\tilde{K}^{FZ}$ (zB fixe Gehaltszahlungen etc) relevant. Der für die Marktbewertung relevante **Zahlungsüberschuß** $\tilde{U}$ ergibt sich somit aus:

$$\tilde{U} = \sum_{j=1}^{J} x_j \cdot \tilde{d}_j - \tilde{K}^{FZ} \qquad (36)$$

Unter Berücksichtigung der oben abgeleiteten Wertadditivität folgt daher für den **Marktwertbeitrag** des in der Betrachtungsperiode realisierten Programms:

$$W\left[\tilde{U}\right] = W\left[\sum_{j=1}^{J} x_j \cdot \tilde{d}_j - \tilde{K}^{FZ}\right] = \sum_{j=1}^{J} W\left[x_j \cdot \tilde{d}_j\right] - W\left[\tilde{K}^{FZ}\right] =$$
$$= \sum_{j=1}^{J} W\left[\tilde{d}_j\right] \cdot x_j - W\left[\tilde{K}^{FZ}\right] = \sum_{j=1}^{J} w_j \cdot x_j - W\left[\tilde{K}^{FZ}\right] \qquad (37)$$

mit $w_j = W[\tilde{d}_j]$ für $j = 1, ..., J$. Aus (37) folgt sofort, daß die **Fixkosten** für die Entscheidungsfindung nach wie vor **irrelevant** sind. Die nicht zahlungswirksamen Fixkosten gehen ohnehin nicht in die Marktbewertung ein. Und die zahlungswirksamen Fixkosten mögen stochastisch sein oder nicht; in jedem Fall sind sie unabhängig von den Entscheidungsvariablen und daher wegen der *Wertadditivität* für die Bestimmung des optimalen Programms bedeutungslos.

Die in (37) dargestellte Zielfunktion weist große Ähnlichkeit mit derjenigen bei Sicherheit auf, weil an die Stelle der sicheren Stückdeckungsbeiträge lediglich die **Marktwerte der Stückdeckungsbeiträge** w_j treten. Insofern ist die **Lösungsstruktur** völlig analog zur Lösungsstruktur bei Sicherheit. Das optimale Produktionsprogramm besteht – unter den gegebenen Annahmen (nur eine wirksame Mehrproduktrestriktion ohne Absatzobergrenzen) – nämlich auch jetzt nur aus einem Produkt: Die Kapazität wird vollständig durch das Produkt mit dem höchsten spezifischen Marktwert des Stückdeckungsbeitrags belegt. Dieser spezifische Marktwert ergibt sich aus:

$$\hat{w}_j = \frac{W\left[\tilde{d}_j\right]}{v_j} \qquad (38)$$

Im **Ergebnis** bleiben also bei der Marktwertmaximierung die Struktureigenschaften der Planungsansätze bei sicheren Erwartungen weiterhin gültig; man braucht „lediglich" mit den **Marktwerten** w_j der Stückdeckungsbeiträge zu rechnen. Diese Zusammenhänge gelten natürlich nicht nur für den hier betrachteten Fall mit nur einer wirksamen Mehrproduktrestriktion; sie sind auch für allgemeinere Entscheidungssituationen anwendbar.

Beispiel

Es seien zwei Produkte gegeben. Der Deckungsbeitrag von Produkt 1 kann mit jeweils gleicher Wahrscheinlichkeit entweder 10 oder 20 betragen. Produkt 2 ist dagegen sicher und beschert einen Deckungsbeitrag von 14. Jedes Produkt benötigt 5 Stunden je Stück auf dem mit 1.400 Stunden zur Verfügung stehenden Fertigungsaggregat. Fixkosten liegen nicht vor.

Die angegebenen Eintrittswahrscheinlichkeiten für die beiden Zustände und demnach die subjektiven *Erwartungswerte* der Deckungsbeiträge sind im Rahmen der Marktwertmaximierung unbeachtlich. Dafür seien zuerst folgende Bewertungsfaktoren unterstellt:

$$R(\theta_1) = R(\theta_2) = 0,4$$

Der sichere Zins beträgt also wieder 25%. Die Marktwerte lauten

$$w_1 = 10 \cdot 0,4 + 20 \cdot 0,4 = 12; \quad w_2 = 14 \cdot 0,4 + 14 \cdot 0,4 = 11,2$$

Wegen der für beide Produkte gleichen Kapazitätsbeanspruchung hat das Produkt mit dem höheren Marktwert des Stückdeckungsbeitrags auch den höheren spezifischen Marktwert. Mithin wird im optimalen Programm ausschließlich Produkt 1 mit 280 Stück gefertigt. Alternativ seien aber folgende Bewertungsfaktoren unterstellt:

$$R(\theta_1) = 0,6; \quad R(\theta_2) = 0,2$$

Der sichere Zins ist zwar mit 25% unverändert, doch werden die Überschüsse in den beiden Zuständen vom Markt nicht mehr als gleich wertvoll eingeschätzt. Wegen des konstanten Zinssatzes bleibt zwar der Marktwert von Produkt 2 mit 11,2 bestehen, doch lautet der Marktwert für Produkt 1 jetzt

$$w_1 = 10 \cdot 0,6 + 20 \cdot 0,2 = 10$$

Weil das Produkt 1 seine höchsten Überschüsse in dem Zustand erbringt, der vom Markt relativ schwach bewertet wird, schneidet es nun im Vergleich mit dem sicheren Produkt 2 schlechter ab. Jetzt ist es sinnvoll, die Kapazität ausschließlich mit Produkt 2 zu belegen, obwohl sich hinsichtlich der subjektiven *Erwartungswerte* nichts geändert hat.

Marktwertmaximierung und Diversifikation

Auf den ersten Blick ist es überraschend, daß im Rahmen der Marktwertmaximierung keine **Diversifikationsüberlegungen** relevant zu sein scheinen. Man würde bei risikoorientierten Planungen erwarten, daß eine „geschickte Mischung" der ins Programm aufgenommenen Variablen zu einer Risikoreduzierung führt – und dies sollte bei risikoscheuen Investoren nicht nur vorteilhaft sein, sondern auch die **Programmpolitik beeinflussen!** Dieser Aspekt spielt im Rahmen des obigen Szenarios (eine wirksame Mehrproduktrestriktion ohne Absatzobergrenzen) offenbar keine Rolle, weil die gesamte Kapazität stets durch das Produkt mit dem größten spezifischen Marktwert des Stückdeckungsbeitrags belegt wird – unabhängig davon, ob die

Aufnahme anderer Produkte zu einer Verminderung des (etwa durch die Varianz der Überschüsse gemessenen) Risikos führen könnte.

Die Orientierung am Ziel der Marktwertmaximierung bedeutet indes nicht, daß Diversifikationsaspekte völlig unbeachtlich wären; sie gehen nur in einer ganz spezifischen Form in die Optimierung ein. Bei der Maximierung von Marktwerten spielt es unter Beachtung der **Wertadditivität** nämlich keine Rolle, in welchem Umfang das **unternehmensspezifische Risiko** (zB gemessen mit der Varianz der Überschüsse des Unternehmens) durch eine bestimmte Programmpolitik reduziert werden kann. Stattdessen sind in den Marktwerten w_j implizit **andere Diversifikationsaspekte** enthalten, die sich in der **Korrelation zu bestimmten Marktfaktoren** manifestieren.

Zur Verdeutlichung dieser Aussage sei die Zielfunktion (34) mit Hilfe der **zustandsspezifischen Eintrittswahrscheinlichkeiten** $\phi(\theta)$ (alle Wahrscheinlichkeiten seien strikt größer als null) wie folgt umgeschrieben:

$$W = \sum_{\theta \in \Theta} \ddot{U}(\theta) \cdot R(\theta) = \sum_{\theta \in \Theta} \ddot{U}(\theta) \cdot \frac{R(\theta)}{\phi(\theta)} \cdot \phi(\theta) = \sum_{\theta \in \Theta} \ddot{U}(\theta) \cdot \varphi(\theta) \cdot \phi(\theta) \qquad (39)$$

$$\text{mit } \varphi(\theta) = \frac{R(\theta)}{\phi(\theta)} \qquad \forall\, \theta \in \Theta$$

Dies läßt sich unter Berücksichtigung der Zinsbeziehung (33) und mit *Cov* als Kovarianzoperator auch darstellen als

$$W\big[\tilde{U}\big] = \mathrm{E}\big[\tilde{U} \cdot \tilde{\varphi}\big] = \mathrm{E}\big[\tilde{U}\big] \cdot \mathrm{E}\big[\tilde{\varphi}\big] + Cov\big(\tilde{U}, \tilde{\varphi}\big) = \frac{\mathrm{E}\big[\tilde{U}\big] + Cov\big(\tilde{U}, (1+i) \cdot \tilde{\varphi}\big)}{1+i} \qquad (40)$$

Geht man also von den Erwartungswerten als einem **erwarteten Erfolgsniveau** aus, dann wird dieses Erfolgsniveau korrigiert um einen **Risikoterm**, der die Korrelation zu einem Marktfaktor $(1+i) \cdot \tilde{\varphi}$ widerspiegelt; dieser Marktfaktor wird von den Bewertungsfaktoren und mithin von der Wertschätzung zustandsabhängiger Zahlungen durch den *gesamten Kapitalmarkt* beeinflußt. Je höher die Überschüsse des Unternehmens mit diesen Bewertungsfaktoren korreliert sind, desto größer ist der Marktwert und umgekehrt.

Insofern ist es günstig, wenn ein Unternehmen seine höchsten Überschüsse gerade in den Zuständen erzielt, für die der Markt die höchsten Bewertungsfaktoren vorsieht. Im Beispiel im Einschub ergab sich beim zweiten Satz von Bewertungsfaktoren diesbezüglich eine negative Korrelation für Produkt 1, das somit eine relative Verschlechterung gegenüber dem (sicheren) Produkt 2 erfuhr.

„*Spanning*" und „*Competitivity*"

Die Eigenschaft der Marktwertmaximierung, bei unsicheren Erwartungen als Dominanzkriterium und für alle Eigner einmütige Zielsetzung dienen zu können, beruht im wesentlichen auf zwei Bedingungen:[28]

Spanning: Unternehmen schaffen durch ihre Investitions- und Produktionsentscheidungen risikobehaftete Zahlungsstrukturen. Investoren können auf dieser Grundlage
durch die Zusammenstellung eines *Portefeuilles* von Anlagen die ihren Präferenzen am
besten entsprechende Konsumstruktur bilden. Damit sich Unternehmen bei ihren Entscheidungen ausschließlich am Marktwert der Beteiligungstitel ausrichten können, darf
außer diesem „Reichtumseffekt" kein anderer Effekt wirksam sein, der die Bildung von
Konsumstrukturen seitens der Investoren tangieren könnte. Dafür ist es erforderlich, daß
eine bestimmte Unternehmung durch ihre Entscheidungen *keine „völlig neue" Rückflußstruktur* schaffen kann, die am Kapitalmarkt bislang nicht vorhanden ist und auch
durch Portefeuillebildung aus bereits am Markt vorhandenen Titeln nicht erzeugt werden
kann. Diese Bedingung bezeichnet man als *Spanning*, weil sie formal darauf hinausläuft,
daß die bestehenden Finanztitel am Kapitalmarkt einen *Vektorraum aufspannen*, der
durch Investitions- und Produktionsentscheidungen eines betrachteten Unternehmens
nicht verändert wird.

Competitivity: Im Text wurde gezeigt, daß sich Marktwerte bei arbitragefreien Kapital-
märkten letztlich durch die Anwendung bestimmter Bewertungsfaktoren ergeben.
Würden sich nun diese Faktoren durch die Produktionsentscheidungen einer einzelnen
Unternehmung ändern, änderte sich faktisch das gesamte Bewertungssystem des
Marktes. Dies wiederum hätte einerseits Konsequenzen für die Möglichkeit der Investoren, bei individuell gegebenem Budget risikobehaftete Konsumstrukturen durch Portefeuilles zu bilden; andererseits wären dadurch auch die Marktwerte aller anderen Unternehmen tangiert. Insofern setzt die Marktwertmaximierung für ein einzelnes Unternehmen voraus, daß das Bewertungssystem konstant bleibt. Dies wird als *Competitivity*
bezeichnet und entspricht der Annahme eines konstanten Zinssatzes im Rahmen der
Kapitalwertmaximierung bei sicheren Erwartungen.

3.3. Nicht börsennotierte Unternehmen ohne Portefeuillewahl: Maximierung des Erwartungsnutzens

Sofern die Beteiligungstitel des Unternehmens nicht börsennotiert sind, kann auf
eine Marktbewertung als Richtschnur für die Unternehmenspolitik nicht *unmittelbar*
zurückgegriffen werden.[29] In diesem Fall wird zumeist die subjektive Bewertung des
Risikos durch den **einzelnen Entscheidungsträger** als Zielgröße herangezogen.
Dieser Entscheidungskontext spielt in der neueren kostenrechnerischen Literatur im
Zusammenhang mit Grundsätzen für Entscheidungsrechnungen bei Risiko (insbesondere beim Problem der Entscheidungsrelevanz von Fixkosten) eine große Rolle.[30]

---

28   Vgl *DeAngelo* (1981).

29   Es kann sich jedoch eine indirekte Bedeutung von Marktbewertungen ergeben. Siehe dazu den
Abschnitt 3.4 mit Einbeziehung der Portefeuillewahl.

30   Vgl. dazu etwa die Arbeiten von *Burger* (1991), *Dyckhoff* (1991), *Kett* und *Brink* (1985),
Kloock (1995), *Maltry* (1990), *Monissen* und *Huber* (1992), *Nitzsch* (1992), *Scheffen* (1993),
Schneider (1984, 1985, 1992), *Schweitzer* und *Küpper* (2003), S. 472 – 483, und *Siegel* (1985, 1991,
1992).

Axiome „rationalen" Verhaltens als Grundlage des *Bernoulli*-Prinzips

Das *Bernoulli*-Prinzip läßt sich aus folgendem Satz von Axiomen über das Entscheidungsverhalten in Risikosituationen entwickeln (dabei bezeichnet ω allgemein ein einzelnes Ergebnis (zB Gewinn), und Ω kennzeichnet eine ganze Ergebnisverteilung):

1. Vollständigkeit und Transitivität bezüglich der Ergebnisse

Der Entscheidungsträger soll in der Lage sein, alle Ergebnisse der Ergebnismenge vollständig und transitiv zu ordnen. Sind also zwei beliebige Ergebnisse ω_1 und ω_2 gegeben, dann bedeutet *Vollständigkeit*:

$$\omega_1 \succ \omega_2 \quad \text{oder} \quad \omega_2 \succ \omega_1 \quad \text{oder} \quad \omega_1 \sim \omega_2$$

Darin bedeutet das Zeichen '$\succ$' die Präferenzrelation „wird vorgezogen", und '$\sim$' beinhaltet eine Indifferenzrelation.

Transitivität besagt, daß für drei beliebige Ergebnisse gilt:

$$\omega_1 \succ \omega_2 \quad \text{und} \quad \omega_2 \succ \omega_3 \quad \Rightarrow \quad \omega_1 \succ \omega_3$$

2. Stetigkeit

Gegeben seien drei Ergebnisse ω_1, ω_2 und ω_3 mit den Präferenzrelationen $\omega_2 \succ \omega_1$ und $\omega_3 \succ \omega_2$. Insofern ist das Ergebnis ω_2 als „mittelgutes" Ergebnis einzustufen, denn es wird zwar höher als ω_1, aber niedriger als ω_3 geschätzt. Das Stetigkeitsaxiom fordert nun, daß der Entscheidungsträger für jedes „mittelgute" Ergebnis in der Lage ist, eine Wahrscheinlichkeitsverteilung über ω_1 und ω_3 so zu benennen, daß er zwischen dieser Verteilung und dem Ergebnis ω_2 indifferent ist. Bezeichnet ϕ die Wahrscheinlichkeit für den Eintritt des besten Ergebnisses ω_3, dann beinhaltet dieses Axiom also die Angabe einer Wahrscheinlichkeit ϕ, so daß gilt:

$$\omega_2 \sim \left(\omega_3 \cdot \phi; \omega_1 \cdot (1 - \phi)\right)$$

3. Substitution

Gegeben seien zwei Verteilungen Ω_1, Ω_2 mit einer beliebigen Präferenzrelation, zB $\Omega_1 \succ \Omega_2$. Das Substitutionsaxiom fordert, daß diese Präferenzrelation auch dann gültig bleibt, wenn jede der beiden ursprünglichen Verteilungen durch eine zusammengesetzte Verteilung ersetzt wird, die mit der Wahrscheinlichkeit π die ursprüngliche Verteilung und mit der Gegenwahrscheinlichkeit $1 - \pi$ eine andere Verteilung Ω_3 erbringt:

$$\text{Aus } \Omega_1 \succ \Omega_2 \text{ und } 0 < \pi < 1 \text{ folgt}: \left(\Omega_1 \cdot \pi; \Omega_3 \cdot (1 - \pi)\right) \succ \left(\Omega_2 \cdot \pi; \Omega_3 \cdot (1 - \pi)\right)$$

Die bisherigen Axiome implizieren die sogenannte **Wahrscheinlichkeitsdominanz**, die gelegentlich auch als eigenständiges Axiom formuliert wird. Sie besagt, daß der Entscheidungsträger von zwei einfachen Wahrscheinlichkeitsverteilungen, die nur aus den beiden Ergebnissen ω_1 und ω_2 mit $\omega_1 \succ \omega_2$ bestehen, stets diejenige Verteilung präferiert, die das höher geschätzte Ergebnis ω_1 mit höherer Wahrscheinlichkeit erbringt.

Das gezeigte Axiomensystem ist notwendig und hinreichend dafür, daß für den Entscheidungsträger eine subjektive Nutzenfunktion $U(\omega)$ existiert, so daß seine Präferenzen über Wahrscheinlichkeitsverteilungen durch den Erwartungswert des Nutzens dieser Verteilungen repräsentiert werden können.

In der Entscheidungstheorie nimmt das Prinzip der **Erwartungs*nutzen*maximie-rung** (oder ***Bernoulli*-Prinzip**) bei Risiko eine besondere Stellung ein.[31] Einerseits läßt es sich aus einer geringen Zahl von Axiomen über das Risikoverhalten ableiten, die oftmals als evident für eine rationale Entscheidung bei Risiko angesehen werden; andererseits lassen sich viele andere Entscheidungskriterien für den Risikofall als Spezialfälle dieses Prinzips deuten.[32]

Gemäß dem Prinzip der Erwartungs*nutzen*maximierung existiert für jeden Ent-scheidungsträger eine *subjektive*, nur bis auf positive lineare Transformationen ein-deutig bestimmte **Nutzenfunktion** *U*. Sie knüpft an der für das Entscheidungspro-blem relevanten **Ergebnisgröße** ω an, wobei im Rahmen des *Bernoulli*-Prinzips und nur finanzieller Ergebnisse üblicherweise auf das *Endvermögen* der betrachteten Planungsperiode abgestellt wird. Im vorliegenden Zusammenhang ergibt sich das (stochastische) Endvermögen aus der Beziehung „Endvermögen = (gegebenes) Anfangsvermögen + (unsicherer) Gewinn der Periode"; bezeichnet man mit ω das **Endvermögen** und mit ω_0 das (sichere) **Anfangsvermögen**, folgt demnach:

$$\tilde{\omega} = \omega_0 + \tilde{G} = \omega_0 + \tilde{D} - \tilde{K}^F$$

Die **Nutzenfunktion** *U* wird zur Bewertung von Wahrscheinlichkeitsverteilungen der Ergebnisgröße ω herangezogen, indem für jede Maßnahme der Nutzenerwar-tungswert der mit ihr verbundenen Ergebnisverteilung berechnet wird; gewählt wird diejenige Alternative mit dem größten Nutzenerwartungswert.

$$\mathrm{E}\left[U(\tilde{\omega})\right] = \mathrm{E}\left[U\left(\omega_0 + \tilde{D} - \tilde{K}^F\right)\right] = \mathrm{E}\left[U\left(\omega_0 + \sum_{j=1}^{J} x_j \cdot \tilde{d}_j - \tilde{K}^F\right)\right] \qquad (41)$$

Die Gültigkeit des Prinzips der **Erwartungsnutzenmaximierung** setzt nicht unbedingt voraus, daß ein Entscheidungsträger in der Praxis seine Nutzenfunktion explizit aufstellt und danach die Alternativen im Detail bewertet. Vielmehr kann ein durch die Axiomatik bestimmtes Entschei-dungsverhalten bei Risiko durch die in (41) gegebene Darstellung *repräsentiert* werden; der Ent-scheidungsträger handelt also so, *als ob* er den Nutzenerwartungswert maximieren würde. Inso-fern stellt (41) eine **Präzisierung** und **Operationalisierung** eines bestimmten Entscheidungsver-haltens dar; dadurch wird es einer Analyse sehr viel leichter zugänglich.

Erwartungswertmaximierung

Die Erwartungs*wert*maximierung läßt sich als **Spezialfall** von (41) auffassen, wenn die **Nutzenfunktion** *U* **linear** in ω ist, dh $U(\omega) = \alpha + \beta \cdot \omega$ mit $\beta > 0$. Der Entscheider wird dann als **risikoneutral** bezeichnet; er bewertet einen sicheren Betrag genauso hoch wie einen unsicheren Betrag mit dem selben Erwartungswert:

---

[31]   Das *Bernoulli*-Prinzip wird in der neueren Literatur bezüglich seiner Implikationen für die Risikoeinstellung eines Entscheidungsträgers heftig diskutiert. Einen Überblick über diese Diskussion vermitteln *Sieben* und *Schildbach* (1994), S. 69 – 76.

[32]   Siehe dazu zB *Laux* (2003), S. 200 – 213.

$$E[U(\tilde{\omega})] = E[\alpha + \beta \cdot \tilde{\omega}] = \alpha + \beta \cdot \left(\omega_0 + E[\tilde{G}]\right) \tag{42}$$

Gemäß (42) ist also dasjenige Produktionsprogramm zu finden, das den **maximalen erwarteten Periodengewinn** erbringt, so daß (unter Beachtung der Restriktion (31)) folgende Funktion zu maximieren ist:

$$E[\tilde{G}] = E[\tilde{D} - \tilde{K}^F] = E\left[\sum_{j=1}^{J} x_j \cdot \tilde{d}_j - \tilde{K}^F\right] = \sum_{j=1}^{J} x_j \cdot E[\tilde{d}_j] - E[\tilde{K}^F] \tag{43}$$

Die **Lösungsstruktur** dieses Problems unterscheidet sich nicht essentiell von derjenigen bei Sicherheit oder bei Marktwertmaximierung. An die Stelle der spezifischen Deckungsbeiträge treten die **erwarteten spezifischen Deckungsbeiträge**, die sich aus der Division des erwarteten Deckungsbeitrags durch den Verbrauchskoeffizienten ergeben. Auch hier enthält das optimale Produktionsprogramm nur ein Produkt, nämlich das mit dem höchsten *erwarteten* spezifischen Deckungsbeitrag. Und offensichtlich sind **Fixkosten** − wie bei Sicherheit oder Marktwertmaximierung − für die Problemlösung **irrelevant**.

Beispiel

Es wird auf das obige Beispiel zur Marktwertmaximierung zurückgegriffen: Der Deckungsbeitrag von Produkt 1 kann mit jeweils gleicher Wahrscheinlichkeit entweder 10 oder 20 betragen. Produkt 2 ist sicher mit einem Deckungsbeitrag von 14. Jedes Produkt benötigt 5 Stunden je Stück auf dem mit 1.400 Stunden zur Verfügung stehenden Fertigungsaggregat. Fixkosten liegen nicht vor.

Der erwartete Deckungsbeitrag von Produkt 1 (2) beträgt 15 (14). Wegen der gleichen Kapazitätsbeanspruchungen stimmt diese Reihung mit derjenigen nach Maßgabe der erwarteten spezifischen Deckungsbeiträge überein. Daher wird *ausschließlich Produkt 1* im Umfang von 1.400/5 = 280 Stück gefertigt; dieses Programm erbringt einen erwarteten Deckungsbeitrag von 4.200.

Risikoscheu

Risikoscheu drückt sich in einer ***streng konkaven* Nutzenfunktion** U aus. Wird U als (hinreichend oft) differenzierbar angenommen, heißt dies:

$$U'(\omega) > 0; \quad U''(\omega) < 0 \tag{44}$$

Für streng konkave Funktionen gilt stets $E[U(\tilde{\omega})] < U(E[\tilde{\omega}])$, dh ein sicherer Betrag in Höhe des Erwartungswertes einer Verteilung wird gegenüber der dazugehörigen Verteilung selbst bevorzugt.[33] In diesem Sinne wird also das **Risiko negativ bewertet**, so daß ein risikoscheues Entscheidungsverhalten vorliegt.

---

[33] Diese Relation folgt aus der sogenannten *Jensen'schen Ungleichung*; siehe dazu zB *DeGroot* (1970), S. 97 f.

Streng konkave Nutzenfunktionen sind *nicht linear*, so daß das Programmplanungsproblem (41) ein **nichtlineares Optimierungsproblem** darstellt. Solche Probleme sind regelmäßig nicht nur schwieriger zu lösen als lineare Problemtypen; es
wurde auch bereits für den Sicherheitsfall gezeigt, daß sich ihre **Lösungsstruktur**
von derjenigen bei linearen Verhältnissen stark unterscheiden kann.

Anders als bei der Erwartungs*wert*maximierung ist die Bedeutung des erwarteten
spezifischen Deckungsbeitrages erheblich geringer. Das Beispiel im Einschub zeigt
dies deutlich. Gemäß dem **spezifischen Deckungsbeitrag** müßte nämlich das Unternehmen *ausschließlich* das risikobehaftete Produkt 1 fertigen; das ist aber wegen der
Risikoscheu nicht mehr optimal. Durch die Aufnahme des sicheren Produktes 2 wird
ein **Diversifikationseffekt** erzielt, weil durch dieses Produkt das Risiko vermindert
wird. Allerdings ist es auch nicht optimal, *nur* auf das Produkt 2 zu setzen und damit
gar kein Risiko einzugehen. Wegen des höheren erwarteten spezifischen Deckungsbeitrags von Produkt 1 lohnt es sich, einen Teil der knappen Kapazität dafür zu
verwenden. Durch die Maximierung des **Erwartungsnutzens** werden also in einer
durch die Nutzenfunktion bestimmten Weise das erwartete Erfolgsniveau und das
damit verbundene Risiko gegeneinander abgewogen. Es resultiert – analog zur
finanzwirtschaftlichen Portefeuille-Theorie – ein unternehmensspezifisches Portefeuilleproblem in dem Sinne, daß ein **optimales Produktprogramm-Portefeuille**
unter Abwägung von Erfolg und Risiko festzulegen ist.

Damit wird auch ein wichtiger **Unterschied** zur *Marktwertmaximierung* deutlich. Waren dort die
Diversifikationsaspekte alleine auf die Marktseite ausgerichtet, sind sie jetzt *ausschließlich unter-
nehmensspezifisch* gegeben, wobei die jeweilige Nutzenfunktion die konkrete Risikobewertung
bestimmt.

Beispiel

Das im vorigen Einschub vorgestellte Beispiel wird weitergeführt. Die Ausgangsdaten
waren:

Produkt 1: Deckungsbeitrag entweder 10 oder 20 mit gleicher Wahrscheinlichkeit
Produkt 2: Sicherer Deckungsbeitrag in Höhe von 14
Kapazität: 1.400 Stunden; jedes Produkt benötigt 5 Stunden je Stück
Keine Fixkosten

Die Nutzenfunktion sei logarithmisch der folgenden Art (die Bedingung $\omega > 0$ sei stets
erfüllt):

$$U(\omega) = 10.000 \cdot \ln(\omega); \quad U'(\omega) = \frac{10.000}{\omega} > 0; \quad U''(\omega) = \frac{-10.000}{\omega^2} < 0$$

Bei $\omega_0 = 0$ und Fixkosten in Höhe von 0 ist folgende *Lagrange*-Funktion zu maximieren:

$$LG^\circ = 10.000 \cdot \left(\frac{1}{2} \cdot \ln\left(10 \cdot x_1 + 14 \cdot x_2\right) + \frac{1}{2} \cdot \ln\left(20 \cdot x_1 + 14 \cdot x_2\right) \right)$$

$$- \lambda^\circ \cdot \left(5 \cdot x_1 + 5 \cdot x_2 - 1.400\right)$$

$$= 5.000 \cdot \left(\ln\left(10 \cdot x_1 + 14 \cdot x_2\right) + \ln\left(20 \cdot x_1 + 14 \cdot x_2\right)\right) - \lambda^\circ \cdot \left(5 \cdot x_1 + 5 \cdot x_2 - 1.400\right)$$

Dieses Maximierungsproblem wird offenbar nicht verändert, wenn man beide Seiten der Gleichung durch die Konstante 5.000 dividiert. Mit $LG = LG'' / 5.000$ und $\lambda = \lambda'' / 5.000$ ist dann folgende Funktion zu maximieren:

$$LG = \ln(10 \cdot x_1 + 14 \cdot x_2) + \ln(20 \cdot x_1 + 14 \cdot x_2) - \lambda \cdot (5 \cdot x_1 + 5 \cdot x_2 - 1.400)$$

An der Stelle der optimalen Lösung gelten folgende *Kuhn/Tucker*-Bedingungen:

$$x_j^* > 0 \quad \text{und} \quad \frac{\partial LG}{\partial x_j} = 0 \quad j = 1,2 \quad \text{sowie} \quad x_j^* = 0 \quad \text{und} \quad \frac{\partial LG}{\partial x_j} \leq 0 \quad j = 1,2$$

Wegen der streng konkaven Zielfunktion sind diese Bedingungen auch hinreichend, und das Maximum ist *eindeutig*.

Weil der erwartete Grenznutzen für jedes Produkt positiv ist, muß die Restriktion an der Stelle der optimalen Lösung voll ausgeschöpft sein. Fraglich ist nur, ob – anders als im Falle der Erwartungs*wert*maximierung – *beide* Produkte im optimalen Programm enthalten sind. Wäre Produkt 2 (wie bisher) nicht enthalten, dh würde ausschließlich Produkt 1 gefertigt, dann darf an der Stelle (280, 0) die Ableitung von LG nach x_2 nicht positiv sein. Diese Ableitung lautet:

$$\frac{\partial LG(x_1 = 280; x_2 = 0)}{\partial x_2} = \frac{14}{2.800} + \frac{14}{5.600} - \lambda \cdot 5$$

Der Wert für λ läßt sich aus der ersten Ableitung von LG nach x_1 an der Stelle (280, 0) gewinnen, denn diese Ableitung muß gleich 0 sein. Man erhält (gerundet):

$$\frac{\partial LG(x_1 = 280; x_2 = 0)}{\partial x_1} = \frac{10}{2.800} + \frac{20}{5.600} - \lambda \cdot 5 = 0 \quad \Rightarrow \lambda = 0,00143$$

Setzt man diesen Wert für λ in die obige Ableitung für x_2 ein, ergibt sich eine positive Differenz von 0,00035, so daß *das Produkt 2 jedenfalls Bestandteil des optimalen Produktionsprogramms ist*. Jetzt ist zu fragen, ob es möglicherweise alleine im Programm enthalten ist; dies kann aber durch eine analoge Überlegung ausgeschlossen werden. Es gilt nämlich:

$$\frac{\partial LG(x_1 = 0; x_2 = 280)}{\partial x_1} = \frac{10}{3.920} + \frac{20}{3.920} - \lambda \cdot 5 = \frac{30}{3.920} - \lambda \cdot 5 >$$

$$> \frac{28}{3.920} - \lambda \cdot 5 = \frac{\partial LG(x_1 = 0; x_2 = 280)}{\partial x_2}$$

Demnach muß auch Produkt 1 *immer* in bestimmtem Umfang im optimalen Programm enthalten sein. Das optimale Programm läßt sich nun ermitteln, indem man die Restriktion als Gleichung zB nach Produkt 2 auflöst. Damit erhält man ein Problem, welches nur noch von Produkt 1 abhängt. Zu maximieren ist:

$$\ln(10 \cdot x_1 + 14 \cdot (280 - x_1)) + \ln(20 \cdot x_1 + 14 \cdot (280 - x_1)) =$$
$$\ln(3.920 - 4 \cdot x_1) + \ln(3.920 + 6 \cdot x_1)$$

Nullsetzen der ersten Ableitung führt auf

$$-\frac{4}{3.920 - 4 \cdot x_1^*} + \frac{6}{3.920 + 6 \cdot x_1^*} = 0 \quad \Rightarrow 3.920 = 24 \cdot x_1^* \quad \Rightarrow x_1^* = \frac{3.920}{24} = 163,\overline{3}$$

und $x_2^* = 280 - 163,\overline{3} = 116,\overline{6}$.

Entscheidungsrelevanz von Fixkosten und Anfangsvermögen

Anders als bei Sicherheit, Marktwertmaximierung oder einem risikoneutralen Entscheidungsträger können jetzt auch die **Fixkosten** und das **Anfangsvermögen entscheidungsrelevant** sein. Diese Effekte lassen sich *quasi* als Nebenergebnis der Lösungsstruktur durch eine weitere Analyse des Programmplanungsproblems erkennen.

> Im Einschub wird ein *Beispiel* gezeigt, in dem die optimale Menge des risikobehafteten Produktes 1 mit der Höhe der Fixkosten beständig abnimmt bzw mit der Höhe des Anfangsvermögens zunimmt. Bei Fixkosten in Höhe von (mindestens) 3.920 + ω_0 wird die Fertigung von Produkt 1 sogar ganz eingestellt; analog wird die Herstellung des sicheren Produktes 2 aufgegeben, wenn das Anfangsvermögen größer als 2.800 + K^F ist. Diese Effekte sind auf eine spezifische Eigenschaft der logarithmischen Nutzenfunktion zurückzuführen. Danach handelt das Unternehmen nämlich um so risikoscheuer, je „ärmer" es ist, und um so weniger risikoscheu, je „reicher" es ist.

Die Entscheidungsrelevanz von Fixkosten hängt von der **Risikoscheu** ab, die eine **Nutzenfunktion** in einem bestimmten Punkt aufweist. Als **Maß** für die Risikoscheu dient im Rahmen des *Bernoulli*-Prinzips üblicherweise die sogenannte **absolute Risikoaversion** $AR(\omega)$. Sie ist als Quotient aus der negativ gesetzten zweiten Ableitung zur ersten Ableitung der Nutzenfunktion definiert:

$$AR(\omega) = -\frac{U''(\omega)}{U'(\omega)} \tag{45}$$

Bei einer konkaven Nutzenfunktion ist dieser Quotient wegen (44) stets positiv. Er hängt im allgemeinen vom Ergebnisniveau ω ab. Für die **logarithmische Nutzenfunktion** $\ln(\cdot)$ gilt:

$$AR(\omega) = \frac{\dfrac{1}{\omega^2}}{\dfrac{1}{\omega}} = \frac{\omega}{\omega^2} = \frac{1}{\omega} \tag{46}$$

Die absolute Risikoaversion nimmt also bei einer logarithmischen Nutzenfunktion – gegeben irgendein Anfangsvermögen ω_0 – mit zunehmendem Gewinn *ab* und steigt umgekehrt mit abnehmendem Gewinn. **Höhere Fixkosten** induzieren aber ein niedrigeres Erfolgs- und mithin Endvermögensniveau, wodurch faktisch die zu beurteilenden Wahrscheinlichkeitsverteilungen für die verschiedenen Produktionsprogramme in einen Bereich der Nutzenfunktion verschoben werden, der durch eine **stärkere Risikoscheu** gekennzeichnet ist. Daher ist es verständlich, daß dieser Effekt für die sukzessive Eliminierung des risikobehafteten Produktes 1 mit zunehmenden Fixkosten verantwortlich ist.

Die Abhängigkeit der Produktionsmengen vom **Anfangsvermögen** beruht essentiell auf demselben **Reichtumseffekt**; er wirkt jetzt nur in die andere Richtung, weil Variationen des Anfangsvermögens *ceteris paribus* zu gleichgerichteten Variationen des Endvermögens führen. Ein höheres (niedrigeres) Anfangsvermögen führt demnach im obigen Beispiel mit logarithmischer Nutzenfunktion zu einer Erhöhung (Senkung) der Produktionsmenge des risikobehafteten Produktes 1.

Nutzenfunktionen mit anderen **Verläufen** der **Risikoaversion** können natürlich zu anderen Resultaten führen. Eine Nutzenfunktion mit *steigender* absoluter Risikoaversion würde mit höheren Fixkosten zu einer permanenten Erhöhung der Menge von Produkt 1 beitragen. Der Grund liegt darin, daß steigende Fixkosten mit niedrigeren Gewinnen verbunden sind, die bei steigender absoluter Risikoaversion die Gewinnverteilung in einen Bereich mit geringerer Risikoscheu verlagern. Daher muß das risikobehaftete Produkt 1 tendenziell vorteilhafter werden.

Beispiel

Das obige Beispiel wird weitergeführt, indem sowohl ein positives Anfangsvermögen ω_0 als auch positive, *sichere* Fixkosten K^F einbezogen werden. Geht man zunächst wieder davon aus, daß beide Produkte im Programm vertreten sind, ist jetzt folgende Zielfunktion zu maximieren:

$$\ln\left(\omega_0 + 3.920 - 4 \cdot x_1 - K^F\right) + \ln\left(\omega_0 + 3.920 + 6 \cdot x_1 - K^F\right)$$

Die Optimierung kann daher völlig analog zur obigen Vorgehensweise durchgeführt werden, und man erhält:

$$3.920 + \omega_0 - K^F = 24 \cdot x_1^* \quad \Rightarrow \quad x_1^* = \frac{3.920 + \omega_0 - K^F}{24}; \quad x_2^* = 280 - \frac{3.920 + \omega_0 - K^F}{24}$$

Für ein Anfangsvermögen von zB 1.000 und Fixkosten von zB 2.520 folgt eine optimale Menge von 100 (180) Stück für Produkt 1 (2). Gegeben ein bestimmtes Anfangsvermögen hängen offenbar *beide* optimalen Produktionsmengen von der Höhe der als sicher angesehenen *Fixkosten* ab. Die obigen Beziehungen gelten freilich nur für Fixkostenbeträge, die nicht größer als $3.920 + \omega_0$ sind. Bei höheren Fixkosten wird die Fertigung von Produkt 1 aufgegeben.

Konstante absolute Risikoaversion

Im Sonderfall einer konstanten absoluten Risikoaversion sind entsprechend dieser Argumentation sowohl die (sicheren) Fixkosten als auch das sichere Anfangsvermögen wieder **bedeutungslos** für die Bestimmung des Optimums. Dann nämlich spielt es definitionsgemäß keine Rolle, welchen Bereich der Nutzenfunktion man zur Beurteilung gegebener Verteilungen heranzieht. **Konstante absolute Risikoaversion** liegt trivial bei Risikoneutralität (also bei linearen Nutzenfunktionen) vor, andererseits aber auch im Falle einer exponentiellen Nutzenfunktion:

$$U(\omega) = -\frac{1}{\alpha} \cdot e^{-\alpha \cdot \omega} \; ; \qquad (\alpha > 0) \tag{47}$$

Für diese Nutzenfunktion gilt nämlich

$$AR(\omega) = -\frac{U''(\omega)}{U'(\omega)} = \frac{\alpha \cdot e^{-\alpha \cdot \omega}}{e^{-\alpha \cdot \omega}} = \alpha \tag{48}$$

Daß die auf Basis einer solchen Nutzenfunktion getroffenen Entscheidungen **unabhängig** von der Höhe der Fixkosten und des Anfangsvermögens sind, ist leicht einzusehen, wenn man als Argument der Nutzenfunktion zunächst den Deckungsbeitrag D einsetzt und hinsichtlich einer beliebigen Konstanten δ folgende Eigenschaft von (47) bedenkt:

$$U(D+\delta) = -\frac{1}{\alpha} \cdot e^{-\alpha(D+\delta)} = -\frac{1}{\alpha} \cdot e^{-\alpha \cdot D} \cdot e^{-\alpha \cdot \delta} = -\alpha \cdot U(\delta) \cdot U(D) \qquad (49)$$

Damit folgt für den Erwartungsnutzen

$$E\left[U(\tilde{D}+\delta)\right] = -\alpha \cdot U(\delta) \cdot E\left[U(\tilde{D})\right] \qquad (50)$$

Wegen $U(\delta) < 0$ ist $-\alpha \cdot U(\delta)$ *positiv*, so daß letztlich der Erwartungsnutzen des Deckungsbeitrags nur mit einem positiven Faktor multipliziert wird, der keinen Einfluß auf das optimale Programm haben kann. Setzt man $\delta = \omega_0 - K^F$, wird die Irrelevanz sicherer Fixkosten sowie des Anfangsvermögens für die konstante absolute Risikoaversion deutlich.

Stochastische Fixkosten

Die **potentielle Relevanz der Fixkosten** wird verstärkt, wenn neben den Deckungsbeiträgen auch noch die Fixkosten stochastisch sind. Bei den oben gezeigten Diversifikationsüberlegungen spielen in diesem Fall *zusätzliche* **Diversifikationsaspekte** hinsichtlich der risikobehafteten Fixkosten herein. Auch bei konstanter absoluter Risikoaversion ist jetzt eine grundsätzliche Relevanz der Fixkosten zu konstatieren (vom trivialen Fall linearer Nutzenfunktionen abgesehen). Setzt man nämlich $\delta = \omega_0 - K^F$ in (49) und betrachtet man K^F als Zufallsvariable, folgt für den Erwartungsnutzen des Endvermögens bei **exponentieller Nutzenfunktion**:

$$
\begin{aligned}
E\left[U(\tilde{\omega})\right] &= \alpha^2 \cdot E\left[U(\omega_0) \cdot U(-\tilde{K}^F) \cdot U(\tilde{D})\right] = \\
&= \left(-\alpha \cdot U(\omega_0)\right) \cdot \left(-\alpha \cdot E\left[U(-\tilde{K}^F) \cdot U(\tilde{D})\right]\right) = \\
&= \left(-\alpha \cdot U(\omega_0)\right) \cdot \left(-\alpha \cdot \left\{E\left[U(-\tilde{K}^F)\right] \cdot E\left[U(\tilde{D})\right] + Cov\left(U(-\tilde{K}^F), U(\tilde{D})\right)\right\}\right)
\end{aligned}
\qquad (51)
$$

Sofern die Fixkosten mit den Deckungsbeiträgen nicht völlig *unkorreliert* sind, spielen demnach die diesbezüglichen **Diversifikationsaspekte** auch bei konstanter absoluter Risikoaversion eine Rolle.

Allerdings ist umgekehrt zu bemerken, daß **stochastische Fixkosten** *alleine keine* Fixkostenrelevanz induzieren können. In diesem Fall wäre nämlich der Deckungsbeitrag D sicher, und für den Gewinn ergäbe sich:

$$\tilde{G} = D - \tilde{K}^F \qquad (52)$$

Stellt man sich die Stochastik der Fixkosten als Abhängigkeit von einem bestimmten Umweltzustand vor, dann wird gemäß (52) offenbar der *zustandsabhängige* Gewinn und mithin das *zustandsabhängige* Endvermögen für jeden Zustand maximal, wenn dasjenige Programm realisiert wird, das zum **maximalen Deckungsbeitrag** D führt. Weil der Entscheidungsträger wegen der positiven ersten Ableitung der Nutzenfunktion einen höheren Gewinn stets als vorteilhaft ansieht, folgt aus dem **Dominanzprinzip,** daß man sich auf die bekannten Sicherheitsansätze beschränken kann, falls die Fixkosten die alleinige risikobehaftete Größe sind.[34]

Zusammenfassung der Ergebnisse zur Relevanz von Fixkosten

Zusammenfassend ergibt sich damit folgendes: Bei Entscheidungen auf Basis der Maximierung des Erwartungsnutzens ohne Einbeziehung der individuellen Portefeuillewahl sind hinsichtlich der Bestimmung des optimalen Produktionsprogramms die **Fixkosten**

- *irrelevant,* falls die Nutzenfunktion konstante absolute Risikoaversion aufweist und die Fixkosten sicher sind,

- *irrelevant,* falls die Fixkosten die alleinige stochastische Größe sind,

- *regelmäßig* auch als sichere Größe *relevant,* falls die Nutzenfunktion keine konstante absolute Risikoaversion aufweist,

- *grundsätzlich relevant,* falls neben den Deckungsbeiträgen auch die Fixkosten risikobehaftet sind und keine lineare Nutzenfunktion (Risikoneutralität) vorherrscht.

Diese Ergebnisse gelten analog für die Relevanz des Anfangsvermögens, nur daß diesbezüglich am Periodenbeginn keine Unsicherheit beachtet werden muß. Für den **hier betrachteten Entscheidungskontext** (nicht börsennotiertes Unternehmen ohne Berücksichtigung der individuellen Portefeuillewahl) zeigen sich damit – neben den Diversifikationsaspekten – nicht unbeträchtliche Unterschiede zu den Grundsätzen der optimalen (kurzfristig wirksamen) Entscheidungen bei Sicherheit und Risikoneutralität. Die Berücksichtigung alleine der variablen Gewinnbestandteile ist *nicht mehr* in allen Fällen hinreichend zur Bestimmung der optimalen Lösung; die Vernachlässigung auch sicherer Fixkosten kann jetzt sogar zu Fehlentscheidungen führen.

Implikationen

Die Implikationen dieser Ergebnisse müssen sorgfältig bedacht werden. Zunächst können sie als Begründung der Verwendung von Vollkostenrechnungen angesehen werden; doch ist dabei zu beachten, daß streng genommen nur **Vollkostenrechnungen als Periodenrechnungen** begründet werden können. Mit der Schlüsselung von Fixkosten auf Produkteinheiten haben die obigen Resultate nichts zu tun. Dennoch sind sie geeignet, die alleinige Deckungsbeitragsorientierung zu erschüttern, insbe-

---

[34] Dies entspricht dem von *Monissen* und *Huber* (1992), S. 1107, abgeleiteten Resultat der Fixkostenirrelevanz bei *additiver* Produktionsunsicherheit. Diese Unsicherheit kann letztlich als alleinige Unsicherheit der Fixkosten bei sicheren Deckungsbeitragszusammenhängen aufgefaßt werden.

sondere dann, wenn sich diese Betrachtung wiederum vorwiegend an Stück-deckungsbeiträgen ausrichtet.

Weiterhin bedeutet die potentielle Entscheidungsrelevanz fixer Kosten im obigen Zusammenhang nur, daß die **Fixkosten relevant** sind, weil sie Einfluß auf die **Bewertung der Gewinnverteilungen** nehmen; die Fixkosten sind jedoch nach wie vor unabhängig von den Entscheidungsvariablen (das sind die Produktionsmengen der einzelnen Produkte). Diese Resultate verdeutlichen die große Rolle des **Präfe-renzsystems**, wenn es darum geht, Grundsätze für ein Auffinden optimaler Entschei-dungen bei Risiko zu entwickeln – gegeben den vorliegenden Entscheidungskontext.

Die potentielle Notwendigkeit einer **Vollkostenrechnung als Periodenrechnung** darf aber nicht darüber hinwegtäuschen, daß die bedeutsamsten Änderungen für die Gestaltung einer Entscheidungsrechnung bei Risiko anderswo zu suchen sind. Im vorliegenden Zusammenhang ist es ja *nicht* so, daß von den Deckungsbeiträgen einfach nur die Fixkosten subtrahiert werden müßten und das Anfangsvermögen noch zu ergänzen wäre. Das risikobehaftete Endvermögen in den obigen Ansätzen ist nämlich nur das **Argument einer Nutzenfunktion**, deren Erwartungswert zu maximieren ist. Faktisch erhält man daher (auch bei linearen Zusammenhängen im Bereich der Deckungsbeiträge und ansonsten konstantem Anfangsvermögen und konstanten Fixkosten) ein nichtlineares Entscheidungsproblem, was erhebliche Probleme bei der konkreten Lösbarkeit mit sich bringen kann.

Bestimmung der Nutzenfunktion

Darüber hinaus bedarf die **Nutzenfunktion** einer näheren Betrachtung. Im Rahmen der hier betrachteten Problemstellung reicht es im Grunde nicht aus, einfach von einer subjektiven Nutzenfunktion zu sprechen, die als Richtschnur für die Entschei-dung dient. Man muß sich der Tatsache bewußt sein, daß man es hier mit einem kurzfristig wirksamen Entscheidungsproblem zu tun hat, das in einen längerfristigen Zusammenhang eingebettet ist. Dieser Aspekt ist deswegen von Bedeutung, weil die Nutzenfunktion ja an das **Endvermögen** der betrachteten Periode anknüpft. Was aber ist der Nutzen eines solchen Endvermögens? Verfehlt wäre es, diesen Nutzen als *Konsumnutzen* zu interpretieren, der durch Ausschüttung des Endvermögens und dessen anschließende Konsumtion resultieren würde. Diese Interpretation versagt deshalb, weil in einem grundsätzlich längerfristigen Rahmen eine **Vollausschüttung** des Endvermögens gerade *nicht* vorgesehen ist – bestenfalls wird nur ein Teil des Endvermögens einer Periode *via* Ausschüttung verwendet.

Insofern setzt sich der Nutzen vorwiegend aus den **künftigen Verwendungen** zusammen, die bei zustandsabhängig optimaler Folgepolitik durch ein bestimmtes Endvermögen erreicht werden. Die an das Endvermögen anknüpfende Nutzen-funktion ist daher eine **indirekte Nutzenfunktion**, die letztlich aus den **Folgeent-scheidungen** abgeleitet ist, wobei zusätzlich **Bewertungsinterdependenzen** der bereits im 2. Kapitel *„Die Kosten- und Leistungsrechnung als Entscheidungsrech-*

nung" beschriebenen Art bedeutsam sein können.[35] Damit wird die gesamte Komplexität des Problems deutlich, denn die optimalen Periodenentscheidungen lassen sich letztlich nur wieder als Elemente *ganzer zeit-zustandsabhängiger Strategien* auffassen. Unter dem Gesichtspunkt des **optimalen Komplexionsgrades** eines Entscheidungsmodells dürfte die Annahme berechtigt sein, daß dies *deutlich zu weit* geht – was umgekehrt die Frage aufwirft, wie denn nun konkret für den betrachteten Entscheidungskontext vorzugehen ist.

> Die einfachste Möglichkeit bestünde darin, eine bestimmte Nutzenfunktion *ad hoc* zu **unterstellen** und dabei anzunehmen, daß sie die aufgezeigten Interdependenzen näherungsweise abbildet. Die tatsächliche „Güte" (geschweige denn Optimalität) der getroffenen Entscheidungen ist dann aber mehr eine Frage des Glaubens, und die oben aufgezeigten Bemühungen um eine Lösung der sich ergebenden nichtlinearen Planungskalküle täuscht eine Entscheidungsqualität vor, die nicht gegeben sein muß.

Bevor dieser Weg beschritten wird, kann man das Problem aber nochmals aus einer grundsätzlichen Perspektive angehen, indem der zugrunde liegende Entscheidungskontext hinterfragt und modifiziert wird. Dazu dienen die Ausführungen im folgenden Abschnitt.

3.4. Nicht börsennotierte Unternehmen mit Portefeuillewahl: *Virtuelle* Marktwertmaximierung

Bei der bisherigen Betrachtung nicht börsennotierter Unternehmen spielten nur die Entscheidungsvariablen auf der Unternehmensebene (Produktmengen etc) eine Rolle. Damit wird implizit unterstellt, daß das Produktionsprogramm für den Eigner **mehrere Funktionen** gleichzeitig erfüllen muß:

- Einerseits dienen die Überschüsse des Programms als Grundlage für die Einkommenserzielung überhaupt;
- andererseits muß die Gestaltung des Produktionsprogramms bei unsicheren Erwartungen auch die Risikoaspekte berücksichtigen.

Insofern sind im obigen Szenario also **Höhe und Risiko des Einkommens bzw Endvermögens** unauflöslich mit der **Programmplanung** (allgemeiner: mit den Entscheidungsvariablen auf der (institutionalen) Unternehmensebene) verknüpft. Das ist letztlich der Grund dafür, daß unternehmensspezifische Diversifikationsaspekte kombiniert mit einer ggf niveauabhängigen Risikopräferenz (und damit Vermögens- und Fixkostenrelevanz) für die Programmplanung bedeutsam werden.

Eine andere Frage ist, ob das beschriebene Junktim zwingend ist. Schließlich steht es jedem Unternehmer frei, *neben* den Aktivitäten auf der (institutionalen) Unternehmensebene Maßnahmen am nationalen und internationalen Kapitalmarkt durch-

---

[35] Dieser Aspekt ist zudem völlig unabhängig davon, ob die Fixkosten als Gesamtgröße nun berücksichtigt werden müssen oder nicht. Auch eine nur an variable Gewinnbestandteile anknüpfende Nutzenfunktion muß berücksichtigen, daß der Nutzen nur im Zusammenhang mit den Folgeentscheidungen und deren Ergebnissen bestimmt werden kann.

zuführen, indem ein **Portefeuille aus vielfältigen Finanztiteln** zusammengestellt wird. Damit kann nicht zuletzt eine Diversifikation und Streuung ansonsten vorhandener Einkommensrisiken erreicht werden; und dies gilt ganz unabhängig davon, ob die Beteiligungstitel des betrachteten Unternehmens selbst börsennotiert sind oder nicht!

Berücksichtigt man diesen erweiterten Aktionsraum, taucht die Frage auf, ob das **Produktionsprogramm** jetzt nicht von einigen Aufgaben *„entlastet"* werden kann – denn diversifizieren kann man auch dadurch, daß entsprechende Kapitalmarkttransaktionen durchgeführt werden. Man sollte erwarten, daß die Bedeutung der Diversifikation für die optimale Programmpolitik abnimmt. Im folgenden wird gezeigt, daß unter den bereits oben erläuterten Bedingungen des *„Spanning"* und der *„Competitivity"* sogar eine extreme Lösung resultiert: Die Programmpolitik kann so gestaltet werden, *als wären* die Beteiligungstitel börsennotiert – die Unternehmung maximiert mithin ihren *virtuellen* **Marktwert!**[36]

Virtuelle Marktwertmaximierung

Als Grundlage für die folgende Argumentation dienen die gleichen Annahmen, die bei börsennotierten Unternehmen für die Gültigkeit der Marktwertmaximierung als Dominanzkriterium vorgestellt wurden. Der Kapitalmarkt, auf dem der Unternehmer seine individuellen Portefeuilleaktivitäten durchführt, soll demnach folgende Eigenschaften aufweisen:

- ■ *Spanning*: Kein Unternehmen hat einen „monopolistischen" Einfluß bezüglich des Angebots risikobehafteter Rückflußstrukturen. Die aus Maßnahmen eines bestimmten Unternehmens resultierenden Rückflüsse lassen sich durch Transaktionen am Kapitalmarkt duplizieren.

- ■ *Competitivity*: Das Bewertungssystem des Kapitalmarkts (repräsentiert durch die Bewertungsfaktoren $R(\theta)$) wird durch die Entscheidungen eines bestimmten Unternehmens nicht verändert – man handelt wie bei „gegebenen Zinssätzen".

Diese beiden Bedingungen implizieren, daß die Marktbewertung der Überschüsse des bislang nicht börsennotierten Unternehmens nach den Grundsätzen einer arbitragefreien Marktbewertung unter Verwendung der bestehenden **Bewertungsfaktoren** vorgenommen würde, falls sich das Unternehmen – *ceteris paribus* – zu einer Börseneinführung entschließen würde. Gegeben irgendein Produktionsprogramm wäre der Beitrag der daraus resultierenden Überschüsse zum (fiktiven) Marktwert demnach wie in (37):

---

[36]   Vgl zur folgenden Darstellung ausführlich *Ewert* (1996).

$$W\left[\tilde{U}\right] = W\left[\sum_{j=1}^{J} x_j \cdot \tilde{d}_j - \tilde{K}^{FZ}\right] = \sum_{j=1}^{J} W\left[x_j \cdot \tilde{d}_j\right] - W\left[\tilde{K}^{FZ}\right] =$$

$$= \sum_{j=1}^{J} W\left[\tilde{d}_j\right] \cdot x_j - W\left[\tilde{K}^{FZ}\right] = \sum_{j=1}^{J} w_j \cdot x_j - W\left[\tilde{K}^{FZ}\right]$$

Dabei ist

$$w_j = W\left[\tilde{d}_j\right] = \sum_{\theta \in \Theta} d_j(\theta) \cdot R(\theta) \tag{53}$$

Sei nun W^m der Wert des (fiktiv) marktwertmaximalen Programms (nachfolgend als PM bezeichnet). Angenommen, der Unternehmer realisiert ein anderes Programm, etwa dasjenige, das aus der Maximierung des individuellen Erwartungsnutzens nach den Grundsätzen des Abschnitts 3.3 resultieren würde (im folgenden als PE bezeichnet). Der (fiktive) Marktwert dieses Programms sei W^e, und es gilt:

$$W^e < W^m \tag{54}$$

Unter Berücksichtigung der Portefeuilleaktivitäten kann dieses Programm PE jedoch **nicht optimal** sein. Der Unternehmer kann seine Position nämlich wie folgt verbessern:

- An Stelle des bisher geplanten Programms PE realisiert der Unternehmer das **marktwertmaximale** Programm PM.

- Auf Grund von *Spanning* gibt es ein Portefeuille, welches die Überschüsse des marktwertmaximalen Programms PM dupliziert. Unter Verwendung der gegebenen Bewertungsfaktoren $R(\theta)$ hat dieses Portefeuille einen Gesamtpreis von W^m.

- Führt der Unternehmer nun einen **Leerverkauf dieses Portefeuilles** durch, erhält er insgesamt den Betrag W^m, verliert aber die Überschüsse des marktwertmaximalen Programms PM, weil er dessen Überschüsse ja zur Bedienung der Verpflichtungen aus dem leerverkauften Portefeuille benötigt.

- Er verwendet aber den Leerverkaufserlös W^m zum Kauf eines *anderen* Portefeuilles, das die Überschüsse des ursprünglich geplanten Programms PE dupliziert (wegen *Spanning* existiert ein solches Portefeuille). Für diese Transaktion werden bei gegebenen Bewertungsfaktoren $R(\theta)$ Mittel in Höhe von W^e benötigt.

Nach Durchführung der beschriebenen Maßnahmen hat der Unternehmer am Periodenende zunächst die **gleiche finanzielle Position** wie vorher: Auf der Unternehmensebene wird zwar das marktwertmaximale Programm realisiert, dessen Überschüsse jedoch durch einen entsprechenden Leerverkauf bereits verbraucht sind. Dafür hat der Unternehmer die ursprünglichen Überschüsse *via* Portefeuillebildung am Markt zurück erworben, und wegen (54) verbleibt für ihn am **Periodenbeginn**

ein positiver Betrag in Höhe der Differenz aus dem Leerverkaufserlös und dem Mittelbedarf für das zweite Portefeuille:

$$W^m - W^e > 0 \tag{55}$$

Wird dieser Betrag zB sicher investiert, ergibt sich eine dominant **bessere finanzielle Position** am Periodenende; andererseits könnte der Unternehmer die Differenz auch am Periodenbeginn konsumieren, ohne daß bisherige Konsumplanungen tangiert würden. Insofern kann sich der Unternehmer unter den gesetzten Bedingungen stets verbessern, falls auf der Unternehmensebene nicht dasjenige Programm realisiert wird, welches den (fiktiven) Marktwert des Unternehmens maximieren würde.[37]

Diskussion

Nach diesen Ergebnissen kann im jetzt vorliegenden Entscheidungskontext die Programmpolitik so gestaltet werden, daß sie den **virtuellen Marktwert** des an sich nicht börsennotierten Unternehmens **maximiert**. Diese Politik hat dieselben Eigenschaften wie diejenige der Marktwertmaximierung. Ihre **Lösungs*struktur*** ist also analog zu derjenigen bei sicheren Erwartungen; **Fixkosten und Anfangsvermögen sind irrelevant** für die optimale Lösung. Diese Ergebnisse bleiben auch dann gültig, wenn man die Analyse explizit im Mehrperiodenkontext bei fehlenden zeitlichen Interdependenzen im Entscheidungsfeld durchführt.[38]

Für die praktische Durchführung von Entscheidungsrechnungen bei unsicheren Erwartungen werden damit erhebliche Erleichterungen geschaffen, weil man letztlich solche Planungskalküle wie bei sicheren Erwartungen verwenden kann. Im Grunde wird wieder ein **Separationstheorem** angewendet: Die Politik auf der Ebene der (institutionalen) Unternehmung kann gemäß einer *a priori* bekannten Zielsetzung bestimmt werden, ohne daß auf die individuellen Konsumpräferenzen der Eigner zurückgegriffen werden müßte. Diese werden erst im zweiten Schritt relevant, wenn die Transformation der aus der Unternehmenspolitik folgenden Risiken durch Kapitalmarkttransaktionen auf der personalen Ebene stattfindet.

Es sollte deutlich geworden sein, daß für die virtuelle Marktwertmaximierung nicht mehr und nicht weniger **Annahmen** erforderlich sind als bei der Begründung der Marktwertmaximierung als sinnvolle Zielsetzung. Darüber hinaus betreffen diese Annahmen auch den gleichen Bereich des Kapitalmarkts, denn letztlich geht es stets um die *Spanning*-Eigenschaften derjenigen Finanztitel, die am Markt außer denen des betrachteten Unternehmens existieren (nur damit können ja die Überschüsse einer bestimmten Politik des betrachteten Unternehmens reproduziert werden). Wenn man somit bei börsennotierten Unternehmen für die Marktwertmaximierung plädiert und daher implizit von *Spanning* und *Competitivity* ausgeht, muß man auch die virtuelle Marktwertmaximierung für nicht börsennotierte Unternehmen akzeptieren.

---

[37] Dies läßt sich auch alternativ nachweisen, indem die Optimalitätsbedingungen des Programms zur simultanen Optimierung von Programm- und Portefeuillepolitik des Unternehmers analysiert werden. Siehe dazu näher *Ewert* (1996), S. 540 – 545.

[38] Vgl *Ewert* (1996), S. 549 – 553.

Ob diese Überlegungen zur Programm- und Portefeuillepolitik solche Aspekte beschreiben, an denen sich Unternehmer bei nicht börsennotierten Unternehmen täglich auszurichten pflegen, steht auf einem anderen Blatt. Bekanntlich jongliert nicht jeder gleichermaßen eloquent mit den Möglichkeiten, die moderne Kapitalmärkte bieten. Sofern ein Entscheidungsträger die aufgezeigten Portefeuillepolitiken gar nicht oder nur in geringem Umfang in seine Überlegungen einbezieht, gewinnen die im Abschnitt 3.2 aufgezeigten Grundsätze für die Entscheidungsfindung bei der **Orientierung am individuellen Erwartungsnutzen** nach und nach an Bedeutung. Dennoch dürften auch dann der unternehmensspezifische Diversifikationsaspekt sowie die potentielle Relevanz von Anfangsvermögen und Fixkosten in ihrer Intensität geschmälert werden, wenn die Transaktionsmöglichkeiten am Kapitalmarkt nur partiell erfaßt werden.

Beispiel

Betrachtet wird das obige Beispiel für das erwartungsnutzenmaximale Programm mit logarithmischer Nutzenfunktion $10.000 \cdot \ln(\omega)$ ohne Fixkosten und mit $\omega_0 = 0$:

Produkt 1: Deckungsbeitrag entweder 10 oder 20 mit gleicher Wahrscheinlichkeit
Produkt 2: Sicherer Deckungsbeitrag in Höhe von 14
Kapazität: 1.400 Stunden; jedes Produkt benötigt 5 Stunden je Stück

Das *erwartungsnutzenmaximale* Programm war:

$$x_1^* = 163,\overline{3}; \quad x_2^* = 116,\overline{6}$$

Daraus resultieren am Periodenende folgende Überschüsse:

$$\ddot{U}^*(\theta_1) = 163,\overline{3} \cdot 10 + 116,\overline{6} \cdot 14 = 3.266,\overline{6}$$
$$\ddot{U}^*(\theta_2) = 163,\overline{3} \cdot 20 + 116,\overline{6} \cdot 14 = 4.900$$

Die Bewertungsfaktoren am Kapitalmarkt seien:

$$R(\theta_1) = R(\theta_2) = 0,4 \qquad (i = 0,25)$$

Das *marktwertmaximale* Programm beinhaltet mithin nur Produkt 1 mit $x_1^m = 280$ und folgenden Überschüssen:

$$\ddot{U}^m(\theta_1) = 280 \cdot 10 = 2.800$$
$$\ddot{U}^m(\theta_2) = 280 \cdot 20 = 5.600$$

Die Marktwerte der beiden Programme lauten: $W^e = 3.266,\overline{6}; W^m = 3.360$.

Am Kapitalmarkt seien zwei Finanztitel $n = 1,2$ mit den Überschüssen $\ddot{u}_n(\theta)$ vorhanden. Der erste repräsentiert die sichere Anlage, der zweite dagegen ein unsicheres Papier:

$$\ddot{u}_1(\theta_1) = \ddot{u}_1(\theta_2) = 1; \ddot{u}_2(\theta_1) = 2, \ddot{u}_2(\theta_2) = 6$$

Für die Marktwerte dieser Titel folgt daraus $W_1 = 0,8; W_2 = 3,2$.

Zur **Duplizierung** der Überschüsse des marktwertmaximalen Programms sind $\zeta_1^m = 1.400$ und $\zeta_2^m = 700$ Stück der beiden Titel erforderlich. Man müßte also 700 Stück des unsicheren Titels erwerben und in Höhe von $1.400 \cdot 0,8 = 1.120$ Geld zum Zinssatz von 25% am Kapitalmarkt anlegen. Ein *Leerverkauf* dieses Portefeuilles beinhaltet demnach eine Verschuldung in Höhe von 1.120 und einen Leerverkauf des unsicheren Papiers im Umfang von 700 Stück. Der daraus erhältliche Leerverkaufserlös beträgt:

$$1.120 + 700 \cdot 3,2 = 3.360 = W^m$$

Zur Duplizierung der Überschüsse des erwartungsnutzenmaximalen Programms wäre dagegen folgendes Portefeuille erforderlich:

$$\zeta_1^e = 2.450; \; \zeta_2^e = 408,\overline{3}$$

Hier würde man also Geld im Umfang von $2.450 \cdot 0,8 = 1.960$ anlegen und $408,\overline{3}$ Stück des unsicheren Titels erwerben (Ganzzahligkeitserfordernisse werden vernachlässigt). Der daraus resultierende Mittelbedarf beträgt

$$1.960 + 408,\overline{3} \cdot 3,2 = 3.266,\overline{6} = W^e$$

Realisiert der Unternehmer nun das marktwertmaximale Programm, verkauft das erste Portefeuille leer und erwirbt das zweite, lauten seine am Periodenende verbleibenden Überschüsse wie folgt:

$$\ddot{U}(\theta_1) = 2.800 - 2.800 + 3.266,\overline{6} = 3.266,\overline{6} = \ddot{U}^*(\theta_1)$$

$$\ddot{U}(\theta_2) = 5.600 - 5.600 + 4.900 = 4.900 = \ddot{U}^*(\theta_2)$$

Am Periodenbeginn verfügt er aber über zusätzliche Mittel in Höhe von:

$$W^m - W^e = 3.360 - 3.266,\overline{6} = 93,\overline{3}$$

Wird dieser Betrag zB in die sichere Anlage investiert, erhält man am Periodenende in jedem Zustand einen zusätzlichen Erlös von

$$93,\overline{3} \cdot 1,25 = 116,\overline{6}$$

Auf diese Weise wird eine dominant bessere Position erreicht als bei Realisierung der ursprünglich geplanten Politik. Der Unternehmer wird freilich nicht gezwungen, die zusätzlichen Mittel sicher zu investieren. Wählt er diesbezüglich eine andere Politik, dann muß sie für ihn allerdings noch besser sein als bei sicherer Geldanlage, so daß die Schlußfolgerung noch verstärkt wird.

4. Zusammenfassung

Für Entscheidungsrechnungen bei unsicheren Erwartungen existieren mehrere Ansätze. Zunächst kann es sinnvoll sein, Vorstellungen über die Bedeutung der Unsicherheit für das vorliegende Entscheidungsproblem zu entwickeln. Dazu eignen sich **Break Even-Analysen**, die als nicht stochastische und stochastische Varianten angewandt werden können. Bei den nicht stochastischen Varianten geht es um die

Ermittlung solcher Produktionsmengen bzw Mengenkombinationen, bei denen weder ein Gewinn noch ein Verlust erzielt wird. Allgemein kann hier aber auch ein bestimmter Mindestgewinn vorgegeben werden. Die resultierenden Formeln lassen sich für vielfältige Fragestellungen einsetzen. Insbesondere können auch „Risikomaßstäbe" in Form des **Sicherheitskoeffizienten** und des *Operating Leverage* ermittelt werden. Deren Problematik besteht jedoch darin, daß sie unabhängig von den eigentlichen Wahrscheinlichkeitsverteilungen der unsicheren Größen berechnet werden. Um Vorstellungen hinsichtlich solcher Gewinnverteilungen zu entwickeln, kann eine **stochastische Break Even-Analyse** durchgeführt werden, die in der Praxis derzeit unter dem Stichwort *Cash Flow at Risk* zunehmende Verbreitung findet. Das Problem aller Break Even-Analysen besteht darin, daß offen bleibt, wie letztlich zu entscheiden ist und wie demnach die Lösungsstruktur bei unsicheren Erwartungen aussieht.

Die Auswirkungen unsicherer Erwartungen wurden anhand eines Programmplanungsproblems für verschiedene Ausprägungen des *Entscheidungskontextes* untersucht. Zunächst wurde der Fall eines **börsennotierten Unternehmens** behandelt. Für diese Situation kommt die **Marktwertmaximierung** als Zielsetzung in Frage. Hier ergeben sich zum Teil analoge Resultate wie für die Programmplanung bei sicheren Erwartungen, denn die *Lösungsstruktur* des Programmplanungsproblems entspricht faktisch derjenigen bei Sicherheit; an die Stelle der sicheren Deckungsbeiträge sind lediglich die Marktwerte der Deckungsbeiträge zu setzen. **Fixkosten** erweisen sich wegen der Eigenschaft der Wertadditivität als für die Entscheidungsfindung **irrelevant**. Im Rahmen der Marktwertmaximierung spielen ebenfalls **Diversifikationsaspekte** eine Rolle. Diese befinden sich allerdings nicht auf der Unternehmensebene; sie sind statt dessen an **Marktfaktoren** zu messen.

Alternativ wurde der Fall des **nicht börsennotierten Unternehmens** betrachtet. Hier kann weiter danach differenziert werden, ob die Konsequenzen aus individuellen Portefeuilleentscheidungen des Unternehmers bei der Programmplanung berücksichtigt werden oder nicht. Bei fehlender Beachtung dieser Kapitalmarkttransaktionen wird die Programmplanung an der **Maximierung des Erwartungsnutzens** (*Bernoulli*-**Prinzip**) ausgerichtet; dabei ist das Produktionsprogramm simultan sowohl für die **Höhe** als auch die **Risikostruktur** des Einkommens bzw Endvermögens des Unternehmers zuständig. Damit sind auch **unternehmensspezifische Diversifikationsaspekte** für die Programmplanung bedeutsam; außerdem kann sich für bestimmte Nutzenfunktionen eine **Relevanz der Fixkosten und des Anfangsvermögens** für die Entscheidungsfindung ergeben. Sofern außer den Deckungsbeiträgen die Fixkosten selbst risikobehaftet sind, sind sie bei risikoscheuen Entscheidungsträgern so gut wie immer entscheidungsrelevant. Die Berücksichtigung alleine solcher Gewinnbestandteile, die nur von den jeweiligen Entscheidungsvariablen abhängen, ist damit nicht mehr in allen Fällen hinreichend für das Auffinden der optimalen Lösung; oftmals müssen **Vollkostenrechnungen als Periodenrechnungen** angewandt werden.

Die Schlußfolgerungen für nicht börsennotierte Unternehmen ändern sich, wenn die **Möglichkeit individueller Portefeuilleanpassungen am Kapitalmarkt** berücksichtigt wird. Jetzt können Diversifikationsaspekte auch durch Kapitalmarkttransaktionen induziert werden, so daß das Produktionsprogramm von der Funktion der *Risikosteuerung entlastet* werden kann. In diesem Fall kann das Produktionsprogramm analog zur börsennotierten Unternehmung optimiert werden, indem der **virtuelle Marktwert maximiert** wird; Fixkosten und Anfangsvermögen werden wieder irrelevant. Die für die virtuelle Marktwertmaximierung erforderlichen Bedingungen entsprechen denen, die ansonsten für die Begründung der Marktwertmaximierung bei börsennotierten Gesellschaften herangezogen werden.

Fragen

1. Warum ist es bei kurzfristig wirksamen Entscheidungsproblemen erforderlich, Aspekte der Unsicherheit explizit zu analysieren?

2. Wie lauten die Fragestellungen einer Sensitivitätsanalyse, und welche Beziehungen bestehen zur Break Even-Analyse?

3. Kann eine Einprodukt-*BEA* ausschließlich in einem Einproduktunternehmen angewandt werden?

4. Welche „Risikomaßstäbe" der *BEA* kennen Sie, und welche Problematik bergen diese Maße?

5. Worin unterscheiden sich die nicht stochastischen von den stochastischen Varianten der *BEA*?

6. Welche Besonderheiten müssen bei einer Mehrprodukt-*BEA* beachtet werden?

7. In einem Beitrag von *Miller* und *Morris* (1985) geht es um die Einsatzbedingungen einer Mehrprodukt-*BEA* mit risikobehafteten Deckungsbeiträgen. Die Analyse erfolgt in zwei Schritten. Im ersten Schritt wird ein „optimales" Produktionsprogramm auf Basis der Maximierung des Erfolgserwartungswertes ermittelt. Im zweiten Schritt werden dann unter der Bedingung der nunmehr bekannten „optimalen" Produktionsmengen die Wahrscheinlichkeitsinformationen für unterschiedliche Erfolgsniveaus berechnet. Was halten Sie von dieser Vorgehensweise?

8. Warum sind *Spanning* und *Competitivity* so wichtig für die Akzeptanz der Zielsetzung der Marktwertmaximierung?

9. Sind bei Marktwertmaximierung durch ein börsennotiertes Unternehmen Diversifikationseffekte bei der Bestimmung des optimalen Produktionsprogramms zu berücksichtigen?

10. Unter welchen Bedingungen ist das optimale Produktionsprogramm bei Unsicherheit (und Marktwertmaximierung) identisch mit dem optimalen Produktionsprogramm bei Risikoneutralität des Entscheiders (ohne Möglichkeit der Nutzung des Kapitalmarkts)?

11. Wie ist die Lösungsstruktur eines Programmplanungsproblems bei Risiko gekennzeichnet, wenn die Maximierung des Erwartungs*nutzens* angestrebt wird?

12. Welche Schwierigkeiten bestehen bei der Festlegung der Nutzenfunktion des individuellen Entscheiders im Fall der Maximierung des Erwartungsnutzens des Produktionsprogramms?

13. Wann können sichere und wann stochastische Fixkosten entscheidungsrelevant sein? Und warum können sie entscheidungsrelevant sein?

14. Worin besteht der Unterschied zwischen Marktwertmaximierung und virtueller Marktwertmaximierung?

Probleme

1. **Break Even-Analyse im Einproduktfall.** Ein Unternehmen fertigt ein Produkt, dessen Absatzpreis $p = 120$ und dessen variable Stückkosten $k = 80$ betragen.

a) Wie groß ist die Break Even-Menge bei Fixkosten in Höhe von 10.000, 20.000 und 30.000? Wie wäre die Frage bei einem Mindestgewinn von $\underline{G} = 35.000$ zu beantworten?

b) Die Fixkosten des laufenden Jahres werden mit 10.000 angesetzt. Nehmen Sie an, daß für die nächsten drei Jahre mit einer jährlichen Steigerungsrate der Fixkosten von 5% und einer jährlichen Steigerungsrate der variablen Stückkosten von 2% zu rechnen ist. Wie müssen sich die Absatzmengen entwickeln, damit ein jährlicher Mindestgewinn in Höhe von $\underline{G} = 20.000$ erreicht wird? Wie wäre diese Frage zu beantworten, wenn auch der Mindestgewinn zB um jährlich 10% steigen soll?

c) Nehmen Sie bei Teilaufgabe b) an, daß Absatzmengen oberhalb der Break Even-Menge des laufenden Jahres aus Gründen der begrenzten Aufnahmefähigkeit des Marktes nicht erreichbar sind. Wie müßte – bei einem pro Periode konstanten Absatz in Höhe der momentanen Break Even-Menge – die jährliche Steigerung der Absatzpreise ausfallen, um die obigen Mindestgewinne erreichen zu können?

d) Gehen Sie jetzt bei Teilaufgabe b) davon aus, daß keine Steigerung der variablen Stückkosten zu erwarten ist, aber eine jährliche Senkung der Absatzpreise von 3% droht. Wie müßten sich – bei gegebenem Absatz in Höhe der momentanen Break Even-Menge und gegebenen sonstigen Daten – die variablen Stückkosten entwickeln, um die in Teilaufgabe b) angestrebten Mindestgewinne erreichen zu können?

e) Gehen Sie von Fixkosten in Höhe von 20.000 und einem angestrebten Mindestgewinn von $\underline{G}$ = 40.000 aus. Das gegenwärtige Absatzniveau beträgt 2.000 Stück. Wie groß sind Sicherheitskoeffizient und *Operating Leverage* für dieses Ausgangsniveau? Wie lassen sich diese Größen intuitiv interpretieren? Wie ändern sie sich, wenn die variablen Stückkosten 70, 60 oder 50 betragen?

2. Stochastische Break Even-Analyse. Ein Einproduktunternehmen hat Fixkosten von 100.000 und erzielt einen Stückdeckungsbeitrag von 5. Die Absatzmengen sind risikobehaftet und im Intervall [2.000, 42.000] gleichverteilt.

a) Wie groß ist die Break Even-Wahrscheinlichkeit für Mindestgewinne von $\underline{G}$ = 0, 50.000 und 150.000? Wie groß ist die Wahrscheinlichkeit dafür, wenigstens die auszahlungswirksamen Fixkosten zu decken, wenn diese Bestandteile der Fixkosten 8.000, 20.000 oder 50.000 betragen?

b) Wie groß ist der maximale Erfolg, der mit einer Wahrscheinlichkeit von 70% überschritten wird?

3. Break Even-Analyse im Mehrproduktfall. Ein Unternehmen fertigt fünf Produkte mit folgenden Stückdeckungsbeiträgen:

Produkt	$j = 1$	$j = 2$	$j = 3$	$j = 4$	$j = 5$
Preis p_j	23	59	99	18	145
variable Kosten k_j	13	44	69	13	95

Die Fixkosten betragen 400.000.

a) Geben Sie eine allgemeine Darstellung sämtlicher Kombinationen von Absatzmengen, die zu einem Mindestgewinn von $\underline{G}$ = 50.000 führen.

b) Die Produkte seien jetzt durch ein konstantes Absatzmix mit dem Produkt 1 als Leitprodukt gekennzeichnet. Die Absatzverhältnisse lauten wie folgt:

$$\beta_2 = 1; \quad \beta_3 = 2; \quad \beta_4 = 4; \quad \beta_5 = 6$$

Wie groß sind unter diesen Bedingungen die Break Even-Mengen der einzelnen Produkte? Durch welche Anteilskoeffizienten sind diese Break Even-Mengen im Rahmen der allgemeinen Darstellung von Teilaufgabe a) gekennzeichnet? Wie groß ist der Break Even-Umsatz?

c) Wie lautet der Break Even-Umsatz für Teilaufgabe a) unter Annahme einer besonders optimistischen oder besonders pessimistischen Einstellung?

4. Produktionsprogrammplanung bei Risiko. Ein Unternehmen fertigt zwei Produktarten, deren (stets zahlungswirksame) Deckungsbeiträge risikobehaftet sind. Sie hängen vom Eintritt zweier Umweltzustände wie folgt ab:

Umweltzustand	θ_1	θ_2
Deckungsbeitrag d_1	33	21
Deckungsbeitrag d_2	25	31
Eintrittswahrscheinlichkeit ϕ_i	0,6	0,4

Das Unternehmen benötigt zur Herstellung beider Produkte ein Aggregat, für das folgende Mittelverbräuche v_j der Produkte $j = 1, 2$ und Verfügbarkeiten gegeben sind:

$$v_1 = 10; \ v_2 = 10; \ \overline{V} = 1.250$$

Bei allen folgenden Fragestellungen können Ganzzahligkeitsbedingungen vernachlässigt werden.

a) Bestimmen Sie das optimale Produktions- und Absatzprogramm des Unternehmens unter der Annahme der Erwartungswertmaximierung.

b) Gehen Sie jetzt davon aus, daß das Unternehmen den Erwartungs*nutzen* maximiert, wobei die Nutzenfunktion $U(\omega) = 10 \cdot \ln(\omega)$ zur Anwendung kommt. Bestimmen Sie das optimale Produktions- und Absatzprogramm bei Fixkosten von 0, 1.000 und 2.000 und einem Anfangsvermögen von 0.

c) Gehen Sie jetzt davon aus, daß das Unternehmen den Marktwert maximieren möchte, wobei folgende Bewertungsfaktoren gegeben sind:

$$R(\theta_1) = 0,2; \ R(\theta_2) = 0,6$$

Die zahlungswirksamen Fixkosten betragen 500 in θ_1 und 600 in θ_2. Wie lautet jetzt das optimale Produktions- und Absatzprogramm des Unternehmens? Verdeutlichen Sie in diesem Zusammenhang auch den Diversifikationsaspekt bezüglich eines stochastischen Marktfaktors.

5. Produktionsprogramme, Risiko und Kapitalmarkt. Die Insel von Robinson und Freitag wurde vom Eingeborenenstamm des Häuptlings A. Smith in Besitz genommen. Die Zeiten unbeschränkter Jagd- und Fischmöglichkeiten sind für die beiden vorbei. Robinson gründet die Einzelfirma *„Speer & Nuß"*, deren Zweck Handel mit den Eingeborenen ist. Die Firma stellt eiserne Speerspitzen her und betreibt Kokosnußanbau und -vermarktung. Robinson stellt Freitag bei sich an. Seit kurzem ist auf der Insel durch Häuptling A. Smith die beliebig teilbare Muschelwährung eingeführt worden. Die „Preise", die Robinson für seine Erzeugnisse erzielen kann, hängen davon ab, wieviel jagdbares Wild auf der Insel vorhanden ist. Ist wenig

Wild vorhanden (θ_1), bezahlen die Eingeborenen 15 Muscheln (Mu) je Speerspitze, aber 24 Mu je 100 Kokosnüsse. Ist Wild reichlich vorhanden (θ_2), erbringt eine Speerspitze 30 Mu, doch für 100 Kokosnüsse erhält man nur 20 Mu. Freitag fordert als Lohn für seine Tätigkeit 10 Mu je hergestellter Speerspitze und ebenfalls 10 Mu je 100 geernteter Kokosnüsse. Beide Wildlagen gelten als gleich wahrscheinlich, und die Eingeborenen nehmen faktisch unbegrenzt Speerspitzen und Kokosnüsse ab. Ist die Wildlage schlecht, verlangt Häuptling Smith 1.000 bar zu bezahlende Mu Miete für eine Palmhütte, in der sich die Schmiede und das Kokosnußlager befinden, bei guter Wildlage dagegen 2.019,75 Mu. Freitag erklärt sich bereit, in der Planungsperiode insgesamt 1.200 Stunden zu arbeiten. Er benötigt 5 Stunden, um eine Speerspitze zu schmieden und ebenfalls 5 Stunden, um 100 Kokosnüsse zu ernten. Handel mit den Eingeborenen findet nur an einem einzigen Tag am Ende der Planungsperiode statt. Erst zu diesem Zeitpunkt ist bekannt, welche Wildlage tatsächlich vorliegt. Deshalb muß das Produktionsprogramm aus Speerspitzen und Kokosnüssen vorab festgelegt werden.

a) Bestimmen Sie die Deckungsbeiträge in Mu je Speerspitze und je 100 Kokosnüsse für beide Umweltzustände.

b) Robinson überlegt, welches Programm er realisieren soll. In einem Gespräch mit Freitag schlägt dieser vor, den Erwartungswert des unsicheren Gewinnes zu maximieren. Robinson dagegen ist eher der Nutzenfunktion $U = \sqrt{G}$ zugeneigt (wobei G den Gewinn bezeichnet), deren Erwartungswert er maximieren würde. Welches Produktionsprogramm resultiert nach dem Vorschlag von Freitag und welches nach der Vorstellung von Robinson? Leiten Sie die Ausdrücke für Robinson's optimales Produktionsprogramm zunächst in Abhängigkeit von nicht konkretisierten Fixkosten $K^F(\theta_1) < K^F(\theta_2)$ her. Wie wirken sich die Fixkosten auf die Produktionsmengen aus? Wie lautet das optimale Programm für die oben konkret angegebenen Fixkostenbeträge?

c) Kurz vor Aufnahme der Produktion erscheint das Schiff eines Händlers, der berichtet, daß auf der Hauptinsel ein (Muschel-)Kapitalmarkt eröffnet wurde. An diesem Kapitalmarkt werden zwei Typen von Wertpapieren gehandelt, die folgende Überschußstruktur aufweisen: Wertpapier 1 hat die Rückflüsse [1; 0] und kostet heute $R(\theta_1)$ (man erhält also genau eine Mu bei guter Wildlage, sonst nichts); Wertpapier 2 kostet heute $R(\theta_2)$ und erbringt [0,1] als Rückflußstruktur. Beide Wertpapiere können unbeschränkt ge- und verkauft werden. Leerverkäufe sind ebenfalls unbeschränkt möglich. Robinson fragt den Händler wegen des Produktionsprogrammes um Rat. Er gibt an, daß Robinson's Produktionsprogramm gemäß Teilaufgabe a) einen heutigen Marktwert von 1084,05 Mu und Freitag's Produktionsprogramm einen heutigen Marktwert von 676,05 Mu hat. Ermitteln Sie die Preise für die beiden Wertpapiere aus diesen Angaben. Welche nachweisbare Eigenschaft weist der Muschelkapitalmarkt auf der Hauptinsel auf? Welche weitere Bedingung müßte noch erfüllt sein, damit Robinson sich am Marktwert orientieren könnte? Ist Robinson's Produktionsprogramm marktwertmaximal? Falls das nicht so ist, ermitteln Sie das marktwertmaximale Produktionsprogramm.

d) Zeigen Sie, daß das marktwertmaximale Produktionsprogramm für Robinson zu einem strikt besseren finanziellen Ergebnis führt als das erwartungsnutzenmaximale Programm. Gehen Sie davon aus, daß Robinson etwaige Überschüsse sicher am Muschelkapitalmarkt anlegt. Welche Form hat die sichere Anlage in diesem Fall?

Literaturempfehlungen

Allgemeine Literatur

Adar, Z., A. Barnea und *B. Lev*: A Comprehensive Cost-Volume-Profit Analysis Under Uncertainty, in: *The Accounting Review* 1977, S. 137 – 149.

Schweitzer, M. und *E. Troßmann*: *Break-Even-Analysen*, Stuttgart 1986.

Spezielle Literatur

Ewert, R.: Fixkosten, Kapitalmarkt und (kurzfristig wirksame) Entscheidungsrechnungen bei Risiko, in: *Betriebswirtschaftliche Forschung und Praxis* 1996, S. 528 – 556.

Maltry, H.: Überlegungen zur Entscheidungsrelevanz von Fixkosten im Rahmen operativer Planungsrechnungen, in: *Betriebswirtschaftliche Forschung und Praxis* 1990, S. 294 – 311.

Schneider, D.: Entscheidungsrelevante fixe Kosten, Abschreibungen und Zinsen zur Substanzerhaltung – Zwei Beispiele von „Betriebsblindheit" in Kostentheorie und Kostenrechnung, in: *Der Betrieb* 1984, S. 2521 – 2528.

Welzel, O.: *Möglichkeiten und Grenzen der Stochastischen Break-Even-Analyse als Grundlage von Entscheidungsverfahren*, Heidelberg 1987.

Kostenmanagement

Die RBS GmbH ist ein kleineres Unternehmen in der Unterhaltungsbranche. Es ist spezialisiert auf Minimusikgeräte. Am 6. April treffen sich der Geschäftsführer Rolf B. Schnellast, Carmen Hohenberg in ihrer Eigenschaft als Produktmanager, die für Controlling und Kostenrechnung zuständige Brigitta Barig (von den übrigen liebevoll BB genannt) und der Produktentwickler Vinzenz Urban, das „Genie", zu einer Strategiesitzung. Diese wurde auf Verlangen von Carmen Hohenberg einberufen, weil sie zur Auffassung kam, daß das „Genie" ein tolles neues Produkt erdacht habe, dessen Markteinführung diskutiert werden sollte.

Rolf B. Schnellast eröffnet die Sitzung kurz nach 9 Uhr und bittet Urban, kurz sein neues Produkt vorzustellen. Urban: „Wie Sie alle wissen, arbeite ich bereits seit längerem an einer Idee zur weiteren Miniaturisierung unserer tragbaren Endspielgeräte. Die Probleme liegen einmal im Speichermedium, das noch immer viel zu wenig aufnahmefähig ist, und dann im relativ hohen Stromverbrauch, was viel Batteriekraft benötigt, und das macht es wiederum klobig. Ich experimentiere derzeit mit Supraleitern und mit den bekannten Masse-Bewegungszusammenhängen. Darf ich Ihnen das ein bißchen näher erklären: Also, die Supraleiter sind erst kürzlich ... "
„Zur Sache, bitte. Was haben Sie erreicht?" fällt ihm Rolf B. ins Wort. Urban ist ob der Uninteressiertheit des Geschäftsführers einigermaßen pikiert. Naja.

Er fährt fort: „Wie Sie meinen. Also, die Sache ist die: Wenn man die Temperatur im Inneren des Geräts entsprechend kontrolliert, kann man unter Ausnutzung der physikalischen Leitereigenschaften, die Berechungen habe ich mit dabei. Dann kann man ... " Rolf B. wird nun wirklich ungeduldig. Urban mag ja wirklich ein „Genie" sein, aber Rolf B. hat um 11 Uhr einen Auswärtstermin. Urban bringt es nun auf den Punkt: „Ich bin natürlich noch nicht soweit, daß der Entwurf wirklich technisch ausgereift wäre – ich brauche dafür maximal noch ein Jahr –, aber im jetzigen Stadium kann ich ein Wiedergabegerät bauen, das von der Größe in ein Ohr passen würde." Carmen Hohenberg als Produktmanager kann sich nicht zurückhalten: „Der `earman` *ist geboren!" Rolf B. schaut streng in ihre Richtung. „Entschuldigung", sagt Carmen.*

Rolf B. gibt das Wort an BB weiter: „Was wird das kosten?" BB beginnt: „Ich habe die letzten Konstruktionszeichnungen von Urban letzte Woche bekommen." Sie teilt ein Blatt mit nachstehender Rechnung aus.

Kalkulation Mikro-Wiedergabegerät:

Ausgangsmaterial (Chip, Speicher, Tonumwandler, Gehäuse)	*68*
Mikrokühlung	*36*
Stromversorgung und diverses Kleinmaterial	*26*
Materialgemeinkosten	*13*
Maschinenstundenkosten	*107*
Verwaltungs- und Vertriebskosten	*40*
Selbstkosten	*290*

Rolf B. sieht sich diese Zahlen an: „Was soll das sein, Vollkosten oder Grenz-kosten?" BB erwidert: „Grenzkosten natürlich. Vollkosten machen doch überhaupt keinen Sinn, die Anlagen und die Organisation, das ist ja alles schon da, so ein ‚Mikro-Wiedergaberät' ist ein Zusatzprodukt." Rolf B. wundert sich über die furcht-bare Bezeichnung des Geräts „Mikro-Wiedergabegerät". Er fragt, ob BB zumindest schätzen könnte, wie hoch die vollen Kosten wären. BB ist natürlich auf diese, von einem typisch Unverständigen eingebrachte, Frage vorbereitet. „Ja, wenn Sie die Fixkosten dazurechnen wollen, kommen wir auf etwa 400 plus minus das Stück. Aber willkürlich ..." „Um Gottes willen!", stöhnt Carmen. „Das bringen wir am Markt nie unter."

Rolf B. versucht, Ordnung in die Sitzung zu bringen. Er fragt Carmen, was denn ein möglicher Marktpreis wäre. Sie sagt: „Das ist eigentlich sehr schwer zu sagen. Es hängt von der Marktlage insgesamt ab, wir müssen mindestens 20.000 Stück rechnen, ... aber wir wissen auch nicht, was die Konkurrenz tut, ... Sagen wir einmal, 350." Rolf B. versucht, konstruktiv zu sein: „Was sagt unser 'Genie' dazu: Ist es möglich, die Konstruktion abzuändern, vielleicht gibt es Bestandteile in anderen ‚Mikro-Wiedergabegeräten'" – und er betont das Wort besonders –, „die wir nutzen könnten? Wir sind doch Spezialisten für Kleinstlautsprecher. Oder, was halten Sie davon, können wir etwas fremdfertigen lassen?" Während das „Genie" grübelt, überlegt er weiter und beginnt, die Rechnung, die BB vorgelegt hat, zu hinterfragen: „Haben Sie wenigstens berücksichtigt, daß uns das neue Gerät den Markt für die derzeit kleinsten tragbaren Endgeräte zerstören kann? Und übrigens, wie ist es mit dem Einkauf? Von wem werden wir die neuen Teile beziehen? Da gibt es doch die Vorbau AG, die immer wieder klagt, daß sie benachteiligt sei, weil die Transportkosten für die Teile, die sie uns schicken, so hoch sind. Wenn wir von denen beziehen, könnten wir doch auf die billigeren LKW umsteigen, oder?"

Carmen überlegt: „Durch den wesentlich geringeren Strombedarf ersparen sich die Konsumenten doch etliches an Batterien. Vielleicht könnten wir damit einen höheren Preis rechtfertigen. Und wie ist es mit der Entsorgung? Das Gerät ist doch so viel kleiner und daher weniger umweltbelastend." Urban ist sich da nicht so sicher, er denkt an die Dämmung.

Rolf B. wirft noch ein: „Herr Urban, wie zukunftsträchtig ist diese Idee? Glauben Sie, daß auch die Konkurrenz auf dieselbe Idee kommen könnte? Dann müßten wir wohl auf jeden Fall einsteigen, sonst überrennen uns die anderen." Das letzte stimmt Carmen Hohenberg wieder versöhnlich, sie findet diese Idee ja so chic. Urban runzelt die Stirn.

Alle schauen nun BB an. Sie sagt aber: „Was soll das alles? Ich bin für die Kostenrechnung verantwortlich. Das sind doch alles Probleme, die nicht in meinen Zuständigkeitsbereich fallen." Rolf B. spricht nun etwas aus, was er sich schon öfter gedacht hat: „Was machen Sie dann überhaupt? Die normalen Probleme, die Sie mit Ihrer Kostenrechnung lösen können, haben wir doch praktisch überhaupt nicht. Unsere Fertigung ist stark automatisiert, unsere Produkte innovativ und auf Nischen ausgerichtet." BB macht noch einen Versuch: „Beschäftigen Sie doch Helmut Frank

*mit diesem Problem, der ist für die investitionsrechnerischen Belange zuständig."
Rolf B. meint nur: „Der macht doch nur abgeschlossene Projekte. Erst kürzlich
haben wir eine neue NC-Maschine beschafft. Dafür hat er gute Entscheidungsgrundlagen geliefert. Aber Produkteinführungen, das sollten Sie machen. Treffen wir uns
in drei Wochen wieder. Alle überlegen bis dahin, wie wir weiter vorgehen, und Sie,
Frau Barig, schauen, ob Sie Zahlen liefern können, mit denen wir etwas anfangen
können." Es ist 10 Uhr 12, und Rolf B. Schnellast hat noch Zeit für seinen diesmal
wirklich verdienten Morgenkaffee.*

Ziele dieses Kapitels

- Vorstellung der Inhalte des Kostenmanagements

- Darstellung der Wertkettenanalyse und der strategischen Kostenanalyse als
  umfassendes Konzept einer strategischen Kostenrechnung

- Verwendung der Prozeßkostenrechnung für das Kostenmanagement

- Darstellung des *Target Costing*

- Darstellung der Lebenszykluskostenrechnung

---

1. Inhalte des Kostenmanagements

In den bisherigen Kapiteln wurden die Kosten als vorgegeben betrachtet, und im
Vordergrund stand ihre Verwendung für bestimmte Entscheidungen wie Produk-
tionsprogramm- oder Preisentscheidungen. Dieses Kapitel wendet sich dem **Kostenmanagement** (und **Erlösmanagements**) zu. Dabei geht es um Maßnahmen zur
Beeinflussung und Gestaltung der Kosten zur Verbesserung der Wirtschaftlichkeit
der Leistungserstellung im Unternehmen (früher wurde Kostenmanagement auch als
Kostenpolitik bezeichnet)[1]. Kostenmanagement beinhaltet vor allem die umfassende
und frühzeitige **Kostenbeeinflussung** im Hinblick auf[2]

- **Kostenniveau**: Management von Faktorpreisen, zB durch Lieferanten-
  politik, Fremdbezug oder Eigenfertigung (*outsourcing*), und von Fak-
  tormengen, zB durch Qualitätsmanagement, Rationalisierung.

- **Kostenstruktur**: Gestaltung der relativen Höhe von variablen und
  fixen oder von Einzel- und Gemeinkosten, zB durch Kapazitätsauslastung, Fremdbezug.

- **Kostenverlauf**: Vermeidung progressiver Kostenverläufe, zB durch
  Komplexitätsreduktion oder Verwendung von Gleichteilen.

---

[1]   Vgl *Kajüter* (2000), S. 11.
[2]   Vgl *Reiß* und *Corsten* (1992), S. 1478.

Kostenmanagement in der Praxis

In einer Befragung von 98 deutschen Großunternehmen wurden folgende Ziele des Kostenmanagements genannt (1 = geringste Bedeutung, 7 = höchste Bedeutung) (*Franz* und *Kajüter* (2002b), S. 574):

	1996	2001
Kostensenkung	5,5	5,9
Erhöhung der Kostentransparenz	5,0	4,7
Stärkung des Kostenbewußtseins	5,4	4,6
Identifikation der Kostentreiber	5,4	4,6
Optimierung der Kostenstruktur (fix/variabel)	3,7	4,1
Vermeidung progressiver Kostenverläufe	3,0	2,5
Förderung degressiver Kostenverläufe	2,4	2,6

Das Kostenmanagement befaßt sich in jüngerer Zeit vor allem mit **längerfristigen Maßnahmen** zur Beeinflussung der Kosten. Kurzfristiges Kostenmanagement kann oft die eigentlichen Ursachen der Kosten nicht verändern, denn diese liegen oft in strategischen Entscheidungen begründet, wie der Unternehmensstrategie selbst, dem langfristigen Produktionsprogramm (zB Variantenvielfalt), der Fertigungstechnologie (zB hohe Komplexität) oder der vertikalen Integration.

Neue **Fertigungstechnologien** wie flexible Fertigungssysteme (FFS) und *Computer Integrated Manufacturing* (*CIM*) mit etlichen *Computer Aided*-Aufgaben bewirken, daß eine (langfristige) Entscheidung darüber die später anfallenden Produktionskosten weitgehend festlegt. Empirische Beobachtungen sprechen von 70 bis 80 Prozent der laufenden Produktionskosten. Eine laufende Kostenrechnung, die sich mit der Verrechnung dieser Kosten beschäftigt, ist in einer solchen Situation kaum von Nutzen. Sie hilft hauptsächlich für kurzfristige operative Entscheidungen, wie etwa über die Gestaltung des Produktionsablaufes oder Umdispositionen.[3]

Der Einsatz neuer Fertigungstechnologien verschiebt die **Kostenstruktur** hin zu einem höheren **Anteil der Fixkosten** an den gesamten Produktionskosten. Der Grund ist eine höhere Automatisierung mit hohen Abschreibungen und Kapitalkosten sowie das Verringern oder sogar der Entfall von Fertigungslöhnen.

Ein härter werdender **Wettbewerb** bedingt ein rasches Anpassen an kurzfristige Änderungen des Nachfrageverhaltens sowie den Zwang, laufend neue Produkte und Dienstleistungen anzubieten. Dadurch werden die **Produktlebenszyklen** wesentlich verkürzt. Die vorgelagerten Kosten, wie Forschung und Entwicklung sowie Kosten der Markteinführung, verringern sich jedoch nicht; eher das Gegenteil ist der Fall. Der Anteil dieser Kosten steigt daher relativ zu den Produktionskosten. Ähnliches ist für die nachgelagerten Kosten, zB Kundendienst oder Entsorgung, zu beobachten. Eine Kostenrechnung, die streng periodenbezogen vorgeht, kann für Entscheidungen in diesem Zusammenhang keine Hilfe bieten.

---

[3]   Damit beschäftigt sich die sogenannte *prozeßorientierte Kostenrechnung* als Sonderform der Grenzplankostenrechnung. Zu einem Überblick darüber vgl *Marcus Schweitzer* (1992).

Diese Umweltentwicklungen haben auch Auswirkungen auf das **Kostenrech-nungssystem** und seinen optimalen **Komplexionsgrad**.

■   Die steigende **Komplexität** der Wirtschaftsbeziehungen und der unter-nehmerischen Leistungserstellung erfordert eine steigende Komplexität der Kostenrechnung, um die wirtschaftlichen Sachverhalte hinreichend genau abzubilden.

■   Die steigende **Dynamik** der Umwelt führt allerdings dazu, daß Kosten-rechnungssysteme rasch an die Veränderungen der Umwelt adaptiert werden müssen. Kaum hat man die betriebliche Struktur hinreichend abgebildet, hat sie sich schon wieder verändert.

Die Kostenrechnung muß sich diesen konkurrierenden Erfordernissen anpassen. Sie bestimmen den optimalen Komplexionsgrad aufgrund einer Kosten-Nutzen-Abwägung. Beispielsweise wurde vorgeschlagen, die laufende Kostenrechnung nur als grobe Rechnung zu gestalten (*„Entfeinerung* der Kostenrechnung") und für einzelne Fragestellungen fallweise und detaillierte Zusatzrechnungen durchzuführen.[4]

Instrumente des Kostenmanagements

Kajüter (2000) definiert als Anforderungen an Instrumente des Kostenmanagements die Marktorientierung, Ganzheitlichkeit, Antizipation (frühzeitige Beeinflußbarkeit der Kosten) und Kontinuität (kontinuierlicher Einsatz). In einer Analyse der in der Literatur genannten Instrumente kommt er zu folgender Rangfolge entsprechend der Erfüllung der Anforde-rungen (*Kajüter* (2000), S. 231, die Darstellung erfolgt auszugsweise):

Target Costing
Target Investment
Benchmarking
Balanced Scorecard
Product Life Cycle Costing
Prozeßkostenrechnung
Prozeßwertanalyse
Reverse Engineering
Wertzuwachskurve

Ziel des Kostenmanagements ist es, bereits sehr früh auf die Ursachen von Kosten einzuwirken (sogenanntes **proaktives Kostenmanagement**)[5]. Ansatzpunkte des Kostenmanagements können die **Produkte**, **Prozesse** und **Ressourcen** des Unter-nehmens sein. In diesem Kapitel werden einige Konzeptionen und Instrumente des Kostenmanagements dargestellt und kritisch diskutiert. Im Vordergrund steht die

---

[4]   Vgl zB *Weber* (1995, 1996). *Pfaff* und *Weber* (1998) stellen sogar die These auf, die *laufende Kostenrechnung* sei nie für die Entscheidungsunterstützung konzipiert gewesen, sondern für die Pla-nung und Kontrolle in dezentralen Unternehmen. Sie formulieren dies provokant wie folgt: „Es drängt sich sogar der Verdacht auf, daß die Entscheidungsorientierung der Kostenrechnung nur eine Erfin-dung von Hochschullehrern ist." (*Pfaff* und *Weber* (1998), S. 156).

[5]   Vgl zB *Franz* und *Kajüter* (2002a), S. 12 – 14.

Gestaltung von **Informationssystemen**, die eine Entscheidungsgrundlage für das Kostenmanagement bereitstellen. Es wurde nämlich vielfach beklagt, daß sich die „traditionelle" Kostenrechnung dafür nicht eignet.[6] Sie müßte entsprechend adaptiert werden, oder es müßten überhaupt andere Instrumente dafür verwendet werden. Einige dieser Instrumente werden im folgenden analysiert.

Zunächst wird auf die Verbindung des Kostenmanagements mit der Unternehmensstrategie eingegangen. Im besonderen werden die Wertkettenanalyse mit den damit zusammenhängenden Einzelanalysen, die Berücksichtigung außerbetrieblicher Daten und die stärkere Verwendung nichtmonetärer Größen besprochen. Daraufhin werden Einsatzmöglichkeiten der Prozeßkostenrechnung (siehe 12. Kapitel: *Systeme der Kostenrechnung*) vorgestellt, die auf Produkte, Prozesse und Ressourcen abstellen. Daran schließen *Target Costing* und die Lebenszykluskostenrechnung an, die vor allem Produkte im Blickfeld haben.

In diesem Kapitel geht es um **Informationssysteme**, die bessere Entscheidungen der Verantwortlichen für ein Kostenmanagement ermöglichen sollen. Nicht eingegangen wird auf die Gestaltung der **Anreize** von Kostenverantwortlichen, ein zielkonformes Kostenmanagement zu betreiben. Solche Überlegungen zur **Verhaltenssteuerung** werden in den nachfolgenden Teilen II und III dieses Buches ausführlich erörtert.

Empirische Ergebnisse

Eine Umfrage unter 677 britischen Unternehmen über den Stand der Kostenrechnung (*Bright* et al (1992), S. 207) ergab auf die Frage nach den Vorteilen der „modernen" Kostenrechnungssysteme:

Erhöhung der Produktprofitabilität	65%
Kostenreduktion	60%
Aktuellere und relevantere Informationen	59%
Verringerung der Läger	48%
Vereinfachung der Kostenrechnungssysteme	30%

---

2. Strategieorientiertes Kostenmanagement

2.1. Kostenrechnung und Unternehmensstrategie

Eine bekannte Einteilung von **Wettbewerbsstrategien** stammt von *Porter* (1980). Er unterscheidet zwei Grundsatzstrategien:

- Kostenführerschaft und
- Differenzierung,

---

[6]   Vgl zB *Kaplan* (1984); *Johnson* und *Kaplan* (1987); *Shank* und *Govindarajan* (1993).

jeweils bezogen auf den Gesamtmarkt oder auf einzelne Marktsegmente (Konzentration).

Kostenführerschaft umfaßt jene Strategien, mit denen das Unternehmen der kostengünstigste Hersteller in der Branche werden oder bleiben will. Weist das Produkt im Vergleich zu Konkurrenzprodukten in etwa die gleichen Leistungsmerkmale (Kundennutzen) auf, bezahlen die Kunden den gleichen Preis (Marktpreis). Dann sind die niedrigsten Kosten die Quelle für überdurchschnittlichen Erfolg: Das Unternehmen macht einen um die Kostenvorteile höheren Gewinn als die Konkurrenz. Kostenführerschaft ist besonders bei weitgehend standardisierten Massenprodukten eine sinnvolle Strategie.

Kostenführerschaft	Differenzierung
■ Kostenführerschaft erfordert die möglichst genaue Planung und Kontrolle der Kosten.	■ Das Hauptaugenmerk liegt auf dem Zusatznutzen, den bestimmte Produkteigenschaften zu stiften in der Lage sind. Damit wird die Planung und Kontrolle der Erlöse wesentlicher als die Planung und Kontrolle der Kosten.
■ Die Optimierung des Produktionsablaufes und die Reduktion von Gemeinkosten stehen im Vordergrund betrieblicher Entscheidungen.	■ Marketingpolitische Instrumente stehen im Vordergrund betrieblicher Entscheidungen.
■ Kosten sind eine der wichtigsten Grundlagen für die Preisgestaltung.	■ Die Bereitschaft der Kunden, für den Zusatznutzen zu zahlen, ist für die Preisgestaltung besonders relevant.
■ Abweichungsanalysen der Kosten oder der zugrunde liegenden Mengen sowie die Einhaltung von Kostenbudgets für Ermessensausgaben sind wesentliche Beurteilungsinstrumente für den Erfolg des Managements.	■ Erlös- und Deckungsbeitragsabweichungen sind wesentliche Beurteilungsinstrumente für den Erfolg des Managements.

Tab. 1: Wettbewerbsstrategie und Kostenrechnung

Bei der **Differenzierung** versucht das Unternehmen, ein gegenüber Konkurrenzprodukten einmaliges Produkt herzustellen. Jedes Produkt kann als ein Bündel verschiedener Eigenschaften angesehen werden, die Kundennutzen bewirken. Besitzt das Produkt eine Kombination von Eigenschaften, die die Kunden für wichtig halten, sind sie bereit, dafür einen höheren Preis zu bezahlen als für das Basisprodukt. Eigenschaften, die zur Differenzierung genutzt werden können, sind zB Qualität, Langlebigkeit, Image, Kundendienst, Ersatzteilhaltung, kurze Lieferfristen oder ein großes Händlernetz. Einen überdurchschnittlichen Erfolg erzielt das Unternehmen dann, wenn die Preiserhöhung aufgrund des Zusatznutzens die (Zusatz-)Kosten der Differenzierung wesentlich übersteigt.

Für die **Entscheidung** darüber, welche Grundsatzstrategie eingeschlagen werden soll, sind (ua) Kosten- und Leistungsinformationen erforderlich. Je nachdem, welcher Grundsatzstrategie das Unternehmen folgt, ergibt sich jedoch ein unterschiedlicher Bedarf an Informationen. Den bekannten Kostenrechnungsinstrumenten kommt daher je nach eingeschlagener Grundsatzstrategie sehr unterschiedliche Bedeutung zu. Tabelle 1 gibt die wesentlichsten Unterschiede wieder.[7] Traditionelle Instrumente der KLR sind im Rahmen der Kostenführerschaft weit stärker relevant als für eine Differenzierungsstrategie.

2.2. Wertkettenanalyse

Die absolute und die relative Kostensituation eines Unternehmens sind wesentliche Grundlagen für die Verfolgung erfolgreicher Strategien. Einen Bezugsrahmen für die Ausrichtung der Kostenrechnung zur Beurteilung der Kostensituation bildet die Wertkette nach *Porter* (1985), die in Abbildung 1 dargestellt ist.[8]

Primäre Aktivitäten

Abb. 1: Modell einer Wertkette
(geringfügig adaptiert aus *Porter* (1986), S. 62)

Die **Wertkette** umfaßt alle strategischen Aktivitäten, die für die Erstellung eines Produktes notwendig sind, wie Entwurf, Produktion, Vertrieb sowie unterstützende Aktivitäten, nämlich Beschaffung, Personalmanagement, technologisches Know

---

7   Vgl dazu zB *Shank* und *Govindarajan* (1993), S. 18; *Weber* (1990), S. 121 f; *Fröhling* (1994), S. 379.

8   Ein Vorläufer der Wertkette ist das Geschäftssystem (*Business System*) von *McKinsey*.

how und die Infrastruktur des Unternehmens. Mit dieser Darstellungsform können kritische Wertschöpfungsstufen im Unternehmen als Basis für Wettbewerbsvorteile identifiziert und im Gesamtzusammenhang der Aktivitäten des Unternehmens analysiert werden. Wertketten kann man sowohl für die Branche, das Unternehmen als auch Teile des Unternehmens ermitteln.

Die **Abgrenzung von Aktivitäten** innerhalb sämtlicher Tätigkeiten des Unternehmens hängt von individuellen Gegebenheiten ab. Je nach Produkt bzw Leistung, je nach Branchensituation und je nach Zweck der Analyse werden sich unterschiedlich tief gegliederte Aktivitäten ergeben. Zur Abgrenzung kommen folgende **Kriterien** in Betracht, die einerseits auf die Kostenanalyse und andererseits auf die strategische Bedeutung abstellen:

- **Unterschiedliche Kostentreiber.** Damit werden (strategische) Kostenbeeinflussungsmöglichkeiten besser aufgezeigt.

- Spürbarer Anteil an den Kosten (**Wirtschaftlichkeitsprinzip**). Die Kosten, unwesentliche Aktivitäten gesondert zu untersuchen, lohnen meist nicht.

- Starkes Wachstum der Kosten (**Kostendynamik**). Dies deutet auf einen künftigen Handlungsbedarf hin.

- Andere Aufgabenlösung als die **Konkurrenz**. Dies ist eine potentielle Quelle für Kostenvorteile oder Differenzierung des Produktes.

Besondere Beachtung wird bei der Wertkettenanalyse den **Zusammenhängen einzelner Aktivitäten** gewidmet. Es handelt sich dabei um drei Arten, die schematisch in Abbildung 2 gezeigt sind.

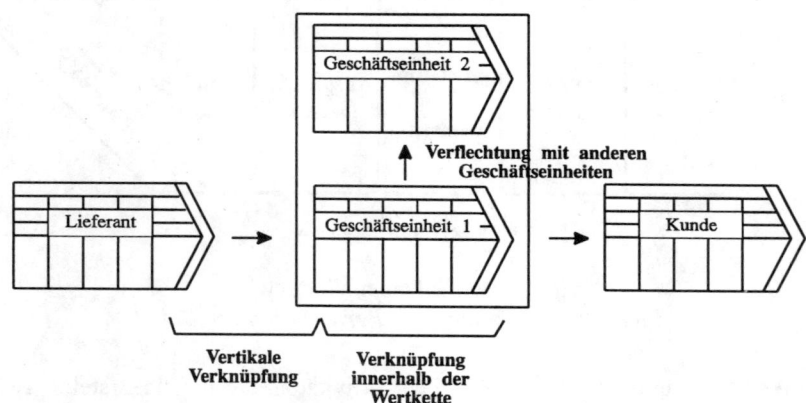

Abb. 2: Zusammenhänge von Aktivitäten
(in Anlehnung an *Hergert* und *Morris* (1989), S. 182)

1. Verknüpfungen von Aktivitäten **innerhalb der Wertkette**. Kosten einzelner Aktivitäten können durch Verstärkung einer anderen Aktivität beeinflußt werden. Es kann zu Synergieeffekten kommen.

2. Verflechtungen von Aktivitäten mit Aktivitäten in den **Wertketten anderer Geschäftseinheiten** des Unternehmens. Obwohl strategische Geschäftseinheiten möglichst selbständig sein sollen, lassen sich Verflechtungen nicht nur nicht vermeiden, sie sind sogar ökonomisch notwendig dafür, daß mehrere Geschäftseinheiten in einem Unternehmen organisatorisch zusammengefaßt sind.

3. Verknüpfungen von Aktivitäten mit Aktivitäten in den **Wertketten der Lieferanten und Kunden** (vertikale Verknüpfungen). Auch Lieferanten und Kunden setzen Aktivitäten, die einen Einfluß auf Kosten und Nutzen eigener Aktivitäten besitzen. Auch hier kann es zu Synergien kommen. Strategien wie *Just in time* (*JIT*) oder *Total quality management* (*TQM*) erfordern die Einbeziehung der Lieferanten bzw Kunden, damit sie erfolgreich sind.

Gerade die dritte Art von Zusammenhängen wird bei einer rein unternehmensinternen Analyse meist nicht beachtet. Diese beginnt mit der Beschaffung der benötigten Inputfaktoren und endet mit dem Verkauf des Produktes bzw der Leistung an die Kunden. Die Analyse „*starts too late, and it stops too soon*"[9].

Illustration[10]

Ein großer amerikanischer Automobilhersteller versuchte zu analysieren, warum japanische Konkurrenten bis zu 20 Prozent geringere Produktionskosten für Autos hatten. Er beobachtete, daß etliche von ihnen ein *Just in time*-Konzept verfolgten und damit die Zwischenläger praktisch auf null reduzierten. Das amerikanische Unternehmen begann, dieses Konzept ebenfalls einzuführen. Tatsächlich sanken die Produktionskosten signifikant. Gleichzeitig entstanden Probleme mit den bisherigen Zulieferern. Diese forderten Preiserhöhungen in einem Ausmaß, das die Produktionskostensenkung mehr als aufwog.

Bei einer Analyse zeigte sich, daß der Automobilhersteller einen stark schwankenden Bedarf an Lieferteilen hatte, so daß die Zulieferer umfangreiche Ausgangsläger halten mußten, um jederzeit auf Abruf lieferbereit zu sein. Dies erhöhte ihre Kosten wesentlich. Im Vergleich dazu war dieses Problem bei japanischen Herstellern wegen ihrer damals weit stabileren Produktionspläne weniger gravierend.

Es gibt allerdings nur sehr wenige praktische Beispiele für die Anwendung der Wertkettenanalyse.[11] Ein **Problem** in der Umsetzung besteht darin, daß eine vorhandene KLR in vielen Fällen nicht die benötigten Daten liefern kann. Zunächst stimmen die wertgenerierenden Aktivitäten häufig nicht mit Funktionen oder Prozessen in den Kostenstellen überein. Kostenstellen fassen oft stark unterschiedliche

---

9   *Shank* (1989), S. 51.

10   Vgl *Shank* (1989), S. 51 f.

11   Einzelbeispiele finden sich in *Shank* und *Govindarajan* (1992a, 1992b).

Technologien wie auch Kosten verschiedener Aktivitäten (zB in den Gemeinkosten) und häufig in verschiedenen Geschäftseinheiten zusammen. Die KLR berücksichtigt auch nicht allfällige Verflechtungen unter den Geschäftseinheiten. Auf der anderen Seite ist die KLR für strategische Entscheidungen viel zu detailliert und genau. Es erhebt sich damit die Frage, inwieweit es sich lohnt, für strategische Entscheidungen eine eigene Kostenrechnung aufzustellen.

2.3. Strategische Kostenanalyse

Die Identifikation relevanter Aktivitäten ist die Voraussetzung für eine strategische Kostenanalyse. Die Abgrenzung der Aktivitäten beruht zum Teil bereits auf Kostenüberlegungen, so daß die Definition der Aktivitäten und die Kostenanalyse voneinander abhängig sind. Im folgenden werden die zwei weiteren **Schritte** erörtert. Es sind dies:[12]

- Zuordnung von Kosten und Erlösen zu den Aktivitäten
- Ermittlung der Kostentreiber für die Aktivitäten.

Zuordnung von Kosten und Erlösen zu den Aktivitäten

Die Kostenzurechnung erfolgt grundsätzlich analog zur Kostenstellenrechnung: Einzelkosten können den Aktivitäten direkt zugerechnet werden, bei Gemeinkosten sind Zurechnungsprinzipien erforderlich. Aufgrund des betrachteten langen Zeitraums können sämtliche Kosten als grundsätzlich beeinflußbar und disponierbar betrachtet werden, so daß den Aktivitäten die **vollen Kosten** zugerechnet werden. Kostenremanenzen spielen langfristig keine Rolle.

Je nach Art und Aufgliederung der Aktivitäten kann auch der Versuch unternommen werden, ihnen neben den Kosten auch **Erlöse** zuzurechnen. Damit können Erfolgskennzahlen (zB Return on Investment) als Indikatoren für eine Forcierung oder einen Ausstieg aus dieser Aktivität (und damit Fremdbezug) ermittelt werden. Die Erlöszurechnung verursacht ähnliche Probleme wie die Kostenzurechnung. Existieren Marktpreise für die Aktivität, können diese herangezogen werden. Andernfalls können Verrechnungspreise (siehe 11. Kapitel: *Verrechnungspreise und Kostenallokationen*) an deren Stelle treten.

Die **theoretische Durchdringung** der Zuordnung sowohl von Kosten als auch Erlösen steckt zur Zeit noch in den Kinderschuhen, idR werden die Vorschläge von *Porter* (1985) einfach unkritisch übernommen. Im Rahmen der Diskussion der Prozeßkostenrechnung wird auf die Zurechnungsprinzipien noch eingegangen, so daß hier nur auf die grundsätzlichen Schwierigkeiten aufmerksam gemacht werden soll. Es handelt sich im wesentlichen um zwei Fragen:

---

[12]   Vgl dazu *Porter* (1985), S. 65 – 118; des weiteren auch *Steinmann, Guthunz* und *Hasselberg* (1992), S. 1464 – 1470; *Shank* und *Govindarajan* (1992b), S. 10 – 14.

1. **Welche Kosten** sollen den Aktivitäten überhaupt zugerechnet werden? Es wird vorgeschlagen, Istkosten dafür heranzuziehen mit der Begründung, daß diese die langfristigen Kosten am besten approximierten.[13] Die Istkosten erscheinen dafür aus strategischer Sicht jedoch wenig geeignet. Läßt man sich schon nicht auf (langfristige) Plankosten ein, ist zumindest die Dynamik der Kosten zu berücksichtigen, die sich etwa aus dem Wachstum der Branche, aus Erfahrungsaufbau oder aus technologischem Wandel ergibt.

2. Wie sollen die **Gemeinkosten** (einschließlich der Fixkosten) den Aktivitäten zugerechnet werden? Bekanntlich kann eine Zurechnung weitgehend nur willkürlich erfolgen. Insbesondere legt der Ansatz große Betonung auf Verknüpfungen und Verflechtungen unter Aktivitäten, so daß dieses Gemeinkostenproblem jedenfalls erhebliche Folgen haben muß.

Obgleich für strategische Entscheidungen **keine hohe Präzision** der Rechnung erforderlich ist, sind es diese Schwierigkeiten, die den Blick auf wirkliche strategische Probleme lenken oder diesen auch verschleiern können. Somit können strategische Bemühungen um Kostensenkung in die falsche Richtung gelenkt werden, etwas, was die Verfechter der strategischen Kostenrechnung gerade der „traditionellen", kurzfristig ausgerichteten KLR vorwerfen. Man kann allenfalls *meinen*, daß man mit den „modernen" Verfahren diese Probleme zumindest besser in den Griff bekommen kann.

Ermittlung der Kostentreiber für die Aktivitäten

Das Äquivalent zur Bezugsgrößenwahl in der Kostenstellenrechnung ist die Bestimmung der **Kostentreiber** sowohl für die Aktivitäten als auch für die Kosten bezogener Inputfaktoren. Es handelt sich bei den Kostentreibern jedoch um völlig andere Größen als bei kurzfristigen Kostenrechnungen, nämlich schwer quantifizierbare strategische Kostenbestimmungsfaktoren:[14]

- Betriebsgröße: *economies* und *diseconomies of scale*,
- Erfahrungs- und Lerneffekte,
- Struktur der Kapazitätsnutzung,
- Verknüpfungen innerhalb der Wertkette,
- Vertikale Verknüpfungen zu Lieferanten und Kunden,
- Verflechtungen mit Aktivitäten in den Wertketten anderer strategischer Geschäftseinheiten des Unternehmens,
- Vertikale Integration: Umfang der Vor- und Rückwärtsintegration,

---

[13]   So etwa *Shank* und *Govindarajan* (1992a), S. 186.

[14]   Vgl. zur folgenden Aufzählung *Porter* (1985), S. 70 – 83. *Kilger, Pampel* und *Vikas* (2002), S. 102, nennt als strategische Kostenbestimmungsfaktoren: Aufbau von Nutzungspotentialen, Kapazitäten betrieblicher Teilbereiche, technischer Fortschritt, Mechanisierung und Automatisierung. Vgl dazu auch *Fischer* (1993).

- Timing von Strategien: Pionier, früher oder später Markteintritt,

- Sonstige unternehmenspolitische Entscheidungen: Produktionsprogramm, Eigenschaften für eine erfolgte Differenzierung, Technologie,

- Standort,

- Institutionelle Rahmenbedingungen: gesetzliche Vorschriften, Steuern, Gewerkschaften.

Meist werden die Kosten einer Aktivität nicht nur durch einen einzigen **Kostentreiber** beeinflußt, sondern durch **mehrere**. Die Kostentreiber sind auch nicht voneinander unabhängig; es ist denkbar, daß sie sich gegenseitig verstärken oder gegenläufig reagieren. Ein Beispiel dafür wären etwa der Standort und vertikale Verknüpfungen, die ihre Wirkung auf Kosten gegenseitig verstärken können. Gegenläufige Wirkung könnten vertikale Integration und das Timing von Strategien (niedrigere Flexibilität) entfalten.

Strategische Kostentreiber nach *Riley*[15]

1. Strukturbezogene Kostentreiber (*structural cost drivers*)

- Größe: Investitionserfordernisse in die Fertigung, Forschung und Entwicklung sowie Marketing
- Vertikale Integration: Umfang der selbst erstellten Vor- und Nachleistungen
- Vorhandene Erfahrung mit der Leistungserstellung
- Technologie: Art der verwendeten Technologie für jede Aktivität
- Komplexität: Zahl der angebotenen Leistungs- bzw Produktvarianten.

2. Ausführungsbezogene Kostentreiber (*executional cost drivers*)

- Partizipation der Mitarbeiter
- Qualitätsmanagement (*total quality management, TQM*)
- Kapazitätsauslastung
- Produktivität der Produktionsstätte
- Effektivität des Produktdesigns
- Nutzung der Verbindungen zu Lieferanten und Kunden.

Die Analyse gibt Hinweise darauf, welche Kostentreiber kritisch für die entstehenden Kosten sind. Bei einem **Kostensenkungsprogramm** ist es daher sinnvoll, an diesen Kostentreibern anzusetzen. Aktivitäten können in werterhöhende (*value-added*) und nicht werterhöhende eingeteilt werden. **Werterhöhende Aktivitäten** bewirken eine Erhöhung des Kundennutzens; die **nicht werterhöhenden Aktivitäten** haben dagegen (praktisch) keine Erhöhung des Kundennutzens zur Folge. Nicht werterhöhende Aktivitäten entstehen zB aus Zeitverlust, Verschwendung oder schlechter Abstimmung der Teilbereiche.[16] Dadurch werden Aktivitäten wie zB

---

[15] Zitiert nach *Shank* (1989), S. 56 – 60; *Horváth* (1990), S. 182 f; *Gleich* (1991), S. 141 f.

[16] Vgl zB *Franz* (1992), S. 133.

Lagerung, viele logistische Transaktionen, Qualitätskontrollen, Nacharbeiten und Garantiearbeiten ausgelöst. Kostensenkungsstrategien werden daher besonders hier greifen.

Welche Kostentreiber „treiben" Fertigungsgemeinkosten?

In ihrem vielbeachteten Aufsatz *„The Hidden Factory"* behaupten *Miller* und *Vollmann* (1985), daß die Fertigungsgemeinkosten weniger von Produktionsmenge oder Fertigungslöhnen getrieben werden, sondern vielmehr durch Transaktionen (Prozesse). Sie kommen auf vier Arten von Transaktionen:

■ Logistiktransaktionen: zB Materialeingang, Transport, Lagerung

■ Ausgleichstransaktionen: zB Materialplanung, Maschinenbelegung

■ Qualitätstransaktionen: zB Qualitätskontrolle, Nacharbeitung, Reparatur

■ Änderungstransaktionen: zB Fertigungsänderungen infolge neuer Materialien oder Konstruktionsänderungen.

Banker, Potter und *Schroeder* (1995) testen diese Hypothese empirisch durch eine Analyse des Gemeinkostenverhaltens in 32 Fabriken in den Branchen Elektronik, Maschinenbau und Automobilzulieferer in den USA. Ihre Ergebnisse zeigen tatsächlich, daß die vier Transaktionsarten rund 77% der Fertigungsgemeinkosten erklären. Würde man Fertigungslöhne noch dazu nehmen, steigt der Erklärungsgrad nur um 6 Prozentpunkte. Zum Vergleich: Verwendet man alleine die Fertigungslöhne als Kostentreiber für die Fertigungsgemeinkosten, ergibt sich ein Erklärungsgrad von 49%.

Sie finden auch, daß alle Kostentreiber bis auf jene, die die Qualitätstransaktionen erfassen sollen, signifikant sind. Die Kostentreiber, die die vier Transaktionsarten messen sind: Durchschnittliche Fläche der Fabrik pro Teil (für Logistiktransaktionen), Anzahl der Mitarbeiter im Einkauf und in der Fertigung (für Ausgleichstransaktionen), Anzahl der Mitarbeiter, die mit Qualitätstransaktionen beschäftigt sind, und Konstruktionsänderungen (für Änderungstransaktionen).

Die Arbeit von *Banker, Potter* und *Schroeder* (1995) ist einer Reihe von empirischen Korrelations- bzw Regressionsanalysen zuzurechnen, die im Zusammenhang mit der Prozeßkostenrechnung Anfang der 1990er Jahre vorgelegt wurden.[17] Derartige Analysen können durchaus *kritisch gesehen* werden. So argumentiert zB *Dopuch* (1993), daß diese Arbeiten lediglich Indizien dafür enthalten, daß eine Verwendung zusätzlicher und/oder anderer Kostentreiber zu veränderten Kostenschätzungen führt. Ob diese allerdings auch „besser" als die bisherigen sind, kann nicht geklärt werden, solange nicht die *tatsächliche* Kostenfunktion bekannt ist. Daß eine Verwendung von Prozeßkostensätzen auch nicht automatisch zu genaueren Kostenschätzungen führt, wird empirisch zB von *Noreen* und *Soderstrom* (1994, 1997) dokumentiert. Sie untersuchen die Kosten zahlreicher Hilfs- und Verwaltungsabteilungen in Krankenhäusern und stellen fest, daß ein einfaches, um Inflationseffekte erweitertes Fixkostenfortschreibungsmodell genauere Kostenprognosen ermöglicht als die Verwendung eines Kostentreiberansatzes.

---

[17]   Siehe zu solchen Arbeiten zB *Foster* und *Gupta* (1990) sowie *Banker* und *Johnston* (1993).

Die **subjektive Bewertung** der Aktivitäten und die von ihnen verursachten Kosten weichen vielfach voneinander ab. Diese Unterschiede können anschaulich dargestellt werden, und sie bilden eine Basis gleichermaßen für Kostensenkungsmaßnahmen als auch für Investitionsstrategien in bestimmte Aktivitäten.

Eine andere Strategie neben Kostensenkungen selbst ist die **Änderung der Zusammensetzung der Wertkette**. Möglichkeiten wären der Einsatz einer anderen Fertigungstechnologie, eines anderen Vertriebskanals, eines alternativen Rohstoffes oder eine Standortverlagerung.

Im Fall einer **Differenzierungsstrategie** dient die strategische Kostenanalyse zur Ermittlung der Differenzierungs(mehr)kosten, die dem Zusatznutzen (Erlösanalyse) gegenübergestellt werden müssen. In besonderem Ausmaß muß dabei auch auf die Dauerhaftigkeit der Differenzierung bzw auf die damit verbundenen Kosten geachtet werden.

2.4. Berücksichtigung von Branchenstrukturinformationen

Strategische Entscheidungen können idR nicht alleine aufgrund der Analyse *unternehmensinterner* Aktivitäten und Kosten getroffen werden. Genauso wichtig ist das strategische Umfeld, in das das Unternehmen eingebettet ist. Eine solche **Außenorientierung** ist für die KLR untypisch, für den Zweck der Unterstützung strategischer Entscheidungen jedoch nicht wegzudenken. Bereiche für eine Erweiterung der Kostenrechnung betreffen vor allem Kunden, Lieferanten, Konkurrenten und das Wettbewerbsumfeld in der jeweiligen Branche. Abbildung 3 zeigt die Komponenten des Branchenstrukturmodells von *Porter*. Das Unternehmen ist in die Wettbewerbskräfte der Branche eingebettet; diese bestimmen die Kosten entscheidend mit.

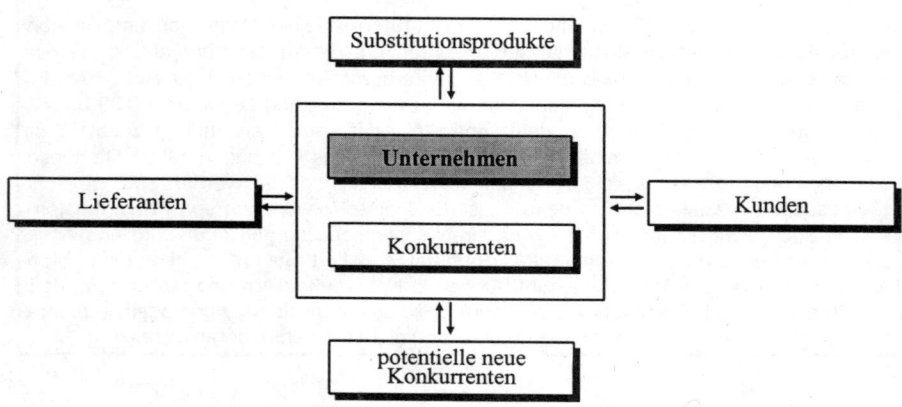

Abb. 3: Branchenstrukturmodell
(nach *Porter* (1980))

Definition: Strategisches Management Accounting

„*The provision and analysis of management accounting data about a business and its competitors for use in developing and monitoring the business strategy – particularly relative levels and trends in real costs and prices, volumes, market shares, cash flows and resources utilised.*" (*Institute of Cost & Management Accountants*[18])

Kunden und Lieferanten

Die Berücksichtigung von Informationen über Kunden ist ein entscheidender Bestandteil eines Kosten- und Erlösmanagements (man spricht daher auch von einer Marktorientierung des Kostenmanagements)[19]. Ebenfalls sind Informationen über Lieferanten wichtig.

Die Verknüpfung zu Lieferanten und Kunden wurde bereits im Rahmen der Wertkettenanalyse hervorgehoben. Aus Sicht der strategischen Kostenrechnung ist es erforderlich, für Kunden und Lieferanten ebenfalls eine **Wertkettenanalyse** durchzuführen, um die Verknüpfungen bzw Verknüpfungsmöglichkeiten zu erkennen. Es besteht weiter die Möglichkeit, die Wertkettenanalyse auf den gesamten Transformationsvorgang von Rohstoffen bis zum Endverbraucher auszudehnen.[20] Damit wird der Anteil des Unternehmens an der Wertschöpfung genauso verdeutlicht wie der eigene Gewinnanteil am Gesamtgewinn aller Unternehmen in der Produktionskette. Diese Informationen sind hilfreich für die Einschätzung der Verhandlungsmacht der Lieferanten und der Kunden.

Konkurrenten

Informationen über die Wertketten von **Konkurrenten** sind aus mehreren Gründen wesentlich:

- Im allgemeinen haben Konkurrenten nicht dieselbe Wertkette wie das betrachtete Unternehmen, sondern sie weisen etliche andere Aktivitäten auf. Auf solchen Unterschieden gründen sich viele Möglichkeiten einer **Differenzierung** und damit eines Wettbewerbsvorteils.

- Informationen über Konkurrenten sind auch zum Abschätzen von **Reaktionen** auf eigene Strategien erforderlich. Hat ein Konkurrent eine hinreichend flexible Wertkette, kann er die gewünschten Effekte von Kostensenkungs- oder Differenzierungsstrategien zunichte machen.

- Für strategische Entscheidungen ist nicht nur die absolute Kostenposition des Unternehmens wichtig, sondern auch die **relative Kostenposition**. Als Vergleichsobjekte kommen in Betracht: der führende Konkurrent, ein direkter Konkurrent, der Branchendurchschnitt oder der „Beste

---

[18] Die Definition stammt aus dem Jahr 1982. Zitiert nach *Simmonds* (1986), S. 17.

[19] Vgl zB *Riegler* (1995).

[20] Dies schlagen *Shank* und *Govindarajan* (1992a, 1992b) vor.

der Besten" (*Benchmark*). Ein Vergleich basiert zumeist auf den Produktkosten, um Beschäftigung bzw Unternehmensgröße zu eliminieren.
Damit tritt neben den oben erwähnten Zurechnungsproblemen von
Kosten auf Aktivitäten ein weiteres Kostenallokationsproblem auf, welches das Ergebnis eines Vergleiches stark beeinträchtigen kann.

Benchmarking[21]

Benchmarking ist ein Prozeß, bei dem Aktivitäten und Methoden über Unternehmen
hinweg verglichen werden, um Unterschiede und Verbesserungsmöglichkeiten zu erkennen sowie wettbewerbsorientierte Ziele vorgeben zu können. Das Vergleichsobjekt ist
der Beste der Besten (*dantotsu*), also jenes Unternehmen, das diese Aktivität am besten
beherrscht. Dazu werden finanzielle und nichtfinanzielle Kennzahlen, die diese Aktivitäten beschreiben, ermittelt und verglichen.

Die Suche nach diesem Unternehmen ist im Gegensatz zur Konkurrenzanalyse nicht auf
die Konkurrenz oder die Branche beschränkt. Dies ermöglicht einerseits die Erzielung
eines strategischen Vorteils gegenüber der Konkurrenz, andererseits ist es leichter, an
die erforderlichen Informationen zu kommen. Benchmarking kann die Suche nach Differenzierungsstrategien unterstützen. Ein wesentlicher Vorteil von Benchmarking liegt
darin, daß damit nicht nur Ziele definiert, sondern auch Lösungswege vorgegeben
werden, wie diese Ziele erreicht werden (können).

Potentielle neue Konkurrenten

Eine über die Verwendung in der Wertkettenanalyse hinausgehende Kostenanalyse
betrifft **Markteintritts-** und **Marktaustrittsbarrieren**.[22] Diese Barrieren beruhen in
wesentlichen Teilen auf den strategischen Kostentreibern, wie zB Größeneffekte,
Erfahrung, Kapazitätsnutzung, vertikale Verflechtung, Standort usw.

Die Erweiterung der Kostenrechnung um Informationen über andere Unternehmen
wirft idR ein (in der KLR eher ungewohntes) **Informationsbeschaffungsproblem**
auf. Auf direktem Wege werden Informationen meist nur in unzureichendem Ausmaß erhalten werden können. Beispielsweise ist idR die Technologie der Lieferanten, der Kunden und der Konkurrenten bekannt. Der Vertriebsbereich besitzt im allgemeinen hinreichend Informationen über den Markt, die Produkte der Konkurrenten, deren Marktanteile und Kundengruppen. Kosten anderer Unternehmen können
meist nur indirekt aufgrund dieser und sonstiger Informationen, wie zB Jahresab-
schlüsse oder Berichte in Wirtschaftsmagazinen, geschätzt werden. Vielfach genügt
es für strategische Entscheidungen bereits, wenn nur die Tendenz der Kosten der
Konkurrenz bekannt ist.

Das folgende Beispiel illustriert die strategischen Wirkungen eines Aufbaus von
Produktionskapazität.[23] Die Kapazität dient dabei der Beeinflussung des **Wettbe-**

---

21   Vgl zB *Horváth* und *Herter* (1992).
22   Dies wird von *Bromwich* (1990), S. 42 – 44, gefordert.
23   Es handelt sich dabei um das sogenannte *Stackelberg-Spence-Dixit*-Modell; siehe dazu ausführlich *Tirole* (1988), S. 314 – 323.

werbs und als **Markteintrittsbarriere**. Unternehmen M ist Monopolist in einem Produktmarkt und fürchtet das Eindringen eines Konkurrenten E. Um zu produzieren, müssen beide Unternehmen Produktionskapazitäten V_M und V_E wählen, die fortan fix sind. Eine Einheit der Kapazität kostet k und ermöglicht die Produktion eines Stücks des Produkts. In der Folge bestimmen die Unternehmen ihre Produktionsmengen x_j innerhalb der Möglichkeiten [0, V_j], $j = M, E$. Die variablen Kosten der Produktion werden vereinfachend null gesetzt. Daraus folgt, daß beide Unternehmen ihre aufgebaute Kapazität voll auslasten, dh $x_j = V_j$ (soweit die Erlösfunktion in V_j steigt).

Die **Marktnachfrage** ist durch folgende Preis-Absatz-Funktion gegeben:

$$p = a - x_M - x_E \tag{1}$$

Die beiden Unternehmen stehen daher im Mengenwettbewerb. Im folgenden wird zur Vereinfachung $a - k \equiv 1$ gesetzt. Die **Gewinne** der beiden Unternehmen lauten dann

$$G_M = V_M \cdot (a - V_M - V_E) - k \cdot V_M = V_M \cdot (1 - V_M - V_E)$$
$$G_E = V_E \cdot (1 - V_M - V_E)$$

Angenommen, die von M aufgebaute **Kapazität** ist **reversibel**, zB durch Verkauf von Maschinen oder durch Vermietung der freien Kapazität an andere Unternehmen. In diesem Fall ist die Situation strategisch gleichbedeutend mit einer simultanen Festlegung der Kapazitäten der beiden Unternehmen M und E. Maximierung der Gewinne führt zu folgenden Reaktionsfunktionen:

$$\frac{\partial G_M}{\partial V_M} = 1 - 2V_M - V_E = 0 \quad \Rightarrow \quad V_M = \frac{1 - V_E}{2} \tag{2}$$

$$\frac{\partial G_E}{\partial V_E} = 1 - 2V_E - V_M = 0 \quad \Rightarrow \quad V_E = \frac{1 - V_M}{2} \tag{3}$$

In einem **Nash-Gleichgewicht** darf kein Unternehmen einen Anreiz haben, von seiner Kapazitätswahl abzuweichen, sofern das andere Unternehmen bei seiner Gleichgewichtskapazität bleibt.[24] Die beiden gleichgewichtigen Kapazitäten werden mit V_j^* bezeichnet. Dann gilt für $j = M, E$:

$$V_j^* = \frac{1 - \dfrac{1 - V_j^*}{2}}{2} \quad \Rightarrow \quad V_j^* = \frac{1}{3}$$

Die erzielten Gewinne betragen jeweils 1/9.

Nun sei angenommen, die aufgebaute Kapazität sei **nicht reversibel**, dh die Kapazitätskosten $k \cdot V_j$ sind **versunken** (*sunk*). In diesem Fall erhält die Kapazitätsentschei-

---

[24] Das spieltheoretische Konzept der *Nash*-Gleichgewichte wird insbesondere im 9. Kapitel: *Investitionscontrolling* verwendet und dort allgemein im Rahmen eines Einschubs verdeutlicht.

dung strategische Wirkung, denn M kann als bereits im Markt agierendes Unternehmen seine Kapazität vorab festlegen und E muß darauf optimal reagieren. Die Reaktionsfunktion von E in (2) bleibt unverändert, allerdings antizipiert M diese **Reaktionsfunktion** und setzt sie in seine Gewinnfunktion ein, dh

$$G_M = V_M \cdot \left(1 - V_M - \frac{1 - V_M}{2} \right) \tag{4}$$

Maximierung des Gewinns nach V_M liefert

$$V_M^s = \frac{1}{2}, \ V_E^s = \frac{1}{4} \ \text{ und } \ G_M^s = \frac{1}{8}, \ G_E^s = \frac{1}{16}$$

Unternehmen M kann also *mehr* Gewinn machen als im obigen Fall der reversiblen Kapazität. Der Grund liegt darin, daß sich M glaubwürdig zu einer höheren Kapazität **verpflichten** kann und E dies als gegeben hinnehmen muß. Dadurch erhält E nur einen kleineren Marktanteil. Irreversibilität oder versunkene Kapazitätskosten bewirken daher einen **strategischen Vorteil** für M. *Ex post*, nachdem E seine Kapazität auf $V_E^s = 1/4$ festgelegt hat, wäre die Kapazitätswahl von M nicht optimal, M würde dann nämlich nur eine Kapazität von 3/8 wählen – dies wird jedoch durch die Irreversibilität der Kapazität ausgeschlossen.

M kann das **Markteindringen** von E durch die Erhöhung seiner Kapazität *nicht* verhindern, sondern nur dessen negative Folgen mildern. Im Monopol würde M nämlich (ebenfalls) eine Kapazität von $V_M = 1/2$ wählen und einen Gewinn von $G_M = 1/4$ erzielen. Dies kann sich ändern, wenn explizit **Markteintrittskosten** von E in Höhe von $K_E > 0$ berücksichtigt werden. Im obigen Gleichgewicht ist der erwartete Gewinn von E bei Eindringen 1/16, und daraus folgt, daß E für $K_E > 1/16$ nicht eindringen würde.

Falls die Eintrittskosten $K_E \leq 1/16$ sind, würden die obigen Überlegungen dagegen weiter gelten. Allerdings kann M überlegen, ob er nicht eine „**Überkapazität**" aufbaut, die alleine den Sinn hat, den Markteintritt von E zu verhindern. E wird nicht eindringen, wenn sein Gewinn bei optimaler Kapazitätswahl V_E kleiner als 1/16 ist, dh

$$\max_{V_E} V_E \cdot (1 - V_M - V_E) - K_E < 0 \ \text{ bzw}$$

$$\left(\frac{1 - V_M}{2} \right)^2 - K_E < 0$$

Ein **Verhindern des Markteindringens** erfordert eine Mindestkapazität von M von

$$V_M^M > 1 - 2 \cdot \sqrt{K_E} > \frac{1}{2} \quad \text{für } K_E < \frac{1}{16} \tag{5}$$

Für den Fall, daß K_E „nahe" genug bei 1/16 ist, kostet die Überkapazität weniger als M verlieren würde, wenn E tatsächlich eindringt. *Beispiel*: Angenommen $K_E = 0{,}04$.

Dann muß $V_M^M > 0{,}6$ gewählt werden, und der Gewinn beträgt $G_M^M = 0{,}24 > 1/8$ im Fall, daß E eindringt.

Vorausgesetzt wird dabei, daß die produzierte Menge nicht über dem *ex post* maximalen Gewinn liegt. Nach Wahl der Kapazität V_M und Nichteindringen von E lautet die *ex post* Gewinnfunktion $x_M \cdot (a - x_M)$ mit $a = 1 + k > 1$, woraus sich eine Produktionsmenge $x_M = \min \{a/2; V_M\}$ ergibt.

3. Prozeßkostenrechnung und Kostenmanagement

3.1. Einsatzmöglichkeiten der Prozeßkostenrechnung

Ausgangspunkt der Entwicklung der **Prozeßkostenrechnung** (Activity-based Costing (ABC), Activity-based Management, Transaction-based Costing) war die Unzufriedenheit mit der Berücksichtigung der Gemeinkosten in der „traditionellen" Kostenrechnung. Gerade bei gemeinkostenintensiven Prozessen fehlt dann ein Instrument, das ein Gemeinkostenmanagement sinnvoll unterstützt. Die Prozeß-kostenrechnung widmet ihre Aufmerksamkeit daher vor allem den **indirekten Leistungsbereichen** des Unternehmens, wie Forschung und Entwicklung, Konstruktion, Logistik, Planung, Steuerung und Überwachung der Fertigung, Qualitätssicherung, Instandhaltung, Verwaltung, Vertrieb, Service usw. Sie möchte eine geänderte Einstellung gegenüber Gemeinkosten bewirken: Gemeinkosten sind nicht unliebsame Nebenerscheinungen des Produktionsprozesses, sondern sie ermöglichen werterhöhende Aktivitäten. Deshalb soll der (gedankliche) Schwerpunkt von einer bloßen Verrechnung der Gemeinkosten hin zu einem Ansatz der **Kosten der Nutzung dieser Ressourcen** verschoben werden.

Die Prozeßkostenrechnung bezieht folgende Gedanken der Wertkettenanalyse in die Kostenrechnung ein:

1. Sie teilt – ausgehend von den bestehenden Kostenstellen – das Unternehmensgeschehen in **Aktivitäten (Prozesse)** ein und sucht Kostentreiber für die Kosten der Aktivitäten. Die Kostentreiber umfassen neben operativen Kostentreibern, die von anderen Kostenrechnungssystemen (zB der Grenzplankostenrechnung) her bekannt sind, auch einige strategische Kostentreiber (zB Komplexität, Variantenvielfalt).

2. Sie berücksichtigt **Verknüpfungen innerhalb der Wertkette** durch die Zusammenfassung von (Kostenstellen-)Prozessen zu quer durch das Unternehmen gehenden Hauptprozessen. Nicht erfaßt werden vertikale Verknüpfungen und Verflechtungen zu anderen Geschäftseinheiten (soweit sie eigene Kostenstellen besitzen).

Empirische Ergebnisse

■ Der Anteil der **Gemeinkosten** an den Produktkosten stieg im Siemens Gerätewerk Amberg im Zeitraum von 1960 bis 1990 von 34 auf 70 Prozent. Der Anteil der Fertigungslöhne ging im gleichen Zeitraum von 28 auf 6 Prozent zurück (*Küting* und *Lorson* (1991), S. 1421).

■ Daten US-amerikanischer Produktionsunternehmen in der Zeit von 1899 bis 1987 zeigen, daß sich das Verhältnis der **Gemeinkosten** zu den Einzelkosten branchenspezifisch sehr *unterschiedlich* entwickelt hat. So gibt es Branchen mit starkem Anstieg, zB im Metall- und im Elektrobereich, als auch Branchen mit relativ konstanter Kostenstruktur, zB im Textil- und im Getreidebereich (*Böer* und *Jeter* 1993). Ähnliche Ergebnisse finden auch *Troßmann* und *Trost* (1996) in einer Analyse der Kostenstrukturen großer deutscher Industrieunternehmen.

■ Eine Untersuchung der Fixkostenentwicklung in deutschen Großunternehmen im Jahr 1996 ergab folgendes Meinungsbild (*Franz* und *Kajüter* (1997), S. 495):
   Tendenz der Fixkostenentwicklung
steigend	12%
konstant	10%
fallend	34%
steigend/fallend	9%
alternierend	5%
keine Angabe	30%

Die **Technik der Prozeßkostenrechnung** wird im 12. Kapitel: *Systeme der Kostenrechnung* ausführlich erläutert. Hier stehen dagegen die wesentlichsten **Anwendungsmöglichkeiten** im Mittelpunkt. Dabei handelt es sich um das Gemeinkostenmanagement, die strategische Kalkulation, die Kundenprofitabilitätsanalyse und die Unterstützung des Produktdesigns. Diese werden im folgenden näher dargestellt (das Produktdesign wird beim *Target Costing* besprochen). Sämtliche dieser Anwendungsmöglichkeiten betreffen das gesamte Unternehmen (die strategische Geschäftseinheit): Die Hauptprozesse ziehen sich quer durch das Unternehmen. Die strategischen Maßnahmen zwingen damit zu Teamarbeit in mehreren Bereichen. Dies steht häufig der **Verantwortlichkeit** im Unternehmen entgegen, so daß uU vorweg organisatorische Vorkehrungen (zB Bestimmung von *process owners*) getroffen werden müssen.[25]

3.2. Gemeinkostenmanagement

Grundlage für das Gemeinkostenmanagement sind die Prozeßkosten und Prozeßkostensätze. Sie ermöglichen es, für die Gemeinkosten wichtige Aktivitäten und

---

[25] Ein Beispiel für eine Organisation findet sich bei *Striening* (1989), S. 327: Bei IBM wurde die Gesamtverantwortung für abteilungsübergreifende Prozesse den Bereichsleitern (*process owner*) übertragen, die den größten Ressourcenanteil und damit vitales Interesse an einer qualitativ hochwertigen Leistung haben. Diese tragen damit eine (wahrscheinlich nicht immer konfliktfreie) Zusatzverantwortung neben ihrer Bereichsverantwortung.

Kostentreiber zu entdecken, sie bilden damit einen Ausgangspunkt für **Rationalisierungsmaßnahmen**.

Empirische Ergebnisse

Innes, Mitchell und *Sinclair* (2000) untersuchen auf Basis einer 1999 durchgeführten Befragung die Einsatzbedingungen der Prozeßkostenrechnung in den größten britischen Unternehmen. Sie stellen fest, daß die hauptsächlichen Anwendungsfelder in den Bereichen Kostenreduzierung (90,3% der Anwender), Preispolitik (80,6%), Leistungsmessung (74,2%) und Abbildung von Kostenzusammenhängen (64,5%) liegen. Sie stellen aber auch fest, daß im Vergleich zu einer ähnlichen Befragung aus 1994 der Anteil der tatsächlichen Prozeßkosten-Anwender (der mit 17,5% der antwortenden Unternehmen außerdem eher gering ist) und der Unternehmen, die sich mit der Einführung dieses Systems beschäftigen, *gefallen* ist. Gleichzeitig ist der Anteil solcher Unternehmen gestiegen, die sich nach einer Analyse der Einsatzmöglichkeiten der Prozeßkostenrechnung gegen ihre Anwendung entschieden haben. Während die Veränderungen dieser drei Anteile aber als nicht signifikant eingeschätzt werden, zeigt sich eine signifikante Erhöhung des Anteils von Unternehmen, die der Implementierung der Prozeßkostenrechnung keine Bedeutung beimessen.

Stoi (1999) untersucht in einer ähnlichen Studie die Einsatzbedingungen des Prozeßkostenmanagements bei deutschen Großunternehmen, wobei sich die Ergebnisse ausschließlich auf anwendende Unternehmen beziehen. Danach ist bei der Mehrzahl der befragten Unternehmen (77%) der Einsatz auf einzelne Funktionsbereiche (vornehmlich Logistik, Beschaffung und Lagerwesen) konzentriert. Die mit Abstand häufigsten Einsatzfelder des Prozeßkostenmanagements sind die Produktkalkulation (78%) und das Erkennen von Kostensenkungspotentialen (77%).

---

1. Eine Analyse der ablaufenden Prozesse ergibt idR, daß nicht sämtliche Prozesse werterhöhend wirken. Im Rahmen des Gemeinkostenmanagement kann daher versucht werden, die nicht werterhöhenden Prozesse (*non-value activities*) **einzuschränken** oder überhaupt zu **vermeiden**, ohne den Nutzen der Leistungserstellung für den Kunden (Leistungsfähigkeit, Funktion, Qualität usw) zu beeinträchtigen. Im Bereich der Produktion entstehen Kosten durch *non-value activities* infolge sämtlicher Vorgänge, die neben der eigentlichen Fertigung anfallen. Es sind dies zB Kosten aufgrund von Wartezeiten im Produktionsablauf, dadurch ausgelöste zusätzliche logistische Transaktionen oder Qualitätskontrollen. Kostenbestimmungsfaktoren für derartige Prozesse sind etwa:

- Anzahl der Teilenummern und Planänderungen bei der Produktion für Lager
- Betriebsstruktur und Beförderungsmittel für logistische Transaktionen
- Lieferantenqualität, Qualifikation des Personals und Produktionsfehler für Qualitätskontrollen.

Die Messung dieser Kostenbestimmungsfaktoren durch Kostentreiber ist allerdings häufig nur schwer möglich.

Maßnahmen zur Reduktion von *non-value activities* setzen typischerweise an den **Kostentreibern** an. Es wird versucht, die Prozeßmenge zu verringern. Dies erfolgt zB durch eine Optimierung der Prozeßstruktur, Änderung der Betriebsstruktur, durch Einführung flexibler Fertigungssysteme (FFS) oder moderner Fertigungsphilosophien, wie *Total Quality Management* (*TQM*) und *Just in Time* (*JIT*). Aber auch Maßnahmen wie die Einführung minimaler Bestellmengen können wesentliche Wirkungen ausüben. Dies entspricht Beobachtungen, daß in Unternehmen **Mengengrößen** anstelle von Wertgrößen immer mehr Bedeutung für die Steuerung erlangen.

Bei diesen Maßnahmen spielt die Annahme eine wesentliche Rolle, daß eine Verringerung der Prozeßmenge eine Verringerung der Gemeinkosten bewirkt. Die **Höhe** der eingesparten Kosten ist ein wesentliches Entscheidungskriterium für die Auswahl der Bereiche, an denen das Unternehmen Kostensenkungsmaßnahmen ansetzen kann. Es wird eher bei den effektivsten beginnen. Die Prozeßkostenrechnung gibt auf diese Frage allerdings nur eingeschränkt Auskunft. Sie ermittelt die Prozeßkosten unter der Annahme, daß eine Verringerung der Prozeßmenge eine (zumindest im Durchschnitt) *proportionale* Verringerung der Prozeßkosten bewirkt.[26] Nur unter dieser Annahme können die Ergebnisse von Maßnahmen simuliert werden.

Die **Kosteneinsparungen** durch Verringerung der Prozeßmenge betragen zumindest die (prozeß-)variablen Kosten und fallen *quasi* automatisch an. Für Einsparungen darüber hinaus, also beispielsweise (etwa) in Höhe der Prozeßkosten, sind zusätzliche Maßnahmen erforderlich (Dispositionsbestimmtheit der fixen Kosten). *„Expenses are fixed only when managers fail to do anything to reduce them.“*[27] Andernfalls führen Verringerungen der Prozeßmenge nur zu einer Erhöhung der freien Kapazitäten, nicht aber zu den gewünschten Kostenreduktionen.

2. Ist es günstiger, Prozesse **fremdzubeziehen**? Die Entscheidung über Eigenfertigung oder Fremdbezug (vertikale Integration) ist nur selten kurzfristig, sondern hat längerfristige Bindungen zur Folge und hat auch strategische Bedeutung, die sich nicht sofort in Kosten ausdrücken läßt (zB Qualitätssicherung, Zuverlässigkeit, Abhängigkeit vom Lieferanten). Auf Basis der Kosten kann der relevante Bezugspreis für einen bestimmten Prozeß mit den Prozeßkosten bei „Eigenfertigung“ verglichen werden.

Um hier zu einer richtigen Entscheidung zu kommen, muß angenommen (oder besser: sichergestellt) werden, daß die Prozeßkosten bei Fremdbezug tatsächlich eingespart werden können. Dies ist vielfach nicht der Fall: Bestimmte Fixkosten können nicht „desinvestiert“ werden, und die Prozeßkostenrechnung verschleiert durch ihre Zurechnung von Gemeinkosten den Blick auf Synergien (*economies of scope* von Prozessen), so daß bei Wegfall einer Aktivität für eine andere Aktivität plötzlich mehr Kosten entstehen.

Beispiel: In einem Gebäude von 1.000 m² Fläche werden drei Produkte gefertigt. Produkt 1 benötigt 200, Produkt 2 300 und Produkt 3 500 m² an Fläche. Soll Produkt 1 fremdbezogen

---

[26] Zur Illustration dieser Annahme sei *Mayer* (1991a), S. 87, zitiert: „Bei Hunderten von Änderungen halten wir jedoch die Aussage für vertretbar, daß beim Rückgang von 30% der Änderungen auch die Kosten um 30% zurückgehen müssen.“

[27] *Cooper* und *Kaplan* (1991b), S. 135.

werden, mindern sich die Gebäudekosten (insbesondere Abschreibungen) in Höhe von 30.000 an sich *nicht* anteilig. In diesem Fall würden den beiden anderen Produkten durch einen höheren Prozeßkostensatz (der Prozeß ist „Raum bereitstellen") von $30.000/800 = 37,5/m^2$ anstelle von $30.000/1.000 = 30/m^2$ entsprechend höhere Gebäudekosten zugerechnet.

Man könnte allerdings versuchen, den frei werdenden Platz anderweitig zu nutzen. Befindet sich zB ein Ersatzteillager in einem angemieteten Raum außerhalb des Betriebsgeländes, kann dieses vielleicht in das Gebäude übersiedelt werden; die ersparten Mietkosten (und vielleicht Transportkosten) sind dann für die Fremdbezugsentscheidung des Produktes 1 relevant, haben jedoch auf die Prozeßkosten der Nutzung des betreffenden Gebäudes selbst *keinen* Einfluß. Allerdings ist es sinnvoll, auch die Kosten des gemieteten Raumes in den Prozeß „Raum bereitstellen" einzubeziehen. Angenommen, das sind gerade $200\ m^2$ und Kosten von 6.000. Dann bleibt der Prozeßkostensatz mit $36.000/1.200 = 30/m^2$ gleich. Übersiedelt das Ersatzteillager in das Gebäude, so können die Mietkosten (ab einem bestimmten Zeitpunkt) eingespart werden. Die Raumkosten verringern sich auf 30.000, und bezogen auf die bereitgestellten $1.000\ m^2$ ergibt dies wiederum denselben Prozeßkostensatz von $30/m^2$. Nun ist dies sicherlich ein Sonderfall; umfaßt der angemietete Raum weniger oder mehr als $200\ m^2$, wäre der Prozeßkostensatz vor Fremdbezug von Produkt 1 höher oder geringer als $30/m^2$ gewesen. Das gilt ähnlich für die Mietkosten, die nicht unbedingt 6.000 sein müssen.

Stellt man sich aber vor, daß es neben dieser alternativen Nutzung des freiwerdenden Raumes noch viele andere Möglichkeiten gibt, ist es sehr kostspielig, die Alternativen genau zu spezifizieren (insbesondere wenn die Fremdbezugsentscheidung nur eine von vielen anstehenden Entscheidungen ist). Die Prozeßkostenrechnung **approximiert** dann über die Bildung durchschnittlicher Prozeßkosten die Wirkungen einer Alternative. Sie führt damit natürlich im Einzelfall zu anderen Kosten als eine Detailanalyse des Problems.

3.3. Strategische Kalkulation

Mit Hilfe der Prozeßkostenrechnung soll eine Antwort auf die Frage nach den **langfristigen Produktkosten** gegeben werden. Diese sind für mehrere strategische Entscheidungen wichtig:

- Festlegung oder Änderung des *langfristigen* Produktionsprogramms: Anzahl der Produktvarianten, Forcierung bestimmter Produkte, Forcierung bestimmter Märkte.

- Preisfestlegung oder Aufnahme eines neuen Produktes: Kosten exotischer Varianten, Rabattgestaltung.

Der Effekt der Verwendung von Prozeßkosten zur Produktkalkulation besteht darin, den **langfristigen Ressourcenverzehr** durch die Produktion zu approximieren. Bei der Kalkulation kommt im Vergleich zum Gemeinkostenmanagement eine Stufe an Schlüsselung hinzu: Es müssen Prozeßmengen pro Einheit des Produktes gemessen werden. Auch dafür ist eine Proportionalitätsannahme notwendig. Die Kostentreiber haben damit eine Doppelfunktion: Sie sind nicht nur ein Maßstab für die Gemeinkostenentstehung, sondern werden auch für die Produktkalkulation verwendet. Dazu ist es erforderlich, für ein bestimmtes Produkt die Prozeßmenge, die es verzehrt, angeben zu können. Nur „volumenabhängige" Kostentreiber können wirklich pro Stück des Produktes zugerechnet werden, die nicht „volumenabhängigen" Kostentreiber sind dagegen erst in einer höheren Ebene zurechenbar, etwa pro Fertigungslos, pro Auftrag, pro Produktgruppe usw.

Gegenüber einer üblichen **Zuschlagskalkulation** mit relativ wenigen Bezugsgrößen führt die Kalkulation über Prozesse in weiten Bereichen zu einer detaillierteren Kostenzurechnung, ungeachtet der Zurechnungsprobleme, die im Zuge einer Vollkostenrechnung entstehen. Eine solche Information kann zu einer Veränderung der (langfristigen) Preisgestaltung führen.

Besonders ungenau wird die Gemeinkostenverrechnung bei einer **Diversifikationsstrategie**, weil dadurch mehr Schlüsselungen oder mehr Durchschnittsbetrachtungen erforderlich werden. Eine ungenaue Kalkulation führt ja dazu, daß einem Produkt „zuviel" an Gemeinkosten zugerechnet werden, einem anderen Produkt dagegen „zuwenig". Im Einproduktunternehmen (zB auch lang Auftragsfertigung) bestehen wenig Probleme bei der Zurechnung der Kosten. Ein stärker spezialisierter Konkurrent besitzt damit automatisch genauere Informationen, die er strategisch nutzen kann. Er kann etwa zu einem Preis anbieten, den das Unternehmen mit der ungenauen Kostenrechnung meint, nicht mithalten zu können, weil er unter den eigenen Produktionskosten liegt. Da im allgemeinen Basisprodukte, die in großen Mengen hergestellt werden, oder einfache Produkte in der Zuschlagskalkulation zu hohe Kosten zugerechnet erhalten, kann eine genauere Rechnung zum Ergebnis führen, daß gerade *diese* Produkte forciert werden sollten, was aber oft im Widerspruch zur strategischen Grundausrichtung steht.

Insgesamt werden durch die Prozeßkosten nicht mehr oder weniger an Kosten verteilt als mit der Zuschlagskalkulation (zu Vollkosten). Die Verteilung erfolgt nur anders. Das bedeutet, daß es dann, wenn die Kosten eines Produktes „zu hoch" (in bezug auf die Beanspruchung der Ressourcen) ausgewiesen werden, mindestens ein anderes Produkt geben muß, dessen Kosten „zu gering" ermittelt werden. Ein solches Produkt, zB ein komplexes Spezialprodukt mit geringer Absatzmenge, wird also durch die Zuschlagskalkulation gewissermaßen subventioniert (**Quersubventionierung**). Mit einer genaueren Kostenzurechnung auf Basis der Prozeßkosten können solche Quersubventionierungen aufgedeckt werden. Dies ist grundsätzlich ein Vorteil. Ein Problem kann sich daraus aber dann ergeben, wenn für strategische Produktentscheidungen *nur* die Kosten, nicht aber sonstige Gegebenheiten berücksichtigt werden, wie etwa ein **Absatzverbund**. Eine Verbesserung der Genauigkeit kann damit – ohne Berücksichtigung der Verbundeffekte – auch ins Gegenteil umschlagen.

Beispiel: Der Deostift und das Parfum mit derselben Duftnote seien komplementär, und Parfum sei eine „Spezialität". Dann könnte eine „zu genaue" Kosteninformation aufzeigen, daß der Deostift statt 10 nur 9 kostet, hingegen das Parfum statt 130 nun 200. Beträgt der Verkaufspreis für das Parfum 160, würde mit der Kostenrechnung – falsch interpretiert – ein Signal dazu gegeben, den Verkauf des Parfums zurückzudrängen, weil es als Verlustbringer aufscheint. Tatsächlich ist das Parfum aber das Imageprodukt, das, wenn es einmal gekauft wird, den Kauf einer Reihe von Deostiften nach sich zieht.

Die strategische Kalkulation bildet auch eine Grundlage für das **Design neuer Produkte**. Dies wird im nächsten Abschnitt über *Target Costing* ausführlicher behandelt.

Kosten der Variantenvielfalt[28]

Zwei Unternehmen produzieren Kugelschreiber. Unternehmen 1 produziert eine Million blaue Kugelschreiber. Unternehmen 2 produziert 100.000 blaue Kugelschreiber, 60.000 schwarze, 12.000 rote, usw; insgesamt werden rund 1.000 Varianten von Kugelschreibern in Mengen von 500 bis 100.000 Stück produziert. Zusammen produziert Unternehmen 2 ebenfalls eine Million Kugelschreiber. Trotz der Ähnlichkeiten der Produkte wird jemand, der durch die beiden Unternehmen geht, erhebliche Unterschiede feststellen können. Unternehmen 2 wird eine viel größere Anzahl von Mitarbeitern beschäftigen: in der Arbeitsvorbereitung, im Lager, für Umrüstungen, für Qualitätskontrollen, in der Logistik, im Vertrieb, im Rechnungswesen usw. Unternehmen 2 wird wahrscheinlich auch mit größeren Stillstandszeiten und gleichzeitig Überstunden operieren, und es wird höhere Lagerbestände haben. Die daraus entstehenden relativ höheren Kosten sind auf das komplexere Produktionsprogramm zurückzuführen.

Blaue Kugelschreiber kosten in Unternehmen 2 (vermutlich) mehr als in Unternehmen 1, was auf die geringere Outputmenge zurückzuführen sein kann, die zu relativ mehr Ressourcenverbrauch führt. Würde man, wie meist üblich, große Teile der Gemeinkosten auf Basis der Einzelkosten verrechnen, entstünde (unter der Annahme, daß sämtliche Kugelschreibervarianten gleich hohe Einzelkosten verursachen) ein stark verzerrtes Bild der Kosten der Kugelschreiber in Unternehmen 2: Blaue Kugelschreiber erhielten wesentlich mehr anteilige Gemeinkosten zugerechnet. Sie werden damit (relativ) zu teuer ausgewiesen, andere Kugelschreiber (relativ) zu billig.

Ein besonderer Kostentreiber ist die Anzahl der **Produktvarianten**. Die Variantenvielfalt verursacht Gemeinkosten in den verschiedensten Bereichen des Unternehmens. Aus strategischer Sicht erhebt sich damit etwa die Frage, wie viele Spezialitäten in das Produktionsprogramm aufgenommen werden sollen.

Bei diesem Kostentreiber „Anzahl der Produktvarianten" ergibt sich aus der Doppelfunktion der Kostentreiber, nämlich die Gemeinkosten zu „treiben" und gleichzeitig für jedes Produkt meßbar zu sein, eine Schwierigkeit. Die übliche Verknüpfung: Produkte „verursachen" Aktivitäten, und Aktivitäten „verursachen" Kosten gibt es hierfür nicht direkt, weil die Kosten für eine Produktvariante und nicht für ein einzelnes Stück eines Produktes entstehen. Man erkennt hier eine **Prozeßhierarchie** derart, daß es (natürlich) auch Kosten geben kann, die nicht durch das einzelne Stück „getrieben" werden. Ein anderes Beispiel wären Rüstkosten, die für jeden einzelnen Rüstvorgang anfallen. Möchte man in solchen Fällen Produktkosten *zu Vollkosten* ermitteln, müssen diese höher angesiedelten Kosten durch die (geplante) Stückzahl des jeweiligen Produktes dividiert werden, eine Zurechnung, die für viele Entscheidungen nur schwer gerechtfertigt werden kann (siehe dazu 12. Kapitel: *Systeme der Kostenrechnung*).

---

28 Vgl *Cooper* und *Kaplan* (1988), S. 97 f.

Variantenvielfalt

Für die Kosten der Variantenvielfalt wurde ein sogenanntes *umgekehrtes Erfahrungs-kurvengesetz* formuliert: Mit jeder Verdopplung der Varianten steigen die Stückkosten um 20 – 30 Prozent an (*Wildemann* (1990), S. 617 f).

Strategische Entscheidungen mit der Prozeßkostenrechnung?

Die beschriebenen Intentionen bezüglich der Verwendung der Prozeßkostenrechnung bei langfristigen Entscheidungen der Produktpositionierung und Programmgestaltung klingen zwar plausibel, sind aber wenig konkret. Zur genaueren Einschätzung bietet sich die Betrachtung eines **expliziten langfristigen Problems** an, bei dem geprüft wird, ob und unter welchen Bedingungen die optimale Lösung auf Basis der Prozeßkostenrechnung gefunden werden kann.[29]

Als *Beispiel* wird dafür die Einführung eines neuen Produkts und der Aufbau der dafür erforderlichen Produktionskapazitäten in $t = 0$ betrachtet. Es handelt sich faktisch um ein **Investitionsproblem**, bei dem sich die künftigen Überschüsse aus einer expliziten **Optimierung der periodenspezifischen Produktionsprogramme** ergeben.[30] Die in $t = 0$ erforderlichen Investitionszahlungen I hängen linear von der zu installierenden Periodenkapazität $\bar{V}$ (in Mengeneinheiten des Produkts) ab:

$$I = c \cdot \bar{V} \tag{6}$$

Darin bezeichnet c die Auszahlungen für eine Einheit der Periodenkapazität. In jeder Periode sind die Mengeneinheiten des Produktes daher auf maximal $\bar{V}$ Stück beschränkt:[31]

$$x_t \leq \bar{V} \qquad \forall t \geq 1 \tag{7}$$

Die Nutzungsdauer sei mit T Perioden gegeben. Lagerhaltung wird nicht betrachtet, und in jeder Periode existiert eine ggf **periodenspezifische** Erlösfunktion mit der üblichen Eigenschaft abnehmender Grenzerlöse:

$$E_t = E_t(x_t) = p_t(x_t) \cdot x_t \quad \text{mit } E_t''(x_t) < 0 \tag{8}$$

Die **variablen Stückkosten** k^v sind für jede Periode **konstant** und zur Gänze auszahlungswirksam; zur Vereinfachung wird von weiteren auszahlungswirksamen Periodenkosten abgesehen. Die variablen (und zugleich auszahlungswirksamen) Periodenkosten betragen daher:

---

[29]   Die folgende Darstellung ist eine stark vereinfachte Adaption der Analyse von *Schiller* und *Lengsfeld* (1998). Siehe ähnlich auch *Schiller* (2005).

[30]   Siehe zu einer ähnlichen Problemstellung im Zusammenhang mit langfristigen Preisstrategien auch 4. Kapitel: *Preisentscheidungen.*

[31]   Die Nebenbedingung (7) ist direkt auf die Stückzahlen des Produkts bezogen. Alternativ könnte man die verfügbare Kapazität zB in Maschinenstunden ausdrücken, so daß für deren Beanspruchung die Produktmengen noch mit einem Verbrauchskoeffizienten zu multiplizieren wären. Die qualitativen Resultate bleiben aber unverändert.

$$K_t^v = x_t \cdot k^v \qquad\qquad (9)$$

Die (vollständig nicht auszahlungswirksamen) **Fixkosten** einer Periode ergeben sich demnach alleine aus den periodenspezifischen **Abschreibungen** Ab_t und den mit dem Kalkulationszinssatz i berechneten **kalkulatorischen Zinsen** auf das am Ende der Vorperiode gebundene Kapital KB_{t-1}:

$$K_t^F = Ab_t + i \cdot KB_{t-1} \qquad\qquad (10)$$

Die Kapitalbindung ergibt sich aus

$$KB_{t-1} = I - \sum_{\tau=1}^{t-1} Ab_\tau \qquad\qquad (11)$$

und entspricht den Erfordernissen des *Lücke*-Theorems (siehe dazu 2. Kapitel: *Die Kosten- und Leistungsrechnung als Entscheidungsrechnung*).

Eine **Prozeßkostenrechnung** als Vollkostenrechnung hätte im vorliegenden Fall also nur einen **Prozeß** „Bereitstellung von Fertigungskapazität" zu berücksichtigen, dessen Bezugsgröße $\bar{V}$ bereits direkt in Stückzahlen besteht und daher vom Produkt mit einer Einheit in Anspruch genommen wird. Für einen gegebenen Abschreibungs-plan betragen die periodenspezifischen Fixkostensätze je Stück:

$$k_t^F = \frac{K_t^F}{\bar{V}} = \frac{Ab_t + i \cdot KB_{t-1}}{\bar{V}} \qquad\qquad (12)$$

Die **periodenspezifischen Stückkosten der Prozeßkostenrechnung** sind

$$k_t = k^v + k_t^F \qquad\qquad (13)$$

Die optimale Entscheidung

Das Ziel des Unternehmens besteht in der Maximierung des Kapitalwerts

$$KW = \sum_{t=1}^{T} \left(E_t - K_t^v \right) \cdot \rho^{-t} - I = \sum_{t=1}^{T} \left(E_t(x_t) - k^v \cdot x_t \right) \cdot \rho^{-t} - c \cdot \bar{V} \qquad (14)$$

unter Beachtung der in (7) formulierten Nebenbedingungen für die Mengen in den einzelnen Perioden. Dieses Problem läßt sich gedanklich in zwei Schritte zerlegen:

1. Für eine *gegebene* Kapazität $\bar{V}$ sind zunächst die **periodenspezifisch opti-malen Mengen** zu bestimmen; daraus ergeben sich die für diese Kapazität relevanten Erlöse, variablen Kosten und mithin die Zahlungsüberschüsse.

2. Unter Berücksichtigung dieser Anpassungen ist über die optimale Dimen-sionierung der Kapazität $\bar{V}$ selbst zu entscheiden.

Wegen des **Fehlens zeitlicher Interdependenzen** zwischen den einzelnen Perio-den (siehe dazu 2. Kapitel: Die *Kosten- und Leistungsrechnung als Entscheidungs-rechnung*) können die im ersten Schritt zu bestimmenden Mengen für jede Periode gesondert festgelegt werden. Demnach ist für jede Periode folgende *Lagrange*-Funktion zu maximieren:

$$LG_t = E_t(x_t) - k^v \cdot x_t - \lambda_t \cdot (x_t - \overline{V}) \tag{15}$$

Unterstellt man, daß die Grenzerlöse anfangs stets oberhalb der variablen Stückkosten liegen, hat man für jede Periode positive **Produktionsmengen**, die sich aus (15) durch die Bedingung erster Ordnung ergeben:

$$\frac{\partial LG_t^*}{\partial x_t} = E_t'(x_t^*) - k^v - \lambda_t^* = 0 \tag{16}$$

Auf Grund der *Kuhn/Tucker*'schen-Bedingungen gilt für den *Lagrange*-Multiplikator

$$\lambda_t^* \begin{cases} > 0 \text{ und } x_t^* = \overline{V} \\ = 0 \text{ und } x_t^* \leq \overline{V} \end{cases} \tag{17}$$

Wegen (17) entspricht der Wert der *Lagrange*-Funktion an der Stelle der optimalen Lösung daher stets der Differenz aus Erlösen und variablen Kosten, also dem Deckungsbeitrag an der Stelle der optimalen Lösung: $LG_t^* = E_t(x_t^*) - k^v \cdot x_t^* = D_t^*$.

Dieser *Lagrange*-Multiplikator läßt sich im Optimum als **marginale Veränderung der Zielfunktion** bei einer Variation der Strenge der Restriktion auffassen:[32]

$$\frac{dLG_t^*}{d\overline{V}} = \underbrace{\frac{\partial LG_t^*}{\partial x_t} \cdot \frac{dx_t^*}{d\overline{V}}}_{=0} + \underbrace{\frac{\partial LG_t^*}{\partial \lambda_t} \cdot \frac{d\lambda_t^*}{d\overline{V}}}_{=0} + \frac{\partial LG_t^*}{\partial \overline{V}} = \lambda_t^* \tag{18}$$

Gegeben diese Anpassungsprozesse, erfolgt im zweiten Schritt die Bestimmung der **optimalen Kapazität**. Der Kapitalwert läßt sich darstellen als

$$KW(\overline{V}) = \sum_{t=1}^{T} LG_t^* \cdot \rho^{-t} - c \cdot \overline{V} \tag{19}$$

Differenzierung von (19) nach $\overline{V}$ und Beachtung von (18) führt auf

$$\frac{dKW^*}{d\overline{V}} = \sum_{t=1}^{T} \lambda_t^* \cdot \rho^{-t} - c = 0 \tag{20}$$

Die optimale **Kapazität** ist also genau dort erreicht, wo der Barwert der durch eine Kapazitätserweiterung ermöglichten Grenzüberschüsse (bei optimaler Anpassung in den einzelnen Perioden) gerade den zusätzlichen Investitionsauszahlungen entspricht.

Wegen der grundsätzlich unterschiedlichen **Absatzverhältnisse** in den einzelnen Perioden (ausgedrückt durch die periodenspezifischen Erlösfunktionen) unterschei-

---

[32] Der zweite Summand (die Ableitung der Lagrange-Funktion nach λ) verschwindet wegen (17).

den sich die optimalen Mengen typischerweise von Periode zu Periode. In einigen Perioden wird die Kapazität ausgeschöpft sein (dort ist der *Lagrange*-Multiplikator gemäß (17) regelmäßig positiv), in anderen dagegen nicht (hier wäre der Wert des *Lagrange*-Multiplikators Null), je nachdem, wie günstig die jeweiligen Absatzbedingungen sind. Diese Eigenschaften der Lösung würden durch Veränderungen der variablen Stückkosten im Zeitablauf tendenziell noch zunehmen.

Lösung mit der Prozeßkostenrechnung

In der Literatur zur Prozeßkostenrechnung finden sich kaum explizite Angaben, wie denn bei der langfristigen Planung von Kapazität und Produktprogramm konkret vorzugehen ist. Die Überlegungen basieren lediglich auf dem Gedanken, daß durch die Prozeßkostensätze der **langfristige Ressourcenverzehr approximiert** wird, und daß diese Kenntnis hilfreich für die anstehenden Entscheidungen sei. Außerdem basieren die vorgelegten Rechnungen meist auf den Kostensätzen **einer einzelnen Periode**.

Im Rahmen des obigen Szenarios gäbe es zwei Möglichkeiten, diese Gedanken umzusetzen.

1. Man könnte zunächst **eine Periode** als repräsentativ herausgreifen (zB die erste Periode) und auf Basis der dazugehörigen Erlös- und Vollkostenverhältnisse das **Produktionsprogramm** bestimmen, welches den **Periodengewinn maximiert**. Für die Bestimmung der Menge wird **keine Restriktion** benötigt, weil gemäß der Vorstellung der Prozeßkostenrechnung unterstellt wird, daß die Kapazitäten dem Bedarf angepaßt werden (und dies ist in den Kostensätzen ja *quasi* berücksichtigt). Daraus ergibt sich ein Kapazitätsbedarf, der zur Realisierung des Programms erforderlich ist, und dies führt auf die anzusetzenden Investitionszahlungen.

2. Alternativ könnte man die als erste Variante beschriebene Rechnung für **jede Periode** durchführen. Da sich die jeweils optimalen Programme wegen der im Zeitablauf variierenden Absatzverhältnisse unterscheiden werden, ergeben sich auch für jede Periode **verschieden** hohe **Kapazitätsbedarfe**. Damit die Produktionsstrategie erreichbar ist, muß zu Beginn das **Maximum** der periodenspezifischen Kapazitätsbedarfe installiert werden.

Welche Variante auch immer gewählt wird – stets geht es um die **Maximierung eines auf Prozeßvollkosten basierenden Gewinns**, wobei die Stückkostensätze gemäß (13) gegeben sind:

$$G_t = E_t(x_t) - k_t \cdot x_t = E_t(x_t) - \left(k^v + k_t^F\right) \cdot x_t \tag{21}$$

Differenzierung von (21) nach der Menge führt auf[33]

$$\frac{\partial G_t^p}{\partial x_t} = E_t'\left(x_t^p\right) - k^v - k_t^F = 0 \tag{22}$$

Wird Variante 1 gewählt, ergäbe sich die optimale Kapazität bei Wahl der Periode t aus

$$\overline{V}^p = x_t^p \tag{23}$$

Bei Variante 2 erhielte man statt dessen

$$\overline{V}^p = \underset{t}{Max}\left\{x_t^p\right\} \tag{24}$$

Dies zeigt unmittelbar die Probleme auf: Bei Variante 1 hängt die installierte Kapazität von der (letztlich willkürlichen) Wahl einer bestimmten **Periode** ab; diese Lösung kann daher allenfalls *zufällig* mit der eigentlich optimalen Lösung übereinstimmen. Bei Variante 2 wird die Kapazitätswahl dagegen an einem **Maximalerfordernis** orientiert, welches im Extremfall nur in einer Periode relevant ist. Es wird sich aber kaum lohnen, hohe Kapazitäten für nur selten eintretende Fälle zu installieren.

Einsatzbedingungen für die Prozeßkostenrechnung

Der Einsatz der Prozeßkostenrechnung scheint demnach nur dann sinnvoll, wenn die Wahl einer bestimmten Periode keine Rolle spielt – dann ist die Problematik des Maximalerfordernisses auch bei Variante 2 nicht schlagend, weil sich die Perioden nicht unterscheiden. Diese Idee läßt sich auch formal nachweisen. Dazu sei unterstellt, daß die **Absatzverhältnisse für jede Periode gleich** sind:

$$E_t(x_t) = E(x_t) \qquad \forall t \geq 1 \tag{25}$$

Aus der Bedingung (16) für die optimale Menge einer Periode folgt dann

$$\frac{\partial LG_t^*}{\partial x_t} = E'\left(x_t^*\right) - k^v - \lambda_t^* = 0 \tag{26}$$

Aus (26) ergibt sich, daß die optimalen Mengen in **jeder Periode gleich** sind, und daraus resultieren auch **identische** *Lagrange*-Multiplikatoren

$$\lambda_t^* = \lambda^* \tag{27}$$

Dies läßt sich intuitiv interpretieren: Bei **stationären Verhältnissen** kann eine beliebige Periode tatsächlich als repräsentativ für alle anderen angesehen werden, und man kann auch die Kapazität danach ausrichten. Ist die Kapazität für eine Peri-

---

[33] Die für die Prozeßkostenrechnung optimalen Werte werden mit einem hochgestellten p gekennzeichnet.

ode zu hoch (zu gering), dann ist sie für alle anderen Perioden ebenfalls zu hoch (zu gering). Man kann demnach davon ausgehen, daß die Produktionsrestriktion (7) stets bindet, so daß für jede Periode eine exakte **Anpassung von Menge und Kapazität** vorliegt. Wegen der Stationarität muß dabei die Erfolgserhöhung bei einer Auswietung der Kapazität für jede Periode gleich sein.

Einsetzen von (27) in die für die **Kapazitätswahl** relevante Bedingung (20) erbringt:

$$\lambda^* \cdot \sum_{t=1}^{T} \rho^{-t} - c = 0 \quad \Rightarrow \quad \lambda^* = c \cdot WGF(\rho, T) \tag{28}$$

Darin bezeichnet *WGF* den Wiedergewinnungsfaktor (als Kehrwert des Rentenbarwertfaktors). Gemäß (28) entspricht der *Lagrange*-Multiplikator im Optimum der **Annuität der Stückauszahlungen** c je Kapazitätseinheit. Die Kapazität ist also solange auszudehnen, bis der (für jede Periode gleiche) **induzierte Grenzdeckungsbeitrag** gerade der **Annuität dieser Stückauszahlungen** entspricht.

Ein Vergleich von (26) mit der für die Prozeßkostenrechnung relevanten Bedingung (22) für die Produktpolitik zeigt, daß bei stationären Verhältnissen beide Lösungen genau dann übereinstimmen, wenn gilt:

$$k_t^F = \lambda^* = c \cdot WGF(\rho, T) = \frac{I \cdot WGF(\rho, T)}{\overline{V}} \tag{29}$$

Das **Abschreibungsverfahren** ist dabei so zu wählen, daß unter Berücksichtigung der daraus folgenden Kapitalbindung und der kalkulatorischen Zinsen ein im Zeitablauf konstanter Verrechnungssatz für die stückbezogenen Fixkosten in Höhe der Annuität der Stückauszahlungen je Kapazitätseinheit resultiert. Wegen der im Zeitablauf sinkenden Kapitalbindung und der sinkenden Kapitalkosten ergeben sich daraus **progressive Abschreibungen**. Man erhält dann aus (22) die gleiche optimale Produktpolitik wie im Ursprungsmodell, und wegen der **stationären Verhältnisse** und der Eigenschaft der **periodischen Vollauslastung** der Kapazitäten im tatsächlichen Optimum kann das sich ergebende Kapazitätserfordernis der Prozeßkostenrechnung problemlos für die Kapazitätsdimensionierung übernommen werden.

Insofern lassen sich zwar **Anwendungsbedingungen** für einen Einsatz der Prozeßkostenrechnung bei langfristigen Entscheidungen formulieren, doch eine nähere Betrachtung zeigt, daß diese Szenarien nicht wirklich „**strategische" Eigenschaften** aufweisen. Durch die geforderte **Stationarität** der Verhältnisse werden strategische Aspekte faktisch wegdefiniert – man erhält ein verkapptes operatives Problem, für dessen Lösung eine Kostenrechnung schon immer empfohlen wurde. Dabei war das hier unterstellte Szenario bewußt sehr einfach – und damit für den Einsatz der Prozeßkostenrechnung günstig – formuliert. Die Einbeziehung etwa von dynamischen Kostenverläufen und stochastischen Zusammenhängen bei Erlös- und Kostenbeziehungen würde die negative Schlußfolgerung noch verstärken.

Beispiel

Die Stückauszahlungen je Kapazitätseinheit seien $c = 5$ und die installierte Kapazität wird mit $\bar{V} = 2.000$ angenommen, so daß Investitionsauszahlungen von $I = 10.000$ resultieren. Bei einem Kalkulationszinssatz $i = 0,1$ und einer Laufzeit von $T = 4$ ergibt sich für den Wiedergewinnungsfaktor (gerundet)

$$WGF\left(\rho = 1,1; T = 4\right) = \frac{i \cdot \left(1+i\right)^4}{\left(1+i\right)^4 - 1} = 0,315471$$

Die **Gesamtannuität** berechnet sich gemäß (29) daher als

$$I \cdot WGF\left(\rho = 1,1; T = 4\right) = 10.000 \cdot 0,315471 = 3.154,71$$

Für die **Abschreibungen** und **Kapitalkosten** kann man sukzessive vorgehen: Die Kapitalkosten für $t = 1$ ergeben sich aus $10.000 \cdot 0,1 = 1.000$. Subtrahiert man diesen Betrag von der obigen Annuität, erhält man die Abschreibung der ersten Periode. Daraus folgt der Restwert, der die Basis für die Kapitalkosten in $t = 2$ ergibt usw. Es resultiert folgender Abschreibungs- und Kapitalkostenplan:

	Kapitalkosten	Abschreibungen	Restbuchwert
$t=1$	1.000,00	2.154,71	7.845,29
$t=2$	784,53	2.370,18	5.475,11
$t=3$	547,51	2.607,20	2.867,92
$t=4$	286,79	2.867,92	0,00

Der Stückkostensatz für die Fixkosten beträgt

$$k_t^F = \frac{I \cdot WGF}{\bar{V}} = \frac{3.154,71}{2.000} = 1,577355$$

3.4. Kundenprofitabilitätsanalyse

Mit der Prozeßkostenrechnung gelingt auch eine kostentreiberbezogene Zurechnung von Vertriebsgemeinkosten. Diese ermöglicht eine Analyse von Absatzgebieten, Kundensegmenten oder auch individuellen Kunden. **Kunden** unterscheiden sich – aus kostenorientierter Sicht – nach der Auftragsgröße, der Anzahl der Sonderwünsche, der Anzahl der nachträglichen Änderungen des Auftrages, der Nachfrage nach Spezialitäten, nach der Art der Lieferung, der Liefermenge usw. Sie beeinflussen damit wesentlich die Gemeinkosten, und zwar oft nicht nur die Gemeinkosten im Vertriebsbereich, sondern quer durch das Unternehmen. *Beispiel*: Es macht einen Unterschied, ob ein Kunde, der im Jahr 18.000 Stück eines Produktes kauft, eine Bestellung über die gesamten 18.000 Stück oder in unregelmäßigen Abständen 12 Bestellungen über jeweils 1.500 Stück aufgibt.

Eine detaillierte Kostenzurechnung mittels Prozeßkostensätzen ermöglicht eine **Kundenprofitabilitätsanalyse**, die wiederum die Basis für strategische Entscheidungen im Absatzbereich bilden kann. Es ergeben sich dadurch oft interessante Einsichten, wie eine Anwendung der bekannten

80:20 Regel: 80 Prozent der Erlöse werden durch 20 Prozent der Kunden generiert.[34] Abbildung 4 zeigt ein mögliches, moderateres Ergebnis einer solchen Analyse.

Oft sind es gerade die Großkunden, die zu den Verlustbringern zu zählen sind. Sie fordern geringere Preise, verlangen aber gleichzeitig eine bevorzugte Zustellung oder die Einflußnahme auf das Produkt. Eine mögliche **Maßnahme** besteht darin, die Kosten für Zusatzdienste (zB Spezialwünsche, Zustellung) gesondert zu verrechnen (*quasi* ein *unbundling*). Damit können derartige Wünsche oft stark eingedämmt werden. Man könnte auf Zusatzleistungen auch direkt verzichten. Vergleichbare Maßnahmen betreffen die Schaffung von Anreizen für die Kunden, größere Mengen auf einmal zu bestellen oder eher Produkte zu bestellen, die auf Lager liegen, so daß das Unternehmen sein Fertigungsprogramm emanzipierter ausführen kann.

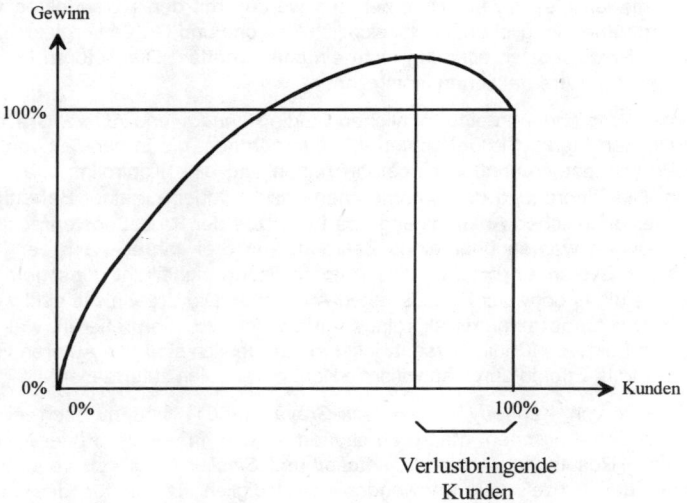

Abb. 4: Verteilung der Profitabilität über Kunden

Auch bei diesen Maßnahmen ist wieder zu beachten, daß die Prozeßkosten suggerieren, daß ein **Abschichten eines Kunden** die Kosten tatsächlich um die Prozeßkosten verringert; bzw daß das Abschichten eines Kunden, der einen Verlust bringt, den Gewinn auch tatsächlich um diesen Betrag erhöht. Des weiteren sind außer dem Kostengefüge auch noch andere Überlegungen wichtig und oft viel wichtiger: Der Kunde könnte beispielsweise einen Hoffnungsmarkt repräsentieren, wofür man (im Moment jedenfalls) gerne Verluste in Kauf nimmt.

---

[34] Vgl dazu *Cooper* und *Kaplan* (1991b), S. 134. Ihre Diskussion basiert auf der Fallstudie über *Kanthal*.

Was „bringt" die Prozeßkostenrechnung?

Die Darstellung im Text und die empirischen Ergebnisse zeigen, daß man aus der Tatsache, daß die Prozeßkostenrechnung zu einer von bisherigen Systemen abweichenden Kostenverrechnung führt, nicht unbedingt darauf schließen darf, daß damit auch eine **bessere ökonomische Zielerreichung** für das Unternehmen verbunden ist. Zur Klärung dieses Problems müßte man eine Beziehung zwischen dem Unternehmenswert (als Maßgröße für die ökonomische Zielerreichung) und dem Einsatz der Prozeßkostenrechnung herstellen. Dazu liegen bislang nur wenige empirische Untersuchungen vor.

Gordon und *Silvester* (1999) betrachten die (abnormalen) Kurseffekte auf die Ankündigung des Einsatzes einer Prozeßkostenrechnung. Das Sample besteht aus zehn Unternehmen, bei denen die Implementierung dieses Systems dem Markt im Jahre 1988 (also in der Zeit der euphorischen Diskussion der Prozeßkostenrechnung in den USA) durch einen Artikel der *Business Week* mitgeteilt worden ist (der Artikel enthielt darüber hinaus eine ausführliche Diskussion der Intentionen und Eigenschaften des Systems). Die Kursreaktionen dieser zehn Unternehmen wurden mit den Kurseffekten von zehn Kontrollunternehmen verglichen, die hinsichtlich Branche und Größe vergleichbar waren, allerdings die Prozeßkostenrechnung nicht eingeführt hatten. Die Autoren konnten keinerlei signifikanten Kursreaktionen feststellen.

Andere Ergebnisse finden in einer ähnlichen Studie *Kennedy* und *Affleck-Graves* (2001) für den britischen Markt. Sie betrachten 47 Unternehmen, die in der Zeit von 1988 bis 1996 die Prozeßkostenrechnung eingeführt haben und eine Kontrollgruppe von Nicht-Anwendern. Die Einordnung der Unternehmen basiert dabei auf einer Befragung, nicht aber auf einer öffentlichen Ankündigung des Einsatzes der Prozeßkostenrechnung. Die Kursentwicklungen werden über einen Zeitraum von drei Jahren nach der jeweiligen Einführung des Systems betrachtet. Die Autoren finden signifikant *günstigere* Kursentwicklungen für die Gruppe der Prozeßkosten-Anwender. Die Ergebnisse sind wegen des längeren Betrachtungszeitraums allerdings mit Vorsicht zu interpretieren, weil natürlich eine Fülle von Faktoren für die Kursentwicklung maßgeblich sind (die Autoren versuchen jedoch, bestimmte Effekte durch spezifische Kontrollvariablen zu erfassen).

Die Ergebnisse von *Kennedy* und *Affleck-Graves* (2001) sind nur schwer mit den ebenfalls für den britischen Markt erhaltenen – und in einem früheren Einschub dargestellten – Resultaten von *Innes*, *Mitchell* und *Sinclair* (2000) zu vereinbaren, die einen Anteil der Prozeßkosten-Anwender von lediglich 17,5% für das Jahr 1999 feststellen. Dieser Anteil sollte wesentlich höher sein, wenn die Prozeßkostenrechnung (scheinbar) signifikante Marktwertvorteile zu erreichen erlaubt. Derartige Diskrepanzen zwischen propagierten Vorteilen und tatsächlicher Anwendungshäufigkeit werden auch bei *Gosselin* (1997, S. 105) erwähnt: *„This is the essence of the ABC paradox: if ABC has demonstrated benefits, why are more firms not actually employing it?"*

4. Target Costing

4.1. Zielkosten und ihre Ermittlung

Unter **Target Costing** (**Zielkostenmanagement** wird ein aus Japan stammendes Verfahren (*genka kikaku*) für die Planung und Einführung neuer Produkte und Leistungen verstanden. Herausstechendes Merkmal dieses Verfahrens ist eine **konsequente Marktorientierung**. Die Produktidee muß bereits festlegen; es geht um den letzten Schritt, nämlich die Entscheidung der Einführung. Prägnant formuliert wird gefragt: „Was *darf* das Produkt kosten?" anstelle „Was *wird* das Produkt kosten?" Die **Zielkosten** sind jene Kosten, die das Produkt kosten *darf*. Sie richten sich alleine an marktbezogenen Gegebenheiten und den Unternehmenszielen aus, die technische Machbarkeit steht zunächst im Hintergrund.

Target Costing ist vor allem als Instrument des Kostenmanagements einsetzbar. Sind die Zielkosten nämlich festgelegt, geht es darum, diese Zielkosten auch tatsächlich zu erreichen. *Target Costing* setzt damit bereits sehr früh, nämlich im Stadium der Produktplanung und Produktentwicklung an. In diesem Zeitraum wird ein Großteil der späteren Produktkosten, nämlich sowohl Fertigungskosten, viele Gemeinkosten als auch Kosten, die der Benutzer zu tragen haben wird, festgelegt (siehe Abbildung 5).

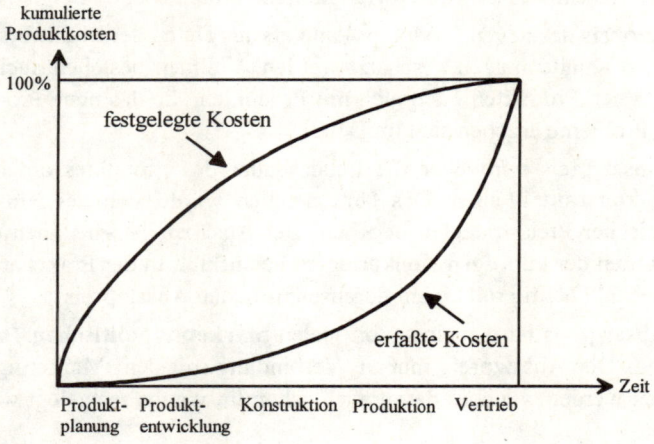

Abb. 5: Kostenfestlegung und Kostenentstehung
(adaptiert aus *Berliner* und *Brimson* (1988), S. 140)

Vom strategischen Standpunkt aus betrachtet handelt es sich beim *Target Costing* um ein Instrument zur Entscheidungsunterstützung im Rahmen einer **Differenzierungsstrategie**. Denn dafür ist zunächst der Kundennutzen wichtig, den das Produkt erzielt. Jedes Produkt setzt sich aus einer Anzahl von Funktionen zusammen, die Kundennutzen bewirken, auf der anderen Seite aber auch Kosten verursachen. Eine Differenzierung ist vorteilhaft, wenn das neue Produkt den gewünschten Gewinn bringt, dh wenn es höchstens Kosten in Höhe der Zielkosten verursacht.

Die **Zielkosten** werden wie folgt ermittelt:

Zielkosten = geplanter Absatzpreis – geplanter Zielgewinn   (30)

Es handelt sich dabei also um die aus Marktsicht höchsten Kosten, zu denen das Produkt erfolgreich eingeführt werden kann. Die Berechnung entspricht einer **Subtraktionsmethode**.

Das *Target Costing* unterscheidet sich von der **retrograden Kalkulation**, wie sie für kurzfristige Entscheidungen bei gegebenem Preis verwendet wird, vor allem durch die Zielsetzung: Bei der retrograden Kalkulation ist das Produkt vorgegeben, während es beim *Target Costing* erst marktkonform gestaltet werden soll. Daraus folgen die Orientierung an den Vollkosten und die Berücksichtigung eines Zielgewinnes. Kurzfristig wirksame Entscheidungen richten sich nach dem Deckungsbeitrag, wobei üblicherweise eine Entscheidung über die Annahme eines (echten) Zusatzauftrages bei einem Deckungsbeitrag größer als null fällt. Bei kurzfristigen Entscheidungen ist auch die Frage unproblematisch, wie die Kosten und der Verkaufspreis die längerfristigen Entwicklungen einschließen.

Die **praktische Ermittlung** der Zielkosten scheint nur auf den ersten Blick einfach. Sowohl die Schätzung des künftigen Absatzpreises als auch die Höhe des verlangten Zielgewinns sind mit Schwierigkeiten verbunden.

Der **Absatzpreis** des neuen Produktes kann zB aus Daten der Marktforschung über den erwarteten Kundennutzen geschätzt werden. Vielfach bestehen auch Erfahrungen mit ähnlichen Produkten oder auch mit Produkten, die das neue Produkt substituieren soll. Probleme ergeben sich im Detail:

- Der Absatzpreis wird über die Lebensdauer des Produktes am Markt **selten konstant** bleiben. Das Unternehmen würde sich des Einsatzes dynamischer Preisstrategien begeben. Der Absatzpreis wird auch durch Reaktionen der künftigen Konkurrenten beeinflußt. In der Praxis arbeitet man deshalb häufig mit einem durchschnittlichen Absatzpreis.

- Der Absatzpreis ist nur eines von vielen **marketingpolitischen Instrumenten**. Der Absatzpreis muß in Verbindung mit dem Marketing-Mix gesehen werden, welches damit auch schon im voraus festgelegt werden müßte.

Die Bestimmung des **Zielgewinnes** ist aufgrund anderer Überlegungen problematisch. Meist werden in den Anwendungsbeispielen die folgenden Maßgrößen vorgeschlagen:[35]

- **Umsatzrendite** (*Return on Sales, ROS*)
- **Gesamtkapitalrendite** (*Return on Investment, ROI*).

Der *ROI* wird seltener verwendet, weil es relativ schwieriger ist, den *ROI* bei einer Vielzahl verschiedener Produkte zu schätzen. Dazu bedarf es nämlich auch der Zuordnung von Investitionen bzw Kapital.

Für die **Höhe** des Prozentsatzes der Umsatzrendite oder des Zinssatzes der Gesamtkapitalrendite gibt es keine generellen Empfehlungen; idR wird man sich an den Unternehmenszielen, der üblichen Zielerreichung, den Alternativen und der Wettbewerbssituation orientieren. Genauso wie beim Absatzpreis ist es auch beim

---

[35] Vgl *Sakurai* (1989), S. 43.

Zielgewinn fraglich, inwieweit für das *Target Costing* von einem konstanten Prozentsatz ausgegangen werden kann.

Ein **grundlegendes Problem** besteht infolge des **subtilen Zusammenhangs** zwischen allen drei Größen, die in der Bestimmungsgleichung (30)

Zielkosten = geplanter Absatzpreis – geplanter Zielgewinn

vorkommen. Geht man davon aus, daß das Unternehmen einen autonomen Preisspielraum hat (andernfalls wäre die Bestimmung des Marktpreises trivial), hängen die drei Größen eng zusammen. Ein Anschauungsbeispiel ist etwa das *Cournot*-Modell, in dem, ausgehend von der Kostenfunktion und der Preis-Absatz-Funktion, sowohl Absatzpreis als auch Gewinn bestimmt werden. Kennt man, wie beim *Target Costing* angenommen, die Kosten noch nicht, kann man eigentlich auch weder den Absatzpreis noch den Gewinn vorab festlegen. Anders formuliert: *Werden Absatzpreis und Zielgewinn vorweg festgelegt und daraus die Zielkosten ermittelt, wird das Ergebnis allenfalls zufällig optimal für das Unternehmen sein.*[36] Deshalb ist das *Target Costing* eher als **Heuristik** denn als Optimierungsverfahren anzusehen.

4.2. Erreichung der Zielkosten

Die Zielkosten werden mit den sogenannten **Standardkosten** verglichen. Standardkosten bezeichnen diejenigen Kosten, die sich bei Verwendung der bestehenden Technologie im Rahmen des ersten (Roh-)Designs für das neue Produkt ergeben würden. Im Regelfall liegen die Zielkosten unter den Standardkosten. Diese Differenz gibt die **Kosteneinsparungen** für das künftige Produkt an, die bereits in der Produktentwicklungsphase eingeplant werden müssen, um das Produkt erfolgreich einführen zu können. Im folgenden werden die um Kosteneinsparungsmaßnahmen verringerten (ursprünglichen) Standardkosten mit „*reduzierten Standardkosten*" bezeichnet.

Im Rahmen strategischer Entscheidungen eignen sich die (ursprünglichen und reduzierten) Standardkosten zu **Vollkosten**, unter der Annahme, daß die Vollkosten wiederum als Approximation für langfristige relevante Kosten dienen können. Diese Annahme ist aber sehr restriktiv. Als Beispiel seien Erfahrungseffekte genannt, wonach sich die Stückkosten mit steigender kumulierter Ausbringungsmenge laufend verringern. Sie können in den Standardkosten wieder nur als grobe Schätzung berücksichtigt werden. Die Standardkosten sollten auch Entwicklungskosten, Marktaufbaukosten und andere, nicht laufend auftretende Kosten für das Produkt beinhalten. Dieser Aspekt wird im folgenden Abschnitt zur Lebenszykluskostenrechnung noch aufgegriffen.

Nun sind die Produktentwickler und Konstrukteure im Unternehmen gefordert, Mittel und Wege zu finden, die Standardkosten soweit zu senken, daß sie nicht

---

[36] Vgl *Ewert* (1997).

höher liegen als die Zielkosten. Dies stellt idR hohe Anforderungen an den Team-geist im Unternehmen.

Vereinfacht besteht der Herstellungsvorgang eines Produktes aus Inputfaktoren (Einzelkosten) und aus Aktivitäten bzw Prozessen. Die Einzelkosten können im Rahmen einer **konstruktionsbegleitenden Kalkulation** einfach kalkuliert werden. Zur Bewertung der notwendigen Prozesse bietet sich die Verwendung der **Prozeß-kostenrechnung** an. Die Einführung eines neuen Produktes bindet Ressourcen quer durch das Unternehmen, die mit (Haupt-)Prozeßkostensätzen bewertet eine Grund-lage für die Konstruktion und das Design liefern können. Damit können die Kosten-senkungsmaßnahmen einzeln bewertet und die reduzierten Standardkosten ermittelt werden.

Konstruktionsbegleitende Kalkulation[37]

Pauschale Verfahren: Die Kosten werden global aus den vorliegenden Datenbeständen ermittelt.

- **Kenngrößenverfahren**: Kostenermittlung aus einfachen Beziehungen zwischen bestimmten Merkmalen des Konstruktionsobjektes und bekannten Kenngrößen. Beispiel: Baukosten aufgrund von Quadratmetern Wohnfläche.

- **Ähnlichkeitsverfahren**: Kostenermittlung aufgrund von Kosten, die früher bei ähnli-chen Aufgabenstellungen entstanden sind. Beispiel: Variantenkalkulation.

Analytische Verfahren: Die Kostenermittlung berücksichtigt technische Einzelheiten der Konstruktion.

- **Geometriedatenverfahren**: Kostenermittlung aufgrund funktionaler Zusammen-hänge zwischen geometrischen Eigenschaften und Kosten.

- **Fertigungsdatenverfahren**: Kostenermittlung aufgrund von Stücklisten und Arbeitsplänen.

Maßnahmen zur Kostensenkung

Die Effektivität von solchen Maßnahmen hängt vom individuellen Fall ab. Generell können derartige Maßnahmen beispielsweise sein:

- Einflußnahme auf physische Eigenschaften des Produktes, wie Größe oder Gewicht, die später Logistikkosten verursachen
- Substitution von Materialien
- Verwendung von Gleichteilen anstelle von Spezialteilen
- Einbeziehung der Lieferanten in den Planungsprozeß
- Änderung der Arbeitsgänge
- Fremdbezug von Komponenten statt deren Eigenfertigung.

---

[37]   Vgl *Franz* (1992), S. 130 f.

Offensichtlich ist in der Phase der Produktkonzeption noch ein wesentlich höherer Freiheitsgrad bei der Festlegung von Funktion und Kosten vorhanden als bei der Detailkonstruktion.

Im Rahmen der Maßnahmen zur Kostensenkung werden vielfach auch einzelne Funktionen des Produktes verändert. Damit ändern sich aber die Produkteigenschaften und letztlich auch das **Marktsegment**, auf das das Produkt zielt. Genaugenommen müßte man dann wieder von vorne beginnen, weil Produkteigenschaften und Marktsegment als Basis für die Absatzpreisermittlung dienen.

Im allgemeinen sind die Zielkosten als Differenz zwischen Verkaufspreis und Zielgewinn eine zu grobe Größe, als daß sie direkt Ansätze für Kostenreduktionen bieten könnten. Die Zielkosten gelten für das gesamte vermarktbare Bündel an Produktfunktionen. Für Detailinformationen, die etwa Designer oder Konstrukteure benötigen, ist es sinnvoll, diese Gesamtzielkosten auf die **einzelnen** (jedoch nur gemeinsam vermarktbaren) **Funktionen** und anschließend auf die **Komponenten aufzuteilen**, die diese Funktionen erfüllen sollen.

Ein sehr anschauliches Verfahren besteht darin, die Funktionen nach ihrer Wichtigkeit für den Kunden zu gewichten und die Standardkosten für die Erzeugung dieser Funktionen in Art einer ABC-Analyse damit zu vergleichen. Als Hypothese über den Idealzustand gilt, die Ressourcen und damit die Kosten so einzusetzen, wie dies der vom Kunden gewünschten Funktion entspricht (man spricht dann auch von hoher Produktintegrität). Der Zielkostenanteil (in Prozent) sollte dann dem Grad der Wichtigkeit der Funktion (in Prozent) in etwa entsprechen. Fallen diese Prozentsätze stark auseinander, ist Handlungsbedarf angezeigt.

Beispiel: Bei der Entwicklung einer Füllfeder[38] ergibt eine Analyse, daß der Kostenanteil des Federhalters rund 36% der Gesamtkosten ausmacht, die Wichtigkeit seiner Funktion aber nur auf rund 30% geschätzt wird. Hier erscheint eine Einsparung möglich und wirkungsvoll. Umgekehrt zeigt sich, daß der Kostenanteil der Tinte rund 7% der Gesamtkosten beträgt, die Tinte aber rund 20% der Wichtigkeit der Funktion ausmacht. Es wäre zu überlegen, entweder die Funktionserfüllung zurückzudrängen oder aber sogar Mehrkosten bei der Tinte in Kauf zu nehmen.

Die **Problematik** eines solchen Vergleichs von Kostenanteilen und Wichtigkeit der Funktionen liegt darin, daß der eigentliche „gesamte Einsparungsbedarf" (Differenz aus Standardkosten und Zielkosten) darin zunächst gar nicht aufscheint. Es werden ja die Standardkostenanteile der Komponenten mit ihrer prozentualen Funktionserfüllung verglichen. Im Extremfall kann dies zu einer Situation führen, bei der die Standardkostenanteile exakt den Anteilen der Komponenten bei der Funktionserfüllung entsprechen. Die Methode würde dann keine Komponente als modifizierungswürdig auswählen, obwohl noch nichts eingespart wurde! Insofern erscheint es notwendig, das Verfahren um eine explizite Erfassung des Kostenreduktionsbedarfs zu ergänzen,[39] was allerdings das eigentliche Problem – wie soll der Bedarf auf die Komponenten aufgeteilt werden? – schon beinhaltet. In der Praxis behilft man sich häufig damit, die Kostenkomponenten prozentual gleichmäßig zu kürzen.

---

[38]   Dieses Fallbeispiel stammt von *Tanaka* (1989). Es ist beschrieben in *Seidenschwarz* (1991a), S. 200 – 204; *Horváth* und *Seidenschwarz* (1992), S. 145 – 149.

[39]   Siehe zu einem Vorschlag zB *Fischer* und *Schmitz* (1994).

Target Costing in der Automobilindustrie[40]

Die Entwicklung des Volkswagen in den dreißiger Jahren erfolgte nach *Ferdinand Porsche* unter dem Ziel, das Auto zu nicht mehr als 990 Reichsmark anzubieten. Um dieses Ziel zu erreichen, wurden verschiedene technische Lösungen unter Kostengesichtspunkten verglichen. So wurde der Volkswagen nicht mit hydraulischen Bremsen, sondern mit Seilzugbremsen ausgestattet, was eine Kosteneinsparung von ca 25 Reichsmark ergab.

Entscheidung über die Einführung des neuen Produktes

Nach Vornahme aller denkbaren Kostensenkungsmaßnahmen ergeben sich letztlich nicht mehr weiter verbesserbare Standardkosten. Werden die Zielkosten erreicht oder sogar unterschritten, sollte das Produkt nach dieser Überlegung eingeführt werden. Liegen die Standardkosten immer noch über den Zielkosten, so sollte konsequenterweise auf die Einführung dieses Produktes verzichtet werden.

Vielfach wird jedoch versucht, eine derartige Enttäuschung für Produktentwickler hintanzuhalten und schon bei der Zielkostenbestimmung die technischen Möglichkeiten (pauschal) zu berücksichtigen. In der Literatur wird dazu ein **zweistufiges Verfahren** der Ermittlung von Zielkosten angegeben:[41] Zunächst werden die vom Markt „erlaubten" Kosten (*allowable costs*) durch Subtraktion eines Zielgewinnes vom Verkaufspreis des neuen Produktes berechnet. Als Zielkosten wird dann ein Wert *zwischen* den vom Markt „erlaubten" Kosten und den Standardkosten (jenen Kosten, die sich bei Verwendung der bestehenden Technologie zunächst ergeben würden) gesetzt. Der genaue Wert hängt von technischen Realisationsmöglichkeiten genauso ab wie von der Wettbewerbssituation, in der sich das Unternehmen befindet. Mit dem zweiten Schritt scheint es einen Spielraum für das Setzen der Zielkosten zu geben. Es erhebt sich jedoch die Frage, weshalb nicht schon die vom Markt „erlaubten" Kosten und der Zielgewinn diese Überlegungen enthalten.

Die Zielkosten werden damit nicht mehr als Entscheidungshilfe, sondern als Instrument zur **Motivation** der Produktentwickler und Konstrukteure genutzt. Mit den Standardkosten sollen ihnen die Auswirkungen ihrer Konstruktionen auf die Kosten des Unternehmens verdeutlicht werden. Die Zielkosten könnten dann so gesetzt werden, daß sie erreichbar sind, wenngleich durchaus mit erheblicher Anstrengung.[42] Wenn aber die **Verhaltenssteuerung** schon angesprochen wird, müßten asymmetrische Information und Zielkonflikte zwischen der Zentrale und den Konstrukteuren explizit berücksichtigt werden.[43] Daraus ergeben sich nicht nur Konsequenzen für die vorgegebenen Zielkosten, sondern auch für die Berichterstattung der besser informierten Konstrukteure über die technologischen Gegebenheiten. Problemstellungen dieser Art werden im Teil III: *Koordinationsrechnungen* behandelt.

---

[40]   Vgl *Franz* (1993a); *Heßen* und *Wesseler* (1994).

[41]   Vgl zB *Sakurai* (1989), S. 43. Kritisch dazu *Seidenschwarz* (1991b), S. 200.

[42]   So *Sakurai* (1989), S. 45. Damit dies auch tatsächlich funktioniert, muß eine Reihe von Voraussetzungen gegeben sein.

[43]   Vgl dazu *Chwolka* (2003), *Ewert* (1997), *Ewert* und *Ernst* (1999) sowie *Riegler* (1996).

Empirische Ergebnisse

Ein Vergleich der Umsetzung des *Target Costing* bei japanischen und deutschen Unternehmen ergab unter anderem folgende Resultate (*Horváth* und *Tani* 1997):

- Deutsche Unternehmen setzen die Zielkosten vorwiegend in Höhe der *allowable costs* an, während die meisten japanischen Unternehmen einen Ansatz zwischen den *allowable costs* und den *Standardkosten* wählen

- Die mit dem *Target Costing* in beiden Ländern hauptsächlich verfolgte Zielsetzung besteht in der Kostenreduktion. An zweiter Stelle steht bei deutschen Unternehmen die marktorientierte Produktentwicklung, während japanische Unternehmen hohe Qualitätsstandards angeben.

- Japanische Unternehmen beziehen das gesamte Gemeinkostenspektrum häufiger in den Prozeß des *Target Costing* ein als deutsche Unternehmen.

- Die Erreichung der Zielkosten differiert faktisch nicht zwischen den beiden Ländern. Etwa 60% der Unternehmen erreichen danach zB die Zielkosten zu wenigstens 90%.

- Die Zusammensetzung der Arbeitsgruppen für das *Target Costing* unterscheidet sich deutlich. Während bei deutschen Unternehmen die Controlling- bzw. Kostenrechnungsabteilungen bei jedem befragten Unternehmen eine große Rolle im *Target Costing*-Prozeß spielen, dominieren in Japan eher Abteilungen wie „Konstruktion", „Design" etc. Eine unmittelbare Präsenz von Lieferanten im *Target Costing*-Team ist dagegen in beiden Ländern äußerst selten.

Bei der Einschätzung dieser Ergebnisse ist zu beachten, daß die deutsche Stichprobe nur aus 10 Unternehmen bestand, die bereits über Erfahrungen mit der Umsetzung des *Target Costing* verfügten. Die für deutsche Unternehmen erhaltenen Resultate werden aber in einer Studie von *Arnaout* (2001) mit einer größeren Stichprobe tendenziell bestätigt.

4.3. Diskussion

Das dargestellte Procedere des *Target Costing* hat seinen besonderen Reiz, weil in recht kompakter Weise sehr komplexe Probleme gelöst zu sein scheinen. Einige Schwierigkeiten wurden bereits bei der Darstellung der Methode angesprochen. Im folgenden wird explizit auf die Probleme der *einperiodigen* Betrachtungsweise des *Target Costing* eingegangen.

Im Grunde handelt es sich bei der vom *Target Costing* untersuchten Situation um ein **mehrperiodiges Problem**, das grundsätzlich mit einer Investitionsrechnung angegangen werden sollte. Analog einer Break Even-Analyse wird ein **kritischer Kostenwert** ermittelt, der nicht überschritten werden darf, soll die Durchführung der Investition noch vorteilhaft sein. Insofern verbergen sich alle Zusammenhänge, die im Rahmen einer Investitionsrechnung ansonsten zur Bestimmung der Vorteilhaftigkeit eines Projekts herangezogen würden, in der einfachen Gleichung des *Target Costing*: Zielkosten = Absatzpreis – Zielgewinn. Die Frage, die sich letztlich stellt, ist die, inwieweit diese Vorgehensweise aus einer **investitionsrechnerischen Betrachtung** explizit hergeleitet werden kann.

Dazu ist auf den Kapitalwert *KW* eines Projekts zurückzugreifen. Zur Bestimmung von *KW* werden Annahmen gesetzt, die der typischen Vorgehensweise des *Target Costing* entsprechen: Absatzmengen *x*, Absatzpreise *p*, variable Stückkosten k^v und Fixkosten K^F sind für jede Periode konstant.[44] Dadurch erhält man somit eine typische stückbezogene Vollkostenbetrachtung. Angenommen sei, daß die Preise und Kosten am Ende der jeweiligen Periode zahlungswirksam werden.[45]

Zusätzliche spezifische Investitionen für das Produkt können mit der Investitionsauszahlung *I* und einem Liquidationserlös *LQ* explizit berücksichtigt werden. Gegeben eine Nutzungsdauer von *T* Perioden, folgt für den Kapitalwert:

$$KW = \sum_{t=1}^{T}\left[\left(p - k^v\right)\cdot x - K^F\right]\cdot \rho^{-t} + LQ\cdot \rho^{-T} - I \qquad (31)$$

Dies läßt sich unter Verwendung des Rentenbarwertfaktors *RBF* schreiben als

$$KW = \left[\left(p - k^v\right)\cdot x - K^F\right]\cdot RBF\left(\rho,T\right) + LQ\cdot \rho^{-T} - I \qquad (32)$$

Ein (absolut) vorteilhaftes Projekt erfordert $KW \geq 0$, und das führt – analog der investitionstheoretischen Berechnung langfristiger Preisuntergrenzen (siehe 4. Kapitel: *Preisentscheidungen*) – auf

$$p \geq \underbrace{k^v + \frac{K^F}{x} + \frac{\left(I - LQ\cdot \rho^{-T}\right)\cdot WGF\left(\rho,T\right)}{x}}_{\hat{k}} \qquad (33)$$

mit *WGF* als Wiedergewinnungs- bzw. Annuitätenfaktor, wobei *WGF* = 1/*RBF*.

Auf der rechten Seite von (33) steht ein **„dynamischer" Vollkostensatz** $\hat{k}$. Im Rahmen einer Betrachtung kritischer Werte muß (33) gerade als Gleichung erfüllt sein, so daß folgt

$$p = \hat{k} \qquad (34)$$

Liest man diese Gleichung aus dem Blickwinkel der Subtraktionsmethode, dann impliziert sie, daß ein vorteilhaftes Investitionsprojekt – unter den gesetzten Prämissen – nur die **Übereinstimmung von Absatzpreis und Stückvollkosten** erfordert. Ein wie auch immer gearteter Zielgewinn, den man noch vom Absatzpreis subtrahieren müßte, wird durch die bisherige Analyse nicht begründbar.[46] Dazu wäre

---

[44] Dynamische Kosten- und Preisfunktionen könnten in diese Modellstruktur einbezogen werden, führen jedoch zu erheblich komplexeren Zusammenhängen.

[45] Diese Annahme ist zumindest für die periodisierten Fixkosten K^F idR nicht zutreffend. Dadurch entstehen jedenfalls Ungenauigkeiten (siehe 2. Kapitel: *Die Kosten- und Leistungsrechnung als Entscheidungsrechnung*).

[46] Ein „Zielgewinn" ist grundsätzlich im Kalkulationszinsfuß enthalten. Bei der statischen Betrachtung analog der Bestimmungsgleichung (30) sind Zinssätze allenfalls implizit in den Vollkosten enthalten.

es erforderlich, das Kriterium für die Vorteilhaftigkeit etwas umzuformulieren. Bedingung für ein vorteilhaftes Projekt ist dann ein **streng positiver Mindestkapitalwert** $\underline{KW}$. Bezieht man ihn in die obige Analyse ein, erhält man

$$p - \frac{\underline{KW} \cdot WGF(\rho,T)}{x} = \hat{k} \tag{35}$$

Jetzt ergibt sich der kritische Stück-Vollkostensatz (Zielkosten) aus dem Absatzpreis abzüglich einer als „Zielgewinn" interpretierbaren Größe, die sich als proportionalisierte Annuität des Mindestkapitalwertes darstellen läßt. Dann entsteht freilich das Problem, wie ein solcher Mindestkapitalwert begründet werden kann. Dies ist innerhalb des angenommenen Szenarios kaum möglich. Deshalb ist die Vorgehensweise des *Target Costing* aus **investitionstheoretischer Sicht** im allgemeinen „zu kompakt", als daß aus ihr ohne weiteres auf die Vorteilhaftigkeit eines Projekts geschlossen werden könnte.

Eine Möglichkeit der Begründung eines positiven Mindestkapitalwertes bestünde darin, auf eine **Situation knapper Finanzmittel** zu verweisen. Dann können nur solche Projekte realisiert werden, die eine bestimmte Mindestvorteilhaftigkeit aufweisen. Derartige Aspekte werden aber im Rahmen der Investitions- und Kapitalbudgetierung üblicherweise durch eine Anhebung des Diskontierungssatzes berücksichtigt, so daß sie faktisch schon durch die reine Barwertberechnung mit dem entsprechenden Zinssatz berücksichtigt sind. Eine nochmalige Einbeziehung würde demgegenüber zu einer Doppelerfassung führen.

Eine andere Möglichkeit könnte darin gesehen werden, Aspekte der **zeitlich optimalen Ausnutzung von Realoptionen** zu berücksichtigen. Der Gedankengang läßt sich durch das folgende einfache *Beispiel* verdeutlichen: Angenommen, ein Projekt kann entweder heute oder in einem Jahr durchgeführt werden. Die künftige Absatzentwicklung ist unsicher, läßt sich aber in einem Jahr besser einschätzen als heute. Würde man mit der Investition ein Jahr warten, kann man sich an die sich abzeichnende Entwicklung optimal anpassen. In einigen Zuständen wird man daher auf die Investition verzichten (der Kapitalwert dieser „Unterlassung" ist gleich null), in anderen Zuständen wird man das Projekt realisieren (der Kapitalwert dieser Investition ist nicht negativ, weil man zu ihrer Durchführung nicht gezwungen werden kann). Insgesamt hat die Alternative „Warten und optimale Anpassung" mithin einen positiven erwarteten Kapitalwert. Soll es demgegenüber vorteilhaft sein, schon heute zu investieren, muß der damit zu erzielende Kapitalwert somit wenigstens so groß wie der erwartete Kapitalwert des Abwartens sein, so daß aus dieser Sichtweise ein positiver Mindestkapitalwert tatsächlich begründet werden kann.

Diese Begründung ist aber in gewisser Weise noch unvollständig, weil bei ihr stillschweigend das investitionsrechnerische Szenario *geändert* wurde. Die optionsorientierte Betrachtung löst sich explizit von *zeitlich stationären* Verhältnissen, wie sie in der obigen Analyse zugrunde gelegt wurden. Neben der Existenz positiver Mindestkapitalwerte wäre daher als nächstes zu zeigen, daß auch bei im Zeitablauf variablen und stochastischen Größen ein Kriterium resultiert, das eine derart kompakte Form wie bei der Subtraktionsmethode aufweist oder sich zumindest nicht wesentlich davon unterscheidet. Außerdem ändert sich der Charakter des *Target Costing*, denn es geht jetzt eher um das *timing* der Investition und weniger um die Basisentscheidung – diese Änderung der Sichtweise scheint aber nicht die in der Literatur zum *Target Costing* vorherrschende Perspektive zu sein.

Intertemporale Kosten-Trade-offs

Andere Probleme des *Target Costing* ergeben sich aus folgender einfacher Beobachtung: Reduzierungen von Kosten sind für eine Unternehmung – *ceteris paribus* –

immer vorteilhaft. Warum sollte man also mit **Kostensenkungen** gerade dann aufhören, wenn die Zielkosten erreicht sind? Warum sollte dies eine „gute" oder gar „optimale" Kostenpolitik sein?

Eine Beantwortung dieser Frage kann nur gefunden werden, wenn man bedenkt, daß Kostensenkungen in den frühen Phasen der Produktplanung und -entwicklung ihrerseits nicht kostenlos sind. Verbesserungen in der Konstruktion und im Produktdesign induzieren ebenfalls vielfältige Ressourcenverbräuche, wenn man zB an Probeläufe, Tests, Untersuchungen etc denkt. Insofern beinhaltet das frühzeitige Kostenmanagement einen **intertemporalen Trade-off**: Die zusätzlichen Kosten, die im Rahmen der Planungs- und Konstruktionsphase anfallen, müssen den damit ermöglichten Kostensenkungen in den späteren Produktions- und Vertriebsphasen gegenübergestellt werden.

In dieser Sichtweise ergeben sich sowohl die **Zielkosten** als auch der **Zielgewinn** als Resultat eines **Optimierungsprozesses**, der auf Kostensubstitutionseffekten zwischen verschiedenen Phasen im Produktlebenszyklus beruht. Damit wird nicht nur die grundsätzlich enge Beziehung zu der im nächsten Abschnitt dargestellten **Lebenszykluskostenrechnung** deutlich. Es zeigt sich auch, daß die Zusammenstellung der Größen Absatzpreis, Zielgewinn und Zielkosten im Rahmen der Subtraktionsmethode bestenfalls eine Formalstruktur sein kann, deren inhaltliche Ausfüllung von noch näher zu präzisierenden Optimierungsüberlegungen abhängen muß.[47]

Im **Ergebnis** zeigt sich, daß der Versuch, mit dem *Target Costing* die künftigen Kostenstrukturen mit den Marktbedingungen abzustimmen und auf diese Weise eine vorteilhafte Investition sicherzustellen, nicht wirklich gelingt. Gerade die Bestimmung *des* Marktpreises, *des* Zielgewinnes und *der* Standardkosten abstrahiert von dynamischen Änderungen dieser Größen im Zeitablauf. Damit resultiert die für das *Target Costing* charakteristische Subtraktionsmethode nur unter ganz engen Bedingungen als Ergebnis einer investitionstheoretischen Analyse. Außerdem verbergen sich bei der inhaltlichen Bestimmung des Zielgewinns und der Zielkosten subtile Optimierungsprobleme, die grundsätzlich auch in der Lebenszykluskostenrechnung angelegt sind und einer weiteren Explizierung bedürfen. Letztlich ist für die **Anwendung des *Target Costing*** entscheidend, ob diese konzeptuellen Nachteile durch andere Vorteile, wie zB mit einem einfach verständlichen, gewissermaßen programmatischen Instrument eine Änderung der Einstellung der Mitarbeiter zu erwirken, aufgewogen werden.

---

[47] Vgl zur Analyse derartiger Zusammenhänge auch *Ewert* und *Ernst* (1999).

5. Lebenszykluskostenrechnung

Im Rahmen der Lebenszykluskostenrechnung (*product life cycle costing*) wird versucht, die während seines gesamten Lebenszyklus eines Produktes anfallenden Kosten zu erfassen und dem Produkt auch zuzurechnen. Diese Informationen können für ein Kosten- und Erlösmanagement bei der **Produktentwicklung**, der Frage nach dem Zeitpunkt der **Produkteinführung** und dem Zeitpunkt des **Rückzuges** vom Markt, bei der langfristigen **Preispolitik** oder dem Verschieben von Kosten zwischen den Lebenszyklusphasen Verwendung finden.[48] Ähnlich wie beim *Target Costing* gilt auch hier, daß der Beeinflussungsgrad umso größer ist, je früher mit Maßnahmen begonnen wird. Auf der anderen Seite sind die Informationen am Anfang des Lebenszyklus noch am schlechtesten.

Es handelt sich um eine **periodenübergreifende** Sichtweise („von der Wiege bis zum Grab" des Produktes). Auf diese Weise können zunächst dynamische Kosten- und Preisverläufe im Ergebnis abgebildet werden. Des weiteren werden Kosten und Erlöse, die nur in bestimmten Phasen des Produktlebenszyklus anfallen, explizit ausgewiesen. Letzteres gewinnt an Bedeutung, weil die Produktlebenszyklen immer kürzer werden; Zykluszeiten von zwei bis fünf Jahren sind keine Seltenheit. Auf der anderen Seite werden die Vorlaufkosten (zB Forschung und Entwicklung) nicht geringer, sie steigen vielfach sogar. Damit erhöht sich der Anteil der Kosten, die in der „traditionellen" KLR den Produkten nicht direkt zugerechnet werden. Eine Sammlung derartiger Kosten im Gemeinkostentopf und gegebenenfalls Umlage mit anderen Gemeinkosten führt jedoch dazu, daß Informationen darüber nicht explizit vorhanden sind.

Empirische Ergebnisse

Die **Produktlebenszeiten** sanken im Zeitraum von 1974 bis 1989 von rund 12 Jahren auf rund 7 Jahre.[49]

In einer Analyse der Kostenstrukturen von 61 Industrieunternehmen in Deutschland kommt *Schehl* (1994), S. 217 ff, zum Ergebnis, daß die Vorlaufkosten bei den meisten Unternehmen im Bereich von 5% bis 8,5% der Gesamtkosten liegen. Sie sind infolge zunehmender Automatisierung in den direkt- und indirekt-produktiven Bereichen in den letzten Jahren angestiegen. Im Durchschnittswert wurde eine Steigerung zwischen 1 und 5% angegeben.

5.1. Produktlebenszyklen

Üblicherweise wird unter dem Lebenszyklus eines Produktes der **Marktzyklus** verstanden. Er gliedert sich in die Einführungsphase, die Wachstumsphase, die Reife-

---

[48]   Vgl zB *Götze* (2004), S. 287 – 309.
[49]   *Bullinger*, zitiert in *Horváth* (1991), S. 2.

phase, die Sättigungsphase und die Degenerationsphase. Es handelt sich um eine rein zeitliche Abfolge von Phasen. Diese Phasen können mehr oder weniger gut für jedes beliebige Produkt identifiziert werden.

Davon zu unterscheiden ist der **Produktionszyklus**, er beginnt mit der Konzeption des Produktes, darauf folgen die Produktentwicklung, die Detailkonstruktion, die Produktion und der Vertrieb.[50] Die ersten drei Phasen schließen hier ebenfalls zeitlich aufeinander, für die Produktion und den Vertrieb trifft dies jedoch nur für jedes einzelne Stück des Produktes zu. Der Marktzyklus überlagert die Produktions- und Vertriebsphase.

In der Lebenszykluskostenrechnung steht der Produktionszyklus im Vordergrund, und zwar sind es insbesondere die Kosten in den fünf Phasen, die sehr unterschiedlich anfallen. Die ersten drei Phasen, Produktplanung, Entwicklung und Konstruktion, verursachen sogenannte **Vorlaufkosten**. Es sind dies Kosten aufgrund von Sachinvestitionen, Forschungs- und Entwicklungskosten sowie Marketingkosten infolge der Produkteinführung. Manchmal entstehen auch **Vorlauferlöse**, wie etwa Subventionen oder Zuschüsse zur Forschungsförderung.

Im Anschluß an den Produktionszyklus beginnt der **Konsumentenzyklus**. Er beginnt mit dem Kauf eines Stücks des Produktes, darauf folgt eine Nutzungsphase, während der auch noch nachträgliche Unternehmensleistungen nachgefragt werden, wie Beratung, Wartung oder Reparaturen. Der Konsumentenzyklus endet mit der Desinvestition, dem Verkauf und letztlich mit der Entsorgung des Produktes. Der Konsumentenzyklus ist in jeder Phase auf ein einzelnes Produkt bezogen.[51]

Im Rahmen des Konsumentenzyklus fallen noch weitere Kosten und Erlöse im Unternehmen an. Solche **Nachlaufkosten** (Folgekosten, Nachsorgekosten) sind vor allem Kosten für Garantien, Beratung, Service, Wartung, Reparatur und Kosten für das Halten eines Ersatzteillagers. Manchmal muß das Unternehmen auch die Entsorgung besorgen. Parallel dazu treten oft umfangreiche **Nachlauferlöse** aus Wartungs- und Reparaturaufträgen sowie dem Ersatzteilverkauf auf.

5.2. Konzeptionen von Lebenszykluskostenrechnungen

Ausgangspunkt einer Lebenszykluskostenrechnung bildet die Planung und/oder Erfassung der einzelnen Lebenszykluskosten im Zeitablauf.[52] Als **Planungsrechnung** kann sie eine Hilfe für etliche Entscheidungen im Zusammenhang mit einer Optimierung der Kosten über die einzelnen Lebenszyklusphasen bieten. Solche

---

[50]   Alternativ kann von einem Entstehungszyklus (Innovation, Entwicklung, Marktvorbereitung) und einem Fertigungszyklus gesprochen werden. Vgl *Leisten* und *Ausborn* (2002), Sp. 1531.

[51]   Man kann auch noch einen „Gesellschaftszyklus" identifizieren: er besteht aus Externalitäten der Produktion (zB Schadstoffbelastung) und Entsorgung, soweit sie die Gesellschaft zu tragen hat. Vgl zB *Shields* und *Young* (1991), S. 40.

[52]   Vgl *Berliner* und *Brimson* (1988), S. 88 f; *Horngren, Foster* und *Datar* (2000), S. 439 – 441; *Rückle* und *Klein* (1994), S. 358 – 363; *Götze* (2000), S. 278 – 284.

werden im folgenden kurz erwähnt. Als **Istrechnung** hilft sie für die meisten strategischen Entscheidungen, dasselbe Produkt betreffend, nicht mehr viel. Man kann zB erkennen, wann eine Amortisation erfolgt ist, ob sich die Preisstruktur verändert hat oder wo ein Rationalisierungspotential gegeben ist, und diese Informationen für Anpassungsentscheidungen zu nutzen suchen.

Wird die **Lebenszykluskostenrechnung** mit Zahlungen geführt, so kann damit eine **Investitionsrechnung** (als eine Kosten-Leistungs-Konzeption II, siehe dazu das 2. Kapitel: *Die Kosten- und Leistungsrechnung als Entscheidungsrechnung*) durchgeführt werden. Sie berücksichtigt den zeitlichen Anfall der Zahlungen, und das ist für eine langfristige Rechnung jedenfalls sinnvoll und notwendig.[53] Eine solche Lebenszykluskostenrechnung ist in der Praxis aber idR nur in der Vorlaufphase einsetzbar, solange der Marktzyklus noch nicht begonnen hat. Ab Serienproduktion werden typischerweise die Zahlungsströme nicht mehr gesondert erfaßt, sondern mit Kosten und Leistungen (Konzeption III) gerechnet.

Die periodische KLR berücksichtigt Vorlauf- und Nachlaufkosten nur in Sonderfällen. Ein Beispiel wären Abschreibungen von Investitionen, die vor der Produktion anfallen. Die **Produktkalkulation** verrechnet die periodischen Kosten und ordnet sie den in der betreffenden Periode produzierten (Gesamtkostenverfahren) oder abgesetzten Produkten (Umsatzkostenverfahren) zu. Dabei bestehen zwei **Möglichkeiten** für die Zurechnung von Vorlauf- und Nachlaufkosten, je nachdem, wie weit die Zurechnung reichen soll.

1. Eine Möglichkeit ist es, die Vorlauf- und Nachlaufkosten **nicht an Kostenträger** weiter zu verrechnen, sondern sie als Periodengemeinkosten anzusetzen.

2. Die zweite Möglichkeit besteht darin, die Vorlauf- und Nachlaufkosten in Hilfskostenstellen zu erfassen, diese auf Hauptkostenstellen zu verteilen und im Rahmen der Zuschlagsätze (oder Prozeßkostensätze) auf die in der betreffenden Periode produzierten Produkte zuzurechnen.

Nachteilig an beiden Möglichkeiten ist die Tatsache, daß eine **Zurechnung** der Vorlaufkosten und Nachlaufkosten an die Produkte, die diese Kosten wirklich **verursachen** (zT in einem weiten Sinn), *nicht* erfolgt. Vorlaufkosten müßten *künftigen* Produkten zugerechnet werden, Nachlaufkosten zT bereits ausgelaufenen Produkten. Ein Verzicht auf die gesonderte Berücksichtigung der Vorlauf- und Nachlaufkosten kann dann genügen, wenn sie relativ zu den Produktions- und Vertriebskosten nicht ins Gewicht fallen, oder wenn sie für alle vom Unternehmen hergestellten Produkte in etwa den gleichen Anteil an den Produktions- und Vertriebskosten ausmachen *und* auch zeitlich kaum Schwankungen bestehen. Andernfalls verzerrt eine solche auf die einzelne Periode bezogene Rechnung die Informationen für strategische Entscheidungen. Der **Erfolg von Produkten** ist nicht

---

[53] Als Beispiel wird in *Riezler* (2002), S. 217, ein Serienmodell in der Automobilindustrie dargestellt.

mehr mit den (kurzfristigen) Kosten- und Erlösgrößen meßbar, die eine derartige Kostenrechnung liefert.

Beispiel: Die Herstellung von Software besteht fast durchwegs aus Vorleistungskosten, die Produktionskosten fallen kaum ins Gewicht. Werden die Entwicklungskosten derselben Software für deren Preiskalkulation nicht berücksichtigt, kann es zu gravierenden Verzerrungen der Grundlagen für bestimmte Entscheidungen kommen.

Beispiel: Viele kleinere Hardwarehersteller führen einen Konkurrenzkampf über den Preis. Wird im Preis nicht berücksichtigt, daß mit gewisser zeitlicher Verzögerung Garantiearbeiten anfallen, führt dies spätestens bei einer Stagnation oder einem Rückgang des Absatzes zu größeren Schwierigkeiten.

Eine Möglichkeit einer mehrperiodigen Lebenszykluskostenrechnung besteht in einer umfassenden periodenübergreifenden Verrechnung der Vorlauf- und Nachlaufkosten. Sie erfordert, daß die Vorlaufkosten zu „**aktivieren**" und den verursachenden Produkten in den späteren Perioden zuzurechnen sind. In gleicher Weise muß eine „**Passivierung**" zur Vorsorge für produktspezifische (erwartete) Nachleistungskosten erfolgen. Hier erfolgt die Zurechnung auf die sie verursachenden Produkte bereits bevor die Kosten anfallen.

Diese Variante hat etliche bekannte Vorbilder. Ein prominenter Vorläufer ist die ganze bilanztheoretische Diskussion: So basiert *Schmalenbach*s dynamische Bilanz auf einer sehr ähnlichen Argumentation. Ein anderes Vorbild ist die Auftragskalkulation, etwa im Industrieanlagenbau. Auch hier muß eine Projektkostenrechnung quer über die Perioden erfolgen, um nicht völlig uninteressante Informationen zu generieren.

Abbildung 6 gibt einen typischen **Kosten- und Erlösverlauf im Lebenszyklus** wieder. Im oberen Teil sind die Kosten und Erlöse mit ihrem periodisch richtigen Anfall dargestellt. Es ist offensichtlich, daß nur die Betrachtung von Kosten und Erlösen einer beliebigen Periode innerhalb des Marktzyklus ein wenig informatives Bild ergibt. Im unteren Teil der Abbildung ist die umfassende Zurechnung von Kosten und Erlösen auf den Marktzyklus dargestellt. Dabei wurde angenommen, daß die Vorlauferlöse die Vorlaufkosten und die Nachlauferlöse die Nachlaufkosten direkt kürzen.

Eine umfassende periodenübergreifende Verrechnung von Kosten birgt etliche theoretische und praktische **Probleme** in sich.

- Viele der Vorlauf- und Nachlaufkosten fallen nicht produktspezifisch an, sondern für eine Gruppe von Produkten gemeinsam (**Gemeinkosten**).

- Ein praktisches Problem besteht in der **Verfolgung sämtlicher Kosten** auf die Produkte, die sie verursachen. Es ist dazu ein weitgehendes Abweichen vom externen Rechnungswesen erforderlich.

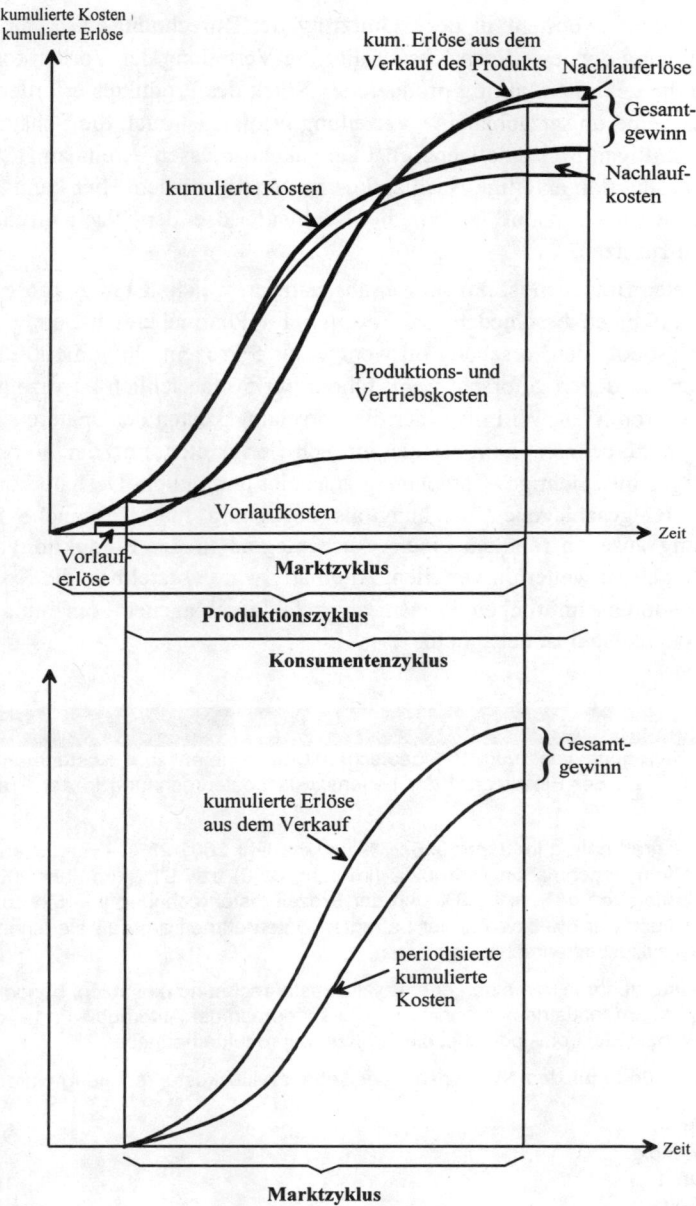

Abb. 6: Kumulierte Kosten und Erlöse in der Lebenszykluskostenrechnung

- Ein Problem besteht in der **Schätzung** der Zurechnungsbasis für die Verteilung der jeweiligen Kosten. Für die Verteilung der Vorlaufkosten sind die gesamten künftig produzierten Stück des Produktes erforderlich (wenn eine umsatzabhängige Verteilung erfolgt, ist auch die Schätzung der künftigen Preise notwendig).[54] Umgekehrt müssen bereits zu Beginn der Produktion anteilige Nachlaufkosten verteilt werden. Hier kann man sich uU noch damit helfen, die Nachlauferlöse den Nachlaufkosten gleichzusetzen.

- In vielen Branchen ist nur schwer abschätzbar, welche **Erfolgsquote** den Vorlaufkosten beschieden ist. *Beispiel*: Im Pharmabereich beträgt die Erfolgsquote der Forschung oft weniger als 5 Prozent, dh von 1000 Projekten, an denen geforscht wird, führen nur 50 tatsächlich zu vermarktbaren Produkten. Will man hier die Forschungskosten den späteren Produkten zurechnen, kommt man in Schwierigkeiten mit der Verursachung. Eine „richtige" Zurechnung erscheint unmöglich. Deshalb könnte man fehlgeschlagene Forschung als notwendig für erfolgreiche Forschung ansehen (ähnlich einem Ausbeutegrad in der Produktion) und diese getrost weiterhin verteilen. Alternativ wäre vorstellbar, die Kosten eines durchschnittlichen Prozentsatzes fehlgeschlagener Forschung als Periodenkosten zu behandeln.

Empirische Ergebnisse

In einer Befragung von rund 100 deutschen Unternehmen zum Kostenmanagement zeigte sich, daß der Einsatzgrad der Lebenszykluskostenrechnung in der Praxis eher gering ist.[55]

Der Einsatzgrad betrug im Jahr 1996 27% und im Jahr 2001 28% – verglichen mit Einsatzgrade von Benchmarking von 82% (im Jahr 1996) bzw 91% (im Jahr 2001), dem *Target Costing* von 54% bzw 59% und der Prozeßkostenrechnung von 52% bzw 47%. Es gaben auch nur 6% bzw 7% der befragten Unternehmen an, daß sie einen Einsatz der Lebenszykluskostenrechnung planten.

Bei den Unternehmen, die eine Lebenszykluskostenrechnung einsetzen, handelt es sich überwiegend um Industrieunternehmen, insbesondere in der Automobil- und in der Elektrotechnik- bzw Elektronikindustrie, die Großserienprodukte herstellen.

Folgende Gründe für den Nichteinsatz der Lebenszykluskostenrechnung wurden angeführt:

ungeeignet	53%
zu aufwendig	27%
unbekannt	16%
keine Angabe	4%

---

[54] Ein vergleichbares Problem liegt der Abschreibungsberechnung zugrunde. Dieses wird aber nicht als unlösbar oder extrem problematisch angesehen.

[55] Vgl *Franz* und *Kajüter* (2002b), S. 579 f.

5.3. Verschiebung von Kosten zwischen den Lebenszyklusphasen

Die Lebenszykluskostenrechnung als **Planungsrechnung** über den gesamten Lebenszyklus dient als Grundlage für ein Kostenmanagement. Sie zeigt auf einfache Art und Weise, wie Kosten zwischen einzelnen Phasen verschoben werden können. So hat eine Kostensenkungsmaßnahme in einer Phase des Lebenszyklus idR auch Auswirkungen auf Kosten in späteren Phasen. Umgekehrt gilt dasselbe für das Eingehen von Zusatzkosten in frühen Phasen. Dadurch können in späteren Phasen erhebliche Kostenreduktionen ausgelöst werden. In einer auf einzelne Perioden konzentrierten Rechnung können derartige interperiodige Auswirkungen leicht unberücksichtigt bleiben. Im folgenden werden zwei typische Beispiele gezeigt.[56] Wiederum gilt, daß eine Investitionsrechnung besser geeignet wäre als eine Rechnung auf Basis von Kosten und Leistungen III.

Verschiebung von Produktions- und Vertriebskosten zu Vorlaufkosten

Durch eine Lebenszykluskostenrechnung können die Auswirkungen von Versuchen dargestellt werden, durch eine **Erhöhung** von Kosten in den Phasen *vor* Produkteinführung eine weit stärkere Kostensenkung in der späteren Produktion und im Vertrieb zu erzielen. Als Faustregel wird dafür genannt, daß eine Geldeinheit Kostenerhöhung in der Produktplanung, Produktentwicklung und Konstruktion acht bis zehn Geldeinheiten an Produktions- und Vertriebskosten erspart.[57] Der Vorteil eines überlegteren Designs kann in einer Verringerung der Produktkosten (zB über eine Verkürzung der Produktionszeiten) oder einer Erhöhung der Qualität oder Flexibilität liegen. Die Lebenszykluskostenrechnung ergänzt das *Target Costing* damit durch eine Wirtschaftlichkeitsanalyse des Prozesses des *Target Costing* selbst.

Verschiebung von Kosten im Konsumentenzyklus zum Produktionszyklus

Im Rahmen einer **Differenzierungsstrategie** kann ein Zusatznutzen für den Kunden durch zwei Strategien geschaffen werden: das Steigern der Leistung für den Kunden oder das Senken der Kosten des Kunden. Die zweite Strategie, das Senken der Nutzungskosten, kann durch eine Lebenszykluskostenrechnung unterstützt werden.

Ein Verhältnis der Nutzungskosten zu den Anschaffungskosten von bis zu 12:1, zB bei Gebäuden, ist keine Seltenheit.[58] *Beispiele* für solche Kosten sind:

- Kosten im Zuge der Beschaffung: Anschaffungsnebenkosten wie Transport, Montage, Anlernkosten, Einarbeitungskosten
- laufende Nutzungskosten: Lohnkosten (niedrigerer Arbeitseinsatz, geringer qualifiziertes Personal), Verringerung des Verbrauchs an Inputs zur

---

[56] Vgl dazu zB *Berliner* und *Brimson* (1988), S. 150 – 154, 181 – 185; *Götze* (2000), S. 272 – 275.

[57] Vgl *Shields* und *Young* (1991), S. 39.

[58] So *Susman* (1989), S. 15.

Nutzung (elektrischer Strom, Brennstoff), höhere Kompatibilität, weniger Wartung, geringeres Ausfallsrisiko

■ Kosten der Beendigung der Nutzung: höherer Wiederverkaufswert, Entsorgungskosten.

Die durch eine Erhöhung der Produktentwicklungskosten verursachten Mehrkosten können idR durch einen **höheren Verkaufspreis** mehr als wettgemacht werden. Damit werden die an sich externen Effekte (Nutzenerhöhung von Kunden) im Wege der Erzielung einer Preisprämie *quasi* internalisiert.

Beispiel[59]

Der Vergleich zwischen einer gewöhnlichen Glühbirne und einer Stromsparbirne zeigt, daß die Stromsparbirne bei gleicher Leuchtleistung nur 15 W anstelle von 75 W benötigt und gleichzeitig eine Lebensdauer von 8.000 Stunden anstelle von 1.000 Stunden aufweist. Die Stromsparbirne kostet jedoch 46, die Glühbirne 1,95.

Wenn man die Kilowattstunde mit 0,25 ansetzt, ergibt eine einfache Rechnung, daß der Break-Even-Punkt bei rund 2.700 Stunden Brenndauer erzielt wird; bei Diskontierung künftiger Auszahlungen verschiebt er sich etwas nach oben.

Für die Kaufentscheidung sind aber noch andere Faktoren wesentlich: Wie gewichtet der Käufer den hohen Preis im Vergleich zu den späteren Ersparnissen? Nimmt er die Ersparnisse überhaupt wahr? Traut er den Angaben des Herstellers (der ja nur Durchschnittswerte angeben kann)?

---

6. Zusammenfassung

Kostenmanagement dient der **Beeinflussung** der Kosten im Hinblick auf Kostenniveau, Kostenstruktur und Kostenverlauf zur Verbesserung der Wirtschaftlichkeit der Leistungserstellung im Unternehmen. Die Maßnahmen im Kostenmanagement setzen zumeist bei **strategischen Entscheidungen** an, wie Unternehmensstrategie, langfristiges Produktionsprogramm, Fertigungstechnologie und vertikale Integration. Ansatzpunkte des Kostenmanagements können die **Produkte**, **Prozesse** und **Ressourcen** des Unternehmens sein. In diesem Kapitel werden einige Konzeptionen und Instrumente des Kostenmanagements dargestellt und kritisch diskutiert. Im Vordergrund steht die Gestaltung von **Informationssystemen**, die eine Entscheidungsgrundlage für das Kostenmanagement bereitstellen. Die KLR basiert auf vielen vereinfachenden, oft nur sehr implizit in Erscheinung tretenden **Annahmen**. Nicht berücksichtigt werden etwa das Verhalten der Konkurrenz, die Konkurrenzgefahr, oder längerfristige Auswirkungen von Entscheidungen. Um möglichst „gute" Entscheidungen sicherzustellen, muß die KLR entsprechend **adaptiert** werden.

---

[59]　Vgl *Simon* (1992), S. 16 – 18.

Ein Konzept einer **strategischen Kostenrechnung** basiert auf der **Wertketten-analyse**. Das Unternehmen oder ein Teil davon wird in **Aktivitäten** unterteilt, die Kundennutzen bewirken. Den Aktivitäten werden Kosten zugeordnet, und deren **strategische Kostentreiber** werden identifiziert. Strategien können nun anhand ihrer Auswirkungen auf Kosten und Nutzen der erforderlichen Aktivitäten bewertet werden.

Die **Prozeßkostenrechnung** ist ein pragmatisches Instrument, Teile dieses Konzeptes umzusetzen. Ihre Zielrichtung sind die **indirekten Leistungsbereiche** des Unternehmens, welche die Ressourcen für unternehmerische Aktivitäten (Prozesse) zur Verfügung stellen. Als **Einsatzmöglichkeiten** der Prozeßkostenrechnung kommen das Gemeinkostenmanagement, die strategische Kalkulation, die Kunden-profitabilitätsanalyse und das Produktdesign in Betracht. Genauere Betrachtungen zeigen aber, daß die tatsächliche Einsatzfähigkeit der Prozeßkostenrechnung zu relativieren ist, denn etwa im Bereich der strategischen Kalkulation und der damit verbundenen langfristigen Produktplanung erweist sie sich nur dann als sinnvoll, wenn **stationäre Verhältnisse** vorliegen. Dann aber hat man keinen wirklich „strategischen" Bezug.

Das *Target Costing* ist speziell zur Unterstützung der **Produktplanung, Produkt-entwicklung** und **Konstruktion** gedacht. Die Zielkosten ergeben sich aus dem künftigen Absatzpreis abzüglich des Zielgewinnes. Ein Produkt, das höhere Kosten als diese Zielkosten verursachen würde, wird nicht eingeführt. Mit Hilfe von Prozeß-kostensätzen kann den Produktentwicklern und Konstrukteuren vorgerechnet werden, wieviel das Produkt langfristig kosten wird. Die Schwächen dieses Instru-ments liegen vor allem in der Einperiodigkeit der Betrachtungsweise und in der angenommenen Konstanz des Absatzpreises, Zielgewinns und der Kosten.

Die **Lebenszykluskostenrechnung** versucht, die Produktkosten von der ersten Planung bis zur Beendigung der Nutzung durch den letzten Konsumenten zu verfol-gen. Durch diese **periodenübergreifende** (und oft auch unternehmensübergreifende) **Rechnung** sollen falsche Kostensignale vermieden werden, die sich bei einer mehr oder weniger streng periodenbezogenen Rechnung einstellen. Die Lebenszyklus-kostenrechnung kann insbesondere die Allokation von Kosten in den einzelnen Lebenszyklusphasen steuern helfen.

Prinzipiell basieren die Verfahren der strategischen Kostenrechnung auf einer Reihe von Verrechnungsvorgängen, die allenfalls als **Approximation** tatsächlicher Wirkungen strategischer Entscheidungen gelten können. So handelt es sich dabei idR um Vollkostenrechnungen, die auf Basis von Istkosten oder Plankosten ohne Berücksichtigung des zeitlichen Anfalls der Zahlungen erfolgen. Als Grund für die Verwendung von Approximationen kann gelten, daß Einzelanalysen viel zu **umfangreich** und damit **unwirtschaftlich** sind. Bei der Anwendung dieser Ver-fahren sollte aber immer überlegt werden, ob dies für die anliegende spezielle Ent-scheidung auch wirklich sinnvoll ist oder ob gegebenenfalls nicht doch eine Einzel-analyse durchgeführt werden sollte.

Die vorgeschlagenen Instrumente des Kostenmanagements lassen insgesamt viele Fragen offen. Ihr Nutzen kann allenfalls im Vergleich mit anderen strategischen Entscheidungsinstrumenten beurteilt werden; diese sind oft sehr grob oder oberflächlich, was weitgehend aus der schlechten, weil langfristig vorausschauenden, Datenbasis erklärlich ist. Im Vergleich mit der für kurzfristig wirksame Entscheidungen hochentwickelten KLR ist jedenfalls derzeit auch ein **methodisches Defizit** zu bemerken.

Fragen

1. Aus welchen Gründen wird in der Praxis derzeit häufig eine gewisse Unzufriedenheit mit der Kostenrechnung artikuliert?

2. Warum wird vielfach die KLR und nicht die Investitionsrechnung für strategische Entscheidungen verwendet?

3. Wie hängen die Anforderungen an die KLR mit der strategischen Grundposition des Unternehmens(-bereichs) zusammen?

4. Welchen Vorteil soll eine Wertkettenanalyse gegenüber der „traditionellen" Kostenrechnung bieten?

5. Worin unterscheiden sich strategische Kostentreiber von („traditionellen") Bezugsgrößen?

6. Welche Information sind für ein Kostenmanagement von außerhalb des Unternehmens sinnvoll?

7. Wie kann man Komplexität als Kostentreiber in der Prozeßkostenrechnung messen?

8. Welche Auswirkungen hat eine Diversifikationsstrategie auf die Ermittlung von Produktkosten?

9. In welcher Entscheidungssituation kann *Target Costing* sinnvoll eingesetzt werden und warum?

10. Können mit dem *Target Costing* optimale Entscheidungen über Preise und Absatzmengen eines neu einzuführenden Produktes getroffen werden?

11. Welche verschiedenen Methoden der Verrechnung von Vorlaufkosten und Nachlaufkosten gibt es, und für welche Situationen eignen sie sich?

Probleme

1. **Strategische Kostenanalyse.** Die *Scotch AG* erzeugt Citybikes und Mountainbikes. Es wurde bereits eine Prozeßkostenrechnung im Unternehmen implementiert, die auf folgenden Daten aufbaut:

Bereich	Kostentreiber	Citybike	Mountain-bike	Prozeßkosten
Eingangslogistik	Anzahl Bestellungen	150	220	370.000
	lmn-Kosten			150.000
Fertigung	Fert.mat.kosten/Stück	1.900	4.000	5.330.000
	Fert.std.kosten/Stück	1.200	1.400	2.240.000
	lmn-Kosten			1.800.000
Verwaltung/ Vertrieb	Anzahl Kundenanfragen	350	500	900.000
	Anzahl Kundenaufträge	120	160	850.000
	lmn-Kosten			1.400.000
Kundendienst	Anzahl verkaufte Stück	700	1.000	51.000

Die *lmn*-Kosten werden auf Basis der *lmi*-Kosten verechnet, wobei in der Fertigung die Fertigungsstundenkosten, in der Stelle Verwaltung/Vertrieb die Anzahl der Kundenanfragen herangezogen werden.

a) Ermitteln Sie die Selbstkosten je Stück für Citybikes und Mountainbikes. Welche Produkte sollen produziert werden, wenn die Verkaufspreise für Citybikes 6.500, für Mountainbikes 12.500 betragen und das Unternehmen Gewinnaufschläge von mindestens 10% auf die Selbstkosten verrechnen will? Führen Sie einen Kostenstrukturvergleich für Citybikes mit dem besten Konkurrenten durch, dessen Selbstkosten 5.500 betragen (Kostenaufteilung: 5% Eingangslogistik, 33% Fertigungsmaterial, 37% Fertigungsstunden, 23% Verwaltung/Vertrieb und 2% Kundendienst).

b) Benno Gütlich, der Junior Controller der *Scotch AG*, ist entsetzt über die von seinem Vorgesetzten Horst Mayer ermittelten Selbstkosten, weil Mayer, „um die Sache nicht zu verkomplizieren", trotz deren Kenntnis folgende Informationen in der Berechnung unberücksichtigt ließ: In den *lmn*-Kosten der Eingangslogistik sind Marktforschungskosten in Höhe von 70.000 enthalten, die für die Mountainbikes durchgeführt wurde. In der Fertigung fallen Qualitätskontrollkosten in Höhe von 700.000 an, die zu 90% (10%) für Mountainbikes (Citybikes) anfallen und unter den *lmn*-Kosten ausgewiesen sind. Die Marketingkosten in Höhe von 800.000 sind in den *lmn*-Kosten Verwaltung/Vertrieb enthalten, wobei sich die Maßnahmen im Verhältnis 8 : 2 auf Mountainbikes : Citybikes verteilen. Welche unverzerrten Selbstkosten kann Benno dem Vorstand vorlegen?

2. *Target Costing*. Die „Innovative Star"-AG erwägt die Einführung des neuen Produkts „Newcomer". Die Marktforschung hat für den Newcomer umfangreiche Marktanalysen durchgeführt und folgende Preis-Absatz-Funktion ermittelt:

$$x = \alpha - \beta \cdot p \quad \text{mit } \alpha = 200 \text{ und } \beta = 1$$

Auf Basis des bisherigen Produktdesigns und der verfügbaren Verfahren ergibt sich für die Herstellung des Newcomers eine lineare Kostenfunktion:

$$K(x) = k \cdot x$$

Die Stückkosten k hängen dabei von den Fertigungsbedingungen ab, die durch eine Variable θ repräsentiert werden können. Außerdem lassen sie sich durch Anstrengungen a der Konstrukteure senken, so daß man insgesamt von folgendem Zusammenhang ausgeht:

$$k = \frac{c}{\theta} - a$$

Für die Konstruktionstätigkeiten fallen selbst wiederum Kosten $V(a)$ an, die man als quadratische Funktion schätzt:

$$V(a) = a^2$$

Die „Innovative Star" strebt danach, den Gewinn zu maximieren.

a) Verdeutlichen Sie zunächst ganz allgemein die Probleme, die sich ergeben, wenn man im vorliegenden Szenario die grundlegende Gleichung (30) des *Target Costing* ausfüllen will.

b) Gelegentlich findet man den Vorschlag, bei der Existenz von Preis-Absatz-Funktionen den geplanten Absatzpreis für das *Target Costing* in Höhe des umsatzmaximalen Preises festzusetzen. Wie lauten bei dieser Vorgehensweise der geplante Absatzpreis, die optimalen Konstruktionsanstrengungen, der Zielgewinn und die Zielkosten? (Gehen Sie dabei von $c = 140$ und $\theta = 2$ aus.)

c) Ermitteln Sie jetzt die gesuchten Größen von Teilaufgabe b) unter vollständiger Berücksichtigung aller Interdependenzen. Wie hängen diese Größen von den Fertigungsbedingungen ab? Welche grundsätzlichen Probleme ergeben sich, wenn diese Bedingungen nur den Konstrukteuren, nicht aber der Unternehmensleitung bekannt sind?

3. **Lebenszykluskostenrechnung.** In der Division „Autospoiler" eines Autozulieferbetriebes soll ab nächstem Jahr zum Modell „TUP" zusätzlich noch das Modell „XVC" angeboten werden, das durch verbesserte Materialeigenschaften noch aerodynamischer ist. Die Kosten dieser Periode wurden bereits erfaßt:

Fertigungsmaterial: 400.000

Materialgemeinkosten: 48.000, wovon 8.000 bereits zur Vorbereitung der Beschaffung von Material für „XVC" angefallen sind

Fertigungskosten I: 600.000, wobei 76.000 für „XVC" angefallen sind (Probeläufe für neue Produktion)

Fertigungskosten II: 880.000, davon 100.000 für „XVC" (auch Probeläufe)

Verwaltung: 460.000, wobei die Kosten für Konstruktionszeichnungen und Behördenbewilligungen für „XVC" 180.000 betragen

Vertrieb: 18.000

Sonderkosten Vertrieb: 24.000 für Spezialverpackungen.

Insgesamt wurden 500 Stück „TUP" erzeugt. Als Bezugsgröße zur Verrechnung der Materialgemeinkosten dienen die Fertigungsmaterialkosten. Als Bezugsgrößen für die beiden Fertigungsstellen F I und F II dienen die jeweils angefallenen Maschinenstunden. „TUP" benötigt in F I (F II) 1,6 (1,4) Maschinenstunden, für „XVC" sind 100 (150) Stunden für Probeläufe angefallen. Die Verwaltungs- und Vertriebskosten werden als Zuschlag auf die Herstellkosten verrechnet.

a) Ermitteln Sie mit Hilfe einer Zuschlagskalkulation die Selbstkosten für „TUP", wenn Sie auch die Vorlaufkosten für „XVC" auf „TUP" verteilen. Wie ändern sich diese Selbstkosten, wenn diese Vorlaufkosten nicht auf „TUP" verteilt werden?

b) Ermitteln Sie die Selbstkosten für „XVC" einmal mit, einmal ohne Berücksichtigung seiner Vorlaufkosten. An Fertigungsmaterialkosten fallen je Stück 900 an, der Materialgemeinkostenzuschlagssatz wird mit 12% geplant. Die Maschinenstundensätze der Fertigungsstellen sollen nach Plan jenen von „TUP" (ohne Vorlaufkosten) entsprechen. „XVC" braucht in F I (F II) 2 (2,1) Stunden. Der Verwaltungs(Vertriebs)kostenzuschlagsatz beträgt 20% (9%), die Sonderkosten des Vertriebs 50 je Stück. In der nächsten Periode sollen 400 „XVC" erzeugt werden; insgesamt, so schätzt man, werden 4.000 Stück erzeugt werden.

Literaturempfehlungen

Allgemeine Literatur

Burger, A.: *Kostenanagement*, 3. Auflage, München und Wien 1999.

Franz, K.-P., und P. Kajüter (Hrsg.): *Kostenmanagement*, 2. Auflage, Stuttgart 2002.

Spezielle Literatur

Ewert, R.: Target Costing und Verhaltenssteuerung, in: *C.-C. Freidank, U., Götze, B. Huch* und *J. Weber* (Hrsg.): *Kostenmanagement – Neuere Konzepte und Anwendungen*, Berlin et al. 1997, S. 299 – 321.

Kajüter, P.: *Proaktives Kostenmanagement*, Wiesbaden 2000.

Porter, M.A.: *Competitive Advantage*, New York 1985; deutsch: *Wettbewerbsvorteile*, Frankfurt 1986.

Shank, J.K., und V. Govindarajan: *Strategic Cost Management*, New York et al. 1993.

Seidenschwarz, W.: *Target Costing*, München 1993.

Teil II:

Kontrollrechnungen

Kontrollrechnungen

Die Produktionsabteilung der Chemischen Werke AG ist in sechs (große) Kosten-stellen mit Unterkostenstellen gegliedert. Die Kostenstellen FS201 und FS202 sind Herrn Ackermann unterstellt, Herr Besberger ist für FS203, eine sehr große Kosten-stelle, verantwortlich, und Herr Schiemens ist für FS204 bis FS206 zuständig. Die Kostenstellenleiter der Produktionsabteilung treffen sich regelmäßig am zweiten Montag jeden Monats um 8 Uhr zu abteilungsspezifischen Kostenbesprechungen. Wenn der Montag ein Feiertag ist, dann verschiebt sich die Sitzung auf den nächsten Werktag. Dazu erhalten sie jeweils am davor liegenden Freitag bis 14 Uhr einen Kostenbericht von der Controlling-Abteilung. Ist der Freitag ein Feiertag, so muß dieser Bericht bereits am Donnerstag bis 16 Uhr vorliegen.

Diese Regelung wurde von der Geschäftsleitung getroffen, um den Kostenstellen-leitern die Möglichkeit zu geben, den jeweiligen Kostenbericht über das Wochen-ende in Ruhe zu studieren. Möglich wurde der kurze Auswertungszeitraum von oft weniger als einer Woche nach Monatsende dadurch, daß die Geschäftsleitung vor einem Jahr Horst Friedrich von der Beselheimer GmbH wegengagiert und ihm die Neuorganisation der Controlling-Abteilung übertragen hatte. Davor dauerten der-artige Auswertungen meist einen ganzen Monat, so daß die Kostenstellenleiter gar nicht mehr wußten, wie es zu den Abweichungen kam. Sie sträubten sich daher auch immer wieder gegen einen Jour Fixe für die Kostenbesprechungen, meist derart, daß sie kurzfristig wichtige Termine außer Haus wahrnahmen.

Am 9. Juni findet wieder eine Kostenbesprechung der Kostenstellenleiter der Pro-duktionsabteilung statt. Der Abteilungsleiter Herbert Huber leitet die Sitzung. Als Auskunftsperson ist Maria Wegener von der Controlling-Abteilung anwesend. Die Kostenstellenleiter bekamen am Freitag davor, wie üblich, den Kostenbericht für den Monat Mai. Er ist in Tabelle 1 wiedergegeben. Der Kostenbericht enthält für jede Kostenstelle die Istkosten und Sollkosten (in Tsd) des jeweiligen Monats und auch kumulierte Kosten von Januar bis Mai. Für jede Kostenstelle werden damit zwei Abweichungen ermittelt und sowohl mit ihrem absoluten Betrag als auch in Prozent der Sollkosten ausgegeben. Die Sollkosten entsprechen den Plankosten, bereinigt um Beschäftigungsabweichungen und um Preisabweichungen der Input-faktoren. Die Abweichungen sind daher im wesentlichen Verbrauchsabweichungen (Mengenabweichungen).

Kostenbericht der Produktionsabteilung FS2								**Monat: Mai**

Kostenstelle	Istkosten Mai	Sollkosten Mai	Abweichung	in Prozent der Sollkosten		Istkosten kum. bis Mai	Sollkosten kum. bis Mai	kumulierte Abweichung	in Prozent der Sollkosten	
FS201	1.053	1.010	43	4%		4.798	4.355	443	10%	**
FS202	386	347	39	11%	**	1.950	1.920	30	2%	
FS203	2.552	2.435	117	5%	**	13.548	12.950	598	5%	**
FS204	780	755	25	3%		4.223	4.006	217	5%	
FS205	922	796	126	16%	**	5.339	4.850	489	10%	**
FS206	1.231	1.335	-104	-8%	**	5.540	5.773	-233	-4%	
Summe	6.924	6.678	246	4%		35.398	33.854	1.544	5%	

Tab.1: Kostenbericht

Die Controlling-Abteilung kennzeichnet ungewöhnliche Abweichungen und damit erklärungsbedürftige Abweichungen automatisch mit zwei Sternchen (**). Eine Abweichung ist ungewöhnlich, wenn sie größer ist als ± 100 (monatliche Werte) bzw ± 500 (kumulierte Mai-Werte, dh 100 pro Monat) oder wenn sie mehr als ± 10 Prozent der Sollkosten ausmacht.

Der Mai-Kostenbericht enthält diesmal übermäßig viele Sternchen. Dies sind die Abweichungen, für die Huber Aufklärung erwartet. Manche davon haben leicht erkennbare Gründe. Vielfach gibt Huber aber der Controlling-Abteilung und damit der für die Produktionsabteilung zuständigen Maria Wegener den Auftrag, eine genauere Auswertung der Abweichung durchzuführen.

Den Anfang der Besprechung der Abweichungen macht Herr Besberger (FS203). „Bei mir gab es einen kurzfristigen Ausfall an Facharbeitern. Da haben wir einige Arbeiten außer Haus gegeben. Aber das kann doch nicht die ganze Differenz erklären. Wahrscheinlich habt ihr in der Controlling-Abteilung bei der Berechnung wieder etwas gedreht." Maria Wegener schaut verdutzt, aber Besberger macht weiter: „Wie habt ihr das diesmal wieder gerechnet? Sind vielleicht die gemischten Abweichungen dabei? Ich sehe nicht ein, weshalb ich für die überhaupt verantwortlich gemacht werden soll!" Wegener fällt ihm ins Wort. „Nicht schon wieder, Herr Ackermann. Wir haben nichts an der Berechnung geändert. Und die sollten ja nun wirklich alle verstanden haben. Fällt Ihnen nichts Besseres als Begründung Ihrer hohen Kostenabweichungen ein?" Besberger schaut finster. Huber versucht einzulenken und meint: „Es sind aber ohnedies nur 5 % Abweichung. Das geht nun eigentlich schon das ganze Jahr so. Ich sehe noch einen Monat zu, aber dann müssen wir wirklich etwas unternehmen. Machen wir mit Schiemens weiter." Herr Schiemens hat in seinen beiden Kostenstellen Sternchen zu verantworten. FS205 ist ein Problem. Die Maiwerte sind noch schlechter als die bisherigen Jahreswerte. Schiemens schiebt sämtliche Verantwortung auf die Planungsabteilung: „Die sind ja sowas von weltfremd. Zwei Mann kamen voriges Jahr einmal zu mir, hörten sich alles an, und dann entdeckte ich diese Vorgaben. Wenn sie sich nur ein bißchen mit der Kostenstruktur in FS205 beschäftigten, müßten sie diese Vorgaben auf realistische Werte von zumindest 900 pro Monat abändern, und aus dieser Sicht hätten wir gut gewirtschaftet." Wegener wird sich ansehen, ob dies so zutrifft. Bezogen auf FS206 meint Schiemens lapidar: „Wir haben uns hier sehr bemüht. Ich verstehe auch gar nicht, weshalb ich hier Sternchen bekommen habe, obwohl wir unter den Sollkosten liegen." Wegener meint verschmitzt: „Das machen wir deshalb, um auch einmal Lob verteilen zu können." Schiemens schüttelt den Kopf. Huber weiß zwar auch nicht, warum Schiemens hier etwas erklären soll, aber Horst Friedrich wird schon gewußt haben, was er da einführte.

Auch Ackermann schüttelt den Kopf. Er konnte sich an die neuen Kostenberichte noch immer nicht gewöhnen. Sie enthalten nur Unsinn. Die Abweichung in FS201 muß er nicht erklären, und da fällt ihm ein Stein vom Herzen. Denn eigentlich ist ihm da ein großer Fehler bei der Produktionsplanung unterlaufen – er hatte einfach keine Zeit dafür, private Probleme ... Zufälligerweise sind aber einige andere Dinge sehr gut gegangen, und damit konnte er dies gut kaschieren. Die kumulierte Abweichung weist zwar noch immer Sternchen auf, aber sie ist prozentual im Vergleich zu April sogar gesunken, was als erfreulich kommentiert wird. Bei seiner FS202 beträgt die Abweichung nur 39, trotzdem wurde er hier mit Sternchen bedacht. „Das fällt doch überhaupt nicht ins Gewicht." Wegener ist anderer Meinung: „Wir haben mit dieser Methode der Sternchenvergabe bisher nur gute Erfahrungen gemacht; 10 Prozent Kostenüberschreitung müssen einfach erklärt werden." Der Fertigungsprozeß in FS202 erfolgt weitgehend automatisch. Ackermann fragt sich deshalb ohnedies, wozu eine Kostenkontrolle dafür gut sein soll, denn 80 Prozent der Kosten sind ohnedies vorbestimmt. Zu seiner Rechtfertigung meint er, daß sich vielleicht bei einer Anlage eine Störung ergeben hat, die bisher unentdeckt blieb. Huber bittet Ackermann und auch Wegener, dies näher zu untersuchen und gegebenenfalls die Herstellerfirma mit einer Kontrolle zu beauftragen. Ackermann wirft noch ein, daß dies vermutlich relativ teuer kommen wird; ob man nicht noch einen weiteren Monat warten könne? Huber blickt Wegener fragend an. Sie sagt: „Wenn sich wirklich eine Störung eingeschlichen hat, sollte sie sofort beseitigt werden. Sonst haben wir auch künftig Abweichungen, und außerdem kostet die Reparatur immer mehr, je länger wir warten." Huber gibt sein o.k.

Ziele dieses Kapitels

- Analyse der Funktionen von Kosten- und Erlöskontrollen
- Darstellung der verschiedenen Methoden von Abweichungsanalysen und ihrer Aussagekraft
- Ermittlung und Diskussion typischer Kosten- und Erlösabweichungen
- Darstellung von Auswertungsmöglichkeiten von Abweichungen
- Analyse der Auswertung bei Abweichungen aufgrund (vermutet) beabsichtigten Verhaltensänderungen im Rahmen eines Agency-Modells

---

1. Abweichungsursachen und Funktionen der Kontrolle

Kontrolle ist eine spezifische Funktion im Führungsprozeß eines Unternehmens. Sie ist den Prozessen der Planung, der Entscheidung und der Durchsetzung (Organisation) nachgelagert. Die Kontrolle stellt bestimmte Sollgrößen den tatsächlich realisierten Größen gegenüber. Die ermittelte Differenz wird als **Abweichung** bezeichnet.

In der Literatur wird vielfach zwischen Kontrolle und Prüfung unterschieden. Beide werden unter dem Begriff „**Überwachung**" zusammengefaßt. Kontrolle meint in diesem Kontext eine laufende, prozeßbegleitende Überwachung, während unter Prüfung eine nachträgliche Überwachung durch nicht prozeßabhängige Personen gemeint ist. Für die folgende Analyse ist dies jedoch nicht von Bedeutung.

1.1. Abweichungsursachen

Abweichungen können zunächst danach eingeteilt werden, inwieweit sie vermeidbar sind. **Nicht kontrollierbare Abweichungen** entstehen aus unvorhersehbaren Zufallsereignissen; jedes Ergebnis einer Aktivität hängt von Umweltentwicklungen ab. Typische Beispiele sind überbetriebliche Ereignisse (zB höhere Gewalt, Wirtschaftskrisen oder Zinsniveauerhöhungen), zwischenbetriebliche Ereignisse (zB das Auftreten unerwarteter Konkurrenz oder ein Markteinbruch) und letztlich innerbetriebliche Ereignisse (zB Schäden an einer Anlage, der Ausfall wichtiger Arbeitskräfte oder Irrtümer). **Kontrollierbare Abweichungen** sind grundsätzlich vermeidbare Abweichungen. Ihnen gilt das Hauptaugenmerk der Unternehmensführung und damit der Kontrolle.

Gründe für das Entstehen von Abweichungen sind vielfältiger Natur. Abbildung 1 gibt einen Überblick über mögliche Abweichungsursachen.

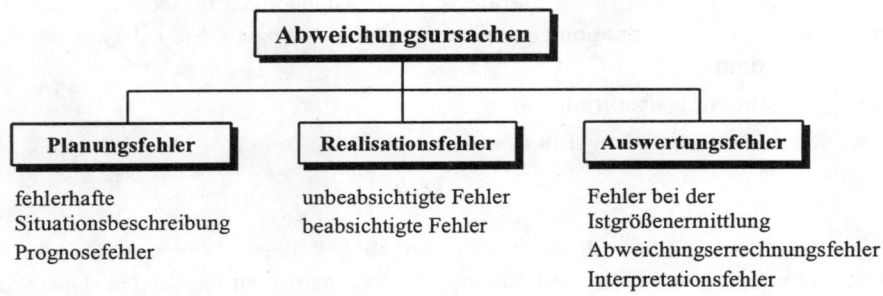

Abb. 1: Abweichungsursachen

Planungsfehler können aufgrund einer fehlerhaften Situationsbeschreibung entstehen. Darunter fällt insbesondere die Anwendung falscher Entscheidungsmodelle oder falscher Annahmen über die Ausgangssituation, beispielsweise die Annahme linearer Kostenfunktionen, wenn tatsächlich nicht lineare Kostenabhängigkeiten vorliegen (und auch wesentlich sind). Prognosefehler sind die Folge falscher Prognosewerte für die Umweltentwicklung, die der jeweiligen Entscheidung zugrunde liegt. Die Planung wie auch die Entscheidungen erfolgen regelmäßig unter Unsicherheit des Entscheidungsträgers über die künftig eintretenden Umweltsituationen. Es liegen zwar oft hinreichend genaue Erfahrungen und Erwartungen darüber vor, die Unsicherheit wird dadurch aber allenfalls verringert, jedoch nicht gänzlich vermieden. Die tatsächlich eintretende Umweltsituation bewirkt nun, daß es im allgemeinen zu anderen als den der Planung zugrunde liegenden Ergebnissen kommt.

Realisationsfehler entstehen durch fehlerhaftes Verhalten in der Ausführung. Hier kann danach unterschieden werden, ob das fehlerhafte Verhalten unbeabsichtigt oder beabsichtigt erfolgt. Unter „unbeabsichtigte Fehler" fallen etwa Störungen an einer Anlage, die bei genauer Betrachtung auffallen sowie auch behoben werden könnten.

Beabsichtigte Fehler entstehen dagegen aufgrund bewußter Entscheidungen. Dadurch, daß die Aktivitäten von Mitarbeitern nicht immer vollständig beobachtet oder erfaßt werden (bzw beobachtet werden können), können sie diese Situation bewußt zur Verfolgung eigener Interessen nutzen.

Die letzte Kategorie von Abweichungsursachen bilden **Auswertungsfehler**. Es handelt sich dabei vorwiegend um Meßfehler bei der Istgrößenermittlung, wie falsche Aufzeichnungen oder Fehlbuchungen, weiterhin um Rechenfehler bei der Abweichungserrechnung sowie fehlerhafte Interpretationen der Ergebnisse. Auch sie können absichtlich oder unabsichtlich erfolgt sein. Auswertungsfehler werden im folgenden nicht mehr näher betrachtet. Ihre Vermeidung muß durch organisatorische Maßnahmen gesichert werden.

1.2. Funktionen der Kontrolle

Grundlegender Zweck der Kontrolle ist es, Abweichungen dieser oder jener Art aufzudecken, also Information zu gewinnen oder auszuwerten. Sie hat zwei wesentliche **Funktionen**:

- **Entscheidungsfunktion** und
- **Verhaltenssteuerungsfunktion**.

Entscheidungsfunktion

Eine Funktion der Kontrolle ist es, das dadurch gewonnene Wissen zur **Verbesserung künftiger Planungs- und Entscheidungsprozesse** zu verwenden. Dies wird hier als Entscheidungsfunktion bezeichnet, vielfach findet man auch die Bezeichnung Lernfunktion. Voraussetzung dafür ist zunächst einmal, daß es sich um eine Unternehmenssituation handelt, in der ähnliche Entscheidungen des öfteren hintereinander gefällt werden. Im Rahmen einer *einmaligen* Entscheidung kann das nachträgliche bessere Wissen zu keiner Verbesserung mehr führen. Diese Voraussetzung scheint selbstverständlich zu gelten; wie jedoch im folgenden gezeigt wird, ist sie für die zweite Funktion der Kontrolle, die Verhaltenssteuerung, keineswegs notwendig. Eine weitere Voraussetzung dafür, daß die Kontrolle eine Entscheidungsfunktion entfaltet, besteht darin, daß die Entscheidungen und Umweltsituationen in früheren Perioden Auswirkungen auf Folgeentscheidungen entfalten.

Die durch die Kontrolle gewonnene Information kann zur **Verbesserung der Planung** für künftige Perioden verwendet werden. *Beispiel*: Die Planung des Produktionsablaufes rechnet mit 1.900 Stunden Produktionszeit pro Jahr. Tatsächlich zeigt sich nachträglich, daß diese Schätzung viel zu optimistisch war; aufgrund normaler Wartungsarbeiten und ähnlichem sind nur 1.830 Stunden realistisch.

Die gewonnene Information kann aber auch zum **Setzen von Maßnahmen** dienen, die Abweichungen in Folgeperioden vermeiden sollen. Solche Maßnahmen können prozeßbedingter, personeller oder auch organisatorischer Art sein. Wird beispielsweise bekannt, daß ein Produktionsprozeß aus dem Gleichgewicht geraten ist (die Folge könnte hoher Ausschuß sein), kann dieses Problem korrigiert werden.

Ausspruch

„Um die Problematik der verspäteten und hochaggregierten Informationen des Rechnungswesens zu begreifen, kann man sich anschaulich den Abteilungsleiter als einen Bowling-Spieler vorstellen, der innerhalb einer bestimmten Zeit eine bestimmte Anzahl von Kugeln schiebt. Wir lassen den Spieler jedoch nicht sehen, wieviele Kegel er mit jedem Wurf getroffen hat. Am Monatsende schließen wir die Bücher, addieren seine Treffer, vergleichen das Gesamtergebnis mit dem Planwert und informieren den Spieler über sein Ergebnis und die Abweichung. Wenn das Ergebnis unter dem Planwert liegt, bitten wir ihn um eine Erklärung und ermutigen ihn, es im nächsten Monat besser zu machen. Wir beginnen zu verstehen, daß wir mit dieser Art der Berichterstattung wohl nicht viele Spitzenspieler hervorbringen werden." (*Kaplan* (1995), S. 61)

Verhaltenssteuerungsfunktion

Die zweite, wesentliche Funktion der Kontrolle ist die **Koordination** von im Unternehmen dezentral getroffenen Entscheidungen. Kontroll- und Koordinationsprobleme entstehen dann, wenn zwei Bedingungen gegeben sind:

1. Es bestehen (potentiell) **Zielkonflikte**.
2. Es herrscht **Informationsasymmetrie**.

Zielkonflikte entstehen dann, wenn sich die Ziele des Entscheidungsträgers und der Unternehmensleitung unterscheiden. Die Ursachen dafür werden im 8. Kapitel: *Koordination, Budgetierung und Anreize* dargestellt.

Asymmetrisch verteilte Information ist in Unternehmen die Regel. Bereichsmanager haben aufgrund ihrer Tätigkeit oder ihres Know how typischerweise einen Informationsvorsprung gegenüber der Unternehmensleitung. Meist ist dies *der* Grund für die Delegation von Entscheidungen. Denn hätte die Zentrale sämtliche Informationen der Bereiche, bestünde kein Grund zu einer Dezentralisation. In Verbindung mit potentiellen Zielkonflikten entsteht asymmetrische Information auch dadurch, daß die Instanz (Zentrale) die Entscheidungen oder die Situation, in der ein bestimmtes Verhalten gesetzt wurde, nicht direkt beobachten kann.

Treffen beide Bedingungen zu, kann ein Entscheidungsträger seine bessere Information zur eigenen Zielerreichung und womöglich zum Nachteil der Instanz ausnutzen. Aufgrund der unterschiedlichen Informationssituation kann die Instanz ein gewünschtes Verhalten zwar vorschreiben, aber nicht durchsetzen; der Entscheidungsträger kann im Fall ungünstiger Ergebnisse einfach behaupten, ohnedies das richtige Verhalten gesetzt zu haben, einzig die ungünstige Umweltsituation habe ein besseres Ergebnis verhindert. Dadurch ist es der Instanz nicht möglich, die Ursachen einer beobachteten Abweichung zu erkennen.

Die Instanz möchte daher das Verhalten des Entscheidungsträgers so **steuern**, daß solchen Folgen möglichst vorgebeugt wird (deshalb Beeinflussung *fremder* Entscheidungen). Ein Weg, nämlich eine direkte Verhaltenskontrolle, ist meist nicht möglich oder viel zu teuer. Die Alternative sind **Ergebniskontrollen**. Damit wird versucht, *nachträglich* Rückschlüsse auf das tatsächliche Verhalten des Entscheidungsträgers zu ziehen. Das Verhalten läßt sich zwar **im nachhinein** nicht mehr ändern, jedoch geht von der Kontrolle ein Anreiz für den Entscheidungsträger aus, gewissermaßen bereits *vorweg* sein Verhalten zu adaptieren (wiewohl im allgemeinen nicht gänzlich im Sinne der Instanz). Die Instanz steuert mit der Einführung (genauer: der glaubwürdigen Androhung) einer Kontrolle das Verhalten des Entscheidungsträgers. Eine Betrachtung von Folgeentscheidungen ist für den Wert einer solchen Kontrolle nicht notwendig.[1] Die **Verhaltenssteuerungsfunktion** der Kontrolle wird oft auch als Prophylaxefunktion bezeichnet. In einem Einpersonen-Unternehmen spielt diese Funktion keine Rolle.

Tabelle 2 zeigt die beiden **Funktionen der Kontrolle** im Überblick. Beide Funktionen können je nach zugrunde liegender Situation einzeln oder auch gemeinsam auftreten. Wie weiter unten noch diskutiert wird, erfordert die Erfüllung beider Funktionen zum Teil unterschiedliche Kontrollsysteme. Ein Kontrollsystem, das die Entscheidungsfunktion bestmöglich erfüllt, muß nicht unbedingt auch zur Verhaltenssteuerung geeignet sein, und umgekehrt.

Periodizität Kontext	Einmaliges Entscheidungsproblem	Mehrfaches Entscheidungsproblem
Einpersonenkontext	keine Funktion	Entscheidungsfunktion
Mehrpersonenkontext	Verhaltenssteuerungsfunktion	Entscheidungsfunktion und Verhaltenssteuerungsfunktion

Tab. 2: Funktionen der Kontrolle

Die Funktion der Kontrolle hat auch Auswirkungen auf die **Verrechnung** von Abweichungen **in der Kostenrechnung** – und in weiterer Folge im Jahresabschluß. Grundsätzlich gibt es zwei Möglichkeiten:

1. Ansatz der Abweichungen gesondert in der Ergebnisrechnung
2. Zurechnung der Abweichungen auf die betroffenen Gegenstände, dh Umwertung der Lagerbestände und des Wareneinsatzes.

Bei der ersten Möglichkeit werden die Standardproduktkosten nicht angepaßt, sie sind damit für nachfolgende Entscheidungen, zB Preisentscheidungen, relevant. Im zweiten Fall beeinflussen die Abweichungen Folgeentscheidungen. Es ist auch möglich, differenziert vorzugehen und nur bestimmte Abweichungen den Gegenständen zuzuordnen.

---

[1]   Dies gilt nicht, wenn ein Mitarbeiter die Funktion der Kontrolle nicht von Beginn an sofort zur Gänze versteht und antizipiert, sondern dieses erst lernen muß. Dann sind mehrere Perioden erforderlich, die ihm ermöglichen, sein Verhalten entsprechend den Ergebnissen der Kontrollen zu adaptieren.

Zusammenhang mit der Organisation

Der Einsatz der Kontrolle zur Verhaltenssteuerung von Entscheidungsträgern läßt erkennen, daß das Problem der Kontrolle in der Unternehmensrechnung eigentlich in einem größeren Zusammenhang gesehen werden muß. Es genügt nicht, Kontrollmethoden isoliert zu analysieren. Die Verhaltenswirkung wird maßgeblich durch das an das Kontrollergebnis angeschlossene **Beurteilungs-** bzw **Anreizsystem** (zB erfolgsabhängige Entlohnung, Bonuszahlungen, Beförderungen) beeinflußt, welches wiederum im Zusammenhang mit der **Organisation** und der Personalführung des Unternehmens zu sehen ist. Zu berücksichtigen ist auch das persönliche Umfeld von Kontrollierten. Verhaltenswissenschaftliche Erkenntnisse zeigen etwa, daß viele Personen bewußt oder unbewußt eine Abneigung vor Kontrollen haben und uU mit dysfunktionalen Verhaltensweisen reagieren.[2]

Die Kontrolle kann je nach Entscheidungslage auch ungewollte **Wirkungen** auslösen. Manager treffen ihre Entscheidungen so, damit sie die **Beurteilungsgröße** optimieren. Wenn die Beurteilungsgröße, zB eine Kostenabweichung, nicht alle Effekte von Entscheidungen erfaßt, können sich im wesentlichen zwei Folgen ergeben:
(i) Dem Manager werden Effekte, die zwar seinen Entscheidungsbereich betreffen, aber **nicht erfaßt** werden, gleichgültig sein. *Beispiel*: Es wird nur auf die Kosten geachtet, die Qualität oder die Einhaltung von Lieferterminen kommt im Beurteilungssystem nicht vor.
(ii) Es kommt zu **Externalitäten**, dh zu Auswirkungen der Entscheidung auf andere Bereiche, die bei der Entscheidungsfindung nicht berücksichtigt werden. *Beispiel*: Ein Produktionsmanager reduziert den Erfolg seines Bereichs, indem er Material von der Einkaufsabteilung sehr kurzfristig und mit häufig geänderten Spezifikationen besorgen läßt.

Wesentlich ist weiterhin, daß das Anreizsystem **Rückwirkungen auf die Planung** haben kann, wenn das bessere Wissen der Entscheidungsträger über die betreffende Entscheidungssituation im Rahmen partizipativer Budgetierungssysteme genutzt werden soll. Die Mitwirkung der Entscheidungsträger am Planungsprozeß hat vielfach die Festlegung derjenigen Sollgrößen zur Folge, mit deren Hilfe die Abweichungen ermittelt werden, die für eine Beurteilung der Entscheidungsträger Verwendung finden. Die Kontrollmethode besitzt damit auch Rückwirkungen auf die Ziele der Koordination, da es für die Instanz manchmal günstiger ist, nicht die gesamte Information des Entscheidungsträgers zu nutzen. Siehe dazu auch 8. Kapitel: *Koordination, Budgetierung und Anreize.*

1.3. Auswertungsmöglichkeiten

Bei der **Auswertung** von ermittelten Abweichungen steht nicht so sehr die Methodik der Ermittlung und Isolierung der Einzelabweichungen, sondern der **inhaltliche** Aspekt im Vordergrund. Die Auswertung soll eine Antwort auf die Frage nach den **Ursachen für die Abweichungen** geben; die Höhe der Einzelabweichungen ist ja im Regelfall nur ein Symptom für tiefer liegende Ursachen.

Eine derartige Analyse erfordert generell die **Verfügbarkeit von Istwerten** der Einflußgrößen, die den jeweiligen Planwerten gegenübergestellt werden können. Dies wird im Rahmen der

---

[2]   Vgl zu einer Diskussion von solchen Einflußgrößen *Küpper* (2001), S. 255 ff.

formalen Abweichungsanalyse einfach vorausgesetzt. Für viele Einflußgrößen trifft dies auch fraglos zu, andere potentielle Einflußgrößen können aber entweder überhaupt nicht erfaßt werden oder werden aus Kostengründen nicht regelmäßig erfaßt. Insoweit geht potentiell wertvolle Information verloren.

Die Abweichungsauswertung beschäftigt sich mit der Frage, ob in einer bestimmten Situation noch zusätzliche Einflußgrößen unter Eingehen von **Auswertungskosten** ermittelt werden sollen oder nicht. Die Auswertung soll kontrollierbare und nicht kontrollierbare Ursachen trennen. Nur kontrollierbare Ursachen können durch Maßnahmen beeinflußt werden. Die Auswertungsentscheidung hängt von der Höhe der Auswertungskosten bzw Informationskosten und dem erwarteten Nutzen aus der zusätzlichen Information ab. Typischerweise wird man sich dabei nach der Höhe der bereits eingetretenen Einzelabweichungen richten.

Die Frage, welche Abweichungen ausgewertet werden sollen, ist nicht nur konzeptuell von Interesse. Geht man von 20 bis 30 Kostenarten und 100 Kostenstellen aus (dies ist kein Extremfall), stellt sich die Auswertungsfrage bei 2.000 bis 3.000 Positionen, und das vielleicht jeden Monat. Da die Auswertung Kosten im Unternehmen verursacht, ist es nicht sinnvoll, sämtliche Abweichungen näher zu analysieren.

In der **Praxis** werden meist **Faustregeln** zur Entscheidung verwendet, wann eine Abweichung weiter auszuwerten ist. Am häufigsten basieren sie auf den Kriterien:

- **Absolute Höhe** der Abweichung: zum Teil auch nur Höhe der negativen oder positiven Abweichung; zB Auswertung, falls die Abweichung höher als ± 100.000 ist,

- **relative Höhe** der Abweichung: bezogen auf den Soll- oder Istwert, zB Auswertung, falls die Abweichung höher als ± 5 % des Sollwertes ist, oder

- eine **Kombination** beider Kriterien.

Empirische Ergebnisse

Eine Umfrage unter 226 großen britischen Industrieunternehmen aus dem Jahr 1991 (*Drury* (1993), S. 34) ergab auf die Frage nach der Verwendung von bestimmten Auswertungsmethoden folgendes (Angaben in Prozent):

	nicht/kaum	manchmal	oft/immer
Einzelbeurteilung durch Management	13	12	75
Überschreiten eines Betrages	29	31	41
Überschreiten eines Prozentsatzes	33	31	36
Statistische Modelle	84	12	3

Mit ein Ziel der Ausführungen in diesem Kapitel ist es zu analysieren, inwieweit solche Faustregeln **ökonomisch sinnvoll** sind. Die Auswertung von unbeabsichtigten Abweichungen hat nur Entscheidungsfunktion, während die beabsichtigten Abweichungen (Verhaltensabweichungen) für die Verhaltenssteuerungsfunktion der Kontrolle von Interesse sind. Die Auswertungsmodelle sind für beide Funktionen verschieden. Obwohl in der Darstellung meist Beispiele aus dem Bereich der Ausführungs- oder Realisationsprozesse gegeben werden, treffen dieselben Überlegungen genauso auf Planungs- und Auswertungsfehler zu.

2. Grundsätzliche Konzeption von Kontrollrechnungen

Der **Kontrollprozeß** kann in folgende Handlungen gegliedert werden, die im weiteren besprochen werden:

- Aufstellung des Kontrollfeldes
- Bestimmung der Sollgrößen und der Istgrößen
- Vergleich der Soll- und Istgrößen und Aufspaltung der Gesamtabweichung in Einzelabweichungen
- Auswertung der Ergebnisse der Abweichungsanalyse.

2.1. Aufstellung des Kontrollfeldes

Das Kontrollfeld umfaßt die Definition des Kontrollobjektes, des Kontrollausmaßes und der Kontrollhäufigkeit. **Kontrollobjekte** sind die zu kontrollierenden Aktivitäten oder Sachverhalte (zB die Produktionskosten gegliedert nach Kostenarten innerhalb einer Kostenstelle, die Erlöse für jede Produktgruppe und jedes Gebiet).

Das **Kontrollausmaß** kennzeichnet den Umfang der Kontrollhandlungen je Kontrollzeitpunkt. So ist denkbar, daß sämtliche Kostenarten aller Kostenstellen (geschlossener Soll-Ist-Vergleich) oder nur bestimmte Kostenarten oder Kostenstellen einer Kontrolle unterworfen werden (partieller Soll-Ist-Vergleich). Dies können etwa die vom Kostenstellenleiter kontrollierbaren Kosten sein, aber auch eine unterschiedlich tiefgehende Analyse für verschiedene Kostenarten, etwa bei der Istdatenerfassung, beim Umfang der ermittelten Abweichungsarten oder der Genauigkeit der Analyse. Bei der Entscheidung, ob ein partieller oder ein geschlossener Soll-Ist-Vergleich durchgeführt werden soll, sind die Kosten dem Nutzen der jeweiligen Alternative gegenüberzustellen.

Da die zeitliche Kapazität des Personals, das die Kontrollen durchführt, idR beschränkt ist und die Kosten der Durchführung der Kontrolle bei einem partiellen Soll-Ist-Vergleich geringer sind, wird man sich aus Wirtschaftlichkeitsgründen häufig damit begnügen. Dies kann in Einzelfällen dazu führen, daß notwendige Anpassungsmaßnahmen nicht gesetzt werden können, weil die Kontrollhandlungen deren Notwendigkeit nicht aufzeigten. Auf der anderen Seite nimmt ein höheres Kontrollausmaß mehr Zeit in Anspruch, so daß allfällige Anpassungsmaßnahmen zeitlich verzögert werden.

Die **Kontrollhäufigkeit** schließlich gibt an, in welchen Zeitabständen Kontrollen durchgeführt werden, sei es wöchentlich, monatlich, quartalsweise oder jährlich. Auch für das Ausmaß der Kontrollhäufigkeit gilt das Wirtschaftlichkeitsprinzip, wonach der Nutzen aus häufigeren Kontrollen deren Kosten gegenüberzustellen ist.

Die Kontrollhäufigkeit steht auch im Zusammenhang mit dem Kontrollausmaß: je umfangreicher die Analyse, desto weniger oft wird man die Kontrollen durchführen können.

Zur Bestimmung von Kontrollausmaß und Kontrollhäufigkeit gibt es kaum praktische Optimierungsmodelle, insbesondere weil der Nutzen umfangreicherer Kontrollen schwer quantifizierbar ist. In der Praxis werden deshalb Kontrollfelder weitgehend nach der Erfahrung festgelegt.

2.2. Bestimmung der Sollgrößen

Welche Sollgrößen man einer Kontrolle zugrunde legt, hängt von der Aufgabe ab, die man mit der Kontrolle erfüllen will. Denkbar sind insbesondere folgende **Sollgrößen**:

- **Istgrößen** des Unternehmens aus einer früheren Periode
- **Normalisierte Größen** als Durchschnitt von Istgrößen mehrerer früherer Perioden
- **Istgrößen** „vergleichbarer" Unternehmen
- **Plangrößen** als **Prognosegrößen**
- **Plangrößen** als **Standardgrößen**: Normalgrößen, Optimalgrößen, verhaltensorientierte Größen.

Istgrößen

Istgrößen des Unternehmens aus einer früheren Periode werden im Rahmen eines **Zeitvergleiches** verwendet. Damit können insbesondere Änderungen der jeweiligen Größen im Zeitablauf gut zum Ausdruck gebracht werden. Für die Entscheidungsfunktion und die Verhaltenssteuerungsfunktion sind vergangene Istgrößen als Sollgrößen jedoch kaum geeignet. Es wird, wie *Eugen Schmalenbach* schon sagte, „Schlendrian mit Schlendrian" verglichen. Was kann zB eine Abweichung ausdrücken, die auf Basis einer hohen ungünstigen Kostensituation, etwa infolge von Unwirtschaftlichkeiten, im Vormonat errechnet wird? Jedoch gewinnt der Trend von Istgrößen gemäß der Philosophie des *continuous improvement* wieder an Bedeutung: es kommt dabei vor allem auf die Änderung im Zeitablauf an.

Normalisierte Größen

Normalisierte Größen als **Durchschnitt** von Istgrößen mehrerer früherer Perioden sind diesbezüglich sicher eher geeignet. Das Problem starker Schwankungen einzelner Sollgrößen wird dadurch zwar gemildert, die Aussagekraft wird aber nur insofern besser, als Ausreißer beseitigt werden.

Istgrößen „vergleichbarer" Unternehmen

Diese Sollgrößen dienen in einem sogenannten **Betriebsvergleich** der Gegenüberstellung der Leistung des Unternehmens mit derjenigen eines oder mehrerer anderer Unternehmen. Dies ist im Rahmen von Konkurrenzvergleichen durchaus von Bedeutung. Für die Kontrolle eignen sich derartig festgelegte Sollgrößen jedoch ebenfalls nur bedingt:

1. Es ist schwierig, tatsächlich **vergleichbare Unternehmen** zu finden. Bezieht man die Vergleichbarkeit etwa auf gleiche Produktgruppen und gleiche Fertigungstechniken, so gibt es wahrscheinlich kein einziges vergleichbares Unternehmen. Je nach Übereinstimmung mit wesentlichen Eigenschaften der Unternehmen müssen Abweichungen unterschiedlich interpretiert werden.

2. Es ist generell fraglich, welche **Schlüsse** aus so ermittelten Abweichungen gezogen werden können. Ist die Istleistung eines anderen Unternehmens überhaupt als **Zielgröße** erstrebenswert? Im Rahmen der strategischen Positionierung des Unternehmens wird eher der *Unterschied* zu anderen Unternehmen ein kritischer Erfolgsfaktor sein.

3. Ein weiteres Problem besteht darin, die Sollgrößen in derselben **Definition** und im selben **Detaillierungsgrad** wie die eigenen Istgrößen zu bekommen. Je „vergleichbarer" das Unternehmen, dessen Istgrößen als Basis für die Sollgrößen dienen, desto weniger leicht werden diese – meist aus Konkurrenzgründen – bekanntgegeben. Die Folge ist, daß man sich entweder auf Schätzungen verlassen oder das Kontrollausmaß entsprechend reduzieren muß. Beides verringert den Aussagewert der Kontrolle.

Plangrößen als Prognosegrößen

Prognosegrößen sind die **erwarteten** tatsächlichen **Istgrößen** einer zukünftigen Abrechnungsperiode. Prognosekosten im Rahmen von technischen Fertigungsprozessen können relativ genau vorweg bestimmt werden, etwa anhand der jeweiligen Produktionsfunktionen; ihnen haftet nur sehr geringes Risiko (zB Ausfall einer Anlage) an. Die Prognose von Erlösen ist im Regelfall wesentlich ungenauer.

Der Vorteil der Verwendung von Plangrößen in Form von Prognosegrößen liegt darin, daß diese Größen zugleich für die **Unternehmensplanung** relevant sind; sie dienen als Basis für die betrieblichen Entscheidungen, etwa der Planung des Produktions- und Absatzprogramms, der Verfahrenswahl, dem Grad der Fertigungstiefe usw. Die Sollgrößen können also direkt aus der Unternehmensplanung abgeleitet werden. Sie sind deshalb im Gegensatz zu einem Betriebsvergleich auf die Unternehmensstrategie ausgerichtet.

Auf der anderen Seite beinhalten Prognosegrößen aber auch erwartete **Unwirtschaftlichkeiten,** da diese natürlich auch in die Planung eingehen müssen. Ein Anreiz zur Vermeidung „durchschnittlicher" Unwirtschaftlichkeiten, mit denen die

Planung ohnedies rechnet, geht daher von der Verwendung derartiger Sollgrößen nicht aus.

Plangrößen als Standardgrößen

Plangrößen als Standardgrößen weichen *bewußt* von den Prognosegrößen ab. Sie basieren auf festen Preisen (Verrechnungspreisen), die mehr oder weniger an den Istpreisen orientiert sind. Typischerweise steht die Mengenkomponente daher im Vordergrund. Es gibt drei Ausprägungen:

1. **Normalgrößen.** Die Basis für die Plangrößen sind normale Bedingungen der Leistungserstellung, wie etwa die Annahme einer Normalbeschäftigung oder eines Normalverbrauches von Inputfaktoren. Der Sinn von Normalgrößen als Plangrößen liegt in einer Vereinfachung der Planung. Normalgrößen können von den normalisierten Größen als Durchschnittsgrößen früherer Realisationen abweichen.

2. **Optimalgrößen.** Standardgrößen können auf der Grundlage künftiger optimaler Bedingungen ausgerichtet sein. Beispielsweise werden Standardkosten unter der Annahme der Optimalbeschäftigung sowie des Optimalverbrauchs von Produktionsfaktoren errechnet, und Unwirtschaftlichkeiten bleiben außer Ansatz. Vielfach sind Sollgrößen auf dieser Basis jedoch demotivierend, da die Istgrößen nur ungünstiger werden können. Die zugrunde gelegten optimalen Bedingungen sollten deshalb jedenfalls Erwartungswerte von nicht beeinflußbaren Größen beinhalten.

3. **Verhaltensorientierte Größen.** Standardgrößen können auch direkt aus verhaltensorientierten Überlegungen gewonnen werden. Dabei gibt es zwei Varianten: verhaltenswissenschaftliche und ökonomische Überlegungen.
   (i) Die **verhaltenswissenschaftlichen** Überlegungen nutzen insbesondere psychologische Erkenntnisse über typische Verhaltensmuster und die situationsspezifischen Umstände, die für die Verhaltenssteuerung von Entscheidungsträgern verwendet werden können. Ein Beispiel ist die Anspruchsniveautheorie (siehe Einschub).
   (ii) Die **ökonomischen** Überlegungen bauen auf Modellen mit rationalen Entscheidungsträgern auf. Das Verhalten ergibt sich aus nutzenmaximierenden Individuen bei asymmetrisch verteilter Information und potentiellen Interessenkonflikten mit anderen Personen.

Sollgrößen, die zur Verhaltenssteuerung dienen, sind vielfach nicht für Entscheidungszwecke verwendbar. Damit werden zwei Plangrößen – jeweils eine für den jeweiligen Zweck – erforderlich. Überdies wird die Motivationswirkung oftmals nur dann erreicht, wenn die Prognosegrößen vor den Entscheidungsträgern geheimgehalten werden. Deren besseres Wissen um die Entscheidungssituation kann deshalb auch nicht für die Planung genutzt werden.

Insgesamt betrachtet haben sämtliche Möglichkeiten ihre spezifischen Vor- und Nachteile. Eine generelle Empfehlung für die Bestimmung von Sollgrößen kann daher grundsätzlich *nicht* gegeben werden.

Sollgrößen, Anspruchsniveau und Leistung

Verhaltenswissenschaftliche Erkenntnisse zeigen einen nichtmonotonen Zusammenhang zwischen Sollgrößen, Anspruchsniveau und der Leistung.[3] Das **Anspruchsniveau** eines Entscheidungsträgers ist jenes Ziel, dessen Erreichung vom Entscheidungsträger erhofft wird. Die Erreichung erzeugt ein subjektives Gefühl des Erfolgs; wird es nicht erreicht, entsteht ein subjektives Gefühl des Mißerfolgs.

■ Eine Erhöhung der Sollkostenvorgabe vom *status quo* reduziert das Anspruchsniveau und die Leistung.

■ Eine Reduktion der Sollkosten führt, ausgehend von einem *status quo*, zunächst zu einer Steigerung des Anspruchsniveaus und zu einer Erhöhung der Leistung.

■ Ab einem bestimmten Punkt führt eine weitere Reduktion der Sollkosten zu einer relativ niedrigeren Steigerung oder sogar Senkung des Anspruchsniveaus. Die dadurch induzierte Leistung fällt dann stark ab. Ein Grund für den Leistungsabfall kann sein, daß der Kostenverantwortliche die Sollkosten als unrealistisch und auch bei größter Anstrengung als nicht erreichbar einstuft.

Analoge Ergebnisse gelten für Erfolgsvorgaben. Es zeigt sich auch, daß die Akzeptanz der Vorgaben eine wichtige Voraussetzung für eine Motivationswirkung ist.

Ergebnisse experimenteller Forschung weisen darauf hin, daß der Anreizeffekt nicht nur von der Höhe der Standardkosten, sondern auch vom Entlohnungsschema abhängt.[4]

2.3. Bestimmung der Istgrößen

Die Istgrößen sind die bis zum Kontrollzeitpunkt eingetretenen Größen der realisierten Kontrollobjekte. Sie müssen **identisch** zu den gewählten **Sollgrößen** definiert und abgegrenzt werden. Andernfalls erhielte man alleine schon deswegen Abweichungen. Diese Forderung ist bezüglich des Umfangs und Inhalts des Kontrollfeldes wie auch des zeitlichen Umfangs unproblematisch.

Sollgrößen können nicht ohne Berücksichtigung der **Erfaßbarkeit** der Istgrößen festgelegt werden. Vielfach wird bei der Planung der Sollgrößen wesentlich detaillierter vorgegangen. Dieser Fall tritt etwa dann ein, wenn eine analytische Kostenplanung anhand der Produktionsfunktion durchgeführt wird; die Kostenbestimmungsfaktoren werden hierauf aber nicht laufend beobachtet. Das kann in einer Kostenstelle mit heterogener (verfahrensbedingter) Kostenverursachung vorkommen, wenn die Istkosten nur für die Kostenstelle insgesamt erfaßt werden.

---

[3]   Ausführliche Darstellungen der Forschungsergebnisse auf diesem Gebiet finden sich zB in *Drury* (1996), S. 628 ff; *Küpper* (2001), S. 200 ff.

[4]   Vgl zB *Fatseas* und *Hirst* (1992). Siehe dazu auch 8. Kapitel: *Koordination, Budgetierung und Anreize*.

Ein weiteres Problem im Zusammenhang mit der Erfassung der Istgrößen sind die Fixkosten. Istverbräuche werden in den Kostenstellen meist nur global erfaßt, ohne fixe und variable Kosten zu trennen. Damit läßt sich im Rahmen der Kostenplanung die Abweichung nicht entsprechend aufteilen. In der Praxis wird zur Lösung dieses Problems meist die **Arbeitshypothese** gesetzt, daß Istkosten und Sollkosten bei den Fixkosten übereinstimmen, Abweichungen also nur bei den variablen Kosten eintreten.[5]

3. Möglichkeiten von Abweichungsanalysen

3.1. Das Bezugssystem

Sind die oben genannten Probleme hinlänglich gelöst, kann ein Vergleich der Soll- und Istgrößen erfolgen. Die Darstellung erfolgt zunächst anhand von Kosten, und zwar unter Verwendung der oben erwähnten Arbeitshypothese, daß Abweichungen nur bei den variablen Kosten vorkommen; Fixkosten werden deshalb vernachlässigt. Im folgenden werden die Sollgrößen als variable Plankosten mit p, die dazugehörigen Istkosten mit i indexiert.

Die Differenz zwischen diesen beiden Größen ist die **Gesamtabweichung**, die sich zunächst auf zwei grundsätzliche Arten strukturieren läßt.

Ist-Soll-Vergleich: $\Delta K = K^i - K^p$

Soll-Ist-Vergleich: $\Delta K = K^p - K^i$

Welche Art Verwendung findet, ist weitgehend Geschmackssache, da die beiden Konzepte formal äquivalent sind, es ändert sich nur das Vorzeichen. Die Plausibilität der Interpretation der Abweichungsergebnisse kann zB nahelegen, daß eine Kostenerhöhung gegenüber den Sollkosten ein positives Vorzeichen haben sollte; das wäre bei einem **Ist-Soll-Vergleich** der Fall. Alternativ kann sich eine Interpretation am übergeordneten Unternehmensziel ausrichten: Eine positive Abweichung kann dann als „günstig", eine negative Abweichung als „ungünstig" gesehen werden.[6] Im Fall, daß ein höherer Gewinn als geplant „günstig" eingestuft wird, ergibt sich:

$$\Delta G = G^i - G^p = [L^i - K^i] - [L^p - K^p] = [L^i - L^p] + [K^p - K^i]$$

Bei einer Kostenabweichung würde man einen Soll-Ist-Vergleich wählen, bei einer Erlösabweichung, einer Deckungsbeitrags- oder Gewinnabweichung dagegen einen Ist-Soll-Vergleich. Setzt man das negative Vorzeichen in der Definition des Gewin-

---

5   Vgl dazu *Kilger*, *Pampel* und *Vikas* (2002), S. 413.

6   In der Praxis ist es nicht so einfach, wie dies aus formaler Sicht den Anschein erweckt: Vielfach ist dem Unternehmensziel mit einer Kosten*erhöhung* gedient, etwa beim Erkennen einer strategischen Nische, in deren Entwicklung hohe Anstrengungen gesteckt werden sollten, um langfristig erfolgreich zu sein.

nes bei den Kostenabweichungen fort, so bleibt der **Ist-Soll-Vergleich** für alle Teil-abweichungen bestehen:

$$\Delta G = G^i - G^p = [L^i - L^p] - [K^i - K^p]$$

Eine andere Möglichkeit wäre es, bei jeder Abweichung darauf hinzuweisen, ob es sich um eine günstige oder ungünstige Abweichung handelt; so findet sich in amerikanischen Lehrbüchern bei jeder Abweichung entweder ein „F" (für *favorable*") oder ein „U" (für *unfavorable*").

Bezugsbasis

Die Berechnung von Abweichungen kann weiter dahingehend strukturiert werden, welche Bezugsbasis für die Darstellung der Änderung der Kosten gewählt wird. **Bezugsbasen** sind entweder die Istgrößen oder die Sollgrößen. Bei einer Verwendung von Istgrößen als Bezugsbasis werden Einflußgrößenänderungen an den Istgrößen gemessen. Sollgrößen ergeben sich dann aus den Istgrößen zuzüglich der entsprechenden Veränderung.

Istbezugsgrößen: $y^p = y^i + \Delta^i y$

Planbezugsgrößen: $y^i = y^p + \Delta^p y$

Diese beiden Möglichkeiten differieren zunächst wieder nur im Vorzeichen für die Abweichungen Δ. Werden Abweichungen, wie dies vielfach in der Praxis geschieht, in Prozent der jeweiligen Basis angegeben, ergeben sich jedoch Unterschiede in den Prozentzahlen.

Materielle Unterschiede ergeben sich jedoch bei der Aufspaltung der Gesamtabweichung in Einzelabweichungen, da die Änderung einer Einflußgröße einmal mit den Istgrößen, das andere Mal mit den Plangrößen gewichtet wird. Im Fall von Istbezugsgrößen liegt der Abweichungsanalyse die Frage zugrunde, wie hoch die Abweichung wäre, wenn in der Istsituation eine Einflußgröße keine Abweichung erfahren hätte. Der Maßstab für die Abweichungshöhe ist die Istsituation. Bei Planbezugsgrößen wird die Frage gestellt, wie hoch die Abweichung wäre, wenn sich ausgehend von der Plansituation nur eine Abweichung bei einer Einflußgröße ereignet hätte. Die Wahl der Bezugsgröße kann damit danach ausgerichtet werden, inwieweit die Istsituation die „richtigere" Situation beschreibt (dies wäre etwa dann der Fall, wenn die Abweichungen auf nicht kontrollierbaren Ursachen beruhen) oder ob die Plansituation die „richtigere" Beschreibung der Situation darstellt (wenn Abweichungen auf kontrollierbaren Ursachen beruhen).

Steht also die **Entscheidungsfunktion** im Vordergrund, könnte man deshalb für die Verwendung von Istbezugsgrößen plädieren, da diese die aktuellste Manifestation der tatsächlichen Verhältnisse sind. Die Fragestellung wäre: Welche Auswirkungen auf die Kosten hätte es, wenn eine Bezugsgröße *keine* Abweichung erfahren hätte?

Für die Funktion der **Verhaltenssteuerung** werden dagegen Planbezugsgrößen eher geeignet sein, da sie die wünschbare Entwicklung darstellen, die nur durch das Auftreten von Abweichungen nicht realisiert wurde. Darüber hinaus würde die Beurteilung von Verantwortungsträgern durch möglicherweise von ihnen nicht kontrollierbare Istentwicklungen beeinträchtigt. Die Fragestellung hier wäre: Welche Auswirkungen auf die Kosten hätte es, wenn *nur* bei einer Bezugsgröße Abweichungen entstanden wären?

Im folgenden werden in Übereinstimmung mit dem Großteil der Literatur und der Praxis als Bezugssystem **Ist-Soll-Vergleiche mit Planbezugsgrößen** verwendet. Zur Verkürzung der Schreibweise wird für Δ^p einfach Δ geschrieben. Ein eingeschobenes Beispiel demonstriert, welche Auswirkungen unterschiedliche Bezugssysteme auf die Abweichungshöhe haben.

Beispiel zu den Auswirkungen verschiedener Bezugssysteme

Eine Kombination der beiden Möglichkeiten – Art der Berechnung der Abweichung und Möglichkeiten der Bezugsgrößenwahl – ergibt formal vier Möglichkeiten für die Berechnung von Abweichungen.
Zur Illustration sei folgendes angenommen: $r^p = 10$, $q^p = 21$; $r^i = 12$, $q^i = 20$. Daraus ergibt sich: Plankosten $K^p = r^p \cdot q^p = 210$ und Istkosten $K^i = r^i \cdot q^i = 240$.

Ist-Soll-Vergleich mit Planbezugsgrößen:

$$\Delta K = K^i - K^p = (r^p + \Delta^p r) \cdot (q^p + \Delta^p q) - r^p \cdot q^p = \Delta^p r \cdot q^p + r^p \cdot \Delta^p q + \Delta^p r \cdot \Delta^p q =$$
$$= 2 \cdot 21 + 10 \cdot (-1) + 2 \cdot (-1) = 42 - 10 - 2 = +30$$

Ist-Soll-Vergleich mit Istbezugsgrößen:

$$\Delta K = K^i - K^p = r^i \cdot q^i - (r^i - \Delta^p r) \cdot (q^i - \Delta^p q) = \Delta^p r \cdot q^i + r^i \cdot \Delta^p q - \Delta^p r \cdot \Delta^p q =$$
$$= 2 \cdot 20 + 12 \cdot (-1) - 2 \cdot (-1) = 40 - 12 + 2 = +30$$

Soll-Ist-Vergleich mit Planbezugsgrößen:

$$\Delta K = K^p - K^i = r^p \cdot q^p - (r^p - \Delta^i r) \cdot (q^p - \Delta^i q) = \Delta^i r \cdot q^p + r^p \cdot \Delta^i q - \Delta^i r \cdot \Delta^i q =$$
$$= (-2) \cdot 21 + 10 \cdot 1 - (-2) \cdot 1 = -42 + 10 + 2 = -30$$

Soll-Ist-Vergleich mit Istbezugsgrößen:

$$\Delta K = K^p - K^i = (r^i + \Delta^i r) \cdot (q^i + \Delta^i q) - r^i \cdot q^i = \Delta^i r \cdot q^i + r^i \cdot \Delta^i q + \Delta^i r \cdot \Delta^i q =$$
$$= (-2) \cdot 20 + 12 \cdot 1 + (-2) \cdot 1 = -40 + 12 - 2 = -30$$

Wie zu sehen ist, führen jeweils zwei Bezugssysteme zu äquivalenten Ergebnissen – die Beträge der einzelnen Teilabweichungen stimmen überein, so daß die Unterschiede rein auf unterschiedlichen Vorzeichen bzw unterschiedlichen Verknüpfungszeichen (plus oder minus) basieren. Daher lassen sich die Bezugssysteme insgesamt letztlich auf nur zwei reduzieren. Dafür bieten sich *Soll-Ist-Vergleiche mit Istbezugsgrößen* und *Ist-Soll-Vergleiche mit Planbezugsgrößen* an. Als Vorteil mag man sehen, daß Einzelabweichungen formal zur Gesamtabweichung addiert werden. Bei den übrigen Möglichkeiten ergeben sich schon aus der Definition wechselnde Verknüpfungen.

3.2. Die verursachungsgerechte Aufspaltung der Gesamtabweichung

Gleichgültig, welche Art von Vergleich man anstellt, das Ergebnis ist eine Gesamtabweichung, die für sich nur wenig aussagefähig ist. Insbesondere kann die Gesamtabweichung gleich null sein, auch wenn es etliche Abweichungen gegeben hat, sofern sich diese kompensieren. Beispielsweise kann eine Faktorpreiserhöhung durch eine geringere Verbrauchsmenge aufgewogen worden sein. Die eigentliche Aufgabe bei der Analyse von Abweichungen besteht deshalb darin, diese Gesamtabweichung in **Einzelabweichungen** (oder **Teilabweichungen**) zu zerlegen. Diese Aufspaltung ist in weiten Bereichen mit Problemen verbunden, wie im folgenden zu sehen ist. Und so erhebt sich die Frage, wozu diese Aufspaltung eigentlich nützlich ist.

Grundsätzlich ist die gesamte Information in der Änderung der jeweiligen Einflußgrößen Δy_i selbst enthalten. Im Produktionsbereich dienen beispielsweise bei der Verwendung neuer Fertigungstechnologien mengenmäßige Produktivitätskennziffern und nicht Kosten (bewertete Mengen) als wesentliche Steuerungsinformation.

Der **Nutzen** der wertmäßigen Abweichungen der Einflußgrößen dient vorwiegend der Quantifizierung der Erfolgskonsequenzen bei Veränderung der betreffenden Einflußgröße im Rahmen von Maßnahmen des Kosten- und Erlösmanagements. Gibt es (zB zeitliche) Engpässe bei der Auswertung der Abweichungen oder verursachen diese Kosten, so ist der mögliche Vorteil aus der Auswertung (absolut) hoher Abweichungsbeträge idR erfolgversprechender als die Auswertung geringer Abweichungen. Erfordern die Auswertungen verschiedener Abweichungen unterschiedlich viel Zeitaufwand bei der Zeit als knapper Ressource, so muß ein spezifischer Deckungsbeitrag (Auswertungserfolg bezogen auf Zeitdauer der Auswertung) als Reihungskriterium verwendet werden.

Voraussetzungen für die Zerlegung

Voraussetzungen für die Aufspaltung der Gesamtabweichung in Einzelabweichungen sind:

1. Es existiert ein **funktionaler Zusammenhang** zwischen Kosten und bestimmten Einflußgrößen (Kosten- und Erlösbestimmungsfaktoren), oder ein solcher wird vermutet. Die Kosten lassen sich dann als $K = K(y_1, y_2, ..., y_n)$ darstellen, wobei y_i die Einflußgrößen bezeichnen sollen.

2. Es liegen **Sollwerte** y_i^p für die Einflußgrößen vor.

3. Die **Istwerte** y_i^i der Einflußgrößen werden beobachtet oder gemessen.

Für den Fall, daß kein funktionaler Zusammenhang zugrunde gelegt wird, kann die Auswirkung der Änderung einer Einflußgröße auf die Kosten überhaupt nicht beziffert werden. Für Kostenfunktionen können aufgrund technischer Gegebenheiten häufig sehr exakte funktionale Zusammenhänge angegeben werden, für Erlösfunktionen bleibt oft nur eine Schätzung des Zusammenhanges. Eine falsche Schätzung kann daher ebenfalls zu Abweichungen führen, die später unter dem Stichwort Plankontrolle behandelt werden. Das Vorliegen von Soll- bzw Plangrößen und die Messung der vergleichbaren Istgrößen ist erforderlich, um die Änderung der Einflußgröße selbst erkennen zu können.

Aufspaltung der Gesamtabweichung

Hier wie im folgenden wird ein Ist-Soll-Vergleich mit Planbezugsgrößen zugrunde gelegt. Die **Gesamtabweichung** lautet in diesem Fall folgendermaßen:

$$\Delta K = K^i - K^p = K(y_1^i, y_2^i, ..., y_n^i) - K(y_1^p, y_2^p, ..., y_n^p) \qquad (1)$$

Wünschenswert wäre eine Aufspaltung der Gesamtabweichung derart, daß die Einzelabweichungen jeweils genau auf die Änderung einer Einflußgröße $\Delta y_i = y_i^i - y_i^p$ zurückzuführen sind.

Dies bereitet keine Schwierigkeiten, wenn die (Teil-)Kosten basierend auf den Einflußgrößen **additiv** (subtraktiv) verknüpft und voneinander **unabhängig** sind. Dies trifft etwa für viele Kostenarten einer Kostenstelle (Kontrollobjekt) zu. Ausgehend von einer Gesamtabweichung der Kostenstellenkosten können die Einzelabweichungen der darin enthaltenen Kostenarten ermittelt werden.

$$K(y_1, y_2, \ldots, y_n) = K(y_1) + K(y_2) + \ldots + K(y_n)$$

Daraus ergibt sich sofort

$$\Delta K = \Delta K_1 + \Delta K_2 + \ldots + \Delta K_n$$

wobei $\Delta K_i = K(y_i^i) - K(y_i^p)$.

Im Regelfall bestehen jedoch auch nicht-additive Verknüpfungen. Vorherrschend bei den Kosten sind **multiplikative** Verknüpfungen. Kosten sind die (Input-)Faktorpreise multipliziert mit der eingesetzten Faktormenge. Die Faktormenge entspricht in limitationalen Produktionsprozessen der Beschäftigung in der Kostenstelle multipliziert mit dem Direktverbrauchskoeffizient, der angibt, wieviele Gütereinheiten für eine Beschäftigungseinheit erforderlich sind.

Am Spezialfall mit zwei Kosteneinflußgrößen wird im folgenden gezeigt, daß bei Vorliegen multiplikativer Verknüpfungen von Kostenbestandteilen keine **Aufspaltung** der Gesamtabweichung existiert, so daß sämtliche Einzelabweichungen ausschließlich durch die Änderung einer einzigen Einflußgröße induziert werden (siehe Abbildung 2). Die Kosten seien aus Faktorpreis r und Faktormenge q zusammengesetzt, dh $K(r,q) = r \cdot q$. Daraus ergibt sich die Abweichung bei Annahme des Bezugssystems eines Ist-Soll-Vergleiches mit Planbezugsgrößen als

$$\Delta K = K^i - K^p = r^i \cdot q^i - r^p \cdot q^p =$$
$$= (r^p + \Delta r) \cdot (q^p + \Delta q) - r^p \cdot q^p = \Delta r \cdot q^p + r^p \cdot \Delta q + \Delta r \cdot \Delta q$$

Die Gesamtabweichung besteht aus **Abweichungen 1. Ordnung**, nämlich einer Preisabweichung und einer Mengenabweichung, sowie einer **gemischten Abweichung** oder **Abweichung** (hier) **2. Ordnung** $\Delta r \cdot \Delta q$, die durch die Änderung beider Einflußgrößen *gemeinsam* entstanden ist.[7] Eine verursachungsgerechte Zurechnung zu Änderungen einer der beiden Einflußgrößen ist nur dann möglich, wenn es keine gemischte Abweichung gibt; dies kann jedoch nur dann der Fall sein, wenn entweder $\Delta r = 0$ oder $\Delta q = 0$ gilt. Hat sich aber nur eine einzige Einflußgröße geändert, ist das Problem der Aufspaltung ohnedies obsolet.

---

[7] Die gemischte Abweichung verschwindet auch nicht, wenn man die Veränderung der Einflußgrößen nicht additiv, sondern multiplikativ definiert: $r^i = r^p \cdot \delta r$ mit δr als Index der Veränderung, und $q^i = q^p \cdot \delta q$ analog. Die Gesamtabweichung lautet dann: $\Delta K = r^p \cdot q^p \cdot (\delta r \cdot \delta q - 1)$.

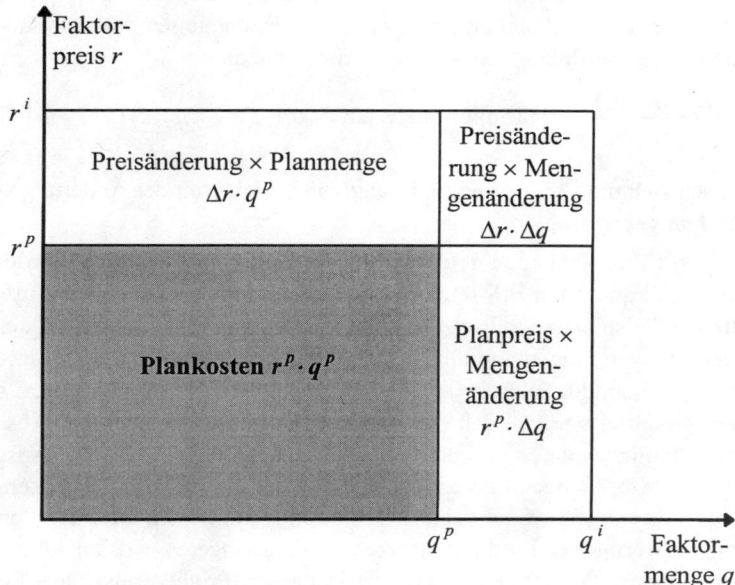

Abb. 2: Preis- und Mengenabweichungen

Man kann die Gesamtabweichung allenfalls derart aufspalten, daß der Effekt der Änderung einer Einflußgröße gesondert ausgewiesen wird; dies geht allerdings zulasten der anderen Einzelabweichung, die die gemischte Abweichung mit umfaßt. Die beiden Möglichkeiten dafür sind:

$$\Delta K = \Delta r \cdot q^p + \Delta_1(r,q)$$
$$\Delta K = \Delta_2(r,q) + r^p \cdot \Delta q$$

Falls mehr als zwei Einflußgrößen multiplikativ verknüpft sind, ergeben sich noch mehr solcher **gemischter Abweichungen**.

Beispiel: $K = r \cdot v \cdot b$, wobei v den Direktverbrauchskoeffizienten für den betrachteten Inputfaktor und b die Beschäftigung der Kostenstelle ausdrückt.

$$\Delta K = \Delta r \cdot v^p \cdot b^p + r^p \cdot \Delta v \cdot b^p + r^p \cdot v^p \cdot \Delta b + \qquad \text{(Abweichungen 1. Ordnung)}$$
$$+ \Delta r \cdot \Delta v \cdot b^p + \Delta r \cdot v^p \cdot \Delta b + r^p \cdot \Delta v \cdot \Delta b + \qquad \text{(Abweichungen 2. Ordnung)}$$
$$+ \Delta r \cdot \Delta v \cdot \Delta b \qquad \text{(Abweichung 3. Ordnung)}$$

Im **Ergebnis** bedeutet dies, daß eine verursachungsgerechte Aufspaltung der Gesamtabweichung *nur* möglich ist, wenn additive (subtraktive) Verknüpfungen der Kosten basierend auf den Einflußgrößen gegeben sind. Bei multiplikativen Zusammenhängen gibt es keine verursachungsgerechte Aufspaltung. Dies gilt natürlich auch für andere als einfach-multiplikative Verknüpfungen; solche können zB bei Erlöseinflußgrößen auftreten.

Generell formuliert: Eine **verursachungsgerechte Aufspaltung** ist nicht möglich, wenn die gemischten Ableitungen (bzw Differenzenquotienten) der Kosten nach mindestens zwei Einflußgrößen nicht verschwinden, dh

$$\frac{\partial^2 K(y_1, y_2, \ldots, y_n)}{\partial y_i \cdot \partial y_j} \neq 0 \quad \text{für mindestens ein Paar } i, j = 1, 2, \ldots, n; i \neq j \tag{2}$$

Dann lassen sich die Effekte der Änderung von y_i nicht von der Änderung von y_j isolieren und umgekehrt.

Bedingung (2) umfaßt auch den Fall, daß die Einflußgrößen **voneinander abhängig** sind. Dies kommt bei Erlöseinflußgrößen fast immer vor, bei den Kosten hingegen seltener. Beispielsweise hängt der Absatzpreis von der verkauften Menge eines Produktes ab, wenn ein monopolistischer Bereich mit einer Preis-Absatz-Funktion besteht. Sucht man die Erlösabweichung aufgrund einer Preisänderung zu ermitteln, muß berücksichtigt werden, daß sich mit der Preisänderung auch die Absatzmenge geändert hat. Ein weiteres Beispiel wären Werbeaktivitäten, die die Absatzmenge oder den Absatzpreis beeinflussen. Im Rahmen der Kosten könnten höhere Reparaturkosten mit geringeren Energiekosten Hand in Hand gehen; oder die Verwendung eines minderwertigeren Produktionsfaktors mit geringeren Kosten könnte gleichzeitig zu höheren Ausschußmengen oder längeren Produktionszeiten führen; ein weiteres Beispiel mit einer Rabattabweichung wird weiter unten gegeben.

Die Aufspaltung der Gesamtabweichung muß derartige **Interdependenzen** berücksichtigen, um zu einem sinnvoll interpretierbaren Ergebnis zu gelangen. Im folgenden sei von folgender einfachen Kostenfunktion ausgegangen:

$$K(y_1, y_2) = y_1 + y_2(y_1)$$

Würde man hier den funktionalen Zusammenhang von y_2 mit y_1 mißachten, ergäbe sich eine (teilweise) ungerechtfertigte Zurechnung von Teilabweichungen an y_2, die eigentlich durch eine Änderung von y_1 ausgelöst wurden. Deshalb wird eine weitere **Sollgröße** $y_2(y_1^i)$ ermittelt, die diese induzierten Änderungen herauslöst:

$$\Delta K = y_1^i + y_2^i - (y_1^p + y_2^p) = (y_1^i - y_1^p) + \left[(y_2^i - y_2(y_1^i)) + (y_2(y_1^i) - y_2^p) \right] =$$
$$= \left[(y_1^i - y_1^p) + (y_2(y_1^i) - y_2^p) \right] + (y_2^i - y_2(y_1^i)) \tag{3}$$

Dabei ist $y_2^p = y_2(y_1^p)$. Die erste Komponente in (3) entspricht der *direkten* Wirkung der Änderung von y_1 auf die Kosten, die zweite Abweichung der *indirekten* Wirkung über y_2. Beide sind in der obigen Darstellung in einer eckigen Klammer zusammengefaßt. Nur die dritte Einzelabweichung ist der direkten Änderung von y_2 zurechenbar.

Abweichungen *n*. Ordnung

Eine Abweichung *n*. Ordnung ist eine Abweichung, in der die Differenzen zwischen Ist- und Sollwert von *n* Einflußgrößen vorkommen. Sie entsteht notwendig dann, wenn Einflußgrößen des Kontrollobjekts multiplikativ miteinander verknüpft sind.

Der Änderung einer einzigen Einflußgröße lassen sich (innerhalb des gegebenen Bezugssystems eines Ist-Soll-Vergleiches mit Planbezugsgrößen) nur Abweichungen 1. Ordnung exakt zurechnen, alle Abweichungen höherer (höher als 1.) Ordnung sind durch Änderungen mehrerer Einflußgrößen gemeinsam entstanden.

Sind für zwei Einflußgrößen verschiedene Mitarbeiter verantwortlich, so läßt sich die Verantwortung für die Abweichung 2. Ordnung $\Delta y_1 \cdot \Delta y_2$ nicht zweifelsfrei zuordnen. Jeder der beiden ist individuell für ihr Entstehen verantwortlich: Würde einer der beiden seine Plangröße exakt einhalten ($\Delta y_1 = 0$ oder $\Delta y_2 = 0$), gäbe es keine gemischte Abweichung. Auf der anderen Seite wäre eine wie auch immer geartete Teilung der Verantwortung problematisch: Verdoppelt sich nämlich eine Abweichung, sagen wir Δy_1, so verdoppelt sich die gemischte Abweichung insgesamt und damit auch der Anteil des dafür nicht Verantwortlichen.

Die verursachungsgerechte Zurechnung kann auf diese Art hinreichend gelöst werden. Schwierigkeiten bei der Aufspaltung entstehen aber dann, wenn der funktionale Zusammenhang nicht einer dahinter stehenden **kausalen Abhängigkeit** entspricht. Vielfach weiß man, daß zwei Einflußgrößen miteinander zusammenhängen, doch hat man kaum eine Vorstellung darüber, welche der beiden die treibende Kraft ist. Es kann auch sein, daß beide Einflußgrößen von einer dritten Größe abhängen, die selbst nicht näher spezifiziert ist oder nicht beobachtet werden kann. In Weiterführung des obigen *Beispiels* bedeutet dies, daß der funktionale Zusammenhang von y_1 und y_2 auch in Form von $y_1(y_2)$ dargestellt werden könnte. Der Änderung von y_2 wird dann auch die induzierte (Teil-)Abweichung von y_1 zugerechnet. Es ergibt sich folgende Zerlegung:

$$\Delta K = (y_1^i - y_1(y_2^i)) + \left[(y_2^i - y_2^p) + (y_1(y_2^i) - y_1^p) \right]$$

Sie weicht offensichtlich von der ersten Möglichkeit in (3) ab. Kennt man also die Kausalkette der Einflußfaktoren nicht, ist eine verursachungsgerechte Aufspaltung ebenfalls unmöglich.

3.3. Methoden der Abweichungsanalyse

In der Folge werden verschiedene Methoden der Abweichungsanalyse vorgestellt, die sich in Theorie und Praxis gebildet haben. Entsprechend den obigen Feststellungen handelt es sich bei ihnen immer nur um eine mehr oder weniger *zweckmäßige* Lösung des Problems bei multiplikativ verknüpften Einflußgrößen. Das Unterscheidungskriterium liegt einzig darin, wie und in welchem Umfang sie die Abweichungen höherer Ordnung den Abweichungen 1. Ordnung zurechnen.

Die wesentlichsten **Methoden** sind:[8]

- differenzierte Methode,
- alternative Methode,
- kumulative Methode,
- symmetrische Methode,
- Min-Methode.

Differenzierte bzw differenziert-kumulative Methode

Bei dieser Methode werden die Abweichungen höherer Ordnung keiner Abweichung
1. Ordnung zugerechnet, sondern **gesondert ausgewiesen**. Dies kann entweder *en
bloc* in einer Summe oder einzeln erfolgen. Das Zurechnungsproblem wird damit je
nach Betrachtungsweise gar nicht oder vorbildlich gelöst.

Alternative Methode

Die alternative Methode berechnet die Einzelabweichungen unter der Annahme, daß
nur genau eine betreffende Einflußgröße vom **Istwert** auf den **Planwert** gesetzt
wird, die übrigen Einflußgrößen jedoch unverändert bleiben (dh *ceteris paribus*). Je
nachdem, ob man von Plankosten oder von Istkosten ausgeht, ergeben sich zwei
Möglichkeiten der Berechnung:

$$\Delta K_i^{(1)} = K(y_1^i, y_2^i, \ldots, y_i^i, \ldots, y_n^i) - K(y_1^i, y_2^i, \ldots, y_i^p, \ldots, y_n^i)$$

$$\Delta K_i^{(2)} = K(y_1^p, y_2^p, \ldots, y_i^i, \ldots, y_n^p) - K(y_1^p, y_2^p, \ldots, y_i^p, \ldots, y_n^p)$$

jeweils für $i = 1, 2, \ldots, n$. Im ersten Fall umfaßt jede Einzelabweichung $\Delta K_i^{(1)}$
sämtliche Abweichungen höherer Ordnung, die Δy_i enthalten. Die **Abweichungen
höherer Ordnung** werden deshalb **mehrfach** berücksichtigt. Im zweiten Fall enthält keine Einzelabweichung $\Delta K_i^{(2)}$ Abweichungen höherer Ordnung.[9] In beiden
Fällen stimmt die Summe der Einzelabweichungen nicht mehr mit der Gesamtabweichung überein.[10]

Kumulative Methode

Die kumulative Methode weist den Einzelabweichungen unterschiedlich viele
Abweichungen höherer Ordnung zu. Der Zweck ist, die Summengleichheit der
Einzelabweichungen mit der Gesamtabweichung herzustellen. Dazu wird wie folgt

---

[8]   Vgl *Kloock* und *Bommes* (1982); *Kloock* (1988); *Glaser* (1999, 2002).

[9]   Allgemein hängen diese Ergebnisse natürlich vom gewählten Bezugssystem ab. Sie gelten für
einen Ist-Soll-Vergleich mit Planbezugsgrößen, aber gerade umgekehrt für einen Soll-Ist-Vergleich
mit Istbezugsgrößen.

[10]   Man kann nicht generell sagen, daß die eine Methode *zuwenig* an Einzelabweichungen generiert, die andere *zuviel*. Denn die Abweichungen höherer Ordnung können positive wie auch negative
Vorzeichen haben.

verfahren: Zunächst wird eine **Reihenfolge** der Einflußgrößen festgelegt. Bei einem Ist-Soll-Vergleich wird die erste Einzelabweichung analog zur alternativen Methode ermittelt:

$$\Delta K_1 = K(y_1^i, y_2^i, \ldots, y_i^i, \ldots, y_n^i) - K(y_1^p, y_2^i, \ldots, y_i^i, \ldots, y_n^i)$$

Anders als bei der alternativen Methode werden die weiteren Einzelabweichungen jeweils nicht mehr von derselben Vergleichsbasis (hier K^i), sondern von der jeweils letzten **Differenzgröße** beim Ermitteln der letzten Einzelabweichung berechnet. Diese Zwischengrößen werden als **Sollgrößen** bezeichnet und fortlaufend durchnumeriert. Für die zweite und die weiteren Einflußgrößen ergibt sich daher

$$\Delta K_2 = K(y_1^p, y_2^i, y_3^i, \ldots, y_n^i) - K(y_1^p, y_2^p, y_3^i, \ldots, y_n^i)$$

$$\Delta K_i = K(y_1^p, \ldots, y_{i-1}^p, y_i^i, y_{i+1}^i, \ldots, y_n^i) - K(y_1^p, \ldots, y_{i-1}^p, y_i^p, y_{i+1}^i, \ldots, y_n^i)$$

usw. Die letzte Einzelabweichung entspricht wieder der bei Anwendung der alternativen Methode errechneten Abweichung, hier ausgehend von (12):

$$\Delta K_n = K(y_1^p, y_2^p, \ldots, y_{n-1}^p, y_n^i) - K(y_1^p, y_2^p, \ldots, y_{n-1}^p, y_n^p)$$

Dabei ist einfach zu erkennen, daß die Summe der Einzelabweichungen der Gesamtabweichung entspricht. Die Abweichungen höherer Ordnung sind tendenziell stärker bei den zuerst ermittelten Abweichungen enthalten, die letzte Einzelabweichung enthält keine Abweichungen höherer Ordnung mehr. Problematisch erscheint hier allerdings, daß die Höhe der den Einflußgrößen zugerechneten Einzelabweichungen von der **Reihenfolge der Berechnung** abhängt.

Symmetrische Methode

Diese Methode versucht, eine **gleichmäßige Aufteilung der Abweichungen** höherer Ordnung zu erzielen, indem diese zu gleichen Teilen auf die Abweichungen erster Ordnung aufgeschlagen werden. Damit wird das Reihenfolgeproblem umgangen.

Für den Fall **zweier multiplikativ verknüpfter Einflußfaktoren** (allerdings nur dafür) läßt sich dies relativ anschaulich als Gewichtung der jeweiligen Abweichung mit dem Durchschnitt zwischen Plan- und Istwert der anderen Einflußgröße interpretieren. Sei $K = r \cdot q$ mit r als Faktorpreis und q als Faktormenge. Die Preis- und die Mengenabweichung errechnen sich gemäß der symmetrischen Methode als

$$\Delta K_r = \Delta r \cdot q^p + \frac{\Delta r \cdot \Delta q}{2} = \Delta r \cdot \frac{2q^p + (q^i - q^p)}{2} = \Delta r \cdot \frac{q^p + q^i}{2} = \Delta r \cdot \overline{q}$$

$$\Delta K_q = r^p \cdot \Delta q + \frac{\Delta r \cdot \Delta q}{2} = \Delta q \cdot \frac{2r^p + (r^i - r^p)}{2} = \Delta q \cdot \frac{r^p + r^i}{2} = \overline{r} \cdot \Delta q$$

Das Problem bei der symmetrischen Abweichung ist aber, daß kein Grund dafür angegeben werden kann, weshalb die Aufteilung der Abweichungen höherer Ordnung gerade zu gleich hohen (Teil-)Beträgen erfolgen soll. In der Entscheidungs-

theorie gibt es mit der *Laplace*-Regel eine vergleichbare Annahme. Weniger überzeugend ist das Argument, daß sich die gemischte Abweichung direkt proportional
zu jeder Änderung der Einzelabweichungen verhält.[11]

Beispiel

In einer Produktionsabteilung wurden für einen Inputfaktor ein Faktorpreis $r^p = 240$ und
ein Verbrauch in Höhe der Faktormenge $q^p = 350$ geplant. Die Istwerte betragen für den
Faktorpreis $r^i = 270$ und die Faktormenge $q^i = 400$.

Die **Gesamtabweichung** als Ist-Soll-Vergleich beträgt damit

K^i = 270·400 =   108.000
K^p = 240·350 =   84.000
ΔK =   24.000

Differenzierte Methode
    Preisabweichung: $\Delta r \cdot q^p$ = 30·350 =   10.500
    Mengenabweichung: $r^p \cdot \Delta q$ = 240·50 =   12.000
    Abweichung 2. Ordnung: $\Delta r \cdot \Delta q$ = 30·50 =   1.500

Alternative Methode:
(1)   ausgehend von den Istkosten K^i:
       Preisabweichung: 108.000 − 240·400 =   12.000
       Mengenabweichung: 108.000 − 270·350 =   13.500

(2)   ausgehend von den Plankosten K^p:
       Preisabweichung: 270·350 − 84.000 =   10.500
       Mengenabweichung: 240·400 − 84.000 =   12.000

Kumulative Methode:
(1)   Abspaltung zunächst der Preisabweichung:
       Preisabweichung: 108.000 − 240·400 =   12.000
       Mengenabweichung: 240·400 − 84.000 =   12.000

(2)   Abspaltung zunächst der Mengenabweichung:
       Mengenabweichung: 108.000 − 270·350 =   13.500
       Preisabweichung: 270·350 − 84.000 =   10.500

Symmetrische Methode:
    Preisabweichung: $\Delta r \cdot q^p + \Delta r \cdot \Delta q/2$ =   11.250
    Mengenabweichung: $r^p \cdot \Delta q + \Delta r \cdot \Delta q/2$ = 12.750

---

[11]   So *Link* (1988b), S. 1213. Natürlich sind beliebig viele andere Varianten von Aufteilungen
vorstellbar. *Kilger, Pampel* und *Vikas* (2002), S. 137 f, erwähnen etwa noch die Aufteilung proportional zu der Höhe der jeweiligen Abweichung. Dies könnte als Anwendung des Tragfähigkeitsprinzips
interpretiert werden. Willkürlich bleibt jedoch jede Aufteilung.

Min-Methode

Die Min-Methode[12] beinhaltet wie die differenzierte Methode grundsätzlich einen separaten Ausweis von Abweichungen höherer Ordnung. Sie unterscheidet sich aber von der differenzierten Methode durch eine spezifische Regel zur Wahl der Bezugsgrößen, mit denen die Veränderungen von Kosteneinflußgrößen gewichtet werden. Die Gewichtung von Δ-Größen richtet sich jetzt nach dem **Minimum** der jeweils noch **verbleibenden Kosteneinflußgrößen**. Weil somit keine einheitliche Festlegung von Bezugsgrößen erfolgt, kann diese Vorgehensweise Konsequenzen dafür haben, in welchem Maße überhaupt Teilabweichungen mit mehreren Δ-Größen ausgewiesen werden.

Am Beispiel zweier Einflußgrößen $K = r \cdot q$ mit r als Faktorpreis und q als Faktormenge läßt sich die Vorgehensweise verdeutlichen. Die Gesamtabweichung ist

$$\Delta K = K^i - K^p = r^i \cdot q^i - r^p \cdot q^p$$

Fall 1: **Alle Istgrößen übersteigen die Plangrößen.** Als Abweichungen 1. Ordnung werden nur solche Teilabweichungen mit einer Δ-Größe ausgewiesen. Die Summe dieser Abweichungen ist

$$\Delta r \cdot \min\{q^i; q^p\} + \Delta q \cdot \min\{r^i; r^p\} = \Delta r \cdot q^p + \Delta q \cdot r^p$$

Diese Abweichungen entsprechen offenbar den Abweichungen 1. Ordnung nach der differenzierten Methode auf Basis von *Planbezugsgrößen*. Die Gesamtabweichung ergibt sich durch **Addition**[13] (bei gesondertem Ausweis) der **Abweichungen höherer Ordnung** $\Delta r \cdot \Delta q$.

Fall 2: **Alle Istgrößen unterschreiten die Plangrößen.** Die Summe der Abweichungen 1. Ordnung nach der Min-Methode ist dann

$$\Delta r \cdot \min\{q^i; q^p\} + \Delta q \cdot \min\{r^i; r^p\} = \Delta r \cdot q^i + \Delta q \cdot r^i$$

Die einzelnen Δ-Größen werden jetzt also mit den *Istbezugsgrößen* gewichtet. Dies impliziert, dass die **Abweichungen höherer Ordnung** $\Delta r \cdot \Delta q$ nun zu *subtrahieren* sind, um zur Gesamtabweichung zu kommen.

Fall 3: **Unterschiedliche Veränderungen der Einflußgrößen.** Dafür sei unterstellt, daß der Istpreis höher liegt als der Planpreis ($r^i > r^p$), während die Istmenge die Planmenge unterschreitet ($q^i < q^p$). Nach der Min-Methode folgt für die Abweichungen 1. Ordnung

$$\Delta r \cdot \min\{q^i; q^p\} + \Delta q \cdot \min\{r^i; r^p\} = \Delta r \cdot q^i + \Delta q \cdot r^p$$

Diese Summe entspricht bereits der Gesamtabweichung:[14]

---

[12]   Vgl dazu *Wilms* (1988), S. 96 – 125..

[13]   Siehe dazu den obigen Einschub zu den Auswirkungen verschiedener Bezugssysteme.

[14]   Es handelt sich faktisch um die Teilabweichungen einer kumulativen Abweichungsanalyse, bei der zuerst die Preisabweichung und anschließend die Mengenabweichung berechnet wird.

$$\Delta r \cdot q^i + \Delta q \cdot r^p = \left(r^i - r^p \right) \cdot q^i + \left(q^i - q^p \right) \cdot r^p = r^i \cdot q^i - r^p \cdot q^p$$

Daher brauchen hier *keine* **Abweichungen höherer Ordnung** ergänzt werden, wenn man eine Identität der Summe der Teilabweichungen mit der Gesamtabweichung anstrebt.

Für den Fall **zwei Einflußgrößen** läßt sich die Vorgehensweise der Min-Methode damit **allgemein** wie folgt angeben:[15]

$$\Delta K = \Delta y_1 \cdot \min\left\{ y_2^i; y_2^p \right\} + \Delta y_2 \cdot \min\left\{ y_1^i; y_1^p \right\} +$$

$sign\left(\Delta y_1 \right) \cdot \Delta y_1 \cdot \Delta y_2$, falls $\Delta y_i > 0$ oder $\Delta y_i < 0$ für alle i, andernfalls 0

Beispiel zur Min-Methode

Die drei Fälle im Text seien durch folgende Daten repräsentiert:

	Fall 1	Fall 2	Fall 3
r^i	110	90	110
r^p	100	100	100
q^i	250	160	160
q^p	200	200	200
$K^i - K^p$	7.500	-5.600	-2.400

Fall 1:

Preisabweichung:	$\Delta r \cdot \min\left\{ q^i; q^p \right\} = 10 \cdot 200$	=	2.000
Mengenabweichung:	$\Delta q \cdot \min\left\{ r^i; r^p \right\} = 50 \cdot 100$	=	5.000
Abweichungen 2. Ordnung:	$\Delta r \cdot \Delta q = 10 \cdot 50$	=	500

Fall 2:

Preisabweichung:	$\Delta r \cdot \min\left\{ q^i; q^p \right\} = -10 \cdot 160$	=	-1.600
Mengenabweichung:	$\Delta q \cdot \min\left\{ r^i; r^p \right\} = -40 \cdot 90$	=	-3.600
Abweichungen 2. Ordnung:	$-\Delta r \cdot \Delta q = -(-10) \cdot (-40)$	=	-400

Fall 3:

Preisabweichung:	$\Delta r \cdot \min\left\{ q^i; q^p \right\} = 10 \cdot 160$	=	1.600
Mengenabweichung:	$\Delta q \cdot \min\left\{ r^i; r^p \right\} = -40 \cdot 100$	=	-4.000

3.4. Wahl der zweckmäßigen Methode

Die Zweckmäßigkeit der verschiedenen Methoden muß an der Lösung der an die Kontrollrechnung gestellten Aufgaben beurteilt werden. Aus diesen Aufgaben wer-

---

[15] Dabei ist *sign*(Δy_1) = 1 für $\Delta y_1 > 0$ und *sign*(Δy_1) = –1 für $\Delta y_1 < 0$. Bei mehr als zwei Einflußgrößen ergeben sich für die Abweichungen höherer Ordnung analoge, aber sehr differenzierte Ausdrücke. Vgl dazu zB *Glaser* (1999), S. 31, und ausführlich *Wilms* (1988), S. 111 – 114.

den mehr oder weniger operationale Anforderungen entwickelt, deren Erfüllungs-
grad durch die einzelnen Methoden der Abweichungsanalyse schließlich deren Auswahl bedingt. Für die **Entscheidungsfunktion** ist wesentlich, daß keine Einzelabweichungen unter den Tisch fallen, sondern daß sämtliche Informationen verwertet werden. Weiter soll vermieden werden, daß es zu einer ungleichmäßigen Berechnung der Einzelabweichungen kommt, andernfalls würden Informationen nicht mehr
vergleichbar sein. Im Rahmen der **Verhaltenssteuerungsfunktion** kann nur eine
Berechnungsmethode von Abweichungen erfolgreich sein, deren Ergebnisse von den
verantwortlichen Mitarbeitern sowohl nachvollziehbar als auch (*a priori*) akzeptabel
sind. Andernfalls setzt man sich im Fall, daß ein Mitarbeiter ungünstige Abweichungen nicht mit Sachverhaltsargumenten rechtfertigen kann, leicht einem Rechtfertigungsdruck bezüglich der formalen Berechnung der Abweichung aus, der – wie
oben diskutiert wurde – gar nicht gelingen kann, da jede Methode gegenüber Ein-
wänden offen ist.

Die üblicherweise genannten **Anforderungskriterien** sind:[16]

- Vollständigkeit,

- Invarianz,

- Willkürfreiheit,

- Koordinationsfähigkeit,

- Wirtschaftlichkeit und Praktikabilität.

Vollständigkeit

Vollständigkeit ist eines der wichtigsten Kriterien. Die Vollständigkeit erfordert, daß
die **Summe** der ausgewiesenen **Einzelabweichungen** der **Gesamtabweichung** entspricht. Damit ist das Problem der Zurechenbarkeit von Abweichungen höherer Ordnung an Änderungen der Einflußgrößen angesprochen. Verzichtet man auf den Ausweis der Abweichungen höherer Ordnung, so kreiert man Akzeptanzprobleme, weil
sich mancher fragt, wo die Differenz zwischen Gesamtabweichung und Einzelabweichungen geblieben ist. Dies trifft genauso für den Fall zu, daß die Abweichungen
höherer Ordnung allen Abweichungen 1. Ordnung aufgeschlagen werden. Die alternative Methode erfüllt dieses Kriterium daher nicht. Bei der differenzierten Methode
werden die Abweichungen höherer Ordnung explizit angeführt, woraus ein Erklärungsbedarf bezüglich ihres Inhalts entstehen kann. Gleiches gilt für die Min-
Methode, doch dürfte ein potenzieller Erklärungsbedarf dort noch größer sein, weil
es vom Vorzeichen der einzelnen Veränderungen abhängt, in welchem Umfang
Abweichungen höherer Ordnung ausgewiesen werden. Die kumulative und die symmetrische Methode erfüllen das Kriterium der Vollständigkeit.

---

[16]   Vgl zB *Kloock* und *Bommes* (1982), S. 230 – 232; *Kloock* (1988), S. 426 – 428; *Wilms*
(1988), S. 81 – 96. Das darin ebenfalls genannte Kriterium der Relevanz bezieht sich auf die Wahl
zwischen Ist-Soll-Vergleichen und Soll-Ist-Vergleichen sowie auf die Wahl der Bezugsbasis (Ist oder
Soll).

Invarianz

Das Kriterium der Invarianz der ausgewiesenen Einzelabweichungen soll sicherstellen, daß die **Reihenfolge** der Ermittlung der Einzelabweichungen **keinen Einfluß** auf deren Höhe hat. Die Entscheidungsfunktion wäre gefährdet, weil unklar ist, welche Reihenfolge die meiste Information liefert. Und die Verhaltenssteuerungsfunktion ist beeinträchtigt, weil Akzeptanzprobleme entstehen können.

Die Invarianz wird von allen Methoden mit *Ausnahme* der **kumulativen Methode** erfüllt. Trotzdem ist diese die in der Praxis am meisten verbreitete Methode. Um ihre durch die Invarianz entstehenden Akzeptanzprobleme zu mildern, gibt es heuristische Regeln für die Festlegung einer bestimmten **Reihenfolge**.

- Zunächst werden Abweichungen ermittelt, deren Einflußgrößen exogen bestimmt sind und vom Unternehmen bzw dem jeweiligen Verantwortlichen nicht kontrolliert werden können. Bei Kosten sind dies idR zunächst die (echte) Beschäftigungsabweichung und (Faktor-)Preisabweichungen.

- In der Folge werden zunächst die Abweichungen berechnet, die weniger wichtig sind. „Wichtig" sind dabei die Abweichungen, die einen hohen Rechtfertigungsdruck des Verantwortlichen erzeugen.

- Die einmal festgelegte Reihenfolge bleibt unverändert.

Die ersten beiden Regeln nutzen die Tatsache, daß die zuletzt abgespaltenen Einzelabweichungen weniger mit Abweichungen höherer Ordnung belastet sind. Die dritte Regel schafft eine psychologische Barriere: das Anzweifeln der Berechnungsmethode erscheint weniger aussichtsreich und wird deshalb eher unterlassen.

Willkürfreiheit

Dieses Kriterium beruht auf Akzeptanzgesichtspunkten. Danach soll die Höhe der Einzelabweichungen, die einem Verantwortungsträger zugerechnet werden, nicht willkürlich durch andere Einflußgrößen beeinflußt sein, die außerhalb seines **Verantwortungsbereiches** liegen. Die Willkürfreiheit hat enge Beziehungen zum aus der **Organisationstheorie** stammenden Prinzip der *„Controllability"*, wonach ein Mitarbeiter bzw Manager nur anhand der von ihm kontrollierbaren Faktoren beurteilt werden sollte.[17] Folgt man diesen Vorstellungen,[18] ist bereits die Verwendung von Istgrößen als Bezugsgrößensystem einer Abweichungsanalyse ggf problema-

---

[17]   Der Grund liegt darin, daß ihm sonst ein Risiko aufgebürdet würde, das keine Vorteile (aus Motivationsgründen) mit sich bringt, sondern nur Nachteile aufgrund stärkerer Variabilität der Beurteilung. Dies setzt einen risikoscheuen Mitarbeiter voraus. Ein weiterer Grund ist einfach eine gewisse Unfairness der Beurteilung, die sich negativ auf die Leistungen des Mitarbeiters auswirken kann. Vgl auch *Kloock* und *Schiller* (1997), S. 317.

[18]   Im Zusammenhang mit der Verhaltenssteuerungsfunktion der Kontrolle ist die Controllability kritisch zu sehen, weil oftmals dagegen verstoßen werden *muß*, um überhaupt ein Motivationsinstrument an der Hand zu haben. Vgl dazu weiter unten in diesem Kapitel.

tisch.[19] Aus der Sicht eines Mitarbeiters sind nämlich nur diejenigen Einflußgrößen „*controllable*", die er durch seine Tätigkeiten beeinflussen kann. Sofern die Veränderungen dieser Größen mit den Istwerten von Einflußgrößen gewichtet werden, die auch oder sogar ausschließlich durch andere Mitarbeiter beeinflußt werden, wäre die Controllability verletzt.

Aus der Willkürfreiheit bzw *Controllability* ergeben sich daher **Implikationen** für die Zurechnung von Teilabweichungen und die Wahl der Bezugsgrößen. Zunächst folgt, daß **Abweichungen höherer Ordnung**, soweit sie auch nicht beeinflußbare Einflußgrößen beinhalten, *nicht* den betreffenden Abweichungen 1. Ordnung angelastet sein sollten. Dieses Kriterium wird von allen Methoden erfüllt, die einen gesonderten Ausweis von Abweichungen höherer Ordnung vorsehen (dazu gehören die differenzierte Methode und die Min-Methode). Es wird auch von der alternativen Methode auf Basis der Plankosten (beim gegebenen Bezugssystem) erfüllt, von den übrigen Methoden wird es verletzt.

Die **Min-Methode** ist allerdings wegen ihrer situationsspezifischen Bezugsgrößenwahl aus Sicht der Willkürfreiheit problematisch, weil je nach Datenkonstellation die Veränderungen von Einflußgrößen ggf mit Istbezugsgrößen zu gewichten sind. Es läßt sich aus Gesichtspunkten der Akzeptanz und Verhaltenssteuerung auch keine systematische Begründung dafür gewinnen, daß nur in den Fällen, in denen die Istwerte niedriger als die Planwerte sind, ein Abweichen von der Willkürfreiheit geboten ist.

Koordinationsfähigkeit

Mit diesem Kriterium ist die **Auswertung** der Einzelabweichungen angesprochen. Die Höhe der ermittelten Einzelabweichungen ist häufig ein Maßstab dafür, inwieweit sich eine nähere Analyse der Ursachen der Abweichung lohnt. Die dafür verwendeten Abweichungen sollten daher insbesondere keine gegenseitig **kompensierenden Effekte** beinhalten, da sie sonst als Anknüpfungspunkt für weitere Analysen wenig geeignet sind. Soweit Abweichungen höherer Ordnung in den Einzelabweichungen enthalten sind, ist demnach das Kriterium der Koordinationsfähigkeit verletzt.

---

[19]   Siehe dazu auch die formale Analyse bei *Budde* (1999), S. 16 – 18. Nur bei Korrelationen zwischen verschiedenen Einflußgrößen kann es sich lohnen, Istbezugsgrößen an Stelle von Planbezugsgrößen zu verwenden. Siehe zu analogen Resultaten im Rahmen eines expliziten Mehrpersonenkontextes auch *Korn, Lengsfeld* und *Schiller* (2001), S. 381 – 387, sowie *Lengsfeld* und *Schiller* (2001). Bei diesen Beiträgen handelt es sich um agency-theoretische Arbeiten (vgl dazu weiter unten in diesem Kapitel).

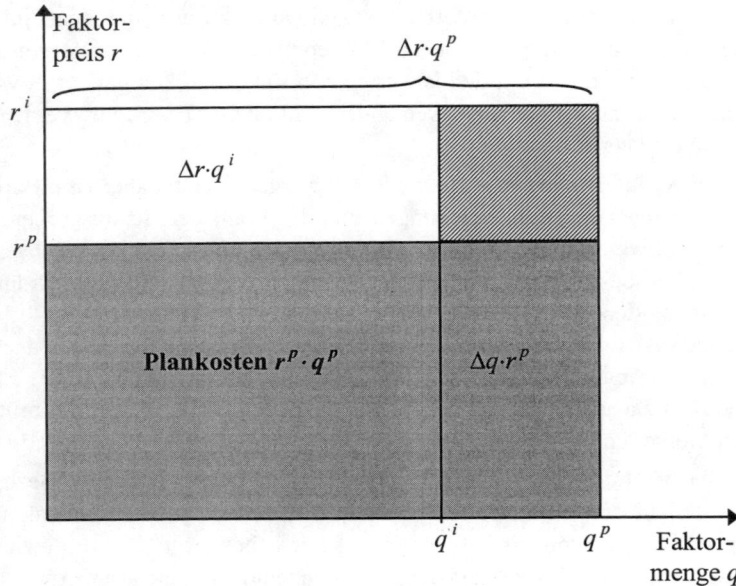

Abb. 3: Preis- und Mengenabweichungen mit
unterschiedlichen Vorzeichen

Jedoch bedeutet dies nicht unbedingt, daß es innerhalb der **Abweichungen 1. Ord-nung** zu keinen **Überschneidungen** kommen kann. Dies sei beim hier betrachteten Ist-Soll-Vergleich auf Planbezugsbasis mit einer Konstellation wie in Abbildung 3 verdeutlicht. Dabei induziert ein gestiegener Istpreis ($r^i > r^p$) eine Kostenerhöhung, während die reduzierte Menge ($q^i < q^p$) einen kostensenkenden Effekt hat. Die gesamte **Kostendifferenz** beträgt

$$\Delta K = K^i - K^p = \underbrace{\Delta r \cdot q^i}_{>0} + \underbrace{\Delta q \cdot r^p}_{<0}$$

Die Preisabweichung 1. Ordnung auf **Planbezugsbasis** ist aber

$$\Delta r \cdot q^p > \Delta r \cdot q^i > 0$$

Aus Abbildung 3 ist ersichtlich, daß diese Abweichung den schraffierten Bereich oben rechts beinhaltet, der bei der vorliegenden Konstellation im Grunde *keine echte* Abweichung darstellt.[20] Dadurch wird der kostenerhöhende Effekt der Preissteige-rung *quasi* **überschätzt**, was in der Gesamtbetrachtung eines Ist-Soll-Vergleichs auf Planbezugsbasis durch die (negative) Abweichung 2. Ordnung wieder korrigiert wird. Aus dieser Perspektive *kompensiert* daher im vorliegenden Fall die Abwei-

---

[20]　Vgl auch *Glaser* (1999), S. 30.

chung höherer Ordnung eine implizite Überschätzung im Rahmen einer Abweichung 1. Ordnung.[21]

Betrachtet man die Gesamtabweichung ΔK für den Fall in Abbildung 3, so entsprechen die beiden Teilabweichungen exakt denjenigen, die man auf Basis der **Min-Methode** erhalten würde. Die eigentliche **Intention dieser Methode** besteht demgemäß darin, alle Abweichungen mit nur einer Δ-Größe von **impliziten Kompensationseffekten** zu befreien. Diese Vorgehensweise erscheint zwar im ersten Moment einleuchtend, sie hat aber ihren Preis. Neben den bereits erwähnten Problemen im Zusammenhang mit Willkürfreiheit und Verhaltenssteuerung sind auch Aspekte der **Informationsgewinnung** für die Entscheidungsfunktion der Kontrolle relevant. Abweichungen 1. Ordnung auf Planbezugsbasis geben Informationen über **Kostenänderungspotentiale**,[22] die man erhält, wenn bei allen anderen Einflußgrößen der Sollwert erreicht wird. Entsprechend zeigen die Abweichungen 1. Ordnung auf **Istbezugsbasis**, welche Kostenänderungen angesichts der *aktuellen Situation* (repräsentiert durch die Istwerte der anderen Einflußgrößen) eintreten, falls sich die betrachtete Größe dem Planwert nähert. Die Teilabweichungen 1. Ordnung der Min-Methode geben je nach Datenkonstellation entweder diese oder jene Informationen, und es ist schwer einzusehen, warum ausgerechnet das Verhältnis von Ist- zu Planwerten den Ausschlag dafür geben sollte, was man wissen will.[23] Daher wird typischerweise die **Forderung** erhoben, daß „*it should be possible to interpret all cost variances in the same manner*"[24].

Wirtschaftlichkeit und Praktikabilität

Das Kriterium der **Wirtschaftlichkeit** stellt den Versuch der Gegenüberstellung von Kosten und Nutzen der Berechnung von Einzelabweichungen nach den verschiedenen Methoden dar. Die **Praktikabilität** ist ein Kriterium für die Kosten der Methode. Sie stellt letztlich angesichts der Möglichkeiten der EDV-Unterstützung kein grundsätzliches Problem dar und kann deshalb für alle Methoden als erfüllt angesehen werden. Deshalb werden die Berechnungskosten kaum signifikant unterschiedlich sein. Die Kosten könnten allerdings insoweit differieren, als die Methoden unterschiedlich hohen Zeitaufwand für die Erläuterung, das Verstehen und ähnliches erfordern. Der Nutzen besteht wohl darin, inwieweit die Methoden den Funktionen der Kontrolle dienen. Sowohl Kosten als auch Nutzen sind jedoch kaum

---

[21] Sofern beide Istwerte niedriger als die jeweiligen Planwerte sind, ist der obere rechte Bereich in Abbildung 3 zwar existent, wird aber von den Abweichungen 1. Ordnung auf Planbezugsbasis doppelt erfaßt. Auch hier hat die Abweichung höherer Ordnung einen kompensierenden Effekt. Nur bei Istwerten, die stets größer als die Planwerte sind, gibt es bei den Abweichungen 1. Ordnung eines Ist-Soll-Vergleichs auf Planbezugsbasis keine impliziten Kompensationseffekte.

[22] Vgl *Kloock* und *Schiller* (1997), S. 317, und zu einer Analyse von Kostenänderungspotentialen ausführlich *Lengsfeld* (1999).

[23] Siehe zu einer ähnlichen Argumentation auch *Kloock* (1999), S. 34.

[24] *Kloock* und *Schiller* (1997), S. 317.

operabel. Dies ist ja auch der Grund dafür, daß die oben genannten Kriterien entwickelt wurden.

Zusammenfassend zeigt sich, daß die **differenzierte Methode** die Anforderungen am ehesten erfüllt. Es mag daher verwundern, daß in der Praxis die **kumulative Methode** am häufigsten verwendet wird.[25] Dies ist zum einen sicher historisch bedingt, da die kumulative Methode früher als die differenzierte Methode in der Praxis eingeführt war und möglicherweise nicht laufend hinterfragt wird.[26] Zum anderen könnte es bedeuten, daß die Nachteile der differenzierten Methode – der gesonderte Ausweis der Abweichungen höherer Ordnung könnte Verständnisprobleme mit sich bringen – doch höher sind als vermutet.

4. Typische Abweichungen bei der Kosten- und Erlöskontrolle

Die Vorgangsweise bei der Kostenkontrolle wie auch bei der Erlöskontrolle entspricht den obigen Ausführungen. Je nachdem, bei welchen Einflußgrößen ein Sollwert und ein korrespondierender Istwert verfügbar sind, kann die Abweichungsanalyse nach einer der Methoden und Formen vorgenommen werden. In der Folge werden typische Abweichungen im Rahmen der Kosten- und Erlöskontrolle näher erläutert. Das Hauptaugenmerk liegt jedoch auf der *konzeptionellen Ebene*, es werden – der Zielsetzung des Buches folgend – nicht alle möglichen Abweichungen bis ins Detail diskutiert, sondern nach einer Übersicht jeweils bestimmte Eigenheiten anhand von Beispielen herausgegriffen.

4.1. Kostenkontrolle

Die Kostenfunktion lautet allgemein:

$$K = K(y_1, y_2, ..., y_n) + K^F$$

Dabei bezeichnet K^F die **Fixkosten**, also jenen Teil der Gesamtkosten K, der bezüglich keiner der auswertbaren Einflußgrößen $y_1, y_2, ..., y_n$ variabel ist. Deshalb kann bei den Fixkosten keine Abweichung ermittelt werden; wäre dies der Fall, könnten sie selbst eine (additiv verknüpfte) Einflußgröße der Kosten sein. Das ist auch der Grund, daß Fixkosten in Abweichungsanalysen typischerweise außer Betracht gelassen werden (siehe dazu nochmals die früher erwähnte „Arbeitshypothese", daß die Istfixkosten den Planfixkosten entsprechen). Als Kontrollobjekt dient im allgemei-

---

[25] Im Controlling-Modul des SAP-Softwarepakets ist zB die kumulative Methode implementiert, vgl *Glaser* (2002), Sp. 1085.

[26] So werden von *Kilger*, *Pampel* und *Vikas* (2002), S. 135 – 142, nur die alternative und die kumulative Methode erörtert. Typische amerikanische *Cost Accounting*-Lehrbücher erläutern praktisch ausschließlich die kumulative Methode.

nen eine Kostenstelle, zum Teil auch bestimmte Kostenarten innerhalb einer Kostenstelle.

Beschäftigungsabweichungen

Im Rahmen einer **Plankostenrechnung zu Vollkosten** sind die Fixkosten jedoch in
den Kostenstellenkosten enthalten. Wenn nun die Istbeschäftigung nicht mit der
Planbeschäftigung übereinstimmt, wird in der Praxis häufig eine Größe ermittelt, die
als **verrechnete Plankosten** bezeichnet wird. Man erhält sie wie folgt:

$$K^v = K^p \cdot \frac{b^i}{b^p} = \left[K(\mathbf{y}^p) + K^F \right] \cdot \frac{b^i}{b^p} = k(\mathbf{y}^p) \cdot b^i + K^F \cdot \frac{b^i}{b^p} \qquad (4)$$

Dabei bezeichnet b die Beschäftigung in der Kostenstelle und $\mathbf{y}$ den Vektor der Einflußgrößen, die *proportional* zur Beschäftigung b angenommen werden. Diese Annahme gilt für limitationale Produktionsprozesse der Form

$$K = \sum_{m=1}^{M} K_m = \sum_{m=1}^{M} r_m \cdot q_m = \sum_{m=1}^{M} r_m \cdot v_m \cdot b$$

mit m als eine von M Faktorarten in der Kostenstelle, r als Faktorpreise, v als Direktverbrauchskoeffizienten und b als Beschäftigung in der Kostenstelle. Gilt diese Annahme nicht (zB bei anderen Bezugsgrößen, wie Anzahl der Umrüstungen, der Arbeitsvorbereitung, der Transportvorgänge usw), lassen sich verrechnete Plankosten
nicht mehr auf diese Art ermitteln.

Einfach zu sehen ist, daß die verrechneten Plankosten durch die **Proportionalisierung** der Fixkosten entstehen. Dieser Berechnungsfehler muß daher bei der Kostenkontrolle wieder herausgerechnet werden. Die tatsächlichen Plankosten bei Istbeschäftigung (Sollkosten) sind nämlich

$$K^s = K(\mathbf{y}^p) \cdot \frac{b^i}{b^p} + K_F = k(\mathbf{y}^p) \cdot b^i + K^F$$

Die Differenz zwischen den Plankosten bei Istbeschäftigung (Sollkosten) und den
verrechneten Plankosten wird als (sogenannte) **Beschäftigungsabweichung**
bezeichnet und ist bei einem Ist-Soll-Vergleich wie folgt bestimmt:[27]

$$\textit{Beschäftigungsabweichung} = K^s - K^v = \left[1 - \frac{b^i}{b^p} \right] \cdot K^F$$

Sie verläuft proportional zum Beschäftigungsgrad, wie in Abbildung 4 zu sehen ist.
Falls $b^i < b^p$ ist, dann wurden in den verrechneten Plankosten zuwenig Fixkosten
angesetzt, die Beschäftigungsabweichung ist daher positiv, und umgekehrt.

---

[27] Die tatsächliche Abweichung ist $\Delta K = K^i - K^s$, während bei Ansatz der verrechneten Plankosten ein Betrag von $K^i - K^v$ ermittelt wird; dadurch ergibt sich $\Delta K = K^i - K^v - (K^s - K^v)$.

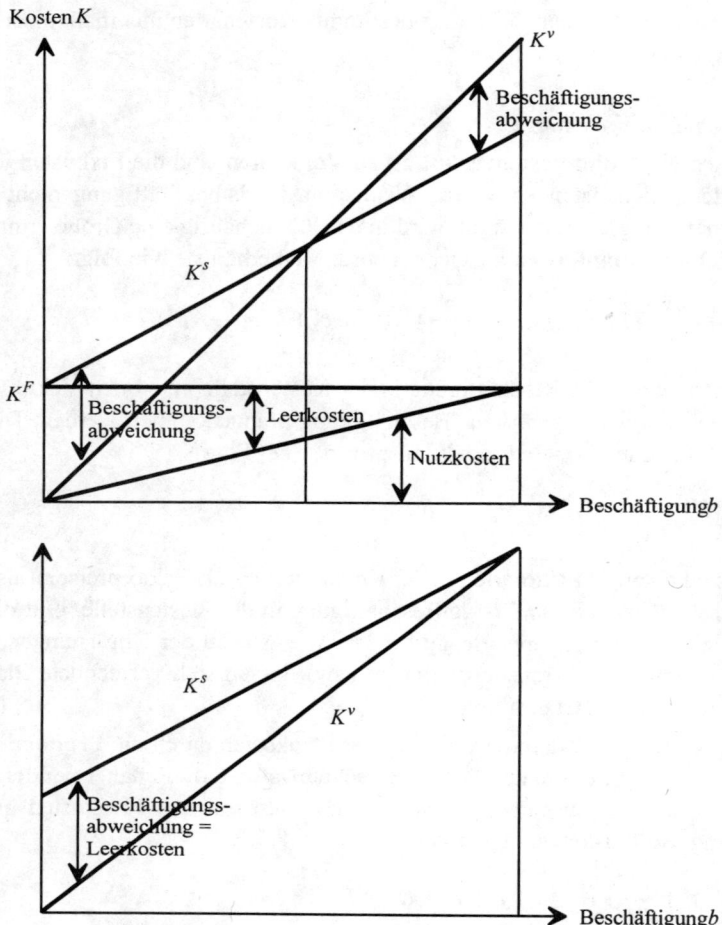

Abb. 4: Beschäftigungsabweichung und Nutzkosten/Leerkosten

Sie ist für kurzfristige Belange unerheblich, mittel- bis langfristig kann sie ein Indikator für Anpassungen der vorhandenen Kapazität in der Kostenstelle sein.[28] Dies gilt insbesondere bei *Kapazitätsplanung*, dh b^p wird an die Kapazitätsgrenze gesetzt. Dann ist die Beschäftigungsabweichung gleich hoch wie die **Leerkosten**, also der mit Fixkosten bewertete Teil der Kapazität, der im Kontrollzeitraum nicht genutzt wurde. Der genutzte Teil, also Fixkosten abzüglich Leerkosten, heißt **Nutzkosten**. Bei *Engpaßplanung*, dh b^p ist kleiner als die Kapazität der Kostenstelle, gilt dieser Zusammenhang nicht, da die Beschäftigungsabweichung in diesem Fall auch kleiner als null werden kann, während die Nutzkosten die Fixkosten niemals übersteigen.

---

[28]   Wie im 6. Kapitel: *Kostenmanagement* diskutiert wurde, kann die Kapazität aber auch Wettbewerbswirkungen aufweisen, die bei solchen Entscheidungen nicht vergessen werden dürfen.

In der **Grenzplankostenrechnung** werden Fixkosten außer Betracht gelassen. Daher kann die (sogenannte) Beschäftigungsabweichung nicht entstehen. Hier gibt es eine (echte) Beschäftigungsabweichung.

(Echte) Beschäftigungsabweichungen werden durch die Änderung der Beschäftigung Δb verursacht. Sie fallen typischerweise nicht in den Verantwortungsbereich des Kosten(stellen)verantwortlichen. Die Beschäftigung ist insbesondere im Produktionsbereich praktisch ausschließlich fremdbestimmt. Ziel im Produktionsbereich ist es, die aufgrund der Marktnachfrage vorgegebenen Mengen an Produkten innerhalb des betreffenden Zeitraums zu möglichst geringen Kosten herzustellen. In der Praxis wird bei Verwendung der kumulativen Methode der Abweichungserrechnung deshalb so vorgegangen, daß die Beschäftigungsabweichung bereits zu Beginn ausgesondert wird; die verbleibenden Sollkosten werden so von sämtlichen Abweichungen höherer Ordnung, die Δb enthalten, entlastet.[29]

> **Negative Effekte der Verantwortungszuweisung von Preisabweichungen**
>
> Eine Einkaufsleiterin, die anhand der Preisabweichungen beurteilt wird, kann eine günstige Abweichung auch dadurch erreichen, daß sie extrem hohe Mengen beschafft, um in den Genuß von Rabatten zu kommen, oder daß sie die Lieferanten sehr häufig wechselt, um marginale Preisunterschiede auszunutzen. Beides kann negativ auf andere betriebliche Vorgänge wirken:
>
> Hohe Beschaffungsmengen erhöhen die Lagerkosten – was die Einkaufsleiterin nicht direkt trifft, wenn sie dafür nicht verantwortlich ist. Ein häufiger Lieferantenwechsel kann bei nicht identischen Inputfaktoren Umstellungskosten in der Produktionsabteilung erfordern. Niedrige Faktorpreise gehen oft mit niedrigerer Qualität einher; ist diese nicht direkt meßbar, merkt man erst in der Produktion etwas davon, zB durch höheren Ausschuß, der uU dem Produktionsleiter angelastet wird. In derartigen Fällen ist es wichtig, neben Preisabweichungen auch noch andere Beurteilungsgrößen, zB Qualitätskennzahlen, zu verwenden oder den Verantwortungsbereich zu erweitern.

Preisabweichungen

Preisabweichungen entstehen durch Änderungen der Faktorpreise Δr. Bei den Preisabweichungen wird es vielfach als sinnvoll erachtet, niemanden dafür verantwortlich zu machen. Dies gilt vor allem, wenn die Preise der Inputfaktoren stark bis ausschließlich außerbetrieblichen (nicht kontrollierbaren) Einflüssen unterliegen. Dann werden als Planpreise auch eher Prognosewerte als Standardwerte verwendet.[30] Oft bestehen allerdings Möglichkeiten, auf die Einkaufspreise Einfluß auszuüben. In diesem Fall sind Preisabweichungen sehr wohl wichtig für die Beurteilung der Leistung des betreffenden Verantwortlichen. Beispielsweise kann er den Einkaufs-

---

[29] Dies ist aus Sicht der jeweiligen Kostenstelle sicher ein Vorteil. Ist für die Beschäftigung jedoch ein anderer Verantwortungsträger zuständig, könnte ihm die so ermittelte Beschäftigungsabweichung nicht sinnvoll zugerechnet werden, eben weil sie Abweichungen höherer Ordnung enthält, die durch Änderungen von außerhalb seines Zuständigkeitsbereichs stehenden Einflußgrößen (mit-)bedingt sind.

[30] Vgl *Kilger*, *Pampel* und *Vikas* (2002), S. 170 f. Alternativ wäre dies ein Fall für die Ermittlung von Planabweichungen (siehe dazu weiter unten).

preis durch großes Verhandlungsgeschick, die Suche nach günstigen Bezugsquellen oder durch einen günstigen Bestellzeitpunkt bei Preisschwankungen reduzieren. Aber auch dann ist fraglich, inwieweit die Nachteile des Verantwortlichmachens für Preisabweichungen nicht überwiegen.

Werden beim Einkauf von Inputfaktoren Rabatte gewährt, kann die Preisabweichung in eine **Rabattabweichung** und eine (Rest-)Preisabweichung aufgespalten werden. Es handelt sich dabei um das Problem abhängiger Einflußgrößen, also der Folgewirkung von Änderungen der Beschaffungsmenge auf den Preis. Eine höhere Beschaffungsmenge bewirkt, daß ein höherer als der geplante Rabatt gewährt wird. Dieser Teil der Preisabweichung ist dann vom Verantwortlichen für den Einkauf nicht kontrollierbar, wenn die Beschaffungsmenge von jemand anderem vorgegeben wird.

Organisatorisch bestehen zwei Möglichkeiten für den Zeitpunkt der Erfassung von Preisabweichungen, die Erfassung beim Zugang oder beim Abgang. Im ersten Fall werden sie sofort beim Zugang abgespaltet, so daß die Lagerbestände zu Planpreisen geführt werden. Bei der Erfassung beim Abgang der Inputfaktoren aus dem Lager werden die Lagerbestände noch zu Istpreisen geführt. Die **Zugangsmethode** ist die in der Praxis übliche Methode. Abgesehen von Unterschieden in der Durchführung der Abweichungsermittlung ist ein Aspekt von Interesse: Die beiden Methoden führen zu einem zeitlich verschobenen Ausweis der Preisabweichungen: Bei der Zugangsmethode werden die Preisabweichungen auf Basis der *beschafften* Menge ermittelt, bei der **Abgangsmethode** aber erst mit dem Verbrauch der Menge. Für die Funktion der Kontrolle des Einkaufs ist die Zugangsmethode überlegen, weil sie die gesamte Preisabweichung für die Einkaufsentscheidung ausweist und nicht erst sukzessive dann, wenn der Verbrauch erfolgt.

Mengenabweichungen

Mengenabweichungen (Verbrauchsabweichungen) entstehen aufgrund von Änderungen des Direktverbrauchskoeffizienten Δv. Sie können abhängig von der verwendeten Produktionstechnologie mannigfache Ursachen haben: Beispiele im Zusammenhang mit Inputfaktoren sind:

- Unwirtschaftlichkeiten, zB hoher Verschnitt oder unachtsamer Umgang mit den Materialien,

- materialbedingte Abweichungen, zB mindere Qualität der Inputfaktoren,

- auftragsbedingte Abweichungen, zB infolge nachträglicher Änderung von Kundenwünschen oder infolge technischer Erfordernisse,

- mischungsbedingte Abweichungen, zB bei substitutiven Produktionsprozessen.

Abweichungen aufgrund von Änderungen des Produktionsvollzugs werden auch **Spezialabweichungen** genannt. Zu ihnen zählen etwa

- Veränderung des Verhältnisses von Eigenfertigung und Fremdbezug,

- Einsatz anderer Produktionsanlagen,

- geänderte Seriengrößen,

- geänderte Intensität.

Beispiel zur Rabattabweichung

In der Kostenplanung für März wurde die Beschaffung von 4.500 Tonnen eines Rohstoffes geplant. Als Preis wird ein Betrag von 100 pro Tonne erwartet; weiterhin ist bekannt, daß der Lieferant (Stufen-)Rabatte nach folgendem Schema gewährt:

Abnahmemenge größer als 1.000 Tonnen:　5% auf den Gesamtpreis
Abnahmemenge größer als 5.000 Tonnen:　10% auf den Gesamtpreis

Die Plankosten betragen daher $4.500 \cdot 95 = 427.500$, an Istkosten fielen im März 506.000 für 5.500 Tonnen an.

Daraus ergibt sich zunächst ein Istpreis von $506.000 / 5.500 = 92$. Die Planung rechnete mit einem Preis pro Tonne von 95, wobei sie jedoch von einer niedrigeren Abnahmemenge ausging. Tatsächlich sollte die Tonne nur 90 kosten. Die Gesamtabweichung kann damit wie folgt in eine Rabattabweichung und eine (Rest-)Preisabweichung gegliedert werden.

Istkosten:	506.000	
Plankosten:	427.500	
Differenz:		78.500
Sollkosten bei 5.500 Stück ohne Berücksichtigung der Rabattänderung: $5.500 \cdot 95 =$	522.500	
Mengenabweichung (*Beschäftigungsabweichung*): $427.500 - 522.500 =$		–95.000
Gesamtabweichung: $506.000 - 522.500 =$		-16.500
Sollkosten bei 5.500 Stück unter Berücksichtigung der Rabattänderung: $5.500 \cdot 90 =$	495.000	
Rabattabweichung: $495.000 - 522.500 =$		–27.500
(Rest-)Preisabweichung: $506.000 - 495.000 =$		11.000

Existieren hier Abweichungen höherer Ordnung, und wenn ja, wo sind sie verborgen? Die gegenseitige Abhängigkeit von Preis r und Menge q kann bei der differenzierten Methode durch Einführen einer zusätzlichen additiven Abweichung berücksichtigt werden, die der Preisänderung aufgrund des geänderten Rabattes entspricht:

$$\Delta r = (r^i - r^s) + (r^s - r^p) = \Delta^2 r + \Delta^1 r$$

wobei $r^s = r(q^i) = r^p + \Delta^1 r$. Es ergibt sich daher:

$$\Delta K = K^i - K^p = (r^p + \Delta^1 r + \Delta^2 r) \cdot (q^p + \Delta q) - r^p q^p =$$
$$= r^p \cdot \Delta q + \Delta^1 r \cdot q^p + \Delta^2 r \cdot q^p + [\Delta^1 r \cdot \Delta q + \Delta^2 r \cdot \Delta q] =$$
$$= 95 \cdot 1.000 + (-5) \cdot 4.500 + 2 \cdot 4.500 + [(-5) \cdot 1000 + 2 \cdot 1.000] = 78.500$$

Die gemischten Abweichungen sind sowohl in der Rabattabweichung (mit –5.000) als auch in der (Rest-)Preisabweichung (mit +2.000) enthalten. (Eine ausführlichere Analyse dieser Abhängigkeiten findet sich bei der Erlöskontrolle.)

Die **Seriengrößenabweichung** entsteht aus der Veränderung der Relation von Rüstzeit und Ausführungszeit (Rüstrelation). Im Rahmen ihrer Analyse wird häufig mit einer durchschnittlichen Rüstrelation gerechnet, wenn mehrere Produkte zusammen erfaßt werden. Offensichtlich ist, daß aus einer Zusammenfassung mehrerer Kontrollobjekte Probleme in der Beurteilung auftreten können, wenn die zusammengefaßten Produkte nicht miteinander in Verbindung stehen.[31] Sind die Plan- und die Istwerte vorhanden, muß dies im Wege einer Auftragszusammensetzungsabweichung korrigiert werden.

Die **Intensitätsabweichung** ist ein Beispiel für einen nichtlinearen Einfluß der Änderung der Einflußgröße auf die Kosten. Obwohl bisher nur lineare Einflüsse analysiert wurden, bringt dies keine wesentliche weitere Komplexität in die Abweichungsanalyse.

Auf eine ausführlichere Behandlung der Spezialabweichungen wird hier verzichtet. Es soll aber nochmals betont werden, daß die praktisch gegebenen Möglichkeiten der Ermittlung von Einzelabweichungen stark von den technischen Eigenschaften des Betriebsgeschehens und der Planbarkeit und Erfaßbarkeit der Einflußgrößen abhängen.

Induzierte Abweichungen

Die bisherigen Abweichungen bezogen sich auf ein einzelnes abgegrenztes Kontrollobjekt, idR eine Kostenstelle mit einem dafür verantwortlichen Mitarbeiter. Abweichungen in einem Kontrollobjekt können jedoch auch Auswirkungen auf die Abweichungshöhe in anderen Kontrollobjekten haben. Solche Abweichungen werden als induzierte Abweichungen bezeichnet.

Beispiel [32]

Eine Produktionsabteilung arbeitet an der Kapazitätsgrenze von 4.000 Stunden. Es wird nur ein einziges Produkt erzeugt. Es erzielt einen Verkaufspreis von 10, und die variablen Plankosten in Höhe von 4 entsprechen den Istkosten pro Stück. Absatzgrenzen sind nicht gegeben. Das Produkt benötigt laut Planung 4 Stunden an der knappen Ressource, infolge unwirtschaftlicher Belegung und Unwirtschaftlichkeiten sind es tatsächlich 5 Stunden pro Stück.

Im Rahmen einer Standardabweichungsanalyse wird weder eine Preis- noch eine Kostenabweichung ermittelt. Die Beschäftigung hat sich jedoch von 4.000/4 = 1.000 auf 4.000/5 = 800 Stück vermindert, und es kommt zu einer Einbuße beim Deckungsbeitrag von $(10 - 4) \cdot 200 = 1.200$. Diese Abweichung wird nach Standardmethode – wenn überhaupt – wohl der Marketingabteilung angelastet. Tatsächlich liegt die Abweichungsursache in der Produktionsabteilung.

Induzierte Abweichungen entstehen generell deshalb, weil die Kontrollobjekte im Unternehmen nicht isoliert dastehen, sondern organisatorisch miteinander verknüpft sind. In weiten Bereichen sind diese Auswirkungen sehr verschwommen und kaum meßbar; sie sind deshalb nur schwer in den Griff zu bekommen. Dies gilt insbeson-

---

[31]   Im Rahmen der Erlöskontrolle wird eine Strukturabweichung gezeigt, bei der die gemeinsame Betrachtung Sinn macht, wenn die Produkte substitutiv sind.

[32]   Dieses Beispiel ist *Drury* (1996), S. 600 f, nachempfunden.

dere bei dezentralen Entscheidungen, wenn die Entscheidungsträger am (isolierten) Erfolg ihrer Entscheidungen gemessen werden.

Induzierte Abweichungen in **mehrstufigen Produktionsprozessen** sind formal gut erfaßbar. Abbildung 5 zeigt einen Ausschnitt aus einem solchen mehrstufigen Produktionsprozeß mit zwei Fertigungsstellen. Fertigungsstelle 1 liefert ein Zwischenprodukt (unter anderem) an die Fertigungsstelle 2. Vereinfachend sei für die Fertigungsstelle 1 die Annahme gesetzt, daß es mit Ausnahme eines einzigen Inputfaktors keinerlei Abweichungen gegeben habe, so daß im folgenden nur dieser Inputfaktor berücksichtigt wird. Die diesen betreffenden Kosten in Fertigungsstelle 1 betragen

$$K_1 = r_1 \cdot v_1 \cdot b_1$$

wobei r den Faktorpreis, v den Direktverbrauchskoeffizienten und b die Beschäftigung bezeichnen.

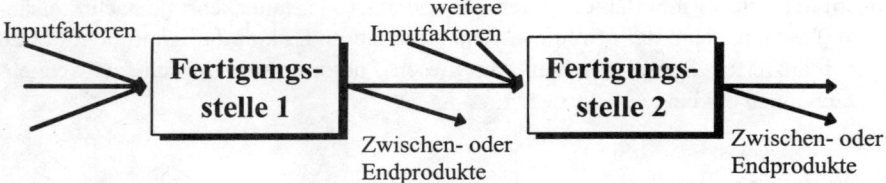

Abb. 5: Ausschnitt aus einem mehrstufigen Produktionsprozeß

Fertigungsstelle 2 bezieht das Zwischenprodukt zu einem Preis von $k_1 = r_1 \cdot v_1$ von Fertigungsstelle 1. Die Weiterverarbeitungskosten sind

$$K_2 = r_2 \cdot v_2 \cdot b_2 = k_1 \cdot v_2 \cdot b_2 = r_1 \cdot v_1 \cdot v_2 \cdot b_2$$

Kommt es daher in Fertigungsstelle 1 zu einer Preisabweichung Δr_1 oder einer Mengenabweichung Δv_1, so wird dadurch eine Preisabweichung Δr_2 induziert; diese heißt deshalb auch **Sekundärpreisabweichung**.[33]

Abweichungen einer Fertigungsstelle können jedoch auch Abweichungen in *vorgelagerten Stellen* induzieren. Die Beschäftigung in Fertigungsstelle 1 b_1 hängt nämlich (unter anderem) von der Nachfrage nach dem Zwischenprodukt durch Fertigungsstelle 2 ab, dh $b_1 = v_2 \cdot b_2 + \dots$. Daraus ergibt sich, daß eine Verbrauchsabweichung Δv_2 ebenso wie eine Beschäftigungsabweichung Δb_2 eine Beschäftigungsabweichung in Fertigungsstelle 1 induziert.

Ein Hauptgrund für das Ermitteln induzierter Abweichungen liegt darin, den Kostenverantwortlichen vor Augen zu führen, welche Folgewirkungen bestimmte

---

[33] Deren Verhinderung ist häufig ein Ziel des Ansatzes von Verrechnungspreisen mit Standard(Plan-)kosten. Mehr dazu im 11. Kapitel: *Verrechnungspreise und Kostenallokationen*.

Abweichungen *insgesamt* haben. In einem solchen Gesamtzusammenhang ist jedoch darauf zu achten, daß es zu keinen Doppelverrechnungen von Abweichungen kommt. Solche entstünden, wenn zunächst sämtliche Einzelabweichungen aller Kostenstellen aufsummiert werden, um sie hierauf den jeweiligen Verantwortlichen zuzurechnen.

Für das Bezugssystem Plan-Ist-Vergleich mit Istbezugsgrößen müssen Marktleistungen und innerbetriebliche Leistungen der Kostenstelle (nur bei diesen können induzierte Abweichungen auftreten) strikt getrennt werden. Dafür haben *Kloock* und *Dörner* (1988) eine Methode entwickelt, wie einer Änderung einer Einflußgröße die unmittelbaren wie auch die in anderen Kostenstellen induzierten (mittelbaren) Abweichungen zugerechnet werden können.

In der Praxis ist es meist sehr schwierig, auch etwaige **Anpassungsentscheidungen**, die eine induzierte Abweichung auslösen kann, zu bedenken und der auslösenden Kostenstelle verursachungsgerecht zuzurechnen. *Beispiel*: Der Produktionsprozeß einer Kostenstelle ist substitutiv in zwei Inputfaktoren, wovon einer von einer vorgelagerten Kostenstelle bezogen wird. Eine Preis- oder Mengenabweichung in der vorgelagerten Kostenstelle führt in der nachgelagerten Kostenstelle zu einer Substitution dieses Inputfaktors durch den anderen (oder umgekehrt, je nach Preisänderung) entsprechend der Minimalkostenkombination. Es kommt damit nicht nur zu einer induzierten Preisabweichung für diesen Faktor, sondern auch zu Mengenabweichungen bei beiden Faktoren.

4.2. Erlöskontrolle

Einflußgrößen für die Erlöse sind neben der Absatzmenge die Marketinginstrumente, wie insbesondere der Absatzpreis, die Werbeaktivitäten oder Distributionsmaßnahmen, darüber hinaus die Kundengruppe, die Angebotsstruktur usw. Der wesentliche **Unterschied** zur Kostenkontrolle liegt darin, daß die Kostenfunktion in weiten Bereichen auf technologisch bedingten Zusammenhängen beruht; so etwas gibt es im Erlösbereich typischerweise nicht. Höhere Werbeaktivitäten werden zwar eine Steigerung der Erlöse bewirken, in welchem Umfang dies aber der Fall ist, kann weitgehend nur aus Schätzungen und aus der Erfahrung beziffert werden.

Interdependenzen von Einflußgrößen

Ein weiterer Unterschied zur Kostenkontrolle besteht in der Tatsache, daß die Einflußgrößen typischerweise **voneinander abhängig** sind. Eine Preiserhöhung bewirkt meist eine Verringerung der Absatzmenge, die Erhöhung der Werbeaktivitäten bewirkt eine Erlössteigerung infolge ihrer Wirkung auf die Absatzmenge. Im folgenden wird dies an einem Beispiel mit einer geneigten Preis-Absatz-Funktion diskutiert.

Beispiel: Die Planung geht von folgender Situation aus: Die Kostenfunktion lautet

$$K = 2 + x$$

und die Preis-Absatz-Funktion wird im relevanten Absatzmengenbereich als

$$x = 20 - 2p$$

geschätzt.[34] Als (optimale) Plangrößen können daher der Preis $p^p = 5{,}5$ sowie die Absatzmenge $x^p = 9$ ermittelt werden, die einen Planerlös $E^p = 49{,}5$ ergeben.

Als Istgrößen werden zu Ende des Kontrollzeitraumes ein Istpreis $p^i = 6{,}6$ und eine Ist-Absatzmenge $x^i = 7{,}7$ gemessen, der Isterlös beträgt $E^i = 50{,}82$. Die Gesamtabweichung der Erlöse ist $\Delta E = E^i - E^p = +1{,}32$. Eine Aufspaltung *ohne* Berücksichtigung der gegenseitigen Abhängigkeit von Preis und Menge führte zu folgendem Ergebnis (unter Anwendung der differenzierten Methode):

Preisabweichung: $\Delta p \cdot x^p = (6{,}6 - 5{,}5) \cdot 9 =$		+9,90
Mengenabweichung: $p^p \cdot \Delta x = 5{,}5 \cdot (7{,}7 - 9) =$		−7,15
Abweichung 2. Ordnung: $\Delta p \cdot \Delta x = (6{,}6 - 5{,}5) \cdot (7{,}7 - 9) =$		−1,43
Gesamtabweichung		+1,32

Dieses Ergebnis ist nicht sinnvoll interpretierbar, da der durch die Preis-Absatz-Funktion ausgedrückte Zusammenhang zwischen Preis und Menge nicht berücksichtigt wird. Würde man den Marketingabteilungsleiter etwa nur aufgrund der von ihm (isoliert) kontrollierbaren Preisabweichung beurteilen, könnte dieser mit beliebigen Preiserhöhungen eine gute Beurteilung erreichen.

Geht man davon aus, daß das Unternehmen zunächst den Preis festlegt und sich daraus die Menge aufgrund der Marktnachfrage ergibt, so bewirkt die Preiserhöhung von 5,5 auf 6,6 ein Sinken der Nachfrage von $x^p = 9$ auf

$$x^s = x(p^i) = 20 - 2 \cdot 6{,}6 = 6{,}8$$

Die gesamte **Mengendifferenz** $\Delta x = x^i - x^p$ muß unter Verwendung von x^s in *zwei* verschiedene Abweichungen geteilt werden, eine Abweichung, die durch die Preisänderung induziert wurde, nämlich $\Delta^1 x$ und eine Restabweichung $\Delta^2 x$, die die darüber hinausgehende Änderung umfaßt:

$$\Delta x = x^i - x^p = (x^i - x^s) + (x^s - x^p) = \Delta^2 x + \Delta^1 x$$

Diese Aufspaltung schiebt im Wege einer additiven Verknüpfung eine Zwischengröße x^s ein, die (deshalb) keine zusätzlichen Abweichungen höherer Ordnung verursacht. Im Beispiel sind diese Größen $\Delta^1 x = 6{,}8 - 9 = -2{,}2$ und $\Delta^2 x = 7{,}7 - 6{,}8 = +0{,}9$.

Die **Gesamtabweichung** lautet unter Anwendung der differenzierten Methode:

$$\Delta E = (p^p + \Delta p) \cdot (x^p + \Delta^1 x + \Delta^2 x) - p^p \cdot x^p =$$
$$= \left[\Delta p \cdot x^p + p^p \cdot \Delta^1 x \right] + p^p \cdot \Delta^2 x + \left[\Delta p \cdot \Delta^1 x + \Delta p \cdot \Delta^2 x \right] \tag{5}$$

---

[34] Formal exakt müßte die Preis-Absatz-Funktion $x = 20 - 2p + \varepsilon$ lauten, wobei ε eine Zufallsgröße mit $E[\varepsilon] = 0$ ist. Die folgenden Plandaten ergeben sich dann aus der Maximierung des Erwartungswertes der Erlösfunktion.

Der Ausdruck in der ersten eckigen Klammer beschreibt die gesamten durch die Preisänderung ausgelösten Erlösänderungen. Die darüber hinausgehende Mengenabweichung ist $p\,{}^{P}\Delta^2 x$, und der Term in der zweiten eckigen Klammer in (5) gibt die Abweichungen 2. Ordnung an. Für das Beispiel ergibt sich damit:

Preisabweichung: $(6{,}6 - 5{,}5)\cdot 9 + 5{,}5\cdot(6{,}8 - 9) =$ $-2{,}20$
Mengenabweichung: $5{,}5\cdot(7{,}7 - 6{,}8) =$ $+4{,}95$
Abweichung 2. Ordnung: $(6{,}6-5{,}5)\cdot(6{,}8-9) + (6{,}6-5{,}5)\cdot(7{,}7-6{,}8) = -1{,}43$
Gesamtabweichung $+1{,}32$

Dieses Ergebnis gibt eine verursachungsgerechte Aufspaltung der Gesamtabweichung wieder, sofern die Richtung des Zusammenhangs, die in der Preis-Absatz-Funktion zum Ausdruck kommt, tatsächlich zutrifft. Aufgrund der Preisänderung ergibt sich hier ein negativer Einfluß auf die Erlöse.[35] Die (Rest-)Mengenabweichung ist dagegen positiv, das könnte als die günstige Wirkung des Einsatzes der sonstigen Marketinginstrumente interpretiert werden. Die Abweichung 2. Ordnung bleibt durch diese Vorgangsweise unverändert.

Externe und interne Abweichungen

Eine weitere Besonderheit gegenüber der Kostenkontrolle besteht im wesentlich stärkeren Einfluß der **nicht kontrollierbaren** Größen auf die Isterlöse als dies bei den Kosten der Fall ist. So hängt der Erlös von gesamtwirtschaftlichen Größen, der Marktentwicklung, dem Verhalten der Kunden oder der Konkurrenz ab. Der Erfolg der eigenen unternehmerischen Anstrengungen kann zB relativ zur jeweiligen Marktentwicklung insgesamt beurteilt werden.

Die Abweichungsanalyse kann versuchen, die nicht kontrollierbaren (externen) von den internen Größen zu trennen.[36] Interne Größen können dabei kontrollierbar oder nicht kontrollierbar sein. Dazu sind Informationen über den Branchenpreis und das Marktvolumen erforderlich; beide sind im Regelfall vorhanden. Der Preis p, den das Unternehmen setzt, wird mit dem Branchenpreis p_m in Beziehung gesetzt und ein **relativer Preis**

$$p_r = p/p_m$$

ermittelt. Dieser ist intern bestimmbar, der Branchenpreis ist hingegen nicht kontrollierbar. Abweichungen, die auf eine Veränderung des Branchenpreises zurückzuführen sind, werden damit aus der Gesamtabweichung herausgerechnet. In Fortsetzung des obigen *Beispiels* wird von folgenden Zusatzangaben ausgegangen:

---

[35]   Dies muß nicht immer der Fall sein. Die Planung ging im Beispiel vom gewinnmaximalen Preis aus. Nur bei umsatzmaximalem Preis *müßte* die Preisabweichung immer negativ sein.

[36]   Vgl *Albers* (1989).

$$p_m^p = 5 \implies p_r^p = \frac{p^p}{p_m^p} = \frac{5,5}{5} = 1,1 \quad \text{und} \quad p_m^i = 5,5 \implies p_r^i = \frac{p^i}{p_m^i} = \frac{6,6}{5,5} = 1,2$$

Auf analoge Art und Weise kann die Absatzmenge x mit dem **Marktvolumen** x_m in Verbindung gebracht werden. Der Quotient dieser beiden Größen ist der **Marktanteil** x_r. Eine Veränderung des Marktvolumens ist nicht kontrollierbar, auf den Marktanteil besitzt das Unternehmen jedoch über den Einsatz von Marketinginstrumenten Einfluß. Für das Beispiel werden folgende Werte angenommen:

$$x_m^p = 72 \implies x_r^p = \frac{x^p}{x_m^p} = \frac{9}{72} = 0,125 \quad \text{und} \quad x_m^i = 77 \implies x_r^i = \frac{x^i}{x_m^i} = \frac{7,7}{77} = 0,1$$

In die **Erlösfunktion** eingesetzt, ergibt sich

$$E = p \cdot x = (p_r \cdot p_m) \cdot (x_r \cdot x_m) = \underbrace{(p_r \cdot x_r)}_{\substack{\text{interne} \\ \text{Einflußgrößen}}} \cdot \underbrace{(p_m \cdot x_m)}_{\substack{\text{externe} \\ \text{Einflußgrößen}}}$$

Für das Beispiel folgt damit

$$\begin{aligned}
\Delta E &= (p_r^i \cdot x_r^i) \cdot (p_m^i \cdot x_m^i) - (p_r^p \cdot x_r^p) \cdot (p_m^p \cdot x_m^p) = \\
&= (1,2 \cdot 0,1) \cdot (5,5 \cdot 77) - (1,1 \cdot 0,125) \cdot (5 \cdot 72) = \\
&= 0,12 \cdot 423,5 - 0,1375 \cdot 360 = 1,32
\end{aligned}$$

Diese **Gesamterlösabweichung** läßt sich nun nach Standardmethoden in einen internen und einen externen Teil zerlegen. Für die differenzierte Methode ergibt sich

$$\Delta E = \underbrace{(0,12 - 0,1375) \cdot 360}_{\substack{-6,3 \\ \text{interne Abweichung}}} + \underbrace{0,1375 \cdot (423,5 - 360)}_{\substack{+8,73125 \\ \text{externe Abweichung}}} +$$

$$+ \underbrace{(0,12 - 0,1375) \cdot (423,5 - 360)}_{\substack{-1,11125 \\ \text{Abweichung 2. Ordnung}}} = 1,32$$

Daraus ist zunächst ersichtlich, daß die interne Abweichung insgesamt negativ ist und die positive Gesamtabweichung nur durch externe Gründe, also eine günstige Marktsituation, entstand.

Beide Abweichungen lassen sich noch weiter zerlegen. Die **externe Abweichung** zerfällt in eine Branchenpreisabweichung aufgrund von Δp_m und eine Marktvolumenabweichung aufgrund von Δx_m. Hier kann meist ohne weiteres die Unabhängigkeit der beiden Einflußgrößen angenommen werden, so daß sich für das Beispiel folgendes ergibt:

Branchenpreisabweichung:
$$(p_r^p \cdot x_r^p) \cdot (p_m^i - p_m^p) \cdot x_m^p = 0,1375 \cdot (5,5 - 5) \cdot 72 = +4,95$$

Marktvolumensabweichung:
$$(p_r^p \cdot x_r^p) \cdot p_m^p \cdot (x_m^i - x_m^p) = 0,1375 \cdot 5 \cdot (77 - 72) = +3,4375$$

Abweichung höherer Ordnung: +0,34375

Diese Aufspaltung ist nur im Rahmen der Entscheidungsfunktion der Kontrolle von Interesse, nicht hingegen zur Verhaltenssteuerung.

Empirische Ergebnisse

In einer Stichprobenerhebung über Stärken und Schwächen der gezeigten Erlösabweichungsanalyse (*Witt* (1990)) antworteten Controller und Manager deutscher mittelständischer Unternehmen folgendes:

Gute Ursachenoffenlegung	4,2
Hohe Managementakzeptanz	2,4
Guter Allgemeinüberblick	3,1
Zu großer Umfang	6,1
Inhaltlich zu anspruchsvoll	5,4

Die Werte sind Durchschnitte einer Bewertung auf einer siebenstufigen Skala von 1 („trifft überhaupt nicht zu") bis 7 („trifft völlig zu"). Zu berücksichtigen ist dabei, daß die meisten der Befragten keine oder kaum praktische Erfahrung mit diesem System der Erlöskontrolle aufweisen konnten.

Die Aufspaltung der **internen Abweichung** muß die Preis-Absatz-Funktion im monopolistischen Bereich des Unternehmens berücksichtigen. Für das Beispiel lautet die Sollgröße für den Marktanteil aufgrund der Preisänderung wie folgt:

$$x_r^s = x_r(p_r^i) = \frac{x^s}{x_m^p}$$

Die Größe x^s ergibt sich (wie schon oben) unter Verwendung des Istpreises p^i aus der Preis-Absatz-Funktion zu $x^s = 6,8$. Die internen Einzelabweichungen sind daher:

Marketingeffektivitätsabweichung:

$$(p_r^i \cdot x_r^i - p_r^i \cdot x_r^s) \cdot (p_m^p \cdot x_m^p) = (0,12 - 0,11333) \cdot 360 = +2,4$$

Preiseffektivitätsabweichung:

$$(p_r^i \cdot x_r^s - p_r^p \cdot x_r^p) \cdot (p_m^p \cdot x_m^p) = (0,11333 - 0,1375) \cdot 360 = -8,7$$

Im Ergebnis zeigt sich etwas Ähnliches wie schon bei der vorhergehenden Abweichungsanalyse: Die Preissetzung war sehr ungünstig, und ein Teil dieses Nachteils wurde durch den Einsatz der sonstigen marketingpolitischen Instrumente wettgemacht. Setzt man Reaktionsfunktionen auch für andere Marketinginstrumente, zB Werbung, können deren Effekte noch weiter herausgefiltert werden.[37]

---

[37]   Eine derartige weitergehende Analyse findet sich in *Albers* (1992), der Werbung und Distribution über Potentialfunktionen berücksichtigt. Zu beachten ist dabei freilich, daß sich wieder Probleme mit der verursachungsgetreuen Zuordnung von Einflußgrößenänderungen und deren Wirkungen ergeben, weil die Marketinginstrumente (und auch der Preis) simultan auf den Marktanteil wirken.

Deckungsbeitragsabweichungen

In vielen Fällen sind Abweichungsanalysen basierend auf Deckungsbeiträgen sinnvoller interpretierbar als Erlösabweichungen und Kostenabweichungen isoliert. Dies trifft unter der Bedingung zu, daß bestimmte Erlöse kausal mit bestimmten Kosten **verbunden** sind. Beispielsweise haben Marketingmaßnahmen nicht nur auf die Erlöse Einfluß, sondern verursachen gleichzeitig Kosten. Konkret wird die Erhöhung der Werbeaktivitäten (praktisch immer) einen zusätzlichen Erlös mit sich bringen; ab einem bestimmten Umfang werden die (Zusatz-)Kosten der erhöhten Werbeaktivitäten diesen Zusatzerlös jedoch überwiegen. Die Entscheidungen über den optimalen Einsatz marketingpolitischer Instrumente wie auch die Beurteilung der Marketingverantwortlichen müssen daher auch die Kosten des Einsatzes der Marketinginstrumente miteinbeziehen.

Denkbar ist auch, daß eine Steigerung der Absatzmenge direkten Einfluß auf die Produktionskosten besitzt. Beispiele sind *economies of scale* oder Erfahrungseffekte, bei denen auch noch die längerfristige Perspektive hinzukommt, daß sich die Absatzmengenabweichung auf die künftigen Kosten auswirkt.

Eine Besonderheit bei der Ermittlung von **Deckungsbeitragsabweichungen** besteht darin, daß die Istwerte und die Planwerte *unterschiedliche* Vorzeichen haben können. Das kann bei Erlösen und Kosten nicht auftreten. Es hat zwar keinen Effekt auf die formale Berechnung von Abweichungen, vielfach können sich aber **Interpretationsschwierigkeiten** ergeben, die meist erst nach einer expliziten Berücksichtigung der jeweiligen Situation geklärt werden.

Beispiel: Für ein Produkt sind die Produktion und der Absatz von $x^p = 3.000$ Stück geplant. Der geplante Stückdeckungsbeitrag ist $d^p = -15$. Die entsprechenden Istwerte nach der Kontrollperiode sind: $x^i = 2.400$ Stück und $d^i = +3$. Gemäß der differenzierten Methode betragen die Einzelabweichungen:

Deckungsbeitragsabweichung: $(d^i - d^p) \cdot x^p = (3 + 15) \cdot 3.000 =$ +54.000

Mengenabweichung: $d^p \cdot (x^i - x^p) = -15 \cdot (2.400 - 3.000) =$ +9.000

Abweichung 2. Ordnung: $(d^i - d^p) \cdot (x^i - x^p) =$

    $= (3 + 15) \cdot (2.400 - 3.000) =$ −10.800

Deckungsbeitragsabweichung: +52.200

Die erwähnten Interpretationsschwierigkeiten entstehen bei Betrachtung der **Mengenabweichung**. Diese ist positiv; und verbindet man sie mit einer Beurteilung des betreffenden Verantwortlichen, so würde man dies als positiven Tatbestand werten. Tatsächlich wurde jedoch eine um 20 Prozent *geringere* Menge abgesetzt. Ist die Mengenabweichung daher zur Beurteilung ungeeignet? Die Ungereimtheit läßt sich einfach auflösen: Der geplante Stückdeckungsbeitrag ist nämlich negativ. Und dies bedeutet in einer isolierten, kurzfristigen Betrachtungsweise, daß es eigentlich optimal wäre, dieses Produkt überhaupt nicht zu produzieren und abzusetzen. Die Mengenabweichung wäre bei $x^i = 0$ maximal, nämlich +45.000. Der Verantwortliche hat daher – in kurzfristiger Betrachtung – den richtigen Weg eingeschlagen, nämlich die Menge zu reduzieren. Das pikante Detail ist hier übrigens, daß der Ist-deckungsbeitrag positiv ist.

Das Problem hat aber eine andere Wurzel. Anzusetzen ist bei der Frage, *warum* ein Produkt mit *negativem Deckungsbeitrag* überhaupt in der Planung berücksichtigt wurde. Dies kann mehrere Gründe haben: Ein Grund wäre, daß sich dieses Produkt am Beginn seines Lebenszyklus befindet und mit einer Niedrigpreisstrategie ein Markt dafür zu erobern gesucht wird. Dann hat der Verantwortliche das Ziel nicht erreicht. Hier würde eine Beurteilung an der Menge allein ein sinnvolleres Steuerungsinstrument bilden. Ein anderer Grund kann sein, daß dieses Produkt ein Komplementärprodukt (Zugartikel) zu einem anderen ist, das einen hohen positiven Deckungsbeitrag abwirft. In diesem Fall können sinnvollerweise nur beide Produkte gemeinsam analysiert werden.

5. Planungskontrolle

Abweichungen können ihre Ursache in einer fehlerhaften Planung haben, wie zB einer fehlerhaften Situationsbeschreibung oder Prognosefehlern. Deshalb sollte auch die Planung einer Kontrolle unterworfen sein. Ein Verzicht darauf würde Planabweichungen zur Gänze den für die Realisation (oder für die Auswertung selbst) Verantwortlichen zurechnen, und dies mag unter bestimmten Umständen ungerechtfertigt sein.

Zur Ermittlung der **Planabweichungen** kann eine sogenannte *ex post*-**Plangröße** K^s berechnet und die Gesamtabweichung in eine Planabweichung und eine verbleibende Realisationsabweichung (Auswertungsfehler werden hier nicht weiter betrachtet) wie folgt zerlegt werden:[38]

$$\Delta K = K^i - K^p = \underbrace{\left[K^i - K^s \right]}_{\text{Realisationsabweichung}} - \underbrace{\left[K^p - K^s \right]}_{\text{Planabweichung}} \tag{6}$$

Die Planabweichung entspricht dabei der Differenz zwischen der (ursprünglichen) Plangröße und der *ex post*-Plangröße. Eine positive Planabweichung ist als ungünstig, eine negative als günstig zu interpretieren. Die Realisationsabweichung ist die Differenz von Istgröße und *ex post*-Plangröße; sie kann entsprechend den Einflußgrößen weiter aufgespalten werden. Aufgrund der Additivität der Zerlegung in (6) tritt **keine gemischte Abweichung** auf.

Beispiel: Der Planpreis für einen Inputfaktor wurde mit 320 angenommen. Aufgrund einer unabsehbaren Verknappung dieses Inputfaktors steigt der Marktpreis in der Planungsperiode auf 365. Die Einkaufsabteilung konnte den Inputfaktor sehr günstig um 360 erwerben. Es ist offensichtlich, daß die gesamte Preisänderung von 360 – 320 = 40 irreführend ist, weil sie die

---

38   Vgl als erster *Demski* (1967); in der Folge zB *Streitferdt* (1983), S. 163 – 165.

Tätigkeit der Einkaufsabteilung nicht sinnvoll abbildet. Diese hat ja – gegeben die neuen Verhältnisse – sehr erfolgreich gearbeitet. Teilt man die Preisänderung (isoliert) gemäß (6) auf, folgt: Realisationsabweichung: $360 - 365 = -5$; Planabweichung: $365 - 320 = 45$.

Die *ex post*-Plangröße wird unter der **Hypothese** ermittelt, daß bereits zum Planungszeitpunkt der Informationsstand vorgelegen hätte, wie er zum Kontrollzeitpunkt nach Beobachten der Istsituation gegeben ist. Es wird also zum Kontrollzeitpunkt nachträglich ein gänzlich neuer Plan aufgestellt, der sich vom *ex ante*-Plan durch die Verwendung der *realisierten* Planungsparameter, vielleicht auch durch die Anwendung eines geeigneteren Planungsverfahrens unterscheidet. Die *ex post*-Plangröße ist also die **bestmögliche** Plangröße, die unter den tatsächlich eingetretenen Umständen erzielbar gewesen wäre.[39]

Diese Hypothese legt bezüglich der Planung eine sehr strenge Meßlatte, denn die Planungsgüte wird letztlich am Extremfall einer perfekten Prognose gemessen. Dies ist jedoch weitgehend nicht optimal, da die Planung ebenfalls dem **Wirtschaftlichkeitsprinzip** unterliegt. Die mit einer verbesserten Planungsgenauigkeit verbundenen Kosten dürfen den Nutzen daraus nicht übersteigen. Damit sind der Planungsgenauigkeit Grenzen gesetzt, ungeachtet der Tatsache, daß eine perfekte Prognose ohnedies idR nicht möglich ist.

Die Zuweisung der **Planungsverantwortung** kann nur für Abweichungen sinnvoll sein, die der Planungsverantwortliche tatsächlich hätte vermeiden sollen. Die Informationssuche im Rahmen von Prognosen unterliegt aber dem Wirtschaftlichkeitsprinzip, sodaß der Maßstab einer perfekten Prognose keine sinnvolle Vergleichsbasis bilden kann.

Die **additive Zerlegung** der Gesamtabweichung in Planungs- und Realisationsabweichung gemäß (6) beinhaltet aber auch ein Problem für die **Interpretation** der beiden Abweichungen. Normalerweise kann es **nicht sinnvoll** sein, die Planungsabteilung für Planabweichungen *und* die für die Realisation verantwortlichen Mitarbeiter für die (verbleibende) Realisationsabweichung **verantwortlich** zu machen. Die Abgrenzung hängt vom **Informationsstand** ab, den die jeweiligen Entscheidungsträger haben (oder haben könnten). Die Zuweisung der **Verantwortung für die Realisationsabweichung** würde voraussetzen, daß der Realisationsverantwortliche bereits *vor* allen seinen Entscheidungen im Rahmen der Realisation *genau* diejenigen Umweltzustände kennt, von denen die Planung hätte ausgehen sollen. Der Informationsstand der Planungs- und Realisationsverantwortlichen wird sich aber idR unterscheiden, weshalb eine derartige additive Zerlegung der Gesamtabweichung nicht sinnvoll ist.

---

[39] Daraus lassen sich jedoch noch keine generellen Aussagen über die Vorzeichen der Planabweichung und der Realisationsabweichung treffen. Die Planabweichung kann je nach tatsächlicher Situation positiv oder auch negativ sein. Für die Richtung der Realisationsabweichung ist entscheidend, auf Basis welcher Sollgröße die Abweichung errechnet wird. Die Vermutung, die Realisationsabweichung müsse *immer* ungünstig sein, ist nur dann richtig, wenn als Plangröße Standardgrößen auf der Grundlage künftiger optimaler Bedingungen gewählt werden.

Die **Realisationsabweichung** hat bei besserer Information des Realisationsverantwortlichen aber eine wichtige Anreizwirkung: *Nur* dadurch kann der Verantwortliche dazu gebracht werden, diese **bessere Information** auch tatsächlich zu nutzen und sich nicht sklavisch an einen Plan zu halten, der durch die Realität bereits überholt ist. Die *ex post*-Plangröße muß in diesem Fall aber genau den Informationsstand im Zeitpunkt der Entscheidung des für die Realisation Verantwortlichen berücksichtigen; etwas, was in der Praxis schwierig sein dürfte. Eine perfekte Prognose zugrunde zu legen, kann daher nur dann eine aussagekräftige Abweichung liefern, wenn der Verantwortungsträger vor seinen Entscheidungen sämtliche Informationen besitzt.

Beispiel

Sei angenommen, daß der Produktionsprozeß vollautomatisch nach den zu Beginn der Produktionsperiode eingestellten Parametern abläuft. Es gebe keine stochastischen Fehler in der Produktion als auch in der Auswertung. Der für die Produktion verantwortliche Mitarbeiter stellt die Planparameterwerte auf der Fertigungsanlage ein und setzt diese in Gang. Dann ist die Gesamtabweichung $\Delta K = K^i - K^p = 0$, sofern die Planparameter auch tatsächlich eingestellt werden. Die *ex post*-Plankosten K^s mögen aber geringer sein als K^p, weil die Maschinenbelegung aufgrund von Änderungen der geplanten Produktionssituation besser hätte vorgenommen werden können. Die Planungskontrolle ergibt eine positive Planabweichung und eine positive Realisationsabweichung, jeweils in gleicher Höhe.

Fall 1:
Der für die Produktion verantwortliche Mitarbeiter hat keine Zusatzinformation. Dann trifft ihn keinerlei Verantwortung für die positive, also ungünstige, Realisationsabweichung. Und die Planungsabteilung kann nur im Rahmen der der Planung zugrunde liegenden Wirtschaftlichkeitsüberlegungen für die ungünstige Planungsabweichung verantwortlich gemacht werden.

Fall 2:
Der Mitarbeiter kennt bei der Einstellung der Anlage die Produktionssituation (aufgrund seines Wissens vor Ort und der zeitlichen Nähe) genau. Stellt der Mitarbeiter wiederum genau die Planparameter ein, wird er zu Recht für die Realisationsabweichung verantwortlich gemacht. Für die Beurteilung der Planungsabteilung ändert sich dadurch aber überhaupt nichts gegenüber Fall 1.

Ein Ausweg aus diesem Dilemma ist es, die Planungskontrolle entweder *nur* für die Beurteilung der Planungsverantwortlichen oder *nur* für die Beurteilung der Realisationsverantwortlichen heranzuziehen. Alternativ wäre es denkbar, zwei verschiedene *ex post*-Plangrößen zu ermitteln und verschiedene Plan- und Realisationsabweichungen zu errechnen.

Als weiteres Problem muß beachtet werden, daß die **Realisationshandlungen** die Umweltentwicklung auch direkt **beeinflussen** können. Läßt sich dieser Einfluß *ex post* nicht bereinigen, basiert die *ex post*-Plangröße auf den Ausführungshandlungen und indirekt auch auf der *ex ante* durchgeführten Planung. Sie spiegelt dann das bestmöglich erzielbare Ergebnis *vor* dem Setzen dieser Handlungen nicht richtig wider.

Bei der Verwendung eines **längeren Planungshorizonts** werden Planabweichungen eher wahrscheinlich, weil die Unsicherheit zum Planungszeitpunkt größer ist als bei einem kurzen Planungshorizont. Je kürzer der Planungshorizont ist, desto eher wird man auf die explizite Ermittlung von Planabweichungen generell verzichten können.

6. Auswertung von unbeabsichtigten Abweichungen

Unbeabsichtigte Abweichungen können in jeder Entscheidungssituation im Unternehmen entstehen. Der Grund ist die Unsicherheit der künftigen Entwicklung im Zeitpunkt der Planaufstellung. Diese Abweichungen können nicht kontrollierbare oder kontrollierbare Ursachen besitzen. **Nicht kontrollierbar** sind diejenigen Ursachen, gegen die auch bei Kenntnis des Sachverhaltes realistischerweise nichts unternommen werden kann.[40] Im Gegensatz dazu können **kontrollierbare** Abweichungen typischerweise vermieden werden. Im Fall von unbeabsichtigten Abweichungen werden sie bei ihrem ersten Auftreten deshalb nicht vermieden, weil sie nicht bekannt sind. Nach Vorliegen der Abweichungsanalyse können nun aber Maßnahmen gesetzt werden, sie zumindest für künftige Perioden zu vermeiden.

In der Literatur wurden verschiedene Modelle vorgeschlagen, wie Entscheidungsstrategien in bezug auf die weitere Auswertung von Abweichungen ermittelt werden können.[41] Allen Modellen ist gemeinsam, daß sie möglichst gut zwischen kontrollierbaren und nicht kontrollierbaren Abweichungsursachen trennen wollen. Die Auswertung einer nicht kontrollierbaren Abweichung verursacht ja nur Kosten, ohne einen Nutzen zu bewirken, während das Nichtauswerten einer kontrollierbaren Abweichung künftig auch Kosten durch vermeidbare Abweichungen bewirkt.

Die Modelle können danach unterschieden werden, ob und inwieweit sie **Kosten und Nutzen der Auswertung** (explizit) berücksichtigen, und ob sie nur eine oder mehrere **Perioden** betrachten. Im folgenden werden zwei typische Modellstrukturen dargestellt.

Aktuelle Entwicklungen im Bereich der Fertigungstechnologien und Fertigungssysteme rücken die Analyse von Abweichungen aufgrund von unbeabsichtigten Ursachen immer stärker in den Hintergrund. Moderne flexible Fertigungstechniken erlauben ein rasches Reagieren auf neue Anforderungen. Die Nutzung von Computer-aided manufacturing (CAM) ermöglicht außerdem den direkten Zugriff auf nichtmonetäre Größen, wie Produktionsleistung, Standzeiten, Rüstzeiten und ähn-

---

[40] Bei Beendigung des Unternehmensgeschehens kann jede Abweichung vermieden werden.

[41] Für einen umfassenderen Überblick vgl etwa *Kaplan* (1975) oder *Streitferdt* (1983).

liches. Eine nachträgliche Abweichungsanalyse von Kosten ist nicht mehr notwendig, weil die Abweichungen schon im Prozeß kontrolliert werden. Total quality management-Techniken (TQM) versuchen des weiteren die Reduktion oder Vermeidung von Zufallsfehlern. Diese Entwicklungen führen dazu, daß viele Unternehmen auf Kontrollrechnungen weniger Wert legen und sogar auf kurzfristige Kontrollrechnungen verzichten. Während die Entscheidungsfunktion damit an Gewicht verliert, kommt der Kontrolle immer noch und vielleicht in stärkerem Ausmaß **Verhaltenssteuerungswirkung** zu.

6.1. Statistische Modelle

Die statistischen Modelle verwenden einzig die Höhe der Abweichungen als Indikator für die Entscheidung, ob die Ursache kontrollierbar ist oder nicht. Sie wurden im wesentlichen im Rahmen der Qualitätskontrollen in der Produktion entwickelt. Statistische Modelle benötigen idR eine große Zahl von Beobachtungen (Abweichungen) innerhalb des jeweiligen Betrachtungszeitraumes. Dies ist bei Qualitätskontrollen leicht zu erreichen, man kann sich sogar mit Stichproben begnügen; bei periodischen Kostenkontrollen jedoch ist diese Voraussetzung weniger leicht zu erfüllen.

Kontrollkarten-Verfahren

Das Kontrollkarten-Verfahren (auch *Shewhart*-Verfahren genannt) geht von der Hypothese aus, daß eine relativ kleine Abweichung des Istwertes vom Planwert eine zufällige, nicht kontrollierbare Ursache hat und deshalb nicht weiter untersucht werden muß. Größere Abweichungen deuten jedoch auf kontrollierbare Abweichungen hin, sie werden daher untersucht. Dazu werden Kontrollgrenzen festgelegt, bei deren Überschreiten eine Analyse ausgelöst wird.

Die Festlegung der Kontrollgrenzen basiert auf einem Abwägen der Wirkungen eines Fehlers erster Art (eine Analyse durchzuführen, obwohl die Ursache der Abweichung nicht kontrollierbar ist) und eines Fehlers zweiter Art (keine Analyse durchzuführen, obwohl die Ursache kontrollierbar ist). Im Regelfall werden statistische Eigenschaften der Zufallsvariablen, die den Effekt der nicht kontrollierbaren Ursachen erfaßt, angenommen (zB eine Normalverteilung). Die Parameter der Verteilung werden ebenfalls angenommen oder können aus früheren Beobachtungen geschätzt werden.

Die Auswertungsstrategie hängt grundlegend von den Hypothesen über die Eigenschaften der Abweichungsursachen ab. Typisch für dieses Verfahren ist eine **zweiseitige Auswertungsstrategie**, dh eine Auswertung erfolgt für Extremwerte von Abweichungen $|\Delta|$, bei einer Abweichung $\Delta = 0$ wird niemals ausgewertet. Vielfach werden die Grenzwerte für **positive und negative Abweichungen unterschiedlich** hoch gewählt, da Kostenunterschreitungen auf andere Ursachen als Kostenüberschreitungen zurückzuführen sein können. Kostenunterschreitungen können andere Maßnahmen (zB Sicherstellung von Verbesserungen) erforderlich machen; dies hängt davon ab, ob auch Kostenvorteile erhalten bleiben oder ob sie nur temporär sind. Kostenunterschreitungen können auch ein Indiz für künftige Mehrkosten sein. *Beispiel*: Die Anzeige einer Anlage, die eine Wartungsnotwendigkeit indiziert, ist funktionsunfähig. Aus diesem Grunde werden an sich notwendige Wartungsarbeiten nicht vorgenommen; eine günstige Kostenabweichung ist die Folge. Die deshalb entstehenden Minderkosten in dieser Periode werden durch Mehrkosten (zB höherer Schmiermittelverbrauch, geringere Nutzungsdauer) in späteren Perioden mehr als wettgemacht.

Das Kontrollkarten-Verfahren ist aus methodischer Sicht ein **Hypothesentest,** ob die Abweichung $\Delta = 0$ ist unter der Alternativhypothese $\Delta \neq 0$. Der Annahmebereich für die Hypothese $\Delta = 0$ entspricht bei Annahme einer Normalverteilung einem Intervall

$$(-t\sigma, +t\sigma)$$

mit t als Parameter, der aufgrund der gewünschten Genauigkeit festgelegt wird, und σ als der Standardabweichung.

Beispiel: Liegt eine beobachtete Abweichung Δ außerhalb des Intervalls $[-2,58\sigma, +2,58\sigma]$, dann stammt sie mit einer Wahrscheinlichkeit von nur 1 % von unkontrollierbaren Ursachen. In diesem Fall wird eine Auswertung vorgenommen, also zB die Fertigungsanlage abgestellt und geprüft. Man kann neben diesen Grenzwerten noch Warngrenzwerte festlegen, zB das Intervall $[-1,96\sigma,$ $+1,96\sigma]$, das ist gleichbedeutend mit 5 % Wahrscheinlichkeit, daß die Abweichung nicht kontrollierbare Ursachen besitzt. Bei Überschreiten der Warngrenze könnte ein Test bei laufender Fertigungsanlage vorgenommen werden, der nicht so exakt ist, aber weniger Kosten verursacht.

Winkelschablonen-Verfahren

Das Winkelschablonen-Verfahren (*CUSUM* (*cumulative sum*)-Verfahren) ist eine Erweiterung des Kontrollkarten-Verfahrens auf **mehrere Perioden**. Zusätzlich zur Höhe einer *einzelnen* Abweichung wird der bisherige Verlauf der Abweichungen durch Ansatz einer kumulierten Abweichung über die Zeit berücksichtigt. Die standardisierte kumulierte Abweichung Δ_t^k ergibt sich aus

$$\Delta_t^k = \frac{1}{\sigma} \sum_{\tau=1}^{t} \Delta_\tau$$

wobei σ die angenommene oder geschätzte Standardabweichung bezeichnet.

Durch Verwendung der (standardisierten) kumulierten Abweichung als Entscheidungsgrundlage muß auch der Auslösemechanismus für eine weitere Analyse anders sein als im Kontrollkarten-Verfahren. Eine Möglichkeit ist die Verwendung einer sogenannten Winkelschablone (die dem Verfahren auch den Namen gibt). Eine Auswertung wird durchgeführt, wenn eines der Δ_τ^k, $\tau = 1, ..., t$, einen der beiden Schenkel des Winkels überschreitet (siehe Abbildung 6). Die Festlegung des Winkels α und des Abstandes δ hängt (implizit) von den Kosten und Nutzen einer Fehl-entscheidung (Fehler erster und zweiter Art) ab.[42]

Durch die Berücksichtigung der vor t liegenden Entwicklung der Abweichungen können **systematische Abweichungen** vom Planwert deutlicher von zufälligen Abweichungen unterschieden werden. Die kumulierte Abweichung pendelt bei nicht kontrollierbaren Ursachen mehr oder weniger stark um null, während beim Vorhandensein einer kontrollierbaren Abweichung relativ rasch ein Trend in die eine oder andere Richtung weg vom Nullpunkt erkennbar wird. Das Vorliegen einer kontrollierbaren Ursache wird typischerweise früher erkannt als beim einfachen Kontrollkarten-Verfahren.[43]

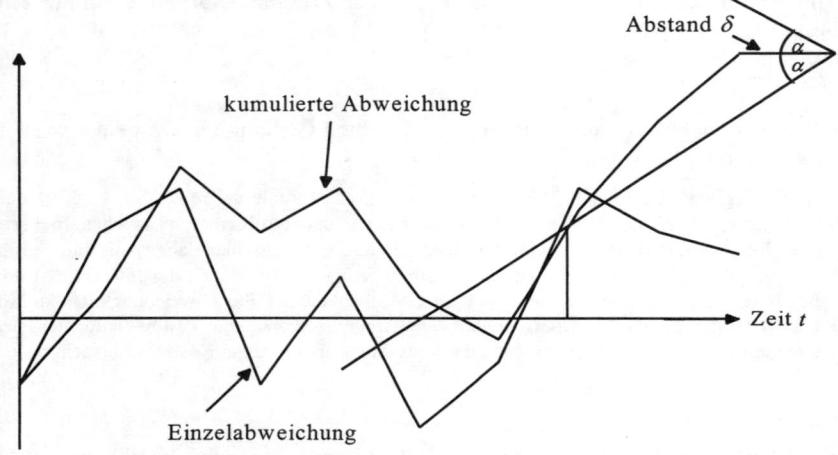

Abb. 6: Winkelschablonen-Verfahren

6.2. Modelle mit Kosten und Nutzen der Auswertung

Eine zweite Modellstruktur setzt die Kosten der Auswertung mit dem (erwarteten) Nutzen direkt in Verbindung, um eine Auswertungsentscheidung zu fundieren. Ein einfaches **einperiodiges Modell** ist durch folgende Entscheidungsmatrix beschrieben. Sie enthält die Kosten und Nutzen (in Form von Opportunitätskosten) von drei möglichen Aktionen:

---

[42]   Ein statistisch abgesichertes Verfahren gibt etwa *Waldmann* (1992).

[43]   Vgl zu einem Vergleich dieser Verfahren auch *Brühl* und *Pohlen* (1995).

Abweichungsursache Aktion	kontrollierbar	nicht kontrollierbar
Untersuchung und ggf Korrektur	$I + K$	I
sofortige Korrektur	K	K
nichts unternehmen	OK	0

Tab. 3: Entscheidungsmatrix für die Auswertung von Abweichungen

Dabei bedeuten:
I .... Kosten der Untersuchung
K .... Kosten der Korrekturmaßnahmen
OK ...... Kosten, die entstehen, wenn kontrollierbare Ursachen nicht korrigiert werden.

Wird eine **Untersuchung** mit Kosten von I durchgeführt, so soll sie mit Sicherheit aufdecken, ob die Abweichung eine kontrollierbare oder nicht kontrollierbare Ursache besitzt. Ist die Abweichung kontrollierbar, wird eine **Korrekturmaßnahme** gesetzt, die selbst wieder **Kosten K** verursacht. Man kann als weitere Strategie auf die Untersuchung auch verzichten und sofort Korrekturmaßnahmen setzen, die im Fall, daß die Abweichung kontrollierbar ist, effektiv sind, und andernfalls ins Leere gehen. Dabei wird angenommen, daß die Korrekturmaßnahmen den Fehler immer beheben können.

Entscheidungsrelevant sind sowohl bei I als auch bei K nur *zusätzlich* anfallende Kosten. Gibt es Mitarbeiter, die im Rahmen ihrer Arbeitszeit eine Untersuchung oder Korrektur durchführen können (Unterbeschäftigung), fallen dafür keine entscheidungsrelevanten Kosten an. Die Folge wäre allerdings, daß solche Aktivitäten *immer* durchgeführt würden. Damit stoßen diese Mitarbeiter aber bald an die Grenzen der verfügbaren Zeit, und eine Zusatzanalyse verursacht wieder (Opportunitäts-)Kosten.

Beispiel

Im Rahmen einer Kostenabweichungsanalyse wird eine hohe Mengenabweichung festgestellt, die sich auf einen übermäßig hohen Verbrauch bestimmter Produktionsfaktoren zurückführen läßt. Unklar bleibt hier, aus welchen Gründen der Verbrauch höher war. Verbesserungsmaßnahmen (Entscheidungsfunktion der Kontrolle) etwa können erst nach einer Aufdeckung dieser Gründe gesetzt werden. Eine Ursache dafür könnte der technische Zustand einer Produktionsanlage sein. Das Erfassen des Istzustandes verursacht idR Kosten, etwa dadurch, daß ein Serviceunternehmen damit beauftragt werden muß oder daß die Anlage kurzzeitig abgeschaltet werden muß. Das Ergebnis liefert entscheidungsrelevante Information darüber, ob das tatsächlich der Grund für die Abweichung war oder nicht. Im ersteren Fall kann ein defekter Teil der Anlage ausgetauscht werden, und die Verbrauchsabweichungen werden in der Folge reduziert.

Bei der dritten Aktion, dem Nichthandeln, entstehen zwar weder Untersuchungs- noch Korrekturkosten, dafür aber **Opportunitätskosten** OK, wenn tatsächlich eine kontrollierbare Abweichung vorliegt. Diese Kosten werden zB durch eine ineffiziente Nutzung von Inputs, durch Qualitätsmängel, durch Sicherheitsmängel in künftigen Perioden oder Änderungen des künftigen Produktionsprogramms ausgelöst.

Sofern der Entscheidungsträger (das Unternehmen) risikoneutral ist, entscheidet er sich für eine der drei Aktionen nach dem **Erwartungswert** der Kosten. Dazu muß die **Eintrittswahrscheinlichkeit** kontrollierbarer und nicht kontrollierbarer Abweichungen bekannt sein.[44] Die Wahrscheinlichkeit, daß die Abweichung eine kontrollierbare Ursache besitzt, wird mit ϕ bezeichnet, $\phi \in [0,1]$. Man erhält sie beispielsweise durch subjektive Schätzung oder aufgrund von Erfahrungswerten.

Lösung des Entscheidungsproblems

Vergleicht man zunächst die erste mit der dritten Aktion, nämlich eine Untersuchung durchzuführen und gegebenenfalls Korrekturmaßnahmen zu setzen bzw nichts zu unternehmen, so ist es dann günstig, eine Untersuchung durchzuführen, wenn gilt

$$\phi \cdot (I + K) + (1 - \phi) \cdot I = I + \phi \cdot K < \phi \cdot OK$$

Da die Kostengrößen *I*, *K* und *OK* vorgegeben sind, lautet die **Entscheidungsregel**, dann eine Auswertung vorzunehmen, wenn die Wahrscheinlichkeit einer kontrollierbaren Abweichung ϕ größer ist als die **kritische Wahrscheinlichkeit** $\hat{\phi}_{13}$, dh

$$\phi > \hat{\phi}_{13} = \frac{I}{OK - K}$$

Je höher *I* oder *K* sind, desto eher wird nichts unternommen; je höher *OK*, desto eher wird eine Untersuchung durchgeführt. Die **Extremfälle** sind:

1. $\dfrac{I}{OK - K} \geq 1$ bzw $OK \leq I + K$: Dann ist es niemals günstig, eine Untersuchung durchzuführen, die Opportunitätskosten sind geringer als die Kosten der Untersuchung und Korrektur.

2. $I = 0$ und $OK > K$: Dann ist es niemals günstig, nichts zu unternehmen.

Die Entscheidung zwischen der ersten und der zweiten Aktion kann auf gleiche Art und Weise ermittelt werden. Untersuchen und gegebenenfalls Korrekturmaßnahmen zu ergreifen, ist dann günstiger als sofort eine Korrektur durchzuführen, wenn

$$\phi \cdot (I + K) + (1 - \phi) \cdot I = I + \phi \cdot K < K$$

bzw ausgedrückt in der diesbezüglichen kritischen Wahrscheinlichkeit:

$$\phi < \hat{\phi}_{12} = \frac{K - I}{K}$$

Je höher die Untersuchungskosten *I* werden, desto eher wird man auf eine Untersuchung verzichten. Die Opportunitätskosten *OK* haben keinen Einfluß auf diese

---

[44] Dies gilt für Entscheidungsregeln unter Risiko, nicht hingegen bei Anwendung von Entscheidungsregeln unter Unsicherheit (im engeren Sinn), wie etwa der maxmin-Regel.

Entscheidung (solange $OK > K$ ist, weil sonst nie korrigiert würde), da eine kontrollierbare Abweichung auf jeden Fall korrigiert wird. Die **Extremfälle** sind hier:

1. $I \geq K$: Dann wird niemals eine Untersuchung durchgeführt, sondern gleich die Korrekturmaßnahme gesetzt, gleichgültig, ob sie greift oder nicht.

2. $I = 0$: Dann wird immer untersucht.

Die Entscheidung zwischen immer korrigieren und nichts unternehmen hängt nur von K und OK ab. Sofort Korrekturmaßnahmen zu setzen, ist dann günstiger, wenn

$$K < \phi \cdot OK \quad \text{bzw} \quad \phi > \hat{\phi}_{23} = \frac{K}{OK}$$

Abbildung 7 zeigt den Verlauf des **Kostenerwartungswertes** für den eher typischen Fall, daß die Untersuchungskosten I wesentlich kleiner als die Korrekturkosten K sind. Andernfalls wäre es nie günstig, zuerst zu untersuchen. Für jeweils eine bestimmte Wahrscheinlichkeit ϕ werden die Kosten der drei Aktionen miteinander verglichen. Die günstigste Aktion ist jene mit den geringsten Kosten bei diesem ϕ. Die Schnittpunkte der Geraden geben die kritischen Wahrscheinlichkeiten an, bei denen die günstigste Entscheidung umspringt.

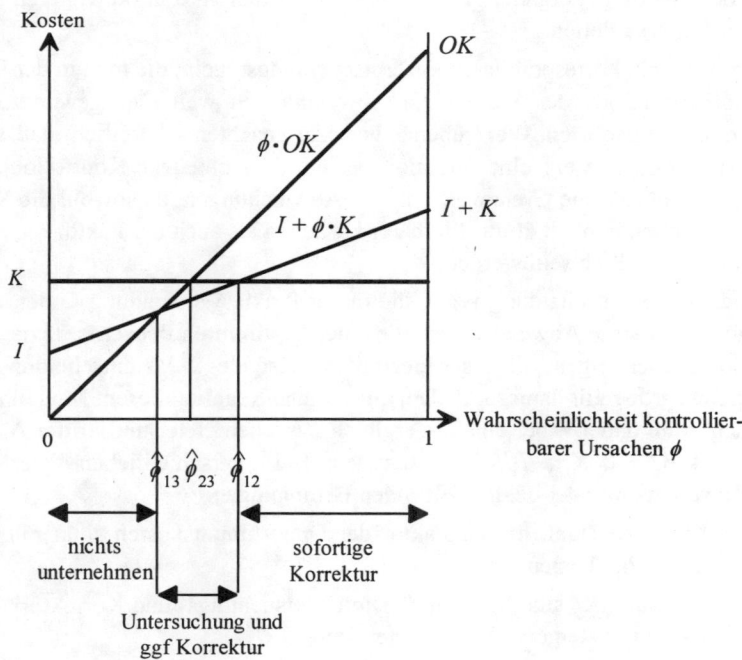

Abb. 7: Auswertungsstrategien und Kosten

Erweiterungen

Die **Höhe der Abweichung** selbst spielt in diesem einfachen Modell noch keine Rolle. Sie kann jedoch dergestalt einbezogen werden, daß angenommen wird, daß die Höhe der Opportunitätskosten OK von der Höhe der Abweichung abhängt, $OK = OK(\Delta) = l \cdot \Delta$, mit Δ als Kostenabweichung und $l > 0$ als konstantem Faktor. Vergleicht man die erste und dritte Aktion, untersuchen bzw nichts unternehmen, lautet die Entscheidungsregel: untersuchen, wenn

$$\phi > \hat{\phi}_{13} = \frac{I}{OK - K} = \frac{I}{l \cdot \Delta - K}$$

Für gegebene Kostenwerte und *gegebene* Wahrscheinlichkeit ϕ läßt sie sich wie folgt zu einer Regel mit der Abweichung als Kriterium umformen:

$$\Delta > \hat{\Delta} = \frac{I + \phi \cdot K}{\phi \cdot l}$$

Eine analoge Form, nämlich

$$\Delta > \hat{\Delta} = \frac{K}{\phi \cdot l}$$

läßt sich aus dem Vergleich der zweiten und dritten Aktion (korrigieren bzw nichts unternehmen) ableiten.

Diese Regeln korrespondieren mit Entscheidungsregeln, die man in der Praxis häufig antrifft: Es werden nur solche Abweichungen weiter ausgewertet, die einen bestimmten **absoluten Wert** übersteigen. Zu beachten ist freilich, daß sich dieses Kriterium auf eine einzelne Situation bezieht. Verschiedene Kontrollobjekte erfordern unterschiedliche Grenzwerte für die Abweichungen, da sowohl die Kosten und die Wahrscheinlichkeit kontrollierbarer Ursachen als auch der Faktor l je nach Situation unterschiedlich sein werden.

Eine andere Entscheidungsregel, die in der Praxis Verwendung findet, ist die Untersuchung solcher Abweichungen, die einen bestimmten **Prozentsatz** der Plangröße (Istgröße) übersteigen; diese sei hier mit K^p festgelegt. Als entscheidungsrelevante Vergleichsgröße gilt dann Δ/K^p. Um eine solche Regel in diesem Modell ableiten zu können, muß daher – bei einem Vergleich zwischen erster und dritter Aktion – der Ausdruck $[(I + \phi \cdot K)/\phi \cdot l]/K^p$ konstant sein. Bei unterschiedlichen K^p erfordert dies das Zutreffen einer der beiden folgenden Bedingungen:

1. $l \cdot K^p$ ist konstant, dh der Faktor der Opportunitätskosten sinkt mit steigenden Plankosten.

2. I/K^p *und* K/K^p sind konstant.[45] Die Untersuchungs- und Korrekturkosten müssen mit steigenden Plankosten steigen.

---

[45]   Für den Vergleich von zweiter und dritter Aktion genügt, daß K/K^p konstant ist.

Beide Bedingungen werden kaum erfüllt sein. Dann kann ein prozentueller Grenzwert für Auswertungen modellmäßig nicht gestützt werden.

Bestehen bei mehreren gleichartigen Entscheidungsproblemen **Restriktionen**, zB bezüglich der gesamten für Untersuchungen oder für Korrekturmaßnahmen zur Verfügung stehenden Zeit, so müssen die Entscheidungsregeln insofern angepaßt werden, als zunächst solche Abweichungen näher untersucht werden, für die der erwartete Nutzen bezogen auf die Zeitdauer der jeweils knappen Ressource am höchsten ist.

Beispiel: Bei jeder von drei Abweichungstypen würde es sich lohnen, die Ursache zu untersuchen und gegebenenfalls Korrekturmaßnahmen zu setzen (Aktion 1). Die Untersuchungszeit ist mit T Stunden begrenzt; Abweichungstyp Δ_1 benötigt t_1 Stunden, Abweichungstyp Δ_2 t_2 Stunden und Abweichungstyp Δ_3 t_3 Stunden. Dann entspricht die Auswertungsreihenfolge für die einzelnen Abweichungstypen der Reihung nach dem Nettonutzen je Untersuchungsstunde

$$\frac{\phi_i \cdot (OK_i - K_i) - I}{t_i}$$

Handelt es sich bei den Untersuchungskosten I um Kosten, die für die Bereitstellung der Korrekturkapazität entstehen und nicht mit der jeweiligen Untersuchung bzw Korrektur variieren, spielt I für die Auswahl keine Rolle mehr, so daß die Reihenfolge nach dem Bruttonutzen je Untersuchungsstunde festgelegt wird.

Beurteilung von Managern, die Abweichungen untersuchen

In einem Experiment von *Lipe* (1993) wurde 142 Studenten und 59 Controllern folgende Situation vorgelegt: Pat Smith ist für einen Produktionsbereich verantwortlich. Dieser weist eine hohe Verbrauchsabweichung bei den Fertigungslohnkosten auf. Pat mußte entscheiden, ob sie diese Abweichung weiter untersucht. Die Kosten einer Untersuchung wurden auf 4.000 geschätzt. Die Kosten der Korrektur eines Problems wären 12.000 und der Barwert der künftigen Kosten einer nicht korrigierten kontrollierbaren Ursache 22.000 gewesen. Vergangenheitsdaten lassen darauf schließen, daß die Wahrscheinlichkeit einer nicht kontrollierbaren Ursache bei dieser hohen Abweichung 50 Prozent beträgt.

Sie sind Vorgesetzter von Pat Smith. Als solcher erhalten Sie einen Kostenbericht von Pat, der alle Istkosten und Schätzungen als auch ihre Entscheidung über die Auswertung enthält. Sie sollen Pat's Leistung in diesem Jahr beurteilen; als Maßstab dient eine Skala von 0 (= sehr schlecht) bis 100 (= sehr gut). Fertigungslohnkostenabweichungen und die Auswertungsentscheidung fallen in Pat's Verantwortung.

Bei den oben gegebenen Kostenschätzungen sollte Pat eine Untersuchung durchgeführt haben. Im Experiment zeigte sich, daß die Beurteilung von Pat signifikant vom Ergebnis der Untersuchung abhängt: Im Fall, daß die Ursache korrigierbar ist, ergab sich als durchschnittliche Beurteilung 66 von Studenten (74 von Controllern) gegenüber 57 (55) bei nicht kontrollierbarer Ursache. Dies, obwohl das *ex post* Ergebnis auf die *ex ante* Entscheidung keinen Einfluß ausüben sollte. Des weiteren wurden die Untersuchungskosten bei kontrollierbarer Ursache als (gerechtfertigte) Kosten zur Erlangung eines Vorteils, bei nicht kontrollierbarer Ursache als Verlust betrachtet.

Im Normalfall können aus der Beobachtung mehrerer Abweichungen im Laufe der Zeit bessere Informationen über die Wahrscheinlichkeit gewonnen werden, ob die Abweichungen von einem Prozeß ausgelöst werden, der sich außer Kontrolle befindet oder nicht. Ähnlich wie das Winkelschablonen-Verfahren bei den statistischen Modellen kann diese Modellstruktur auf **mehrere Perioden** erweitert werden. Dazu ist es notwendig, die zeitliche Entwicklung der Ursachen von Abweichungen zu berücksichtigen. Dies kann mit der Festlegung von **Übergangswahrscheinlichkeiten** von möglichen Zuständen im Zeitablauf erfolgen. Beispielsweise kann angenommen werden, daß eine in t gegebene kontrollierbare Ursache auch in Folgeperioden bestehen bleibt, während eine bestehende nicht kontrollierbare Ursache mit einer bestimmten Wahrscheinlichkeit zu einer kontrollierbaren Ursache wird. Dann kann aus dem Beobachten einer Abweichung in einer Periode zusätzlich Information über die sich ändernde Wahrscheinlichkeit des Vorliegens kontrollierbarer Ursachen gewonnen werden. Diese verändert die kritischen Werte für die Entscheidung über die Auswertung im Zeitablauf.

Empirische Ergebnisse

Mit tatsächlichen Daten in einem Unternehmen hat *Jacobs* (1978) die verschiedenen Modelle auf ihre Effektivität hin überprüft. Er kommt zu folgenden Ergebnissen:

- Mehrperiodige Modelle sind den einperiodigen Modellen überlegen.
- Die einfachen statistischen Modelle liefern zum Teil bessere Ergebnisse als die aufwendigeren Modelle, die Kosten und Nutzen der Auswertung explizit berücksichtigen, nämlich dann, wenn die Auswertungskosten nicht wesentlich geringer als die Opportunitätskosten sind.

Da die Modelle, die Kosten und Nutzen berücksichtigen, aus theoretischer Sicht überlegen sind, führt *Jacobs* das Ergebnis auf Probleme bei der Schätzung der erforderlichen Informationen über die betreffenden Größen und die Wahrscheinlichkeitsverteilungen zurück.

---

7. Auswertung von beabsichtigten Abweichungen

Mit beabsichtigten Abweichungen sind jene Fälle gemeint, in denen ein Entscheidungsträger beabsichtigt Abweichungen durch ein Verhalten erzeugen kann, das nicht genau im Sinne der übergeordneten Instanz (Zentrale, Top Management usw) ist. Im Gegensatz zu den vorher analysierten unbeabsichtigten Abweichungen können hier Abweichungen sowohl von absichtlich gesetztem Verhalten als auch von nicht kontrollierbaren Einflußgrößen verursacht sein.

Die im Rahmen von unbeabsichtigten Abweichungen entwickelten Modelle zur Differenzierung von kontrollierbaren und nicht kontrollierbaren Ursachen sind für die **Verhaltenssteuerungsfunktion** der Kontrolle nicht geeignet. Der Grund: Der Vorteil aus der Auswertung, nämlich die Verhaltenssteuerung, soll hier ja bereits *vor* der Kontrolle und (potentiell) nachfolgender Auswertung wirken. Es sind nicht mehrere Perioden wie bei der Entscheidungsfunktion nötig, wiewohl die Kontrolle auch mehrperiodige Wirkung entfalten kann. Im einperiodigen Fall wird nachfolgend gezeigt, daß die Auswertung der Abweichungen *ex post* **keinen Wert** besitzt, das Verhalten des Entscheidungsträgers ist ja bereits erfolgt. Da sie Kosten verursacht, würde sie *ex post* niemals durchgeführt werden. Ihr Wert besteht in einer **Motivationswirkung** *ex ante*, dh vor dem Setzen des Verhaltens.

7.1. Ein Agency-Modell

Die Verhaltenssteuerungsfunktion der Kontrolle kann konzeptionell mit **Agency-Modellen**, auch als **Prinzipal-Agenten-Modelle** bezeichnet, analysiert werden. Im einfachsten Fall besteht es aus zwei Personen in einer hierarchischen Organisation (das „Unternehmen"): einem **Prinzipal** und einem **Agenten**.[46] Der Prinzipal steht stellvertretend für den oder die Eigentümer des Unternehmens, der Agent für einen Manager, an den der Prinzipal bestimmte Entscheidungsrechte delegiert. Ökonomische Gründe dafür können darin liegen, daß der Prinzipal nicht „vor Ort" ist, daß er lieber andere Tätigkeiten realisieren möchte oder daß der Agent besser geeignet ist, die Tätigkeit auszuführen, zB infolge von Fachkenntnissen, handwerklichem Geschick oder infolge der besseren Kenntnis der Produktionssituation.

Prinzipal und Agent

Die Bezeichnungen *Prinzipal* und *Agent* haben sich in der deutschsprachigen Literatur, den amerikanischen Begriffen *principal* und *agent* folgend, als Fachausdrücke eingebürgert. Es handelt sich keineswegs um Spionageliteratur. Der Prinzipal kann als Auftraggeber (Instanz), der Agent als Beauftragter (Entscheidungsträger) interpretiert werden. Der Prinzipal muß nicht auch der Residualanspruchsberechtigte sein; der Residualanspruch (Ergebnis der Leistungserstellung abzüglich der Kompensation an den anderen Beteiligten) hängt von den Eigentumsverhältnissen und institutionellen Rahmenbedingungen ab.

Typische **Beispiele**:

Prinzipal	Agent
Unternehmenseigentümer	Geschäftsführung (Manager)
Unternehmensleitung	Bereichsmanager
Manager	Mitarbeiter
Gläubiger	Unternehmer
Versicherungsgesellschaft	Unternehmer

Dem Prinzipal gehört eine Produktionstechnologie, die aus einer vom Agenten erbrachten **Arbeitsleistung** bzw **Aktion** a und anderen (stochastischen) Größen, hier als eintretende *Umweltsituation* θ bezeichnet, ein Ergebnis x erzeugt. Das Ergebnis ist daher eine Funktion von a und θ,

---

[46] Siehe zu einer ausführlichen Darstellung der Prinzipal-Agenten-Theorie und ihrer Anwendungen in den verschiedensten betriebswirtschaftlichen Fächern *Jost* (2001a).

$$x = x(a,\theta) \tag{7}$$

Die **Aktion** a ist eine vom Agenten kontrollierbare Größe, die er durch seine Entscheidung bzw sein Verhalten setzt. Der Umweltzustand θ ist eine Zufallsvariable und faßt alle externen, vom Agenten nicht kontrollierbaren Faktoren zusammen. Als **Ergebnis** x kommen je nach Kontext zB Outputmengen, Kosten (als negative Ergebnisgröße), Erlöse, Gewinne oder Kapitalwerte in Betracht. Das Ergebnis fließt dem Prinzipal als Eigentümer zu, er muß jedoch den Agenten für dessen Aktion entlohnen. Es wird im folgenden angenommen, daß x beobachtbar und kontrahierbar ist. Es bildet damit das Kontrollobjekt.

> Die Verwendbarkeit einer Information in einem Vertrag erfordert im allgemeinen nicht nur deren **Beobachtung**, sondern auch deren **Kontrahierbarkeit**. Darunter versteht man die Möglichkeit, daß ein unabhängiger Dritter (insbes ein Gericht) die Information ebenfalls beobachten kann und damit der Vertrag durchsetzbar ist.

Ein Anreizproblem entsteht dann, wenn der Agent andere Ziele verfolgt als der Prinzipal. Ein Zielkonflikt wird im folgenden derart angenommen, daß eine höhere Arbeitsleistung im Durchschnitt ein höheres Ergebnis x liefert, was für den Prinzipal als Eigentümer des Ergebnisses von Vorteil ist, allerdings gleichzeitig dem Agenten einen steigenden **Disnutzen** (Arbeitsleid, Nutzenentgang) verursacht. Dies kann zB in Form höherer physischer oder psychischer Anstrengung oder in Form von Opportunitätskosten der Zeit entstehen. Der Prinzipal muß den Agenten daher für seine Arbeitsleistung entlohnen.

Kann der Prinzipal die Arbeitsleistung oder den Umweltzustand direkt beobachten, so kann er die gewünschte Arbeitsleistung direkt durchsetzen. Die dann erzielbare Lösung wird als ***first best*-Lösung** bezeichnet. Im Fall von **Informationsasymmetrie** ist dies dagegen nicht möglich. Da nur der Agent seine gewählte Arbeitsleistung kennt, könnte er im Falle eines schlechten Ergebnisses einfach behaupten, nicht er, sondern eine ungünstige Umweltentwicklung θ sei daran schuld. Der Agent muß daher durch die vertraglich vereinbarte **Entlohnung** motiviert werden, die gewünschte Arbeitsleistung zu erbringen.

Der Prinzipal schlägt also dem Agenten einen Vertrag vor, der ein **Entlohnungsschema** $S(\cdot)$ als Funktion des Ergebnisses x bestimmt. Um zu entscheiden, ob er den Vertrag akzeptieren sollte, vergleicht der Agent den erwarteten Nutzen bei Annahme des Vertrags mit seiner besten Alternative, die exogen als **Reservationsnutzen** in Höhe von $\underline{U}$ vorgegeben wird. Der erwartete Nutzen aus der Tätigkeit für den Prinzipal hängt davon ab, welche Arbeitsleistung der Agent einsetzen würde. Der Agent ermittelt die optimale Aktion bei Zugrundelegung des im Vertrag vorgegebenen Entlohnungsschemas und daraus den erwarteten Nutzen bei Annahme des Vertrags. Der Prinzipal macht im Grunde das Gleiche: Er möchte einen Vertrag anbieten, den der Agent akzeptiert und der dem Prinzipal den größtmöglichen erwarteten Nutzen bringt.

Im folgenden wird weiter angenommen, daß der **Prinzipal risikoneutral** ist. Er interessiert sich für einen möglichst hohen Erwartungswert des Ergebnisses abzüglich der Entlohnung, die er an den Agenten leisten muß. Der **Agent** wird als **risiko-**

scheu angesehen mit einer **Nutzenfunktion** $U(S, a)$, die in der Entlohnung S strikt konkav und in der Aktion a konvex ist. Für den risikoneutralen Prinzipal ist das Tragen von Risiko kostenlos, während es für den Agenten mit einer Nutzeneinbuße verbunden ist. Daher wäre es aus Gründen der Risikoteilung am besten, den Agenten vor jedem Entlohnungsrisiko zu schützen, dh eine fixe Entlohnung zu zahlen. Eine fixe Entlohnung erzeugt allerdings keinerlei Anreizwirkungen für den Agenten, eine hohe Arbeitsleistung zu wählen. Daher muß die Entlohnung an das Ergebnis anknüpfen. Je unmittelbarer dem Agenten die Effekte seiner Arbeitsleistung zugerechnet werden, umso eher hat er Anreize, die optimale Arbeitsleistung zu wählen.

Das **Agency-Problem** läßt sich in zwei Fällen einfach lösen:

1. Wenn der **Agent risikoneutral** ist, kann der Prinzipal die Produktionstechnologie einfach an den Agenten verpachten. Der Agent wird praktisch zum Eigentümer, leistet an den Prinzipal eine vorab festgelegte fixe Pachtzahlung und wählt die optimale Arbeitsleistung. Risikoteilung ist kein Thema.

2. Wenn der Prinzipal die **niedrigste Arbeitsleistung** durchsetzen möchte, entsteht ebenfalls kein Anreizproblem. Denn das ist das mindeste, was der Agent macht. Anreize über die Entlohnung sind dann nicht erforderlich, der Agent erhält eine fixe Zahlung, und die optimale Risikoteilung wird realisiert.

Andernfalls kommt es zu einem **Trade-off zwischen Risiko und Anreizen**, der im folgenden in einem einfachen binären Agency-Modell explizit modelliert wird. Die sich daraus ergebende Lösung wird als *second best*-**Lösung** bezeichnet.

Eine weitere Situation für eine **einfache Lösung** des Anreizproblems ist dann gegeben, wenn die Produktionstechnologie für unterschiedliche Aktionen das Auftreten bestimmter Ergebnisse x ausschließt (*moving support*). Angenommen, bei hoher Arbeitsleistung sind zumindest Ergebnisse $x \geq \underline{x}$ erzielbar, dann würde das Auftreten eines tatsächlichen Ergebnisses $x < \underline{x}$ mit Sicherheit auf eine unerwünschte Aktion schließen lassen. Ist der Prinzipal im Besitz hinreichend hoher Sanktionsmöglichkeiten, kann er eine fixe Entlohnung für alle bei gewünschter Aktion möglichen Ergebnissen zahlen und sonst den Agenten bestrafen (*forcing contract*).

Ein binäres Modell

Angenommen, das Ergebnis x kann nur hoch oder niedrig sein, $x_2 > x_1 > 0$, und es gibt nur zwei mögliche Arbeitsleistungen a mit $a_H > a_L$. Die Produktionstechnologie wird durch folgende Wahrscheinlichkeitsstruktur beschrieben, die die beiden Umweltzustände θ implizit enthält:

Wahrscheinlichkeiten	Ergebnis x_1	Ergebnis x_2	Disnutzen $V(a)$
Aktion a_L	ϕ_1^L	ϕ_2^L	v_L
Aktion a_H	ϕ_1^H	ϕ_2^H	v_H

Tab. 4: Wahrscheinlichkeitsstruktur des Agency-Modells

Wenn der Agent eine hohe Aktion a_H wählt, ergibt sich mit einer Wahrscheinlich-keit von ϕ_1^H ein niedriges Ergebnis x_1 und mit der Gegenwahrscheinlichkeit ϕ_2^H ein hohes Ergebnis x_2. Es gilt $\phi_1^H + \phi_2^H = 1$. Analoges trifft für die niedrige Aktion zu. Dabei ist allerdings die Wahrscheinlichkeit, ein hohes Ergebnis zu erzielen, kleiner als bei der hohen Aktion, dh es gilt $\phi_2^H > \phi_2^L$. Für alle Wahrscheinlichkeiten gilt dar-über hinaus $0 \leq \phi_i^j \leq 1$. Der Disnutzen einer hohen Aktion beträgt v_H, und er ist größer als der einer niedrigen Aktion, dh $v_H > v_L$.

Die **Nutzenfunktion** des Agenten lautet:

$$U(s_i, a_j) = \sqrt{s_i} - v_j \tag{8}$$

Sie ist additiv in der Entlohnung $s_i = S(x_i)$ für $i = 1, 2$, und dem Disnutzen v_j der Aktion a_j, $j = L, H$. Die Risikoscheu zeigt sich in der strengen Konkavität in s_i. Für die Rechnung ist es zweckmäßig, explizit mit dem Nutzen einer bestimmten Entlohnung $u_i = \sqrt{s_i}$ zu rechnen. Dann gilt:

$$U(s_i, a_j) = u_i - v_j$$

Unter diesen Annahmen ergibt sich folgendes **Programm** zur Lösung des Agency-Modells. Es wird vorausgesetzt, daß der Prinzipal eine hohe Arbeitsleistung motivie-ren möchte (andernfalls hätte man den oben erwähnten zweiten Spezialfall mit einer einfachen *first best*-Lösung des Problems). Die Zielfunktion des Prinzipals lautet:

$$\max_{u_1, u_2} \phi_1^H \cdot (x_1 - u_1^2) + \phi_2^H \cdot (x_2 - u_2^2) \quad \text{bzw}$$

$$\underbrace{\phi_1^H \cdot x_1 + \phi_2^H \cdot x_2}_{\text{erwarteter Erfolg}} - \underbrace{\min_{u_1, u_2} \phi_1^H \cdot u_1^2 + \phi_2^H \cdot u_2^2}_{\text{erwartete Kosten der Entlohnung}} \tag{9}$$

Sie wird unter zwei **Nebenbedingungen** maximiert, nämlich der **Teilnahmebedin-gung**, die sicherstellt, daß der Agent den Vertrag akzeptiert,

$$\phi_1^H \cdot u_1 + \phi_2^H \cdot u_2 - v_H \geq \underline{U} \tag{10}$$

und der **Aktionswahlbedingung** (*incentive compatibility constraint*), die fordert, daß er die gewünschte Aktion a_H als optimale Antwort auf die vorgegebene Entloh-nungsfunktion wählt,

$$\phi_1^H \cdot u_1 + \phi_2^H \cdot u_2 - v_H \geq \phi_1^L \cdot u_1 + \phi_2^L \cdot u_2 - v_L \tag{11}$$

Dabei bedeuten:
v_j .... Disnutzen des Agenten aus der Erbringung der Arbeitsleistung a_j
x_i .... Ergebnis ($i = 1$ niedriges und $i = 2$ hohes Ergebnis)
s_i .... Entlohnung des Agenten bei Auftreten von x_i
$\underline{U}$ .... Mindestnutzen des Agenten bei alternativer Beschäftigung (Reservationsnutzen)
ϕ_i^j .... Wahrscheinlichkeit des Eintretens von Ergebnis x_i bei Arbeitsleistung a_j.

Zusätzlich ist noch auf die Bedingung $u_i \geq 0$ zu achten, da die Nutzenfunktion für negative s_i nicht definiert ist. Diese Bedingung ist spezifisch für Wurzelfunktionen und wird deshalb im folgenden nicht explizit angeführt.

Das Programm ohne die Aktionswahlbedingung liefert die *first best*-Lösung, die bei Risikoneutralität des Prinzipal darin besteht, daß eine fixe Entlohnung gezahlt wird, dh $s_1 = s_2$ und $u_1 = u_2$ (für den Fall, daß der Agent die hohe Aktion a_H wählt).

Es handelt sich um ein quadratisches Programm mit zwei linearen Nebenbedingungen. Die übliche Lösung kann mit einem *Lagrange*-Ansatz ermittelt werden. Die *Lagrange*-Funktion lautet (unter Weglassen des konstanten erwarteten Erfolges):

$$LG = \left[\phi_1^H \cdot u_1^2 + \phi_2^H \cdot u_2^2 \right] - \lambda \cdot \left[\phi_1^H \cdot u_1 + \phi_2^H \cdot u_2 - v_H - \underline{U} \right] -$$
$$- \mu \cdot \left[\phi_1^H \cdot u_1 + \phi_2^H \cdot u_2 - v_H - \left(\phi_1^L \cdot u_1 + \phi_2^L \cdot u_2 - v_L \right) \right]$$

Die Lösung ergibt sich in der vorliegenden Struktur allerdings einfacher. Im Optimum müssen nämlich beide Nebenbedingungen binden (dh $\lambda > 0$ und $\mu > 0$). Sonst wäre es möglich, die erwartete Entlohnung zu reduzieren, ohne die Nebenbedingungen zu verletzen, und damit die Zielfunktion zu erhöhen.[47] Daraus ergeben sich zwei Gleichungen mit zwei Unbekannten, nämlich u_1 und u_2. Durch Umformen ergibt sich zunächst

$$u_2 = \frac{1}{\phi_2^H} \cdot \left(\underline{U} + v_H - \phi_1^H \cdot u_1 \right)$$

und

$$u_2 - u_1 = \frac{v_H - v_L}{\phi_2^H - \phi_2^L}$$

Nach Einsetzen und Umformen folgen unmittelbar die **Nutzenwerte** der optimalen Entlohnung

$$u_1 = \underline{U} + v_H - \frac{\phi_2^H \cdot (v_H - v_L)}{\phi_2^H - \phi_2^L}$$

$$u_2 = \underline{U} + v_H + \frac{\phi_1^H \cdot (v_H - v_L)}{\phi_2^H - \phi_2^L}$$

Zum Vergleich: Die *first best*-**Lösung** ergibt sich unter Außerachtlassung der Aktionswahlbedingung. Eine analoge Berechnung ergibt als Nutzen der optimalen Entlohnung

$$u_i = \underline{U} + v_H \quad \text{für } i = 1, 2$$

---

[47] Wäre zB die Teilnahmebedingung nicht strikt erfüllt, könnte man beide Nutzen u_i um einen kleinen Betrag vermindern, ohne diese Nebenbedingung zu verletzen. Dies geht mit einer Reduzierung der erwarteten Entlohnung einher, außerdem bleibt die Aktionswahlbedingung ebenfalls unangetastet.

Es resultiert eine konstante Entlohnung, die gerade den Reservationsnutzen $\underline{U}$ und den Disnutzen der hohen Arbeitsleistung a_H abdeckt.

Im *second best*-Fall ergeben sich die optimalen **Entlohnungen** s_i als die Quadrate von u_1 und u_2. Damit wird gerade erreicht, daß der Agent im Durchschnitt seinen Reservationsnutzen $\underline{U}$ erhält und er von sich aus die hohe Arbeitsleistung a_H wählt (im Optimum ist er indifferent zwischen a_H und a_L – dabei wird angenommen, daß er bei Indifferenz im Sinne des Prinzipals entscheidet).

Die **optimale Entlohnung** gibt dem Agenten zunächst ebenfalls seinen Reservationsnutzen $\underline{U}$ und den Disnutzen der hohen Arbeitsleistung v_H. Gegenüber der *first best*-Lösung kommt allerdings ein dritter Term hinzu. Er beinhaltet die **Anreizkomponente**. Im Optimum zahlt der Prinzipal dem Agenten bei hohem Ergebnis x_2 mehr als bei niedrigem Ergebnis x_1. Die Differenz der Entlohnungen hängt von der Differenz der Disnutzen und insbesondere von den Wahrscheinlichkeiten ab. Die Differenz $\phi_2^H - \phi_2^L$ entspricht der Erhöhung der Wahrscheinlichkeit, mit der das hohe Ergebnis bei Wahl von a_H gegenüber a_L eintritt. Dem Agenten wird mit der variablen Entlohnung ein gewisses Risiko aufgebürdet, für das im Durchschnitt eine Risikoprämie gezahlt werden muß. Die Differenz zwischen der Zielerreichung des Prinzipals bei der *first best* und der *second best*-Lösung wird auch als **Agency-Kosten** bezeichnet. Sie entstehen hier aufgrund der asymmetrischen Information über die vom Agenten gewählte Aktion.

Beispiel

Der Prinzipal möchte die hohe Aktion induzieren. Der Reservationsnutzen des Agenten beträgt $\underline{U}$ = 20, und die Wahrscheinlichkeitsstruktur ist wie folgt gegeben.

Wahrscheinlichkeit	x_1	x_2	v_j
a_L	0,6	0,4	0
a_H	0,3	0,7	4

Als *first best*-Lösung ergibt sich ein Nutzen der Entlohnung von $\underline{U} + v_H$ = 24 und erwartete Entlohnungskosten von 24^2 = 576.

Die *second best*-Lösung ergibt u_1 = 14,67 und u_2 = 28. Der Erwartungswert der Nutzen der Entlohnung beträgt gerade wieder 24. Die erwarteten Entlohnungskosten steigen allerdings (wegen der Quadrierung der u_j) auf 613,13. Es resultieren Agency-Kosten von 613,33 – 576 = 37,33. Diesen Betrag könnte man hier auch als Wert der Information über die Arbeitsleistung interpretieren.

7.2. Abweichungsanalyse im Agency-Modell

Obwohl in diesem einfachen Agency-Modell nur das tatsächliche Ergebnis als Istgröße x^i verwendet wird, könnte die Kompensation – gegeben irgendein Planergebnis x^p – genausogut an die **Ergebnisabweichung**

$$\Delta x = x^i - x^p = x(a^i, \theta^i) - x^p$$

gebunden werden, weil es im Agency-Modell nur auf den Informationsgehalt des Ist-ergebnisses ankommt, und dieser ist unabhängig vom Planergebnis x^p. Die aktions-abhängigen Wahrscheinlichkeitsverteilungen der Abweichung entsprechen struktu-rell völlig denjenigen der Istergebnisse, wenn man die Subtraktion der *konstanten* Plangröße berücksichtigt. Folglich wird durch die Verwendung der Abweichung anstelle der Istergebnisse selbst weder etwas gewonnen noch verloren, so daß die Lösung für beide Varianten übereinstimmen muß.

Mit diesem grundlegenden Agency-Modell ist die **Ausgangsbasis** für Auswertun-gen bei gewollt verursachten Abweichungen hergestellt: Beabsichtigte Abweichun-gen beziehen sich auf die vom Agenten gewählte Aktion a^i, die von der gewünsch-ten (geplanten) Aktion a^p abweichen kann. Da weder der Istwert a^i noch θ^i beob-achtbar sind, kann der Prinzipal keine Abweichungsauswertung durchführen, die ihm mitteilt, ob sich der Agent wie gewünscht verhalten hat. Der Agent wäre infolge der Kenntnis seiner Aktion dazu aber sehr wohl in der Lage. Genau diese asymme-trisch verteilte Information ist es ja, die ein Anknüpfen der Kompensation (Beur-teilung) des Agenten an das gemeinsam beobachtbare Ergebnis x notwendig macht.

Nun wird die optimale Entlohnungsfunktion s_i derart gewählt, daß sie den Agenten dazu anhält, *genau* die Planaktion a^p zu wählen. Dies weiß auch der Prinzipal; er hat die Entlohnungsfunktion ja entwickelt. Damit entsteht aber ein **paradoxes Ergeb-nis**: Der Prinzipal ist zwar *ex post*, dh nach der Aktionswahl des Agenten, mangels Detailinformation nicht in der Lage, eine Abweichungsauswertung mit Zerlegung von Δx durchzuführen. Er braucht eine solche Zerlegung aber im Grunde gar nicht, weil er ja ohnedies *weiß*, daß $\Delta a = a^i - a^p = 0$ ist. Das heißt, die Abweichung Δx kann nur aufgrund einer **Zufallsschwankung** $\Delta \theta$ entstanden sein.[48] *Ex post* ist eine **Abweichungsauswertung** daher **wertlos**.

Beispiel

Angenommen, eine Prüfungsklausur diene nur dazu, die Studenten zu motivieren, den Stoff zu lernen (und nicht auch dazu, den Umfang des Wissens auf einer Notenskala zu bewerten). Dann könnte die Klausur bei ihrem Beginn abgesagt werden – sie ist *ex post* nicht rational. Die Klausur bedeutet für die Studenten Anstrengung, dies trifft aber genauso für den Vortragenden zu, der die Klausur nicht nur zusammenstellen, sondern auch korrigieren muß. Hängen vom Klausurergebnis Belohnungen oder Sanktionen für den Studenten ab, so wird er durch die Klausurankündigung einen Anreiz zu lernen erfahren. Im Zeitpunkt des Klausurbeginns heißt das aber, daß die Studenten ja ohne-dies schon gelernt haben.
Auf der anderen Seite kann die Strategie, die Klausur kurzfristig abzusagen (und positive Zeugnisse zu verteilen), höchstens einmal gut gehen. Sie würde bei künftigen Klausuren sofort antizipiert, und der Motivationseffekt wäre dahin.
Deshalb müssen Vortragende und Studenten in den sauren Apfel beißen.

---

[48]   Läßt man die Möglichkeit des Irrtums oder Nichtverstehen des Anreizschemas durch den Agenten als Fehlerquelle zu, so kann die Abweichung auch diese Ursachen haben. Es gilt dann, daß es keine *absichtliche* Abweichung durch den Agenten gibt.

Controllability

Dieses Ergebnis bedeutet gleichzeitig, daß der Agent für die Gesamtabweichung Δx und damit *ausschließlich* für $\Delta \theta$ verantwortlich gemacht wird – ein klarer Verstoß gegen die häufig erhobene Forderung nach der Einheitlichkeit von **Kompetenz und Verantwortung (*Controllability*)**. Die Abweichung Δx hat bekanntermaßen nur nicht kontrollierbare Ursachen, und trotzdem wird der Agent dafür verantwortlich gemacht. Aber gerade das ist *ex ante die* optimale Gestaltung des Delegationsverhältnisses und der Beurteilung. Denn der Prinzipal kann anders keine Anreizwirkungen bieten.

Das organisatorische Grundprinzip der **Einheitlichkeit (Kongruenz) von Kompetenz und Verantwortung** entspringt vor allem verhaltensorientierten Überlegungen wie zB der Fairness der Beurteilung. Mitarbeiter können sehr leicht frustriert werden, wenn sie für etwas zur Verantwortung gezogen werden, wofür sie bekanntermaßen nichts können. Die Abgrenzung nach dem Grad der Kontrollierbarkeit ist in der Praxis jedoch nicht einfach. In Fallstudien zeigt sich sogar, daß Manager lieber für das gesamte Bereichsergebnis einschließlich außergewöhnlicher Ereignisse verantwortlich sein wollen, nur um eine Abgrenzung zu vermeiden; auch haben sie eher das Gefühl, für *das Ganze* verantwortlich zu ein.[49]

Die Größen, für die ein Manager aus agency-theoretischer Sicht verantwortlich zu machen ist, erfüllen demgegenüber völlig andere Kriterien: Entscheidend ist alleine der **Informationsgehalt** einer Einflußgröße über die Tätigkeit des Managers. So wird im obigen binären Modell der Agent belohnt, wenn das hohe Ergebnis eintritt, weil das Auftreten dieses Ergebnisses eher darauf hindeutet, daß der Agent viel gearbeitet hat (die Wahrscheinlichkeit für den Eintritt des hohen Ergebnisses steigt im Umfang der Arbeitstätigkeit). Dabei ist auch zu berücksichtigen, welche anderen Einflußgrößen bereits verwertet werden. Nur ein zusätzlicher Informationsgehalt zählt.[50]

Auf der anderen Seite ist offensichtlich, daß die Bindung der Beurteilung an nicht kontrollierbare Größen aus *ex post* Sicht auch im Agency-Kontext nicht optimal ist. Sie beinhaltet idR eine nicht optimale Risikoteilung. Das heißt, sowohl das Unternehmen als auch der Agent hätten ein Interesse daran, diese Beurteilung nachträglich *nicht* auf die vereinbarte Art und Weise durchzuführen, zB durch eine Nachverhandlung des ursprünglichen Vertrags. Antizipiert dies der Agent jedoch, geht der Motivationseffekt, die geplante Aktion a^p zu wählen, verloren.

Controllability im Agency-Modell

Die besondere Rolle des *Controllability*-Prinzips in Agency-Modellen kann durch Weiterführung des obigen Beispiels demonstriert werden. Der Prinzipal möchte die hohe Aktion induzieren. Der Reservationsnutzen des Agenten beträgt $\underline{U} = 20$, und die Wahrscheinlichkeitsstruktur ist wieder wie folgt gegeben.

Wahrscheinlichkeit	x_1	x_2	v_j
a_L	0,6	0,4	0
a_H	0,3	0,7	4

---

49 Vgl zu solchen Ergebnissen *Merchant* (1987).
50 Vgl ausführlich dazu *Antle* und *Demski* (1988) sowie *Demski* (1994), Kapitel 19.

Die *first best*-Lösung ergibt einen Nutzen der Entlohnung von $\underline{U} + v_H = 24$ und erwartete Entlohnungskosten von $24^2 = 576$.

Nun sei unterstellt, daß sich die obige Wahrscheinlichkeitsstruktur durch folgende Beziehung für die Ergebnisse der beiden Aktionen in Abhängigkeit von drei möglichen Zuständen beschreiben läßt:

Ergebnisse	θ_1	θ_2	θ_3
a_L	x_1	x_1	x_2
a_H	x_1	x_2	x_2

Die Wahrscheinlichkeiten für die Zustände θ_1 und θ_2 seien jeweils 0,3, so daß sich 0,4 für die Wahrscheinlichkeit des Zustands θ_3 ergibt. Wie man leicht nachprüfen kann, treten die Ergebnisse bei Unterdrückung der Zustände dann gemäß der obigen Wahrscheinlichkeitsstruktur ein. Angenommen, neben dem Ergebnis x ist noch eine weitere Information y verfügbar, die ebenfalls zwei mögliche Ausprägungen annehmen kann:

Signale	θ_1	θ_2	θ_3
y	y_1	y_2	y_2

Die Information y ist vom Agenten offenbar *nicht direkt kontrollierbar*, sie hängt nur vom Eintritt der Zustände ab. Es könnte sich zB um den Überschuß eines Konkurrenzunternehmens handeln, das von den gleichen Marktentwicklungen betroffen ist. Der Prinzipal kann die Entlohnung jetzt sowohl vom Ergebnis x als auch von der Information y abhängig machen. Eine Betrachtung der sich ergebenden Kombinationen (x, y) zeigt, daß die Kombination (x_1, y_2) offenbar nur dann möglich ist, wenn der Agent die niedrige Arbeitsleistung gewählt hat. Angenommen, der Prinzipal zahlt beim Eintritt dieser Kombination dem Agenten nichts, gewährt ihm andernfalls jedoch den Nutzen der *first best*-Lösung von 24. Wählt der Agent unter diesen Bedingungen die niedrige Arbeitsleistung, erzielt er einen erwarteten Nutzen von:

$$0,3 \cdot 24 + 0,3 \cdot 0 + 0,4 \cdot 24 = 0,7 \cdot 24 = 16,8 < 20 = \underline{U}$$

Es lohnt sich daher für den Manager, die hohe Arbeitsleistung zu wählen, und dies kann jetzt sogar bei optimaler Risikoteilung (im Gleichgewicht) geschehen (dem Manager wird Risiko durch den Kontrakt angedroht, wenn er die niedrige Arbeitsleistung wählt). Im Ergebnis erhält man jetzt Zielerreichungen für Prinzipal und Agent wie im *first best*-Fall. Die absolute Kontrollierbarkeit der Zusatzinformation ist offenbar nicht entscheidend, sondern es zählt die bedingte Informativität (quasi die bedingte Kontrollierbarkeit) der zusätzlichen Signale: Gegeben die Verfügbarkeit von x erlaubt die zusätzliche Verwendung von y für bestimmte Ergebnisse eine präzisere Information über die Arbeitsleistung als x alleine, und dies kann bei der Festlegung der Entlohnung verwendet werden. Letztlich gelingt eine bessere Risikoteilung, obwohl der Agent die Zusatzinformation überhaupt nicht kontrollieren kann (was dem klassischen *Controllability*-Prinzip widerspricht).

Folgen für die Planung

Die Beurteilung des Agenten wird so festgesetzt, daß er von sich aus einen Anreiz besitzt, die (im Modell optimale) Planaktion a^p zu wählen. Dies mag als Lösung des Delegationsproblems erscheinen. Tatsächlich muß das Unternehmen jedoch **Konzessionen** infolge der asymmetrisch verteilten Information machen: Die vereinbarte Planaktion entspricht idR *nicht* der **optimalen Aktion** in der *first best*-Lösung, die das Unternehmen bei zentraler Entscheidung über die Aktion gerne wählen würde. Angenommen, die Arbeitsleistung ist kontinuierlich in der Menge möglicher Arbeitsleistungen, $a \in [\underline{a}, \overline{a}]$. Dann ist die *second best*-Arbeitsleistung niedriger als die *first best*-Lösung. Ein Durchsetzen der *first best*-Lösung wäre zu teuer, weil dem Agenten ein so hoher Anreiz gegeben werden müßte, daß die Risikoprämie den erwarteten Ergebniszuwachs übersteigt.

> In Modellen mit nur zwei Aktionen, wie sie hier betrachtet wurden, ist dies dagegen meist nicht erkennbar, weil immer angenommen wird, daß die höhere der beiden Aktionen induziert werden soll. Das Ergebnis einer sinkenden Arbeitsleistung würde dann zutreffen, wenn es in der *second best*-Situation für den Prinzipal unvorteilhaft wird, die hohe Arbeitsleistung zu induzieren, während es sich im Rahmen des *first best*-Szenarios lohnen würde. Dies ist jedoch eine aus Anreizsicht wenig interessante Situation.

Die optimale Arbeitsleistung hängt weiter von den für die Vertragsgestaltung verfügbaren Informationen ab. Wenn eine bessere Information zur Verfügung steht, kann der Prinzipal mit weniger Risiko hinreichende Anreize schaffen, und umso höher ist die optimale Arbeitsleistung. Bei perfekter Information kann er die *first best*-Arbeitsleistung verlangen. Das bedeutet also, daß im Rahmen einer dezentralen Planung der nachträgliche Kontrollmechanismus **Rückwirkungen** auf die Plangrößen besitzt. Die Planung unterscheidet sich, je nachdem, welche Informationen im Rahmen der Kontrolle später vorliegen. Wenn im folgenden Auswertungsstrategien analysiert werden, die Zusatzinformationen liefern, hat die Auswertungsstrategie selbst Rückwirkungen auf die optimale Aktion! **Planung und Kontrolle sind daher nicht separierbar.**

7.3. Auswertungsstrategien im Agency-Modell

Aufgrund der bisherigen Überlegungen erhebt sich die Frage, ob eine Auswertung, dh die mit Kosten verbundene Gewinnung von Informationen über a^i oder θ^i, überhaupt ökonomischen Sinn machen kann. Interessanterweise ist dies tatsächlich der Fall: Der Nutzen der nachträglich beschafften Information liegt darin, daß diese *zusätzlich* zu x (bzw Δx) **informativ** über die Aktion a^i ist. Bei Bekanntsein der Auswertungsstrategie werden *ex ante* Anreize für den Agenten entwickelt, sein Verhalten wie vereinbart zu setzen. Die zusätzlichen Anreize als **Nutzen der Auswertung** verringern das Risiko, das für den Agenten mit der Beurteilung verbunden sein muß; ihre quantifizierten Auswirkungen müssen nun den **Kosten** der Auswertung gegenübergestellt werden. Diese **Kosten-Nutzen-Abwägung** wird im folgenden in einer Fortführung des oben aufgestellten Agency-Modells demonstriert. Die Auswertung von Abweichungen des Ergebnisses Δx entspricht dem Beschaffen von zusätzlicher Information über die Aktion des Agenten oder den Umweltzustand.

Zunächst wird der Fall dargestellt, in dem die Auswertung die vom Agenten gewählte Aktion mit **Sicherheit** hervorbringt. Es ist klar, daß ein **Auswerten** in diesem Sinne immer einen **Vorteil** bringt, weil mehr Information für die Anreizgestaltung und die Risikoteilung zur Verfügung steht. Würde immer ausgewertet, könnte die *first best*-Situation erzielt werden; in diesem Fall wären die Istergebnisse und die Ergebnisabweichungen überhaupt nicht mehr von Interesse. Eine **vollständige Auswertung** kann jedoch erhebliche Kosten K verursachen. Dann erhebt sich die Frage, ob es besser ist, nur bei einem ungünstigen Istergebnis x_1 oder bei einem günstigen Istergebnis x_2 auszuwerten.

Die **optimale Auswertungsstrategie** ohne Berücksichtigung der Auswertungskosten K ergibt sich im obigen Modell durch einen Vergleich der erwarteten Entlohnungskosten der beiden Möglichkeiten. Wird nur bei **ungünstigem Ergebnis** x_1 ausgewertet, bringt diese Auswertung die tatsächliche Arbeitsleistung zum Vorschein. Hat der Agent a_H geleistet, so erhält er die Entlohnung s_1; hat er dagegen a_L geleistet, erhält er keine Entlohnung (eine Entlohnung von Null ist hier wegen der Wurzelfunktion als Nutzenfunktion die größte zur Verfügung stehende Sanktion). Bei hohem Istergebnis wird nicht ausgewertet, und die Entlohnung beträgt s_2. Das **Programm** lautet wie folgt:

$$\min_{u_1, u_2} \phi_1^H \cdot u_1^2 + \phi_2^H \cdot u_2^2$$

unter den **Nebenbedingungen**

$$\phi_1^H \cdot u_1 + \phi_2^H \cdot u_2 - v_H \geq \underline{U}$$

$$\phi_1^H \cdot u_1 + \phi_2^H \cdot u_2 - v_H \geq \underbrace{\phi_1^L \cdot 0}_{=0} + \phi_2^L \cdot u_2 - v_L \tag{12}$$

Der einzige Unterschied zum obigen Programm besteht in der Aktionswahlbedingung (12), die nun berücksichtigt, daß bei x_1 die Realisierung von a_L aufgedeckt werden kann. Dadurch wird diese Nebenbedingung weniger restriktiv, was für den Prinzipal vorteilhaft ist.

Analog ergibt sich im Fall, daß nur bei **hohem Ergebnis ausgewertet** werden soll, die Aktionswahlbedingung zu

$$\phi_1^H \cdot u_1 + \phi_2^H \cdot u_2 - v_H \geq \phi_1^L \cdot u_1 + \underbrace{\phi_2^L \cdot 0}_{=0} - v_L$$

Fortsetzung des Beispiels

Der Prinzipal möchte die hohe Aktion induzieren. Der Reservationsnutzen des Agenten beträgt $\underline{U} = 20$, und die Wahrscheinlichkeitsstruktur lautet:

Wahrscheinlichkeit	x_1	x_2	v_j
a_L	0,6	0,4	0
a_H	0,3	0,7	4

Die *first best*-Lösung ergibt wiederum einen Nutzen der Entlohnung von $\underline{U} + v_H = 24$ und erwartete Entlohnungskosten von $24^2 = 576$. Nun sei angenommen, die Entlohnung würde gleichgehalten und nur im Fall der Auswertung bei Auffinden von a_L würde Null bezahlt.

Im Fall der Auswertung nur bei ungünstigem Ergebnis lautet die Aktionswahlbedingung

$$\phi_1^H \cdot 24 + \phi_2^H \cdot 24 - 4 \geq 0 + \phi_2^L \cdot 24 - 0$$
$$20 \geq 0,4 \cdot 24 = 9,6$$

Diese Bedingung ist damit erfüllt. Bei Auswertung nur des günstigen Ergebnisses ist die Aktionswahlbedingung genauso erfüllt:

$$\phi_1^H \cdot 24 + \phi_2^H \cdot 24 - 4 \geq \phi_1^L \cdot 24 + 0 - 0$$
$$20 \geq 0,6 \cdot 24 = 14,4$$

Daraus folgt, daß die Sanktion, nämlich Null zu zahlen, hier völlig ausreicht, um mit jeder der beiden Auswertungsstrategien die *first best*-Lösung zu implementieren. Eine bessere Lösung ist nicht mehr möglich. Für einen vollständigen Vergleich sind allerdings die Auswertungskosten K zu berücksichtigen.

Im folgenden wird nun der realistischere Fall betrachtet, daß eine Auswertung zwar **bessere Information**, aber keine perfekte Information, über die Aktion oder den Umweltzustand liefert. Bei einer Auswertung der Ergebnisabweichung wird ein **Signal** $y = y_1$ oder $y = y_2$ generiert. Die Wahrscheinlichkeitsstruktur ist in Tabelle 5 gegeben. Sie enthält die einzelnen Wahrscheinlichkeiten ϕ_{ik}^j für das gemeinsame Auftreten von (x_i, y_k, a_j). Die Randwahrscheinlichkeiten entsprechen den im obigen Beispiel verwendeten Wahrscheinlichkeiten, daß ein Ergebnis x_i bei entsprechender Arbeitsleistung a_j eintritt.

Wahrscheinlichkeiten	Signal y_1	Signal y_2	Summe
Aktion a_L			
Ergebnis x_1	ϕ_{11}^L	ϕ_{12}^L	ϕ_1^L
Ergebnis x_2	ϕ_{21}^L	ϕ_{22}^L	ϕ_2^L
Aktion a_H			
Ergebnis x_1	ϕ_{11}^H	ϕ_{12}^H	ϕ_1^H
Ergebnis x_2	ϕ_{21}^H	ϕ_{22}^H	ϕ_2^H

Tab. 5: Wahrscheinlichkeitsstruktur im Agency-Modell mit Auswertung

Wird nur bei ungünstigem Ergebnis x_1 ausgewertet, wird das Signal y erzeugt, und der Prinzipal kann dieses für die Entlohnung nutzen. Bei y_1 zahlt er s_{11} und bei y_2 wird s_{12} vergütet; bei günstigem Ergebnis x_2 bleibt unabhängig vom Signal y nur eine Entlohnung mit s_2. Das **Programm** lautet damit:

$$\min_{u_{11},u_{12},u_2} \phi_{11}^H \cdot u_{11}^2 + \phi_{12}^H \cdot u_{12}^2 + \phi_2^H \cdot u_2^2$$

unter den **Nebenbedingungen**

$$\phi_{11}^H \cdot u_{11} + \phi_{12}^H \cdot u_{12} + \phi_2^H \cdot u_2 - v_H \geq \underline{U}$$

$$\phi_{11}^H \cdot u_{11} + \phi_{12}^H \cdot u_{12} + \phi_2^H \cdot u_2 - v_H \geq \phi_{11}^L \cdot u_{11} + \phi_{12}^L \cdot u_{12} + \phi_2^L \cdot u_2 - v_L$$

Analoges gilt für die Auswertung nur bei günstigem Ergebnis. Die Ermittlung der optimalen **Auswertungsstrategie** (vor Berücksichtigung der Auswertungskosten K) verursacht größeren Rechenaufwand. **Allgemein** zeigt sich aber, daß es Situationen gibt, in denen die Auswertung ungünstiger Ergebnisse besser ist, und andere Situationen, in denen dies gerade umgekehrt ist. Der Grund liegt im Zusammenspiel mehrerer Faktoren: Ein maßgeblicher Faktor ist der **marginale Informationsgehalt** des Signals y (relativ zum Informationsgehalt des Ergebnisses), das bei der Auswertung ermittelt wird. Es ist günstiger, an der Stelle auszuwerten, wo die Auswertung am meisten marginalen Informationsgehalt verspricht. Ein weiterer Faktor ist die Art der **Risikoscheu des Agenten**, nämlich inwieweit sich der Risikoaversionsgrad bei hoher oder niedriger Entlohnung ändert.

Bei einer **Wurzelfunktion** als monetäre Nutzenfunktion ist der Agent bei einer Schwankung der Entlohnung auf hohem Entlohnungsniveau weniger risikoscheu als bei einer entsprechenden Schwankung auf niedrigem Entlohnungsniveau. Eine Auswertung bei günstigem Ergebnis wird daher eher als Belohnung bei günstigem Signal interpretiert, das relativ weniger Risikoprämie erfordert. Bei einer **exponentiellen Nutzenfunktion** $U(s, a) = -\exp(-r(s-v))$ ist die absolute Risikoaversion überall gleich hoch. Dafür läßt sich allgemein zeigen, daß eine Auswertung ungünstiger Ergebnisse *immer* vorteilhafter ist als eine solche bei günstigem Ergebnis.[51]

Verallgemeinert man die Analyse auf **kontinuierliche Agency-Modelle**, so bleiben die grundsätzlichen Einsichten bestehen. Hinzu kommen folgende Ergebnisse: Da der Nutzen einer Auswertung bei einem bestimmten Ergebnis x entweder größer oder kleiner ist als die Kosten, kommen nur **Auswertungsstrategien** in Betracht, die eine Auswertung mit Sicherheit oder keine Auswertung beinhalten. Gemischte Auswertungsstrategien (also zB auswerten mit Wahrscheinlichkeit 50%) sind nicht optimal. Je nach Gegebenheiten können Auswertungsstrategien vorteilhaft sein, bei denen nur relativ ungünstige Abweichungen ausgewertet werden; es kann aber auch

---

[51] Vgl zB *Christensen* und *Demski* (2004), S. 211. Allgemeinere Nutzenfunktionen werden in *Baiman* und *Demski* (1980a, 1980b), *Dye* (1986) und *Young* (1986) analysiert. Ist die Zusatzinformation mit dem Ergebnis korreliert, kann sich eine zweiseitige (sowohl sehr ungünstige als auch sehr günstige Abweichungen werden ausgewertet) Auswertungsstrategie ergeben (vgl *Lambert* (1985)). Kann der Prinzipal den Informationsgehalt (der Kosten verursacht) selbst entscheiden, wird er idR einen steigenden Informationsgehalt für ungünstigere Ergebnisse (Abweichungen) wählen (vgl *Kim* und *Suh* (1992)).

das Gegenteil passieren. Des weiteren sind **Auswertungsstrategien** möglich, bei denen besonders hohe Abweichungen in beiden Richtungen ausgewertet werden sollten. Abbildung 8 zeigt beispielhaft einen Verlauf des Nutzens, der eine zweiseitige Auswertungsstrategie ergibt.

Der **Nutzen einer Auswertung** ist idR nicht symmetrisch um Null verteilt. Er wird bei einer Abweichung von $\Delta x = 0$ höchstens zufällig sein Minimum erreichen. Damit sind alle Auswertungsstrategien, die vom Absolutbetrag oder absoluten Prozentsatz der Abweichung abhängen, allenfalls in Einzelfällen optimal.

Fortsetzung des Beispiels

Der Prinzipal möchte die hohe Aktion induzieren. Der Reservationsnutzen des Agenten beträgt $\underline{U} = 20$, und die Wahrscheinlichkeitsstruktur ist unten dargestellt. Wie sich leicht überprüfen läßt, sind die Ergebniswahrscheinlichkeiten (vor Beobachtung von y) gleich wie im obigen Beispiel. Die *first best*-Lösung liefert wiederum einen Nutzen der Entlohnung von $\underline{U} + v_H = 24$ und erwartete Entlohnungskosten von $24^2 = 576$. Die optimalen Lösungen wurden mit dem Solver in Microsoft Excel ermittelt.

Wahrscheinlichkeit	Aktion a_L		Aktion a_H	
	y_1	y_2	y_1	y_2
x_1	0,3	0,3	0,1	0,2
x_2	0,3	0,1	0,2	0,5

Auswertung nur bei ungünstigem Ergebnis:
$u_{11} = 10,17$ $u_{12} = 20,54$ $u_2 = 26,96$ Erwartete Entlohnungskosten 603,65

Auswertung nur bei günstigem Ergebnis:
$u_1 = 18,03$ $u_{21} = 21,01$ $u_{22} = 28,78$ Erwartete Entlohnungskosten 599,88

Die Auswertung nur bei günstigem Ergebnis ist (vor allfälligen Auswertungskosten) vorteilhaft.

Nun sei folgende Wahrscheinlichkeitsstruktur betrachtet; alle anderen Daten bleiben gleich. Dadurch ist auch das *first best*-Ergebnis dasselbe.

Wahrscheinlichkeit	Aktion a_L		Aktion a_H	
	y_1	y_2	y_1	y_2
x_1	0,56	0,14	0,1	0,4
x_2	0,24	0,06	0,1	0,4

Auswertung nur bei ungünstigem Ergebnis:
$u_{11} = 16,22$ $u_{12} = 25,10$ $u_2 = 24,68$ Erwartete Entlohnungskosten 582,77

Auswertung nur bei günstigem Ergebnis:
$u_1 = 21,17$ $u_{21} = 14,09$ $u_{22} = 30,02$ Erwartete Entlohnungskosten 604,32

Das Ergebnis dreht sich um: Die Auswertung ist hier bei ungünstigem Ergebnis (vor allfälligen Auswertungskosten) besser.

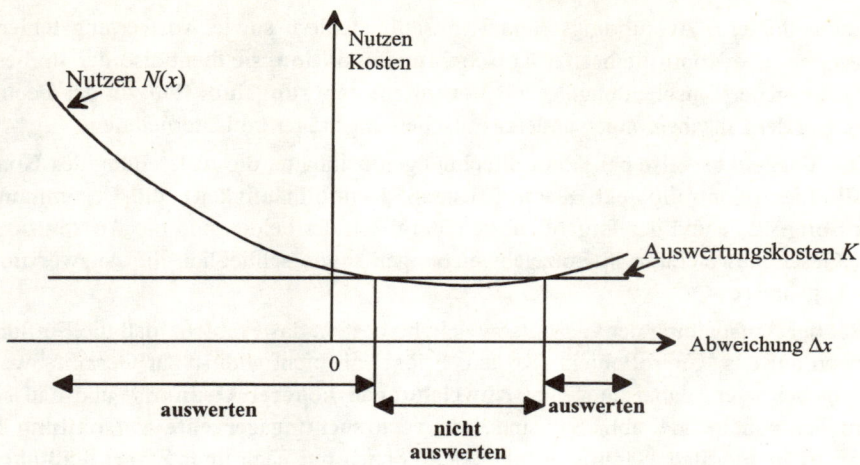

Nutzen N(x)

Nutzen
Kosten

Auswertungskosten K

Abweichung Δx

0

auswerten **nicht auswerten** **auswerten**

Abb. 8: Eine Auswertungsstrategie bei beabsichtigten Abweichungen

Diese Ergebnisse wurden für ein sehr kompaktes und stilisierendes Modell gezeigt. Erweiterungen wären insbesondere in Richtung mehrerer Perioden und anderer Informationsannahmen vorstellbar. Der Leser kann sich allerdings leicht ausmalen, daß umfangreichere, realistischere Modelle nur noch mehr **Varianten optimaler Auswertungsstrategien** liefern können.

Die optimale Auswertungsstrategie hängt von vielen Einflußgrößen ab, insbesondere vom Informationsgehalt der Ausgangsinformation und der Zusatzinformation sowie von den Eigenschaften des Agenten. Generelle Ergebnisse sind nicht verfügbar. Insgesamt zeigen diese Modelle aber ganz klar die **Funktion einer Abweichungsanalyse** für die **Verhaltenssteuerung** auf: Sie beschafft zusätzliche Informationen, die ihre Wirkung *ex ante* auf das Verhalten des Agenten haben. Und sie beschafft diese Information (neben anderen Faktoren) typischerweise dort, wo ihr marginaler Informationsgehalt am höchsten ist. Eine Abweichungsauswertung ist daher etwas „Gutes" und nicht ein Mißtrauen gegenüber dem Agenten. Bei einer Auswertung ungünstiger Abweichungen führt sie zu einem „**Versicherungseffekt**" für den Agenten, denn sie reduziert sein Entlohnungsrisiko bei gleichem Steuerungseffekt. Und eine Auswertung günstiger Abweichungen ist als (erwartete) **Belohnung** für entsprechendes Verhalten des Agenten interpretierbar.

8. Zusammenfassung

Die **Kontrolle** ermittelt und analysiert Abweichungen zwischen Sollwerten und den korrespondierenden Istwerten. Ursachen für Abweichungen können **kontrollierbar** oder **nicht kontrollierbar** sein. Die kontrollierbaren Ursachen können aufgrund von

Planungsfehlern, Ausführungs- und Realisationsfehlern sowie Auswertungsfehlern entstehen. Die Kontrolle besitzt **Entscheidungsfunktion**, sie dient also der Verbesserung eigener Entscheidungen, und **Verhaltenssteuerungsfunktion**, dh der Beeinflussung der Entscheidungen anderer Entscheidungsträger im Unternehmen.

Die **Vorgehensweise** bei Kontrollrechnungen beinhaltet die Aufstellung des **Kontrollfeldes** (Kontrollobjekt, Kontrollausmaß, Kontrollhäufigkeit), die Bestimmung der **Sollgrößen** und der **Istgrößen**, den Vergleich der beiden und die **Aufspaltung** der Gesamtabweichung in Einzelabweichungen sowie schließlich die **Auswertung** der Ergebnisse.

Bei der Aufspaltung der Gesamtabweichung besteht das Problem, daß die Einflußgrößen auf das Kontrollobjekt (Kosten, Erlöse) oft nicht additiv zur Gesamtabweichung beitragen, dabei entstehen **Abweichungen höherer Ordnung**, und daß sie zum Teil voneinander abhängig sind. Eine **verursachungsgerechte Aufspaltung** ist dann **nicht möglich**. Sämtliche Methoden können nur nach ihrer **Zweckmäßigkeit** beurteilt werden. Von den wesentlichen Methoden: **differenzierte, alternative, kumulative** und **symmetrische Methode**, erfüllt die differenzierte Methode am ehesten die Zweckmäßigkeitskriterien; in der Praxis wird allerdings die kumulative Methode am häufigsten verwendet.

Typische Abweichungen bei der **Kostenkontrolle** sind (echte) **Beschäftigungs-, Preis- und Mengen(Verbrauchs-)abweichungen**. In Vollkostenrechnungen entstehen überdies (sogenannte) Beschäftigungsabweichungen, die eine vorgenommene Proportionalisierung der Fixkosten wieder korrigieren. Die Mengen(Verbrauchs-)abweichungen beinhalten Abweichungen infolge von Unwirtschaftlichkeiten und von Änderungen des Produktionsvollzugs (**Spezialabweichungen**). **Induzierte Abweichungen** sind Abweichungen, die aufgrund von Abweichungen in einem anderen Kontrollobjekt auftreten.

Bei der **Erlöskontrolle** entsteht regelmäßig das Problem, daß Einflußfaktoren voneinander abhängig sind. Eine Trennung in interne und externe, nicht kontrollierbare Einflußgrößen kann durch die Ermittlung einer **Marketing-** und einer **Preiseffektivitätsabweichung** einerseits und einer **Branchenpreis-** und **Marktvolumensabweichung** andererseits vorgenommen werden. Bei **Deckungsbeitragsabweichungen** können Interpretationsschwierigkeiten infolge von Vorzeichenwechseln bei den Deckungsbeiträgen auftreten.

Die **Planungskontrolle** versucht, Planungsfehler von den Realisationsfehlern (sowie von Auswertungsfehlern) zu trennen. Dabei wird ein *ex post*-Plan unter Verwendung der nachträglich bekanntgewordenen Informationen erstellt. Dieses Vorgehen weist eine Reihe von Problemen auf, sodaß es für die Beurteilung von Mitarbeitern anhand der Planabweichung oder auch der verbleibenden (Rest-)Abweichung nur mit Vorbehalt geeignet erscheint.

Die **Auswertungen** der Abweichungsanalyse ermöglichen eine tiefergehende Analyse von Abweichungsursachen; sie erfordern Informationen über zusätzliche Einflußgrößen, und dies ist zum Teil kostspielig. Sind Abweichungen **unbeabsichtigt** entstanden, wird die Auswertungsentscheidung davon abhängig gemacht, ob die Abweichung auf kontrollierbare oder auf nicht kontrollierbare Ursachen hindeutet. Aus den realisierten Abweichungen wird auf die Ursachen der Abweichung statistisch rückgeschlossen. Dazu gibt es viele, auf verschiedenen Annahmen basierende, statistische und entscheidungstheoretische Modelle.

Statistische Verfahren sind zB das **Kontrollkarten-Verfahren**, das nur die gerade aktuelle Abweichung als Entscheidungskriterium für die Auswertung heranzieht, und das **Winkelschablonen-Verfahren**, das auch vergangene Abweichungen dafür berücksichtigt. Erfaßt man darüber hinaus Kosten und Nutzen von Auswertungen samt den notwendigen Korrekturmaßnahmen, ergeben sich Modelle auf **entscheidungstheoretischer Basis**. Mit ihnen können je nach Annahmen über die Folgen kontrollierbarer Ursachen verschiedene Auswertungsstrategien gewonnen werden.

Bei der Auswertung **beabsichtigt** verursachter Abweichungen dient die Zusatzinformation zur besseren **Verhaltenssteuerung** von dezentralen Entscheidungsträgern, die über bessere Information als die Zentrale verfügen und divergierende Interessen haben. Anders als bei der Auswertung unbeabsichtigter Abweichungen ist hier das (beabsichtigte) Verhalten des Entscheidungsträgers vorweg bekannt, womit die Informationsfunktion der Auswertung *ex post* wegfällt. Die Kontrolle entwickelt nur *ex ante* einen Nutzen.

Der **Nutzen** aus einer **Auswertung** bei einer bestimmten Ergebnisabweichung ist immer strikt positiv. Er erreicht idR sein Minimum *nicht* dann, wenn die Ergebnisabweichung null ist; dies hängt von vielen Faktoren ab. Ob nur bei ungünstigen oder nur bei günstigen Abweichungen ausgewertet wird, oder ob eine zweiseitige oder eine komplexere **Auswertungsstrategie** optimal ist, hängt im wesentlichen von der Risikoscheu des Agenten und vom Informationsgehalt der Auswertung ab. Einfache, robuste Regeln sind grundsätzlich nur in Sonderfällen optimal.

Fragen

1. Welche Ursachen für Abweichungen gibt es, und wie lassen sie sich kategorisieren?

2. Welcher Zusammenhang besteht zwischen der Funktion der Kontrolle und der Bestimmung der Sollgrößen?

3. Wie kommt eine Abweichung 3. Ordnung zustande, und wie kann man sie interpretieren?

4. Sind Abweichungen, die mit der symmetrischen oder kumulativen Methode ermittelt werden, immer höher als die Abweichungen nach der differenzierten Methode?

5. In welchem Maße kann es bei Abweichungen 1. Ordnung implizite Überschneidungsprobleme geben?

6. Kann eine für sich positive Einzelabweichung durch Hinzurechnen bzw Heraus-rechnen von mitverursachten Abweichungen höherer Ordnung das Vorzeichen wechseln und negativ werden?

7. Was sind induzierte Abweichungen?

8. Was sind im Rahmen der Erlöskontrolle externe und interne Abweichungen?

9. Unter welchen Voraussetzungen kann eine Planungsabteilung für Planabwei-chungen verantwortlich gemacht werden?

10. Unter welchen Annahmen über Abweichungsursachen läßt sich eine Faustregel für die Auswertung von Abweichungen „Auswerten, falls Abweichung höher als ±5% vom Soll" begründen?

11. Welche Informationen benötigt man für die Entscheidung, ob eine Abweichung ausgewertet werden soll oder nicht?

12. Weshalb ist eine Abweichungsanalyse bei Abweichungen, die aufgrund beabsichtigten Verhaltens von Entscheidungsträgern entstehen, eigentlich wertlos?

13. Worin besteht in einem grundlegenden Agency-Modell ein Trade-off?

14. Was ist der Unterschied zwischen der *first best*-und *second best*-Lösung?

15. Weshalb und wie hat die Auswertungsstrategie im Agency-Modell Rückwirkun-gen auf die Planung der Aktivitäten?

16. Wovon hängt es ab, ob tendenziell bei günstigen oder bei ungünstigen Abwei-chungen eine Auswertung erfolgen soll?

Probleme

1. **Kostenabweichungen nach mehreren Methoden**. Für eine primäre Güterart wurde in der Planung ein Beschaffungspreis von 12,5 angesetzt, und es wurde davon ausgegangen, daß bei einer Produktion von 2.000 Mengeneinheiten des in der betrachteten Kostenstelle gefertigten Zwischenproduktes ein Verbrauch von 3 Güter-einheiten je Mengeneinheit des Zwischenproduktes anfällt. Am Periodenende stellt sich heraus, daß der Beschaffungspreis auf 4 gesunken ist, und daß nur 1.875 Mengeneinheiten des Zwischenproduktes hergestellt werden konnten, wofür jeweils 10 Einheiten der primären Güterart benötigt wurden.

Führen Sie auf der Basis eines Ist-Soll-Vergleiches mit Planbezugsgrößen und eines Soll-Ist-Vergleiches mit Istbezugsgrößen die Abweichungsanalyse gemäß allen Methoden der Abweichungsanalyse bis auf die Min-Methode durch. Berücksichtigen Sie dabei alle möglichen Reihenfolgen der Ermittlung von Teilabweichungen.

2. Fertigungskosten-Abweichungen. In der Kostenstelle „Stanzen" des Leiterplattenwerkes IBN werden Löcher in Leiterplatten gestanzt. Die bearbeiteten Leiterplatten werden an nachfolgende Kostenstellen geliefert, die dann dieses Board bestücken. Aufgrund eines fixen Abnahmevertrages wurden in der betrachteten Periode wie geplant 20.000 Leiterplatten ausgeliefert. Widrige technische Gegebenheiten führten zu einer Verschlechterung des Ausbeutegrades. Dies wurde von der Arbeitsvorbereitung erkannt und kurzfristig über eine Erhöhung der Intensität zu korrigieren versucht, um zeitgerecht fertig zu werden. Des weiteren wurde beim innerbetrieblichen Transport eine Transporteinheit (250 Stück) dermaßen beschädigt, daß sie nicht mehr weiterverarbeitet, sondern nur mehr recycled werden konnte.

Die Plan- und die Istdaten lauten:

	Plan	Ist
Produktionsmenge	20.000 Stück	20.000 Stück
Seriengröße (Stück je Serie)	40	50
Dauer eines Umrüstvorganges (Stunden)	0,5	0,5
Ausbeutegrad	50%	40%
Intensität (in Stück/Stunde)	100	125
Rüststundensatz (variable Kosten)	300	
Maschinenstundensatz (variable Kosten)	650	

Ermitteln Sie passende Kostenabweichungen nach der (einfachen) differenzierten und nach der kumulativen Methode.

3. Erlöskontrolle. Ein Einproduktunternehmen geht im Rahmen der Planung der gewinnoptimalen Produktions- und Absatzmenge von der Preis-Absatz-Funktion $p(x) = 1.240 - 2 \cdot x$ und der Kostenfunktion $K(x) = 10.000 + 40 \cdot x$ aus. Am Ende der Periode stellt sich heraus, daß ein Preis $p^i = 580$ erzielt werden konnte, bei dem eine Absatzmenge in Höhe von $x^i = 310$ realisiert wurde.

a) Wie lautet die gesamte Erlösabweichung? Wie würde diese Abweichung gemäß der (einfachen) differenzierten Methode der Abweichungsanalyse in einzelne Teilabweichungen aufgespalten werden? (Verwenden Sie stets einen Ist-Soll-Vergleich mit Planbezugsgrößen.) Welche Schlüsse würden sich aus einer derartigen Abweichungsanalyse für die Beurteilung der realisierten Preispolitik sowie der sonstigen Absatzpolitik ergeben?

b) Welche Teilabweichungen ergeben sich für die einzelnen Einflußfaktoren, wenn Sie bei der differenzierten Methode zusätzlich die Zusammenhänge der Preis-Absatz-Funktion einbeziehen? Wie ändern sich die Schlußfolgerungen im Anschluß an die Abweichungsanalyse?

c) Berücksichtigen Sie nun zusätzlich den Branchenpreis p_m und das Marktvolumen x_m. Die entsprechenden Plan- und Istwerte sind:

$$p_m^p = 680; \quad p_m^i = 590; \quad x_m^p = 3.000; \quad x_m^i = 3.300$$

Ermitteln Sie die Branchenpreisabweichung, die Marktvolumensabweichung, die Marketingeffektivitätsabweichung sowie die Preiseffektivitätsabweichung.

4. Planungs- und Realisationsabweichung. In der Kostenstelle RB 045 einer großen Möbeltischlerei werden runde Tischplatten aus Teakholz hergestellt, die dann an die Kostenstelle RB 046 zur Endmontage geliefert werden. Bei der Besprechung der Abweichungen mit dem Kostenstellenleiter ergeben sich folgende Erkenntnisse: Laut Kostenplan sind für eine Tischplatte 11 m^2 Teakholz notwendig. Im Konstruktionsplan sind jedoch nur 10 m^2 vorgesehen, der Fehler liegt in einer falschen Umrechnung des Maßstabes des Planes durch einen Lehrling in der Planungsabteilung. Der Preis für das Holz wurde im Plan auf 300/m^2 festgelegt, aufgrund befürchteter zukünftiger Importbeschränkungen für Tropenholz war eine größere Menge am Markt verfügbar, zu einem Preis von 280/m^2. Insgesamt wurden in der Abrechnungsperiode 100 Tischplatten zu Istmaterialkosten in Höhe von 315.000 hergestellt.

Ermitteln Sie die Planungs- und Realisationsabweichung.

5. Auswertungsstrategien von Abweichungen. Im Rahmen einer Kostenabweichungsanalyse wurde eine hohe Mengenabweichung festgestellt, wobei die genaue Ursache dafür noch nicht feststeht. In der folgenden Besprechung mit dem Abteilungsleiter der betreffenden Kostenstelle kristallisieren sich folgende begründete Vermutungen heraus: Entweder handelt es sich um Verschleißeffekte (die Maschine wurde aufgrund der guten Auftragslage in den letzten zwei Jahren nicht gewartet), oder die Abweichung ist auf einen Blitzschlag im Umspannwerk der Stromversorgung zurückzuführen, dessen Auswirkungen von den betreffenden Technikern lange nicht in den Griff gebracht werden konnten und zu Schwankungen in der Stromversorgung der Maschine geführt haben, mittlerweile aber vollständig behoben werden konnten.

Eine genauere Untersuchung könnte nur bei Stillstand der Maschine durchgeführt werden, wobei insgesamt Untersuchungskosten in Höhe von 25.000 erwartet werden. Die Kosten der Reparatur bei Verschleißschäden betragen 65.000. Wird nichts unternommen und liegen Verschleißschäden vor, ist in der nächsten Periode mit Mehrkosten in Höhe von 110.000 zu rechnen. Die Wahrscheinlichkeit für Verschleißeffekte wird mit 70 % angenommen. Der Entscheider ist risikoneutral.

a) Soll eine Auswertung der Abweichung durchgeführt werden? Wenn ja, soll zuvor eine Untersuchung durchgeführt werden oder sollen gleich Korrekturmaßnahmen gesetzt werden?

b) Wie hoch dürfen die Untersuchungskosten – *ceteris paribus* – sein, damit der Entscheidungsträger zwischen den Alternativen Untersuchung und Korrektur und sofortige Korrektur indifferent ist?

c) Wie hoch sind die kritischen Wahrscheinlichkeiten zwischen den Alternativen
  – Untersuchung und Korrektur und nichts unternehmen
  – Untersuchung und Korrektur und sofort korrigieren
  – sofort korrigieren und nichts unternehmen?

6. **Auswertungsstrategien im binären Agency-Modell.** Gegeben sei folgende
Situation: Der Agent könne zwischen zwei Aktionen a_L und a_H wählen und könne
damit nur zwei Ergebnisse x_L und x_H mit folgenden Wahrscheinlichkeiten produzieren:

Wahrscheinlichkeit	x_L	x_H	Disnutzen $V(a)$
Aktion a_L	2/3	1/3	0
Aktion a_H	1/3	2/3	1

Der Prinzipal ist risikoneutral, der Agent ist risikoscheu mit einer Nutzenfunktion
$U^A(s,a) = \sqrt{s} - V(a)$ (damit darf seine Kompensation s nicht negativ werden!). Sein
Mindestnutzen, damit er für den Prinzipal arbeitet, beträgt $\underline{U}^A = 0$. Der Prinzipal
möchte, daß der Agent die Aktion a_H wählt.

Der Prinzipal hat mehrere Möglichkeiten für eine Analyse von Ergebnisabweichungen. Er kann eine perfekte Informationstechnologie in Anwendung bringen, bei
der er immer erfährt, welche Aktion der Agent gewählt hat. Die Auswertungskosten
dafür betragen $K = 5$. Wenn er nur bei niedrigem Ergebnis oder alternativ nur bei hohem Ergebnis auswertet, betragen die Auswertungskosten $K = 3$. Soll er überhaupt
auswerten, und wenn ja, welche Auswertungsstrategie soll er verfolgen?

(*Hinweis*: Arbeitet man anstelle der Kompensation $s(x)$ mit Nutzenwerten, dh $u_i \equiv
U(s(x_i)) = \sqrt{s(x_i)}$ mit $i = L, H$, dann werden die Zielfunktion des Prinzipal quadratisch und alle Nebenbedingungen linear in u_i. Alle Auswertungsstrategien lassen sich
damit einfach enumerieren.)

7. **Nutzung von Auswertungsinformationen für künftige Planung.**[52] In einer
Abteilung stehen 12 baugleiche Spritzgußmaschinen, die zur Herstellung von Teilen
für eine Vielzahl verschiedener kundenspezifischer Produkte verwendet werden. Bei
einer optimalen Einstellung benötigen sie im Durchschnitt 100 kg Kunststoff (mit
einer Standardabweichung von 3 kg) für ein Teil. Bei einer schlechten Einstellung
benötigen sie im Durchschnitt 110 kg (mit einer Standardabweichung von 5 kg).

Ein Nachjustieren der Einstellung ist mit relativ hohen Kosten verbunden, und
deshalb werden in dieser Abteilung nur Abweichungen von mindestens zwei Standardabweichungen (von der optimalen Einstellung) untersucht. Dabei wird die
jeweilige Maschine abgestellt und teilweise zerlegt, wodurch eine etwaige schlechte
Einstellung erkannt und sofort behoben werden kann.

---

[52] Vgl *Capettini, Chow* und *Williamson* (1992), S. 48 – 51.

Die Kostenauswertung des letzten Monats ist aus der Tabelle ersichtlich. Aufgrund der Auswertungsstrategie wurden die Maschinen G bis L untersucht; das Ergebnis ist in der Tabelle ebenfalls ersichtlich.

Kann dieses Ergebnis darauf hindeuten, daß die Verteilungen des Verbrauches je nach Einstellung (optimal oder schlecht) verändert werden müßten? Wenn ja, auf welchen Durchschnittswert sollten sie angepaßt werden? Wenn nein, wie könnte man sonst überprüfen, ob die zugrunde gelegten Verteilungen noch gelten?

Maschine	Istmenge	Sollmenge	Abweichung	Einstellung
A	92	100	–8	–
B	94	100	–6	–
C	98	100	–2	–
D	102	100	2	–
E	103	100	3	–
F	105	100	5	–
G	106	100	6	optimal
H	108	100	8	optimal
I	109	100	9	schlecht
J	112	100	12	schlecht
K	114	100	14	schlecht
L	117	100	17	schlecht

8. **Optimale Entlohnung und *Likelihood*-Relation.**[53] Ein risikoneutraler Prinzipal stellt einen Manager an. Dieser produziert mit einer Anstrengung, die hoch (a_H) oder niedrig (a_L) sein kann, einen Output, der nur aus einer von zwei möglichen Mengen bestehen kann, nämlich x_1 und x_2 mit $x_1 < x_2$. Die Wahrscheinlichkeiten lauten wie folgt:

Wahrscheinlichkeit	x_1	x_2	Disnutzen $V(a)$
Anstrengung a_L	0,8	0,2	0
Anstrengung a_H	0,1	0,9	5.000

Der Prinzipal möchte, daß der Manager hohe Anstrengung wählt. Der Manager ist risikoscheu mit folgender Nutzenfunktion:

$$U(s,a) = -e^{-0,0001 \cdot [s - V(a)]}$$

---

[53]   Dieses Beispiel folgt im wesentlichen *Demski* (1994), S. 488 f.

wobei s die monetäre Entlohnung bezeichnet. $V(a)$ ist der Disnutzen aus seiner Anstrengung, wobei $V(a_L) = 0$ und $V(a_H) = 5.000$. Sein Reservationsnutzen beträgt $U(10.000) = -e^{-0,0001[10.000]} = -e^{-1}$.

a) Wie lautet die optimale Entlohnung, wenn nur der Output allgemein beobachtbar ist? Wie hoch sind die Kosten des Managers für den Prinzipal?

b) Angenommen, es gibt drei mögliche Outputmengen ($x_1 < x_2 < x_3$) mit folgenden Wahrscheinlichkeiten:

Wahrscheinlichkeit	x_1	x_2	x_3
Anstrengung a_L	0,7	0,2	0,1
Anstrengung a_H	0,1	0,8	0,1

Wie lautet nun die optimale Entlohnung abhängig vom Output? Warum steigen die Kosten des Managers für den Prinzipal im Vergleich zu a)? Und weshalb erhält der Manager für den mittleren Output x_2 am meisten Entlohnung?

(*Hinweis*: Dieses Problem ist praktisch nur mit Hilfe einer Standard-Spreadsheet-Software, zB dem Solver in Microsoft Excel, explizit lösbar. Falls eine solche nicht zur Verfügung steht, sollten nur die qualitativen Fragen beantwortet werden.)

Literaturempfehlungen

Allgemeine Literatur

Kilger, W., J. Pampel und K. Vikas: *Flexible Plankostenrechnung und Deckungsbeitragsrechnung*, 11. Auflage, Wiesbaden 2002.

Kloock, J., und W. Bommes: Methoden der Kostenabweichungsanalyse, in: *Kostenrechnungspraxis* 1982, S. 225 – 237.

Streitferdt, L.: *Entscheidungsregeln zur Abweichungsauswertung*, Würzburg und Wien 1983.

Spezielle Literatur

Albers, S.: Ein System zur IST-SOLL-Abweichungs-Ursachenanalyse von Erlösen, in: *Zeitschrift für Betriebswirtschaft* 1989, S. 637 – 654.

Brühl, R., und K. Pohlen: Kostenkontrollrechnungen mit Hilfe von stochastischen Modellen, in: *Betriebswirtschaftliche Forschung und Praxis* 1995, S. 667 – 681.

Christensen, J., und J.S. Demski: Asymmetric Monitoring: Good versus Bad News Verification, in: *Schmalenbach Business Review* 2004, S. 206-222.

Glaser, H.: Zur Relativität von Kostenabweichungen, in: *Betriebswirtschaftliche Forschung und Praxis* 1999, S. 21 – 32.

Kloock, J., und E. Dörner: Kostenkontrolle bei mehrstufigen Produktionsprozessen, in: *OR Spektrum* 1988, S. 129 – 143.

Wagenhofer, A.: Abweichungsanalysen bei der Erfolgskontrolle aus agency theoretischer Sicht, in: *Betriebswirtschaftliche Forschung und Praxis* 1992, S. 319 – 338.

Teil III:

Koordinationsrechnungen

Koordination, Budgetierung und Anreize

Die IUS GmbH ist ein mittelgroßes Unternehmen und erzeugt Nischenprodukte im Chemiebereich. Sie war darin aufgrund ihrer modernen Technologie sehr erfolgreich und ist in den letzten Jahren stark gewachsen. Vor einem Jahr wurde die Organisationsstruktur so geändert, daß nun drei Bereiche, Vorprodukte für Pharmazeutika, Zusatzstoffe für Mineralöle und Geschmacksverstärker voneinander getrennt als eigene Profit Centers agieren. Obwohl jeder Bereich seinen eigenen Kundenkreis hat, ergeben sich doch etliche Berührungspunkte, wie zB im Bereich der Beschaffung von Inputfaktoren, die in allen drei Bereichen benötigt werden. Auch die Produktionstechnologien sind ähnlich, so daß darin ein reger Erfahrungsaustausch stattfindet.

Karin Swoboda und Erich Neuenfels sind Mitarbeiter in der im Zuge der Neuorganisation geschaffenen Controlling-Abteilung der IUS. Sie arbeiten derzeit gemeinsam an einem Budgetierungssystem für die Bereiche. Es stellte sich nämlich heraus, daß die geänderte Organisationsstruktur stärker als erwartet Adaptionen im Bereich der Controlling-Instrumente nach sich zog. So war bisher die Budgetierung im wesentlichen zentral durch Mitarbeiter des kaufmännischen Geschäftsführers erfolgt. Diese waren noch in der Lage, das Unternehmen im wesentlichen zu überblicken und entwickelten die jährlichen Budgets aufgrund ihrer Erfahrung und den Plan- und Istgrößen vergangener Jahre.

Im Jahr nach der Neuorganisation wurde die Budgetierung der Controlling-Abteilung übertragen – und diese scheiterte, als sie das Budget analog zum früheren Usus selbst aufstellen wollte. Fred Pundy, der Manager des pharmazeutischen Bereiches, legte sich bei der Präsentation des Budgets einfach quer: „Das sind ja aus der Luft gegriffene Hausnummern, die ihr da produziert." und „Über das brauchen wir doch gar nicht zu diskutieren!" waren seine Worte. Die beiden anderen Bereichsmanager stimmten ein, und damit war das Budget vom Tisch.

Karin und Erich wurden daraufhin von der Geschäftsleitung mit der ehrenvollen Aufgabe bedacht, ein neues Budgetsystem zu entwickeln, das von allen akzeptiert würde – keine leichte Aufgabe. Der springende Punkt war, so waren die beiden überzeugt, daß sich die Bereichsmanager durch den Budgetierungsprozeß überfahren vorkamen, hatten sie doch die wesentlich bessere Kenntnis ihres jeweiligen Bereiches. Also mußte man sie in irgend einer Form in die Budgeterstellung einbeziehen, aber wie? Karin meint: „Mandy Singer, die Managerin des Lebensmittelbereiches (Geschmacksverstärker), so könnte ich mir vorstellen, brauchen wir einfach zu fragen, und sie wird uns bereitwillig ihre Informationen nach bestem Gewissen geben. Aber bei Fred Pundy bin ich mir da nicht so sicher." „Das glaube ich auch," meint Erich. „Der ist viel zu fixiert auf den Erfolg seines eigenen Bereiches, koste es, was es wolle. Ich meine, er würde seine Kosten zu hoch angeben, nur um hinreichend Entscheidungsspielraum für besondere Situationen zu behalten, die rasches Handeln erfordern." „Ist das ein Problem?", fragt Karin, „Wir könnten doch seine Kosten einfach um, sagen wir, zehn Prozent reduzieren, bevor wir sie ins Budget aufnehmen. Allerdings, wer sagt uns, daß es gerade zehn Prozent sind? Und was passiert, wenn er damit ohnedies schon rechnet?"

„Bei Georg Trum vom Mineralölzusatzbereich werden wir wohl mit Ähnlichem rechnen müssen," meint Erich. „Ihn habe ich im Verdacht, daß er die Kosten des-

halb überschätzen wird, um Luft zu haben für Anschaffungen, die er eigentlich gar nicht benötigen würde. Erst letztes Jahr hatte er auffällig hohe Reisekostenabrechnungen geliefert und ist noch immer unterhalb des Budgets geblieben. Dafür hat er auch noch einen tollen Bonus erhalten. Ich habe mir das einmal näher angesehen: Irgendwie hat er es geschafft, für einige Kostenpositionen überdurchschnittlich hohe Vorgaben zu bekommen und in weiterer Folge zu halten." „Das hätte früher doch einmal kontrolliert werden müssen", sagt Karin zu Erich. „Ja, schon. Ich glaube, bei den Reisekosten wurde das sogar einmal gemacht. Aber da hat er die Leute davon überzeugen können, daß diese Reisen alle wirklich zwingend erforderlich waren."

„Das Problem liegt an ganz anderer Stelle: Karin, was hältst Du davon, wenn wir einfach sagen, das Budget ist nur für unsere Planung, und die Bereichsmanager werden überhaupt nicht daran beurteilt." Karin schüttelt den Kopf. „Woran sollen sie denn dann beurteilt werden? Die drei Profit Centers sehen sich doch einer sehr unterschiedlichen Erfolgssituation gegenüber. Wenn wir die Budgets nicht als Plangröße beibehalten, wird der Bereich mit dem ungünstigsten Umfeld immer am schlechtesten beurteilt, auch wenn der Manager sein Bestes gibt. Ich glaube nicht, daß wir das entkoppeln können."

„Also gut," unterbricht sie Erich. „Dann probieren wir es doch einfach wirklich so, daß wir die Bereichsbudgets einfach als Entwurf verschicken. Wenn sie jemandem nicht passen, muß er eine andere Zahl begründen." Und Karin wirft ein: „Klar, und dann sagen wir, der Mandy glauben wir alles, und bei Pundy und Trum nehmen wir erst wieder unsere Zahlen. Die können uns gegenüber doch fast alles so begründen, daß wir in der kurzen Zeit, die wir für die Erstellung des Budgets haben, keine Gegenargumente finden." „Vielleicht war es doch nicht so schlecht, einfach alles zentral festzulegen. Wir müssen es den Bereichsmanagern nur anders verkaufen; oder wir drohen ihnen, daß wir die Berechnung und Höhe ihres Bonus ändern, wenn sie nicht aufhören mit ihrer Opposition gegen die Budgeterstellung; da sind sie sicher empfindlich."

Ziele dieses Kapitels

- Darstellung der Gründe für einen Koordinationsbedarf
- Analyse der Funktionen der Budgetierung
- Aufzeigen des Zusammenspiels von Budgetierung und Managementbeurteilung bei der Lösung von Koordinationsproblemen
- Erkennen von Anreizeffekten bei der Partizipation im Rahmen der Budgetierung

1. Einführung

1.1. Koordinationsprobleme

Koordination beinhaltet die **Abstimmung von Einzelaktivitäten zur Erreichung übergeordneter Ziele.**[1] Für die Existenz eines solchen Abstimmungsbedarfs sind sowohl **sachliche** als auch **personelle Gründe** verantwortlich. Während sich der **sachliche Koordinationsbedarf** aus vielfältigen Interdependenz- und Verbundbeziehungen ergibt, resultiert der **personelle Koordinationsbedarf** aus der Tatsache, daß im allgemeinen *mehrere Personen* mit zumeist *divergierenden Interessen* und *unterschiedlichen Informationsständen* an der Vorbereitung der Unternehmensentscheidungen und deren Implementierung beteiligt sind. Insgesamt lassen sich die Gründe für einen Koordinationsbedarf wie in Abbildung 1 dargestellt systematisieren.

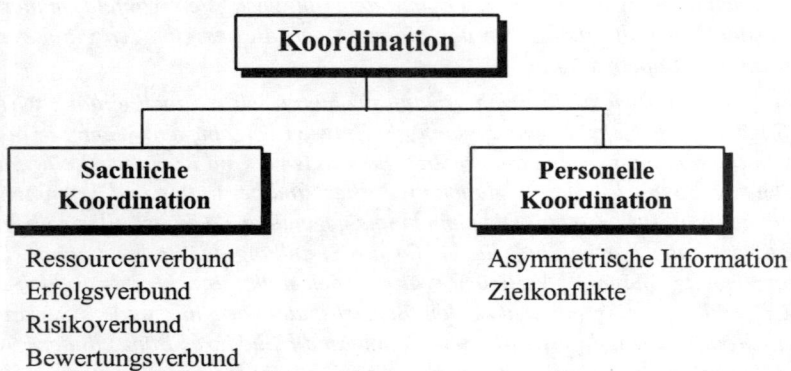

Ressourcenverbund   Asymmetrische Information
Erfolgsverbund   Zielkonflikte
Risikoverbund
Bewertungsverbund

Abb. 1: Gründe für einen Koordinationsbedarf

1.2. Sachliche Koordination

Die in Abbildung 1 aufgelisteten Verbundeffekte wurden insbesondere in Teil I: *Entscheidungsrechnungen* bereits an verschiedenen Stellen behandelt. Man kann vier typische Ausprägungen des **sachlichen Verbunds** unterscheiden:[2]

- Ressourcenverbund
- Erfolgs- bzw Ergebnisverbund
- Risikoverbund
- Bewertungsverbund.

---

[1]   Vgl *Frese* (1975), Sp. 2263.

[2]   Die folgende Darstellung ist angelehnt an *Laux* und *Liermann* (2003), S. 191 – 193. Vgl dazu auch *Homburg* (2001).

Ressourcenverbund

Einem Unternehmen stehen nicht unbegrenzt **Ressourcen** zur Verfügung. So hängt zB die Menge der absetzbaren Produkte davon ab, welche Kapazitäten im Beschaffungs- und Produktionsbereich zur Verfügung stehen. Sofern das Unternehmen mehrere Produktarten herstellt, hängt die absetzbare Menge einer Produktart darüber hinaus davon ab, in welchem Umfang die Fertigungskapazitäten bereits mit anderen Produktarten belegt sind. Natürlich kann in diesem Zusammenhang an eine Kapazitätserweiterung gedacht werden, doch müssen dabei wiederum der Finanzierungsspielraum und dessen Ausnutzung durch anderweitige Investitionsvorhaben (etwa der Einstieg in neue Märkte) berücksichtigt werden. Die Maßnahmen eines Bereiches reduzieren daher regelmäßig den Umfang der in einem anderen Bereich realisierbaren Aktivitäten. Soll eine insgesamt optimale Lösung gefunden werden, ist somit eine Abstimmung all dieser Maßnahmen im Rahmen einer Gesamtbetrachtung erforderlich. Als Beispiel seien etwa die Ansätze zur Programmplanung im 3. Kapitel: *Produktionsprogrammentscheidungen* genannt.

Erfolgs- bzw Ergebnisverbund

Erfolgsinterdependenzen liegen dann vor, wenn der **Erfolgsbeitrag** einer bestimmten Maßnahme davon abhängt, welche anderen Maßnahmen parallel dazu durchgeführt werden, früher realisiert wurden und/oder künftig geplant sind. Wird zB der für ein bestimmtes Produkt erzielbare Absatzpreis von den Mengeneinheiten eines anderen Produktes beeinflußt, kann der Ergebnisbeitrag des betrachteten Produkts nicht isoliert ermittelt werden. Ähnliche Zusammenhänge ergeben sich im Beschaffungsbereich, wenn zB der Preis eines Rohstoffes auf Grund von Mengenrabatten von der insgesamt beschafften Rohstoffmenge abhängt, und wenn dieser Rohstoff zugleich für die Herstellung der Produkte mehrerer Unternehmensbereiche verwendet wird. Hier sind es also **Interdependenzen** im Rahmen der **Ergebnisfunktion**, die eine Gesamtbetrachtung erforderlich machen. Derartige Zusammenhänge wurden in einer intertemporalen Form zB im 4. Kapitel: *Preisentscheidungen* behandelt. Wegen der Existenz von Lern- und/oder Verschleißeffekten läßt sich dort nämlich der Kapitalwertbeitrag einzelner Mengeneinheiten nicht ohne Betrachtung der *künftig* erwarteten Produktionsprogramme angeben; darüber hinaus hängt dieser Kapitalwertbeitrag von den früher realisierten Fertigungsprogrammen ab.

Risikoverbund

Sofern **unsichere Erwartungen** bei der Entscheidungsfindung zu berücksichtigen sind, können – unabhängig vom Ressourcen- und Erfolgsverbund – Risikointerdependenzen vorliegen, wenn die Maßnahmen verschiedener Bereiche **stochastisch abhängig** sind. Sind zB die Deckungsbeiträge zweier Produkte risikobehaftet und nicht unkorreliert, dann hängt der Beitrag eines Produktes zum Gesamtrisiko des Unternehmens (gemessen etwa mit der Varianz des gesamten Gewinns) von der Menge des jeweils anderen Produktes ab. Bei *nicht risikoneutralem Entscheidungsverhalten* und einer Risikopräferenz, die am *isolierten Risiko* des Unternehmens anknüpft, läßt sich das optimale Maßnahmenbündel daher nur im Zuge einer

Gesamtbetrachtung ermitteln. Derartige Ansätze wurden zB im 5. Kapitel: *Entscheidungsrechnungen bei Unsicherheit* vorgestellt. Wichtig ist, daß stochastische Abhängigkeiten nicht *per se* ursächlich für den Koordinationsbedarf sind; der Risikoverbund führt erst in **Kombination** mit bestimmten **Risikopräferenzen** zu einem echten Koordinationsbedarf.

Bewertungsverbund

Dieser Effekt zielt alleine auf eine Eigenschaft des **Präferenzsystems** ab und kann ebenfalls unabhängig von den drei obigen Verbundeffekten vorliegen. Ein Bewertungsverbund liegt dann vor, wenn die **subjektive Wertschätzung der Ergebnisse** einer bestimmten Maßnahme vom bisherigen Ergebnisniveau und damit implizit von der Ausprägung anderer Maßnahmen abhängt. Beispielsweise ist die im 5. Kapitel: *Entscheidungsrechnungen bei Unsicherheit* erörterte potentielle Relevanz von (sicheren) Fixkosten auf Aspekte des Bewertungsverbunds zurückzuführen, weil (sichere) Fixkosten den Bereich der Nutzenfunktion festlegen, der für das konkret vorliegende Entscheidungsproblem zur Anwendung kommt. Sofern die Nutzenfunktion keine konstante Risikoeinstellung über alle Bereiche aufweist, liegt also ein Bewertungsverbund vor. Offensichtlich kann beim Vorliegen von Bewertungsinterdependenzen nur eine Abstimmung aller Aktivitäten im Rahmen einer Gesamtbetrachtung gewährleisten, daß die tatsächlich optimale Politik gefunden wird.

Lösung sachlicher Koordinationsprobleme

Aus *konzeptioneller* Sicht bereitet die Lösung sachlicher Koordinationsprobleme erstaunlicherweise kein großes Problem. Im Rahmen der obigen Erläuterung der verschiedenen sachlichen Verbundeffekte wurde stets auf die Notwendigkeit einer Gesamtbetrachtung zur Ermittlung der optimalen Unternehmenspolitik hingewiesen. Demnach sind also **simultane Planungsansätze** zu lösen, die nach Möglichkeit alle Unternehmensbereiche mit allen Interdependenzen erfassen. Als Beispiel für derartige Ansätze können etwa die Modelle der simultanen Investitions-, Finanz-, Produktions- und Absatzplanung herangezogen werden, die in der Betriebswirtschaftslehre im Zusammenhang mit der Einführung von Methoden des *Operations Research* insbesondere in den 60er Jahren in vielen Varianten formuliert wurden.[3]

Diese Lösung ist aber nur aus konzeptioneller Sicht unproblematisch. Sie läuft nämlich letztlich auf eine Vorgehensweise hinaus, die im 2. Kapitel: *Die Kosten- und Leistungsrechnung als Entscheidungsrechnung* im Zusammenhang mit der Kosten-Leistungs-Konzeption I dargestellt wurde. Dort wurde auch auf die Notwendigkeiten einer Vereinfachung („optimaler Komplexionsgrad") hingewiesen, weil im Zuge der praktischen Anwendung erhebliche Probleme der Informationsbeschaffung und rechnerischen Lösung der Modelle entstehen.[4] Zwar können **Separationstheoreme** eine gewisse Hilfestellung bei der Problemlösung geben, doch ist nicht zu erwarten, daß dadurch eine isolierte Behandlung *aller* Einzelaspekte ermöglicht

---

[3]   Eine instruktive Übersicht über diese Entwicklung liefert *Kruschwitz* (1998), S. 161 – 229.
[4]   Dies betont auch *Kruschwitz* (2003), S. 276 – 279.

wird. Man kommt demnach nicht umhin, **heuristische Lösungsverfahren** zu verwenden, mit denen nicht unbedingt die optimale, aber immerhin eine „gute" Lösung erreicht wird. Allerdings beinhaltet auch die heuristische Vorgehensweise kein konzeptionelles Abgehen vom obigen Lösungsprinzip. Interdependenzen und Verbundwirkungen werden – sofern man sie für wichtig und im Rahmen der Planung für wirtschaftlich handhabbar hält – so weit wie möglich erfaßt, falls nicht **Separationstheoreme** eine isolierte Lösung mancher Teilprobleme erlauben.

Beispiel zu Bewertungsinterdependenzen[5]

In einem zweiperiodigen Planungsproblem kann zu Beginn *jeder* Periode entweder die Alternative a_1 oder die Alternative a_2 gewählt werden. Der periodenspezifische Aktionsraum A_t mit t = 1, 2 besteht also aus zwei Aktionen und ist für jede Periode gleich. Die Ergebnisse beider Maßnahmen sind risikobehaftet, wobei in jeder Periode unabhängig voneinander drei gleichwahrscheinliche Zustände eintreten können. Jede Maßnahme a_1 bzw. a_2 induziert nur einperiodige Wirkungen mit folgenden Ergebnisstrukturen:

	θ_{t1}	θ_{t2}	θ_{t3}
a_1	100	100	0
a_2	0	361	0

Bezogen auf die periodenspezifischen Aktions- und Zustandsräume besteht eine interperiodige Unabhängigkeit, so daß keinerlei Beeinflussung der Handlungsbedingungen vorliegt.

Als **Präferenzsystem** sei unterstellt, daß der Entscheidungsträger nach Maßgabe der Maximierung des Erwartungsnutzens (*Bernoulli*-Prinzip) handelt. Bezeichnet man mit ω_t das Ergebnis der Periode t = 1, 2, dann läßt sich seine Nutzenfunktion allgemein in der Form $U(\omega_1,\omega_2)$ schreiben. Die Antwort auf die Frage nach den Separationseigenschaften des Gesamtproblems hängt nun von den Separationseigenschaften dieser Nutzenfunktion ab. Angenommen, die **Nutzenfunktion** lautet:

$$U(\omega_1,\omega_2) = \sqrt{\omega_1} + \sqrt{\omega_2}$$

Sie weist hinsichtlich der Zeitpräferenz keine subjektive „Diskontierung" der Ergebnisse der zweiten Periode auf. Außerdem ist sie additiv separabel, was eine Trennbarkeit der Periodenprobleme erlaubt: Der Erwartungsnutzen $E[U(\omega_1,\omega_2)]$ läßt sich nämlich als Summe zweier Erwartungswerte auffassen:

$$E[U(\omega_1,\omega_2)] = E\left[\sqrt{\omega_1}\right] + E\left[\sqrt{\omega_2}\right]$$

Diese Summe wird genau dann maximal, wenn jeder Summand maximal ist. Wegen der Identität der beiden Periodenprobleme resultiert daraus eine für beide Perioden gleiche optimale Maßnahme. Gewählt wird in beiden Perioden a_1 wegen:

$$E\left[\sqrt{\omega_t}\,|a_1\right] = \frac{2}{3} \cdot \sqrt{100} = 6,67 > E\left[\sqrt{\omega_t}\,|a_2\right] = \frac{1}{3} \cdot \sqrt{361} = 6,33 \qquad t = 1,2$$

---

5   Vgl *Amershi, Demski* und *Fellingham* (1985).

Nun sei die Nutzenfunktion alternativ in einer anderen Form gegeben:

$$U(\omega_1,\omega_2) = \sqrt{\omega_1 + \omega_2}$$

Wiederum liegt keine subjektive „Diskontierung" vor, doch ist der Nutzen jetzt nicht mehr additiv separabel. Daher läßt sich auch der Erwartungsnutzen nicht mehr als Summe zweier Erwartungswerte schreiben. Jetzt wird die Möglichkeit zustandsbedingter Handlungen am Ende der ersten bzw zu Beginn der zweiten Periode bedeutsam. Die optimalen Handlungen der zweiten Periode hängen vom Ergebnis der ersten Periode ab. Dieses kann entweder 0, 100 oder 361 sein. Im Falle von $\omega_1 = 0$ würde man – gemäß den obigen Überlegungen – a_1 wählen. Bei $\omega_1 = 100$ würde man aber a_2 wählen, denn es gilt:

$$E\left[\sqrt{100 + \omega_2}\,|a_1\right] = \frac{2\sqrt{200}}{3} + \frac{\sqrt{100}}{3} = 12{,}76 < E\left[\sqrt{100 + \omega_2}\,|a_2\right] = \frac{\sqrt{461}}{3} + \frac{2\sqrt{100}}{3} = 13{,}82$$

In ähnlicher Weise erweist sich auch bei $\omega_1 = 361$ die Maßnahme a_2 als optimale Folgeaktion. Diese zustandsbedingte Abhängigkeit der Folgepolitik hat aber Rückwirkungen auf die optimale Maßnahme der ersten Periode. Für die Erwartungsnutzen ergibt sich nämlich (jeweils bei optimaler Folgepolitik in der zweiten Periode):

$$E\left[\sqrt{\omega_1 + \omega_2}\,|a_1\right] = \frac{2\cdot E\left[\sqrt{100 + \omega_2}\,|a_2\right]}{3} + \frac{E\left[\sqrt{\omega_2}\,|a_1\right]}{3} = 11{,}44$$

$$E\left[\sqrt{\omega_1 + \omega_2}\,|a_2\right] = \frac{2\cdot E\left[\sqrt{\omega_2}\,|a_1\right]}{3} + \frac{E\left[\sqrt{361 + \omega_2}\,|a_2\right]}{3} = 11{,}65$$

Jetzt lohnt sich also in der ersten Periode die Wahl von a_2 an Stelle von a_1, was alleine auf die unterschiedlichen Folgepolitiken zurückzuführen ist, die wiederum durch die Ergebnisse der in der ersten Periode gewählten Maßnahmen und die Bewertungsinterdependenz zustande kommen. Eine **Separation** der Periodenprobleme ist demnach *trotz* Unabhängigkeit der Handlungsbedingungen nicht möglich.

1.3. Personelle Koordination

Mit den obigen Aspekten der verschiedenen Typen eines sachlichen Abstimmungsbedarfes ist die Koordinationsproblematik noch nicht zur Gänze beschrieben. Die dargestellte Lösungskonzeption der sachlichen Koordination geht nämlich implizit davon aus, daß das Unternehmen wie ein Monolith agiert. An irgend einer übergeordneten Stelle wird ein integratives Planungsmodell aufgestellt, dessen Lösung anschließend zu implementieren ist.

Asymmetrische Informationsverteilung

Diese Vorgehensweise mag zwar für ein Einpersonenunternehmen zutreffen, doch ist sie fragwürdig, wenn (realistischerweise) von einem Mehrpersonenunternehmen ausgegangen wird. Dort sind die **Zuständigkeiten, Verantwortlichkeiten** und **Entscheidungsbefugnisse** üblicherweise **delegiert** und auf viele Personen **aufgeteilt**. Das gesamte Entscheidungsfeld des Unternehmens wird so in mehrere Teilentscheidungsfelder mit einem spezifischen Management zerlegt (dabei kann es sich zB um

Abteilungen, Produktionsstellen, Werke oder Marktsegmente handeln). Die Beschaffung und Verarbeitung von Informationen im Zuge der Planung und Kontrolle für die einzelnen Teilentscheidungsfelder obliegt dann vornehmlich den Bereichsmanagern. Diese verfügen daher auf Grund ihrer Tätigkeit „vor Ort" zumeist über einen viel besseren Informationsstand hinsichtlich des Erfolgspotentials ihrer Bereiche als die Zentrale selbst. Insofern sind also Informationen zwischen den verschiedenen Stellen eines Unternehmens unterschiedlich verteilt; man spricht in diesem Zusammenhang von einer **asymmetrischen Informationsverteilung**.

> **Gründe** für das Entstehen **asymmetrischer Information** sind neben Informationskosten zB beschränkte Kapazität der Zentrale (zB Zeit zur Verarbeitung von Information) oder beschränkte Rationalität. Die anstehenden Entscheidungsprobleme sind oft sehr komplex und mit großer Unsicherheit behaftet. Ein typisches Beispiel – aus einem anderen Bereich – ist Schach. Schach ist ein deterministisches Spiel (es besteht keine Unsicherheit), und die beiden Spieler legen sämtliche bisherigen Züge offen (symmetrische Information). Trotzdem ist es bis heute nicht gelungen, eine optimale Strategie von Beginn bis zum Ende des Spiels zu errechnen. Sämtliche Strategien beruhen auf Heuristiken.

Die Delegation ändert nichts an den sachlichen **Koordinationsproblemen**, doch können sich bei deren Lösung bedeutsame Modifikationen ergeben. Wenn nämlich die Zentrale an die Aufstellung eines integrativen Planungsmodells denkt, um damit die sachlichen Verbundbeziehungen zu erfassen, muß jetzt die Frage beantwortet werden, woher die Zentrale eigentlich die dafür erforderlichen Informationen über die konkreten Zusammenhänge in den Teilentscheidungsfeldern und über deren Erfolgspotentiale erhält. Eine Möglichkeit wäre, den gesamten **Informationsbeschaffungsprozeß** der Bereichsmanager durch die Zentrale zu **duplizieren**; doch dann könnte man auf die Delegation gleich ganz verzichten. Eine Alternative ist, die Entscheidungen auf dem eigenen schlechteren Informationsstand zu treffen.

Eine weitere Möglichkeit ist es, die Bereichsmanager anzuhalten, ihre bessere Information an die Zentrale zu berichten. Sofern die **Berichterstattung** *wahrheitsgemäß* erfolgt, plant die Zentrale letztlich mit dem besseren Informationsstand der Bereichsmanager. In diesem Fall ist die asymmetrische Informationsverteilung kein wirkliches Problem. Man hat lediglich die Informations*beschaffungs*aktivitäten auf mehrere Personen aufgeteilt. Die an unterschiedlichen Stellen vorliegenden Informationen brauchen dann nur noch bei der Zentrale gesammelt und für das integrative Planungsmodell verarbeitet zu werden.

Zielkonflikte

Die wahrheitsgemäße Berichterstattung seitens der Bereichsmanager setzt jedoch voraus, daß es keine **Interessenkonflikte** zwischen der Zentrale und den Bereichsmanagern gibt. Dies ist allerdings unrealistisch. Zielkonflikte unter Entscheidungsträgern im Unternehmen können folgende **Hauptursachen** haben:

- unterschiedliche subjektive Präferenzen („gegebene" Zielkonflikte)
- organisationsbedingte Unterschiede („gemachte" Zielkonflikte).

Verantwortlichkeit in dezentralen Organisationen

Die Aufteilung von Verantwortung und Entscheidungsbefugnissen korrespondiert üblicherweise mit bestimmten Performancemaßen (dies wird im 10. Kapitel: *Kennzahlen als Performancemaße* ausführlich dargestellt). Typische derartige Delegationsformen sind:

Cost Center

Es besteht Verantwortung für die Effizienz der Leistungserstellung, die über die Kosten gemessen wird. Voraussetzung dafür ist, daß die Leistung wie auch die dafür erforderlichen Kosten angegeben werden können. Keine Verantwortlichkeit besteht für die Beschäftigung im Bereich; diese wird durch die Anforderungen anderer Bereiche vorgegeben. Typisch sind *Cost Centers* im Produktionsbereich, in denen Abweichungsanalysen auf der Basis von Standardkosten zur Effizienzmessung dienen. Meist werden auch **Service Centers** in Form von *Cost Centers* geführt. Sie dienen der Erstellung interner, nicht weiter vermarkteter Leistungen wie zB Rechtsberatung oder Öffentlichkeitsarbeit.

Expense Center

Läßt sich der Output nicht direkt messen oder ist der Zusammenhang zwischen Output und Input schwer faßbar, sind die Kosten der Leistungserstellung nicht zur Beurteilung des Managements geeignet. Verantwortlichkeit besteht nur für die Höhe der Ausgaben zur Erstellung der betreffenden Leistung. Dies wird über Budgets gemessen, die die Höhe der geplanten (und im Regelfall genehmigten) Ausgaben beinhalten. Typische *Expense Centers* sind Forschung und Entwicklung sowie Marketing.

Revenue Center

Verantwortung besteht nur für die Erlösseite, nicht jedoch für Kosten, die in anderen Verantwortungsbereichen verursacht wurden. Diese Kosten werden meist über Standardkosten einbezogen, weil sie für die Steuerung der Erlössteigerungsaktivitäten erforderlich sind. *Revenue Centers* finden sich im Marketingbereich, jedoch selten in reiner Form, da die Marketinganstrengungen selbst Kosten verursachen, die in den Verantwortungsbereich der Personen fallen, die auch die Erlöse zu verantworten haben.

Profit Center

Hier besteht Gewinnverantwortlichkeit, dh sowohl Verantwortung für Kosten als auch für Erlöse des Bereiches. Das *Profit Center*-Management hat im operativen Bereich weitreichende Entscheidungsrechte. Investitions- und Finanzierungsentscheidungen bleiben jedoch der Zentrale vorbehalten.

Investment Center

Die Delegation von Entscheidungen umfaßt hier auch die Investitions- bzw Kapazitätsentscheidungen im jeweiligen Bereich. Die Zentrale verfügt nur mehr über Finanzierungsentscheidungen. Das Performancemaß muß daher die eingesetzten Ressourcen neben dem erzielten Überschuß berücksichtigen. Meist wird der *Return on Investment* (*ROI*) oder der Residualgewinn (Gewinn nach Abzug einer vorgegebenen Verzinsung des eingesetzten Kapitals) verwendet.

Die **Vorteilhaftigkeit** der einzelner **Center-Konzepte** hängt von vielen Faktoren ab, wie zB vom Unterschied im Informationsstand von Zentrale und Bereich, bestehenden Interessenkonflikten, Fähigkeiten und Risikoeinstellung der Bereichsmanager. Ihre Berücksichtigung erfordert idR einen Tradeoff der ökonomischen Wirkungen.[6]

---

[6]   Vgl dazu zB *Göx* und *Wunsch* (2003).

Unterschiedliche subjektive Präferenzen entstehen aufgrund individueller Wert-einstellungen verschiedener Entscheidungsträger. *Beispiele*: Technikern wird häufig nachgesagt, sie würden eine technisch perfekte, möglichst kreative Produktentwick-lung bevorzugen, unabhängig davon, ob dies aus Sicht des Unternehmens einen Kundennutzen mit sich bringt. Kunden können oft derartige technische Spielereien gar nicht erkennen und werden dann nicht bereit sein, einen höheren Preis dafür zu bezahlen. Für Bereichsmanager können umfangreiche Ressourcenzuteilungen mit **nichtpekuniären Vorteilen** (sogenannte *private benefits of control*, wie zB *consumption on the job*, Macht, Prestige oder Einfluß) verbunden sein. Solche Präferen-zen sind vorgegeben, sie sind intrinsisch und damit nur schwer veränderbar. Bereichsmanager haben oft ein Interesse daran, in ihrem Bereich möglichst viel Personal oder Investitionen zu haben, gleichgültig, welche Rendite sie damit erwirt-schaften. Solche Ressourcen reflektieren die „Wichtigkeit" des jeweiligen Managers, er kann damit nicht nur seine Bedeutung unterstreichen, sondern auch besser Einfluß auf Kollektiventscheidungen ausüben.[7] Ebenso können sie ihm erlauben, eigene Anstrengungen durch anderweitigen Ressourceneinsatz zu **substituieren**, so daß der Disnutzen aus der Arbeitsleistung bzw das Arbeitsleid vermindert wird. *Beispiel*: Eine hohe Lagerhaltung für Vorprodukte entbindet in gewissem Umfang von der Notwendigkeit, den nachfolgenden Produktionsprozeß sorgfältig zu überwachen, wenn bei fehlerhaften Produkten sofort nachproduziert und damit die Lieferbereit-schaft aufrechterhalten werden kann.

Organisationsbedingte Unterschiede sind vom Unternehmen durch die Organi-sation „gemacht". Ein Entscheidungsträger erhält bestimmte Kompetenzen, und seine Leistung wird anhand bestimmter Beurteilungsgrößen gemessen. Diese decken sich häufig nicht mit dem Ziel der Unternehmensleitung oder der Eigentümer. *Beispiele*: Marketingleiter werden häufig auf Basis von Umsatzgrößen beurteilt, mehr Umsatz bewirkt eine positive Beurteilung. Kosten und ähnliche Effekte von Marketingentscheidungen sind dann nicht in ihrem Blickfeld. Ein *Profit Center*-Manager ist für den Gewinn verantwortlich, der in seinem *Profit Center* entsteht; ihm sind die Auswirkungen seiner Entscheidungen auf andere *Profit Center* im Zweifel gleichgültig. Nun ist es keineswegs so, daß Unternehmen solche Beurtei-lungsgrößen grundlos wählen. Beispielsweise wird ein *Profit Center*-Manager am *Profit Center*-Gewinn beurteilt, um den Verantwortungsbereich mit der Entschei-dungskompetenz in Einklang zu bringen. Er soll den Erfolg seiner Aktivitäten tat-sächlich spüren. Die möglichen Nachteile infolge von Auswirkungen auf andere Bereiche werden bewußt in Kauf genommen, weil es das „optimale" Beurteilungs-maß nicht gibt.

Wird ein Bereichsmanager nun zur Berichterstattung über seine bessere Informa-tion angehalten, wird er sich der Tatsache bewußt sein, daß die von ihm übermittel-ten Informationen in der Zentrale für **Planungen** und **Ressourcenallokationen** ver-wendet werden. Und damit werden im allgemeinen auch eigene Interessen der Bereichsmanager tangiert sein; man kann nicht davon ausgehen, daß den Bereichs-managern der Umfang der ihnen zur Verfügung gestellten Ressourcen gleichgültig

---

[7] Vgl dazu auch *Laux* (1995), S. 4 f.

ist. Ganz zu schweigen von grundsätzlicheren Entscheidungen der Zentrale, etwa einen bestimmten Bereich wegen des niedrigen (auch gemeldeten) Erfolgspotentials überhaupt aufzugeben.

Ausspruch

„Gerade in dezentralisierten Unternehmen, deren Organisationseinheiten relativ selbständig am Markt tätig sind, konkurrieren die Unternehmensbereiche und Tochtergesellschaften mit Investitionsanträgen um die häufig knappen finanziellen Mittel der Zentrale. Über Annahme oder Ablehnung der Anträge und entsprechende Zuweisung oder Verweigerung der finanziellen Mittel wird nach zentralen Vorgaben entschieden. Im allgemeinen ist jeder Antragsteller bemüht, solche vorgegebenen Anforderungen zu erfüllen. Je nach Bedeutung des Investitionsprojekts wird versucht, Informationen mehr oder minder vollständig zu beschaffen und die Daten mit größerer oder weniger großer Sorgfalt aufzubereiten. Um die zentralen Vorgaben zu erreichen bzw. zu überschreiten und in der Konkurrenz um die häufig knappen finanziellen Mittel die Nase vorn zu haben, werden Investitionsanträge manchmal unbewußt, gelegentlich aber auch bewußt ,geschönt'. Derartige Manipulationen oder Verzerrungen können, werden sie nicht frühzeitig genug aufgedeckt oder grundsätzlich vermieden, zu einer Fehlallokation von Ressourcen im Unternehmen und im Gefolge davon zu einer Gewinnminderung oder gar zu Verlusten führen." (Arbeitskreis „Finanzierung" der Schmalenbach-Gesellschaft (1994), S. 899)

Bei **gleichzeitigem Vorliegen** von **Interessenkonflikten** und einer **asymmetrischen Informationsverteilung** ist daher zusätzlich ein **personelles Koordinationsproblem** zu lösen. Es handelt sich dabei um eine **strategische Interdependenz,**[8] die sowohl im Unternehmen als auch zwischen Unternehmen auftreten kann. Weil bei delegierten Entscheidungsbefugnissen naturgemäß nicht alle Entscheidungen von der Zentrale getroffen werden, gehen diese personellen Koordinationsaspekte über das Problem der wahrheitsgemäßen Berichterstattung an die Zentrale hinaus. Die in diesem Zusammenhang **entstehenden Probleme** betreffen beispielsweise folgende Fragen:

- Erfolgen Berichterstattungen an die Zentrale wahrheitsgemäß?

- Nutzen Bereichsmanager ihren Informationsstand in Verbindung mit dem ihnen übertragenen Entscheidungsspielraum im Interesse der Zentrale (Eigner) aus?

- Sind Bereichsmanager ausreichend motiviert, überhaupt Informationen einzuholen und sich für die Erreichung der Unternehmensziele einzusetzen?

Obwohl in der obigen Darstellung personelle und sachliche Koordinationsprobleme überlappend behandelt wurden, können Probleme der personellen Koordination grundsätzlich *unabhängig* von solchen der sachlichen Koordination existieren. *Beispiel:* Ein Eigner engagiert wegen mangelnder Zeit und/oder fehlender Sachkenntnis einen Manager zur Betreuung eines bestimmten Projekts. Das Projekt möge keinen Ressourcen- und Erfolgsverbund mit anderen Projekten dieses Eigners

---

[8]   Vgl *Luhmer* (2002), Sp. 1035.

aufweisen, und der Eigner sei risikoneutral, so daß auch kein Risiko- und Bewertungsverbund vorliegen kann. Dennoch gibt es ein personelles Koordinationsproblem, denn die Aktivitäten des Managers sind auf das Eignerinteresse auszurichten.

Anreizsysteme zur Lösung personeller Koordinationsprobleme

Als Instrumente zur Lösung personeller Koordinationsprobleme kommen vor allem **Anreizsysteme** in Betracht. Durch solche Anreizsysteme werden drei Komponenten festgelegt:[9]

1. **Entlohnungsart**: Die Anreize können materieller oder immaterieller Natur sein, sie können in Geld- oder Sachleistungen bestehen. Beispiele für nicht in Geld bestehende Entlohnungsarten sind Beförderungen, Auszeichnungen oder „Incentive-Reisen". Im folgenden wird allerdings von einer **Entlohnung (Kompensation, Vergütung)** in Geld ausgegangen, da auch die anderen Entlohnungsarten aus Unternehmenssicht einheitlich bewertet werden müssen, um Kosten und Nutzen alternativer Entlohnungsarten gegeneinander abwägen zu können.

2. **Performancemaße (Beurteilungsgrößen)**: Sie legen die Bemessungsgrundlagen fest, an Hand derer die Leistungen der Manager gemessen werden. Sie können quantitative oder qualitative (subjektive) Maße sein, sie können aus einer Größe oder einer Kombination mehrerer Maße bestehen. In der obigen Darstellung der Verantwortlichkeit in dezentralen Organisationen wurden bereits etliche Beispiele für solche Beurteilungsgrößen genannt, weitere Performancemaße werden im 10. Kapitel: *Kennzahlen als Performancemaße* diskutiert.

3. **Entlohnungsfunktion**: Schließlich muß die Entlohnungs- bzw Kompensationsfunktion vorgegeben werden, indem der Zusammenhang zwischen den Beurteilungsgrößen und der Entlohnung definiert wird. Sie kann in einem Bonus bei Erfüllen eines Standards bestehen, sie kann linear oder nichtlinear verlaufen, sie kann Optionscharakter aufweisen usw.

Abbildung 2 zeigt diese Komponenten und gibt einige zusätzliche Ausformungen an. Dabei ist ersichtlich, daß Anreizsysteme sehr viele Stellgrößen aufweisen, die individuell festgelegt werden können.

Methoden zur Lösung sachlicher Koordinationsprobleme wurden bereits an mehreren Stellen dieses Buches angesprochen. Im Mittelpunkt der weiteren Ausführungen stehen daher die zusätzlichen Probleme des **personellen Koordinationsbedarfs**, wobei vorwiegend **finanzielle Anreizsysteme** behandelt werden.

Als Beispiel für diesbezügliche Ansätze können zunächst die im 7. Kapitel: *Kontrollrechnungen* im Zusammenhang mit Kontrollproblemen präsentierten **Agency-Modelle** angesehen werden. Dort geht es in allgemeiner Form um die Struktur und die Eigenschaften einer im Sinne der Zentrale (des Prinzipals) optimalen Kompensationsfunktion für den Manager (den Agent). In diese Optimierungsüber-

---

[9]   Vgl *Laux* (1995), S. 71 ff.

legungen fließen einerseits die Motivationseffekte, andererseits die Risikoteilungs-
wirkungen eines Anreizsystems ein.

Die **Art des Vertrags** bzw **Kontrakts** steht dabei *a priori* grundsätzlich nicht fest;
sie ergibt sich erst als **Resultat** des Optimierungsprozesses, so daß das Anreizsystem
vollständig endogenisiert ist. Denkt man diesen Weg konsequent zu Ende, müßte
man zur umfassenden Lösung von Koordinationsproblemen einen Ansatz aufstellen,
der mehrere Agenten umfaßt, den Umfang der Delegation (Bildung von Unternehmensbereichen bzw -einheiten mit den entsprechenden Verantwortlichkeiten und
Entscheidungsbefugnissen) festlegt, die damit zusammenhängenden Beurteilungsgrößen bestimmt und die Gestalt der optimalen Kompensationsfunktionen determiniert.

Abb. 2: Komponenten von Anreizsystemen

Aus der Sicht der **Lösung von Koordinationsproblemen** ist diese sehr allgemeine
Vorgehensweise zwar einleuchtend und im Grunde unverzichtbar, doch erweist sie
sich meist als zu anspruchsvoll, um unter einigermaßen realitätsnahen Bedingungen
aussagefähige Ergebnisse zu erbringen. Schon das relativ einfache Modell für
optimale Auswertungsstrategien im 7. Kapitel: *Kontrollrechnungen* vermittelt dem
Leser einen Eindruck von dem **Schwierigkeitsgrad** der Lösung derartiger Ansätze.
Noch dazu spielen bei der Budgetierung auch psychologische und soziologische
Aspekte eine Rolle.[10]

Man kann allerdings auch schon wichtige Erkenntnisse zur Lösung von Koordinationsproblemen gewinnen, wenn man die grundsätzliche Endogenität von Delega-
tionsumfang, Beurteilungsgrößen und Kompensationsfunktionen aufhebt und die
Eigenschaften spezifischer vorgegebener Lösungsformen analysiert, die entweder
in der Literatur oder in der Praxis als Koordinationsinstrumente propagiert werden.
Diese Lösungen werden danach beurteilt, wie sie mit den Problemen der Interessenkonflikte und der asymmetrischen Informationsverteilung (ggf unter Berücksichti-

---

[10]   Einen Überblick über die unterschiedlichen Forschungsrichtungen (ökonomisch, psycholo-
gisch und soziologisch) zur Analyse von Budgetierungsthemen geben *Covaleski, Evans, Luft* und
Shields (2003).

gung potentiell vorliegender sachlicher Verbundeffekte) fertig werden. Insofern bleibt also die grundsätzliche Sichtweise der Koordinationsproblematik unverändert. Es wird lediglich der Anspruch auf die modellendogene Ermittlung der letztlich optimalen Lösung aufgegeben.

Controlling und Koordinationsprobleme

Die umfassende Behandlung von Koordinationsproblemen spielt in der jüngeren Entwicklung des **Controlling** eine zentrale Rolle. Dort steht eine sehr umfassende Problemsicht im Vordergrund. Nach der sogenannten koordinationsorientierten Controllingkonzeption wird als zentrale Zwecksetzung des Controlling die **Koordination des Führungsgesamtsystems** einer Unternehmung herausgestellt. Controlling beinhaltet demgemäß eine Abstimmung von Ziel-, Planungs-, Kontroll- und Informationssystemen unter Berücksichtigung der Führungsgrundsätze, der Unternehmensorganisation und des Personalführungssystems.[11]

Ein so verstandenes Controlling hat im wesentlichen drei **Funktionen** zu erfüllen.

- Zunächst soll es dafür sorgen, daß sämtliche Aktivitäten eines Unternehmens zur bestmöglichen Zielerreichung führen (**Zielausrichtungsfunktion**).

- Darüber hinaus soll das Unternehmen in der Lage sein, auf Umweltentwicklungen nicht nur rechtzeitig und angemessen zu reagieren, sondern nach Möglichkeit auch aktiv auf diese Entwicklungen Einfluß zu nehmen (**Anpassungs- und Innovationsfunktion**).

- Schließlich soll das *Controlling* die Entscheidungsträger im Unternehmen bei der Auswahl und dem Einsatz der verschiedenen Planungs-, Kontroll- und Informationsinstrumente beraten und unterstützen (**Servicefunktion**).

Weil Koordinationsfragen in vielen Teildisziplinen der Betriebswirtschaftslehre in jeweils spezifischer Form behandelt werden, wird in der Literatur derzeit heftig diskutiert, ob das **Controlling** tatsächlich eine eigenständige Teildisziplin darstellt. Zweifel daran werden vor allem dadurch genährt, daß die bisherige Controlling-Literatur sich vorwiegend damit begnügt, die koordinationsrelevanten Ergebnisse anderer Teildisziplinen zu referieren, ohne daß deutlich würde, welcher originäre Erkenntnisbeitrag der neuen Controlling-Konzeption selbst zu verdanken ist.[12]

Die nachfolgend vorgestellten Modelle erlauben zwar in manchen Fällen auch die Ermittlung von *first best*- und *second best*-Lösungen,[13] doch gilt dies in den meisten Fällen nur unter dem Vorbehalt der dem Modell vorgegebenen **Organisations-** bzw **Delegationsform**. So kann man zB ein optimales Anreizsystem für ein in mehrere Sparten gegliedertes Unternehmen mit einer *Profit Center*-Organisation bestimmen, doch beantwortet dies nicht die Frage, ob die Ergebnisse der *Profit Center*-Organisation nicht durch eine andere Aufteilung von Verantwortlichkeiten ver-

---

[11] Vgl zB *Küpper* (2001), S. 12 ff.

[12] Daß die Diskussion um den Inhalt des Controlling noch nicht abgeschlossen ist, zeigt auch der von *Weber* und *Hirsch* (2002) herausgegebene Tagungsband mit den Beiträgen eines Workshops zur Positionierung der Controlling-Forschung.

[13] Siehe dazu 7. Kapitel: *Kontrollrechnungen*.

bessert werden könnten. Die Lösungseigenschaften alternativer Aufteilungen von Verantwortlichkeiten sind in der informationsökonomischen Literatur erst in Ansätzen behandelt worden.[14]

Im Rahmen der Unternehmensrechnung handelt es sich daher zunächst um Fragen der **Budgetierung**, denen dieses und das folgende Kapitel gewidmet sind. Im 10. Kapitel werden dann **Kennzahlen** dargestellt, und das 11. Kapitel behandelt **Verrechnungspreise** und **Kostenallokationen**. Die Auswahl dieser Themen wird nicht nur durch ihre praktische Relevanz, sondern auch durch die neuere Controlling-Literatur gestützt, in der Systeme der Budgetierung, Kennzahlen und Verrechnungspreise als **umfassende, übergreifende Koordinationsinstrumente** und damit als **zentrale Controllinginstrumente** angesehen werden.[15]

2. Budgetierung und Managementbeurteilung

2.1. Grundlagen

Die Begriffe *Budget* und *Budgetierung* werden in der Literatur nicht einheitlich verwendet; es variiert insbesondere der Umfang der damit angesprochenen Sachverhalte. So wird in der angelsächsischen Literatur das *„budgeting"* oftmals generell mit *„profit planning and control"* gleichgesetzt.[16] Danach ist **Budgetierung** nichts anderes als gewinnorientierte **Planung** und **Kontrolle** und ein **Budget** folglich das **Ergebnis der Planung**. Als markanter Ausdruck dafür kann das sogenannte *master budget*[17] dienen, das in amerikanischen Lehrbüchern zum *Managerial Accounting* stets eine große Rolle spielt und im nächsten Abschnitt anhand eines Beispiels verdeutlicht wird. Diese Abgrenzung der Budgetierung knüpfte an die wertmäßige Darstellung der Unternehmensplanung an.

In einer weiter reichenden Definition von Budget werden als ergänzende Merkmale noch der **Vorgabeaspekt** für Entscheidungseinheiten und der **Verbindlichkeitscharakter** betont: Danach ist ein *„Budget ...* ein formalzielorientierter, in wertmäßigen Größen formulierter Plan, der einer Entscheidungseinheit für eine bestimmte Zeitperiode mit einem bestimmten Verbindlichkeitsgrad vorgegeben wird", und **Budgetierung** beinhaltet den prozeduralen Aspekt der „Aufstellung, Vorgabe und Kontrolle von Budgets"[18].

Gemäß dieser Definition sind Budgets also (monetäre) Plangrößen mit gewissem Vorgabecharakter für Unternehmensbereiche. Sie können in den unterschiedlichsten Varianten auftreten. Für

---

[14] Siehe dazu zB *Melumad* und *Reichelstein* (1987), *Ewert* (1992) sowie *Melumad, Mookherjee* und *Reichelstein* (1992).

[15] Vgl zB *Küpper* (2001), S. 12 f.

[16] Siehe etwa *Welsch, Hilton* und *Gordon* (1988).

[17] Vgl zu instruktiven Beispielen etwa *Moore, Anderson* und *Jaedicke* (1988), S. 382 – 405 sowie ausführlich *Anderson* und *Sollenberger* (1992), S. 352 – 385; siehe in der deutschen Literatur ähnlich auch *Horváth* (2003), S. 237 – 244.

[18] *Göpfert* (1993), Sp. 589 – 590 und 591.

Fertigungsstellen können zB **Kostenbudgets** existieren, die eine Kostensumme angeben, die nach Möglichkeit nicht überschritten werden sollte. Wird diese Kostensumme in Abhängigkeit von der Stellenbeschäftigung formuliert, handelt es sich um ein **flexibles Kostenbudget**. Die Möglichkeiten einer derartigen flexiblen Budgetvorgabe sind aber naturgemäß auf solche Bereiche beschränkt, für die eindeutige Input-Output-Beziehungen existieren.[19] Freilich lassen sich Kostenbudgets auch *produktbezogen* formulieren; sie geben dann die Stückkosten an, die nicht überschritten werden sollen.

Für Absatzstellen lassen sich **Absatzbudgets** aufstellen, die einen mindestens zu erreichenden Umsatz angeben. Bei einer *Profit Center*-Organisation können **Gewinnbudgets** in der Form von wenigstens zu erlangenden **Brutto-Sollgewinnen** für die einzelnen Sparten existieren. Diese Sollgewinne können auch implizit in der Form von **Mindestverzinsungen für das eingesetzte Kapital** angegeben werden. Schließlich sei das **Investitionsbudget** für verschiedene Sparten erwähnt; es kennzeichnet denjenigen Betrag, der einer Sparte maximal für Investitionszwecke zur Verfügung steht.

Die beiden hier diskutierten Abgrenzungen der Budgetierung schließen sich natürlich nicht aus. So kann man zB die Bestandteile des *master budgets* zunächst als Ergebnis erfolgsorientierter Planungsüberlegungen auffassen. Nach der Verabschiedung dieses Budgets durch die Zentrale können die darin enthaltenen Werte den nachgeordneten Abteilungen als Richtgröße vorgegeben werden, um die Einhaltung der geplanten Erfolgsgrößen zu gewährleisten. Die betroffenen Abteilungen werden freilich antizipieren, daß die Ergebnisse des Budgetierungsprozesses nicht nur in eine Planung der Zentrale eingehen, sondern von dieser zugleich als **Beurteilungsgröße für die Leistungen der Abteilungen** verwendet werden. Dann aber ist damit zu rechnen, daß die Abteilungen versuchen werden, den Budgetierungsprozeß auch in ihrem Sinne „zu gestalten", was die Vorteile der Budgetierung tangieren kann.

2.2. Funktionen der Budgetierung

Die typischerweise genannten Funktionen der Budgetierung sind:[20]

■ Budgetierung zwingt die Manager zu einem präzisen **Nachdenken** über die künftig **erzielbaren Erfolge**. Dadurch soll eine stärkere Zukunftsorientierung mit einer aktiven Beeinflussung von Umweltentwicklungen induziert werden.

■ Budgetierung führt zu einer **Koordination aller Aktivitäten**. Das System der Budgets stellt letztlich das wertmäßige Ergebnis der Unternehmensplanung dar. Soll diese Planung sinnvoll sein, muß sie eine gegenseitige Abstimmung aller Unternehmensbereiche beinhalten.

■ Eng damit verbunden ist die **Förderung der Kommunikation** und die Identifizierung von **Engpaß-** bzw **Problembereichen** im Unternehmen. Wegen der Delegation ist eine erfolgreiche Budgetabstimmung nur durch

---

[19] Auf die traditionellen Verfahren der Budgetvorgabe wird hier nicht im Detail eingegangen. Siehe zu einer Übersicht etwa *Küpper* (1994), S. 924 – 928.

[20] Vgl zB *Eisenführ* (1992); *Steinmann* und *Schreyögg* (1997), S. 347 – 350; *Moore, Anderson* und *Jaedicke* (1988), S. 377 – 379.

intensiven Informationsaustausch zwischen den Unternehmensbereichen und der Zentrale möglich. Dadurch werden der Zentrale auch Engpässe und Problembereiche bekannt, die einen Anstoß für künftige Investitions- oder Desinvestitionstätigkeiten geben können.

■ Schließlich können Budgets als Meßlatten zur **Beurteilung der Manager** herangezogen werden. Präzise Budgetvorgaben geben den Bereichsmanagern klare Anhaltspunkte dafür, welche Erfolgsbeiträge von ihnen erwartet werden. Die Akzeptanz dieser Vorgaben wird als um so höher *vermutet*, je stärker die **Manager an der Aufstellung der Budgets partizipieren**, wodurch gleichzeitig der oben erwähnte Aspekt der **Planungsverbesserung durch Informationsaustausch** verstärkt wird. Abweichungen von den Budgets müssen – analog zur Auswertung einer Abweichungsanalyse – erklärt werden. Von der Erreichung der Budgetvorgaben oder einer günstigen Abweichung (Unterschreitung von Kostenbudgets, Überschreitung von Verkaufs- und/oder Gewinnbudgets usw) können Belohnungen abhängig gemacht werden; umgekehrt können ungünstige Abweichungen vom Budget mit Sanktionen einhergehen.

Bei diesen vier Punkten finden sich **sämtliche Faktoren** wieder, die eingangs im Zusammenhang mit sachlichen und personellen Koordinationsproblemen angesprochen wurden. Betrachtet man das im nächsten Abschnitt dargestellte Beispiel zum *master budget*, kann man sich diese vier Aspekte auch plastisch vorstellen. Daher ist es verständlich, daß die Budgetierung in der neueren, koordinationsorientierten **Controlling-Literatur** als umfassendes Koordinationsinstrument angesehen wird.

Dennoch ist bei der Beurteilung der Budgetierung Vorsicht geboten: Die obigen vier Punkte geben letztlich nur **Eigenschaften** an, die man unter Gesichtspunkten der Entscheidungsdelegation mit **asymmetrisch verteilten Informationen** und **Zielkonflikten** von einem Koordinationsinstrument erwarten *sollte*, und die man bei der Budgetierung aus intuitiven Überlegungen heraus zu erhalten *gedenkt*! Ob dem tatsächlich so ist, läßt sich erst durch eine **Analyse** der Koordinationseigenschaften von Budgetsystemen entscheiden, bei der die Faktoren des **personellen Koordinationsbedarfs** (asymmetrische Informationsverteilung und Zielkonflikte) *ausdrücklich* erfaßt werden.

Stehen Gesichtspunkte der Verhaltenssteuerung im Mittelpunkt, dann spielt der oben an vierter Stelle genannte Punkt der **Managementbeurteilung über Budgets** eine zentrale Rolle. Die Koordinationswirkungen eines Budgetsystems entfalten sich nur in dem Maße, wie es durch die **Einbindung der Budgets in Anreizsysteme** gelingt, die personellen Koordinationsprobleme in den Griff zu bekommen. Sofern mit der Einhaltung und/oder mit Abweichungen von Budgets keinerlei Konsequenzen für die Manager verbunden sein sollten, bleibt nämlich völlig offen, welche Verhaltenswirkungen von einem Budgetsystem überhaupt ausgehen könnten, und warum man für irgendwelche angenommenen Wirkungen gerade Budgets benötigt.

Diese Diskussion kann als Beispiel für die grundsätzliche Zweckmäßigkeit der neueren, auf die Koordination des Führungsgesamtsystems abstellenden Sichtweise des **Controlling** angesehen werden. Eine vorteilhafte Lösung von **Koordinationsproblemen** setzt regelmäßig eine Abstimmung mehrerer Führungsteilsysteme voraus. Eine *isolierte* Betrachtung von Größen des Rechnungswesens – zB Kosten- oder Gewinnbudgets – greift daher viel zu kurz, denn Größen des

Rechnungswesens entfalten nicht schon durch ihr bloßes Vorhandensein Konsequenzen für das Verhalten von Managern. Die Verhaltenswirkungen von Rechnungsgrößen lassen sich statt dessen nur im Rahmen einer **bestimmten Organisationsstruktur** und in Verbindung mit konkreten Modalitäten der **Managementbeurteilung (Anreizsysteme)** analysieren.

Diese Zusammenhänge werden in diesem Buch für verschiedene Budgetierungskontexte untersucht, wobei jeweils informationsökonomische Methoden zur Anwendung kommen. In diesem Kapitel stehen Ansätze im Vordergrund, bei denen – analog zum Grundmodell der Agency-Theorie – nur zwei Akteure (Manager und Zentrale) beteiligt sind. Im Anschluß an ein Beispiel zum *master budget* wird zunächst grundlegend auf Probleme der Berichterstattung in Budgetierungssystemen eingegangen. Anschließend wird eine einfache Situation der **Kostenbudgetierung** betrachtet, bei der vor allem die **Motivationswirkungen** von budgetorientierten Anreizsystemen hinsichtlich der Arbeitsintensität sowie die Probleme der **Partizipation** des Managers bei der Budgetaufstellung im Mittelpunkt stehen.

Im 9. Kapitel: *Investitionscontrolling* werden Probleme der **Investitions-** bzw **Kapitalbudgetierung** für ein in mehrere Bereiche gegliedertes Unternehmen behandelt. Dort geht es um die **Bestimmung der Investitionsmittel**, die den einzelnen Bereichen zugewiesen werden sollen. Dabei sind die Bereichsmanager über das Erfolgspotential ihrer Bereiche besser informiert als die Zentrale. Analysiert werden die Eigenschaften verschiedener Anreizsysteme, die eine wahrheitsgemäße Berichterstattung an die Zentrale gewährleisten sollen. Insofern spielt auch dort das **Partizipationsproblem** eine große Rolle.

Schwächen von Budgets

Die von Praktikern am meisten genannten Schwächen von Budgets sind:[21]

- Budgets schaffen wenig Wert, besonders wenn man die Zeit für ihre Erstellung berücksichtigt.

- Budgets beschränken die Flexibilität und sind ein Hemmnis für Änderungen.

- Budgets sind selten strategisch fokussiert und oft widersprüchlich.

- Budgets konzentrieren sich auf Kostenreduktionen und nicht auf Wertschaffung.

- Budgets stärken vertikale Befehls- und Kontrollhierarchien.

- Budgets spiegeln die aufkommenden Netzwerkstrukturen von Organisationen nicht wider.

- Budgets begünstigen Fehlverhalten.

- Budgets werden zu selten, weil üblicherweise jährlich, erstellt und angepaßt.

- Budgets basieren auf unbestätigten Annahmen und Raterei.

- Budgets verstärken Bereichsbarrieren anstatt Wissensaustausch zu ermutigen.

- Budgets lassen die Menschen sich gering schätzen.

---

[21]   Vgl *Hansen, Otley* und *Van der Stede* (2003), S. 96.

3. Das *master budget*

3.1. Vorgehensweise

Das *master budget* stellt eine **periodenbezogene finanzielle Gesamtschau der Maßnahmen aller Unternehmensbereiche** dar[22]. Es beinhaltet im wesentlichen nichts anderes als eine sukzessive Ermittlung von Plangrößen verschiedener Bereiche. Auf mögliche Anreizwirkungen wird dabei typischerweise nicht eingegangen.

Ausgangspunkt des *master budget* ist zumeist eine **Absatzprognose**, die mit den Absatzpreisen versehen in eine wertmäßige Absatzprognose (Absatzbudget) mündet. Aus diesem Absatzbudget wird dann – unter Berücksichtigung angestrebter Lagerbestandsveränderungen – ein Produktionsbudget abgeleitet. Dieses bildet die Basis für ein Budget für die verschiedenen Güterverbräuche bzw Kostenarten und die materialbezogenen Beschaffungswerte (auch hier unter Berücksichtigung geplanter Lagerbestandsveränderungen).

Diese Budgets lassen sich ergänzen um **Spezialbudgets** (wie zB für Forschung und Entwicklung), die mit dem Absatz der laufenden Periode nicht direkt etwas zu tun haben müssen. Insgesamt bilden diese Projektionen der laufenden Operationen das sogenannte *operating budget*, dessen Ergebnis im **Erfolgsbudget** besteht.

Ein weiterer Bestandteil des *master budget* ist der **Finanzplan**, der die in der Planperiode erwarteten Zahlungsüberschüsse zeitlich differenziert enthält. In diesen Finanzplan gehen einerseits die Resultate des *operating budget* ein; andererseits werden diese Informationen ergänzt um das **Investitionsbudget** als wertmäßige Zusammenstellung der geplanten Investitionsvorhaben, um Prognosen der zeitlichen Verteilung von Ein- und Auszahlungen und um die voraussichtlich verfügbaren Finanzierungsquellen. Schließlich lassen sich die Gesamtergebnisse des Budgetierungsprozesses in der **Planbilanz** darstellen. Abbildung 3 stellt diese Zusammenhänge dar.[23]

Die gezeigte Vorgehensweise setzt voraus, daß die gesamten **Teilpläne** für sich **optimiert** wurden und daß sie auch untereinander stimmig sind. Vielfach ist ein sachlicher **Koordinationsbedarf** zwischen den Teilplänen notwendig. Dann kann die in Abbildung 3 gezeigte sequentielle Abfolge von Teilbudgets des *master budget* nicht aufrechterhalten werden. Beispielsweise ist es für die Absatzplanung wichtig, die Produktkosten zu kennen; diese ergeben sich aber erst aus der Produktionsmenge. Aufgrund von Produktionsengpässen kann sich ebenfalls eine Korrektur des Absatzbudgets ergeben. Bezieht man auch das Investitionsbudget mit ein, besteht alternativ auch die Möglichkeit, eine Investition in zusätzliche Kapazität vorzunehmen. Dies hängt wiederum von den Finanzierungsmöglichkeiten ab.

---

[22]   Vgl *Horngren, Foster* und *Datar* (2000), S. 178.

[23]   Adaptiert aus *Horngren, Foster* und *Datar* (2000), S. 183.

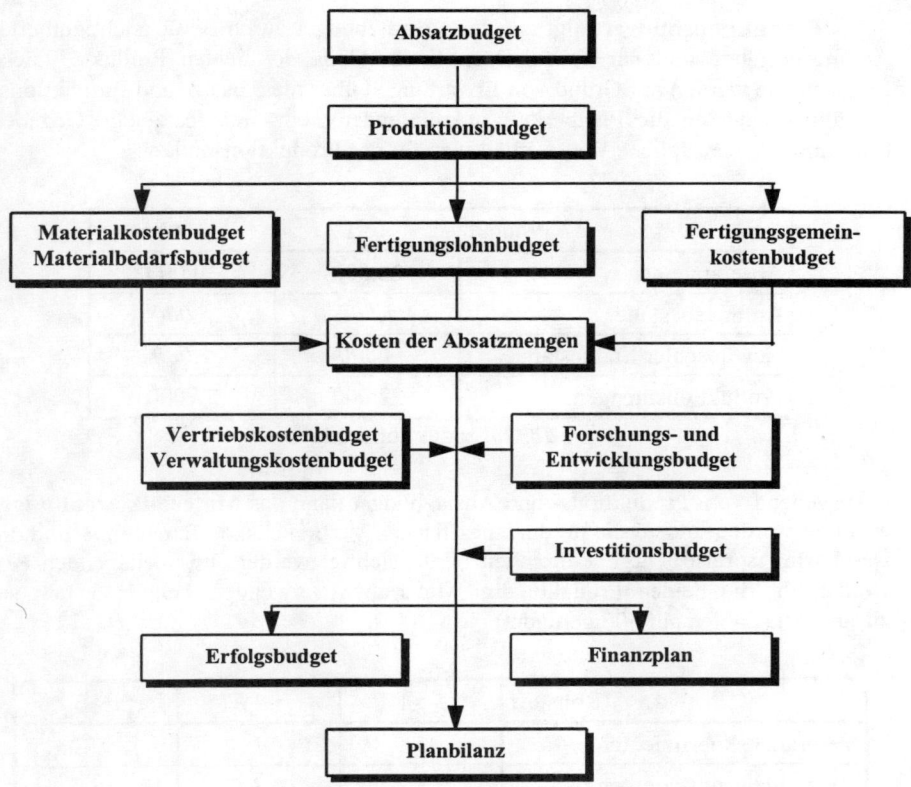

Abb. 3: *Master budget*

3.2. Ein Beispiel

Weil Aspekte der Investitions- und Finanzplanung nicht im Mittelpunkt dieses Buches stehen, wird nachfolgend ein Beispiel nur für den operativen Teil des *master budget* präsentiert. Dazu wird eine Unternehmung mit zwei Produktarten betrachtet. Um vorgegebene von errechneten Größen zu trennen, werden vorgegebene Größen im folgenden *kursiv* gesetzt.

Das **Absatzbudget** enthält die für die folgende Periode geschätzten Absatzmengen, Absatzpreise und Erlöse und möge wie folgt aussehen:

Produkt	$j = 1$	$j = 2$
Absatzmengen x_j	*20.000*	*30.000*
Absatzpreise p_j	*100*	*120*
Erlöse E_j	2.000.000	3.600.000

Tab. 1: Absatzbudget

Das **Produktionsbudget** folgt aus dem Absatzbudget durch Berücksichtigung der Anfangsbestände und der gewünschten Endbestände der beiden Produkte. Diese Endbestände werden auf Grund von Erwartungen über die Absatz- und Produktionsverhältnisse der an die Planperiode anknüpfenden Zeiträume festgelegt. Gegeben bestimmte diesbezügliche Werte erhält man für das Produktionsbudget:

Produkt	$j = 1$	$j = 2$
Absatzmengen x_j	20.000	30.000
Anfangsbestand	*1.000*	*5.000*
Gewünschter Endbestand	*3.000*	*2.000*
Produktionsmengen	22.000	27.000

Tab. 2: Produktionsbudget

Ausgehend vom Produktions- und Absatzbudget kann das **Materialkostenbudget** ermittelt werden, indem die produktspezifischen Verbrauchskoeffizienten v_{ij} und die Beschaffungspreise r_i je Faktoreinheit berücksichtigt werden. Im vorliegenden Fall werden für die beiden Produkte drei Materialien verwendet. Tabelle 3 faßt sie zusammen (Zahlen auf 500 gerundet).

Rohstoff	$i = 1$	$i = 2$	$i = 3$
Verbrauchskoeffizienten v_{i1}	*5*	*1*	*2*
Verbrauchskoeffizienten v_{i2}	*2*	*3*	*3*
Beschaffungspreise r_i	*1*	*2,5*	*2*
Absatzmengenbedarf	160.000	110.000	130.000
Kosten der Absatzmengen	160.000	275.000	260.000
Produktionsmengenbedarf	164.000	103.000	125.000
Kosten der Produktionsmengen	164.000	257.500	250.000

Tab. 3: Materialkostenbudget

Die faktorspezifischen Materialkosten der Produktion (des Absatzes) ergeben sich, indem die Verbrauchskoeffizienten einer Faktorart mit den jeweiligen Produktionsmengen (Absatzmengen) multipliziert, über beide Produktarten addiert und schließlich mit dem Beschaffungspreis für den betreffenden Faktor multipliziert werden.

Im Beispiel werden die jeweiligen **Verbräuche** für Absatz- und Produktionsmengen stets mit dem gleichen Preis **bewertet**. Damit ist für die spätere Berechnung des Gewinns implizit unterstellt, daß auf Lager liegende Fertigprodukte und Fertigprodukte der laufenden Periode den gleichen Wertansatz aufweisen. Sollte dies nicht der Fall sein, müßten zB Lagerbestandsabnahmen von Fertigprodukten differenziert berücksichtigt werden. Dann würde auch die Wahl einer Verbrauchsfolgefiktion (LIFO, FIFO etc) relevant werden. Von derartigen Komplikationen sei hier jedoch abgesehen, weil es nur um die Darstellung der grundlegenden Zusammenhänge geht.

Die hinter den obigen Materialkosten stehenden Verbrauchsmengen sind jedoch nicht identisch mit den Beschaffungsmengen. Analog zur Ableitung des Produktionsbudgets aus dem Verkaufsbudget sind auch hier potentielle Lagerbestandsveränderungen zu berücksichtigen. Nimmt man dafür bestimmte Werte an, erhält man das **Materialbedarfsbudget** wie folgt:

Rohstoff	$i = 1$	$i = 2$	$i = 3$
Produktionsmengenbedarf	164.000	103.000	125.000
Anfangsbestand	*10.000*	*15.000*	*6.000*
Gewünschter Endbestand	*10.000*	*10.000*	*10.000*
Gesamtbedarf (Menge)	164.000	98.000	129.000
Gesamtbedarf (Wert)	164.000	245.000	258.000

Tab. 4: Materialbedarfsbudget

Das Materialbedarfsbudget ist für die Berechnungen im Rahmen der **Finanzplanung** relevant, denn der wertmäßige Gesamtbedarf für das geplante Produktionsprogramm gibt zugleich einen Auszahlungsbetrag an, der insgesamt für die materialbezogenen Beschaffungstätigkeiten anfällt. Damit ist freilich noch nichts über die zeitliche Verteilung dieses Auszahlungsbetrages innerhalb der Planungsperiode gesagt, so daß die Zahlen des Materialbedarfsbudgets lediglich einen **Ausgangspunkt** für weitere Überlegungen im Rahmen des anschließenden Finanzplans darstellen.

Die Kosten für unmittelbar produktbezogene **Arbeitstätigkeiten** (Fertigungslöhne) werden üblicherweise auch über produktspezifische Verbrauchskoeffizienten erfaßt. Diese geben den Zeitbedarf an, der bei der betrachteten Tätigkeit für die Fertigung eines Stücks benötigt wird.[24] Für die weitere Darstellung wird angenommen, daß zwei Arten produktbezogener Arbeitstätigkeiten anfallen. Sie stellen faktisch zwei weitere Produktionsfaktoren dar, die mit $i = 4$ und $i = 5$ symbolisiert werden. Das **Fertigungslohnbudget** möge dann folgende Gestalt haben:

Arbeitsart	$i = 4$	$i = 5$
Verbrauchskoeffizienten v_{i1}	*1*	*1*
Verbrauchskoeffizienten v_{i2}	*0,75*	*1,5*
Beschaffungspreise r_i	*15*	*17*
Kosten der Absatzmengen	637.500	1.105.000
Kosten der Produktionsmengen	633.750	1.062.500

Tab. 5: Fertigungslohnbudget

---

[24] Siehe dazu auch die Ausführungen zur Grenzplankostenrechnung im 12. Kapitel: *Systeme der Kostenrechnung*.

Bezüglich der Fertigungsgemeinkosten wird unterstellt, daß es drei Positionen gibt, die zudem alle als Fixkosten zu betrachten sind. Das **Fertigungsgemeinkostenbudget** sei wie folgt gegeben:

Abschreibungen auf Maschinen (fix)	*500.000*
Abschreibungen auf Fabrikgebäude (fix)	*600.000*
Wartung und Instandhaltung (fix)	*150.000*

Tab. 6: Fertigungsgemeinkostenbudget

Aus diesen Daten lassen sich die gesamten **Kosten der Absatzmengen** ermitteln. Dabei wird unterstellt, daß die betrachtete Unternehmung eine *Teilkostenrechnung* durchführt, dh daß den absatzbestimmten Produkten nur die variablen Fertigungskosten zugerechnet werden. Weil die Fertigungsgemeinkosten zur Gänze fix sind, verbleiben demnach nur noch die Materialeinzelkosten und die Fertigungslöhne. Fixe Fertigungsgemeinkosten verrechnet die Unternehmung dagegen *en bloc* gegen die aus den Absatzmengen resultierenden Bruttoüberschüsse. Im Ergebnis resultieren die Kosten der Absatzmengen dann aus den absatzmengenbezogenen Einzelkosten sowie den einzelnen Bestandteilen der (fixen) Fertigungsgemeinkosten. Auf diese Weise erhält man folgende Werte:[25]

Materialeinzelkosten der Absatzmengen	695.000
Fertigungslöhne der Absatzmengen	1.742.500
Abschreibungen auf Maschinen (fix)	500.000
Abschreibungen auf Fabrikgebäude (fix)	600.000
Wartung und Instandhaltung (fix)	150.000
Summe	3.687.500

Tab 7: Kosten der Absatzmengen

Die Werte für die noch **verbleibenden Budgets** (Vertriebskosten, Verwaltungskosten, Forschung und Entwicklung) werden pauschal mit folgenden Werten angenommen:

Vertriebskostenbudget	*200.000*
Verwaltungskostenbudget	*100.000*
Forschung und Entwicklung	*300.000*

Tab. 8: Weitere Budgets

---

[25] Diese Darstellung ist kostenartenweise (also analog einem Gesamtkostenverfahren) aufgebaut. Der Leser ist eingeladen, die entsprechenden Zahlen für eine Vorgehensweise mit produktspezifischen Kostensätzen (Umsatzkostenverfahren) selbst zu ermitteln.

Sämtliche Budgets münden schließlich in das folgende **Erfolgsbudget**:

Erlöse der Absatzmengen	5.600.000
Kosten der Absatzmengen	−3.687.500
Vertriebskosten	−200.000
Verwaltungskosten	−100.000
Forschungs- und Entwicklungskosten	−300.000
Budgetierter Gewinn	1.312.500

Tab. 9: Erfolgsbudget

An diese Bestimmung des operativen Teils des *master budget* schließen sich die oben erwähnten Überlegungen zum **Finanzbudget** an. Insgesamt finden somit die Prognosen und Maßnahmen aller Teilbereiche des Unternehmens einen zahlen- und wertmäßigen Niederschlag.

4. Budgetsysteme und Berichterstattung

Bei der obigen Aufstellung des *master budget* wurde angenommen, daß bereits alle Daten vorliegen. Nachfolgend wird diese Annahme aufgehoben. **Asymmetrische Information** und **Zielkonflikte** zwischen der Zentrale und den Bereichsmanagern werden explizit berücksichtigt. Dadurch zeigt sich auch der Zusammenhang zwischen Budgetierung und dem **Anreizsystem**, der einleitend betont wurde.

Bei asymmetrischer Informationsverteilung hat die Zentrale bestenfalls grobes Wissen um die Erlös- und Kostenbeziehungen der einzelnen Bereiche. Natürlich kann sie auch auf Basis dieser ungenauen Kenntnisse Budgets festlegen, doch es erscheint plausibel, daß deren Qualität verbessert werden kann, wenn die Bereichsmanager ihre besseren Informationen an die Zentrale berichten. Angesichts der bereits oben erläuterten Interessenkonflikte wird man zunächst aber skeptisch sein müssen, ob diese Berichterstattungen stets wahrheitsgemäß erfolgen und die Qualität der Budgets tatsächlich verbessern.

4.1. *Weitzman*-Schema

Zur Erlangung wahrheitsgemäßer Berichte wird in der Literatur oftmals ein recht einfaches und anschauliches Anreizsystem angeführt, das vor allem in einem Beitrag von *Weitzman* (1976) im Rahmen der Besprechung von Anreizschemata in der ehemaligen Sowjetunion ausführlich diskutiert wurde und daher den Namen *Weitzman*-**Schema** oder auch „**Sowjetisches**" **Anreizschema** erhalten hat.

Ausgangssituation

Dem *Weitzman*-Schema liegt ein Szenario zugrunde, in dem ein Manager *exakt* über den in seinem Bereich erzielbaren **künftigen Überschuß** x informiert ist, die Zentrale aber nicht. Potentielle Motivations- bzw Arbeitsleidaspekte werden zumeist nicht explizit betrachtet; der Überschuß x wird vorerst als ein irgendwie gegebener Erfolg angesehen, den der Manager erzielen kann. Die Zentrale benötigt für ihre Planungen Informationen hinsichtlich dieses Überschusses und verlangt vom Manager daher einen diesbezüglichen Bericht. Die **Entlohnung** hängt sowohl vom **Bericht** $\hat{x}$ als auch vom tatsächlichen Ergebnis x am Periodenende ab:

$$s(x,\hat{x}) = \begin{cases} \underline{S} + \hat{\alpha} \cdot \hat{x} + \alpha_1 \cdot (x - \hat{x}), \text{falls } x \geq \hat{x} \\ \underline{S} + \hat{\alpha} \cdot \hat{x} + \alpha_2 \cdot (x - \hat{x}), \text{falls } x \leq \hat{x} \end{cases} \text{ mit } 0 < \alpha_1 < \hat{\alpha} < \alpha_2 \qquad (1)$$

Berichtet der Manager **wahrheitsgemäß**, dh $x = \hat{x}$, dann erhält er eine Entlohnung von $\underline{S} + \hat{\alpha} \cdot \hat{x}$. Positive Abweichungen zwischen tatsächlichem und berichtetem Ergebnis werden **belohnt**, wobei der Parameter α_1 allerdings *niedriger* als der rein berichtsabhängige Parameter $\hat{\alpha}$ ist. Umgekehrt führen negative Abweichungen zwischen tatsächlichem und berichtetem Ergebnis zu einer Minderung der Entlohnung mit einem Parameter α_2, der *höher* als der berichtsabhängige Parameter $\hat{\alpha}$ ist. Insofern kann man den Bericht $\hat{x}$ auch als **selbstgesetztes Erfolgsbudget** ansehen, dessen Überschreitung gerne gesehen und dessen Unterschreitung mit Gehaltseinbußen „bestraft" wird.

Wegen der angenommenen Parameterkonstellation ergeben sich für einen Manager, der den Erfolg x genau kennt, folgende Beziehungen:

$$\frac{\partial s(x,\hat{x})}{\partial \hat{x}} = \hat{\alpha} - \alpha_1 > 0, \text{falls } \hat{x} < x; \quad \frac{\partial s(x,\hat{x})}{\partial \hat{x}} = \hat{\alpha} - \alpha_2 < 0, \text{falls } \hat{x} > x$$

Daraus folgt, daß die **wahrheitsgemäße Berichterstattung** (dh $x = \hat{x}$) für den Manager stets **optimal** ist. Würde er zB weniger als x berichten, erzielte er zwar einen Bonus wegen der positiven Ergebnisabweichung, doch wäre es für ihn noch besser, von vornherein x zu berichten, weil der Bonusanteil für ein entsprechend höheres berichtetes Ergebnis größer ist. In umgekehrter Weise läßt sich die Suboptimalität eines das Ergebnis x übersteigenden Berichts erklären.

Mit dem Bericht $\hat{x}$ wird zunächst die Entlohnung s für wahrheitsgemäße Berichterstattung auf der stärkeren Geraden mit Steigung $\hat{\alpha}$ festgelegt. Der Bericht $\hat{x}$ definiert die Entlohnung $s(x \mid \hat{x})$, die sich schließlich abhängig vom Ist-Überschuß x ergibt. Diese *ex post*-Entlohnungsfunktion ist für zwei Berichtsniveaus dargestellt. Der Knick fällt genau auf den Punkt $x = \hat{x}$, und die Steigungen der beiden Äste werden durch die Parameter α_1 und α_2 mitbestimmt. Abbildung 4 zeigt die Wirkungsweise des *Weitzman*-Schemas.

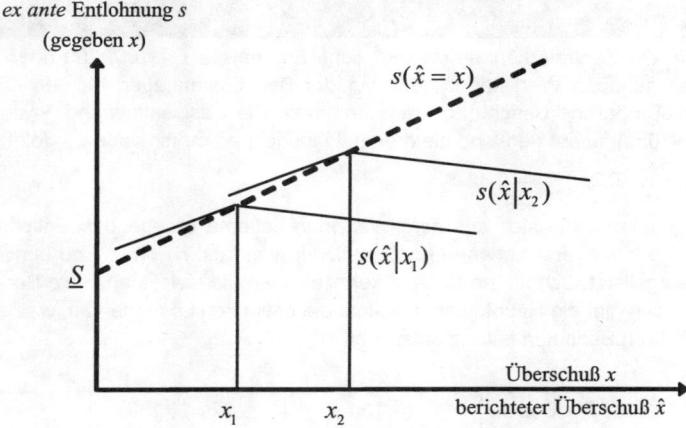

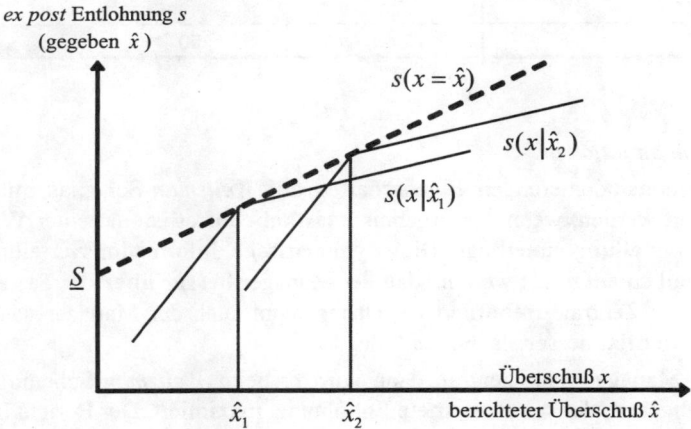

Abb. 4: *Weitzman*-Schema

Man könnte sich fragen, warum man in einem Szenario ohne ausdrückliche Einbeziehung von Arbeitsleidfaktoren überhaupt eine berichtsabhängige Entlohnung benötigt. Eine Alternative bestünde darin, dem Manager einfach ein **ergebnisunabhängiges Fixgehalt** zu geben. In diesem Fall hat er kein *strenges* Interesse an einer Falschberichterstattung, so daß man *unterstellen* kann, daß er wahrheitsgemäß berichtet. Allerdings hat er auch kein strenges Interesse an einer wahrheitsgemäßen Berichterstattung, weil seine Zielerreichung vom abgegebenen Bericht völlig unabhängig ist. Er könnte seine Berichte somit auch „auswürfeln", ohne irgendwelche Konsequenzen tragen zu müssen. Die *Sicherstellung*, daß wahrheitsgemäß berichtet wird, kann in diesem Fall nur über eine ergebnisabhängige Entlohnung erfolgen.

Beispiel

Aus Sicht der Zentrale können *drei* mögliche Ergebnisse x = 100, 200 oder 300 vorliegen. Den genauen Wert kennt indes nur der Bereichsmanager, für den dementsprechend drei mögliche Berichte in Frage kommen. Die Basisentlohnung $\underline{S}$ wird vereinfachend mit 0 angenommen, und die drei Entlohnungsparameter seien wie folgt gegeben:

$\alpha_1 = 0{,}1; \quad \hat{\alpha} = 0{,}2; \quad \alpha_2 = 0{,}3$

Nachfolgend sind die sich aus dem *Weitzman*-Schema ergebenden Entlohnungen für den Manager bei verschiedenen Kombinationen von tatsächlichem und berichtetem Ergebnis aufgelistet. Schattierte Größen kennzeichnen die jeweils optimale Berichtspolitik. Offensichtlich gibt die Hauptdiagonale stets die optimalen Lösungen an, was einer wahrheitsgemäßen Berichterstattung entspricht.

Ergebnis	Bericht	$\hat{x} = 100$	$\hat{x} = 200$	$\hat{x} = 300$
$x = 100$		20	10	0
$x = 200$		30	40	30
$x = 300$		40	50	60

Erweiterte Situationen

Die wahrheitsinduzierenden Eigenschaften des *Weitzman*-Schemas müssen etwas modifiziert werden, wenn das Ergebnis x **risikobehaftet** ist und einer **Wahrscheinlichkeitsverteilung** unterliegt. Die asymmetrische Informationsverteilung muß in diesem Fall so aufgefaßt werden, daß der Manager **besser über die Ergebnis***verteilung* als die Zentrale informiert ist. Daher kennt auch der Manager das **erwartete Erfolgspotential** besser als die Zentrale.

Ist der Manager risikoneutral, dann wird er beim *Weitzman*-Schema denjenigen Bericht abgeben, der seine erwartete Entlohnung maximiert. Der Bericht hängt einerseits von der **Ergebnisverteilung** und andererseits von den **Entlohnungsparametern** ab. Durch die Gestaltung dieser Parameter kann die Berichterstattung beliebiger *Quantile* (zB des Medians) der Ergebnisverteilung, nicht aber des Erwartungswerts $E[\tilde{x}]$ induziert werden (der Anhang zeigt, wie dies erfolgt).

Für die Interpretation dieses Berichts durch die Zentrale ist das aber nicht unbedingt ein Nachteil, weil der Bericht bei *gegebenen* Entlohnungsparametern **von der Ergebnisverteilung abhängt**. Für unterschiedliche Verteilungen werden daher auch verschiedene Berichte $\hat{x}$ abgegeben, so daß vom abgegebenen Bericht auf die zugrunde liegende Verteilung geschlossen werden kann, *sofern* die asymmetrische Information mit einem einzigen Parameter beschrieben werden kann. Und daraus läßt sich wiederum auf den entsprechenden Überschußerwartungswert zurückschließen. Im **Anhang** zu diesem Kapitel wird eine solche „intelligente" Interpretation anhand einer einfachen Situation verdeutlicht.

Praktische Anwendung

Die OBI-Gruppe, die Bau- und Heimwerkermärkte im Franchising betreibt, verwendet nach *Creusen* (1990) ein OBI-Prämiensystem, welches die Motivation sämtlicher Mitarbeiter zum Ziel hat. Die Darstellung erfolgt beispielhaft (*Creusen* (1990), S. 884).

Fall 1: Geplanter Erfolg ≤ realisierter Erfolg

Beispiel: Geplanter Erfolg 800.000, realisierter Erfolg 1.000.000
Tantiemenberechnung:

für realisierten Erfolg 2% von	1.000.000	= 20.000
für geplanten Erfolg 2% von	800.000	= 16.000
Gesamte Tantieme		36.000

Fall 2: Geplanter Erfolg > realisierter Erfolg

Beispiel: Geplanter Erfolg 800.000, realisierter Erfolg 600.000
Tantiemenberechnung:

für realisierten Erfolg 2% von	600.000	= 12.000
für geplanten Erfolg	800.000	
abzüglich zweimal Differenz	-400.000	
2% von	400.000	= 8.000
Gesamte Tantieme		20.000

Formal dargestellt lautet daher das Prämiensystem:

$$s(x,\hat{x}) = \begin{cases} 0{,}02\hat{x} + 0{,}02x & \text{für } x \geq \hat{x} \\ 0{,}02x + 0{,}02(\hat{x} - 2(\hat{x} - x)) & \text{für } x < \hat{x} \end{cases}$$

Durch Umformen erhält man:
für $x \geq \hat{x}$: $0{,}02\hat{x} + 0{,}02x = 0{,}04\hat{x} + 0{,}02(x - \hat{x})$
für $x < \hat{x}$: $0{,}02x + 0{,}02(\hat{x} - 2(\hat{x} - x)) = 0{,}06x - 0{,}02\hat{x} = 0{,}04\hat{x} + 0{,}06(x - \hat{x})$

Das OBI-Prämiensystem ist daher ein *Weitzman*-Schema mit den Parametern $\alpha_1 = 0{,}02$, $\hat{\alpha} = 0{,}04$ und $\alpha_2 = 0{,}06$.[26]

Trotz seiner intuitiv eingängigen Struktur hat das *Weitzman*-Schema einige **grundlegende Schwächen**. So lassen sich *moral hazard*-Aspekte (Induzierung einer hohen Arbeitsintensität etc) nur in eingeschränktem Umfang lösen, weil die ergebnisabhängigen Parameter starr vorgegeben sind und mithin nicht dem Bericht und damit der tatsächlichen Situation angepaßt werden können.[27] Darüber hinaus zeigen die Erläuterungen zum Fall risikobehafteter Ergebnisse, daß der Bericht nicht ohne weiteres als erwartetes Erfolgspotential übernommen werden kann, sondern erst noch gesondert uminterpretiert werden muß. Diese Probleme bestehen beim nachfolgend dargestellten Anreizsystem nicht.

---

[26] Andere Anwendungsfälle finden sich etwa in *Gonik* (1978) und *Tanzola* (1988).

[27] Im 9. Kapitel: *Investitionscontrolling* wird darüber hinaus gezeigt, daß das *Weitzman*-Schema bei Einbeziehung von Ressourcenallokationen seine wahrheitsinduzierenden Eigenschaften verliert.

4.2. Anreizschema nach *Osband* und *Reichelstein*

In einer Reihe von Arbeiten haben *Osband* und *Reichelstein* zur Erlangung wahrheitsgemäßer Berichte über den Ergebniserwartungswert $E[\tilde{x}]$ folgendes **Entlohnungsschema** entwickelt:[28]

$$s(x,\hat{x}) = \underline{S} + \ell(\hat{x}) + \ell'(\hat{x}) \cdot (x - \hat{x}) \qquad (2)$$

Dabei ist $\ell(\cdot)$ eine streng monoton steigende und strikt konvexe Funktion, dh $\ell' > 0$
und $\ell'' > 0$.

Im Rahmen des Schemas (2) läßt sich der Bericht $\hat{x}$ erneut als **selbstgesetztes Erfolgsbudget** interpretieren, wobei Überschreitungen (Unterschreitungen) dieses
Budgets wegen $\ell' > 0$ zu einer Erhöhung (Verminderung) der Entlohnung führen.
Bezüglich der Abhängigkeit vom Ergebnis x hat das Anreizsystem (2) eine denkbar
einfache Struktur, denn die Entlohnung hängt für einen gegebenen Bericht $\hat{x}$ **linear**
vom Ergebnis x ab.

Für einen *risikoneutralen* Manager beträgt die erwartete Entlohnung bei einem
wahrheitsgemäßen Bericht

$$E\big[s(\tilde{x},\hat{x} = E[\tilde{x}])\big] = \underline{S} + \ell(\hat{x}) = \underline{S} + \ell(E[\tilde{x}]) \qquad (3)$$

Berichtet er dagegen ein $\hat{x} \neq E[\tilde{x}]$, lautet der Erwartungswert seiner Entlohnung:

$$E\big[s(\tilde{x},\hat{x})\big] = \underline{S} + \ell(\hat{x}) + \ell'(\hat{x}) \cdot \big(E[\tilde{x}] - \hat{x}\big) \qquad (4)$$

Die Berichterstattung von $\hat{x} = E[\tilde{x}]$ ist genau dann optimal, wenn (3) mindestens
so groß wie (4) ist, wenn also gilt:

$$\underline{S} + \ell\big(E[\tilde{x}]\big) \geq \underline{S} + \ell(\hat{x}) + \ell'(\hat{x}) \cdot \big(E[\tilde{x}] - \hat{x}\big) \quad \text{bzw}$$

$$\ell\big(E[\tilde{x}]\big) - \ell(\hat{x}) \geq \ell'(\hat{x}) \cdot \big(E[\tilde{x}] - \hat{x}\big) \quad \text{für alle } \hat{x} \qquad (5)$$

Nun ist (5) für *jede* konvexe Funktion $\ell(\cdot)$ erfüllt,[29] so daß eine Berichterstattung
von $\hat{x} = E[\tilde{x}]$ tatsächlich **optimal** ist. Der Anreiz zu wahrheitsgemäßer Berichterstattung ist *strikt*, wenn (5) für $\hat{x} \neq E[\tilde{x}]$ mit „striktem größer" gilt; dies wird durch eine
strikt konvexe Funktion $\ell(\cdot)$ sichergestellt.[30]

Will man darüber hinaus sicherstellen, daß diese wahrheitsinduzierenden Eigenschaften für *jede* Wahrscheinlichkeitsverteilung mit einem Erwartungswert von
$E[\tilde{x}]$ erhalten bleiben, muß die **Entlohnung linear** in $\tilde{x}$ sein, gegeben ein Bericht

---

[28] Siehe dazu *Reichelstein* und *Osband* (1984), *Osband* und *Reichelstein* (1985) sowie *Reichelstein* (1992).

[29] Vgl zB *Takayama* (1985), S. 85 f.

[30] Für eine lineare Funktion fällt die Abhängigkeit der Entlohnung nach dem Bericht weg. Es
besteht dann Indifferenz des Managers bezüglich der Berichterstattung.

$\hat{x}$; damit sind Schemata wie in (2) die einzigen mit dieser Eigenschaft.[31] Im Ergebnis steigt damit wegen der Konvexität der Funktion $\ell(\cdot)$ die Entlohnung des Managers mit zunehmendem erwarteten Erfolgspotential **überproportional** an. Abbildung 5 zeigt die Struktur der Entlohnungsfunktion s. Bei wahrheitsgemäßer Berichterstattung $\hat{x} = E[\tilde{x}]$ steigt die Entlohnung konvex an. Gegeben einen bestimmten Bericht $\hat{x}$ wird die *ex post*-**Entlohnungsfunktion** linear steigend. Ein Vergleich von Abbildung 5 mit Abbildung 4 zeigt auch den charakteristischen Unterschied zwischen diesem Anreizschema und dem *Weitzman*-Schema. Er liegt vor allem in den unterschiedlich gekrümmten Funktionen begründet.

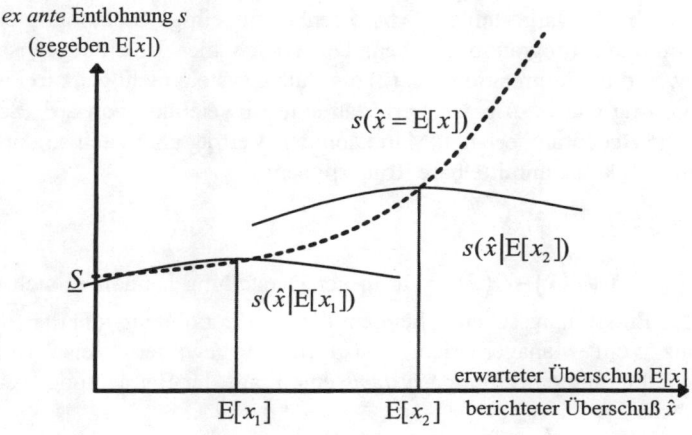

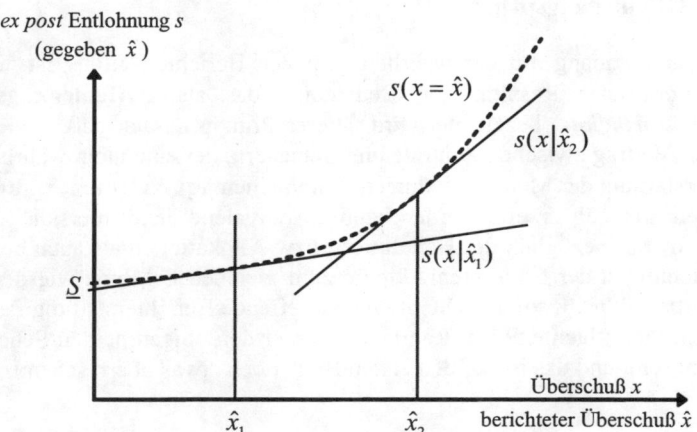

Abb. 5: Anreizschema von *Osband* und *Reichelstein*

---

[31] Ein allgemeiner Beweis findet sich in *Osband* und *Reichelstein* (1985). Für den Fall eines risikoaversen Managers können sich Modifikationen ergeben. Vgl dazu zB *Bamberg* (1991).

Anders als beim *Weitzman*-Schema ist keine Uminterpretation der Managerberichte erforderlich; der Bericht kann direkt als erwartetes Erfolgspotential aufgefaßt werden. Ein weiterer Unterschied zum *Weitzman*-Schema besteht in den Konsequenzen für den Arbeitseinsatz des Managers, denn jetzt hängt der für die Ergebnisbeteiligung maßgebliche Anteilssatz positiv vom berichteten Erfolg ab. Je höher das berichtete Erfolgspotential, desto größer wird demnach *ceteris paribus* der Arbeitsanreiz für den Manager, weil er nun stärker an den Erfolgen partizipiert. Schemata der Art (2) werden daher mit *moral hazard*-Problemen tendenziell besser fertig. In bestimmten Szenarien können sie sogar die *second best*-Lösung implementieren.[32] Dies wird sich auch im weiter unten präsentierten Ansatz zur partizipativen Budgetierung zeigen.

Für das früher angesprochene Problem der theoretischen Fundierung von Controllinginstrumenten klingen diese Resultate ermutigend, weil sich erweiterte Budgetsysteme des in (2) dargestellten Typs offenbar für einige Situationen endogen aus dem Optimierungsprogramm ergeben. Doch auch hier ist eine gewisse Vorsicht geboten, weil die Interpretation von (2) als Budgetsystem nicht ganz frei von Willkür ist. Der Vertrag wurde so präsentiert, daß eine Abweichung von der „Sollgröße" $\hat{x}$ maßgebliche Bedeutung erlangt. Man kann den Vertrag aber auch so darstellen, daß Abweichungen keine unmittelbare Rolle spielen:

$$ s\left(x,\hat{x}\right) = \underline{\hat{S}}\left(\hat{x}\right) + \ell'\left(\hat{x}\right) \cdot x $$

wobei $\underline{\hat{S}}\left(\hat{x}\right) = \underline{S} + \ell\left(\hat{x}\right) - \ell'\left(\hat{x}\right) \cdot \hat{x}$. In dieser Darstellung handelt es sich einfach um ein lineares Entlohnungsschema, bei dem die Basisentlohnung und der Beteiligungsprozentsatz vom Managerbericht abhängen. In gewisser Weise ist somit die endogene Erklärung eines *Budgetsystems* eine Frage der Betrachtungsweise bzw des „Geschmacks".

4.3. Das Offenlegungsprinzip

Im Zusammenhang mit der wahrheitsgemäßen Berichterstattung ist ein informationsökonomisches Resultat von Bedeutung, das als **„Offenlegungsprinzip"**[33] (*revelation principle*) bezeichnet wird. Dieses Prinzip besagt, daß in vielen Szenarien jeder Vertrag zwischen Zentrale und Managern, der eine nicht wahrheitsgemäße Berichterstattung der Manager induziert, durch einen **äquivalenten, wahrheitsinduzierenden Vertrag ersetzt** werden kann. „Äquivalent" heißt hier, daß dieser neue Vertrag sowohl bezüglich der Handlungen bzw Allokationen als auch bezüglich der Zielerreichungen der beteiligten Akteure zum gleichen Ergebnis wie der ursprüngliche Vertrag führt. Insofern scheint eine zutreffende Berichterstattung fast problemlos und in viel allgemeinerem Rahmen als unter den obigen beiden Schemata realisierbar zu sein, und das ist auf den ersten Blick doch etwas überraschend.

---

[32]   Siehe zu solchen Ansätzen etwa *Kirby, Reichelstein, Sen* und *Paik* (1991) sowie *Kanodia* (1993).

[33]   Siehe dazu insbesondere *Myerson* (1979).

Die folgenden Ausführungen sollen anhand eines einfachen Modellbeispiels[34] die **Idee des Offenlegungsprinzips** und seine Implikationen verdeutlichen. Betrachtet wird die Beziehung zwischen der Zentrale und einem Bereich, der einen Auftrag erhalten hat. Offen ist jedoch, ob dieser Auftrag angenommen werden sollte. Der Auftrag würde einen Erlös in Höhe von E erbringen. Die Kosten K zur Durchführung des Auftrags sind jedoch nur dem Bereichsmanager genau bekannt. Die Zentrale weiß lediglich, daß diese Kosten im Bereich $[K_L, K_H]$ liegen können, wobei die Relation $K_L < E < K_H$ gilt.

Angenommen, die Zentrale hätte über die Auftragsannahme zu entscheiden, während der Bereich für die Durchführung verantwortlich ist. Ohne weitere Informationen kann die Zentrale ihre Entscheidung nur auf Basis ihrer bisherigen Kenntnisse treffen. Ist sie *risikoneutral*, würde sie nach dem *Erwartungswert des Deckungsbeitrags* entscheiden. Der Auftrag würde demnach genau dann angenommen, falls $E \geq \mathrm{E}[\tilde{K}]$ ist.

Diese Vorgehensweise birgt offensichtlich die **Gefahr einer Fehlentscheidung** für alle Kostenrealisierungen $K > E$. Die Einbindung der dem Bereichsmanager verfügbaren Kosteninformationen könnte eine solche Gefahr grundsätzlich ausschalten und die Annahme nur solcher Aufträge garantieren, die wirklich vorteilhaft sind. Verlangt die Zentrale nun einen Bericht vom Bereichsmanager, muß sie **potentielle Interessenkonflikte** beachten. Im vorliegenden Fall mögen diese sich in den bereits oben allgemein erwähnten **Ressourcenpräferenzen** niederschlagen: Erhält der Manager von der Zentrale mehr Ressourcen zugeteilt, als er für die Ausführung des Auftrags tatsächlich benötigt, kann er die überschüssigen Beträge für eigene Zwecke (er hat also **Slackpräferenzen**) verwenden, ohne daß dies von der Zentrale entdeckt werden kann (zB weil der vom Manager geleitete Bereich auch andere Aufträge bearbeitet und die angefallenen Kosten nicht exakt einzelnen Aufträgen zugeordnet werden können). Je größer diese überschüssigen Beträge sind, desto größer ist das Nutzenniveau des Managers. Damit wird jetzt folgender erweiterter **Ablauf** betrachtet:

1. Der Manager berichtet einen **Kostenbedarf** in Höhe von C an die Zentrale.

2. Sofern $C \leq E$ ist, nimmt die Zentrale den Auftrag an, andernfalls lehnt sie ihn ab. Bei Auftragsannahme stellt die Zentrale dem Bereich **Mittel** in Höhe von C bereit.

3. Ein positiver Differenzbetrag (*slack*) $C - K$ steht dem Manager faktisch zur freien Verfügung. Eine negative Differenz ($C < K$) würde dagegen entweder die Fertigung des Auftrags verhindern oder aber Umschichtungen und Änderungen des bisherigen Bereichsprogramms erfordern. Sofern diese Aspekte auftreten, kann eine Falschberichterstattung des Managers von der Zentrale identifiziert und umgehend sanktioniert werden.

---

[34] Siehe zur Modellstruktur *Schiller* (2000a), S. 77 – 89.

Dieses Procedere kennzeichnet einen bestimmten „Vertrag" zwischen Zentrale und Management, denn in Abhängigkeit vom Bericht werden Allokationen und Zielerreichungen in einer genau spezifizierten Weise festgelegt. Fraglich ist nur, ob dieser Mechanismus eine **wahrheitsgemäße Berichterstattung** des Managers gewährleistet. Offenbar besteht nur die **Gefahr einer Überschätzung der tatsächlichen Kosten** durch einen Bericht $C > K$. Der Bereichsmanager hat aber genau solche Anreize, wie folgende einfache Überlegung zeigt: Für alle Kosten $K < E$ lohnt es sich, einen Bericht in Höhe von $C = E$ abzugeben. Der Auftrag wird angenommen, kann problemlos realisiert werden, und der Überschuß $C - K = E - K > 0$ steht zur Disposition des Managers. Bezeichnet $F(\cdot)$ die Verteilungsfunktion der Kosten K, dann findet im vorliegenden Fall aus Sicht der Zentrale mit der Wahrscheinlichkeit $F(C)$ offenbar eine Überschätzung der tatsächlichen Kosten K statt.

Nach dem oben referierten Inhalt des Offenlegungsprinzips gibt es nun einen **äquivalenten, wahrheitsinduzierenden** Vertrag. Man erhält ihn durch folgende Überlegung: Der Bereichsmanager hat genau deshalb ein Interesse an der Überschätzung der Kostensituation, weil er dadurch persönliche Vorteile durch die berichtsinduzierte Handlung (Auftragsannahme und Ressourcenzuteilung) der Zentrale erlangen kann. Gäbe man ihm nun bei wahrheitsgemäßer Berichterstattung die gleichen Vorteile wie bei der (bisherigen) Überschätzung, hätte er offenbar keine *strikten* Anreize mehr, die wirklichen Verhältnisse zu verfälschen. Die Zentrale kann dies erreichen, indem sie ihre **Antwort auf die Berichte** wie folgt modifiziert:

2.′ Sofern $C \leq E$ ist, nimmt die Zentrale den Auftrag an, andernfalls lehnt sie ihn ab. Bei Auftragsannahme stellt die Zentrale dem Bereich zusätzliche Mittel in Höhe von E (und nicht von C) bereit.

Offenbar hat der Bereichsmanager **jetzt kein striktes Interesse** mehr an einer Überschätzung: Sofern $K < E$ ist, berichtet er wahrheitsgemäß $C = K$ und erzielt unveränderte persönliche Vorteile in Höhe von $E - K$. Der Auftrag wird in exakt den gleichen Zuständen angenommen wie bisher, und auch die Zielerreichungen beider Seiten entsprechen den bisherigen.

Das Beispiel illustriert die **ökonomische Intuition** des Offenlegungsprinzips: Gegeben irgendeinen Vertrag kann sich die Zentrale in die Situation des Managers versetzen und sich „ausmalen", bei welchen tatsächlichen und von ihr unbeobachtbaren Zuständen sie in welchem Umfang betrogen wird. Dann aber kann sie den Vertrag so umformulieren, daß der Manager bei zutreffender Berichterstattung *die gleichen Vorteile* wie beim bisherigen Schummeln erzielt. Dies impliziert aber offenbar eine **Bindung der Zentrale**, denn der Manager erlangt diese gleichen Vorteile ja nur dann, wenn die Zentrale darauf verzichtet, die besseren Informationen zu einer gegenüber dem bisherigen Vertrag veränderten Allokation zu nutzen.

Dieser Aspekt gießt etwas Wasser in den Wein, der mit dem Offenlegungsprinzip auf den ersten Blick eingeschenkt zu werden scheint. In **unmittelbarer Betrachtung** hat das **Offenlegungsprinzip** eine **relative Natur**, denn es bezieht sich auf einen wie auch immer gegebenen Vertrag, der geeignet und äquivalent umformuliert werden kann. Ob die mit dem ursprünglich gegebenen und mithin auch mit dem umformulierten Vertrag verbundenen Zielerreichungen aus Sicht der Zentrale optimal sind, ist zunächst noch völlig offen. Im obigen Beispiel ist die Optimalität garantiert zweifelhaft, weil die Zentrale faktisch einen Deckungsbeitrag von 0 erzielt, und zwar auch bei zutreffender Berichterstattung des Bereichsmanagers.

Der optimale Vertrag[35]

Die asymmetrische Informationsverteilung erlaubt es dem Manager, Vorteile durch Überschätzung der tatsächlichen Kostensituation zu erzielen, dh., er kann „*slack*" in seine Kostenbudgets einbauen. Im obigen Fall führt dies zu einer völligen Vernichtung von Überschüssen für die Zentrale. Sie kann sich positive Überschüsse aber durch eine *Verzerrung der Annahmeentscheidung* sichern, indem sie etwa die Meßlatte für eine Auftragsannahme im Schritt 2.′ nicht in Höhe des Erlöses E, sondern unterhalb davon in Höhe von $E - \Delta > K_L$ ($\Delta > 0$) ansetzt. Für jedes Δ, das diese Bedingung erfüllt, erhält die Zentrale stets Berichte von $C = E - \Delta$, so daß jetzt nur noch mit einer Wahrscheinlichkeit von $F(E - \Delta)$ eine Überschätzung auftritt. Bei Auftragsannahme erzielt die Zentrale einen Überschuß von $E - (E - \Delta) = \Delta$. Insgesamt ergibt sich der erwartete Deckungsbeitrag $E[D]$ aus Sicht der Zentrale wie folgt:

$$E[D] = \Delta{\cdot}F(E - \Delta) > 0$$

Er ist offenbar positiv, so daß sich die Zentrale durch eine Verzerrung der Annahmeentscheidung besser stellt. Zwar wird der Auftrag nicht mehr in allen Zuständen akzeptiert, in denen dies eigentlich vorteilhaft wäre, doch gelingt es der Zentrale jetzt, den *slack* des Managers zu reduzieren, so daß ihr überhaupt positive Überschüsse zuwachsen können. Den optimalen Wert für Δ erhält man durch Differenzierung von $E[D]$ nach Δ und Nullsetzen, woraus folgt:

$$F(E - \Delta^*) - \Delta^*{\cdot}f(E - \Delta^*) = 0 \qquad \Rightarrow \qquad \Delta^* = F(E - \Delta^*)/f(E - \Delta^*)$$

Im Falle etwa einer Gleichverteilung der Kosten, dh $f = 1/(K_H - K_L)$, ergibt sich:

$$\Delta^* = (E - K_L)/2$$

Der optimale Grenzwert für eine Annahme des Auftrags lautet damit:

$$E - \Delta^* = (K_L + E)/2$$

Der hier aufscheinende Tradeoff zwischen Allokationsverzerrung und Reduzierung von *slack* ist nicht nur für dieses einfache Modell relevant, sondern findet sich in zahlreichen anderen Szenarien, in denen Ressourcenpräferenzen eine Rolle spielen.[36]

In einem Budgetierungskontext resultiert eine wesentliche Einschränkung aus dem vorgegebenen **Budgetkontext** selbst. Wie bereits oben erwähnt wurde, stellen Budgetsysteme *spezifische Vorschläge* für Koordinationsinstrumente dar. Sie lassen sich zwar bezüglich ihrer Eigenschaften analysieren, doch handelt es sich nicht um eine modellendogen bestimmte, insgesamt optimale Lösung. In einem solchen Zusammenhang vermag auch das Offenlegungsprinzip letztlich nur das zu leisten, was durch das betrachtete Budgetsystem erreichbar ist, wobei erschwerend hinzukommen

---

[35] Adaptiert nach *Schiller* (2000a), S. 78 – 80.

[36] Siehe etwa zu einem Ansatz der Investitionsbudgetierung das Modell von *Antle* und *Eppen* (1985) sowie generell die Übersicht bei *Antle* und *Fellingham* (1997).

kann, daß die geforderten Umformulierungen ggf die Struktur des verwendeten Budgetsystems verlassen. Das Offenlegungsprinzip ist in einem Budgetierungsszenario mithin gewiß **kein Allheilmittel** gegen Allokations- und Zielerreichungsprobleme auf Grund einer asymmetrischen Informationsverteilung.

> Das Offenlegungsprinzip setzt für seine Gültigkeit allerdings einige **weitere Annahmen** voraus: Die **Kommunikation** zwischen Manager und Zentrale darf nicht eingeschränkt sein, die zulässigen **Verträge** dürfen nicht beschränkt sein, und die Zentrale muß in der Lage sein, sich für jeden Bericht des Managers zu einem bestimmten, zum Teil *ex post* nicht rationalen Verhalten glaubwürdig zu **binden**. Letzteres zeigt sich im obigen Beispiel dadurch, daß die Zentrale ein Budget von E zuweisen muß, auch wenn sie nunmehr genau weiß, daß der Manager die Differenz von $E - K$ für nicht produktive Aktivitäten ausgibt.

Dennoch hat das Offenlegungsprinzip in der neueren informationsökonomischen Literatur eine sehr große Bedeutung, weil es in Modellen mit asymmetrischer Information den **Lösungsraum** für die optimalen Verträge einzuschränken erlaubt. Man kann die Lösungssuche auf die wahrheitsinduzierenden Verträge beschränken, ohne Gefahr zu laufen, durch diese zusätzliche Restriktion bessere Lösungen auszuschließen. Es ist nicht zuletzt dieser „technische" Aspekt, der dazu führt, daß optimale Verträge und Mechanismen in der Literatur zumeist auch wahrheitsinduzierend sind.[37]

5. Partizipation in der Budgetierung

5.1. Partizipationsgrade

Geben Bereichsmanager im Rahmen eines Budgetierungsprozesses Informationen an die Zentrale, so üben sie durch diese Berichterstattung typischerweise einen Einfluß auf die endgültige Festlegung der Budgets aus, dh, sie **partizipieren** bei der Budgetfestlegung. Der letztliche **Partizipationsgrad** kann dabei aber unterschiedlich ausgeprägt sein. Typischerweise werden drei Varianten von Partizipation in der Budgetierung genannt:[38]

1. ***Top down*-Budgetierung** (retrograde Budgetierung). Dabei legt die Zentrale die Rahmendaten fest, die aus der strategischen Planung abgeleitet werden. Diese werden von den untergeordneten Ebenen detailliert. Das Problem liegt vor allem im hohen Informationsbedarf der Zentrale; die im allgemeinen besseren Informationen der untergeordneten Ebenen über ihre jeweilige Situation werden dabei nicht genutzt. Es findet also **keine Partizipation** des Bereichsmanagers statt.

2. ***Bottom up*-Budgetierung** (progressive Budgetierung). Die Budgeterstellung erfolgt durch die untergeordneten Ebenen und wird auf den ver-

---

[37] Diese technische Bedeutung des Offenlegungsprinzips wird auch in den folgenden Abschnitten bei der Lösung von Agency-Modellen verwendet.

[38] Vgl zB *Steinmann* und *Schreyögg* (1997), S. 356 f.

schiedenen Hierarchiestufen zusammengefaßt und weitergeleitet. Damit können bessere Informationen der untergeordneten Ebenen in den Budgetierungsprozeß einfließen. Die *bottom up*-Budgetierung zeichnet sich somit durch einen **maximalen Partizipationsgrad** des Managers aus. Das Problem ist allerdings, daß diese Ebenen vielfach einen Anreiz haben können, ihre Informationen nicht wahrheitsgetreu in den Budgetierungsprozeß einfließen zu lassen. Ein weiteres Problem liegt im erhöhten Koordinationsbedarf bei der Zusammenfassung der Detailbudgets auf der jeweils übergeordneten Ebene.

3. **Budgetierung im Gegenstromverfahren.** Dabei handelt es sich um ein iteratives Herantasten an das Budget. Der Budgetierungsprozeß beginnt meist mit einer groben Vorgabe seitens der Zentrale (*top down*-Verfahren), an das sich eine *bottom up*-Phase anschließt, in der die Vorgaben zum Teil angepaßt werden, um schließlich wieder in einer ggf modifizierten Vorgabe zu münden, usw. Auch diese Variante beinhaltet eine **Partizipation** des Managers, doch ist dessen Einfluß nicht mehr ganz so stark wie bei der *bottom up*-Budgetierung. Dabei sollen die Vorteile von *top down* und *bottom up* vereint werden.

Um präzise Aussagen ableiten zu können, wird ein einfaches Agency-Modell für die Kostenbudgetierung betrachtet. An diesem Modell werden verschiedene Formen der Budgetierung und Partizipation dargestellt und an ihrem Ergebnis für die Zentrale beurteilt.

Empirische Ergebnisse

Aufgrund der Antworten von 158 deutschen Industrieunternehmen mit mehr als 1.000 Arbeitnehmern in einer schriftlichen Befragung im Jahr 1982 (*Horváth, Dambrowski, Jung* und *Posselt* 1985, S. 147) ergab sich folgendes Bild:

	Anzahl der Arbeitnehmer (in Tsd)				Durchschnitt
	1 – 2,5	2,5 – 5	5 – 10	über 10	
Top down	10,3%	7,9%	0,0%	0,0%	7,0%
Bottom up	20,5%	26,3%	47,4%	26,1%	25,9%
Gegenstromverfahren	69,2%	65,8%	52,6%	73,9%	67,1%

5.2. Modellannahmen

Das Modell umfaßt zwei Akteure, die **Zentrale** (als Prinzipal) und einen **Bereichsmanager** (den Agenten).[39] Die Zentrale beauftragt den Manager mit der Leitung eines Unternehmensbereichs, in dem eine bestimmte Produktionsmenge (hier als

---

[39] Die folgende Modellstruktur ist eine stark vereinfachte Variante des Ansatzes in *Kanodia* (1993). Dort werden neben der Zentrale zwei Divisionen mit innerbetrieblichem Leistungsaustausch betrachtet. Das hier verwendete Szenario entspricht im wesentlichen demjenigen für die Lieferdivision bei *Kanodia* (1993).

exogen gegeben betrachtet) gefertigt wird. Der Manager soll die geforderte Menge zu möglichst niedrigen Kosten produzieren. Er besitzt allerdings bessere Informationen über die Kostensituation seines Bereiches. Der Planungshorizont beträgt eine Periode. Die zeitliche Abfolge der Ereignisse ist in Abbildung 6 dargestellt.

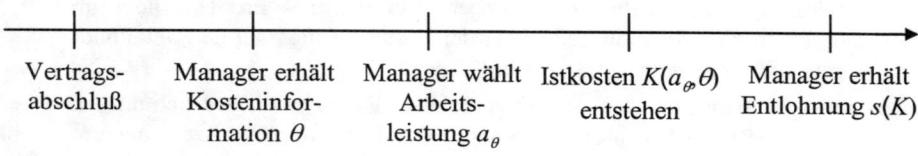

Vertrags-   Manager erhält   Manager wählt   Istkosten $K(a_\theta, \theta)$ Manager erhält
abschluß   Kosteninfor-   Arbeits-   entstehen   Entlohnung $s(K)$
                mation θ leistung a_θ

Abb. 6: Ereignissequenz des Modells

Dabei bedeuten:
a .... Arbeitsleistung des Agenten
s .... Entlohnungsfunktion
K .... Istkosten
θ .... (unsicheres) Basiskostenniveau

Zu Beginn der Periode wird der Arbeitsvertrag mit dem Anreizsystem in Form der vereinbarten **Entlohnung** festgelegt. Es wird unterstellt, daß ausschließlich die **Istkosten** K von beiden Vertragsparteien beobachtbar und kontrahierbar sind, womit die **Entlohnungsfunktion** $s(\cdot)$ ebenfalls nur von K abhängen kann.

Zum **Zeitpunkt des Vertragsabschlusses** herrscht **symmetrische Information**. Der Manager erlangt aber unmittelbar danach auf Grund seiner Tätigkeit „vor Ort" **bessere Kenntnis** über die tatsächlich vorliegende Kostensituation seines Bereichs. Diese Information wird mit θ bezeichnet und kann vereinfachend nur zwei Ausprägungen annehmen, die *ex ante* mit der Wahrscheinlichkeit ϕ_θ eintreten können. Ist $\theta = L$, hat man es mit einer Situation tendenziell niedriger, bei $\theta = H$ dagegen mit einer Situation tendenziell hoher Kosten zu tun, dh $L < H$. Die Kostenfunktion $K(a, \theta)$ lautet wie folgt:

$$K(a, \theta) = \theta - a \qquad \text{für } \theta = L, H \tag{6}$$

wobei $0 \leq a < \theta_L$ angenommen wird. Danach kann θ als ein **Basiskostenniveau** angesehen werden, mit dem man auf Grund einer bestimmten Konstellation von Fertigungsbedingungen und Beschaffungspreisen rechnen muß. Die Kosten lassen sich allerdings durch die **Arbeitsleistung** a des Managers senken; die Kostensenkung wird linear in a angenommen.

Gemäß Abbildung 6 erhält der Manager die Information θ rechtzeitig genug, um seine Arbeitsleistung davon abhängig machen zu können, es gilt also $a = a(\theta)$. Die Zentrale weiß nur, *daß* der Manager eine Information erhält, doch ist für sie weder die konkret vorliegende Information θ noch die Arbeitsleistung $a(\theta)$ beobachtbar. Allerdings ist hinsichtlich der Unbeobachtbarkeit der Arbeitsleistung im vorliegenden Fall zu beachten, daß die Istkosten gemäß (6) für einen *gegebenen* Zustand θ sicher sind.

Hätte die Zentrale Kenntnis von θ, könnte sie über die **Vorgabe von Kosten** *indirekt* die Arbeitsleistung kontrollieren, denn aufgrund von (6) besteht bei gegebenem θ zwischen K und a eine umkehrbar eindeutige Beziehung. Im vorliegenden Fall liegt das Problem eher darin, daß eine derartige Kontrolle der Arbeitsleistung nicht ohne weiteres möglich ist, weil die Zentrale nicht über die gleichen Informationen wie der Manager verfügt. Die daraus resultierenden Schwierigkeiten werden im folgenden ausführlich erörtert.

Des weiteren ist zunächst noch eine Präzisierung der Präferenzsysteme erforderlich. Für den Manager (Agent) wird eine **additiv separable Nutzenfunktion** der folgenden Art unterstellt:

$$U^A = U(s) - V(a) = s - \frac{a^2}{2} \tag{7}$$

Demnach ist der Manager hinsichtlich der finanziellen Größen risikoneutral. Bezüglich des **Disnutzens** bzw **Arbeitsleids** $V(a)$ wird vereinfachend eine quadratische Funktion angenommen, so daß sowohl das Arbeitsleid als auch das Grenzarbeitsleid mit steigendem Arbeitseinsatz beständig zunehmen. Die Annahme eines konvex steigenden Disnutzens dient im wesentlichen dazu, in einfacher Form explizite Lösungen zu ermöglichen.

Die **Zentrale** (Prinzipal) orientiert sich ausschließlich an finanziellen Größen und ist risikoneutral. Sie ist an einer Minimierung der erwarteten Gesamtkosten *GK* interessiert, die sich als Summe aus der erwarteten Entlohnung des Managers und den erwarteten Produktionskosten ergeben. Definiert man

$$K_\theta \equiv K(a_\theta, \theta) \qquad \theta = L, H \tag{8}$$

$$s_\theta \equiv s(K_\theta) \qquad \theta = L, H, \tag{9}$$

so folgt als Zielsetzung der Zentrale

$$\min_s E\left[\widetilde{GK}\right] = \sum_{\theta = L, H} (K_\theta + s_\theta) \cdot \phi_\theta \tag{10}$$

Will man den Manager für eine Tätigkeit im Unternehmen gewinnen, muß man ihm wenigstens das bieten, was er anderweitig am Markt erzielen könnte. Analog zum Grundmodell der **Agency-Theorie** ist eine **Teilnahmebedingung** für den Manager zu beachten, und der **Reservationsnutzen** des Managers sei mit $\underline{U}^A$ bezeichnet. Dabei wird angenommen, daß die Zentrale dem Manager für *jeden* Zustand θ den Reservationsnutzen bieten muß, der ohne Beschränkung der Allgemeinheit auf $\underline{U}^A = 0$ normiert wird. Dies kann etwa mit einer Kündigungsmöglichkeit des Managers begründet werden. Erkennt der Manager die tatsächliche Situation θ, und würde er gemäß dem anfangs vereinbarten Vertrag gegenüber seinen anderweitigen Beschäftigungsmöglichkeiten einen Nachteil erleiden, könnte er den Vertrag auflösen und diese Alternativen ausschöpfen. Der Vertrag muß daher gewährleisten, daß der Manager *stets* mindestens den Reservationsnutzen erhält, unabhängig davon, welche Kostensituation vorliegt:

$$s_\theta - V\left(a_\theta\right) \geq 0 \qquad \theta = L, H \tag{11}$$

Die Annahme über die **Teilnahmebedingung** des Managers kann auch noch in einer etwas anderen Form interpretiert werden. Muß man nämlich dem Manager für *jeden* Zustand θ den Reservationsnutzen bieten, und wählt der Manager erst *nach* der Beobachtung von θ seine Arbeitsleistung, dann ist dies äquivalent zu einer Situation, bei welcher der Manager schon zum Zeitpunkt des Vertragsabschlusses über die Information θ verfügt: Die Zentrale weiß nicht, welche Information dem Manager konkret vorliegt. Sie kennt nur die Wahrscheinlichkeiten dafür, daß der Informationsstand zum Zeitpunkt des Vertragsabschlusses des Managers θ ist. Der Manager wird den Vertrag nur akzeptieren, wenn er wenigstens den Reservationsnutzen erhält. Die Rolle dieser Teilnahmebedingung wird bei der Darstellung der *first best*-Lösung verdeutlicht.

5.3. Die *first best*-Lösung

Zur besseren Einordnung der Wirkungen und Resultate einer **Kostenbudgetierung** ist es sinnvoll, zunächst die Charakteristika der *first best*-Lösung herauszuarbeiten. Für einen Moment wird also unterstellt, daß auch die Zentrale vollständige Kenntnis des Zustandes θ hat. Wegen der zustandsbedingt sicheren Kostenstruktur können daher die zustandsbedingt **optimalen Kosten** – und somit indirekt die zustandsbedingt optimale Arbeitsintensität – unmittelbar von der **Zentrale vorgegeben** werden. Dabei wird die Zentrale dem Manager gerade solche Zahlungen zugestehen, die einen Ausgleich für das Arbeitsleid bieten und insgesamt den Reservationsnutzen $\underline{U}^A = 0$ gewährleisten. Diese Zahlungen fließen nur dann, wenn das von der Zentrale für den betreffenden Zustand vorgesehene Kostenniveau erreicht wird; andernfalls erhält der Manager nichts.

Angenommen, die Zentrale möchte für den Zustand θ die Kosten K_θ festsetzen. Gemäß (6) folgt daraus eine Arbeitsintensität in Höhe von

$$a_\theta = \theta - K_\theta \tag{12}$$

Für das gewünschte Kostenniveau muß dem Manager wegen $\underline{U}^A = 0$ nur das resultierende Arbeitsleid ausgeglichen werden. Dazu ist folgende Entlohnung notwendig:

$$s_\theta = V\left(a_\theta\right) = V\left(\theta - K_\theta\right) \tag{13}$$

Die Zentrale minimiert nun für jeden Zustand die **Gesamtkosten**

$$GK_\theta = K_\theta + s_\theta = K_\theta + V\left(\theta - K_\theta\right)$$

Das zustandsbedingt optimale **Kostenniveau** ergibt sich aus der Bedingung erster Ordnung

$$\frac{\partial GK_\theta}{\partial K_\theta} = 1 + \frac{\partial s_\theta}{\partial K_\theta} = 1 - V'\left(\theta - K_\theta^*\right) = 0 \tag{14}$$

Teilnahmebedingung vor oder nach Beobachtung von Information

Im Zusammenhang mit dem Grundmodell der Agency-Theorie (siehe 7. Kapitel: *Kontrollrechnungen*) wurde argumentiert, daß trotz Unbeobachtbarkeit von Arbeitsleistung und Zustand (also in der eigentlichen *second best*-Situation) die *first best*-Lösung auch bei **Risikoneutralität** des Managers durch eine an ihn erfolgende „Verpachtung" des Bereichs realisiert werden kann. Weil es im vorliegenden Fall um eine reine Kostenbetrachtung geht, müßte umgekehrt analog vorgegangen werden. Eine Übertragung des Bereichs an den Manager impliziert, daß der Manager nun vollständig die Produktionskosten trägt, wofür ihm eine Ausgleichszahlung anzubieten wäre. Die Zentrale wird diese Ausgleichszahlung so niedrig wie möglich festsetzen. Gilt die Teilnahmebedingung wie im Grundmodell in einer *ex ante*-**Variante**, muß die Zahlung gerade so hoch sein, daß der Agent **im Durchschnitt** seinen Reservationsnutzen erhält. Weil er sämtliche Kostensenkungen internalisiert, wird er aus eigenem Antrieb in jedem Zustand das *first best*-Kostenniveau realisieren. Die Zentrale kann daher die Ausgleichszahlung s^A gemäß folgender Bedingung festsetzen:

$$s^A = \sum_{\theta = L, H} \left(K_\theta^{FB} + V\left(\theta - K_\theta^{FB}\right)\right) = E\left[\widetilde{GK}^{FB}\right] = E\left[\tilde{\theta}\right] - 0,5$$

Mithin zahlt die Zentrale im Durchschnitt ebenfalls die erwarteten *first best*-Gesamtkosten, so daß bei einer *ex ante*-Variante der Teilnahmebedingung und risikoneutralen Akteuren tatsächlich die *first best*-Allokation und *first best*-Distribution resultieren.

Im hier vorliegenden Fall ist die Teilnahmebedingung allerdings in einer *ex post*-**Variante** formuliert, sie ist also nicht nur im Durchschnitt, sondern für *jeden* einzelnen Zustand θ einzuhalten. Der Unterschied besteht darin, daß die zustandsspezifisch abgeleitete *first best*-Lösung gemäß (14), (15) und (16) zwar dazu führt, daß der Manager auch im Durchschnitt nur seinen Reservationsnutzen erzielt (weil er in jedem Zustand nur diesen Nutzen erhält), daß aber umgekehrt eine direkt durchschnittsbezogene Forderung mindestens eine zustandsspezifische Teilnahmebedingung verletzt. Demnach ist es trotz Risikoneutralität der Akteure im vorliegenden Szenario nicht möglich, die *first best*-Lösung zu erreichen.

Damit wird die intuitiv einsichtige Bedingung beschrieben, wonach sich eine Reduzierung der Kosten so lange lohnt, wie die dafür erforderliche zusätzliche Zahlung an den Manager die Kostensenkung nicht überschreitet. Auf Grund der in diesem Modell unterstellten linearen Kostenstruktur (6) ergibt sich eine **zustandsunabhängige *first best*-Arbeitsleistung**, die für die in (7) definierte quadratische Disnutzenfunktion stets den Wert 1 annimmt. Man erhält demnach für das ***first best*-Kostenniveau**:

$$K_\theta^{FB} = \theta - 1 \quad \Rightarrow \quad K_L^{FB} = L - 1 < K_H^{FB} = H - 1 \tag{15}$$

Der Manager erhält daher in jedem Zustand die Entlohnung

$$s_\theta^{FB} = V\left(\theta - K_\theta^{FB}\right) = V(1) = \frac{1}{2} \cdot 1^2 = 0,5 \tag{16}$$

Mithin erreicht der Manager nach Abzug des Arbeitsleids in jedem Zustand gerade seinen **Reservationsnutzen**, und die Zielerreichung der Zentrale beträgt

$$E\left[\widetilde{GK}^{FB}\right] = E\left[\tilde{\theta}\right] - 1 + 0,5 \tag{17}$$

5.4. Die *second best*-Lösung

Kennt die Zentrale das Basiskostenniveau θ nicht, kann eine unmittelbar zustandsspezifische Lösung für die Kostenniveaus nicht mehr erreicht werden. Die Zentrale hat grundsätzlich zwei Alternativen, die als **Budgetierungsvarianten** interpretiert werden können:

1. Sie legt einfach ein **Entlohnungssystem** für den Manager in Abhängigkeit der Produktionskosten fest.

2. Sie läßt sich vom Manager einen **Bericht über den Produktionszustand** θ geben, um daran anknüpfend die Entlohnung zu bestimmen.

Es ist leicht einzusehen, daß die zweite Alternative mit Bericht dominant (schwach) besser als die erste sein muß, wenn man von eventuellen Kosten der Berichterstattung einmal absieht. Der Zentrale steht es ja völlig frei, nach dem Empfang des Berichts auch diejenige Entlohnung festzulegen, die sie bei der ersten Alternative optimal gefunden hätte. Würde sie so bei jedem Bericht verfahren, hätte man faktisch die Lösung wie bei der ersten Alternative. Lohnt es sich aber für wenigstens einen Bericht, eine andere Entlohnung zu wählen, dann muß die Zielerreichung der Zentrale offenbar höher sein.

Bei der Suche nach der *second best*-Lösung muß demnach grundsätzlich die **Berichterstattung** des Managers einbezogen werden, und aus der sich ergebenden Lösung erkennt man letztlich, ob diese Kommunikation tatsächlich wertvoll in dem Sinne ist, daß die Lösung nicht auch ohne Berichterstattung hätte implementiert werden können. Bei der Einbeziehung der Berichterstattung kann auf das oben erläuterte **Offenlegungsprinzip** zurückgegriffen werden, dh es werden nur solche Entlohnungsstrukturen betrachtet, die zu einer **wahrheitsgemäßen Berichterstattung** des Managers führen.

Daraus ergibt sich der folgende **Ablauf**:

1. Der Manager legt einen Bericht über den Produktionszustand vor.

2. Die Zentrale transformiert diesen Bericht in eine Kostenvorgabe und eine damit verbundene Entlohnung, die nur bei Erreichen der vorgegebenen Kosten bezahlt wird.

3. Der Manager leistet seine Arbeitsintensität, am Ende der Periode treten bestimmte Istkosten ein, und die vertraglich festgelegte Zahlung wird geleistet.

Die aus dem **Offenlegungsprinzip** erwachsende Forderung nach einer zutreffenden Berichterstattung in Schritt 1 bedeutet, daß nun neben den zustandsspezifischen Teilnahmebedingungen (11) auch zwei **Selbstselektionsbedingungen** bezüglich der

Berichte zu berücksichtigen sind, die dafür sorgen, daß der Manager keinen strikten Anreiz hat, eine unwahre Basiskostensituation zu berichten. Angenommen, der Manager erhält Kenntnis über das Vorliegen des günstigen Zustands L. Weiterhin wird irgendeine Antwort der Zentrale auf die Berichte zugrunde gelegt, die darin besteht, daß bei einem Bericht L (H) die Kompensationen s_L (s_H) und die Kostenniveaus K_L (K_H) festgesetzt werden. Der Manager weiß, daß er zur Erreichung dieser Kostenniveaus entsprechende Arbeitsleistungen gemäß der Kostenfunktion (6) leisten muß. Ein Manager im Zustand L wird mithin genau dann wahrheitsgemäß berichten, wenn

$$s_L - V\left(L - K_L\right) \geq s_H - V\left(L - K_H\right) \tag{18}$$

Die linke Seite von (18) bezeichnet den **Nutzen des Managers** bei einem Bericht von L, wenn die Zentrale die Entlohnung s_L anbietet und dafür das Kostenniveau K_L fordert. Die rechte Seite von (18) gibt die Zielerreichung des Managers an, falls er fälschlicherweise H berichtet, wofür die Zentrale eine Entlohnung s_H und ein Kostenniveau K_H vorsieht. Das Arbeitsleid zur Erreichung des Kostenniveaus K_H bestimmt sich dabei unter der Bedingung, daß tatsächlich der Zustand L vorliegt. Analog ergibt sich für den Zustand H folgende Bedingung:

$$s_H - V\left(H - K_H\right) \geq s_L - V\left(H - K_L\right) \tag{19}$$

Aus diesen Bedingungen folgt bereits eine wichtige **Eigenschaft** der *second best*-Lösung. Wegen $L < H$ ist die zur Erreichung eines bestimmten Kostenniveaus erforderliche Anstrengung im Zustand L ja niedriger als im Zustand H. Dies impliziert für das Kostenniveau K_H

$$V\left(L - K_H\right) < V\left(H - K_H\right)$$

Aufgrund der Selbstselektionsbedingung (18) folgt daraus

$$s_L - V\left(L - K_L\right) \geq s_H - V\left(L - K_H\right) > s_H - V\left(H - K_H\right) \geq 0 \tag{20}$$

wobei die letzte Ungleichung der Teilnahmebedingung für den Zustand H entspricht. Demnach ist die *second best*-Lösung dadurch charakterisiert, daß der Manager im Zustand L **mehr als seinen Reservationsnutzen** erhält, er erzielt eine sogenannte **Informationsrente**.

Die dahinter stehende Intuition erkennt man, wenn man prüft, ob die *first best*-Entlohnungen und Kostenniveaus mit dem Offenlegungsprinzip vereinbar sind. Bei diesen *first best*-Lösungen gemäß (15) und (16) erzielt der Manager keine Informationsrente, falls er wahrheitsgemäß berichtet, denn es gilt

$$s_L^{FB} - V\left(L - K_L^{FB}\right) = s_H^{FB} - V\left(H - K_H^{FB}\right) = 0$$

Ein Manager im Zustand L hätte nun den Anreiz, den Bericht H abzugeben. Seine Anstrengung zur Erreichung des damit verbundenen *first best*-Kostenniveaus wäre nämlich *geringer* als diejenige im Zustand H, doch genau darauf ist die *first best*-Entlohnung für H ausgerichtet. Es gilt daher

$$s_H^{FB} - V\left(L - K_H^{FB}\right) > 0$$

Aus analogen, aber umgekehrt wirkenden Gründen hat ein Manager im Zustand H *kein* Interesse an einer Falschberichterstattung, denn für ihn wäre die Anstrengung zum Erreichen des niedrigeren *first best*-Kostenniveaus des Zustands L so hoch, daß bei der *first best*-Entlohnung für L ein negativer Nutzen entstünde. Beim *first best*-Vertrag würde die Zentrale daher bei Informationsasymmetrie stets den Bericht H und demnach das damit verbundene Kostenniveau erhalten. Eine wahrheitsgemäße Berichterstattung setzt voraus, daß sie dem Manager im Zustand L den gleichen Nutzen gewährt wie bei einer Falschberichterstattung, und genau das ist die Grundlage für die Existenz der Informationsrente im Zustand L.

Die durch (20) ausgedrückte **Eigenschaft** der *second best*-Lösung erlaubt eine Reduktion der Bedingungen, die für die Ermittlung der Lösung noch zu berücksichtigen sind:

- Weil der Manager gemäß (20) im Zustand L eine Informationsrente erzielt, ist seine **Teilnahmebedingung** für diesen Zustand **nicht bindend**.

- Die **Teilnahmebedingung** für den Zustand H **bindet**, denn die Zentrale wird die Entlohnung s_H gerade so festlegen, daß das Arbeitsleid $V(H - K_H)$ ausgeglichen wird.

- Die Zentrale wird die Entlohnung s_L nicht höher als unbedingt nötig festsetzen. Daher lohnt sich *ceteris paribus* eine Senkung von s_L, bis die **Selbstselektionsbedingung** (18) **bindet** (durch Senkung von s_L bleibt auch die zweite Selbstselektionsbedingung (19) *ceteris paribus* erfüllt).

- Daraus folgt zugleich, daß die zweite **Selbstselektionsbedingung** (19) **nicht bindet**. Wäre das nämlich auch der Fall, erhielte man aus (18) und (19) die Gleichung

$$s_L - s_H = V\left(L - K_L\right) - V\left(L - K_H\right) = V\left(H - K_L\right) - V\left(H - K_H\right),$$

und das ist wegen der Konvexität von V nicht möglich.

Lösung

Im Ergebnis minimiert die Zentrale daher die **erwarteten Gesamtkosten** unter Berücksichtigung der (bindenden) Teilnahmebedingung für den Zustand H und der (bindenden) Selbstselektionsbedingung (18) für den Zustand L:

$$\min_{K_L, K_H} \phi_L \cdot (K_L + s_L) + \phi_H \cdot (K_H + s_H)$$

unter den Nebenbedingungen

$$s_H - V(H - K_H) = 0$$
$$s_L - V(L - K_L) = s_H - V(L - K_H)$$

Einsetzen der beiden Nebenbedingungen in die Zielfunktion ergibt

$$\min_{K_L,K_H} \phi_L \cdot K_L + \phi_H \cdot K_H + \phi_L \cdot \left[V(L-K_L) + V(H-K_H) - V(L-K_H) \right] + \phi_H \cdot V(H-K_H)$$

bzw

$$\min_{K_L,K_H} \phi_L \cdot K_L + \phi_H \cdot K_H + V\left(H-K_H\right) + \phi_L \cdot \left[V\left(L-K_L\right) - V\left(L-K_H\right) \right] \qquad (21)$$

Die Bedingung erster Ordnung für K_L führt zu

$$\phi_L \cdot \left(1 - V'\left(L-K_L^*\right) \right) = 0 \quad \Rightarrow \quad K_L^* = K_L^{FB} = L-1 \qquad (22)$$

Demnach wird im günstigen Zustand L hinsichtlich des **Kostenniveaus** die *first best*-**Lösung** (und damit auch die *first best*-Arbeitsleistung) realisiert. Dagegen ergibt sich aus der Bedingung erster Ordnung für K_H

$$\phi_H - V'(H-K_H^*) + \phi_L \cdot V'(L-K_H^*) = 0$$

Wegen $\phi_L + \phi_H = 1$ entspricht dies

$$\phi_H - (\phi_L + \phi_H) \cdot V'(H-K_H^*) + \phi_L \cdot V'(L-K_H^*) = 0$$

bzw

$$1 - V'(H-K_H^*) = \frac{\phi_L}{\phi_H} \cdot \underbrace{\left(V'(H-K_H^*) - V'(L-K_H^*) \right)}_{>0} > 0 \qquad (23)$$

Im Zustand H ist es offenbar *nicht* mehr optimal, das *first best*-Kostenniveau zu erreichen. Vielmehr folgt

$$1 - V'\left(H-K_H^*\right) > 0 \quad \Rightarrow \quad K_H^* > H-1 = K_H^{FB} \qquad (24)$$

Der Grund liegt in einem **Tradeoff zwischen Informationsrente und Effizienz**. Eine Verringerung der Kosten im Zustand H auf das *first best*-Niveau würde zunächst Zusatzzahlungen zum Ausgleich des Arbeitsleids in H selbst induzieren. Des weiteren ist die Bedingung (18) zur wahrheitsgemäßen Berichterstattung für den Zustand L zu berücksichtigen. Weil das im Zustand L aufzubringende Arbeitsleid für ein gegebenes Kostenniveau niedriger ist als dasjenige im Zustand H, impliziert eine im Zustand H angebotene Zusatzzahlung zum Ausgleich des dortigen Arbeitsleids – aus Sicht des Zustands L – eine mehr als ausreichende Zahlung und demnach eine Nutzenerhöhung bei Falschberichterstattung. Dies wiederum erhöht die Rente im Zustand L, und das macht das Durchsetzen eines Kostenniveaus in Höhe des *first best*-Wertes des Zustands L unvorteilhaft.

Wert der Berichterstattung

Die obige Lösung wurde unter expliziter Einbeziehung von Managerberichten bei Beachtung des **Offenlegungsprinzips** gefunden. Wie zu Beginn dieses Abschnitts angedeutet, folgt daraus aber nicht zwingend, daß diese Lösung unbedingt eine Berichterstattung erfordert. Sofern sich die erhaltenen Kostenniveaus bei gleicher

Entlohnung auch **ohne Berichte implementieren** lassen, hat die Kommunikation im vorliegenden Zusammenhang keinen echten Wert.[40]

Dies ist tatsächlich der Fall. Angenommen, man verzichtet auf einen Bericht und bietet dem Manager einfach eine Istkosten-abhängige Entlohnung $s(K)$ wie folgt an:

$$s(K) = \begin{cases} s_H^* & \text{falls } K = K_H^* \\ s_L^* & \text{falls } K = K_L^* \\ 0 & \text{sonst} \end{cases} \qquad (25)$$

Befindet sich der Manager im Zustand L, wird er aus Eigeninteresse das für diesen Zustand vorgesehene Kostenniveau realisieren und eine Informationsrente erzielen; wählt er statt dessen das für den Zustand H vorgesehene höhere Kostenniveau, erzielt er auf Grund der dafür angebotenen Entlohnung einen Nutzenzuwachs von ebenfalls gerade der Informationsrente, so daß er bei Indifferenz – wie auch bislang unterstellt wurde – die für den Prinzipal bessere Lösung wählt. Jede andere Politik würde einen Manager im Zustand L mit einer nichtpositiven Zielerreichung konfrontieren und kommt daher nicht in Frage. Befindet sich der Manager dagegen im Zustand H, würde er bei Realisierung des für diesen Zustand gewünschten höheren Kostenniveaus gerade seinen Reservationsnutzen (in Höhe von Null) erhalten. Dies gilt ebenfalls, wenn er keine Anstrengung leistet. Unvorteilhaft wäre es dagegen, bei Vorliegen des Zustands H das niedrigere Kostenniveau anzustreben, denn die dafür erforderliche Arbeitsleistung führte zu einem die zusätzliche Entlohnung übersteigenden Disnutzen.

Der in (25) angegebene, rein kostenabhängige Vertrag induziert mithin die gleichen Allokationen und Zielerreichungen für Zentrale und Manager. Die **second best-Lösung** läßt sich hier also auch **ohne Berichterstattung** implementieren. Der Vertrag berücksichtigt aber analog die Selbstselektionsbedingungen (18) und (19), dh der Vertrag ist so gestaltet, daß der Manager von sich aus die Allokation wählt, die ansonsten die Zentrale nach Empfang des Berichts gewählt hätte.

Die **Irrelevanz der Berichterstattung** ist durch spezifische Eigenschaften des (vorerst) unterstellten Szenarios begründet, insbesondere dadurch, daß nach Kenntnis des Zustandes *sichere* Kostenzusammenhänge vorliegen. Weiter unten wird das Szenario um zusätzliche Unsicherheiten erweitert, wodurch sich auch die wertschaffende Rolle der Kommunikation verändert.

5.5. Vorteilhaftigkeit von Partizipationsvarianten

Die obige *second best*-Lösung des Koordinationsproblems beinhaltet spezifische Entlohnungen, die – je nach Ausgestaltung – entweder berichts- *und* kostenabhängig oder ausschließlich kostenabhängig sind. Auf den ersten Blick hat dies nichts mit dem Erreichen oder Unterschreiten von **Budgets als Kostenzielen** zu tun, so daß zunächst die Frage auftaucht, wie Budgets überhaupt Eingang in dieses Szenario finden könnten. Im 7. Kapitel: *Kontrollrechnungen* wurde im Kontext von Abwei-

---

[40] Siehe zu allgemeinen Analysen über den Wert von Kommunikation in Agency-Modellen dieser Art etwa *Melumad* und *Reichelstein* (1987, 1989).

chungsanalysen gezeigt, daß es aus Anreizsicht gleichgültig ist, ob man eine Entlohnung an eine absolute Ergebnisgröße oder an die Abweichung dieser Größe von einem festen Planwert anknüpfen läßt. Dies gilt auch im vorliegenden Fall.

Dazu wird wieder der in (25) angegebene Vertrag betrachtet, der sich wie folgt umdeuten läßt:

- Die Zentrale legt ein **Kostenbudget** $\hat{K} = K_H^*$ fest und bietet für dessen Erreichung eine Basisentlohnung von $\hat{s} = s_H^*$ an.

- **Überschreitungen** des Budgets implizieren eine Entlohnung von null.

- Bei einer **Unterschreitung** des Budgets um mindestens $\Delta = K_H^* - K_L^*$ wird ein Bonus $B = s_L^* - s_H^*$ gezahlt.

Offenbar induziert diese Umformulierung des Vertrags die gleichen Entscheidungen und Zielerreichungen für Zentrale und Manager, so daß die gefundene Lösung problemlos auch in Form von **Budgets, Budgetabweichungen** und **Boni** dargestellt werden kann.

Ist es vorteilhaft, einem Manager Zusatzinformationen zu geben?

Man kann das Modell auch zur Beantwortung einer anderen Fragestellung verwenden. Angenommen, der Manager hat im Zeitpunkt des Vertragsabschlusses zunächst keine genaueren Informationen über den Zustand θ, so daß Zentrale und Manager von der gleichen Wahrscheinlichkeitsverteilung der Zustände θ ausgehen. Der Manager erhält auch *vor* der Wahl seiner Arbeitsleistung keine Informationen über den Zustand θ. Wegen der Risikoneutralität des Managers ergibt sich unter Beachtung der sonstigen Modellstruktur (additive Verknüpfung von Arbeitseffekt und Zustandsvariable bei den Kosten, etc) die *first best-Lösung*, indem der Bereich an den Manager *quasi* übertragen wird (siehe dazu die Ausführungen in einem früheren Einschub). Der Manager wählt dann aus Eigeninteresse die *zustandsunabhängige* optimale Arbeitsintensität.

Ausgehend von dieser Situation könnte das Modell im Text auch so interpretiert werden, daß die Zentrale dem Manager noch *vor* der Wahl seiner Arbeitsleistung ein Informationssystem über die Kostensituation θ des Bereichs zur Verfügung stellt. Es zeigt sich, daß es sich im vorliegenden Fall für die Zentrale *nicht* lohnt, den Manager mit solchen Zusatzinformationen zu versorgen, weil dann die *first best-Lösung* nicht mehr erreichbar ist. Der Grund liegt darin, daß in der betrachteten Modellstruktur die Zusatzinformation keinen wirklichen Produktivitätseffekt, dafür aber einen Distributionseffekt hat, denn der Manager kann jetzt Renten erzielen. Insofern stellt das Modell ein pointiertes Szenario dar, in dem es **unvorteilhaft** ist, **einem Manager Zusatzinformationen** zu geben. Falls die Zusatzinformation auch Konsequenzen für die Wahl der eigentlich optimalen Arbeitsleistung hat, kann sich natürlich ein anderer Tradeoff ergeben. Die Analyse zeigt aber, wo dieser Tradeoff liegt: Die Produktivitätseffekte sind mit Distributionswirkungen (Informationsrenten für den Manager) zu vergleichen.[41]

---

[41] Siehe zu formalen Analysen solcher Zusammenhänge zB *Christensen* (1981) und *Schiller* (2001).

Partizipationsvarianten im Agency-Modell

Bevor geprüft werden kann, welche Partizipierungsvariante angesichts der *second best*-Lösung sinnvoll ist, muß zunächst eine Interpretation der weiter oben allgemein dargestellten Budgetierungsvarianten im Kontext des Agency-Modells erfolgen. Dazu werden folgende Interpretationen verwendet:

- *Top down*-**Budgetierung**. Die Größen des Budgetsystems werden **ohne Partizipation des Managers** alleine von der Zentrale festgelegt. Der Manager hat also keinerlei Einfluß auf die Bestimmung der Budgetgrößen, die ihm von der Zentrale einfach „diktiert" werden.

- *Bottom up*-**Budgetierung**. Die Zentrale erwartet vom Manager eine Berichterstattung über die tatsächlich vorliegende Kostensituation. Diese Berichte werden von der Zentrale nicht weiter überprüft, sondern *quasi* „unbesehen" übernommen. Dieses System gibt dem Manager den dominanten Einfluß auf die konkrete Budgetfestlegung.

- **Budgetierung im Gegenstromverfahren**. Der Manager legt zwar auch hier einen Bericht zur Kostensituation vor. Dieser Bericht wird aber nicht „unbesehen" übernommen, sondern von der Zentrale gemäß dem eigenen Informationsstand und den eigenen Zielvorstellungen in Kostenniveaus transformiert.

Optimalität der Budgetvarianten

Aus der obigen Darstellung ergibt sich sofort, daß die *second best*-Lösung im vorliegenden Szenario sowohl über eine **top down**-**Budgetierung** als auch durch eine Budgetierung im **Gegenstromverfahren** erreicht werden kann.

Die Budgetierung im **Gegenstromverfahren** entspricht faktisch der Vorgehensweise zur Entwicklung der *second best*-Lösung. Die Zentrale setzt die Berichte gemäß ihren eigenen Zielsetzungen und ihrem Informationsstand über die Zustände und Präferenzen des Managers in Kostenniveaus und Entlohnungen (bzw Budgets, Budgetabweichungen und Boni) um, wobei die **Selbstselektionsbedingungen** den Erfordernissen des Offenlegungsprinzips genügen. Man erhält also bei dieser Budgetierung **wahrheitsgemäße Berichte**, aber nur deshalb, weil man sich glaubwürdig **verpflichtet**, diese Berichte in einer ganz bestimmten Weise zu verwenden, dh sie durch spezifische Kostenniveaus und Entlohnungen zu beantworten. Die Interessen des Managers an einer potentiellen Falschberichterstattung beherrschen tatsächlich die gesamte Lösungsstruktur und geben Anlaß zu den Abweichungen von der *first best*-Allokation. Die Tatsache, daß im Gleichgewicht nicht geschummelt wird, impliziert daher keinesfalls, daß Schummeln für die Lösung bedeutungslos wäre.

Bei einer asymmetrischen Informationsverteilung ist es intuitiv einsichtig, daß ein Gegenstromverfahren sinnvoll ist, doch um so überraschender scheint es zu sein, daß es nicht wirklich nötig ist und **die gleiche Lösung auch im Rahmen einer** *top down*-**Budgetierung** quasi durch „**Diktat**" der Zentrale implementiert werden kann. Der Schlüssel zum Verständnis dieses Resultats liegt im oben gezeigten Vertrag (25), der völlig ohne Berichterstattung auskommt. Der Hintergrund für die

Wertlosigkeit der Kommunikation ist die **zustandsbedingt sichere Kostenstruktur** (6). Im Rahmen der *second best*-Lösung würde jeder Bericht über den tatsächlich vorliegenden Zustand θ durch ein darauf bezogenes, *bestimmtes* Kostenniveau und eine damit verbundene Entlohnung beantwortet. Wegen der zustandsbedingt sicheren Kostenbeziehungen kann eine Abweichung vom geforderten Kostenniveau (und damit von der geforderten Arbeitsintensität) leicht festgestellt und sanktioniert werden. Die *second best*-Lösung sieht dabei für jeden Zustand ein anderes Kostenniveau vor, und damit läßt sich diese Lösung auch leicht durch einen einfachen kostenbasierten Vertrag bei Umgehung der Berichte realisieren. Dieser Vertrag kann auch in einer Budgetform formuliert werden, daher ist die ***top down*-Budgetierung ebenso gut wie das Gegenstromverfahren**.

Verhaltensweisen der Manager im Budgetierungsprozeß

In einem Fragebogen wurden verschiedene Typen von Verhaltensweisen der Manager im Budgetierungsprozeß den Befragten – 1.021 Leitern von Planungsabteilungen und 318 Managern – zur Auswahl gestellt (*Collins, Munter* und *Finn* 1987). Die Zahlenwerte repräsentieren die durchschnittliche Antwort von 1 = „starke Ablehnung" bis 7 = „starke Zustimmung". Im folgenden eine Auswahl aus den Fragen:

1. *Unredliches Verhalten*
   „Ich versuche, einen geringen Betrag für etwas Neues ins Budget zu bekommen, wohl wissend, daß ich diesen Betrag stark erhöhen kann, wenn er einmal im Budget berücksichtigt ist." 2,62
   „Ich hänge einige Positionen in mein Budget, von denen ich weiß, daß sie nicht genehmigt werden. Diese werden herausgestrichen, womit die Positionen, die ich wirklich möchte, genehmigt werden." 2,91
   „Ich bekomme Änderungen meines Budgets durch, wenn ich nur geringe Änderungen gegenüber Vorjahren vornehme." 4,49

2. *Wirtschaftliches Verhalten*
   „Ich lade meinen Chef in meinen Bereich ein, so daß er selbst sehen kann, welches Budget wirklich erforderlich ist." 4,29
   „Ich bekomme alles, was ich will, in mein Budget hinein, wenn ich meinem Chef erkläre, daß sich meine Forderungen von selbst bezahlt machen." 4,78

3. *Zeitliche Anpassung*
   „Wenn der Zeitpunkt nicht 'stimmt', warte ich bis zum nächsten Budget, um bestimmte Positionen ins Budget zu bekommen." 4,38

Asymmetrische Information alleine impliziert also nicht die Überlegenheit eines Gegenstromverfahrens. Würden im Rahmen der Anwendung eines solchen Verfahrens noch zusätzliche **Kosten** für das **interne Reporting** anfallen, wäre im vorliegenden Fall die *top down*-Lösung sogar streng besser. Die Aufhebung der grundsätzlichen Äquivalenz von Gegenstromverfahren und *top down*-Budgetierung erfordert eine Erweiterung des Szenarios um zusätzliche Unsicherheiten. Darauf wird im folgenden Abschnitt eingegangen.

Eine reine ***bottom up*-Budgetierung** kann dagegen schwerlich optimal sein. Eine „unbesehene" Übernahme von Managerberichten würde wohl bedeuten, daß die Zentrale den Berichten Glauben schenkt und versucht, die *first best*-Lösung zu implementieren. Wie oben gezeigt wurde, impliziert dies aber **Falschberichterstattungen** des Managers, **hohe Renten** und **niedrige Anstrengungen**. Es erscheint auch schwer vorstellbar, daß die Zentrale ihr grundsätzliches Wissen um die Anreize des Managers nicht für die Vertragsbestimmung verwendet. Das Einbringen dieses Wissens ist aber mit einer expliziten Veränderung des ansonsten angewandten Mechanismus verbunden, und dies führt letztlich zum Gegenstromverfahren.

Empirische Ergebnisse

Eine Umfrage unter 293 großen britischen Industrieunternehmen aus dem Jahr 1991 (*Drury* et al 1993, S. 27) ergab auf die Frage nach der **Partizipation** bei der Erstellung von Bereichsbudgets:

	stimmt nicht	weiß nicht	stimmt
Budgetverantwortliche sollten nicht zu viel Einfluß auf die Erstellung ihres Budgets haben, weil die Gefahr besteht, daß sie leicht zu erreichende Budgets machen	69%	7%	23%
Die Geschäftsführung sollte einen Manager vor allem an seiner Budgeterreichung beurteilen	40%	14%	46%

Wenn **Kostenschätzungen** der Bereichsmanager von ihren Vorgesetzten als überzogen eingeschätzt werden, reagieren die Unternehmen hauptsächlich wie folgt:

automatische Minderung um einen bestimmten Prozentsatz	3%
Minderung um einen Betrag, den der Vorgesetzte als geeignet erachtet	40%
Minderung durch Verhandlung zwischen Bereichsmanager und Vorgesetztem	57%

5.6. Partizipationsvarianten bei unsicheren Kostenstrukturen

Die Annahme zustandsbedingt sicherer Kostenstrukturen erlaubt eine einfache Darstellung der Tradeoffs, die bei der *second best*-Lösung relevant sind. Eine Implikation dieser quasi-sicheren Kostenbeziehungen ist die Wertlosigkeit der Berichterstattung und daher die Äquivalenz von *top down*-Budgetierung und Gegenstromverfahren. Erweitert man aber das ansonsten unveränderte Szenario um zusätzliche **Risiken im Bereich der Kosten**, kann gezeigt werden, daß die *second best*-Lösung nur durch Berichterstattung erreicht werden kann, also das **Gegenstromverfahren** am besten abschneidet.

Sei dazu unterstellt, daß die Kosten zwar wie in (6) von der Anstrengung a des Managers und dem Zustand θ abhängen, aber grundsätzlich risikobehaftet sind. Konkret unterliegen sie einer **Wahrscheinlichkeitsverteilung**, die von a und θ abhängt, wobei die Kostenrealisationen in einem bestimmten festgelegten Intervall liegen:

$$\tilde{K}(a,\theta) \in \left[\underline{K}, \overline{K}\right] \quad \text{und} \quad \mathrm{E}\left[\tilde{K}(a,\theta)\right] = \theta - a \tag{26}$$

Demnach beeinflussen die Zustands- und Anstrengungsvariable die Verteilung der Kosten so, daß die bisherige Beziehung (6) nur noch den **Kostenerwartungswert** beschreibt. Aus einer bestimmten Kostenrealisation kann selbst bei Kenntnis des Zustands nicht mehr definitiv auf die Arbeitsleistung geschlossen werden, weil für jede Anstrengung jede Realisation innerhalb des für die Verteilung maßgeblichen Intervalls mit positiver Wahrscheinlichkeit bzw Dichte möglich ist.

Im vorliegenden Fall sind alle Akteure risikoneutral und mithin an Erwartungswerten interessiert. Diese Erwartungswerte werden durch die Annahme (26) gegenüber der bisherigen Situation nicht tangiert, so daß die Frage auftaucht, worin nun die eigentliche Veränderung liegt. Sie ist drastisch: Ausgehend von (26) kann man das bisherige Szenario so charakterisieren, daß dort quasi der **Erwartungswert der Kosten** zweifelsfrei beobachtbar und damit kontrahierbar ist. Neben der Kostenrealisation steht daher im Basismodell die *ex ante* zu steuernde Größe auch *ex post* als Bemessungsgrundlage für die Entlohnung bereit. Dadurch ist es erst möglich, Abweichungen vom *ex ante* gewünschten Erwartungswert *ex post* zu sanktionieren, so daß die oben beschriebene *second best*-Lösung ermöglicht wird. Ist indes nur die jeweilige **Kostenrealisation** beobachtbar, steht diese Möglichkeit nicht mehr zur Verfügung. Auch ein rein kostenbasierter Vertrag wie in (25) könnte die *second best*-Lösung nicht mehr implementieren, weil auch er implizit voraussetzt, daß die Entlohnung faktisch am Erwartungswert anknüpft.

Es gibt allerdings auch für diese Situation eine Vorgehensweise, die imstande ist, die bisher identifizierte *second best*-Lösung bezüglich Allokation und Distribution zu erreichen: Dabei wird ein sogenanntes „**Menü linearer Verträge**" angeboten. Der Manager gibt zunächst einen **Bericht** über den Zustand ab. Anders als bisher beantwortet die Zentrale diesen Bericht aber nicht mit einem definitiven Kostenniveau und einer dazugehörigen (sicheren) Entlohnung, sondern mit einer **linearen Entlohnungsstruktur**, die analog zum *Osband-Reichelstein*-**Schema** von der Abweichung zwischen einer Referenzgröße und den realisierten Kosten abhängt; außerdem hängen auch die Parameter dieser linearen Entlohnung vom Bericht ab. Konkret gilt

$$s\left(\tilde{K},\theta\right)=\alpha_{\theta}+\beta_{\theta}\cdot\left(\mu_{\theta}-\tilde{K}\right) \tag{27}$$

Warum diese Entlohnungsfunktion bei geeigneter Wahl der Parameter die bisherige *second best*-Lösung implementiert, wird in mehreren Schritten vorgeführt.

Bestimmung des variablen Entlohnungsparameters

Die Zentrale legt den variablen Entlohnungsparameter wie folgt fest:

$$\beta_{\theta}=V'(\theta-K_{\theta}^{*})=V'(a_{\theta}^{*}) \quad \text{für } \theta=L,H \tag{28}$$

Damit steigt die variable Entlohnung mit positiven **Abweichungen** vom Referenzwert, und diese Abhängigkeit ist für den günstigen Zustand L größer als für den Zustand H. Durch β werden nämlich die Anreize des Managers zur Kostensenkung bei gegebenem Bericht bestimmt. Weil für den Zustand L in der *second best*-Lösung eine größere Anstrengung als im Zustand H vorgesehen ist, müssen auch jetzt für einen Bericht von L stärkere Anreize gesetzt werden.

Nun seien die Anreize des Managers nach erfolgter Berichterstattung von zB L betrachtet. Angenommen, der Manager befindet sich tatsächlich im Zustand θ. Durch Wahl der Arbeitsleistung maximiert er jetzt den Erwartungswert seiner Entlohnung gemäß (26), (27) und (28) abzüglich des Disnutzens,

$$\mathrm{E}\left[s\left(\tilde{K}(a,\theta),L\right)\right]-V(a)=\alpha_L+V'\left(a_L^*\right)\cdot\left(\mu_L-(\theta-a)\right)-V(a)$$

Die Bedingung erster Ordnung bezüglich a lautet

$$\frac{\partial\left(\mathrm{E}\left[s\left(\tilde{K}(a,\theta),L\right)\right]-V(a)\right)}{\partial a}=V'\left(a_L^*\right)-V'(a_\theta)=0$$

Daraus folgt die optimale Arbeitsleistung $a_\theta=a_L^*$.

Mithin wählt der Manager bei einem Bericht von L genau die für diesen Zustand im Basismodell vorgesehene Arbeitsleistung. Analoges gilt für einen Bericht von H. Sofern diese Berichte **wahrheitsgemäß** sind, wird in jedem Zustand θ ein **erwartetes Kostenniveau** in Höhe des bisherigen *second best*-Kostenniveaus erzielt, dh

$$\mathrm{E}\left[\tilde{K}(a_\theta,\theta)\right]=\mathrm{E}\left[\tilde{K}(a_\theta^*,\theta)\right]=K_\theta^*$$

Bestimmung des Referenzwertes und der fixen Entlohnung

Durch die noch verbleibende Festlegung von Referenzwert und fixer Entlohnung wird gewährleistet, daß für Zentrale und Manager im Erwartungswert die gleichen Zielerreichungen wie im Basismodell resultieren, falls zutreffend berichtet wird. Dazu wird der **Referenzwert** in Höhe der zustandsspezifisch vorgesehenen Kostenniveaus der bisherigen *second best*-Lösung festgelegt:

$$\mu_\theta=K_\theta^*=\theta-a_\theta^* \tag{29}$$

Die fixe Entlohnung ergibt sich durch Anpassung an die Höhe der **bisher optimalen Entlohnung** als

$$\alpha_\theta=s_\theta^* \tag{30}$$

Befindet sich der Manager im Zustand L, so erhält er bei zutreffender Berichterstattung unter Berücksichtigung seiner dann optimalen Arbeitsintensität folgenden **erwarteten Nutzen**:

$$\mathrm{E}\left[s\left(\tilde{K}(a_L^*,L),L\right)\right]-V\left(a_L^*\right)=s_L^*+V'\left(a_L^*\right)\cdot\left(K_L^*-K_L^*\right)-V\left(a_L^*\right)=s_L^*-V\left(a_L^*\right)$$

Entsprechend ergibt sich für den Zustand H

$$\mathrm{E}\left[s\left(\tilde{K}(a_H^*,H),H\right)\right]-V\left(a_H^*\right)=s_H^*+V'\left(a_H^*\right)\cdot\left(K_H^*-K_H^*\right)-V\left(a_H^*\right)=s_H^*-V\left(a_H^*\right)$$

Demnach erhalten Manager und Zentrale bei zutreffender Berichterstattung die **gleichen** (erwarteten) **Zielerreichungen** wie im Basismodell.

Wahrheitsgemäße Berichterstattung

Es verbleibt noch der Nachweis, daß bei den gewählten Parametern tatsächlich wahrheitsgemäß berichtet wird. In der Literatur werden Modelle des hier betrachteten Typs regelmäßig für kontinuierliche Zustandsvariable θ betrachtet,[42] und für diese Fälle läßt sich die Eigenschaft der **wahrheitsgemäßen Berichterstattung** bei den Parametern des zugrunde liegenden quasi-sicheren Basismodells *exakt* zeigen (siehe dazu **Anhang 2** zu diesem Kapitel).

> Im diskreten Fall mit nur zwei Zuständen erweist sich die wahrheitsgemäße Berichterstattung zwar für den Zustand H, nicht aber für den Zustand L als gültig, was vorwiegend auf technische Aspekte zurückzuführen ist. Um eine wahrheitsgemäße Berichterstattung zu induzieren, müßte die fixe Entlohnung α_L im Zustand L über s_L^* hinaus leicht erhöht werden. Darauf soll hier im Detail nicht eingegangen werden. Wichtig ist vornehmlich die dem neuen Vertrag zugrunde liegende Idee, die Allokation (und grundsätzlich auch die Distribution) der *second best*-Lösung im Basismodell durch geeignete Wahl der Parameter zu gewährleisten.

Wert der Berichterstattung

Bei den jetzt einbezogenen zusätzlichen Kostenrisiken besteht die Rolle der Berichterstattung darin, die konkreten **Parameter** einer **Familie linearer Verträge** auszuwählen. Die Auswahl geschieht dabei so, daß das Steigungsmaß der variablen Entlohnung über die Anreize für die Arbeitsleistung letztlich das gleiche Kostenniveau (im Erwartungswert) wie ohne Kostenunsicherheit gewährleistet, während die Wahl von fixer Entlohnung und Referenzwert für eine Anpassung der **erwarteten Zielerreichungen** sorgt. Im Basismodell konnte der resultierende *second best*-Mechanismus (Zuordnung von Kostenniveau und Entlohnung in Abhängigkeit vom Bericht) noch als Spezialfall eines berichtsunabhängigen Vertrages aufgefaßt werden, der einfach bestimmte Entlohnungen mit bestimmten Kostenniveaus koppelt, so daß auf eine Kommunikation auch verzichtet werden kann. Dies ist jetzt nicht mehr möglich, weil gewissermaßen der **Vertrag selbst durch den Bericht ausgewählt** werden muß, um die richtigen Anreize für die Kostensenkung zu gewährleisten.

Berichterstattung ist jetzt also streng vorteilhaft, und der sich ergebende Vertragstyp ist wie das ***Osband-Reichelstein*-Schema** direkt in einer Budgetform formuliert, bei der günstige Abweichungen vom Referenzwert (Kostenunterschreitungen) belohnt und ungünstige Abweichungen (Kostenüberschreitungen) gleichermaßen bestraft werden. In der erweiterten Situation ergibt sich daher eine grundsätzliche **Überlegenheit der Budgetierung im Gegenstromverfahren** gegenüber der *top down*-Vorgehensweise. Die obige Lösung läßt sich so interpretieren, daß im Rahmen eines internen *Reporting-Systems* die **Kostenziele** und die **Prämien** für günstige wie für ungünstige Abweichungen von diesen Zielvereinbarungen partizipativ festgelegt werden.

---

[42] Vgl etwa *Kirby, Reichelstein, Sen* und *Paik* (1991) sowie *Kanodia* (1993).

Eine reine *bottom up*-Budgetierung scheidet auch hier aus, weil die Zentrale darauf verzichten müßte, die Berichte gemäß dem eigenen Informationsstand und den eigenen Zielsetzungen zu adaptieren.

Empirische Ergebnisse

Vor allem in der amerikanischen Literatur existiert eine Vielzahl von empirischen Arbeiten, die sich der Budgetierung widmen.[43] Dabei werden insbesondere die Konsequenzen der Partizipation für die „*Performance*" und die „*Job Satisfaction*" analysiert. Üblicherweise handelt es sich um Befragungen, wobei die Mitarbeiter bestimmter Abteilungen bzw Bereiche mehrerer Unternehmen (oftmals handelt es sich aber um nicht mehr als drei Unternehmen) auch hinsichtlich der „Performance" eine **Selbsteinschätzung** (!) abgeben. Die Kriterien der „*Performance*"-Maße sind vielfältig, und sie haben nicht unbedingt etwas mit Gewinnen, Renditen und ähnlichem zu tun.

Die Ergebnisse weisen grundsätzlich folgenden Trend auf: Partizipation wird konsistent als förderlich für die „*Job Satisfaction*" angesehen. Dagegen sind die Resultate bezüglich der „*Performance*" gemischt. Es gibt sowohl Studien, die einen positiven Zusammenhang zwischen Partizipation und „*Performance*" nachweisen, als auch solche, die einen streng negativen Zusammenhang aufzeigen. In keinem Fall können die diesbezüglichen Resultate als einheitlich bezeichnet werden.

Interessant erscheinen im Zusammenhang mit dem hier vorgelegten Modell auch manche **Detailergebnisse**. So werden der Partizipation nicht selten erhebliche motivationsfördernde Wirkungen nachgesagt. Diese konnten jedoch in neueren empirischen Studien *nicht* bestätigt werden. Die dafür angebotenen Erklärungen betonen unter anderem, daß Manager versuchen, umfangreichen *slack* in die Budgets einzubauen, um leicht zu erreichende Sollvorgaben einhalten zu können; dies wiederum wird deswegen wichtig, weil Partizipation bei den Managern das Gefühl einer stärkeren Bedeutung der Budgeterreichung im Rahmen ihrer Beurteilung hervorruft. Weil leicht zu erreichende Budgets wenig Motivationswirkung entfalten, könnten sich die empirischen Resultate damit erklären lassen (*Brownell* und *McInnes* 1986).

---

6. Zusammenfassung

Der Koordinationsbedarf eines Unternehmens ergibt sich sowohl aus sachlichen als auch aus personellen Gründen. Im Rahmen der **sachlichen Koordination** sind vielfältige Interdependenzen zwischen verschiedenen **Aktionen** und/oder **Bereichen** dafür verantwortlich, daß ein **Abstimmungsbedarf** entsteht, der regelmäßig eine **Gesamtbetrachtung** aller Aktivitäten erforderlich macht. Wichtige Ausprägungen der sachlichen Koordination sind der Ressourcen-, der Erfolgs-, der Risiko- und der Bewertungsverbund.

Im Rahmen des **Ressourcenverbundes** sind Konkurrenzbeziehungen angesprochen, die aus der gemeinsamen Nutzung knapper Kapazitäten durch mehrere Berei-

---

[43] Eine *Übersicht* über diese Studien liefern *Kren* und *Liao* (1988).

che entstehen. Dagegen bezieht sich der **Erfolgsverbund** auf Interdependenzen in der Ergebnisfunktion, wenn der Erfolgsbeitrag einer Maßnahme davon abhängt, welche anderen Maßnahmen gleichzeitig durchgeführt werden, früher realisiert wurden und/oder künftig geplant sind. Der **Risikoverbund** zielt auf stochastische Abhängigkeiten zwischen verschiedenen Aktivitäten ab, die bei nicht risikoneutralem Entscheidungsverhalten für die insgesamt optimale Unternehmenspolitik bedeutsam sein können. Beim **Bewertungsverbund** kann die Bewertung der Erfolgs- und Risikobeiträge einer Maßnahme davon abhängen, von welcher Basissituation aus die Maßnahme realisiert wird.

Der **personelle Koordinationsbedarf** resultiert letztlich aus der Delegation von Entscheidungsbefugnissen und aus dem **simultanen** Vorliegen von **asymmetrischer Informationsverteilung** und **Interessenkonflikten**. Die Manager „vor Ort" verfügen zumeist über bessere Informationen bezüglich der Erfolgssituation ihrer Abteilungen und Bereiche als die Zentrale selbst. Interessenkonflikte entstehen zB, weil den Managern weder der *Umfang* der ihnen zugeteilten **Ressourcen** noch die Faktoren des **Arbeitsleids** gleichgültig sein werden, während für die Zentrale als Repräsentant der Anteilseigner ausschließlich finanzielle Aspekte relevant sind. Darüber hinaus kann es auch bei den finanziellen Aspekten Interessenkonflikte geben, wenn die **Risikoeinstellungen** der Manager und der Zentrale unterschiedlich sind.

Die **personelle Koordination** kann grundsätzlich unabhängig von sachlichen Verbundeffekten bestehen; im allgemeinen überlagert sie aber diese Faktoren. Die sachlichen Koordinationsprobleme können aus Sicht der Zentrale nur dann zielentsprechend gelöst werden, wenn die personellen Koordinationsprobleme ebenfalls gelöst sind. Dazu werden **Anreizsysteme** installiert, die aus **Beurteilungsgrößen** einerseits und daran anknüpfenden **Kompensationsfunktionen** andererseits bestehen.

Zur Lösung von Koordinationsproblemen spielt die **Budgetierung** sowohl aus theoretischer als auch aus praktischer Sicht eine große Rolle. Die der Budgetierung zugeschriebenen **Vorteile** bestehen zunächst darin, daß Manager zu einem präzisen Nachdenken über künftige Erfolgspotentiale angehalten werden. Weiterhin findet durch den Budgetierungsprozeß eine Abstimmung von Aktivitäten statt, so daß auch Engpaß- und Problembereiche des Unternehmens identifiziert werden können. Schließlich sollen die Budgets als **Grundlagen der Managementbeurteilung** dienen, wobei insbesondere der **Partizipation** der Mitarbeiter eine maßgebliche Bedeutung für die Motivation und die Planungsqualität zugeschrieben wird.

Diese erhofften Vorteile der Budgetierung hängen allerdings von den Informationen ab, die im Budgetierungsprozeß verarbeitet werden. Weil diese Informationen sich vornehmlich bei den Bereichsmanagern befinden, kommt dem Problem der wahrheitsgemäßen Berichterstattung eine grundlegende Bedeutung zu. Das **Offenlegungsprinzip** sichert zwar sie Existenz optimaler wahrheitsinduzierender Verträge zu, führt aber nur vordergründig zu einer Problemlösung, weil sich die Zentrale ggf in der Ausnutzung der Informationen stark einschränken muß. Beim *Weitzman-*Schema erhält der Manager einen strikten Anreiz zu einer wahrheitsgemäßen Berichterstattung, bei stochastischem Ergebnis kann er motiviert werden, Quantile der Verteilung zu berichten. Arbeitsanreize werden jedoch nur sehr primitiv gegeben. Beim *Osband/Reichelstein-*Schema besteht ein Anreiz zur Bekanntgabe des

Erwartungswertes des Ergebnisses, und zusätzlich können differenziertere Arbeitsanreize gegeben werden.

Eine detaillierte Untersuchung der Anreizwirkungen von Budgetsystemen wurde in einem Szenario der **Kostenbudgetierung** mit **asymmetrischer Information** des Managers über die **Fertigungssituation** durchgeführt. Das Basismodell beinhaltet keine weiteren Kostenrisiken, so daß die Steuerung der Anstrengungen des Managers grundsätzlich durch eine **spezifische Kostenvorgabe** möglich ist. Die *second best*-Lösung dieses Modells zeigt einen **Tradeoff zwischen Renten** für den Manager und **Maßnahmen zur Kostensenkung**. Dabei erweist sich eine **Berichterstattung** des Managers als **nicht zwingend erforderlich**, um diese Lösung zu implementieren. Der optimale berichtsabhängige Vertrag kann nämlich als Spezialfall eines rein kostenabhängigen Vertrages ohne ausdrückliches Berichtserfordernis aufgefaßt werden. In diesem Szenario führen daher die *top down*-**Budgetierung** sowie die **Budgetierung im Gegenstromverfahren zu den gleichen Ergebnissen**, während die *bottom up*-Budgetierung grundsätzlich inferior ist.

Ein erweitertes Szenario erfaßt neben der asymmetrischen Information über die Fertigungssituation auch **stochastische Kosten**. Jetzt zeigt sich, daß auf **Kommunikation** nicht mehr verzichtet werden kann, wenn man die *second best*-Lösung implementieren will. Ein an das *Osband-Reichelstein*-**Schema** angelehnter Vertragstyp erweist sich als optimal, wobei über den Bericht des Managers die Parameter dieses Vertrags ausgewählt werden. In diesen Fällen ist eine Budgetierung im **Gegenstromverfahren** besser als eine top down-Budgetierung.

Fragen

1. Worin besteht der Unterschied zwischen dem Ressourcen- und dem Erfolgsverbund?

2. Wann führen stochastische Abhängigkeiten zwischen den Überschüssen mehrerer Unternehmensbereiche nicht zu einem Risikoverbund?

3. Kann es einen Bewertungsverbund (Risikoverbund) geben, ohne daß gleichzeitig ein Risikoverbund (Bewertungsverbund) vorliegt?

4. Warum müssen sowohl Interessenkonflikte als auch asymmetrische Informationsverteilungen vorliegen, um einen personellen Koordinationsbedarf hervorzurufen?

5. In welcher Weise überlagert der personelle den sachlichen Koordinationsbedarf?

6. Aus welchen allgemeinen Bestandteilen bestehen Anreizsysteme?

7. Welche Vorteile werden üblicherweise der Budgetierung zugeschrieben? In welcher Weise finden sich dabei die sachlichen und personellen Verbundeffekte wieder?

8. Was ist ein *master budget*? Welche Probleme bereiten dabei sachliche Verbundbeziehungen?

9. Was besagt das Offenlegungsprinzip, und welche Idee liegt ihm zugrunde? Welcher Zusammenhang besteht zwischen Selbstbindung der Zentrale und der Möglichkeit, zutreffende Informationen zu erhalten?

10. Inwiefern kann bei risikobehafteten Ergebnissen das *Weitzman*-Schema als wahrheitsinduzierend angesehen werden?

11. Welche Unterschiede bestehen hinsichtlich der Wirkungsweise des *Osband-Reichelstein*-Schemas und des *Weitzman*-Schemas?

12. Wie lassen sich die Beziehungen zwischen Arbeitsleistung und Kostenvorgaben erklären? Welche Rolle spielt dabei das Anreizsystem?

13. Welche Abwägungen hat die Zentrale bei der *top down*-Budgetierung zu treffen? Welchen Einfluß hat der Grad der Unsicherheit auf die Optimalität von Budgets?

14. Welche Effekte können bei einer *bottom up*-Budgetierung auftreten?

15. Wann erweist sich für das im Text unterstellte Szenario eine partizipative Budgetierung im Gegenstromverfahren als wertlos gegenüber einer *top down*-Budgetierung?

16. Warum reicht die Betrachtung alleine von Größen des Rechnungswesens nicht aus, um daraus irgendwelche Aussagen über die „Koordinationseigenschaften" solcher Größen abzuleiten?

Probleme

1. **Erfolgsverbund**. Gegeben ist ein in zwei Bereiche gegliedertes Unternehmen. Die Preis-Absatz-Funktionen der beiden Bereiche sind:

$$p_1(x_1) = 58 - 0,1 \cdot x_1; \quad p_2(x_2) = 120 - 0,05 \cdot x_2$$

Für Bereich 2 ist die Absatzmenge auf $x_2 \leq 200$ beschränkt. Beide Bereiche benötigen zur Herstellung ihres Produktes jeweils *eine* Einheit eines bestimmten Rohstoffs, dessen Beschaffungspreis $r(q)$ je Mengeneinheit gemäß folgender Rabattstaffel von der *insgesamt* beschafften Menge q ($q = q_1 + q_2$) abhängt:

$$r(q) = \begin{cases} 50 & \text{für } 0 \leq q \leq 100 \\ 45 & \text{für } 100 < q \leq 200 \\ 40 & \text{für } 200 < q \end{cases}$$

Diese Rabattstaffel kennzeichnet einen *angestoßenen* Rabatt, dh die jeweiligen Preise gelten nur für die angegebenen Intervalle.

Die variablen Stückkosten *ohne* den Kostenanteil für den Rohstoff betragen

$$\overline{k}_1 = 14; \quad \overline{k}_2 = 56$$

Warum handelt es sich im vorliegenden Fall um einen Erfolgsverbund? Wie sieht die optimale Lösung unter Berücksichtigung dieses Verbundeffektes aus? Welche Schwierigkeiten ergeben sich, wenn beide Bereiche als *Profit Center* geführt werden, und wenn sie demgemäß ihr Optimum durch Maximierung ihres jeweiligen Bereichsgewinns bestimmen würden?

2. **Bewertungsverbund.** Ein Unternehmen kann ein neues Projekt mit einem erwarteten Gewinn von 20 und einer (isolierten) Standardabweichung des Gewinns von 35 durchführen. Die Überschüsse des neuen Projektes sind völlig unkorreliert mit denjenigen des bisherigen Programms. Für dieses Ausgangsprogramm werden alternativ zwei Ausgangssituationen betrachtet. In Situation 1 hat das bisherige Programm einen Gewinnerwartungswert von 180 und eine Standardabweichung des Gewinns von 50. In Situation 2 beträgt dagegen der Gewinnerwartungswert 220 bei gegebener Standardabweichung von 50.

a) Angenommen, das Unternehmen maximiert folgende Nutzenfunktion:

$$U\left(\mathrm{E}\left[\tilde{G}\right]; \sigma\left(\tilde{G}\right)\right) = \mathrm{E}\left[\tilde{G}\right] - 0,05 \cdot \sigma\left(\tilde{G}\right)$$

Hängt bei dieser Nutzenfunktion die Vorteilhaftigkeit des neuen Projektes von der Ausgangssituation ab?

b) Gehen Sie jetzt davon aus, daß das Unternehmen den Erwartungs*nutzen* maximiert, wobei eine quadratische Nutzenfunktion der folgenden Art zur Anwendung kommt:

$$U\left(G\right) = 5 \cdot G - 0,01 \cdot G^2$$

Wie hängt bei dieser Entscheidungsregel die Vorteilhaftigkeit des neues Projektes von der Ausgangssituation ab? (*Hinweis:* Formulieren Sie zunächst den Erwartungs*nutzen* als Funktion des Gewinnerwartungswertes und der Standardabweichung.)

3. **Budgetierung und Anreizsysteme.** Gegeben sei ein Budgetierungskontext der im Text beschriebenen Art mit den beiden gleich wahrscheinlichen Zuständen für die Basiskosten $L = 10$ und $H = 10,5$. Die Istkosten sind $K = \theta - a$. Der Manager erlangt unmittelbar vor der Wahl seiner Arbeitsleistung exaktes Wissen um den tatsächlich vorliegenden Zustand. Sein Reservationsnutzen beträgt $\underline{U}^A = 0$, und seine Nutzenfunktion lautet $U = s - a^2 / 2$. Dem Manager muß eine Mindestentlohnung in Höhe des Reservationsnutzens für jeden Zustand geboten werden. Die Zentrale maximiert den Erwartungswert der ihr verbleibenden Überschüsse.

a) Bestimmen Sie die *first best*-Lösung.

b) Bestimmen Sie die *second best*-Lösung.

4. *Weitzman*-Schema. Ein Manager wird auf Basis des *Weitzman*-Schemas mit den Parametern $\alpha_1 = 0{,}2$, $\hat{\alpha} = 0{,}4$ und $\alpha_2 = 0{,}6$ sowie einem Fixgehalt von $\underline{S} = 10$ entlohnt. Es liegen keine Interdependenzen zwischen Berichterstattung und Ressourcenzuteilung vor.

a) Zunächst sei unterstellt, daß der Manager sichere Erwartungen über den künftigen Überschuß hat. Die Zentrale weiß jedoch nur, daß sechs mögliche Überschüsse vorliegen können, und zwar $x = 100, 120, 140, 160, 180$ oder 200. Zeigen Sie anhand einer Tabelle, wie sich die Managerentlohnung für die verschiedenen x entwickelt, wenn alternativ Berichte $\hat{x} = 100, 120, 140, 160, 180$ oder 200 abgegeben werden. Wie lautet die optimale Berichtspolitik des Managers?

b) Gehen Sie jetzt von risikobehafteten Verhältnissen aus, wobei sich die tatsächliche Verteilung $F(x)$ als Konvexkombination zweier Verteilungen $F_L(x) \leq F_H(x)$ ergibt (siehe *Anhang*). Dabei entspricht $F_L(x)$ einer Gleichverteilung von x im Intervall $[100; 200]$, und $F_H(x)$ repräsentiert eine Verteilung im Intervall $[100; 200]$, deren ganze Wahrscheinlichkeitsmasse gleichmäßig im Intervall $[100; 150]$ konzentriert ist. Der Manager ist risikoneutral und maximiert den Erwartungswert seiner Entlohnung. Ermitteln Sie die Funktion für die optimale Berichtspolitik des Managers in Abhängigkeit von der Qualität φ seiner tatsächlichen Verteilung. Zeigen Sie ebenfalls auf, wie aus einem gegebenen Bericht auf die zugrunde liegende Qualität der Wahrscheinlichkeitsverteilung zurückgeschlossen werden kann.

5. Anreize aus dem Budgetierungssystem. In einem Artikel mit dem Titel „Paying People to Lie: the Truth about the Budgeting Process" schreibt *Jensen* (2003, S. 379) folgendes:

„Paying people on the basis of how their performance relates to a budget or target causes people to game the system and in doing so to destroy value in two main ways: (a) both superiors and subordinates lie in the formulation of budgets and, therefore, gut the budgeting process of the critical unbiased information that is required to coordinate the activities of disparate parts of an organisation, and (b) they game the realisation of the budgets and targets and in doing so destroy value for their organisations. Although most managers and analysts understand that budget gaming is widespread, few understand the huge costs it imposes on organisations and how to lower them.

My purpose in this paper is to explain exactly how this happens and how managers and firms can stop this counter-productive cycle. The key lies not in destroying the budgeting systems, but in changing the way organisations pay people. In particular to stop this highly counter-productive behaviour we must stop using budgets or targets in the compensation formulas and promotion systems for employees and managers. This means taking all kinks, discontinuities and non-linearities out of the pay-for-performance profile of each employee and manager. Such purely linear compensation formulas provide no incentives to lie, or to withhold and distort information, or to game the system."

a) Entspricht ein solches vorgeschlagenes lineares Entlohnungsschema dem Offenlegungsprinzip?

b) Wie kann die fixe Entlohnung und die Steigung der variablen Entlohnung in einem linearen Entlohnungsschema festgelegt werden?

c) Ist es immer sinnvoll, ein lineares Entlohnungsschema festzulegen? Wenn nicht, worin könnten Gründe für nichtlineare Schemata liegen?

Literaturempfehlungen

Allgemeine Literatur

Demski, J.S.: *Managerial Uses of Accounting Information*, Boston et al. 1994.

Magee, R.P.: *Advanced Managerial Accounting*, New York 1986.

Welsch, G., R. Hilton und *P.N. Gordon*: *Budgeting – Profit Planning and Control*, 5. Auflage, Englewood Cliffs, NJ 1988.

Spezielle Literatur

Demski, J. und *G. Feltham*: Economic Incentives in Budgetary Control Systems, in: *The Accounting Review* 1978, S. 336 – 359.

Magee, R.P.: Equilibria in Budget Participation, in: *Journal of Accounting Research* 1980, S. 551 – 573.

Reichelstein, S.: Constructing Incentive Schemes for Government Contracts: An Application of Agency Theory, in: *The Accounting Review* 1992, S. 712 – 731.

Weitzman, M.L.: The New Soviet Incentive Model, in: *Bell Journal of Economics* 1976, S. 251 – 257.

Anhang 1: Weitzman-Schema bei risikobehaftetem Ergebnis

Im folgenden wird gezeigt, in welcher Weise das *Weitzman*-Schema eine wahrheitsgemäße Berichterstattung induziert, falls das Ergebnis x nicht sicher, sondern risikobehaftet ist. Dazu sei angenommen, daß $\tilde{x}$ im Intervall $[\underline{x}, \overline{x}]$ einer stetigen Wahrscheinlichkeitsverteilung mit einer überall positiven Dichtefunktion $f(x)$ und der Verteilungsfunktion $F(x)$ unterliegt. Der Manager maximiert durch Abgabe eines Berichts $\hat{x}$ seine **erwartete Entlohnung**, die sich wie folgt ergibt:

$$E[s(\tilde{x}, \hat{x})] = \underline{S} + \hat{\alpha} \cdot \hat{x} + \int_{\underline{x}}^{\hat{x}} \alpha_2 \cdot (x - \hat{x}) \cdot f(x) dx + \int_{\hat{x}}^{\overline{x}} \alpha_1 \cdot (x - \hat{x}) \cdot f(x) dx \qquad (A1)$$

Für den **optimalen Bericht** muß die erste Ableitung von (A1) gleich 0 sein:

$$\frac{\partial E[s(\tilde{x}, \hat{x}^*)]}{\partial \hat{x}} = \hat{\alpha} - \alpha_2 \cdot \int_{\underline{x}}^{\hat{x}^*} f(x) dx + \alpha_2 \cdot f(\hat{x}^*) \cdot (\hat{x}^* - \hat{x}^*) - \alpha_1 \cdot \int_{\hat{x}^*}^{\overline{x}} f(x) dx - \alpha_1 \cdot f(\hat{x}^*) \cdot (\hat{x}^* - \hat{x}^*) =$$

$$= \hat{\alpha} - \alpha_2 \cdot F(\hat{x}^*) - \alpha_1 \cdot \left(1 - F(\hat{x}^*)\right) = 0$$

Bezüglich der zweiten Ableitung gilt stets

$$\partial^2 E[s(\tilde{x}, \hat{x})] / \partial \hat{x}^2 = (\alpha_1 - \alpha_2) \cdot f(\hat{x}) < 0$$

so daß es sich bei $\hat{x}^*$ um ein *eindeutiges* Maximum handelt. Für die optimale Lösung folgt daher wegen $0 < \alpha_1 < \hat{\alpha} < \alpha_2$:

$$0 < F(\hat{x}^*) = \frac{\hat{\alpha} - \alpha_1}{\alpha_2 - \alpha_1} < 1 \Rightarrow \hat{x}^* = F^{-1}\left(\frac{\hat{\alpha} - \alpha_1}{\alpha_2 - \alpha_1}\right) \Rightarrow \underline{x} < \hat{x}^* < \overline{x} \qquad (A2)$$

Durch die Wahl der Parameter kann die Berichterstattung beliebiger **Quantile** (zB Median für einen Quotienten aus den Parameterdifferenzen von 0,5 oder erstes Quartil für 0,25) induziert werden. Der Bericht stimmt (jedenfalls) dann mit dem **Erwartungswert** $E[\tilde{x}]$ überein, wenn der Quotient aus den Parameterdifferenzen gerade gleich 0,5 ist und eine symmetrische Verteilung vorliegt (Median = Erwartungswert).

Durch die Wahl der Entlohnungsparameter beim *Weitzman*-Schema kann der „**Optimismus**" des Managers hinsichtlich des Berichts seiner Erwartungen beeinflußt werden. Bei einer symmetrischen Verteilung induziert etwa jeder Quotient der Parameterdifferenzen unterhalb 0,5 einen Bericht unterhalb des Überschußerwartungswertes und ein Quotient oberhalb von 0,5 eine Information oberhalb des Erwartungswertes. Bei den vorausgesetzten Parameterrelationen würde der Manager aber niemals einen Bericht in Höhe des niedrigsten oder des höchsten Ergebnisses abgeben, da der Quotient der Parameterdifferenzen strikt innerhalb des Intervalls $[\underline{x}, \overline{x}]$ liegt.

Geht man nun von **risikobehafteten Ergebnissen** x aus, dann muß auch die *Art* der asymmetrischen Informationsverteilung angepaßt werden. Wüßte nämlich auch die Zentrale um die Verteilung $F(x)$, verfügte sie faktisch über den gleichen Informationsstand wie der Manager, und die Überlegungen zur Berichterstattung wären bloße Spielerei. Man muß daher annehmen, daß der *Manager* besser als die Zentrale über die konkret vorliegende **Überschußverteilung** informiert ist. Die Zentrale verfügt nur über eine „Verteilung über Wahrscheinlichkeitsverteilungen".

Diese Situation wird wie folgt modelliert: Die tatsächliche Verteilung ergibt sich aus einer **Konvexkombination** zweier Verteilungen, deren Relation zueinander durch eine *stochastische Dominanz erster Ordnung* gekennzeichnet ist, dh

$$F(x) = \varphi \cdot F_L(x) + (1-\varphi) \cdot F_H(x) \quad 0 \le \varphi \le 1$$
$$F_H(x) > F_L(x) \quad \forall x \in (\underline{x}, \overline{x}); \quad F_L(x) = F_H(x) \text{ für } x = \underline{x}, \overline{x} \tag{A3}$$

Bei der F_H-Verteilung ist für *jedes* x die Wahrscheinlichkeit dafür, daß ein Ergebnis nicht größer als x erzielt wird, mindestens so groß wie bei der F_L-Verteilung, für alle x außer den Extremwerten aber sogar streng größer. Daraus folgt umgekehrt, daß die F_L-Verteilung die qualitätsmäßig *bessere* Verteilung ist, denn die Wahrscheinlichkeit des Eintritts höherer Ergebnisse ist bei ihr größer als bei der F_H-Verteilung, so daß auch der **Erwartungswert** der Überschüsse bei der F_L-Verteilung denjenigen der F_H-Verteilung übersteigt.

Die tatsächliche Wahrscheinlichkeitsverteilung setzt sich gemäß einem Parameter φ aus diesen beiden Verteilungen zusammen, wobei φ gewissermaßen das Gewicht der besseren Verteilung F_L angibt und damit als **Qualitätsparameter** interpretiert werden kann. Nur der Manager kennt die tatsächliche Verteilung und den konkret vorliegenden Wert für φ, die Zentrale dagegen nicht. Sie weiß nur um die Art der Zusammensetzung und darum, daß φ zwischen 0 und 1 liegt; möglicherweise kann sie auch eine diesbezügliche Wahrscheinlichkeitsverteilung für φ angeben, doch ist das im vorliegenden Zusammenhang nicht von Bedeutung.

Setzt man nun (A3) in die Optimalitätsbedingung (A2) ein, folgt

$$F\big(\hat{x}^*(\varphi), \varphi\big) = \varphi \cdot F_L\big(\hat{x}^*(\varphi)\big) + (1-\varphi) \cdot F_H\big(\hat{x}^*(\varphi)\big) = \frac{\hat{\alpha} - \alpha_1}{\alpha_2 - \alpha_1} \tag{A4}$$

Dabei wurde der optimale Bericht bereits als Funktion von φ gekennzeichnet. Bei einer Änderung von φ muß das totale Differential der linken Seite von (A4) gleich 0 sein, denn für *jeden* Wert des Qualitätsparameters φ muß sich der optimale Bericht so einstellen, daß der entsprechende Wert der Verteilungsfunktion gerade dem konstanten Quotienten der Differenzen aus den Entlohnungsparametern entspricht. Daraus folgt

$$\frac{\partial F\big(\hat{x}^*(\varphi), \varphi\big)}{\partial \varphi} \cdot d\varphi + \frac{\partial F\big(\hat{x}^*(\varphi), \varphi\big)}{\partial x} \cdot d\hat{x}^* = 0 \quad \Rightarrow \quad \frac{d\hat{x}^*}{d\varphi} = -\frac{\dfrac{\partial F\big(\hat{x}^*(\varphi), \varphi\big)}{\partial \varphi}}{\dfrac{\partial F\big(\hat{x}^*(\varphi), \varphi\big)}{\partial x}} \tag{A5}$$

Einsetzen der beiden partiellen Ableitungen erbringt

$$\frac{d\hat{x}^*}{d\varphi} = -\frac{F_L(\hat{x}^*) - F_H(\hat{x}^*)}{\varphi \cdot f_L(\hat{x}^*) + (1-\varphi) \cdot f_H/(\hat{x}^*)} = \frac{F_H(\hat{x}^*) - F_L(\hat{x}^*)}{\varphi \cdot f_L(\hat{x}^*) + (1-\varphi) \cdot f_H(\hat{x}^*)} > 0 \tag{A6}$$

Es zeigt sich also, daß die **optimale Berichterstattung** des Managers von der durch φ gemessenen **Qualität** der Wahrscheinlichkeitsverteilung abhängt. Höhere Qualitäten der Verteilung (und damit höhere Überschußerwartungswerte) sind demnach auch mit höheren Berichten des Managers verbunden, so daß umgekehrt aus einem konkret vorliegenden Bericht auf den zugrunde liegenden Parameter φ geschlossen werden kann. Damit kennt die Zentrale gemäß (A3) aber auch die tatsächlich relevante Verteilung und kann das dazugehörige erwartete Erfolgspotential ermitteln. Im Ergebnis ist also die anfängliche asymmetrische Informationsverteilung abgebaut. Eine wahrheitsgemäße Berichterstattung ergibt sich also nicht mehr *unmittelbar* durch die Übereinstimmung von Managerbericht und erwartetem Erfolgspotential. Sie wird statt dessen durch eine **intelligente Interpretation** der Berichte seitens der Zentrale ermöglicht, die gemäß der Umkehrfunktion $\hat{x}^{*-1}(\hat{x})$ von einem vorliegenden Bericht $\hat{x}$ auf den dazugehörigen Parameter φ der Wahrscheinlichkeitsverteilung zurückschließt.

Anhang 2: Wahrheitsgemäße Berichterstattung beim Menü linearer Verträge und einer stetigen Zustandsvariablen

Für die folgende Darstellung wird unterstellt, daß die Zustandsvariable θ jeden Wert zwischen L und H annehmen kann:

$$\theta \in [L,H]$$

Bevor die Eigenschaften des Vertragsmenüs gezeigt werden können, muß zunächst die **optimale Entscheidung** des Managers bei **zustandsbedingt sicheren Erwartungen** (also dem Basismodell) betrachtet werden. Die Zentrale bestimmt eine Entlohnungsfunktion $s(\theta)$ und ein zustandsbedingtes Kostenniveau $K(\theta)$, mit dem bei gegebenem Zustand indirekt die Arbeitsintensität festgelegt ist. Der Manager maximiert seinen Nutzen durch Wahl des Berichts $\hat{\theta}$:

$$U\left(\hat{\theta},\theta\right) = s\left(\hat{\theta}\right) - V\left(\theta - K\left(\hat{\theta}\right)\right)$$

Darin bezeichnet $U\left(\hat{\theta},\theta\right)$ die Zielerreichung des Managers bei einem tatsächlichen Zustand θ und einem Bericht von $\hat{\theta}$. Die Bedingung erster Ordnung lautet

$$\frac{\partial U(\hat{\theta}^*,\theta)}{\partial \hat{\theta}} = s'(\hat{\theta}^*) + V'\left(\theta - K(\hat{\theta}^*)\right) \cdot K'(\hat{\theta}^*) = 0$$

Der **optimale Bericht** hängt demnach vom Zustand ab, und bei wahrheitsgemäßer Berichterstattung muß $\hat{\theta}^*(\theta) = \theta$ erfüllt sein. Bei Gültigkeit des **Offenlegungsprinzips** müssen die Entlohnungsfunktion $s(\theta)$ und die Funktion des Kostenniveaus $K(\theta)$

so bestimmt werden, daß der Manager wahrheitsgemäß berichtet. Die Zielerreichung bei zutreffendem Bericht sei nun wie folgt definiert:

$$U(\theta,\theta) \equiv U(\theta)$$

Dann folgt für die Gesamtänderung dieser Zielerreichung bei Variation des Zustands

$$\frac{dU(\theta)}{d\theta} = \underbrace{\frac{\partial U(\theta,\theta)}{\partial\hat\theta}}_{=0} \cdot \frac{d\hat\theta}{d\theta} + \frac{\partial U(\theta,\theta)}{\partial\theta} = \frac{\partial U(\theta,\theta)}{\partial\theta} = -V'(\theta - K(\theta))$$

Offenbar verringert sich der Nutzen des Managers wegen $V' > 0$ mit höherem Wert der Zustandsvariablen (dies entspricht dem Zwei-Zustands-Fall im Text, denn im dortigen Zustand H erzielt der Manager gerade seinen Reservationsnutzen, während er im Zustand L eine Informationsrente erhält). Daraus erhält man eine Darstellung für den Nutzen $U(\theta)$

$$U(\theta) = \int_\theta^H -\frac{dU(t)}{dt} dt + U(H) = \int_\theta^H V'(t - K(t)) dt + U(H)$$

Im **ungünstigsten Zustand** H wird die Zentrale die Kompensation gerade so bestimmen, daß der Manager seinen **Reservationsnutzen** erhält, der auf 0 gesetzt wurde. Daraus ergibt sich:

$$U(\theta) = \int_\theta^H V'(t - K(t)) dt = \int_\theta^H V'(a(t)) dt$$

Für den Nachweis der **wahrheitsinduzierenden Eigenschaften des Vertragsmenüs** sei unterstellt, daß die Lösung des Basismodells für die Zentrale wie beim Zwei-Zustands-Modell im Text dazu führt, daß die zustandsbedingt optimalen Kostenniveaus um so höher sind, je ungünstiger der Zustand ist, und daß letztlich die zustandsbedingt geforderte Arbeitsleistung mit steigender Zustandsvariablen fällt (dies kann durch Analyse des stetigen Optimierungsmodells natürlich auch explizit gezeigt werden, dürfte aber bereits durch die Intuition im Text hinreichend begründet sein):

$$K'(\theta) > 0 \quad \text{und} \quad a'(\theta) < 0$$

Nun werden die Verträge (27) bei risikobehafteten Kostenrealisationen mit den Festlegungen der Parameter wie in (28), (29) und (30) betrachtet. Im Text wurde bereits gezeigt, daß ein Manager nach Abgabe des Berichts stets die für diesen Zustand im Basismodell vorgesehene Arbeitsleistung wählt. Bei wahrheitsgemäßer Berichterstattung entspricht der Erwartungswert der Kosten daher dem zustandsbedingten Kostenniveau des Basismodells:

$$\mathrm{E}\left[\tilde K(a(\theta),\theta)\right] = \theta - a(\theta) = K(\theta)$$

Weil das Kostenniveau $K(\theta)$ als Referenzwert festgesetzt wird, ergibt sich für einen Manager im Zustand θ bei zutreffender Berichterstattung eine Zielerreichung wie im Basismodell:

$$s(\theta)+V'\big(a(\theta)\big)\cdot\big(K(\theta)-K(\theta)\big)-V\big(a(\theta)\big)=U(\theta)$$

Damit dies für ihn optimal ist, darf es sich nicht lohnen, einen **höheren Bericht** abzugeben. Es muß also für $\hat{\theta}>\theta$ gelten:

$$U(\theta)\ge s\big(\hat{\theta}\big)+V'\big(a(\hat{\theta})\big)\cdot\big(K(\hat{\theta})-(\theta-a(\hat{\theta}))\big)-V\big(a(\hat{\theta})\big)$$

Dies führt nach kurzer Umformung auf

$$U(\theta)-U\big(\hat{\theta}\big)\ge V'\big(a(\hat{\theta})\big)\cdot\big(\hat{\theta}-\theta\big)$$

Einsetzen von $U(\theta)$ erbringt

$$\int_{\theta}^{\hat{\theta}}V'(a(t))\,dt\ge V'\big(a(\hat{\theta})\big)\cdot\big(\hat{\theta}-\theta\big)=V'\big(a(\hat{\theta})\big)\cdot\int_{\theta}^{\hat{\theta}}dt\quad\text{bzw}$$

$$\int_{\theta}^{\hat{\theta}}\Big[V'(a(t))-V'\big(a(\hat{\theta})\big)\Big]\,dt\ge 0$$

Diese Ungleichung ist wegen der Konvexität von V und $a'(\theta)<0$ stets erfüllt (für günstigere Zustände wird eine höhere Anstrengung gefordert, und dafür ist auch das Grenzarbeitsleid größer).

In entsprechender Weise muß gelten, daß sich eine **Unterberichterstattung** des Zustands, dh $\hat{\theta}<\theta$, für den Manager nicht lohnen darf:

$$U(\theta)\ge s\big(\hat{\theta}\big)+V'\big(a(\hat{\theta})\big)\cdot\big(K(\hat{\theta})-(\theta-a(\hat{\theta}))\big)-V\big(a(\hat{\theta})\big)$$

Hier erhält man folglich

$$-\int_{\hat{\theta}}^{\theta}V'(a(t))\,dt\ge -V'\big(a(\hat{\theta})\big)\cdot\int_{\hat{\theta}}^{\theta}dt$$

Multiplikation beider Seiten mit -1 ergibt

$$\int_{\hat{\theta}}^{\theta}V'(a(t))\,dt\le V'\big(a(\hat{\theta})\big)\cdot\int_{\hat{\theta}}^{\theta}dt\quad\Rightarrow\quad\int_{\hat{\theta}}^{\theta}\Big[V'(a(t))-V'\big(a(\hat{\theta})\big)\Big]\,dt\le 0$$

Diese Ungleichung ist wegen der Konvexität von V und $a'(\theta)<0$ ebenfalls erfüllt. Das Menü linearer Verträge mit den im Text getroffenen Festlegungen der Parameter gewährleistet daher genau die **Allokation und Distribution** wie im **Basismodell** bei zustandsbedingt sicheren Erwartungen.

Investitionscontrolling

SIE haben heute einen schweren Tag vor sich. Letzte Woche erhielten Sie ein Memo vom Vorstand, in dem Sie, wie die anderen Bereichsleiter auch, zu einer Budgetsitzung eingeladen wurden, die eben heute um 9 Uhr im Sitzungszimmer im ersten Stock der Zentrale stattfinden wird. Auf dem Weg dorthin sinnieren Sie nochmals, warum diese Sitzung einen schweren Tag prophezeit: Die Einladung spricht zwar lapidar von „Budgetsitzung", Sie wissen jedoch, daß das keine der normalen, einmal im Quartal stattfindenden Budgetsitzungen sein kann. Um dahinter zu kommen, was denn wirklich der Grund für die Sitzung ist, haben Sie beim gestrigen Mittagessen kurz mit Claudia Winter gesprochen. Sie munkelte etwas von neuen Richtlinien für die Budgetierung, das wisse sie von Hubert Kos, der einen guten Draht zum neuen Controller Edgar Hauptmann habe.

Jede Änderung des Budgetierungsprocedere kommt Ihnen jedoch nicht sehr·gelegen; Sie hatten sich auf das bisherige System nämlich sehr gut eingestellt. Es gab kaum einen wichtigen Budgetwunsch, den Ihnen die Geschäftsleitung abgeschlagen hätte. Sie haben immer die passende Begründung geliefert. Und jetzt soll alles anders werden?

Es ist kurz vor 9 Uhr. Das Sitzungszimmer füllt sich. Sie nehmen Ihren angestammten Platz wieder ein. Die kaufmännische Geschäftsführerin Melissa Zumbaum kommt – tatsächlich – mit Edgar Hauptmann herein und beginnt: „Ich wünsche Ihnen einen schönen guten Morgen. Sie werden sich sicher gefragt haben, was wir heute zu besprechen hätten. Nun, Sie kennen alle Herrn Hauptmann, unseren neuen Bereichsleiter Controlling. Herr Hauptmann hat im Rahmen seiner Tätigkeit unser Budgetierungssystem durchleuchtet. Dabei sind ihm einige Usancen aufgefallen, von denen er meint, daß sie nicht sehr günstig seien, um es vorsichtig auszudrücken. Er hat angeregt, eine neue Vorgehensweise zumindest für das kommende Jahr zu versuchen. Wenn dieses System erfolgreicher ist, wird es permanent installiert; andernfalls kommen wir wieder zum gewohnten System zurück. Darf ich Sie jetzt bitten, Herr Hauptmann, dieses neue System zu erläutern?"

Edgar Hauptmann beginnt mit einem Überblick über das bisherige System und weist darauf hin, daß die Zuordnung von Finanzmitteln für Investitionen der Bereiche aufgrund dieser Budgetdaten anfällig für bereichsegoistische (wie sagte er: „verzerrende"?) Zielsetzungen war. (Sie wissen, wovon er spricht.) Dann schlägt Hauptmann ein anderes System vor: Jeder Bereich gibt die (geschätzte) Rendite seiner Investitionsprojekte ab, diese werden von der Zentrale (Sie denken hämisch: „Das ist er selbst!") nach der Rendite gereiht und genehmigt, solange bis die dafür verfügbaren Finanzmittel aufgebraucht sind. Sie denken: „So glorreich ist das aber nicht!", und Ihre ganze Aufregung ist wieder verflogen.

Plötzlich schrecken Sie auf. Hauptmann spricht über eine Adaptierung des bestehenden Berechnungsschemas für den jährlichen Bonus der Bereichsleiter. Dazu macht er folgendes Beispiel:

Angenommen, es gibt nur von zwei Abteilungen jeweils einen Antrag für ein Projekt. Die Laufzeiten der beiden Projekte seien gleich groß, und es können in jedes maximal 80 (Tausend) an Finanzmitteln investiert werden. Die Zentrale hat insgesamt 100 für Investitionen vorgesehen. Die von Ihnen geschätzte Rendite Ihres Projektes ist 60%. Angenommen, Sie melden diese 60% an die Zentrale weiter, während der andere Bereich 40% angibt. Die Zentrale wird daher Ihnen 80 und dem anderen Bereich 20 zuweisen. Ihr budgetierter Bruttogewinn beträgt dann:

Bruttogewinn (80·0,6)	*48*

Angenommen, Ihr tatsächlicher Bruttogewinn ist ebenfalls 48. Die Berechnung des Bonus lautet:

Ihr tatsächlicher Bruttogewinn	*48*
+ budgetierter Bruttogewinn des anderen Bereiches (20·0,4)	*8*
Bemessungsgrundlage	*56*
Bonus (2% der Bemessungsgrundlage)	*1,12*

Hauptmann weiter: „Probieren Sie dieses System nun selbst aus. Nehmen Sie an, Sie würden eine 'vorsichtige' Rendite angeben, sagen wir, 30%. Wie hoch ist Ihr Bonus?"

Ihr tatsächlicher Bruttogewinn	
+ budgetierter Bruttogewinn des anderen Bereiches	
Bemessungsgrundlage	
Bonus (2% der Bemessungsgrundlage)	*?*

„Und was passiert, wenn Sie, um möglichst viel Kapital zugewiesen zu erhalten, Ihre Rendite überschätzen, sagen wir mit 80%?"

Ihr tatsächlicher Bruttogewinn	
+ budgetierter Bruttogewinn des anderen Bereiches	
Bemessungsgrundlage	
Bonus (2% der Bemessungsgrundlage)	*?*

„Sehen Sie", so Hauptmann, „so einfach funktioniert dieses System." Zufrieden gibt er das Wort an Melissa Zumbaum zurück. Sie wissen, wie die anderen Bereichsleiter auch, nicht ganz, wie Sie reagieren sollten. Dies nutzt Frau Zumbaum aus: „Das ist ein wichtiger Punkt, den hatte ich vorher vergessen zu erwähnen. Die Bonusberechnung muß an dieses neue Budgetierungssystem angepaßt werden. Ich werde aber sicherstellen, daß Sie im Durchschnitt nicht weniger erhalten als bisher. Die nächsten Anträge werden bereits auf diese neue Art und Weise bearbeitet. Bei Unklarheiten bitte ich Sie, sich direkt an Herrn Hauptmann zu wenden. Ich möchte Sie noch ersuchen, ihn nach besten Kräften zu unterstützen. Ich wünsche Ihnen alles Gute, auf Wiedersehen." Und weg war sie.[1]

---

[1]   Die Zahlen des Beispiels stammen aus den Unterlagen für ein Experiment mit Studenten. Vgl *Waller* und *Bishop* (1990), S. 821. Ergebnisse dieses Experiments werden in diesem Kapitel beim *Groves*-Schema in einem Einschub auf S. 505 dargestellt.

> **Ziele dieses Kapitels**
>
> - Darstellung der Koordinationsprobleme im Rahmen der Ressourcenallokation bei asymmetrischer Informationsverteilung und Interessenkonflikten
>
> - Aufzeigen der Wirkungen verschiedener Anreizmechanismen bzw Entlohnungsschemata auf die Investitionsentscheidungen und Berichterstattung von Managern
>
> - Analyse der Eignung verschiedener Beurteilungsgrößen, wie zB Residualgewinn und ROI, für die Investitionssteuerung dezentraler Bereiche
>
> - Ermittlung optimaler Beurteilungsgrößen für die Investitionssteuerung bei ausreichenden und knappen Ressourcen sowie bei nichtfinanziellen Managerinteressen

1. Einführung

Beim **Investitionscontrolling** geht es um die Planung, Steuerung, Koordination und Kontrolle von Investitionsprozessen im Unternehmen.[2] Während im 8. Kapitel: *Koordination, Budgetierung und Anreize* die Grundlagen der Budgetierung und Kostenbudgets im Vordergrund standen, werden in diesem Kapitel nicht nur die Auszahlungen, sondern auch die Einzahlungen geplant und gesteuert. Das Ergebnis sind Investitionsbudgets und im einperiodigen Fall auch Erfolgsbudgets.

Im wesentlichen sind für die einzelnen Bereiche (Sparten, Geschäftsbereiche) eines Unternehmens die jeweils **maximal verfügbaren Mittel für Investitionszwecke** zu bestimmen. Diese Investitionsbudgets dürfen vom jeweiligen Bereich nicht überschritten werden. Im Regelfall werden sie aber von den Bereichen voll ausgeschöpft, so daß die Investitionsbudgetierung faktisch mit der Bestimmung **optimaler Investitionsprogramme** korrespondiert. Diese Beziehung ergibt sich schon aus der allgemeinen Kennzeichnung von Budgets als **Resultate formalzielorientierter Planungsüberlegungen** im 8. Kapitel: *Koordination, Budgetierung und Anreize*. Welche Mittel man nämlich einzelnen Bereichen zu Investitionszwecken bereitstellt, wird von der Erfolgsträchtigkeit der in den Bereichen verfügbaren Investitionsprojekte abhängen, so daß man eine sinnvolle Allokation finanzieller Ressourcen nur im Rahmen einer integrativen Planung des Investitionsprogramms vornehmen kann.

Derartige Probleme der **Investitionsprogrammplanung** und **-steuerung** weisen grundsätzlich eine Fülle von Aspekten auf. So können zB die für Investitionszwecke verfügbaren Finanzmittel während des Planungszeitraumes in jeder Periode unterschiedlich beschränkt sein, es mag Interdependenzen zwischen heutigen und künftigen Investitions-, Produktions- und Absatzprogrammen geben, die Anpassungsmöglichkeiten heutiger Programme an künftig mögliche Szenarien können unterschiedlich ausgeprägt sein etc. In diesem Kapitel können naturgemäß nicht all diese Aspekte angesprochen werden. Entsprechend der Intention des mit *Koordinationsrechnun-*

---

[2]   Vgl zB *Küpper* (2001), S. 452, *Reichmann* (2001), S. 289 f.

gen überschriebenen dritten Teils dieses Buches stehen nachfolgend solche Fragen im Mittelpunkt, die aus dem Zusammenhang zwischen **personellen** und **sachlichen Koordinationsproblemen** im Rahmen des Investitionscontrolling entstehen.[3]

Zunächst wird anhand eines Investitionsplanungsproblems das optimale Investitionsvolumen aus unternehmensweiter Sicht ermittelt. Anschließend wird asymmetrische Information über das vorliegende Investitionsprojekt berücksichtigt. Für ausreichende und für knappe Finanzmittel werden verschiedene Beurteilungsgrößen für Bereichsmanager auf ihre Eigenschaften zur Gewährung von Anreizen zur Implementierung des optimalen Investitionsprogramms untersucht. Anreizwirkungen von Kennzahlen werden darüber hinaus im 10. Kapitel: *Kennzahlen als Performancemaße* besprochen. Der letzte Abschnitt beschäftigt sich mit Ressourcenpräferenzen der Bereichsmanager und den Möglichkeiten, diese durch die Beurteilungsgröße zu neutralisieren.

2. Optimale Investitionsprogramme

2.1. Modellbeschreibung

Zur Strukturierung der weiteren Diskussion wird folgendes Szenario zugrunde gelegt: Gegeben sei ein Unternehmen mit J Bereichen. Der Planungshorizont beträgt **eine Periode**. Mit x wird der **Zahlungsüberschuß** am Periodenende bezeichnet. Dieser Zahlungsüberschuß hängt vom jeweiligen **Investitionsvolumen** I_j des Bereiches $j = 1, ..., J$ ab, das zum Periodenbeginn realisiert wird. Für jeden Bereich j existiert eine spezifische, vom jeweiligen Investitionsvolumen I_j abhängige **Funktion der Zahlungsüberschüsse** $x_j(I_j)$, die *nur* den jeweiligen Bereichsmanagern genau bekannt ist. Insofern besteht hinsichtlich des Erfolgspotentials der bereichsbezogenen Investitionsprojekte also eine **asymmetrische Informationsverteilung**.

Die Zahlungsüberschüsse x_j werden als **sichere Größen** angenommen; für die meisten der nachfolgend vorgestellten Ansätze läßt sich x_j aber auch als **Erwartungswert** von Zahlungsüberschüssen interpretieren. Die Funktion x_j weist (strikt) positive Zahlungsüberschüsse (bzw positive Erwartungswerte von Zahlungsüberschüssen) nur für (strikt) positive Investitionsvolumina auf und wird als streng konkav unterstellt; bei Differenzierbarkeit ist also ihre erste Ableitung positiv und die zweite Ableitung negativ. Diese Standardannahme drückt einen abnehmenden monetären Grenznutzen bei steigendem Investitionsvolumen aus und erscheint deshalb plausi-

---

[3] In dieser Weise interpretieren wir auch einen 1994 erschienenen Beitrag des *Arbeitskreises „Finanzierung"* der *Schmalenbach-Gesellschaft* mit dem Titel *„Investitionscontrolling",* der sich – aus *praktischer* Sicht – ganz auf die personellen Koordinationsprobleme konzentriert und seine Empfehlungen im Rahmen formal kurzfristiger Ansätze entwickelt. Die anderen, im Text angesprochenen Aspekte finden sich in fast jedem Lehrbuch zur Investitionsrechnung; siehe etwa *Hax* (1985) und *Kruschwitz* (2003).

bel, weil ansonsten bei einem Bereich das optimale Investitionsvolumen unendlich hoch werden könnte. Um bei jedem Bereich von einem (strikt) positiven Investitionsbetrag ausgehen zu können, sei weiterhin angenommen, daß die erste Ableitung von x_j an der Stelle $I_j = 0$ sehr groß ist. Insgesamt lassen sich die für x_j unterstellten **Eigenschaften** wie folgt zusammenfassen:

$$x_j(0) = 0; \quad x'_j(I_j) > 0; \quad x'_j(0) >> 0; \quad x''_j(I_j) < 0 \tag{1}$$

Obwohl hier zunächst nur von einem Zahlungsüberschuß x_j ausgegangen wird, der am Ende der Periode anfällt, läßt sich diese Struktur grundsätzlich auch auf mehrere Perioden erweitern: In diesem Fall wäre x_j der Endwert der bis zum Ende der Laufzeit des Investitionsprojekts aufgezinsten Zahlungsüberschüsse. In diesem Kapitel wird auf mehrperiodige Investitionsprojekte noch im Detail eingegangen.

Neben den Zahlungsüberschüssen des festzulegenden Investitionsprogramms können natürlich am Periodenende grundsätzlich noch Überschüsse von früher durchgeführten Investitionen anfallen; zur Vereinfachung – und ohne Beschränkung des Aussagegehaltes der folgenden Analysen – wird aber von solchen Überschüssen abgesehen.

Hinsichtlich der verfügbaren Finanzmittel der Zentrale wird unterstellt, daß ein **finanzieller Mittelvorrat** (Eigenmittel) in Höhe von $\overline{V}$ vorhanden ist. Diese Finanzmittel könnten alternativ am Kapitalmarkt zu einem Zinssatz i angelegt werden. Die in diese **Finanzanlage** fließenden Mittel werden mit M bezeichnet.

Die Annahmen hinsichtlich des Finanzbereichs sind sicherlich streng; im Mittelpunkt der folgenden Darstellung stehen jedoch **Anreiz-** und **Informationsprobleme**, nicht aber Details der simultanen Investitions- und Finanzplanung mit vielfältigsten Finanzierungsalternativen. Dies rechtfertigt die Annahmen hinsichtlich des Finanzbereichs, zumal eine potentielle Kapitalknappheit wegen der Beschränkung $\overline{V}$ durchaus berücksichtigt werden kann. Im Vergleich zur Kostenbudgetierung im 8. Kapitel: *Koordination, Budgetierung und Anreize* kann somit im jetzt vorliegenden Fall auch ein **Ressourcenverbund** erfaßt werden. Damit werden **personelle und sachliche Koordinationsaspekte integriert**.

Für jeden Bereich j ist ein Manager verantwortlich. Für die Manager sind nur finanzielle Größen relevant, nicht aber andere Faktoren wie etwa Arbeitsleid, *fringe benefits* aus dem Umfang zugeteilter Investitionsmittel oder ähnliches. Hinsichtlich der finanziellen Größen wird unterstellt, daß die Manager an einer **Maximierung des Endwertes ihrer Entlohnung** interessiert sind. Die Managerentlohnung richtet sich nach einem von der Zentrale festzulegenden **finanziellen Anreizsystem** $s(b)$, das die Entlohnung in Abhängigkeit von einer (noch zu bestimmenden) **Beurteilungsgröße (Performancegröße)** b angibt; sie dient somit als Maßstab für die Beurteilung der Bereichsmanager und die Bemessung der Entlohnung. Dabei wird zur Vereinfachung unterstellt, daß die **Entlohnung linear** mit dieser Beurteilungsgröße b verknüpft ist (für viele der Themen genügt eine streng monoton steigende Funktion):

$$s(b) = \underline{S} + \alpha \cdot b \quad (\alpha > 0) \tag{2}$$

Darin bezeichnet $\underline{S}$ einen ergebnisunabhängigen und vorweg bekannten, fixen Entlohnungsbestandteil. Die Größe α kennzeichnet den (positiven) Parameter, mit dem die Beurteilungsgröße b die Entlohnung beeinflußt; die Bezugsgröße b kann vom Bereichsergebnis am Periodenende abhängen. Alle Zahlungen fallen am *Periodenende* an, so daß $s(b)$ bereits den **Endwert** der Entlohnung darstellt.[4] Alle Größen in (2) können grundsätzlich für jeden Bereichsmanager individuell festgelegt werden. Weil aber für jeden Bereichsmanager strukturell gleiche Verhältnisse zutreffen sollen, wird zur Vereinfachung in den meisten Fällen auf eine Indizierung mit j verzichtet; die Argumentation ist dann als repräsentativ für jeden Bereichsmanager aufzufassen. Sofern explizit unsichere Größen berücksichtigt werden, wird unterstellt, daß sowohl die Zentrale als auch die Bereichsmanager **risikoneutral** sind.

Das Problem besteht darin, die optimalen Investitionsbudgets für die einzelnen Bereiche und damit letztlich das **optimale Investitionsprogramm** des Unternehmens unter Berücksichtigung der verfügbaren Finanzmittel $\overline{V}$ zu bestimmen. Die Lösung dieses Problems hängt offensichtlich von den Erfolgspotentialen der bereichsbezogenen Investitionsvolumina und der Strenge der Finanzierungsrestriktion ab. In einem ersten Schritt werden noch keine Annahmen über die konkreten Interessenlagen der Bereichsmanager und über die genaue Aufgabenteilung zwischen der Zentrale und den Managern gesetzt. Anschließend werden sukzessiv verschiedene Szenarien betrachtet, die als Diskussionsgrundlage für bestimmte, in der Praxis angewandte oder in der Literatur vorgeschlagene Lösungsideen dienen können. Im Mittelpunkt der Diskussion stehen dabei vorwiegend Fragen der **Anreizeffekte alternativer Beurteilungsgrößen** b und der **wahrheitsgemäßen Berichterstattung**. Eine detaillierte Optimierung der Parameter der betrachteten Anreizsysteme (hier $\underline{S}$ und α) unter ausdrücklicher Berücksichtigung von Partizipationsbedingungen wird dagegen nicht mehr explizit vorgenommen.

Um die Lösungseigenschaften der folgenden Verfahren einschätzen und beurteilen zu können, erweist es sich (wie schon im 8. Kapitel: *Koordination, Budgetierung und Anreize*) als sinnvoll, zunächst die Struktur der optimalen Lösung *ohne* asymmetrische Informationsverteilung zu ermitteln. In der folgenden Diskussion werden **asymmetrische Informationsverteilungen** zwischen den Bereichsmanagern und der Zentrale sowie mögliche **Interessenkonflikte** explizit in die Analyse einbezogen.

2.2. Die *first best*-Lösung

In diesem Abschnitt wird also zunächst wieder unterstellt, daß die Zentrale vollständige Kenntnis der Erfolgspotentiale in den einzelnen Bereichen besitzt. Sie kann daher ein simultanes Planungsmodell aufstellen. Die Zentrale verfolgt ausschließlich

---

4 Alternativ könnte angenommen werden, daß der Fixbetrag $\underline{S}$ zum Periodenbeginn gezahlt wird. Dann müßte $\underline{S}$ mit dem Zinssatz, zu dem der Manager erhaltene Beträge anlegen kann, aufgezinst werden, um den Endwert zu erhalten.

monetäre Zielgrößen und möchte den Endwert EW des Zahlungsmittelbestandes maximieren. Daraus resultiert folgendes **Modell** (dabei ist $\rho = 1 + i$) mit der Zielfunktion[5]

$$\max_{M, I_j} EW = M \cdot \rho + \sum_{j=1}^{J} x_j (I_j) \tag{3}$$

und den Nebenbedingungen

$$M + \sum_{j=1}^{J} I_j \leq \overline{V} \tag{4}$$

$$M \geq 0 \; ; \quad I_j \geq 0 \qquad \text{für } j = 1, \dots, J \tag{5}$$

Durch die Restriktion (4) wird die **Finanzierungsbeschränkung** hinsichtlich der vorhandenen Eigenmittel erfaßt: Die Summe der am Kapitalmarkt angelegten Mittel M und der den Bereichen für Investitionen zur Verfügung gestellten Mittel darf die Eigenmittel nicht übersteigen. Wegen $M \geq 0$ werden außer den vorhandenen Eigenmitteln keine weiteren Finanzierungsmöglichkeiten unterstellt. Würde man auch einen negativen Wert für M zulassen, implizierte dies eine zusätzliche Finanzierungsmöglichkeit, nämlich die Kapitalbeschaffung zum Zinssatz i. Gäbe es dann *keine Untergrenze für M*, läge faktisch die Situation eines **vollkommenen Kapitalmarkts** vor, auf dem zu einem einheitlichen Zins i beliebige Geldanlage- und Geldaufnahmemöglichkeiten gegeben sind. Dieser Fall wird im folgenden gelegentlich als Grenzfall des Modells angesprochen; normalerweise wird jedoch mit $M \geq 0$ gearbeitet.

Zur **Lösung** des Modells wird die *Lagrange*-Funktion aufgestellt:

$$LG = M \cdot \rho + \sum_{j=1}^{J} x_j (I_j) - \lambda \cdot \left(M + \sum_{j=1}^{J} I_j - \overline{V} \right)$$

Die Struktur der optimalen Lösung ergibt sich aus den *Kuhn/Tucker*'schen Bedingungen, die für die Entscheidungsvariablen M und I_j wie folgt lauten:

$$M^* > 0 \quad \text{und} \quad \frac{\partial LG^*}{\partial M} = \rho - \lambda = 0 \tag{6}$$

$$M^* = 0 \quad \text{und} \quad \frac{\partial LG^*}{\partial M} = \rho - \lambda \leq 0 \tag{7}$$

---

[5] In der folgenden Darstellung des Endwertes EW sind die Entlohnungszahlungen an die Bereichsmanager zur Vereinfachung weggelassen. Wenn es sich dabei um (bezüglich der zu maximierenden Größen) konstante Größen handelt, würde die Einbeziehung an der Lösungsstruktur nichts ändern.

$$I_j^* > 0 \quad \text{und} \quad \frac{\partial LG^*}{\partial I_j} = x_j'(I_j^*) - \lambda = 0 \quad \forall j \tag{8}$$

$$I_j^* = 0 \quad \text{und} \quad \frac{\partial LG^*}{\partial I_j} = x_j'(0) - \lambda \le 0 \quad \forall j \tag{9}$$

Wegen (6) und (7) gilt $\lambda > 0$, so daß die **Finanzierungsbeschränkung als Gleichung** erfüllt ist. Das ist intuitiv einsichtig, besagt es doch nichts anderes, als daß alle verfügbaren Mittel irgendwo investiert werden, und sei es am Kapitalmarkt. Auch die weitere Lösung läßt sich leicht interpretieren:

Fall 1: Geldanlage am Kapitalmarkt

Dann gilt $M^* > 0$. Wegen (6) ist dann der *Lagrange*-Multiplikator $\lambda = \rho = 1 + i$. Setzt man diesen Wert in (8) ein, erhält man nach einer kurzen Umformung

$$x_j'(I_j^*) \cdot \rho^{-1} - 1 = \frac{x_j'(I_j^*)}{1+i} - 1 = 0 \tag{10}$$

Das ist aber nichts anderes als der mit dem Kapitalmarktzins i berechnete **Grenzkapitalwert** des Bereiches j an der Stelle des optimalen Investitionsvolumens, denn der Kapitalwert $KW_j(I_j,i)$ lautet

$$KW_j(I_j,i) = x_j(I_j) \cdot \rho^{-1} - I_j = \frac{x_j(I_j)}{1+i} - I_j$$

Insofern besagt (8) für $M^* > 0$, daß an der Stelle des bereichsspezifisch optimalen Investitionsvolumens der mit dem Kapitalmarktzins i berechnete Grenzkapitalwert gleich 0 sein muß, so daß es sich bei den Bereichen *faktisch* um eine **Kapitalwertmaximierung** handelt.

Wäre der Grenzkapitalwert schon zu Beginn negativ, kann wegen der als konkav unterstellten Überschußfunktion x_j keinesfalls ein positives Investitionsvolumen optimal sein; das wird durch (9) ausgedrückt. Dieser Fall ist aber durch die in (1) angegebene Bedingung $x'_j(0) \gg 0$ in der vorliegenden Situation ausgeschlossen.

Fall 2: Keine Geldanlage am Kapitalmarkt

Ist eine Geldanlage am Kapitalmarkt nicht optimal ($M^* = 0$), übersteigt der *Lagrange*-Multiplikator regelmäßig den Faktor $\rho = 1 + i$. Auch dann läßt sich aber eine Kapitalwertdarstellung wählen, wenn man den Kapitalwert einfach mit dem Zinssatz $\lambda - 1$ berechnet:

$$KW_j(I_j, \lambda - 1) = \frac{x_j(I_j)}{1 + (\lambda - 1)} - I_j = \frac{x_j(I_j)}{\lambda} - I_j$$

Die Maximierung dieses Kapitalwertes führt auf

$$\frac{\partial KW(I_j^*, \lambda-1)}{\partial I_j} = \frac{x_j'(I_j^*)}{\lambda} - 1 = 0 \tag{11}$$

Diese Bedingung entspricht genau der Bedingung (8). An der Stelle des optimalen Investitionsvolumens des Bereiches j muß der mit dem **Zins** $\lambda - 1$ berechnete **Grenzkapitalwert** gleich null sein. Ist dieser Grenzkapitalwert schon zu Beginn negativ, werden für den betreffenden Bereich keine Investitionsmittel bereitgestellt.

Im Ergebnis findet man also stets eine **Kapitalwertdarstellung** des Problems. Doch ist damit nicht gesagt, daß man auch schon die Lösung hat; man kennt nämlich den relevanten Zinssatz für die Berechnung der Kapitalwerte nicht unbedingt. Die **Lösung** ist einfach, wenn man davon ausgehen kann, daß die Finanzanlage im Optimum enthalten ist. Das ist etwa dann der Fall, wenn die verfügbaren Finanzmittel $\overline{V}$ sehr groß sind, so daß die Finanzierungsbeschränkung für die Realinvestitionen keinesfalls bindend ist. Eine andere Situation liegt dann vor, wenn für M auch (unbeschränkt) negative Werte zulässig sind, wenn man es also mit einem **vollkommenen Kapitalmarkt** zu tun hat. Dann nämlich ist für die Finanzvariable M nur die Bedingung $\partial LG^*/\partial M = 0$ und mithin nur noch (6), nicht aber (7) relevant, so daß stets die Gleichung $\lambda = \rho = 1 + i$ gilt.

Sollte keine der beiden Bedingungen erfüllt sein, kennt man – ganz analog zu den im 3. Kapitel: *Produktionsprogrammentscheidungen* bereits behandelten Opportunitätskosten – den relevanten Zinssatz im Grunde erst dann, wenn man die optimale Lösung kennt. Man spricht daher auch von einem **endogenen Kalkulationszinsfuß**. Dennoch bleibt das obige Ergebnis hinsichtlich der Kapitalwertdarstellung auch für praktische Zwecke sinnvoll. Es zeigt nämlich, daß die **Kapitalwertmethode** trotz unvollkommener Kapitalmärkte für die Ermittlung optimaler Investitionsprogramme *strukturell* geeignet ist. Und dieses Ergebnis gilt nicht nur für das obige, einfache Modell, sondern weit darüber hinaus.[6]

Beispiel

Es seien $J = 2$ Bereiche mit folgenden Überschußfunktionen gegeben:

$x_1(I_1) = 20 \cdot \ln(10 \cdot I_1 + 1) + I_1$

$x_2(I_2) = 40 \cdot \ln(5 \cdot I_2 + 1) + I_2$

Der Kapitalmarktzins beträgt $i = 0{,}1$, und die für Investitionen in den Bereichen verfügbaren Eigenmittel sind $\overline{V} = 479{,}70$.

---

[6]		Siehe dazu ausführlicher *Hax* (1985), S. 97 – 109.

In einem ersten Schritt muß geprüft werden, ob die Finanzbeschränkung bindet. Dazu wird für jeden Bereich das kapitalwertmaximale Investitionsvolumen auf Basis des Kapitalmarktzinses i ermittelt. Sind die beiden optimalen Beträge kleiner als 479,70, ist die optimale Lösung gefunden, und der Restbetrag wird am Kapitalmarkt angelegt. Andernfalls ist die Finanzrestriktion bindend. Die Kapitalmarktanlage ist dann nicht Bestandteil des optimalen Programms. Dieses wird in einem zweiten Schritt unter expliziter Einbeziehung der Restriktion berechnet.

Schritt 1: Der Grenzkapitalwert für $j = 1$ lautet $\left(\dfrac{200}{10 \cdot l_1 + 1} + 1 \right) \cdot 1{,}1^{-1} - 1$

Nullsetzen und Auflösen nach l_1 erbringt: $l_1^* = 199{,}90$. Analog erhält man für den zweiten Bereich: $l_2^* = 399{,}80$. Da die Summe beider Beträge offenbar größer als 479,70 ist, muß von einer bindenden Finanzbeschränkung ausgegangen werden.

Schritt 2: Bei der weiteren Berechnung muß zunächst geprüft werden, ob für beide Bereiche positive Investitionsvolumina angesetzt werden können. Dazu werden die Bedingungen (8) und (9) herangezogen; es wird jeweils das Investitionsvolumen eines Bereiches gleich 0 gesetzt, der jeweils andere Bereich investiert folglich den gesamten Betrag von 479,70. Aus (8) erhält man dann einen Wert für λ, der in die Bedingung (9) für den nicht investierenden Bereich eingesetzt werden kann. Ist (9) erfüllt, hat man das Optimum gefunden; andernfalls muß für den bisher nicht investierenden Bereich ein positives Investitionsvolumen angesetzt werden. Eine Prüfung dieser Sachverhalte erbringt im vorliegenden Beispiel, daß beide Bereiche im Optimum (strikt) positive Beträge investieren (der Leser möge dies bitte aktiv nachvollziehen).

Für beide Bereiche kann also von (8) ausgegangen werden. Löst man (8) für beide Bereiche jeweils nach l_j auf, erhält man eine Funktion des Investitionsvolumens in Abhängigkeit vom noch unbekannten λ. Diese beiden Ausdrücke für das bereichsspezifische Investitionsvolumen werden dann in die Finanzierungsrestriktion eingesetzt. Auf diese Weise erhält man den Wert von λ im Optimum. Damit wiederum lassen sich die optimalen Investitionsbudgets jedes Bereiches leicht ermitteln.

Aus (8) folgt also für die beiden Bereiche

$$l_1^* = \frac{20{,}1 - 0{,}1 \cdot \lambda}{\lambda - 1}; \quad l_2^* = \frac{40{,}2 - 0{,}2 \cdot \lambda}{\lambda - 1}$$

Einsetzen in die Finanzierungsrestriktion (4) ergibt

$$l_1^* + l_2^* = \frac{(20{,}1 - 0{,}1 \cdot \lambda) + (40{,}2 - 0{,}2 \cdot \lambda)}{\lambda - 1} = 479{,}70 \quad \Rightarrow \lambda = 1{,}125$$

Nimmt man also mit dem Zins $\lambda - 1 = 0{,}125$ (12,5%) eine Kapitalwertmaximierung vor, erhält man für Bereich 1

$$\left(\frac{200}{10 \cdot l_1^* + 1} + 1 \right) \cdot 1{,}125^{-1} - 1 = 0 \quad \Rightarrow l_1^* = 159{,}90$$

Daraus ergibt sich für Bereich 2 $l_2^* = 479{,}70 - 159{,}90 = 319{,}80$.

Wegen der Kapitalknappheit ist der relevante Zinssatz nicht mehr 10%, sondern er hat sich auf 12,5% *erhöht*. Knappes Kapital für Realinvestitionen ist eben „teurer" als freies Kapital. Diese 12,5% geben den Grenzzinssatz an, der – ausgehend von der bislang optimalen Lösung – mit einer (infinitesimalen) zusätzlichen Geldeinheit erzielt werden könnte. Dabei spielt es keine Rolle, in welchen Bereich diese zusätzliche Geldeinheit fließen würde, weil im Optimum für beide Bereiche (8) erfüllt ist.

2.3. Äquivalenzdarstellungen

Für das obige Problem der Investitionsplanung existieren zwei weitere, äquivalente
Darstellungen, nämlich eine Gewinn- und eine Residualgewinnformulierung.

Gewinnformulierung

Der **Gewinn des Bereiches** j beim Investitionsvolumen I_j ergibt sich im einperiodigen Investitionsprogramm als Differenz zwischen dem Zahlungsüberschuß, der
am Ende der Periode anfällt, und der Investitionsauszahlung:

$$G_j(I_j) = x_j(I_j) - I_j \qquad (12)$$

Dabei wird vom nominalen Gewinn (ohne kalkulatorische Zinsen) ausgegangen.
Wegen des **einperiodigen Planungshorizonts** fällt der Gewinn mit dem gesamten
Zahlungsüberschuß zusammen, da die Investitionsauszahlung gerade der Abschrei-
bung entspricht.

Bei der Gewinnformulierung zieht man vom Endwert EW einfach den *konstanten*
Finanzmittelvorrat $\overline{V}$ ab. Diese Transformation kann auf die Lösung des Modells
keinen Einfluß ausüben. Aus der Analyse der durch (6) bis (9) gekennzeichneten
Lösungsstruktur ist bekannt, daß $\overline{V}$ stets voll ausgeschöpft wird, daß also die Finanzierungsbeschränkung (4) stets als Gleichung erfüllt ist. Setzt man also
$\overline{V} = M + I_1 + \ldots + I_J$, erhält man folgendes äquivalentes Optimierungsproblem:

$$\max_{M,I_j} EW - \overline{V} = M \cdot \rho + \sum_{j=1}^{J} x_j(I_j) - [M + \sum_{j=1}^{J} I_j] =$$

$$= M \cdot i + \sum_{j=1}^{J} G_j(I_j) \qquad (3')$$

unter den Nebenbedingungen

$$M + \sum_{j=1}^{J} I_j = \overline{V} \qquad (4')$$

$$M \geq 0 \; ; \quad I_j \geq 0 \qquad \text{für } j = 1, \ldots, J \qquad (5') \; (= (5))$$

Das Problem der Investitionsplanung kann daher gleichermaßen durch eine **Maximierung des Unternehmensgewinns** gelöst werden, *wenn* auch die Gewinne aus
den Finanzanlagen berücksichtigt werden. Der Wert des *Lagrange*-Multiplikators
würde im Rahmen der Gewinnmaximierung nur noch den bisherigen, endogenen
Zinssatz $\lambda - 1$ ergeben.

Diese Darstellung als Problem der Gewinnmaximierung ist für die weitere Diskussion insofern relevant, als zur Lösung des Koordinationsproblems unter anderem
Gewinnbeteiligungssysteme verwendet werden. Diese Systeme werden nachfolgend
besprochen. Die obige Darstellung zeigt für den Fall, daß symmetrische Information

vorliegt, die Äquivalenz der Gewinnmaximierung mit der (eigentlichen) Lösung des Planungsproblems; insofern kann bei Berücksichtigung asymmetrischer Informationsverteilungen eine *gewisse Nähe* der beiden Lösungsansätze erwartet werden.

Residualgewinnformulierung

Der **Residualgewinn** entspricht dem Gewinn abzüglich einer Verzinsung des gebundenen Kapitals, welches hier dem investierten Kapital entspricht, mit dem Zinssatz i.

$$RG_j(I_j, i) = G_j(I_j) - i \cdot I_j = x_j(I_j) - (1 + i) \cdot I_j = x_j(I_j) - \rho \cdot I_j \qquad (13)$$

Aus der weiteren Umformung in (13) ist ersichtlich, daß beim Residualgewinn der Zahlungsüberschuß x_j um den **Kapitaldienst**, hier die Investitionsauszahlung (allgemein die Abschreibung) und die Zinsen auf die Investition (allgemein auf das noch gebundene Kapital) vermindert werden. Wie sich später zeigt, sind diese beiden Aspekte vielfach gemeinsam von Bedeutung für eine optimale Investitionssteuerung.

Die Residualgewinnformulierung berücksichtigt ebenfalls die Tatsache, daß der finanzielle Mittelvorrat $\overline{V}$ im Optimum voll ausgeschöpft wird. Bei ihr wird aber die Finanzvariable M durch die Differenz $\overline{V} - (I_1 + \ldots + I_J)$ ersetzt, so daß man ein verbleibendes, äquivalentes Optimierungsproblem erhält, in dem *nur* noch die **Investitionsvariablen** I_j vorkommen:

$$\max_{I_j} EW = \overline{V} \cdot \rho + \left(\sum_{j=1}^{J} x_j(I_j) - \sum_{j=1}^{J} I_j \cdot \rho \right) =$$

$$= \overline{V} \cdot \rho + \sum_{j=1}^{J} RG_j(I_j, i) \qquad (3'')$$

unter den beiden Bedingungen

$$\sum_{j=1}^{J} I_j \leq \overline{V} \qquad (4'')$$

$$I_j \geq 0 \qquad \text{für } j = 1, \ldots, J \qquad (5'')$$

In dieser Darstellung wird so getan, als würden alle Finanzmittel zunächst am Kapitalmarkt angelegt. Daraus ergibt sich ein Basisendwert $\overline{V} \cdot \rho$, der sich durch die (Real-)Investitionsprojekte der einzelnen Bereiche in dem Maße erhöht, wie die Überschüsse der Projekte deren Finanzbedarf inklusive der Kapitalkosten übersteigen. Die Differenz aus Zahlungsüberschuß und Kapitalbindung mit den darauf entfallenden Kapitalkosten ist aber nichts anderes als der **Residualgewinn**, dessen Bedeutung bereits im 2. Kapitel: *Die Kosten- und Leistungsrechnung als Entscheidungsrechnung* im Zusammenhang mit dem *Lücke*-Theorem verdeutlicht wurde. Weil der Basisendwert $\overline{V} \cdot \rho$ eine **Konstante** ist, führt somit die Maximierung der mit dem **Kapitalmarktzins** berechneten **Residualgewinne** aller Bereiche unter

Berücksichtigung der **Finanzierungsrestriktion** zur gleichen optimalen Lösung wie das ursprüngliche Problem.

Der Wert des *Lagrange*-Multiplikators entspricht im Rahmen der Maximierung von Residualgewinnen nur noch dem **Knappheitsbestandteil** $\lambda - \rho = \lambda - (1 + i)$ des ursprünglichen Multiplikators. Stehen in ausreichendem Umfang Finanzmittel zur Verfügung, ist die Finanzrestriktion (4") redundant; sowohl der *diesbezügliche Lagrange*-Multiplikator als auch der Knappheitsbestandteil des ursprünglichen Multiplikators sind dann gleich null.[7] Sind dagegen die Finanzmittel knapp, ist der Knappheitsbestandteil des ursprünglichen Multiplikators λ positiv. Würde man λ kennen, könnte man allgemein die optimale Lösung für die (Real-)Investitionsprojekte ebenfalls finden, indem die **Summe** $\overline{RG}(\lambda - 1)$ der mit dem Zinssatz $\lambda - 1 \geq i$ berechneten **Residualgewinne** maximiert wird:

$$\max_{I_j \geq 0} \overline{RG}(\lambda - 1) = \sum_{j=1}^{J} RG_j(I_j, \lambda - 1) = \sum_{j=1}^{J} \left(x_j(I_j) - \lambda \cdot I_j \right) \tag{14}$$

In dieser Zielfunktion taucht die Finanzierungsrestriktion nicht mehr explizit auf. Die dazugehörigen notwendigen Optimierungsbedingungen entsprechen den Bedingungen (8) und (9) des ursprünglichen Problems, und eine Diskontierung der Residualgewinne mit dem **Zins** $\lambda - 1$ ergibt wieder die äquivalente Kapitalwertdarstellung.

Natürlich wird durch diese **strukturelle Äquivalenz** wieder nicht das **materielle Problem** gelöst, *wie* der **endogene Zinssatz** $\lambda - 1$ bei knappen Finanzmitteln konkret bestimmt werden kann, ohne die optimale Lösung schon zu kennen. Dennoch erweisen sich die gezeigten, strukturellen Äquivalenzbeziehungen bei der weiteren Argumentation als hilfreich.

2.4. Weitere Vorgehensweise

Nun wird wieder asymmetrische Informationsverteilung angenommen: das konkrete Erfolgspotential eines Bereiches – ausgedrückt durch die **Funktion** $x_j(I_j)$ der (sicheren oder erwarteten) Zahlungsüberschüsse – ist nur den Bereichsmanagern, nicht aber der Zentrale bekannt. Diese kann lediglich den am Periodenende vorliegenden Zahlungsüberschuß jedes Bereichs (eine Einzelgröße) beobachten.

Die Lösungen des Koordinationsproblems unterscheiden sich danach, welche Strenge der **Finanzbeschränkung** und welche **Interessenlagen** der Manager gegeben sind. Daraus resultieren mehrere unterschiedliche Fallkonstellationen, die immer ein personelles Koordinationsproblem und bei knappen Finanzmitteln darüber hinaus ein sachliches Koordinationsproblem aufwerfen.

---

[7]   Das ist insbesondere dann der Fall, wenn ein vollkommener Kapitalmarkt vorliegt.

Es wird nur **eine einzige Investitionsentscheidung** betrachtet; bei laufenden Investitionsentscheidungen entstehen zusätzliche Schwierigkeiten.

Ein Beispiel ist der sogenannte „**Sperrklinken-Effekt**" (*ratchet effect*[8]), wonach das periodische Budget von der Zielerreichung in früheren Perioden abhängig gemacht wird. Das Erreichen einer hohen (Ergebnis-)Vorgabe würde zB hohe Vorgaben in künftigen Perioden auslösen. Allfällige wahrheitsinduzierende Anreize können dadurch verloren gehen. Mit dem Sperrklinken-Effekt in Zusammenhang steht auch die Regel, daß sich Budgets nicht auf folgende Perioden vortragen lassen. Dies ist im öffentlichen Haushalt meist der Fall.

3. Beurteilungsgrößen bei ausreichenden Finanzmitteln

Sind ausreichend Finanzmittel vorhanden oder können diese auf dem Kapitalmarkt beschafft werden, treten bei der Investitionssteuerung nur personelle, nicht aber sachliche Koordinationsprobleme auf. Insofern ist es ausreichend, nur einen Bereich und Manager zu betrachten; dieselben Überlegungen gelten für jeden anderen Bereich in gleicher Weise.

Im Mittelpunkt der folgenden Analyse stehen die **Anreizeffekte alternativer Beurteilungsgrößen** b, die in einer linearen Entlohnungsfunktion (2) verwendet werden. Basierend auf dem obigen Basisansatz werden in diesem Kapitel einperiodige Szenarien untersucht, um grundlegende Zusammenhänge und Interdependenzen zu zeigen; mehrperiodige Aspekte finden sich im 10. Kapitel: *Kennzahlen als Performancemaße*. Es wird davon ausgegangen, daß die Zentrale den Bereichsmanagern *strikte* Anreize für die Auswahl von Investitionsprogrammen geben möchte. Würden die Manager einfach nur fix entlohnt, hätten sie keinen Anreiz, *nicht* im Sinne der Zentrale zu entscheiden, da keine sonstigen Friktionen betrachtet werden.[9] Insofern handelt es sich hierbei um die Koordination bei **gemachten Interessenkonflikten**, wie sie im 8. Kapitel: *Koordination, Budgetierung und Anreize* dargestellt wurden.

In der Literatur werden zur Lösung der Koordinationsprobleme divisional gegliederter Unternehmen vor allem drei Beurteilungsgrößen diskutiert, die auch in der Praxis (mehr oder weniger) stark verbreitet sind. Dabei handelt es sich um den **Gewinn**, den **Residualgewinn** und um den **Return on Investment** (*ROI*). Die Darstellung weiterer Kennzahlen erfolgt vertiefend im 10. Kapitel: *Kennzahlen als Performancemaße*.

---

[8]   Vgl zB *Weitzman* (1980).

[9]   Will die Zentrale strikte Anreize geben, kann sie meist nicht sicherstellen, daß es eine optimale Lösung gibt, weil Nebenbedingungen eines vollständig formulierten Agency-Modells ein striktes Ungleichheitszeichen beinhalten.

3.1. Gewinn

Die Entlohnung des Managers j beträgt bei der **Beurteilungsgröße Bereichsgewinn**

$$s_j(G_j) = \underline{S}_j + \alpha_j \cdot G_j(I_j) \tag{15}$$

Bei einem Bereichsgewinn von null erhält der Manager gerade seine fixe Entlohnung $\underline{S}_j$, bei positivem Gewinn erhält er eine darüber hinausgehende, sonst eine geringere Entlohnung. Teilnahmebedingungen der Manager werden nicht berücksichtigt.

Da die Gewinnfunktion $G_j(\cdot)$ der Zentrale nicht bekannt ist, muß sie die Finanzmittel auf Basis der berichteten Gewinnfunktion den Bereichen zuteilen. Der Bereichsmanager maximiert seine Entlohnung s_j, indem er den Bereichsgewinn G_j nach I_j maximiert. Dem entsprechend wünscht er sich ein **Investitionsvolumen**, das implizit wie folgt bestimmt ist:

$$\frac{\partial G_j}{\partial I_j} = x'_j(I_j) - 1 = 0 \tag{16}$$

Das optimale Investitionsvolumen unter Berücksichtigung der Finanzierungskosten i beträgt allerdings bei ausreichenden Finanzmitteln I_j^* und ergibt sich gemäß (10) wie folgt:

$$\frac{x'_j(I_j^*)}{1+i} - 1 = 0 \quad \Leftrightarrow \quad x'_j(I_j^*) - (1+i) = 0$$

Aufgrund der Eigenschaften von $x_j(\cdot)$ folgt daraus sofort, daß $I_j > I_j^*$, sofern $i > 0$ ist. Der Bereichsmanager hat also **Überinvestitionsanreize**, weil er die Kapitalkosten in seinem individuellen Kalkül nicht berücksichtigt. Wenn er daher selbst das Investitionsvolumen bestimmt (*Investment Center*), wird er in der Tat überinvestieren, was zum Nachteil des Unternehmens ist. Bei einer *Profit Center*-Organisation ist die Zentrale für die Finanzmittelallokation zuständig. Da sie die Bereichsgewinnfunktionen aber nicht kennt, muß sie sich diese berichten lassen. Die Überinvestitionsanreize des Bereichsmanagers führen nun dazu, daß dieser eine überhöhte Gewinnerwartung $\hat{x}_j(\cdot) > x_j(\cdot)$ für alle I_j angeben wird. Im Optimum wird er soweit übertreiben, daß die Zentrale, wenn sie auf Basis von (10) entscheidet, gerade das Investitionsvolumen zuweist, mit dem die Optimalitätsbedingung des Managers (16) erfüllt ist.

Gegen diese Argumentation könnte eingewandt werden, daß Über- oder Unterschätzungen bei **sicheren Überschußfunktionen** $x(I)$ *ex post* bekannt werden, so daß ein Bereichsmanager am Periodenende der Lüge überführt wäre und mit Sanktionen belegt werden könnte. Dabei handelt es sich strenggenommen aber nicht mehr um eine reine Gewinn-Beurteilung, weil *zusätzliche* Abweichungsgrößen und daran anknüpfende Sanktionen einbezogen würden.

Andererseits wäre eine Überführung auch dann nicht mehr so einfach, wenn man (realistischerweise) **risikobehaftete** Verhältnisse unterstellt und den Überschuß $x(I)$ als **Erwartungswert** auffaßt. *Beispiel*: Angenommen, der tatsächliche Überschuß am Periodenende liegt für *jedes* Investitionsvolumen und jeden Informationsstand des Managers in einem Intervall $[\underline{x}, \overline{x}]$. Höhere

Investitionsbeträge I verschieben die relevante Wahrscheinlichkeitsverteilung über dieses Intervall derart, daß die Wahrscheinlichkeit für die höheren Überschüsse beständig steigt und die Wahrscheinlichkeit für niedrigere Überschüsse entsprechend sinkt. Informationen über das Erfolgspotential wirken analog; für gegebenes I verschiebt sich dann ebenfalls die Wahrscheinlichkeitsverteilung in der angegebenen Weise, falls man eine *günstige* Information erhält. Diese Situation führt zwar zu steigenden Überschuß-Erwartungswerten mit zunehmendem Investitionsvolumen, doch kann am Periodenende bei jedem Investitionsvolumen immer *jeder* Überschuß im Intervall $[\underline{x}, \overline{x}]$ eintreten. Eine Unter- oder Überschätzung des Erwartungswertes ist *nicht* zweifelsfrei auszumachen, weil mit jedem berichteten Erwartungswert $x(I)$ Überschüsse im Intervall $[\underline{x}, \overline{x}]$ konsistent sind.

Mit dem Bereichsgewinn als Beurteilungsgröße für die Manager kann also das **optimale Investitionsprogramm nicht implementiert** werden. Dies gilt, obwohl das Investitionsprogramm bei symmetrischer Information in einer Gewinnformulierung (siehe (3') bis (5')) dargestellt werden kann. Der Grund liegt darin, daß bei der Äquivalenzdarstellung auch die Finanzerträge $M \cdot i$ in der Zielfunktion aufscheinen. Und die Höhe der Finanzanlage M ist eine Entscheidungsvariable, die durch die Summe der Investitionsvolumina I_j bestimmt wird. In den Bereichsgewinnfunktionen und damit den Beurteilungsgrößen der Manager sind die (anteiligen) Finanzerträge jedoch nicht enthalten.

3.2. Residualgewinn

Die Entlohnung des Managers j beträgt bei der Beurteilungsgröße Residualgewinn

$$s_j(RG_j) = \underline{S}_j + \alpha_j \cdot RG_j(I_j) \tag{17}$$

Dieses System läßt sich so interpretieren, daß dem Manager j über die **Mindestverzinsung** i faktisch ein vom Investitionsvolumen abhängiger **Sollüberschuß** $I \cdot (1 + i)$ bzw ein **Sollgewinn** $I \cdot i$ *vorgegeben wird*. Überschreitungen dieses Sollgewinns sind mit Entlohnungsverbesserungen, Unterschreitungen dagegen mit Verminderungen der Entlohnung unter den Wert von $\underline{S}_j$ verbunden.

Maximiert man die jeweilige Entlohnung s_j nach I_j, ergibt sich dieselbe Lösung wie die Maximierung des Residualgewinns RG_j nach I_j. Jeder Manager maximiert daher bei rein finanziellen Managerinteressen den Residualgewinn seines Bereiches. Wie aus der Äquivalenzdarstellung in (3") bis (5") ersichtlich ist, maximiert die Zentrale zur Findung des optimalen Investitionsprogramms gerade die Summe der Bereichsresidualgewinne. Daher führt die Maximierung des Residualgewinns auf Bereichsebene ebenfalls zum optimalen Investitionsprogramm. Wegen der nicht bindenden Finanzbeschränkung gibt es **keine Verbundeffekte** hinsichtlich der jeweils anderen Bereiche, und wegen der Verhaltenswirkungen des Anreizsystems kann die Zentrale sicher sein, daß jeder Bereichsmanager dasjenige Investitionsvolumen wählt, das auch die Zentrale gewählt hätte, wenn sie über den gleichen Informationsstand wie der Bereichsmanager verfügte.

Die **asymmetrische Informationsverteilung** über die Zahlungsüberschüsse x_j hat daher *keine* nachteiligen Auswirkungen, wenn der Residualgewinn als Beurteilungs-

größe gewählt wird. In der vorliegenden Konstellation ist zur Implementierung
dieser Lösung im Grunde auch **kein Informationsaustausch** zwischen den Bereichen und der Zentrale nötig. Die Bereiche können jeweils als *Investment Center*
agieren und die von ihnen realisierten Investitionsvolumina selbst bestimmen.
Anreize in mehrperiodigen Investitionsprojekten werden im 10. Kapitel: *Kennzahlen
als Performancemaße* behandelt.

Ursprünge des Residualgewinn-Konzepts

Das Konzept des Residualgewinns ist sowohl in der Praxis als auch in der Theorie
grundsätzlich schon sehr lange bekannt. Varianten davon verwendeten General Motors
bereits in den 20er Jahren und General Electric in den 50er Jahren des 20. Jahr-
hunderts. General Electric dürfte auch der Begründer der Bezeichnung *residual income*
gewesen sein.[10] Anstelle des Begriffes Residualgewinn werden unter anderem auch
Übergewinn, abnormaler Gewinn und *Economic Value Added* (siehe dazu den obigen
Einschub) verwendet.

In der **deutschen Kostenrechnung** wurden **kalkulatorische Zinsen** als Kapitalkosten
bereits sehr früh vertreten. Sie setzen sich zusammen aus den tatsächlichen Zinskosten
auf das Fremdkapital und den Zinsen auf das Eigenkapital, wobei bei der Ermittlung des
zinsberechtigten Kapitals vom sachzielnotwendigen Vermögen abzüglich des Abzugs-
kapitals ausgegangen wird. Das Abzugskapital ist das (formal) zinslos zur Verfügung
stehende Fremdkapital. IdR wird für das Vermögen allerdings ein Durchschnittsstand
über die Periode zugrunde gelegt. Der Grund für den Ansatz kalkulatorischer Zinsen als
gewinnmindernde Kostenposition liegt jedoch ursprünglich darin, die Kosten der
Leistungserstellung unabhängig von der Finanzierung des Unternehmens zu ermitteln.[11]

Implementierung im Profit Center

Bei einer *Profit Center*-Organisation ist die Zentrale für die Bestimmung der Inve-
stitionsvolumina zuständig. Sie müßte sich dann von den einzelnen Bereichen über
deren Erfolgspotentiale **informieren lassen**. Bei dem unterstellten Anreizsystem
findet es jeder Bereichsmanager vorteilhaft, wenn die Zentrale das bereichsbezogene
Investitionsvolumen so festlegt, daß gerade der Residualgewinn $RG_j(I_j, i)$ seines
Bereiches maximiert wird. Der einzelne Bereichsmanager hat genau dann einen
Anreiz, der Zentrale wahrheitsgemäße Informationen zu übermitteln, wenn die
Zentrale auf Basis der übermittelten Erfolgspotentiale die Summe der Gewinne oder
$\overline{RG}(i)$ maximiert.

Bei ausreichenden Finanzmitteln und dem in (2) unterstellten Anreizsystem wird
sie das aber aufgrund der Äquivalenzdarstellungen auch tun. Für die Beurteilungsgröße Residualgewinn ergibt sich beispielsweise folgendes: Die relevanten Kapitalkosten bei ausreichenden Finanzmitteln entsprechen *a priori* dem Kapitalmarktzins
i, und gemäß der Äquivalenzdarstellung lautet der **Endwert** EW^Z der Zentrale:

---

[10]   Vgl *Bromwich* und *Walker* (1998), S. 392.

[11]   Vgl etwa *Kloock*, *Sieben* und *Schildbach* (1999), S. 104 – 106.

$$EW^Z = \overline{V} \cdot \rho + \sum_{j=1}^{J}(1-\alpha_j) \cdot RG_j(I_j,i) - \sum_{j=1}^{J}\underline{S}_j \tag{18}$$

Dieser Ausdruck ist offenbar genau dann maximal, wenn jeder Residualgewinn $RG_j(I_j, i)$ maximal ist, denn alle anderen Größen in (18) sind Konstanten. Daher hat die Zentrale *ex post*, also *nach* dem Empfang der Informationen, einen Anreiz, die Investitionsvolumina so festzulegen, daß gerade die Summe $\overline{RG}(i)$ maximiert wird. Falls allen Managern das gleiche α und $\underline{S}$ zugestanden wird, vereinfacht sich (18) zu

$$EW^Z = \overline{V} \cdot \rho + (1-\alpha) \cdot \overline{RG}(i) - J \cdot \underline{S}$$

womit das obige Ergebnis noch augenscheinlicher ist.

Bei einer *Profit Center*-Organisation ergibt sich die insgesamt **optimale Lösung** also dann, *wenn*

- jeder Bereichsmanager wahrheitsgemäß berichtet *und*
- wenn die Zentrale den übermittelten Informationen Glauben schenkt und daher die Summe der *berichteten Residualgewinne* maximiert.

Wie oben gezeigt, sind diese Aktionen für jeden Akteur die für ihn bestmögliche Strategie, *gegeben* die Strategie der jeweils anderen Akteure. Insofern stellt die Strategie eines Akteurs die **optimale Antwort** auf die Strategie der jeweils anderen Akteure dar. Es handelt sich damit um eine Gleichgewichtslösung, und zwar um ein sogenanntes *Nash*-**Gleichgewicht**.

Trotz der positiven Eigenschaften der *Profit Center*-Organisation zeigt sich aber, daß diese Organisationsform für die Konstellation mit ausreichenden Finanzmitteln und rein finanziellen Managerinteressen wesentlich **umständlicher** zu handhaben ist als die *Investment Center*-Organisation. Diese Folgerung wird noch verstärkt, wenn man berücksichtigt, daß die erforderlichen Berichterstattungen in der Praxis mit nicht unerheblichen Kosten verbunden sein können, die in der obigen Darstellung nicht erfaßt wurden.

Nash-Gleichgewichte

Gegeben sei eine Situation mit zwei Akteuren. $\mathbf{A}^i$ sei der Aktionsraum des Akteurs i, $i = 1, 2$, und eine bestimmte Aktion wird mit $a^i \in \mathbf{A}^i$ bezeichnet. Gibt U^i die Nutzenfunktion des Akteurs i an, dann ist ein Nash-Gleichgewicht durch ein Paar (a^{1*}, a^{2*}) von Aktionen bestimmt, von denen jede die Eigenschaft hat, eine optimale Antwort auf die Aktion des jeweils anderen Akteurs zu sein, so daß gilt:

$$U^1(a^{1*}, a^{2*}) \geq U^1(a^1, a^{2*}) \quad \forall a^1 \in \mathbf{A}^1 \text{ und}$$
$$U^2(a^{1*}, a^{2*}) \geq U^2(a^{1*}, a^2) \quad \forall a^2 \in \mathbf{A}^2$$

Jeder Akteur muß also die für ihn optimale Aktion aus seinem Aktionsraum gewählt haben, *gegeben* ein bestimmtes Verhalten des jeweils anderen Akteurs. Sollten die Ergebnisse der Aktionen risikobehaftet sein, ist U^i als *Erwartungsnutzen* aufzufassen. Die grundsätzliche Konzeption des Gleichgewichts wird dadurch nicht berührt.

Das Konzept des *Nash*-Gleichgewichts hat in der **Spieltheorie** eine überragende Bedeutung, zumal es auch als Basis für weiterführende Gleichgewichtskonzepte in komplizierteren Interaktionssituationen dient.[12] Im folgenden werden einige wichtige Eigenschaften von *Nash*-Gleichgewichten anhand einfacher Beispiele demonstriert. Es kann nämlich allgemein Situationen geben, in denen genau *ein Nash*-Gleichgewicht, *mehrere Nash*-Gleichgewichte oder sogar *kein Nash*-Gleichgewicht in *reinen* Strategien (das sind die einzelnen Aktionen a^i) existiert.

Dazu werden im folgenden Situationen betrachtet, bei denen jeder Aktionsraum lediglich aus *zwei* Aktionen besteht, die mit a_j^i (i, j = 1, 2) bezeichnet werden. Für jede Kombination der Aktionen werden dann in einer kombinierten Ergebnismatrix die angenommenen Zielerreichungen der jeweiligen Akteure angegeben. Die erste (zweite) Zahl in einer Zelle bezeichnet die Zielerreichung des Akteurs 1 (2). Die Zellen mit *Nash*-Gleichgewichten sind jeweils schattiert hervorgehoben. Man erhält diese Gleichgewichte, indem anhand der obigen Definition für jede Zelle (also jede Kombination von Aktionen der beiden Spieler) geprüft wird, ob es sich für wenigstens einen Akteur lohnt, eine andere Maßnahme einzuschlagen, sofern der jeweils andere Akteur bei seiner Maßnahme bleibt.

Beispiel 1: Genau ein *Nash*-Gleichgewicht
Gegeben sei folgende kombinierte Ergebnismatrix:

Aktionen	a_1^2	a_2^2
a_1^1	(10, 20)	(9, 25)
a_2^1	(13, 4)	(11, 16)

In dieser Situation besteht das einzige *Nash*-Gleichgewicht in der Aktionskombination (a_2^1, a_2^2), was anhand der obigen Definition leicht nachgeprüft werden kann. Andere Kombinationen können nicht gleichgewichtig sein. Wählt Akteur 1 zB a_1^1, würde Akteur 2 mit a_2^2 antworten. Gegeben dieses Verhalten hätte Akteur 1 aber einen Anreiz, a_2^1 zu wählen, was letztlich zum Gleichgewicht führt, da Akteur 2 bei seinem Verhalten bleibt.

Beispiel 2: Mehrere *Nash*-Gleichgewichte
Nun sei folgende Ergebnismatrix betrachtet:

Aktionen	a_1^2	a_2^2
a_1^1	(11, 21)	(8, 19)
a_2^1	(7, 5)	(17, 15)

Anhand der obigen Definition läßt sich leicht nachprüfen, daß es jetzt mehrere *Nash*-Gleichgewichte gibt, nämlich die beiden Kombinationen (a_1^1, a_1^2) und (a_2^1, a_2^2).

---

[12] Siehe zu einer Einführung in die Spieltheorie und deren Anwendungen in verschiedensten Bereichen der Betriebswirtschaftslehre *Jost* (2001b).

Beispiel 3: Kein *Nash*-Gleichgewicht in reinen Strategien
Die Ergebnismatrix hat jetzt folgende Gestalt:

Aktionen	a_1^2	a_2^2
a_1^1	(9, 14)	(10, 23)
a_2^1	(3, 36)	(12, 13)

Hier existiert kein *Nash*-Gleichgewicht in *reinen* Strategien. Erwägt zB Akteur 1 die Aktion a_1^1, würde Akteur 2 mit a_2^2 antworten. Dann hätte Akteur 1 aber einen Anreiz, a_2^1 zu wählen, was Akteur 2 mit a_1^2 beantworten würde. Gegeben dieses Verhalten würde Akteur 1 aber lieber a_1^1 wählen usw.

Die fehlende Existenz von *Nash*-Gleichgewichten im Beispiel 3 bezieht sich nur auf den Fall der sogenannten *reinen Strategien*, die letztlich aus den eigentlichen Aktionen $a^i \in \mathbf{A}^i$ bestehen. Optimiert man nur über diese Aktionen, dann wird eine bestimmte Aktion entweder mit Sicherheit gewählt oder nicht gewählt. Demgegenüber beinhalten *gemischte Strategien* die Möglichkeit, bestimmte Aktionen nur mit einer gewissen Wahrscheinlichkeit kleiner als 1 zu wählen. Berücksichtigt man gemischte Strategien, läßt sich allgemein zeigen, daß jedes Spiel *mindestens ein Nash*-Gleichgewicht besitzt.

In Beispiel 3 kann ein Gleichgewicht in *gemischten Strategien* wie folgt ermittelt werden: Sei ϕ_j^i (i, j = 1, 2) die Wahrscheinlichkeit, daß Akteur i die Aktion j wählt. Grundlage für die Bestimmung dieser Wahrscheinlichkeiten ist eine *Indifferenzbedingung*. Danach müssen sich für jeden Akteur die Wahrscheinlichkeiten so einstellen, daß der *jeweils andere* Spieler hinsichtlich der erwarteten Zielerreichung seiner Aktionen *indifferent* wird, dh beide Aktionen ihm die gleiche erwartete Zielerreichung bieten. Andernfalls wäre es nämlich für keinen Akteur optimal, eine gemischte Strategie zu wählen, weil er seine Zielerreichung durch Wahl der Aktion mit dem höchsten Zielerwartungswert verbessern könnte. Danach ergeben sich die Wahrscheinlichkeiten für Spieler 1 aus:

$$14 \cdot \phi_1^1 + 36 \cdot \phi_2^1 = 23 \cdot \phi_1^1 + 13 \cdot \phi_2^1$$

Wegen $\phi_2^1 = 1 - \phi_1^1$ folgt

$$14 \cdot \phi_1^1 + 36 \cdot (1 - \phi_1^1) = 23 \cdot \phi_1^1 + 13 \cdot (1 - \phi_1^1) \quad \Rightarrow \phi_1^1 = \frac{23}{32} = 0{,}71875$$

Demnach wählt Spieler 1 im Gleichgewicht seine Aktion 1 mit einer Wahrscheinlichkeit von 71,875% und seine Aktion 2 mit einer Wahrscheinlichkeit von 28,125%. Analog ergibt sich für Spieler 2

$$9 \cdot \phi_1^2 + 10 \cdot (1 - \phi_1^2) = 3 \cdot \phi_1^2 + 12 \cdot (1 - \phi_1^2) \quad \Rightarrow \phi_1^2 = \frac{2}{8} = 0{,}25$$

Somit wählt Spieler 2 seine Aktion 1 im Gleichgewicht mit einer Wahrscheinlichkeit von 25% und seine Aktion 2 mit einer Wahrscheinlichkeit von 75%.

3.3. Kapitalrentabilitätsgrößen

Eine in der Praxis sehr beliebte Gruppe von Beurteilungsgrößen sind Kapitalrentabilitätsgrößen, zu denen als „Prototyp" der *Return on Investment* in seinen verschiedenen Rechenvarianten gehört (siehe ausführlich 10. Kapitel: *Kennzahlen als Performancemaße*). **Rentabilitätskennzahlen** sind relative Kennzahlen, die für einen Vergleich quer über die Unternehmensbereiche oder über andere Unternehmen oft als besser geeignet angesehen werden als absolute Kennzahlen wie der Residualgewinn.

Empirische Ergebnisse

In einer von *Reece* und *Cool* (1982) durchgeführten Befragung von 620 der größten amerikanischen Industrieunternehmen ergab sich unter anderem folgendes: Das *Investment Center*-Konzept ist weit verbreitet. 74% der befragten Unternehmen hatten wenigstens zwei *Investment Center*, 21,8% verwendeten ausschließlich *Profit Center*, und nur 4,2% hatten weder *Profit Center* noch *Investment Center*. Die Verwendung von *Investment Centers* ist dabei mit der Unternehmensgröße (gemessen am Umsatz) streng positiv korreliert.

(Allerdings ist nicht ganz klar, ob der dort verwendete Begriff des *Investment Center* völlig mit dem hier vorgestellten Konzept übereinstimmt, denn in der Studie wird ein *Investment Center* als *„an organizational unit responsible to top management for its profitability in relation to the unit´s own investment base"* definiert; daraus geht nicht hervor, ob der betreffende Bereich auch seine *„investment base"* selbst bestimmen kann.)

Hinsichtlich der konkreten Beurteilungsmaßstäbe wurde wie folgt geantwortet: 65% der befragten Unternehmen verwendeten ausschließlich den *ROI*, 28% verwendeten sowohl den *ROI* als auch den Residualgewinn, 2% verwendeten nur den Residualgewinn; der verbleibende Rest von 5% verwendete andere Maßgrößen oder gab keine Antwort. Angesichts der Schwächen des *ROI* wurden auch *Reece* und *Cool* von diesem Ergebnis überrascht. Sie bieten als Erklärung an, daß die Manager sicherlich über die Probleme des *ROI* informiert sind, aber nicht glauben, daß diese Probleme für ihr Unternehmen mehr als hypothetischen Charakter haben.

Return on Investment

Der *Return on Investment* (*ROI*) bezeichnet die *Gesamtkapitalrentabilität*, nämlich das Verhältnis von **Bruttogewinn** (dh Gewinn vor Abzug allfälliger Zinszahlungen) zum investierten (bzw gebundenen) **Kapital**. Im vorliegenden Fall läßt er sich für einen beliebigen Bereich *j* wie folgt schreiben:

$$ROI_j(I_j) = \frac{G_j(I_j)}{I_j} = \frac{x_j(I_j) - I_j}{I_j} = \frac{x_j(I_j)}{I_j} - 1 \quad \left(I_j > 0\right) \tag{19}$$

Mit $b = ROI$ folgt daher für die **Entlohnung** des Bereichsmanagers *j*:

$$s_j\left(ROI_j(I_j)\right) = \underline{S}_j + \alpha_j \cdot ROI_j(I_j) \tag{20}$$

Jeder Bereichsmanager wird also bestrebt sein, den *ROI* seines Bereiches zu maximieren, was letztlich äquivalent zu einer **Maximierung der internen Verzinsung** des jeweiligen Bereiches ist.

Die Maximierung des *ROI* **weicht** regelmäßig und zT erheblich von der tatsächlich optimalen Politik **ab**. Dies wird alleine schon durch die Betrachtung von (19) deutlich, weil die **Kapitalkosten** für die Investitionsentscheidungen der Bereichsmanager offenbar keine Rolle spielen. Im ersten Moment könnte man daraus die Vermutung ableiten, daß wegen der Irrelevanz der Kapitalkosten *zuviel* investiert würde, doch in den meisten Fällen ist gerade das Gegenteil richtig: Eine Orientierung der Investitionspolitik an der Maximierung des bereichsbezogenen *ROI* führt regelmäßig zu einer **Unterschreitung des eigentlich optimalen Investitionsvolumens** eines Bereiches.

Die in der **Ausgangssituation** beschriebene Investitionsmöglichkeit ist wieder gemäß (1) durch folgende strikt konkave Überschußfunktion gekennzeichnet:

$$x_j(0) = 0; \quad x'_j(I_j) > 0; \quad x'_j(0) \gg 0; \quad x''_j(I_j) < 0$$

Die Maximierung des *ROI_j* nach I_j ergibt

$$\frac{dROI_j(I_j)}{dI_j} = \frac{1}{I_j} \cdot \left(x'_j(I_j) - \frac{x_j(I_j)}{I_j} \right) = 0 \quad \Rightarrow x'_j(I_j) = 1 + ROI_j(I_j)$$

Leitet man x'_j nochmals ab, ergibt sich

$$x''_j(I_j) = \frac{1}{I_j} \cdot \left(x'_j(I_j) - \frac{x_j(I_j)}{I_j} \right)$$

Da $x''_j(I_j) < 0$ ist, muß $x'_j(I_j) < 1 + ROI_j(I_j)$ für alle I_j sein. Dies ist ein Widerspruch zur obigen notwendigen Bedingung. Sofern also lediglich die Untergrenze $I_j \geq 0$ gilt, hat das Problem formal gar **keine Lösung**, weil bei einer streng konkaven Überschußfunktion $x(I)$ zu jedem noch so geringen $I_j > 0$ ein noch kleineres positives Investitionsvolumen existiert, bei dem der *ROI* größer ist. Der **Grund** für dieses Resultat läßt sich leicht ersehen. Der *ROI* entspricht der **durchschnittlichen Rentabilität** des eingesetzten Kapitals, während x'_j die **Grenzrentabilität** erfaßt, die mit steigendem Investitionsvolumen immer geringer wird. Die notwendige Bedingung für ein optimales Investitionsvolumen lautet aber, daß die Grenzrentabilität der Durchschnittsrentabilität entspricht. Dies ist tatsächlich nur im Punkt $I \to 0$ der Fall. Besteht eine Untergrenze $\underline{I}_j > 0$, die nicht unterschritten werden kann, lautet das optimale Investitionsvolumen bei einer Beurteilung nach dem ROI gerade $\underline{I}_j$.

Ursprünge des *ROI*-Konzepts

Der *ROI* ist als Steuerungsinstrument in der Praxis stark verbreitet. Sein Siegeszug ist untrennbar mit der *DuPont*-Company verbunden. Sie führte bereits im Jahre 1910 ein Beurteilungssystem für Unternehmensbereiche ein, indem die zur damaligen Zeit häufig verwendeten Steuerungsgrößen (Gewinne als Prozentsätze der Umsatzerlöse (Umsatzrentabilität) oder Kosten) durch den *ROI* ersetzt wurden. Diese Kennziffer diente dann zur Allokation von Finanzmitteln auf die verschiedensten Produktlinien.

Im Jahre 1912 wurde das *ROI*-Konzept von *Donaldson Brown*, dem damaligen Finanzchef der *DuPont*-Company, durch eine Aufspaltung der Renditegröße verfeinert. Danach wurde folgende Zerlegung des *ROI* vorgenommen:

$$ROI = \frac{Gewinn}{Kapital} = \frac{Gewinn}{Umsatz} \times \frac{Umsatz}{Kapital} = Umsatzrendite \times Kapitalumschlag$$

Die darin aufscheinenden Basisgrößen (Gewinn, Umsatz, Kapital) können jeweils weiter aufgespalten werden. So kann zB das Kapital in Anlage- und Umlaufvermögen der verschiedenen Bereiche gegliedert werden, und diese Vermögensgrößen lassen sich erneut untergliedern. Der Umsatz kann nach den einzelnen Bereichen differenziert werden, und ähnlich kann der Gewinn bereichsbezogen zerlegt und weiter nach Aspekten wie Deckungsbeiträge, fixe Kosten usw aufgespalten werden. Es resultiert somit eine *definitionslogische* Zerlegung des *ROI*, die auch als *DuPont*-Schema bezeichnet wird.

Diskrete Investitionsprojekte

Bei **diskreten Investitionsprojekten** ergibt sich folgendes: Angenommen, der Bereichsmanager hat die Realisierung eines Basisinvestitionsvolumens I^B mit den Überschüssen x^B und dem Gewinn G^B erwogen und prüft, ob sich eine Modifikation dieses Basisprogramms lohnt. Dabei kann es sich entweder um die **Realisierung eines *weiteren* Projekts** mit den Investitionsauszahlungen ΔI, den Überschüssen Δx und den Gewinnen ΔG handeln. Der Betrag ΔI kann aber auch *negativ* sein; dann handelt es sich um die **Herausnahme** eines bisher geplanten Projekts aus dem Basisprogramm, und entsprechend werden auch Δx und ΔG negativ sein. Der *neue ROI* unter Berücksichtigung der Modifikationen beträgt:

$$ROI(I^B + \Delta I) = \frac{G^B + \Delta G}{I^B + \Delta I} = \frac{G^B}{I^B} \cdot \frac{I^B}{I^B + \Delta I} + \frac{\Delta G}{\Delta I} \cdot \frac{\Delta I}{I^B + \Delta I} =$$
$$= ROI(I^B) \cdot \frac{I^B}{I^B + \Delta I} + ROI(\Delta I) \cdot \frac{\Delta I}{I^B + \Delta I} \tag{21}$$

Der *neue ROI* ergibt sich demnach als **gewichteter Durchschnitt** der individuellen *ROI*-Ziffern, die jeweils einen positiven Wert aufweisen sollen. Die Modifikation des Basisprogramms ist bei einer *ROI*-Maximierung genau dann vorteilhaft, wenn die Ungleichung $ROI(I^B + \Delta I) \geq ROI(I^B)$ gilt, und dies führt bei Einsetzen von (21) auf

$$ROI(I^B + \Delta I) \geq ROI(I^B) \Leftrightarrow \begin{cases} ROI(\Delta I) \geq ROI(I^B), \text{falls } \Delta I > 0 \\ ROI(\Delta I) \leq ROI(I^B), \text{falls } \Delta I < 0 \end{cases} \tag{22}$$

Daraus ergibt sich folgende **Interpretation**:

- Ein weiteres Projekt ($\Delta I > 0$) ist nur dann vorteilhaft, wenn seine Rendite wenigstens so groß wie die bisherige Durchschnittsrendite ist; andernfalls sinkt der gesamte *ROI*. Daraus aber folgt, daß der Bereichsmanager **nur ein einziges Projekt realisieren** wird, nämlich das Projekt mit der **höchsten** *ROI*-Ziffer. Ausgehend von diesem Basisprogramm könnte die Hereinnahme weiterer Projekte mit einer jeweils niedrigeren Rendite nur zu einer Verminderung des gesamten *ROI* führen.

- Damit erklärt sich auch der umgekehrte Fall, bei dem die **Herausnahme** eines Projekts aus dem Basisprogramm erwogen wird ($\Delta I < 0$). Dies ist genau dann vorteilhaft, wenn die Durchschnittsrendite des Basisprogramms wenigstens so groß wie die (isolierte) Rendite des betrachteten Projekts ist. In diesem Fall drückt das Projekt nämlich den durchschnittlichen *ROI* nach unten, und eine Herausnahme könnte daher die durchschnittliche Verzinsung des verbleibenden Programms erhöhen. Wird dieser Prozeß sukzessive auf alle im Basisprogramm enthaltenen Projekte angewandt, ist er gerade dann beendet, wenn nur noch ein Projekt übrig ist, nämlich dasjenige mit der höchsten *ROI*-Ziffer.

Implementierung

Im Ergebnis würde bei einer Managementbeurteilung auf Basis des *ROI* eines Bereiches also von jedem Bereichsmanager nur das Projekt mit der höchsten *ROI*-Ziffer bzw bei einem Volumenansatz das geringstmögliche Investitionsvolumen realisiert, wenn der Bereich frei über sein Programm entscheiden könnte (*Investment Center*). Das entspricht aber im allgemeinen nicht dem tatsächlich optimalen Investitionsbudget. Bei **ausreichenden Finanzmitteln** ist nämlich die Realisierung eines Projekts genau dann vorteilhaft, wenn seine **Verzinsung** die **Kapitalkosten** i übersteigt, wenn also für $\Delta I > 0$ gilt:

$$ROI(\Delta I) \geq i \Leftrightarrow \frac{x(\Delta I)}{\Delta I} \geq 1 + i \Leftrightarrow x(\Delta I) - \Delta I \cdot (1 + i) \geq 0 \Leftrightarrow RG(\Delta I, i) \geq 0$$

Da die Kapitalkosten allerdings keine Berücksichtigung bei der Managementbeurteilung spielen, wird das **optimale Investitionsbudget** regelmäßig unterschritten.

Nur in einem Fall wird **zuviel investiert**, dann nämlich, wenn *kein* Projekt eine die Kapitalkosten i übersteigende Verzinsung besitzt. Der Bereichsmanager würde *nach wie vor* das Projekt mit der höchsten *ROI*-Ziffer durchführen, doch ist schon dieses eine Projekt eigentlich unvorteilhaft. In einem solchen Fall könnte man zwar daran denken, daß die Zentrale dem betreffenden Bereich jegliche Investitionsmittel sperrt. Dies widerspricht aber nicht nur dem *Investment Center*-Konzept, sondern ist zugleich gar nicht ohne weiteres möglich, weil die Zentrale dazu über genaue Informationen hinsichtlich des bereichsbezogenen Erfolgspotentials verfügen müßte – dies trifft annahmegemäß nicht zu.

Beispiel

Es stehen für einen Bereich drei Projekte zur Wahl. Die Investitionsauszahlungen und Gewinne lauten wie folgt:

$$I_1 = 100; \; G_1 = 50 \quad \Rightarrow \quad ROI_1 = 0,5$$
$$I_2 = 120; \; G_2 = 48 \quad \Rightarrow \quad ROI_2 = 0,4$$
$$I_3 = 200; \; G_3 = 60 \quad \Rightarrow \quad ROI_3 = 0,3$$

Angenommen, der Manager beginnt mit der Realisierung des ersten Projekts. Dann ist:

$$ROI_{1+2} = \frac{50+48}{100+120} = 0,44\overline{54} < 0,5$$

$$ROI_{1+3} = \frac{50+60}{100+200} = 0,3\overline{6} < 0,5$$

$$ROI_{1+2+3} = \frac{50+48+60}{100+120+200} = 0,376 < 0,5$$

Eine weitere Hereinnahme von Projekt 2, 3 oder gar beiden Projekten kann sich daher nicht lohnen. Beginnt der Manager umgekehrt zB mit Projekt 2, würde sich die Aufnahme von Projekt 1 lohnen. Anschließend wäre es allerdings vorteilhaft, Projekt 2 wieder aus dem Programm herauszunehmen. Wie auch immer man beginnt – es bleibt stets nur noch Projekt 1 im Programm, nachdem alle denkbaren positiven und negativen Modifikationen des Investitionsvolumens geprüft worden sind.

Eine *Profit Center*-Organisation würde an der Problematik des *ROI* als Instrument der Bereichsbeurteilung nichts ändern, weil *nicht* davon ausgegangen werden kann, daß die Bereichsmanager der Zentrale **wahrheitsgemäße Informationen** über ihr jeweiliges Erfolgspotential übermitteln. Die Bereichsmanager würden nämlich antizipieren, daß die Zentrale an der Maximierung des Endwertes interessiert ist, nicht aber an der **Maximierung der jeweiligen *ROI*-Größen** der Bereiche. Letztere sind aber gemäß (20) für die Bereichsmanager relevant, so daß grundsätzlich von einer **Unterschätzung der jeweiligen Erfolgspotentiale** ausgegangen werden muß, es sei denn, daß der Bereich über kein Projekt verfügt, dessen Verzinsung die Kapitalkosten *i* übersteigt. In diesem Fall müßte mit einer **Überschätzung** gerechnet werden, weil der Bereichsmanager daran interessiert ist, wenigstens ein Projekt zu realisieren.

Ergebnis

Abschließend kann also konstatiert werden, daß eine Beurteilung der Bereichsmanager auf Basis von **Kapitalrentabilitätsgrößen** durchweg mit **gravierenden Fehlsteuerungen** hinsichtlich der **dezentralen Investitionssteuerung** einhergeht.[13] Weil sich der *ROI* schon bei der einfachen Situation, die diesem Abschnitt zugrunde

---

[13]   Bei den aufgezeigten Mängeln des *ROI* handelt es sich letztlich um nichts anderes als um die in der Investitionstheorie längst bekannten Probleme des internen Zinsfußes. So überschreibt zB *Kruschwitz* (2003), S. 106, sein Kapitel über das Verfahren der internen Zinsfüße mit dem Satz: „Ein Kapitel, das Sie eigentlich nicht lesen sollten".

liegt, als derart problematisch erweist, ist nicht damit zu rechnen, daß er bei komplexeren Szenarien seine problematischen Eigenschaften verliert. Er wird daher für den Rest dieses Kapitels von der weiteren Betrachtung ausgeschlossen.[14]

Auf der anderen Seite ist der **Residualgewinn** in den meisten Fällen eine geeignete Beurteilungsgröße, um Bereichsmanager zu motivieren, optimale Investitionsprogramme zu implementieren. Voraussetzung ist allerdings immer, daß **ausreichend Finanzmittel** zur Verfügung stehen. Der Fall knapper Finanzmittel wird im folgenden behandelt.

4. Beurteilungsgrößen bei knappen Finanzmitteln

4.1. Grundlagen

Wenn ausreichend Finanzmittel zur Verfügung stehen oder am Kapitalmarkt beschafft werden können, gibt es keinen Ressourcenverbund. Diese Annahme wird jetzt aufgehoben, so daß künftig von grundsätzlich **knappen Finanzmitteln** hinsichtlich der (Real-)Investitionsprojekte ausgegangen wird. Die Zentrale kann nicht mehr *a priori* sicher sein, daß die verfügbaren Mittel $\overline{V}$ in jedem Fall ausreichen, den Mittelbedarf für die Realprojekte zu befriedigen. Sollten sie knapp sein, verhindert die Mittelinanspruchnahme durch einen Bereich die Durchführung von Projekten anderer Bereiche.

Eine *Investment Center*-Organisation, bei der jeder Bereich **in eigener Regie** über sein Investitionsvolumen entscheidet, hat daher ein grundlegendes Problem, denn es bleibt offen, wie die jetzt **erforderliche Gesamtabstimmung** auf Grund des Ressourcenverbundes behandelt wird.

Eine Möglichkeit wäre zB, daß die Bereiche, die *zuerst* ihren Investitionsbedarf bekannt geben, auch die dafür erforderlichen Mittel solange erhalten, bis sie erschöpft sind. Dies wäre eine Zuteilung nach dem „Windhundverfahren", die offensichtlich zu Fehlallokationen führen kann, weil die Mittelzuteilung nichts mit der Vorteilhaftigkeit der Projekte zu tun hat. Eine *Investment Center*-Organisation in Reinkultur ist somit wegen der fehlenden Gesamtabstimmung problematisch.

---

[14] Die Verwendung von Renditegrößen führt allerdings im Rahmen des sogenannten *Dean*-Modells grundsätzlich zum tatsächlich optimalen Kapitalbudget. Dort werden die Investitionsprojekte nach Maßgabe ihrer internen Verzinsung in absteigender Reihenfolge geordnet (Kapitalnachfragekurve), während die verschiedenen Kapitalquellen gemäß ihren Kapitalkosten in aufsteigender Reihenfolge geordnet werden (Kapitalangebotskurve). Dies unterstellt, daß man bei der Investition zunächst die Projekte mit der höchsten internen Verzinsung realisiert, während bei den Kapitalquellen zunächst diejenigen Mittel mit den jeweils niedrigsten Kapitalkosten in Anspruch genommen werden. Das optimale Kapitalbudget liegt gerade am Schnittpunkt von Kapitalnachfrage- und Kapitalangebotskurve. Wegen der Einbeziehung der Kapitalkosten wird – anders als beim reinen *ROI*-Konzept – aber gerade keine Renditemaximierung vorgenommen. Siehe zum *Dean*-Modell, dessen Erweiterungen und den Problemen im Mehrperiodenkontext zB *Hax* (1985), S. 62 – 71 und 79 – 85.

Die obigen Ausführungen zur Struktur der *first best*-Lösung legen aber auf den ersten Blick einen Ausweg nahe, der gewissermaßen zwischen *Investment Center* und *Profit Center* angesiedelt ist. Dazu wird zunächst unterstellt, daß die Bereichsmanager wieder nach dem Residualgewinn beurteilt werden, doch steht der zur Anwendung kommende Zinssatz noch nicht endgültig fest. Aus der Struktur der *first best*-Lösung weiß man, daß ein endogener Zins $\lambda - 1$ existiert, der einerseits die Abstimmungsfunktion erfüllt und mit dem die Bereichsmanager andererseits *isoliert* ihre optimalen Investitionsvolumina ermitteln können (siehe auch Gleichung (14)).

Anreize im partizipativen Prozeß

Man könnte sich folgenden **partizipativen** bzw. **interaktiven Prozeß** vorstellen:

- Die Zentrale gibt in einer ersten Runde den Bereichsmanagern zunächst den Zins i vor.

- Jeder Bereichsmanager berechnet dann sein optimales Programm durch Maximierung des Residualgewinns $RG(I, i)$. Anschließend geben die Bereiche ihren jeweiligen **Mittelbedarf** an die Zentrale weiter.

- Die Zentrale sammelt diese Mittelbedarfe. Ist deren Summe nicht größer als der Mittelvorrat $\overline{V}$, spielt die grundsätzlich gegebene Knappheit in der vorliegenden Konstellation doch keine Rolle, und alle Projekte werden genehmigt. Andernfalls können nicht alle Mittelanforderungen realisiert werden. Die Zentrale **erhöht** jetzt den für die Berechnung der Residualgewinne anzusetzenden **Zins** auf $i + \delta$ ($\delta > 0$) und fordert die Bereiche auf, neue Investitionsbudgets anzugeben.

- Die Bereiche berechnen ihrerseits ein **neues Optimum** durch Maximierung von $RG(I, i + \delta)$ und übermitteln diesen Mittelbedarf wieder an die Zentrale, die erneut einen Abgleich der beschriebenen Art durchführt. Sind die Mittelbedarfe gleich dem Mittelvorrat $\overline{V}$, ist die optimale Lösung gefunden. Sind sie niedriger als $\overline{V}$, wird δ für die nächste Runde gesenkt, andernfalls weiter erhöht. Dieser Prozeß ist dann beendet, wenn die Mittelbedarfe exakt dem Mittelvorrat $\overline{V}$ entsprechen; dann gilt zugleich $i + \delta = \lambda - 1$.

Dieser Prozeß ist deshalb zwischen *Investment Center* und *Profit Center*-Organisation angesiedelt, weil die Zentrale nur *indirekt* auf die **Investitionsbudgets** der Bereiche Einfluß nimmt. Weil die **Investitionsvolumina** der Bereiche mit der Höhe des für die Berechnung von Residualgewinnen vorgegebenen Zinses abnehmen, wird über den obigen Prozeß irgendwann die optimale Lösung erreicht. **Voraussetzung** ist allerdings, daß es für die Bereichsmanager vorteilhaft ist, ihr jeweils optimales Investitionsvolumen **wahrheitsgemäß** der Zentrale zu übermitteln. Davon kann aber *nicht* ausgegangen werden.

Die Bereichsmanager werden nämlich antizipieren, daß dieser Prozeß bei knappen Finanzmitteln dazu führt, daß ihr endgültiger Residualgewinn mit einem Zinssatz $\lambda - 1 > i$ berechnet wird. Es kann daher für jeden Bereichsmanager besser sein, seinen

Mittelbedarf zu unterschätzen. Liegt nämlich auf diese Weise zB schon in der ersten Runde keine Knappheit vor, würden die Residualgewinne mit dem niedrigeren Zins i berechnet, und dies kann den Effekt des niedrigeren Investitionsvolumens überkompensieren. Deshalb kann für die Bereichsmanager beim obigen Procedere **grundsätzlich ein Anreiz** bestehen, **Fehlinformationen** über den eigentlich optimalen Mittelbedarf abzugeben.

Beispiel

Es wird auf das Beispiel zur *first best*-Lösung zurückgegriffen:

$$x_1(I_1) = 20 \cdot \ln(10 \cdot I_1 + 1) + I_1 \quad \text{und} \quad x_2(I_2) = 40 \cdot \ln(5 \cdot I_2 + 1) + I_2$$

Der Kapitalmarktzins beträgt $i = 0{,}1$. Die Lösung unter Vernachlässigung des beschränkten Mittelvorrats lautet $I_1^* = 199{,}90$ und $I_2^* = 399{,}80$. Bei einem Mittelvorrat von $\overline{V} = 479{,}70$ erhält man allerdings optimale Lösungen von 159,90 für Bereich 1 und 319,80 für Bereich 2. Der dabei anfallende endogene Zins beträgt 0,125.

Ermittelt man mit diesen Größen die Residualgewinne beider Bereiche, folgt:

$$RG_1(I_1 = 159{,}90, \lambda - 1 = 0{,}125) = 127{,}57$$
$$RG_2(I_2 = 319{,}80, \lambda - 1 = 0{,}125) = 255{,}14$$

Angenommen, der Manager des Bereiches 1 berichtet *bereits in der ersten Runde* nur einen Bedarf von 150 und der Manager des Bereiches 2 einen solchen von 310. Die Zentrale würde einen Gesamtbedarf von 460 feststellen, der niedriger ist als der Mittelvorrat von 479,70. Sie würde schließen, daß keine Knappheit vorliegt und beide Bedarfe mit einem Zins von $i = 0{,}1$ genehmigen. Für die beiden Bereichsmanager ergeben sich daraus folgende Residualgewinne:

$$RG_1(I_1 = 150, i = 0{,}1) = 131{,}28$$
$$RG_2(I_2 = 310, i = 0{,}1) = 262{,}87$$

Beide Residualgewinne sind offensichtlich höher als diejenigen bei der eigentlich optimalen Lösung unter Berücksichtigung der Knappheit.

Die angenommen Berichterstattungen stellen aber nicht die **individuell tatsächlich optimalen Lösungen** für jeden Bereichsmanager dar. Bei *gegebenem* Verhalten des jeweils anderen Managers hätte jeder Manager den Anreiz, einen leicht höheren Bedarf anzumelden, solange der Mittelvorrat noch nicht erschöpft ist. Und allgemein könnte jeder Manager eine *free rider*-Position einnehmen wollen, indem er etwa seinen *first best*-Bedarf anmeldet und hofft, daß die anderen Bereichsmanager ihre jeweiligen Bedarfe so weit unterschätzen, daß insgesamt keine Knappheit mehr vorliegt. Dies ändert aber nichts am grundsätzlich gegebenen Problem des strategischen Berichtsverhaltens der Bereichsmanager, das im vorliegenden Zusammenhang existent ist.

Darüber hinaus weist das obige Procedere noch ein anderes **Problem** auf: Sollte – aus welchen Gründen auch immer – die Annahme der wahrheitsgemäßen Berichterstattung doch zutreffen, ist nicht einzusehen, warum die Bereichsmanager der Zentrale **nicht direkt ihr Erfolgspotential** übermitteln und ihr damit die endgültige Festlegung der Investitionsbudgets überlassen sollten. Letztlich führt dies zur gleichen Lösung; man benötigt aber nur eine Berichtsrunde, um diese Lösung zu erhalten, wodurch Zeit und Berichtskosten gespart werden. Natürlich bleiben auch bei diesem Alternativvorschlag die Anreize zu einer Falschberichterstattung bestehen. Es erscheint daher sinnvoll, sich von vorneherein um **Anreizsysteme** zu kümmern, bei denen **sichergestellt** ist, daß **wahrheitsgemäße Informationsübermittlung** ein *Nash*-Gleichgewicht ist. Im folgenden werden das *Weitzman*-Schema, die Gewinnbeteiligung und das *Groves*-Schema auf ihre Fähigkeit zur Lösung des Anreizproblems untersucht. [15]

4.2. Versagen individueller Anreizschemata

Bereits im 8. Kapitel: *Koordination, Budgetierung und Anreize* wurde das *Weitzman*-Schema vorgestellt, bei dem die Managerentlohnung direkt nur vom *eigenen* Bericht $\hat{x}$ und dem Ergebnis x der *eigenen* Sparte wie folgt abhängt:

$$s(x,\hat{x}) = \begin{cases} \underline{S} + \hat{\alpha} \cdot \hat{x} + \alpha_1 \cdot (x - \hat{x}), \text{ falls } x \geq \hat{x} \\ \underline{S} + \hat{\alpha} \cdot \hat{x} + \alpha_2 \cdot (x - \hat{x}), \text{ falls } x \leq \hat{x} \end{cases} \quad \text{mit } 0 < \alpha_1 < \hat{\alpha} < \alpha_2 \qquad (23)$$

Wegen der Abhängigkeit des Ergebnisses x von den dem Bereich zugeteilten Finanzmitteln I sind x und $\hat{x}$ als Funktionen von I zu sehen.

Unter diesem Schema ist für den Manager eine wahrheitsgemäße Berichterstattung optimal, sofern er sichere Erwartungen über das Ergebnis x hat. Und im Falle risikobehafteter Ergebnisse läßt sich eine Berichtsinterpretation angeben, die faktisch einer wahrheitsgemäßen Berichterstattung entspricht. In der Literatur wurde daher die Frage gestellt, ob diese Eigenschaften auch im Zusammenhang mit Ressourcenallokationen gültig bleiben: Es wurde bislang zwar angenommen, daß die Zentrale auf Grund irgendwelcher Planungsüberlegungen eine Information über die Erfolgssituation der Bereiche verlangt, doch wurde gerade diese Verwendung der Berichte nicht erfaßt.

Hängen von den Berichterstattungen der Bereichsmanager **Zuteilungen finanzieller Ressourcen** an die Bereiche ab, ist nicht einsichtig, warum die Bereichsmanager diese **Interdependenzen** bei der Bestimmung ihrer individuell optimalen Berichtspolitiken vernachlässigen sollten. Selbst wenn die Entlohnung originär nur am Bericht und dem tatsächlichen Ergebnis eines Bereiches anknüpft, so wird sie doch *indirekt* auch von den **Berichterstattungen der anderen Bereiche** und den **Planungen der Zentrale** beeinflußt. Die einem Bereich zur Verfügung gestellten Mittel werden letztlich von den Erfolgspotentialen *aller* Bereiche und den verfügbaren finanziellen Ressourcen abhängen, und die einem Bereich zugeteilten Mittel determinieren wiederum das von ihm erreichbare Überschußniveau.

---

[15] Eine hier nicht weiter diskutierte Organisationsmöglichkeit wären Auktionen, also die Versteigerung der knappen Ressourcen an die Bereiche. Vgl dazu zB *Kräkel* (2004), S. 151 – 153 und 157 – 160.

Beispiel mit Ressourcenallokation[16]

Betrachtet wird eine Situation mit $J = 2$ Bereichen. Die Funktionen der Überschüsse $x_j(I_j)$ haben folgende Eigenschaften: Das Investitionsvolumen jedes Bereiches kann nur diskret in Tranchen von jeweils 200 variiert werden, wobei je Bereich finanzielle Mittel in Höhe von maximal 800 investiert werden können. Die Überschüsse am Periodenende in Abhängigkeit der investierten Mittel lauten:

Investitions-volumen	Überschuß $x_1(I_1)$	Überschuß $x_2(I_2)$
$I_j = 0$	0	0
$I_j = 200$	290	250
$I_j = 400$	530	500
$I_j = 600$	760	730
$I_j = 800$	980	950

Aus diesen Überschußfunktionen lassen sich die „Grenzrenditen" $x_j(\Delta I_j)/\Delta I_j - 1$ jeder Tranche wie folgt angeben:

Investitions-volumen	Grenzrendite Bereich $j = 1$	Grenzrendite Bereich $j = 2$
$I_j = 200$	45%	25%
$I_j = 400$	20%	25%
$I_j = 600$	15%	15%
$I_j = 800$	10%	10%

Es sei ein finanzieller Mittelvorrat von insgesamt $\overline{V}$ = 600 gegeben; der Kapitalmarktzins beträgt 10%. Hätte die Zentrale vollständige Information über die obigen Überschußbeziehungen, würde sie wie folgt vorgehen: Die ersten 200 werden Bereich 1 zugeteilt, weil hier die höchste Grenzrendite vorliegt. Die nächsten 200 werden aber Bereich 2 zugewiesen, weil die Rendite von 25% höher als bei der zweiten Tranche in Bereich 1 liegt. Das gleiche gilt für die dritten 200 Geldeinheiten, so daß Bereich 1 insgesamt 200, Bereich 2 dagegen 400 Geldeinheiten zugeteilt werden. Der daraus resultierende Endwert beträgt 790.

Bei asymmetrischer Informationsverteilung kennt die Zentrale neben den maximalen Investitionsbeträgen von 800 je Bereich nur die Tranchenteilung von 200, nicht aber die konkret vorliegenden Funktionen der Überschüsse. Der Manager des Bereiches 1 (2) weiß hinsichtlich der Erfolgspotentiale des *jeweils anderen Bereiches* nur, daß die Rendite keiner Tranche oberhalb von 25% (45%) liegt. Ansonsten kennen auch die Bereichsmanager die konkreten Funktionen der Überschüsse des jeweils anderen Bereiches nicht. Beiden Managern sind jedoch die maximalen Investitionsbeträge von 800 je Bereich, die Tranchenteilung von 200 sowie die der Zentrale verfügbaren Mittel von maximal 600 bekannt. Fraglich ist, ob die **wahrheitsgemäße Berichterstattung über die Überschußfunktionen** beim *Weitzman*-Schema ein *Nash*-Gleichgewicht ist. Dabei wird die Entlohnung jetzt wie folgt festgesetzt:

---

[16] Ähnliche Beispiele finden sich auch bei *Loeb* und *Magat* (1978a, 1978b).

$$s_j\left(x_j(I_j),\hat{x}_j(I_j)\right)=\begin{cases}\underline{S}+\hat{\alpha}\cdot\hat{x}_j(I_j)+\alpha_1\cdot\left(x_j(I_j)-\hat{x}_j(I_j)\right), & \text{falls } x_j(I_j)\geq\hat{x}_j(I_j)\\ \underline{S}+\hat{\alpha}\cdot\hat{x}_j(I_j)+\alpha_2\cdot\left(x_j(I_j)-\hat{x}_j(I_j)\right), & \text{falls } x_j(I_j)\leq\hat{x}_j(I_j)\end{cases}$$

Bei einer wahrheitsgemäßen Berichterstattung beider Manager ergeben sich *nach* der Zuteilung durch die Zentrale folgende Entlohnungen:

$$s_1=\underline{S}+\hat{\alpha}\cdot\hat{x}_1(200)=\underline{S}+\hat{\alpha}\cdot x_1(200)$$
$$s_2=\underline{S}+\hat{\alpha}\cdot\hat{x}_2(400)=\underline{S}+\hat{\alpha}\cdot x_2(400)$$

Betrachtet sei jetzt der Manager des ersten Bereiches. Angenommen, die wahrheitsgemäße Berichterstattung ist tatsächlich ein *Nash*-Gleichgewicht. Dann antizipiert der Manager des ersten Bereiches, daß er wahrscheinlich nicht alle Finanzmittel zugeteilt bekommt, weil seine Grenzrenditen ab der zweiten Tranche niedriger als 25% sind. *Gegeben* eine wahrheitsgemäße Berichterstattung des Bereichsmanagers 2, erhält er nur dann *alle Finanzmittel*, wenn es ihm gelingt, die **Grenzrendite** der ersten drei Tranchen **oberhalb von 25%** anzusetzen. Dies kann er etwa mit der Übermittlung folgender Überschußfunktion erreichen:

Investitions-volumen	Überschuß $\hat{x}_1(I_1)$	Grenzrendite Bereich $j=1$
$I_j=200$	255	27,5%
$I_j=400$	509	27%
$I_j=600$	760	25,5%
$I_j=800$	980	10%

Diese Funktion hat strukturell ähnliche Eigenschaften wie die tatsächliche Überschußfunktion, denn auch sie weist *keine zunehmenden Grenzrenditen* aus. Jede Grenzrendite liegt aber oberhalb von 25%, so daß Bereichsmanager 1 sicher sein kann, alle Finanzmittel zu bekommen, falls Bereichsmanager 2 bei der wahrheitsgemäßen Berichterstattung bleibt. Dabei entspricht der berichtete Überschuß für die dritte Tranche exakt dem tatsächlichen Überschuß, so daß *ex post* keine Abweichung auftritt und der Bereichsmanager 1 somit auch nicht der „Lüge" überführt werden kann. Dafür kann er jetzt mit folgender Entlohnung rechnen:

$$s_1=\underline{S}+\hat{\alpha}\cdot\hat{x}_1(600)=\underline{S}+\hat{\alpha}\cdot x_1(600)$$

Diese Entlohnung ist jedenfalls größer als bei der wahrheitsgemäßen Berichterstattung, weil er im letzteren Fall nicht damit rechnen kann, alle Finanzmittel zu erhalten. Damit würde es sich aber für Bereichsmanager 1 lohnen, bei gegebener wahrheitsgemäßer Berichterstattung des zweiten Bereichsmanagers von seiner eigenen wahrheitsgemäßen Berichterstattung *abzuweichen*. Daher ist die allseitige wahrheitsgemäße Berichterstattung beim *Weitzman*-Schema **kein *Nash*-Gleichgewicht** mehr.

In dieser erweiterten Situation kann das Optimum für einen Manager nur im Rahmen einer *expliziten Mehrpersonenbetrachtung* gefunden werden, wozu wieder auf das Konzept der *Nash*-Gleichgewichte zurückgegriffen werden kann. Eine bestimmte Berichtspolitik ist für einen Manager nur dann optimal, wenn seine Entlohnung maximal ist unter der *Bedingung*, daß die jeweils anderen Bereiche eine bestimmte Berichtspolitik gewählt haben. In dieser erweiterten Betrachtung verliert aber das *Weitzman*-Schema seine wahrheitsinduzierenden Eigenschaften, wie anhand eines Beispiels im Einschub gezeigt wird.

Das ebenfalls im 8. Kapitel: *Koordination, Budgetierung und Anreize* dargestellte **Schema nach Osband und Reichelstein** weist im Zusammenhang mit Ressourcenallokationen analoge Probleme wie das *Weitzman*-Schema auf. Auch bei diesem Schema hängt die Managerentlohnung unmittelbar nur von den *eigenen* Berichten und dem tatsächlich erzielten Ergebnis der *eigenen* Sparte ab.

4.3. Gewinnbeteiligung

Die aufgezeigten Probleme der obigen Schemata resultieren vor allem daraus, daß die Beurteilung jedes Bereichsmanagers nur von dessen *eigenen* Berichten und Ergebnissen abhängt. Daraus ergibt sich letztlich der Anreiz, Fehlinformationen über das Erfolgspotential abzugeben, um die Ergebnisse des *eigenen* Bereiches möglichst groß werden zu lassen, selbst wenn dies in überproportionalem Umfang zu Lasten anderweitig erzielbarer Überschüsse gehen sollte. Eine Beteiligung am Gesamtgewinn versucht dies zu korrigieren.

Bei der Gewinnbeteiligung (*Profit Sharing*) erhält jeder Bereichsmanager einen Anteil α am **Gesamtgewinn** $\overline{G}$ **des Unternehmens** (inklusive der Gewinne aus potentiellen Finanzinvestitionen). Die Beurteilungsgröße für die **Bereichsmanager** ist daher der gesamte Unternehmensgewinn, so daß gilt:[17]

$$s(b) = s(\overline{G}) = \underline{S} + \alpha \cdot \overline{G} = \underline{S} + \alpha \cdot [i \cdot M + \sum_{j=1}^{J} G_j(I_j)] \tag{24}$$

Dabei bezeichnet:
$G_j(I_j) = x_j(I_j) - I_j \dots$ Gewinn des Bereiches j beim Investitionsvolumen I_j.

Daß dieses System **eine Anreizkompatibilität** zwischen der Zentrale und den Bereichsmanagern herstellt, ergibt sich letztlich daraus, daß die Maximierung des Gesamtgewinns *äquivalent* zur eigentlich **angestrebten Maximierung** des Endwertes *EW* ist. Dies wurde im Rahmen der Besprechung der *first best*-Lösung durch die erste **Äquivalenzdarstellung** (siehe (3') bis (5')) demonstriert. Es gilt nämlich $\overline{G} = EW - \overline{V}$, und daraus folgt für die in (24) angegebene Entlohnung

$$s(\overline{G}) = \underline{S} + \alpha \cdot \overline{G} = \underline{S} + \alpha \cdot (EW - \overline{V}) = (\underline{S} - \alpha \cdot \overline{V}) + \alpha \cdot EW \tag{25}$$

Weil der letzte Klammerausdruck von (25) konstant ist, ergibt sich daher für jeden Bereichsmanager ein **Anreiz zur Maximierung des Endwertes**. Die Zentrale maximiert ihrerseits beim gegebenen Entlohnungssystem den ihr verbleibenden Endwert, den man wie folgt erhält:

---

[17] Die Unterstellung gleicher $\underline{S}$ und α dient nur zur Vereinfachung. Die Resultate gelten analog auch bei individuell verschiedenen Größen für jeden Manager.

$$EW^Z = EW - \sum_{j=1}^{J}(\underline{S} + \alpha \cdot \overline{G}) = EW \cdot (1 - J \cdot \alpha) - J \cdot (\underline{S} - \alpha \cdot \overline{V}) =$$

$$= (\overline{G} + \overline{V}) \cdot (1 - J \cdot \alpha) - J \cdot (\underline{S} - \alpha \cdot \overline{V}) = \overline{G} \cdot (1 - J \cdot \alpha) + \overline{V} - J \cdot \underline{S}$$

Beim gegebenen Anreizsystem sind daher *alle Seiten* an der **Maximierung von** *EW* interessiert, und das ist für alle Seiten äquivalent zur **Maximierung des gesamten Unternehmensgewinns**. Sollen durch das Anreizschema zusätzlich Anreize zu individueller Arbeitsleistung ausgehen, können sich aufgrund der Beurteilung am Unternehmensgewinn allerdings Trittbrettfahrerprobleme (*free rider*-Probleme) ergeben, weil der Erfolg der Arbeitsleistung dann nur zu einem geringen Teil, nämlich α, im Unternehmensgewinn erfaßt wird.

Implementierung

Zu prüfen sind jetzt nur noch die Eigenschaften hinsichtlich der **Berichterstattung** seitens der Bereichsmanager. Weil eine berichtete Überschußfunktion unmittelbar in einen Gewinn transformiert werden kann, soll unterstellt werden, daß die Bereichsmanager direkt eine Gewinnfunktion an die Zentrale übermitteln. Für ein *Nash-Gleichgewicht* ist folgendes zu zeigen:

■ Für jeden Bereichsmanager ist eine **wahrheitsgemäße Übermittlung** seiner Gewinnfunktion optimal, *gegeben* eine wahrheitsgemäße Berichterstattung der jeweils anderen Bereichsmanager.

■ Die Zentrale **übernimmt die berichteten Gewinnfunktionen** und maximiert den (berichteten) Unternehmensgesamtgewinn.

Angenommen, die Zentrale handelt entsprechend der zweiten Anforderung. Sie maximiert dann (unter Beachtung der Finanzierungsrestriktion, die im folgenden nicht mehr gesondert genannt wird) folgende Funktion der **berichteten Gewinne**:

$$\max_{M, I_j \geq 0} \hat{\overline{G}} = i \cdot M + \sum_{j=1}^{J} \hat{G}_j(I_j) \tag{26}$$

Betrachtet sei nun der Manager eines beliebigen Bereiches *n*. Haben die Manager aller anderen Bereiche **wahrheitsgemäß** berichtet, löst die Zentrale folgendes Problem:

$$\max_{M, I_j, I_n \geq 0} \hat{\overline{G}} = i \cdot M + \hat{G}_n(I_n) + \sum_{\substack{j=1 \\ j \neq n}}^{J} G_j(I_j)$$

Der Manager des Bereiches *n* hat wegen (24) ein Interesse an der Maximierung des **tatsächlichen Unternehmensgesamtgewinns**, weil seine Entlohnung von den Gesamtgewinnen am Periodenende abhängt, und diese ergeben sich aus den tatsächlich vorliegenden Gewinnfunktionen. Das aber impliziert, daß für den Manager des Bereiches *n* folgende Politik optimal sein muß:

$$\hat{G}_n(I_n) = G_n(I_n), \text{falls } \hat{G}_j(I_j) = G_j(I_j) \ \forall j \neq n \tag{27}$$

Berichtet der Bereichsmanager n nämlich gemäß (27), macht er bei gegebenem Verhalten der Zentrale seine Zielfunktion zur Zielfunktion der Zentrale, die gewissermaßen stellvertretend für ihn sein Optimierungsproblem löst. Daher hat bei einer Gewinnbeteiligung jeder Bereichsmanager einen **Anreiz zur wahrheitsgemäßen Berichterstattung**, *falls* auch die anderen Manager wahrheitsgemäß informieren; und für die Zentrale ist es rational, diesen Berichten Glauben zu schenken und den berichteten Gesamtgewinn des Unternehmens zu maximieren. Daher ist beim *Profit Sharing* die wahrheitsgemäße Berichterstattung aller Manager ein *Nash*-**Gleichgewicht**. Im Grunde ist diese Lösung nicht überraschend, weil durch das Anreizsystem letztlich jeder Bereichsmanager in eine **eignerähnliche Position** versetzt wird, so daß eine grundsätzliche Interessenharmonisierung eintritt.

Es ist auch offensichtlich, daß das Gewinnbeteiligungssystem in gleicher Weise funktioniert, wenn man als Beurteilungsgröße nicht auf den Gesamtgewinn $\overline{G}$, sondern auf den gesamten **Residualgewinn** $\overline{RG}(i)$ abstellt, so daß gilt:

$$s(b) = s\left(\overline{RG}(i)\right) = \underline{S} + \alpha \cdot \sum_{j=1}^{J} RG_j(I_j, i)$$

Auch für dieses System ist die allseits **wahrheitsgemäße Berichterstattung** ein *Nash*-Gleichgewicht, was völlig analog zur obigen Argumentation nachgewiesen werden kann. Der Unterschied zur Gewinnformulierung besteht nur darin, daß dort die Kapitalkosten über den Term $i \cdot M$ in der Zielfunktion und über die Finanzbeschränkung erfaßt wurden, während bei der Formulierung auf Basis von Residualgewinnen bereits im bereichsbezogenen Residualgewinn berücksichtigt wird, daß jede Investition in einem Bereich die ansonsten mögliche Anlage am Kapitalmarkt verhindert. Letztlich führen daher beide Systeme zum gleichen Resultat. Interessant ist aber, daß *trotz* der **potentiell knappen Finanzmittel** für Realprojekte **keine Zinssatzanpassung** bei den Residualgewinnen vorgenommen werden muß. Der Grund liegt darin, daß der **Knappheitsaspekt explizit** durch die Gesamtabstimmung bei der **Zentrale** berücksichtigt wird.

Das Gewinnbeteiligungssystem scheint daher auf den ersten Blick eine geeignete Grundlage zur Lösung der Koordinationsprobleme zu liefern. Es besitzt allerdings eine Eigenschaft, die nicht sofort ins Auge fällt. Die allseits wahrheitsgemäße Berichterstattung ist nämlich *nicht* das **einzige** *Nash*-Gleichgewicht. Es kann daneben andere Gleichgewichte geben, die nicht mehr durch eine zutreffende Informationsübermittlung gekennzeichnet sind. Man sollte dies allerdings nicht überbewerten. Die zusätzlichen Gleichgewichte müssen nämlich für alle beteiligten Akteure mit einer **niedrigeren Zielerreichung** einhergehen als bei der wahrheitsgemäßen Berichterstattung. Der Grund liegt darin, daß es mit positiver Wahrscheinlichkeit zu einer **suboptimalen Kapitalallokation** durch die Zentrale kommt, wodurch definitionsgemäß ein niedrigerer Gesamtgewinn erzielt wird. An dieser Gewinneinbuße partizipieren beim Gewinnbeteiligungssystem aber *alle* Akteure. Es wäre daher für alle beteiligten Manager besser, sich auf eine allseits wahrheitsgemäße Berichterstattung zu verständigen.

Eine nicht wahrheitsgemäße Berichterstattung kann darüber hinaus ein weiteres Problem hervorrufen, weil ein Manager bei sicheren Überschüssen $x(I)$ am Ende der Periode der „Lüge" überführt werden kann. In diesem Fall könnten Sanktionen am Periodenende dafür sorgen, daß wahrheitsgemäß berichtet wird. Dabei handelt es sich aber offensichtlich nicht mehr um ein „reines" Gewinnbeteiligungssystem. Wenn allerdings eine Risikosituation vorliegt und $x(I)$ als **Erwartungswert von Zahlungsüberschüssen** aufzufassen ist, wäre die Aufdeckung einer Falschberichterstattung nicht ohne weiteres möglich.

Beispiel

Die Existenz anderer *Nash*-Gleichgewichte wird durch ein stark vereinfachtes Beispiel demonstriert. Gegeben seien $J = 2$ Bereiche. Die Projekte jedes Bereiches sind beliebig teilbar und weisen stets eine konstante Rendite pro Geldeinheit auf. Für jeden Bereich sollen nur zwei Renditen mit gleicher Wahrscheinlichkeit möglich sein, wobei die tatsächlich vorliegende Rendite nur dem betreffenden Bereichsmanager bekannt ist. Die Zentrale sowie der jeweils andere Manager kennen dagegen nur die Renditeverteilungen, die voneinander unabhängig sind.

Bereich 1 kann mit gleicher Wahrscheinlichkeit entweder eine Rendite von 15% oder 25% aufweisen, Bereich 2 dagegen eine Rendite von 20% oder 40%. Es gibt daher insgesamt *vier* denkbare Renditekombinationen, die *ex ante* jeweils mit einer Wahrscheinlichkeit von 0,25 eintreten können. Der Kapitalmarktzins sei 10%, so daß Geldanlagen am Kapitalmarkt von vornherein vernachlässigt werden können. Die optimale Kapitalallokation bei den einzelnen Renditekombinationen lautet wie folgt (die erste (zweite) Zahl gibt die Rendite für Bereich 1 (2) an):

(15%; 20%) → volle Allokation auf Bereich 2, Gewinn = $0,2 \cdot \overline{V}$

(15%; 40%) → volle Allokation auf Bereich 2, Gewinn = $0,4 \cdot \overline{V}$

(25%; 20%) → volle Allokation auf Bereich 1, Gewinn = $0,25 \cdot \overline{V}$

(25%; 40%) → volle Allokation auf Bereich 2, Gewinn = $0,4 \cdot \overline{V}$

Daß die allseits wahrheitsgemäße Berichterstattung ein *Nash*-Gleichgewicht ist, folgt aus den obigen Ausführungen. Im vorliegenden Fall gibt es aber noch ein anderes *Nash*-Gleichgewicht. Angenommen, der Manager des Bereiches 1 stellt sich auf den Standpunkt, daß der Manager des anderen Bereiches an sich zwischen allen Berichtspolitiken indifferent ist, und daß man daher mit einer Berichterstattung von stets 20% seitens dieses Managers rechnen müsse. Unter dieser Annahme kann gezeigt werden, daß es für den Manager des ersten Bereiches optimal ist, stets 15% zu berichten, und daß es bei dieser Berichterstattung des ersten Bereichsmanagers dem Manager des zweiten Bereiches tatsächlich egal ist, was er der Zentrale übermittelt.

Angenommen, der zweite Manager berichtet stets 20%. Lautet die Information des ersten Managers auf 15%, ist es bei einer Gewinnbeteiligung für ihn streng optimal, nur 15% zu berichten. Auf Grund seiner Informationen über die Renditeverteilungen weiß er nämlich, daß der andere Bereich stets besser ist, so daß alle Mittel dem zweiten Bereich zugewiesen werden sollten.

Lautet die Information des ersten Managers dagegen auf 25%, muß er folgende Überlegungen anstellen: Berichtet er wahrheitsgemäß 25%, würde die Zentrale ihm die Mittel zuteilen, weil der zweite Manager annahmegemäß stets 20% berichtet. Dies ist auch mit einer Wahrscheinlichkeit von 0,5 optimal. Mit gleicher Wahrscheinlichkeit ist diese Allokation jedoch suboptimal, weil bei der Kombination (25%; 40%) Bereich 2 alle Mittel zugeteilt werden sollten, nur erfährt die Zentrale nichts über das tatsächliche Vorliegen dieser Kombination. Berichtet der erste Manager stattdessen nicht wahrheitsgemäß (er unterschätzt sich also und übermittelt der Zentrale 15%), werden die Mittel wieder Bereich 2 zugewiesen, was ebenfalls mit der Wahrscheinlichkeit 0,5 jeweils optimal oder suboptimal ist. Die optimale Berichtspolitik ergibt sich aus dem Erwartungswert der Entlohnungen für den ersten Manager:

Bericht 25%: $s = \underline{S} + \alpha \cdot 0{,}25 \cdot \overline{V}$

Bericht 15%: $s = \underline{S} + \alpha \cdot (0{,}5 \cdot 0{,}2 \cdot \overline{V} + 0{,}5 \cdot 0{,}4 \cdot \overline{V}) = \underline{S} + \alpha \cdot 0{,}3 \cdot \overline{V}$

Für den ersten Manager ist daher ein Bericht von 15% optimal, wenn seine eigentliche Rendite 25% beträgt. Dadurch erreicht er eine permanente Mittelzuweisung an Bereich 2, *im Durchschnitt* besser ist als bei einer zutreffenden Berichterstattung. Weil nun aber Bereich 2 bei einem permanenten Bericht von 15% seitens des ersten Managers stets alle Mittel erhält, ist der zweite Manager wirklich indifferent zwischen seinen Berichterstattungen. Daher ist im vorliegenden Zusammenhang eine permanente Berichterstattung von 15% für den ersten und 20% für den zweiten Manager ebenfalls ein *Nash*-Gleichgewicht, das jedoch mit einer *ex ante* Wahrscheinlichkeit von 0,25 für die Kombination (25%; 20%) eine suboptimale Kapitalallokation induziert.

4.4. *Groves*-Schema

Eine Alternative zum Gewinnbeteiligungssystem wurde vor allem in den Arbeiten von *Groves* (1973) und *Groves* und *Loeb* (1979) vorgestellt, wodurch sich auch die Bezeichnung *Groves*-Schema erklärt. Dieses Anreizsystem modifiziert das Procedere des Gewinnbeteiligungssystems so, daß es für jeden Manager **optimal** ist, **wahrheitsgemäß** zu berichten, *unabhängig* davon, ob die jeweils anderen Manager wahrheitsgemäß berichtet haben oder nicht. Insofern ist für jeden Manager die wahrheitsgemäße Informationsübermittlung die **dominant beste Politik**. Zusätzlich hängt das Entlohnungsschema nicht mehr von den *Ist*überschüssen der anderen Bereiche ab, was vielfach nicht als „fair" betrachtet wird, sondern nur mehr von den **berichteten** (geplanten) Überschüssen.

Nach dem *Groves*-Schema besteht die Beurteilungsgröße der Bereichsmanager aus einer **spezifischen Gewinnsumme**. Der Manager eines Bereiches n erhält danach einen Anteil der Summe aus dem eigentlichen **Gewinn seines Bereiches** und den **berichteten** Gewinnen der jeweils anderen Bereiche:

$$s_n(b_n) = s_n(\overline{G}_n') = \underline{S} + \alpha \cdot \overline{G}_n' = \underline{S} + \alpha \cdot [i \cdot M + G_n(I_n) + \sum_{\substack{j=1 \\ j \neq n}}^{J} \hat{G}_j(I_j)] \tag{28}$$

Sei wieder unterstellt, daß die Zentrale gemäß (26) die **Summe der berichteten Gewinne** maximiert. Die Entlohnung eines beliebigen Bereichsmanagers n hängt nur hinsichtlich seines *eigenen* Bereiches davon ab, was am Periodenende wirklich an Gewinn erwirtschaftet wurde. Bezüglich seiner Beteiligung an den Gewinnen der jeweils anderen Bereiche gelten dagegen nur die Funktionen, die die anderen Bereiche der Zentrale *genannt* haben. Was auch immer in diesem Zusammenhang durch die anderen Bereiche übermittelt wurde – der betrachtete Manager des Bereiches *n* kann es durch eine wahrheitsgemäße Berichterstattung hinsichtlich seines Gewinnpotentials wieder schaffen, die Zentrale stellvertretend für sich handeln zu lassen, denn eine zutreffende Information führt dazu, daß die Zentrale exakt diejenige Funktion maximiert, die in der eckigen Klammer auf der rechten Seite von (28) steht.

Insofern ist beim *Groves*-Schema die **wahrheitsgemäße Berichterstattung** für jeden Bereichsmanager die beste Politik, *unabhängig* davon, was die anderen Manager berichtet haben. Anders als beim Gewinnbeteiligungssystem kann für *keinen* Bereichsmanager eine Berichtspolitik existieren, die bei gegebenen Berichten der jeweils anderen Manager **streng** besser als die **wahrheitsgemäße Berichterstattung** ist. Daher ist es auch für die Zentrale rational, den erhaltenen Informationen Glauben zu schenken und die Summe der berichteten Gesamtgewinne zu maximieren.[18]

Allerdings kann es auch beim *Groves*-Schema **mehrdeutige Situationen** geben, was durch den folgenden Einschub hinsichtlich der Beziehungen zwischen Dominanz und *Nash*-Gleichgewichten demonstriert werden soll. Greift man auf das obige Beispiel zum Gewinnbeteiligungssystem zurück, dann ist zB eine Berichterstattung von stets 15% durch den ersten und stets 40% durch den zweiten Bereichsmanager auch beim *Groves*-Schema ein *Nash*-Gleichgewicht (der Leser ist eingeladen, dies selbst zu überprüfen). Der Grund liegt in einigen Indifferenzrelationen in diesem Beispiel.

Analog zum Gewinnbeteiligungssystem kann auch das *Groves*-Schema in einer Formulierung auf Basis von **Residualgewinnen** dargestellt werden. Ein Bereichsmanager erhält dann einen Anteil an der Summe aus dem eigentlichen Residualgewinn seines Bereiches und den berichteten Residualgewinnen der jeweils anderen Bereiche.

Absprachen

Ein Blick auf die in (28) angegebene Bemessungsgrundlage des *Groves*-Schemas zeigt, daß die Entlohnung eines Managers *ceteris paribus* (dh insbesondere bei *gegebener* Kapitalallokation) um so höher ist, je höher die *berichteten* Gewinne der jeweils anderen Bereiche ausfallen.[19] Dieser Aspekt kann beim *Groves*-Schema dazu führen, daß die Bereichsmanager untereinander **Absprachen** über ihre **Berichtspolitik** treffen können, die für *alle Bereichsmanager* gegenüber der (nicht kooperativen) Politik der wahrheitsgemäßen Informationsübermittlung zu einer höheren Zielerreichung führen.

---

[18]   Dies muß bei risikoaversen Bereichsmanagern nicht mehr gelten (vgl dazu *Pfaff* und *Leuz* (1995)). Berücksichtigt man explizit die Arbeitsleistung, so ergeben sich ähnliche Trittbrettfahrerprobleme wie beim Gewinnbeteiligungssystem (vgl dazu zB *Hofmann* und *Pfeiffer* (2003)).

[19]   Da beim Gewinnbeteiligungssystem die Istgewinne die Basis für die Entlohnung bilden, ist es immun gegen solche Absprachen.

Nash-Gleichgewichte und Dominanz

Eine Alternative ist genau dann die *dominant beste Politik*, wenn sie für jeden möglichen Zustand wenigstens zur gleichen Zielerreichung wie andere Alternativen führt; sie ist *strikt dominant*, wenn sie darüber hinaus für mindestens einen Zustand sogar eine bessere Zielerreichung erbringt. In einem spieltheoretischen Zusammenhang werden die Zustände durch die möglichen Aktionen des Gegenspielers angegeben. In diesem Fall muß also eine dominante Alternative für jede Politik des Gegenspielers die erwähnten Eigenschaften aufweisen.

Bestehen für die beteiligten Parteien jeweils dominant beste Politiken, dann bilden diese auch ein *Nash*-Gleichgewicht, weil es sich annahmegemäß für keinen Spieler lohnen kann, von seiner (dominanten) Politik abzuweichen. Zur Illustration wird wieder auf ein früher gebrachtes Beispiel zurückgegriffen.

Aktionen	a_1^2	a_2^2
a_1^1	(10, 20)	(9, 25)
a_2^1	(13, 4)	(11, 16)

Das *Nash*-Gleichgewicht ist in der Konstellation 1 auch ein Gleichgewicht in dominanten Aktionen. Für Spieler 1 ist die Alternative 2 wegen 13 > 10 und 11 > 9 dominant; analog ist für Spieler 2 dessen Alternative 2 wegen 25 > 20 und 16 > 4 dominant.

Die Existenz dominanter Politiken impliziert aber nicht die Eindeutigkeit von *Nash*-Gleichgewichten. Zur Verdeutlichung sei die obige Situation in der linken oberen Zelle leicht modifiziert, so daß *trotz Dominanz* ein *zweites Nash*-Gleichgewicht vorliegen kann:

Aktionen	a_1^2	a_2^2
a_1^1	(13, 25)	(9,25)
a_2^1	(13,4)	(11,16)

Nach wie vor ist für beide Spieler deren jeweilige Alternative 2 dominant. Es liegen jetzt aber einige *Indifferenzrelationen* vor, denn Spieler 1 (2) ist bezüglich seiner Maßnahmen indifferent, falls Spieler 2 (1) seine Aktion 1 wählt. Daher gibt es im jetzt vorliegenden Fall *zwei Nash*-Gleichgewichte. Interessanterweise ist sogar für beide Spieler das *Nash*-Gleichgewicht günstiger, das gerade aus den *dominierten* Alternativen besteht. Dies gilt aber nicht generell.

Falls Übertreibungen kein Abweichen von der optimalen Mittelallokation bedingen, wird deren Implementierung für die Zentrale teurer. Wenn durch die Übertreibungen die **Mittelallokation** ineffizient wird, entsteht ihr daraus ein weiterer Verlust. Erleidet ein Bereich dadurch einen Verlust relativ zur wahrheitsgemäßen Berichterstattung, muß dieser durch Seitenzahlungen der anderen Bereiche abgedeckt werden, da der Bereich sonst der Absprache nicht folgt.

Ist eine **verbindliche Absprache** nicht möglich, läßt sich allerdings zeigen, daß abgesprochene Berichtspolitiken grundsätzlich kein *Nash*-Gleichgewicht bilden,

weil jeder Bereich durch einseitige wahrheitsgemäße Berichterstattung seine Entlohnung erhöhen kann.[20] Absprachen sind dann nicht durchsetzbar und deshalb auch
kein Problem. Allerdings ist denkbar, daß Reputation oder andere dynamische
Berichtspolitiken in einem mehrperiodigen Kontext auch unverbindliche Absprachen
durchsetzen können.[21]

Beispiel

Im folgenden sei auf das Beispiel im Rahmen des Gewinnbeteiligungssystems zurückgegriffen. Beide Bereichsmanager mögen das gleiche Fixgehalt und den gleichen Anteil
α an der Bemessungsgrundlage des *Groves*-Schemas haben. Im Falle der wahrheitsgemäßen Berichterstattung ergibt sich daher für jeden Manager bei Anwendung des
Groves-Schemas folgende Entlohnung:

(15%; 20%): $s = \underline{S} + \alpha \cdot 0{,}2 \cdot \overline{V}$ (Volle Allokation auf Bereich 2)

(15%; 40%): $s = \underline{S} + \alpha \cdot 0{,}4 \cdot \overline{V}$ (Volle Allokation auf Bereich 2)

(25%; 20%): $s = \underline{S} + \alpha \cdot 0{,}25 \cdot \overline{V}$ (Volle Allokation auf Bereich 1)

(25%; 40%): $s = \underline{S} + \alpha \cdot 0{,}4 \cdot \overline{V}$ (Volle Allokation auf Bereich 2)

Nun sei unterstellt, daß sich die beiden Bereichsmanager vor Abgabe ihrer Berichte
absprechen. Es ist offensichtlich, daß bei der Kombination (15%; 20%) die Zielerreichung von Manager 1 verbessert werden kann, indem *Manager 2* 40% an Stelle von
20% berichtet. Die Allokation würde dadurch nicht beeinflußt, doch würde Manager 1
nach Maßgabe der *berichteten* Gewinne von Bereich 2 entlohnt werden (er erhielte
daher eine Entlohnung von $s = \underline{S} + \alpha \cdot 0{,}4 \cdot \overline{V}$). Manager 2 wäre dieser Änderung der
Berichtspolitik gegenüber indifferent; wegen der vollständigen Mittelzuweisung an seinen
Bereich wird er nämlich ausschließlich nach Maßgabe seines *tatsächlichen* Gewinns
entlohnt. Würde anders als im Beispiel auch Bereich 1 Mittel erhalten, wäre Manager 2
ebenfalls an einer Überschätzung der Gewinne von Bereich 1 interessiert.

Falls in Bereich 1 eine Rendite von 25% erzielt werden kann, erscheint auf den ersten
Blick bei gegebener Allokation keine Verbesserung gegenüber der wahrheitsgemäßen
Berichterstattung möglich. Dies ändert sich aber bei Berücksichtigung von *Seitenzahlungen* zwischen den Bereichsmanagern. So könnte man vereinbaren, daß Manager 2
auch bei der Kombination (25%; 20%) eine Rendite von 40% für Bereich 2 berichten
sollte. Damit würde die Zentrale alle Mittel Bereich 2 zuweisen. Manager 1 erhält eine
Entlohnung von $s = \underline{S} + \alpha \cdot 0{,}4 \cdot \overline{V}$, während Manager 2 nur eine solche von
$s = \underline{S} + \alpha \cdot 0{,}2 \cdot \overline{V}$ erzielt. Allerdings könnten die beiden Manager vereinbaren, daß Manager 1 einen Ausgleich an Manager 2 in Höhe von $\alpha \cdot 0{,}1 \cdot \overline{V}$ zahlt, so daß im Ergebnis
beide Manager eine Verbesserung erfahren, denn ihre Entlohnung beträgt dann
$s = \underline{S} + \alpha \cdot 0{,}3 \cdot \overline{V}$, und das, obwohl nicht die optimale Allokation erzielt wurde.

---

[20] Setzt man stetige, monoton wachsende und strikt konkave Gewinnfunktionen $G_i(\cdot)$ in I_i voraus,
entspricht dies einer Gefangenendilemma-Situation: Vgl dazu *Budde, Göx* und *Luhmer* (1998). Vgl zu
Absprachen auch *Bamberg* und *Trost* (1995).

[21] Vgl *Kunz* und *Pfeiffer* (1999).

Ergebnisse eines Experimentes

Entsprechend den Zahlen in der diesem Kapitel vorangestellten Illustration führten *Waller* und *Bishop* (1990) ein Experiment mit insgesamt 72 Studenten der Betriebswirtschaftslehre durch. Nach dem Durchspielen einer Serie von solchen Situationen ergab sich folgendes:

Frage: Nach zehn Budgetierungsrunden habe ich vollständig verstanden, was ich tun mußte, um meinen Bonus zu maximieren:⠀⠀⠀⠀⠀⠀⠀⠀⠀⠀⠀⠀⠀⠀⠀⠀6,66 Punkte
(Die Skala reicht von 0: „stimmt nicht", bis 10: „stimmt völlig").
Zum Vergleich: Wird der Bonus am Bereichsbruttogewinn bemessen, ist die Antwort 8,78 Punkte.

Frage: Nach zehn Budgetierungsrunden war mein Ziel, das zu tun, was am besten für das Unternehmen insgesamt ist:⠀⠀⠀⠀⠀⠀⠀⠀⠀⠀⠀⠀⠀⠀⠀⠀4,07 Punkte

Frage: Die Art, wie meine Leistung beurteilt wurde, war fair:⠀⠀⠀⠀⠀⠀5,66 Punkte

Frage (adaptiert): Ist der Bonus für das Nennen einer zu geringen oder zu hohen Rendite unverändert, höher oder niedriger? (Anzahl der Antworten von 23 antwortenden Studenten):

Verzerrung der Rendite:	zu gering	zu hoch
Effekt auf den Bonus:		
keiner	7	9
Erhöhung	7	7
Verringerung	9	7

Diese Antworten zeigen sehr schön ein wesentliches Problem des *Groves*-Mechanismus auf: Er ist nicht leicht zu verstehen. Das könnte ein Grund für die geringe praktische Verwendung sein.

Groves-Schema und Controllability

Sowohl das Gewinnbeteiligungssystem als auch das *Groves*-Schema stellen offensichtlich eine **Abkehr vom Grundsatz der *Controllability*** dar, der bereits im Zusammenhang mit den Kontrollproblemen in Teil II: *Kontrollrechnungen* diskutiert wurde. Nach der ***Controllability*** sollten Manager nur anhand solcher Ergebnisse beurteilt werden, die in ihrem Einflußbereich liegen; dies wird regelmäßig als Grundsatz eines „fairen" Beurteilungssystems angesehen. Dieser Grundsatz ist bei der Gewinnbeteiligung in eklatanter Weise verletzt, weil die Zielerreichung eines Managers auch von *erzielten* Resultaten aller anderen Unternehmensbereiche abhängt. Beim *Groves*-Schema scheint dies nicht so direkt zu gelten, da nur die *berichteten* (geplanten), nicht aber die tatsächlich *erzielten* Überschüsse der anderen Bereiche die Zielerreichung eines Managers tangieren. Im **Gleichgewicht** bei wahrheitsgemäßer Berichterstattung ist das *Groves*-Schema allerdings *faktisch* zu einem Gewinnbeteiligungssystem geworden.

Solche Aspekte der „Fairness" lassen sich in ökonomische Analysen der beschriebenen Art nur bedingt integrieren. Legt man auf derartige Aspekte der „Fairness" wert, scheiden manche Anreiz- und Beurteilungssysteme von vorneherein aus. Die **ökonomische Analyse** zeigt aber, welche „Kosten" man hinsichtlich der Lösung von

Koordinationsproblemen dadurch implizit in Kauf nehmen muß. Und letztlich kann man das Problem auch ganz anders sehen: Hängt die Zielerreichung von Bereichsmanagern ausschließlich von Größen ab, die alleine den jeweiligen (Verantwortungs-)Bereich betreffen, werden **Bereichsegoismen** in einer Weise gefördert, die bei knappen Mitteln grundsätzlich auf Kosten der Zielerreichung anderer Bereiche geht. Ob dies wiederum „fair" ist, mag dahingestellt bleiben. Es zeigt jedenfalls, daß bei Effekten des Ressourcenverbundes die Zielerreichungen aller Akteure miteinander verbunden sind, auch wenn dieser Aspekt durch bestimmte Beurteilungssysteme nicht offen zu Tage tritt.

5. Beurteilungsgrößen bei Ressourcenpräferenzen der Manager

5.1. Ressourcenpräferenzen und ausreichende Finanzmittel

Im folgenden werden explizit divergierende Interessen der Manager eingeführt. Konkret handelt es sich dabei um **Ressourcenpräferenzen**, also nichtfinanzielle Managerinteressen, die sich etwa in Arbeitsleidfaktoren und/oder Präferenzen für den Umfang zugeteilter Ressourcen (zB wegen *fringe benefits*, Macht, Prestige oder Einfluß – also sogenannte *private benefits of control*) niederschlagen können. Arbeitsleidfaktoren, die an anderen Stellen dieses Buches bereits ausführlich analysiert wurden, werden nicht behandelt. Dies läßt sich auch dadurch rechtfertigen, daß für höherrangige Manager die Arbeitsleidfaktoren oftmals als tendenziell weniger relevant angesehen werden.[22] In der vorliegenden Konstellation handelt es sich aber um solche Manager, denn Bereichsleiter dürften sicherlich zu den oberen Managementebenen eines Unternehmens zählen.

Nachfolgend wird also unterstellt, daß ein Bereichsmanager mit dem Umfang der ihm zur Verfügung stehenden Investitionsmittel direkt Nutzenzuwächse verbindet.[23] Diese Aspekte werden über die lineare Funktion $\beta \cdot I$ ($\beta > 0$) erfaßt, so daß die **Nutzenfunktion eines Managers** (Agent) folgende Gestalt hat:

$$U^A = \beta \cdot I + s(b) = \beta \cdot I + \underline{S} + \alpha \cdot b \tag{29}$$

Auch in dieser Situation erweist sich der **Residualgewinn** als **geeignete Basis** für die Beurteilung der Bereichsmanager. Die Berechnung des Residualgewinns darf allerdings *nicht* mehr mit dem **Kapitalmarktzins** i vorgenommen werden. Setzt

---

[22] So etwa *Jennergren* (1980), S. 190, sowie *Holmström* und *Ricart i Costa* (1986), S. 835 f.

[23] Die folgende Darstellung ist eine vereinfachte Version des Ansatzes von *Ewert* (1992). Dort wird zusätzlich berücksichtigt, daß der Manager eine Arbeitsleistung erbringen muß, um überhaupt Informationen bezüglich des Erfolgspotentials seines Bereiches zu erlangen. Diese Arbeitsleistung kann mit Arbeitsleidfaktoren verknüpft sein.

man nämlich $b = RG(I, i)$, dann würde ein Bereichsmanager im Rahmen einer *Investment Center*-Organisation folgende Funktion maximieren:

$$\max_{I \geq 0} \beta \cdot I + \underline{S} + \alpha \cdot RG(I, i)$$

Die Maximierung führt auf die Bedingung

$$\beta = -\alpha \cdot \frac{\partial RG(I^*, i)}{\partial I} \Rightarrow \frac{\partial RG(I^*, i)}{\partial I} = -\frac{\beta}{\alpha} < 0$$

Das für den Manager optimale Investitionsvolumen ist also wegen der „intrinsischen" Ressourcenpräferenzen durch eine **Überinvestition** relativ zum eigentlichen Optimum aus Sicht der Zentrale gekennzeichnet.[24] Insofern gewährleistet der mit dem Kapitalmarktzins i berechnete Residualgewinn für die Zentrale nicht mehr eine optimale Lösung. Der Bereichsmanager ist bereit, Einbußen seines Residualgewinns hinzunehmen, weil er aus der Erhöhung des Investitionsvolumens anderweitige Vorteile zieht.

Führen die **Ressourcenpräferenzen** des Managers daher zu einer **Überinvestition**, dann läßt sich diese Überinvestition vermindern, wenn man die **Kapitalkosten** für die Berechnung des Residualgewinns entsprechend **anhebt**. Der **modifizierte Zins** γ ist dabei wie folgt festzusetzen:

$$\gamma = i + \frac{\beta}{\alpha} \tag{30}$$

Dadurch wird letztlich der vom Bereich zu erzielende *Sollgewinn* auf $\gamma \cdot I$ angehoben. Mit $b = RG(I, \gamma)$ folgt für die **Zielerreichung des Bereichsmanagers**:

$$U^A = \beta \cdot I + \underline{S} + \alpha \cdot RG(I, \gamma) = \underline{S} + \beta \cdot I + \alpha \cdot \left(x(I) - \left(1 + i + \frac{\beta}{\alpha} \right) \cdot I \right) =$$

$$= \underline{S} + \alpha \cdot \left(x(I) - (1 + i) \cdot I \right) = \underline{S} + \alpha \cdot RG(I, i)$$

Die Festsetzung von γ gemäß (30) **neutralisiert** also die **Ressourcenpräferenzen**, so daß der Manager im Ergebnis so handelt, *als hätte* er nur finanzielle Interessen und wäre am Residualgewinn auf der Basis des Kapitalmarktzinses beteiligt. Er wählt daher das optimale Investitionsprogramm bei ausreichenden Finanzmitteln.[25]

---

[24] Der vorgestellte Ansatz ist aber grundsätzlich auch in der Lage, den umgekehrten Fall zu erfassen. Falls zB der Manager unter der Last seiner Verantwortung zusammenzubrechen droht und mithin bei steigendem Investitionsvolumen eine Art „Arbeitsleid" empfindet, das die anderweitigen Vorteile der Ressourcenbereitstellung überkompensiert, wäre $\beta < 0$. In diesem Fall würde man ein Unterinvestitionsproblem erhalten.

[25] Aspekte wie *fringe benefits* bewirken Nutzenzuwächse nicht über die Höhe der zugeteilten Mittel selbst, sondern durch deren Verwendung für Zwecke, die aus Sicht der Zentrale nicht optimal sind. Insofern ist eine Neutralisierung, wie sie für den Fall im Text abgeleitet wird, nicht direkt möglich. Siehe zu diesbezüglichen Modellen etwa *Antle* und *Eppen* (1985) sowie *Antle* und *Fellingham* (1990). Auch darin ergeben sich die Zinserhöhungseffekte alleine aus Interessenkonflikten und einer asymmetrischen Informationsverteilung, nicht aber aus potentiell beschränkten Finanzmitteln.

Vorteile aus Ressourcenpräferenzen und Kapitalkostensätze

Im Rahmen von Ansätzen mit vollständigen Anpassungen der Entlohnung können sich Ressourcenpräferenzen auch als vorteilhaft für die Zentrale erweisen.[26] Zur Verdeutlichung sei eine *first best*-Situation unterstellt, in der die Zentrale Kenntnis über den Erfolg des Projekts hat und dem Manager basierend auf der Nutzenfunktion (29) gerade seinen Reservationsnutzen zugesteht:

$$s + \beta \cdot I = \underline{U}^A \quad \Rightarrow \quad s = \underline{U}^A - \beta \cdot I$$

Die Existenz der Ressourcenpräferenzen führt zu einem Nutzenzuwachs für den Manager und erlaubt der Zentrale daher eine Reduktion der Entlohnung, um das gleiche Nutzenniveau zu gewährleisten. Eine Ausdehnung des Investitionsvolumens ist für die Zentrale daher nicht nur mit Veränderungen beim Residualgewinn verbunden, sondern ebenfalls mit Gehaltseinsparungen. Dies führt dazu, daß sich jetzt auch für die Zentrale eine Erhöhung der Investitionen über das Niveau lohnt, welches den Brutto-Residualgewinn maximiert. Die Zentrale maximiert jetzt

$$RG(I,i) - s = RG(I,i) + \beta \cdot I - \underline{U}^A$$

Die Bedingung erster Ordnung ergibt

$$\frac{\partial RG(I^*,i)}{\partial I} = -\beta$$

Dies ändert aber nichts an der Notwendigkeit, bei Delegation der Entscheidung über die Investition eine Anpassung des Kapitalkostensatzes beim Residualgewinn vorzunehmen. Solange nämlich $\alpha < 1$, würde eine Beteiligung des Managers an dem mit dem Zinssatz i berechneten Residualgewinn wegen

$$-\frac{\beta}{\alpha} < -\beta$$

zu einer Überinvestition relativ zu dem von der Zentrale gewünschten Investitionsvolumen führen. Die Erhöhung des Zinssatzes fällt lediglich etwas moderater aus als in (30) und beträgt jetzt

$$\gamma = i + \frac{\beta}{\alpha} \cdot (1 - \alpha)$$

Der potentielle Vorteil der Ressourcenpräferenzen resultiert stets aus der endogenen Anpassung der Managerentlohnung. Es ist eine empirische Frage, in welchem Maße dies relevant ist. Eine Implikation des Modells ist etwa, daß die Entlohnung mit höherem Investitionsvolumen tendenziell *sinken* müßte, was der allgemeinen Erfahrung (üblicherweise steigt die Entlohnung mit größerer „Verantwortung") wohl widerspricht – doch eine diesbezügliche empirische Untersuchung müßte explizit vielfältige Kontrollvariablen erfassen, um verläßliche Aussagen treffen zu können.

---

[26] Siehe dazu umfassender auch das Modell von *Baldenius* (2003) sowie die Ausführungen in *Ewert* und *Laux* (2004). In diesen Ansätzen werden neben der eigentlichen Investitionstätigkeit auch unbeobachtbare Arbeitsleistungen des Managers einbezogen. Es resultieren Abwägungen zwischen dem Vorteil aus Ressourcenpräferenzen, der Motivation zur Erbringung ausreichender Arbeitsleistungen und Renten, die dem Manager analog zum Kostenbudgetierungsmodell im 8. Kapitel: *Koordination, Budgetierung und Anreize* wegen seiner besseren Informationen gewährt werden müssen.

Die in (30) erscheinenden **Einflußfaktoren des Zinssatzes** γ lassen sich intuitiv einsichtig interpretieren. Zunächst dient der Kapitalmarktzins i als Basisgröße, die um den **Faktor** β/α erhöht wird. Dieser Faktor steigt mit zunehmendem β, da ein höheres β den Ressourcenpräferenzen ein größeres Gewicht verleiht. Weil der Zinssatz γ aber gerade diese Ressourcenpräferenzen neutralisieren soll, muß er mit steigendem Gewicht dieser Präferenzen ebenfalls zunehmen. Andererseits kann der Zins γ um so niedriger angesetzt werden, je größer der Anteil α ist, mit dem der Bereichsmanager am Residualgewinn beteiligt ist. Auch dies leuchtet ein, denn ein höherer **Beteiligungsprozentsatz** gibt den finanziellen Aspekten in der Zielfunktion des Bereichsmanagers eine größere Bedeutung. Daher schlagen für den Bereichsmanager auch die überinvestitionsbedingten Verminderungen des Residualgewinns stärker negativ zu Buche, so daß der Zinssatz γ weniger stark erhöht werden muß, um seine Neutralisationsfunktion erfüllen zu können.

Diese Berechnung von Residualgewinnen mit einem **erhöhten Zins** γ gleicht im Ergebnis einer **Situation der Kapitalknappheit**, denn auch dort muß ja ein höherer (endogener) Zins angesetzt werden. Der tatsächliche Zusammenhang ist aber ganz anders, denn in der vorliegenden Konstellation sind annahmegemäß ausreichende Finanzmittel vorhanden. Der Erhöhungsbedarf bezüglich des Zinssatzes erklärt sich ausschließlich aus der Neutralisierung der Ressourcenpräferenzen.

Beispiel

Sei folgende Überschußfunktion gegeben:

$$x(I) = 20 \cdot \ln(10 \cdot I + 1) + I$$

Mit einem Kapitalmarktzins $i = 0{,}1$ beträgt der Residualgewinn $RG(I, i)$:

$$RG(I, i) = x(I) - (1 + i) \cdot I = 20 \cdot \ln(10 \cdot I + 1) - 0{,}1 \cdot I$$

Nullsetzen der ersten Ableitung und Auflösen nach I erbringt ein optimales Investitionsvolumen aus Sicht der Zentrale in Höhe von 199,90.

Nun sei $\beta = 0{,}002$ und $\alpha = 0{,}1$ angenommen. Der Bereichsmanager maximiert im Falle $b = RG(I, i)$ folgende Funktion:

$$\max_{I \geq 0} \underline{S} + 0{,}002 \cdot I + 0{,}1 \cdot \left(20 \cdot \ln(10 \cdot I + 1) - 0{,}1 \cdot I\right) = \underline{S} + 2 \cdot \ln(10 \cdot I + 1) - 0{,}008 \cdot I$$

Nullsetzen der ersten Ableitung erbringt ein für den Manager optimales Investitionsvolumen von 249,90. Es übersteigt das für die Zentrale optimale Volumen um etwas mehr als 25%. Der modifizierte Zins lautet $\gamma = 0{,}1 + 0{,}002/0{,}1 = 0{,}12$. Mit $b = RG(I, \gamma)$ maximiert der Manager jetzt folgende Funktion:

$$\max_{I \geq 0} \underline{S} + 0{,}002 \cdot I + 0{,}1 \cdot \left(20 \cdot \ln(10 \cdot I + 1) - 0{,}12 \cdot I\right) = \underline{S} + 2 \cdot \ln(10 \cdot I + 1) - 0{,}01 \cdot I$$

Die Maximierung dieser Funktion erbringt wieder ein Investitionsvolumen in Höhe von 199,90.

Empirische Ergebnisse

Eine von *Ross* (1986) durchgeführte Untersuchung der Kapitalbudgetierungspraxis zwölf großer Industrieunternehmen ergab, daß den Sparten sehr häufig Zinssätze berechnet werden, die oberhalb der eigentlichen Kapitalkosten liegen.

In den untersuchten Unternehmen wurden die tatsächlichen Kapitalkosten mit etwa 15% angesetzt, doch berechneten manche Unternehmen ihren Sparten Kapitalkosten von bis zu 60%. Darüber hinaus sind die den Sparten berechneten Kapitalkosten zumeist nach der Größe der Investitionsprojekte gestaffelt.

Während diese Ergebnisse natürlich partiell auch auf Knappheitsaspekte zurückgeführt werden können, lassen sie sich nach *Ross* aber ebenfalls aus Gesichtspunkten der Dezentralisierung und der asymmetrischen Informationsverteilung heraus erklären.

Auch eine auf umfangreicherem Datenmaterial der amerikanischen *„Fortune 1000-Unternehmen"* basierende Studie von *Poterba* und *Summers* (1995) bestätigt die Praxis, daß die intern angesetzten Kapitalkostensätze regelmäßig oberhalb der eigentlichen Kapitalkosten liegen.

Implementierung

Setzt man einen derart erhöhten Zins für die Berechnung der Residualgewinne an, kann die *Investment Center*-Organisation auch weiterhin die Erreichung des **Optimums** für die Zentrale gewährleisten. Jeder Bereichsmanager kann über sein Investitionsvolumen gemäß seinem aktuellen Informationsstand frei entscheiden; er wählt dennoch die Lösung, die auch die Zentrale bei gleichen Informationen gewählt hätte. Wichtig ist dabei freilich die Annahme ausreichender Finanzmittel, wodurch ein Ressourcenverbund zwischen den Bereichen ausgeschlossen wird.

Während die *Investment Center*-Organisation bei einem Zinssatz gemäß (30) die optimale Lösung auch weiterhin gewährleistet, ist dies bei der *Profit Center*-**Organisation** nicht unbedingt der Fall. Hier müßte sich die Zentrale wieder Informationen über die Erfolgspotentiale der Bereiche übermitteln lassen. Die optimale Lösung könnte erreicht werden, wenn die Bereichsmanager wahrheitsgemäß berichten *und* die Zentrale anschließend eine Kapitalallokation vornimmt, welche die Summe $\overline{RG}(i)$ der mit dem Kapitalmarktzins i berechneten Residualgewinne maximiert. Ob die Zentrale so verfährt, hängt aber von **ihren Interessen** ab, die sie beim gegebenen Anreizsystem und dem vorliegenden Informationsstand hat.

Angenommen, die Bereichsmanager haben wahrheitsgemäß berichtet. Die **Zentrale** maximiert den ihr **zufallenden Endwert**, der sich bei einem Zins gemäß (30) wie folgt ergibt:

$$EW^Z = \overline{V} \cdot \rho + \sum_{j=1}^{J} RG_j(I_j,i) - \sum_{j=1}^{J} \alpha_j \cdot RG_j(I_j,\gamma) - \sum_{j=1}^{J} \underline{S}_j =$$

$$= \overline{V} \cdot \rho + \sum_{j=1}^{J} (1-\alpha_j) \cdot RG_j(I_j,i) + \sum_{j=1}^{J} \beta \cdot I_j - \sum_{j=1}^{J} \underline{S}_j$$

Daraus erkennt man, daß die Zentrale **kein Interesse** hat, *nach* dem Empfang der Informationen über die Erfolgspotentiale genau diejenigen Investitionsprogramme zu wählen, die die mit dem Kapitalmarktzins berechneten Residualgewinne der einzelnen Bereiche maximieren. Der Grund liegt darin, daß die Zentrale durch den erhöhten Zinssatz γ einen **zusätzlichen finanziellen Vorteil** in Höhe von $\beta \cdot I_j$ bei jedem Bereich erzielt. Die Neutralisierung der Ressourcenpräferenzen der Bereichsmanager führt dazu, daß die Kapitalkosten der Zentrale *quasi* sinken.[27] Daher wäre es nun – *nach* Festlegung des Anreizsystems und *nach* dem Erhalt der Informationen – aus ihrer Sicht optimal, für jeden Bereich ein Investitionsvolumen zu wählen, das **oberhalb** des eigentlich optimalen Volumens liegt. Insofern ist die Kombination „Wahrheitsgemäße Berichterstattung der Bereichsmanager und anschließende *first best*-Festlegung der Investitionsvolumina" im vorliegenden Zusammenhang *kein Nash*-Gleichgewicht mehr. Antizipieren jedoch die Bereichsmanager dieses Verhalten der Zentrale, wird aus deren Sicht die Optimalität einer wahrheitsgemäßen Berichterstattung fragwürdig.

Berufsgrundsätze (*Professional Ethics*) für *Management Accountants*

Die im Text erwähnte Rolle von Führungsgrundsätzen zeigt die Bedeutung von Bindungsmechanismen auf, die etwas anders geartet sind als die aus rein opportunistischen Kalkülen resultierenden Verhaltensweisen. Würden etwa alle Akteure eines Unternehmens sich verläßlich auf bestimmte, als „gut" oder „fair" empfundene Handlungsweisen einigen können, benötigte man keine feinsinnigen Anreizmechanismen mehr, um ein gewünschtes Handeln sicherzustellen.

Das amerikanische *Institute of Management Accountants* (IMA) hat im Jahre 1983 erstmals einen Katalog von Berufsgrundsätzen erstellt, der sich in diesem Sinne interpretieren läßt. Im wesentlichen handelt es sich um folgende vier Obergrundsätze:[28]

- Kompetenz
- Vertraulichkeit
- Integrität
- Objektivität.

Für den vorliegenden Zusammenhang sind insbesondere die Präzisierungen der Integrität und der Objektivität interessant. Im Rahmen der Integrität soll der *Management Accountant* „*avoid actual or apparent conflicts of interest and advise all appropriate parties of any potential conflict*", und im Rahmen der Objektivität lautet die Empfehlung: „*Communicate information fairly and objectively*"!

Diese Diskussion macht deutlich, daß bei einer *Profit Center*-Organisation noch zusätzliche **Bindungsmechanismen für die Zentrale** berücksichtigt werden müssen, weil die ohne Ressourcenpräferenzen vorhandene Kompatibilität der Interessen von Bereichsmanagern und der Zentrale jetzt nicht mehr gewährleistet ist. Derartige Bindungsmechanismen könnten zB in **Führungsgrundsätzen** gesehen

---

[27] Dieser Aspekt unterscheidet sich daher von demjenigen des obigen Einschubs zur potentiellen Vorteilhaftigkeit von Ressourcenpräferenzen für die Zentrale.

[28] Vgl *Horngren,* Foster und *Datar* (2000), S. 15.

werden,[29] doch steht die diesbezügliche Forschung erst am Anfang. Hier sollte nur auf die grundsätzliche Problematik und die Notwendigkeit von Bindungsmechanismen hingewiesen werden.

Ein alternatives Modell zur Investitionsbudgetierung

Die obigen Resultate, daß Kapitalkostenerhöhungen unabhängig von Finanzbeschränkungen zur Milderung von Interessenkonflikten zwischen Zentrale und Spartenmanagern eingesetzt werden können, lassen sich nicht nur auf Basis der obigen Modellstruktur ableiten. Es gibt eine Reihe von anderen Möglichkeiten, **Investitionsbudgetierung** zu modellieren.

Zur Illustration wird im folgenden die Grundstruktur des Ansatzes von *Antle* und *Eppen* (1985) beschrieben, der trotz des etwas anderen Zugangs relativ **ähnliche Ergebnisse** wie das im Text analysierte Modell erbringt.

Gegeben sei eine Sparte, deren **Investitionsvolumen** festzusetzen ist. Die erforderlichen Finanzmittel werden von der Zentrale bereitgestellt, die **keine Finanzbeschränkungen** zu beachten hat und demnach Finanzmittel faktisch unbeschränkt zum Zinssatz i erhalten kann. Dabei kann der *Return on Investment* (*ROI*) der Sparte variieren. Es mögen $\theta = 1, ..., \Theta$ denkbare Zustände für die Höhe des *ROI* existieren, wobei der *ROI* für jeden Zustand unabhängig vom Investitionsvolumen ist. Auf Grund von zB Absatzbeschränkungen ist jedoch der in der Sparte maximal erzielbare Zahlungsüberschuß am Periodenende auf den Betrag $\bar{x}$ beschränkt. Für den **Zahlungsüberschuß am Periodenende** gilt demnach bei Vorliegen des Zustands θ:

$$x_\theta(I_\theta) = I_\theta \cdot (1 + ROI_\theta) \quad \text{wobei} \quad x_\theta(I_\theta) \leq \bar{x}$$

Angenommen, die **Zentrale kennt** den konkret vorliegenden Zustand θ (*first best*-Lösung). Eine Investition ist genau dann lohnend, wenn $ROI_\theta \geq i$. Dann wird in maximal zulässigem Umfang investiert, dh

$$I_\theta = \frac{\bar{x}}{1 + ROI_\theta} > 0 \quad \text{falls } ROI_\theta \geq i$$

Ordnet man die Zustände θ derart, daß ein höherer Index auch mit einem höheren *ROI* verknüpft ist, und unterstellt man, es gibt einen Zustand $\hat{\theta}$, dessen Rendite gerade den Kapitalkosten i gleicht ($ROI_{\hat{\theta}} = i$), dann gilt für die optimalen **Investitionsvolumina** folgende **Beziehungen**:[30]

$$I_\theta = 0 \quad (\forall \theta < \hat{\theta}) \quad \text{und} \quad I_\theta > I_{\theta+1} \quad (\forall \theta \geq \hat{\theta})$$

---

[29]   Siehe dazu *Ewert* (1992), S. 297 f.

[30]   Die Annahme, daß bei einem Zustand von gerade $\theta = \hat{\theta}$ schon investiert wird, ist willkürlich, erleichtert aber die formale Festlegung des Investitionsprogramms, da sonst über einem offenen Intervall für θ optimiert würde.

Kennt aber nur der Spartenmanager den Zustand θ (*second best*-Lösung) und besitzt die Zentrale lediglich Vorstellungen über die Wahrscheinlichkeit, mit der die einzelnen Renditen eintreten können, kann sie nicht mehr unmittelbar diese Lösung implementieren, wenn der Manager divergierende Interessen hat. Diese werden in der folgenden Form angenommen: Der Manager habe nichtpekuniäre Interessen in Form von **Slackpräferenzen**, dh, sollte er überschüssige Finanzmittel erhalten, kann er diese Mittel investieren, um eigene Bedürfnisse (*fringe benefits* usw) zu befriedigen.

Zur Verdeutlichung seien folgende Werte gegeben:

$$\bar{x} = 1.380 \quad ROI_\theta = 0,15 \quad i = 0,1$$

Daraus ergäbe sich ein **optimales Investitionsvolumen** von $I_\theta = 1.200$. Kann die Zentrale nicht beobachten, wie die der Sparte zugeteilten Mittel konkret investiert werden, besteht für den Manager eine einfache Möglichkeit, *slack* zu erhalten: Er berichtet der Zentrale nicht etwa die tatsächlich vorliegenden 15% *ROI*, sondern gibt nur den kritischen *ROI* von 10% an (er behauptet also, der Zustand $\hat{\theta}$ läge vor). Würde die Zentrale diesem Bericht glauben, stellte sie nicht Mittel in Höhe von 1.200, sondern von 1.254,55 bereit. Der Manager investiert davon 1.200 „produktiv", so daß am Periodenende der maximale Überschuß von 1.380 resultiert. Den verbleibenden Betrag in Höhe von 54,55 kann er für eigene Zwecke verwenden.

Im Ergebnis würde die Zentrale bei einem solchen Vorgehen stets nur die Kapitalkosten erhalten und dem Manager maximalen *slack* bescheren. Ein **Ausweg** liegt darin, die **Renditeanforderungen** für positive Investitionsvolumina der Sparte zu **erhöhen**. Der Spartenmanager wird dann stets diesen neuen kritischen Zins berichten, sofern er tatsächlich über eine Kapitalproduktivität verfügt, die wenigstens diesen Zinssatz erreicht. Die Zentrale sichert sich somit **positive Kapitalwerte** für die Fälle, in denen überhaupt investiert wird. Diese Politik muß demnach besser sein als die obige, weil die Zentrale dort ja nur einen Kapitalwert von null erhält. Allerdings wird mit höheren Renditeanforderungen weniger häufig investiert. Dieser Nachteil muß gegen den Vorteil höherer Kapitalwerte abgewogen werden. Damit gibt es eine **optimale Renditeforderung**, die den erwarteten Kapitalwert für die Zentrale maximiert.

Letztlich werden auch hier der Sparte **höhere Kapitalkosten** als diejenigen des Kapitalmarkts berechnet, *ohne* daß Finanzknappheit vorläge. Darüber hinaus induziert diese Vorgehensweise *gleichzeitig slack* und **Kapitalrationierung**: *Slack* existiert dann, wenn die Sparte eine Rendite aufweist, die höher als die Renditeforderung der Zentrale ist. Andererseits erhält eine Sparte keine Mittel, wenn ihre Rendite zwar die Kapitalkosten i übersteigt, aber die höhere Renditeforderung unterschreitet. Insofern besteht eine gewisse Rationierung von Kapital, weil Projekte mit strikt positiven Kapitalwerten im Optimum bewußt nicht durchgeführt werden.[31]

---

[31] Siehe zu einer Übertragung dieses Modells auf den mehrperiodigen Fall *Antle* und *Fellingham* (1990).

5.2. Ressourcenpräferenzen und knappe Finanzmittel

Wenn neben den Ressourcenpräferenzen der Manager (mit $\beta \cdot I$) auch noch knappe Finanzmittel gegeben sind, muß die Zentrale sowohl personelle als auch sachliche Koordinationsprobleme lösen. Die Lösung läßt sich durch Kombination der schon früher vorgestellten Überlegungen gewinnen. Dabei wird von vornherein auf den **Residualgewinn** abgestellt und zunächst ein System der Gewinnbeteiligung betrachtet.

Gewinnbeteiligung

Bei der Diskussion der sachlichen Koordinationsprobleme infolge knapper Finanzmittel wurde festgestellt, daß eine Gewinnbeteiligung auch an der Summe $\overline{RG}(i)$ der Residualgewinne anknüpfen kann, um die Koordinationsaufgaben zu erfüllen. Dies ist jetzt aber wegen der Ressourcenpräferenzen der Bereichsmanager nicht mehr ausreichend. Statt dessen muß eine **modifizierte Summe von Residualgewinnen** herangezogen werden: Jeder Bereichsmanager erhält einen Anteil an der Summe aus dem gemäß (30) **modifizierten Residualgewinn** seines Bereiches und den mit dem **Kapitalmarktzins** i berechneten Residualgewinnen der jeweils anderen Bereiche. Für den n-ten Bereichsmanager gilt daher

$$s_n(b_n) = \underline{S} + \alpha \cdot [RG_n(I_n, \gamma) + \sum_{\substack{j=1 \\ j \neq n}}^{J} RG_j(I_j, i)] \quad \text{für } n = 1, \ldots, J$$

Wegen $\gamma = i + \beta/\alpha$ folgt daraus für die Zielerreichung des betreffenden Managers

$$U_n^A = \beta \cdot I_n + s_n(b_n) = \underline{S} + \alpha \cdot \sum_{j=1}^{J} RG_j(I_j, i)$$

Weil sich die **Ressourcenpräferenzen** nur auf das Investitionsvolumen des eigenen Bereiches beziehen können, muß dementsprechend auch nur der Residualgewinn des eigenen Bereiches mit dem erhöhten Zins γ berechnet werden, um eine Neutralisation der Ressourcenpräferenzen zu gewährleisten. Im Ergebnis handelt der Manager eines Bereiches dann so, *als wäre* er an der Summe aller mit dem Kapitalmarktzins i berechneten Residualgewinne beteiligt; sein Interesse besteht daher in der **Maximierung der Residualgewinnsumme** $\overline{RG}(i)$. *Sofern* die Zentrale beim gegebenen Anreizsystem ebenfalls *nach* dem Empfang der Informationen an der Maximierung von $\overline{RG}(i)$ interessiert wäre, würden auch im vorliegenden Zusammenhang die bekannten Eigenschaften des Gewinnbeteiligungssystems gelten.

Daß das Problem der Zentrale auch bei der Gewinnbeteiligung grundsätzlich in der Maximierung von $\overline{RG}(i)$ gesehen werden muß, wurde bereits oben erläutert. Wegen der Modifizierung der Zinssätze zur Neutralisation der Ressourcenpräferenzen ergibt sich aber jetzt ein analoges Problem wie im Fall ausreichender Finanzmittel. Der für die Zentrale relevante Endwert beträgt (bei für alle Manager gleichen α, β und $\underline{S}$) nämlich

$$EW^Z = \overline{V} \cdot (1+i) + (1 - J \cdot \alpha) \cdot \overline{RG}(i) - J \cdot \underline{S} + \beta \cdot \sum_{j=1}^{J} I_j \qquad (31)$$

Aus der Erhöhung der Bereichszinssätze auf $\gamma = i + \beta/\alpha$ ergibt sich *nach* dem Empfang der Informationen somit ein **zusätzlicher finanzieller Vorteil der Zentrale** bei Ausdehnung des Investitionsvolumens. Dieser führt bei der Zentrale grundsätzlich zu Überinvestitionsanreizen. Bei **knappen Finanzmitteln** kann dieses Problem jedoch **weniger gravierend** sein als bei ausreichenden Finanzmitteln. Sind die Finanzmittel nämlich hinsichtlich der Realprojekte wirklich knapp, dann wird der gesamte Mittelvorrat in Realprojekte angelegt, so daß die Summe der in den Bereichen durchgeführten Realprojekte gerade gleich den Mitteln $\overline{V}$ ist. Dann aber folgt für den Endwert der Zentrale:

$$EW^Z = \overline{V} \cdot (1+i) + (1 - J \cdot \alpha) \cdot \overline{RG}(i) - J \cdot \underline{S} + \beta \cdot \overline{V}$$

Der durch die Zinssatzmodifizierung resultierende Vorteil der Zentrale wird daher zu einer **Konstanten**, so daß auch die Zentrale *letztlich* nur an der **Maximierung** der mit dem Kapitalmarktzins berechneten **Summe der Residualgewinne** interessiert ist. **Voraussetzung** dafür ist eine *a priori* vorliegende Kenntnis darüber, in welchem Verhältnis die Finanzmittel zu den Erfolgspotentialen stehen. Ist die Knappheit nur ein grundsätzlicher Einflußfaktor, der in einer konkreten Situation auch *nicht* vorliegen kann, werden die Überinvestitionsanreize der Zentrale grundsätzlich relevant. Die Funktionsweise des Gewinnbeteiligungssystems hängt dann wieder von zusätzlichen **Bindungsmechanismen** (wie etwa bestimmten *Führungsgrundsätzen*) ab.

Unabhängig von der tatsächlichen Knappheit sind diese Bindungsmechanismen stets bedeutsam, wenn die Intensität der Ressourcenpräferenzen nicht für alle Manager gleich ist. Dann gelten nämlich für jeden Bereich spezifische Faktoren β_j; daraus ergeben sich **spartenspezifische modifizierte Zinssätze** γ_j, und für (31) folgt:

$$EW^Z = \overline{V} \cdot (1+i) + (1 - J \cdot \alpha) \cdot \overline{RG}(i) - J \cdot \underline{S} + \sum_{j=1}^{J} \beta_j \cdot I_j$$

In dieser Konstellation kann es selbst bei *a priori* feststehender Knappheit **Überinvestitionsanreize** wie auch **Unterinvestitionsanreize** der Zentrale geben, weil sie aus der Zinssatzmodifikation für unterschiedliche Bereiche verschiedene finanzielle Vorteile bei Ausdehnung des jeweiligen Investitionsvolumens zieht. Bereiche mit einem relativ hohen Faktor β_j unterliegen einem Überinvestitionsanreiz, der wegen der knappen Finanzmittel bei anderen Bereichen mit relativ niedrigen Faktoren β_j entsprechend eine Unterinvestition bedingt. Kann die Zentrale den Bereichsmanagern nicht garantieren, daß diese Überlegungen irrelevant sind, kann sie nicht mehr damit rechnen, von den Bereichsmanagern wahrheitsgemäße Berichterstattungen zu erhalten.

Groves-Schema

Die für den Fall der Gewinnbeteiligung dargestellten Überlegungen gelten analog auch für das ***Groves*-Schema**.[32] Danach müßte ein Bereichsmanager einen Anteil an der Summe aus dem gemäß (30) modifizierten Residualgewinn seines Bereiches und den mit dem Kapitalmarktzins berechneten *berichteten* Residualgewinnen der jeweils anderen Bereiche erhalten. Für ein so modifiziertes *Groves*-Schema folgt

$$s_n(b_n) = \underline{S} + \alpha \cdot [RG_n(I_n, \gamma) + \sum_{\substack{j=1 \\ j \neq n}}^{J} \hat{RG}_j(I_j, i)] \quad \text{für } n = 1, \ldots, J$$

Dieses Schema führt ebenfalls zur Neutralisation der Ressourcenpräferenzen und weist ansonsten die gleichen Eigenschaften wie das *Groves*-Schema im Fall fehlender Ressourcenpräferenzen auf, *vorausgesetzt*, die Zentrale ist ebenfalls an der Maximierung der Summe $\overline{RG}(i)$ interessiert. Dafür gelten wieder die oben vorgetragenen Zusammenhänge.

Liegen Selbstbindungen der Zentrale vor, oder hält man die angesprochenen Überinvestitionstendenzen für vernachlässigbar gering, können **modifizierte Gewinnbeteiligungssysteme** oder ***Groves*-Schemata** auch bei Ressourcenpräferenzen eine geeignete Grundlage zur Lösung der Koordinationsprobleme liefern (wobei die sonstigen potentiellen Probleme der beiden Systeme weiter bestehen).

6. Zusammenfassung

Das Investitionscontrolling beschäftigt sich vor allem mit der Planung und Steuerung von dezentral getroffenen Investitionsentscheidungen im Unternehmen. Bereichsmanager sollen Anreize erhalten, aus Sicht des Gesamtunternehmens optimale Investitionsprogramme zu implementieren. Bei Vernachlässigung von Interessenkonflikten und asymmetrischen Informationsverteilungen lassen sich diese Fragen durch **„traditionelle" Simultanansätze** behandeln. Diese Ansätze können zunächst unmittelbar an der eigentlich angestrebten Zielgröße (zB Endwert, Entnahmestrom) anknüpfen. Es existiert aber stets auch eine **Kapitalwertformulierung** des Problems, ebenso gibt es **Äquivalenzdarstellungen** in Form des **Gewinns** (einschließlich der Gewinne aus Finanzinvestitionen) und des **Residualgewinns**. Die Schwierigkeit dieser Formulierungen besteht allerdings in der Bestimmung der **endogenen Kalkulationszinssätze**. Diese Zinssätze kennt man nämlich im Grunde erst dann, wenn auch die optimale Lösung des Planungsproblems bekannt ist.

---

[32] Siehe zu anderen Modifizierungen des *Groves*-Schemas bei Vorliegen nichtfinanzieller Managerinteressen auch *Cohen* und *Loeb* (1984) sowie *Banker* und *Datar* (1992). In diesen Arbeiten werden neben den finanziellen Gesichtspunkten zusätzlich Arbeitsleidfaktoren berücksichtigt.

Beim *Vorliegen* von **Interessenkonflikten** und **asymmetrischer Informations-verteilung** sind die angesprochenen Planungsansätze nicht mehr ohne weiteres verwendbar. Der Zentrale fehlen nämlich die genauen Informationen, um eine Optimierung selbst vornehmen zu können. Und sie kann sich auch nicht unbesehen auf eine wahrheitsgemäße Berichterstattung seitens der Bereichsmanager verlassen, weil diese die Verwendung ihrer Berichte durch die Zentrale antizipieren werden. Wichtig sind demnach **Anreizsysteme**, die für eine wahrheitsgemäße Berichterstattung von Informationen sorgen und/oder richtige Entscheidungen der Bereichsmanager induzieren. Diese Anreizsysteme müssen auf die konkret vorliegende Situation des Unternehmens bezogen sein. Maßgeblich dafür ist die Art der Managerinteressen einerseits sowie die Knappheit der Finanzmittel andererseits. Daraus lassen sich für die Analyse von Anreizsystemen verschiedene Konstellationen gewinnen, die jeweils bestimmte Beurteilungsgrößen und Verfahren ihrer Ermittlung erfordern.

Wenn die Finanzmittel nicht knapp sind und die Manager nur finanzielle Interessen haben, führt eine Beurteilung (Entlohnung) der Manager nach Maßgabe des **bereichsbezogenen Residualgewinns** zu einer insgesamt **optimalen Investitionspolitik**, unabhängig davon, ob eine *Investment Center-* oder eine *Profit Center-*Organisation vorliegt. Bei Verwendung des Gewinns kommt es dagegen regelmäßig zu Überinvestitionsanreizen.

Die **Verwendung des *ROI*** und verwandter Rentabilitätskennzahlen kann mit **gravierenden Abweichungen vom Optimum** einhergehen, weil die alleinige Maximierung der Rendite keinen Bezug zu den Kapitalkosten hat. Im Ergebnis treten in den meisten Fällen **Unterinvestitionsprobleme** auf. Insofern ist der *ROI* – ungeachtet seiner praktischen Verbreitung – ein problematisches Kriterium zur Bereichssteuerung.

Wenn die **Finanzmittel knapp** sind, bestehen neben den personellen auch **sachliche Koordinationsprobleme**. Diese erfordern Beurteilungsgrößen, die auch die Situationen in den anderen Bereichen berücksichtigen. In dieser Situation kommt ein Gewinnbeteiligungssystem in Betracht, wonach jeder Manager mit einem bestimmten Anteil am gesamten Unternehmensgewinn bzw am gesamten Residualgewinn beteiligt ist. Hier stellt die allseits wahrheitsgemäße Berichterstattung ein *Nash*-Gleichgewicht dar. Als weitere Möglichkeit wurde das ***Groves*-Schema** betrachtet, wonach der Manager einen Anteil an seinem erzielten Gewinn und der Summe der *berichteten* Gewinne der anderen Bereiche erhält. Hier ist die allseits **wahrheitsgemäße Berichterstattung** eine dominante Politik; dies schließt andere *Nash*-Gleichgewichte dennoch nicht aus. Ein Nachteil des *Groves*-Schema besteht in seiner Anfälligkeit für **Absprachen** zwischen den Bereichsmanagern.

Wenn die Manager auch nichtfinanzielle Interessen in Form von **Ressourcenpräferenzen** besitzen, führt die Verwendung des Residualgewinns nicht mehr zum Optimum, weil die Manager wegen ihrer Präferenzen für den Umfang zugeteilter Ressourcen zu Überinvestitionen neigen. Dieses Problem kann aber durch eine **Erhöhung** des für die Residualgewinnberechnung angewandten **Zinssatzes** ausgeschaltet werden. Diese Zinssatzerhöhung hängt von der Intensität der Ressourcenpräferenzen und dem Beteiligungsprozentsatz des Managers ab. Dadurch wird das von der Zentrale bereitgestellte Kapital gerade so verteuert, daß es die Ressourcenpräferenzen des Managers **kompensiert**. Sofern eine *Investment Center*-Organisation vorliegt, führt dieses Beurteilungssystem zur **optimalen Investitionspolitik**. Bei einer *Profit Center*-Organisation müssen dagegen *zusätzliche Bindungsmechanismen* für die Zentrale (zB Führungsgrundsätze) angewandt werden, um einer verzerrten Entscheidung bei der Zentrale *nach* dem Empfang der Managerberichte vorzubeugen.

In einer Situation mit knappen Finanzmitteln können **modifizierte Gewinnbeteiligungssysteme** oder *Groves*-**Schemata**, beide auf der Basis **modifizierter Residualgewinne**, bei denen für einen Manager der Residualgewinn des eigenen Bereiches mit einem **erhöhten Zinssatz** berechnet wird, für eine zutreffende Informationsweitergabe sorgen. Die **Zinssatzerhöhungen** dienen auch hier **ausschließlich zur Neutralisierung der Ressourcenpräferenzen**. Sie haben nichts mit der Knappheit der Finanzmittel zu tun; daher weisen sie keine Beziehung zu den endogenen Zinssätzen eines „traditionellen" Modells der simultanen Investitions- und Finanzplanung auf, bei denen der Knappheitsaspekt eine maßgebliche Rolle spielt. Die Finanzbeschränkung wird *explizit* im Rahmen der Planungsüberlegungen der Zentrale berücksichtigt, so daß der Kapitalkostensatz von dieser Funktion entlastet wird. Daraus folgt, daß bei der Gestaltung der Parameter optimaler Koordinationsmechanismen oftmals gänzlich andere Überlegungen maßgebend sein können, als sie aus eher „traditionellen" Ansätzen nahegelegt werden.

Fragen

1. Wie lassen sich die beiden Äquivalenzdarstellungen für das im Text behandelte Problem der Investitionsprogrammplanung erklären?

2. Welche Anreizeffekte löst eine Regelung aus, die verbietet, nicht genutzte Budgets auf Folgeperioden vorzutragen?

3. Warum ist bei ausreichenden Finanzmitteln und rein finanziellen Managerinteressen die Funktionsweise des Residualgewinns unabhängig vom Vorliegen einer *Investment Center*- oder einer *Profit Center*-Organisation?

4. Warum bestehen bei einer Beurteilung nach periodischen (kurzfristigen) Residualgewinnen Anreize zur Wahl des optimalen mehrperiodigen (langfristigen) Investitionsprogramms?

5. Wie muß bei unterschiedlichen Zeitpräferenzen für die Residualgewinnermittlung die Abschreibung angepaßt werden, damit der Manager das optimale Investitionsprogramm implementiert?

6. Welche Anreize können bei der Verwendung des *ROI* zur Beurteilung des Managements auftreten?

7. Warum funktioniert das *Weitzman*-Schema bei knappen Finanzmitteln nicht?

8. Wann und warum ist bei knappen Finanzmitteln beim Gewinnbeteiligungssystem die wahrheitsgemäße Berichterstattung für einen Bereichsmanager optimal?

9. Warum ist beim *Groves*-Schema die wahrheitsgemäße Berichterstattung für einen Bereichsmanager dominant? Warum kann es dennoch Mehrdeutigkeiten geben?

10. Warum ist das *Groves*-Schema anfällig für Absprachen zwischen den Managern? Welche Voraussetzungen sind für Absprachen erforderlich?

11. Weshalb kann man bei Ressourcenpräferenzen optimale Investitionsanreize über eine Erhöhung des Zinssatzes für die Berechnung der Residualgewinne geben?

12. Warum ist bei Ressourcenpräferenzen trotz Kapitalknappheit keine knappheitsbedingte Zinssatzerhöhung nötig?

13. Warum müssen bei Ressourcenpräferenzen eines *Profit Center* – Managers zusätzliche Bindungsmechanismen für die Zentrale betrachtet werden?

14. Kann durch die in diesem Kapitel betrachteten Entlohnungsfunktionen und Beurteilungsgrößen sichergestellt werden, daß ein Bereichsmanager im Durchschnitt genau seinen Reservationsnutzen erhält?

Probleme

1. **Optimales Investitionsbudget.** Betrachtet sei ein Unternehmen mit drei Bereichen und einem verfügbaren Kapital von $\overline{V} = 1.000$. Der Kapitalmarktzins sei $i = 0{,}05$. Der Planungshorizont beträgt eine Periode, und es soll der Endwert am Periodenende maximiert werden. Die drei Bereiche haben folgende Überschußfunktionen $x_j(I_j)$:

$$x_1(I_1) = 20 \cdot \ln(I_1 + 1) + I_1$$
$$x_2(I_2) = 10 \cdot \ln(I_2 + 1) + I_2$$
$$x_3(I_3) = 8 \cdot \sqrt{I_3} + I_3$$

a) Bestimmen Sie das optimale Investitionsprogramm. (*Hinweis*: (Ver-)Zweifeln Sie nicht beim Erhalt von Zahlen mit mehreren Nachkommastellen!)

b) Wie groß ist der endogene Zinssatz?

c) Formulieren Sie das Problem in Kapitalwertdarstellung und berechnen Sie die dazugehörige Lösung.

d) Stellen Sie das Problem in der äquivalenten Gewinnformulierung und in der äquivalenten Formulierung auf der Basis von Residualgewinnen dar.

e) Zeigen Sie die Beziehungen zwischen der Kapitalwertformulierung und der Residualgewinnformulierung auf, wenn Sie bei der Berechnung der Residualgewinne den in b) erhaltenen endogenen Zins verwenden.

2. **Residualgewinn und *ROI*.** Gegeben seien eine Situation mit ausreichendem Kapital und rein finanziellen Managerinteressen. Der Kapitalmarktzins beträgt $i = 0{,}1$. Betrachtet wird ein Bereich mit folgender Überschußfunktion:

$$x(I) = 1.320 \cdot \sqrt{50 \cdot I}$$

a) Unterstellen Sie eine Beurteilung des Bereichsmanagers nach Maßgabe des Residualgewinns. Welches Investitionsvolumen würde der Bereichsmanager realisieren?

b) Nehmen Sie alternativ eine Beurteilung des Bereichsmanagers auf der Basis des *ROI* an. Wie lautet jetzt das optimale Investitionsvolumen des Managers? Welche Politik würde er wählen, wenn ein *Mindest*investitionsvolumen von 1.000 erforderlich wäre?

3. *Groves*-**Schema.** Gegeben sei ein Unternehmen mit einem verfügbaren Kapital von $\overline{V} = 300$ und zwei Bereichen $j = 1, 2$, deren Manager rein finanzielle Interessen verfolgen. Jeder Bereich verfügt über zwei Investitionsmöglichkeiten mit jeweils linearen Erfolgsbeziehungen. Unsicher ist allerdings der Betrag der Mittel Z_j, die in das jeweils bessere Projekt angelegt werden können. Für jeden Bereich kann dieser Betrag mit gleicher Wahrscheinlichkeit entweder $Z_j = 100$ oder $Z_j = 200$ sein. Der genaue Wert ist jedoch nur dem jeweiligen Bereichsmanager bekannt, während sowohl die Zentrale als auch der jeweils andere Manager nur die Verteilung der Z_j kennen. Anlagebegrenzungen für das ungünstigere Projekt eines Bereiches gibt es nicht. Die Erfolgszusammenhänge für die beiden Bereiche lauten:

$$G_1(I_1) = \begin{cases} 10 \cdot I_1 & \text{für } I_1 \le Z_1 \quad \left(Z_1 = 100 \text{ oder } 200\right) \\ 200 + 8 \cdot I_1 & \text{für } I_1 \ge Z_1 = 100 \\ 400 + 8 \cdot I_1 & \text{für } I_1 \ge Z_1 = 200 \end{cases}$$

$$G_2(I_2) = \begin{cases} 12 \cdot I_2 & \text{für } I_2 \le Z_2 \quad \left(Z_2 = 100 \text{ oder } 200\right) \\ 300 + 9 \cdot I_2 & \text{für } I_2 \ge Z_2 = 100 \\ 600 + 9 \cdot I_2 & \text{für } I_2 \ge Z_2 = 200 \end{cases}$$

Der Kapitalmarktzins beträgt $i = 0{,}07$. Die Zentrale verlangt von den Bereichsmanagern eine Übermittlung der konkret vorliegenden Werte Z_j; wegen ihrer Kenntnis der grundsätzlichen Erfolgsbeziehungen kann sie sich daraus die entsprechenden Gewinnfunktionen zusammenstellen. Darauf aufbauend maximiert die Zentrale die Summe der berichteten Gewinne. Beide Bereichsmanager sind risikoneutral und mit jeweils $\alpha = 0,1$ an den Bemessungsgrundlagen des Gewinnbeteiligungssystems bzw des *Groves*-Schemas beteiligt ($\underline{S} = 0$).

a) Wie würde die optimale Kapitalallokation der Zentrale aussehen, wenn sie genaue Kenntnis der Werte Z_j hätte?

b) Gehen Sie wieder von einer asymmetrischen Informationsverteilung aus und unterstellen Sie die Anwendung des Gewinnbeteiligungssystems. Ist die wahrheitsgemäße Berichterstattung über die Z_j in diesem Fall ein *Nash*-Gleichgewicht?

c) Handelt es sich bei einer Berichterstattung von *stets* $\hat{Z}_1 = 100$ und *stets* $\hat{Z}_2 = 100$ ebenfalls um ein *Nash*-Gleichgewicht beider Gewinnbeteiligung? Wenn ja, vergleichen Sie die Zielerreichungen der beiden Manager mit denen unter b).

d) Unterstellen Sie alternativ das *Groves*-Schema und zeigen Sie, daß die wahrheitsgemäße Berichterstattung über die Z_j ein *Nash*-Gleichgewicht ist. Ist die in c) genannte Berichtspolitik ebenfalls ein *Nash*-Gleichgewicht? Können die beiden Bereichsmanager ihre Positionen ggf durch Absprachen verbessern?

Literaturempfehlungen

Allgemeine Literatur

Laux, H.: *Erfolgssteuerung und Organisation* 1, Berlin et al. 1995.

Solomons, D.: *Divisional Performance – Measurement and Control*, Homewood IL 1965.

Spezielle Literatur

Bromwich, M., und *M. Walker*: Residual Income Past and Future, in: *Management Accounting Research* 1998, S. 391 – 419.

Ewert, R.: Controlling, Interessenkonflikte und asymmetrische Information, in: *Betriebswirtschaftliche Forschung und Praxis* 1992, S. 277 – 303.

Groves, T.M, und *M. Loeb*: Incentives in a Divisionalized Firm, in: *Management Science* 1979, S. 221 – 230.

Hachmeister, D.: Der Cash Flow Return on Investment als Erfolgsgröße einer wertorientierten Unternehmensführung, in: *Zeitschrift für betriebswirtschaftliche Forschung* 1997, S. 556 – 579.

Pfaff, D. und *C. Leuz*: Groves-Schemata - Ein geeignetes Instrument zur Steuerung der Ressourcenallokation in Unternehmen?, in: *Zeitschrift für betriebswirtschaftliche Forschung* 1995, S. 659 – 690.

10

Kennzahlen als Performancemaße

Katharina muß schmunzeln. Eigentlich ist es schon verrückt, was sie gerade macht. Sie hat sich aus der BWL-Fachbibliothek das Buch von Kaplan und Norton mit dem Titel „Balanced Scorecard" ausgeborgt. Da gab es das Buch in der englischen Originalfassung und in deutscher Übersetzung, und sie hat sich mutig die englische Fassung gegriffen. Gleich zu Beginn des Buches findet sich eine kurze Episode als Einstimmung in das Buch, die sie eben zum Schmunzeln brachte:[1]

> *„Imagine entering the cockpit of a modern jet airplane and seeing only a single instrument there. How would you feel about boarding the plane after the following conversation with the pilot?*
>
> *Q: I'm surprised to see you operating the plane with only a single instrument. What does it measure?*
>
> *A: Airspeed. I'm really working on airspeed this flight.*
>
> *Q: That's good. Airspeed certainly seems important. But what about altitude. Wouldn't an altimeter be helpful?*
>
> *A: I worked on altitude for the last few flights and I've gotten pretty good on it. Now I have to concentrate on proper air speed.*
>
> *Q: But I notice you don't even have a fuel gauge. Wouldn't that be useful?*
>
> *A: You're right: fuel is significant, but I can't concentrate on doing too many things well at the same time. So on this flight I'm focusing on airspeed. Once I get to be excellent at airspeed, as well as altitude, I intend to concentrate on fuel consumption on the next set of flights."*

Am Abend trifft Katharina Elisabeth und deren Freund Philipp und erzählt ihnen die Geschichte, daß das so spannend war und daß sie gleich voller Interesse weiterzulesen begann. „Ihr könnt euch gar nicht den Synergieeffekt vorstellen", sagt sie, „das ist ein Buch, das mir auf der Uni empfohlen wurde, und ich übe auch gleich die englischen Fachausdrücke."

Elisabeth ist von der Geschichte nicht so überzeugt. „Eigentlich ist das komisch", beginnt sie und setzt fort: „Würdest du da mitfliegen? Ich würde ganz sicher sofort wieder aussteigen." Eine klare Antwort, die auch die Autoren des Buches so geben, weiß Katharina. Philipp legt noch nach: „Was ist eigentlich mit dem Piloten? Warum fliegt der so eine Maschine, in der die wichtigsten Instrumente fehlen? Der steigt sicher auch aus – oder baut er gerade die fehlenden Instrumente selbst ein?" Er beginnt herzhaft zu lachen. Was hat er jetzt schon wieder, denkt Katharina und sieht mißbilligend zu Elisabeth; er muß immer damit angeben, wie gescheit er ist. Na ja. Sie hat die Geschichte eigentlich gut gefunden, oder war es nur das Englisch, das die Geschichte interessanter klingen ließ?

Katharina sinniert aber, ob die beiden vielleicht doch recht haben. „Aber es geht doch um etwas ganz anderes", sagt sie schließlich. „Die meisten Leute nehmen den Gewinn und andere Erfolgsgrößen viel zu ernst, die kommen nämlich viel zu spät für

---

[1]   *Kaplan* und *Norton* (1996), S. 1 [im Original ist *airspeed* zum Teil getrennt und zum Teil als ein Wort geschrieben].

eine sinnvolle Reaktion, wenn etwas passiert ist. In dem Buch gibt es auch noch den Vergleich mit dem Fußballspiel (sie weiß nicht, ob sie sich da richtig erinnert): Der Endstand hilft dem Trainer und den Spielern auch nicht mehr so viel wie der Spielstand mittendrin. Für mich klingt das plausibel. "

„Okay", meint Elisabeth, „irgendwie hast du schon recht. Aber noch einmal zu unserem Piloten. Klar hat der ein Interesse, daß alle Instrumente eingebaut sind. Doch warum sollte es keinen Sinn machen, ihn nur nach der Fluggeschwindigkeit zu beurteilen? Vielleicht kann man damit auch die Pünktlichkeit und auch den Treibstoffverbrauch in den Griff bekommen. " Philipp schüttelt den Kopf: „Aber das Höhenmeter ist doch das Wichtigste überhaupt. " „Darauf paßt der Pilot schon von selbst auf", wirft Katharina ein, „der möchte sicher selbst nicht abstürzen! Darauf muß das Unternehmen keine besondere Incentivierung bieten. " Katharina ist ganz stolz auf die Verwendung des Wortes „Incentivierung". Elisabeth fällt gerade ein, daß sie irgendwann gelesen hat, daß ein lebensmüder Pilot auf diese Weise Selbstmord versuchte. Grauenhaft. „Eben", sagt Elisabeth. „Also kann es sinnvoll sein, für die Performance des Piloten nur auf ein Instrument zu schauen. " Philipp versucht es nochmals: „Aber die anderen Instrumente müssen dennoch da sein. " „Du hast ja recht", beruhigt Elisabeth und fragt Katharina: „Wann trittst du eigentlich zur Controlling-Prüfung an? "

Ziele dieses Kapitels

- Darstellung der Entscheidungs- und der Verhaltenssteuerungsfunktion von Kennzahlen

- Darstellung der Ermittlung wesentlicher Rentabilitäts- und Wertbeitragskennzahlen und kritische Analyse ihrer Steuerungswirkungen

- Analyse des Zusammenhangs von Unternehmenswert und dem Residualgewinn und *Cash Value Added*

- Aufzeigen der Problematik der Steuerung langfristiger Entscheidungen mit Anreizsystemen, die auf kurzfristigen Performancemaßen basieren

- Darstellung wesentlicher nichtfinanzieller Kennzahlen und der *Balanced Scorecard* als Kennzahlensystem, das finanzielle und nichtfinanzielle Kennzahlen enthält

---

1. Funktionen von Kennzahlen

Kennzahlen sind quantitative Informationen, die Strukturen und Prozesse in einem Unternehmen oder in einem Bereich abbilden. Sie fassen Basisinformationen zu möglichst aussagekräftigen Größen zusammen. Solche **Aggregationen** bestehen meist in der Aufsummierung oder der Differenzbildung von Ergebnissen verschiedener Aktivitäten, oder sie setzen bestimmte Informationen miteinander in Beziehung, wie Teile zum Ganzen (Gliederungskennzahlen), Informationen im Zeitablauf (Indexkennzahlen) oder Ursache und Wirkung (Beziehungskennzahlen).

Kennzahlen haben folgende **grundlegende Funktionen**:

■ **Entscheidungsfunktion**: Entscheidungsträger fühlen sich von der Fülle von Einzelinformationen im Unternehmen oft „erschlagen" und benötigen wenige, möglichst aussagekräftige Performancemaße, die sie überschauen und auf die sie sich konzentrieren können. Diese Kennzahlen dienen der Abschätzung der Folgen eigener Entscheidungen und erfüllen eine Planungsfunktion. Sie erlauben weiter das Erkennen von Problemen und Mustern aus einer Fülle von Daten.

Aus informationsökonomischer Sicht ist die Aggregation von Detailinformationen allerdings regelmäßig mit einer Vernichtung von Informationen verbunden. Dieser Nachteil ist gegen den Vorteil der übersichtlicheren Darstellung abzuwägen.

■ **Verhaltenssteuerungsfunktion**: Kennzahlen werden weiter zur Kontrolle und Koordination in dezentral organisierten Unternehmen eingesetzt. Sie bilden die **Performancemaße** bzw Beurteilungsgrößen, an denen die Aktivitäten dezentraler Entscheidungsträger beurteilt werden.

In diesem Kapitel steht die **Verhaltenssteuerungsfunktion** von Kennzahlen im Vordergrund. Die Diskussion schließt unmittelbar an die Inhalte des 8. Kapitels: *Koordination, Budgetierung und Anreize* und des 9. Kapitels: *Investitionscontrolling* an. Auch dort ging es um Informationen und Anreize zur Lösung personeller Koordinationsprobleme. Es wurde darin bereits betont, daß Informationssysteme im Zusammenhang mit der **Unternehmensorganisation** und mit **Anreizsystemen** zu betrachten sind. Sie sind ein Bestandteil des Organisationssystems. Dies wird beispielsweise bei *Cost Centers*, *Profit Centers*, *Investment Centers* und ähnlichen Konzepten deutlich: An Manager solcher *Centers* werden bestimmte Entscheidungskompetenzen delegiert, und damit gehen bestimmte Performancemaße einher, beim *Cost Center* eine aggregierte Kostengröße, beim *Profit Center* eine Gewinngröße und beim *Investment Center* eine Kapitalwert- oder Renditegröße.

Mit einer **Kennzahl als Performancemaß** wird das maßgebliche Entscheidungskriterium für einen Manager festgelegt. Er soll – und wird – Entscheidungen treffen, die das Performancemaß erhöhen. Das Performancemaß sollte daher so gut wie möglich mit den Unternehmenszielen kompatibel sein. Man spricht dabei von **Anreizkompatibilität** (Anreizverträglichkeit) einer Kennzahl: Eine Kennzahl ist anreizkompatibel, wenn sie sich dann (und nur dann) erhöht, wenn sich auch die Zielgröße der Unternehmenseigner erhöht. Der Zusammenhang von Performancemaßen mit Entscheidungen kommt in folgendem Ausspruch gut zum Ausdruck: *„What you measure is what you get."*

Verwendet man ein falsches Performancemaß, kommt es zu falschen Entscheidungen. *Beispiele*: Das Betriebsergebnis als Performancemaß kann Anreize erzeugen, zu viel zu investieren, da die operativen Erträge im Betriebsergebnis aufscheinen, die dazugehörigen Finanzierungskosten das Betriebsergebnis aber nicht belasten. Ein Manager kann das Betriebsergebnis erhöhen, indem er zB Finanzierungsleasing betreibt, dessen Kosten zum Teil das Finanzergebnis belasten. Es kann dazu verleiten, daß sich ein Manager nicht um eine günstige Ertragsteuergestaltung kümmert, da die Ertragsteuern nicht im Betriebsergebnis aufscheinen.

Die **Festlegung von Kennzahlen** ist deshalb eine komplexe Aufgabe, bei der zu berücksichtigen ist, daß neben erwünschten **Wirkungen** (nämlich den zunächst intendierten Anreiz- und Steuerungseffekten) auch **unerwünschte Nebenwirkungen** auftreten können. Folgende Beispiele mögen dies verdeutlichen:

- Eine Kennzahl (oder eine geringe Zahl von Kennzahlen) erfaßt nie umfassend **alle Aspekte,** auf die eine Entscheidung Einfluß hat und deren Berücksichtigung von einem Manager (zumindest implizit) erwartet wird, wie zB die Auswirkungen auf andere Geschäftsbereiche (siehe dazu auch 11. Kapitel: *Verrechnungspreise*).

- Kennzahlen können durch Sachverhalte, die der Manager **nicht kontrollieren** kann, beeinflußt werden.

- Manager haben oft individuelle und vom Unternehmen (bzw deren Eignern) **divergierende Interessen,** die im Performancemaß berücksichtigt werden müssen, wie zB Ressourcenpräferenzen.

- Der **Planungshorizont** eines Managers stimmt häufig nicht mit dem der Eigentümer des Unternehmens überein; meist werden Manager kurzfristigere Interessen haben als Eigentümer.

- Manager können die Kennzahl möglicherweise auch **manipulieren,** insbesondere bei zukunftsgerichteten Kennzahlen (wenn zB Barwerte einzubeziehen sind), weil sie idR bessere Information über die Situation in ihrem Bereich haben.

Kennzahlen als Performancegrößen sind eine wesentliche Komponente von **Anreizsystemen** (siehe dazu 8. Kapitel: *Koordination, Budgetierung und Anreize*). Aus Anreizgesichtspunkten ist der Informationsgehalt einer Kennzahl im spezifischen Kontext für deren Verwendung im Anreizsystem ausschlaggebend. **Präzisere Information** über die Leistung des Managers oder über die maßgebliche Umweltsituation ist idR vorteilhaft, weil ihre Verwendung im Entlohnungsvertrag dem Manager weniger Entlohnungsrisiko aufbürdet und daher auch eine höhere Arbeitsleistung wirtschaftlich erscheinen läßt. Auf die unmittelbare Einflußnahme auf die Kennzahl kommt es dabei nicht an (siehe 7. Kapitel: *Kontrollrechnungen*).

Des weiteren ist zu berücksichtigen, daß Anreizsysteme auch ein Instrument für die **Auswahl von geeigneten Managern** sein können, also ihre beabsichtigte Wirkung *vor* der eigentlichen Tätigkeit des Managers erzielen. Ein Manager entscheidet sich für eine Position im Unternehmen (auch) auf Basis seiner erwarteten Vergütung. Ein relativ geringer fixer und damit ein hoher variabler Vergütungsanteil wird daher einen Manager ansprechen, der von sich überzeugt ist, die erwartete Leistung auch zu schaffen, ansonsten würde er diese Position nicht annehmen.

Die Notwendigkeit von **finanziellen Anreizsystemen** für Manager wird vielfach als gegeben erachtet, sie muß aber im Zusammenwirken mit anderen Anreizinstrumenten im Unternehmen gesehen werden. Manager werden idR durch ihre verantwortungsvolle Tätigkeit auch **intrinsisch motiviert**, und neben der Entlohnung und anderen Vertragsbestandteilen (zB Beförderung, Vertragsauflösung, Versetzung) gibt es auch noch das Ansehen („Marktwert") am Managermarkt, Unternehmenskultur und Ethik, die Manager motivieren, im Sinne des Unternehmens tätig zu sein. In experimentellen Studien wurden auch Situationen gefunden, in denen die Einführung finanzieller Anreize, die an Performancemaße gekoppelt waren, zu einer Verdrängung intrinsischer Anreize und letztlich zu einer ungünstigeren Zielerreichung führte.[2]

In diesem Kapitel wird zunächst ausführlich auf Erfolgskennzahlen und ihre Anreizeffekte eingegangen. Im Vordergrund steht die Frage, wie **kurzfristige Kennzahlen** ermittelt werden können, um auch **langfristige Entscheidungen** zu steuern. Dies wird an der Problematik der Abbildung des Unternehmenswertes bzw seiner Steigerung in einer Periode deutlich gemacht. In den Unternehmenswert fließen Zukunftserwartungen ein, die vielfach Erwartungen des zu beurteilenden Managers erfordern und über die typischerweise asymmetrische Information zwischen Zentrale und Manager herrscht. Die unmittelbare Verwendung des Unternehmenswerts als Beurteilungsgröße ist daher problematisch, weil der Unternehmenswert selbst nicht beobachtbar ist. Unternehmen verwenden zur Performancemessung daher zumeist Kennzahlen, die auf beobachtbaren Größen basieren, doch hier besteht wiederum die Problematik, daß solche Kennzahlen die Zukunftsentwicklungen ggf nur unzureichend erfassen können. Wichtig ist daher insbesondere die Frage nach der konzeptionellen Beziehung zwischen einzelnen Kennzahlen und dem Unternehmenswert, was in den folgenden Abschnitten besonders betont wird. Im Anschluß daran werden einige **nichtfinanzielle Kennzahlen** betrachtet, die vor allem in untergeordneten Ebenen von Unternehmen stärkere Verwendung finden als finanzielle Kennzahlen. Ein Kennzahlensystem, das sowohl nichtfinanzielle wie auch finanzielle Kennzahlen enthält, ist die *Balanced Scorecard*, die zuletzt dargestellt wird.

2. Konzeptionen von Erfolgskennzahlen

Mit Erfolgskennzahlen soll die Leistung eines Managers im Hinblick auf **Schaffung und Erhöhung des Unternehmenswerts** gemessen werden. Sie werden deshalb oft auch als **wertorientierte Kennzahlen** bezeichnet. Diese Kennzahlen bilden den **Ursache-Wirkungs-Zusammenhang** von eingesetztem Kapital und dem erwirtschafteten Erfolg in einer Periode ab. Der Bezug auf das eingesetzte **Kapital** impliziert das Kapital als knappen Inputfaktor; es lassen sich jedoch auch andere Bezugsgrößen entsprechend darstellen.[3] Auf **umsatzbasierte Rentabilitätskennzahlen** (wie die Umsatzrentabilität, *Return on Sales* (ROS), *gross margin* usw) wird hier nicht eingegangen.

---

[2]   Vgl dazu zB die Diskussion in *Kunz* und *Pfaff* (2002).

[3]   Vgl zB *Strack* und *Villis* (2001).

Erfolgskennzahlen in der Praxis

Eine Studie über Shareholder Value-Spitzenkennzahlen der DAX 100 Unternehmen in Deutschland in 1999/2000 (56 antwortende Unternehmen) und in 2002/03 (38 antwortende Unternehmen) ergab folgendes Bild (*KPMG* 2000, S. 14, *Aders* und *Hebertinger* 2003, S. 15):[4]

Spitzenkennzahl	1999/2000	2002/03
Economic Value Added (und Varianten)	39%	54%
Discounted Cash flow	4%	9%
Cash Value Added (und Varianten)	3%	7%
ROE	9%	6%
ROI	4%	6%
CFROI (und Varianten)	3%	5%
ROS und andere Renditegrößen	2%	3%
RORAC, RAROC	4%	1%
RONA, ROCE, ROIC	18%	0%

Die Ergebnisse dieser wie anderer Studien sind nur bedingt aussagefähig, weil idR nur kleine Samples zugrunde liegen. In dieser Studie ist die Anzahl der teilnehmenden Unternehmen gesunken, und es haben tendenziell auch nur jene Unternehmen geantwortet, die eine solche Spitzenkennzahl haben.

Als allgemeines Ergebnis kann daher eher gelten, daß in der Praxis ein großes Spektrum an unterschiedlichen Erfolgskennzahlen Verwendung findet. Sogar dann, wenn mehrere Unternehmen die gleiche Kennzahl angeben, unterscheidet sich meist die Berechnungsmethode im Detail. Andere Untersuchungen bestätigen dieses Bild. Daraus ist zu schließen, daß es sehr auf die spezifische Unternehmenssituation ankommt, welche Kennzahlen am besten geeignet sind. Eine „Superkennzahl" wird schwerlich zu finden sein.

Im Lauf der Zeit wurden in der Theorie, Unternehmenspraxis und der Unternehmensberatung **viele Konzepte** von Erfolgskennzahlen entwickelt. Bestimmte Kennzahlen werden von Beratungsgesellschaften sehr effektiv mit ansprechenden englischen Bezeichnungen und Akronymen, die zum Teil markenrechtlich geschützt werden, vermarktet; mit ihnen wird oft auch gleich ein ganzes Managementprogramm verbunden. Die Erfolgskennzahlen lassen sich strukturell nach folgenden **zwei Kriterien** einteilen (siehe Tabelle 1):

- **Ermittlungsbasis**: Grundsätzlich kann eine Kennzahl am **Cash flow** oder an einer **Ergebnisgröße** anknüpfen. Je nach Definition der Kennzahl sind hier auch Mischformen möglich.

- **Absolute oder relative Kennzahl**: Absolute Kennzahlen erfassen den **Wertbeitrag** einer Periode in Geldeinheiten, relative Kennzahlen messen die **Rentabilität** des eingesetzten Kapitals in Prozent.

---

[4] Vgl auch *Aders* et al (2003), S. 720.

Ermittlungsbasis	Wertbeitrag (absolute Kennzahl)	Rentabilität (relative Kennzahl)
Cash flow-Größen	*Cash Value Added (CVA), Shareholder Value Added (SVA)*	*Cash Flow Return on Investment (CFROI), Shareholder Value Return (SVR)*
Ergebnis-größen	Residualgewinn, *Economic Value Added (EVA), Economic Profit (EP)*	*Return on Net Assets (RONA), Return on Capital Employed (ROCE)*

Tab. 1: Konzeptionen von Erfolgskennzahlen und Beispiele
(Quelle: *Ewert* und *Wagenhofer* (2000), S. 7)

Cash flow- versus Ergebnisgrößen

Cash flows sind **beobachtbare Größen**, die auf Geschäftsvorfällen des Unternehmens beruhen. Ergebnisgrößen sind dagegen theoretische **Konstrukte**, die die Geschäftsvorfälle und andere Ereignisse (wie zB Änderungen von Marktwerten) aufgrund bestimmter Rechnungslegungsregeln oder kalkulatorischer Regeln aggregieren (siehe dazu auch die Kosten-Leistungs-Konzeptionen II und III). Sowohl Cash flow- als auch Ergebnisrechnungen haben Vorteile und Nachteile. Deshalb wird vielfach versucht, die beiden zu kombinieren, indem zB von einer Ergebnisgröße ausgegangen wird, aber bestimmte Abgrenzungen außer Ansatz gelassen oder adaptiert werden.

Cash flows entstehen vielfach **asynchron** zu ihrer **Verursachung**; Leistungen werden zum Teil angezahlt, gestundet oder später bezahlt, so daß der Netto-Cash flow einer Periode nicht repräsentativ für die tatsächliche Performance der Periode ist. Mit Ergebnisgrößen soll die **Performance einer Periode** besser erfaßt werden, indem die Cash flows durch bestimmte Regeln den Perioden zugeordnet werden. Dies eröffnet wiederum einen gewissen Gestaltungsspielraum bei der Abbildung (**Bilanzpolitik**). Allerdings können Cash flows vom Management ebenfalls erheblich beeinflußt werden. So kann das Hinauszögern einer Ausgangsrechnung eine Einzahlung in eine spätere Periode verschieben; dies ist für die Ergebnisermittlung irrelevant, weil der Gewinn mit Übergabe der zugrunde liegenden Leistung realisiert wird und nicht von der Rechnungserstellung und Zahlung abhängt.

Wertbeitrags- versus Rentabilitätskennzahlen

Wertbeitragskennzahlen sind **absolute Kennzahlen**, die die Wertänderung in einer Periode zu messen suchen. Rentabilitätskennzahlen sind **relative Kennzahlen**, die eine Erfolgsgröße in Relation zum eingesetzten Kapital setzen. Aus Sicht der Investitionsrechnung sind Wertbeitragskennzahlen konzeptionell mit dem Kapitalwert und Rentabilitätskennzahlen mit dem internen Zinssatz vergleichbar.

Beide Typen von Erfolgskennzahlen erfordern eine **Vergleichsgröße**. Bei den wertorientierten Kennzahlen sind dies die idR vom Kapitalmarkt abgeleiteten Kapitalkosten für das investierte Kapital, die die erwartete Rendite und das mit der Investition verbundene Risiko berücksichtigen.[5] Alternative Vergleichsgrößen sind Zielvorgaben, *hurdle rates* oder Benchmarks, die jedoch streng genommen etwas anderes als die Wertgenerierung messen.

Wertbeitragskennzahlen gehen strukturell von einem Überschuß (Cash flow oder Ergebnis) einer Periode aus und ziehen davon die Kapitalkosten ab. **Rentabilitätskennzahlen** werden dem Kapitalkostensatz des eingesetzten Kapitals gegenübergestellt, um zu einer Aussage über die Wertgenerierung zu gelangen. Die Differenz zwischen der Rentabilitätskennzahl und dem Kapitalkostensatz ist die **Rentabilitätsspanne** und dient als Indikator für eine Wertsteigerung. Zu jeder Wertbeitragskennzahl gibt es eine **korrespondierende Rentabilitätskennzahl**. Daher können die beiden Typen von Kennzahlen ineinander übergeführt werden.

Wertbeitragskennzahlen werden typischerweise umso höher, je größer der jeweilige Bereich ist. Rentabilitätskennzahlen haben wegen der Relativierung des jeweiligen Überschusses durch die **Unternehmens-** bzw. **Bereichsgröße** den (scheinbaren) Vorteil, daß sie einen besseren Vergleich unterschiedlich großer Unternehmensbereiche ermöglichen. Allerdings liefern Wertbeitragskennzahlen tendenziell bessere Maße für Investitionsentscheidungen. Dies läßt sich bereits aus der Analogie mit dem Kapitalwert (Wertbeitragskennzahl) und dem internen Zinsfuß (Rentabilitätskennzahl) erkennen: Das optimale Investitionsprogramm ist dasjenige, welches den Kapitalwert maximiert, während das den internen Zinsfuß maximierende Programm davon typischerweise abweicht.

Viele wertorientierte Kennzahlen berücksichtigen nicht das durch eine Strategie entstehende zusätzliche **Risiko** der Cash flows und Ergebnisse (dies gilt insbesondere für die rein renditeorientierten Kennzahlen ohne explizite Erfassung von Kapitalkosten). Durch das Eingehen riskannter Geschäfte kann ein Manager idR den Erwartungswert solcher Kennzahlen erhöhen, auch wenn dies nicht unbedingt im Interesse der Eigentümer ist; dies ist in der finanziellen Agency-Theorie als Risikoanreizproblem bekannt. Deshalb wurden auch **risikoadjustierte Kennzahlen** entwickelt. Eine solche Kennzahl ist zB der *Return on Risk Adjusted Capital* (RORAC), der im Zähler einer Rentabilitätskennzahl eine Risikoprämie abzieht.[6] Zur Berücksichtigung des Risikos siehe auch 5. Kapitel: *Entscheidungsrechnungen bei Unsicherheit*.

Brutto- oder Nettomethode

Alle dargestellten Erfolgskennzahlen verwenden neben einer Erfolgsgröße auch ein eingesetztes Kapital. Je nach Umfang des einbezogenen Kapitals unterscheidet man die Brutto- und die Nettomethode. Bei der **Bruttomethode** (*entity approach*) wird das investierte Kapital als Eigenkapital und verzinsliches Fremdkapital definiert, und die dazugehörige Überschußgröße schließt die Fremdkapitalzinsen mit ein. Bei der

---

[5] Für Zwecke der Verhaltenssteuerung erweist sich ein solcher Zinssatz vielfach als nicht optimal. Beispielsweise kann die Berücksichtigung des systematischen Risikos (Marktrisikos) in den Kapitalkosten dazu führen, daß einem risikoaversen Manager zuviel Risiko aufgebürdet wird. Vgl dazu *Christensen, Feltham* und *Wu* (2002).

[6] Vgl dazu zB *Homburg* und *Stephan* (2004).

Nettomethode (*equity approach*) wird nur auf Eigenkapitalgeber abgestellt. Die Überschußgröße ist dann eine Gewinngröße (nach Abzug der Fremdkapitalzinsen).

Die Bruttomethode liefert **finanzierungsunabhängige Kennzahlen**. Dies ist besonders für die Steuerung von Geschäftsbereichen brauchbar, da die spartenspezifische Finanzierung hier von der Zentrale häufig beliebig gesteuert werden kann und die Geschäftsbereiche nicht über die Finanzierung entscheiden können. Die Bankensteuerung erfolgt überwiegend mit Kennzahlen auf Basis der Nettomethode, weil das operative Geschäft ebenfalls mit verzinslichen Positionen zu tun hat und nur schwer vom investierten Kapital getrennt werden kann.

3. Rentabilitätskennzahlen

3.1. *Return on Investment*-Kennzahlen

Der *Return on Investment* (*ROI*) bezeichnet eine **Gesamtkapitalrentabilitätskennzahl**, die als Verhältnis von **Bruttogewinn** zum gebundenen **Kapital** ermittelt wird (Bruttomethode).

$$ROI = \frac{\text{Ergebnis nach Steuern + Zinsaufwand (nach Ertragsteuern)}}{\text{Gesamtkapital}}$$

Der **Bruttogewinn** entspricht dem Gewinn zuzüglich des Zinsaufwands (korrigiert um Ertragsteuern, da der Zinsaufwand von der Bemessungsgrundlage für Ertragsteuern abzugsfähig ist, wenn er nach Ertragsteuern berechnet wird; alternativ läßt er sich als Gewinn vor Ertragsteuern zuzüglich des Zinsaufwands errechnen). In der Praxis werden zum Teil außerordentliche oder ungewöhnliche Ergebnisposten außer Ansatz gelassen. Als **gebundenes Kapital** wird beim *ROI* idR der Buchwert des Gesamtkapitals (dh die Bilanzsumme) zu Beginn der Periode oder als Periodendurchschnittswert herangezogen. Der *ROI* entspricht idR dem ***Return on Assets*** (*ROA*); der *ROA* könnte allerdings eine andere Bewertung der Vermögensgegenstände ermöglichen.

Bei Verwendung der Bilanzsumme als gebundenes Kapital resultiert eine Inkonsistenz, die auf den ersten Blick leicht übersehen werden kann. Angenommen, man hat einen bestimmten *ROI* ermittelt und möchte wissen, ob in der abgelaufenen Periode eine Wertschaffung erreicht werden konnte. Bezeichnet i den Kapitalkostensatz, so impliziert eine Wertschaffung die Relation

$$ROI > i$$

Nach Einsetzen der *ROI*-Definition resultiert daraus:

Bruttogewinn $> i \cdot$ Gesamtkapital $= i \cdot$ Bilanzsumme

Die **Bilanzsumme** beinhaltet aber Kapitalbestandteile, deren Kosten nicht explizit im Zinsaufwand erscheinen; es ist typischerweise durch die operative Tätigkeit des Unternehmens verursacht und wird als **unverzinsliches Fremdkapital** bezeichnet. Ein Beispiel sind Anzahlungen von Kunden, bei denen der Zinseffekt in einem geringeren Umsatz relativ zu einer Situation ohne Anzahlungen besteht; ein anderes Beispiel sind in Anspruch genommene Lieferantenkredite, bei denen der Zinsbestandteil im entgangenen Skontoertrag und letztlich höheren Einstandspreisen der Vorräte besteht.[7] Diese impliziten Zinskosten verringern mithin den Bruttogewinn und sind bei dessen Berechnung bereits erfaßt. Würden sie in der Gesamtkapitalgröße verbleiben, wären sie auf beiden Seiten der für die Wertschaffung betrachteten Ungleichung enthalten, so daß eine Doppelzählung resultiert. Die nachfolgend dargestellten Rentabilitätsgrößen bemühen sich um eine Vermeidung dieser Inkonsistenz.[8]

Der *Return on Net Assets* (*RONA*) berücksichtigt im Nenner das investierte Kapital, definiert als Eigenkapital und verzinsliches Fremdkapital.

$$RONA = \frac{\text{Ergebnis nach Steuern} + \text{Zinsaufwand (nach Ertragsteuern)}}{\text{Investiertes Kapital}}$$

Das **verzinsliche Fremdkapital** ist jenes Fremdkapital, welches direkte Zinszahlungen verursacht, die auch im Zinsaufwand dargestellt werden. Das **nichtverzinsliche Fremdkapital** ist im Nenner dieser Kennzahl nicht mehr enthalten, so daß Zähler und Nenner konsistent definiert sind.

Eine weitere Variante der Rentabilitätskennzahlen ist der *Return on Capital Employed* (*ROCE*) oder *Return on Invested Capital* (*ROIC*). Dabei wird vom Betriebsergebnis (*Earnings Before Interest and Tax, EBIT*) ausgegangen, und diesem wird das investierte Kapital abzüglich des zinsbringenden (Finanz-)Vermögens gegenübergestellt.

$$ROCE = \frac{\text{Betriebsergebnis} - \text{Ertragsteuern}}{\text{Investiertes Kapital} - \text{Verzinsliches Vermögen}}$$

Diese Rentabilitätskennzahl zeigt die Rentabilität des **operativen Vermögens** auf und läßt die Rentabilität von Finanzvermögen außer Ansatz.

Steuerungseffekte

Im 9. Kapitel: *Investitionscontrolling* wurde für einfache Investitionsprojekte gezeigt, daß der *ROI* idR Anreize zu einer **Unterinvestition** bewirkt, weil Projekte mit positivem Kapitalwert, aber einem *ROI* unter dem bestehenden *ROI* nicht durch-

---

[7] Solche Kapitalbestandteile werden in der Kostenrechnung als sogenanntes *Abzugskapital* bezeichnet.

[8] Die Bezeichnungen der folgenden Rentabilitätskennzahlen sind oft etwas unterschiedlich.

geführt werden. In diesem Kapitel werden weitere Steuerungseffekte bei **mehrperiodigen Investitionsprojekten** gezeigt.

Für die folgende Darstellung wird vereinfachend von Finanzierungsfragen abstrahiert, indem eine vollständige **Eigenfinanzierung** angenommen wird. Damit sind Brutto- und Nettomethode identisch. Bei Fremdfinanzierung entspricht diese Darstellung der Nettomethode, wobei sich analoge Überlegungen für die Bruttomethode anstellen lassen. Der *ROI* in Periode *t* wird wie folgt definiert:

$$ROI_t = \frac{G_t}{KB_{t-1}} \tag{1}$$

KB_t bezeichnet die **Kapitalbindung** am Ende von Periode *t*, und G_t den **Gewinn** in Periode *t*. Als einzige Periodenabgrenzung werden vereinfachend **Investitionen** *I* betrachtet. Der Gewinn ist dann die Differenz zwischen **Zahlungsüberschuß** E_t und **Abschreibungen** Ab_t.

Ein systematischer Effekt des *ROI* und seiner Varianten besteht darin, daß der *ROI* eines Investitionsprojektes idR **über die Nutzungsdauer steigt**, einfach weil die Kapitalbindung durch die Abschreibungen laufend verringert wird. Eine Ausnahme wäre nur dann gegeben, wenn die Zahlungsüberschüsse über die Nutzungsdauer so stark sinken, daß sie die Verminderung des Nenners auffangen. Dieses Steigen des *ROI* über die Nutzungsdauer führt dazu, daß Manager **Anreize** erhalten, alte (möglichst hoch abgeschriebene) **Anlagen nicht zu ersetzen**, auch wenn die Ersatzanlage einen höheren Kapitalwert erbringt. Des weiteren **überschätzt** der durchschnittliche *ROI* (als geometrisches Mittel) regelmäßig den internen Zinssatz der Investition. Tabelle 2 illustriert eine solche Situation für ein Investitionsprojekt mit einem internen Zinssatz von 10%.

Periode	0	1	2	3	4	5	Summe
Zahlungsüberschuss	-10.000	2.400	2.500	2.700	3.000	2.700	3.300
Abschreibung		2.000	2.000	2.000	2.000	2.000	10.000
Gewinn		400	500	700	1.000	700	3.300
Buchwert Periodenende	10.000	8.000	6.000	4.000	2.000	0	
ROI		4,0%	6,3%	11,7%	25,0%	35,0%	15,8%

Tab. 2: *ROI* im Zeitablauf

Ermittelt man den *ROI* auf Basis des **durchschnittlichen** während der Periode gebundenen **Kapitals**, verstärkt sich die Überschätzung des internen Zinssatzes noch weiter.

Diese Fehlanreize können allerdings **gezielt eingesetzt** werden, wenn zu erwarten ist, daß ein Manager tendenziell in neue, moderne Anlagen überinvestiert, beispielsweise aus Prestigegründen (**Ressourcenpräferenzen**, siehe dazu auch das 9. Kapitel: *Investitionscontrolling*). Bei Personalcomputern und Autos ist dies durchaus denkbar. Die Unternehmensleitung würde wünschen, daß der Manager vorhandene Anlagen länger nutzt und erst später ersetzt.

Formal besteht folgender **Zusammenhang** zwischen dem **internen Zinssatz** und dem **ROI** über die Perioden. Der Kapitalwert eines Investitionsprojekts ist bei Verwendung des internen Zinssatzes gleich null, dh

$$KW = \sum_{t=1}^{T} E_t \cdot \hat{\rho}^{-t} - I =$$

$$= \sum_{t=1}^{T} (G_t - \hat{i} \cdot KB_{t-1}) \cdot \hat{\rho}^{-t} = 0$$

was aufgrund des *Lücke*-Theorems gilt (siehe 2. Kapitel: *Die Kosten- und Leistungsrechnung als Entscheidungsrechnung*). $\hat{\rho} = 1 + \hat{i}$ ist der Abzinsungsfaktor auf Basis des internen Zinssatzes, E_t sind die Einzahlungsüberschüsse der Periode t, und die Kapitalbindung zu Beginn von $t = 1$ entspricht der Investitionsauszahlung, $KB_0 = I$. Löst man diese Gleichung nach $\hat{i}$ auf, ergibt sich

$$\hat{i} = \frac{\sum_{t=1}^{T} G_t \cdot \hat{\rho}^{-t}}{\sum_{t=1}^{T} KB_{t-1} \cdot \hat{\rho}^{-t}}$$

Setzt man weiter für G_t die Definition des ROI_t aus (1) ein, folgt

$$\hat{i} = \frac{\sum_{t=1}^{T} (ROI_t \cdot KB_{t-1}) \cdot \hat{\rho}^{-t}}{\sum_{t=1}^{T} KB_{t-1} \cdot \hat{\rho}^{-t}} = \sum_{t=1}^{T} ROI_t \cdot \underbrace{\frac{KB_{t-1} \cdot \hat{\rho}^{-t}}{\sum_{t=1}^{T} KB_{t-1} \cdot \hat{\rho}^{-t}}}_{\equiv \gamma_t}$$

$$= \sum_{t=1}^{T} ROI_t \cdot \gamma_t$$

Wie leicht zu sehen ist, beträgt die Summe der Faktoren γ_t genau 1. Daraus folgt, daß der **interne Zinssatz** dem mit γ_t **gewichteten arithmetischen Mittel** der ROI_t entspricht.[9] Bei Verwendung einer anderen Gewichtung besteht grundsätzlich kein direkter Zusammenhang zwischen dem internen Zinssatz und den periodischen ROI_t. Es zeigt sich aber, daß ein konstanter ROI_t über die Perioden dem internen Zinssatz entsprechen muß – dies gilt unabhängig von der Gewichtung.

Um einen konstanten ROI zu erhalten, muß die Gewinnermittlung entsprechend adaptiert werden. Sie setzt ein ganz bestimmtes **Abschreibungsverfahren** voraus, nämlich

$$Ab_t = E_t - \hat{i} \cdot KB_{t-1}$$

---

[9]   Vgl *Peasnell* (1982), S. 370 f; *Hachmeister* (1997), S. 560 f. Der praktische Wert dieses Resultats ist nicht sehr hoch, weil die Gewichtung γ_t vom internen Zinssatz abhängt, so daß die ROI weiterhin nicht zur Abschätzung des internen Zinssatzes verwendet werden können.

Dafür gilt

$$ROI_t = \frac{E_t - Ab_t}{KB_{t-1}} = \frac{\hat{i} \cdot KB_{t-1}}{KB_{t-1}} = \hat{i}$$

3.2. Cash flow-basierte Rentabilitätskennzahlen

Im Gegensatz zu *Return on Investment*-Kennzahlen sind Rentabilitätskennzahlen auf Basis von Cash flows für bilanzpolitische Maßnahmen nicht anfällig. Des weiteren führen sie nicht zu Fehlinformationen wie der oben dargestellten Erhöhung der **Rentabilität im Zeitablauf**, da sie nicht auf Buchwerte und damit Abschreibungen zurückgreifen, sondern vom **brutto investierten Kapital** ausgehen. Der Nachteil der Verwendung von Cash flows anstelle einer Ergebnisgröße besteht darin, daß je nach Geschäftstätigkeit des Bereiches die Cash flows in den einzelnen Perioden erheblich **schwanken** können. Als Indikator für die tatsächliche **Performance** sind sie dann nur in sehr eingeschränktem Umfang verwendbar.

Eine einfache Cash flow-basierte Rentabilitätskennzahl auf Basis der Bruttomethode ist der Brutto-Cash flow-*Return on Investment* (**Brutto-CFROI**) (*Return on Gross Investment, ROGI*, oder *Cash Recovery Rate, CRR*). Dabei wird die Ergebnisgröße im Zähler der Kennzahl durch eine geeignete Cash flow-Größe ersetzt:

$$\text{Brutto-}CFROI = \frac{\text{Brutto-Cash flow}}{\text{Brutto investiertes Kapital}}$$

Der **Brutto-Cash flow** entspricht dem Cash flow aus laufender Geschäftstätigkeit zuzüglich der um (fiktive) Steuern bereinigten **Zinsauszahlungen** (zum Teil werden auch Cash flows aus außerordentlichen oder ungewöhnlichen Geschäftsvorfällen bereinigt). Die Bezugsgröße bildet das **brutto investierte Kapital**, das ist hier das investierte Kapital (Eigenkapital und verzinsliches Fremdkapital) zu „Anschaffungskosten", das ausgehend von den Buchwerten unter Hinzurechnung der kumulierten Abschreibungen ermittelt wird. Es wäre auch möglich, eine Inflationsbereinigung durchzuführen. Mit dieser Bezugsgröße vermeidet diese Kennzahl ein Steigen der Rentabilität mit fortschreitender Abnutzung der Anlagen, weil das brutto investierte Kapital der Investition durch Abschreibung nicht berührt wird.

Ein **konzeptioneller Nachteil** des Brutto-*CFROI* besteht darin, daß er **Investitionen** im Zähler *überhaupt* nicht berücksichtigt. Es wird implizit davon ausgegangen, daß das Vermögen unendlich lange zur Verfügung steht und Einzahlungsüberschüsse generiert. Da durch eine normale Geschäftstätigkeit Ersatzinvestitionen notwendig werden, stellt diese Kennzahl das Unternehmensgeschehen zu positiv dar.

Eine Rentabilitätskennzahl, die Ersatzinvestitionen berücksichtigt, ist der *Cash Flow Return on Investment* (**CFROI**). Da Investitionen idR schubweise in bestimmten Perioden anfallen und daher zu Verzerrungen führen können, wird versucht, die Investitionsauszahlungen über die Perioden zu glätten. Dies erfolgt über eine Art

Abschreibung. Der Brutto-Cash flow wird um eine „ökonomische" Abschreibung reduziert und dem investierten Kapital gegenübergestellt. Der *CFROI* lautet damit wie folgt:[10]

$$CFROI = \frac{\text{Brutto-Cash flow} - \text{ökonomische Abschreibung}}{\text{Brutto investiertes Kapital}} \qquad (2)$$

Die **„ökonomische" Abschreibung** eines abnutzbaren Gegenstandes bezeichnet konzeptionell denjenigen, jährlich gleichbleibenden Betrag, den man bis zum Ende der Nutzungsdauer T am Kapitalmarkt anlegen müßte, um die Investitionsauszahlungen zu erhalten. Er wird mittels folgender **Abschreibungsrate** ab angewandt auf den Anschaffungswert I berechnet:

$$ab = \frac{i}{(1+i)^T - 1} \qquad (3)$$

Die Abschreibungsrate entspricht dem Kehrwert des Rentenendwertfaktors für eine Laufzeit von T Perioden unter Verwendung des Zinssatzes i. Sie ist gerade so hoch, daß der Endwert der Abschreibungen zu T dem ursprünglichen Anschaffungswert entspricht. Daraus folgt gleichzeitig, daß bei einem Zinssatz $i > 0$ die Summe der (undiskontierten) Abschreibungen geringer ist als der Anschaffungswert.

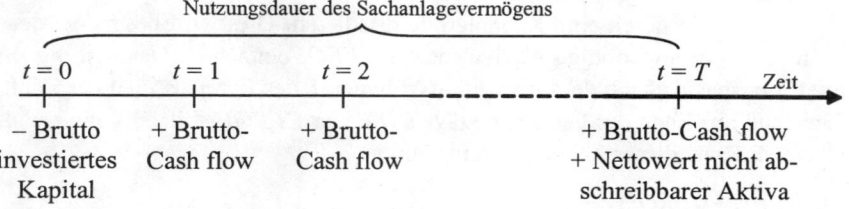

Abb. 1: Zahlungsstrom für den mehrperiodigen *CFROI*

Eine alternative Möglichkeit zur Berücksichtigung der Tatsache, daß nach einer bestimmten Zeit **Ersatzinvestitionen** fällig werden, besteht in der Beschränkung der Betrachtung auf den Zeitraum bis zum (durchschnittlichen) Fälligwerden dieser Ersatzinvestitionen. Dazu ist eine mehrperiodige Betrachtung erforderlich. Dies macht folgende Variante eines **mehrperiodigen *Cash Flow Return on Investment*** (*CFROI*).[11] Danach wird der *CFROI* als interner Zinssatz eines Zahlungsstroms ermittelt, der in Abbildung 1 dargestellt ist. Im Gegensatz zum Zahlungsstrom eines konkreten Investitionsprojekts wird ein **fiktiver Zahlungsstrom** des Unternehmens bzw eines Bereichs festgelegt. Als Investitionsauszahlung wird wieder das brutto

---

[10]   Vgl zB *Stelter* (1999), S. 233 ff.

[11]   Vgl dazu zB *Lewis* und *Lehmann* (1992), *Kloock* und *Coenen* (1996).

investierte Kapital (sogenannte **Bruttoinvestitionsbasis**) herangezogen, das auch für den Brutto-*CFROI* verwendet wird.

Die laufenden **Einzahlungsüberschüsse** werden in Höhe des Brutto-Cash flows der Betrachtungsperiode als **konstant** über die Laufzeit der durchschnittlichen Nutzungsdauer des Sachanlagevermögens angenommen. Am Ende wird, gewissermaßen als **Restwert**, der Nettowert der nicht abschreibbaren Aktiva als weitere Einzahlung angenommen. Er entspricht dem brutto investierten Kapital abzüglich des abnutzbaren Sachanlagevermögens.

Der **Grund** für die zum Teil sehr **vereinfachende und typisierende Berechnung** liegt darin, daß der *CFROI* anhand von veröffentlichten und vergangenheitsorientierten Informationen ermittelbar sein soll. Er soll eine nachträgliche Ermittlung der erwirtschafteten Rendite ermöglichen, wobei in der Zukunft gleiche Verhältnisse wie in der abgelaufenen Periode unterstellt werden. Deshalb wird nur das Sachanlagevermögen, nicht das übrige Vermögen inflationiert, deshalb werden die Einzahlungen aus dem übrigen Vermögen mit deren Buchwert angesetzt und deshalb wird der Brutto-Cash flow als konstant über die Nutzungsdauer des Sachanlagevermögens angenommen. Für eine interne Unternehmenssteuerung sind diese Annahmen allerdings keinesfalls zwingend.

Es läßt sich allerdings – ähnlich wie beim *ROI* – zeigen, daß **systematische Abweichungen** zwischen dem periodischen *CFROI* und dem **internen Zinssatz** laufender Investitionsprojekte auftreten können. Insofern entspricht der *CFROI* nur in spezifischen Fällen dem internen Zinssatz der investierten Projekte.[12]

Darüber hinaus bleiben die typischen **Unterinvestitionsprobleme** bestehen, weil auch Cash flow-basierte Rentabilitätskennzahlen relative Kennzahlen sind, die eine Überschußgröße durch eine Kapitalgröße dividieren. Dies wird besonders deutlich, wenn man das einperiodige Äquivalent des *CFROI* betrachtet: Dann ist die Bruttoinvestitionsbasis gleich dem Investitionsvolumen I_j des Bereichs, und der Zahlungsüberschuß am Ende der Periode beträgt $E_j(I_j)$. Der *CFROI* ist dann definiert als der interne Zinssatz dieses Zahlungsstroms, dh

$$E_j(I_j) \cdot (1 + CFROI)^{-1} - I_j = 0$$

bzw

$$CFROI = \frac{E_j(I_j)}{I_j} - 1 = ROI$$

Daraus folgt, daß eine Beurteilung des Managers auf Basis des *CFROI* grundsätzlich die **gleichen Unterinvestitionsanreize** wie der *ROI* induziert.

---

[12]   Voraussetzungen sind konstante Brutto-Cash flows der Projekte, ein identisches Zahlungsprofil der Projekte und eine Wachstumsrate der Investitionen gleich dem internen Zinssatz. Vgl *Hachmeister* (1997), S. 564 ff.

4. Wertbeitragskennzahlen

4.1. Residualgewinn

Der **Residualgewinn** ist definiert als Ergebnis einer Periode abzüglich der Verzinsung des gebundenen Kapitals zu Periodenbeginn. Nach der **Nettomethode** ist der Residualgewinn RI_t

$$RI_t = G_t - i_t \cdot EK_{t-1} \qquad (4)$$

wobei G_t den Gewinn in Periode t, i_t die geforderte Verzinsung des Eigenkapitals und EK_t den Buchwert des Eigenkapitals am Ende von Periode t bezeichnen. Gemäß der **Bruttomethode** ergibt sich der Residualgewinn als Gewinn zuzüglich (ertragsteuerbereinigte) Zinsaufwendungen abzüglich des durchschnittlichen Kapitalkostensatzes auf den Buchwert des investierten Kapitals.[13]

Der Residualgewinn soll den **absoluten Betrag** (in Geldeinheiten) messen, um den der **Wert des Unternehmens** in einer Periode gestiegen ist (diese Vorstellung wird weiter unten noch diskutiert). Residualgewinngrößen sind in der Literatur und auch in der Unternehmenspraxis seit vielen Jahrzehnten bekannt (siehe dazu auch das 2. Kapitel: *Die Kosten- und Leistungsrechnung als Entscheidungsrechnung*) und wurden im Zuge der Implementierung des wertorientierten Managements gewissermaßen wiederentdeckt. Die bekanntesten Beispiele moderner Residualgewinngrößen sind der *Economic Value Added* $(EVA^{®})$[14] und der *Economic Profit* (EP)[15]. Sie gehen von der Bruttomethode aus und errechnen die Ergebnis- und die Kapitalgröße unter bestimmten Modifikationen der bilanziellen Ausgangsgrößen.

Der Zusammenhang zwischen **Kapitalrentabilitätsgrößen** und dem **Residualgewinn** ist wie folgt gegeben:

$$RI_t = G_t - i_t \cdot EK_{t-1} = \left(\frac{G_t}{EK_{t-1}} - i_t \right) \cdot EK_{t-1}$$

$$= \underbrace{(ROE_t - i_t)}_{\text{Rentabilitätsspanne}} \cdot EK_{t-1}$$

Darin bezeichnet *ROE* den *Return on Equity* (Eigenkapitalrendite). Ein positiver **Residualgewinn** geht daher (unter der Annahme positiven Eigenkapitals) Hand in Hand mit einer positiven **Rentabilitätsspanne** (*spread*). Bei der **Bruttomethode** entspricht die Rentabilitätsspanne der Differenz aus *RONA* und dem durchschnittlichen Kapitalkostensatz, und der dazugehörige Residualgewinn ergibt sich aus der Multiplikation der Rentabilitätsspanne mit dem Buchwert des investierten Kapitals.

---

[13] Zum Zusammenhang zwischen den beiden Ermittlungsmethoden vgl *Ewert* und *Wagenhofer* (2000), S. 12 – 14.

[14] Vgl *Stewart* (1991).

[15] Vgl *Copeland, Koller* und *Murrin* (2000), S. 166 f.

Economic Value Added (EVA)

Der *Economic Value Added (EVA)* ist eine vor allem von der Beratungsgesellschaft *Stern Stewart & Co* in New York propagierte „moderne" Kennzahl, die im Rahmen eines wertorientierten Managements verwendet wird. Sie wird zB in Wirtschaftsmagazinen folgendermaßen beworben: *„Forget EPS, ROE, and ROI. The true measure of your company's performance is EVA."* EVA wurde auch in einigen Staaten als Warenzeichen eingetragen.

Der *EVA* ist eine Variante des **Residualgewinns** nach der Bruttomethode, nämlich[16]

EVA = net operating profit after taxes (NOPAT) – cost of capital × capital   bzw

EVA = (rate of return – cost of capital) × capital

Der *EVA* wird auf Basis des externen Rechnungswesens ermittelt. Die wesentlichen **Besonderheiten** der *EVA*-Berechnung gegenüber dem „normalen" Residualgewinn sind die folgenden:[17]

■ Der *EVA* wird nach Steuern und gemäß der Bruttomethode (*entity approach*) ermittelt. Die Ergebnisgröße enthält die steuerbereinigten Zinskosten, und der **Kapitalmarktzinssatz** wird als *weighted average cost of capital (WACC)* ermittelt. Dabei wird das systematische Risiko des Eigenkapitals des Unternehmens durch eine vom Kapitalmarkt abgeleitete Risikoprämie gemessen. Der *WACC* ergibt sich schließlich als gewichtete Eigen- und Fremdkapitalkosten.

■ Die zugrunde gelegte **Ergebnisgröße** (*net operating profit after taxes, NOPAT*) und das **investierte Kapital** werden nicht einfach aus dem externen Rechnungswesen (in den USA auf Basis von US-GAAP) übernommen. Vielmehr wird eine Fülle von Bereinigungen vorgenommen, die in drei Gruppen eingeteilt werden können:[18]
(i) Bereinigungen der Auswirkungen des Vorsichtsprinzips, zB die Aktivierung immaterieller Gegenstände und kein Ansatz von Rückstellungen für latente Steuern.
(ii) Bereinigungen zur Reduzierung von bilanzpolitischen Möglichkeiten, zB kein Ansatz von Garantierückstellungen, Wertminderungen der Vorräte und Wertberichtigungen zu Forderungen, die Aktivierung von Zinsen auf Investitionen, die erst später Ertrag abwerfen.
(iii) Bereinigungen zur Vermeidung der Fortführung früherer „Bilanzierungsfehler", zB keine erfolgswirksame Buchung von Veräußerungserfolgen.
Diese Bereinigungen betreffen die Bilanzposten, und korrespondierend dazu wird der Gewinn um die Änderung der Bilanzposten bereinigt.

■ Letztlich wird zur Implementierung der Orientierung hin zum *EVA* die Anpassung des **Anreizsystems** an den *EVA* und an EVA-Änderungen als Beurteilungsgröße empfohlen.

---

[16] Vgl *Stewart* (1991), S. 136.

[17] Vgl *Zimmerman* (1997), S. 99.

[18] Vgl *O'Hanlon* und *Peasnell* (1998), S. 430 – 433, *Hostettler* (2002), S. 97 ff.

Residualgewinn und Unternehmenswert

Der Residualgewinn hat folgende Eigenschaft, die ihn in **Verbindung zum Wert** des Unternehmens bringt: Gemäß dem *Lücke*-**Theorem** (siehe 2. Kapitel: *Die Kosten- und Leistungsrechnung als Entscheidungsrechnung*) entspricht der Barwert der Cash flows eines Investitionsprojekts dem Barwert der Residualgewinne, vorausgesetzt die Gewinnermittlung hält das Kongruenzprinzip ein. Dieser Zusammenhang läßt sich auf den Wert (des Eigenkapitals) eines laufenden Unternehmens übertragen.

Der **Unternehmenswert** aus Sicht eines Investors entspricht dem Barwert aller künftig erwarteten Dividenden abzüglich der Kapitaleinlagen (plus Kapitalrückzahlungen). Bezeichnen AU_t die Nettoausschüttung und ρ den Diskontierungsfaktor ($\rho = 1 + i$) mit i als der geforderten Verzinsung des Eigenkapitals, so ergibt sich der Unternehmenswert V_t (Wert der Beteiligungstitel) zum Ende der Periode t als:

$$V_t = \sum_{\tau=t+1}^{\infty} AU_\tau \cdot \rho^{-(\tau-t)} \tag{5}$$

Für die folgende Beziehung benötigt man das Kongruenzprinzip in einer strengeren Form, nämlich der *clean surplus*-**Relation** (CSR). Sie erfordert, daß der Gewinn G_t der Änderung des Eigenkapitals zwischen Beginn und Ende der Periode t zuzüglich der Nettoauszahlungen an die Eigentümer entspricht, dh

$$G_t = EK_t - EK_{t-1} + AU_t \tag{6}$$

Die Bedingung besagt, daß sämtliche Änderungen des bilanziellen Eigenkapitals, die nicht auf direkten Transaktionen zwischen Unternehmen und Eignern (zB Ausschüttungen, Kapitalerhöhungen, Einlagen) basieren, in der Gewinn- und Verlustrechnung erfaßt sein müssen. Die Gültigkeit der CSR impliziert die Gültigkeit des **Kongruenzprinzips** in dem Sinn, daß die Summe der Einzahlungsüberschüsse über die Totalperiode der Summe der Gewinne entspricht. Die strengere CSR erlaubt es, die Betrachtung von einem beliebigen Zeitpunkt t aus zu beginnen, was bei überlappenden Investitionsprojekten notwendig ist.

Der **Residualgewinn** ist dementsprechend

$$RI_t = G_t - i \cdot EK_{t-1}$$
$$= AU_t + EK_t - (1+i) \cdot EK_{t-1}$$

Dann kann der **Wert des Eigenkapitals** des Unternehmens wie folgt ausgedrückt werden:[19]

---

[19] Der Beweis entspricht grundsätzlich dem des *Lücke*-Theorems. Voraussetzung ist die Regularitätsbedingung $RI/(1+i)^t \to 0$ für $t \to \infty$. Falls die Wertermittlung nur für einen begrenzten Zeitraum vorgenommen wird, muss ein residualer Term berücksichtigt werden. Vgl *Peasnell* (1982), S. 382, und zur ausführlichen Analyse der Berechnung residualer Terme insbesondere *Penman* (1997).

$$V_t = EK_t + \underbrace{\sum_{\tau=t+1}^{\infty} RI_\tau \cdot \rho^{-(\tau-t)}}_{\textit{Market Value Added}}$$

$$= EK_t + \sum_{\tau=t+1}^{\infty} \left(AU_\tau + EK_\tau - (1+i)\cdot EK_{\tau-1} \right) \cdot \rho^{-(\tau-t)}$$

$$= EK_t + \left(AU_{t+1} + EK_{t+1} \right) \cdot \rho^{-1} - EK_t + \left(AU_{t+2} + EK_{t+2} \right) \cdot \rho^{-2} - EK_{t+1} \cdot \rho^{-1} + \cdots$$

$$= \sum_{\tau=t+1}^{\infty} AU_\tau \cdot \rho^{-(\tau-t)}$$

Der **Unternehmenswert** entspricht dem *Buchwert* des Eigenkapitals zuzüglich des Barwertes der künftig erwarteten Residualgewinne. Dieser Barwert wird auch als *Market Value Added* (**MVA**) bezeichnet,

$$MVA_t = \sum_{\tau=t+1}^{\infty} RI_\tau \cdot \rho^{-(\tau-t)} \tag{7}$$

Er umfaßt bestehende und künftige Möglichkeiten für wertsteigernde Investitionen bzw Strategien (*investment opportunity set*).

Clean surplus accounting

Die im Text für das *Lücke*-Theorem gezeigten Zusammenhänge finden sich in der angelsächsischen *Accounting*-Literatur unter dem Stichwort *clean surplus accounting* (CSA).[20] Der Fokus liegt dabei eher auf der externen Rechnungslegung und dem Bestreben, eine konzeptionelle Grundlage für empirische Untersuchungen über die Zusammenhänge zwischen Rechnungslegung und Marktpreisen von Unternehmen zu erhalten.[21]

Abgesehen vom externen Fokus bestehen Unterschiede zwischen CSA und Lücke-Theorem darin, daß die Bestimmung der Kapitalbindung beim Lücke-Theorem originär aus den Stromgrößen der Erfolgsrechnung vorgenommen wird. Es kann in dieser Konzeption daher bei gegebenen Zahlungsüberschüssen *keine* Veränderung der Kapitalbindung geben, die nichts mit der Erfolgsrechnung zu tun hat (wohl aber kann es Verletzungen des Kongruenzprinzips geben). Dies ist beim CSA anders, denn bei der externen Rechnungslegung kann es sehr wohl eigenständige Veränderungen des Eigenkapitalbuchwertes geben, die an der Erfolgsrechnung vorbeigehen. Somit führen direkte Eigenkapitalbuchungen, wie zB bei zur Veräußerung verfügbaren (*available-for-sale*) Wertpapieren nach IFRS und US-GAAP, zu einer – wenn auch nur temporären – Verletzung des Kongruenzprinzips und damit zur Ungültigkeit der Barwertäquivalenz nach dem *Lücke*-Theorem. Der Ausweis eines *comprehensive income* nach US-GAAP soll derartige *„dirty surplus"*-Effekte korrigieren.

---

[20]   Vgl dazu insbesondere *Ohlson* (1995) sowie *Feltham* und *Ohlson* (1995).

[21]   Siehe dazu ausführlich *Wagenhofer* und *Ewert* (2003), S. 125 – 127.

Der Zusammenhang zwischen Residualgewinnen und Unternehmenswert, der hier für einen konstanten Zinssatz i dargestellt wurde, gilt auch für **unterschiedliche Zinssätze** i_t in den Perioden. Dazu sind nur die Abzinsungsfaktoren entsprechend anzupassen.[22] Weiter können die obigen Zusammenhänge auf den **Risikofall** ausgedehnt werden, indem mit Erwartungswerten und risikoadjustierten Kalkulationszinsfüßen gearbeitet wird.

Verallgemeinerte Bewertungsgleichung

Die Barwertäquivalenz des Barwerts künftig erwarteter Nettodividenden und dem Buchwert des Eigenkapitals zuzüglich des Barwerts künftig erwarteter Residualgewinne ist ein Spezialfall einer grundlegenden Bewertungsgleichung. Allgemein – und ohne Bezug auf Rechnungswesen und Gewinnermittlung – folgt sie aus folgendem konstruktiven Zusammenhang (*Ohlson* 2003):

Sei $\{y_t\}$ mit $t \in [0, \infty]$ eine beliebige Zahlenfolge, die für $t \to \infty$ zu $y_t \cdot \rho^{-t} \to 0$ konvergiert ($\rho > 1$ ist ein Diskontierungsfaktor). Dann gilt

$$0 = y_0 + (y_1 - \rho \cdot y_0) \cdot \rho^{-1} + (y_2 - \rho \cdot y_1) \cdot \rho^{-2} + \ldots$$

Der Unternehmenswert nach dem Dividendenmodell ist

$$V_0 = \sum_{t=1}^{\infty} AU_t \cdot \rho^{-t}$$

Nun sei eine neue Funktion z mit $z_t \equiv y_t + AU_t - \rho \cdot y_{t-1}$ definiert. Addiert man die obige Gleichung zum Barwert V_0, ergibt sich

$$V_0 = y_0 + \sum_{t=1}^{\infty} z_t \cdot \rho^{-t}$$

Die Residualgewinninterpretation ergibt sich einfach, wenn man y_t als Buchwert des Eigenkapitals festlegt; z_t entspricht dann der Definition des Residualgewinns.

Ein Beispiel für eine alternative Bewertungsgleichung besteht in der Definition von y_t als G_{t+1}/i, was einem *earnings multiple* entspricht; z_t ist dann eine Art erwarteter Übergewinn.

Residualgewinn und periodische Wertsteigerung

In der Praxis wird ein positiver **Residualgewinn** häufig mit einer **Wertsteigerung** und ein negativer Residualgewinn mit einer **Wertminderung** („Wertvernichtung") gleichgesetzt. Die obige Beziehung zwischen dem Barwert der Residualgewinne zuzüglich des Buchwertes des Eigenkapitals und dem Unternehmenswert sagt noch nichts darüber aus, wieweit der Residualgewinn einer Periode als Maß für die Änderung des Unternehmenswertes dienen kann.

Aus Sicht der Eigentümer hat das Management dann zusätzlichen Wert geschaffen, wenn es mehr verdient hat, als die Eigentümer aus einer vergleichbaren Anlage der Investitionsmittel am Kapitalmarkt erzielt hätten. Eine Anlage in einem Wertpapier

---

[22] Vgl *Peasnell* (1982), S. 362.

gleicher Risikoklasse hätte eine Verzinsung von i erbracht. Die **Wertänderung** beträgt daher

$$\Delta_t = V_t + AU_t - \rho \cdot V_{t-1}$$

Nun ist der Unternehmenswert

$$V_t = EK_t + \underbrace{\sum_{\tau=t+1}^{\infty} RI_\tau \cdot \rho^{-(\tau-t)}}_{MVA_t}$$

Die **Wertänderung** ist damit

$$\Delta_t = \underbrace{EK_t - EK_{t-1} + AU_t}_{\text{Gewinn } G_t} - i \cdot EK_{t-1} + MVA_t - \rho \cdot MVA_{t-1} \quad \text{bzw}$$

$$\Delta_t = RI_t + \left[MVA_t - \rho \cdot MVA_{t-1} \right] \tag{8}$$

Daraus ist sofort erkennbar, daß der **Residualgewinn** grundsätzlich *nicht der* **Wertänderung** des Unternehmens in der Periode entspricht.[23] Der Residualgewinn umfaßt den in der Periode t gewissermaßen „realisierten" zusätzlichen Wert, während der Ausdruck in der eckigen Klammer die Änderung des MVA, also der künftig erwarteten Residualgewinne, erfaßt.

Soll der Residualgewinn RI_t einer Periode die Wertänderung ausdrücken, so muß der Ausdruck in der eckigen Klammer von (8) gleich Null sein. Dies ist – abgesehen von zufälligen Situationen – nur unter **zwei engen Bedingungen** der Fall:[24]

■ Die *MVA*s sind **Null**. Dies ist dann der Fall, wenn der Buchwert des Nettovermögens des Unternehmens dem Marktwert entspricht. Eine vollständige Marktbewertung der Vermögenswerte und Schulden könnte dies uU erreichen (sofern keine nicht bilanzierten Gegenstände existieren und keine Synergieeffekte zwischen bilanzierten Gegenständen vorhanden sind).

■ Der *MVA* **wächst** in jeder Periode gerade mit dem Kapitalkostensatz i, dh $MVA_t - MVA_{t-1} = i \cdot MVA_{t-1}$.

Kurzfristigen Performancegrößen wird häufig vorgeworfen, daß sie nur den kurzfristigen und nicht einen **langfristigen Erfolg** messen. Dieses Argument ist hier deutlich sichtbar: Wird nur der Residualgewinn und nicht auch die Wertänderung des *MVA* berücksichtigt, können kurzfristig wirkende Entscheidungen tatsächlich besser erscheinen. So könnte eine Strategie erst in ein paar Jahren signifikant positive Auswirkungen auf die Cash flows und Gewinne haben, kurzfristig jedoch einen negativen Residualgewinn bewirken. Dann zeigt sich der Erfolg der Strategie in der Änderung des *MVA*, die die negativen Effekte des Residualgewinns der Periode aufwiegt. Umgekehrt kann eine sehr kurzfristig orientierte Entscheidung den Residual-

---

[23] Dies wird von *Richter* und *Honold* (2000) als unattraktive Eigenschaft des EVA bezeichnet.

[24] Vgl *O'Hanlon* und *Peasnell* (1998), S. 427.

gewinn der Periode erhöhen, jedoch den Goodwill um einen viel höheren Betrag verringern.

Empirische Ergebnisse

Die Korrelation zwischen Marktwertänderungen und Residualgewinnen (die formal wie in Gleichung (8) besteht) wurde in verschiedenen empirischen Untersuchungen getestet. Diese kommen allerdings zu sehr verschiedenen Ergebnissen.[25] So schwanken die gemessenen Korrelationen zwischen der Marktrendite und dem *Economic Value Added* zwischen 2 % und 56 % Erklärungskraft.[26] Nicht zuletzt liegt dies auch daran, daß die Marktrendite (Marktpreissteigerung, Dividendenzahlungen usw) einer Periode auch durch vielfältige überbetriebliche und oft zufällige Ereignisse beeinflußt wird, die von internen (fundamentalen) Kennzahlen schon konzeptionell gar nicht erfaßt werden können. Einige Studien zeigen auch, daß die Marktrendite mit anderen bilanziellen Größen (etwa dem Ergebnis der gewöhnlichen Geschäftstätigkeit) stärker korreliert als mit dem Residualgewinn.

4.2. Residualgewinn und mehrperiodige Investitionsprojekte

Im 9. Kapitel: *Investitionscontrolling* wurde gezeigt, daß der Residualgewinn die Eigenschaft hat, das **optimale Investitionsprogramm** bei asymmetrischer Information zu implementieren. Dabei lag allerdings eine sehr vereinfachte Situation zugrunde, weil nur einperiodige Investitionsprojekte betrachtet wurden. Im folgenden wird untersucht, ob diese Eigenschaft des Residualgewinns auch erhalten bleibt, wenn es sich um mehrperiodige Investitionsprojekte handelt. Die Abbildbarkeit des Unternehmenswertes (bzw dessen Änderungen) durch Residualgewinne läßt vermuten, daß dies grundsätzlich zutrifft – es sind jedoch Bedingungen dafür erforderlich.

Dazu werden **Investitionsprojekte** der folgenden Art betrachtet. Ein Investitionsprojekt umfaßt eine Auszahlung I zum Zeitpunkt $t = 0$ und liefert in jeder Periode t einen Zahlungsüberschuß $E_t(I)$, wobei E_t hier den Saldo aus Einzahlungen und Auszahlungen der jeweiligen Periode bezeichnet. Die Projektlaufzeit beträgt $T > 1$ Perioden (siehe Abbildung 2). Der relevante Kapitalmarktzinssatz beträgt i. Zu diesem Zinssatz können die Zentrale wie auch der Manager Geld beschaffen oder anlegen.

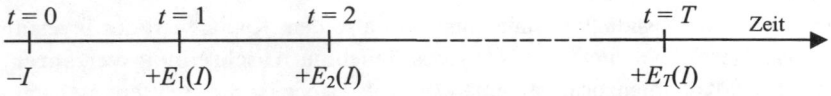

Abb. 2: Zahlungsstrom des Investitionsprojekts

---

[25] Vgl zu einem Überblick zB *Ittner* und *Larcker* (1998).

[26] Vgl zu einem Überblick *Schremper* und *Pälchen* (2001).

Zur Ermittlung der **Residualgewinne** müssen zunächst die **Periodengewinne** ermittelt werden. Dazu wird angenommen, daß die Zahlungsüberschüsse E_t sofort erfolgswirksam sind. Damit besteht die einzige Periodenabgrenzung in der Investition I, die via **Abschreibungen** Ab_t über die Laufzeit des Investitionsprojekts T verteilt wird und den Gewinn mindert. Der Abschreibungsverlauf wird über die periodischen **Abschreibungsraten** ab_t festgelegt. Für die Abschreibungen wird nur verlangt, daß sie sich über die Laufzeit auf die gesamte Investitionsauszahlung summieren, dh

$$I = \sum_{\tau=1}^{T} Ab_\tau \quad \text{bzw} \quad \sum_{\tau=1}^{T} ab_\tau = 1$$

Dies stellt sicher, daß das **Kongruenzprinzip** gilt. Dieses lautet hier

$$\sum_{\tau=1}^{T} G_\tau = \sum_{\tau=1}^{T} E_\tau(I) - I \tag{9}$$

Der **Gewinn** in Periode t beträgt damit

$$G_t = E_t - ab_t \cdot I$$

Die **Kapitalbindung** KB_t am Ende der Periode t beträgt

$$KB_t = I \cdot \left(1 - \sum_{\tau=1}^{t} ab_\tau\right) \quad \text{für } t = 1, ..., T$$

wobei $KB_0 = I$. Dies entspricht dem Buchwert der Investition am Ende der Periode. Mit diesen Definitionen kann der **Residualgewinn** in Periode t wie folgt ausgedrückt werden:

$$RG_t = G_t - i \cdot KB_{t-1} = E_t - ab_t \cdot I - i \cdot I \cdot \left(1 - \sum_{\tau=1}^{t-1} ab_\tau\right)$$

Nun ergibt sich aus dem *Lücke*-Theorem (siehe 2. Kapitel: *Die Kosten- und Leistungsrechnung als Entscheidungsrechnung*) folgende **Barwertäquivalenz**:

$$\sum_{\tau=1}^{T} RG_\tau \cdot (1+i)^{-\tau} = \sum_{\tau=1}^{T} E_\tau(I) \cdot (1+i)^{-\tau} - I \tag{10}$$

Der Barwert der Residualgewinne entspricht also dem Kapitalwert des Investitionsprojekts. Diese Äquivalenz gilt für jedes **beliebige Abschreibungsverfahren**, für welches das Kongruenzprinzip gemäß (9) gilt. Daher ist die Beurteilung nach dem Residualgewinn immun hinsichtlich allfälliger **bilanzpolitischer Maßnahmen** des Managers: Kann der Manager in einer Periode t den Gewinn zulasten künftiger Gewinne erhöhen (hier zB durch progressive Abschreibungsverfahren), erhöht sich G_t, aber gleichzeitig steigt auch die Kapitalbindung in den Folgeperioden. Der Barwert der Residualgewinne wird dadurch nicht verändert.

Aufgrund von (10) ist sichergestellt, daß der Manager von sich aus ebenfalls das **optimale Investitionsprogramm** in seinem Bereich implementiert, wenn er anhand des **Barwertes der Residualgewinne** entlohnt wird. Der Residualgewinn ist die *einzige* Beurteilungsgröße, die diese Äquivalenz sicherstellt.[27]

Der Residualgewinn hat bei **überlappenden Investitionsprojekten** noch eine weitere Eigenschaft. So zeigt *Anctil* (1996), daß eine Investitionsplanung, die sich in jeder Periode darauf beschränkt, den Residualgewinn gerade der jeweils vorliegenden Periode zu maximieren, unter bestimmten Bedingungen asymptotisch gegen dasjenige Optimum konvergiert, das sich aus der expliziten Lösung eines intertemporal formulierten Investitionsplanungsansatzes ergeben hätte. Freilich sind noch weitere Forschungen nötig, um die Robustheit und den Geltungsbereich solcher Resultate abschätzen zu können.

Relative Residualgewinne

In der Praxis wird vorgeschlagen, anstelle der absoluten Residualgewinne die Leistung der Manager anhand der **Veränderung der Residualgewinne** zu messen. Wählt ein Manager in einer Periode ein Investitionsprojekt mit positivem Kapitalwert, so erzielt er (idR) in mehreren künftigen Perioden positive Residualgewinne, obwohl diese mit seiner Leistung in diesen Perioden nichts mehr zu tun haben. Daher wird verständlich, daß es oft als nicht ausreichend angesehen wird, einen positiven Residualgewinn zu erzielen, vielmehr sollten die Manager Anreize erhalten, den Residualgewinn im Zeitablauf noch zu steigern.

Das entsprechende **Performancemaß** ist dann definiert als

$$\Delta RG_t = RG_t - RG_{t-1}$$

Es läßt sich zeigen, daß folgende **Barwertäquivalenz** gilt:[28]

$$\sum_{\tau=1}^{T+1} \Delta RG_\tau \cdot \rho^{-\tau} = (1 - \rho^{-1}) \cdot \left(\sum_{\tau=1}^{T} E_\tau \cdot \rho^{-\tau} - I \right) = (1 - \rho^{-1}) \cdot KW$$

Das heißt, der **Barwert der relativen Residualgewinne** entspricht dem mit einem Faktor multiplizierten Kapitalwert. Dabei ist zu beachten, daß dazu die relativen Residualgewinne bis eine Periode nach T gerechnet werden müssen, um die gesamten Effekte der Investition zu erfassen.

Damit hat ein Bereichsmanager, der anhand der relativen Residualgewinne entlohnt wird, ebenfalls einen Anreiz, das **optimale Investitionsprogramm** zu implementieren. Der einzige Unterschied, der sich durch die Verwendung der relativen anstelle der absoluten Residualgewinne ergibt, besteht in der notwendigen Erhöhung des Prozentsatzes, mit dem die Kennzahl in die Entlohnungsfunktion eingeht, um die

---

[27] *Reichelstein* (1997), S. 165, zeigt dieses Ergebnis für eine Familie von generalisierten Residualgewinnfunktionen der Form $E_t - (1 - \alpha) \cdot Ab_t - (1 - \alpha) \cdot i \cdot KB_t - \alpha \cdot I_t$. Dabei bezeichnet I_t Investitionsauszahlungen in Periode t (im Kontext dieses Abschnitts ist dabei $I_1 = I$, $I_t = 0$ für $t \neq 1$). Setzt man $\alpha = 0$, ergibt sich der Residualgewinn RG_t, setzt man $\alpha = 1$, ergibt sich eine Cash flow-Rechnung. Vgl dazu auch *Pfeiffer* (2000).

[28] Vgl *Baldenius, Fuhrmann* und *Reichelstein* (1999), S. 57.

gleiche erwartete Höhe der Entlohnung zu gewährleisten.[29] Damit wird auch das Entlohnungsrisiko beeinflußt, und es stellen sich praktische Fragen von Entlohnungsunter- und –obergrenzen.

Unterschiedliche Zeitpräferenzen des Managers

Die bisher für den Residualgewinn abgeleiteten Ergebnisse beruhen auf zwei wesentlichen **Voraussetzungen**:

- Der Manager verwendet zur Abzinsung seiner Entlohnung **denselben Zinssatz** i wie die Zentrale. Managern wird häufig nachgesagt, daß sie „ungeduldiger" und kurzfristiger orientiert sind als das Unternehmen. Sie könnten auch einen anderen Zugang zu Finanzierungsquellen haben als das Unternehmen. Deshalb werden Manager oft einen höheren Zinssatz anwenden als die Zentrale. Im folgenden wird dieser Zinssatz mit γ bezeichnet, wobei $\gamma > i$. Es muß auch angenommen werden, daß die Zentrale γ nicht kennt.[30]

- Der Manager hat den **gleichen Zeithorizont** wie das Unternehmen, das ist hier die Laufzeit des Investitionsprojektes T. Auch dies wird häufig nicht gegeben sein. Ein Manager scheidet oft vor Auslaufen sämtlicher von ihm entschiedener Investitionsprojekte aus seiner Position aus, etwa weil er im Unternehmen aufsteigt, zu einem anderen Unternehmen wechselt oder in Pension geht. Vielfach kann ein Manager nach Verlassen seiner Position auch nicht mehr anhand von künftigen Residualgewinnen entlohnt werden.

Diese Voraussetzungen können als Annahme **gleicher Zeitpräferenzen** von Manager und Zentrale zusammengefaßt werden. Trifft diese Annahme nicht zu, ergeben sich trotz der Verwendung des Residualgewinns Anreize zur Implementierung eines **ineffizienten Investitionsvolumens** oder zu nicht wahrheitsgemäßer Berichterstattung über den Erfolg des Investitionsprojekts. Der Manager würde solche Projekte präferieren, die vorwiegend in den *frühen* Perioden ihre Überschüsse erbringen, in denen der Manager eine (relativ) hohe Zeitpräferenz hat oder noch in seiner Position tätig ist. Dabei kann es sich auch um Projekte mit negativem Kapitalwert handeln, falls die Projekte zB nach dem Ausscheiden des Managers negative Zahlungsüberschüsse hervorrufen. Als Ergebnis kommt es zu **Überinvestition** oder zu **Unterinvestition**.

---

[29]   Es ist dabei aber zu beachten, daß in diesem Kapitel annahmegemäß die Parameter der Entlohnungsfunktion $\underline{S}$ und α nicht problematisiert werden.

[30]   Für den Fall, daß die Zentrale γ kennt, lassen sich die Investitionsanreize über die Anpassung des Residualgewinns mit einem Faktor $(1 + \gamma)^t / (1 + i)^t$ wieder herstellen.

Lösung in einem Spezialfall

Im folgenden wird gezeigt, daß unter bestimmten Umständen trotz unterschiedlicher Zeitpräferenzen von Manager und Zentrale das optimale Investitionsvolumen implementiert werden kann. Dazu wird von folgendem vereinfachten **Zahlungsstromprofil** ausgegangen:[31]

$$E_t(I) = \theta_t \cdot E(I) \qquad (11)$$

Die Zahlungsüberschüsse in den laufenden Perioden sind relativ zueinander durch die allgemein bekannten Parameter $(\theta_1, ..., \theta_T)$ gegeben, wobei $\theta_t > 0$ gilt. Die **asymmetrische Informationslage** besteht nur darin, daß die Zentrale die Funktion $E(\cdot)$ nicht kennt, die die Zahlungsüberschüsse skaliert. Gemäß (11) entspricht der Barwert der Zahlungsüberschüsse

$$\sum_{\tau=1}^{T} E_\tau(I) \cdot \rho^{-\tau} = E(I) \cdot \sum_{\tau=1}^{T} \theta_\tau \cdot \rho^{-\tau}$$

Die Funktion $E(I)$ kann vor die Summenbildung gezogen werden und skaliert auch den Barwert der Zahlungsüberschüsse.

Die Idee, wie unbekannte unterschiedliche Zeitpräferenzen ausgeglichen werden können, besteht darin, den Residualgewinn so zu adaptieren, daß die Bestimmung des Investitionsprogramms mit mehrperiodigen Zahlungswirkungen in T **einperiodige isomorphe Probleme** zerlegt wird. Der Manager erhält dann in *jeder einzelnen* Periode dieselben Anreize zur Wahl des Investitionsvolumens. Genau dann sind seine Zeitpräferenzen ohne Auswirkung auf seine Entscheidung.

Das aus Sicht der Zentrale **optimale Investitionsvolumen** I^* ist bei Nullsetzen des Grenzkapitalwertes wie folgt gekennzeichnet:

$$E'(I^*) \cdot \sum_{\tau=1}^{T} \theta_\tau \cdot \rho^{-\tau} - 1 = 0$$

Daraus ergibt sich

$$\theta_t \cdot E'(I) = \frac{\theta_t}{\sum_{\tau=1}^{T} \theta_\tau \cdot \rho^{-\tau}} \qquad (12)$$

Optimale Abschreibungen

Die Zerlegung des Problems in isomorphe Periodenentscheidungen impliziert die Forderung, daß das für die Zentrale optimale Investitionsvolumen durch die Maximierung des Residualgewinns einer beliebigen Periode oder einer beliebigen Kombination der insgesamt T Residualgewinne gefunden werden kann; dabei resul-

---

[31] Vgl dazu *Rogerson* (1997), *Pfaff* (1998) und *Pfeiffer* (2000). Eine Modellvariante, die zu grundsätzlich gleichen Ergebnissen führt, verwendet *Reichelstein* (1997). Eine frühere Analyse unterschiedlicher Zeitpräferenzen findet sich in *Laux* (1995), Kapitel XII, und *Laux* (1998).

tiert unabhängig von der Wahl der Periode das gleiche Investitionsvolumen I^*. Maximiert der Manager also den **Residualgewinn** RG_t einer beliebigen Periode t, soll die Bedingung erster Ordnung an der Stelle I^* erfüllt sein. Dies entspricht der folgenden Bedingung:

$$RG_t'(I^*) = \frac{\theta_t}{\sum_{\tau=1}^{T} \theta_\tau \cdot \rho^{-\tau}} - ab_t - i \cdot \left(1 - \sum_{\tau=1}^{t-1} ab_\tau\right) = 0 \tag{13}$$

Löst man diese Gleichung nach ab_t, ergibt sich für die **Abschreibungsraten** folgendes:

$$ab_t^* = \frac{\theta_t}{\sum_{\tau=1}^{T} \theta_\tau \cdot \rho^{-\tau}} - i \cdot \left(1 - \sum_{\tau=1}^{t-1} ab_\tau\right) \tag{14}$$

Das Abschreibungsverfahren, das sich aufgrund dieser Abschreibungsraten ergibt, wird auch **relatives Beitragsverfahren** (*relative benefit depreciation schedule*) genannt.[32]

Dieses Abschreibungsverfahren weicht von den in der Praxis bekannten und verwendeten Verfahren deutlich ab. Beispielsweise ergibt sich für $\theta_t < 0$ typischerweise eine *negative* Periodenabschreibung.

Für den Sonderfall gleich hoher Einzahlungsüberschüsse ($\theta_1 = \theta_\tau$ für alle τ) entspricht dieses Abschreibungsverfahren der **Annuitätenabschreibung**. Die Abschreibung in der letzten Periode T entspricht der Annuität der Investitionsauszahlung I mit dem Zinssatz i, die übrigen Abschreibungen folgen der Entwicklung $Ab_t = Ab_T \cdot \rho^{t-T}$. Es handelt sich damit um ein **progressives Verfahren**. Dieses Verfahren gewährleistet, daß die Summe der Abschreibungen und der Kapitalkosten in jeder Periode konstant bleibt. Damit ist auch der Residualgewinn in jeder Periode gleich hoch.

Der aufgrund der Abschreibungen (14) ermittelte **Residualgewinn** wird in jeder Periode t gerade für das **optimale Investitionsprogramm** I^* maximal. Der Residualgewinn ist insbesondere für jedes Investitionsprojekt mit positivem (negativem) Kapitalwert in jeder Periode positiv (negativ). Wenn daher der Bereichsmanager am einperiodigen Residualgewinn entlohnt wird, der mit diesen Abschreibungen ermittelt wird, wählt er das optimale Investitionsvolumen unabhängig von seiner (der Zentrale nicht bekannten) Zeitpräferenz.

Die bisherige Diskussion stellt auf **Zielkongruenz** zwischen dem Manager und dem Unternehmen bzw den Eigentümern in dem Sinne ab, daß die Eigentümer in der Situation des Managers dieselbe Entscheidung treffen würden. Im Grunde gleiche Ergebnisse können für **Anreizkompatibilität** gezeigt werden, die erfordert, daß der Manager die aus Sicht der Eigentümer optimale Entscheidung trifft, wobei die Eigentümer die Entlohnung des Managers explizit berücksichtigen.[33]

---

[32]   Vgl *Reichelstein* (1997), S. 168, und *Baldenius, Fuhrmann* und *Reichelstein* (1999), S. 59.
[33]   Vgl *Pfeiffer* (2003).

Ertragswertabschreibung

In der Investitionsrechnung wird der **ökonomische** (kapitaltheoretische) **Gewinn** definiert als

$$G_t = i \cdot EW_{t-1}$$

wobei EW_t der Ertragswert des Investitionsprojektes am Ende der Periode t ist. Die **Ertragswertabschreibung** entspricht der Änderung des Ertragswertes während der Periode t,

$$Ab_t = EW_{t-1} - EW_t$$

Aufgrund von $EW_t = (1 + i) \cdot EW_{t-1} - E_t$ (mit E_t als Einzahlungsüberschuß in Periode t) ergibt sich daraus

$$Ab_t = E_t - i \cdot EW_{t-1}$$

Im Unterschied zur hier beschriebenen Abschreibung wird insgesamt also der Ertragswert EW_0 abgeschrieben. Nur im Fall, daß $EW_0 = I$, wird die Investitionsauszahlung abgeschrieben (das ist der Fall, wenn der Ertragswert mit dem internen Zinssatz ermittelt wird). Im Fall gleich hoher Einzahlungsüberschüsse E_t und der Verwendung des internen Zinssatzes entspricht die Ertragswertabschreibung der **Annuitätenabschreibung**.

Optimale Zinssätze

Alternativ zu einer Anpassung des Abschreibungsverfahrens an die Eigenschaften des Investitionsprojektes besteht die Möglichkeit, das optimale Investitionsprogramm bei Informationsasymmetrie durch Anpassung der Zinssätze zu implementieren. Dazu sei noch einmal (13) betrachtet. Hält man die **Abschreibungsrate fix**, kann die Bedingung durch eine **Anpassung des Zinssatzes** erfüllt werden. Dann ergibt sich der Residualgewinn wie folgt:[34]

$$RG_t'(I^*) = \frac{\theta_t}{\sum_{\tau=1}^{T} \theta_\tau \cdot \rho^{-\tau}} - ab_t - \gamma_t \cdot \left(1 - \sum_{\tau=1}^{t-1} ab_\tau\right) = 0 \tag{15}$$

Dann kann für jedes *beliebige* Abschreibungsverfahren die optimale Anreizwirkung erzielt werden, wenn der folgende **Zinssatz** der Berechnung des Residualgewinns zugrunde gelegt wird:

$$\gamma_t^* = \frac{\dfrac{\theta_t}{\sum_{\tau=1}^{T} \theta_\tau \cdot \rho^{-\tau}} - ab_t}{1 - \sum_{\tau=1}^{t-1} ab_\tau}$$

Ähnlich wie oben beim Abschreibungsverfahren angemerkt, kann der optimale Zinssatz im Zeitablauf stark schwanken und in einzelnen Perioden auch negativ werden.

---

[34] Vgl *Pfeiffer* (2000), S. 80 f.

Beispiel[35]

Die Zentrale weiß, daß ein Investitionsprojekt eine Investitionsauszahlung in Höhe von 10 verursacht und daß die Einzahlungsüberschüsse in den nächsten fünf Jahren wie folgt lauten: $2,5 \cdot E$; $3 \cdot E$; $3 \cdot E$; $3,5 \cdot E$; $2,5 \cdot E$. Nur der Manager kennt den tatsächlichen Wert des Parameters E, der die Einzahlungen skaliert. Der Zentrale ist er unbekannt, sie weiß nur, daß er im Bereich von 0,5 bis 1,5 verteilt ist. Die Zentrale verwendet einen Zinssatz von 8%, sie weiß jedoch nicht, welchen Zinssatz der Manager verwendet, und sie weiß auch nicht, ob der Manager die ganzen fünf Jahre im Unternehmen bleiben wird.

Die Zentrale möchte eine Bemessungsgrundlage samt deren Ermittlungsregeln finden, so daß der Manager, der einen Anteil α an dieser Bemessungsgrundlage erhält, einen strikten Anreiz hat, ein Projekt mit positivem Kapitalwert durchzuführen und eines mit negativem Kapitalwert zu unterlassen. (Wie leicht nachzurechnen ist, ist die Grenze von E für einen positiven Kapitalwert bei rund 0,866.)

Wie im Text gezeigt wurde, muß die Zentrale den Residualgewinn als Bemessungsgrundlage verwenden. Die Zentrale hat zwei grundsätzliche Möglichkeiten: Sie kann den Residualgewinn unter Anwendung des Zinssatzes von 8% ermitteln und die optimalen Abschreibungen ansetzen. Sie kann alternativ irgendein Abschreibungsverfahren vorgeben (zB lineare Abschreibungen) und den Zinssatz entsprechend verändern. Die Summe der beiden (Kapitaldienst) bleibt gleich hoch. Diese beiden Möglichkeiten sind im folgenden anhand der Zahlen dargestellt (wegen der Beschränkung auf zwei Nachkommastellen kann es gelegentlich zu Rundungsdifferenzen kommen). Dabei wird angenommen, der Manager weiß, daß $E = 1,2$. Der Kapitalwert ist 3,851.

Periode	0	1	2	3	4	5
Buchwert am Periodenende	10,00	8,63	6,73	4,66	2,01	0,00
Zahlungsüberschüsse	-10,00	3,00	3,60	3,60	4,20	3,00
- (optimale) Abschreibung		-1,37	-1,91	-2,06	-2,66	-2,01
- Kapitalkosten		-0,80	-0,69	-0,54	-0,37	-0,16
= Residualgewinn		0,83	1,00	1,00	1,17	0,83
Optimale Abschreibungsrate		0,14	0,19	0,21	0,27	0,20

Periode	0	1	2	3	4	5
Buchwert am Periodenende	10,00	8,00	6,00	4,00	2,00	0,00
Zahlungsüberschüsse	-10,00	3,00	3,60	3,60	4,20	3,00
- Abschreibung		-2,00	-2,00	-2,00	-2,00	-2,00
- (optimale) Kapitalkosten		-0,17	-0,60	-0,60	-1,03	-0,17
= Residualgewinn		0,83	1,00	1,00	1,17	0,83
Optimaler Zinssatz		1,66%	7,49%	9,99%	25,81%	8,30%

Zunächst ist ersichtlich, daß der Residualgewinn in jeder Periode größer als null ist. Daher wird der Manager das Projekt implementieren, gleichgültig, welche Zeitpräferenzen oder welchen Zeithorizont er besitzt. Der Residualgewinn verhält sich strikt proportional zu den Zahlungsüberschüssen. Der Verlauf der optimalen Abschreibung erfolgt zunächst entsprechend dem Zahlungsprofil, wobei jedoch die geringer werdenden Kapitalkosten berücksichtigt werden müssen. Alternativ wird bei linearer Abschreibung der Zinssatz entsprechend angepaßt. Er erreicht Werte von 1,66% bis hin zu 25,81%, um die optimalen Anreize zu gewährleisten.

---

[35]   Dieses Beispiel ist eine leichte Abwandlung der Problemstellung im Text, da der Manager nur vor der Entscheidung steht, ein Projekt durchzuführen oder nicht. Er wählt nicht das optimale Investitionsvolumen. Jedoch ist die Lösungsstruktur beider Problemstellungen gleich.

Letztlich zeigt sich, daß es der **Kapitaldienst**, also das **Zusammenwirken** der **Abschreibung** und der **Zinskosten** auf das gebundene Kapital, ist, welches für die Investitionsanreize verantwortlich ist.[36] Dies sieht man deutlich, wenn man (15) wie folgt umschreibt:

$$ab_t + \gamma_t \cdot \left(1 - \sum_{\tau=1}^{t-1} ab_\tau\right) = \frac{\theta_t}{\sum_{\tau=1}^{T} \theta_\tau \cdot \rho^{-\tau}} \tag{16}$$

Das bedeutet, daß **Abschreibung und Zinsen** die Perioden **relativ** zu den Zahlungsüberschüssen **gleichmäßig belasten** müssen. Dies entspricht einer Art von **Tragfähigkeitsprinzip**. Werden die Abschreibungen vorweg festgelegt, kann dies durch die Anpassung der Zinssätze erreicht werden, wenn der Zinssatz vorgegeben ist, können die Abschreibungen entsprechend adaptiert werden.[37]

Setzt man (16) in die Formel für den Residualgewinn ein, ergibt sich

$$RG_t(I) = \theta_t \cdot E(I) - ab_t \cdot I - \gamma_t \cdot I \cdot \left(1 - \sum_{\tau=1}^{t-1} ab_\tau\right)$$

$$= \theta_t \cdot E(I) - \frac{\theta_t \cdot I}{\sum_{\tau=1}^{T} \theta_\tau \cdot \rho^{-\tau}} = \theta_t \cdot \underbrace{\left(E(I) - \frac{I}{\sum_{\tau=1}^{T} \theta_\tau \cdot \rho^{-\tau}}\right)}_{\text{periodenunabhängig}}$$

Der **Residualgewinn** verhält sich in jeder Periode **proportional** zu θ_t. Des weiteren ist sofort ersichtlich, daß der Manager in jeder Periode die **optimalen Investitionsanreize** erhält. Denn die Maximierung einer beliebig (positiv) gewichteten Summe der Residualgewinne liefert die folgende Bedingung:

$$E'(I) = \frac{1}{\sum_{\tau=1}^{T} \theta_\tau \cdot \rho^{-\tau}}$$

und dies ist die Bedingung für das optimale Investitionsprogramm I^*.

Auch wenn durch diese beiden Möglichkeiten der Anpassung der Berechnung des Residualgewinnes eine optimale Investitionssteuerung von Bereichen auch bei unterschiedlichen Zeitpräferenzen möglich ist, zeigt sich doch, daß die notwendigen **Anpassungen** auf das jeweilige Projekt **maßgeschneidert** sein müssen. Jedes Projekt benötigt ein ganz spezifisches Abschreibungsverfahren oder ganz spezifische Kapitalkostensätze; dies ist in der Praxis nur schwer vorstellbar. Des weiteren muß der Zentrale das Zahlungsprofil (θ_1, ..., θ_T) bekannt sein, was in der Realität gerade bei Realinvestitionen oft nicht der Fall ist. Die Zentrale muß auch in der Lage sein, den adaptierten Residualgewinn selbst ermitteln zu können. Sie muß daher die lau-

---

[36] Vgl *Rogerson* (1997), S. 786.

[37] Genau genommen gibt es daher beliebig viele Lösungen für das Problem, die dadurch gefunden werden können, daß Abschreibungsrate und Zinssatz korrespondierend so angepaßt werden, daß (16) erfüllt ist.

fenden und kumulierten Abschreibungen beobachten und ggf den Zinssatz vorgeben können, mit dem der Residualgewinn ermittelt wird.[38]

Dennoch bleibt eine **wesentliche Aussage** bestehen: *Wenn* eine Beurteilungsgröße in der betrachteten Modellsituation die optimale Investitionssteuerung bewirken kann, dann ist es der **Residualgewinn**.

Die abgeleiteten Ergebnisse beruhen auf etlichen **einschränkenden Annahmen** über die Investitionsprojekte. Eine Annahme ist, daß die **Zahlungsüberschüsse** in jeder Periode **positiv** sind (dh $\theta_t > 0$); andernfalls ergibt sich in einer Periode mit $\theta_t < 0$ ein negativer Residualgewinn und möglicherweise falsche Anreize.[39] Eine andere Annahme ist, daß der Manager keine Auswahl aus **alternativen Investitionsprojekten** trifft. Da die Residualgewinne trotz optimaler Abschreibung bzw Kapitalkosten von den Zahlungsprofilen der Projekte abhängen, kann es leicht vorkommen, daß der Manager bei seiner spezifischen Zeitpräferenz nicht mehr das Projekt mit dem höchsten positiven Kapitalwert wählt.[40] Dies gilt sogar dann, wenn die künftigen Einzahlungen je Projekt konstant sind, die Projekte aber unterschiedliche Laufzeit aufweisen. Weitere Annahmen bestehen darin, daß das Investitionsprojekt keine **Verbundeffekte** außerhalb des betrachteten Bereichs des Managers aufweist und nicht manipulierbar ist.[41]

Reichelstein (2000) zeigt, daß die gezeigten Ergebnisse auch dann Gültigkeit behalten, wenn sich der Manager anstrengen muß, um überhaupt lohnende Investitionsmöglichkeiten zu erhalten. Die Ergebnisse relativieren sich allerdings, wenn man zusätzliche Entscheidungsvariablen einbezieht, wie etwa eine Situation, in der der Manager durch **Anstrengung** oder zusätzliche **Arbeit** die periodischen Einzahlungsüberschüsse erhöhen kann, etwa durch Marketing- oder Kostenmanagement-Maßnahmen. Dann muß die Beurteilungsgröße zusätzlich zur Investitionswahl auch noch Anreize für diese Aktivitäten geben. Die Folge ist, daß etwa das Abschreibungsverfahren gemäß (14) nicht mehr optimal ist, weil die verschiedenen Anreizwirkungen gegeneinander abgewogen werden müssen.[42]

Einfluß der Gewinnermittlung auf das Performancemaß

Anreize im Hinblick auf mehrperiodige Entscheidungen können mit dem Residualgewinn unter Anwendung des *Lücke*-Theorems getroffen werden, ohne daß dabei Einschränkungen der Art der **Gewinnermittlung** benötigt werden, die über das Gelten des Kongruenzprinzips hinausgehen. Für den Fall unterschiedlicher Zeitpräferenzen des Managers muß allerdings die Gewinnermittlung in einer ganz bestimmten Weise erfolgen: Es wurde gezeigt, daß eine **Abschreibung** nach dem relativen Beitragsverfahren dafür benötigt wird. Der Grund liegt darin, daß nun der Residualgewinn in *jeder* Periode ein **geeignetes Performancemaß** für das Investitionsprojekt abgeben muß. Das wird durch diese Abschreibung sicher gestellt.

---

[38]   Zu weiteren impliziten Annahmen vgl *Bromwich* und *Walker* (1998), S. 412 – 416.

[39]   Dies kann mit einer entsprechenden Periodisierung auch der Einzahlungen vermieden werden. Vgl *Mohnen* (2002), S. 144 –151.

[40]   Vgl auch *Pfaff* und *Bärtl* (1999), S. 108 f. *Egginton* (1995) schlägt eine Variante der Abschreibungsberechnung vor, bei welcher der Residualgewinn in jeder Periode gleich groß wird; er entspricht dann notwendigerweise der Annuität auf den Kapitalwert des Investitionsprojekts. Der Nachteil besteht darin, daß diese Abschreibung mit der Information, die die Zentrale hat, nicht ermittelt werden kann.

[41]   Vgl *Pfaff* und *Stefani* (2003), S. 64 – 70.

[42]   Vgl zB *Wagenhofer* und *Riegler* (1999).

Nun gelten vergleichbare Zusammenhänge nicht nur für die Abschreibung, sondern auch für andere unternehmerische Entscheidungen. Die Gewinnermittlung entscheidet letztlich, wieweit sich operative und strategische Entscheidungen in den periodischen Residualgewinnen widerspiegeln. Die **externe Unternehmensrechnung** gibt bestimmte Gewinnermittlungsregeln vor, die mit den Zwecken der Performancemessung oft nicht kompatibel sind. *Beispiel*: Forschungs- und Entwicklungskosten werden in der Rechnungslegung entweder gar nicht oder nur zu einem Teil aktiviert und dann über die Laufzeit ihrer Nutzung abgeschrieben. Erwünschte Investitionen in Forschung und Entwicklung reduzieren in der Periode ihrer Durchführung den Gewinn bzw den Residualgewinn eines ungeduldigen Managers. Er hat damit Anreize zur Unterinvestition. Ähnliches gilt für strategische Investitionen in Humankapital oder auch große Marketingmaßnahmen.

Um entsprechende Managementanreize zu erzeugen, müssen derartige **Gewinnermittlungsregeln angepaßt** werden. Beispielsweise listen Stern Stewart rund 160 Anpassungen der externen Rechnungslegung auf, um zu ihrem *Economic Value Added* (*EVA®*) zu kommen, auch wenn in der praktischen Anwendung in Unternehmen nur einige der Anpassungen durchgeführt werden.[43] Solche Anpassungen betreffen nicht nur den Gewinn, sondern auch den Buchwert des Kapitals, und sie müssen konsistent über die Zeit mit allen Auswirkungen früherer Anpassungen auf nachfolgende Gewinne und Kapitalbuchwerte durchgeführt werden, um das Kongruenzprinzip einzuhalten. Dies kann erhebliche **Kosten** verursachen, die gegen den Nutzen verbesserter Steuerung abzuwägen sind.

Empirische Ergebnisse

In einer Befragung der DAX 100 Unternehmen im Jahr 2003 wurden die häufigsten Anpassungen der Gewinnermittlung in der Praxis erfragt:[44] In der Reihenfolge nach Häufigkeit der Nennungen waren dies:

Restrukturierungsaufwand, Goodwill, Beteiligungen, Sonderabschreibungen, Leasing, Pensionsrückstellungen, Zinsen auf erhaltene Anzahlungen, latente Steuern und Verkehrswerte bei Immobilien.

4.3. Cash flow-basierte Wertbeitragskennzahlen

Wertbeitragskennzahlen können auch auf Basis von Cash flows anstelle des Gewinns ermittelt werden. Eine solche Kennzahl ist unmittelbar der Cash flow selbst. Für ihn ist auch die direkte Verbindung zum Unternehmenswert gegeben.

Gemäß der **Nettomethode** kann der Unternehmenswert mit Hilfe des *Flow to Equity* (*FTE*) ermittelt werden. Folgt man dem Schema der Kapitalflußrechnung, ergibt sich der *Flow to Equity* wie folgt:

---

[43] Vgl *Stern*, *Stewart* und *Chew* (1998).

[44] Vgl *Aders* und *Hebertinger* (2003), S. 18.

Teil III: Koordinationsrechnungen

Cash flow aus laufender Geschäftstätigkeit
+ Cash flow der Investitionstätigkeit (dieser ist idR negativ)
– Nettoauszahlungen aus der Fremdfinanzierung (Zins- und Tilgungs-
  zahlungen, abzüglich Fremdkapitalzuführung)
= *Flow to Equity*

bzw symbolisch

$$FTE_t = E_t - I_t - NF_t$$

wobei E_t den Einzahlungsüberschuß aus der Geschäftstätigkeit, I_t die (Netto-)Investitionsauszahlungen und NF_t die Nettoauszahlungen aus der Fremdfinanzierung in Periode t bezeichnen. Gäbe es keine **Finanzanlagen**, wäre der FTE_t einer Periode identisch mit den Nettoausschüttungen AU_t. Der Barwert der *Flows to Equity* entspräche dann dem Unternehmenswert,

$$V_t = \sum_{\tau=t+1}^{\infty} AU_\tau \cdot \rho^{-(\tau-t)} = \sum_{\tau=t+1}^{\infty} FTE_\tau \cdot \rho^{-(\tau-t)} = \sum_{\tau=t+1}^{\infty} \left(E_\tau - I_\tau - NF_\tau \right) \cdot \rho^{-(\tau-t)}$$

Werden dagegen Teile des FTE_t nicht ausgeschüttet, wird angenommen, daß diese Beträge als Finanzanlagen FA_t so angelegt werden, daß sie sich gerade zum Kapitalkostensatz verzinsen. Daraus ergibt sich folgende Beziehung für die Entwicklung der Finanzanlagen im Zeitablauf:

$$FA_t = FA_{t-1} + i \cdot FA_{t-1} + FTE_t - AU_t \quad \text{bzw}$$
$$AU_t = FTE_t + (1+i) \cdot FA_{t-1} - FA_t$$

Der Unternehmenswert beträgt nach Einsetzen dieser Beziehung und Bereinigung

$$V_t = \sum_{\tau=t+1}^{\infty} AU_\tau \cdot \rho^{-(\tau-t)} = FA_t + \sum_{\tau=t+1}^{\infty} FTE_\tau \cdot \rho^{-(\tau-t)}$$

Eine analoge Äquivalenz kann für die **Bruttomethode** gezeigt werden. Es ist dann der *Free Cash Flow* (*FCF*) anstelle des *FTE* heranzuziehen. Er ergibt sich gemäß dem Schema der Kapitalflußrechnung aus:

Cash flow aus laufender Geschäftstätigkeit
+ Cash flow der Investitionstätigkeit
+ Fremdkapitalzinszahlungen (abzüglich Ertragsteuerersparnis)
= *Free Cash Flow*

Als Zinssatz wird ein gewogener Kapitalkostensatz aus Eigen- und Fremdkapital verwendet, und das Fremdkapital ist am Ende vom Barwert der *Free Cash Flows* abzuziehen.

Aufgrund dieses direkten Zusammenhangs von Unternehmenswert und den Cash flows ist es naheliegend, **Cash flows als Performancemaße** zu verwenden. Der Nachteil besteht in der idR erheblichen Volatilität der Cash flows, insbesondere wenn man die Investitionsauszahlungen berücksichtigt, die meist sehr unregelmäßig über die Perioden anfallen. Wird zB in einer Periode überproportional investiert, führt das zu einem ungünstigen oder negativen Cash flow und suggeriert eine Wertvernichtung in der betreffenden Periode. Dies ergibt sich dadurch, daß die künftigen Cash flow-Erhöhungen aufgrund der Investition erst dann Eingang in die Kennzahl finden, wenn sie tatsächlich eintreffen.

Die Volatilität der Kennzahl über die Perioden kann durch eine **Glättung der Investitionsauszahlungen** eingedämmt werden. Dies wurde bei den Cash flow-basierten Rentabilitätskennzahlen bereits diskutiert. Dort wurde auch der *CFROI* besprochen. Gemäß der Definition in (2) gilt

$$CFROI = \frac{\text{Brutto-Cash flow} - \text{ökonomische Abschreibung}}{\text{Brutto investiertes Kapital}}$$

Die ökonomische Abschreibung glättet die Investitionsauszahlungen über die Perioden.

Mit dem *CFROI* kann der ***Cash Value Added*** (*CVA*) gewissermaßen als Pendant zum Residualgewinn gebildet werden:

$$CVA_t = \text{Brutto-Cash flow} - \text{ökonomische Abschreibung} - \text{Kapitalkosten}$$

$$= \underbrace{(CFROI_t - i_t)}_{\text{Rentabilitätsspanne}} \cdot IK_{t-1}$$

wobei IK_t das brutto investierte Kapital am Ende von Periode t bezeichnet. Der *CVA* ergibt sich aus der Rentabilitätsspanne, das ist hier der *CFROI* abzüglich der Kapitalkosten i, multipliziert mit dem brutto investierten Kapital zu Beginn der jeweiligen Periode. Ein positiver *CVA* kann unter ähnlichen Einschränkungen wie oben für den Residualgewinn gezeigt als Wertsteigerung und ein negativer *CVA* als Wertminderung in der betreffenden Periode interpretiert werden. Zusätzlich kommt hinzu, daß der Brutto-Cash flow einer Periode selten repräsentativ für das Unternehmensgeschehen in dieser Periode war.

Die **Barwertidentität** von Barwert der *CVA*s und dem Kapitalwert eines Investitionsprojekts, wie sie analog für den Residualgewinn gezeigt wurde, läßt sich für den *CVA* unmittelbar zeigen. Sei dazu ein Investitionsprojekt mit Anschaffungsauszahlungen I sowie laufenden Einzahlungsüberschüssen $(E_t - A_t)$ betrachtet. Der **Barwert** der *CVA*s zum Zeitpunkt $t = 0$ lautet

$$\sum_{t=1}^{T} CVA_t \cdot \rho^{-t} = \sum_{t=1}^{T} \left(E_t - A_t - Ab_t - (\rho-1)\cdot I \right) \cdot \rho^{-t}$$

$$= \sum_{t=1}^{T} (E_t - A_t) \cdot \rho^{-t} - \sum_{t=1}^{T} Ab_t \cdot \rho^{-t} - \sum_{t=1}^{T} (\rho-1)\cdot I \cdot \rho^{-t}$$

$$= \sum_{t=1}^{T} (E_t - A_t) \cdot \rho^{-t} - I \cdot \frac{\rho-1}{\rho^T-1} \cdot \sum_{t=1}^{T} \rho^{-t} - (\rho-1)\cdot I \cdot \sum_{t=1}^{T} \rho^{-t}$$

$$= \sum_{t=1}^{T} (E_t - A_t) \cdot \rho^{-t} - (\rho-1)\cdot I \cdot \sum_{t=1}^{T} \rho^{-t} \cdot \left(\frac{1}{\rho^T-1} + 1 \right)$$

$$= \sum_{t=1}^{T} \left(E_t - A_t \right) \cdot \rho^{-t} - I \cdot \frac{\rho^T - 1}{\rho^T} \cdot \frac{\rho^T}{\rho^T - 1}$$

$$= \sum_{t=1}^{T} \left(E_t - A_t \right) \cdot \rho^{-t} - I = KW$$

wobei bei der Umformung der Rentenbarwertfaktor $\sum_{t=1}^{T} \rho^{-t} = \frac{\rho^T - 1}{(\rho - 1) \cdot \rho^T}$ genutzt wird.

CVA auf Basis des Humankapitals

Der *CVA* kann algebraisch so umformuliert werden, daß er sich auf eine andere Größe als das eingesetzte Kapital bezieht. Ein Beispiel dafür ist die Bezugnahme auf das Humankapital oder auf die Kunden.[45] Bei Bezugnahme auf das Humankapital wird der Brutto-Cash flow in seine wesentlichen Komponenten Umsatzeinzahlungen, Materialauszahlungen und Personalauszahlungen zerlegt. Daraufhin werden die Personalauszahlungen herausgelöst und das Ganze auf die Anzahl der Mitarbeiter bezogen. Unter leichter Abänderung der Notation im Text ergibt sich:

$$CVA = BCF - Ab - i \cdot IK$$

$$= U - Mat - Pers - Ab - i \cdot IK =$$

$$= \left(\frac{U - Mat - Ab - i \cdot IK}{MA} - \frac{Pers}{MA} \right) \cdot MA =$$

$$= \left(\frac{\text{Wertschöpfung}}{\text{Mitarbeiter}} - \frac{\text{Durchschn. Personalkosten}}{\text{Mitarbeiter}} \right) \cdot \text{Mitarbeiter}$$

Dabei bedeuten:

CVA	Cash Value Added
BCF	Brutto-Cash flow
Ab	ökonomische Abschreibung
i	Kapitalkostensatz
IK	brutto investiertes Kapital
U	Umsatzeinzahlungen
Mat	Materialauszahlungen
Pers	Personalauszahlungen
MA	Mitarbeiter

Der *CVA* kann so als Wertschöpfung pro Mitarbeiter abzüglich der durchschnittlichen Personalkosten pro Mitarbeiter und multipliziert mit der Anzahl der Mitarbeiter ausgedrückt werden. Da es sich nur um eine Umformulierung handelt, ändert sich nichts an den Eigenschaften des *CVA*.

Der **Kapitalwert eines Projekts** zum Zeitpunkt 0 entspricht dem **Barwert der CVAs**. Der Grund für die Identität liegt in der Definition der **ökonomischen Abschreibung**: Sie verteilt die Abschreibung der Anschaffungsauszahlungen so auf die Perioden der Nutzung, daß der Barwert der Abschreibung und der Barwert der Ver-

---

[45] Vgl *Strack* und *Villis* (2001), S. 70 f.

zinsung des brutto investierten Kapitals gerade wieder das brutto investierte Kapital ergibt, also kapitalwertneutral erfolgt. Mit dem *Lücke*-Theorem hat dies jedoch unmittelbar nichts zu tun.

5. Nichtfinanzielle Kennzahlen

Die meisten Kennzahlen sind finanzieller Natur. Wertbeitragskennzahlen sind unmittelbar Geldgrößen, und Rentabilitätskennzahlen beziehen zwei finanzielle Größen aufeinander. Der Grund liegt vor allem darin, daß viele verschiedene Einzelinformationen **aggregiert** werden, um die Gesamtzusammenhänge besser erkennen zu können. Für eine Aggregation ist idR derselbe Maßstab erforderlich. Die Belegung von relevanten Geschäftsfällen mit Preisen dient gerade dazu.

Eine ausschließliche Orientierung an finanziellen Kennzahlen verschleiert aber möglicherweise Ansatzpunkte für strategische Entscheidungen. Dies rührt daher, daß die finanziellen Auswirkungen von Entscheidungen regelmäßig erst in späteren Perioden eintreten. Finanzielle Kennzahlen in einer Periode bilden damit vor allem die Ergebnisse früherer Entscheidungen ab, was aus Steuerungssicht problematisch sein kann – insbesondere wenn man den „ungeduldigen" Manager betrachtet. Daher ist es sinnvoll, zusätzlich Informationen zu berücksichtigen, die stärker auf die Ursachen als auf die Wirkungen strategischer Entscheidungen eingehen oder erste Wirkungen rascher erfassen. Dies kann durch **nichtfinanzielle Kennzahlen** erreicht werden.

Nichtfinanzielle Kennzahlen werden häufig als Performancemaße auf **Teilbereichsebene** in Unternehmen verwendet. Sie zeigen dem Manager oft besser die direkten Auswirkungen seiner Entscheidungen, und sie lassen viele aus dessen Sicht unbeeinflußbare übergeordnete Effekte außen vor. Für eine wertorientierte Steuerung eignen sie sich dann, wenn ein starker Zusammenhang zwischen solchen Kennzahlen und der Unternehmenswertsteigerung (bzw dem Maß dafür) besteht.

Im folgenden wird eine Auswahl **wichtiger nichtfinanzieller Kennzahlen** dargestellt. Die Auswahl orientiert sich an der Nähe zur Kosten- und Leistungsrechnung. Danach wird mit der *Balanced Scorecard* ein Kennzahlensystem gezeigt, das zum Ziel hat, nichtfinanzielle und finanzielle Kennzahlen ausgewogen zu berücksichtigen.

Empirische Ergebnisse

In einer Fragebogenuntersuchung von *Fischer* und *Wenzel* (2003) antworteten 81 börsennotierte Unternehmen, welche nichtfinanziellen Werttreiber sie verwenden. Untersuchungszeitraum war das Jahr 2001. Die Ergebnisse sind:

Werttreiber	Anzahl Unternehmen
(Verbesserung von) Marktposition/Marktführerschaft/Marktanteil	15
Know how/Qualifikation der Mitarbeiter	11
Produkt- und Prozeßqualität	7
Kundenzufriedenheit	7
Innovationen	6
Kapazitätsauslastung	6
Marktwachstum	5
(Neue) Produkte	5
Vertrieb(-swege)	4
Mitarbeiterzufriedenheit	2
Technologieführerschaft	2
Unternehmenskultur	2
Image	2
Preise	2
Produktivität	2

5.1. Wesentliche nichtfinanzielle Kennzahlen

Produktivität

Für viele Entscheidungen, besonders im Produktionsbereich, liefern Produktivitätsmaße adäquatere Steuerungsinformation als Kosten (Menge × Preis). **Produktivität** ist folgendermaßen definiert:

$$\text{Produktivität} = \frac{\text{Output}}{\text{Input}}$$

Werden Input und Output als Mengen gemessen, kann nur eine Faktorart berücksichtigt werden. Im **Mehrproduktunternehmen** müssen die Mengen gewichtet und dann zusammengezählt werden. Dies geschieht idR mittels der Preise, so daß:

$$\text{Produktivität} = \frac{\sum_j \left(\text{Output}_j \times \text{Preis}_j \right)}{\sum_i \left(\text{Input}_i \times \text{Preis}_i \right)}$$

Ein „echtes" Produktivitätsmaß erhält man dann, wenn man die Preise der Inputs und Outputs über die Zeit hinweg konstant hält. Verwendet man dagegen **Istpreise**, kann die Mengenrelation durch Preisschwankungen überlagert werden. Man erhält damit wieder eine finanzielle Kennzahl. Im Zeitvergleich kann dies zu Fehlinterpretationen führen. Da aber letztlich die Erfolgswirksamkeit wesentlich ist, kann ein Produktivitätsmaß nur *zusätzlich* zu den Kosten- und Erlösinformationen Verwendung finden.

Qualitätsmaßstäbe

Qualität ist die Beschaffenheit eines Produktes oder Prozesses bezüglich der Eignung, bestimmte festgelegte oder vorausgesetzte Erfordernisse zu erfüllen.[46] Qualität ist ein mehrdeutiger Begriff. Sie kann die Anzahl der Funktionen des Produkts, die geringe Abweichung der Verarbeitung, die Anzahl der Wahlmöglichkeiten durch Kunden oder das Befriedigen von Kundenerwartungen ganz allgemein bezeichnen. Dementsprechend vielfältig sind die Maßgrößen für Qualität.[47]

Moderne Managementphilosophien wie *Total quality management* (*TQM*) stellen Qualitätsverbesserungen in allen Aktivitäten des Unternehmens in den Vordergrund. Damit können nachträgliche Qualitätskontrollen, Nachbearbeitungen (nicht werterhöhende Aktivitäten) und Verluste durch Weiterverarbeitung von Ausschuß vermieden werden. Typische **nichtfinanzielle Maßgrößen** sind dafür:

- Anzahl der defekten Teile in verschiedenen Stadien der Verarbeitung;
- Anzahl von Konstruktionsänderungen;
- Lieferantenbewertung, zB Anzahl gelieferter defekter Teile, Prozentsatz nicht termingerecht gelieferter Teile;
- Kundenzufriedenheit, zB Anzahl Beschwerden, Garantiearbeiten.

„Traditionelle" Kostenrechnungssysteme liefern Kosten im Zusammenhang mit der Qualität nur sehr selten. Diese entstehen in allen möglichen Bereichen des Unternehmens und werden dort unter verschiedenen Titeln erfaßt. Bestimmte Kosten, wie etwa Opportunitätskosten infolge eines Reputationsverlustes bei den Kunden, können überhaupt nur geschätzt werden. **Kosten der Qualität** werden grob in vier Kategorien eingeteilt:[48]

1. Kosten der **Vorbeugung** vor defekten Produkten (*prevention costs*): Diese entstehen vor der eigentlichen Produktion, wie zB Konstruktionsänderungen, Mitarbeiterschulung;

2. Kosten von **Qualitätstests** vor Lieferung an die Kunden (*appraisal costs*);

3. **Interne Kosten** defekter Produkte (*internal failure costs*), die im Verlauf der Produktion anfallen;

4. **Externe Kosten** defekter Produkte (*external failure costs*), die nach Auslieferung durch Rücknahme, Garantiearbeiten, Haftungsansprüche, Opportunitätskosten künftiger Verkäufe oder Reputationsverlust entstehen.

---

[46]   Vgl auch DIN 55350 aus 1987.

[47]   Vgl zB *Zimmerman* (2000), S. 663. Die US-Regierung etablierte 1987 den *Malcolm Baldrige National Quality Award*, der insgesamt 27 verschiedene Maßstäbe für Qualität definiert.

[48]   Vgl zB *Drury* (1996), S. 841.

Zeitgrößen

Mit modernen Produktionsmethoden wie ***Just in time*** (*JIT*) wird ein Hauptaugenmerk auf die **Durchlaufzeit** von Kundenbestellung bis Lieferung gelegt. Indem versucht wird, diese Zeit zu verkürzen, kommt es im Regelfall auch zu Kostensenkungen. Diese zeigen sich beispielsweise in einer Reduktion der Zinskosten infolge der kürzeren Zeit, in der Inputfaktoren in der Produktion gebunden sind, oder in geringeren Lagerkosten. Auf der anderen Seite erhält man einen Wettbewerbsvorteil durch rasche Reaktion auf Kundenwünsche.

Damit entsteht ein Bedarf, die **Zeiten der verschiedenen Prozesse** zu messen, wie

■ Verarbeitungszeiten,

■ Wartezeiten,

■ Transportzeiten,

■ Testzeiten.

Alle Zeiten bis auf die erste Kategorie, Verarbeitungszeiten, umfassen **nicht werterhöhende Aktivitäten**. Unternehmen sind bestrebt, diese möglichst zu verringern. Maßnahmen dafür umfassen etwa Qualitätsverbesserungen, verbesserte Produktionsplanung und Änderungen der Prozeßabfolgen oder des Layout der Fertigung.

Immaterielle Werte

Immaterielle Werte umfassen nichtmonetäre Vermögenswerte ohne physische Substanz im Unternehmen. Sie können je nach Branche und Geschäftätigkeit erhebliche Bedeutung für die künftige Leistungserstellung haben und damit **Nutzen** generieren. Immaterielle Werte entstehen aus Innovation, spezifischer Organisation im Unternehmen und Humanvermögen. Beispiele sind die folgenden:[49]

■ Innovationskapital: Produkt-, Dienstleistungs- und Verfahrensinnovationen, zB Patente, Copyrights;

■ Humankapital: zB Ausbildung, Know how, Führungsqualität und Betriebsklima;

■ Kundenkapital: zB Marktanteile, Marken, Kundendateien, Kundenzufriedenheit, Abnahmeverträge;

■ Lieferantenkapital: zB Bezugsverträge;

■ Investorkapital: zB Rating, Standing des Unternehmens;

■ Immaterielle Werte im Organisationsbereich: zB Aufbau- und Ablauforganisation, Vertriebsnetz, Qualitätssicherung, Informations- und Kommunikationsstruktur;

■ Standortkapital: zB Frequenz, Verkehrsanbindung, Steuervorteile.

---

[49] Vgl *Arbeitskreis „Immaterielle Werte im Rechnungswesen" der Schmalenbach-Gesellschaft* (2001), S. 990 f. Die dort verwendeten englischen Bezeichnungen werden übersetzt. Man könnte auch fragen, weshalb von „Kapital" und nicht von „Vermögen" die Rede ist.

Typisches Merkmal des immateriellen Vermögens ist, daß es (grundsätzlich) **nicht bilanzierungsfähig** ist. Dies liegt vor allem daran, daß die Kosten seiner Erstellung oder sein Wert für das Unternehmen nicht zuverlässig abschätzbar sind, es meist keine selbständige Verwertbarkeit hat oder daß das Unternehmen vielfach nicht einmal Eigentümer dieser Werte ist und daher nur in geringem Umfang darüber wirklich verfügen kann. Mit finanziellen Kennzahlen aus dem Rechnungswesen ist das immaterielle Vermögen daher **nicht erfaßbar**. Investitionen in diese Werte werden wie **laufende Kosten** abgebildet, und es besteht ein Anreiz des Managements, die Kosten gering zu halten, auch wenn es zulasten künftiger Erlöse geht – was insbesondere bei „ungeduldigen" Managern zutrifft. Investitionen in immaterielle Werte werden daher tendenziell durch Investitionen in (aktivierbare) Sachanlagen substituiert.

Daher bieten sich für die Steuerung immaterieller Werte **nichtfinanzielle Kennzahlen** aus den jeweiligen Kategorien an. Sie können auch als Werttreiber im Rahmen eines wertorientierten Managements gesehen werden. Für solche Kennzahlen existiert eine Reihe von Vorschlägen und Schemata, es wird aber immer auf die besonderen betrieblichen Umstände ankommen, welche davon sinnvoll anwendbar sind.[50]

Intellektuelles Kapital

Immaterielle Werte werden vielfach mit intellektuellem Kapital oder Wissenskapital gleichgesetzt. Intellektuelles Kapital wird dann breit als Marktpreis des Unternehmens (zB Börsenkapitalisierung) abzüglich Buchwert des Eigenkapitals definiert.

Diese Definition übersieht, daß im Marktwert sämtliche künftig erwarteten Einzahlungsüberschüsse enthalten sind, und damit auch solche, die durch materielles Vermögen induziert werden. Es gibt auch Unternehmen, deren Buchwert des Eigenkapitals über dem Marktpreis liegt – kann es negatives immaterielles Vermögen geben?

Die rasante Entwicklung der EDV und moderne automatisierte Fertigungstechnologien ermöglichen den **Zugriff** auf immer mehr und aktuellere **Information** im Unternehmen. Viele nichtfinanzielle Informationen, wie Materialbedarfsmengen, Produktionszeiten, Standzeiten und ähnliches, müssen vielfach gar nicht gesondert erfaßt werden, sondern sind ohnedies bereits im EDV-System verfügbar. Andere Größen wiederum müssen jedenfalls gesondert erhoben werden, beispielsweise Kundenzufriedenheit oder Marktinformationen.

---

[50] Vgl zB *International Federation of Accountants* (1998), *Ittner* und *Larcker* (2001), *Lev* (2001).

5.2. Balanced Scorecard

Werden für bestimmte Zusammenhänge mehrere Kennzahlen verwendet, ist es sinnvoll, sie in eine logische Struktur zu bringen. Dies machen **Kennzahlensysteme**. Sie bestehen aus mehreren Kennzahlen, die in einer sachlichen Beziehung zueinander stehen, sich ergänzen oder erklären und auf ein übergeordnetes Ziel ausgerichtet sind. Dadurch sind sie in der Lage, mehrere Ursache-Wirkungs-Zusammenhänge getrennt darzustellen.

Ein Kennzahlensystem, das eine solche Struktur vorgibt, ist die **Balanced Scorecard (BSC)**. Sie enthält finanzielle und nichtfinanzielle Kennzahlen und ordnet sie entsprechend der folgenden Ursache-Wirkungs-Kette von Perspektiven, die einander kausal und damit auch zeitlich nachgelagert sind:[51]

- **Lern- und Entwicklungsperspektive**: Das Wissen der Mitarbeiter und das in der Organisation vorhandene Wissen ist die Grundlage für künftigen Erfolg. Dieses Wissen wird auch als **intellektuelles Kapital** bezeichnet.

- **Interne Perspektive**: Diese erfaßt die kritischen Geschäftsprozesse und wird von der Lern- und Entwicklungsperspektive beeinflußt.

- **Kundenperspektive**: Darin werden wesentliche Kundenwünsche und deren Erfüllung durch die eigenen Produkte und Leistungen abgebildet, welche wiederum durch die Geschäftsprozesse erstellt werden.

- **Finanzielle Perspektive**: Diese Perspektive enthält die finanziellen Resultate der Entscheidungen und Aktivitäten in den anderen Perspektiven.

Ziel der *Balanced Scorecard* ist eine **ausgewogene Berücksichtigung** der angesprochenen Perspektiven und deren Zusammenhänge untereinander wie auch zu den unternehmerischen Zielen und Strategien. Durch Erkennen von Mängeln in den nichtfinanziellen Perspektiven können Entscheidungen angeregt werden, die schon vor dem Beobachten finanzieller Auswirkungen in die Prozesse eingreifen. Abbildung 3 zeigt ein Beispiel einer *Balanced Scorecard*[52], wobei in den links angeordneten Kästchen die Ziele und rechts davon mögliche Kennzahlen und Performancemaße stehen.

Die *Balanced Scorecard* ist ein **offenes Kennzahlensystem**, das an die individuellen betrieblichen Gegebenheiten angepaßt werden muß. Sie enthält keine Vorgaben für bestimmte Kennzahlen oder Kriterien für eine „Ausgewogenheit" der Kennzahlen. Deshalb stellt sich auch die Frage, ob die *Balanced Scorecard* als solche nicht inhaltsleer ist, denn es wird kaum Meinungsunterschiede hinsichtlich der grundsätzlichen Wichtigkeit der Berücksichtigung mehrerer, auch nichtfinanzieller Perspektiven geben. Und warum das gerade vier Perspektiven sein sollen, ist nicht

---

[51]   Vgl *Kaplan* und *Norton* (1997), S. 23 – 30.
[52]   Die Struktur dieser Darstellung folgt *Kaplan* und *Norton* (1997), S. 176.

unbedingt allgemein erkennbar. Der Hauptvorteil der *Balanced Scorecard* ist darin zu sehen, daß damit unternehmensinterne Diskussionen über die Umsetzbarkeit und Meßbarkeit von Zielen und Strategien initiiert und geleitet werden und die Mitarbeiter entsprechende Informationen erhalten.

Die *Balanced Scorecard* wird auch zur **Performancemessung** von Managern in deren **Entlohnung** eingesetzt. Dies wird damit begründet, daß es besser ist, mehrere Kennzahlen und auch solche aus unterschiedlichen Perspektiven für die Bemessung der finanziellen Entlohnung zu nutzen. Dies ist dann richtig, wenn jede dieser Kennzahlen **eigenständigen Informationsgehalt** aufweist, der für die Steuerung von Managern im Agency-Kontext relevant ist. Dazu gehen die in der *Balanced Scorecard* enthaltenen Kennzahlen mit einem bestimmten Gewicht in die Entlohnungsfunktion ein. Die Berücksichtigung mehrerer Kennzahlen darf aber nicht darüber hinwegtäuschen, daß letztlich durch deren Gewichtung doch nur *eine* – wenngleich zusammengesetzte – **neue Kennzahl als Performancemaß** entsteht. Die Gewichtung legt auch fest, wie ein Manager die oft gegenläufigen Wirkungen bestimmter Entscheidungen auf die Ausgangskennzahlen gegeneinander abwägen muß, um das Performancemaß zu erhöhen. Dies kann sehr komplex sein und die Akzeptanz als Performancemaß verringern.

Gewichtungen sind idR sehr subjektiv. Für eine gute Gewichtung muß sehr viel über die Wirkungszusammenhänge zwischen den einzelnen Kennzahlen in der *Balanced Scorecard* bekannt sein. Eine intuitive Gewichtung berücksichtigt vielfach nicht, daß die einzelnen Kennzahlen hoch korreliert sein können. Unterstellt man einen starken Ursache-Wirkungs-Zusammenhang in den vier Perspektiven, wie er in der *Balanced Scorecard* zum Ausdruck kommen soll, so müßte die Gewichtung der Kennzahlen diese Korrelation berücksichtigen, um im Ergebnis nicht zu einer Über- oder Untergewichtung einzelner Wirkungen zu gelangen.

Eine **Korrelation** zwischen einzelnen Kennzahlen kann sogar dazu führen, daß die optimale Gewichtung aus Sicht des Informationsgehalts kontraintuitiv werden kann: Obwohl jede Kennzahl für sich mit einem stark positiven Gewicht in das Performancemaß eingehen würde, kann eine stark positive Korrelation dazu führen, daß eine davon sogar *negativ* gewichtet werden muß. Der Grund liegt darin, daß die Differenz der zwei Kennzahlen Risiko herausfiltern kann und die kombinierte Kennzahl präziser wird.

Die Gewichtung berücksichtigt weiter nicht, daß Manager **Anreize** haben, von sich aus bestimmte erwünschte Aktivitäten zu setzen. Diese müssen daher an sich gar nicht über eine Entlohnung motiviert werden. Das unterscheidet die Verwendung der *Balanced Scorecard* als **Entscheidungsinstrument** von derjenigen zur **Verhaltenssteuerung**.[53]

---

[53] Vgl zu weiteren Problemen der Verwendung der *Balanced Scorecard* zur Verhaltenssteuerung *Pfaff, Kunz* und *Pfeiffer* (2000).

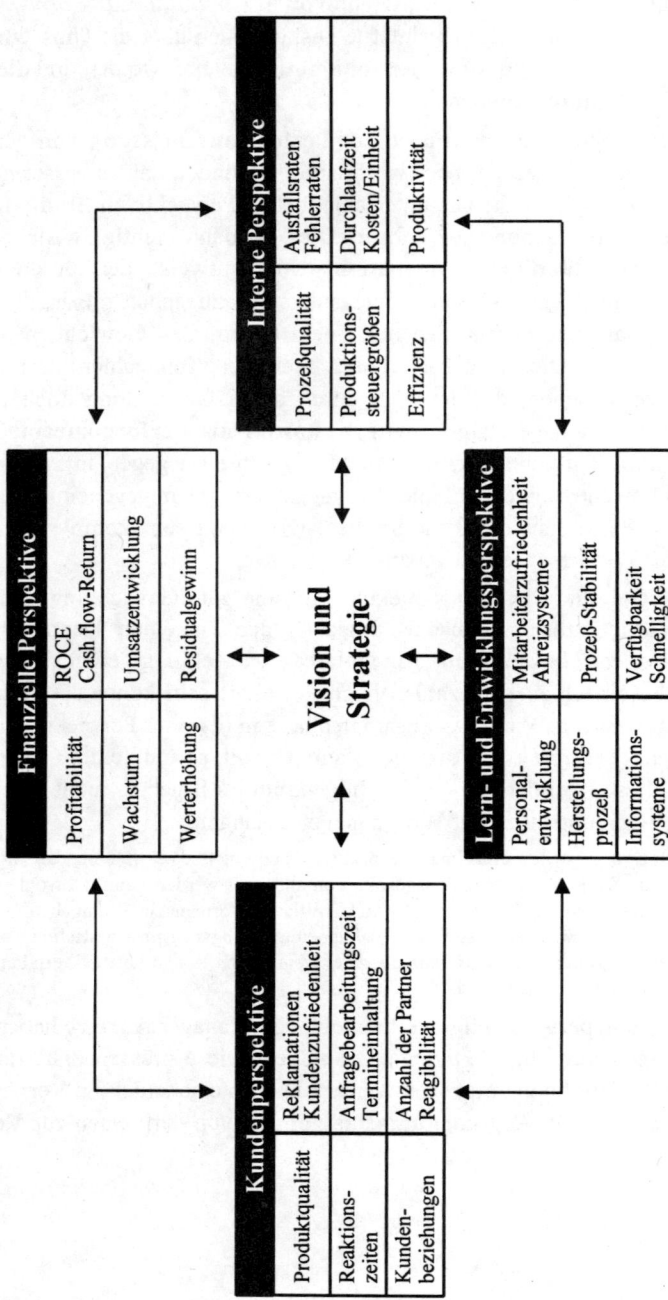

Abb. 3: Beispiel einer *Balanced Scorecard*

Experimentelle Ergebnisse

Lipe und *Salterio* (2000) testen mittels eines Experiments, ob die Zentrale bei der Beurteilung von zwei Bereichsmanagern auf Basis einer *Balanced Scorecard* stärker Kennzahlen berücksichtigt, die in beiden *Scorecards* vorkommen, oder solche, die bereichsspezifisch sind. Die beiden Bereiche sind auf verschiedenen Märkten aktiv und somit nicht unmittelbar vergleichbar.

Ihre Ergebnisse zeigen, daß die Beurteilung von Managern fast ausschließlich an den gemeinsamen Kennzahlen ausgerichtet ist, obwohl die bereichsspezifischen Kennzahlen vermutlich bessere Performancemaße wären. Eine Begründung kann sein, daß es die gemeinsamen Kennzahlen (zumindest scheinbar) leichter machen, die beiden Bereiche zu vergleichen.

6. Zusammenfassung

Kennzahlen erfüllen eine Entscheidungsfunktion und eine Verhaltenssteuerungsfunktion. Bei der **Entscheidungsfunktion** sollen sie einem Entscheidungsträger zusammengefaßte und leicht verständliche Informationen liefern. Die **Verhaltenssteuerung** erfolgt durch Verwendung von Kennzahlen als **Performancemaße**, nach denen ein Manager beurteilt und entlohnt wird. Eine Kennzahl ist **anreizkompatibel**, wenn sie sich dann (und nur dann) erhöht, wenn sich auch die Zielgröße der Unternehmenseigner erhöht. Dabei sind asymmetrische Informationen, divergierende Interessen und Manipulationsmöglichkeiten des Managers zu berücksichtigen.

Erfolgskennzahlen suchen die Leistung des Managers zur Schaffung und Erhöhung des Unternehmenswertes in einer Periode abzubilden. Der Unternehmenswert ergibt sich als Barwert künftig erwarteter Cash flows, und es ist problematisch, periodische Kennzahlen zu finden, die diese Funktion gut erfüllen. Erfolgskennzahlen können in **Cash flow-basierte** und **ergebnisbasierte Kennzahlen** wie auch in Wertbeitrags- und Rentabilitätskennzahlen eingeteilt werden. Cash flows unterliegen keinen Manipulationsmöglichkeiten durch bilanzpolitische Maßnahmen, sie fluktuieren allerdings im allgemeinen stärker als Gewinne. **Wertbeitragskennzahlen** sind absolute Kennzahlen, die die Wertänderung des Unternehmens oder eines Bereichs in einer Periode erfassen sollen. **Rentabilitätskennzahlen** sind relative Kennzahlen, bei denen eine Erfolgsgröße mit einer passenden Kapitalgröße in Verbindung gesetzt wird. Erfolgskennzahlen können nach der **Brutto-** oder der **Nettomethode** ermittelt werden, je nachdem, welche Kapitalgröße verwendet wird. Zu jeder Wertbeitragskennzahl gibt es eine korrespondierende Rentabilitätskennzahl, die auf denselben Informationen beruht.

Die bekanntesten *Return on Investment*-**Kennzahlen** sind der *Return on Investment* (*ROI*), der *Return on Net Assets* (*RONA*) und der *Return on Capital Employed* (*ROCE*). Sie unterscheiden sich nach dem Umfang des einbezogenen Kapitals und inwieweit sie verzinsliches Vermögen berücksichtigen. Rentabilitätskennzahlen geben Anreize zu **Unterinvestition**, wenn wertsteigernde Investitionsmöglichkeiten deshalb nicht wahrgenommen werden, weil sich die Rentabilität dadurch verringert. Ergebnisbasierte Rentabilitätskennzahlen haben überdies die Eigenschaft, daß sie **über die Nutzungsdauer** eines Investitionsprojekts **steigen**, weil der Buchwert der Investition im Zeitablauf durch Abschreibungen sinkt. Dies vermeiden Rentabilitätskennzahlen auf Basis des **Cash flow**, wie der *Cash Flow Return on Investment* (*CFROI*) in der einperiodigen oder mehrperiodigen Variante und der *Brutto-CFROI*. **Rentabilitätskennzahlen** stimmen außerdem nur in Sonderfällen mit dem **internen Zinssatz** des Investitionsprojekts überein.

Wertbeitragskennzahlen sind der Residualgewinn und seine Varianten *Economic Value Added* oder *Economic Profit*. Der **Residualgewinn** hat die Eigenschaft, daß der Unternehmenswert zu jedem Zeitpunkt mit der Summe aus Buchwert des Eigenkapitals und Barwert der Residualgewinne (auch *Market Value Added* bezeichnet) übereinstimmt, wenn die Gewinnermittlung die *Clean Surplus*-Relation erfüllt. Der Residualgewinn stimmt allerdings idR nicht mit der **Wertsteigerung in der Periode** überein, weil er die Änderung des *Market Value Added* nicht erfaßt. Cash flowbasierte Wertbeitragskennzahlen sind der Cash flow selbst (als *Flow to Equity* oder *Free Cash Flow*) oder der *Cash Value Added*. Werden dabei die ökonomischen Abschreibungen berücksichtigt, entspricht der Unternehmenswert auch dem Barwert der *Cash Value Added*.

Eine **Entlohnung** anhand der Residualgewinne führt aufgrund der Barwertäquivalenz mit dem Kapitalwert eines Projekts zu einer **Zielkongruenz** des Managers und der Eigentümer des Unternehmens. Dies gilt unter Berücksichtigung der Skalierung auch für **relative Residualgewinne**. Die Zielkongruenz gilt jedoch nicht mehr, wenn der Manager **andere Zeitpräferenzen** hat (zB wenn er „ungeduldig" ist) als die Eigentümer. Dann kann Zielkongruenz wieder hergestellt werden, wenn die **Abschreibungen** (relatives Beitragsverfahren) oder die **Zinssätze** entsprechend der Struktur der Einzahlungsüberschüsse aus dem Projekt angepaßt werden. Je nach Entscheidungssituation können auch noch andere **Anpassungen der Gewinnermittlung** erforderlich werden. Diese Anpassungen haben zur Folge, daß sich der Residualgewinn jeder Periode proportional zum Kapitalwert verhält und somit jede Periode stellvertretend für die Auswirkungen des gesamten Projekts stehen kann. Damit haben unterschiedliche Zeitpräferenzen keine Auswirkung auf die Entscheidungsfindung mehr.

Finanzielle Kennzahlen erfassen bei langfristigen Entscheidungen eher die Ergebnisse von Entscheidungen früherer Perioden. Daher können sie durch **nichtfinanzielle Kennzahlen** ergänzt oder gar ersetzt werden, die stärker auf die Ursachen als auf die Wirkungen strategischer Entscheidungen eingehen oder erste Wirkungen rascher erfassen. Nichtfinanzielle Kennzahlen sind aber nicht direkt aggregierbar. Die Kosten- und Leistungsrechnung kann vor allem durch **Produktivitäts-, Qualitäts-** und **zeitbasierte Kennzahlen** ergänzt werden. Das Management immaterieller Werte wird ebenfalls meist auf nichtfinanzielle Kennzahlen gestützt, da sie selten hinreichend zuverlässig bewertet werden können.

Kennzahlensysteme bestehen aus mehreren Kennzahlen, die in einer sachlichen Beziehung zueinander stehen, sich ergänzen oder erklären und auf ein übergeordnetes Ziel ausgerichtet sind. Ein Kennzahlensystem, das für ein wertorientiertes Management häufig Verwendung findet, ist die *Balanced Scorecard*. Sie definiert vier Perspektiven, die Lern- und Entwicklungsperspektive, die interne Perspektive, die Kundenperspektive und die finanzielle Perspektive, und versucht, diese in ein ausgewogenes Verhältnis zu bringen. Zur **Performancemessung** und Entlohnung ist die *Balanced Scorecard* allerdings eher weniger geeignet als zur Entscheidungsunterstützung von Managern. Denn die Gewichtung der darin enthaltenen Kennzahlen ist eine subtile Aufgabe, die Wirkungszusammenhänge und Korrelationen berücksichtigen muß. Die Gewichtung unterscheidet sich daher idR von der Wichtigkeit der Kennzahlen aus einer **Entscheidungsperspektive**.

Fragen

1. Was heißt Anreizkompatibilität eines Performancemaßes? Worin unterscheidet sie sich von Zielkongruenz des Performancemaßes?

2. Angenommen, ein Manager wird mit einem bestimmten Prozentsatz an der Wertsteigerung des Unternehmens gemessen, die auch genau der Zielgröße der Eigentümer entspricht. Ist es möglich, daß der Manager dann keine optimalen Entscheidungen aus Sicht der Eigentümer trifft?

3. Welche Vor- und Nachteile haben Cash flow-basierte Kennzahlen?

4. Welche der folgenden Bilanzposten sind verzinsliches Fremdkapital für die Ermittlung des *RONA*? Passive Rechnungsabgrenzungsposten, Lieferverbindlichkeiten, Steuerrückstellungen, Pensionsrückstellungen, (begebene) Anleihen, Kundenanzahlungen.

5. Unter welchen Bedingungen entspricht der *ROI* dem internen Zinssatz?

6. Weshalb führt eine Beurteilung eines Managers nach dem Brutto-*CFROI* zu Überinvestitionsanreizen? Können sich auch Unterinvestitionsanreize ergeben?

7. Was versteht man bei der Ermittlung des *CFROI* unter der ökonomischen Abschreibung, und welche Eigenschaften hat sie?

8. Welche Vor- und Nachteile besitzt der *CFROI* gegenüber dem *ROI*? Löst der *CFROI* das Problem der dezentralen Investitionssteuerung?

9. Wie unterscheidet sich die Ermittlung des Residualgewinns nach der Brutto- und der Nettomethode?

10. Was besagt die *Clean Surplus*-Relation, und wie unterscheidet sie sich vom Kongruenzprinzip?

11. Worin besteht der Unterschied zwischen dem *Market Value Added* und den immateriellen Werten eines Unternehmens?

12. Ist der Residualgewinn gleich der Wertsteigerung des Unternehmens in der betreffenden Periode?

13. Welche Eigenschaften hat eine Abschreibung nach dem relativen Beitragsverfahren? Wie unterscheidet sie sich von der Annuitätenabschreibung und der Ertragswertabschreibung?

14. Vielfach wird vorgeschlagen, als Operate Leasing geleaste Gegenstände zur Berechnung des *Economic Value Added* zu aktivieren. Welche Auswirkungen hat dies auf den Residualgewinn und den *ROCE*?

15. Welche Kosten der Qualität können unterschieden werden?

16. Warum greift man zum Management immaterieller Werte auf nichtfinanzielle Kennzahlen zurück?

17. Welche nichtfinanziellen Kennzahlen können zur Messung von Humankapital und welche zur Messung von Kundenkapital dienen?

Probleme

1. **Ermittlung verschiedener Kapitalrentabilitätskennzahlen**. Im folgenden ist eine zusammengefaßte Bilanz und Gewinn- und Verlustrechnung gegeben. Vereinfachend sei angenommen, daß liquide Mittel nicht verzinslich und die unversteuerten Rücklagen vollständig Eigenkapital sind.

a) Ermitteln Sie den *ROI*, den *RONA* und den *ROCE*.

b) Nehmen Sie nun an, daß das Unternehmen das Wahlrecht in Anspruch nimmt, den Zinsanteil (Zinssatz 4%) in den Zuführungen zu den Pensionsrückstellungen im Finanzaufwand auszuweisen. Welche Auswirkung hat dies auf die drei Kennzahlen?

I. Immaterielle Vermögensg.	1.000	Eigenkapital	25.000
II. Sachanlagen	35.000	Unversteuerte Rücklagen	5.000
III. Finanzanlagen	15.000		
Summe	51.000		
I. Vorräte	10.000	Pensionsrückstellung	10.000
II. Forderungen, sonstige V.	25.000	Sonstige Rückstellungen	5.000
III. Wertpapiere	10.000		
IV. Liquide Mittel	2.000	Verzinsliche Verbindlichk.	40.000
Summe	47.000	Unverzinsliche Verb.	14.000
Aktive Rechnungsabgr.	2.000	Passive Rechnungsabgr.	1.000
	100.000		100.000

Betriebsergebnis	8.000
Finanzerträge	1.500
Finanzaufwendungen	-4.000
Finanzergebnis	-2.500
Ergebnis der gewöhnlichen Geschäftstätigkei	5.500
Ertragsteuern	-1.870
Jahresergebnis	3.630

2. Barwertäquivalenz und Gewinnermittlung. Ein Investitionsprojekt verursacht Investitionsauszahlungen in Höhe von 700; die damit erworbene Anlage wird linear abgeschrieben. Das Projekt hat eine Nutzungsdauer von fünf Jahren, und die Einzahlungsüberschüsse in den fünf Perioden betragen 170, 190, 200, 190 und 200. Der Diskontierungszinssatz beträgt 10%.

a) Ermitteln Sie die Residualgewinne und ROCE in den Perioden sowie den Barwert der Residualgewinne und den Kapitalwert des Investitionsprojekts.

b) Ein Investor würde zu jedem Zeitpunkt den Marktwert des Investitionsprojekts, ermittelt als Barwert der künftigen Einzahlungsüberschüsse, bezahlen. Das Unternehmen ermittelt den „Residualgewinn" als Gewinn abzüglich der Kosten des Marktwerts des Projekts, weil dies der Sichtweise eines Investors näher kommt. Wie hoch sind der Barwert der „Residualgewinne" und ROCE in den Perioden?

c) Wie müßte das Unternehmen die Marktwerte aus b) in die Gewinnermittlung einfließen lassen, damit Barwertäquivalenz hergestellt werden kann? Wie hoch sind dann Residualgewinne und ROCE in den Perioden?

3. Residualgewinn und Managerentlohnung. Die Zentrale weiß, daß ein Bereich ein Investitionsprojekt mit einer Investitionsauszahlung von 10 Mio durchführen kann. Die erwarteten Einzahlungsüberschüsse verhalten sich relativ zueinander wie 1 : 1 : 4 : 3. Die Zentrale weiß jedoch nicht, wie hoch das Niveau der Einzahlungsüberschüsse ist. Der Zinssatz der Zentrale beträgt 6%.

a) Ermitteln Sie, wie hoch das Niveau der Einzahlungsüberschüsse sein muß, damit die Zentrale die Durchführung des Investitionsprojekts wünscht.

b) Angenommen, der Manager weiß, daß das Niveau der Einzahlungsüberschüsse 0,9 Mio beträgt. Der risikoneutrale Manager wird anhand des folgenden Schemas entlohnt: Er erhält in jeder Periode einen Bonus von 10% des Residualgewinns zuzüglich 20% der Änderung des Residualgewinns gegenüber der Vorperiode. (*Hinweis*: Berücksichtigen Sie bei der Entlohnung nach der Residualgewinnveränderung die Änderung von der fünften auf die sechste Periode.) Der Residualgewinn wird auf Basis linearer Abschreibungen ermittelt. Der Manager zinst seine Entlohnungszahlungen ebenfalls mit 6% ab. Ermitteln Sie die Entlohnung in jeder Periode, wenn die erwarteten Einzahlungen tatsächlich eintreffen. Welche Entscheidung trifft der Manager, wenn er den Barwert seiner Entlohnung zum Zeitpunkt, in dem über die Investition entschieden wird, maximieren möchte?

c) Gehen Sie von den Angaben unter b) mit folgender Änderung aus: Wenn der Bonus negativ würde, wird er in eine „Bonusbank" gestellt. Der Manager erhält erst dann einen Bonus ausgezahlt, wenn die „Bonusbank" einen positiven Saldo hat, und dann erhält er den ganzen Saldo. Am Ende der sechsten Periode muß er einen allfälligen negativen Saldo ausgleichen. Ermitteln Sie die Entlohnung in jeder Periode und ihren Barwert. Welche Entscheidung trifft der Manager?

d) Wie ändert sich das Ergebnis unter c), wenn die Salden der „Bonusbank" mit 6% verzinst werden?

e) Gehen Sie wiederum von den Angaben unter b) aus. Der Manager erhält nun in jeder Periode einen Bonus von 10% des Residualgewinns zuzüglich einer Prämie, die wie folgt berechnet wird: Bei einer Erhöhung des Residualgewinns gegenüber der Vorperiode beträgt sie 20% der Residualgewinnerhöhung, bei einer Verringerung des Residualgewinns beträgt sie 0. Ermitteln Sie wieder die Entlohnung in jeder Periode und ihren Barwert. Welche Entscheidung trifft der Manager?

f) Ermitteln Sie die Abschreibung nach dem relativen Beitragsverfahren. Welche der Antworten auf die bisherigen Fragen unter a) bis e) verändern sich dadurch, welche nicht?

4. *Balanced Scorecard*.
Betrachten Sie ein Unternehmen, das in der Unterhaltungselektronik tätig ist. Es erzeugt hochwertige Audio- und Videogeräte und hat viel in seine Marke investiert. Dieses Unternehmen möchte eine *Balanced Scorecard* einführen.

a) Erstellen Sie einen konkreten Ursache-Wirkungs-Zusammenhang, der alle vier Perspektiven der *Balanced Scorecard* durchzieht, und schlagen Sie eine Kennzahl in jeder dieser vier Perspektiven vor.

b) Welche Aspekte sollten bei einer Gewichtung dieser Kennzahlen berücksichtigt werden, wenn dieses Unternehmen die *Balanced Scorecard* für die Entlohnung der Mitarbeiter und Manager verwendet?

Literaturempfehlungen

Allgemeine Literatur

Ewert, R., und *A. Wagenhofer*: Rechnungslegung und Kennzahlen für das wertorientierte Management, in: *A. Wagenhofer* und *G. Hrebicek* (Hrsg.): *Wertorientiertes Management*, Stuttgart 2000, S. 3 – 64.

Pfeiffer, T.: Anreizkompatible Unternehmenssteuerung, Performancemaße und Erfolgsrechnung, in: *Die Betriebswirtschaft* 2003, S. 43 – 59.

Spezielle Literatur

Baldenius, T., *G. Fuhrmann* und *S. Reichelstein*: Zurück zu EVA, in: *Betriebswirtschaftliche Forschung und Praxis* 1999, S. 53 – 69.

Bromwich, M., und *M. Walker*: Residual Income Past and Future, in: *Management Accounting Research* 1998, S. 391 – 419.

Hachmeister, D.: Der Cash Flow Return on Investment als Erfolgsgröße einer wertorientierten Unternehmensführung, in: *Zeitschrift für betriebswirtschaftliche Forschung* 1997, S. 556 – 579.

Reichelstein, S.: Providing Managerial Incentives: Cash Flows versus Accrual Accounting, in: *Journal of Accounting Research* 2000, S. 243 – 270.

Stewart, G.B.: *The Quest for Value – The EVA ™ Management Guide*, New York, NY 1991.

11

Verrechnungspreise und Kostenallokationen

An: Susanne Singer, Geschäftsführerin der Elektronik GmbH
Von: Herbert Berger, Manager des Bereichs Verbraucherelektronik
Betreff: Preisangebot für internen Bezug vom Bereich Komponentenbau

Bis Ende dieses Monats muß der Bereich Verbraucherelektronik (VE) eine Entscheidung treffen, von wem die elektronische Steuerung unserer neuen Produktlinie der Kaffeemaschinen beschafft werden soll. Entsprechend der Geschäftspolitik haben wir dazu Angebote vom Bereich Komponentenbau (KB) und von externen Anbietern eingeholt. Diese Angebote sind so unterschiedlich, daß sich dadurch eine für unser Unternehmen ungünstige Situation ergeben könnte.

In unserem letzten Geschäftsplan haben wir unsere neue Kaffeemaschine vorgestellt. Sie nutzt die modernsten Entwicklungen der Steuerungselektronik, wie zB eine Anzahl verschiedener Programme für die Kaffeezubereitung, eine eingebaute Zeitschaltuhr und einen Sprachsynthesizer. Aufgrund unserer Marktuntersuchungen glauben wir, daß die Konsumenten ein solches Produkt sehr gut aufnehmen würden. Darüber hinaus bringt es modernste Technologie in ein Verbraucherprodukt.

Die Entwicklung der benötigten Steuerungskomponente erfolgte in Kooperation mit Fachleuten des KB, und wir erwarteten, daß wir die Komponente auch weiterhin von KB beziehen könnten, wenn die Produktion anläuft. Das Angebot von KB betrug jedoch 18 pro Stück, und das ist wesentlich höher als die Angebote externer Firmen. Das beste Angebot liegt bei 14 pro Stück. Bei einem geplanten Produktionsvolumen von 200.000 Stück pro Jahr würde ein interner Bezug den Gewinn von VE sehr stark verringern. Natürlich fragten wird KB, wie diese auf 18 pro Stück kamen. Sie gaben uns folgende Auskunft:

Materialkosten	6
Fertigungslöhne	6
Gemeinkosten	2
Gewinnaufschlag	4
Gesamte Stückkosten	18

Von den 18 sind also 6 entweder Gemeinkosten (die zum großen Teil aus Fixkosten bestehen) oder ein Gewinnaufschlag. Es ist allgemein bekannt, daß KB derzeit unterbeschäftigt ist, so daß die relevanten Produktionskosten der Steuerung nur 12 betragen. Zu diesem Preis würden sie sofort den Auftrag erhalten.

Gemäß unserer Geschäftspolitik haben alle Bereiche das Recht, Leistungen von außen zu beziehen oder nach außen zu liefern (wir sind ja auch für den Bereichsgewinn verantwortlich). Es scheint uns nur so zu sein, daß die Preisgestaltung von KB verhindert, daß wir von ihnen beziehen, obwohl KB sonst als Bezugsquelle für uns vorteilhaft wäre. Diese Vorteile sind aber keine 4 pro Stück wert. Wir würden vielleicht bereit sein, deswegen bis zu 15 pro Stück zu zahlen, aber sicher nicht mehr.

Aufgrund der Ungewöhnlichkeit der Situation wie auch der möglichen Auswirkungen auf den Gewinn der Elektronik GmbH wollte ich Ihnen dies zur Kenntnis bringen.

Gezeichnet: Herbert Berger

*Sofort nach Erhalt des Memos rief Susanne Singer Martin Wagner, den Be-
reichsmanager von KB, an und konfrontierte ihn mit der Sache. Dieser verteidigte
sein Angebot damit, daß sein Bereich für die Zeit nach ein bis zwei Jahren eine
wesentlich höhere Auslastung geplant hat, so daß die Herstellung der betreffenden
Steuerungskomponente später nur unter Einschränkung anderer Produkte möglich
wäre. Deshalb habe er die normalen Gemeinkosten eingerechnet. Zum Gewinnaufschlag meint er lakonisch, daß er einen Gewinnaufschlag auch in jedes Angebot für
einen externen Nachfrager angesetzt hätte; für VE habe er diesen ohnedies niedriger
gesetzt.*[1]

Ziele dieses Kapitels

- Darstellung der Funktionen von Verrechnungspreisen und Kostenallokationen sowie des innewohnenden Zielkonfliktes zwischen Koordination und Erfolgsermittlung

- Analyse der Eignung von marktorientierten, kostenorientierten und aufgrund von Verhandlungen zustande gekommenen Verrechnungspreisen

- Aufzeigen von möglichen Fehlentscheidungen aufgrund von Verrechnungspreisen

- Analyse von Risikoeffekten und Auswirkungen asymmetrischer Information

- Diskussion des Zweckes von Kostenallokationen, insbesondere auch der Fixkosten

---

1. Funktionen und Typen von Verrechnungspreisen

1.1. Grundlagen

Verrechnungspreise sind Wertansätze für innerbetrieblich erstellte Leistungen (Produkte, Zwischenprodukte, Dienstleistungen), die von anderen, rechnerisch abge-grenzten Unternehmensbereichen bezogen werden. Verrechnungspreise werden oft als Transferpreise oder Lenkpreise bezeichnet. Unter **Transferpreisen** versteht man dann die internen Preise von Gütertransfers in den Wertschöpfungsstufen des Unter-nehmens, während Verrechnungspreise für die Preise interner Dienstleistungsberei-che verwendet werden. Bei der Bezeichnung **Lenkpreise** spielt schon begrifflich eine der Hauptfunktionen von Verrechnungspreisen eine Rolle, nämlich die Koordi-nation bzw Lenkung des Managements der die Leistung erstellenden und der bezie-henden Unternehmensbereiche.

Kostenallokationen sind eine Sonderform von Verrechnungspreisen. Es sind kostenorientierte Verrechnungspreise mit der Eigenschaft, daß gerade die Kosten eines leistungserstellenden Unternehmensbereiches an die empfangenden Bereiche weiterverrechnet werden. Die Allokation bzw Verrechnung der Kosten einer Hilfs-

---

[1] Adaptiert übernommen aus *Magee* (1986), S. 345 f.

kostenstelle auf Hauptkostenstellen im Rahmen der sekundären Gemeinkostenver-rechnung ist ein typisches Beispiel.

Voraussetzung für den Bedarf an Verrechnungspreisen und Kostenallokationen ist, daß eine **dezentrale** Organisationsstruktur mit **Verantwortlichkeit** der Bereichsma-nager (zumindest der die Leistung empfangenden Bereiche) für eine Beurteilungs-größe aus dem **Bereich**, vorwiegend Bereichsgewinne oder Bereichskosten, besteht (siehe 8. Kapitel: *Koordination, Budgetierung und Anreize*). Verrechnungspreise sind neben **Budgetierungssystemen** und **Erfolgskennzahlen** ein weiteres Instru-ment zur **Steuerung von Bereichsmanagern**.

Solche Bereiche sind vor allem *Profit Center* innerhalb eines Unternehmens oder als rechtlich selbständige Tochtergesellschaften, es können aber auch Kostenstellen sein. In einem Profit Center besitzt der Bereichsleiter sämtliche Entscheidungs-befugnisse für das operative Geschäft, er ist daher für das Ergebnis (den Gewinn) seines Bereiches zur Gänze verantwortlich und wird danach beurteilt. Für die weitere Diskussion wird deshalb angenommen, daß die Bereichsmanager ihre Entscheidun-gen so fällen, daß sie ihren Bereichsgewinn maximieren. Handelt es sich beim Ver-antwortungsbereich um ein *Cost Center*, wird der Erlös als konstant angenommen, womit Bereichsgewinnmaximierung und Bereichskostenminimierung zusammen-fallen.

Man wird häufig geneigt sein, einen Produktionsbereich als *Cost Center* und nicht als *Profit Center* zu organisieren. Eine *Profit Center*-Organisation kann allerdings dann sinnvoll sein, wenn bestimmte Eigenschaften des Outputs nicht direkt meßbar sind. Ein Beispiel ist die Qualität, die sich oft erst beim Kunden zeigt. Produktionsleiter könnten auch ein kurzfristiges Einschieben eines wichtigen Auftrags verweigern. Deshalb kann eine *Profit Center*-Organisation wichtige Anreize liefern (zB indem der Deckungsbeitrag des Verkaufsbereiches als Verrechnungspreis festgesetzt wird).

Der Reiz bei der Festlegung von Verrechnungspreisen ergibt sich aus folgenden Überlegungen: Verrechnungspreise entstehen aus der Fiktion eines „**Markts**" inner-halb des Unternehmens.[2] Die Bereiche sollen wie eigenständige Unternehmen agieren, Vorteile der Entscheidungsdelegation durch unternehmerisches Handeln von Mitarbeitern sollen dadurch zum Durchbruch gelangen. Es wird auf die Koordi-nationsfähigkeit des (fiktiven) Marktes vertraut. Der externe Markt wurde durch die interne Organisation des Unternehmens aber gerade ausgeschlossen. Die **Integra-tion** der Bereiche in einem einzigen Unternehmen muß deshalb Vorteile gegenüber selbständigen Unternehmen bringen, denn sie verursacht ja auch Kosten. Neben dem Verzicht auf die regulierende Wirkung des externen Marktes entstehen Koordina-tionskosten (zu denen auch Kosten infolge der Verwendung von Verrechnungs-preisen gehören). Würde gar nicht koordiniert, könnten Vorteile der Integration nur schwer zum Durchbruch gelangen; dann wäre es vielleicht sogar besser, die Unter-

---

[2]   Vgl dazu *Frese* (2000), S. 236 ff.

nehmen selbständig zu lassen.[3] **Vorteile der Integration** liegen zB in einer verbesserten Auslastung der Kapazität, der Verringerung von Qualitätstests, in geringeren Marketingkosten durch Nutzung der Reputation des Unternehmens oder durch Zugriff auf dasselbe Marktsegment, in besserer Koordination von Produktentwicklungen sowie der Nutzung und Geheimhaltung von Know how.[4] Diese Vorteile entstehen, weil die Märkte nicht vollkommen sind. Über Dezentralisation und Verrechnungspreise kommt der Markt nun aber wieder ins Unternehmen hinein. Das Problem besteht also darin, einen Verrechnungspreis zu finden, der möglichst viele Vorteile relativ zu seinen Nachteilen hat. Damit ist auch offensichtlich, daß Verrechnungspreise immer im **Zusammenhang** mit der **Organisation** des Unternehmens gesehen werden müssen.

1.2. Funktionen

Die wesentlichsten Funktionen von Verrechnungspreisen im Rahmen der internen Verwendung im Unternehmen sind:

1. **Erfolgsermittlung** zur Beurteilung des Gewinnbeitrages der Bereiche,
2. **Koordination** und **Lenkung** des Managements der Bereiche,
3. Kalkulation zur Ermittlung von Entscheidungsgrundlagen oder zur **Preisrechtfertigung**,
4. Kalkulation von mehrere Bereiche durchlaufenden Leistungen zur **bilanziellen Bewertung**,
5. Vereinfachung durch Verwendung **normalisierter Größen** als Planwerte.

Erfolgsermittlung

Verrechnungspreise sind in dezentralen Unternehmensorganisationen notwendig, um den Erfolg der Bereiche ermitteln zu können, wenn Leistungsverflechtungen zwi-

---

[3]   Dies wird auch durch empirische Studien bestätigt. Ein Beispiel ist der Marktpreis von Konglomeraten, also von Unternehmen mit praktisch unzusammenhängenden Geschäftsfeldern. Der Marktpreis ist geringer als die Summe der Marktpreise der einzelnen Bereiche; es kommt also ein *„conglomerate discount"* zur Anwendung (vgl dazu *Porter* (1985), S. 319). Anzumerken ist freilich, daß sich eine Integration aus *steuerlichen* Gründen sehr wohl rechnen kann (ein Beispiel ist die Ermöglichung eines *sofortigen* Verlustausgleiches, wenn ein solcher bei rechtlicher Selbständigkeit nicht möglich wäre).

[4]   Solche Vorteile entstehen allgemein aus einer Senkung der Transaktionskosten gegenüber dem Leistungsaustausch auf dem Markt. Es sind damit weniger die technischen Gegebenheiten als vielmehr die bessere Nutzung von Informationen, die Verbesserung der Verhandlungsposition und die einfachere Vertragsgestaltung in einer Situation unter Unsicherheit, die den Ausschlag geben. Grundsätzlich ließe sich ja jede interne Organisation auch durch eine entsprechende Vertragsgestaltung mit Externen nachbilden. Dies wäre unter den obigen Bedingungen jedoch zu teuer. Vgl zB *Williamson* (1975), S. 82 – 105.

schen den Bereichen bestehen. Der Verrechnungspreis ist einerseits der (interne) Erlös des liefernden oder leistenden Bereichs; andererseits gibt er die (internen) Einstandskosten des beziehenden Bereichs an. Der Bereichserfolg ist die Grundlage für Entscheidungen des Bereichsmanagements wie auch des Managements des Unternehmens, welches strategische Maßnahmen oder Mittelzuteilungen daran knüpft. Der Bereichserfolg dient auch der Leistungsbeurteilung des Bereichsmanagements. Der Erfolgsbeitrag eines jeden Bereichs wird dadurch sichtbar, Verantwortlichkeiten werden klar dargestellt, Kostentransparenz und Kostenbewußtsein werden gefördert.

Die Ermittlung der Bereichserfolge erfordert eine exakte Abgrenzung der Erfolgskomponenten, die den Bereichen zugeordnet werden können. Die Abgrenzung wird dann schwierig, wenn zwei oder mehrere Bereiche miteinander leistungsmäßig verflochten sind. **Verflechtungen** können in folgenden Fällen entstehen:

- Leistungen eines Bereiches werden von einem anderen Bereich bezogen (**sequentielle Verflechtung**). *Beispiel*: Ein Bereich stellt ein Zwischenprodukt her, das von einem anderen Bereich fertiggestellt und am Markt angeboten wird.

- Bereiche konkurrieren um knappe Ressourcen (**Ressourceninterdependenzen**) oder auf einem gemeinsamen (knappen) Absatzmarkt (**Marktinterdependenzen**)[5]; es handelt sich um einen Ressourcenverbund. *Beispiele*: Zwei Bereiche stellen substitutive Produkte her, oder zwei Bereiche benötigen im Rahmen ihrer Produktionsabläufe einen Qualitätstest für bestimmte Teile, der von einer Spezialabteilung durchgeführt wird, die jedoch voll ausgelastet ist.

Der Erfolg, der durch die gemeinsame Nutzung einer Leistung entsteht, wird auch **Synergieeffekt** genannt. Er kann *nicht* verursachungsgerecht auf die dazu beitragenden Bereiche aufgeteilt werden. Es ist theoretisch unmöglich, eine derartige Aufteilung richtig durchzuführen, weil der Erfolg nur durch die gemeinsame Leistung anfällt. Würde ein Bereich ausfallen, würde der Erfolg entsprechend geschmälert oder ganz wegfallen. Man kann zwar Grenzen ableiten, indem ermittelt wird, welche Erfolgsminderung entstünde, wenn ein Bereich wegfiele oder dessen Beitrag von außen zugekauft würde. Es wäre möglich, ein Durchschnittsprinzip anzuwenden oder eine gleichmäßige Aufteilung durchzuführen, doch sind alle diese Möglichkeiten willkürlich.

Ausspruch

„Trying to defend an [...] allocation is like clapping one's hands, then trying to defend how much of the sound is attributable to each hand." (*Y. Ijiri* zitiert nach *Thomas* (1980), S. 3).

---

[5]   Da Restriktionen infolge von Marktinterdependenzen analog zu knappen Ressourcen sind (vgl zB *Kloock* (1992), Sp. 2566), werden beide in weiterer Folge gemeinsam behandelt.

Shapley-Wert

Mit dem *Shapley*-Wert wird versucht, eine „faire" Aufteilung von Synergieeffekten durch ein Konzept der kooperativen Spieltheorie zu schaffen. Dazu werden alle möglichen Koalitionen der beitragenden Bereiche durchgespielt, und es wird gefragt, welcher Vorteil entstünde, wenn der betrachtete Bereich nun dazukäme. Der *Shapley*-Wert ergibt sich dann als gewichteter Durchschnittswert der marginalen Vorteile bei jeder gegebenen Koalition. Obwohl dies als „faires" Ergebnis gesehen werden kann, bleibt der *Shapley*-Wert ebenfalls willkürlich, ebenso wie jede andere Aufteilung.

Beispiel

Bereich B1 eines Unternehmens baut durch intensive Marketingmaßnahmen mit Kosten von 1.000 einen Markennamen auf, der bei den Konsumenten ein sehr positives Image bekommt. Er erzielt einen Deckungsbeitrag von 10.000.

Ein anderer Bereich B2 möchte diesen Markennamen auch für ein von ihm erstelltes Produkt nutzen. Der Deckungsbeitrag von Bereich B2 steigt durch dessen Nutzung um 1.000 auf 5.000. Wie hoch sind die Bereichserfolge von B1 und B2?

Die Nutzung eines im Unternehmen aufgebauten Markennamens ist ein Synergieeffekt. Müßte Bereich B2 einen eigenen Markennamen aufbauen, wäre dies vergleichsweise teuer und vermutlich auch weniger effektiv als die Nutzung eines bereits etablierten Namens.

Koordinationsfunktion

Bereichsmanager sollen in ihrem (Verantwortungs-)Bereich bestmöglich wirtschaften. Ihnen werden Anreize gegeben, den Bereichsgewinn zu maximieren. Dies kann dazu führen, daß sie Entscheidungen treffen, die aus Sicht ihres Bereichs zwar günstig, aus Sicht des Gesamtunternehmens jedoch ungünstig sind. Die Effekte von Bereichsentscheidungen auf andere Bereiche sind **Externalitäten**, die vom Bereichsmanager nicht berücksichtigt werden.

Beispiele:

1. Die Marketingabteilung verspricht einem Kunden eine extrem kurze Lieferfrist für eine Bestellung, die Produktionsabteilung muß dafür von ihrem voroptimierten Produktionsprogramm abweichen oder Servicearbeiten zurückstellen.

2. Die aus Sicht von Bereich 1 optimale Marktbearbeitungsstrategie, nämlich einen Preiskampf mit einem Konkurrenten aufzunehmen, widerspricht der Unternehmensstrategie, für sämtliche Produkte eine Hochpreisstrategie zu fahren.

3. Ein Produktionsbereich könnte durch eine Investition in die Automation der Fertigung eine Kostenersparnis erzielen, die einen positiven Kapitalwert erbringt; er muß jedoch einen Teil der Kostenersparnis an die abnehmenden Bereiche weitergeben, wodurch der Kapitalwert der Zah-

lungen aus Sicht des Bereichs negativ werden und er die Investition unterlassen wird.

Mit Hilfe von Verrechnungspreisen kann auf die dezentralen Entscheidungen **Einfluß** genommen werden. Angenommen, der Bereichsmanager ist für operative Entscheidungen zuständig. Die Zentrale gibt ihm einen Verrechnungspreis (oder ein Verrechnungspreisschema) vor, zu dem interne Leistungen transferiert werden. Durch Beeinflussung des Bereichsgewinnes über den Verrechnungspreis kann das Entscheidungsverhalten des Managers gesteuert werden. Ein höherer Verrechnungspreis führt den beziehenden Bereich tendenziell dazu, die Bezugsmenge zu verringern, ein anderes Produktionsverfahren zu wählen oder einen Zusatzauftrag weniger leicht anzunehmen. Ein höherer Verrechnungspreis für die leistende Stelle kann etwa deren Produktionsprogramm oder die Produktionsmengen verändern. Beispiele für solche Verhaltenssteuerungseffekte werden in diesem Kapitel noch gegeben.

Sonstige Funktionen

Neben der Erfolgsermittlung und der Koordination können Verrechnungspreise eine Reihe von weiteren Funktionen erfüllen. Eine Funktion ist die **Kalkulation** zur Ermittlung von Entscheidungsgrundlagen für die Zentrale, wenn Leistungen mehrere selbständige Bereiche durchlaufen. Die Konzernkostenrechnung ist eine Rechnung, bei der die relevanten Kosten über verschiedene, rechtlich selbständige Bereiche durchgerechnet oder konsolidiert werden. Dies dient zB für die Preiskalkulation in der Endstufe der Leistungserstellung. Die Ermittlung von **Herstellungskosten** für die handelsrechtliche und steuerrechtliche Bewertung von unfertigen und fertigen Fabrikaten ist eine weitere Funktion von Verrechnungspreisen in diesem Zusammenhang. Verrechnungspreise werden außerdem für die Preisrechtfertigung gegenüber Dritten und gegenüber öffentlichen Regulierungsbehörden benötigt.

Besondere Bedeutung gewinnen Verrechnungspreise zwischen rechtlich selbständigen Unternehmensbereichen. **Handelsrechtlich** von Bedeutung sind Verrechnungspreise dann, wenn die Beteiligungsverhältnisse von Mutterunternehmen und Tochterunternehmen, die im Leistungsverbund stehen, nicht dieselben sind, wenn zB das Tochterunternehmen Minderheitseigentümer hat. Dann tritt die **Erfolgsermittlungsfunktion** in den Vordergrund: Der erzielte Gesamterfolg soll möglichst „gerecht" auf die Bereiche aufgeteilt werden, um Minderheitsgesellschafter nicht zu schädigen. Ähnlich gelagert sind die **steuerrechtlichen Effekte**. Es kann steuerlich völlig unterschiedliche Konsequenzen haben, wo ein bestimmter Gewinn anfällt. Augenfällig ist dies bei grenzüberschreitenden Leistungen. Angenommen, das Mutterunternehmen mit Sitz in Deutschland erbringt eine Leistung an ein österreichisches Tochterunternehmen. Da Österreich eine geringere Steuerbelastung im Körperschaftsteuerbereich hat, ist es aus Sicht des Unternehmens günstig, Gewinne möglichst in Österreich zu erzielen. Dies gelingt, wenn der Verrechnungspreis für eine Leistung nach Österreich gering gehalten wird. Die OECD hat Richtlinien erlassen, in denen international einheitliche Verrechnungspreismethoden empfohlen werden. Dennoch kann eine „richtige" Aufteilung des gemeinsam erwirtschafteten Erfolgs nicht gelingen. Den Unternehmen bleibt damit ein gewisser Spielraum.

Eine weitere Funktion von Verrechnungspreisen ist die **Vereinfachung** der Kostenrechnung durch Verwendung **normalisierter Größen**. Dies hat vielfach alleine den Grund, exogene Schwankungen der Inputpreise aus der Kostenrechnung weitgehend herauszulassen.

Empirische Ergebnisse

Im *„Transfer Pricing 2003 Global Survey"* von *Ernst & Young* (2003) wurden 641 Finanzführungskräfte international tätiger Muttergesellschaften und 200 Führungskräfte von Tochtergesellschaften aus insgesamt 22 Ländern nach den jeweils angewandten Praktiken im Bereich der Gestaltung von Verrechnungspreisen befragt, wobei die Orientierung an steuerlichen versus managementorientierten Zielen eine wichtige Rolle spielte.

Demnach bevorzugen 80% der Konzerne einheitliche Verrechnungspreise für steuerliche und managementbezogene Fragestellungen. 40% der Muttergesellschaften erklärten dabei, daß managementbezogene Aspekte bedeutsamer als fiskalische seien, und für 25% der Konzernmütter ist die Unterstützung der Unternehmensstrategie sogar der ausschließliche Treiber der Verrechnungspreispolitik.

Asymmetrisch verteilte Information

Die meisten Modelle zur Bestimmung von Verrechnungspreisen gehen implizit von *symmetrisch* verteilter Information aus. Die Zentrale kennt sämtliche Informationen der Bereiche, könnte also das Koordinationsproblem selbst lösen. Gleichzeitig entstünde gar kein Bedarf an einer Erfolgsermittlungsfunktion, weil die Zentrale ohnehin sämtliche Informationen hat. Überspitzt formuliert: *Verrechnungspreise lösen ein Problem, das gar nicht existiert.*

Realistischerweise wird Information **asymmetrisch verteilt** sein: Der jeweilige Bereichsleiter ist besser informiert über das, was in seinem Bereich vorgeht und was seinen Bereich betrifft. In der bisherigen Darstellung wurden schon etliche Beispiele dafür gezeigt, daß bei Verwendung bestimmter Verrechnungspreise **Fehlsteuerungen** aufgrund besserer Information der Bereiche auftreten können.

Asymmetrisch verteilte Information hat aber nicht nur die Auswirkung, daß die Zentrale weniger gute Entscheidungen treffen kann. Sie führt auch dazu, daß die Bereichsmanager nicht an ihrer tatsächlichen Leistung **beurteilt** werden können, sondern nur anhand von Surrogaten. Ein solches Surrogat ist der **Bereichsgewinn**, der auch schon in der bisherigen Diskussion als Maßstab angenommen wurde. Und damit unterscheidet sich das Ziel des Bereichsmanagers zwangsläufig vom Ziel des Gesamtunternehmens (Interessenkonflikt).

Zielkonflikte

Die verschiedenen Funktionen von Verrechnungspreisen stehen häufig zueinander in **Konkurrenz**. Ein Verrechnungspreis, der eine Funktion sehr gut erfüllt, kann für eine andere Funktion ungeeignet, ja kontraproduktiv sein. Besonders scharf zeigt sich der Zielkonflikt zwischen den beiden Funktionen **Erfolgsermittlung** und **Koordination**. *Beispiel*: Das Unternehmen möchte dem Bereich, der letztlich nach außen liefert, einen möglichst großen Preisspielraum lassen. Dazu ist es notwendig, Grenzkosten für intern bezogene Vorleistungen weiterzuverrechnen. Denn nur sie sind kurzfristig relevante Kosten. Bei linearem Kostenverlauf der die Vorleistung erzeugenden Bereiche bleiben diese auf ihren gesamten Fixkosten sitzen und ermitteln einen hohen Bereichsverlust, während der zuletzt abnehmende Bereich den gesamten Deckungsbeitrag erwirtschaftet. Für die Erfolgsermittlung sind solche Bereichsgewinne wertlos. Ähnliches gilt für andere Funktionen, wie zB die steueroptimale Gestaltung von Verrechnungspreisen. Solche Verrechnungspreise sind für die interne Steuerung oft äußerst ungünstig.

Vielfach sind **Zielkonflikte** sogar innerhalb derselben Funktion anzutreffen. Angenommen, die Zentrale möchte die Nachfrage nach intern erstellten Leistungen einschränken. Eine Möglichkeit ist das Ansetzen eines hohen Verrechnungspreises für diese Leistung. Wenn der abnehmende Bereich eine Wahl hat, wird er die Nachfrage entsprechend reduzieren. Gleichzeitig benötigt die Zentrale möglichst unverzerrte Größen für ihre eigenen Entscheidungen, wie zB die Ressourcenzuteilung an die Bereiche. Dafür ist ein „zu" hoch angesetzter Verrechnungspreis ungeeignet.

Solche Zielkonflikte ließen sich relativ einfach lösen: Es werden **verschiedene Verrechnungspreise**, je einer für jede Funktion, verwendet. Jeder Bereich ermittelt damit zwei oder mehrere Bereichsgewinne, zB den einen, an dem der Manager beurteilt wird, und den anderen, der den „wirklichen" Gewinn angibt. Eine solche Vorgehensweise ist bei Einbeziehung des externen Rechnungswesens nicht unüblich; man denke nur an kalkulatorischen und steuerlichen Gewinn. Im internen Gebrauch stößt diese Lösung jedoch auf Schwierigkeiten. Wie soll sich ein Manager erklären, weshalb er für ein intern bezogenes Gut beispielsweise dessen Grenzkosten bezahlen muß (Koordination), während die Ermittlung seines Bereichsgewinnes, anhand dessen sein Erfolg beurteilt wird, die höheren Vollkosten des Gutes berücksichtigt? Die Koordination erfolgt ja gerade dadurch, daß die Beurteilungsgröße (Bereichsgewinn) so *manipuliert* wird, daß die Bereichsmanager autonom Entscheidungen im Sinne des Gesamtunternehmens treffen. Anders ausgedrückt: *„In some cases, the impression is given to the divisional manager that he is playing a bookkeeping game."*[6] Würde man jedoch die Beurteilung von diesem manipulierten Erfolg abkoppeln, könnte die Koordinationsfunktion über den Verrechnungspreis gar nicht erreicht werden.

Es kommt aber noch ein weiteres Problem hinzu: IdR ist der **Bereichsgewinn** von den von der Zentrale getroffenen **strategischen Entscheidungen** abhängig. Der Bereichsmanager kann seinen Gewinn erhöhen, wenn er eine höhere Ressourcenzuteilung erhält (siehe auch 9. Kapitel: *Investitionscontrolling*). Damit entfaltet der „wirkliche" Gewinn, der Funktion der Erfolgsermittlung folgend, wiederum Rück-

---

6   So *Dearden* im Jahr 1962, zitiert nach *Thomas* (1980), S. 209.

wirkungen auf die Koordinations- und Lenkungsfunktion. Denn der Manager wird seine operativen Entscheidungen nicht nur nach dem Verrechnungspreis, der zu seiner Lenkung installiert wurde, ausrichten, sondern gleichzeitig versuchen, den „anderen" Gewinn zu maximieren, der letztlich über die Ressourcenzuteilung gewinnerhöhend wirkt. Die Folge dessen ist, daß die Zentrale keinen unverzerrten Bereichsgewinn erhalten kann, sondern diese Anreize ebenfalls berücksichtigen muß. Die Erfolgsermittlungsfunktion wird damit gewissermaßen von der Lenkungsfunktion aufgesogen.

Aus diesen Gründen wird man in der Praxis typischerweise nur einen Verrechnungspreis vorfinden. Er ergibt sich aus einem Abwägen der Wirkungen verschiedener Verrechnungspreise auf die jeweiligen Funktionen.

Andere Lösungsmöglichkeiten des Zielkonflikts sind verschieden starke Eingriffe in die Entscheidungsautonomie der Bereiche, wie zB Liefer- und Abnahmeverpflichtungen oder Liefer- und Abnahmebeschränkungen. Eine andere Möglichkeit wäre die Änderung der Organisationsstruktur oder der Motivationsstruktur. Anstelle des Bereichsgewinnes könnten andere Beurteilungskriterien in den Vordergrund gerückt werden, etwa Produktivitätskennziffern. Der Gewinn als Beurteilungskriterium hat ja noch genügend andere Nachteile: Er ist ein sehr stark aggregiertes Maß und idR kurzfristig orientiert. Ein Verzicht auf die Ermittlung gesonderter Bereichsergebnisse und die Beurteilung der Bereichsmanager anhand des **gemeinsamen Gewinns** (*Profit Sharing*) erscheint zwar auf den ersten Blick als Ausweg aus dem Dilemma, es gibt aber auch hier negative Nebenwirkungen. Da jeden Bereichsmanager nur mehr ein Teil sowohl des positiven als auch des negativen Erfolgs trifft, kann es für ihn günstiger werden, seine (persönliche) Anstrengung zu reduzieren und sie gegebenenfalls anderweitig einzusetzen.

1.3. Typen von Verrechnungspreisen

In Theorie und Praxis ist eine Vielzahl von Arten bekannt, wie Verrechnungspreise bestimmt werden (sollen). Sie können ganz grob in drei verschiedene **Typen** zusammengefaßt werden:

- **Marktorientierte** Verrechnungspreise
- **Kostenorientierte** Verrechnungspreise
- **Verhandelte** Verrechnungspreise.

Diese drei Typen werden im folgenden genauer behandelt. Tabelle 1 gibt einen Überblick über die Verwendung von Verrechnungspreisen in der Praxis. Obwohl die Untersuchungen nur schwer miteinander vergleichbar sind, zeigen sie trotz der Unterschiede im Detail, daß **alle drei Typen** von Verrechnungspreisen häufig verwendet werden. Am ehesten in der Praxis finden sich kostenorientierte Verrechnungspreise, gefolgt von marktorientierten Preisen. Verhandelte Verrechnungspreise wurden in den beiden zitierten deutschen Untersuchungen nicht gesondert erfaßt.

Prozent von Unternehmen Stichprobe	markt- orientiert	kosten- orientiert	verhandelt	sonstige
24 Unternehmen BRD [*Drumm* (1973)]	46%	46%	–	8%
49 Unternehmen BRD [*Scholdei* (1990)]	40%	57%	–	3%
80 Unternehmen CH [*Weilenmann* (1989)]	24%	41%	35%	–
239 Unternehmen USA [*Vancil* (1979)]	31%	47%	22%	–
152 Unternehmen Kanada [*Atkinson* (1987)]	30%	57%	7%	6%
67 Unternehmen GB [*Tomkins* (1973)]	48%	31%	21%	–

Tab. 1: Verwendung von Verrechnungspreisen in der Praxis[7]

Die Aussagekraft solcher Untersuchungen leidet darunter, daß die Abgrenzung in die drei Typen von Verrechnungspreisen nicht **überschneidungsfrei** ist. *Beispiel*: Ein Unternehmen, das im Anlagenbau tätig ist, verwendet Kosten als Basis für seine Marktpreise (Angebote) und verhandelt in weiterer Folge diesen Angebotspreis. Werden Vorleistungen intern erbracht, die dieselben Charakteristika aufweisen, ist nicht ohne weiteres klar, ob der Verrechnungspreis markt- oder kostenorientiert ist oder ob er auf Verhandlungen basiert. Vielfach verwenden Unternehmen auch nebeneinander mehrere Typen von Verrechnungspreisen für bestimmte intern erbrachte Leistungen.

1.4. Organisatorische Rahmenbedingungen

Für den **praktischen Einsatz** von Verrechnungspreisen ist nicht nur die Erfüllung der jeweiligen Funktionen von Interesse. Es spielen auch Kriterien wie **Einfachheit** und **Akzeptanz** eine Rolle. Was hilft ein noch so ausgeklügeltes Verrechnungspreissystem, wenn niemand von den Anwendern in der Lage ist, es zu verstehen und zu administrieren? Für die Akzeptanz ist auch wichtig, ob die Verrechnungspreise zu Bereichsergebnissen führen, die als fair empfunden werden, oder nicht.

Neben der damit angesprochenen Wahl des Verrechnungspreistyps sind zusätzlich folgende **Fragen** zu klären:

- Wer legt den Verrechnungspreis fest?
- Welche Gültigkeitsdauer hat der Verrechnungspreis, und unter welchen Umständen kann oder muß er neu festgelegt werden?

---

7   Indirekte Quellen: *Scholdei* (Diplomarbeit Augsburg) und *Tomkins* (1973) zitiert nach *Coenenberg* (1993), S. 468 – 472. Weitere Zusammenfassungen verschiedener Untersuchungen finden sich in *Grabski* (1985), S. 56; *Horngren, Foster* und *Datar* (2000), S. 802.

- Wird der Verrechnungspreis konstant oder abhängig vom Leistungsvolumen gewählt?

Häufig versucht man, nur für Schlüsselprodukte Verrechnungspreise wirklich
genau festzusetzen, während bei Produkten, die nur in unwesentlichen Mengen
transferiert werden, einfache Regeln wie Marktpreise Verwendung finden.

Wer legt wie Verrechnungspreise fest?	
Eine Untersuchung in 49 deutschen Unternehmen kommt zu folgendem Ergebnis (*Scholdei* zitiert in *Coenenberg* (2003), S. 563 ff):	
Bereichsmanager durch Verhandlungen	38%
generelle, kontrollierbare Regel	32%
Stabsstelle (Schlichtungsstelle)	16%
Zentrale	12%
beziehender Bereich	2%
pro Jahr	49%
pro Quartal	8%
pro Monat	8%
für jeden Auftrag neu	16%
bei Änderung des Marktpreises	41%
bei Kostenänderung um x%	18%

Verrechnungspreise können nicht ohne Berücksichtigung der **Organisation** des
Unternehmens beurteilt werden.[8] Besonders wichtig für die Funktion von Verrechnungspreisen ist der Entscheidungsspielraum, der dem Bereichsmanager gegeben
wird. In Unternehmen werden dazu gewisse organisatorische Rahmenbedingungen,
sogenannte **Spielregeln**, definiert. Dazu gehören unter anderem:

- Hat ein Bereich oder hat jeder Bereich die Möglichkeit, ganz oder teil-
weise nach außen zu gehen oder muß er intern verkaufen bzw beziehen?
- Gibt es Prioritätsregeln für interne Leistungen?
- Kann ein Bereich in einen Vertrag mit einem Externen zu dessen
Konditionen einsteigen (*last call*)?
- Wieweit müssen zentrale Dienstleistungen bezogen werden?
- Darf ein Bereich eine Leistung, die ein anderer Bereich erzeugt, auch
selbst herstellen?
- Bis zu welchem Volumen kann ein Bereichsmanager Investitionsent-
scheidungen treffen?
- Kann ein Bereichsmanager selbst Personal auswählen?
- Welche Informationspflichten und -wege gibt es für Bereiche gegenüber
den anderen Bereichen?

---

[8] Vgl dazu *Eccles* (1985), *Frese* (2000), S. 213 ff.

In diesem Kapitel werden zunächst **sequentielle Leistungstransfers** in vertikal integrierten Unternehmen diskutiert. In ihrer einfachsten Form betreffen diese nur zwei Bereiche, einen leistenden und einen beziehenden Bereich. Schwieriger werden Fälle, in denen der leistende Bereich auch andere Produkte herstellt (wie rechnet er die Gemeinkosten den Leistungen zu?), und Fälle, in denen mehrere Bereiche die Leistungen beziehen. **Ressourcen-** und **Marktinterdependenzen** werden im Anschluß erörtert. Hier geht es vorwiegend um eine **Konkurrenz** unter den „beziehenden" Bereichen um die knappen Ressourcen des leistenden Bereiches. Der Ressourcenverbrauch soll daher gesteuert werden. Vielfach handelt es sich bei dem Bereich, der die Ressourcen zur Verfügung stellt, um die Zentrale selbst oder ein *Service Center*.

Ausspruch

„It is more difficult to work inside than externally. In the smallest impasse, a person can go up the line. Nobody wants to have the boss coming and making accusations of not cooperating. It is always difficult, so you need a financial incentive or something else, such as recognition for being a good corporate citizen." (Ein ungenannt gebliebener Manager zitiert in *Kaplan* und *Atkinson* (1989), S. 598).

---

2. Marktorientierte Verrechnungspreise

2.1. Anwendbarkeit des Marktpreises als Verrechnungspreis

Eine Möglichkeit der Festlegung von Verrechnungspreisen besteht darin, denjenigen Marktpreis als Ausgangsbasis dafür zu verwenden, der für eine Leistung herrscht, die dem Zwischenprodukt bzw der innerbetrieblichen Leistung äquivalent ist. Dazu müssen idealerweise folgende **Bedingungen** zutreffen:

1. Es gibt überhaupt einen **Markt** für das Zwischenprodukt oder für eine das Zwischenprodukt vollständig **substituierende Leistung**. Diese Bedingung ist offensichtlich notwendig, wenngleich in der Realität für die meisten Leistungen nicht gänzlich gegeben. Es werden oft mehrere Güter mit unterschiedlichen Preisen angeboten, die mehr oder weniger gut als Ersatz für die interne Leistung dienen können.

2. Transaktionen der Unternehmensbereiche dürfen **keinen Einfluß** auf den Marktpreis ausüben. Sonst hätten es die Bereiche in der Hand, den Preis zu beeinflussen. Diese Bedingung ist jedenfalls dann erfüllt, wenn vollständige Konkurrenz herrscht.

3. Es gibt einen **einheitlichen Marktpreis**. Ändert sich der Marktpreis mit der Angebots- oder Nachfragemenge eines bestimmten Auftrags oder einer Auftragssumme in einer Periode (zB Rabatte), welchen Preis soll man dann nehmen?

4. Der Marktpreis sollte zur jeweiligen **Entscheidung** passen. Bei der Suche nach einer länger dauernden Beziehung darf er nicht durch kurzfristige Preisgestaltungen (zB Kampfpreise eines Konkurrenten) beeinträchtigt sein. Aus diesem Grunde erscheint die „Preisfindung" durch ein externes Anbot problematisch, weil der Anbieter vielleicht einen sehr niedrigen Preis bietet, einfach um ins Geschäft zu kommen, in der Erwartung, in der Folge seinen Preis erhöhen zu können.

Je eher diese Bedingungen erfüllt sind und je besser damit der Markt für ein Zwischenprodukt oder eine interne Leistung funktioniert, desto besser ist der Marktpreis als Verrechnungspreis der Bereiche geeignet. Er eignet sich dann zur **Erfolgsermittlung** der Bereiche, weil jeder Bereich einfache Vergleichsmöglichkeiten bei Inanspruchnahme des Marktes hat. Er eignet sich gleichzeitig zur **Koordination**. Zwar entsteht ein Koordinationsbedarf vornehmlich infolge von Synergieeffekten, doch sind diese Synergieeffekte bei vollkommenen Märkten nicht gegeben, so daß eine *quasi* marktmäßige Koordination angemessen ist.

In der Praxis bilden derartige Märkte bzw Marktpreise jedoch eher die Ausnahme als die Regel. Märkte sind typischerweise unvollständig, und dies ist, wie schon gezeigt, eine Bedingung dafür, daß das Unternehmen als solches überhaupt ökonomisch sinnvoll ist. In diesem Fall wird man sich mit Näherungslösungen begnügen müssen.

Ausspruch

Die zusammenfassende Empfehlung von *Anthony*, *Dearden* und *Govindarajan* (1992), S. 233 f, für den Ansatz von Verrechnungspreisen lautet:

„If the market price exists (or can be approximated [...]), use it."

Ein weiterer Vorteil eines Marktpreises, der die obigen Bedingungen erfüllt, ist die **geringe Manipulierbarkeit,** da der Marktpreis nicht von den (besseren) Informationen der Bereichsmanager abhängig ist, sondern eine gewissermaßen „objektivierte" Größe darstellt. Hat der Verrechnungspreis auch rechtlich Konsequenzen, etwa dann, wenn die Bereiche rechtlich selbständig sind, ist ein marktorientierter Verrechnungspreis am ehesten zur Lösung der Gewinnaufteilung auf die Bereiche anerkannt.

Aus steuerlicher Sicht entspricht diesem Verrechnungspreistyp die **Preisvergleichsmethode.** Sie geht vom sogenannten *dealing at arm's length,* also dem Prinzip des Fremdvergleichs, aus und unterscheidet den Preis, der vom Unternehmen mit fremden Dritten (innerer Preisvergleich) verlangt wird, und den Preis, der bei Geschäftsfällen ausschließlich zwischen fremden Dritten (externer Preisvergleich) zustande kommt. Voraussetzung sind vergleichbare Bedingungen, unter denen die Geschäftsfälle erfolgen. Diese betreffen sowohl die Eigenschaften der Leistung, die Zusatzleistungen, die Risikoübernahme, die Konditionen und die wirtschaftlichen Rahmenbedingungen. Eine alternative Methode ist die Wiederverkaufspreismethode, die insbesondere dann zur Anwendung kommt, wenn ein Mutterunternehmen an Vertriebstochterunternehmen liefert. Der Verrechnungspreis ergibt sich anhand des Wiederverkaufspreises abzüglich einer marktüblichen Gewinnspanne für die Vertriebsgesellschaft.

Aus langfristiger Sicht haben **Marktpreise** eine Indikatorfunktion über die Profitabilität von Unternehmensbereichen. Kann ein Bereich langfristig zu künftigen Marktpreisen keinen Gewinn (nicht Deckungsbeitrag!) erwirtschaften, bedeutet dies, daß das Unternehmen ohne diesen Bereich möglicherweise günstiger gestellt wäre. Ein Abstoßen des Bereiches sollte daher (unter Zuhilfenahme investitionsrechnerischer Methoden) überlegt werden.

Zusammenfassend sind marktorientierte Verrechnungspreise tendenziell **gut** geeignet,

- je **vollkommener** der Markt für das Zwischenprodukt ist
- je geringer die **Synergieeffekte** durch die interne Leistung im Unternehmen sind
- je geringer das **Volumen** der internen Leistungstransfers ist.

Dann nämlich beeinträchtigen die potentiellen Nachteile die Vorteile des Ansatzes zu Marktpreisen kaum. Damit wird aber deutlich, daß unter diesen Bedingungen auch nur wenig zu koordinieren ist.

Können die Bereiche den **externen Markt uneingeschränkt** nutzen, *muß* der Verrechnungspreis, der im folgenden mit R bezeichnet wird, sogar gleich dem **Marktpreis** für das Zwischenprodukt oder die interne Leistung p_1 gesetzt werden, andernfalls käme es zu keinem internen Leistungstransfer. Der Grund: Zunächst muß $R \geq p_1$ gelten, sonst würde der leistende Bereich nur externe Abnehmer beliefern. Gleichzeitig muß $R \leq p_1$ gelten, weil sonst der empfangende Bereich intern nichts abnimmt, sondern sich am externen Markt versorgt. Daher ergibt sich $R = p_1$.

Die Verwendung von Marktpreisen ist aber nicht daran gebunden, ob die Bereiche den **Markt** für das Zwischenprodukt auch **tatsächlich nutzen** dürfen. Die Unternehmensleitung kann es zur Politik machen, daß bei Vorhandensein interner Nachfrager oder Anbieter diese zum Zug kommen müssen. Umgekehrt kann es Unternehmenspolitik sein, es den Bereichen freizustellen, wieweit sie auf unternehmensinterne Leistungen zurückgreifen wollen oder nicht.[9]

Beispiel

Bereich 1 produziert ein Zwischenprodukt, das von Bereich 2 zu einem Endprodukt weiterverarbeitet und am Markt angeboten wird.[10] Der Marktpreis für das Endprodukt beträgt $p_2 = 200$. Das Zwischenprodukt wird mit einem Marktpreis $p_1 = 120$ am Markt zu beliebigen Mengen gehandelt. In Bereich 1 entstehen variable Produktions-

---

[9]   Dadurch soll „Wettbewerb" ins Unternehmen kommen. Dieser Wettbewerb ist im Lichte von Preisentscheidungen allerdings nicht unproblematisch. Abhängig von der Preiskalkulation sowie der wirtschaftlichen Situation von Konkurrenten kann sich eine aus Sicht des Gesamtunternehmens falsche Entscheidung ergeben (siehe auch 4. Kapitel: *Preisentscheidungen*).

[10]   Das Beispiel nimmt vereinfachend an, daß das Endprodukt genau eine Mengeneinheit des Zwischenproduktes erfordert (Verbrauchskoeffizient gleich eins). Dies ist keine Einschränkung; bei Gelten eines anderen Verbrauchskoeffizienten braucht nur der Mengenmaßstab des Zwischenproduktes oder der des Endproduktes adaptiert zu werden.

kosten von $k_1 = 90$ pro Stück. Die Kosten der Weiterverarbeitung und des Vertriebes in Bereich 2 betragen $k_2 = 20$ pro Stück oder alternativ $k_2 = 40$. Bereich 2 erhält nun eine Anfrage nach einem einmaligen Zusatzauftrag zu einem Preis von $p = 150$ pro Stück. Die Annahme dieses Zusatzauftrages hat keinen Effekt auf die normale Absatzmenge. Zum Aufzeigen der Problematik sei unterstellt, beide Bereiche hätten noch freie Kapazitäten. Abbildung 1 gibt die Situation wieder. Soll Bereich 2 den Auftrag annehmen, und soll Bereich 1 das Zwischenprodukt liefern?

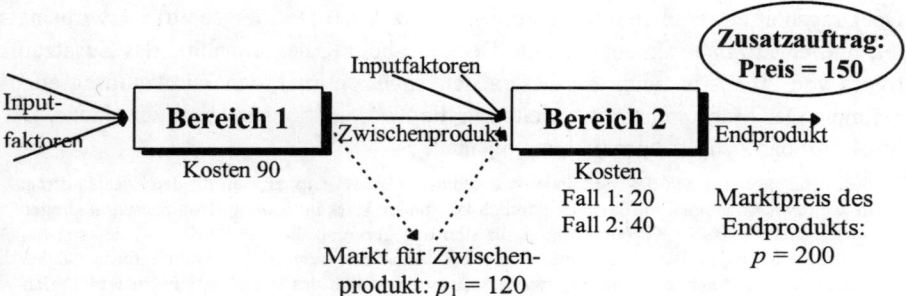

Abb. 1: Vollkommener Markt für das Zwischenprodukt

Bereich 1:	
Verrechnungspreis	120
eigene variable Kosten	−90
Deckungsbeitrag des Zusatzauftrages	+30

Bereich 2:	Fall 1	Fall 2
Verkaufspreis	150	150
eigene variable Kosten	−20	−40
Verrechnungspreis	−120	−120
Deckungsbeitrag des Zusatzauftrages	+10	−10

Gesamtunternehmen:	Fall 1	Fall 2
Verkaufspreis	150	150
variable Kosten von Bereich 1	−90	−90
variable Kosten von Bereich 2	−20	−40
Deckungsbeitrag des Zusatzauftrages	+ 40	+20

Die Verwendung des Marktpreises für das Zwischenprodukt als Verrechnungspreis bewirkt, daß beide Bereiche **indifferent** sind, ob sie intern oder extern liefern bzw beziehen. Bereich 2 könnte beispielsweise genauso gut das Zwischenprodukt vom Markt beziehen.

Im **Fall 1** ermitteln beide Bereiche einen positiven Deckungsbeitrag, wenn der Zusatzauftrag angenommen wird. Beide sind daher *für* die (jeweilige) Lieferung. Der insgesamt erzielte Deckungsbeitrag entspricht der Summe der Deckungsbeiträge der beiden Bereiche (30 + 10 = 40).

Im **Fall 2** ermittelt Bereich 2 einen negativen Deckungsbeitrag. Der Zusatzauftrag wird daher nicht angenommen. Dies erscheint zunächst aus Sicht des Gesamtunternehmens wenig vorteilhaft. Tatsächlich ist es die optimale Entscheidung, denn Bereich 1 kann das für den nun nicht angenommenen Zusatzauftrag erforderliche Zwischenprodukt selbst am Markt um $p_1 = 120$ verkaufen und erzielt einen Deckungsbeitrag von 30. Diese 30 entsprechen gleichzeitig dem gesamten Deckungsbeitrag, weil Bereich 2 keinen zusätzlichen Deckungsbeitrag erwirtschaftet; und er ist *höher* als der gesamte Deckungsbeitrag bei Annahme des Zusatzauftrages von 20. Es ist auch aus Gesamtsicht nicht optimal, den Zusatzauftrag anzunehmen. Der Marktpreis erfüllt weiterhin die Koordinationsfunktion zur Gänze. Der Markt für das Zwischenprodukt ist vollständig.

Dieses Beispiel erfordert das Vorhandensein genügend **freier Kapazitäten** für den Zusatzauftrag. Die weiteren Annahmen im Beispiel, nämlich konstanter Marktpreis ohne Absatzbeschränkungen und konstante variable Kosten, ergeben für sich dagegen, daß die vollständige Auslastung der Kapazität in beiden Bereichen optimal ist. Die Annahme freier Kapazitäten erfordert daher implizit weitere Annahmen; beispielsweise könnten sie durch das Bestehen langfristiger Lieferbeziehungen erklärbar sein.

Bei voll **ausgelasteten Kapazitäten** ergäbe sich folgende Lösung: Bereich 1 müßte bei Annahme des Zusatzauftrages die dafür erforderlichen Stück vom Verkauf an den Markt zu Bereich 2 umdirigieren. Der zusätzliche Deckungsbeitrag des Zusatzauftrages wäre dann gleich null. Bereich 2 würde den Zusatzauftrag *immer* ablehnen, weil er den Marktpreis $p_2 = 200$ dem Preis des Zusatzauftrages von $p = 150$ jedenfalls vorzieht.

Liefer- und Bezugsbeschränkungen können hier keine Verbesserung bewirken, sondern allenfalls das Ergebnis verschlechtern. Beschränkungen wirken nur dann, wenn der Verrechnungspreis ungleich dem Marktpreis festgelegt wird. *Beispiel*: Angenommen, $R = 100$. Dann würde Bereich 2 den Zusatzauftrag annehmen und einen Bereichsdeckungsbeitrag von $150 - 40 - 100 = +10$ ermitteln, und Bereich 1 würde (wenngleich ungern) liefern, da sein Bereichsdeckungsbeitrag $100 - 90 = +10$ beträgt. Diese Entscheidung ist aus Sicht des Gesamtunternehmens jedoch nicht optimal, weil Bereich 1 gehindert wird, am externen Markt einen Bereichsdeckungsbeitrag von +30 zu erwirtschaften.

Angenommen, Bereich 1 kann keine zusätzliche Menge am Markt für das Zwischenprodukt absetzen. Dann fällt die (auch aus Sicht des Gesamtunternehmens) günstige Alternative weg, und die Annahme des Zusatzauftrages wird die optimale Lösung. Bereich 2 wird aber weiterhin nicht dazu bereit sein, wenn der Verrechnungspreis gleich dem Marktpreis bleibt. Der Verrechnungspreis dürfte höchstens 110 (= $150 - 40$) betragen, und er könnte sogar bis auf 90 (= k_1) gesenkt werden, so daß Bereich 1 immer noch bereit ist, das Zwischenprodukt bereitzustellen.

Erweiterung des Beispiels

Bereich 1 weist variable Produktionskosten 90 nur dann auf, wenn intern geliefert wird; bei externer Lieferung entstehen zusätzliche variable Kosten von 16 infolge höherer Vertriebsaktivitäten, zusammen also 90 + 16 = 106. Die Kosten der Weiterverarbeitung und des Vertriebes verursachen in Bereich 2 Kosten von 40, falls intern bezogen wird, und Kosten von 50 bei externem Bezug infolge zusätzlicher Qualitätstests und höherer Transportkosten. Abbildung 2 gibt die geänderte Situation wieder.

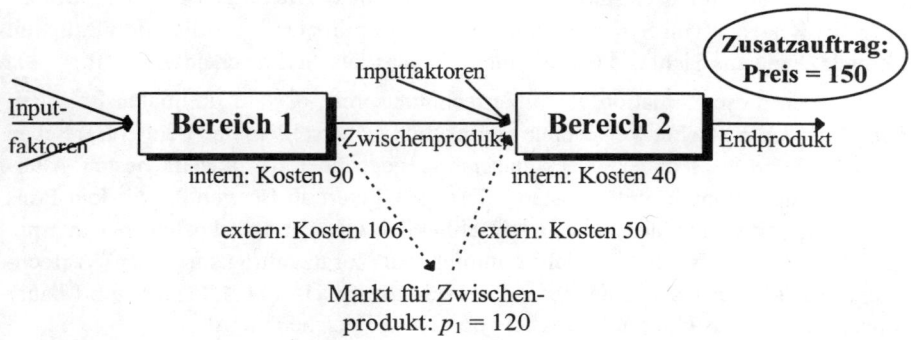

Abb. 2: Unvollkommener Markt für das Zwischenprodukt

Bereich 1:

Lieferung	intern	extern
Verrechnungspreis	120	120
eigene variable Kosten	−90	−106
Deckungsbeitrag des Zusatzauftrages	+30	+14

Bereich 2:

Bezug	intern	extern
Verkaufspreis	150	150
eigene variable Kosten	−40	−50
Verrechnungspreis	−120	−120
Deckungsbeitrag des Zusatzauftrages	−10	−20

Gesamtunternehmen:

Leistungstransfer	intern	extern
Verkaufspreis	150	120
variable Kosten von Bereich 1	−90	−106
variable Kosten von Bereich 2	−40	−
Deckungsbeitrag des Zusatzauftrages	+ 20	+14

(Bereich 1 steht in der Kopfzeile über den Spalten intern/extern)

Bereich 2 ermittelt bei einem Verrechnungspreis gleich dem Marktpreis wieder einen Deckungsbeitrag des Zusatzauftrages von −10 und nimmt den Auftrag daher nicht an. Würde Bereich 2 von außen beziehen, verschlechterte sich der negative Deckungsbeitrag um die zusätzlichen Kosten von 10 auf −20. Bereich 1 kann die von Bereich 2 nicht verlangte Menge des Zwischenprodukts am Markt verkaufen und erzielt einen positiven Deckungsbeitrag von $120 - 106 = +14$. Dies ist bei dezentraler Entscheidung auf Basis von Verrechnungspreis = Marktpreis auch der gesamte Deckungsbeitrag.

Er ist aber um 6 *geringer* als der Deckungsbeitrag von 20, der bei Annahme des Zusatzauftrages für das Gesamtunternehmen entstünde. Die Folge ist, daß der Marktpreis bei Bestehen von Synergien nicht mehr zur optimalen Koordination führt, weil Bereich 2 eine aus Sicht des Gesamtunternehmens falsche Entscheidung trifft.

Gibt es in dieser Situation einen Verrechnungspreis, der zur optimalen Entscheidung führt? Ein solcher Verrechnungspreis muß sicherstellen, daß beiden Bereichen ein positiver (zusätzlicher) Deckungsbeitrag gegenüber der jeweils besten Alternative entsteht (Opportunitätskosten). Bereich 1 liefert an Bereich 2 zu jedem Preis größer als seine variablen Kosten (einschließlich Opportunitätskosten) bei interner Lieferung $90 + 14 = 104$. Bereich 2 nimmt den Zusatzauftrag zu jedem Verrechnungspreis kleiner als 110 an. Jeder **Verrechnungspreis** $104 \leq R \leq 110$ führt daher im Beispiel zur aus Unternehmenssicht optimalen Entscheidung.[11]

Was in diesen Beispielen zu erkennen ist, gilt **generell**: Ein Verrechnungspreis, der zu dezentralen, aus Sicht des Gesamtunternehmens optimalen Entscheidungen (**Koordinationsfunktion**) führt, wird häufig *nicht* dem Marktpreis für das Zwischenprodukt entsprechen. Der Marktpreis spielt nur über die Höhe der Opportunitätskosten (im Beispiel: externe Lieferung mit einem Deckungsbeitrag von $120 - 16 - 90 = 14$) eine Rolle für die Entscheidung. Er bestimmt die Untergrenze des möglichen Verrechnungspreises mit.

2.2. Modifizierter Marktpreis

Es ist keineswegs zwingend, genau *den* Marktpreis als Verrechnungspreis zu verwenden. Tatsächlich werden in der Praxis verschiedene Modifikationen des Marktpreises vorgenommen. Eine häufige **Modifikation** ist folgende:

    Marktpreis der internen Leistung
    – Absatzkosten
    – Versandkosten
    – entfallende Marketingkosten
    – kalkulatorische Zinsen auf Forderungen
    <u>+ innerbetriebliche Transportkosten</u>
    = Verrechnungspreis

---

[11] Willkürlich wird dabei angenommen, daß beide Bereichen auch ohne *strikte* Deckungsbeitragszuwächse die Transaktion durchführen. Wie der Verrechnungspreis innerhalb des möglichen Wertebereiches gesetzt werden soll, hängt zunächst davon ab, ob er von der Zentrale vorgegeben oder ausgehandelt wird. Eine faire Möglichkeit ist die gleichmäßige Aufteilung des Zusatzdeckungsbeitrages von 6, sie führt zu einem Verrechnungspreis $R = 107$.

Die Liste der entfallenden Kosten bei interner Lieferung kann beliebig detailliert ausfallen.

Dieser Verrechnungspreis entspricht dem **Grenzpreis des liefernden Bereiches**. Bei gegebenem Marktpreis ist er zu diesem Verrechnungspreis indifferent zwischen interner und externer Leistung. Der gesamte Vorteil aus der internen Leistung entsteht damit beim beziehenden Bereich.

Eine **alternative Modifikation** wäre, den Marktpreis um entfallende Beschaffungsnebenkosten zu erhöhen. Dies entspricht den **Grenzkosten des beziehenden Bereichs**. Er ist dann indifferent zwischen internem Bezug und Bezug von externen Dritten. Der gesamte Vorteil aus der internen Leistung entsteht dann beim liefernden Bereich.

Zwischenlösungen dieser Grenzfälle sind die gleichmäßige Aufteilung der gemeinsamen Vorteile bei interner Lieferung oder eine Kombination der beiden obigen Methoden.

Beispiel: Der Marktpreis beträgt 100. Die dem liefernden Bereich entfallenden Kosten bei interner Lieferung gegenüber Lieferung an den Markt sind 5, die dem beziehenden Bereich bei externer Beschaffung zusätzlich entstehenden Kosten sind 3. Der gesamte Vorteil aus der internen Lieferung (Synergieeffekt) beträgt 5 + 3 = 8. Es sind dies die „Kosten" der Nutzung des Marktes.

- Grenzpreis des liefernden Bereiches: 100 − 5 = 95
- Grenzpreis des beziehenden Bereiches: 100 + 3 = 103
- Gleichmäßige Aufteilung des Vorteils: $100 - 5 + \dfrac{5+3}{2} = 99$
- Kombination der Methoden: 100 − 5 + 3 = 98.

Grundsätzlich führt jeder Verrechnungspreis R mit $95 \leq R \leq 103$ zu einem Anreiz beider Bereiche, *intern* zu transferieren. Die Aufteilung des Synergieeffekts von 8 ist dabei völlig willkürlich. Insofern ist jede Modifikation gleich gut oder schlecht, sofern nur den Anreiz zum *internen* Transfer angesprochen ist. Das ist aber nicht gleichbedeutend damit, daß diese Modifikationen zu Bereichsentscheidungen führen, die aus Gesamtsicht günstig sind. Würde man etwa im Beispiel des vorigen Abschnitts eine Kombination beider Methoden anwenden, erhielte man einen Verrechnungspreis in Höhe von $R = 120 - 16 + 10 = 114$. Bei diesem Preis würde Bereich 2 jedoch auf die Annahme des Zusatzauftrages verzichten, so daß die eigentlich optimale Entscheidung verfehlt wird.

Ein **Vorteil** der ersten Methode, des Ansatzes des Grenzpreises des liefernden Bereiches, kann darin gesehen werden, daß er zu einem relativ niedrigen Verrechnungspreis führt, womit dem beziehenden Bereich der größte Preisspielraum eingeräumt wird. Dies ist aus Sicht des Gesamtunternehmens idR günstig. Ein anderer Grund für eine solche Modifikation könnte in dem geringeren Risiko liegen, dem der liefernde Bereich ausgesetzt ist.

Andererseits muß bedacht werden, daß den Bereichsmanagern oft ein *strikter* **Anreiz** gegeben werden muß, um sie zu einem internen Leistungstransfer zu bewegen. Damit können nämlich versteckte Kosten verbunden sein, wie der gegenseitige Mißbrauch der Bereiche als Zwischenlager, zwangsweise Bevorzugung bei Spezialaufträgen, die schwächere Durchsetzung von Rechten bei Mängeln (man kennt sich ja und muß auch weiter zusammenarbeiten) oder die Gefahr, daß ein Bereichsmanager die Unternehmensleitung involviert. Insofern wäre der Grenzpreis entsprechend zu adaptieren.

3. Kostenorientierte Verrechnungspreise

Verrechnungspreise auf Basis der Kosten der Erstellung der internen Leistung werden in der Praxis am häufigsten verwendet (siehe noch einmal Tabelle 1). Sie umfassen eine relativ heterogene Menge verschiedener Verrechnungspreistypen, nämlich auf der Basis von

- Istkosten oder Standardkosten
- Grenzkosten oder Vollkosten
- Kosten oder Kosten „plus" Aufschlag.

Empirische Ergebnisse zeigen, daß Verrechnungspreise auf Basis von Grenzkosten eher selten und auf Basis von Vollkosten am häufigsten Verwendung finden. Auf den ersten Blick verblüfft dies deshalb, weil man – wie im folgenden gezeigt wird – Situationen finden kann, in denen Grenzkosten die **Koordinationsfunktion** optimal erfüllen, während es schwierig ist, Situationen zu finden, in denen vollkostenbasierte Verrechnungspreise optimal sind.[12] Allerdings werden die folgenden Ausführungen auch die Fallstricke der Koordinationseigenschaften grenzkostenorientierter Verrechnungspreise aufzeigen, so daß die praktisch vorzufindende Abneigung gegenüber diesen Verrechnungspreisen besser erklärbar wird.

3.1. Istkosten oder Standardkosten

Werden Verrechnungspreise auf **Istkostenbasis** ermittelt, führen sie zu einer exakten Abdeckung der jeweils angesetzten Kosten(-arten) beim leistenden Bereich. Der beziehende Bereich weiß allerdings erst im nachhinein, wie hoch der Verrechnungspreis tatsächlich ist. Er trägt damit das gesamte Risiko von Kostenschwankungen. Seinen operativen Entscheidungen muß er *erwartete* Istkosten zugrunde legen. Die Istkosten hängen vielfach auch vom Bedarf anderer Bereiche ab. Der Verrechnungspreis ist damit nicht isolierend.

---

[12]   Vgl auch *Kaplan* und *Atkinson* (1989), S. 613.

Beispiel: Bei zunehmender Kopienzahl pro Monat verlaufen die Kosten einer Kopie oft degressiv. Wenn ein Bereich seine Kopieraufträge in gewissem Rahmen zeitlich steuern kann, wird er Kopien vorzugsweise in Monaten machen, in denen andere Bereiche viel kopieren.

Bei Verrechnungspreisen auf **Standardkostenbasis** werden genau die Plankosten abgedeckt. Die Differenz der Standardkosten zu den Istkosten (**Kostenabweichungen**) verbleibt ergebniswirksam beim leistenden Bereich, der damit das gesamte Risiko trägt. Das hat den Vorteil, daß das Bereichsmanagement einen **Anreiz** erhält, wirtschaftlich zu agieren. Werden demgegenüber ohnedies sämtliche Kosten abgedeckt, entfällt ein solcher Anreiz weitgehend.

Häufig besteht die Kostenabweichung in einer **Beschäftigungsabweichung**. Deren Zurechnung muß differenziert nach der Verursachung der Beschäftigungsabweichung erfolgen. Entscheidet der beziehende Bereich über die Bezugsmenge und muß der liefernde Bereich den internen Bedarf erfüllen, ist die Beschäftigungsabweichung dem beziehenden Bereich zuzurechnen, dh der Verrechnungspreis sollte eher auf Istkosten basieren.[13] Hat der leistende Bereich Entscheidungsbefugnisse hinsichtlich der Menge und kann er insbesondere die Kapazität festlegen, ist ihm die Beschäftigungsabweichung zuzurechnen, dh der Verrechnungspreis entspricht den Standardkosten.

Ein potentieller Nachteil von Standardkosten liegt darin, daß **Anpassungsentscheidungen** des beziehenden Bereichs an die tatsächlich erfolgte Kostenänderung nicht erfolgen können, weil die Information nicht durchdringt. *Beispiel*: Der beziehende Bereich hat eine substitutive Produktionsfunktion. Wird ein intern bezogener Input teurer, ergibt sich eine andere Minimalkostenkombination. Wird zu Standardkosten verrechnet, bleibt der Bereich bei seiner geplanten Faktorkombination, obwohl dies *ex post* nicht optimal ist.

Auf der anderen Seite bedeutet die **Festlegung der Standardkosten** einen zusätzlichen Schritt: Einigen sich die Bereiche auf die Standardkosten, etwa auf Grundlage eines Anbots mit Fixpreisen, kann der leistende Bereich seine bessere Kenntnis der wirklichen (erwarteten) Kosten ausspielen; legt die Zentrale die Standardkosten fest, wird sie plötzlich wieder ins operative Geschäft involviert, von dem sie sich durch Dezentralisierung befreien wollte, ganz abgesehen von der schlechteren Information, die sie dieser Entscheidung zugrunde legen muß. Je nachdem, bei welcher Alternative die Vorteile überwiegen bzw die Nachteile geringer sind, wird diese sinnvoll sein. Man kann auch an eine teilweise Abdeckung der Kostenabweichungen denken.

3.2. Grenzkosten als Verrechnungspreis

Geht es darum, die Menge des internen Transfers abzustimmen und aus Sicht des Gesamtunternehmens zu optimieren, kann formal gezeigt werden, daß nur Grenzkosten, verstanden als relevante Kosten für kurzfristige Entscheidungen, dieses

---

[13]   Um Unwirtschaftlichkeiten weiterhin dem leistenden Bereich zurechnen zu können, müßte der Verrechnungspreis wie ein flexibles Budget auf Basis der Standardkosten erfolgen.

Koordinationsproblem lösen. Sie tun dies jedoch nur unter ganz bestimmten Bedingungen bezüglich der Informationssituation von Zentrale und den Bereichen und damit nur scheinbar. Diese Einschätzung wird auch durch die geringe Verwendung in der Praxis bestärkt.

Modell von Hirshleifer

Grundlage der Argumentation bildet ein Aufsatz von *Hirshleifer* aus dem Jahr 1956. Die Zusammenhänge werden anhand des folgenden Beispiels gezeigt.

Beispiel: Bereich 1 erstellt ein Zwischenprodukt, das von Bereich 2 zu einem vermarktbaren Endprodukt weiterverarbeitet wird. Es besteht kein Markt für das Zwischenprodukt, oder es gibt Liefer- und Bezugsbeschränkungen, die es den Bereichen nicht ermöglichen, einen Markt für das Zwischenprodukt zu nutzen. Die Verarbeitungskosten der beiden Bereiche betragen

$$K_1 = 20 + \frac{x^2}{2} \text{ und } K_2 = 2 + x \qquad (1)$$

Der Markt für das Endprodukt ist monopolistisch mit einer Preis-Absatz-Funktion $p(x) = 16 - x$. Abbildung 3 gibt die Situation wieder. Die beiden Bereiche sollen ihre Outputmengen dezentral festlegen. *Wie muß der Verrechnungspreis gesetzt werden, damit beide Bereiche dieselbe Menge wählen, die aus Sicht des Gesamtunternehmens optimal ist?*

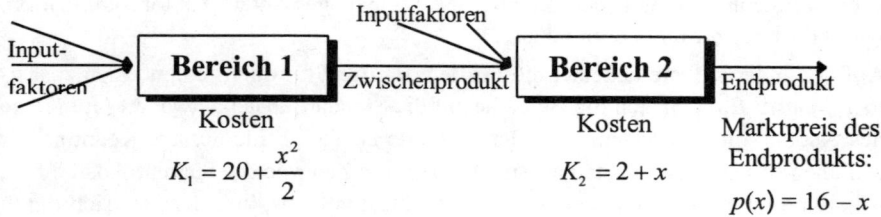

Abb. 3: Die Situation im Modell von *Hirshleifer* (1956)

Die **zentrale Lösung** als Referenzlösung wird durch Maximierung des Gesamtgewinnes ermittelt:

$$\max_x G = p(x) \cdot x - K_1(x) - K_2(x) \qquad (2)$$

Notwendige Bedingung ist, daß die erste Ableitung von G nach x gleich null ist, dh

$$p(x^*) + p'(x^*) \cdot x^* - K_1'(x^*) - K_2'(x^*) = 0 \qquad (3)$$

Dabei bezeichnet x^* die optimale (*Cournot*'sche) Menge. Für das Beispiel ergibt sich

$$G = (16 - x) \cdot x - 20 - \frac{x^2}{2} - 2 - x = -\frac{3x^2}{2} + 15x - 22$$

$G' = -3x + 15$ und $x^* = 5$

Die zweite Ableitung ist negativ, daher ist dies ein Maximum (hier gleichzeitig das globale Maximum). Der maximale Gewinn beträgt $G(x^* = 5) = +15{,}5$.

Menge x	2	3	4	5	6	7
Verrechnungspreis = 3						
Gewinn G_1	−16	−15,5	−16	−17,5	−20	−23,5
Gewinn G_2	18	25	30	33	34	33
Gesamtgewinn	2	9,5	14	15,5	14	9,5
Verrechnungspreis = 5						
Gewinn G_1	−12	−9,5	−8	−7,5	−8	−9,5
Gewinn G_2	14	19	22	23	22	19
Gesamtgewinn	2	9,5	14	15,5	14	9,5
Verrechnungspreis = 7						
Gewinn G_1	−8	−3,5	0	2,5	4	4,5
Gewinn G_2	10	13	14	13	10	5
Gesamtgewinn	2	9,5	14	15,5	14	9,5

Tab. 2: Optimale Mengen bei verschiedenen Verrechnungspreisen

Bei **dezentralen Entscheidungen** liegt es in der Hand der Bereichsmanager, die jeweilige Outputmenge selbst festzulegen. Beide maximieren ihre Bereichsgewinne unter Berücksichtigung des Verrechnungspreises R für die transferierte Leistung,

$$\max_x G_1 = R \cdot x - K_1(x) \qquad (4)$$

$$\max_x G_2 = p(x) \cdot x - R \cdot x - K_2(x) \qquad (5)$$

Die jeweils optimale Menge hängt vom Verrechnungspreis R ab. Tabelle 2 gibt drei Beispiele von Verrechnungspreisen. Offensichtlich ist, daß der Verrechnungspreis keinen Einfluß auf den Gesamtgewinn $G = G_1 + G_2$ hat.

Es gibt genau einen Verrechnungspreis, bei dem beide Bereiche dieselbe Menge transferieren wollen. Diese Menge ist gleichzeitig aus Sicht des Gesamtunternehmens optimal. Dieser Verrechnungspreis entspricht den **Grenzkosten des liefernden Bereiches** *im Optimum*, nämlich: $R = K_1'(x^*) = x^* = 5$. Die Maximierung der dezentralen Zielfunktionen nach der Menge x ergeben die optimalen Bereichsmengen x_i, $i = 1, 2$:

$$G_1' = R - K_1'(x) = 5 - x \text{ und } x_1 = 5 = x^*$$

$$G_2' = p(x) + p'(x) \cdot x - R - K_2'(x) = 16 - 2x - 5 - 1 \quad \text{und} \quad x_2 = 5 = x^*$$

Beide Bereiche erhalten selbständig $x^* = 5$. Es gibt *keinen* anderen Verrechnungs-preis, der zum selben Ergebnis führen könnte.

Der Ansatz von Grenzkosten als Verrechnungspreis löst aber das Koordinations-problem nur *scheinbar*. Die **Zentrale** muß den Verrechnungspreis $R = 5$ festlegen. Dabei erhebt sich die Frage, woher sie den Verrechnungspreis kennt. Um $R = 5$ fest-legen zu können, muß sie nämlich das Entscheidungsproblem lösen; wenn das Pro-blem gelöst ist, kann die Zentrale den Bereichen genausogut gleich die Outputmenge vorschreiben. Die dezentrale Entscheidung bei Vorgabe des Verrechnungspreises löst daher ein Scheinproblem.

Auch zur **Erfolgsermittlung** der Bereiche ist der Verrechnungspreis auf Grenz-kostenbasis nur sehr bedingt geeignet. Die **Aufteilung** des Gesamtgewinnes erfolgt **willkürlich** und begünstigt typischerweise den beziehenden Bereich. Der liefernde Bereich „erwirtschaftet" je nach Verlauf der Grenzkosten einen Verlust in der Größenordnung seiner Fixkosten.[14]

Anreizwirkungen

Angenommen, die Zentrale gibt nur vor, *wie* der Verrechnungspreis angesetzt werden soll, dh also mit Grenzkosten des liefernden Bereiches. Dann aber entstehen neue **Probleme**: Sowohl Bereich 1 als auch Bereich 2 haben einen Anreiz, sich nicht so zu verhalten, wie die Zentrale dies wünscht. Die Folge ist jeweils, daß die Koordi-nationsfunktion *nicht* erfüllt wird. **Bereich 2** wird erkennen, daß der Verrechnungs-preis eigentlich eine **Funktion der beschafften Menge** ist, dh $R = R(x) = K_1'$, und nicht ein konstanter vorgegebener Wert. Er wird *quasi* zum Monopolnachfrager. Damit ändert sich aber sein Entscheidungsproblem gegenüber (5) zu

$$\max_x G_2 = p(x) \cdot x - R(x) \cdot x - K_2(x) \tag{6}$$

$$G_2' = p(x) + p'(x) \cdot x - R(x) - R'(x) \cdot x - K_2'(x) = 16 - 2x - x - x - 1 = 15 - 4x$$

Die gewinnmaximale Menge wird damit *geringer* als x^*, nämlich $x_2 = 3{,}75$. Der Bereichsgewinn G_2 steigt von $G_2(x^*) = 23$ auf $G_2(x_2) = 26{,}125$. Aus Sicht des Gesamtunternehmens führt diese Menge jedoch zu einem geringeren Gesamtgewinn.

Bereich 1 hat mit anderen Problemen zu kämpfen. Zunächst führt die Lieferung der optimalen Menge x^* zu einem Verlust in Höhe von $G_1(x^*) = -7{,}5$. Dies ist ein **prinzipieller Nachteil** der Verwendung von Grenzkosten als Verrechnungspreis: Mit Ausnahme des Falles stark steigender Grenzkosten wird Bereich 1 immer einen **Verlust** ermitteln. Daher muß durch andere Maßnahmen (zB Lieferzwang um „jeden Preis") sichergestellt werden, daß Bereich 1 überhaupt eine Leistung erbringt.

---

[14]   Sind die Grenzkosten konstant, entspricht der Verlust gerade den Fixkosten; steigen die Grenz-kosten, wird der Verlust geringer, andernfalls höher.

Bereich 1 hat jedoch meist eine andere Möglichkeit, auf diese Situation zu reagieren. Ist seine Kostenfunktion K_1 nur ihm selbst bekannt (**private Information**), müssen die Zentrale oder Bereich 2, je nachdem, wer den Verrechnungspreis setzt, diese Information von Bereich 1 erfragen. Meist können Bereichsfremde die Kosten des Bereiches nur in bestimmten Grenzen nachvollziehen und überprüfen. Angenommen, der Bereich erzeugt neben dem intern transferierten Produkt noch andere Produkte. Da jede Schlüsselung von Fixkosten auf die Produkte in gewissem Umfang willkürlich ist, bleibt genügend Spielraum, die Kosten in die eine oder andere Richtung zu verzerren.

Bereich 1 kann durch **nicht wahrheitsgemäße Information** die Wahl des Verrechnungspreises und damit die bezogene Menge sowie gleichzeitig seinen eigenen Bereichsgewinn beeinflussen. Angenommen, Bereich 1 gibt vor, daß seine Kostenfunktion wie folgt laute:

$$\hat{K}_1 = 20 + \frac{3x^2}{2}$$

Er gibt höhere variable Kosten an als ihm tatsächlich erwachsen. Die Zentrale (oder der *nicht* monopolistisch agierende Bereich 2) ermittelt:

$$\max_x G(\hat{K}_1) = p(x) \cdot x - \hat{K}_1(x) - K_2(x) = 15x - \frac{5x^2}{2} - 22$$

Die optimale Menge ergibt sich zu $\hat{x} = 3$, der Verrechnungspreis R ist

$$\hat{K}_1'(x) = 3x = 9$$

und der Gewinn des Bereiches 1 G_1 steigt auf +2,5. Dies geht zulasten des Gesamtgewinnes und des Gewinnes von Bereich 2.

Geht man davon aus, daß die Struktur der Kostenfunktion mit $K_1 = 20 + \delta \cdot x^2$ bekannt ist und eine Verzerrung auf den Parameter δ eingeschränkt ist, dann ist die obige verzerrte Kosteninformation aus Sicht des Bereiches 1 optimal (der Leser ist gerne eingeladen, dies zu überprüfen).

Fehlmotivationen sind bei Entscheidungen bezüglich der Produktionstechnologie zu erwarten, soweit derartige Entscheidungen innerhalb der Entscheidungsbefugnis des *Profit Center*-Managements liegen. So könnte der liefernde Bereich gegen eine an sich wirtschaftliche Investition opponieren, die zu höheren Bereichsfixkosten, jedoch zu geringeren variablen Kosten führt. Vergleichbares gilt für Investitionen im Personalbereich, wenn etwa die Qualifikation gehoben werden könnte.

Lineare Kosten- und Erlösverläufe

Das bisher gezeigte Modell setzt voraus, daß die Bereichsgewinne strikt konkav abhängig von der Menge sind. Dies wurde im Beispiel für Bereich 1 durch eine konvexe Kostenfunktion und für Bereich 2 durch eine konkave Erlösfunktion gewährleistet. Im folgenden Beispiel mit linearen Kosten- und Erlösverläufen zeigt sich, daß die Fehlsteuerung durch Grenzkosten weniger leicht möglich ist.

Beispiel: Bereich 1 stellt ein Zwischenprodukt her, das in Bereich 2 zu einem End-produkt gefertigt und verkauft wird. Der Verkaufspreis p ist konstant, die Kosten-funktionen sind linear in der produzierten Menge,

$$K_i(x) = K_i^F + k_i \cdot x \quad \text{für } i = 1, 2 \tag{7}$$

Damit die Lösung beschränkt werden kann, muß es zumindest in einem Bereich einen Engpaß geben. Für jeden der beiden Bereiche wird folgende (potentiell bin-dende) Restriktion angenommen:

$$v_i \cdot x \le \overline{V}_i \quad \text{für } i = 1, 2 \tag{8}$$

Dabei bezeichnen die v_i den Verbrauch einer Outputeinheit an den Einheiten der knappen Ressource und $\overline{V}_i$ die gesamten verfügbaren Ressourceneinheiten (zB Zeit, Maschinenstunden) im Bereich i.

Bereich 1 entscheidet wie folgt:

$$\max_x G_1 = R \cdot x - K_1^F - k_1 \cdot x \tag{9}$$

Die Lösung lautet:

$$x_1 = \begin{cases} 0 & \text{falls } R < k_1 \\ \overline{V}_1 / v_1 & \text{falls } R \ge k_1 \end{cases} \tag{10}$$

Analoges gilt für Bereich 2 (die Bedingung für $x_2 = \overline{V}_2/v_2$ lautet $R \le p - k_2$). Geht man davon aus, daß beide Bereiche eine gleich hohe Menge wählen müssen, ergibt sich diese letztlich aus $x^* = \min\{x_1, x_2\}$.

Die insgesamt **optimale Lösung** stimmt mit der **dezentralen Lösung** genau dann überein, wenn

1. $p - k_1 - k_2 \ge 0$ (es lohnt sich, überhaupt zu produzieren), und
2. $k_1 \le R \le p - k_2$ (der Verrechnungspreis stellt sicher, daß beide Bereiche produzieren).

Die Zentrale muß dazu die Nebenbedingungen *nicht* kennen, ebenso reicht idR ein nur *ungefähres* Wissen um die Höhe der variablen Kosten aus, die Koordinations-funktion zu erfüllen. Der Grund liegt darin, daß die optimale Lösung relativ **insensi-tiv** in bezug auf die zugrunde liegenden Größen reagiert; dies war im vorigen Bei-spiel nicht der Fall. Würde man den Verrechnungspreis jedoch genau an den Grenz-kosten des liefernden Bereiches ausrichten ($k_1 \le R$), geht diese Insensitivität zum Teil wieder verloren.

Grenzkosten bei Erreichen der Kapazitätsgrenze

Die Grenzkosten müssen im Falle des Erreichens von **Kapazitätsgrenzen** entspre-chend modifiziert werden. Angenommen, Bereich 1 produziert nicht nur das Zwischenprodukt, das Bereich 2 benötigt, sondern auch andere Produkte, die an Bereiche oder an den Markt geliefert werden, und er hat seine Kapazitätsgrenze erreicht. Dann muß der Verrechnungspreis neben den direkten variablen Kosten auch die **Opportunitätskosten** des Engpasses einschließen, also den Deckungsbeitrag der durch die Produktion des Zwischenprodukts verdrängten Menge des Grenzproduktes bzw der Grenzprodukte (siehe dazu 3. Kapitel: *Produktionsprogrammentscheidungen*). Gelangt Bereich 1 durch die interne Nachfrage nach dem Zwischenprodukt erst an die Kapazitätsgrenze, so springt der Verrechnungspreis in diesem Moment von den ursprünglichen Grenzkosten auf die neuen Grenzkosten (einschließlich der Opportunitätskosten).

Im Grenzfall entsprechen die Grenzkosten dem **Marktpreis**: Existiert ein Markt für das Zwischenprodukt und hat Bereich 1 die Möglichkeit, das Produkt dort zum Marktpreis zu verkaufen, so ist in einer Engpaßsituation der Marktpreis die maßgebliche Erlösgröße für die Ermittlung der Opportunitätskosten.

Entscheidet der leistende Bereich über seine Kapazität selbst, können sich **Fehlanreize** ergeben: Der leistende Bereich ist an einem möglichst hohen Verrechnungspreis interessiert und weiß, daß der Verrechnungspreis mit Verknappung der Kapazität tendenziell steigt. Er hat daher einen Anreiz, die Kapazität zu gering zu wählen.

Umgekehrt neigen beziehende Bereiche in der Budgetierungsphase zu einer Überschätzung ihrer Nachfrage. Dadurch wird der leistende Bereich zum Vorhalten einer hohen Kapazität gedrängt, und die Wahrscheinlichkeit der Unterbeschäftigung steigt.

3.3. Vollkosten als Verrechnungspreis

Die Grundidee von Verrechnungspreisen in Höhe der Vollkosten besteht darin, dem leistenden Bereich (im Durchschnitt) die gesamten **Kosten abzudecken**. Der leistende Bereich ist also nicht mehr wie beim Ansatz von Grenzkosten zur Erwirtschaftung eines Verlustes verdammt. Umgekehrt macht der leistende Bereich aber auch keinen Gewinn, der gesamte Gewinn aus der internen Leistung fällt bei den beziehenden Bereichen an. Damit handelt es sich wieder um eine *willkürliche* **Aufteilung des Gesamtgewinns** auf die beitragenden Bereiche.

Manchmal findet man in der Praxis auch **kombinierte Verrechnungspreissysteme** der Art, daß zwar grundsätzlich die Vollkosten weiterverrechnet werden, doch wenn der Marktpreis niedriger ist, kann nur dieser Marktpreis verrechnet werden. Die Folge für die Erfolgsermittlungsfunktion besteht darin, daß der leistende Bereich nicht nur keinen Gewinn machen kann, sondern vielfach sogar ein Verlust in Höhe der Differenz von Vollkosten und Marktpreis entsteht. Dies erhöht zwar den Druck auf den Bereich, die Leistung kostengünstiger zu erstellen, ein Erfolg in Form eines Bereichsgewinns wird sich aber nicht einstellen.

Verrechnungspreise auf Vollkostenbasis sind in der **Praxis** sehr **beliebt**.[15] Sie entsprechen der Vorgehensweise bei der sekundären Gemeinkostenrechnung im Rah-

---

[15] *Eccles* (1985), S. 46, zitiert eine Untersuchung von *Price Waterhouse*, der zufolge rund 50% der befragten Manager angaben, sowohl mit den ablauftechnischen Aspekten als auch dem Konzept und den Anreizeffekten „sehr zufrieden" und rund 40% „relativ zufrieden" zu sein. Die restlichen Prozent entfielen großteils auf „eher unzufrieden" und praktisch nicht auf „sehr unzufrieden".

men der Kostenstellenrechnung. Genaugenommen hat damit praktisch jedes Unternehmen ein Verrechnungspreissystem, es wird nur typisierend und ohne nähere Überlegungen verwendet. Ein Vorteil ist dementsprechend die Einfachheit der Durchführung, da jedes Kostenrechnungssystem damit umgehen kann.

In der Praxis wird die Zurechnung von Gemeinkosten häufig damit begründet, daß damit bei den Bereichsmanagern ein **Bewußtsein** für die tatsächlich entstandenen Kosten geschaffen werden soll.[16] Im Regelfall sind die Gesamtkosten weit höher als die variablen Kosten; würden nur diese weiterverrechnet, erhielten die Bereichsmanager vielleicht den Eindruck, daß die Leistung tatsächlich nur so wenig kostet. Durch die Verrechnung der Gesamtkosten soll ein Anreiz für sie geschaffen werden, sich „kostenbewußter" zu verhalten. Diese Überlegung liegt auch der Prozeßkostenrechnung (siehe 6. Kapitel: *Kostenmanagement*) zugrunde.

Eine Begründung für die weitgehende Ablehnung grenzkostenorientierter Verrechnungspreise und die Favorisierung von Vollkosten durch die Praxis ist, daß interne Leistungsbeziehungen selten kurzfristig sind. Somit kann auch der üblicherweise vorgebrachte Einwand, daß *nur* Grenzkosten die Koordinationsfunktion erfüllen, so allgemein nicht gehalten werden. Denn dies gilt aufgrund der Definition von Grenzkosten nur für kurzfristige Entscheidungen. Für **langfristige Entscheidungen** ist die Verwendung von Grenzkosten als Entscheidungskriterium aber ungeeignet. Vielmehr umfassen die dafür relevanten Größen alle durch die Entscheidung ausgelösten Änderungen. Die *Vollkosten* sind dafür jedoch typischerweise ähnlich ungeeignet, denn:

1. Vollkosten umfassen *sämtliche* Kosten; es ist vom Entscheidungsproblem abhängig, welche Kosten dafür wirklich relevant sind.

2. Vollkosten unterliegen je nach **Beschäftigung** im leistenden Bereich oft gravierenden Schwankungen. Dies kann durch Verwendung der Planbeschäftigung anstelle der Istbeschäftigung für die Ermittlung der Vollkosten vermieden werden, führt aber unter Umständen zu Fehlanreizen in der Budgetierungsphase.

3. Werden im leistenden Bereich mehrere Produkte erzeugt, wobei nur ein Teil davon intern geliefert wird, existiert das bekannte Problem der **Zurechnung der Gemeinkosten** auf die Produkte. Diese ist weitgehend **willkürlich**, so daß letztlich auch die Vollkosten der internen Leistungen willkürlich hoch sind.

Wenn man die Entscheidung schon auf Basis von Kosten und nicht auf Basis von Zahlungsströmen (Investitionsrechnung) treffen möchte, so können Vollkosten eine vereinfachte **Approximation** der **langfristig** durch die Entscheidung veränderlichen Kosten bilden.

---

[16] Der abnehmende Bereich erzielt erst dann einen Gewinn, wenn die Vollkosten des liefernden Bereiches gedeckt sind. So zB *Anthony, Dearden* und *Govindarajan* (1992), S. 184. Dies läßt sich jedoch auch durch die Vorgabe von Solldeckungsbeiträgen erreichen.

Die Zurechnung von Fixkosten wird dann notwendig, wenn die Fixkosten beeinflußbar sind. *Beispiel*: Die Zentrale überlegt Investitionen in die Aus- und Weiterbildung.[17] Die Investition verursacht einmalige Fixkosten. Der Nutzen in den Bereichen wäre in einer Reduktion der Einzelkosten um einen bestimmten Prozentsatz zu finden. Die Zentrale kennt das Einsparungspotential der Bereiche jedoch nicht genau. Würden die Investitionsausgaben nicht weiterverrechnet, hätte jeder Bereich einen Anreiz, beim Einsparungspotential maßlos zu übertreiben. Er hätte nur die Vorteile, nicht aber die Kosten. Deshalb müssen aus *ex ante*-Sicht die (späteren) Fixkosten im Verrechnungspreis enthalten sein.

Die Verrechnung auch von Fixkosten kann auch zur Steuerung der **Nachfrage** nach **knappen Ressourcen** dienen.

Beispiel: Ein Unternehmen erwirbt die Berechtigung zur Nutzung einer Literatur-Datenbank. Der Nutzungsvertrag sieht eine pauschale Monatsgebühr von 1.000 vor, die insgesamt 100 Minuten für Recherchen pro Monat inkludiert. Eine „normale" Anfrage an die Datenbank kostet demgegenüber 30 pro Minute. Wie können die Kosten einer Minute an Recherchen intern den Bereichen, die die Datenbank nutzen, weiterverrechnet werden?

Zu Beginn des Monats ist nicht abschätzbar, wie viele Recherchenminuten mit welchem Nutzen anfallen werden. Die Grenzkosten der ersten 100 Minuten betragen 0, die Grenzkosten jeder darüber hinausgehenden Minute 30. Wird der *Verrechnungspreis* in Höhe der Grenzkosten gesetzt, so werden die Bereiche recht sorglos damit umgehen. Erst wenn die 100 Minuten verbraucht sind, entstehen ihnen Kosten, die sie mit dem Nutzen einer weiteren Recherche vergleichen müssen. Nun entwickelt aber die Kostenzuteilung nach dem Prinzip „Wer zuerst anfragt, bekommt zuerst" wenig Steuerungswirkung. Denn es könnte ja sein, daß eine Recherchenminute nur einen Nutzen von 5 bringt, aber deshalb in Anspruch genommen wird, weil eine Recherche (noch) nichts kostet. Eine Recherche wird *quasi* als freies Gut betrachtet. Eine nach den 100 Minuten notwendig gewordene Recherche, die vielleicht 25 pro Minute an Nutzen brächte, würde nicht mehr durchgeführt, nur weil sie später im Monat auftrat.

Es ist auch nicht unbedingt optimal, sofort 30 pro Minute an die Bereiche weiter zu verrechnen, denn es könnte ja sein, daß dann die 100 Minuten nicht ausgeschöpft werden und damit die Grenzkosten tatsächlich 0 betragen.

Wenn die Nutzung der Leistung für die beziehenden Bereiche verteuert wird, **sinkt** deren **Nachfrage**. Im Idealfall wird die Kapazität genau ausgelastet; die dazugehörigen Kosten sind **Opportunitätskosten**, die aber in der Praxis sehr schwer geschätzt werden können. Opportunitätskosten können sein:

- **Verzögerungskosten**: Kosten infolge der verzögerten Erfüllung der Nachfrage eines Bereiches. *Beispiele*: Instandhaltungsabteilung, Schreibbüro.

---

[17] Vgl *Pfaff* (1995a), S. 443 – 446.

- Kosten der **Verschlechterung der Leistung.** *Beispiel*: Infolge Arbeits-
  überlastung in der Rechtsabteilung könnte die Bearbeitungsqualität
  sinken oder die Bearbeitungsdauer steigen.

- Kosten durch **Leistungsbeschaffung von anderen Quellen** oder **Eigenerstellung.** *Beispiel*: Installation einer eigenen Rechtsabteilung anstelle
  der Beauftragung eines Rechtsanwaltsbüros.

Die Allokation der Vollkosten kann in einer solchen Situation einen einfachen und
wirtschaftlich gerechtfertigten Versuch darstellen, die nicht ermittelbaren Opportunitätskosten der zentral bereitgestellten Leistungen zu **approximieren.**[18] Wie gut diese
Approximation ist, hängt von der Kostenfunktion und der (geplanten wie realisierten) Nachfrage nach Leistungen ab. Für bestimmte Annahmen kann die Güte der
Approximation analysiert werden.

> *Beispiel*: In einem Warteschlangenmodell gehen *Miller* und *Buckman* (1987) von einer Service-
> abteilung aus, bei der zufällig Serviceleistungen (nach einer Poisson-Verteilung) nachgefragt
> werden, deren Dauer ebenfalls zufällig (nach einer Exponential-Verteilung) ist. Die Kapazitäts-
> kosten der Serviceabteilung hängen von der Anzahl der Serviceplätze X ab, die die Kapazität
> bestimmen, $K_0 = k \cdot X^c$, mit $k > 0$ und $0 < c < 1$. Wenn c nahe bei 1 liegt (dh, es gibt kaum *econo-
> mies of scale*), nähern die Fixkosten die Opportunitätskosten sehr gut an. Für sehr kleine c ist die
> Approximation jedoch sehr schlecht, es wäre in diesem Fall günstiger, die Kapazitätskosten nicht
> weiter zu verrechnen. Dieses Ergebnis ist aber insofern wenig hilfreich, weil Kostenallokationen
> als gute Approximation gerade in den Fällen wirken, in denen der Nutzen einer zentralen
> Leistungserstellung wenig Vorteile bringt.

Koordinationsfunktion

Der Verrechnungspreis auf Basis der Vollkosten enthält neben den variablen Kosten
Fixkosten(-bestandteile) und gegebenenfalls sogar Gewinnanteile des leistenden
Bereiches. Diese werden für den beziehenden Bereich zu vollständig variablen
Kosten, und zwar nicht nur scheinbar, sondern aus Sicht des Bereichs tatsächlich:
Wenn eine Einheit weniger Leistung nachgefragt wird, reduzieren sich die Einstandskosten genau um den Verrechnungspreis. Dies kann in Entscheidungssituationen, die auf Basis der variablen Kosten zu treffen sind, zu **Fehlentscheidungen**
führen. Ein Beispiel ist ein einmaliger Zusatzauftrag. Es ist Aufgabe einer **Konzernkostenrechnung,** die tatsächliche Kostenstruktur aufzuzeigen; doch dies hilft
Bereich 2 in einer solchen Entscheidungssituation wenig, solange weiterhin die Vollkosten verrechnet werden. Es kann nur zusätzliche Konflikte schüren.

Darüber hinaus können sich auch Auswirkungen auf die Eignung bestimmter
Kostenrechnungssysteme selbst ergeben. Die Eignung hängt von der betrieblichen
Kostenstruktur (dem Verhältnis der variablen und fixen Kosten) ab. Wird die tat-
sächliche Kostenstruktur durch Verrechnungspreise verschleiert, kann es vor-

---

[18] Vgl *Zimmerman* (1979), S. 511. Man könnte die Koordinationsfunktion der Nachfrage in
diesem Modell alternativ einfach durch Zurechnung irgend welcher Beträge erreichen. Die Erklärung
von Fixkostenallokationen als Approximation der Opportunitätskosten hat damit allenfalls das Argument für sich, daß diese Kosten für die nachfragenden Bereiche relativ plausibel scheinen. Vgl dazu
auch *Pfaff* (1993a), S. 82 – 97.

kommen, daß ein Unternehmen ein ungeeignetes Kostenrechnungssystem verwendet und dies nicht erkennt. Beispielsweise könnte das Unternehmen aufgrund der Daten glauben, daß ein hoher Anteil der Produktkosten Einzelkosten sind und ein Umstieg auf ein anderes Kostenrechnungssystem, das die Gemeinkosten genauer verrechnet, nicht wirtschaftlich wäre. Ungeeignete Kostenrechnungssysteme bewirken weitere Fehlentscheidungen.

Beispiel

Ein Produkt durchläuft zwei selbständige Fertigungsbereiche.

Variable Kosten pro Stück von Bereich 1	10	
Anteilige fixe Kosten	15	
Verrechnungspreis für Lieferung von Bereich 1 an 2		25
Einstandspreis für Bereich 2	25	
Variable Weiterverarbeitungskosten von Bereich 2	6	
Anteilige fixe Kosten von Bereich 2	9	
Gesamte Kosten pro Stück		40

Die **Kostenstruktur** für ein Stück (bei gegebener Beschäftigung in beiden Bereichen) ergibt sich dann wie folgt:

	tatsächlich		aus Sicht von Bereich 2	
variable Kosten	16	40%	31	77,5%
anteilige fixe Kosten	24	60%	9	22,5%
Gesamte Kosten	40	100%	40	100%

Ein Zusatzauftrag mit einem angebotenen Preis von 30 würde von Bereich 2 abgelehnt, obwohl er einen positiven Deckungsbeitrag von 14 erbringt.

3.4. Zweistufige Verrechnungspreise

Zweistufige Verrechnungspreise spalten den Verrechnungspreis in zwei Teile:

- Die laufenden Leistungen werden zu **Grenzkosten** verrechnet.
- Daneben wird ein **einmaliger Betrag** je Periode verrechnet.

Damit bleiben zunächst die **Eigenschaften** grenzkostenorientierter Verrechnungspreise bezüglich der Entscheidungen erhalten, der Nachteil der Grenzkosten hinsichtlich des Entstehens von Verlusten beim leistenden Bereich wird jedoch durch den einmaligen Betrag je Periode abgeschwächt oder vermieden. Der einmalige Betrag kann als Beitrag für die Bereitstellung oder die Reservierung von Kapazität durch den leistenden Bereich interpretiert werden.[19]

Er führt zu einer Fixkostenabdeckung, bleibt aber im Gegensatz zu einem Ansatz der Vollkosten pro Stück kurzfristig **entscheidungsneutral**. Aufgrund des einmaligen Betrages sind zweistufige Verrechnungspreise nur bei längerfristigen Leistungstransfers sinnvoll.

---

[19] Vgl auch *Poensgen* (1973), S. 513 – 516; *Kaplan* und *Atkinson* (1989), S. 607.

Zweistufige Verrechnungspreise werden in der Praxis selten verwendet. Bestimmte Marktleistungen, wie zB Strombezug oder Telefongebühren werden aber in gleicher Art abgerechnet. Im Prinzip entspricht dies der Vorgehensweise bei einem flexiblen Budget.

Hinsichtlich der **Höhe** des fixen Betrages besteht große **Flexibilität**. So kann er so festgelegt werden, daß er gerade die geplanten oder tatsächlichen Fixkosten abdeckt. Um dem leistenden Bereich einen Anreiz zur optimalen Kapazitätswahl zu geben, wäre denkbar, nur die Nutzkosten (Kapazitätskosten der geplanten Beschäftigung) weiterzuverrechnen. Der Betrag könnte auch einen Gewinnanteil enthalten.

Wird der fixe Betrag als reservierte Kapazität interpretiert, erhebt sich die Frage, wie kurzfristige **Abweichungen** von der geplanten Inanspruchnahme behandelt werden.

Beispiel: Zwei beziehende Bereiche reservieren die Kapazität zur Gänze, ihre reservierte Kapazität beträgt 30% und 70%, und sie zahlen entsprechend 30.000 bzw 70.000 an den leistenden Bereich. Gegen Ende der Planungsperiode hat Bereich 1 noch 10% an Kapazität verfügbar und wird sie voraussichtlich nicht benötigen, während Bereich 2 seine reservierte Kapazität voll ausgeschöpft hat. Nun könnte Bereich 2 einen Zusatzauftrag erhalten, der 5% der Kapazität benötigt. Bereich 2 hat keine Kapazität mehr zur Disposition, während insgesamt noch freie Kapazität verfügbar ist. Wie soll vorgegangen werden?

Da die Kapazität voraussichtlich nicht anderweitig verwendet wird, sollte sie aus *ex post*-Sicht an Bereich 2 kostenlos weitergegeben werden. Denn die Kapazitätskosten sind *sunk costs* und sollten die Entscheidung über den Zusatzauftrag nicht beeinflussen. Müßte Bereich 2 die benötigte Kapazität dem Bereich 1 um zB 5.000 abkaufen, würden diese 5.000 plötzlich entscheidungsrelevant.[20] Dies könnte dazu führen, daß der Zusatzauftrag abgelehnt wird, auch wenn er aus Sicht des Gesamtunternehmens noch günstig ist.

Kann ein Bereich allerdings *im nachhinein* Kapazität kostenlos bekommen, wird er einen **Anreiz** haben, anfänglich tendenziell zu wenig Kapazität zu reservieren. Überschreitet er diese dann, erhält er sie – soweit noch vorhanden – kostenlos. Man kann noch weitergehen und die Kapazitätsplanung des leistenden Bereichs betrachten: Wenn in der Budgetierungsphase zuwenig Bedarf angemeldet wird, wird der leistende Bereich weniger Kapazität vorsehen. Damit könnte aus Sicht des Gesamtunternehmens eine zu niedrige Kapazität resultieren.

Ob die Vorteile zweistufiger Verrechnungspreise im Vergleich zu Grenzkosten und Vollkosten die neu entstehenden Nachteile überwiegen, muß letztlich im Einzelfall beurteilt werden.

---

[20] *Poensgen* (1973), S. 514 f, schlägt vor, daß die noch nicht genutzte Kapazität eines Bereiches einem anderen Bereich solange kostenlos weitergegeben werden muß, solange er die verbleibende Kapazität nicht voll auslastet. Es ist dies ein Opportunitätskostenkonzept. Bei Unsicherheit über noch hereinkommenden Aufträge muß dies aber ebenfalls nicht zu einer optimalen Lösung führen.

3.5. Vollkosten plus Gewinnaufschlag als Verrechnungspreis

Der Verrechnungspreis muß nicht immer nur gerade die Kosten des leistenden Bereiches abdecken, er kann auch einen **Gewinnanteil** enthalten. Besonders in Branchen, in denen Aufträge zu Kosten plus einem **Gewinnaufschlag** (*cost plus*) kalkuliert werden, stellt dies einen internen Abnehmer aus Sicht des leistenden Bereiches gleich wie einen externen Kunden.

Die wesentliche Motivation, einen Gewinnaufschlag in den Verrechnungspreis hineinzurechnen, kommt aus der **Erfolgsermittlungsfunktion**. Auf diese Art erhält auch der leistende Bereich einen Gewinn. Wie aber schon gezeigt wurde, ist jede Art der Gewinnaufteilung bei Synergien willkürlich. Das Hauptproblem von Kosten plus Gewinnaufschlag als Verrechnungspreis liegt dementsprechend in der Höhe des „angemessenen" Gewinnaufschlags. Folgende **Möglichkeiten** sind denkbar:

- Prozentsatz der Vollkosten
- angemessene Verzinsung des eingesetzten Kapitals (Kapitalrendite)[21]
- Verhandlung unter den Bereichen.

Vielfach wird internen Abnehmern ein geringerer Gewinnaufschlag verrechnet als externen Kunden. Nochmals muß aber festgehalten werden: Jeder Gewinnaufschlag ist in diesem Sinne willkürlich.

Vollkosten plus Gewinnaufschlag sind auch aus dem Blickwinkel der **Koordinationsfunktion** nicht unbedingt geeignet. Es gelten für sie sämtliche Einwände, die auf Vollkosten zutreffen, wie die Gefahr von Fehlentscheidungen oder die Verzerrung der Kostenstruktur, denen sich beziehende Bereiche gegenübersehen.

Fehlanreize entstehen bei der Aufteilung eines gemeinsam erwirtschafteten Gewinnes dann, wenn ein Bereich mit individuellen Maßnahmen die Gewinnsituation verbessern kann. Dadurch, daß die Kosten in seinem Bereich entstehen, der Erfolg aber mit dem anderen Bereich geteilt werden muß, werden aus Sicht des Gesamtunternehmens günstige Maßnahmen vielleicht nicht durchgeführt. Beispielsweise führt jede Kostensenkungsmaßnahme bei einem prozentuellen Gewinnaufschlag *ceteris paribus* zu einer Verringerung des absoluten Gewinnbetrages.

Ein Agency-Modell

Nachdem nun einige Aspekte diskutiert wurden, auf Grund derer Vollkosten plus Aufschlag problematisch bezüglich der Koordinationsfunktion sein können, wird im folgenden eine Situation gezeigt, in der Verrechnungspreise als Vollkosten plus Aufschlag die optimale Lösung des zugrunde liegenden **Koordinationsproblems** liefern. Dazu wird ein Agency-Modell, das in strukturell ähnlicher Form im 8. Kapitel: *Koordination, Budgetierung und Anreize* ausführlich zur Analyse von Budgetierungsvarianten dargestellt wurde, mit zwei sequentiell verflochtenen Bereichen verwendet.

---

[21] Soweit die Zinskosten nicht ohnedies schon in den Vollkosten enthalten sind.

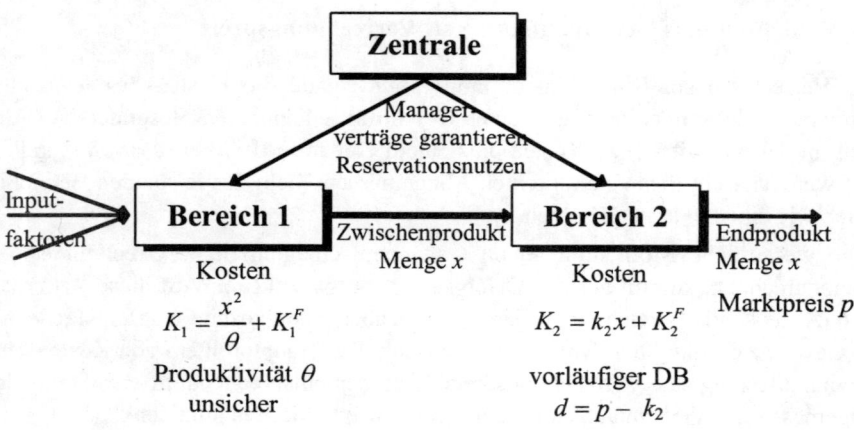

Abb. 4: Die Unternehmensorganisation im Agency-Modell

Folgende **Situation** ist gegeben (siehe Abbildung 4):[22] Bereich 1 erzeugt ein Zwischenprodukt, das in Bereich 2 weiterverarbeitet und am Markt verkauft wird. Auf dem Markt für das Endprodukt herrscht vollständige Konkurrenz, der Marktpreis ist p. Die variablen Produktionskosten in Bereich 1 sind streng konvex in der produzierten Menge x. Die Kosten hängen außerdem von einem Parameter θ, dem „Typ" des Managers, ab, dh $K_1 = K_1(x, \theta)$. Der Typ beschreibt ein Expertenwissen oder Know how des Managers, er kann auch die speziellen Produktionsbedingungen im Bereich 1 erfassen. Der Manager von Bereich 1 kennt seinen Typ genau, die Zentrale hat dagegen nur eine *a priori* Erwartung darüber. Ein höheres θ führt zu einer Verringerung der Produktionskosten für beliebige Mengen x. Die Kostenfunktion lautet:

$$K_1(x, \theta) = \frac{x^2}{\theta} + K_1^F \tag{11}$$

Es mögen nur zwei Typen vorstellbar sein, $\theta = 1$ (niedrigere Produktivität) oder $\theta = 2$ (höhere Produktivität). Die Wahrscheinlichkeit beider Typen sei jeweils 50%.

Die Weiterverarbeitungskosten und Vertriebskosten in Bereich 2 sind linear bezogen auf die Menge x mit $K_2 = k_2 \cdot x + K_2^F$. Der vorläufige Deckungsbeitrag (vor den Kosten des von Bereich 1 bezogenen Inputs) $d = p - k_2$ sei vereinfachend gleich 1. Da bezüglich des Bereiches 2 keine asymmetrische Informationsverteilung besteht, benötigt die Zentrale zur Steuerung von Bereich 2 kein indirektes Koordinationsinstrument wie den Verrechnungspreis. Bereich 2 kann daher für die folgende Analyse außer Betracht gelassen werden, die Zentrale übernimmt indirekt deren Geschäftsverbindung mit Bereich 1.

---

[22]   Vgl ausführlich *Wagenhofer* (1992b). Der zugrunde liegende Modelltyp wurde vor allem von *Sappington* (1983) systematisch untersucht.

Der Manager von Bereich 1 ist risikoneutral. Um ihn zur Mitarbeit im Unternehmen zu bewegen, muß ihm von der Zentrale zumindest soviel an Entlohnung geboten werden, wie er anderswo erhielte (**Reservationsnutzen**). Vereinfachend wird angenommen, daß der Bereichsmanager den Bereichsgewinn direkt erhält (alternativ zu Geld wäre nichtmonetärer Nutzen, wie Lob, Vertrauen, Ausstattung mit Macht usw denkbar). Der Reservationsnutzen sei vereinfachend gerade $-K_1^F$ (damit muß der Verrechnungspreis nur die variablen Produktionskosten abdecken). Dies muß für jeden Typ sichergestellt sein.

Eine potentielle **Fehlsteuerung** kann dadurch entstehen, daß der Manager behaupten kann, ein Typ $\theta = 1$ zu sein, obwohl er tatsächlich $\theta = 2$ ist. Wenn die Zentrale die Kosten im nachhinein beobachten kann, braucht er nur die Differenz zwischen den tatsächlich zur Produktion von x erforderlichen variablen Kosten ($x^2/2$) und den variablen Kosten, wenn er Typ $\theta = 1$ wäre (x^2), für andere, nicht unbedingt notwendige Dinge zu verwenden (zB Geschäftsreisen, Kundenbesuche, Goldarmaturen, Dienstwagen). Die Zentrale möchte dies möglichst verhindern. Ein Mittel dazu ist die Nutzung des Verrechnungspreises.

Zum besseren Vergleich wird zunächst die Lösung bei Informationssymmetrie ermittelt, dh wenn die Zentrale den Typ θ kennt (*first best*-**Lösung**). Die **Zentrale** maximiert

$$\max_x G = d \cdot x - \frac{x^2}{\theta} = x - \frac{x^2}{\theta} \tag{12}$$

für $\theta = 1, 2$; $d = 1$. Die nicht entscheidungsrelevanten Fixkosten werden außer Ansatz gelassen. Die notwendige Bedingung erster Ordnung lautet $1 - 2x/\theta = 0$, und die optimale Menge x^* ist von θ abhängig:

$$x^*(\theta=1) = 1/2 \quad \text{und} \quad x^*(\theta=2) = 1$$

Die Zentrale könnte nun die jedem Typ θ entsprechende Menge vorschreiben, die Vorgabe eines Verrechnungspreises ist an sich nicht nötig. Würde die Zentrale einen Verrechnungspreis festlegen, könnte dieser von x und θ abhängig gemacht werden, dh $R = R(x,\theta)$. Die Höhe der Verrechnungspreise müßte sich am **Reservationsnutzen** des Managers orientieren:

$$G_1 = R(x,\theta) \cdot x - \frac{x^2}{\theta} - K_1^F \geq -K_1^F \quad \text{bzw} \quad R(x,\theta) \cdot x - \frac{x^2}{\theta} \geq 0 \tag{13}$$

für jedes θ. Der geringste Verrechnungspreis erfüllt diese Ungleichung gerade, dh $R(x,\theta) = x/\theta$. Daraus ergibt sich $R(0,5; 1) = 0,5$, $R(1; 2) = 0,5$ und $R(x,\theta) \leq 0$ (Sanktion) für andere (x,θ)-Kombinationen.[23] Der Verrechnungspreis ist im Beispiel *zufällig* für beide Typen gleich hoch; im Normalfall wird er von θ abhängen.

---

[23] $R = 0$ ist eine ausreichende Sanktion, weil für jedes $R \leq 0$ jeder Typ θ die Menge $x = 0$ wählt und damit seinen Reservationsnutzen gerade erreicht. Dabei wird angenommen, daß der Manager im Fall der Indifferenz die von der Zentrale gewünschte Menge produziert.

Im Fall von **Informationsasymmetrie** kann der Verrechnungspreis nur mehr von der Menge x, nicht jedoch zusätzlich vom der Zentrale unbekannten Typ θ abhängig gemacht werden. Zur Bestimmung des Verrechnungspreises $R(x)$ maximiert die Zentrale den Erwartungswert des Gewinnes (vor Fixkosten und mit $d = 1$),

$$\max_{R} \mathrm{E}[G] = \sum_{\theta=1}^{2} \frac{1}{2} \cdot [x_{\theta} - R(x_{\theta}) \cdot x_{\theta}] \qquad (14)$$

Dabei bezeichnen die x_{θ} die vom Manager selbst bestimmten Mengen, die er aufgrund seines jeweiligen Typs θ aufgrund folgender Gleichung wählt (**Aktionswahlbedingung**):

$$\max_{x} G_1 = R(x) \cdot x - \frac{x^2}{\theta} - K_1^F \quad \text{für } \theta = 1,2 \qquad (15)$$

Darüber hinaus muß die Zentrale weiterhin sicherstellen, daß der Bereichsmanager unabhängig vom jeweiligen Typ θ mindestens seinen Reservationsnutzen erhält (**Teilnahmebedingung**):

$$G_1(x_{\theta}, \theta) = R(x_{\theta}) \cdot x_{\theta} - \frac{x_{\theta}^2}{\theta} - K_1^F \geq -K_1^F \quad \text{für } \theta = 1,2 \quad \text{bzw}$$

$$\begin{aligned} R(x_1) \cdot x_1 - x_1^2 &\geq 0 \\ R(x_2) \cdot x_2 - x_2^2/2 &\geq 0 \end{aligned} \qquad (16)$$

Dieses Problem kann allgemein über einen *Lagrange*-Ansatz gelöst werden (die Lösung des Beispiels ist im **Anhang** durchgerechnet). Einen Einblick in die **Lösungsstruktur** erhält man durch Betrachtung der Teilnahmebedingung (16): Ein Typ $\theta = 1$ Manager wird sicher keinen Anreiz besitzen, einen Typ $\theta = 2$ Manager zu imitieren, dh x_2 anstelle von x_1 zu produzieren. Daher muß nur der umgekehrte Fall sichergestellt werden, nämlich durch:

$$R(x_2) \cdot x_2 - \frac{x_2^2}{2} \geq R(x_1) \cdot x_1 - \frac{x_1^2}{2} = R(x_1) \cdot x_1 - x_1^2 + \frac{x_1^2}{2} > R(x_1) \cdot x_1 - x_1^2 \geq 0 \qquad (17)$$

Das führt dazu, daß ein Typ $\theta = 2$ Manager jedenfalls mehr als seinen Reservationsnutzen erhält, dh einen **Produktivitätsgewinn** erzielt, der aber eigentlich in der asymmetrischen Information begründet ist und deshalb **Informationsrente** genannt wird.

Die Zentrale könnte zwar darauf bestehen, daß *jeder* Typ gerade die *first best*-Menge produziert. Dies würde allerdings eine relativ hohe Zahlung an einen Typ $\theta = 2$ Manager bedeuten. Deshalb ist es günstiger, einem Typ $\theta = 1$ Manager eine **geringere Menge** vorzuschreiben, wodurch es weniger kostet, einen Typ $\theta = 2$

Manager davon abzuhalten, Typ $\theta = 1$ zu imitieren, und trotzdem die optimale, höhere Menge zu produzieren.[24]

Die Lösung dieses Modells (*second best*-Lösung) lautet wie folgt (siehe Anhang): Ein Manager mit hoher Produktivität ($\theta = 2$) wird motiviert, die optimale Menge $x_2 = x^*(\theta=2) = 1$ zu produzieren, ein Manager mit niedriger Produktivität $\theta = 1$ produziert eine geringere Menge, nämlich $x_1 = 1/3 < 1/2 = x^*(\theta=1)$. Damit wird (im Durchschnitt) weniger produziert als bei Informationssymmetrie, jedoch muß die Zentrale auch (im Durchschnitt über die Typen) weniger an den Manager bezahlen, um in den Genuß seiner Arbeitsleistung zu gelangen. Die optimale Lösung entsteht aus einem Abwägen dieser Auswirkungen.

Der **Verrechnungspreis** muß an sich nur für die beiden Mengen x_1 und x_2 bestimmt werden, er beträgt:[25]

$$R(x_1) = 1/3 \quad \text{und} \quad R(x_2) = 5/9$$

Die Zentrale kann durch hinreichend hohe Sanktionen (zB $R(x) = 0$ für $x \neq x_1, x_2$) verhindern, daß andere Mengen gewählt werden. Ein Manager vom Typ $\theta = 2$ ist gerade indifferent zwischen den beiden Mengen:

$$G_1(x_2, 2) = \frac{5}{9} \cdot 1 - \frac{1}{2} - K_1^F = \frac{1}{3} \cdot \frac{1}{3} - \frac{1}{18} - K_1^F = G_1(x_1, 2)$$

und man kann davon ausgehen, daß er in diesem Fall x_2 wählt. Ein Typ $\theta = 1$ bevorzugt x_1 dagegen strikt:

$$G_1(x_1, 1) = \frac{1}{3} \cdot \frac{1}{3} - \frac{1}{9} - K_1^F = -K_1^F \quad > \quad \frac{5}{9} \cdot 1 - 1 - K_1^F = G_1(x_2, 1)$$

Im Ergebnis offenbart der Bereichsmanager durch die Wahl der Produktionsmenge gleichzeitig seinen **wirklichen Typ** (in mehrperiodigen Situationen muß dies nicht unbedingt die günstigste Variante sein). Der Typ $\theta = 1$ Manager erhält gerade seinen alternativen Nutzen ($-K_1^F$), und ein Typ $\theta = 2$ Manager erhält diesen *plus* 1/18. Daher werden beide ein Interesse haben, im Unternehmen mitzuarbeiten.

Ausspruch

Die Entscheidungen der Bereichsmanager sind „frei" nur in der speziellen Weise wie einer, der ein Vergehen begangen hat, freiwillig ins Gefängnis geht, nachdem ihn ein Gericht verurteilt hat; er wählt die beste der noch verfügbaren Alternativen (*J. Wiseman* zitiert in *Thomas* (1980), S. 145).

---

[24]   Die Lösungsstruktur entspricht der *second best*-Lösung der Kostenbudgetierung im 8. Kapitel: *Koordination, Budgetierung und Anreize.*

[25]   Will man eine Verrechnungspreis*funktion* für beliebige Mengen festlegen, darf der Verrechnungspreis $R(x)$ die Indifferenzkurven der beiden Typen zur Produktion beliebiger Mengen nicht übersteigen.

Die Lösung weist folgende **Eigenschaften** auf:

- Der optimale Verrechnungspreis deckt die **Durchschnittskosten**, nicht etwa die Grenzkosten, der Produktion ab. Darüber hinaus muß er den Reservationsnutzen des Bereichsmanagers sicherstellen, er kann daher einen Gewinnanteil beinhalten, der erforderlich ist, um den Manager zur Mitarbeit im Unternehmen zu bewegen. Dies kommt aufgrund der vereinfachenden Annahmen im Modell nicht explizit zum Ausdruck.

- Für einen produktiveren Bereich enthält der Verrechnungspreis noch einen **Gewinnanteil** (Belohnung). Dieser ist zur Motivation eines produktiveren Managers notwendig.

- Ein **Marktpreis** für das Zwischenprodukt, so es ihn gibt, würde die Koordinationsfunktion nur stören, solange er von Bereich 1 nicht wirklich genutzt werden kann. Könnte Bereich 1 extern liefern, käme dem Marktpreis die Funktion einer Untergrenze für den Verrechnungspreis zu. Dies wurde aber nicht explizit modelliert.

Im obigen einfachen Modell sind alle Entscheidungsträger risikoneutral. Ist dies nicht der Fall, kann der Verrechnungspreis noch zusätzlich eine Risikoteilungsfunktion erfüllen.

Dieselbe Lösungsstruktur ergibt sich, wenn auch **Informationsasymmetrie** in weiteren Bereichen angenommen wird. Da der **optimale Verrechnungspreis** stark von den individuellen Gegebenheiten des Bereiches wie auch des Managers abhängig ist, erfolgt die Koordination über die Zentrale wie bei den dualen Verrechnungspreisen (siehe weiter unten). Schwierigkeiten bei der Durchsetzung können allerdings dann entstehen, wenn zwei Bereiche Absprachen treffen, die sie zulasten der Zentrale beide besser stellen. Dies ist besonders bei Kostenallokationen zu beachten.

Natürlich löst so ein einfaches Modell nicht die Probleme, die mit dem Ansatz von Vollkosten in der Praxis verbunden sind. Es sei nur an Beschäftigungsschwankungen oder an die Zurechnung von Gemeinkosten auf mehrere Produkte erinnert. Es hat mehr **konzeptionellen Charakter** und dient dem Verständnis des Zusammenhangs von Koordinations- und Beurteilungsfunktion sowie des Entstehens von Verrechnungspreisen, die die Kosten abdecken *und* einen Gewinnaufschlag beinhalten.

Die Koordination mittels Verrechnungspreisen ist in dieser Situation allerdings nicht die einzige Möglichkeit. Die Zentrale könnte den Manager von Bereich 1 um einen **Bericht über seinen Typ** θ ersuchen und dann auf Basis dessen die Produktionsmengen vorgeben. Der Bericht kann von der Zentrale zwar nicht auf seinen Wahrheitsgehalt überprüft werden, allerdings kann die Zentrale dem Manager Anreize zu einer wahrheitsgemäßen Berichterstattung geben. Unter Anwendung des **Offenlegungsprinzips** (siehe dazu 8. Kapitel: *Koordination, Budgetierung und Anreize*) läßt sich mit einem solchen Verfahren dieselbe Lösung erzielen wie bei den optimalen Verrechnungspreisen.

Die Berichterstattung und zentrale Festlegung der Produktionsmenge ist das Verfahren, das eine tendenziell einfachere Kommunikationsstruktur aufweist als die dezentrale Koordination mittels

Verrechnungspreisen.[26] Es hat aber mit Problemen der Glaubwürdigkeit zu kämpfen: Gegeben die (induzierte) wahrheitsgemäße Berichterstattung ist die vorgegebene Menge (für niedrige Produktivität) *ex post* nicht optimal. Der Prinzipal würde gerne von seinem „Vertrag" abweichen und **nachverhandeln**. Außerdem könnten die Bereichsmanager die *ex post* Nichtoptimalität als eigenartig empfinden und ein Akzeptanzproblem hervorrufen.

3.6. Duale Verrechnungspreise

Duale Verrechnungspreise machen sich eine Variationsmöglichkeit intern gesetzter „Preise" zunutze, die in der bisherigen Diskussion nirgends in Betracht gezogen wurde: Warum muß für liefernden und beziehenden Bereich *derselbe* Verrechnungspreis gelten? Duale Verrechnungspreise setzen für die Bereiche **unterschiedliche Verrechnungspreise**. Die Zentrale erfüllt eine Ausgleichsfunktion über die unterschiedlichen Gewinne.

Beispiel: Bereich 1 erstellt ein Zwischenprodukt zu Kosten $K_1 = 10 + x^2$. Bereich 2 verarbeitet es weiter und verkauft das Endprodukt am Markt zu einem konstanten Preis $p = 20$. An Kosten entstehen Bereich 2 dafür $K_2 = 2 + 2x$. Abbildung 5 zeigt die Situation. Als Referenzlösung dient die zentrale Lösung, die sich durch Maximierung des Gesamtgewinnes ergibt:

$$\max_x G = 20x - (10 + x^2) - (2 + 2x) = -x^2 + 18x - 12 \tag{18}$$

Nullsetzen der ersten Ableitung $G' = -2x + 18$ ergibt die optimale Menge $x^* = 9$. Der Gesamtgewinn aus der Transaktion beträgt $G = 69$.

Die **Vorgehensweise** bei der Bestimmung dualer Verrechnungspreise ist:[27]

1. Die Zentrale beschafft von Bereich 1 eine Aufstellung der (Voll-)Kosten pro Stück für verschiedene Nachfragemengen. Diese sind im Beispiel

$$k_1 = \frac{K_1(x)}{x} = x + \frac{10}{x}$$

Dies ist gleichzeitig der Verrechnungspreis R_2, zu dem Bereich 2 das Zwischenprodukt beschafft.

---

[26] Vgl dazu *Pfaff* und *Pfeiffer* (2004), S. 303 – 305.

[27] Die hier dargestellte Vorgangsweise ist eine Vereinfachung der von *Ronen* und *McKinney* (1970) vorgeschlagenen: Bei ihnen fragt die Zentrale Bereich 1, *wieviel dieser bei verschiedenen Verrechnungspreisen produzieren würde*. Dies entspricht seiner Grenzkostenfunktion (im Beispiel: 2x). Daraus leitet die Zentrale die Durchschnittskostenkurve ab. Diese ist jedoch bezüglich der Fixkosten unbestimmt, die im Beispiel einer beliebigen Integrationskonstante entsprechen. Die Zentrale ermittelt im Beispiel also: $k_1 = [\int 2\xi d\xi + K_1^F]/x = x + K_1^F/x$. Für die Mengenentscheidung ist die Höhe der Fixkosten jedoch nicht relevant (siehe dazu die Ableitung im Text). Gleichzeitig fragt die Zentrale Bereich 2, *wieviel der Bereich zu verschiedenen Verrechnungspreisen beschaffen würde*. Dies entspricht der Grenzdeckungsbeitragsfunktion von Bereich 2. Aus dieser ermittelt die Zentrale analog eine durchschnittliche Deckungsbeitragsfunktion. Der Unterschied zur im Text dargestellten Vorgehensweise liegt im Ergebnis darin, daß die Zentrale durch Festlegung der beiden Verrechnungspreise auch die abzugeltenden Fixkosten der Bereiche festlegt und damit die Gewinne beider Bereiche beeinflußt, wenngleich sie diese nicht vorweg ermitteln kann.

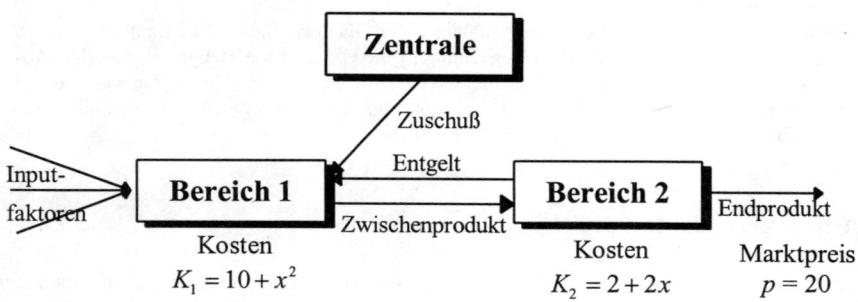

Abb. 5: Duale Verrechnungspreise

2. Die Zentrale beschafft von Bereich 2 eine Aufstellung der vorläufigen Deckungsbeiträge d_2 (vor Kosten des Zwischenproduktes) für verschiedene Liefermengen des Zwischenproduktes. Diese sind im Beispiel

$$d_2 = \frac{D_2}{x} = 20 - 2 - \frac{2}{x} = 18 - \frac{2}{x}$$

Dies ist gleichzeitig der Verrechnungspreis R_1, zu dem Bereich 1 das Zwischenprodukt intern verkauft.

Die dezentralen Entscheidungen mit diesen Verrechnungspreisen ergeben sich zu:

Bereich 1:

$$\max_x G_1 = R_1 \cdot x - K_1(x) = \left(18 - \frac{2}{x}\right) \cdot x - 10 - x^2 = -x^2 + 18x - 12 \qquad (19)$$

Bereich 2:

$$\max_x G_2 = 20x - R_2 \cdot x - K_2(x) = 20x - \left(x + \frac{10}{x}\right) \cdot x - 2 - 2x = -x^2 + 18x - 12 \quad (20)$$

Die Bereichsgewinnfunktionen sind **identisch** mit der Gesamtgewinnfunktion (18). Beide Bereiche gelangen deshalb unabhängig voneinander zur optimalen Menge $x^* = 9$. Als Vorteil dualer Verrechnungspreise kann gesehen werden, daß Bereich 1 gewissermaßen näher zum Markt (für das Endprodukt) kommt, da er die erwirtschaftbaren Deckungsbeiträge als Verrechnungspreis vorgegeben erhält. Bereich 2 sieht sich demgegenüber einem Verrechnungspreis gegenüber, der den Produktionskosten für das Zwischenprodukt entspricht. Obwohl der Verrechnungspreis pro Stück proportionalisierte Fixkosten enthält, fallen diese wegen der Multiplikation mit der Menge als nicht entscheidungsrelevant wieder weg.

Die Zentrale muß die **Differenz** zwischen den beiden Verrechnungspreisen R_1 und R_2 ausgleichen. An Bereich 1 müssen insgesamt $R_1 \cdot x = 18x - 2 = 160$ geleistet werden, Bereich 2 bezahlt davon jedoch nur $R_2 \cdot x = x^2 + 10 = 91$. In der Zentrale bleibt die Differenz von 69 hängen und bildet *quasi* einen **Ausgleichsverlust**. Damit kann der Gesamtgewinn des Unternehmens nicht mehr als Summe der Gewinne der Bereiche ($G_1 + G_2$) ermittelt werden. Die Zentrale macht *immer* einen Verlust, und zwar genau in Höhe des Gesamtgewinnes des Unternehmens infolge der Transaktion. Dies ist offensichtlich, weil beide Bereiche dieselbe Gewinnfunktion maximieren, weshalb jeder Bereich einen Gewinn von 69 erzielt, dieser Gewinn aber insgesamt nur einmal anfällt.[28] Der Gesamtgewinn entspricht daher der Summe der Bereichsgewinne einschließlich des Ausgleichsverlustes der Zentrale.

Ein wesentliches Problem besteht darin, daß beide Bereiche denselben Gewinn in Höhe des Gesamtgewinnes ermitteln, gleichgültig, wie wirtschaftlich sie gearbeitet haben. Eine Reihung der Bereiche, etwa in bezug auf deren Profitabilität, ist nicht möglich. Die **Erfolgsermittlungsfunktion** wird von dualen Verrechnungspreisen daher *nicht* erfüllt. Diese zwangsläufige Folge ist auch einer der Hauptgründe, warum duale Verrechnungspreise in der Praxis auf **wenig Akzeptanz** stoßen. Die Akzeptanz leidet auch darunter, daß bei zwei Verrechnungspreisen für dieselbe Leistung immer wieder die Frage auftauchen wird, was denn nun der „*richtige*" der beiden Preise sei? Jede Antwort darauf bleibt in gewisser Weise unbefriedigend.

Anreizeffekte

Duale Verrechnungspreise können Anreize zu **verzerrten Informationen** im Prozeß der Festlegung der Verrechnungspreise liefern. Weicht ein Bereich von seiner tatsächlichen Kostenfunktion ab, ergeben sich unterschiedliche Mengen, so daß offensichtlich ist, daß einer der beiden Bereiche eine falsche Kostenaufstellung geliefert hat. Es liegt daher nicht im Interesse der Bereiche, *individuell* falsch zu berichten. Anders ist dies jedoch bei direkten **Absprachen** der Bereiche. Sie können auf diese Weise die Menge koordinieren.

Fortsetzung des Beispiels: Bereich 1 und Bereich 2 verabreden, daß Bereich 1 der Zentrale anstelle von $k_1 = x + 10/x$ folgende falsche Kostenaufstellung übermittelt:

$$\hat{k}_1 = 0,8x + \frac{10}{x}$$

Damit wird Bereich 2 seinen Bereichsgewinn $G_2 = 18x - 2 - (0,8x^2 + 10)$ mit einer Bezugsmenge von 11,25 maximieren. Er muß daher seine Kostenaufstellung so „adaptieren", daß auch Bereich 1 dieselbe Menge ermittelt. Dies gelingt durch folgende Stückdeckungsbeitragsfunktion:

$$\hat{d}_2 = 22,5 - \frac{2}{x}$$

Bereich 1 maximiert $G_1 = 22,5x - 2 - (10 + x^2)$, woraus sich eine optimale Menge von 11,25 ergibt.

Diese **Absprache** ist für beide Bereiche **günstiger**, als die Wahrheit zu sagen: Der Gewinn bei Bereich 1 steigt von 69 auf 114,5625 und bei Bereich 2 von 69 auf 89,25. Die Zentrale ist der große Verlierer: Aufgrund der nichtoptimalen höheren

---

[28] Bei Verrechnungspreistypen, die für beide Bereiche denselben Verrechnungspreis vorsehen, summieren sich die Bereichsgewinne *immer* zum Gesamtgewinn auf.

Menge sinkt der Gesamtgewinn von $G(x{=}9) = 69$ auf $G(x{=}11,25) = 63,9375$, und zusätzlich holen sich die beiden Bereiche höhere Gewinnanteile, so daß der Ausgleichs*verlust* der Zentrale auf $114,5625 + 89,25 - 63,9375 = 139,875$ wächst.

Der einzige Trost für die Zentrale dabei ist, daß sich die Bereiche unter Umständen schwer tun, innerhalb der glaubwürdigen Kostenfunktionen eine für beide gleichermaßen günstige Lösung zu vereinbaren; oder warum sollte Bereich 1 einen höheren Vorteil aus der Absprache erzielen als Bereich 2?

Die bei internem Transfer durch das Verrechnungspreissystem ausgelöste Verdoppelung des Gewinns aus Sicht der beiden Bereiche kann Anreize zu geringer Anstrengung bei der Suche nach günstigen **externen Alternativen** geben. Voraussetzung ist, daß sich die beiden Bereiche absprechen und Mittel unter sich aufteilen können. Dann kann es vorkommen, daß überlegene externe Angebote zulasten interner Leistungen abgelehnt werden.

4. Verhandelte Verrechnungspreise

4.1. Wirkungen von verhandelten Verrechnungspreisen

Die Zentrale kann auf die Festlegung von Verrechnungspreisen verzichten und den **Bereichen freistellen**, wie sie zu Verrechnungspreisen kommen, die für beide akzeptabel sind. Verrechnungspreise sind dann das Ergebnis von Verhandlungen zwischen den Bereichen, die mit der internen Leistung in Berührung kommen. Voraussetzung ist natürlich, daß sich die Bereiche weigern können, intern Geschäfte zu machen. Würden interne Leistungstransfers als Reaktion darauf vorgeschrieben, wäre unklar, worüber dann verhandelt werden sollte. Kein Bereich könnte wirklich mit etwas drohen, und das Ergebnis wäre eine willkürliche Aufteilung eines gemeinsamen Gewinnes.

In der Praxis muß man unterscheiden, ob **fallweise**, dh jede vorgeschlagene Transaktion gesondert, verhandelt wird oder ob die Bereiche **generell** vereinbaren, aufgrund welcher Prinzipien der Verrechnungspreis im Einzelfall festgelegt wird. Die Entscheidung darüber hängt im wesentlichen vom Umfang der unterschiedlichen internen Transaktionen ab. Je häufiger diese erfolgen (können), desto eher wird eine generelle Regelung geeignet sein. Dafür kommen insbesondere auch marktorientierte oder kostenorientierte Verrechnungspreise in Betracht. Die Verhandlung genereller Regelungen basiert auf durchschnittlichen, erwarteten Gegebenheiten, während bei fallweiser Verhandlung die **spezifische Situation** stärker auf den Verrechnungspreis durchschlagen wird.

Die Bereiche genießen bei Verrechnungspreisen aufgrund von Verhandlungen **größtmögliche Autonomie.** Das bringt Vorteile und Nachteile. Sie können selbständiger agieren und schöpfen daraus hohe **Motivation**. Ein weiterer Vorteil besteht darin, daß die Bereiche oft viel **bessere Information** über die gegenseitige Kosten-

bzw Erlössituation besitzen als die Zentrale. Sie können dann bessere Entscheidungen treffen, als wenn sie mit einem Verrechnungspreis konfrontiert sind, der von der schlecht informierten Zentrale gesetzt wird.

Auf der anderen Seite wird es den Bereichen ermöglicht, Entscheidungen zu fällen, die zwar für sie optimal sind, aber nicht unbedingt auch für das Gesamtunternehmen. Ergibt das Verhandlungsergebnis einen anderen Verrechnungspreis als den, der die **Koordinationsfunktion** bestmöglich erfüllt, kommt es zu Fehlentscheidungen aus Sicht des Gesamtunternehmens. Diese Bedingung ist fast immer gegeben: Das Verhandlungsergebnis wird irgendwo zwischen den Kosten des leistenden Bereiches und dem Deckungsbeitrag des beziehenden Bereiches liegen. Für die Zentrale ist es daher nur dann sinnvoll, den Bereichen die Festlegung des Verrechnungspreises zu überlassen, wenn die Vorteile die Nachteile überwiegen.

Einflußfaktoren auf das Verhandlungsergebnis

Eine Einigung der Bereiche über den Verrechnungspreis kann nur dann zustande kommen, wenn die interne Transaktion für *beide* einen Vorteil gegenüber der **bestmöglichen Alternative** bringt. Die jeweiligen Alternativen legen den **Einigungsbereich** fest. Je besser die Alternative, desto kleiner wird der Bereich, innerhalb dessen ein Verhandlungsergebnis liegen kann.

Beispiel: Bereich 1 und Bereich 2 verhandeln über den Verrechnungspreis eines Stücks eines Produktes, das Bereich 2 von Bereich 1 beziehen möchte. Die Grenzkosten von Bereich 1 betragen 120, der Verkaufspreis des Endproduktes, das Bereich 2 fertigt, ist 200, die Grenzkosten der Fertigstellung betragen 30. Der vorläufige Deckungsbeitrag entspricht daher $200 - 30 = 170$. Angenommen, die Bereiche haben keine Alternativen, dann ist der Einigungsbereich [120, 170]. Wenn Bereich 1 sein Produkt an einen anderen Kunden jedoch um 145 verkaufen könnte, entstünden ihm bei Lieferung an Bereich 2 Opportunitätskosten von $145 - 120 = 25$. Der Einigungsbereich schrumpft auf [145, 170].

Angenommen, auch Bereich 2 hätte eine Alternative, nämlich das Produkt anstelle von Bereich 1 von einem **anderen Lieferanten** um 160 zu beziehen, verringert sich der Einigungsbereich weiter auf [145, 160]. Wenn Bereich 2 das Produkt sogar um 140 von außen beziehen könnte, dann gibt es keinen Einigungsbereich mehr, und beide Bereiche würden ihre Alternativen wahrnehmen. Das wäre allerdings auch aus Sicht der Zentrale günstig, da die Summe der Bereichsgewinne in diesem Fall $(145 - 120) + (170 - 140) = 55$ gegenüber $170 - 120 = 50$ bei erzwungenem internen Leistungsaustausch beträgt. Abbildung 6 stellt die Veränderung des Einigungsbereiches dar.

Ein Bereich wird durch das Vorhandensein **starker Alternativen** *a priori* also begünstigt, weil er jedenfalls die Grenze für den Verrechnungspreis in die für ihn günstige Richtung verschiebt. Beide Bereichsmanager werden daher günstige Alternativen zu beschaffen suchen, zB durch Einholung externer Angebote über die Leistung. In der Praxis ist es allerdings oft schwierig, Externe zu finden, die bei einem solchen Spiel mitmachen, wenn nicht hin und wieder tatsächlich ein Auftrag extern vergeben wird. In der Praxis kann man bei Standardprodukten so verfahren, daß ein Teil der zu beschaffenden Menge intern und der andere Teil extern vergeben wird.

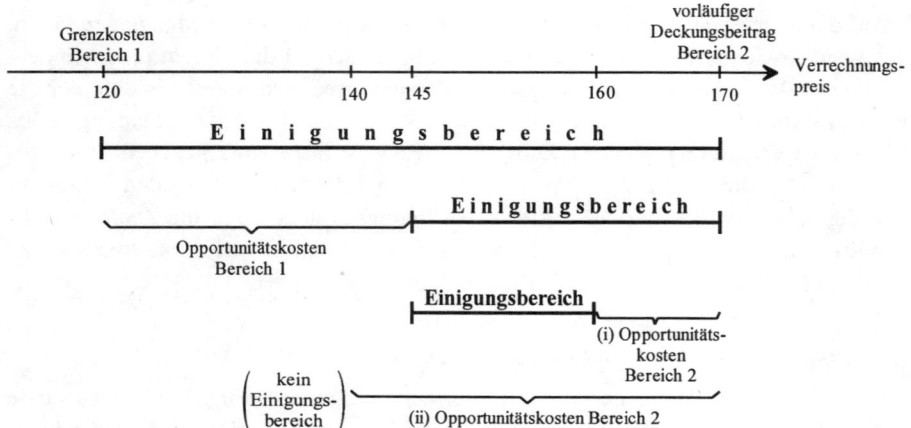

Abb. 6: Einigungsbereich bei Verhandlungen

Innerhalb des Einigungsbereiches ist das Verhandlungsergebnis allerdings schwer vorhersagbar; es hängt von den situativen und individuellen Gegebenheiten ab. **Verhandlungsmacht** (aufgrund der besseren Alternativen) spielt eine wesentliche Rolle. Daneben wirkt sich außer Dingen wie Zeitdruck, Stress usw, insbesondere unterschiedliches persönliches **Verhandlungsgeschick** der Bereichsmanager auf den Verrechnungspreis aus. Der „geschicktere" Verhandlungspartner kann den Verrechnungspreis in die Nähe der Alternative des anderen drücken. Verhandlungsgeschick ist zwar auch eine wichtige Managereigenschaft, mit dem Bereichsgewinn soll jedoch eher die Wirtschaftlichkeit der Leistungserstellung beurteilt werden. Und diese wird dadurch überlagert.

Ausspruch

„There is possibly no single accounting topic that consumes more management time and energy in multi-profit center companies than the business of establishing acceptable transfer prices. The expenditure of energy in this area far exceeds that expended on pricing products sold to outside customers." (*A.H. Seed* zitiert in *Thomas* (1980), S. 117).

Verhandelte Verrechnungspreise bergen den **Nachteil** in sich, daß Verhandlungen eine Vielzahl von **Konflikten** nach sich ziehen können, die die Manager desselben Unternehmens dann untereinander auszutragen haben. Dies kann das Gesprächsklima im Unternehmen verschlechtern und die ansonsten notwendige Zusammenarbeit der Bereichsmanager untereinander gefährden. Darüber hinaus sind die Verhandlungen häufig sehr **zeitintensiv.**

Konflikte zwischen den Bereichen

Eine empirische Untersuchung von 84 Großunternehmen in den USA mittels Fragebogen ergab folgendes:[29]

1. Verhandelte Verrechnungspreise führen zu signifikant höheren Konflikten als markt- oder kostenorientierte Verrechnungspreise.

2. Konflikte sind stärker, wenn die Bereiche nicht die Möglichkeit haben, einen externen Markt zu nutzen.

Häufig ist zu beobachten, daß der Käufer einen möglichst niedrigen Preis und der Verkäufer dagegen einen möglichst hohen Preis vorschlägt. Da es sich dabei idR nicht um ihre Grenzpreise (einschließlich Opportunitätskosten) handelt, bedeutet dies noch nicht, daß es keinen Einigungsbereich gäbe. Beide Bereiche werden im Zuge der **Verhandlung** Abstriche von ihren Forderungen machen oder zu Konzessionen bereit sein. Sie nähern sich dadurch einem Preis, den beide akzeptieren können, der also im (nicht bekannten) Einigungsbereich liegt. Da völlig aus der Luft gegriffene Vorschläge bzw Forderungen unglaubwürdig und in der Verhandlung oft kontraproduktiv sind, werden beide Bereiche ihre Forderungen mit den (potentiellen) Alternativen des anderen Bereiches zu belegen versuchen.

Oft ist es sinnvoll, sich zunächst über ein **Einigungsverfahren** zu verständigen.[30] Die Bereiche können sich auf ein solches zu einer Zeit, in der die faktischen Gegebenheiten noch nicht offenkundig sind, meist eher einigen als später auf ein bestimmtes Verhandlungs*ergebnis*. Alternativ kann die Zentrale ein Einigungsverfahren vorgeben, um auf diese Weise in den Verhandlungsprozeß einzugreifen. Ein solches Einigungsverfahren könnte an grundlegenden Prinzipien, wie etwa Fairness, ausgerichtet werden, über die vorweg Konsens besteht. Eine im allgemeinen als *„fair"* erachtete Lösung ist die gleichmäßige Aufteilung des gemeinsamen Gewinnes, also die Mittelung des Einigungsbereiches. Das Problem bei der gleichmäßigen Aufteilung des gemeinsamen Gewinnes ist, daß der Einigungsbereich meist nur dem jeweiligen Bereich selbst bekannt ist. Die Bereiche werden im Zuge der Verhandlung ihre Alternativen auch nicht aufdecken, weil es ihnen im Verhandlungsverlauf schaden könnte.

Wenn Verrechnungspreise verhandelt werden, ist meist eine **Schlichtungsstelle** (zB der Controller) oder ein Procedere zur Konflikthandhabung notwendig. Dies kann von gemeinsamen Aussprachen und der Hilfestellung bei der Suche nach einer Lösung bis hin zur Festlegung des Verrechnungspreises durch die Schlichtungsstelle selbst gehen. Wichtig ist, daß die Schlichtungsstelle nicht allzu oft eingeschaltet wird; wäre dies der Fall, so müßte die Verwendung eines anderen Modus zur Bestimmung von Verrechnungspreisen in Betracht gezogen werden.

---

[29]   Vgl *Lambert, D.R.*: Transfer Pricing and Interdivisional Conflict, in: *California Management Review* 21 (4), 1979, S. 70 – 75 (zitiert nach *Eccles* (1985), S. 45 f).

[30]   Vgl zu einer Analyse des Einflusses des Einigungsverfahrens auf den Verrechnungspreis sowie auf die Effizienz der erzielbaren Lösung aus Sicht des Gesamtunternehmens *Wagenhofer* (1994), S. 84 – 86.

Nash-Verhandlungslösung

Die *Nash*-Verhandlungslösung legt als Verrechnungspreis jenen Wert fest, der das Produkt der Gewinnerhöhungen (gegenüber der jeweiligen Alternative) in beiden Bereichen innerhalb passender Grenzen maximiert. Diese Lösung erfüllt als einzige folgende fünf axiomatischen Forderungen an eine Verhandlungslösung:

- individuelle Rationalität (beide Bereiche erwarten einen positiven Gewinn)
- Symmetrie (falls die Situationen beider Bereiche symmetrisch sind)
- Pareto-Optimalität
- Unabhängigkeit gegenüber linearen Transformationen
- Unabhängigkeit von irrelevanten Alternativen.

Beispiel: Sei R der zu bestimmende Verrechnungspreis, und seien g_1 und g_2 die jeweiligen Opportunitätskosten von Bereich 1 und Bereich 2, falls der interne Transfer nicht zustande kommt, k_1 die variablen Kosten von Bereich 1, $d_2 = p - k_2$ der vorläufige Deckungsbeitrag von Bereich 2 bezogen auf dieselbe Menge wie in Bereich 1. Der Verrechnungspreis ergibt sich dann durch:

$$\max\,[(R - k_1) - g_1]\cdot[(d_2 - R) - g_2]$$

Im Fall eines Nullsummenspiels (dh hier, daß k_1 und d_2 konstant sind) und von Opportunitätskosten $g_1 = g_2 = 0$ liegt R genau in der Mitte zwischen k_1 und d_2, dh $R = (k_1 + d_2)/2$.

4.2. Ein *hold up*-Modell

Verhandelte Verrechnungspreise haben ähnlich wie Verrechnungspreise, die einen Gewinnaufschlag enthalten, den **Nachteil**, daß uU sinnvolle Investitionen eines Bereiches nicht erfolgen, weil der investierende Bereich die gesamten Kosten trägt, aber nur einen Teil des Erfolgs erhält. Es handelt sich dabei um ein sogenanntes *hold up*-**Problem**. Dieses wird an folgendem einfachen Beispiel dargestellt.[31]

Angenommen, Bereich 1 produziert ein Zwischenprodukt, das von Bereich 2 weiterverarbeitet und am Markt verkauft wird. Der **Erlös** in Abhängigkeit von der Produktionsmenge x ist

$$E(x) = \alpha_2 - \beta \cdot x$$

Die Weiterverarbeitungskosten in Bereich 2 sind $K_2(x) = k_2 \cdot x$. Bereich 1 kann vorab Aktivitäten durchführen, die die variablen Kosten in seinem Bereich reduzieren, zB Verfahrensinnovationen, Investitionen in kostensenkende Maßnahmen oder Mitarbeiterschulungen. Die Produktionskosten sind $K_1(x, a)$, wobei a die **Arbeitsleistung** oder eine **Investition** ausdrückt. Die privaten Kosten von Bereich 1 dafür betragen $v(a)$. Weiterhin hängen die Kosten von einem unsicheren Umweltzustand θ ab. Vereinfachend wird folgende lineare Beziehung angenommen:

$$K_1(x, a, \theta) = (k - a - \theta) \cdot x$$

---

[31] Die Darstellung folgt *Baldenius* und *Reichelstein* (1998) und *Pfeiffer* (2002). Vgl auch *Baldenius*, *Reichelstein* und *Sahay* (1999).

In einem ersten Schritt muß Bereich 1 die Höhe seiner **Arbeitsleistung** festlegen. Er macht dies vor Realisation des Umweltzustandes θ. Nach Bekanntwerden von θ verhandeln die beiden Bereiche über den Verrechnungspreis und die transferierte Menge.

Eine Festlegung des Verrechnungspreises nach Eintritt von θ ermöglicht auch eine **Risikoteilung** zwischen den beiden Bereichen. Dies kann bei risikoscheuen Bereichsmanagern zur Annahme eines riskanten Auftrags führen, weil das Risiko über einen in θ variierenden Verrechnungspreis zum Teil an den liefernden Bereich weitergegeben werden kann, statt daß der abnehmende Bereich es voll tragen muß.

Das **Verhandlungsergebnis** hängt von der relativen Verhandlungsstärke der beiden Bereiche ab. Angenommen, die Bereiche vereinbaren, den gesamten tatsächlich erzielten Deckungsbeitrag aus dem Verkauf der Produkte „fair" aufzuteilen (nicht aber die vorweg eingegangenen Kosten der Arbeitsleistung a zu berücksichtigen). Der Deckungsbeitrag lautet nach Durchführung von a und Beobachtung von θ wie folgt:[32]

$$D(x,\theta) = \underbrace{E(x) - K_2(x)}_{D_2(x)} - K_1(x,a,\theta) = (\underbrace{\alpha_2 - k_2}_{\equiv \alpha} - \beta x) \cdot x - (k - a - \theta) \cdot x$$

$$= (\alpha - k + a + \theta - \beta x) \cdot x$$

Die **Aufteilungsregel** sei derart, daß Bereich 1 einen Anteil γ an D und Bereich 2 den restlichen Anteil $(1 - \gamma)$ daran erhält, wobei $\gamma \in [0, 1]$. Ein $\gamma = 0{,}5$ entspräche der Nash-Verhandlungslösung. Der Verrechnungspreis R^V ergibt sich aus dem Anteil von Bereich 1 am Deckungsbeitrag und den Produktionskosten,

$$R^V(x,\theta) \cdot x = K_1(x,a,\theta) + \gamma \cdot D(x,\theta)$$

Bereich 1 maximiert für seine Mengenentscheidung seinen **Gewinn**

$$R^V(x,\theta) \cdot x - K_1(x,a,\theta) = \gamma \cdot D(x,\theta)$$

Bereich 2 maximiert seinen Gewinn

$$E(x) - K_2(x) - R^V(x,\theta) \cdot x = (1 - \gamma) \cdot D(x,\theta)$$

Beide haben also ein Interesse an einer *ex post* **effizienten Mengenentscheidung** $x^*(a,\theta)$, gegeben a und θ. Diese ergibt sich aus der Maximierung von $D(x,\theta)$ nach x,

$$\max_x D(x,\theta) = (\alpha - k + a + \theta - \beta x) \cdot x$$

zu

---

[32] Dabei ist zu berücksichtigen, daß die Menge x eine Funktion von a und θ ist, weil sie nach Beobachtung dieser Größen gewählt wird. Es werden außerdem vereinfachend nur die direkten funktionalen Abhängigkeiten dargestellt, wie zB $D = D(x,\theta)$; durch die Abhängigkeit der Menge x von a ist natürlich auch D von a abhängig.

$$x^*(a,\theta) = \frac{\alpha - k + a + \theta}{2\beta}$$

Bereich 1 antizipiert diese Mengenentscheidung und wählt seine **Arbeitsleistung** a^V vor Beobachtung von θ durch Maximierung seines erwarteten Gewinns

$$E\left[\gamma \cdot D(x^*,\theta) - \frac{a^2}{2}\right] = E\left[\gamma \cdot \left(\frac{(\alpha - k + a + \theta)^2}{4\beta}\right) - \frac{a^2}{2}\right]$$

Daraus ist unmittelbar erkennbar, daß die Arbeitsleistung aus Sicht der Zentrale **nicht optimal** gewählt wird, solange $\gamma < 1$ ist: Bereich 1 erhält nur einen Anteil γ am Vorteil seiner Arbeitsleistung, während er die gesamten Kosten derselben trägt. Es kommt daher zu einer **Unterinvestition** in die Arbeitsleistung a relativ zu einer Situation, in der die Zentrale die Arbeitsleistung vorgeben könnte. Die Maximierung der Zielfunktion von Bereich 1 ergibt schließlich eine optimale Arbeitsleistung a^V von

$$a^V = \frac{\alpha - k + \mathrm{E}[\theta]}{\dfrac{2\beta}{\gamma} - 1}$$

Die Arbeitsleistung a^V steigt in γ und erreicht für $\gamma = 1$ ihr Maximum.

Monopolpreisorientierter Verrechnungspreis

Eine andere Variante der Lösung des **Koordinationsproblems** könnte in der Zuweisung der gesamten **Verhandlungsmacht** über den Verrechnungspreis an Bereich 1 liegen. Dabei legt Bereich 1 nach Kenntnis von θ den Preis (als Funktion der nachgefragten Menge) vorab fest, und Bereich 2 bestimmt die für ihn optimale Menge. Es wird also im Grunde nicht mehr verhandelt, sondern die Zentrale gibt die jeweiligen Kompetenzen vor.

Die Vorgehensweise entspricht einer **Monopolisierung** des liefernden Bereichs; dies ist nicht identisch mit seiner vollständigen Verhandlungsmacht ($\gamma = 1$). Denn Bereich 2 reagiert hier auf den vorgegebenen Verrechnungspreis, während vorhin Menge und Preis simultan festgelegt wurden. Bereich 1 nutzt die Kenntnis der **Reaktionsfunktion** von Bereich 2 aus, um seinen Gewinn zu maximieren (sogenannte **Stackelberg-Lösung**). Bereich 2 entscheidet also bei vorgegebenem Verrechnungspreis $R(\theta)$ über die nachgefragte Menge durch Maximierung seines Gewinns

$$\max_x D_2(x,\theta) = E(x) - K_2(x) - R(\theta) \cdot x$$

$$= (\alpha - R(\theta) - \beta x) \cdot x$$

Daraus ergibt sich eine optimale Menge x^M von

$$x^M = \frac{\alpha - R(\theta)}{2\beta}$$

Bereich 1 ermittelt nunmehr den **Verrechnungspreis** R^M durch Maximierung seines Gewinns, gegeben a und θ:

$$\max_R \left(R - k + a + \theta \right) \cdot \frac{\alpha - R}{2\beta}$$

Daraus ergibt sich als Verrechnungspreis

$$R^M = \frac{\alpha + k - a - \theta}{2}$$

Setzt man R^M in die optimale Menge x^M ein, so ergibt sich x^M gerade als die Hälfte der effizienten Menge x^*. Diese **Produktionsmengenreduktion** ist ein wesentlicher Nachteil eines solchen Verrechnungspreissystems. Sie entsteht durch die Monopolpreisbildung.

Die **ineffiziente Mengenentscheidung** induziert *ex ante* auch eine ineffiziente Höhe der **Arbeitsleistung**. Vor Beobachtung von θ maximiert Bereich 1 den erwarteten Gewinn unter Berücksichtigung der nachfolgenden Entscheidungen bezüglich des Verrechnungspreises und der induzierten Menge. Der **erwartete Gewinn** beträgt

$$E\left[\left(R - k + a + \theta \right) \cdot \frac{\alpha - R}{2\beta} - \frac{a^2}{2} \right] = E\left[\frac{(\alpha - k + a + \theta)^2}{8\beta} - \frac{a^2}{2} \right]$$

Durch Ableiten dieser Funktion nach a ergibt sich die optimale Arbeitsleistung a^M

$$a^M = \frac{\alpha - k + E[\theta]}{4\beta - 1}$$

Ein **Vergleich** der Arbeitsleistung a^M mit der sich bei einem verhandelten Verrechnungspreis ergebenden Arbeitsleistung a^V zeigt, daß

$$a^V = \frac{\alpha - k + E[\theta]}{\dfrac{2\beta}{\gamma} - 1} > a^M = \frac{\alpha - k + E[\theta]}{4\beta - 1} \quad \Leftrightarrow \quad \gamma > \frac{1}{2}$$

Wenn die *ex post*-**Verhandlungsmacht** von Bereich 1 höher ist als die von Bereich 2 ($\gamma > 0{,}5$), dann hat Bereich 1 bei verhandelten Verrechnungspreisen einen Anreiz, eine **höhere Arbeitsleistung** zu erbringen als bei monopolpreisbasierten Verrechnungspreisen. Da gleichzeitig die *ex post*-Mengen **effizient** sind, bedeutet dies, daß verhandelte Verrechnungspreise bei $\gamma \geq 0{,}5$ aus Sicht der Zentrale jedenfalls besser abschneiden als die monopolpreisbasierte Variante. Für $\gamma < 0{,}5$ kann sich dieses Ergebnis allerdings umkehren: Die *ex post* ineffizienten **Mengenentscheidungen** können von höheren Anreizen zur **Arbeitsleistung** aufgewogen werden.

Eine weitere Möglichkeit besteht darin, diese Verrechnungspreissysteme mit **kostenbasierten Verrechnungspreisen** zu vergleichen. Beispielsweise kann dann gezeigt werden, daß die Vorgabe eines Verrechnungspreises in Höhe der Istkosten und eines Gewinnzuschlags zwar auch zu *ex post* **ineffizienten Mengen** führt, aber unter gewissen Konstellationen ebenfalls eine höhere Arbeitsleistung induziert.[33] Ein steigender Zuschlagsatz erhöht die Ineffizienz der Mengenentscheidung, verbessert allerdings die Leistungsanreize.

Wenn **beide Bereiche investieren** bzw eine Arbeitsleistung erbringen, die die Erlöse steigert und/oder die Kosten senkt, müssen darüber hinaus auch noch die Leistungsanreize beider Bereiche gegeneinander abgewogen werden.

5. Verhaltenssteuerung durch Verrechnungspreise

Bisher wurden Verrechnungspreise vor allem aus dem Blickwinkel der Koordination der intern transferierten Menge zwischen leistendem und beziehendem Bereich analysiert. Der sequentielle Leistungsverbund stand dabei im Vordergrund. Die **Koordination** kann aber auch noch **andere Ebenen** umfassen. Im folgenden werden Beispiele aus dem Bereich des Kostenmanagements, der Durchsetzung von Unternehmensstrategien und der Kapazitätsdimensionierung gebracht.

5.1. Grundlagen

Verrechnungspreise und Kostenallokationen können als Instrument der **personellen Koordination** dienen, wenn ein dezentraler Entscheidungsträger (zB Manager, Mitarbeiter) andere Zielsetzungen als die Zentrale verfolgt und die Zentrale über keine hinreichenden Möglichkeiten verfügt, dessen Entscheidungen auf direktem Wege zu beeinflussen. Mit Hilfe einer geschickt gewählten Kostenallokation wird das Entscheidungsproblem so verzerrt, daß der Entscheidungsträger von sich aus eine Entscheidung wählt, die den Zielen des Gesamtunternehmens entgegenkommt.

Die Verhaltenssteuerung erfolgt prinzipiell durch gezielte **Beeinflussung** des **Preisgefüges der Inputfaktoren**, die zum Output kombiniert werden. Voraussetzungen für die Effektivität sind:

- Der Manager verwendet den Preis der internen Leistung für Entscheidungen, dh es muß ein **Entscheidungsspielraum** bestehen.
- Die Entscheidung ist hinsichtlich des Preises der internen Leistung **sensitiv**.
- Die Entscheidung hat einen Einfluß auf die **Zielgröße**, anhand welcher der Erfolg des Entscheidungsträgers beurteilt wird.
- Der Verrechnungspreis wird vom Entscheidungsträger akzeptiert.

[33] Vgl *Pfeiffer* (2002), S. 1281 f.

In vielen Fällen kann es vorkommen, daß Kosten absichtlich **verzerrt,** dh zu hoch oder zu niedrig, zugerechnet werden. Der Bereichsmanager ist nun angehalten, den sich daraus ergebenen ebenfalls verzerrten Bereichsgewinn zu optimieren. Gleichzeitig muß die Beurteilung der Leistung des Managers an diesem verzerrten Bereichsgewinn gemessen werden, auch wenn bekannt ist, daß dies nicht der „richtige" Gewinn ist. Dies schlägt sich typischerweise mit der **Erfolgsermittlungsfunktion** von Verrechnungspreisen.

Im 7. Kapitel: *Kontrollrechnungen* wurde das *controllability*-Prinzip vorgestellt. Dort wird gezeigt, daß zur Verhaltenssteuerung durchaus dagegen verstoßen werden kann und sollte. Die Verhaltenssteuerung durch Verrechnungspreise folgt demselben Denkmuster: Auch wenn ein Manager keinen Einfluß auf die (Verrechnungs-)Preisgestaltung hat, muß er letztlich an einer Größe beurteilt werden, die stark vom Verrechnungspreis abhängt. Die Funktion liegt darin, daß er sehr wohl die Konsequenzen, die durch den Verrechnungspreis ausgelöst werden, beeinflussen kann.

5.2. Kostenmanagement und Durchsetzung von Unternehmensstrategien

Durch Verrechnungspreise wird ein interner Markt generiert. Je nachdem, inwieweit die Bereiche an einen externen Markt gehen dürfen, ergeben sich verschiedene interne Marktformen. Bestehen Liefer- und Bezugsbeschränkungen, entsteht bei einem leistenden und einem beziehenden Bereich ein **bilaterales Monopol.** Beide Bereiche agieren idR sensitiv auf Änderungen des Preises. Ein höherer Preis wird die Nachfrage nach der Leistung und damit die intern transferierte Menge reduzieren, auch wenn der leistende Bereich mehr anbieten wollte. Ein niedrigerer Preis wird das Angebot und damit ebenfalls die intern transferierte Menge schmälern. Ähnliches ergibt sich bei anderen „Markt"-Konstellationen.

Die Zentrale kann diesen „Markt" dazu nutzen, bestimmte **Verhaltensweisen** der Bereichsmanager zu induzieren. Im folgenden werden einige Anwendungsbeispiele diskutiert.

Produkte oder Produktionsverfahren können kostengünstiger dargestellt werden, um Anstrengungen des Produktmanagers umzulenken, welche dieser auf Basis der Kosten wählt. Kurzfristige Gewinnmaximierung kann durch „Subvention" langfristig wirksamer Entscheidungen gemildert werden. Angenommen, ein Bereichsmanager investiert aufgrund seines kurzen **Planungshorizonts** aus Sicht der Zentrale tendenziell zu wenig in Forschung und Entwicklung. Sie kann ihm Forschungsergebnisse, die vielleicht in einer zentralen Forschungsabteilung erarbeitet werden, zu einem günstigen Verrechnungspreis, der die Kosten bei weitem nicht deckt, abgeben.

Ein anderes *Beispiel*: Die Zentrale hat den Eindruck, daß die Controlling-Abteilung zu viele Berichte produziert, die am Informationsbedarf der Nutzer vorbeigehen. Durch das Festlegen von spezifischen (Verrechnungs-)Preisen kann die Nachfrage schnell eingedämmt werden. Ein Bereich wird einen Bericht nur mehr dann „kaufen", wenn der Nutzen die Kosten übersteigt.

Ein Unternehmen erzeugt in mehreren Bereichen Videorecorder. Die Zentrale ist davon überzeugt, daß sie Wettbewerbsvorteile nur durch Vorantreiben der **Automatisierung** erzielen kann. Dazu werden die zentralen Gemeinkosten im Wege von *Fertigungslöhnen* auf die einzelnen Bereiche geschlüsselt.[34] Dies führt in der Sicht der Bereiche zu einer indirekten **Verteuerung** der Fertigungslöhne und zu einer relativen Begünstigung automatisierter Produktionsprozesse. Interessant an diesem Beispiel ist zunächst, daß die Kostenumlage offenkundig nicht verursachungsgerecht erfolgt. Das spielt aber auch gar keine Rolle, wichtig ist nur die ausgelöste Wirkung.

Des weiteren ist interessant, daß der Druck zur Automatisierung für einen Bereich um so größer wird, je mehr andere Bereiche schon stark automatisiert haben. Daran ist ersichtlich, welchen Vorteil Kostenallokationen gegenüber Verrechnungspreisen allgemein haben können. Sie sind Verrechnungspreise, die einer zusätzlichen Bedingung genügen, nämlich daß die Summe der zugerechneten Kosten gerade den entstandenen Kosten entsprechen. Wird einem Bereich ein höherer Betrag zugerechnet, führt dies zwangsläufig zu einer Kostenentlastung in mindestens einem anderen Bereich.

Verhaltenssteuerung bei der Produktentwicklung[35]

Ein Produktentwickler oder Konstrukteur bewertet die technische Eleganz einer Produktlösung meist wesentlich höher als der Markt und damit die Unternehmensleitung. Dieser mangelt es jedoch an Expertenwissen, um zu entscheiden, wieviel Entwicklungszeit tatsächlich notwendig ist und wieviel in technische Spielereien gesteckt wird. Sie kann daher die notwendige Entwicklungszeit nicht vorschreiben. Es bestehen jedoch einige indirekte Möglichkeiten, den Produktentwickler dazu zu bringen, aus Sicht der Unternehmensleitung effizienter zu agieren.

So können der Entwicklungsabteilung höhere als die tatsächlich „verursachten" Gemeinkosten zugerechnet werden, so daß die Kosten einer Entwicklungsstunde steigen. Um die Einführung eines neuen Produktes aufgrund zu hoher Kosten nicht zu gefährden, wird der Produktentwickler weniger Zeit für Spielereien verwenden. Ähnliches kann über die Vorgabe verzerrter Kosten für Teile, die das Produkt erfordert, geschehen: Standardteile können relativ zu niedrig, Spezialteile relativ zu hoch kalkuliert werden, um den Produktentwickler dazu zu motivieren, eher Standardteile zu verwenden.

5.3. Koordination von Preisentscheidungen

Das folgende Fallbeispiel analysiert die Koordination von Bereichen, unter denen Marktinterdependenzen bestehen.[36] Durch die dezentrale Organisation können **Konkurrenzverhältnisse** unter den Bereichen entstehen, wie sie auch zwischen externen Konkurrenten auftreten (siehe auch 4. Kapitel: *Preisentscheidungen* mit den Interdependenzen zwischen Produkten).

---

[34] Vgl *Hiromoto* (1988), S. 23.

[35] Diese und andere Beispiele werden in *Wagenhofer* und *Riegler* (1994) diskutiert.

[36] Das Beispiel ist entnommen aus *Wagenhofer* (1995b), S. 284 – 290.

Annahmen

Bereich 1 erzeugt die elektronische Steuereinheit S1, die in mehreren Endprodukten verwendet wird. Bereich 2 ist spezialisiert auf analoge Technologie, und Bereich 3 auf digitale Technologie. Beide Bereiche stellen unter anderem Meßgeräte M2 und M3 her, die jeweils auch die elektronische Steuereinheit des Bereiches 1 benötigen. Die Organisationsform ist deshalb so gewählt worden, weil die Technologie eine der wesentlichen Spezialisierungskriterien ist.

Die variablen Kosten von S1 betragen 10, die Weiterverarbeitungskosten für die Produktion von M2 weitere 10 und von M3 15. Kapazitätsgrenzen werden nicht erreicht. Die beiden Meßgeräte M2 und M3 sind zu einem gewissen Teil Substitute am Markt. Folgende Preis-Absatz-Funktionen beschreiben den Markt (x_i ist die Menge des Meßgerätes Mi und p_i der Preis, $i = 2, 3$):

Meßgerät M2: $x_2 = 100 - 2p_2 + p_3$
Meßgerät M3: $x_3 = 200 - 2p_3 + p_2$

Die beiden Manager legen die (aus ihrer jeweiligen Sicht) optimalen Preise auf Basis eines **Nash-Gleichgewichts** fest. Der optimale Preis für M2 ergibt sich aus der Maximierung des Deckungsbeitrages D_2:

$$\max_{p_2} D_2 = (p_2 - k_2) \cdot x_2 = (p_2 - k_2) \cdot (100 - 2p_2 + p_3) \tag{21}$$

wobei $k_2 = 10 + R$. Die erste Ableitung lautet

$$\frac{\partial D_2}{\partial p_2} = 100 - 2p_2 + p_3 - 2p_2 + 2k_2 \tag{22}$$

Nullsetzen von (22) führt zum **optimalen Preis** in Abhängigkeit vom Preis von M3,

$$p_2^* = \frac{1}{4} \cdot (100 + 2k_2 + p_3)$$

Analog ergibt sich der optimale Preis von M3 durch Maximierung von D_3 zu

$$p_3^* = \frac{1}{4} \cdot (200 + 2k_3 + p_2)$$

Die gegenseitigen rationalen Erwartungen über die Preissetzung der beiden Manager ergeben im Nash-Gleichgewicht die optimalen Preise. Setzt man dazu die optimalen Preise in die Reaktionsfunktion des jeweiligen Bereichs ein, ergeben sich folgende **optimalen Preise und Mengen** in Abhängigkeit der Kosten der beiden Bereiche:

$$p_2^* = \frac{1}{15} \cdot (600 + 8k_2 + 2k_3), \quad p_3^* = \frac{1}{15} \cdot (900 + 8k_3 + 2k_2)$$

$$x_2^* = \frac{2}{15} \cdot (600 - 7k_2 + 2k_3), \quad x_3^* = \frac{2}{15} \cdot (900 - 7k_3 + 2k_2)$$

Keiner der Bereiche kann sich durch eine unilaterale Änderung seines Preises, gegeben den optimalen Preis des anderen Bereichs, besser stellen. Der **Verrechnungspreis** R für die Steuereinheit S1 findet sich in den variablen Kosten der beiden Bereiche, dh $k_2 = 10 + R$ und $k_3 = 15 + R$. Im folgenden werden die Auswirkungen mehrerer Verrechnungspreistypen auf die erzielten Deckungsbeiträge analysiert.

Verrechnungspreis gleich variable Kosten

Die Ergebnisse sind in Tabelle 3 zusammengefaßt. Bereich 1 erzielt im internen Handel einen Deckungsbeitrag von null. Bereich 3 kann die günstigeren Marktkonditionen trotz höherer Kosten von M3 nutzen und erzielt einen Deckungsbeitrag, der um mehr als das Doppelte höher liegt als der Deckungsbeitrag von Bereich 2.

	Bereich 1	Bereich 2	Bereich 3
Stückkosten	10	20	25
Verrechnungspreis bzw optimaler Preis	10	54	76
abgesetzte Menge	170	68	102
Bereichs-Deckungsbeitrag	0	2.312	5.202
Gesamter Deckungsbeitrag			7.514

Tab. 3: Ausgangslösung

Verrechnungspreis als Marktpreis

Angenommen, der Marktpreis für S1 beträgt 25. In diesem Fall ergeben sich für beide beziehenden Bereiche um jeweils 15 höhere Stückkosten. Beide Bereiche ermitteln auf analoge Art und Weise neue optimale Preise, die nun entsprechend höher liegen. Die Folge dessen ist, daß Bereich 1 einen positiven Deckungsbeitrag erzielt und die Deckungsbeiträge der beiden anderen Bereiche geschmälert werden. Tabelle 4 gibt das Ergebnis dieser Situation wieder.

	Bereich 1	Bereich 2	Bereich 3
Stückkosten	10	35	40
Verrechnungspreis bzw optimaler Preis	25	64	86
abgesetzte Menge	150	58	92
Bereichs-Deckungsbeitrag	2.250	1.682	4.232
Gesamter Deckungsbeitrag			8.164

Tab. 4: Lösung bei Marktpreis

Die wesentliche Erkenntnis aus dieser Situation ist die Tatsache, daß der gesamte Deckungsbeitrag um fast 9% gestiegen ist. Deutlich erkennt man die beiden Wirkungen des Verrechnungspreises:

1. **Distributiver Effekt**: Der Verrechnungspreis verteilt den gesamten Deckungsbeitrag zwischen den liefernden und den beziehenden Bereichen um.

2. **Produktiver Effekt**: Der gesamte Deckungsbeitrag wird geändert. Dies ist die Folge der Verhaltenssteuerung.

Der Verrechnungspreis ändert die für die Manager der Bereiche 2 und 3 **relevanten Stückkosten** und damit ihr Preisverhalten. Sie setzen höhere Preise für die Meßgeräte. Dies vermindert den erwarteten Absatz und hat – wie erwartet – für beide Bereiche negative Konsequenzen auf den erzielten Deckungsbeitrag. Der Verlust ist jedoch weit geringer als der Vorteil, den der liefernde Bereich 1 erzielt. Der Grund dafür ist in der substitutiven Beziehung der beiden Meßgeräte M2 und M3 zu suchen. Eine Koordination der Preise führt typischerweise dazu, für beide höhere Preise zu verlangen als im Fall, daß die Bereiche wie eigenständige Unternehmen im Wettbewerb stehen. Die dezentrale Profit Center-Organisation schafft jedoch eine solche Koordination nicht, weil beide Bereiche nur auf ihren eigenen Gewinn schauen (müssen). Danach werden sie schließlich auch beurteilt.

Optimaler Verrechnungspreis

Der optimale Verrechnungspreis aus Sicht der Zentrale maximiert die **Summe der Deckungsbeiträge** aller drei Bereiche, wobei weiterhin von der autonomen dezentralen Preispolitik der beiden Bereiche 2 und 3 ausgegangen wird, dh

$$\max_{R} \underbrace{(R-10)\cdot(x_2^* + x_3^*)}_{D_1} + \underbrace{(p_2^* - 10 - R)\cdot x_2^*}_{D_2} + \underbrace{(p_3^* - 15 - R)\cdot x_3^*}_{D_3}$$

Setzt man die entsprechenden Gleichungen für die Preise und Mengen ein, die ihrerseits jeweils von R abhängen, ergibt sich schließlich ein optimaler Verrechnungspreis von $R = 41{,}875$. Die anderen Werte sind in Tabelle 5 dargestellt. Bereich 1 erwirtschaftet mit diesem Verrechnungspreis den höchsten Deckungsbeitrag von allen involvierten Bereichen. Zu beachten ist dafür, daß die beziehenden Bereiche 2 und 3 durch interne Bezugsverpflichtung dazu gezwungen werden müssen, von Bereich 1 zu beziehen, denn der Marktpreis von 25 (ggf zuzüglich Beschaffungsnebenkosten) liegt wesentlich unter diesem Verrechnungspreis. Die Zentrale muß also die Autonomie der Bereiche einschränken.

Die Verwendung des **Marktpreises** als Verrechnungspreis löst das Koordinationsproblem grundsätzlich nicht. Dies gilt ganz abgesehen von den bekannten Problemen bei der Feststellung „des" Marktpreises. Der **optimale Verrechnungspreis** hat auch nichts mit den relevanten Kosten des Zwischenprodukts zu tun. Er hängt auch nicht davon ab, ob ein Bereich einen Gewinn erzielt oder nicht. Kapazitätskosten (Fixkosten) wurden bisher noch gar nicht eingeführt, sie sind auch nicht notwendig für das Resultat. Der optimale Verrechnungspreis ist von der Marktsituation abhängig, aber auch von der Kostensituation in den beziehenden Bereichen.

	Bereich 1	Bereich 2	Bereich 3
Stückkosten	10	51,875	56,875
Verrechnungspreis bzw optimaler Preis	41,875	75,25	97,25
abgesetzte Menge	127,5	46,75	80,75
Bereichs-Deckungsbeitrag (gerundet)	4.064,06	1.092,78	3.260,28
Gesamter Deckungsbeitrag			8.417,13

Tab. 5: Lösung beim optimalen Verrechnungspreis

Wären die Endprodukte komplementär anstelle von substitutiv, dann müßten die Preise von M2 und M3 *niedriger* gesetzt werden als in der Ausgangslösung (Tabelle 3). Der Verrechnungspreis wäre dann geringer als die variablen Kosten, und Bereich 1 erzielte immer einen negativen Deckungsbeitrag.

Das Beispiel zeigt auch deutlich den **Konflikt** zwischen der **Koordinationsfunktion** und der **Erfolgsermittlungsfunktion** des Verrechnungspreises. Der Bereichsdeckungsbeitrag ist *keine* Maßgröße für den Erfolgsbeitrag des jeweiligen Bereiches. Es ist keinesfalls so, daß Bereich 1 nun der Bereich wäre, der den größten Beitrag zum Unternehmenserfolg liefert. Durch den Erfolgsverbund aufgrund der Marktinterdependenz können die einzelnen Bereichserfolge auch gar nicht exakt voneinander abgegrenzt werden.

Zentrale Organisation

Zum Vergleich der dezentralen Organisation gegenüber einer **zentralen Organisation** sei angenommen, daß die Zentrale vollständig über die Situationen in den beiden Bereichen informiert ist und die Absatzpreise der beiden Meßgeräte selbst festlegt. Die Zentrale maximiert dann

$$\max_{p_2, p_3} D_1 + D_2 + D_3 = 0 + (p_2 - k_2) \cdot x_2 + (p_3 - k_3) \cdot x_3 =$$

$$= (p_2 - 20) \cdot (100 - 2p_2 + p_3) + (p_3 - 25) \cdot (200 - 2p_3 + p_2) \qquad (23)$$

Dies ergibt optimale Preise $p_2 = 76,67$ und $p_3 = 95,83$ sowie einen **Gesamtgewinn** von 8.429,17. Diese Lösung wäre mit einem Verrechnungspreissystem nur dann erzielbar, wenn der Verrechnungspreis für die beiden Bereiche unterschiedlich hoch gesetzt werden könnte, in diesem Fall für Bereich 2 etwas höher und für Bereich 3 etwas niedriger als 41,875.

5.4. Strategische Verrechnungspreise

Eine weitere Funktion von internen Verrechnungspreisen besteht in ihrer **Bindungswirkung** im Hinblick auf die Beeinflussung des externen Wettbewerbs. Geht man von einem Marktgleichgewicht bei simultaner Entscheidung über Preise (Preiswettbewerb in einem *Bertrand*-Gleichgewicht) oder Mengen (Mengenwettbewerb in einem *Cournot*-Gleichgewicht) aus, kann ein Unternehmen gegenüber einem **Kon-**

kurrenten dann einen **Wettbewerbsvorteil** erlangen, wenn es in der Lage ist, sich hinsichtlich bestimmter Entscheidungen vorab festzulegen. Der (rationale) Konkurrent muß daraufhin seine eigene Entscheidung als beste Antwort auf die Strategie des Unternehmens auswählen, was für ihn in aller Regel ein Nachteil ist.

Diese Grundidee wird an einer **spezifischen Situation** gezeigt.[37] Angenommen, zwei Unternehmen stehen im Preiswettbewerb am Markt. Ihre (inversen) Preis-Absatz-Funktionen seien symmetrisch und gegeben als

$$x_i = \alpha - p_i + \beta \cdot p_j \tag{24}$$

für $i, j = 1, 2$ und $i \neq j$. Die variablen Produktionskosten pro Stück sind für beide Unternehmen gleich hoch mit $k > 0$, es fallen keine fixen Kosten an. Es gilt weiter $\alpha > k$ und $0 < \beta < 1$. Diese Preis-Absatz-Funktion beschreibt teilweise substituierbare Produkte.

Kann sich kein Unternehmen zu einer spezifischen Preisstrategie verpflichten, kommt es im Marktgleichgewicht zu folgender Situation. Jedes Unternehmen bestimmt seine Reaktionsfunktion durch Maximierung seiner Gewinnfunktion

$$G_i = (p_i - k) \cdot x_i = (p_i - k) \cdot (\alpha - p_i + \beta \cdot p_j)$$

$$\frac{\partial G_i}{\partial p_i} = \alpha - 2p_i + \beta p_j + k = 0 \tag{25}$$

Da beide Unternehmen vor der gleichen Situation stehen, gilt dieselbe Bedingung auch für p_j. Einsetzen von p_j in p_i ergibt schließlich die **Gleichgewichtspreise**

$$p_i^* = \frac{\alpha + k}{2 - \beta} \quad \text{für } i = 1, 2. \tag{26}$$

Der **Gewinn** jedes Unternehmens beträgt letztlich

$$G_i^* = \frac{(\alpha - (1 - \beta)k)^2}{(2 - \beta)^2} \tag{27}$$

Jetzt sei angenommen, jedes Unternehmen **dezentralisiert** seine **Preisentscheidung**, indem es einen **Manager** anstellt und ihn beauftragt, den Gewinn seines Bereichs (Profit Center) zu maximieren.[38] Gleichzeitig gibt die jeweilige Zentrale ihrem Bereich den Verrechnungspreis R für die Inputfaktoren vor. Dieser ist allgemein bekannt. Der **Bereichsgewinn** lautet damit

$$G_i^B = (p_i - R) \cdot (\alpha - p_i + \beta \cdot p_j) \tag{28}$$

---

[37] Die Darstellung folgt *Göx* (1999), S. 60 ff. Eine vergleichbare strategische Wirkung läßt sich auch mit Kostenallokationen erzielen. Vgl dazu zB *Wagenhofer* (1995a).

[38] Ähnliche Auswirkungen ergeben sich, wenn nur ein Unternehmen dezentralisiert.

Mit einer analogen Berechnung zu (26) legen beide Manager ihre **Absatzpreise** wie folgt fest:

$$p_i^B = \frac{\alpha + R}{2 - \beta} \quad \text{für } i = 1, 2. \tag{29}$$

Der **Gewinn der Unternehmen** ermittelt sich allerdings auf Basis der tatsächlichen Kosten k und nicht des Verrechnungspreises R. Er lautet bei vorgegebenem Verrechnungspreis:

$$G_i^{\text{strategisch}} = (p_i^B - k) \cdot x_i = \left(\frac{\alpha + R}{2 - \beta} - k \right) \cdot \frac{(\alpha - (1 - \beta)R)}{2 - \beta} \tag{30}$$

Die Optimierung von (30) nach dem Verrechnungspreis R liefert folgende Bedingung, wobei die beiden Unternehmen infolge der Symmetrie der Situation wieder denselben Verrechnungspreis wählen:

$$\frac{\partial G_i^{\text{strategisch}}}{\partial R} = \frac{1}{(2 - \beta)^2} \cdot \left[\alpha - (1 - \beta)R - (1 - \beta) \cdot (\alpha + R - 2k + \beta k) \right] = 0$$

Daraus ergibt sich schließlich der **optimale Verrechnungspreis** als

$$R_i^* = \frac{\alpha \beta + k(2 - \beta) \cdot (1 - \beta)}{2(1 - \beta)} = k + \frac{\beta(\alpha - (1 - \beta)k)}{2(1 - \beta)} > k \tag{31}$$

Der optimale Verrechnungspreis ist größer als die variablen Stückkosten (wegen $\alpha >$ k ist der Bruch größer als null). Das heißt, der Verrechnungspreis hat einen strategischen Effekt. Setzt man (31) in (30) ein, lautet der Gewinn

$$G_i^{\text{strategisch}} = \frac{(\alpha - (1 - \beta)k)^2}{4 - 4\beta} \tag{32}$$

Ein Vergleich von (32) mit (27) zeigt, daß $G_i^{\text{strategisch}}$ für alle $\beta > 0$ größer ist als G_i^*, und daß die Differenz in β ansteigt.

Der **Grund** für diese Wirkung des Verrechnungspreises besteht darin, daß der Preis, den die Manager im Gleichgewicht verlangen, mit dem Verrechnungspreis ansteigt. Ein höherer Preis beider Unternehmen reduziert die Stärke des Wettbewerbs am Markt, wovon beide Unternehmen letztlich profitieren. Je stärker die Konkurrenz ist, dh je größer β ist, um so ausgeprägter wird der Vorteil durch den strategischen Verrechnungspreis. Dies ist ein vergleichbarer Effekt wie im vorigen Abschnitt, in dem zwei Bereiche desselben Unternehmens am Markt konkurrierten.

Warum ist diese Lösung nur mit **Dezentralisierung der Preisentscheidung** und Einführung eines Verrechnungspreises möglich? Ohne Dezentralisierung wäre eine Ankündigung eines der Unternehmen, einen höheren als den Gleichgewichtspreis zu setzen, nicht glaubwürdig. Falls nämlich ein Unternehmen an Stelle seines Gleichgewichtspreises p_i^* einen höheren Preis p_i wählen würde, könnte sich das andere

Unternehmen aufgrund seiner optimalen Reaktionsfunktion (25) durch Wahl eines neuen Preises $p_j(p_i)$ besser stellen. Die Definition des Marktgleichgewichts zeigt, daß es nur das Paar (p_i^*, p_j^*) gibt, von dem kein Unternehmen individuell abweichen wollte. Der Vertrag mit dem Manager, in dem dieser angehalten wird, seinen Bereichsgewinn unter dem vorgegebenen Verrechnungspreis zu maximieren, gibt einem höheren Preis allerdings **Glaubwürdigkeit**, denn der Manager setzt diesen Preis ja aus ureigenstem Interesse. Aus Sicht des Unternehmens wird der Manager nur dazu benutzt, eine vom ursprünglichen Gleichgewicht abweichende Preisstrategie glaubhaft zu machen und damit durchzusetzen. Voraussetzung dafür ist allerdings, daß die Verträge und die Verrechnungspreise beobachtbar sind und auch nicht nachträglich abgeändert werden können.[39]

5.5. Kapazitätsdimensionierung

Verrechnungspreise und Kostenallokationen steuern nicht nur das Nachfrageverhalten nach den Ressourcen, die diese Kosten verursachen, sondern können auch zur Gewinnung von Informationen für die Planung genutzt werden. Oft legt der **Zentralbereich seine Kapazität** und seine **Kosten** auf Basis des **geplanten Bedarfs** der beziehenden Bereiche fest. Die Bereichsmanager treffen damit zwei Entscheidungen: eine Entscheidung über die Berichterstattung hinsichtlich ihrer geplanten Nutzung der Leistung und *anschließend* eine operative Entscheidung über die tatsächliche Nutzung der zentralen Ressource bei gegebener Kostenfunktion.

Beispiel:[40] Dem Zentralbereich stehen zwei Verfahren für die Leistungserstellung zur Verfügung, Verfahren 1 mit Kosten $K_0(x) = 10 + 2x$ sowie Verfahren 2 mit Kosten $K_0(x) = 20 + x$. Ab einer benötigten Menge von $x > 10$ wird Verfahren 2 günstiger als Verfahren 1. Abbildung 7 gibt die beiden Kostenfunktionen wieder. Es werden zwei beziehende Bereiche betrachtet. Sie sind im Besitz von besserer Information über die von ihnen jeweils benötigte Menge (**asymmetrische Information**). Damit ist es sinnvoll, die Bereiche um die Bekanntgabe dieser Information zu ersuchen, um danach die Verfahrensentscheidung im Zentralbereich auszurichten.

Des weiteren sind folgende *a priori* **Informationen** über die von den Bereichen nachgefragten Mengen allgemein bekannt:

Bereich 1: $x_{1L} = 1$ mit Wahrscheinlichkeit $\phi_{1L} = 1/3$
und $x_{1H} = 4$ mit Wahrscheinlichkeit $\phi_{1H} = 2/3$

Bereich 2: $x_{2L} = 8$ mit Wahrscheinlichkeit $\phi_{2L} = 1/2$
und $x_{2H} = 10$ mit Wahrscheinlichkeit $\phi_{2H} = 1/2$.

---

[39] Vgl dazu *Schiller* (2000b). Wenn es allerdings andere Gründe für eine Verzerrung gibt, dann kann der strategische Effekt diese Verzerrung noch verstärken. Vgl zB *Göx* und *Schöndube* (2004).

[40] Dieses Beispiel folgt weitgehend *Magee* (1986), S. 325 – 331. Eine allgemeinere Version dieses Modells findet sich in *Balachandran, Li* und *Magee* (1987). Vgl ähnlich auch *Krahnen* (1994).

Für den Fall, daß beide Bereiche geringe Mengen nachfragen, ist Verfahren 1 das kostengünstigere; in allen anderen Fällen ist Verfahren 2 günstiger. Jeder Bereich kennt seine Menge bereits genau, der Zentralbereich und der jeweils andere Bereich sind nur im Besitz der *a priori* Wahrscheinlichkeiten.

Angenommen, es erfolgt *keine* **Allokation der Fixkosten**, sondern die benötigte Menge wird jeweils nur mit den variablen Kosten an die Bereiche weiterverrechnet. Welche Planmenge werden die Bereiche bekanntgeben?

Da jeder Bereich an der Minimierung der ihm zugerechneten Kosten interessiert ist, hat er für *jedes x* einen Anreiz, dafür zu sorgen, daß der Zentralbereich Verfahren 2 wählt. Dieses besitzt die geringeren variablen Kosten. Bereich 1 wird daher immer $x_{1H} = 4$ ankündigen, gleichgültig, was Bereich 2 ankündigt. Bereich 2 wird aber ohnedies aus denselben Überlegungen immer $x_{2H} = 10$ ankündigen, gleichgültig, was Bereich 1 sagt (dominante Strategien). Glaubt der Zentralbereich diese Ankündigung, wird er immer Verfahren 2 wählen.

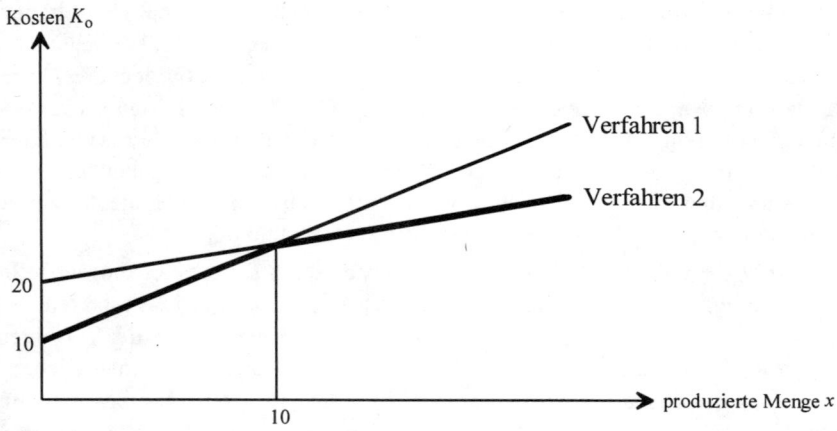

Abb. 7: Verfahrenskosten

Tatsächlich wird der Zentralbereich die Anreize zur Fehlinformation jedoch erkennen und wird gut daran tun, die Berichte einfach zu ignorieren. Dann muß er seine Entscheidung nach seinen *a priori* Erwartungen richten. Im Beispiel (nicht aber generell) trifft er dieselbe Entscheidung, nämlich Verfahren 2, denn der Erwartungswert der Nachfrage von Bereich 1 ist $\phi_{1L} \cdot x_{1L} + \phi_{1H} \cdot x_{1H} = 3$ und von Bereich 2 $\phi_{2L} \cdot x_{2L} + \phi_{2H} \cdot x_{2H} = 9$, zusammen also 12, und das ist größer als 10.

Im folgenden wird eine **Kostenallokation** konstruiert, die zu einer wahrheitsgemäßen Berichterstattung der Information durch die Bereiche führt, die der Zentralbereich für seine Verfahrensentscheidung nutzen kann. Die operative Entscheidung der Bereiche *nach* Festlegung des Verfahrens soll nicht verzerrt werden, deshalb muß man die nachgefragte Menge x_i zu variablen Kosten weiterverrechnen. Eine

Fixkostenumlage verändert die Entscheidungsgrundlage nicht. Die Fixkosten sind aber für die Entscheidung über die Berichte relevant.

Die **Kostenallokation** sei wie folgt definiert:

$$C_i(x_i) = \alpha_i \cdot K^F(\hat{x}_1, \hat{x}_2) + k^V(\hat{x}_1, \hat{x}_2) \cdot x_i \quad \text{für } i = 1,2 \tag{33}$$

Dabei bezeichnet K^F die Fixkosten des Verfahrens (also 10 oder 20) und k^V die variablen Kosten (also 2 oder 1); α_i ist der Anteil, den Bereich i an den Fixkosten zu tragen hat. $\hat{x}_i$ ist die von Bereich i berichtete Nachfragemenge, die der wirklichen Menge x_i entsprechen kann, aber nicht muß (private Information); bei wahrheitsgemäßer Berichterstattung gilt jedoch $\hat{x}_i = x_i$.

Damit das Verteilungsverfahren (33) eine Kostenallokation ist, müssen die gesamten Fixkosten aufgeteilt werden, dh:

$$\alpha_1 + \alpha_2 = 1 \tag{34}$$

Die Anteile α_1 und α_2 können nun so gewählt werden, daß der jeweilige Bereich keinen Anreiz hat, eine andere als seine geplante Menge x_i bekanntzugeben. Für Bereich 1 lauten die **Bedingungen für eine wahrheitsgemäße Berichterstattung** (als *Nash*-Gleichgewicht) wie folgt: Angenommen, Bereich 2 berichtet wahrheitsgemäß. Dann darf Bereich 1 keinen Anreiz haben, x_{1H} bekanntzugeben, wenn er in Wahrheit x_{1L} nachfragen wird, dh

$$\phi_{2L} \cdot \left[\alpha_1 \cdot K^F(x_{1L}, x_{2L}) + k^V(x_{1L}, x_{2L}) \cdot x_{1L} \right] + \phi_{2H} \cdot \left[\alpha_1 \cdot K^F(x_{1L}, x_{2H}) + k^V(x_{1L}, x_{2H}) \cdot x_{1L} \right] \leq$$

$$\phi_{2L} \cdot \left[\alpha_1 \cdot K^F(x_{1H}, x_{2L}) + k^V(x_{1H}, x_{2L}) \cdot x_{1L} \right] + \phi_{2H} \cdot \left[\alpha_1 \cdot K^F(x_{1H}, x_{2H}) + k^V(x_{1H}, x_{2H}) \cdot x_{1L} \right]$$

bzw

$$\frac{1}{2} \cdot (\alpha_1 \cdot 10 + 2 \cdot 1) + \frac{1}{2} \cdot (\alpha_1 \cdot 20 + 1 \cdot 1) \leq \frac{1}{2} \cdot (\alpha_1 \cdot 20 + 1 \cdot 1) + \frac{1}{2} \cdot (\alpha_1 \cdot 20 + 1 \cdot 1)$$

Daraus folgt eine Grenze für α_1, nämlich $\alpha_1 \geq 0,1$.

Auf gleiche Weise muß sichergestellt werden, daß Bereich 1 nicht x_{1L} angibt, wenn er tatsächlich x_{1H} nachfragen wird:

$$\phi_{2L} \cdot \left[\alpha_1 \cdot K^F(x_{1H}, x_{2L}) + k^V(x_{1H}, x_{2L}) \cdot x_{1H} \right] + \phi_{2H} \cdot \left[\alpha_1 \cdot K^F(x_{1H}, x_{2H}) + k^V(x_{1H}, x_{2H}) \cdot x_{1H} \right]$$

$$\leq \phi_{2L} \cdot \left[\alpha_1 \cdot K^F(x_{1L}, x_{2L}) + k^V(x_{1L}, x_{2L}) \cdot x_{1H} \right] + \phi_{2H} \cdot \left[\alpha_1 \cdot K^F(x_{1L}, x_{2H}) + k^V(x_{1L}, x_{2H}) \cdot x_{1H} \right]$$

bzw

$$\frac{1}{2} \cdot (\alpha_1 \cdot 20 + 1 \cdot 4) + \frac{1}{2} \cdot (\alpha_1 \cdot 20 + 1 \cdot 4) \leq \frac{1}{2} \cdot (\alpha_1 \cdot 10 + 2 \cdot 4) + \frac{1}{2} \cdot (\alpha_1 \cdot 20 + 1 \cdot 4)$$

Daraus folgt $\alpha_1 \leq 0,4$. Wahrheitsgetreue Informationsweitergabe durch Bereich 1 wird also durch $0,1 \leq \alpha_1 \leq 0,4$ gesichert. Voraussetzung ist, wie gesagt, daß auch Bereich 2 wahrheitsgetreu berichtet.

Für Bereich 2 müssen ebenfalls Grenzen für α_2 ermittelt werden; diese ergeben sich auf analoge Art zu $0{,}8 \leq \alpha_2 \leq 1$. Aufgrund von Bedingung (34) gilt $\alpha_2 = 1 - \alpha_1$, und es ergibt sich ein Rahmen für α_1 von

$$0{,}1 \leq \alpha_1 \leq 0{,}2$$

der sicherstellt, daß beide Bereiche wahrheitsgetreu berichten. Eine solche Kostenallokation sichert also eine richtige Verfahrenswahl durch den Zentralbereich sowie nachfolgend unverzerrte Kosten für die operativen Entscheidungen der Bereiche (die im Beispiel nicht modelliert wurden).

Diese Kostenallokation ist eine Art **zweistufiges Verrechnungspreisschema**, das zunächst einen Anteil an den Fixkosten und anschließend die tatsächliche Nutzung mit variablen Kosten weiterverrechnet. Häufig wird der Anteil an den Fixkosten dabei als Reservierung des betreffenden Anteils an der Kapazität betrachtet. Dies ist im obigen Modell nicht so: Die Fixkosten werden nach einem vorab festgelegten Prozentsatz und *unabhängig* von der geplanten (und hier auch tatsächlichen) Inanspruchnahme verteilt. Fragt Bereich 1 beispielsweise $x_{1H} = 4$ und Bereich 2 $x_{2L} = 8$ nach, so erscheint etwa eine Aufteilung der Fixkosten mit 10 % für Bereich 1 und 90 % für Bereich 2 nicht fair. Fairness spielt in diesem Modell allerdings auch keine Rolle.

Im Beispiel mit x_{1H} und x_{2L} könnte der Anteil der Fixkosten auf höchstens 20 % für Bereich 1 und 80 % für Bereich 2 gesetzt werden, nicht aber – was als fair erachtet werden könnte –, auf 33 % bzw 67 %. Denn in diesem Fall würde Bereich 2 einen Anreiz erhalten, $x_{2H} = 10$ zu berichten, wenn er tatsächlich $x_{2L} = 8$ nachfragen wird.

Dieses Modell zeigt, daß auch die **Allokation von Fixkosten ökonomisch Sinn** machen kann. Sie dient dazu, bessere Information über die Verfahrenswahl oder über die Kapazitätsdimensionierung zu erhalten. Völlig analog zur Diskussion des *Profit Sharing* im 9. Kapitel: *Investitionscontrolling* können allerdings andere *Nash*-Gleichgewichte bestehen, in denen beide Bereiche die Unwahrheit berichten.[41]

Das Modell basiert auf sehr vielen **vereinfachenden Annahmen**. So muß der Zentralbereich sämtliche *a priori* Informationen besitzen; dafür wäre eine relativ genaue Kenntnis der Situation der Bereiche nötig. Das Modell betrachtet des weiteren nur eine Periode. Die Kapazitätsdimensionierung ist aber meist eine langfristige Entscheidung, sie legt die Kostenfunktion für mehrere Perioden fest. Eine mehrperiodige Analyse wäre dazu erforderlich.

In diesem Modell wäre es leicht möglich, im nachhinein die tatsächlich nachgefragten Mengen der beiden Bereiche zu deren Beurteilung zu verwenden. Entsprechen diese nicht der Ankündigung, wurde der jeweilige Bereich bei einer falschen Berichterstattung ertappt. Um diese Mög-

---

[41] Angenommen, $\alpha_1 = 0{,}1$. Dann gibt es ein *Nash*-Gleichgewicht, in dem Bereich 1 immer $\hat{x}_1 = 4$ und Bereich 2 immer $\hat{x}_2 = 8$ ankündigt. Damit wird immer Verfahren 2 mit Kosten von $20 + x$ gewählt. Bereich 2 kann diese Wahl nicht verändern, indem er $\hat{x}_2 = 10$ berichtet; und Bereich 1 ist indifferent zwischen $\hat{x}_1 = 1$ und $\hat{x}_1 = 4$, denn seine Kosten betragen im Fall $x_1 = 1$ $0{,}1 \cdot 20 + 1 \cdot 1 = 0{,}1 \cdot 10 + 2 \cdot 1$.

lichkeit auszuschließen, müßte man die Annahme setzen, daß die Bereiche nur Erwartungen über ihre Nachfrage besitzen und ihre tatsächliche Nachfrage auf neue Information stützen.

Ein Problem mit dem Modell besteht darin, daß die *optimalen* Anteile α_1 und α_2 an den Fixkosten sich nicht unbedingt auf 100 Prozent ergänzen müssen. Die Bedingung, daß *genau* **100 Prozent der Kosten** aufgeteilt werden, ist an sich unüblich in der Kostenrechnung – man denke nur an kalkulatorische Abschreibungen: Diese werden jede Periode mit dem aus Sicht der betreffenden Periode am ehesten gerechtfertigten Betrag angesetzt, gleichgültig, wie hoch die Abschreibung in früheren Perioden war.

Die Folge dieser Bedingung ist, daß ein Bereich die ihm zugerechneten Kosten oftmals erst im nachhinein erfährt (nämlich dann, wenn die ihm zugerechneten Kosten von der Nachfrage anderer Bereiche abhängen). Sieht man von Unwirtschaftlichkeiten ab, die durch die Verrechnung von Standardkosten anstelle von Istkosten rechentechnisch aus den Kostenallokationen herausgehalten werden können, ist dies eine unbefriedigende Situation für die Bereiche, die ja auch die zugerechneten Kosten für ihre operativen Entscheidungen benötigen. Auf der anderen Seite wird bisweilen argumentiert, daß auch die Allokation von Kosten, die von Unwirtschaftlichkeiten stammen, einen Nutzen bringt: Die beziehenden Bereiche würden nämlich motiviert, dem zentralen Bereich „auf die Finger zu schauen" oder dies zumindest bei der Unternehmensleitung anzuregen.[42]

Eine mögliche Erklärung für den **Sinn dieser Bedingung** ist es, daß die Bereiche auf diese Weise daran **gehindert** werden können, **Absprachen** zu treffen, die für ihre Bereiche günstig sind, das Unternehmen jedoch insgesamt schädigen. Denn die Aufteilung der ganzen Kosten hat zur Folge, daß im Fall, daß einem Bereich weniger Kosten zugerechnet werden, (mindestens) einem anderen Bereich mehr Kosten zugerechnet werden müssen. Dadurch verliert ein Bereich vielleicht den Anreiz, zugunsten eines anderen Bereiches zu agieren.[43] Die Kostenallokation besitzt auf diese Weise Koordinationsfunktion.

6. Zusammenfassung

Verrechnungspreise erfüllen als **Hauptfunktionen** die **Koordination** des Managements und die **Erfolgsermittlung** von dezentralen Einheiten des Unternehmens. Sie sind also ein Instrument im Rahmen dieser **Unternehmensorganisation** und müssen mit den anderen Instrumenten (zB Bezugs- und Lieferbeschränkungen) gemeinsam gesehen werden.

Verrechnungspreise sind nötig, um trotz **Interdependenzen** unter den Bereichen (insbesondere gegenseitige Leistungsbeziehungen) gesonderte **Bereichsgewinne** ermitteln zu können, die zur Beurteilung der Profitabilität der Bereiche und der Tätigkeit des Bereichsmanagements herangezogen werden. **Marktorientierte Verrechnungspreise** eignen sich dort, wo es einen (nahezu) vollkommenen Markt für

---

[42]   Vgl zB *Anthony, Dearden* und *Govindarajan* (1992), S. 184.

[43]   Vgl zB *Rajan* (1992a, 1992b).

die interne Leistung gibt, wenn nur geringe Synergieeffekte bestehen oder das Volumen der internen Leistungstransfers relativ geringfügig ist. Die Bereiche agieren so, als ob sie selbständige Unternehmen wären.

In den meisten Fällen werden in der Praxis **kostenorientierte Verrechnungspreise** verwendet. Verrechnungspreise auf **Grenzkostenbasis** erfüllen die Koordinationsfunktion bei kurzfristigen Entscheidungen unter bestimmten Umständen sehr gut; zur Beurteilung der Bereiche sind sie jedoch nicht geeignet, weil sie den leistenden Bereich idR benachteiligen. Verrechnungspreise auf **Vollkostenbasis** können bei langfristig bindenden Entscheidungen eine gute **Approximation** für die entscheidungsrelevanten Kosten darstellen. Sie führen jedoch bei kurzfristigen Entscheidungen typischerweise zu Fehlentscheidungen, insbesondere wenn sie einen Gewinnaufschlag enthalten. Eine Spezialform von Verrechnungspreisen auf Vollkostenbasis sind **zweistufige Verrechnungspreise**. Dabei werden laufende Leistungen auf Grenzkostenbasis abgerechnet, und für die Bereitstellung der Kapazität wird ein bestimmter fixer Betrag pro Zeit verrechnet. **Vollkosten plus Gewinnaufschlag** als Verrechnungspreis haben negative Effekte auf etliche Entscheidungen, können aber auch günstig sein, wenn die Produktivität eines Bereichs nicht bekannt ist.

Duale Verrechnungspreise legen für leistenden und beziehenden Bereich unterschiedliche Verrechnungspreise fest. Sie stoßen in der Praxis auf wenig Akzeptanz, weil die Summe der Bereichsgewinne höher ist als der Gesamtgewinn des Unternehmens. Sämtliche kostenorientierte Verrechnungspreise führen bei asymmetrisch verteilter Information potentiell zu **Anreizen**, bewußt verzerrte Kosteninformationen zu geben und damit Fehlentscheidungen aus Sicht des Gesamtunternehmens zu bewirken.

Verhandelte Verrechnungspreise unter den Bereichen beinhalten die größtmögliche Autonomie der Bereichsmanager mit potentiell positiven Motivationseffekten. Wenn die Bereiche gute Kenntnis der gegenseitigen Situationen besitzen, können sich bessere Entscheidungen ergeben, als wenn die Zentrale einen Verrechnungspreis vorschreibt. Die Verhandlungen können jedoch zu Konflikten im Unternehmen führen. Verrechnungspreise können zur **besseren Risikoteilung** verwendet werden, wenn sie nicht konstant, sondern abhängig von der sich ergebenden Umweltsituation gewählt werden.

Die Koordinationsfunktion von Verrechnungspreisen und Kostenallokationen kann wirksam zur **Verhaltenssteuerung** von Bereichsmanagern genutzt werden. Dazu muß der Verrechnungspreis strategisch gesetzt werden, oder Kostenallokationen müssen auf Basis ganz bestimmter Bezugsgrößen verrechnet werden. Verrechnungspreise ermöglichen auch Verpflichtungen zu bestimmten Strategien, die sonst kein Gleichgewicht bildeten.

Fragen

1. Inwiefern besteht zwischen den verschiedenen Funktionen von Verrechnungspreisen ein Zielkonflikt?

2. Unter welchen Umständen führt die Koordination durch den Markt *nicht* zum Gesamtoptimum?

3. Welchen Unterschied macht es, ob bei einem marktorientierten Verrechnungspreis Bezugs- bzw Lieferbeschränkungen gegenüber dem externen Markt für das Zwischenprodukt bestehen oder nicht?

4. Kann die Verwendung des Marktpreises als Verrechnungspreis zu willkürlichen Gewinnallokationen auf die betroffenen Bereiche führen?

5. Unter welchen Voraussetzungen führen die Grenzkosten als Verrechnungspreis zur optimalen Koordination?

6. Macht der liefernde Bereich bei Grenzkosten als Verrechnungspreis immer einen Verlust, und wenn ja, wie könnte man den Verrechnungspreis modifizieren, damit dies ausgeschlossen wird?

7. Aus welchem Grunde bewirkt ein duales Verrechnungspreissystem optimale Koordination? Kann es für einen Bereich günstig sein, seine Informationen zu verzerren, und wenn ja, in welche Richtung?

8. Verrechnungspreise, die von den beteiligten Bereichen verhandelt werden, sind tendenziell konfliktträchtig. Ein Unternehmen legt folgende Schlichtungsprozedur fest: Wenn sich die Bereiche nicht innerhalb angemessener Zeit einigen, wird der Verrechnungspreis vom Konzerncontroller mit Vollkosten plus 3% Gewinnaufschlag vorgeschrieben. Welche Auswirkung hat dies auf die Verhandlung der Bereiche?

9. Kann die Zentrale die Bereiche dazu bringen, daß diese immer die Wahrheit sagen? Ist dies für den Fall, daß es möglich ist, günstiger oder ungünstiger für die Zentrale als eine Situation, in der die Bereiche verzerrte Informationen liefern können – und die Zentrale dies berücksichtigt?

10. Viele Unternehmen legen ein sogenanntes *last call*-Prinzip fest, wonach der liefernde Bereich zu den Konditionen eines Externen in ein Geschäft mit dem beziehenden Bereich einsteigen kann. Welche Vorteile und Nachteile hat ein solches Prinzip?

11. Welche Typen von Verrechnungspreisen können in einem Agency Modell abgeleitet werden?

12. Welche Vorteile und Nachteile besitzt eine Kostenschlüsselung nach dem Durchschnittsprinzip?

13. Wie könnte man die Allokation von Fixkosten auf Bereiche, die die Entscheidung über das Entstehen dieser Fixkosten nicht selbst treffen, ökonomisch begründen?

14. Welche Vorteile könnten Bereiche darin erkennen, wenn sie sich im Rahmen eines gegebenen Schemas der Kostenaufteilung absprechen?

15. Unter welchen Bedingungen und warum kann es günstig sein, einen Manager anzustellen und ihm einen über den Kosten liegenden Verrechnungspreis für den Bezug von internen Vorleistungen vorzugeben?

Probleme

1. *Hirshleifer*-**Modell.** Ein Unternehmen ist in drei Bereiche unterteilt: Bereich 1 erzeugt ein Zwischenprodukt und liefert es an Bereich 2. Dort wird es weiterverarbeitet und als Zwischenprodukt an Bereich 3 verkauft, wo aus diesem Zwischenprodukt ein vermarktbares Endprodukt hergestellt wird. Für die einzelnen Zwischenprodukte existiert kein Markt.

a) Ermitteln Sie die optimalen Verrechnungspreise, damit alle Bereiche dieselbe gewinnoptimale Menge aus Sicht des Gesamtunternehmens wählen. Als Informationen stehen der Zentrale die Kostenfunktionen der Bereiche und die Preis-Absatz-Funktion zur Verfügung:

Bereich 1: $K_1(x) = 20 + \dfrac{x^3}{6}$

Bereich 2: $K_2(x) = 60 + \dfrac{x^2}{2}$

Bereich 3: $K_3(x) = 45 + x^2$

Preis-Absatz-Funktion: $p(x) = 108 - \dfrac{x^2}{6}$

b) Bereich 2 antizipiert seine Verlustposition und entschließt sich, der Zentrale eine modifizierte Kostenfunktion bekanntzugeben. Ermitteln Sie die Auswirkungen für den Gewinn des Gesamtunternehmens und für die Gewinne der einzelnen Bereiche, wenn Bereich 2 die Funktion $\hat{K}_2(x) = 60 + x^2$ meldet.

c) Welche Auswirkungen auf den Gesamtgewinn ergeben sich, wenn Bereich 2 als modifizierte Kostenfunktion $\hat{K}_2(x) = 100 + \dfrac{x^2}{2}$ bekannt gibt?

2. **Duale Verrechnungspreise.** Bereich 1 erstellt ein Zwischenprodukt zu Kosten $K_1(x) = 40 + \dfrac{x^3}{6}$ und liefert es an Bereich 2, wo es zu Kosten $K_2(x) = 35 + x^2$ zu einem marktfähigen Produkt weiterverarbeitet wird. Für das Zwischenprodukt existiert kein Markt, die Preis-Absatz-Funktion für das Fertigprodukt lautet $p(x) = 82,295 - 0,05x$. Ermitteln Sie die dualen Verrechnungspreise, mit denen die Zentrale die aus der Sicht des Gesamtunternehmens gewinnoptimale Menge motivieren kann. Wie hoch sind die Bereichsgewinne bei Verwendung dualer Verrechnungspreise?

3. **Kostenallokationen.** In einem Unternehmen ist die EDV als zentrale Dienstleistung organisiert. Die Kosten der zentralen Leistungserstellung betragen 1.200; vereinfachend wird angenommen, es handelt sich nur um Fixkosten (Personalkosten, Abschreibungen). Gemäß Planung werden von zwei Bereichen verschiedene EDV-Leistungen bezogen, die im folgenden dargestellt sind:

Geplanter Bedarf	B1	B2	Kapazität
PC- und Software-Wartung	15	9	30
Internet-Zugang	15	3	30
Zentrales Bestellwesen	6	5	12

Würde jeder Bereich seine eigene EDV installieren oder die Leistung von außen zukaufen, verursachte dies im Bereich B1 Kosten von etwa 1.000 und im Bereich B2 von etwa 500. Die Bereichserfolge vor Ansatz der EDV-Kosten der beiden Bereiche betragen für B1 2.000 und für B2 1.600. Wie hoch sind die Bereichserfolge nach Ansatz der EDV-Kosten?

4. **Kostenallokationen.** Ein Produktionsprozeß verursacht Kosten für die produzierte Menge x von $K(x) = \sqrt{x}$. Das Unternehmen besteht aus einem leistenden Bereich (mit 0 indexiert) und drei beziehenden Bereichen, B_1, B_2 und B_3. Sie beziehen die Mengen $x_1 = 3$, $x_2 = 5$ und $x_3 = 2$. Die Gesamtkosten sind $K_0 = \sqrt{10} = 3,162$ (gerundet).

a) Wie hoch ist der Kostenvorteil durch Zentralisierung der Leistungserstellung?

b) Was sollte jedem Bereich mindestens und was höchstens zugerechnet werden?

c) Wie sollen die Kosten $K_0 = 3,162$ auf die drei Bereiche aufgeteilt werden?

5. **Vollkostenallokation.**[44] Borel fertigt verschiedenste Kunststoff-Kinderspiel-
waren, die durch einen kleinen Elektromotor angetrieben werden. Die Elektromotoren werden von Bereich A gefertigt, Bereich B ist auf kleine Eisenbahnen spezialisiert, die in Spritzgußtechnik hergestellt werden, B baut auch die Motoren in die
Spielwaren ein und verkauft sie schließlich. Die variablen Kosten von Bereich B
sind für die Eisenbahnen mit durchschnittlich 100 mehr oder weniger konstant, die
Fixkosten betragen 34.000 pro Monat. Derzeit werden rund 4.000 Eisenbahnen pro
Monat zu einem Durchschnittspreis von je 200 abgesetzt. Die Kosten der Elektromotoren in Bereich A werden generell monatlich zu Vollkosten an die nachfragenden
Bereiche weiterverrechnet. Die (monatliche) Kostenfunktion lautet

$$K = 100.000 + 50x$$

Neben Bereich B benötigt auch noch Bereich C Elektromotoren. Dessen Bedarf
unterliegt jedoch starken Schwankungen, die letzten Schätzungen sprechen von
2.000 oder 6.000 Stück, mit jeweils gleicher Wahrscheinlichkeit.

Nun wird Bereich B ein Zusatzauftrag von 2.000 Eisenbahnen zu einem Sonder-
preis von 154,5 pro Stück angeboten.

a) Angenommen, Bereich B ist an einer Maximierung des Bereichsgewinnes interessiert. Soll er den Zusatzauftrag annehmen oder nicht?

b) Der Bereichsmanager von B erhält für einen monatlichen Gewinn ab 100.000
einen Bonus. Hat dies Auswirkungen auf seine Entscheidung, den Zusatzauftrag
anzunehmen?

6. **Kostenallokationen und Kapazitätsplanung.**[45] Die *OX GmbH* ist in den letzten
Jahren stark gewachsen. Die Geschäftsleitung hat nun angeregt zu überlegen, ob
nicht ein Wirtschaftsjurist aufgenommen werden sollte, der die bis dahin an zwei
Rechtsanwaltsbüros vergebenen Beratungstätigkeiten intern leisten könnte. Dem
damit befaßten Controller Thomas Prad stehen folgende Daten zur Verfügung. Die
Rechtsanwaltsbüros verrechnen im Durchschnitt 200 pro Stunde. Der Wirtschaftsjurist samt einer Sekretärin würde vermutlich 200.000 pro Jahr an Kosten verursachen. Das Problem liegt darin, daß der Umfang der notwendigen Beratungsstunden
pro Jahr unsicher ist. Thomas Prad gewann aufgrund von Gesprächen den Eindruck,
daß die zwei Sparten der *OX GmbH* selbst sehr genau ihren Bedarf an Beratungsstunden wüßten, sie wollten sich ihm gegenüber allerdings nicht festlegen. Die
beiden Spartenmanager sind an der Maximierung ihres jeweiligen Spartengewinnes
interessiert. Thomas kommt aufgrund seiner eigenen Recherchen zu folgenden
Wahrscheinlichkeiten der Nutzung:

---

[44] Adaptiert aus *Magee* (1986), S. 338 f.
[45] Adaptiert aus *Magee* (1986), S. 341 f.

	400 Stunden	500 Stunden	600 Stunden
Sparte 1	50%	50%	–
Sparte 2	–	50%	50%

Der Controller Thomas Prad steht nun vor der Aufgabe zu bestimmen, ob die Schaffung einer juristischen Abteilung vorteilhaft ist oder nicht.

a) Basierend auf dem *ex ante* Informationsstand von Thomas, soll die Abteilung geschaffen werden oder nicht?

b) Angenommen, Thomas möchte die beiden Sparten dazu bewegen, ihre tatsächliche Nutzung bekanntzugeben. Er macht dazu den beiden Spartenmanagern den Vorschlag, daß die interne Beratungsleistung kostenlos zur Verfügung stünde. Was werden die Spartenmanager angeben, und wie wird die Entscheidung über die Abteilung lauten?

c) Was würde geschehen, wenn Thomas den Vorschlag unterbreitet, daß die Sparten die 200.000 an Kosten nach dem von ihnen angegebenen Bedarf zugerechnet erhalten?

d) Was würde geschehen, wenn der Vorschlag wie folgt lautet: Jede Sparte gibt ihren Bedarf an Beratungsstunden bekannt, und nur dann, wenn die Summe größer oder gleich 1.000 ist, wird die juristische Abteilung eingerichtet, wobei Sparte 1 40% und Sparte 2 60% der Kosten zugerechnet erhält.

7. Wahrheitsgetreue Informationsweitergabe bei Kostenallokationen.[46] Die ABF Elektronik GmbH besteht aus vier Divisionen und einer zentralen Forschungs- und Entwicklungsabteilung (F&E-Abteilung), die Auftragsforschung für alle Divisionen betreibt. Zu Jahresbeginn schätzen die Divisionen die Stunden für Forschung, die sie nachfragen werden. Jede Division wird daraufhin mit dem Anteil an den budgetierten Gemeinkosten der F&E-Abteilung belastet, der sich aus der geschätzten Nachfrage im Verhältnis zur geschätzten Nachfrage aller Divisionen ergibt. Kostenabweichungen werden von der F&E-Abteilung getragen. Des weiteren bezahlt jede Division 100 pro Stunde für Forschung und die Istkosten für Material, das für den Auftrag benötigt wird.

Anita Fellner ist Controller der Division D1. D1 wurde in den ersten neun Monaten mit 12.597.000 für Auftragsforschung von der F&E-Abteilung belastet, die sich wie folgt zusammensetzen:

Stunden für Forschung	2.564.000
Direkte Materialkosten	2.883.000
Gemeinkostenabgeltung (22% von 32.500.000)	7.150.000

Anita soll nun das Budget für das nächste Jahr erstellen. Sie schätzt einen Bedarf an 30.000 Stunden für Forschung auf Basis von Interviews mit den Managern von D1

---

[46] Adaptiert aus *Horngren, Foster* und *Datar* (1997), S. 506.

und einem Strategiepapier, das kürzlich in einer Klausur beschlossen wurde. Dr. Heribert Feldstein, der neue Geschäftsführer von D1, ist mit den 30.000 Stunden gar nicht zufrieden. Anita ist erstaunt: „Aber Heribert, Sie waren doch mit bei der Klausur, in der wir die 30.000 Stunden beschlossen haben." Darauf meint Feldstein: „Ich war dort, aber 'beschlossen' wurde das nicht, allenfalls geplant. Hören Sie, ich habe nichts dagegen, wenn Sie die 30.000 Stunden für unsere interne Planung und Budgetierung verwenden. Gegenüber der F&E-Abteilung sollten Sie aber eher 25.000 Stunden angeben." „Aber ..." Feldstein unterbricht: „Kein aber, Anita. Jeder macht seine Spiele in diesem Unternehmen. Das ist die dritte Division der ABF, für die ich gearbeitet habe. Und ich weiß, daß alle die geplanten Stunden für Forschung zu niedrig angeben, und zwar jedes Jahr wieder. Etwas anderes zu tun, wäre naiv." Anita faßt sich: „Lassen Sie mir Zeit, ich muß darüber nachdenken." Und Feldstein schließt das Gespräch mit den Worten: „Denken Sie nicht zu lange darüber nach. Ich möchte, daß die Mitarbeiter meines Teams auch Teamspieler sind. Die Frage ist letztlich die, Anita, ob Sie weiter in meinem Team arbeiten wollen oder nicht."

a) Warum möchte Feldstein Anita dazu bringen, nur 25.000 anstelle der geplanten 30.000 Stunden anzugeben?

b) Was könnte die F&E-Abteilung machen, um die Anreize der Divisionen zu verringern, zu geringe Stundenzahlen anzugeben?

c) Was sollte Anita machen?

Literaturempfehlungen

Allgemeine Literatur

Laux, H., und *F. Liermann: Grundlagen der Organisation,* 5. Auflage, Berlin et al. 2003.

Poensgen, O.H.: Geschäftsbereichsorganisation, Opladen 1973.

Spezielle Literatur

Eccles, R.G.: The Transfer Pricing Problem, Lexington, MA 1985.

Göx, R.F.: Strategische Transferpreispolitik im Dyopol, Wiesbaden 1999.

Pfaff, D., und *T. Pfeiffer:* Verrechnungspreise und ihre formaltheoretische Analyse: Zum State of the Art, in: *Die Betriebswirtschaft* 2004, S. 296 – 319.

Wagenhofer, A.: Verrechnungspreise zur Koordination bei Informationsasymmetrie, in: *K. Spremann* und *E. Zur* (Hrsg.): *Controlling – Grundlagen, Informationssysteme, Anwendungen,* Wiesbaden 1992, S. 637 – 656.

Anhang:
Berechnung der *second best*-Lösung der Verrechnungspreise bei Informationsasymmetrie

Sei zur Vereinfachung $R(x_\theta) = R_\theta$, $\theta = 1, 2$. Das Problem lautet dann

$$\max_R \frac{1}{2} \cdot \left(x_1 - R_1 \cdot x_1\right) + \frac{1}{2} \cdot \left(x_2 - R_2 \cdot x_2\right)$$

unter den Nebenbedingungen

$$R_1 \cdot x_1 - x_1^2 \geq R_2 \cdot x_2 - x_2^2 \tag{A1}$$

$$R_2 \cdot x_2 - \frac{x_2^2}{2} \geq R_1 \cdot x_1 - \frac{x_1^2}{2} \tag{A2}$$

$$R_1 \cdot x_1 - x_1^2 \geq 0 \tag{A3}$$

$$R_2 \cdot x_2 - \frac{x_2^2}{2} \geq 0 \tag{A4}$$

Zunächst ist erkennbar, daß (A2) und (A3) die Bedingung (A4) implizieren:

$$\underbrace{R_2 \cdot x_2 - \frac{x_2^2}{2} \geq R_1 \cdot x_1 - \frac{x_1^2}{2}}_{(A2)} \geq \underbrace{R_1 \cdot x_1 - x_1^2 \geq 0}_{(A3)}$$

Die *Lagrange*-Funktion LG lautet unter Weglassen von (A4), wobei λ, μ und $\xi \geq$ 0 die Multiplikatoren der Nebenbedingungen (A1), (A2) und (A3) bezeichnen:

$$LG = \frac{1}{2} \cdot \left(x_1 - R_1 \cdot x_1\right) + \frac{1}{2} \cdot \left(x_2 - R_2 \cdot x_2\right) + \lambda\left(R_1 \cdot x_1 - R_2 \cdot x_2 - x_1^2 + x_2^2\right) +$$

$$+ \mu \cdot \left(R_2 \cdot x_2 - R_1 \cdot x_1 - \frac{x_2^2}{2} + \frac{x_1^2}{2}\right) + \xi \cdot \left(R_1 \cdot x_1 - x_1^2\right)$$

$$\frac{\partial LG}{\partial R_1} = -\frac{1}{2} \cdot x_1 + \lambda \cdot x_1 - \mu \cdot x_1 + \xi \cdot x_1 = 0 \text{ bzw } \frac{1}{2} - \lambda + \mu - \xi = 0 \tag{A5}$$

$$\frac{\partial LG}{\partial R_2} = -\frac{1}{2} \cdot x_2 - \lambda \cdot x_2 + \mu \cdot x_2 = 0 \text{ bzw } \frac{1}{2} + \lambda - \mu = 0 \tag{A6}$$

falls $x_1, x_2 > 0$.

$$\frac{\partial LG}{\partial x_1} = \frac{1}{2} + R_1 \cdot \underbrace{\left(-\frac{1}{2} + \lambda - \mu + \xi\right)}_{=0 \text{ wegen (A5)}} + x_1 \cdot \left(-2\lambda + \mu - 2\xi\right) = 0 \tag{A7}$$

$$\frac{\partial LG}{\partial x_2} = \frac{1}{2} + \underbrace{R_2 \cdot \left(-\frac{1}{2} - \lambda + \mu\right)}_{=0 \text{ wegen (A6)}} + x_2 \cdot (2\lambda - \mu) = 0 \tag{A8}$$

Aus (A5) und (A6) folgt $\xi = 1$, dh die Bedingung (A3) bindet, und damit

$$R_1 \cdot x_1 - x_1^2 = 0 \ \ \text{bzw} \ R_1 = x_1$$

Aufgrund von (A6) muß $\mu > \lambda \geq 0$ gelten. Angenommen, sowohl $\lambda > 0$ als auch $\mu > 0$, dann folgt aus (A1) und (A2) $x_1 = x_2$; wegen (A7) und (A8) führt dies jedoch zu einem Widerspruch, da daraus $\mu = 0$ folgte. Damit verbleibt nur die Kombination $\mu > 0$ und $\lambda = 0$. Aus (A6) folgt damit $\mu = 1/2$, und eingesetzt in (A7) ergibt sich $x_1 = 1/3 = R_1$. Aus (A8) folgt $x_2 = 1$. Da weiter (A2) wegen $\mu > 0$ strikt als Gleichung gilt, folgt schließlich

$$R_2 = \frac{1}{2} + \frac{1}{18} = \frac{5}{9}.$$

Teil IV:

Systeme

12

Systeme der Kostenrechnung

Elisabeth Gruber sitzt gerade in der Cafeteria der Buscher Elektrotechnik GmbH und trinkt ihren üblichen kleinen Braunen nach dem Mittagessen in der Werkskantine. „Darf ich mich zu Dir setzen?" Sie schreckt auf und blickt Günther Wieser ins Auge. „Ja, ja, natürlich" ist ihre erste – und nachträglich gesehen auch richtige – Reaktion. Es hilft ihr immer, mit jemandem über ein Problem zu sprechen, in das sie gerade verbissen ist, und Günther ist als Finanzchef des Zweigwerkes in Demdorf wahrscheinlich für das Problem ohnedies am besten geeignet.

Elisabeth beginnt: „Du kommst gerade recht. Jetzt habe ich die ganze letzte Woche ein neues Buch über Unternehmensrechnung gelesen, Du weißt schon, eines dieser sogenannten 'Lehrbücher', über 600 Seiten stark." Stolz fügt sie hinzu: „Ich bin trotzdem fast bis zum Schluß gekommen. Da geht es um Entscheidungsprobleme, die mit der Kostenrechnung gelöst werden können, es geht um Kontrollprobleme und um Koordinationsprobleme, von denen wir", sie lächelt hintergründig, „... von denen wir eine ganze Menge im Betrieb haben. Ich glaube auch, daß ich eine ganze Menge an Ideen mitgenommen habe. Gestern dachte ich blauäugig, es sei Zeit, ein Problem einmal auf die im Buch propagierte Art anzugehen. Und jetzt kommt es:" Günther starrt in die dunkelbraunen Augen von Elisabeth: „Was?"

„Da steht alles so schön und einfach, man nehme die relevanten Kosten, bezeichne sie mit einem kleinen k, man nehme den Stückpreis, nenne ihn klein p; gut, man muß noch auf etliche Kleinigkeiten aufpassen, aber dann nimmt man diese Werte und setzt sie in eines der Modelle ein, löst es, und schon hat man die richtige Entscheidung." Günther weiß noch nicht ganz, worauf Elisabeth hinaus möchte, aber er hört ihr immer gerne zu: „Und?" Elisabeth seufzt: „Naja, dann bin ich zu Peter gegangen, Du weißt schon, von der Kostenrechnungsgarde, und wollte dieses p und k von ihm erfahren. Weißt Du, was er gesagt hat? – Gelacht hat er. Dann meinte er, welchen Preis ich denn haben möchte, den Basispreis, den Bruttopreis, den Preis ohne Erlösschmälerungen, nach Berücksichtigung von Korrekturen oder mit durchschnittlichen Ausfällen der Forderungen? Und dann wörtlich: 'Die relevanten Kosten mußt Du Dir schon selbst zusammensuchen. Von mir kannst Du Vollkosten oder variable Kosten haben, die vom letzten Monat, vom letzten Quartal oder vom letzten Jahr. Wozu brauchst Du denn das überhaupt?',"

Elisabeth nimmt einen Schluck Kaffee und fährt fort: „Beim Preis ist das kein Problem: natürlich wollte ich den Nettopreis, der uns tatsächlich verbleibt. Aber dann schaute ich mir die Kosten an, die mir Peter anbot, und war perplex. Was die in der Kostenrechnung tun, das ist schon ein starkes Stück: Dir brauche ich das ja ohnedies nicht zu erzählen, Günther, Du kennst das ja. Die leben in einer Scheinwelt: Sie gliedern die Kosten in fix und variabel – beziehungsweise, das sagen sie zumindest. Daß Fertigungslöhne variabel sein sollen, das verstehe ich noch immer nicht. Dann schlüsseln sie irgend welche Gemeinkosten über Kostenstellen auf Produkte und sind auch noch stolz auf ihre komischen Schlüssel. Aber was noch schlimmer ist, sie sagen einfach, alle Kosten seien linear; das lernt man ja schon im Kindergarten, daß das nicht der Fall ist." Jetzt ärgert sich Elisabeth wirklich.

Günther versucht, sie zu beruhigen: „Ich kann Dich schon verstehen. Du möchtest die für Dein Problem optimalen Informationen aufbereitet haben. Das Problem ist aber doch folgendes: Hast Du Dir einmal überlegt, wie viele Einzeldaten die in der Kostenrechnung täglich bekommen? Wenn da nur zwei Leute täglich kommen, die für ein Problem Sonderauswertungen haben wollen, das schaffen die doch gar nicht mehr." „Das mag schon sein," meint Elisabeth, „aber ich zerbreche mir den Kopf, wie man theoretisch richtige Entscheidungen trifft. Was nützt mir das beste Modell, wenn ich keine Daten dafür bekomme?"

„Noch etwas anderes, Elisabeth. Stell Dir vor, Du würdest alle Daten bekommen, die Du wolltest, ganz abgesehen davon, daß Du wahrscheinlich künftige Kosten und Erlöse brauchst. Dann kann ich mir nicht mehr vorstellen, daß Du überhaupt noch in der Lage bist, eines Deiner tollen Modelle zu rechnen. Ich kenne diese Modelle auch ein bißchen ..." Elisabeth horcht auf. „Du kannst ohnedies nicht alles berücksichtigen, und da glaube ich, reicht es aus, wenn die Daten ungefähr stimmen. Das ist noch immer besser als alle Daten zu haben, das kostet Geld, Du weißt, und dann stehst Du da und kannst ohnedies nichts damit anfangen."

„Jetzt sag einmal, Günther," fragt Elisabeth, „wozu lese ich dann das Ganze?" Darüber hat sich Günther schon einmal Gedanken gemacht. „Ich glaube, es geht mehr darum zu erkennen, auf was man alles aufpassen sollte, wenn man solche Probleme zu lösen hat. Es hilft einem, ein bißchen sensibel für Zusammenhänge zu werden, die sich bei simpler Anwendung von üblichen Lösungen ergeben können. Ach übrigens, hast Du schon einmal darüber nachgedacht, welche Anreize Du hast, wenn Du das Problem lösen möchtest, das Dir gerade vorschwebt? Und welche Anreize Peter haben könnte, wenn er Dich mit diesen Daten abspeisen möchte?" Dann schaut Günther auf seine Uhr. „Oje, ich muß weiter. War nett, wieder einmal mit Dir zu plaudern, auch wenn ich mir schönere Themen hätte vorstellen können. Auf Wiedersehen, Elisabeth."

Elisabeth trinkt ihren Kaffee aus. Sie denkt: Das Buch hat doch noch ein Kapitel, in dem es um Systeme der Kostenrechnung geht. Vielleicht findet sie da etwas zu dieser Frage. Da schießt ihr noch ein Gedanke durch den Kopf: Was macht Günther eigentlich heute hier? Den Chef hat sie am Vormittag auch so herumhetzen gesehen.

Ziele dieses Kapitels

- Darstellung der Prämissen der Grenzplankostenrechnung
- Aufzeigen der Vorgangsweise bei der Kostenplanung und Kostenverrechnung
- Kurze Erläuterung möglicher Arten von Erlösrechnungen und Ergebnisrechnungen
- Darstellung der Vorgehensweise der Prozeßkostenrechnung
- Vorstellung von Grundzügen der Relativen Einzelkosten- und Deckungsbeitragsrechnung

1. Einführung

In den bisherigen Kapiteln dieses Buches standen Fragen des Kosten- und Erlös-*managements* im Vordergrund. Es wurde vorwiegend eine **funktionale Analyse der Einsatzbedingungen** von Informationen aus Kosten- und Leistungsrechnungen durchgeführt, wobei die Funktionen der Entscheidungsvorbereitung, der Kontrolle und der Koordination betrachtet wurden. Damit sollte vor allem der **Anwendungsaspekt** von Kosten- und Leistungsinformationen betont werden. Diese Rechnungen werden nicht deshalb erstellt, weil man sich freut, daß man Zahlen aufs Papier schreiben oder in eine Datenverarbeitungsanlage eingeben kann, sondern weil man sie als Informationsinstrumente zur Unterstützung spezifischer Führungsaufgaben benötigt. Insofern ist der Gesichtspunkt der **Anwendung** im Rahmen verschiedener Funktionen als dominant anzusehen, und die hier gewählte Vorgangsweise folgt diesem Gedanken, weil die Einsatzbedingungen von Kosten- und Leistungsinformationen zuerst und in jeweils geschlossener Form präsentiert wurden.

Eine solche Vorgehensweise wird aber erst dann abgerundet, wenn die bislang ausgeklammerten Fragen der **reinen Kosten*rechnung*** ebenfalls angesprochen werden. In den bisherigen Analysen wurde stets die implizite Prämisse gesetzt, daß die für die Entscheidungs-, Kontroll- und Koordinationsrechnungen erforderlichen Basisinformationen, wie zB variable Kosten und Erlöse, vorhanden sind. Offen gelassen wurde dabei weitgehend das Problem, in welcher Weise derartige Basisdaten konkret berechnet werden können. Diese Frage ist deswegen wichtig, weil von der Qualität dieser Basisdaten letztlich auch die Qualität der „optimalen" Lösungen abhängt, die damit gefunden werden können. Das Schlußkapitel dieses Buches widmet sich daher den Problemen der Kosten*rechnung*.

Die ausführliche Behandlung aller in der Literatur vorgestellten Systeme würde jedoch den Rahmen dieses Buches sprengen, zumal schon die betreffenden Einzeldarstellungen in der Literatur außerordentlich umfangreich sind.[1] Die folgenden Ausführungen konzentrieren sich daher auf drei Grundtypen von Rechnungssystemen, die wegen ihrer Bedeutung in Theorie und Praxis einerseits und wegen ihrer verschiedenartigen Vorgehensweise andererseits besonders wichtig erscheinen.

Zunächst werden die Grundlagen der **Grenzplankostenrechnung** behandelt. Dieses System kann als Prototyp eines Rechnungssystems zur Ermittlung proportionaler Stückkosten von Produkten angesehen werden.[2] Wegen der starken Berücksichtigung von Anwendungsaspekten ist es in der Praxis verbreitet; zudem weist es eine gewisse Nähe zur neuerdings propagierten Prozeßkostenrechnung auf, die hinsichtlich der Anwendungsaspekte bereits im 6. Kapitel: *Kostenmanagement* behandelt wurde und deren Technik im Anschluß an die Grenzplankostenrechnung

---

[1]   Vgl zB *Bungenstock* (1995), *Kilger, Pampel* und *Vikas* (2002); *Schweitzer* und *Küpper* (2003).

[2]   Siehe zu einer kompakten Übersicht dieses Systems auch *Kloock* und *Schiller* (1997).

dargestellt wird. Anschließend wird als Alternative die **Relative Einzelkosten- und Deckungsbeitragsrechnung** in ihren Grundzügen vorgestellt.[3]

Insgesamt soll dieses Kapitel zeigen, daß Größen wie Grenzkosten bzw variable Stückkosten, Prozeßkosten, aber auch Erlöse eine Fülle von Annahmen und Rechenschritten beinhalten. Sie sind daher nicht so unproblematisch, wie es auf den ersten Blick erscheinen könnte. Aus praktischer Sicht können in der Kostenrechnung zB **Meßfehler** bei der Ermittlung von Kosten und **Zuordnungsfehler** der Kosten in Kostenstellen auftreten. Aus theoretischer Sicht sind in Mehrproduktunternehmen **Durchschnittskosten** eines Produkts idR gar nicht mehr definiert, weil bei der Produktion **Synergien** auftreten. Und auch die **Genauigkeit** der Ermittlung der Grenzkosten der erzeugten Produkte steigt nicht unbedingt in der Anzahl der Kostenbezugsgrößen bzw Kostentreiber.[4] **Anreizprobleme** bei der Kostenermittlung und Kostenverursachung werden ebenfalls ausgeblendet.[5] Diese Punkte sollten bei der Interpretation „optimaler" Lösungen von Entscheidungskalkülen beachtet werden.

Empirische Ergebnisse

Im folgenden sind Ergebnisse einiger empirischer Erhebungen über die Anwendung von Systemen der Kostenrechnung in der Praxis aufgelistet. Die Tabelle basiert auf der Darstellung in *Schweitzer* und *Küpper* (2003), S. 557. Bei der Interpretation und dem Vergleich solcher Ergebnisse ist Vorsicht geboten. Es unterscheiden sich nicht nur die Stichproben, sondern auch die Art der Fragestellung. Meist sind auch die Angaben der Unternehmen nicht direkt nachprüfbar.

Untersuchung Kostenrechnungssystem	*Marner* (1980)	*Frost/* *Meyer* (1981)	*Küpper* (1983)	*Küpper/* *Hoffmann* (1988)	*Lange/* *Schauer* (1996)
Istkostenrechnung		87,0%	52,6%	43,7%	47,6%
Normalkostenrechnung		6,7%	17,0%		15,4%
Reine Teilkostenrechnung	62,5%	10,7%			8,4%
Kombinierte Voll- und Teilkostenrechnung	28,6%	51,3%	38,5%	55,2%	31,5%
Plankostenrechnung		57,6%	32,6%	56,8%	42,9%
Grenzplankostenrechnung			17,8%	18,6%	
Einstufige Deckungsbeitragsrechnung	12,5%	9,8%	9,6%	11,5%	41,4%
Mehrstufige Deckungsbeitragsrechnung	56,3%	25,0%	51,9%	33,9%	58,6%
Relative Einzelkostenrechnung	18,8%				

---

[3]   Siehe zu einer instruktiven Beschreibung dieses Systems auch *Weber* und *Weißenberger* (1997).

[4]   Vgl dazu *Christensen* und *Demski* (1997).

[5]   So kann im Fall unterschiedlicher Märkte für Produkte eines Unternehmens (zB Istkostenerstattung für ein Produkt wie etwa im Nonprofit-Bereich oder bei Forschung) eine Verzerrung der Inputfaktoren und Inkaufnahme einer Produktionsineffizienz vorteilhaft sein, weil sie die Bezugsgrößenwerte zwischen den Produkten verschiebt. Vgl *Christensen* und *Demski* (2003).

2. Grenzplankostenrechnung

2.1. Grundlagen und Überblick

Die Grenzplankostenrechnung (GPKR) basiert auf dem **verbrauchsorientierten Kostenbegriff**, der bereits im 2. Kapitel: *Die Kosten- und Leistungsrechnung als Entscheidungsrechnung* als Konzeption III eingeführt wurde. Danach sind Kosten als bewertete, sachzielbezogene Güterverbräuche eines Unternehmens in einer Periode aufzufassen. Die GPKR besteht im wesentlichen aus zwei Bereichen, der Kostenplanung und der Kostenkontrolle. Im Rahmen der Kosten*planung* handelt es sich um eine künftige Periode (zB die nächste Saison, das nächste Jahr), für die Kosten zum Zwecke der **Entscheidungsfindung** und als Sollgrößen für die **Kontrolle** zu planen sind. Bei der **Kostenkontrolle** werden die geplanten Werte den tatsächlich realisierten Werten (Istwerte) gegenübergestellt. Da die Kostenkontrolle bereits ausführlich im 7. Kapitel: *Kontrollrechnungen* behandelt wurde, liegt der Schwerpunkt dieses Abschnittes auf der Vorgangsweise bei der Planung.

Weil mit der GPKR Entscheidungen fundiert werden sollen, spielt der Grundsatz der **Entscheidungsrelevanz** von Kosten eine große Rolle. Einer Größe (Bezugsgröße), deren optimale Ausprägung bestimmt werden soll, sind demnach nur diejenigen Kosten zuzurechnen, die mit ihrer Höhe variieren. Hinsichtlich dieser variablen Kosten werden in der GPKR **lineare Kostenverläufe** unterstellt, so daß Kostenabhängigkeiten grundsätzlich wie folgt gesehen werden:

$$K = K^F + k \cdot b \qquad\qquad (1)$$

Dabei bedeuten:
b .... Bezugsgröße (zB Fertigungsstunden, Stückzahlen)
k .... variable Kosten je Bezugsgrößeneinheit (variable Stückkosten bei b als Beschäftigung)
K^F .... fixe Kosten
K .... Gesamtkosten (eines Bezugsobjektes).

Der **Kostensatz** k je Bezugsgrößeneinheit ist in der GPKR einerseits der für die Entscheidungsfindung maßgebliche Kostensatz; andererseits spielt er auch für Kontrollüberlegungen eine Rolle. Der konkrete Wert der Bezugsgröße am Periodenende kann ja von dem anfangs geplanten Wert abweichen; will man die Sollkosten für den *ex post* eingetretenen Bezugsgrößenwert ermitteln, benötigt man Vorstellungen über die Abhängigkeit der Kosten von der Bezugsgröße, und diese Beziehungen werden durch (1) festgelegt.

Die **Ermittlung der Stückkostensätze** k stellt eine Kernaufgabe dieses Kostenrechnungssystems dar. Weil bei linearen Kostenfunktionen die variablen Stückkosten gleich den bezugsgrößenspezifischen Grenzkosten sind, wird die Bezeichnung *Grenzplankostenrechnung* verständlich. Es sollen für vielfältige Variablen (gemessen durch die Bezugsgrößen) Grenzkostensätze berechnet werden, die anschließend im Rahmen unterschiedlichster Entscheidungskalküle Verwendung finden können. Wegen der unterstellten Linearität sind dabei vor allem Kalküle auf Basis der Linearen Programmierung angesprochen, die insbesondere im 3. Kapitel: *Produktionsprogrammentscheidungen* und im 4. Kapitel: *Preisentscheidungen* vorgestellt werden. Bei Kontrollüberlegungen ist darüber hinaus die Zusammensetzung der Kostensätze *k* wichtig. Sie bestehen aus Verbrauchs- und Preiskomponenten verschiedener Produktionsfaktoren, und diese Aufspaltung dient als Grundlage für Abweichungsanalysen, deren Gestaltung im 7. Kapitel: *Kontrollrechnungen* besprochen wird.

Prämissen

Ausgehend von dieser grundlegenden Einordnung basiert die GPKR allgemein auf Prämissen, die im wesentlichen zur Aufgabe haben, die **Komplexität** der tatsächlichen Verhältnisse so zu reduzieren, daß die Kostenrechnung „bewältigbar" wird, ohne zu einem völlig falschen Bild dieser Verhältnisse zu führen. Es sind dies:[6]

1. Die Kosten werden **deterministisch** geplant, so daß in die Kostenplanung keine Risikoüberlegungen eingehen.

2. Der Kostenplanung werden **feste Verrechnungspreise** bzw. **gegebene Wertkomponenten** zugrunde gelegt. Diese Annahme hängt eng mit der vorherigen zusammen. Ohne ein fest vorgegebenes Preissystem könnte man nämlich nicht mehr von deterministischen Kosten ausgehen.

3. Die **Beschäftigung** des Unternehmens ist variabel und stellt die **maßgebliche Kosteneinflußgröße** dar. Die Einflußgrößen der Verfahrensplanung werden gemeinsam mit der Beschäftigung erfaßt. Andere Kosteneinflußgrößen (zB Losgrößen, Bedienungsrelationen oder Sortenschaltungen) werden meist als gegeben angenommen und nicht gesondert ausgewiesen.[7]

4. Die Plankosten lassen sich **eindeutig** in **proportionale** und **fixe** Bestandteile hinsichtlich der betrachteten Bezugsgröße (insbesondere der Beschäftigung) trennen. Wäre dies nicht so, könnte eine Kostenfunktion gemäß (1) nicht aufgestellt werden.

5. Für alle Entscheidungsvariablen werden nur **Teilkosten** als beschäftigungsproportionale Kosten angesetzt.

Die obigen Prämissen sind gewissermaßen der Kern der GPKR, und eine Kritik an diesem Kostenrechnungssystem kann deshalb nur an diesen Prämissen ansetzen. Die Prämissen heben die **Beschäftigung** als dominante Kosteneinflußgröße und Entscheidungsvariable heraus. Die Beschäftigung wird aber letztlich durch eine Vielzahl von Einflußgrößen beschrieben, die von der art- und mengenmäßigen Zusammensetzung des Produktionsprogramms einschließlich der Verfahrenswahl abhängen.

---

[6]   Vgl ähnlich auch *Riebel* (1994), S. 362; *Kloock, Sieben* und *Schildbach* (1999), S. 223 f.

[7]   Diese Sachverhalte werden im Rahmen der folgenden Darstellung noch deutlich werden.

Angesichts der im 5. Kapitel: *Entscheidungsrechnungen bei Unsicherheit* aufgezeigten Beziehungen hängt der in Prämisse 1 angesprochene deterministische Kostenansatz eng mit der Annahme 5 zusammen, wonach die variablen bzw beschäftigungsproportionalen Kosten als die einzig entscheidungsrelevanten Kosten angesehen werden. Andernfalls müßte nämlich bedacht werden, daß auch Fixkosten entscheidungsrelevant sein können. Allerdings ist dieser Sachverhalt nur insofern bedeutsam, als er eine Einbeziehung der **Fixkosten als Block** erfordert; dagegen spielt er für die Berechnung variabler Stückkosten keine Rolle. Diese müßten bei Risiko jedoch unter Berücksichtigung nicht deterministischer Faktorpreise und Faktorverbräuche geplant werden.

Ausspruch[8]

„... wurden inzwischen ganze Generationen junger, hoffnungsvoller Betriebswirte von ihren Vorständen ausgeschickt, die Kosten in fixe und variable Anteile aufzuspalten. Grundehrliche und gewissenhafte Menschen kamen mit leeren Händen zurück und verloren wegen Untauglichkeit ihren Job. Andere gehorchten der Not und abstrahierten, klammerten Kosteneinflüsse aus, normalisierten, bildeten Durchschnittswerte und taten vieles andere mehr – kurz, sie traktierten widerspenstige Kostenarten so lange mit Vereinfachungen und Fiktionen, bis sie proportionalisierte Kosten je Enderzeugnis oder Kostenträger und meist einen großen Block fixer Gemeinkosten vorweisen konnten. Vielleicht handelte es sich bei den variablen Kosten sogar um die modernste Variante der 'Grenzplankosten'."

Die Konzentration auf die Beschäftigung spiegelt sich auch in der Vorgehensweise der Kostenplanung wider. Die Planung der Kosten wird nach **Einzel- und Gemeinkosten bezogen auf die Produkte** getrennt. Die Einzelkosten lassen sich den Produkten nach Maßgabe des **Verursachungs-** oder **Einwirkungsprinzips** unmittelbar zurechnen und werden auch produktbezogen geplant. Dagegen scheitert bei den Gemeinkosten eine solche unmittelbare Zurechnung; sie werden daher für einzelne **Kostenstellen** geplant und somit indirekt den Produkten zugerechnet, soweit es sich um variable Produktgemeinkosten handelt. Diese, den Endprodukten über die Kostenstellen zugerechneten Produktgemeinkosten werden nachfolgend als **Kostenstellenkosten** bezeichnet.[9] Auf der Grundlage dieser Differenzierung läßt sich der Ablauf der Kostenplanung bei der GPKR grob wie in Abbildung 1 angeben.

Obwohl die GPKR vorwiegend nur die variablen Kosten den Endprodukten zurechnet, läßt sich der Ablauf grundsätzlich auch um Fixkosten ergänzen, falls dies für bestimmte Zwecke (zB Preisermittlung bei öffentlichen Aufträgen, Bewertung von Erzeugnissen für die Bilanz) erforderlich sein sollte. Insofern kann parallel zur angestrebten Teilkostenkalkulation stets auch eine Kalkulation mit Vollkosten durchgeführt werden. Die folgenden Ausführungen beschränken sich aber auf die *Grenz*plankosten. Auf Basis der Abfolge aus Abbildung 1 werden die wichtigsten

---

[8]   *Laßmann* (1973), S. 5 f.
[9]   So auch *Kilger, Pampel* und *Vikas* (2002), S. 181.

Aspekte der Berechnung solcher Grenzplankosten erläutert,[10] wobei der Schwerpunkt auf der Planung der Kostenstellenkosten liegt.

Abb. 1: Ablauf der Kostenplanung

2.2. Bestimmung von Planpreisen

Gemäß dem verbrauchsorientierten Kostenbegriff lassen sich **Kosten** als

$$\text{sachzielbezogener Planverbrauch} \times \text{Planwertansatz} \qquad (2)$$

schreiben. Bei einer pagatorischen Betrachtung sind die Wertansätze aus den künftig zu zahlenden Beschaffungspreisen für die einzelnen Produktionsfaktoren abzuleiten. Als Ausgangspunkt der Kostenplanung müssen daher Planpreise für die verschiedenen Faktoren bestimmt werden.

Im Rahmen der Ermittlung dieser Planpreise sind verschiedene Probleme zu lösen. Zunächst ist die **Zeitspanne** festzulegen, für die Planpreise zu bestimmen sind. Weil die Kostendaten in späteren Entscheidungskalkülen verwendet werden, sollte diese Zeitspanne allgemein mit der Länge der Planungsperiode übereinstimmen, für die Entscheidungen zu treffen sind. Diese Periodenlänge wird sich von Geschäftszweig

---

[10] Für eine umfassende Darstellung der *GPKR* sei auf das diesbezügliche Standardwerk von *Kilger, Pampel* und *Vikas* (2002) verwiesen. Dort werden auch vielfältige Spezialprobleme und praktische Fälle anhand umfangreicher Beispiele erläutert. Ausführliche Darstellungen der *GPKR* finden sich ebenfalls bei *Haberstock* (1986), *Scherrer* (1991) sowie *Schweitzer* und *Küpper* (2003).

zu Geschäftszweig unterscheiden; in der Praxis wird oftmals ein Jahr zugrunde gelegt. Der relevante Planpreis ist dann der **durchschnittlich** für diese Planungsperiode zu erwartende Preis. Für dessen Schätzung kann einerseits auf Erfahrungen der Einkäufer zurückgegriffen werden; andererseits können auch statistische Prognoseverfahren zur Anwendung kommen.[11]

Dieser Durchschnittspreis dient als Grundlage der Plankalkulationen und der zum Periodenbeginn aufgestellten Entscheidungsrechnungen. Er weicht im allgemeinen von den im Laufe der Periode bei den Beschaffungsvorgängen tatsächlich zu zahlenden Preisen mehr oder weniger ab. Daraus kann sich für bestimmte, nach dem Beginn der Periode zu treffende Entscheidungen die Notwendigkeit ergeben, vom anfänglichen Planpreis abzuweichen. Ist zB im Laufe der Periode die Preisuntergrenze für einen Zusatzauftrag zu berechnen, kann es sinnvoll sein, den aktuellen Beschaffungspreis zu verwenden, wenn dieser erheblich vom Planpreis abweicht (siehe 4. Kapitel: *Preisentscheidungen*).

Derartige Anpassungen setzen wiederum einen entsprechenden Aufbau der Kostenrechnung voraus. Eine Umwertung kann nämlich leicht und wirtschaftlich durchgeführt werden, wenn die **Mengenrechnung** von der **Wertrechnung** getrennt wird; dann brauchen nur die Stückverbräuche mit den neuen Preisen bewertet zu werden, und ein völlig neues Durchrechnen des gesamten Systems entfällt. Umwertungen sind auch für die Ermittlung von Preisabweichungen erforderlich; dies kann sofort beim Zugang des Materials (*Zugangsmethode*) oder erst bei dessen Einsatz (*Abgangsmethode*) erfolgen.

Die Trennung der Mengenrechnung von der Wertrechnung läuft darauf hinaus, die Kostenrechnung als **Primärkostenrechnung** aufzubauen, bei der die Stückkosten nach primären Faktorarten gegliedert werden. Dabei wird für jedes Produkt und jeden Primärfaktor angegeben, welche Mengeneinheiten insgesamt im Produkt enthalten sind (Gesamtverbrauchskoeffizient). Allerdings setzt eine solche Primärkostenrechnung voraus, daß für *jede* Faktorart (also zB auch Energie oder Betriebsstoffe) ein spezifischer Gesamtverbrauchskoeffizient ermittelt wird, der letztlich die gesamte Kostenstellenrechnung in einer mengenmäßigen Form beinhaltet. Dies ist Gegenstand der streng **produktionsanalytisch fundierten Systeme** der Kostenrechnung, auf die hier nicht näher eingegangen wird.[12]

Für die Festlegung von Planpreisen sind nicht alle Produktionsfaktoren gleichermaßen geeignet. Es kommen nur solche Faktoren in Frage, „die in gleichbleibenden Mengeneinheiten relativ häufig bezogen werden"[13], wozu insbesondere Rohstoffe gehören. Dagegen scheiden viele Dienstleistungen, Fremdreparaturen und ähnliche Faktoren aus, weil sie nur sehr individuell bestimmbar sind. Für solche Faktoren wird dann ein voraussichtlicher Gesamtbetrag eingeplant. Aber auch geringwertige Hilfsstoffe (Kleinmaterialien wie zB Nägel und Schrauben) werden aus Wirtschaftlichkeitserwägungen oftmals nicht in ein Planpreissystem einbezogen.

Die Inhalte der Planpreise ergeben sich bei **Rohstoffen** zunächst aus dem Einstandspreis (= Einkaufspreis abzüglich Rabatte, Skonti, usw), der noch um die Beschaffungsnebenkosten (zB Transport, Versicherung, Zölle) zu erhöhen ist. Bei

---

[11] Eine kompakte Übersicht über wichtige Verfahren liefert *Buchner* (1985), S. 272 – 298.

[12] Vgl dazu etwa *Kloock* (1981b) und *Dörner* (1984).

[13] *Kilger, Pampel* und *Vikas* (2002), S. 161 f.

Arbeitsleistungen basieren die Planpreise auf dem Tariflohn pro Arbeitszeiteinheit; dazu kommt ein prozentualer Zuschlag für gesetzliche und ggf freiwillige Sozialleistungen. Durch die beschriebene Vorgehensweise wird die obige Prämisse 2 (feste Verrechnungspreise bzw gegebene Wertansätze) konkretisiert.

2.3. Planung der Einzelkosten

Die Einzelkosten lassen sich in Material-, Lohn- und Sondereinzelkosten gliedern. Ihre Planung erfolgt üblicherweise pro **Kostenträger**, doch werden insbesondere die Lohneinzelkosten zumeist über die Kostenstellen verrechnet. Der Grund liegt vor allem darin, daß die Fertigungszeiten eine wichtige Bezugsgröße bei der Planung der Kostenstellenkosten sind; darüber hinaus spielen auch Gesichtspunkte der Kostenkontrolle eine Rolle, denn die Kontrolle sollte an den Orten der Kostenentstehung ansetzen. Daher kann es grundsätzlich sinnvoll sein, auch die Einzelkosten den entsprechenden Kostenstellen zuzuordnen, obwohl dies für die Planung der Stückkosten von Produkten nicht unbedingt erforderlich ist.

Planung der Materialeinzelkosten

Ausgangspunkt der Planung der Materialeinzelkosten sind die **Netto-Planeinzelmaterialmengen**, also „diejenigen Einzelmaterialmengen, die bei planmäßiger Produktgestaltung, planmäßigen Materialeigenschaften und planmäßigem Fertigungsablauf effektiv in einer fertiggestellten Kostenträgereinheit enthalten sind"[14]. Diese **Nettoverbräuche** sind allerdings zu erhöhen, weil bei der Produktion sowohl unvermeidbare Abfälle und Gewichtsverluste als auch Ausschüsse auftreten können. Den Nettoverbrauchsmengen sind daher für jede Materialart Zuschläge für Planabfallmengen (gestaffelt nach den einzelnen Abfallursachen) hinzuzufügen, um auf die **Brutto-Planeinzelmaterialmenge (Bruttoverbrauch)** zu kommen.[15] Diese Menge ist mit dem entsprechenden Planpreis zu multiplizieren, um die faktor- und produktspezifischen Materialeinzelkostensätze zu berechnen.

Für die Planung sowohl der Nettoverbräuche als auch der Planabfallmengen stehen verschiedene Methoden zur Verfügung. Zunächst könnte man (bereinigte) **Vergangenheitswerte** verwenden, sofern sich weder beim Fertigungsverfahren noch bei der Zusammensetzung der Produkte Änderungen ergeben haben. Diese Methode versagt naturgemäß bei neuen Produkten, veränderten Konstruktionen bisheriger Produkte und/oder Änderungen der Fertigungsverfahren. In diesen Fällen kann zB auf **Schätzungen** von Meistern, Kostenplanern und Vorarbeitern zurückgegriffen werden. Andererseits können auch **technische Studien** und **Berechnungen** angestellt

---

[14] *Kilger, Pampel* und *Vikas* (2002), S. 183.

[15] Vgl dazu auch die für die Kontrolle wichtige Unterscheidung in Normalgrößen, Optimalgrößen und verhaltensorientierte Größen als Basis für Planwerte (7. Kapitel: *Kontrolle – Methoden*). Werden vermeidbare Mengen einbezogen, handelt es sich um Normalgrößen.

werden. Genauere Informationen wird man durch **Probeläufe**, **Prototypen** und **Musterfertigungen** erhalten. Die Kosten solcher Probefertigungen müssen nicht unbedingt höher sein als diejenigen der anderen Verfahren, weil man zur Einstellung der Aggregate ohnehin Versuchsläufe durchführen wird. Schließlich können auch **externe Richtzahlen** verwendet werden, doch muß es sich dabei um Produkte handeln, die in ähnlicher Art und Konstruktion sowie mit vergleichbaren Fertigungsverfahren auch von anderen Unternehmen gefertigt werden. Andernfalls handelt es sich um Werte, die für die konkret vorliegende Situation nicht repräsentativ sind. Alle genannten Methoden sind nicht nur für die Planung der Einzelkosten, sondern ebenfalls für die Planung der Kostenstellenkosten verwendbar.

Mehrstufige Produktionsstrukturen

Handelt es sich um einen mehrstufigen Produktionsprozeß, muß bei der Berechnung der Bruttoverbräuche die Produktionsstruktur explizit berücksichtigt werden. Gegeben sei zB ein zweistufiger Produktionsprozeß. Auf der ersten Stufe wird ein Bauteil gefertigt, für das 2 kg eines bestimmten Rohstoffes erforderlich sind. Auf der zweiten Stufe geht Bauteil 1 in das Endprodukt ein, wobei drei Bauteile für ein Stück des Endproduktes benötigt werden; darüber hinaus erfordert die Herstellung des Endproduktes selbst 4 kg des besagten Rohstoffs.

Der Bruttoverbrauch (Gesamtbedarf) dieses Rohstoffs je Einheit des Endprodukts ergibt sich nun aus der Summe des direkten und des indirekten Bedarfs. Der direkte Bedarf beträgt 4 kg und fällt nur auf der zweiten Stufe an. Der indirekte Bedarf entsteht in der Teilefertigung, nämlich 3·2 kg = 6 kg. Insgesamt sind also 10 kg des Rohstoffes erforderlich.

In diesem Beispiel kann die Berechnung relativ leicht durchgeführt werden, weil eine einfach zusammenhängende Produktionsstruktur zugrunde liegt. Es liefert nur eine vorgelagerte Stelle an eine nachgelagerte Stelle. Dagegen können bei einer komplexen Produktionsstruktur auch gegenseitige Leistungsverflechtungen vorliegen. In diesem Fall bietet sich die Matrizenrechnung als Lösungsinstrument an. Die Vorgehensweise läßt sich als Spezialfall produktionsanalytisch fundierter Kostenplanungen mit expliziter Einbeziehung der Produktionsstruktur auffassen.[16]

Planung der Lohneinzelkosten

Bei den Lohneinzelkosten handelt es sich vornehmlich um die Lohnkosten für Mitarbeiter, die unmittelbar produktbezogene Tätigkeiten ausführen; diese Lohnkosten werden oftmals auch als **Fertigungslöhne** bezeichnet. Bei ihrer Planung ist danach zu unterscheiden, welches Lohnsystem vorliegt, nämlich

1. Akkordlohnsystem oder
2. Zeitlohnsystem.

---

[16]   Vgl dazu ausführlich zB *Dörner* (1984).

1. **Akkordlohnsystem.** Dabei werden den Arbeitern Vorgabezeiten für die Produktbearbeitung vorgegeben,[17] die zugleich Grundlage der Entlohnung sind. Beträgt die Vorgabezeit zB 5 min/Stück, und wird je Vorgabeminute 1 GE vergütet, dann erhält der Akkordlöhner 5 GE je gefertigter Produkteinheit. Ein **reiner Leistungslohn** läge vor, wenn die Entlohnung ausschließlich in dieser Weise erfolgt. Dies ist praktisch aber kaum anzutreffen, weil neben den Akkordbestandteilen noch **Mindestlöhne** gezahlt werden, die unabhängig vom Produktionsvolumen sind.

Die reinen Akkordbestandteile sind jedenfalls als **Einzellohnkosten** anzusetzen. Es muß aber für das Gesamtsystem der Kostenplanung bedacht werden, daß die Vorgabezeiten nicht mit den eigentlichen Planarbeitszeiten übereinstimmen müssen. Die Berechnung von Vorgabezeiten orientiert sich nämlich regelmäßig an einem **Normalleistungsgrad**, der von den Mitarbeitern faktisch jedoch meist überschritten wird. Beträgt im obigen Beispiel der Planleistungsgrad etwa 125%, dann erhält man die Planarbeitszeit aus:

$$\text{Planarbeitszeit} = \frac{\text{Vorgabezeit}}{\text{Planleistungsgrad}} = \frac{5 \min / \text{Stück}}{1,25} = 4 \min / \text{Stück}$$

Weil sich Vorgabezeiten und Planarbeitszeiten gemäß dem Planleistungsgrad proportional zueinander verhalten, spielt es für die spätere Bezugsgrößenplanung in der Stellenrechnung grundsätzlich keine Rolle, welche Größe man verwendet. Etwas anderes gilt aber für die Planung der Arbeitszeiten und der Personalkapazitäten. Bei gegebenen Personalkapazitäten muß ein Entscheidungsmodell zB zur Produktionsprogrammplanung als Restriktion berücksichtigen, daß die Summe der vom Produktionsprogramm abhängigen Planarbeitszeiten nicht größer sein darf als die verfügbare Personalkapazität. Insofern müssen die produktspezifischen Verbrauchskoeffizienten des Entscheidungsmodells an den Planarbeitszeiten und nicht an den Vorgabezeiten orientiert sein, obwohl letztere für die variablen Akkordlöhne und mithin die variablen Stückkosten relevant sind.

2. **Zeitlohnsystem.** Die Verrechnung der Mindestlöhne bei einem Akkordlohnsystem kann analog zu den **reinen Zeitlöhnen** vorgenommen werden. Auch bei diesen Löhnen werden die Planarbeitszeiten mit einem geplanten Lohnsatz bewertet und als Einzellohnkosten erfaßt. „Geplante Einzellöhne sind in einer Plankostenrechnung keineswegs nur bei Anwendung von Akkordlohnsystemen, sondern auch bei ... Zeitlöhnen erforderlich"[18]. Diese Vorgehensweise verstößt jedoch im allgemeinen gegen den Grundsatz der Erfassung nur **entscheidungsrelevanter Kosten.** Aus der Möglichkeit, bei Zeitlöhnen Planarbeitszeiten für einzelne Produkte berechnen zu können, darf nämlich nicht geschlossen werden, daß die anteiligen Lohnkosten sich tatsächlich proportional zum Produktionsvolumen verhalten. Die Zeitlöhne hängen nur von der Einsatzzeit der Mitarbeiter ab, die zumeist vertraglich fixiert und kurz-

---

[17] Eine kurze Übersicht über verschiedene Verfahren der Bestimmung von Vorgabezeiten vermittelt *Kilger, Pampel* und *Vikas* (2002), S. 194 – 197.

[18] *Kilger, Pampel* und *Vikas* (2002), S. 193.

fristig unveränderbar ist. Insofern sind Zeitlöhne eher auf die Entscheidung über die *Einstellung* von Mitarbeitern bzw die unterlassene Kündigung zurückzuführen, nicht aber auf die Herstellung einer bestimmten Produkteinheit. Eine anteilige Zurechnung auf einen Kostenträger würde **nicht verursachungsgerecht** sein, denn die Zeitlöhne fallen in voller Höhe auch dann an, wenn nicht produziert wird.

Die Verrechnung von Mindest- und Zeitlöhnen als Lohneinzelkosten ist in der Praxis weit verbreitet, aber aus dem Gesichtspunkt der Entscheidungsvorbereitung nicht zu rechtfertigen. Eine Ausnahme könnte dann bestehen, wenn man unterstellt, daß die verrechneten Arbeitszeiten an anderer Stelle zu Engpässen führen, so daß zB im Umfang der produktionsabhängigen Planarbeitszeiten neue Mitarbeiter in anderen Unternehmensbereichen eingestellt werden müßten. In diesem Fall ließen sich die zugerechneten Zeitlöhne als Approximation der anderweitig entstehenden Kosten ansehen. Ob diese Begründung allerdings in jedem Entscheidungszeitpunkt greift, dürfte zu bezweifeln sein. Sie hat aber eine gewisse Nähe zur Begründung von Kostenallokationen als Approximationsgrößen von ansonsten nur schwer erfaßbaren Konsequenzen bei Kapazitätsbeschränkungen, wie sie im 11. Kapitel: *Verrechnungspreise und Kostenallokationen* behandelt wurden.

Planung der Sondereinzelkosten

Bei den Sondereinzelkosten (dabei kann es sich um solche der Fertigung und des Vertriebs handeln) setzt sich die Durchbrechung des Verursachungsprinzips teilweise fort. Unproblematisch sind Kostenfaktoren wie zB Stücklizenzen, die je Produkteinheit an den Lizenzgeber bezahlt werden, oder Kosten für Verpackungsmaterialien, die produktspezifisch bereitgestellt werden müssen. Daneben werden aber viele andere Kosten in die Sondereinzelkosten einbezogen, die faktisch nur nach Maßgabe des **Durchschnittsprinzips** den Produkteinheiten zugerechnet werden können. Verantwortlich dafür ist ein im Rahmen der GPKR aufgestellter „Grundsatz, möglichst viele Kostenarten als Einzelkosten zu verrechnen"[19].

Dieser Grundsatz führt dazu, daß es für die Einbeziehung mancher Kosten in die Einzelkosten als ausreichend erachtet wird, wenn die Kostenbeträge lediglich einer **Gruppe** von Produkten bzw Kostenträgern zugerechnet werden können. So werden zB Kosten für Modelle, Formen, Spezialvorrichtungen und Spezialwerkzeuge zu den Sondereinzelkosten der Fertigung gerechnet. Weil aber Werkzeuge zumeist nicht nur für ein Stück, sondern für viele Produkteinheiten brauchbar sind, können derartige Werkzeugkosten streng genommen nur der insgesamt mit dem Werkzeug herstellbaren Produktmenge zugerechnet werden. Den Kostensatz je Produkteinheit erhält man dann durch Anwendung des **Durchschnittsprinzips**, indem die Kosten für das Werkzeug durch die herstellbare Produktmenge dividiert werden. Ähnliches gilt bei den Sondereinzelkosten des Vertriebs zB für Frachtkosten, wenn diese Kosten nur für größere Versandaufträge anfallen, nicht aber für einzelne Produkteinheiten.

---

[19] *Kilger, Pampel* und *Vikas* (2002), S. 211.

Diskussion

Die beschriebenen Durchbrechungen des Verursachungsprinzips können als Ausfluß von **Wirtschaftlichkeitsüberlegungen,** und zwar als spezifische **Vereinfachungen** und **Heuristiken,** angesehen werden. Diese Interpretation dürfte insbesondere bei den **Sondereinzelkosten** angebracht sein. So sind zB Werkzeugkosten faktisch variable Gemeinkosten, die in der Art einer Treppenfunktion vom Produktionsvolumen abhängen: Ist ein Werkzeug nach x Produkteinheiten unbrauchbar geworden, benötigt man jeweils nach x Einheiten ein neues Werkzeug. Damit ist letztlich die Prämisse 4 der GPKR verletzt, nämlich die eindeutige Trennbarkeit in proportionale und fixe Bestandteile. Bei Einbeziehung von Treppenfunktionen (möglichst für jede Werkzeugart eine) bildet man zwar die Kostenabhängigkeiten präziser ab, vergibt sich aber die Möglichkeit einer einfachen Lösung des darauf basierenden Entscheidungsmodells. Durchbrechungen des Verursachungsprinzips können, müssen aber nicht mit falschen Entscheidungen einhergehen.[20]

Die **Linearisierung** dieser Werkzeugkosten führt zu relativ großen Fehlern, wenn die Produktionsmenge etwa knapp oberhalb des letzten Grenzwertes für einen Werkzeugersatz liegt. Dann nämlich müßte für das letzte Werkzeug eigentlich der volle Kostensatz angesetzt werden, während die Linearisierung nur einen kleinen Teil berücksichtigen würde. Der Fehler ist betragsmäßig um so größer, je höher die Kosten für das neue Werkzeug sind. Andererseits erlaubt diese Vorgehensweise die Aufstellung eines linearen Entscheidungsmodells, das im allgemeinen mit Standardmethoden lösbar ist.

Allerdings bedingt die obige Prämisse 4 der GPKR zwingend **Verzerrungen** im Vergleich zu den tatsächlichen Kostenabhängigkeiten, weil man bei der GPKR wegen der Linearitätsannahme für die Behandlung von Kosten nur **zwei Möglichkeiten** hat: Entweder man behandelt einen Kostenbetrag als fix; dann spielt er für die Stückkostensätze und die anschließenden (deterministischen) Entscheidungskalküle keine Rolle. Oder man behandelt den Kostenbetrag als variabel; in diesem Fall muß er gemäß den Voraussetzungen der GPKR als zur Bezugsgröße proportional verrechnet werden. Damit werden Fehler bei bestimmten Kostenbestandteilen von vorneherein in Kauf genommen, die sich ggf mit den obigen Wirtschaftlichkeitsaspekten rechtfertigen lassen. Bei den **Einzelkosten** besteht dieses Problem jedoch nicht für alle Kostenarten, wie am Beispiel der Verrechnung von Mindest- und Zeitlöhnen als Lohneinzelkosten deutlich wird. Diese Lohnkostenbestandteile sind kurzfristig zumeist nicht variabel und brauchen daher erst recht nicht künstlich proportionalisiert zu werden.

Damit zeigt sich, daß man die obigen Vorgehensweisen schlicht als **Vorschlag für ein bestimmtes Procedere** ansehen sollte. Nichts spricht dagegen, in einer konkret vorliegenden Situation präziser vorzugehen, indem zB die Zeitlöhne nicht als Einzelkosten verrechnet werden. Umgekehrt kann man jederzeit noch weitere Vereinfachungen vornehmen, als sie in den bisherigen Verfahrensvorschlägen für die GPKR enthalten sind.

---

[20] Dies demonstriert *Schauenberg* (1992) in einem ähnlichen Zusammenhang anhand eines recht einfachen Ansatzes.

2.4. Planung der Gemeinkosten

Die grundsätzliche **Schrittfolge** bei der Planung der Gemeinkosten (Kostenstellen-kosten) läßt sich gemäß Abbildung 2 angeben.[21] In dieser Schrittfolge wird vorwie-gend auf die Berechnung von Grenzkosten-Kalkulationssätzen abgestellt, weil dies das eigentliche Anliegen der GPKR ist. Sämtliche Rechnungen zur Ermittlung von Kalkulationssätzen lassen sich aber parallel auch für Vollkostenrechnungen durch-führen, worauf bereits oben hingewiesen wurde. Im folgenden werden die in der Übersicht angesprochenen Schritte der Gemeinkostenplanung nacheinander bespro-chen.

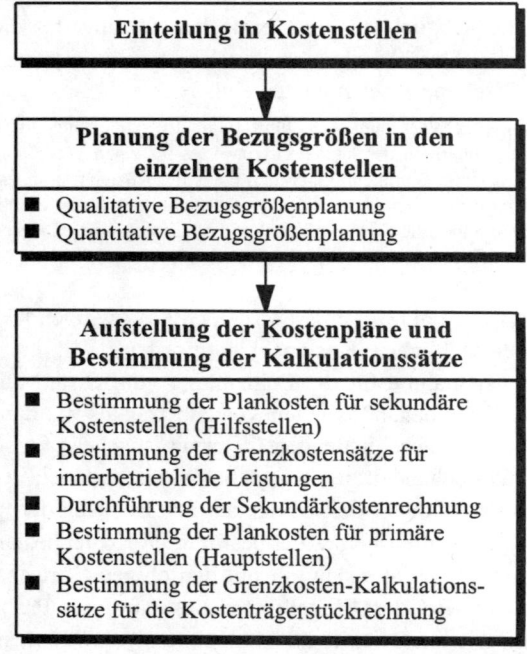

Abb. 2: Schrittfolge der Planung der Gemeinkosten

Einteilung des Unternehmens in Kostenstellen

Die Kostenstellenrechnung der GPKR stellt das eigentliche Kernstück dieses Rech-nungssystems dar. Sie soll einerseits Kontroll-, andererseits Planungszwecken dienen, indem die den Kostenträgern nicht direkt zurechenbaren (variablen) Gemein-kosten über die Kostenstellenrechnung geplant und letztlich zurechenbar gemacht werden. Die Bildung der Kostenstellen soll sowohl den Anforderungen einer mög-

---

21   Siehe auch *Kilger, Pampel* und *Vikas* (2002), S. 235 ff.

lichst genauen Kostenplanung als auch denjenigen einer Kontrolle gerecht werden. Daraus resultieren **zwei Kriterien**, denen die **Kostenstellenbildung** genügen soll:

1. Aus dem Gesichtspunkt einer möglichst genauen Kostenplanung sollten „in einer Kostenstelle nur Maschinen und Arbeitsplätze zusammengefaßt werden, deren Kostenverursachung keine wesentlichen Unterschiede aufweist"[22].

2. Aus Kontrollgesichtspunkten sollten die Kostenstellen zugleich nach Maßgabe selbständiger Verantwortungsbereiche gebildet werden.

Die erste Anforderung erklärt sich daraus, daß in der GPKR nach Möglichkeit nur *ein* Kalkulationssatz je Kostenstelle (zB variable Kosten je Fertigungsstunde in der Stelle N) angestrebt wird (**homogene Kostenverursachung**; siehe dazu weiter unten). Hat man in einer Stelle aber Aggregate mit sehr heterogener Kostenstruktur (zB in der Stelle „Dreherei" einfache Drehbänke und voll computergesteuerte Drehautomaten), dann wird eine derartige Vorgehensweise bei der Kostenzurechnung auf die Produkte mit großen Fehlern verbunden sein, weil die tatsächliche Beanspruchung der unterschiedlichen Aggregate durch die einzelnen Produkte nicht berücksichtigt werden kann.

Die zweite Anforderung erklärt sich aus dem Erfordernis, bei Kostenabweichungen die dafür **maßgeblichen Ursachen** aufklären und ggf abstellen zu können. Werden Abweichungen für eine Stelle berechnet, in der mehrere Verantwortungsbereiche vorliegen, besteht die Gefahr, daß die Verantwortung für Abweichungen schnell den jeweils anderen Verantwortungsträgern zugeschoben und damit sowohl eine Ursachenklärung als auch ein Abstellen der Abweichungen verhindert wird.

Beide **Anforderungen** können nur selten simultan erfüllt werden. Werden zB die Stellen funktionsspezifisch abgegrenzt (zB Drehen, Bohren, Fräsen, Härten) und korrespondieren auch die selbständigen Verantwortungsbereiche mit diesen Abgrenzungen, so wird zwar das zweite, nicht unbedingt aber das erste Kriterium erfüllt, wenn die Kostenstruktur der einzelnen Arbeitsplätze sehr heterogen ist. Aus rechnungstechnischen Gesichtspunkten wäre es dann sinnvoll, die Stellen weiter nach den einzelnen Arbeitsplätzen aufzugliedern, um für Planungszwecke die Kostenverursachung präziser abbilden zu können.

Dies wirft aber wiederum potentielle Probleme bei der Kontrolle auf, wenn die Kosten nur für die gesamte Stelle, nicht aber für die einzelnen Arbeitsplätze erfaßt werden. In diesem Fall können nämlich Kostenabweichungen nicht den eigentlichen Entstehungsorten, sondern nur der Stelle insgesamt zugerechnet werden. Gelingt eine anderweitige Zuordnung der Abweichungsursachen auf die einzelnen Arbeitsplätze (etwa mit Hilfe des Verantwortungsträgers) nicht, dann hat dies auch für die Planung Konsequenzen, weil man möglicherweise für die einzelnen Arbeitsplätze mit Kostensätzen plant, die den tatsächlichen Verhältnissen nicht entsprechen. Aus der Gesamtabweichung einer Stelle kann auch noch nicht einmal ein konkreter Anhaltspunkt für derartige Planungsfehler abgeleitet werden, weil hier kompensatorische Wirkungen maßgeblich sein können (Kostenüberschreitungen bei einigen Arbeitsplätzen können durch Kostenunterschreitungen bei anderen Arbeitsplätzen aufgefangen werden).

Eine **Kostenerfassung** für *jeden* Arbeitsplatz wäre zwar grundsätzlich möglich, dürfte aber auch hohe Erfassungskosten bedingen, so daß erneut **Wirtschaftlich-**

---

[22] *Kilger, Pampel* und *Vikas* (2002), S. 239.

keitserwägungen bei der Ausgestaltung des Rechnungssystems beachtet werden müssen. Auch das oben genannte Ziel, möglichst nur einen Kalkulationssatz je Stelle zu verwenden, läßt sich letztlich aus Wirtschaftlichkeitsaspekten erklären. Allgemein gültige Empfehlungen können in diesem Zusammenhang kaum gegeben werden. Die getroffene Entscheidung bezüglich der Stellenbildung hat jedenfalls Konsequenzen für den nächsten Schritt der **Kostenplanung**, die Planung der Bezugsgrößen. Hat man sich nämlich für die Bildung von Stellen mit heterogener Kostenverursachung entschieden, so muß dieser Sachverhalt bei der Auswahl der Bezugsgrößen beachtet werden. Dies wird nachfolgend erläutert.

Planung der Bezugsgrößen

Die Höhe der Kosten wird zumeist von vielfältigen Einflußgrößen bzw. **Kostenbestimmungsfaktoren** determiniert. Neben der art- und mengenmäßigen Zusammensetzung des Produktionsprogramms sind zahlreiche Aspekte des Produktionsvollzugs relevant, wie zB die Maschinenbelegung (Verfahrenswahl), das Bedienungsverhältnis (das ist die von einem Mitarbeiter überwachte bzw betreute Zahl von Maschinen), die Losgrößen der Produktionsaufträge und deren Reihenfolge, die Rohstoffmischungen, die Fertigungsintensitäten, diverse Prozeßbedingungen (zB Kombinationen aus Druck und Temperatur), die Anzahl und Anordnung der Schichten (Nacht- und Feiertagsschichten sind teurer als normale Schichten, weil zB besondere Lohnsätze zur Anwendung kommen) usw. Eine umfassende Kostenplanung würde voraussetzen, daß der Einfluß all dieser Kostenbestimmungsfaktoren erfaßt wird.

Diese Aufgabe kommt im Rahmen der GPKR den **Bezugsgrößen** zu. Sie sollen als „**Maßgrößen der Kostenverursachung**"[23] fungieren und damit die einzelnen Kostenbestimmungsfaktoren in einer konkreten, quantitativen Ausprägung abbilden. Den Bezugsgrößen werden damit zwei **Funktionen** übertragen:

1. Einerseits sollen sie einen **Kostenverursachungsmaßstab** für die **Kostenstellen** darstellen, so daß die Stellenkosten überhaupt geplant und kontrolliert werden können.

2. Andererseits sollen sie auch hinsichtlich der **Kostenträger** (Endprodukte) in einer dem **Verursachungsprinzip** genügenden Beziehung stehen, damit sie als Basis der Plankalkulationen dienen können.

Erfüllt eine Bezugsgröße **beide Funktionen**, bezeichnet man sie als eine **Bezugsgröße mit doppelter Funktion**. Erfüllt sie dagegen **nur eine Funktion** (es kommt dabei faktisch nur die erste Funktion in Frage), dann wird sie als **Bezugsgröße mit einfacher Funktion** bezeichnet. Gesucht sind vorwiegend Bezugsgrößen mit doppelter Funktion; wie die folgenden Ausführungen zur Bezugsgrößenwahl zeigen werden, ist dies jedoch nicht immer möglich.

---

[23] *Kilger, Pampel* und *Vikas* (2002), S. 243.

Im Rahmen der Bezugsgrößenplanung sind für jede Kostenstelle zwei **Festlegungen** zu treffen:

1. **Qualitative Bestimmung** der Bezugsgrößen, also die Frage, welche Arten von Bezugsgrößen für eine betrachtete Kostenstelle überhaupt gewählt werden sollen

2. Festlegung der **quantitativen Ausprägung** für jede dieser Bezugsgrößen, um die weitere Kostenplanung durchführen zu können.

Qualitative Bezugsgrößenplanung

Die bei der Bezugsgrößenwahl relevanten Faktoren lassen sich einerseits nach der Art der Kostenverursachung (**homogene** oder **heterogene Kostenverursachung**) in den einzelnen Kostenstellen gliedern. Andererseits ist es wichtig, ob die Bezugsgrößen unmittelbar aus den erstellten Leistungen einer Stelle abgeleitet werden (**direkte Bezugsgrößen**), oder ob sie sich aus den Leistungen anderer Stellen ergeben (**indirekte Bezugsgrößen**). Abbildung 3 faßt diese verschiedenen Aspekte zusammen.

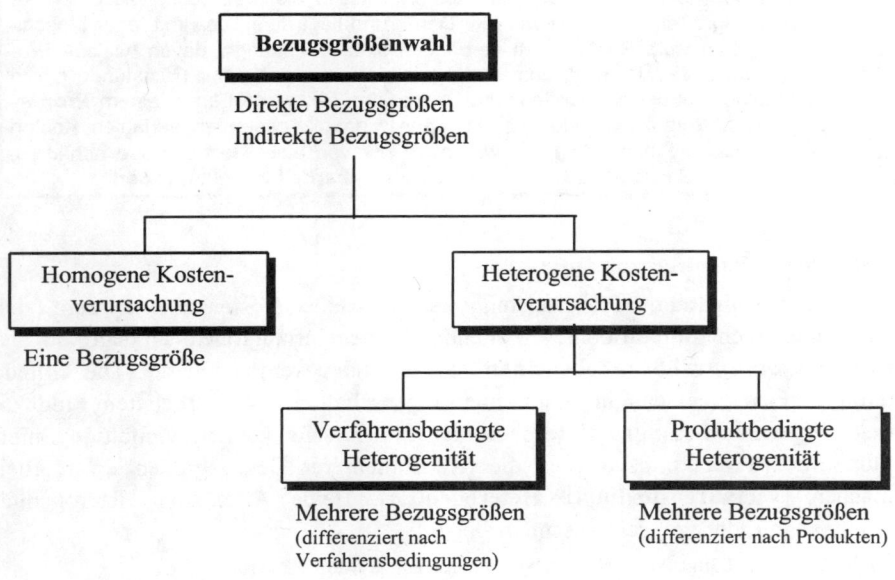

Abb. 3: Einflußfaktoren bei der Bezugsgrößenwahl

Homogene Kostenverursachung

Dieser Fall liegt vor, wenn sich das Kostenverhalten mit einer einzigen Bezugsgröße verursachungsgerecht (im Sinne der GPKR) erfassen läßt oder so getan wird, als würden die Kosten von einem Kostenbestimmungsfaktor beeinflußt. Die variablen

Kosten verhalten sich dann **proportional** zu der Bezugsgröße, durch welche die konkrete Ausprägung dieses Kostenbestimmungsfaktors gemessen wird.

Beispiele: Natürliche Kandidaten für homogene Kostenverursachung sind solche Stellen, bei denen einheitliche Leistungen bei konstantem Produktionsvollzug erstellt werden, so daß keinerlei Probleme der Maschinenbelegung und Verfahrenswahl auftreten. In diesen Fällen kann die Leistungsmenge unmittelbar als Bezugsgröße dienen. Sofern bei konstantem Produktionsvollzug mehrere Leistungsarten erstellt werden (die Stelle „Dreherei" bearbeitet zB mehrere Produktarten), kann ebenfalls homogene Kostenverursachung vorliegen, sofern sich alle Leistungen auf eine einheitliche Größe zurückführen lassen (zB Maschinenstunden).

Austauschbarkeit von Maßgrößen

In bestimmten Fällen kann auch dann von homogener Kostenverursachung ausgegangen werden, wenn an sich mehrere Bestimmungsfaktoren vorliegen. Betrachtet wird zB eine Stelle mit nur einem Aggregat, die mehrere Produktarten bearbeitet, wobei die Maschine jeweils auf die neue Produktart umgerüstet werden muß. Weil bei Rüstvorgängen andersartige Güterverbräuche als bei Fertigungsprozessen vorliegen, müßte man grundsätzlich **zwei Bezugsgrößen** verwenden, nämlich Maschinenstunden zur Erfassung der reinen Fertigungskosten und Rüststunden zur Erfassung der Rüstkosten.

Sofern jedoch das Verhältnis von Maschinenstunden zu Rüststunden für alle Produktarten gleich ist, können alle variablen Kosten faktisch als proportional zu einer der beiden Bezugsgrößen behandelt werden. Der Grund liegt darin, daß mit jeder Maschinenstunde gleich viele Rüststunden verbunden sind, unabhängig davon, welche Produktart gerade betrachtet wird; und umgekehrt sind auch mit jeder Rüststunde gleich viele Maschinenstunden verbunden. Weil die beiden Bezugsgrößen in einem **Proportionalitätsverhältnis** zueinander stehen, kann man die gesamten variablen Kosten rechnerisch auch so behandeln, als wären sie nur von einer Bezugsgröße abhängig. Dies bezeichnet man als das **„Gesetz der Austauschbarkeit der Maßgrößen"**.

Heterogene Kostenverursachung

Hier werden im Rahmen der Leistungserstellung einer Kostenstelle mehrere (sich zueinander nicht proportional verhaltende) Kosteneinflußgrößen wirksam, so daß **mehrere Bezugsgrößen nebeneinander** verwendet werden müssen. Die Gründe dafür können einerseits in bestimmten Eigenschaften der bearbeiteten Produkte liegen (**produktbedingte Heterogenität**); andererseits können vielfältige Spielräume des Produktionsvollzugs die Wahl mehrerer Bezugsgrößen erforderlich machen (**verfahrensbedingte Heterogenität**). Beide Arten der Heterogenität können natürlich auch gemeinsam vorliegen.

Die **Zusammenhänge** lassen sich am besten durch einige **Beispiele** verdeutlichen:

(i) Die Kosten werden zwar grundsätzlich durch die Maschinenlaufzeit beeinflußt, doch führen bestimmte Eigenschaften der Produkte (zB Abmessungen, Konstruktionsmerkmale, Materialien oder Gewichte) dazu, daß die Kosten pro Maschinenstunde davon abhängen, für welches Produkt diese Fertigungsstunde verwendet wird (**produktbedingte Heterogenität**). Bezugsgrößen: Aggregatstunden differenziert nach Produkten.

(ii) Die Kosten hängen von der Aggregatzeit ab, doch haben die Maschinenstunden je nach Fertigungsintensität verschiedene kostenmäßige Konsequenzen (**verfahrensbedingte Heterogenität**). Bezugsgrößen: Aggregatzeiten differenziert nach unterschiedlichen Intensitätsgraden (dies läuft auf eine Linearisierung der Kostenfunktionen hinaus, denn intensitätsmäßige Anpassungsprozesse induzieren regelmäßig nichtlineare Verbrauchsbeziehungen).

(iii) Die Kosten hängen von der Aggregatzeit ab, doch haben verschiedene Prozeßbedingungen (zB Druck und Temperatur) unterschiedliche kostenmäßige Konsequenzen (**verfahrensbedingte Heterogenität**). Bezugsgrößen: Aggregatstunden differenziert nach Prozeßbedingungen.

(iv) Die Kosten hängen von der Aggregatzeit ab, doch gibt es in der betrachteten Stelle mehrere Aggregate mit unterschiedlicher Kostenverursachung (**verfahrensbedingte Heterogenität**). Bezugsgrößen: Aggregatstunden differenziert nach Aggregattypen.

(v) Die Kosten hängen sowohl von Fertigungs- als auch von Rüstprozessen ab, ohne daß für jede bearbeitete Produktart ein diesbezüglich konstantes Verhältnis vorliegt (**verfahrensbedingte Heterogenität**). Bezugsgrößen: Fertigungsstunden und Rüststunden.

(vi) Die Kosten hängen sowohl von den Fertigungs- als auch Rüststunden ab. Darüber hinaus werden sie durch bestimmte Produkteigenschaften beeinflußt (**produkt- und verfahrensbedingte Heterogenität**). Bezugsgrößen: Fertigungsstunden differenziert nach Produktarten und Rüststunden.

Bei den meisten der oben genannten Bezugsgrößen handelt es sich um solche mit doppelter Funktion, denn für die einzelnen Produkte dürften die stellenspezifischen Bearbeitungszeiten zumeist ohne weiteres angegeben werden können. Eine gewisse Ausnahme bildet allerdings die Bezugsgröße **Rüststunden**. Die Zeiten für das Umrüsten einer Maschine fallen nämlich nicht für eine einzelne Produkteinheit an, sondern für das gesamte Fertigungslos. Sie sind daher strenggenommen nur dem Fertigungslos insgesamt zurechenbar. Eine anteilige Zurechnung auf einzelne Produkteinheiten kann folglich nur nach dem **Durchschnittsprinzip** erfolgen, indem die **Losgröße** explizit berücksichtigt wird.

Beispiel

Auf einer Maschine werden in Wechselproduktion die drei Produkte P1, P2 und P3 bearbeitet. Die Losgrößen sind: 1.000 Stück für Produkt P1, 2.000 Stück für Produkt P2 und 1.500 Stück für Produkt P3. Die Fertigungsreihenfolge lautet: P2 – P1 – P3 – P2 – P1 – P3 – ... Bei dieser Reihenfolge fallen für die Umrüsttätigkeiten folgende Zeiten an:

Umrüsten für P2: 20 Stunden
Umrüsten für P1:   5 Stunden
Umrüsten für P3: 21 Stunden.

Daraus ergeben sich folgende Rüstzeiten:

P1: $(5 \cdot 60)/1.000 = 0{,}3$ min/Stück
P2: $(20 \cdot 60)/2.000 = 0{,}6$ min/Stück
P3: $(21 \cdot 60)/1.500 = 0{,}84$ min/Stück.

Das Beispiel im Einschub zeigt, daß man für die **anteilige Zurechnung** auf Produkte zwei Annahmen benötigt. Einerseits müssen die **Losgrößen** bekannt sein, andererseits muß die **Fertigungsreihenfolge** (Sortenschaltung) festliegen, denn dies kann Einfluß auf den Umfang der jeweiligen Umrüsttätigkeiten haben. Bei beiden Bestandteilen bleibt offen, wie die jeweilige Festlegung erfolgt. So existieren zB zahlreiche Ansätze zur optimalen Bestimmung von Fertigungslosgrößen, bei denen der Gesamtbedarf einer Periode stets eine maßgebliche Einflußgröße ist. Dieser Gesamtbedarf ergibt sich aber erst aus dem optimalen Produktions- und Absatzprogramm, für dessen Ermittlung man wiederum die Grenzkostensätze benötigt. Insofern wäre eigentlich das optimale **Produktionsprogramm simultan** mit der optimalen Losgröße festzulegen.

Analoge Zusammenhänge ergeben sich für die **Sortenschaltung**. Sofern sie einen Einfluß auf die Umrüstzeiten hat, kann sich daraus erneut eine Interdependenz zum optimalen Produktionsprogramm ergeben. Die Umrüstzeiten stehen nämlich definitionsgemäß nicht als Fertigungszeit zur Verfügung, so daß durch eine *a priori* festgelegte Sortenschaltung faktisch der Umfang der Fertigungskapazität beeinflußt wird. Ob die gewählte Sortenschaltung optimal ist, kann letztlich nur simultan mit der Festlegung des Produktions- und Absatzprogramms entschieden werden.

Diese Ausführungen zeigen, daß – trotz eines ggf sehr differenzierten Bezugsgrößensystems – die Kostenplanung bei der GPKR nicht ohne eine implizite **Vorabfestlegung** bestimmter **Kosteneinflußgrößen** auskommt. Dadurch wird die eingangs genannte Prämisse 3 der GPKR verdeutlicht, wonach bestimmte Einflußgrößen außer der Beschäftigung und Verfahrenswahl als gegeben angenommen und zumeist nicht gesondert ausgewiesen werden. Die Vorgangsweise hinsichtlich der eigentlichen **Maschinenbelegung** ist demgegenüber weniger problematisch. Sie wird bei der stellenspezifischen Kostenplanung über maschinenabhängige Bezugsgrößen erfaßt. Die so ermittelten Kostensätze können dann in spezifische Kalkulationsverfahren integriert werden. So würde zB die sogenannte *Alternativkalkulation* (siehe dazu den Überblick im 3. Kapitel: *Produktionsprogrammentscheidungen*) für jede Verfahrensvariante bei der Herstellung eines Produkts eine separate Kalkulation vorsehen, in die die entsprechenden Kostensätze der maschinenabhängigen Bezugsgrößen eingehen. In analoger Weise lassen sich zB auch Prozeßbedingungen, Intensitäten und unterschiedliche Zeitintervalle berücksichtigen.

Direkte und indirekte Bezugsgrößen

Bei den obigen Beispielen handelte es sich stets um **direkte Bezugsgrößen**, die sich unmittelbar aus den Leistungen einer Kostenstelle ableiten lassen. Solche Bezugsgrößen existieren freilich nicht nur im Fertigungsbereich. Auch für nicht unmittelbar fertigungsbezogene Kostenstellen lassen sich oftmals direkte Bezugsgrößen finden, die für die Planung der variablen Stellengemeinkosten verwendet werden können. Einige Beispiele sind in Tabelle 1 angegeben.[24] Diese direkten Bezugsgrößen können allerdings nur zur Planung und Kontrolle in den Kostenstellen verwendet werden. Sie eignen sich dagegen nicht für die Kalkulation, weil im allgemeinen nicht ohne weiteres angegeben werden kann, wie viele Bestellungen zB im Einkauf für eine Produkteinheit erforderlich sind. Die Bezugsgrößen in Tabelle 1 sind daher zugleich typische Beispiele für Bezugsgrößen mit einfacher Funktion.

Für Kalkulationszwecke greift man in diesen Fällen daher auf **indirekte Bezugsgrößen** zurück, die auch als Hilfs- oder Verrechnungsbezugsgrößen bezeichnet

---

[24] Die Darstellung erfolgt in enger Anlehnung an *Kilger, Pampel und Vikas* (2002), S. 253.

werden und sich letztlich aus den Leistungen anderer Stellen ergeben. Bei diesen Hilfsgrößen kann es sich zunächst um **geplante Kostenartenbeträge** handeln, wie zB die geplanten Materialeinzelkosten oder die geplanten Grenzherstellkosten. In diesen Fällen werden die variablen Kosten den Endprodukten mit Hilfe von **Zuschlagsätzen** zugerechnet, also die variablen Kosten zB des Einkaufs und des Materialeingangslagers als Prozentsatz der geplanten Materialeinzelkosten. Diese Vorgehensweise entspricht im Grunde der traditionellen Zuschlagskalkulation. In der GPKR werden den Kostenträgern in dieser Weise vorwiegend die Material-gemeinkosten sowie die Kosten der Verwaltungs- und Vertriebsstellen zugerechnet.

Kostenstelle	Mögliche direkte Bezugsgrößen
Labor	Anzahl Proben
	Anzahl Analysen
Einkauf	Anzahl bearbeitete Angebote
	Anzahl Bestellungen
	Anzahl geprüfte Rechnungen
Lager	Anzahl Zugänge
	Anzahl Abgänge
	Beanspruchte Fläche in m^2
Materialprüfung	Anzahl Proben
	Anzahl Analysen
Verkauf	Anzahl bearbeitete Kundenaufträge

Tab. 1: Direkte Bezugsgrößen bei anderen als Fertigungsstellen

Eine andere indirekte Bezugsgröße wird als „**DM Deckungsbezugsgröße**" bezeichnet und läßt sich retrograd aus den Bezugsgrößen derjenigen Stellen ableiten, die Leistungen von der betrach-teten Stelle empfangen. Erbringt zB die Arbeitsvorbereitung ihre Leistungen für zwei Ferti-gungsstellen A und B, so werden die variablen Plangemeinkosten der Arbeitsvorbereitung (zB 3.000) unmittelbar als Bezugsgröße dieser Stelle angesetzt. Anschließend überlegt man, in welchem Umfang die Arbeitsvorbereitung für die beiden Fertigungsstellen Leistungen erbringt. Daraus ergeben sich bestimmte Prozentsätze, zB 30% für Stelle A und 70% für Stelle B. Mit diesen Prozentsätzen erfolgt dann eine Belastung der empfangenden Stellen.[25] So erhält Stelle A Kostenanteile der Arbeitsvorbereitung in Höhe von 900 und Stelle B in Höhe von 2.100 zuge-rechnet. Diese Beträge werden dann bei den empfangenden Stellen auf Basis der dort verwende-ten Bezugsgrößen (zB Maschinenstunden) proportionalisiert und somit indirekt den Endprodukten zugerechnet. Insofern werden die variablen Kosten der Arbeitsvorbereitung durch die Bezugs-größen der empfangenden Stellen „gedeckt", woraus sich die Bezeichnung „DM Deckungs-bezugsgröße" erklärt.

---

[25] Hier spielen bereits Aspekte der innerbetrieblichen Leistungsverrechnung herein, die noch weiter unten behandelt wird. Zur Erläuterung der Funktionsweise von Deckungsbezugsgrößen ist dieser „Vorgriff" jedoch notwendig.

Insbesondere auch die Ausführungen zu den indirekten Bezugsgrößen legen die Einschätzung nahe, daß Grenzkosten bzw variable Stückkosten als „schillernde Größen" anzusehen sind. Die indirekten Bezugsgrößen können damit eher als „Notlösung" angesehen werden, und sofern möglich, sollten direkte Bezugsgrößen verwendet werden.[26]

Quantitative Bezugsgrößenplanung

Im Anschluß an die artmäßige Festlegung der Bezugsgrößen müssen für jede Stelle **konkrete Planwerte** dieser Bezugsgrößen bestimmt werden, was letztlich dem Ansatz einer **Planbeschäftigung** zur Durchführung der Kostenstellenrechnung entspricht.

Könnte man bei allen Stellen streng nach produktionsanalytischen Gesichtspunkten planen und wären die funktionalen Verbrauchsbeziehungen tatsächlich linear, dann hätte die Wahl der Planbeschäftigung keinerlei Konsequenzen für die Kostenplanung, weil sich stets konstante Verbrauchskoeffizienten und daher bei gegebenen Preisen lineare Kostenfunktionen ergeben würden. Im System der GPKR hat die Festlegung der Planbeschäftigung aber Bedeutung deswegen, weil viele variable Kosten (zB des Einkaufs, der Verwaltung oder des Verkaufs) nicht streng produktionsanalytisch geplant werden können, so daß – gemäß den obigen Ausführungen zur qualitativen Bezugsgrößenwahl – deren Verrechnung oftmals mit indirekten Bezugsgrößen erfolgt. Die Ermittlung von Zuschlagsätzen und die Anwendung der „DM Deckungsbezugsgrößen" lassen sich aber kaum ohne eine Planbeschäftigung realisieren, weil zB die Zuschlagsgrundlage fehlen würde. Aus ähnlichen Gründen erweist sich die Festlegung einer Planbeschäftigung für eine parallel durchgeführte Vollkostenkalkulation als notwendig.

Für die Festlegung der Planbeschäftigung kommen grundsätzlich **zwei Möglichkeiten** in Frage:[27]

1. Im Rahmen der **Kapazitätsplanung** wird die Planbeschäftigung in jeder Stelle an der dort verfügbaren Kapazität orientiert. Dabei können wiederum verschiedene Kapazitätsarten unterschieden werden. So kann man einerseits die **kostenoptimale Kapazität** wählen, bei der die kostenoptimale Fertigungsintensität zB im Rahmen eines Zweischichtbetriebs ohne Überstunden zugrunde gelegt wird. Andererseits kann man sich aber auch an einer **Maximalkapazität** orientieren, die sich aus der maximalen Fertigungsintensität bei durchschnittlich 30 Arbeitstagen und einem Dreischichtbetrieb ergibt. Eine dritte Möglichkeit wäre die **Normalkapazität**.

2. Als Alternative zur Kapazitätsplanung bietet sich die **Engpaßplanung** an. Hier wird berücksichtigt, daß alle Aktivitäten letztlich an der streng-

[26] Vgl *Kilger, Pampel und Vikas* (2002), S. 260.
[27] Siehe ausführlich *Kilger, Pampel* und *Vikas* (2002), S. 260 – 265.

sten Restriktion des Unternehmens auszurichten sind, so daß die Planbeschäftigungen der verschiedenen Stellen diesbezüglich miteinander
abzustimmen sind. Als Ausgangspunkt werden oftmals die erwarteten
Absatzmengen oder die produktbezogenen Absatzhöchstgrenzen herangezogen, was implizit den Absatzbereich als Engpaßsektor unterstellt.

Der Vorteil der Engpaßplanung liegt zweifellos in der **Gesamtabstimmung** der
stellenspezifischen Planbeschäftigungen, die bei der Kapazitätsplanung nicht ohne
weiteres gegeben ist. Andererseits muß bedacht werden, daß der tatsächlich wirksame Engpaß eigentlich nur nach Kenntnis des optimalen Produktions- und Absatzprogramms festliegt, zu dessen Ermittlung die Kostensätze der GPKR ja gerade dienen
sollen. Es handelt sich um ein analoges Dilemma wie im Falle der Losgrößen und
Rüstzeiten bei der Bezugsgrößenwahl, das nur simultan gelöst werden kann.

Aufstellung der Kostenpläne

Liegen Bezugsgrößen und Planbeschäftigung fest, können die Kostenpläne im Detail
aufgestellt werden. Die Vorgangsweise ist für Hauptkostenstellen (Hauptstellen) und
Hilfskostenstellen (Hilfsstellen) unterschiedlich.[28] Begonnen wird mit den **Hilfskostenstellen**, weil deren variable Kosten nach Durchführung der **Sekundärkostenrechnung** in die Kostensätze der Hauptstellen eingehen. Die grundsätzliche Vorgehensweise bei der Kostenplanung ist allerdings für Hilfskostenstellen und Hauptkostenstellen gleich. Für beide Stellenarten müssen nämlich zunächst die primären
Kostenstellenkosten geplant werden, also die bewerteten Verbräuche solcher Güter-
arten, die vom Beschaffungsmarkt bezogen werden. Anschließend wird die Sekundärkostenrechnung durchgeführt, bei der die Hilfsstellen um die variablen Kosten
der erbrachten innerbetrieblichen Leistungen entlastet und die Hauptstellen mit
diesen Beträgen belastet werden (siehe auch 11. Kapitel: *Verrechnungspreise und
Kostenallokationen*).

Für die **Planung der primären Stellenkosten** kommen zwei Methoden in Frage,
nämlich **statistische** und **analytische Methoden**. Mit ihnen sollen die Gesamtkosten
und deren fixe und variable Anteile (Kostenauflösung) ermittelt werden.

Statistische Methoden der Kostenplanung

Bei diesen Methoden handelt es sich um spezifische **Auswertungen bereinigter
Istkosten vergangener Perioden**. Die Bereinigung von Istdaten ist erforderlich,
weil sich Veränderungen zB im Preisniveau, im Fertigungsverfahren oder in der

---

[28]   Die Gliederung der Kostenstellen erfolgt vorwiegend produktionstechnisch: Hauptkostenstellen dienen der Bearbeitung der zum Produktionsprogramm gehörenden Produkte, während Hilfskostenstellen lediglich mittelbar zur Produktion beitragen. Des weiteren werden häufig noch Neben-
kostenstellen (zur Bearbeitung von Nebenprodukten, wie zB Kuppelprodukte oder Abfallprodukte)
unterschieden. Die Trennung in Hauptkostenstellen und Hilfskostenstellen stimmt häufig mit der
rechentechnischen Gliederung nach Vorkostenstellen und Endkostenstellen überein; davon wird hier
ausgegangen. Vgl zu den Arten von Kostenstellen zB *Schweitzer* und *Küpper* (2003), S. 123 f.

Kostenstruktur ergeben haben können. Die durch Gleichung (1) beschriebene Kostenfunktion der GPKR sieht ja als einzige Variable nur die Bezugsgröße b vor. Sofern sich zB Änderungen im Preisniveau ergeben haben, müssen die Vergangenheitswerte an das neue Preisniveau der laufenden Planungsperiode angepaßt werden; ähnliches gilt bei Änderungen der Fertigungsverfahren. Weiterhin können potentielle Fehlkontierungen zu verzerrten Werten bei der Kostenplanung führen; sie sind zu korrigieren, soweit sie aufgespürt werden können.

Die bereinigten Daten lassen sich mit verschiedenen Methoden auswerten. Zunächst kommt die sogenannte „**Mathematische" Kostenauflösung** in Betracht. Dieses Verfahren wird auch als *Hoch-Tiefpunkt-Verfahren* bezeichnet. Man greift sich zwei beliebige Vergangenheitswerte heraus und erhält mit Hilfe der Linearitätsprämisse der GPKR die gesuchten Parameter der Kostengleichung (1), variable Stückkosten k und Fixkosten K^F. Werden die zwei Gesamtkostenwerte mit K_1 und K_2 ($K_1 < K_2$) und die entsprechenden Bezugsgrößenausprägungen mit b_1 und b_2 ($b_1 < b_2$) bezeichnet, dann folgt aus der grundlegenden Gleichung (1)

$$K_1 = K^F + k \cdot b_1; \quad K_2 = K^F + k \cdot b_2 \quad \Rightarrow K_2 = K_1 + k \cdot (b_2 - b_1)$$

Daraus erhält man für den Kostensatz

$$k = \frac{K_2 - K_1}{b_2 - b_1} \tag{3}$$

Mit diesem Kostensatz lassen sich dann durch Einsetzen in die Gleichung für K_1 oder K_2 leicht die verbleibenden Fixkosten berechnen. Gibt b^p die Planbezugsgröße der konkret vorliegenden Planungsperiode an, lauten die **variablen, primären Plankosten** $k \cdot b^p$.

Als **Vorteil** dieses Verfahrens wird seine einfache Anwendbarkeit angeführt, denn man benötigt nur zwei Werte, um die gesuchten Parameter zu schätzen. Doch gerade dies ist problematisch, wenn die Linearitätsprämisse nicht gilt: Der Kostensatz k wird dann stark von der zufälligen Auswahl dieser beiden Vergangenheitswerte beeinflußt. Aus diesem Grund wird vorgeschlagen, die gesamte Zeitreihe der Vergangenheitswerte auszuwerten, was durch Anwendung **statistischer Regressionsverfahren** (zB auf Basis der Methode der kleinsten Fehlerquadrate) geschehen kann.

Die **statistischen Methoden** der Kostenplanung mögen auf den ersten Blick recht einfach und wirtschaftlich anwendbar erscheinen, weil keine expliziten, technischen Verbrauchsanalysen durchgeführt werden müssen. Bei näherem Hinsehen schwindet allerdings dieser Vorteil.

- Gerade bei Implementierungen, Umstellungen und/oder Verfeinerungen der Plankostenrechnung stehen die Istkosten und Istbezugsgrößen zumeist nicht in der erforderlichen Differenzierung zur Verfügung.

- Liegen die Vergangenheitswerte relativ eng beisammen, hat man es mit sogenannten *Streupunktballungen* zu tun, die eine sinnvolle Anwendung etwa des Regressionsverfahrens erschweren.

■ Das größte Problem liegt aber in der **Bereinigung** der Istdaten. Zunächst dürften die Kosten für die Vornahme dieser Bereinigungen bei einer Fülle von Änderungen beträchtlich sein. Darüber hinaus beinhalten die Bereinigungen aber ein grundsätzlicheres Problem. Hat etwa zwischenzeitlich eine Verfahrensänderung stattgefunden, sind die Istdaten so zu ermitteln, wie sie bei Geltung des neuen Verfahrens gewesen *wären*. Damit werden aber technisch-kostenwirtschaftliche Verbrauchsanalysen erforderlich, um diese Umwertungen vornehmen zu können. Hat man jedoch solche Analysen durchgeführt, bleibt fraglich, warum man sie nicht sofort für die Kostenplanung verwenden soll.

Analytische Methoden der Kostenplanung

Bei diesen Verfahren wird die Kostenplanung ausdrücklich auf der Basis **technisch-kostenwirtschaftlicher Analysen** durchgeführt. Dabei lassen sich grundsätzlich die gleichen Methoden wie bei der Einzelkostenplanung anwenden.

Analytische Kostenplanungen können einstufig oder mehrstufig erfolgen. Bei der **mehrstufigen analytischen Kostenplanung** werden die Kosten für alternative Beschäftigungsgrade geplant (zB Planung der Kosten für 50%, 70%, 90% und 100% der Planbeschäftigung). Als Vorteil dieser Methode wird genannt, daß sich damit in gewissem Umfang auch nichtlineare Kostenverläufe planen lassen. Weil jedoch die GPKR auf linearen Verhältnissen basiert, ist dieser „Vorteil" weitgehend bedeutungslos. Außerdem wird die Grenzkostenkalkulation dadurch erschwert, daß keine ausdrückliche Trennung der Plankosten in fixe und variable Bestandteile erfolgt.

Für die GPKR ist daher vorwiegend die **einstufige analytische Kostenplanung** relevant. Sie basiert bei der Trennung von fixen und variablen Kosten auf einer sogenannten **planmäßigen Kostenauflösung**. „Hierbei geht man so vor, daß diejenigen Plankosten den fixen Kosten zugeordnet werden, die auch dann noch anfallen sollen, wenn die Beschäftigung einer Kostenstelle gegen Null tendiert, die Betriebsbereitschaft zur Realisierung der Planbezugsgröße aber beibehalten wird"[29]. Diese **Fixkosten** sind also weitgehend **dispositionsbestimmt**.

Die Kostenplanung hat bei der einstufigen Methode eine recht einfache **Struktur**: Bezeichnet b^p wieder den Wert der Planbezugsgröße, dann werden auf Basis technisch-kostenwirtschaftlicher Analysen zunächst für jede Gemeinkostenart die gesamten primären Plankosten für diesen Bezugsgrößenwert geplant. Anschließend wird entschieden, welcher Teilbetrag dieser Kosten zur Aufrechterhaltung der Betriebsbereitschaft angesetzt werden *soll*. Dieser Betrag wird vom Gesamtbetrag abgezogen und der verbleibende Kostenbetrag durch die Planbezugsgröße b^p dividiert. Auf diese Weise erhält man für die jeweilige Kostenart sowohl die Fixkosten als auch den entsprechenden Kostensatz für die variablen, bezugsgrößenproportionalen Kosten. Eine Summierung dieser Kostensätze über alle Kostenarten ergibt den gesamten Kostensatz für die betreffende Bezugsgröße.

Die **Dispositionsbestimmtheit** der fixen – und damit letztlich auch der proportionalen – Kosten spielt insbesondere bei den Lohn- und Gehaltskosten eine Rolle,

---

[29] *Kilger, Pampel* und *Vikas* (2002), S. 275.

wenn man an alternativ mögliche **Fristigkeitsgrade** der Kostenplanung denkt. Bezieht sich die Kostenplanung zB auf einen Zeitraum von nur drei Monaten, werden die meisten Lohn- und Gehaltskosten wegen vertraglicher Bindungen und Kündigungsfristen als fix vorzugeben sein. Wählt man statt dessen einen Fristigkeitsgrad von 12 Monaten, bestehen grundsätzlich Anpassungsmöglichkeiten beim Personalbestand, und sofern man sich dafür entscheidet, diese Anpassungsmöglichkeiten bei Beschäftigungsänderungen auch wahrzunehmen, kommt eine grundsätzliche Einbeziehung mancher Lohn- und Gehaltskosten in die variablen Kosten in Frage.

Sekundärkostenrechnung

Anschließend müssen die (variablen) Kosten derjenigen Stellen, die nur Leistungen für andere Stellen erbringen, auf die empfangenden Stellen umgelegt werden, damit eine Zurechnung auf die Kostenträger erfolgen kann. Diese Sekundärkostenrechnung kann relativ leicht durchgeführt werden, wenn man es mit einer **einfach zusammenhängenden Produktionsstruktur** zu tun hat. Dort können die Stellen stets so angeordnet werden, daß nur vorgelagerte an nachgelagerte Kostenstellen liefern. In diesem Fall läßt sich die Sekundärkostenrechnung analog zum bekannten **Treppenverfahren** der innerbetrieblichen Leistungsverrechnung durchführen.[30] Die Grenzkostensätze für innerbetriebliche Leistungen lassen sich dann sukzessiv ermitteln. Für die erste Stelle des Leistungsflusses stimmt dieser Grenzkostensatz mit dem bezugsgrößenspezifischen Kostensatz k überein. Die Kostensätze der empfangenden Stellen sind dann jeweils um die anteiligen Belastungen zu erhöhen.

Sollten sich die Hilfsstellen dagegen auch wechselseitig beliefern, liegt eine **komplexe Produktionsstruktur** vor. In diesem Fall muß auf eine Vorgehensweise analog dem Kostenstellenausgleichsverfahren[31] zurückgegriffen werden. Unter der Annahme, daß pro Kostenstelle nur eine Bezugsgröße zur Anwendung kommt, können die Verrechnungssätze für innerbetriebliche Leistungen durch das folgende Gleichungssystem bestimmt werden (es handelt sich stets um Plangrößen, so daß vereinfachend der Index 'p' weggelassen wird):

$$b_i \cdot c_i = PK_i + \sum_{j=1}^{I} b_i \cdot v_{ij} \cdot c_j \quad \text{für alle } i \tag{4}$$

Dabei bedeuten:
b_i .... Planbezugsgröße der Hilfskostenstelle i, $i = 1, \ldots, I$
c_i .... Proportionaler Planverrechnungssatz der Hilfsstelle i
PK_i ...... Gesamte proportionale primäre Plankosten der Hilfsstelle i
v_{ij} .... Proportionaler Planverbrauch an innerbetrieblichen Leistungen der Stelle j je Bezugsgrößeneinheit der Stelle i, $i, j = 1, \ldots, I$

---

[30]   Vgl dazu zB *Kloock*, *Sieben* und *Schildbach* (1999), S. 118 – 120.
[31]   Vgl *Kloock, Sieben* und *Schildbach* (1999), S. 122 – 125.

Dabei bezeichnet das Produkt $b_i \cdot c_i$ die gesamten (primären und sekundären) **proportionalen Plankosten** der sekundären Kostenstelle i. Dividiert man für jede dieser Stellen beide Seiten von (4) durch die Planbezugsgröße b_i, so folgt:

$$c_i = pk_i + \sum_{j=1}^{I} v_{ij} \cdot c_j \quad \text{für alle } i \tag{5}$$

pk_i .... proportionaler Primärkostensatz je Bezugsgrößeneinheit der Stelle i, $i = 1, \ldots, I$

Die **Grenzkostensätze** c_i ergeben sich als Lösung des in (5) beschriebenen linearen Gleichungssystems. In Vektor- und Matrizenschreibweise läßt sich dessen Lösungsstruktur wie folgt charakterisieren:

$$\mathbf{c} = \mathbf{pk} + \mathbf{V} \cdot \mathbf{c} \quad \Rightarrow \mathbf{c} = (\mathbf{E} - \mathbf{V})^{-1} \cdot \mathbf{pk} \tag{6}$$

$\mathbf{c}$ .... Spaltenvektor der c_i
$\mathbf{pk}$ .... Spaltenvektor der pk_i
$\mathbf{E}$ .... $I \times I$-Einheitsmatrix
$\mathbf{V}$ .... $I \times I$-Matrix der v_{ij}

Diese Ermittlung der Planverrechnungssätze berücksichtigt nur die sekundären Kostenstellen. Implizit wird also unterstellt, daß diese Stellen keine Leistungen von den Hauptstellen empfangen. Sie können daher vorab abgerechnet werden, und die erhaltenen Verrechnungssätze c_i für die innerbetrieblichen Leistungen werden dann für die Kostenüberwälzung auf die empfangenden Stellen verwendet.

Kalkulationssätze der Hauptstellen

Nach Durchführung der innerbetrieblichen Leistungsverrechnung werden für die Hauptkostenstellen die **Kalkulationssätze** (dh die variablen Kosten je Bezugsgrößeneinheit) berechnet, indem die gesamten primären und sekundären proportionalen Kosten einer Hauptstelle durch den jeweiligen Wert der Planbezugsgröße dividiert werden. Bei mehreren Bezugsgrößen pro Kostenstelle (heterogene Kostenverursachung) sind nur die jeweiligen bezugsgrößenspezifischen primären und sekundären Plankosten relevant, was im Rahmen der Sekundärkostenrechnung bereits eine differenzierte Belastung der Hauptstellen hinsichtlich der einzelnen Bezugsgrößenarten voraussetzt.

Beispiel

Gegeben seien zwei Hilfsstellen (zB Reparaturwerkstatt und Werkzeugmacherei), bei denen jeweils Fertigungsstunden als Bezugsgröße dienen. Für beide Stellen werden 1.000 Stunden als Planbezugsgröße angesetzt. Die variablen, primären Plankosten der Hilfsstelle 1 (2) betragen 10.000 (17.800). Daraus ergeben sich primäre Kostensätze je Bezugsgrößeneinheit in Höhe von 10 (17,8) für die Hilfsstelle 1 (2). Je Fertigungsstunde der Stelle 1 werden 0,05 Fertigungsstunden der Stelle 2 benötigt und je Fertigungsstunde der Stelle 2 0,2 Fertigungsstunden der Stelle 1; Eigenbedarf liegt nicht vor. Die Verbrauchskoeffizienten lauten damit:

$$v_{12} = 0,05; \quad v_{21} = 0,2; \quad v_{11} = v_{22} = 0$$

Aus diesen Daten erhält man folgendes Gleichungssystem:

$$c_1 = 10 + 0,05 \cdot c_2$$
$$c_2 = 17,8 + 0,2 \cdot c_1$$

Einsetzen der Gleichung für c_2 in die Gleichung für c_1 und Auflösen erbringt

$$c_1 = 11; \quad c_2 = 20$$

Mit diesen Kostensätzen ergeben sich *Gesamtkosten* der Stelle 1 (2) in Höhe von 11.000 (20.000). Die Hilfsstellen werden anschließend wie folgt entlastet:

	Hilfsstelle 1	Hilfsstelle 2	Umlage auf Hauptstellen
Summe primäre Gemeinkosten	10.000	17.800	
Umlage Hilfsstelle 1 (zB 2.200 = 1.000·0,2·11)	–11.000	2.200	8.800
Umlage Hilfsstelle 2 (zB 1.000 = 1.000·0,05·20)	1.000	–20.000	19.000
Summe sekundäre Gemeinkosten	0	0	27.800

Die Zahlen der Spalte „Umlage auf Hauptstellen" geben nur deren Gesamtbelastung für innerbetriebliche Leistungen an. Die *einzelnen* Hauptstellen müssen natürlich differenziert nach der jeweils geplanten Beanspruchung der beiden Hilfsstellen belastet werden.

2.5. Kostenträgerstückrechnung

Bei der Kalkulation von Produkten oder Aufträgen werden die Ergebnisse der Einzelkostenplanung und der Kostenstellenrechnung zusammengefügt. Im einzelnen hängt der Aufbau der Kalkulationen von der Struktur des Produktionsprozesses ab.[32] Die Art und Weise der Kalkulation gleicht aber grundsätzlich einer elektiven Zuschlagskalkulation, bei der für die Zurechnung der Fertigungskosten jedoch keine wertmäßigen Zuschlagsätze, sondern die oben beschriebenen, bezugsgrößenspezifischen Kalkulationssätze der Fertigungshauptstellen verwendet werden.

---

[32] Vgl zu einer ausführlichen Darstellung vieler Fälle *Kilger, Pampel* und *Vikas* (2002), S. 467 – 490.

Die **Grenzselbstkosten** sind die für die Berechnung von Stückdeckungsbeiträgen grundsätzlich **relevanten Kostengrößen**. Sofern in den Fertigungsstellen verfahrensbedingt heterogene Kostenverursachungen auf Grund von verschiedenen Fertigungsverfahren (Maschinenbelegungen) auftreten, sind für jedes Produkt die Grenzselbstkosten für verschiedene Verfahrenskombinationen zu ermitteln, falls das spätere Entscheidungsmodell auf der Alternativkalkulation aufbaut. Kommt das **Arbeitsgangverfahren** zur Anwendung, sind die verfahrensspezifischen variablen Kosten aus der Produktkalkulation herauszunehmen; die Kostensätze der Stellenrechnung und die bezugsgrößenspezifischen Produktdaten werden dann unmittelbar in das Entscheidungsmodell einbezogen. Sofern wie im obigen Beispiel die variablen Verwaltungs- und Vertriebsgemeinkosten prozentual auf Basis der Grenzherstellkosten verrechnet werden, sind die verfahrensspezifischen Kostensätze des Arbeitsgangverfahrens jeweils um diese Zuschlagsätze zu erhöhen.

Wie die obigen Ausführungen über die Berechnung variabler Stückkosten zeigen, ist die **Vorgehensweise** der GPKR in vielen Fällen eng an die Vorgehensweise traditioneller Systeme der Istkostenrechnung angelehnt. Damit soll vor allem der Anwendungsaspekt berücksichtigt werden, denn bei der Gestaltung von Planungs- und Kontrollrechnungen sind ebenfalls Wirtschaftlichkeitsfragen zu beachten.

Beispiel

Ein einteiliges Produkt durchläuft nacheinander drei Fertigungsstellen F1, F2 und F3. Die geplanten Materialeinzelkosten betragen 30, und die Sondereinzelkosten der Fertigung (des Vertriebs) werden in Höhe von 10 (5) angesetzt. Hinsichtlich der drei Fertigungsstellen lassen sich aus der Stellenrechnung folgende Plandaten entnehmen:

F1: Heterogene Kostenverursachung; Bezugsgrößen: Fertigungsstunden, Rüststunden.
Kalkulationssätze (variable Kosten): 2 je Fertigungsstunde; 1 je Rüststunde
Produktdaten: 4 Fertigungsstunden; 0,3 Rüststunden.

F2: Homogene Kostenverursachung; Bezugsgröße: Fertigungsstunden
Kalkulationssatz (variable Kosten): 10 je Fertigungsstunde
Produktdaten: 2 Fertigungsstunden

F3: Homogene Kostenverursachung; Bezugsgröße: Fertigungsstunden
Kalkulationssatz (variable Kosten): 6 je Fertigungsstunde
Produktdaten: 2,5 Fertigungsstunden

Die variablen Materialgemeinkosten werden als Zuschlagsatz (10%) der Materialeinzelkosten verrechnet, die variablen Verwaltungs- und Vertriebsgemeinkosten dagegen als Zuschlagsatz (20% und 10%) auf die Grenzherstellkosten. Daraus ergibt sich folgende Kalkulation:

Materialeinzelkosten	30
Materialgemeinkosten (30·0,1 =)	3
Fertigungskosten F1 (2·4 =)	8
Rüstkosten F1 (0,3·1 =)	0,3
Fertigungskosten F2 (2·10 =)	20
Fertigungskosten F3 (2,5·6 =)	15
Sondereinzelkosten der Fertigung	10
Grenzherstellkosten	*86,3*
Verwaltungsgemeinkosten (86,3·0,2 =)	17,26
Vertriebsgemeinkosten (86,3·0,1 =)	8,63
Sondereinzelkosten des Vertriebes	5
Grenzselbstkosten	*117,19*

Die Darstellung dürfte verdeutlicht haben, daß im Rahmen der GPKR zur Ermittlung der Grenzkosten einzelner Produkte eine Fülle von **Rechenschritten** nötig ist, bei denen die Einhaltung des Verursachungsprinzips nicht immer gewährleistet werden kann. Zu einem großen Teil ist dafür die **Linearitätsprämisse** verantwortlich. Viele Kosten hängen zwar mit dem Umfang der erstellten Leistungen zusammen und sind insofern als variabel einzustufen, doch ist der dabei maßgebliche Zusammenhang nicht unbedingt linear bezüglich der Endprodukte. Daher können bestimmte variable Gemeinkosten den Endprodukten letztlich nur mit Hilfe des Durchschnittsprinzips zugerechnet werden, was die Entscheidungsrelevanz der ermittelten Kostendaten relativiert.

2.6. Erlösrechnung

Die Erlösrechnung bildet gewissermaßen das Pendant zur Kostenrechnung. Sie ist ein Teilgebiet der Leistungsrechnung. Die **Leistungsrechnung** umfaßt die

1. **Erlösrechnung**
2. **Bestandsrechnung** (Lagerbestandserhöhungen und „aktivierte" Eigenleistungen)
3. **innerbetriebliche Leistungsrechnung**.[33]

Die **Erlösrechnung** enthält die Leistungen, denen abgesetzte Güter zugrunde liegen, also Güter, die unmittelbar zu Umsätzen geführt haben. Die Bewertung erfolgt regelmäßig mit den erzielbaren (Planerlösrechnung) oder erzielten Absatzpreisen (Isterlösrechnung). Es handelt sich damit um eine pagatorische Rechnung. Zur Leistungsrechnung gehören des weiteren Leistungen, die nicht unmittelbar zu Umsätzen geführt haben. Das sind zum einen **Lagerbestandserhöhungen** an unfertigen und fertigen Produkten sowie „aktivierte" Eigenleistungen (selbst erstellte Güter, die später verbraucht werden) und zum anderen **innerbetriebliche Leistungen**. Letztere werden im Rahmen der Sekundärkostenrechnung mit ihren Gesamtkosten weiter verrechnet (siehe oben). Lagerbestandserhöhungen und „aktivierte" Eigenleistungen können entweder mit ihren Kosten (Herstellkosten einschließlich anteiliger Verwaltungskosten) oder mit ihren künftigen Absatzpreisen (unter Abzug noch erforderlicher Kosten) bewertet werden. Im folgenden wird nur die Erlösrechnung als wichtigstes Teilgebiet der Leistungsrechnung weiter erörtert.[34]

Die **Leistungsrechnung** und **Erlösrechnung** wurden im Vergleich zur Kostenrechnung stark vernachlässigt; es liegt bisher noch keine derart geschlossene und praktisch erprobte Form vor, wie

---

[33]   Vgl *Kloock, Sieben* und *Schildbach* (1999), S. 159.

[34]   Die Begriffsbildung in der Literatur ist nicht einheitlich. Hier werden *Leistungen* als „bewertete sachzielbezogene Gütererstellungen" des Unternehmens in einer Periode bezeichnet (genauso zB *Kloock, Sieben* und *Schildbach* (1999), S. 38; *Schweitzer* und *Küpper* (2003), S. 21; *Coenenberg* (2003), S. 19). Unter Leistung kann man allerdings auch nur die Mengenkomponente (Ausbringung) sehen, als *Erlös* wird dann die bewertete Leistung definiert (so zB *Männel* (1993a), Sp. 564).

dies etwa bei der GPKR der Fall ist.[35] Der Grund dafür ist sicherlich *nicht* darin zu finden, daß es sich bei der Erlösrechnung um eine vergleichsweise unwichtige Rechnung handelt. Es ist offensichtlich, daß geringfügige Maßnahmen auf der Erlösseite weit stärkere Ergebniswirkungen aufweisen als Maßnahmen auf der Kostenseite; dies liegt an den Größenordnungen der jeweiligen Beträge. Das Problem liegt eher in der schlechteren Planbarkeit der erlösbeeinflussenden Größen. Die Wirkungen von Kosteneinflußgrößen basieren stark auf technisch-naturwissenschaftlichen Zusammenhängen, die Wirkungen von Erlöseinflußgrößen auf die Erlöse sind dagegen weit schwächer und basieren vielfach auf Ermessensentscheidungen, die kurzfristig situationsspezifisch getroffen werden.

Planung der Erlöse

Grundsätzlich läßt sich analog zur Vorgehensweise bei der Kostenrechnung die Erlösrechnung in eine Erlösarten-, Erlösstellen- und Erlösträgerrechnung gliedern. Praktisch erfolgt jedoch häufig keine deutliche Trennung; die Planung geht vielfach von den Erlösträgern aus, die meist als die (Basis-)Produkte definiert werden.[36] Eine **Grenzplanerlösrechnung** (GPER) kann unter folgenden **Prämissen** aufgebaut werden, die völlig analog zur GPKR sind:[37]

1. Die Erlöse werden **deterministisch** geplant.

2. Der Erlösplanung werden **fest vorgegebene Absatzkonditionen** zugrunde gelegt.

3. Die **Absatzmenge** ist variabel und stellt die maßgebliche **Erlöseinflußgröße** dar. Sonstige Erlöseinflußgrößen werden meist als gegeben angenommen und nicht gesondert ausgewiesen.

4. Die Planerlöse lassen sich **eindeutig** in **proportionale** und **fixe** Bestandteile (hinsichtlich der Bezugsgröße Absatzmenge) trennen.

5. Als relevante Größen werden nur **Teilerlöse** als absatzmengenproportionale Erlöse angesetzt. Fixe Erlöse (zB Grundgebühren, Grundpreise) werden nicht berücksichtigt.

Erlösartenrechnung

Bei den Erlösen scheint die Annahme, daß es *den* Preis für jedes Produkt gibt, viel einsichtiger zu sein als bei Kosten. Tatsächlich besteht der Preis aus einer Vielzahl verschiedener **Erlösarten**. So ist zunächst bereits der für Entscheidungen relevante **Nettoerlös** ein Resultat mehrerer Erlösarten:

---

[35] Vgl zB *Männel* (1993a), Sp. 563; darin hat sich offenbar seit etlichen Jahren nichts geändert. Vgl zB *Männel* (1983b), S. 55 f.

[36] Im Anlagenbau etwa fallen vielfach Erlösstellen und Erlösträger zusammen. *Männel* (1992), S. 632, geht überhaupt zunächst von einer kundenbezogenen Erlösquellenrechnung aus, aus der die Erlösträgerrechnung und schließlich die Erlösstellenrechnung hervorgehen. Die Erlösartenrechnung hat dabei praktisch keine eigenständige Funktion.

[37] Vgl auch *Nießen* (1982), S. 94 – 103.

> *Basiserlös*
> + Zuschläge (zB für Sonder- und Zusatzleistungen, kleine Mengen)
> *Bruttoerlös*
> – Erlösminderungen, die bei Rechnungsstellung sofort in Abzug
>   gebracht werden (zB Mengenrabatte, Funktionsrabatte)
> – Erlösberichtigungen (zB Gutschriften, Kundenskonti, Preisnachlässe
>   aufgrund von Mängelrügen, Boni, Wechselkursänderungen)
> *Nettoerlös*

Werden Sonderausstattungen als eigenes Produkt behandelt, sind diesbezügliche Zuschläge nicht in der obigen Rechnung enthalten. Vom Bruttoerlös werden **Erlösschmälerungen** in Abzug gebracht. Diese sind selbst mit keiner Gütererstellung verbunden, sondern korrigieren nur den Bruttoerlös um Beträge, die zwischen Unternehmen und Kunden noch Berücksichtigung finden.

Bezogen auf ein Produkt handelt es sich bei den Zuschlägen und Erlösschmälerungen meist um **variable Gemeinerlöse**. Analog zu den Kosten gibt es zwei Arten: Unechte Gemeinerlöse werden nicht einzeln erfaßt, obwohl dies grundsätzlich möglich wäre; dazu gehören beispielsweise bestimmte Zuschläge oder Funktionsrabatte. Echte Gemeinerlöse, wie zB Mengenrabatte, Boni (Rabatte, die auf den Jahresumsatz mit einem Kunden gewährt werden) oder Erlösschmälerungen infolge von Zahlungsmodalitäten, können dem *einzelnen* Produkt hingegen nicht verursachungsgerecht zugerechnet werden. Sie werden in der GPER gemäß dem Durchschnittsprinzip aufgeteilt.

Erlösstellenrechnung

Die Planung der Erlöse erfolgt sinnvoll in den **Erlösstellen**. Für die Erlösstellenbildung kommen dabei mehrere **Möglichkeiten** in Betracht, wie zB

- Produktgruppen
- Kunden bzw Kundengruppen
- Absatzwege bzw Absatzmethoden
- Marktsegmente bzw Teilmärkte.

Ausschlaggebendes Kriterium ist dabei die **Planbarkeit** der Einzelerlöse und Gemeinerlöse. *Beispiele*: Bilden Funktionsrabatte die wesentlichste Erlösschmälerung, so bietet sich eine Gliederung nach Absatzwegen (dh Großhändler, Einzelhändler, Konsumenten) an. Sind Absatzprognosen am ehesten für bestimmte Marktsegmente möglich, ist es sinnvoll, Erlösstellen darauf abzustellen. Gegebenenfalls können Hierarchien von Erlösstellen gebildet werden. Das Vorliegen eines Angebotsverbundes (zB mehrere Produkte werden als Bündel verkauft) oder eines Nachfrageverbundes (zB Kunden kaufen mehrere Produkte regelmäßig gemeinsam, Komplementarität) schafft insofern Probleme, als entweder keine Einzelpreise für die verbundenen Produkte existieren oder Einzelpreise aus absatzpolitischen Erwägungen verzerrt sind. Dann handelt es sich eigentlich um Gemeinerlöse für die einzelnen Produkte und um Einzelerlöse für die verbundenen Produkte insgesamt. Verbundene Produkte sollten daher nicht in mehreren Erlösstellen aufscheinen.

Wird die Erlösstellenrechnung für Kontrollzwecke verwendet, können sich andere Gliederungskriterien anbieten. Wichtig dafür ist etwa eine möglichst eindeutige Verantwortlichkeit.

Beispiel zur Erlösstellenrechnung

Der Erlösstellenplan sieht eine Gliederung in Großhändler und Einzelhändler auf der einen Seite und in die beiden Produktgruppen P1 und P2 vor. Der Basispreis für P1 (P2) ist 120 (150). Die Funktionsrabatte sind nach Händlern und Produktgruppen gestaffelt: Großhändler erhalten für P1 (P2) einen Funktionsrabatt von 30% (25%), Einzelhändler für P1 (P2) von 20% (15%).

Für die Großhändlerwerte für P1 in der untenstehenden Tabelle ergibt sich
$480.000 \cdot 0,3 = 144.000$.

Das Unternehmen gewährt darüber hinaus einen Rabatt, der nach Auftragsumsatz (Basiserlöse abzüglich Funktionsrabatte) für beide Händlergruppen und Produktgruppen wie folgt gestaffelt ist:

$$\text{Auftragsumsatz} \leq 10.000: \quad 0\%$$
$$10.000 < \text{Auftragsumsatz} \leq 20.000: \quad 3\%$$
$$20.000 < \text{Auftragsumsatz}: \quad 5\%$$

Die Aufträge der Großhändler verteilen sich auf die drei Größenklassen im Verhältnis 30 : 30 : 40, die der Einzelhändler im Verhältnis 80 : 15 : 5.

Für die Großhändlerwerte für P1 ergibt sich:
Auftragsumsatz $480.000 - 144.000 = 336.000$;
Rabatt $= 336.000 \cdot (0,3 \cdot 0,03 + 0,4 \cdot 0,05) = 9.744$.

Das Unternehmen gewährt weiter 2% Skonto für Zahlungen innerhalb von 14 Tagen. Diese Zahlungsfrist wird im Durchschnitt von 75% der Großhändler und 50% der Einzelhändler ausgenutzt.

Für die Großhändlerwerte für P1 ergibt sich
$(480.000 - 144.000 - 9.744) \cdot 0,02 \cdot 0,75 = 4.894$.

Die *Erlösstellenrechnung* lautet mit diesen Angaben (Zahlen zum Teil gerundet):

	Großhändler		Einzelhändler		Summe
	P1	P2	P1	P2	
Absatzmenge	4.000	2.000	3.000	3.000	
Einzelerlöse	480.000	300.000	360.000	450.000	1.590.000
Funktionsrabatte	144.000	75.000	72.000	67.500	358.500
Auftragsumsatzrabatt	9.744	6.525	2.016	2.678	20.963
Skonto	4.894	3.277	2.860	3.798	14.829
Gemeinerlöse	158.638	84.802	76.876	73.976	394.292
in % der Einzelerlöse	33,05%	28,27%	21,35%	16,44%	24,80%

Für die beiden Produktgruppen P1 und P2 ergeben sich durchschnittliche Prozentsätze für Gemeinerlöse von 28,04% und 21,17%, die geplanten Nettopreise pro Stück betragen damit 86 (= $120 \cdot (1 - 0,2804)$) und 118 (= $150 \cdot (1 - 0,2117)$).

Qualitative Bezugsgrößen werden meist die Absatzmengen der Produkte sein (direkte Bezugsgrößen). Ggf können auch indirekte Bezugsgrößen gewählt werden, etwa bestimmte Umsatzgrößen, an die Erlösschmälerungen anknüpfen (zB hängt die Höhe von Funktionsrabatten oft vom Auftragsbruttoerlös ab). Entscheidend für die Wahl der Bezugsgrößen ist das unternehmensspezifische Konditionen- und Fakturierungssystem. Die **quantitative Bezugsgrößenplanung** erfolgt meist auf Basis der erlösstellenspezifischen Absatzhöchstmengen (Kapazitätsplanung). Sie bedient sich entweder der Marktforschung, Erfahrungswerten oder einfach Vermutungen. Bei Verwendung statistischer Methoden werden idR unternehmensinterne Daten (zB Werbeaufwand, Preisniveau, Lebenszyklus der Produkte, Qualität) und unternehmensexterne Daten (zB volkswirtschaftliche Indikatoren) gleichermaßen berücksichtigt.

Die **Erlösstellenrechnung** hat als wesentliche Aufgabe, die Stellengemeinerlöse (überwiegend Erlösschmälerungen) auf die Bezugsgrößen aufzuteilen; daneben kann sie auch zur Erlöskontrolle eingesetzt werden. Die Aufteilung ist im allgemeinen mit etlichen nicht verursachungsgerechten Schlüsselungen nach dem Durchschnittsprinzip (ggf auch Erlöstragfähigkeitsprinzip) verbunden.

Erlösträgerrechnung

Die ermittelten Gemeinerlössätze dienen der **Kalkulation** des (durchschnittlichen) Erlöses der **Erlösträger**. Es sind dies idR die Endprodukte, aber auch innerbetriebliche Leistungen. Im Vergleich zur Kostenträgerrechnung treten hier Zurechnungsprobleme infolge von Interdependenzen zwischen den Produkten bzw Leistungen stärker hervor.

2.7. Ergebnisrechnung

Die Ergebnisrechnung führt die Ergebnisse der GPKR und der GPER zusammen. Die Korrespondenzgröße sind die Produkte, für die die GPKR die (variablen) Kosten und die GPER die (variablen) Erlöse ermittelt. Die Differenz zwischen den Stückerlösen und Stückkosten ist der (Stück-)**Deckungsbeitrag**. Die Ergebnisrechnung umfaßt das in einer bestimmten Periode erwirtschaftete Ergebnis (sachzielbezogener Periodenerfolg), sie wird deshalb auch **Kostenträgerzeitrechnung** genannt. Eine besondere Form ist die **Kurzfristige Erfolgsrechnung (KER)**, die – ausgehend von den Daten der Finanzbuchhaltung – eine unterjährige, meist monatliche Ergebnisrechnung liefert. Der Zweck liegt in der laufenden Überwachung der Wirtschaftlichkeit des Unternehmens.

In der GPKR werden Deckungsbeiträge nur für **Produkte** ermittelt.[38] Da Kostenstellen und Erlösstellen im allgemeinen nach gänzlich unterschiedlichen Kriterien definiert werden, ergibt sich keine passende Ergebnisrechnung; erst auf einer stark aggregierten Ebene können sich Erlös-

---

[38]   Vgl *Kilger, Pampel* und *Vikas* (2002), S. 74.

stellen und Kostenstellen decken (zB als Profit Center). Im Vergleich dazu wird in der Relativen Einzelkosten- und Deckungsbeitragsrechnung (siehe den nächsten Abschnitt) für jedes Bezugsobjekt ein (relativer) Deckungsbeitrag als Differenz zwischen (relativen) Einzelerlösen und (relativen) Einzelkosten bestimmt.

Gesamtkostenverfahren und Umsatzkostenverfahren

Das Grundproblem der Ergebnisrechnung besteht in der Tatsache, daß sich **produzierte und abgesetzte Stückzahlen** der Produkte unterscheiden werden, daß also ein Lager aufgebaut oder abgebaut wird. Dementsprechend gibt es zwei Möglichkeiten, ein Ergebnis zu ermitteln:

1. **Umsatzkostenverfahren**
   Erlöse (abgesetzte Menge × Absatzpreis)
   – Umsatzkosten (abgesetzte Menge × Kosten)
   Ergebnis

2. **Gesamtkostenverfahren**
   Leistungen (Erlös, Bestandsveränderungen und „aktivierte"
   Eigenleistungen)
   – Gesamtkosten
   Ergebnis

Beim Umsatzkostenverfahren wird von den Erlösen ausgegangen. Ihnen werden diejenigen Kosten gegenübergestellt, die für die Erzeugung der abgesetzten Menge anfielen. Beim Gesamtkostenverfahren wird von den Gesamtkosten ausgegangen. Sie werden den Erlösen, den Bestandsveränderungen und den „aktivierten" Eigenleistungen gegenübergestellt.

Es ist offensichtlich, daß die **Ergebnisse** nach dem Umsatzkostenverfahren und Gesamtkostenverfahren nur dann gleich hoch sind, wenn die Bestandsveränderungen und „aktivierten" Eigenleistungen gerade mit den aktuellen variablen Plankosten (dh der Differenz zwischen Gesamtkosten und Umsatzkosten) bewertet werden. Im Falle, daß etwa auf Lager produzierte Fertigerzeugnisse mit ihren künftigen Verkaufspreisen bewertet werden, ist das Ergebnis nach dem Gesamtkostenverfahren höher. Dasselbe gilt, wenn die Plankosten früherer Perioden, in denen der Lagerbestand aufgebaut wurde, unter den Plankosten der Periode liegen, in denen der Lagerbestand wieder abgebaut wird, sofern das Umsatzkostenverfahren den gesamten Lagerabbau mit aktuellen Plankosten bewertet. Unterschiede können sich auch je nach Ermittlung von Abweichungen (periodenbezogen oder stückbezogen) ergeben.

Gesamtkostenverfahren und Umsatzkostenverfahren liefern **unterschiedliche Informationen**; sie sind deshalb nur schwer zu vergleichen. Beim Gesamtkostenverfahren wird etwa die Kostenstruktur deutlich, beim Umsatzkostenverfahren fällt eine Ergebnisspaltung in verschiedene Produkte und Produktgruppen leichter. Ein Vorteil des Gesamtkostenverfahrens wird auch darin gesehen, daß es leichter aus der Finanzbuchhaltung ableitbar ist. Alle diese Unterschiede sind nur für eine Istergebnisrechnung relevant, sie verschwinden, wenn eine detaillierte Erlösplanung und Kostenplanung durchgeführt wird.

Einstufige und mehrstufige Deckungsbeitragsrechnung

Je nachdem, ob Teilerlöse oder die gesamten Erlöse und ob Teilkosten oder die vollen Kosten angesetzt werden, handelt es sich beim „Ergebnis" um verschiedene Arten von Deckungsbeiträgen bzw. Periodenerfolgen. Typische Formen der Teilergebnisrechnung sind die einstufige und die mehrstufige **Deckungsbeitragsrechnung** bzw. **Fixkostendeckungsrechnung**.

Bei der **einstufigen Deckungsbeitragsrechnung** werden die Fixkosten (ggf unter Berücksichtigung der fixen Erlöse) als ein Block vom gesamten Deckungsbeitrag (Summe der variablen Erlöse abzüglich der variablen Kosten) abgezogen.

Bei der **mehrstufigen Deckungsbeitragsrechnung** wird der Fixkostenblock nach der Zurechenbarkeit der Fixkosten aufgegliedert. Als Gliederungskriterien können Bezugsobjekte wie Produktgruppen, Kostenstellen, Bereiche, Sparten usw dienen; die Bezugsobjekte lassen sich im allgemeinen hierarchisch ordnen.[39] Die Zuordnung von Fixkosten erfolgt an der jeweils untersten Stelle, der sie überschneidungsfrei zugerechnet werden können.[40] Beispielsweise sind die (fixen) Abschreibungen einer Spezialmaschine, die nur für ein Produkt verwendet werden kann, den Produktartenfixkosten zuzurechnen. Als Vorteil dieser differenzierten Behandlung der Fixkosten gilt die Möglichkeit zu erkennen, wieweit ein bestimmter Deckungsbeitrag positiv bleibt oder einen vorgegebenen Solldeckungsbeitrag auf einer bestimmten Stufe erreicht. Eine mögliche Form einer mehrstufigen Deckungsbeitragsrechnung ist in Abbildung 4 dargestellt.

Es gibt mehrere **Möglichkeiten einer Erweiterung**. Eine Möglichkeit wäre die Gliederung der Fixkosten nach ihrer **zeitlichen Beeinflußbarkeit** (Abbaubarkeit); dies ist insofern aber problematisch, als die gesamte Trennung der Kosten und Erlöse in variable (proportionale) und fixe Bestandteile von der Fristigkeit der Betrachtung abhängt (Dispositionsbestimmtheit). Genau genommen müßte für jede unterschiedliche Fristigkeit eine völlig neue Deckungsbeitragsrechnung aufgestellt werden. Eine andere Möglichkeit ist es, die **Auszahlungswirksamkeit** der Fixkosten detaillierter darzustellen. Damit sollen Aspekte einer Finanzrechnung in die KLR einbezogen werden; dies ist aufgrund der völlig anderen Zwecksetzung aber sehr problematisch. Eine dritte Möglichkeit wäre, den Kontrollaspekt der GPKR durch das Einfügen von **Abweichungen** in die Ergebnisrechnung zu integrieren. Die Erlöse und Kosten werden dann mit ihren Planwerten einbezogen, die durch separate Berücksichtigung von Abweichungen in die Istwerte übergeleitet werden.

---

[39] Eine solche Gliederung von Bezugsobjekten ist auch die Basis der Relativen Einzelkosten- und Deckungsbeitragsrechnung (siehe den nächsten Abschnitt).

[40] Dazu ist es erforderlich, daß die verschiedenen Gliederungskriterien nicht überlappen.

Nettoerlöse der einzelnen Produkte
– variable Kosten der einzelnen Produkte
Deckungsbeitrag I
– Fixkosten der Produktarten
Deckungsbeitrag II

Zusammenfassung nach Produktgruppen
– Fixkosten der Produktgruppen
Deckungsbeitrag III

Zusammenfassung nach Bereichen
– Fixkosten der Bereiche
Deckungsbeitrag IV

Zusammenfassung über das gesamte Unternehmen
– Fixkosten des Unternehmens
Periodenerfolg

Abb. 4: Mehrstufige Deckungsbeitragsrechnung

3. Prozeßkostenrechnung

3.1. Einführung

Eine Betrachtung der Vorgehensweise der GPKR zeigt, daß dort große Teile der **Gemeinkosten** eher stiefmütterlich behandelt werden. Die Kostenplanung berücksichtigt zwar grundsätzlich in allen Stellen vielfältige Kostenbestimmungsfaktoren über die bezugsgrößenspezifischen Kostenstellenpläne, doch der **Fokus** des Systems liegt letztlich bei der **Ermittlung (operativ) entscheidungsrelevanter Grenzkosten** für Endprodukte. Die grundsätzlich mögliche differenzierte Behandlung der Gemeinkosten auf Stellenebene wird daher typischerweise relativiert, weil gerade bei nicht fertigungsnahen Stellen keine Bezugsgrößen mit doppelter Funktion existieren. Daher greift man bei der Kalkulation doch wieder auf traditionelle wertmäßige Zuschlagsgrundlagen zurück oder verwendet völlig andere Maßstäbe wie zB „DM-Deckungsbezugsgrößen". Weil die **Fixkosten** als wohl größter Gemeinkostenblock ohnehin nicht zu den **kurzfristig entscheidungsrelevanten Kosten** gehören, besteht die Gefahr, daß sie bei einer Blockbetrachtung im Sinne der **einstufigen** Deckungsbeitragsrechnung quasi ganz aus dem Gedächtnis gestrichen werden. Im Zuge des Einsatzes neuer Fertigungstechnologien und des beachtlichen Gewichts der Vorlaufkosten bei immer kürzeren Produktlebenszyklen (siehe dazu 6. Kapitel: *Kostenmanagement*) hat aber gerade der **Gemeinkostenblock** an Bedeutung zugenommen. Aus dem Bestreben, ein effizientes Management auch der Gemeinkosten und insbesondere der Kosten in nicht fertigungsnahen Bereichen durchzuführen, entstand der Bedarf nach Kostenrechnungssystemen, die in der Lage sind, solche Entscheidungen zu fundieren.

Die **Prozeßkostenrechnung** (*Activity-based Costing* (*ABC*), *Activity-based Management*, *Transaction-based Costing*) ist das wohl prominenteste System, das unter diesem Blickwinkel entwickelt worden ist, wobei diese Entwicklung international durchaus verschiedene Facetten aufweist. So wurde das *Activity-based Costing* in den USA aufgrund der Unzufriedenheit mit dem dort üblichen Verfahren der Gemeinkostenallokation über Fertigungslöhne entwickelt. Diese Vorgehensweise ist dort für das externe Rechnungswesen gebräuchlich und entspricht den US-GAAP. Die amerikanische Version der Prozeßkostenrechnung beschäftigt sich dementsprechend vordringlich mit der Produktkalkulation. In der deutschen Version steht (insbesondere wegen der hochentwickelten Grenzplankostenrechnung) die Kostenstellenrechnung der indirekten Leistungsbereiche im Vordergrund.

Die **Prozeßkostenrechnung** ist grundsätzlich eine **Vollkostenrechnung** mit dem Bestreben, durch detaillierte Erfassung und Abbildung der in allen Bereichen und quer durch das Unternehmen ablaufenden Tätigkeiten eine der tatsächlichen **Ressourcenbeanspruchung** möglichst entsprechende Kostenzurechnung auf Aktivitäten, Maßnahmen und/oder Produkte zu gewährleisten. Sie bezieht Überlegungen der Kapazitätsanpassung ausdrücklich in ihre Betrachtung ein und ist daher zugleich ein Kostenrechnungsverfahren, das speziell auf strategische Entscheidungen ausgerichtet ist. Für **kurzfristige Entscheidungen** ist sie daher *nicht* geeignet, da ja die gesamten Vollkosten oder zumindest etliche Fixkosten in den Gemeinkosten den Prozessen und im weiteren den Produkten zugerechnet werden. Kurzfristig sind die Fixkosten (*ex definitione*) durch Entscheidungen nicht beeinflußbar; infolge der Verrechnung scheint dies aber so. Die Folge können Fehlentscheidungen sein. Dasselbe gilt für die **Kontrollfunktion** der Kostenrechnung: Da die Verursachung von Kosten im Rahmen der Prozeßkostenrechnung sehr weit gefaßt ist, kann eine laufende Abweichungsanalyse kaum relevante Information bringen.

Im folgenden wird die **Technik der Prozeßkostenrechnung** dargestellt. **Anwendungen** der Prozeßkostenrechnung (zB Gemeinkostenmanagement, strategische Kalkulation, Kundenprofitabilitätsanalyse) finden sich im 6. Kapitel: *Kostenmanagement*.

3.2. Vorgehensweise

Die Vorgehensweise bei der Prozeßkostenrechnung setzt sich aus vier Schritten zusammen, die im folgenden genauer besprochen werden:

- Ermittlung der Prozesse und Zuordnung von Kosten,
- Ermittlung der Kostentreiber,
- Ermittlung der Prozeßkostensätze,

■ Zusammenfassung zu Hauptprozessen.

Ermittlung der Prozesse und Zuordnung von Kosten

Im Unterschied zur Wertkettenanalyse (siehe 6. Kapitel: *Kostenmanagement*) basiert die Prozeßkostenrechnung auf der gegebenen Kostenstellengliederung im Unternehmen. Für jede einzelne Kostenstelle wird im Rahmen einer Tätigkeitsanalyse festgestellt, welche **Prozesse** (Tätigkeiten, Aktivitäten) dort ablaufen.

Typischerweise erfolgt zunächst eine **Grobanalyse**, die von einigen Hypothesen aufgrund der Erfahrung geleitet wird. Im Rahmen von unstrukturierten Interviews und Gesprächen mit Kostenstellenverantwortlichen sowie der Analyse von vorhandenen Unterlagen werden wesentliche in der Kostenstelle ablaufende Prozesse zu identifizieren gesucht. In einer daran anschließenden **Einzelanalyse**, zB mit teilstrukturierten Interviews, werden die Prozesse schließlich endgültig definiert. Als Größenordnung werden etwa fünf bis zehn Prozesse genannt, die einen Großteil der Ressourcenkosten abdecken.[41] Problematisch ist zT ein möglicher Verzerrungseffekt infolge der Tatsache, daß man sich dabei in weiten Bereichen auf Aussagen der Betroffenen in der Kostenstelle verlassen muß. Wenn Prozesse im EDV-System nicht unmittelbar abgebildet werden, müssen sie gesondert erfaßt werden. Dies verursacht Kosten und möglicherweise Ungenauigkeiten.

Die Prozesse werden in repetitive und nicht repetitive Prozesse eingeteilt. **Repetitive Prozesse** wiederholen sich oft, sind schematisiert und ausführend. *Beispiel*: Im Verwaltungsbereich sind Buchungen, Fakturierung oder Auftragsbearbeitung repetitive Tätigkeiten. **Nicht repetitive Prozesse**, die innovativ, dispositiv oder kreativ sind (zB Werbung, Führung, Forschung, Rechtsberatung), eignen sich nicht sehr gut für die Verrechnung über einen Prozeßkostensatz, da sie zu verschieden sind.

Daraufhin müssen die Kostenstellenkosten auf die einzelnen Prozesse verteilt werden, um Kosten für jeden Prozeß zu erhalten. Grundsätzlich ist dazu zu entscheiden, ob Istkosten oder Plankosten verwendet werden sollen. Unabhängig davon bestehen für die Kostenverteilung aber zwei Möglichkeiten. Eine Möglichkeit ist die **direkte Ermittlung** im Wege einer analytischen Kostenplanung. Dabei werden sämtliche Kostenarten einzeln untersucht und den jeweiligen Prozessen zugeordnet. Dies ist jedoch eine sehr kostspielige Möglichkeit. Meist werden deshalb andere Maßgrößen verwendet, anhand derer die Kostenstellenkosten aufgeteilt werden (**indirekte Ermittlung**). Ein Beispiel wäre die Zuordnung von Mitarbeitern oder Mannjahren an die Prozesse und die Schlüsselung der Kostenstellenkosten nach Mannjahren oder Personalkosten. Die Ungenauigkeit einer solchen vereinfachten Ermittlung ist um so geringer, je höher der Anteil der Personalkosten an den Kostenstellenkosten ist.

Beispiel: In der Kostenstelle Buchhaltung werden die Prozesse Kontierung, Verbuchung, Abstimmung der Konten und Leitung der Abteilung identifiziert. Die Ge-

---

[41] Vgl zB *Kieninger* (1991), S. 1095.

samtkosten der Kostenstelle betragen 360.000. Eine Verteilung nach Mannjahren bzw den zuzuordnenden Personalkosten ergibt folgende Prozeßkosten (Tabelle 2).

Prozeß	Mannjahre	Kosten	Personalkosten	Kosten
Kontierung	3	135.000	135.000	162.000
Verbuchung	2	90.000	50.000	60.000
Abstimmung	2	90.000	55.000	66.000
Leitung	1	45.000	60.000	72.000
Gesamtkosten		360.000	300.000	360.000

Tab. 2: Verteilung der Kostenstellenkosten

Ermittlung der Kostentreiber

Die Prozesse werden nun in **leistungsmengeninduzierte (*lmi*)** und **leistungsmengenneutrale (*lmn*)** Prozesse eingeteilt. Leistungsmengeninduzierte Prozesse (präziser: die von den Prozessen ausgelösten Kosten) sind vom Leistungsvolumen (Beschäftigung) der Kostenstelle abhängig. Es muß sich aber dabei nicht um eine proportionale Abhängigkeit handeln, die Zurechnung erfolgt nach dem Beanspruchungsprinzip.[42] Leistungsmengenneutrale Prozesse sind relativ zum Leistungsvolumen fix. *Beispiel*: Der Prozeß „Abteilung leiten" wird als typischer *lmn*-Prozeß angeführt.

Für jeden *lmi*-Prozeß werden nun Kostentreiber (Bezugsgrößen) gesucht. Vereinfachend wird im allgemeinen jedem Prozeß nur *ein* Kostentreiber zugeordnet, auch wenn tatsächlich eine heterogene Kostenverursachung vorliegt. Für *lmn*-Prozesse kann es keine Kostentreiber geben, da *ex definitione* ihre Menge nicht vom Leistungsvolumen der Kostenstelle abhängt.

Die Kostentreiber sind idR **mengenorientiert**, nur ganz selten wertorientiert. In vielen Fällen handelt es sich direkt um die betreffende Prozeßmenge. *Beispiele*: „Angebote einholen" (Anzahl der Angebote), „Bestellungen aufgeben" (Anzahl der Bestellungen) oder „Reklamationen bearbeiten" (Anzahl der Reklamationen). Die Outputmenge (Beschäftigung des Unternehmens), die etwa in der Grenzplankostenrechnung im Vordergrund steht, spielt dagegen eine untergeordnete Rolle.

Ermittlung der Prozeßkostensätze

Den Prozeßkostensatz für einen bestimmten Prozeß erhält man (wie aus der Kostenstellenrechnung bekannt) aus

---

[42] Vgl *Schiller* und *Lengsfeld* (1998), S. 527 f. Während die Kosten der bestehenden Ressourcen der Leistungserstellung nur in ihrer Gesamtheit zurechenbar sind, verursacht eine Erhöhung der Beschäftigung zusätzlichen Ressourcenverzehr.

$$Proze\beta kostensatz = \frac{Proze\beta kosten}{Proze\beta menge}$$

Bei den Prozeßkosten im Zähler dieser Formel kann danach unterschieden werden, ob die **lmn-Prozeßkosten** darin enthalten sind oder nicht. *Lmn*-Kosten können zunächst kostenstellenübergreifend in einer Sammelposition (zB sonstige Kosten) zusammengefaßt werden. Der Prozeßkostensatz beinhaltet dann nur *lmi*-Kosten. Die *lmn*-Kosten könnten dann in einer Periodenrechnung (analog zu einer Fixkosten-deckungsrechnung) vor dem Ergebnis eingestellt werden. Sollen die Vollkosten auf die Produkte zugerechnet werden, könnten die Kosten in dieser Sammelposition zB prozentual auf die Prozeßkosten der einzelnen Produkte zugeschlagen werden.[43] Alternativ können die *lmn*-Kosten der jeweiligen Kostenstelle auf die *lmi*-Kosten der Prozesse in der Kostenstelle aufgeschlagen werden. Als Begründung müßte dann die Annahme gesetzt werden, daß die *lmn*-Prozesse (insbesondere die Leitungstätigkei-ten) und das Aufgabenvolumen der Kostenstelle miteinander zusammenhängen.[44] Probleme ergeben sich jedoch bezüglich der Genauigkeit der Umlage, wenn die *lmn*-Kosten bei einem Prozeß überwiegen; es sind dies idR die Bereiche mit nicht repeti-tiven Aktivitäten, wie zB in der Forschung und Entwicklung.

Beispiel: Für das frühere Beispiel seien Kostentreiber die Anzahl der externen Fakturen, Anzahl der gesamten Fakturen sowie die Anzahl der Abstimmvorgänge. Damit ergeben sich die *lmi*- und *lmn*-Prozeßkostensätze, wie sie in Tabelle 3 ent-halten sind.

Prozeß	Kosten	Kosten nach Um-lage der *lmn*-Kosten	Prozeß-menge	*lmi*-Pro-zeß-kostensatz	Gesamt-prozeß-kostensatz
Kontierung	162.000	202.500	900.000	0,180	0,225
Verbuchung	60.000	75.000	1.200.000	0,050	0,063
Abstimmung	66.000	82.500	132.000	0,500	0,625
Leitung	72.000	–	–	–	–
Gesamtkosten	360.000	360.000			

Tab. 3: *lmi*- und Gesamtprozeßkostensätze

Die Prozeßkosten, und zwar gleichgültig, ob es nur *lmi*- oder Gesamtkosten sind, enthalten in aller Regel Fixkosten. Und damit ergibt sich bei steigender Planprozeß-

---

[43] So der Vorschlag von *Coenenberg* und *Fischer* (1991), S. 30 f. *Cooper* und *Kaplan* (1988), S. 101 f, meinen, daß jedenfalls Forschungs- und Entwicklungskosten nicht den Produkten zugerechnet werden sollten, weil sie nicht von den bestehenden Produkten zu tragen sind.

[44] *Horváth* und *Mayer* (1989), S. 217; zur Begründung vgl *Mayer* (1991b), S. 220.

menge ein geringerer Anteil von Fixkosten im Prozeßkostensatz. Dieses Problem entspricht den verrechneten Plankosten in einer Plankostenrechnung zu Vollkosten, die für Kontrollzwecke um eine Beschäftigungsabweichung korrigiert werden (siehe 7. Kapitel: *Kontrollrechnungen*). Damit hängt der Prozeßkostensatz von der Festlegung der **Prozeßmenge** ab. Mehrere Möglichkeiten sind denkbar:

1. **Ist- bzw Normalbeschäftigung.** Damit ergibt sich bei laufender Rechnung ein Schwanken der Prozeßkostensätze je nach der gerade aktuellen Prozeßmenge. Für strategische Entscheidungen ist dies tendenziell nicht sinnvoll. Die Produktkosten sind aber die Vollkosten bzw Planvollkosten.

2. **Engpaßplanung.** Die Beschäftigung für den Prozeß richtet sich nach der maximalen Beschäftigung des Unternehmens, die sich nach dem Prozeß mit der geringsten Kapazität (Engpaß) bestimmt. Diese Prozeßmenge ist mittelfristig günstig; der Prozeßkostensatz ändert sich nur bei Auftritt eines anderen Engpasses. Bei tatsächlicher Beschäftigung in dieser Höhe werden den Produkten die vollen Kosten zugerechnet, bleibt die Beschäftigung darunter, werden weniger als die vollen Kosten zugerechnet.

3. **Kapazitätsplanung.** Die Beschäftigung für den Prozeß richtet sich nach der maximalen Beschäftigung des jeweiligen Prozesses.[45] Der Prozeßkostensatz ist völlig unabhängig von der tatsächlichen Beschäftigung. IdR werden den Produkten aber weniger als die vollen Kosten zugerechnet. Der Vorteil dieser Möglichkeit besteht darin, daß für jeden einzelnen Prozeß die tatsächliche Ressourcennutzung erkennbar wird. Damit können strategische Entscheidungen über die Ressourcenbereitstellung unterstützt werden. Hohe Leerkosten in den Prozessen deuten auf Überkapazitäten und eine ungünstige Abstimmung der Prozesse hin.

Zusammenfassung zu Hauptprozessen

Die (Teil-)Prozesse in den einzelnen Kostenstellen werden zu Hauptprozessen zusammengefaßt. Ein **Hauptprozeß** ist ein kostenstellenübergreifender Prozeß, der das Gemeinkostenvolumen beeinflußt. Dieser Schritt ist eine Besonderheit der Prozeßkostenrechnung, er ist in Abbildung 5 dargestellt. Zusammengefaßt werden zunächst alle Prozesse, die *denselben* Kostentreiber besitzen. Dies erfolgt einfach durch Addition der betreffenden Prozeßkostensätze. Des weiteren können Prozesse zusammengefaßt werden, deren Kostentreiber in einem festen Verhältnis zueinander stehen (*Gesetz der Austauschbarkeit der Maßgrößen*). Beide Zusammenfassungen erfolgen ohne Verlust an Genauigkeit. Bei darüber hinausgehenden Zusammenfassungen steigt die Ungenauigkeit der Hauptprozeßkostensätze; dazu sind Annahmen über das (durchschnittliche) Verhältnis der Kostentreiber erforderlich.

---

[45] Dies dürfte wohl dem Vorschlag von *Cooper* und *Kaplan* (1992) entsprechen, die dafür die griffige Formel: „*Cost of Activity Supplied = Cost of Activity Used + Cost of Unused Activity*" prägen.

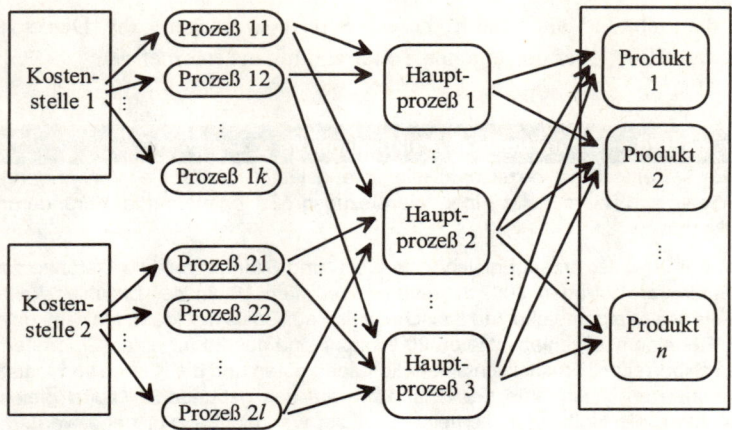

Abb. 5: Zusammenfassung zu Hauptprozessen
(geringfügig adaptiert aus *Troßmann* (1992), S. 525)

Beispiel: Die in Tabelle 4 enthaltenen Prozesse sollen unter dem Kostentreiber Anzahl der Bestellungen zusammengefaßt werden. Dabei sei angenommen, daß die Anzahl der Bestellungen der Anzahl der Lieferungen entspricht und daß in der Warenannahme rund 20 Prozent der Lieferungen stichprobenartig genau auf ihre Qualität geprüft werden. Der Kostensatz des Hauptprozesses Beschaffung ergibt sich pro Bestellvorgang zu

$3,52 + 5,7 \cdot 0,2 + 4,2 = 8,86$

Kostenstelle	Kostentreiber	Prozeßkostensatz
Einkauf	Anzahl der Bestellungen	3,520
Warenannahme	Anzahl der Stichproben	5,700
Lager	Anzahl der Lieferungen	4,200

Tab. 4: Zusammenfassung von Prozessen

Insgesamt wird vorgeschlagen, etwa sieben bis zehn **Hauptprozesse** zu bilden. Diese Zusammenfassung von sich nicht völlig proportional verändernden Kostentreibern bedingt eine Informationsreduktion durch ungenauere Kostensätze. Der Vorteil ist allerdings eine größere Übersichtlichkeit über das Betriebsgeschehen: Es ist sofort erkennbar, wie hoch die Kosten für eine bestimmte Aktivität quer über das Unternehmen sind. *Beispiel*: Die Erhöhung der Diversifikation des Produktprogramms erhöht nicht nur die variablen Kosten, sondern erhöht den Ressourcenverbrauch auch in anderen Bereichen und führt dort ebenfalls zu Kostenerhöhungen, zT auch im Fixkostenbereich. Dieser Zusammenhang wird in der „traditionellen" Kostenrechnung in der Praxis oft vergessen. Die Prozeßkostenrechnung macht dies dagegen deutlich und ändert mit diesem Schritt sozusagen „die Denkstrukturen, indem sie den Blick über den eigenen Tellerrand hinaus eröffnet"[46].

Effekte gegenüber einer Zuschlagskalkulation[47]

Allokationseffekt: Dies bezeichnet die zwangsläufig durch die Verwendung einer Mengenbezugsgröße anstelle einer Wertbezugsgröße entstehende Veränderung der Produktkosten.

Beispiel: Ein Juwelier erzeugt gleich viele Gold- und Silberreifen. Die Materialkosten für einen Goldreifen betragen 100, für einen Silberreifen 10. In der Zuschlagskalkulation werden die Materialgemeinkosten typischerweise auf Basis der Materialeinzelkosten verrechnet. Bei einem Zuschlagsatz von 20 Prozent sind das 20 für einen Goldreifen und 2 für einen Silberreifen. Tatsächlich seien die Lagerkosten und die Kosten von logistischen Transaktionen mit Ausnahme der Zinskosten auf das gebundene Kapital gleich groß. Angenommen, die Hälfte der Gemeinkosten sei wertunabhängig, dann werden in der Prozeßkostenrechnung einem Goldreifen 10 + 11/2 = 15,5 an Materialgemeinkosten und einem Silberreifen 1 + 11/2 = 6,5 zugerechnet. In der Zuschlagskalkulation ergeben sich bei der weiteren Verwendung von Wertgrößen (zB Herstellkosten für Verwaltungs- und Vertriebskosten) auch noch Folgefehler.

Degressionseffekt: Auftragsfixe oder losgrößenfixe Kosten werden in der Zuschlagskalkulation gleichmäßig auf die Mengeneinheiten des Produktes verteilt; dies entspricht dem Zugrundelegen einer durchschnittlichen Auftrags- oder Losgröße. Tatsächlich entstehen bei einem Auftrag oder einer Serie, gleich wie viele Einheiten sie umfassen, konstante Prozeßkosten. Dies führt in der Prozeßkostenrechnung zu relativ sinkenden Kosten pro Einheit mit steigender Menge.

Beispiel: Angenommen, eine Einheit eines Produktes vor den Auftragskosten koste 36. Die Prozeßkosten eines Auftrages seien 200. Die durchschnittliche Auftragsgröße sei 100 Stück. Damit ergeben sich durchschnittliche Stückkosten von 36 + 200/100 = 38. Unter Berücksichtigung des Marktpreises, der beispielsweise Kosten von 40 zuläßt, kann eine Mindestauftragsgröße von 50 Stück (=200/(40 − 36)) ermittelt werden. Aufträge unter dieser Größe sind für das Unternehmen nicht profitabel.

Komplexitätseffekt: Die Berücksichtigung der Komplexität der Produkte führt dazu, daß Produkte mit hoher Komplexität relativ höhere Kosten und Produkte mit niedriger Komplexität relativ weniger Kosten zugerechnet erhalten als bei der Zuschlagskalkulation.

Beispiel: Das Unternehmen fertigt zwei Typen von Druckern in gleichen Mengen. Drucker A benötigt 3 Fertigungsstunden, Drucker B 4 Fertigungsstunden. Die Gemeinkosten aufgrund der Komplexität der Produkte betragen 1.400. Auf Drucker A entfallen 600 und auf Drucker B 800 an Gemeinkosten, sofern diese wie die anderen Fertigungsgemeinkosten nach Fertigungsstunden zugerechnet werden. Für die Komplexitätskosten werde der Kostentreiber „Anzahl der Teile" ermittelt, der Prozeßkostensatz betrage 70. Drucker A besteht aus 5 Teilen, Drucker B aus 15 Teilen. Damit entfallen auf Drucker A nur 350 an Gemeinkosten, auf Drucker B hingegen 1.050.

---

[46] *Lohmann* (1991), S. 268.

[47] Diese Effekte sind genannt in *Coenenberg* und *Fischer* (1991), S. 32 − 34; *Coenenberg* (2003), S. 222 − 225. Zur Kritik vgl zB *Fröhling* (1992), S. 734.

Beziehungen zwischen GPKR und Prozeßkostenrechnung

Zwischen den bei der GPKR angewandten Bezugsgrößen nicht fertigungsnaher Stellen (siehe *Tab*. 1) und den entsprechenden Kostentreibern der Prozeßkostenrechnung besteht eine große Ähnlichkeit, teilweise sogar eine völlige Übereinstimmung.[48]

Die **Unterschiede** zwischen beiden Systemen liegen im Kern in der Art und Weise, wie die Kalkulation im Falle von *Bezugsgrößen mit einfacher Funktion* vorgenommen wird. Während die GPKR hier auf die indirekten Bezugsgrößen mit oftmals wertmäßigen Zuschlagsverfahren analog der Istkostenrechnung zurückgreift, wird ein solches Vorgehen von den Vertretern der Prozeßkostenrechnung abgelehnt. Dort kommen weiterhin mengenmäßige Kalkulationsschlüssel zur Anwendung. Es sei aber darauf hingewiesen, daß die „DM Deckungsbezugsgrößen" der GPKR letztlich ebenfalls zu einem Mengenschlüssel führen, weil die Kostenbeträge mit den Bezugsgrößen der empfangenden Stellen (zB Maschinenstunden) auf die Endprodukte verrechnet werden. Insofern sind die Vorgehensweisen der Prozeßkostenrechnung bereits ähnlich auch im System der GPKR angelegt, doch wurde ihnen dort weit weniger Aufmerksamkeit gewidmet.

Der Charakter der Prozeßkostenrechnung als **Vollkostenrechnung** ist als Unterscheidungsmerkmal indes weniger geeignet, weil sich die GPKR parallel problemlos auch als Vollkostenrechnung gestalten läßt. Ebenfalls der GPKR nicht wirklich systemfremd ist die in der Prozeßkostenrechnung durchgeführte Zusammenfassung von Kostentreibern quer über die Kostenstellen; dies gelingt einfach durch eine Approximation in Anlehnung an das Gesetz der Austauschbarkeit der Maßgrößen (Kostentreiber).

In den USA wird derzeit mit dem *Resource Consumption Accounting* (RCA) ein Kostenrechnungssystem propagiert, das Elemente der Grenzplankostenrechnung und des *Activity-based Costing* vereint.[49]

3.4. Beurteilung

Die Prozeßkostenrechnung ist eine **Vollkostenrechnung**, sie verrechnet (praktisch) sämtliche Kosten auf Prozesse und weiter auf Produkte. Dies kommt in weiten Bereichen den Ansichten in der Praxis entgegen: Zum einen ist dort das Vollkostendenken stark verhaftet, und zum anderen kennen die Anwender meist das Mengengerüst (die Prozeßmengen) recht gut, das in der Prozeßkostenrechnung als Basis für die Kostenrechnung verwendet wird. Damit hat die Prozeßkostenrechnung eine **hohe Akzeptanz**; die Ergebnisse bestätigen die intuitiven Meinungen vor allem von Produktionsleitern.[50] Teilkostenrechnungen stoßen auf wesentlich weniger Akzeptanz, nicht zuletzt deshalb, weil immer weniger Kosten Einzelkosten bzw variable Kosten sind.

Dieselbe Tatsache, nämlich die Prozeßkostenrechnung als Vollkostenrechnung, hat viel Kritik von Seiten der Theorie gebracht. In der Theorie wird seit 40 Jahren versucht, die Probleme von **Schlüsselungen der Gemeinkosten** und insbesondere Fix-

---

48 Vgl auch *Schildbach* (1997), S. 274.

49 Vgl zB *Clinton* und *Webber* (2004).

50 Vgl zB die Ergebnisse einer Fallstudie zur Einführung der Prozeßkostenrechnung in einem britischen Unternehmen der Pharmabranche: *Bhimani* und *Pigott* (1992), S. 125 und 129.

kosten herauszustellen und andere Kostenrechnungssysteme vorzuschlagen, die diese Schlüsselungen vermeiden oder zumindest verringern.[51] In der Tat beinhaltet die Prozeßkostenrechnung eine mehrfache Schlüsselung von Kostenarten:[52]

1. Personalkosten auf Teilprozesse in der Kostenstelle
2. sonstige Stellengemeinkosten auf Teilprozesse
3. *lmn*-Kosten auf Teilprozesse
4. Prozeßkosten auf Prozeßmengen
5. Prozeßkosten auf Produkte.

Mit jedem dieser Schlüsselungsschritte ist eine **Proportionalitätsannahme** verbunden.[53] Im 6. Kapitel: *Kostenmanagement* werden die damit verbundenen Interpretationsprobleme im Zusammenhang mit konkreten Anwendungsfällen besprochen.

Auf der anderen Seite ist aber zu bemerken, daß langfristig wirksame Entscheidungen auf der Basis **langfristiger Kosten** getroffen werden müssen – sofern man Kosten (Konzeption III, siehe dazu 2. Kapitel: *Die Kosten- und Leistungsrechnung als Entscheidungsrechnung*) dafür überhaupt als geeignet ansieht. Und langfristige Kosten sind nun einmal die Vollkosten, da langfristig sämtliche Kosten durch Entscheidungen beeinflußbar und variierbar sind. Das Problem der Schlüsselung entsteht damit automatisch. Den Proportionalitätsannahmen gerecht wird tatsächlich nur die Hypothese, daß die Prozeßkosten die durch strategische Entscheidungen beeinflußbaren Kosten **approximieren**.[54] In Unternehmen mit vielen Produkten und Aktivitäten ist es gar nicht möglich, für sämtliche Entscheidungen immer die wirklich relevanten Kosten zu ermitteln.

Führt diese Hypothese bei bestimmten Entscheidungen zu offensichtlich nicht relevanten Kosten, müssen sie entsprechend adaptiert werden. Allgemein läßt sich dies allerdings nur schwer durchführen. Eine Möglichkeit wäre der zusätzliche Ausweis von **Bindungsfristen** der fixen Prozeßkostenanteile[55] analog zu Vorschlägen für eine dynamische Grenzplankostenrechnung[56]. Eine andere Möglichkeit bestünde darin, bestimmte Gemeinkosten nicht zu schlüsseln, sondern diese als Periodenkosten analog zu der oben dargestellten stufenweisen Fixkostendeckungsrechnung

---

[51] Theoretische Begründungen für eine Vollkostenrechnung liegen ggf in der Unsicherheit (siehe 5. Kapitel: *Entscheidungsrechnungen bei Unsicherheit*) und in der Koordinationsfunktion, die sie ausüben kann (siehe 11. Kapitel: *Verrechnungspreise und Kostenallokationen*).

[52] Vgl *Glaser* (1992), S. 287 f; *Fröhling* (1994), S. 245 f.

[53] *Noreen* (1991) zeigt die sehr engen Bedingungen, unter denen Produktkosten auf Basis der Prozeßkostenrechnung den Kosten entsprechen, die bei Verringerung der Produktionsmenge des Produktes wegfielen. Vgl auch *Demski* (1994), S. 13 – 28, sowie *Christensen* und *Demski* (1995, 1997) sowie *Bromwich* und *Hong* (1999).

[54] Siehe zu einer theoretischen Analyse der Eignung der Prozeßkostenrechnung für strategische Entscheidungen ausführlich das 6. Kapitel: *Kostenmanagement*.

[55] Vgl *Fröhling* (1992), S. 733.

[56] Vgl *Seicht* (1963); *Kilger, Pampel* und *Vikas* (2002), S. 85 f.

zu behandeln. Verloren gehen damit jedoch die griffigen und einfachen (oder zumindest einfach scheinenden) Stückkosten eines Produktes.

Gründe für das Scheitern der *Activity-based Costing*

In einem kritischen Artikel zum Stand der Kostenrechnung in den USA stellt *Sharman* (2004, S. 283 f) fest, daß das *Activity-based Costing* (*ABC*) nur von einem kleinen Prozentsatz US-amerikanischer Unternehmen verwendet wird. Er führt folgende Gründe für ein Scheitern ins Treffen:

- Die eingesetzte Software ist nicht in die betriebliche EDV-Landschaft integriert.

- *ABC*-Anwendungen sind nicht in operative Planungsprozesse eingebunden.

- Die meisten Anwendungen wurden mit unzureichenden finanziellen Mitteln eingerichtet.

Neuere Diskussionen in den USA wenden sich daher eher dem genaueren System der Grenzplankostenrechnung zu, insbesondere auch deshalb, weil diese auf Standardsoftware (zB SAP) implementiert ist.[57]

---

4. Relative Einzelkosten- und Deckungsbeitragsrechnung

4.1. Grundlagen

Die **Relative Einzelkosten- und Deckungsbeitragsrechnung (REDR)** wurde insbesondere von *Riebel* als Alternative zu den herkömmlichen Systemen der Kostenrechnung propagiert. Die Gründe, die zur Entwicklung der REDR geführt haben, liegen einerseits darin, daß im Rahmen der GPKR das Prinzip der **Entscheidungsrelevanz** bei vielen Kostenarten nicht streng eingehalten wird (wenn zB Zeitlöhne im Fertigungsbereich als variable Kosten behandelt werden). Andererseits soll die Trennung der Entscheidungsrechnungen in solche für langfristig wirksame und solche für kurzfristig wirksame Maßnahmen aufgehoben werden, indem ein für **alle Entscheidungstypen** anwendbares Rechnungssystem eingesetzt wird.

Die Entwicklung eines solchen allgemeinen Systems kann sich naturgemäß nicht an bestimmten Entscheidungstypen mit bestimmten Produktions- und/oder Ergebniszusammenhängen orientieren. Statt dessen kann es sich nur um generelle **Grundsätze** handeln, die für das Treffen optimaler Entscheidungen wichtig sind, in welchem Bereich auch immer diese Entscheidungen liegen. Daher ist die REDR „kein vorgefertigtes System, das einfach schematisch angewandt werden kann, sondern in erster Linie eine bestimmte **Denkweise**. Für die praktische Anwendung lassen sich eigentlich nur gewisse Grundsätze aufstellen"[58].

---

[57] Vgl *Sharman* und *Vikas* (2005).

[58] *Riebel* (1983), S. 45.

Diese Denkweise der REDR beruht auf einer strengen Auslegung des Prinzips der Entscheidungsrelevanz und führt letztlich zu einer **Abkehr vom verbrauchsorientierten Kostenbegriff**. Sie läßt sich wie folgt verdeutlichen: Angenommen, man möchte im Sinne einer monetären Zielsetzung optimale Entscheidungen treffen. Dann ist es wichtig, die von den jeweiligen Entscheidungen ausgelösten monetären Konsequenzen abzubilden, im entscheidungstheoretischen Sinne also die rein monetäre Ergebnisfunktion der ins Auge gefaßten Maßnahmen aufzustellen. Im Kern geht es der REDR darum, Grundsätze zu entwickeln, nach denen derartige (positive wie negative) **monetäre Konsequenzen den einzelnen Entscheidungen** zugeordnet werden können. Faßt man die Totalrechnung eines Unternehmens als die Zusammenstellung aller Ein- und Auszahlungen über die Totalperiode auf, dann handelt es sich bei den Entscheidungsrechnungen der REDR letztlich um einen **spezifischen,** auf die gerade betrachtete Entscheidung bezogenen **Ausschnitt** aus dieser Totalrechnung.[59]

Die aus den sonstigen Kostenrechnungssystemen bekannten Periodisierungsregeln nach Maßgabe der Güterverbräuche und Güterentstehungen sind der REDR grundsätzlich fremd. Wichtig sind nicht so sehr die mit einer Entscheidung zusammenhängenden Güterverbräuche (die bei bestimmten Kostenarten wie zB Ertragsteuern ohnehin nur über sehr „trickreiche" Konstruktionen erfaßt werden können[60]), sondern einzig die mit einer Entscheidung verbundenen Zahlungen, deren Erfassung mit größter Präzision angestrebt wird. Demnach ist die REDR „im Grunde genommen gar kein Kostenrechnungsverfahren, jedenfalls keine Kostenrechnung im herkömmlichen Sinne"[61]. Sie will statt dessen ein universell einsetzbares Rechnungssystem sein, mit dem alle Entscheidungen (also auch Investitionsentscheidungen) auf der Basis monetärer Zielgrößen beurteilt werden können. Daher hält *Riebel* auch bei seinem System „die bisherigen Diskrepanzen zwischen Kosten- und Investitionsrechnung [für] überwunden"[62].

4.2. Bezugsobjekte und Identitätsprinzip

In der REDR sind die **Entscheidungen** als die eigentlichen Erfolgsquellen des Unternehmens anzusehen. Für die Zurechnung monetärer Konsequenzen zu einzelnen Entscheidungen sind dabei zunächst die sogenannten **Bezugsobjekte** relevant. Damit sind allgemein Objekte, Einheiten und/oder Aktivitäten gemeint, die Gegen-

---

[59]   In den Publikationen zur REDR wird dabei zumeist nicht zwischen Einzahlungen und Einnahmen bzw Auszahlungen und Ausgaben unterschieden. *Riebel* spricht meist generell nur von Einnahmen und Ausgaben. Das ändert aber nichts an der grundsätzlichen Intention dieser Rechnung.

[60]   So wird bei Steuern die Verbrauchskomponente zumeist mit einem Verzehr der vom Staat bereitgestellten Infrastruktur, Rechtsordnung oder ähnlicher Sachverhalte gleichgesetzt.

[61]   *Riebel* (1983), S. 25.

[62]   *Riebel* (1994), S. 428.

stand einer Kostenzurechnung und/oder Erlöszurechnung sein könnten, also zB Produkteinheiten, Produktgruppen, Fertigungsbereiche, Fertigungsaufträge, Fertigungslose, Fertigungsverfahren, Bestellvorgänge, Bestellmengen, Einlagerungs- und Auslagerungsvorgänge, Chargen, innerbetriebliche und außerbetriebliche Transporte, Kostenstellen, Werbemaßnahmen, Absatzgebiete, Absatzwege, Kundengruppen, Zahlungsvorgänge, Perioden oder das gesamte Unternehmen.

Zwischen unternehmerischen Entscheidungen und Bezugsobjekten bestehen enge Beziehungen, weil die **Entscheidungen** zur **Entstehung** oder **Vernichtung bestimmter Bezugsobjekte** führen.

Beispiel: Entscheidet man zB über die Annahme eines Auftrags über 100 Stück von Produkt A und 200 Stück von Produkt B, so löst dies die Existenz mehrerer Bezugsobjekte aus. Die Annahmeentscheidung beinhaltet unmittelbar die Verpflichtung zur Lieferung des angegebenen Produktbündels, so daß 100 Bezugsobjekte der Art „Produkteinheit A" und 200 Bezugsobjekte der Art „Produkteinheit B" entstehen. Die Fertigung dieses Produktbündels muß zudem in den bisherigen Fertigungsprozeß eingeplant werden. Dazu ist festzulegen, in welchen Losgrößen und mit welcher Sortenschaltung die Produktmengen zu fertigen sind, wodurch weitere Bezugsobjekte der Art „Fertigungslos Produkt A (B)" entstehen, falls diese Stückzahlen nicht in ohnehin geplante Fertigungslose dieser beiden Produktarten eingebunden werden können. Weiterhin ist zu prüfen, ob genügend Materialien für die Produktion am Lager sind. Sofern für diesen Auftrag spezifische Zusatzbeschaffungen nötig sind, werden weitere Bezugsobjekte wie „Bestellvorgänge für Materialien der Produktart A (B)", „Bestellmengen für Materialien der Produktart A (B)" und „Einlagerungsvorgänge für Materialien der Produktart A (B)" induziert. Dazu gesellen sich Bezugsgrößen wie „innerbetriebliche Transporte für Materialien der Produktart A (B)", sofern solche Tätigkeiten notwendig sind, um die Vorräte vom Lager zu den Fertigungsstellen zu bringen. Weil die Zusatzbeschaffungen letztlich mit Zahlungen verbunden sind, entstehen auch Bezugsobjekte wie „Zahlungsvorgänge", und schließlich erhält man Bezugsobjekte im Verwaltungsbereich, weil die beschriebenen Aktivitäten buchmäßig erfaßt werden müssen. Eine Vernichtung von Bezugsobjekten tritt etwa dann auf, wenn infolge knapper Kapazitäten eine bestimmte Menge einer „Produkteinheit Z" entfallen muß.

Unternehmerische Maßnahmen, über die optimale Entscheidungen zu treffen sind, können daher als **Kombinationen von Bezugsobjekten** aufgefaßt werden. Die Zurechnung monetärer Konsequenzen zu solchen Maßnahmen geschieht im Rahmen der REDR durch die Zurechnung von Kosten und Erlösen (im Sinne von Auszahlungen/Einzahlungen bzw Ausgaben/Einnahmen) zu den einzelnen Bezugsobjekten. Dabei wird berücksichtigt, daß zwischen den Bezugsobjekten hierarchische Beziehungen bestehen. So ist zB das Bezugsobjekt „Fertigungslos" dem Bezugsobjekt „Produkteinheit" deswegen übergeordnet, weil ein Fertigungslos aus mehreren Produkteinheiten besteht. Und ein Bezugsobjekt „Kostenstelle" umfaßt letztlich sämtliche Bezugsobjekte, die mit Aktivitäten dieser Stelle zusammenhängen. Auf diese Weise lassen sich **Bezugsobjekthierarchien** bilden. Abbildung 6 stellt einige Beispiele aus dem Absatzbereich dar.

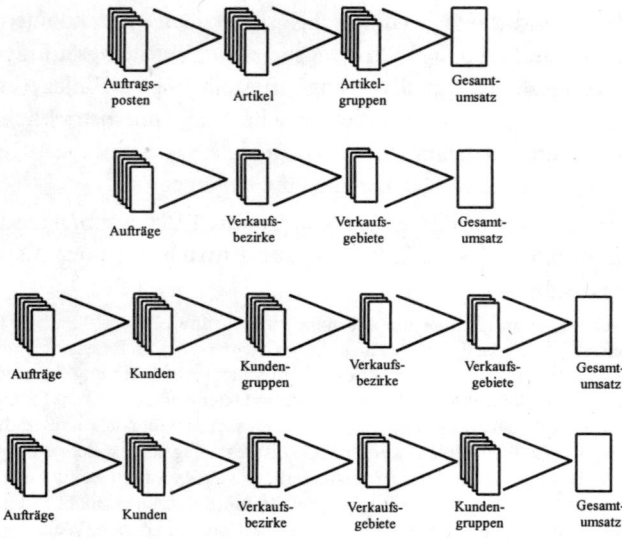

Abb. 6: Beispiele für Bezugsobjekthierarchien
(in Anlehnung an *Riebel* (1994), S. 179)

Identitätsprinzip

Die Beziehungen zwischen den Bezugsobjekten finden im Zurechnungsprinzip der REDR, dem sogenannten **Identitätsprinzip**, ihren Niederschlag. Mit dem Identitätsprinzip soll dem Grundsatz der Entscheidungsrelevanz bei der Kostenzurechnung eine strenge Geltung verschafft werden. „Danach lassen sich zwei Größen nur dann einander oder einem anderen Objekt eindeutig zurechnen, wenn sie auf denselben dispositiven Ursprung zurückgehen wie das Objekt selbst."[63] Einem Bezugsobjekt sind somit nur diejenigen Zahlungen zuzurechnen, die **alleine** durch die **Entscheidung über das betrachtete Bezugsobjekt ausgelöst** werden. Einer Produkteinheit könnten somit nur solche Zahlungen zugeordnet werden, die alleine von der Entscheidung zur Fertigung *dieser einen Produkteinheit* abhängen. Anteilige Rüstkosten gehören definitiv nicht dazu, weil das Umrüsten für eine neue Produktart alle Produkteinheiten des neuen Fertigungsloses betrifft. Die Rüstkosten könnten daher nur dem Fertigungslos insgesamt, nicht aber anteilig einer einzelnen Produkteinheit zugeordnet werden.

Die einem Bezugsobjekt nach dem Identitätsprinzip zurechenbaren Kosten bzw. Erlöse bezeichnet man als **relative Einzelkosten** bzw. **relative Einzelerlöse**. Die Kennzeichnung „relativ" erklärt sich daraus, daß die Zurechenbarkeit von Kosten und Erlösen letztlich stets vom betrachteten Bezugsobjekt abhängt und daher tatsächlich relativ ist. Kosten, die sich einem bestimmten Bezugsobjekt nach dem

---

[63]   *Riebel* (1983), S. 22.

Identitätsprinzip eindeutig zurechnen lassen, können einem anderen Bezugsobjekt nicht mehr in dieser Weise zugeordnet werden, wie am obigen Losgrößenbeispiel deutlich wird. Daraus ergeben sich für die Kostenseite folgende Definitionen:

- **Relative Einzelkosten eines Bezugsobjekts:** Diejenigen Auszahlungen, die auf dieselbe Entscheidung zurückgeführt werden können wie die Existenz des Bezugsobjekts selbst.

- **Echte Gemeinkosten eines Bezugsobjekts:** Solche Auszahlungen, die durch Entscheidungen ausgelöst werden, die das betrachtete Bezugsobjekt und weitere Bezugsobjekte gemeinsam betreffen.

- **Unechte Gemeinkosten eines Bezugsobjekts:** Auszahlungen, die zwar grundsätzlich einem Bezugsobjekt gemäß dem Identitätsprinzip zugerechnet und für dieses auch erfaßt werden *könnten*, bei denen aber (etwa aus Wirtschaftlichkeitsgründen) auf die direkte Erfassung verzichtet wird.

Für die Erlöse lassen sich völlig analoge Definitionen aufstellen. Eine wie auch immer geartete **Schlüsselung** von Gemeinkosten (jedenfalls der echten Gemeinkosten) wird vermieden, weil es nicht dem Identitätsprinzip entspräche und zu verzerrten Informationen führte.

Diese Definitionen zeigen deutlich die Abkehr von einem verbrauchsorientierten Kostenbegriff, weil ausschließlich auf die Zahlungsebene abgestellt wird. Die Kostenbegriffe der REDR sind somit **rein pagatorischer Natur**, was den Ansatz von Opportunitätskosten (wie zB kalkulatorische Zinsen auf das eingesetzte Eigenkapital als relative Einzelkosten des Bezugsobjekts „Unternehmen als Ganzes") ausschließt.

Hat man eine bestimmte **Bezugsobjekthierarchie** festgelegt, dann sind alle Kosten an derjenigen Stufe dieser Hierarchie auszuweisen, für die sie gerade noch als relative Einzelkosten eines Bezugsobjektes angesehen werden können. Die Kosten etwa eines Meisters, der genau eine Fertigungsstelle überwacht, sind daher für das Bezugsobjekt „Fertigungsstelle" als relative Einzelkosten auszuweisen, während sie für die untergeordneten Bezugsobjekte „Losgrößen dieser Fertigungsstelle" und „Produkteinheiten der Produktart *x*" echte Gemeinkosten darstellen. Ist der Meister dagegen für mehrere Fertigungsstellen tätig, sind seine Kosten echte Gemeinkosten der einzelnen Fertigungsstellen, aber relative Einzelkosten des übergeordneten Bezugsobjekts „Fertigungsbereich".

Zurechnungsprinzipien[64]

Verursachungsprinzip
Nach diesem Prinzip werden einem Bezugsobjekt nur jene Kosten zugerechnet, die ursächlich mit dem Bezugsobjekt in Verbindung stehen. Die Frage ist, welche Kosten würden wegfallen, wenn das Bezugsobjekt nicht entstanden wäre. Das Verursachungsprinzip ist ein sehr enges Zurechnungsprinzip. Oft wird man nur die direkten Materialkosten nach dem Verursachungsprinzip zurechnen können.

Kosteneinwirkungsprinzip oder Finalprinzip
Nach diesem Prinzip werden einem Bezugsobjekt jene Kosten zugerechnet, die mit dem Bezugsobjekt in einem Mittel-Zweck-Zusammenhang stehen. Die Frage ist, welche Kosten eingegangen werden müssen, damit das Bezugsobjekt entstehen konnte. Das Kosteneinwirkungsprinzip ist wesentlich weiter als das Verursachungsprinzip, weil es auch Gemeinkosten umfassen kann.

Identitätsprinzip
Nach dem Identitätsprinzip werden Kosten jenem Bezugsobjekt zugerechnet, das durch dieselbe Entscheidung ausgelöst wurde. Der wesentliche Unterschied zu den beiden oben genannten Prinzipien liegt in der zugrunde gelegten Ursache-Wirkungs-Beziehung. Während nach dem Identitätsprinzip die Entscheidung den Zusammenhang von Bezugsobjekt und Kosten direkt herstellt, sind es bei den anderen Prinzipien die Güterverbräuche bzw Kosteneinflußfaktoren, die der Entscheidung nachgelagert sind.

Proportionalitätsprinzip und Durchschnittsprinzip
Diese Zurechnungsprinzipien werden auf jene Kosten angewandt, die nach den obigen Prinzipien einem Bezugsobjekt noch nicht zugerechnet werden können. Sie sind im Grunde Annahmen über die Kostenverteilung. Das Proportionalitätsprinzip besagt, daß Gemeinkosten proportional zu den jeweiligen Bezugsgrößen verteilt werden; es bezieht sich auf die Kostenstellenrechnung. Das Durchschnittsprinzip besagt praktisch dasselbe, es wird nur von vornherein auf den Anspruch verzichtet, eine verursachungsgerechte Verteilung erzielen zu wollen.

Tragfähigkeitsprinzip
Das Tragfähigkeitsprinzip (Deckungsprinzip) verteilt Kosten nach dem Kriterium der Tragfähigkeit auf die Bezugsgrößen, meist die Produkte. Die Tragfähigkeit wird idR an einer Deckungsbeitragsgröße gemessen. Das heißt, je höher der Stückdeckungsbeitrag eines Produktes ist, desto mehr (noch zu verteilende) Kosten werden ihm zugerechnet. Vor allem bei diesem Prinzip wird man sich fragen müssen, welcher Zweck mit einer solchen, fast willkürlich zu nennenden Kostenzurechnung erreicht werden soll.

4.3. Grundrechnungen und Sonderrechnungen

Die konkrete Durchführung der REDR vollzieht sich in einem System mehrerer Rechnungen. Als Basis dienen sogenannte **Grundrechnungen**, die sich für die **Kosten**, die **Erlöse** und die **Potentiale** aufstellen lassen. Bei diesen Grundrechnungen handelt es sich konzeptionell um *Datenspeicher*, die für alle denkbaren Auswertungen die entscheidungsrelevanten Informationen bereitstellen sollen und dementsprechend auch als „zweckneutral" bezeichnet werden. Die Grundrechnung der Potentiale erfaßt die betrieblichen Kapazitäten und deren Beanspruchung durch die

---

[64]   Vgl zB *Schweitzer* und *Küpper* (2003), S. 54 – 59.

einzelnen Entscheidungsvariablen. Die Grundrechnungen der Kosten und Erlöse bauen auf der festgelegten Bezugsobjekthierarchie auf und stellen letztlich eine Zusammenstellung der relativen Einzelkosten bzw relativen Einzelerlöse aller Bezugsobjekte dieser Hierarchie dar. Dabei können die Kosten zusätzlich nach weiteren **Kriterien** (wie etwa eine Abhängigkeit vom Leistungsprogramm oder die Kosten zur Aufrechterhaltung der Betriebsbereitschaft) gegliedert werden, woraus sich bestimmte **Kostenkategorien** ergeben, nämlich **Leistungskosten** und **Bereitschaftskosten** als Pendant für eine Gliederung der Kosten und Erlöse in variable und fixe Bestandteile,[65] die im System der REDR keinen Platz hat. Abbildung 7 gibt ein Beispiel für eine solche Grundrechnung.

Die konkrete Entscheidungsvorbereitung findet stets im Rahmen von **Sonderrechnungen** statt. Das grundsätzliche Prinzip ist einfach: Unternehmerische Maßnahmen werden als Kombinationen von Bezugsobjekten interpretiert. Zur Beurteilung einer Maßnahme sind daher zunächst alle damit zusammenhängenden Bezugsobjekte aufzulisten. Diesen Bezugsobjekten sind anschließend mit Hilfe der Grundrechnung die jeweiligen relativen Einzelkosten bzw relativen Einzelerlöse zuzuordnen. Die **Differenz** aus allen relativen Einzelerlösen und relativen Einzelkosten gibt dann den **Deckungsbeitrag** der betrachteten Maßnahme an. Ist nur über eine Maßnahme zu entscheiden (zB Annahme oder Ablehnung eines Zusatzauftrages), sollte diese nur durchgeführt werden, falls sie einen positiven Deckungsbeitrag aufweist. Ist dagegen eine Auswahl aus mehreren Alternativen zu treffen, sollte diejenige Alternative mit dem höchsten Deckungsbeitrag gewählt werden.

In allen Fällen ist natürlich die vorhandene Kapazitätssituation zu beachten, wozu die Informationen aus der Grundrechnung der Potentiale herangezogen werden müssen. Weil sich der gesamte Deckungsbeitrag einer Maßnahme aus den relativen Einzelkosten und relativen Einzelerlösen mehrerer Bezugsobjekte mit hierarchischen Beziehungen ergibt, handelt es sich bei den Sonderrechnungen der REDR im allgemeinen um **mehrstufige Deckungsbeitragsrechnungen**.

---

65 *Riebel* (1993), Sp. 370, lehnt die Gliederung von Kosten nach der Beschäftigung wegen ihrer Unbestimmtheit als nicht operational an. Während die Bereitschaftskosten weitgehend Fixkosten sind, knüpfen die Leistungskosten an die Leistungen, Leistungsbündel und Leistungsproportionen an. Eine gewisse Ähnlichkeit zur (jüngeren) Prozeßkostenrechnung (siehe 6. Kapitel: *Strategische Entscheidungen*) ist nicht verkennbar; dies gilt genauso für die Hierarchisierung der Bezugsobjekte (vgl zB *Cooper* und *Kaplan* (1991a), S. 269 – 275).

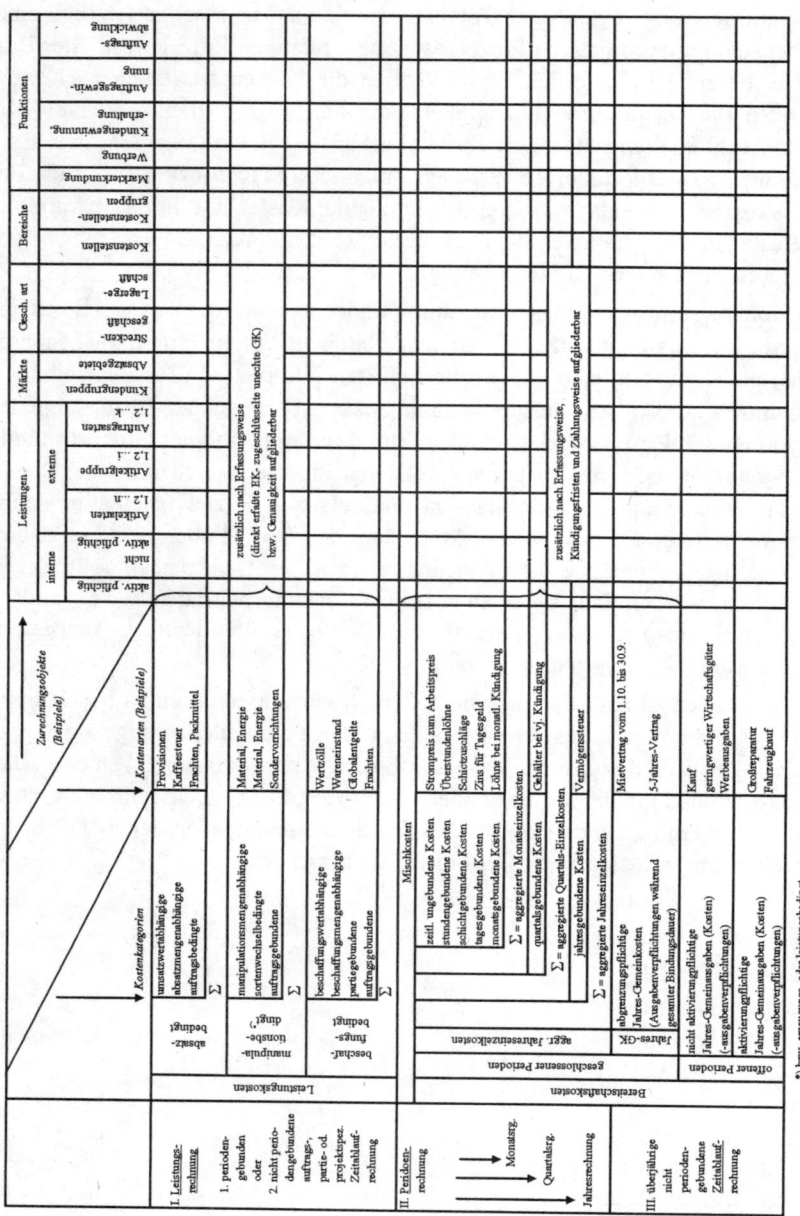

Abb. 7: Beispiel für eine Grundrechnung
(Quelle: *Riebel* (1994), S. 457)

Entscheidungen auf Basis der REDR

Die grundsätzliche **Vorgehensweise** der Entscheidungsfindung im Rahmen der REDR bei Problemen der Produktionsprogramm- und Verfahrensplanung unterscheidet sich nicht von derjenigen der GPKR.[66] Zu beachten ist freilich die andere Art der Kostenzurechnung. Den Bezugsobjekten als Bestandteilen von Maßnahmen oder Maßnahmenbündeln werden (im Idealfall) stets nur die gemäß dem Identitätsprinzip zurechenbaren relativen Einzelkosten und relativen Einzelerlöse zugeordnet. In der praktischen Anwendung sind damit jedoch etliche Probleme verbunden.

Beispiel: Die Zurechnung von Zahlungen für Rohstoffe erfordert die Festlegung einer ganzen *Kette zwischengeschalteter Entscheidungen*. So ist beispielsweise zu überlegen, ob überhaupt wiederbeschafft werden soll, welche Bestellmenge auf welchen Beschaffungswegen zu beschaffen ist oder wann in welcher Weise die Zahlungen an die Lieferanten zu leisten sind. Diese Fragen haben wegen der Existenz von Rabattstaffeln, Boni, Skonti und ähnlicher Faktoren eine große Bedeutung für die Höhe der Auszahlungen. Sie betreffen aber nicht nur eine Produkteinheit, sondern stets mehrere Produkteinheiten gemeinsam und weisen demnach *Verbundbeziehungen* auf. Daher können die damit zusammenhängenden Zahlungen keine relativen Einzelkosten einer Produkteinheit sein.

Derartige Probleme müßten grundsätzlich dadurch gelöst werden, daß man eben bei *jeder* zu treffenden Entscheidung die **gesamte Entscheidungskette** mit ihren *sämtlichen* unmittelbaren und mittelbaren Beziehungen durchleuchtet, um die mit der Maßnahme zusammenhängenden Aus- und Einzahlungen präzise zu erfassen. Dies erscheint wenig praktikabel. Eine Lösungsmöglichkeit besteht in der Konstruktion sogenannter „**genereller Anordnungen**"[67], die letztlich **Annahmen** über die üblicherweise zu erwartende Gestalt von Entscheidungsketten darstellen. Damit wird aber offensichtlich eine Annäherung an den verbrauchsorientierten Kostenbegriff und mithin die Vorgehensweise der GPKR geschaffen. Die Annahmen der REDR sind nur weniger stark festgelegt. Die so errechneten „entscheidungsrelevanten" Daten (zB Stückdeckungsbeiträge von Produkten) können und werden sich von denjenigen einer GPKR unterscheiden, so daß es auch zu unterschiedlichen Handlungsempfehlungen kommen kann.

Fortsetzung des Beispiels: Hinsichtlich verbrauchter Produktionsfaktoren kann zB unterstellt werden, daß die damit zusammenhängenden Lagerentnahmen stets durch Ersatzbeschaffungen wieder aufgefüllt werden. Die heutige Entscheidung über die Herstellung eines Produktes und den damit einhergehenden Faktorverbrauch löst damit früher oder später Auszahlungen für die Ersatzbeschaffung aus. Sofern man jetzt noch eine Annahme über Bestellmenge, Beschaffungsweg und Zahlungsweise setzt (es werden zB stets 1.000 Stück eines Rohstoffs zwecks Ausnutzung bestimmter Rabatte bestellt, Anlieferung erfolgt durch Spediteur, es wird stets Skonto ausge-

---

66 Siehe dazu etwa *Riebel* (1994), S. 291 – 306.

67 *Riebel* (1994), S. 372.

nutzt), wird die Entscheidungskette gewissermaßen zu einem „Automatismus", der die Zurechnung der Rohstoffkosten auf Produkteinheiten ermöglicht.

Im Rahmen der **Deckungsbeitragsrechnung** werden einander Einzelerlöse und Einzelkosten eines oder mehrerer Bezugsobjekte gegenüber gestellt. Dadurch wird eine stufenweise, hierarchisch aufgebaute Rechnung möglich, die in ihrem Aufbau der mehrstufigen Deckungsbeitragsrechnung (siehe oben) vergleichbar ist; sie weicht im Inhalt wegen der unterschiedlichen Kosten- und Erlösgliederungen davon ab.

Für eine **periodische Deckungsbeitragsrechnung** (zB äquivalent der Kurzfristigen Erfolgsrechnung) hat das Identitätsprinzip eine wesentliche Konsequenz: Genauso wie anderen Bezugsobjekten auch können einer Periode nur deren Einzelkosten und Einzelerlöse zugerechnet werden. Perioden*übergreifende* Kosten (Erlöse) sind **Periodengemeinkosten** (Periodengemeinerlöse) und damit als solche in der periodischen Deckungsbeitragsrechnung nicht enthalten (die Deckungsbeitragsrechnung gibt die „Periodenbeiträge" wieder). Im sehr wahrscheinlichen[68] Extremfall enthält nur die Deckungsbeitragsrechnung über die gesamte Lebensdauer des Unternehmens **(Totalrechnung)** sämtliche Kosten und Erlöse, so daß erst dafür ein Erfolg der Unternehmenstätigkeit ermittelt werden kann. Periodenübergreifende Kosten (insbesondere die Bereitschaftskosten) und Erlöse können dabei in solche **geschlossener Perioden** (vorgegebener Anfall, zB überperiodige Zinsen) und **offener Perioden** (noch ungewisser Anfall, zB Abschreibungen) untergliedert werden.[69] Liegen geschlossene Perioden vor, kann die Periodenlänge der Deckungsbeitragsrechnung so lange gewählt werden, daß sie diese Kosten bzw Erlöse als Einzelkosten bzw Einzelerlöse mit erfaßt; bei offenen Perioden ist dies idR nicht möglich. Eine andere Möglichkeit ist eine **kontinuierliche Zeitablaufrechnung**, die die Kosten und Erlöse erfaßt, welche den Bezugsobjekten bis zu einem bestimmten Zeitpunkt zurechenbar sind.

Um ein kurzfristiges Instrument zur Beurteilung der Wirtschaftlichkeit der Unternehmenstätigkeit zu erhalten, müssen den periodischen Deckungsbeiträgen sogenannte **Deckungsbudgets** gegenüber gestellt werden.[70] Das Deckungsbudget wird gewissermaßen als Zielvorgabe gesetzt. Um es allerdings halbwegs realistisch festlegen zu können, müssen neben einem Plangewinn von der betreffenden Periode zu „tragende" Teile der (Perioden-)Gemeinkosten und Gemeinerlöse geschätzt werden – also genau das Problem, dem man durch die Verwendung des Identitätsprinzips entgehen möchte.

---

[68] Dies ergibt sich insbesondere deshalb, weil man die denkbaren künftigen Folgen einer bestimmten Entscheidung nie genau vorhersagen kann; die Entscheidung kann ja auch noch irgendwann später ein Bezugsobjekt auslösen.

[69] Vgl *Riebel* (1994), S. 455 f.

[70] Vgl dazu auch 9. Kapitel: *Koordination, Budgetierung und Anreize.*

Beispiel

Die Auswirkungen der verschiedenen Vereinfachungen auf Handlungsempfehlungen sei an folgender Entscheidung über die Annahme eines Zusatzauftrages demonstriert: Ein Unternehmen erhält die Anfrage, ob es bereit ist, 150 Stück des Produkts P zu liefern. Das Produkt P wird in einem einstufigen Fertigungsprozeß hergestellt und benötigt 12 Fertigungsminuten je Stück auf dem relevanten Aggregat, das nur zur Fertigung von P eingesetzt wird (es entfallen daher Umrüstvorgänge und ähnliches).

Als Bezugsgröße einer GPKR dient die Fertigungszeit, zu der sich alle variablen Fertigungskosten (Fertigungslöhne und Energie) proportional verhalten. Als Planbezugsgröße einer GPKR werden 10.000 Fertigungsminuten veranschlagt. Die Arbeiter werden hauptsächlich im Zeitlohn bezahlt (festes Monatsgrundgehalt von 4.000 je Mitarbeiter), erhalten darüber hinaus aber auch eine Akkordvergütung von 1,2 je Stück und Mitarbeiter. Zur Bedienung des Aggregats werden 5 Arbeitskräfte benötigt. Der proportionale Verrechnungssatz der GPKR für die variablen Grenzfertigungskosten beträgt 3 je Fertigungsminute (er enthält also alle Fertigungslöhne und die Energiekosten).

Zur Herstellung von P werden weiterhin zwei Rohstoffe R1 und R2 benötigt. Je Stück von P sind zwei Einheiten R1 und drei Einheiten R2 erforderlich. Die Planeinstandspreise je Mengeneinheit betragen 20 für R1 und 10 für R2. Vom Rohstoff R2 (der ausschließlich für die Herstellung von P verwendet wird) ist momentan noch ein Bestand von 500 Stück am Lager, der jedoch nicht wieder ersetzt werden soll, weil bereits im folgenden Monat eine Konstruktionsänderung von P vollzogen wird, durch die R2 gegen einen anderen Stoff ausgetauscht wird. Vom Rohstoff R1 existiert derzeit kein Lagerbestand. Eine generelle Anordnung der REDR sieht vor, daß sämtliche Rohstoffe sofort wiederbeschafft werden, wobei der *gerade aktuelle* Wiederbeschaffungspreis abzüglich 10% für allfällige Rabatte und Skonti in Abzug gebracht wird. Für R1 (R2) ergibt sich dieser Wert als 18 (12).

Für die Produktion von P sind zudem Lizenzgebühren zu entrichten. Sie werden je begonnene 60 Stück berechnet, betragen dafür 120 und werden *monatlich* abgerechnet. Im laufenden Monat wurden bereits 530 Stück von P gefertigt, und es wird mit an Sicherheit grenzender Wahrscheinlichkeit davon ausgegangen, daß außer der betrachteten Kundenanfrage kein weiterer Absatz von P im vorliegenden Monat auftreten wird. Alle Material-, Verwaltungs- und Vertriebsgemeinkosten (Gemeinkosten im Sinne der GPKR) werden vom Unternehmen als unabhängig vom Leistungsprogramm betrachtet. Sondereinzelkosten des Vertriebs fallen nicht an, und es sind auch keine Kapazitätsengpässe zu beachten. Wie hoch ist die Preisuntergrenze für diesen Auftrag?

Lösung auf Basis der GPKR

Die Materialeinzelkosten betragen $2 \cdot 20 + 3 \cdot 10 = 70$ je Stück des Produktes P (würde man wertmäßige Kosten ansetzen, könnte für Rohstoff R2 ein anderer Wert, zB ein Veräußerungswert, angesetzt werden). In den Grenzfertigungskosten von 3 je Fertigungsminute sind bereits alle Lohn- und Energiekosten enthalten. Ein Stück des Produktes P erfordert mithin variable Fertigungskosten in Höhe von $12 \cdot 3 = 36$. Dazu kommen Sondereinzelkosten der Fertigung (anteilige Stücklizenzen) von $120/60 = 2$. Insgesamt ergibt sich:

Materialeinzelkosten	70
Fertigungskosten	36
Sondereinzelkosten der Fertigung	2
variable Grenzplanselbstkosten	108

Lösung auf Basis der REDR

Zu ermitteln sind die gesamten relativen Einzelkosten der Auftragsannahme. Dem Bezugsobjekt „Produkteinheit P" sind dabei in einem ersten Schritt jedenfalls die Akkordlohnbestandteile und die Energiekosten zuzuordnen, denn diese fallen auf Grund vertraglicher Vereinbarungen und technologischer Gesetzmäßigkeiten automatisch und zwangsläufig mit jedem Bezugsobjekt an. An Akkordlöhnen ergibt sich daraus ein Betrag von $5 \cdot 1,2 = 6$ je Produkteinheit. Die Energiekosten sind aus dem obigen Verrechnungssatz von 3 je Fertigungsminute abzuleiten. Die Zeitlohnbestandteile dieses Verrechnungssatzes betragen $(5 \cdot 4.000)/10.000 = 2$ je Fertigungsminute. Die Akkordlohnbestandteile ergeben sich aus $(5 \cdot 1,2)/12 = 0,5$ je Fertigungsminute. Demnach betragen die Energiekosten 0,5 je Fertigungsminute.

Die Einzelkosten der Rohstoffverbräuche ergeben sich nach der generellen Anordnung als $2 \cdot 18 + 3 \cdot 12 = 72$.

Hinsichtlich der Lizenzkosten ist zu beachten, daß diese Kosten nur dem übergeordneten Bezugsobjekt „Lizenzquantum 60 Stück P" zugerechnet werden können. Bislang wurden 530 Stück P gefertigt, wofür 9 Lizenzquanten und damit Zahlungen in Höhe von $9 \cdot 120 = 1.080$ erforderlich sind. Für die zusätzlichen 150 Stück des vorliegenden Auftrags müßten *drei* weitere Lizenzquanten bezahlt werden (die Abrechnung erfolgt annahmegemäß monatlich je begonnene 60 Stück), so daß dem Auftrag Lizenzkosten in Höhe von $3 \cdot 120 = 360$ zuzuordnen sind (wären alternativ bislang zB erst 490 Stück von P gefertigt worden, wären lediglich zwei weitere Lizenzquanten nötig). Der verbleibende „Überhang" von 40 Stück P beim zuletzt erworbenen Lizenzquantum ist faktisch wertlos, weil man im laufenden Monat mit keinem weiteren Absatz von P rechnet. Damit ergibt sich folgende Rechnung:

Akkordlöhne	6
Energiekosten	6
Rohstoffkosten	74
Einzelkosten des Bezugsobjektes „Produkteinheit P"	86
Lizenzkosten	360
Einzelkosten des Bezugsobjektes „Auftrag"	360
Einzelkosten der „Produkteinheit P" für den Auftrag ($86 \cdot 150 =$)	12.900
Einzelkosten des „Auftrages"	360
Entscheidungsrelevante Kosten	13.260
(pro Stück	88,4)

Exakte Lösung

Bis auf die Rohstoffkosten entspricht die REDR bereits der spezifischen Situation. Die generelle Anordnung bezüglich der Rohstoffverbräuche führt im Beispiel jedoch zu einer Abweichung von den tatsächlich entscheidungsrelevanten Kosten. Die Erfüllung der Kundenanfrage benötigt von R2 insgesamt 450 Stück. Es sind jedoch 500 Stück am Lager, und dieser Bestand wird wegen der Konstruktionsänderung nicht mehr ersetzt. Weil man im laufenden Monat auch mit keinen weiteren Anfragen nach dem Produkt P rechnet, induziert die Lagerbestandsentnahme für den vorliegenden Auftrag zudem keinerlei Engpässe für potentielle spätere Aktivitäten. Demnach sind mit der Entnahme der 450 Stück R2 faktisch *keine Zahlungen* verbunden, so daß daraus auch keine relevanten Kosten entstehen können.

Dagegen müssen die benötigten 300 Stück von R1 jedenfalls zugekauft werden. *Unterstellt* man, daß dies gerade im benötigten Umfang zu Planeinstandspreisen geschieht, dann entstehen $2 \cdot 20 = 40$ an Rohstoffkosten. Die Rechnung lautet damit:

Akkordlöhne	6
Energiekosten	6
Rohstoffkosten	40
Lizenzkosten (360/150 =)	2,4
Entscheidungsrelevante Kosten (Preisuntergrenze)	54,4

4.4. Diskussion

Die Vorgehensweise der REDR erscheint auf den ersten Blick bestechend, weil damit eine einheitliche Methodik der Entscheidungsrechnung vorgeschlagen wird, die auf alle Entscheidungstypen angewendet werden soll und somit Grundlage einer einheitlichen, integrierten Unternehmensrechnung sein könnte. Die REDR ist im Vergleich zur GPKR mit ihren doch sehr einschränkenden Prämissen weit offener angelegt. Dadurch ist sie zunächst spezifischen Kritikpunkten weit weniger ausgesetzt. Dennoch weist auch sie bei näherem Hinsehen einige **diffizile Probleme** auf, die besonders im Hinblick auf die Festlegung der Grundrechnung zu Schwierigkeiten führen.

1. Eine erste Schwierigkeit folgt aus der **Definition der relativen Einzelkosten und Einzelerlöse** selbst. Denkt man diese Definition konsequent zu Ende, erscheint es sehr fraglich, ob für viele Bezugsobjekte überhaupt relative Einzelkosten angegeben werden können.[71] Betrachtet man etwa das wichtige Bezugsobjekt „Produkteinheit", dann sind mit der alleinigen Entscheidung, eine Produkteinheit zu fertigen, unmittelbar nur sehr wenige Zahlungen verbunden, die sich im obigen Beispiel in den reinen Akkordlöhnen und den Energiekosten manifestierten.

Versucht man dies über die Konstruktion von „generellen Anordnungen" über typische Entscheidungsketten in den Griff zu bekommen, wird bereits die Aufstellung einer Grundrechnung fraglich, wenn man erlaubt, daß – je nach vorliegendem Problem – möglicherweise andere Ausprägungen der Entscheidungsketten vorliegen könnten. Diese würden nämlich mit unterschiedlichen relativen Einzelkosten vieler Bezugsobjekte verbunden sein, so daß offen ist, welche Größen nun eigentlich in der Grundrechnung anzusetzen sind.

2. Mit den „generellen Anordnungen" hängt auch ein anderer Aspekt eng zusammen. So wurde bereits bei der GPKR darauf hingewiesen, daß eine *a priori* **Festlegung** von solchen Faktoren, wie zB Losgrößen und Bestellmengen, mit einer Gesamtoptimierung an sich nicht vereinbar ist, weil zB der (noch unbekannte) Gesamtbedarf einen wichtigen Bestimmungsfaktor optimaler Losgrößen und Bestellmengen darstellt. Die „generellen Anordnungen" der REDR führen demnach zur gleichen **Interdependenzproblematik** wie die *a priori* Festlegungen der GPKR.

Dieses Problem spiegelt sich auch in anderen Bereichen wider. So lassen sich maschinenabhängige Energiekosten zwar grundsätzlich als relative Einzelkosten von Produkteinheiten erfassen, weil sie zwangsläufig mit der Fertigungszeit für ein Produkt zusammenhängen. Aller-

---

[71] Siehe dazu auch *Brink* (1978), S. 573 – 574.

dings können die Energiekosten je Fertigungsminute von der angesetzten Fertigungsintensität abhängen. Ob wiederum eine intensitätsmäßige Anpassung gewählt wird, hängt letztlich davon ab, wie das optimale Produktions- und Absatzprogramm aussieht, zu dessen Ermittlung die relativen Einzelkosten der Produkte gerade beitragen sollen.

Dies wirft erneut die Frage nach dem Ansatz relativer Einzelkosten in der Grundrechnung auf. Von welcher Intensität soll hier ausgegangen werden? Und wenn eine intensitätsmäßige Anpassung gewählt wird, diese aber vom **Gesamtprogramm** abhängt, dann können die intensitätsabhängigen Kosten streng genommen keine relativen Einzelkosten etwa einer Produkteinheit mehr sein, weil sie offenbar auch von der Summe aller hergestellten Produkteinheiten abhängen. Letztlich müßte man in diesem Fall *alternative* Grundrechnungen aufstellen, nämlich für jede in Frage kommende Kombination von Prozeßparametern eine.

3. Die angestrebte *strenge* Einhaltung des Prinzips der *Entscheidungsrelevanz* ist insofern zu relativieren, als auch bei der REDR vorwiegend **Entscheidungskalküle bei sicheren Erwartungen** untersucht werden. Aus den Überlegungen im 5. Kapitel: *Entscheidungsrechnungen bei Unsicherheit* folgt, daß in Risikosituationen auch Gemeinkosten entscheidungsrelevant sein können. Diese müßten beim Vorliegen der entsprechenden Bedingungen in die Sonderrechnungen der REDR Eingang finden.

4. Schließlich ist auch der angestrebte Vorteil einer für alle Entscheidungen anwendbaren Planungsrechnung mit Vorsicht zu genießen. Die Ausführungen im 2. Kapitel: *Die Kosten- und Leistungsrechnung als Entscheidungsrechnung* dürften die damit zusammenhängenden Fragen ausführlich verdeutlicht haben. Das grundsätzliche Problem der Kosten- und Leistungsrechnung ist dasjenige des **optimalen Komplexionsgrades** von Entscheidungsmodellen. Die Installierung eines einheitlichen Rechnungssystems macht nur dann Sinn, wenn man bei den zu treffenden Entscheidungen den langfristigen Aspekt auch generell berücksichtigen will. Hinsichtlich der Produktionsentscheidungen wurden in diesem Zusammenhang vor allem Lern- und Verschleißeffekte als wichtige Einflußfaktoren herausgestellt. Deren Effekte werden in den momentan vorliegenden Varianten der REDR aber gerade *nicht* berücksichtigt. Sie müßten sich systematisch in den relativen Einzelkosten der Bezugsobjekte verschiedener Perioden und mithin in den **Grundrechnungen verschiedener Perioden** niederschlagen. Darüber hinaus müßten all diese Grundrechnungen bereits im Betrachtungszeitpunkt aufgestellt werden, so daß ihre Daten für die Sonderrechnungen zur Entscheidungsvorbereitung zur Verfügung stehen.

In den vorliegenden Varianten der REDR werden aber stets nur Grundrechnungen für *einen Zeitpunkt* bzw *eine Planperiode* betrachtet. Außerdem gäbe es bei der Aufstellung mehrerer Grundrechnungen für künftige Perioden die Schwierigkeit, daß die Konsequenzen der Lern- und Verschleißeffekte letztlich von den zwischenzeitlich gefertigten Produktionsprogrammen abhängen, woraus wiederum die oben erwähnten Interdependenzprobleme resultieren. Darüber hinaus ist es eben aus Wirtschaftlichkeitsgesichtspunkten fraglich, ob man für alle Entscheidungen stets **Totalmodelle** aufstellen will oder kann.

5. Zusammenfassung

Die früheren Kapitel gingen stillschweigend von der Annahme aus, die relevanten Daten für die Entscheidungskalküle seien im Unternehmen im benötigten Detaillierungsgrad verfügbar. Dies ist jedoch meist nicht ohne weiteres der Fall. Bedenkt man die Unmenge von Einzelinformationen, die sich im Unternehmen während seiner Tätigkeit ansammeln, werden **leistungsfähige Systeme der Kostenrechnung** benötigt. Die bekanntesten Grundtypen sind die **Grenzplankostenrechnung (GPKR)**, die **Prozeßkostenrechnung** und die **Relative Einzelkosten- und Deckungsbeitragsrechnung** (REDR).

Die Grenzplankostenrechnung fußt auf den **Prämissen**, daß die Beschäftigung die maßgebliche Kosteneinflußgröße darstellt und die Kosten in Abhängigkeit von der Beschäftigung eindeutig in variable und fixe Bestandteile getrennt werden können. Die variablen Kosten werden als linear (und damit proportional) zur Beschäftigung angenommen. Als entscheidungsrelevante Kosten werden nur die proportionalen Kosten verwendet. Die Kostenplanung erfolgt – wie auch bei der REDR – deterministisch.

Wie die Grenzplankostenrechnung läßt sich eine **Grenzplanerlösrechnung** aufbauen, die auf analogen Prämissen ruht. Sie kann mit der Grenzplankostenrechnung in einer Ergebnisrechnung zusammengefaßt werden. Die typische Darstellungsform ist die **mehrstufige Deckungsbeitragsrechnung** (Fixkostendeckungsrechnung), bei der die Fixkosten nach ihrer Zurechenbarkeit auf Produkte, Produktgruppen und Bereiche untergliedert werden.

Die **Prozeßkostenrechnung** versucht, eine **beanspruchungsgerechtere** Behandlung insbesondere der Gemeinkosten in den indirekten Leistungsbereichen zu realisieren. Dazu wird – typischerweise auf Basis der existierenden Stellengliederung – eine detaillierte Analyse der im Unternehmen ablaufenden Prozesse und Tätigkeiten durchgeführt. Diesen Aktivitäten werden (Voll-)Kosten zugeordnet, so daß **Prozeßkostensätze** je Einheit der jeweiligen **Aktivität** resultieren. Die Prozesse werden auch unternehmensweit analysiert, indem sogenannte **Hauptprozesse** betrachtet werden, die sich aus Teilprozessen in mehreren Stellen zusammensetzen. Die Prozeßkostenrechnung beinhaltet rechnungstechnisch zahlreiche **Schlüsselungen** und **Proportionalitätsannahmen**. Wegen ihrer Ausrichtung als Vollkostenrechnung hat sie einen explizit langfristigen Aspekt, bezieht grundsätzlich auch Kapazitätsanpassungen in ihre Betrachtung ein und soll daher auch eine Grundlage für strategische Entscheidungen liefern.[72]

Die Relative Einzelkosten- und Deckungsbeitragsrechnung löst sich grundsätzlich von einem verbrauchsorientierten Kostenbegriff und basiert auf einer veränderten Kostenzurechnung aufgrund des **Identitätsprinzips**. Einem Bezugsobjekt werden nur jene Kosten und Erlöse zugerechnet, die durch die Entscheidung über das

---

[72] Siehe zur Analyse dieser Anwendungsfälle das 6. Kapitel: *Kostenmanagement*.

betrachtete Bezugsobjekt ausgelöst werden (*relative* Einzelkosten und Einzelerlöse). Die REDR besteht aus zweckneutralen **Grundrechnungen**, die als möglichst detaillierter Datenspeicher für **Sonderrechnungen** fungieren. Eine periodische **Deckungsbeitragsrechnung** liefert nur eine Gegenüberstellung von (Perioden-)Einzelerlösen und Einzelkosten; der Deckungsbeitrag muß zur Gewinnung von Erfolgsinformationen mit einem **Deckungsbudget** verglichen werden.

Das Verdienst der REDR besteht zweifellos darin, die **Problematik** und **Relativität von Kostenzurechnungen** in eindrucksvoller Weise aufzuzeigen. Damit wird das Bewußtsein für unsachgemäße Proportionalisierungen und Schlüsselungen geschärft. Diese Kenntnisse können außerordentlich wertvoll sein, wenn in einem Unternehmen spezifische Rechnungen außerhalb des „üblichen" Rechnungssystems angefertigt werden sollen, um etwa die Wirtschaftlichkeit bestimmter Fertigungsbereiche, des Logistiksystems oder der Verwaltungsstellen beurteilen zu können. Bei solchen Rechnungen müssen oftmals völlig neuartige Gruppierungen bestehender Kosten- und Erlösdaten vorgenommen werden. Grundsätze für solche Zurechnungen werden durch die REDR bereitgestellt.

Die Grenzplankostenrechnung und (in etwas geringerem Umfang) die Prozeßkostenrechnung haben im Gegensatz zur REDR große **praktische Verbreitung** gefunden. Ein wesentlicher Grund dafür liegt im schematischen Charakter und den detaillierten Empfehlungen für die Vorgangsweise bei der Kostenrechnung. Im Gegensatz dazu geht die REDR wesentlich differenzierter vor und ist daher komplexer. Um die Praktikabilität der REDR zu gewährleisten, werden **Annäherungen** an „traditionelle" Vorgehensweisen propagiert, wodurch die Unterschiede zwischen GPKR und REDR abnehmen. Geht man davon aus, daß wegen der hohen Dynamik der Märkte die standardisierten Entscheidungstypen eher geringer werden, die besonderen und nur situationsabhängig zu präzisierenden Entscheidungsprobleme dagegen zunehmen, dann wird die Erstellung **fallweiser Sonderrechnungen** zur Vorbereitung von Entscheidungen eine große Bedeutung erlangen.[73] Damit gewinnen auch die differenzierten Zurechnungsgrundsätze der REDR an Gewicht.

Für Entscheidungsmodelle, wie sie in diesem Buch im Vordergrund stehen, hat die Qualität der Daten natürlich eine wesentliche Bedeutung für die **Qualität der Lösungen** der Modelle. Im Grunde hat man auch hier wieder ein Problem des optimalen **Komplexionsgrades** zu lösen. Lineare Entscheidungsmodelle, wie sie auf den („linearisierten") Daten der Grenzplankostenrechnung (und der Prozeßkostenrechnung) aufgebaut werden können, lassen sich mit leistungsfähigen Standardalgorithmen lösen. Sie benötigen zwingend lineare Eingangsdaten, wodurch sich allerdings Verzerrungen hinsichtlich der Abbildung tatsächlicher Kostenabhängigkeiten ergeben können. Dadurch wird auch die „optimale" Lösung des linearen Entscheidungsmodells vom tatsächlichen Optimum regelmäßig abweichen.[74] Diese Abweichungen ließen sich zwar durch eine präzisere Abbildung der Kostenabhängigkeiten, wie

---

[73]   Vgl ähnlich auch *Troßmann* (1993), Sp. 2399; *Weber* (1993a), S. 23.

[74]   Vgl *Christensen* und *Demski* (1997).

etwa bei Anwendung der REDR, vermindern oder gar ausschalten, doch würde dies auch den Übergang auf nichtlineare Entscheidungskalküle implizieren, deren Lösung im allgemeinen aufwendiger und vielfach nicht ohne weiteres gewährleistet ist. Das relativiert wiederum den Vorteil einer präziseren Erfassung der Kostenabhängigkeiten.

Allgemeine **Empfehlungen** zur Lösung dieser Problematik lassen sich kaum geben. Man kann sich auch fragen, ob das obige Komplexionsproblem in seinen Konsequenzen für optimale Lösungen nicht als relativ gering einzustufen ist, wenn man berücksichtigt, welche impliziten Prämissen zB dem grundsätzlichen Ansatz eines kurzfristig wirksamen Entscheidungsproblems ohnehin schon anhaften.[75] Selbst eine noch so präzise Erfassung von Kostenabhängigkeiten löst nämlich beispielsweise nicht das Problem der Berücksichtigung mehrperiodiger Wirkungen heutiger Maßnahmen.

Fragen

1. Inwiefern kann man bei der Einzelkostenplanung der Grenzplankostenrechnung (GPKR) von einer Durchbrechung des Verursachungsprinzips sprechen?

2. Welche Probleme bestehen bei den Statistischen Methoden der Kostenplanung?

3. Warum sind die Fixkosten im Rahmen der Kostenplanung einer GPKR als dispositionsabhängig einzustufen?

4. Welche Beziehungen bestehen bei der GPKR zwischen Kostenbestimmungsfaktoren und Bezugsgrößen?

5. Unter welchen Bedingungen und wofür wird bei der GPKR auf indirekte Bezugsgrößen zurückgegriffen?

6. Warum ist im Rahmen der Planung der Kostenstellenkosten der GPKR eine Sekundärkostenrechnung notwendig?

7. Können bei der GPKR direkte Bezugsgrößen nur in fertigungsnahen Stellen angewandt werden?

8. Welche Beziehungen bestehen zwischen der GPKR und der Prozeßkostenrechnung?

---

[75] Siehe dazu ausführlich 2. Kapitel: *Die Kosten- und Leistungsrechnung als Entscheidungsrechnung*.

9. Unter welchen Bedingungen entspricht der Periodenerfolg nach dem Umsatzkostenverfahren dem nach dem Gesamtkostenverfahren?

10. Welche Kriterien gibt es für die Gliederung der „Stufen" bei der mehrstufigen Deckungsbeitragsrechnung?

11. Worin besteht der Unterschied zwischen *lmi*- bzw *lmn*-Kosten, fixen bzw variablen und Einzel- bzw Gemeinkosten?

12. Wie kann man Komplexität als Kostentreiber in der Prozeßkostenrechnung messen?

13. Werden in der Prozeßkostenrechnung Kostenschlüsselungen vorgenommen, und wenn ja, nach welchen Kriterien erfolgt dies?

14. Wie wirkt die Art der Planung (Istbeschäftigung, Engpaßplanung, Kapazitätsplanung) auf die Höhe der Prozeßkosten?

15. Warum kann die REDR nur als spezifische Denkweise bezeichnet werden, und warum stellt sie kein Kostenrechnungssystem im herkömmlichen Sinne dar?

16. Halten Sie die Berechnung von Residualgewinnen im Rahmen der REDR für zulässig?

17. Welche Beziehungen bestehen bei der REDR zwischen Entscheidungen, Bezugsobjekten und der Kostenzurechnung?

18. Welche Anwendungsprobleme beinhaltet eine Kostenzurechnung auf Basis des Identitätsprinzips, und wie lassen sich diese Probleme lösen?

19. Warum löst die REDR letztlich nicht das Fristigkeitsproblem bei Entscheidungsrechnungen, obwohl sie doch als integratives Rechnungssystem gedacht ist?

20. Welche Bedeutung könnte die Einbeziehung des Risikos für die REDR haben?

Probleme

1. **Kostenstellenrechnung einer GPKR**. Gegeben sei ein Unternehmen mit zwei Fertigungsbereichen B1 und B2. Jeder Bereich verfügt als spezifische Hilfsstelle über eine eigene Werkzeugmacherei (W1, W2). Daneben existiert als weitere Hilfsstelle eine Reparaturwerkstatt R, die für beide Fertigungsbereiche tätig ist. In allen drei Hilfsstellen liegt homogene Kostenverursachung mit den Fertigungsstunden als Bezugsgröße vor. Die jeweiligen Planbezugsgrößen und (variablen) primären Gemeinkosten betragen:

W1: 15.000 Minuten; primäre Gemeinkosten = 45.000

W2: 10.000 Minuten, primäre Gemeinkosten = 35.000

R: 20.000 Minuten, primäre Gemeinkosten = 40.000

Die Reparaturstelle benötigt Werkzeuge sowohl von W1 als auch von W2. Alle 10 (5) Fertigungsstunden von R wird ein neues Werkzeug von W1 (W2) angefordert, für das man bei W1 (W2) eine (0,25) Fertigungsstunde(n) benötigt. Umgekehrt haben die beiden Werkzeugmachereien einen Reparaturbedarf. Für beide Stellen W1 und W2 rechnet man damit, daß alle 12 Fertigungsstunden Reparaturleistungen von R im Umfang von jeweils 36 Minuten in Anspruch genommen werden. Die Fertigungsstunden aller drei Hilfsstellen, die nicht für jeweils andere Hilfsstellen geleistet werden, beinhalten Tätigkeiten für die Hauptstellen.

Führen Sie die Sekundärkostenrechnung durch, und bestimmen Sie die Grenzkostensätze für innerbetriebliche Leistungen (Fertigungsminuten, die für andere Stellen erbracht werden). In welchem Umfang wird die Reparaturwerkstatt für die Hauptstellen beider Bereiche tätig? In welchem Umfang erbringen die Werkzeugmachereien Tätigkeiten für die Hauptstellen ihrer jeweiligen Bereiche? Mit welchen Kostenbeträgen werden die Hauptstellen der beiden Bereiche jeweils belastet, wenn der Bereich B1 (B2) von den für die Hauptstellen verbleibenden Stunden der Reparaturwerkstatt insgesamt $53,\overline{3}\%$ ($46,\overline{6}\%$) beansprucht?

2. Kalkulationssätze einer GPKR. Betrachtet wird ein Fertigungsbereich B eines Unternehmens mit mehreren Fertigungsbereichen. Der Bereich B verfügt insgesamt über zwei Fertigungsstellen F1 und F2 sowie eine Arbeitsvorbereitung AV. In beiden Fertigungsstellen herrscht heterogene Kostenverursachung, wobei jeweils Fertigungs- und Rüststunden als Bezugsgrößen dienen. Die Arbeitsvorbereitung AV wird dagegen auf Basis der Bezugsgröße „DM Deckung Grenzkosten" abgerechnet. Aus der bisherigen Kostenplanung liegen für den Bereich B folgende Plandaten vor:

	AV	F1		F2	
		Fertigung	Rüsten	Fertigung	Rüsten
primäre GK	10.000	20.000	2.000	30.000	1.500
Planbezugsgröße	10.000	5.000	250	5.000	150

Eine Analyse der Tätigkeiten der Arbeitsvorbereitung ergibt folgendes Resultat: Die Leistungen von AV entfallen zu 40% (60%) auf F1 (F2), wovon jeweils 90% für die Fertigung und 10% für Rüsttätigkeiten beansprucht werden. Darüber hinaus sind bei den beiden Fertigungsstellen noch Umlagen aus innerbetrieblichen Leistungen einer für das gesamte Unternehmen tätigen Reparaturstelle zu berücksichtigen. Diese Belastungen betragen für F1 2.625 und für F2 2.060. Sie werden im Verhältnis der jeweiligen Planbezugsgrößen auf Fertigungs- und Rüsttätigkeiten aufgeteilt.

Berechnen Sie die Kalkulationssätze für die Planbezugsgrößen von F1 und F2.

3. Preisuntergrenze für einen Auftrag auf Basis der REDR. Ein Unternehmen erhält am 5. Dezember eines Jahres die Anfrage eines langjährigen Kunden, zu welchen Konditionen man noch bis spätestens eine Woche vor Weihnachten 1.000 Stück des Produktes P gegen sofortige Bezahlung liefern könne. Die Produktionsverhältnisse stellen sich für das Unternehmen wie folgt dar:

Für die Fertigung von P würde ein bestimmter Aggregattyp benötigt, auf dem neben P auch andere Produktarten herstellbar sind, und von dem das Unternehmen zwei Stück besitzt. Auf Grund eines allgemeinen Nachfragerückgangs seit Juni des Jahres wurde allerdings ein Aggregat vorübergehend stillgelegt, während das andere auf Grund bestehender Aufträge im Rahmen des Weihnachtsgeschäfts voll ausgelastet ist. Zur Einlastung des vorliegenden Zusatzauftrags könnte man einerseits bestehende Aufträge anderer Produktarten verschieben; dann wären aber Konventionalstrafen in Höhe von 3.500 zu zahlen, und außerdem müßte das eingesetzte Aggregat zweimal umgerüstet werden (zunächst auf P, dann wieder auf die anderen Produkte), wofür 500 je Umrüstvorgang anzusetzen wären. Andererseits könnte man aber auch kurzfristig Zusatzschichten einlegen, um die 1.000 Stück von P unterzubringen, ohne die Produktion anderer Produktarten zu verschieben. Dann wäre nur ein zusätzlicher Umrüstvorgang nötig, und für die von den Zusatzschichten betroffenen Mitarbeiter müßten zusätzliche Löhne von 3.000 angesetzt werden. Eine dritte Möglichkeit bestünde schließlich darin, die bislang stillgelegte zweite Maschine zu reaktivieren. Die Überwachung beider Aggregate kann grundsätzlich vom bisherigen Personal übernommen werden, doch sind für das Einstellen und für Probeläufe insgesamt 4.000 zu veranschlagen. Beide Aggregate haben den gleichen Energiebedarf, wobei man Kosten von 100 je Fertigungsstunde ansetzt. Je Stück von P werden 2,4 Fertigungsminuten veranschlagt.

Für die Produktion von P wird weiterhin ein bestimmtes Werkzeug benötigt. Es muß nach jeweils 100 gefertigten Mengeneinheiten nachgeschliffen werden, wofür Kosten in Höhe von 200 je Nachschliff anfallen. Nach 500 Stück P bringt jedoch ein Nachschliff keine weitere Verbesserung mehr, so daß dann ein neues Werkzeug zu 1.000 eingesetzt werden muß. Die Fertigung könnte auf ein bislang vorhandenes Werkzeug zurückgreifen, mit dem bereits 50 Stück P hergestellt wurden.

Die zur Herstellung von P benötigten Materialien sind zwar derzeit nicht am Lager, könnten jedoch kurzfristig in den benötigten Quantitäten beschafft werden. Es handelt sich um drei Rohstoffarten, die von drei verschiedenen Lieferanten bezogen werden. Die Transportkosten betragen je Transport grundsätzlich 240, doch kann man bei einem Lieferanten die zusätzlichen Materialien in eine ohnehin schon geplante Lieferung anderer Rohstoffe einbinden. Die Zahlungen für die Rohstoffe selbst würden insgesamt 12.000 betragen.

Die Lieferung an den Kunden könnte zusammen mit Lieferungen anderer Bestellungen ausgeführt werden. Der im laufenden Jahr mit dem Kunden erzielte Bruttoumsatz aus allen bisherigen Bestellungen (Umsatz ohne Skonti und Rabatte) beträgt 80.000. Das Unternehmen gewährt bei einem Brutto-Jahresumsatz über 100.000 einen Bonus in Höhe von 1.500. Zudem ist es seit Jahren üblich, bei sofortiger Zahlung seitens des Kunden ein Skonto von 2% des Bruttoumsatzes eines Auftrags zu gewähren, und davon soll auch im vorliegenden Fall nicht abgewichen werden. Wie hoch ist die Preisuntergrenze für den angegebenen Auftrag?

4. Umsatz- und Gesamtkostenverfahren. Ermitteln Sie für die folgende Situation das Ergebnis nach dem Umsatz- und nach dem Gesamtkostenverfahren:

geplante Produktionsmenge	17.000 Stück
geplante Absatzmenge	16.000 Stück
geplanter Verkaufspreis pro Stück	500

Planverbrauchsmengen pro Stück:

Fertigungsmaterialverbrauch	0,4 kg
Fertigungszeit	52 min

Planpreise:

Fertigungsmaterial pro kg	200
Fertigungslohn pro Stunde	120

Die variablen Fertigungsgemeinkosten werden als Zuschlagssatz (150%) der Fertigungslöhne verrechnet, die Verwaltungs(Vertriebs)gemeinkosten als Zuschlag in Höhe von 20 % (10 %) auf die Grenzherstellkosten.

5. Mehrstufige Deckungsbeitragsrechnung. Die Firma *Dwarf International* erzeugt Gartenzwerge und Miniaturwaldtiere. Um den Marktwünschen besser entsprechen zu können, werden Keramikerzeugnisse (Bereich Keramik) und Plastikerzeugnisse (Bereich Plastik) hergestellt. Diese Bereiche werden wiederum unterteilt in:

Keramik: Produktgruppe Zwerge (mit Produktarten „Grubenzwerg" und „Giftzwerg") und Produktgruppe Waldtiere (mit Produktarten „Bambi" und „Froschkönig")

Plastik: Produktgruppe Zwerge (mit Produktarten „Arbeitszwerg" und „Zwerg Nase") und Produktgruppe Waldtiere (mit Produktarten „Hirsch" und „Eule").

Insgesamt sind Erlöse in Höhe von 3.160.000 angefallen, die variablen Kosten betragen 1.937.400, die fixen Kosten 1.123.200. Eine Aufteilung dieser Größen ist in nachstehender Tabelle gegeben.

„Giftzwerg" und „Zwerg Nase" wurden von einem externen Designer entworfen, wofür jährlich ein fixer Betrag in Höhe von jeweils 10.000 zu entrichten ist. Für Bambi sind an *Walt Disney* fixe Lizenzgebühren in Höhe von 25.000 zu entrichten. Der „Grubenzwerg" entspricht dem traditionellen Gartenzwerg; zu seiner Verkaufsförderung werden dem Verein zur Bewahrung des Gartenzwerges eV 35.000 zur Verfügung gestellt. Für „Eule" wurde eine Flugzettelkampagne durchgeführt, mit Kosten in Höhe von 23.700.

Produktart	Erlöse	variable Her-stellkosten	variable Ver-triebskosten
Grubenzwerg	600.000	300.000	25.000
Giftzwerg	400.000	250.000	20.000
Bambi	345.000	245.000	20.000
Froschkönig	534.000	387.000	17.500
Arbeitszwerg	453.000	213.000	10.000
Zwerg Nase	312.000	170.000	7.900
Hirsch	346.000	200.000	12.000
Eule	170.000	54.000	6.000

Das Marketingbudget in Höhe von 300.000 wurde im Verhältnis 3 : 2 : 4 : 1 auf die Produktgruppen in obiger Reihenfolge verteilt. Spezialwerkzeuge mußten für die Produktgruppe Keramikgartenzwerge angeschafft werden, die Kosten betragen 20.000.

Für den Bereich Keramik ist ein Spezialbrennofen notwendig, die Abschreibungen für diesen betragen 45.000. Der Bereich Plastik verwendet PVC, wofür vom Staat ein Entsorgungsbeitrag in Höhe von 50.000 eingehoben wird. Die fixen Fertigungskosten dieses Bereiches betragen 100.000, im Bereich Keramik 70.000.

Die Produktion findet in einer Halle gemeinsam für alle Produkte statt; Abschreibungen und Heizungskosten betragen 34.500. Die zentrale Verwaltung und Geschäftsführung schlägt sich mit 400.000 zu Buche.

Stellen Sie eine mehrstufige Deckungsbeitragsrechnung auf.

6. Prozeßkostenkalkulation. Die *Winternorm GmbH* erzeugt aus Kunststoffgranulat Fensterrahmen und als Spezialprodukt Kunststoffrahmen für Balkon- und Verandatüren. Da am Markt zur Zeit ein großer Konkurrenzdruck herrscht und sowohl Preis- als auch Mengensteigerungen nicht möglich erscheinen, versucht die Geschäftsführung, die Kostenseite besser in den Griff zu bekommen, um so eine Gewinnsteigerung erzielen zu können. Bisher praktiziert *Winternorm* eine Zuschlagskalkulation, überlegt allerdings die Einführung einer Prozeßkostenrechnung und hat daher schon einige Kostentreiber ermittelt. Die zur Verfügung stehenden Daten sind in den folgenden Tabellen enthalten.

a) Ermitteln Sie die Selbstkosten je Fenster (Tür) nach einer Zuschlagskalkulation (mit den typischen Bezugsgrößen Fertigungsmaterial, Fertigungslöhne und Herstellkosten) sowie nach der Prozeßkostenrechnung. Wie ist die Vorteilhaftigkeit der einzelnen Produkte zu beurteilen?

b) *Winternorm* ist als Anbieter bereits im Hochpreissegment positioniert. Die Kunden haben das bisher vor allem aus dem Grund akzeptiert, weil auch die Verandatüren über denselben Lieferanten bezogen werden können, was bei den billiger anbietenden Unternehmen häufig nicht möglich ist. Der Marketingleiter schätzt den Rückgang beim Ausstieg aus der Türproduktion im Fenstergeschäft auf 180 oder auf 600 Fenster. Ermitteln Sie die Auswirkung dieser beiden geschätzten Geschäftsausfälle auf das Periodenergebnis nach der Zuschlagskalkulation und nach der Prozeßkostenrechnung.

c) In der Verwaltungs- und Vertriebsstelle ist die Kapazität mit 550 Bestellungen beschränkt, die 500.000 Gesamtkosten sind die Vollkosten bei Kapazitätsplanung. Ermitteln Sie die Gesamtkosten für 330 Bestellungen nach den Grundsätzen der Prozeßkostenrechnung. Wie hoch sind die „tatsächlichen" Kosten, wenn in der betrachteten Periode nur 50% der Gesamtkosten bei Kapazitätsplanung variabel in bezug auf die Anzahl der Bestellungen reagieren, der Rest als fix zu betrachten ist? Wie ist die Differenz zu erklären?

Kostenart	Kostentreiber	Fenster	Türen	Gesamtkosten
Fertigungsmaterial	Materialmenge (kg/Stück)	1	3	2.380.000
Materialgemein-kosten	Anzahl Lagerbewe-gungen	6	6	300.000
Fertigung	Fertigungsstunden (je Stück)	1	3	1.360.000
	Maschinenstunden (je Stück)	2	5	1.780.000
	Rüstvorgänge	4	6	368.000
Verwaltung/ Vertrieb	Anzahl Bestellungen	250	300	500.000

	Fenster	Türen
Produktionsmenge = Absatzmenge	5.000	600
Verkaufspreis	1.200	3.300

7. Kosten der Ressourcennutzung. In der Abteilung Fakturierung sind vier gleichqualifizierte Mitarbeiter beschäftigt, wobei keine Aufgabentrennung vorgesehen ist, sondern jeder Mitarbeiter je nach zeitlichem Anfall für jede Tätigkeit eingesetzt wird. Jeder dieser Mitarbeiter kann, so haben arbeitsanalytische Untersuchungen ergeben, in der betrachteten Periode je 400.000 Kontierungen vornehmen, 500.000 Geschäftsfälle verbuchen und 4.000 Abstimmungen vornehmen. Aufgrund der schlechten Wirtschaftslage wird mit schlechterem Absatz gerechnet, so daß auch diese Abteilung maximal zu 80% ausgelastet sein wird. Der Abteilung steht ein

Leiter vor, der jedoch keine laufende Arbeiten verrichtet. Eine Untersuchung ergab nachfolgende Aufteilung der Kosten der Mitarbeiter auf die einzelnen Prozesse.

Prozeß	Prozeßkosten
Kontierung	207.000
Verbuchung	72.500
Abstimmung	80.000
Leitung	72.000

a) Ermitteln Sie in einer Periodenrechnung die Kosten der Ressourcennutzung und die Kosten der ungenutzten Kapazität, wenn im betrachteten Zeitraum tatsächlich 1.100.000 Kontierungen, 1.400.000 Verbuchungen und 10.000 Abstimmungen vorgenommen wurden. Legen Sie dieser Periodenrechnung einmal die Kapazität der Abteilung, einmal den erwarteten Engpaß des Absatzmarktes als Ausgangspunkt bei der Ermittlung der Planprozeßmenge zugrunde. Wie verändert sich das Ergebnis, wenn Sie die *lmn*-Kosten auf Basis der *lmi*-Kosten verteilen oder alternativ auf eine Umlage verzichten?

b) In welchem Zusammenhang stehen die Kosten der Ressourcennutzung mit Nutz- und Leerkosten?

Literaturempfehlungen

Allgemeine Literatur

Kilger, W., J. Pampel und *K. Vikas*: *Flexible Plankostenrechnung und Deckungsbeitragsrechnung*, 11. Auflage, Wiesbaden 2002.

Kloock, J., G. Sieben und *T. Schildbach*: *Kosten- und Leistungsrechnung*, 8. Auflage, Düsseldorf 1999.

Riebel, P.: *Einzelkosten- und Deckungsbeitragsrechnung*, 7. Auflage, Wiesbaden 1994.

Spezielle Literatur

Bungenstock, C.: *Entscheidungsorientierte Kostenrechnungssysteme*, Wiesbaden 1995.

Kilger, W.: Grenzplankostenrechnung, in: *K. Chmielewicz* (Hrsg.): *Entwicklungslinien der Kosten- und Erlösrechnung*, Stuttgart 1983, S. 57 – 81.

Männel, W.: Zur Gestaltung der Erlösrechnung, in: *K. Chmielewicz* (Hrsg.): *Entwicklungslinien der Kosten- und Erlösrechnung*, Stuttgart 1983, S. 119 – 156.

Riebel, P.: Thesen zur Einzelkosten- und Deckungsbeitragsrechnung, in: *K. Chmielewicz* (Hrsg.): *Entwicklungslinien der Kosten- und Erlösrechnung*, Stuttgart 1983, S. 21 – 47.

Literaturverzeichnis

Adar, Z., A. Barnea und *B. Lev*: A Comprehensive Cost-Volume-Profit Analysis under Uncertainty, in: *The Accounting Review* 1977, S. 137 – 149.

Aders, C., und *M. Hebertinger*: Shareholder Value-Konzepte, Frankfurt a.M. 2003.

Aders, C., M. Hebertinger, C. Schaffer und *F. Wiedemann*: Shareholder Value-Konzepte – Umsetzung bei den DAX100-Unternehmen, in: *Finanz Betrieb* 2003, S. 719 – 725.

Albers, S.: Ein System zur IST-SOLL-Abweichungs-Ursachenanalyse von Erlösen, in: *Zeitschrift für Betriebswirtschaft* 1989, S. 637 – 654.

Albers, S.: Ursachenanalyse von marketingbedingten IST-SOLL-Deckungsbeitragsabweichungen, in: *Zeitschrift für Betriebswirtschaft* 1992, S. 199 – 223.

Amershi, A.H., J. Demski und *J. Fellingham*: Sequential Bayesian Analysis in Accounting Settings, in: *Contemporary Accounting Research*, Spring 1985, S. 176 – 192.

Anctil, R.: Capital Budgeting Using Residual Income Maximization, in: *Review of Accounting Studies* 1996, S. 9 – 34.

Anderson, L.K., und *H.M. Sollenberger*: Managerial Accounting, 8. Auflage, Cincinatti, OH 1992.

Anthony, R.N., J. Dearden und *V. Govindarajan*: Management Control Systems, 7. Auflage, Boston, MA 1992.

Antle, R., und *J. Demski*: The Controllability Principle in Responsibility Accounting, in: *The Accounting Review* 1988, S. 700 – 718.

Antle, R., und *G.D. Eppen*: Capital Rationing and Organizational Slack in Capital Budgeting, in: *Management Science* 1985, S. 163 – 174.

Antle, R., und *J. Fellingham*: Resource Rationing and Organizational Slack in a Two-Period Model, in: *Journal of Accounting Research* 1990, S. 1 – 24.

Antle, R., und *J. Fellingham*: Models of Capital Investments with Private Information and Incentives: A Selective Review, in: *Journal of Business Finance & Accounting* 1997, S. 887 – 908.

Arbeitskreis „Finanzierung" der Schmalenbach-Gesellschaft: Investitions-Controlling – Zum Problem der Informationsverzerrung bei Investitionsentscheidungen in dezentralisierten Unternehmen, in: *Zeitschrift für betriebswirtschaftliche Forschung* 1994, S. 899 – 925.

Arbeitskreis „Immaterielle Werte im Rechnungswesen" der Schmalenbach-Gesellschaft: Kategorisierung und bilanzielle Erfassung immaterieller Werte, in: *Der Betrieb* 2001, S. 989 – 995.

Arnaout, A.: Anwendungsstand des Target Costing in deutschen Großunternehmen, in: *Controlling*, Heft 6, 2001, S. 289 – 299.

Atkinson, A.A.: Intra-firm Cost and Resource Allocation: Theory and Practice, Toronto 1987.

Baiman, S.: Agency Research in Managerial Accounting: A Survey, in: *Journal of Accounting Literature* 1982, S. 154 – 213.

Baiman, S.: Agency Research in Managerial Accounting: A Second Look, in: *Accounting, Organizations and Society* 1990, S. 341 – 371.

Baiman, S., und *J.S. Demski*: Variance Analysis Procedures as Motivational Devices, in: *Management Science* 1980a, S. 840 – 848.

Baiman, S., und *J.S. Demski*: Economically Optimal Performance Evaluation and Control Systems, in: *Journal of Accounting Research*, Supplement 1980b, S. 184 – 220.

Baiman, S., und *J. Noel*: Noncontrollable Costs and Responsibility Accounting, in: *Journal of Accounting Research* 1985, S. 486 – 501.

Baiman, S., und *M. Rajan*: On the Design of Unconditional Monitoring Systems in Agencies, in: *The Accounting Review* 1994, S. 217 – 229.

Balachandran, B., V. Li und *L. Magee*: On the Allocation of Fixed and Variable Costs from Service Departments, in: *Contemporary Accounting Research*, Autumn 1987, S. 164 – 185.

Baldenius, T.: Delegated Investment Decisions and Private Benefits of Control, in: *The Accounting Review* 2003, S. 909 – 930.

Baldenius, T., G. Fuhrmann und *S. Reichelstein*: Zurück zu EVA, in: *Betriebswirtschaftliche Forschung und Praxis* 1999, S. 53 – 65.

Baldenius, T., und *S. Reichelstein*: Alternative Verfahren zur Bestimmung innerbetrieblicher Verrechnungspreise, in: *Zeitschrift für betriebswirtschaftliche Forschung* 1998, S. 236 – 259.

Baldenius, T., S. Reichelstein und *S. Sahay*: Negotiated versus Standard-Cost Transfer Pricing, in: *Review of Accounting Studies* 1999, S. 67 – 91.

Ballwieser, W.: Das Rechnungswesen im Lichte ökonomischer Theorie, in: *D. Ordelheide, B. Rudolph* und *E. Büsselmann* (Hrsg.): *Betriebswirtschaftslehre und Ökonomische Theorie*, Stuttgart 1991, S. 97 – 124.

Ballwieser, W.: *Unternehmensbewertung*, Stuttgart 2004.

Bamberg, G.: Extended Contractual Incentives to Reduce Project Costs, in: *OR Spektrum* 1991, S. 95 – 98.

Bamberg, G., und *A.G. Coenenberg*: *Betriebswirtschaftliche Entscheidungslehre*, 11. Auflage, München 2002.

Bamberg, G., und *H. Locarek*: Groves-Schemata zur Lösung von Anreizproblemen bei der Budgetierung, in: *K. Spremann* und *E. Zur* (Hrsg.): *Controlling – Grundlagen, Informationssysteme, Anwendungen*, Wiesbaden 1992, S. 657 – 670.

Bamberg, G., und *K. Spremann*: Implications of Constant Risk Aversion, in: *Zeitschrift für Operations Research* 1981, S. 205 – 224.

Bamberg, G., und *R. Trost*: Wahrheitsinduzierende Mechanismen, Fehlallokationen und kollusives Verhalten bei der Investitionsbudgetierung, in: *H. Rinne, B. Rüger* und *H. Strecker* (Hrsg.): *Grundlagen der Statistik und ihre Anwendungen*, FS Weichselberger, Heidelberg 1995, S. 219 – 230.

Banker, R.D., und *S.M. Datar*: Optimal Transfer Pricing under Postcontract Information, in: *Contemporary Accounting Research*, Spring 1992, S. 329 – 352.

Banker, R.D., und *J.S. Hughes*: *Product Costing and Pricing*, in: *The Accounting Review* 1994, S. 479 – 494.

Banker, R.D. und *H.H. Johnston*: An Empirical Study of Cost Drivers in the U.S. Airline Industry, in: *The Accounting Review* 1993, S. 576 – 601.

Banker, R.D., G. Potter und *R.G. Schroeder*: An Empirical Analysis of Manufacturing Overhead Cost Drivers, in: *Journal of Accounting and Economics* 19 (1995), S. 115 – 137.

Banz, R.W., und *M.H. Miller*: Prices for State-Contingent Claims. Some Estimates and Applications, in: *Journal of Business* 1978, S. 653 – 672.

Berliner, C., und *J.A. Brimson* (Hrsg.): *Cost Management for Today's Advanced Manufacturing – The CAM-I Conceptual Design*, Boston, MA 1988.

Bewley, T.F.: Advances in Economics Theory, Cambridge, MA 1987.

Bhimani, A., und *D. Pigott*: Implementing ABC: A Case Study of Organizational and Behavioral Consequences, in: *Management Accounting Research* 1992, S. 119 – 132.

Blume, E.: *Kostenkontrollrechnung unter Berücksichtigung mehrstufiger Fertigungsprozesse*, Frankfurt am Main 1981.

Böer, G., und *D. Jeter*: What's New About Modern Manufacturing? Empirical Evidence on Manufacturing Cost Changes, in: *Journal of Management Accounting Research* 1993, S. 61 – 83.

Böhm, H.H., und *F. Wille: Deckungsbeitragsrechnung, Grenzpreisrechnung und Optimierung,* 5. Auflage, München 1974.

Bohr, K.: Zum Verhältnis von klassischer Investitions- und entscheidungsorientierter Kostenrechnung, in: *Zeitschrift für Betriebswirtschaft* 1988, S. 1171 – 1180.

Bol, G.: Lineare Programmierung – Theorie und Anwendungen, Königstein/Ts. 1980.

Bommes, W.: Darstellung und Beurteilung von Verfahren der Kostenabweichungsanalyse bei ein- und mehrstufigen Fertigungsprozessen, Essen 1984.

Börsig, C., und *A.G. Coenenberg* (Hrsg.): *Controlling und Rechnungswesen im internationalen Wettbewerb,* Stuttgart 1997

Bosse, A.: Langfristige Preiskalkulation auf Basis von dynamischen Investitionskalkülen, in: *Kostenrechnungspraxis* 1991, S. 103 – 106.

Breeden, D.T., und *R.H. Litzenberger:* Prices of State-Contingent Claims implicit in Option Prices, in: *Journal of Business* 1978, S. 621 – 651.

Brief, R.P., und *K.V. Peasnell* (Hrsg.): *Clean Surplus – A Link Between Accounting and Finance,* New York, London 1996.

Bright, J., R.E. Davies, C.A. Downes und R.C. Sweeting: The Deployment of Costing Techniques and Practices: A UK Study, in: *Management Accounting Research* 1992, S. 201 – 211.

Brignall, T.J., L. Fitzgerald, R. Johnston und R. Silvestro: Product Costing in Service Organizations, in: *Management Accounting Research* 1991, S. 227 – 248.

Brink, H.-J.: Die Kosten- und Leistungsrechnung im System der Unternehmensrechnung, in: *Betriebswirtschaftliche Forschung und Praxis* 1978, S. 565 – 576.

Bromwich, M.: The Case for Strategic Management Accounting: The Role of Accounting Information for Strategy in Competitive Markets, in: *Accounting, Organizations and Society* 1990, S. 27 – 46.

Bromwich, M,. und *C. Hong:* Activity-Based Costing Systems and Incremental Costs, in: *Management Accounting Research* 1999, S. 39 – 60.

Bromwich, M., und *M. Walker:* Residual Income Past and Future, in: *Management Accounting Research* 1998, S. 391 – 419.

Brownell, P.: The Role of Accounting Data in Performance Evaluation, Budgetary Participation, and Organizational Effectiveness, in: *Journal of Accounting Research* 1982, S. 12 – 27.

Brownell, P., und *M. McInnes:* Budgetary Participation, Motivation, and Managerial Performance, in: *The Accounting Review* 1986, S. 587 – 600.

Brühl, R., und *K. Pohlen:* Kostenkontrollrechnungen mit Hilfe von stochastischen Modellen, in: *Betriebswirtschaftliche Forschung und Praxis* 1995, S. 667 – 681.

Bruns, W.J., und *R.S. Kaplan: Accounting and Management. Field Study Perspectives,* Boston, MA 1987.

Buchner, R.: Finanzwirtschaftliche Statistik und Kennzahlenrechnung, München 1985.

Budde, J.: Variance Analysis as an Incentive Device when Payments are Based on Rank Order, in: *Management Accounting Research* 1999, S. 5 – 19.

Budde, J. und *R. Göx:* The Impact of Capacity Costs on Bidding Strategies in Procurement Auctions, in: *Review of Accounting Studies* 1999, S. 5 – 13.

Budde, J., R.F. Göx und *A. Luhmer:* Absprachen beim Groves-Mechanismus: Eine spieltheoretische Analyse, in: *Zeitschrift für betriebswirtschaftliche Forschung* 1998, S. 3 – 20.

Bühler, W.: Risikocontrolling in Industrieunternehmen, in: *C. Börsig* und *A.G. Coenenberg* (Hrsg.): *Controlling und Rechnungswesen im internationalen Wettbewerb,* Stuttgart 1997, S. 205 – 233.

Bühler, W., und *T. Siegert* (Hrsg.): *Unternehmenssteuerung und Anreizsysteme,* Stuttgart 1999.

Bungenstock, C.: Entscheidungsorientierte Kostenrechnungssysteme, Wiesbaden 1995.

Burger, A.: Die Entscheidungsrelevanz von Fixkosten, Fixleistungen und Deckungsvorgaben, in: *Die Betriebswirtschaft* 1991, S. 649 – 656.

Burger, A.: *Kostenmanagement*, 3. Auflage, München und Wien 1999.

Capettini, R., C.W. Chow und *J.E. Williamson*: Instructional Cases: The Proper Use of Feedback Information, in: *Issues in Accounting Education* 1992, S. 37 – 56.

Chmielewicz, K.: *Entwicklungslinien der Kosten- und Erlösrechnung*, Stuttgart 1983.

Chmielewicz, K. und *M. Schweitzer* (Hrsg.): *Handwörterbuch des Rechnungswesens*, 3. Auflage, Stuttgart 1993.

Chow, C.W., J.C. Cooper und *W.S. Waller*: Participative Budgeting: Effects of a Truth-Inducing Pay Scheme and Information Asymmetry on Slack and Performance, in: *The Accounting Review* 1988, S. 111 – 122.

Chow, C.W., M.K. Hirst und *M.D. Shields*: Motivating Truthful Subordinate Reporting: An Experimental Investigation in a Two-Subordinate Context, in: *Contemporary Accounting Research*, Spring 1994, S. 699 – 720.

Christensen, J.A.: Communication in Agencies, in: *Bell Journal of Economics* 1981, S. 661 – 674.

Christensen, J.A. und *J.S. Demski*: The Classical Foundations of 'Modern' Costing, in: *Management Accounting Research* 1995, S. 13 – 32.

Christensen, J.A. und *J.S. Demski*: Product Costing in the Presence of Endogenous Subcost Functions, in: *Review of Accounting Studies* 1997, S. 65 – 87.

Christensen, J.A., und *J.S. Demski*: *Accounting Theory – An Information Content Perspective*, Boston et al 2003a.

Christensen, J.A., und *J.S. Demski*: Factor Choice Distortion under Cost-Based Reimbursement, in: *Journal of Management Accounting Research* 2003b, S. 145 – 160.

Christensen, J.A., und *J.S. Demski*: Asymmetric Monitoring: Good versus Bad News Verification, in: *Schmalenbach Business Review* 2004, S. 206-222.

Christensen, P.O., G.A. Feltham und *M.G.H. Wu*: "Cost of Capital" in Residual Income for Performance Evaluation, in: *Accounting Review* 2002, S. 1 – 23.

Chwolka, A.: Marktorientierte Zielkostenvorgaben als Instrument der Verhaltenssteuerung im Kostenmanagement, in: *Zeitschrift für betriebswirtschaftliche Forschung* 2003, S. 135 – 157.

Clark, J.M.: *Studies in the Economics of Overhead Costs*, Chicago, IL 1923.

Clinton, B.D., und *S.A. Webber:* RCA at Clopay, in: *Strategic Finance*, October 2004, S. 21 – 26.

Coenenberg, A.G.: Zur Bedeutung der Anspruchsniveau-Theorie für die Ermittlung von Vorgabekosten, in: *Der Betrieb* 1970, S. 1137 – 1141.

Coenenberg, A.G. (Hrsg.): *Unternehmensrechnung*, München 1976.

Coenenberg, A.G.: *Kostenrechnung und Kostenanalyse*, 2. Auflage, Landsberg am Lech 1993; 5. Auflage, Landsberg am Lech 2003.

Coenenberg, A.G., und *T.M. Fischer*: Prozeßkostenrechnung – Strategische Neuorientierung in der Kostenrechnung, in: *Die Betriebswirtschaft* 1991, S. 21 – 38.

Coenenberg, A.G., T. Fischer und *J. Schmitz*: Target Costing und Product Life Cycle Costing als Instrumente des Kostenmanagements, in: *Zeitschrift für Planung* 1994, S. 1 – 38.

Cohen, S.I., und *M. Loeb*: The Groves Scheme, Profit Sharing, and Moral Hazard, in: *Management Science* 1984, S. 20 – 24.

Cohen, S.I., und *M. Loeb*: Implicit Cost Allocation and Bidding for Contracts, in: *Management Science* 1990, S. 1133 – 1138.

Collins, F., P. Munter und *D.W. Finn*: The Budgeting Games People Play, in: *The Accounting Review* 1987, S. 29 – 49.

Conroy, R.M., und *J.S. Hughes*: Delegated Information Gathering Decisions, in: *The Accounting Review* 1987, S. 50 – 66.

Cooper, R., und *R.S. Kaplan*: Measure Costs Right: Make the Right Decisions, in: *Harvard Business Review,* September-October 1988, S. 96 – 103.

Cooper, R., und *R.S. Kaplan*: *The Design of Cost Management Systems,* Englewood Cliffs, NJ 1991a.

Cooper, R., und *R.S. Kaplan*: Profit Priorities from Activity-Based Costing, in: *Harvard Business Review,* Mai-Juni 1991b, S. 130 – 135.

Cooper, R., und *R.S. Kaplan*: Activity-Based Systems: Measuring the Costs of Resource Usage, in: *Accounting Horizons,* September 1992, S. 1 – 13.

Copeland, T., T. Koller und *J. Murrin*: *Valuation. Measuring and Managing the Value of Companies,* 3. Auflage, New York 2000.

Covaleski, M.A., J.H. Evans, J.L. Luft und *M.D. Shields*: Budgeting Research: Three Theoretical Perspectives and Criteria for Selective Integration, in: *Journal of Management Accounting Research* 2003, S. 3 – 49.

Creusen, U.: Controlling-Konzept der OBI-Gruppe, in: *E. Mayer* und *J. Weber* (Hrsg.): *Handbuch Controlling,* Stuttgart 1990, S. 874 – 887.

DeAngelo, H.: Competition and Unanimity, in: *American Economic Review* 1981, S. 18 – 27.

DeGroot, M.H.: *Optimal Statistical Decisions,* New York et al. 1970.

Dellmann, F., und *K.-P. Franz* (Hrsg.): *Neuere Entwicklungen im Kostenmanagement,* Bern 1994.

Demski, J.S.: An Accounting System Structured on a Linear Programming Model, in: *The Accounting Review* 1967, S. 701 – 712.

Demski, J.S.: *Information Analysis,* 2. Auflage, London et al. 1980.

Demski, J.S.: *Managerial Uses of Accounting Information,* Boston et al. 1994.

Demski, J.S., und *G. Feltham*: *Cost Determination: A Conceptual Approach,* Ames, Iowa 1976.

Demski, J.S., und *G. Feltham*: Economic Incentives in Budgetary Control Systems, in: *The Accounting Review* 1978, S. 336 – 359.

Demski, J.S., und *D.M. Kreps*: Models in Managerial Accounting, in: *Journal of Accounting Research* 1982, S. 117 – 148.

Demski, J.S., und *D.E.M. Sappington*: Delegated Expertise, in: *Journal of Accounting Research* 1987, S. 68 – 89.

Demski, J.S., und *D.E.M. Sappington*: Hierarchical Structure and Responsibility Accounting, in: *Journal of Accounting Research* 1989, S. 40 – 58.

Dickhaut, J.W., und *J.C. Lere*: Comparison of Accounting Systems and Heuristics in Selecting Economic Optima, in: *Journal of Accounting Research* 1983, S. 495 – 513.

Dierkes, S.: Absatz- und kapitalmarktorientierte Profit Center-Steuerung, Stuttgart 2004.

Dierkes, S., und *S. Hanrath*: Steuerung dezentraler Investitionsentscheidungen auf Basis eines modifizierten Residualgewinns, in: *Zeitschrift für betriebswirtschaftliche Forschung* 2002, S. 246 – 267.

Dillon, R.D. und *J.F. Nash*: The True Relevance of Relevant Costs, in: *The Accounting Review* 1978, S. 11 – 17.

Diller, H.: *Preispolitik,* 3. Auflage, Stuttgart 2000.

Dinkelbach, W.: *Sensitivitätsanalyse und parametrische Programmierung,* Berlin et al. 1969.

Dirrigl, H.: Koordinationsfunktion und Principal-Agent-Theorie als Fundierung des Controlling? – Konsequenzen und Perspektiven, in: *R. Elsen, T. Siegel* und *F.W. Wagner* (Hrsg.): *Unternehmenstheorie und Besteuerung,* FS D. Schneider, Wiesbaden 1995, S. 129 – 170.

Dörner, E.: *Plankostenrechnungen aus produktionstheoretischer Sicht,* Bergisch-Gladbach 1984.

Domschke, W. und *Drexl, A.*: *Einführung in Operations Research,* 5. Auflage, Berlin et al. 2002.

Dopuch, N.: A Perspective on Cost Drivers, in: *The Accounting Review* 1993, S. 615 – 620.

Drumm, J.: Zu Stand und Problematik der Verrechnungspreisbildung in deutschen Industrieunternehmungen, in: *Zeitschrift für betriebswirtschaftliche Forschung*, Sonderheft 2/1973, S. 91 – 107.

Drury, C.: *Management and Cost Accounting*, 4. Auflage, London et al. 1996.

Drury, C., *S. Braund, P. Osborne* und *M. Tayles*: *Survey of Management Accounting Practices in UK Manufacturing Companies*, *Certified Accountants Educational Trusts*, London 1993.

Dyckhoff, A.: Entscheidungsrelevanz von Fixkosten im Rahmen operativer Planungsrechnungen – Ergänzungen zu den Überlegungen von *Maltry*, in: *Betriebswirtschaftliche Forschung und Praxis* 1991, S. 254 – 261.

Dye, R.A.: Optimal Monitoring Policies in Agencies, in: *Rand Journal of Economics* 1986, S. 339 – 350.

Eccles, R.G.: *The Transfer Pricing Problem*, Lexington, MA 1985.

Egginton, D.: Divisional Performance Measurement: Residual Income and the Asset Base, in: *Management Accounting Research* 1995, S. 201 –222.

Eisenführ, F.: Budgetierung, in: *E. Frese* (Hrsg.): *Handwörterbuch der Organisation*, 3. Auflage, Stuttgart 1992, Sp. 363 – 373.

Ernst, C., *C. Riegler* und *G. Schenk*: *Übungen zur Internen Unternehmensrechnung*, 2. Auflage, Berlin et al. 2003.

Ernst & Young: *Transfer Pricing 2003 Global Survey*, www.ey.com 2003.

Ewert, R.: Controlling, Interessenkonflikte und asymmetrische Information, in: *Betriebswirtschaftliche Forschung und Praxis* 1992, S. 277 – 303.

Ewert, R.: Finanzwirtschaft und Leistungswirtschaft, in: *W. Wittmann* et al (Hrsg.): *Handwörterbuch der Betriebswirtschaft*, 5. Auflage, Teilband 1, Stuttgart 1993, Sp. 1150 – 1161.

Ewert, R.: Fixkosten, Kapitalmarkt und (kurzfristig wirksame) Entscheidungsrechnungen bei Risiko, in: *Betriebswirtschaftliche Forschung und Praxis* 1996, S. 528 - 556.

Ewert, R.: Target Costing und Verhaltenssteuerung, in: *C.-C. Freidank, U. Götze, B. Huch* und *J. Weber* (Hrsg.): *Kostenmanagement – Aktuelle Konzepte und Anwendungen*, Berlin et al. 1997, S. 299 – 321.

Ewert, R.: Der informationsökonomische Ansatz des Controlling, in: *Weber, J.*, und *B. Hirsch* (Hrsg.): *Controlling als akademische Disziplin*, Wiesbaden 2002, S. 21-37.

Ewert, R., und *C. Ernst*: Target Costing, Coordination and Strategic Cost Management, in: *European Accounting Review* 1999, S. 23 – 49.

Ewert, R., und *V. Laux*: Informationsökonomische Ansätze des Investitionscontrolling, in: *Scherm, E.*, und *G. Pietsch* (Hrsg.): *Controlling – Theorien und Konzeptionen*, Wiesbaden 2004, S. 215 – 240.

Ewert, R., und *A. Wagenhofer*: Rechnungslegung und Kennzahlen für das wertorientierte Management, in: *A. Wagenhofer* und *G. Hrebicek* (Hrsg.): *Wertorientiertes Management*, Stuttgart 2000, S. 3 – 64.

Fatseas, V.A., und *M.K. Hirst*: Incentive Effects of Assigned Goals and Compensation Schemes on Budgetary Performance, in: *Accounting and Business Research* 1992, S. 347 – 355.

Feichtinger, G., und *R.F. Hartl*: Optimale Kontrolle ökonomischer Prozesse, Berlin et al. 1986.

Feltham, G., und *J.A. Ohlson*: Valuation and Clean Surplus Accounting for Operating and Financial Activities, in: *Contemporary Accounting Research* 11 (1995), S. 689 – 732.

Feltham, G.A., und *J.A. Ohlson*: Residual Earnings Valuation With Risk and Stochastic Interest Rates, in: *The Accounting Review* 1999, S. 165 – 183.

Fischer, T.M.: *Kostenmanagement strategischer Erfolgsfaktoren*, München 1993.

Fischer, T.M., und *J. Schmitz*: Zielkostenmanagement, in: *Die Betriebswirtschaft* 1994, S. 417 – 420.

Fischer, T.M. (Hrsg.): *Kosten-Controlling*, Stuttgart 2000.

Fischer, T.M., und *J. Wenzel*. Wertorientierte Berichterstattung (Value Reporting) in deutschen börsennotierten Unternehmen, Arbeitspapier Handelshochschule Leipzig 2003.

Foster, G., und *M. Gupta*: Manufacturing Overhead Cost Driver Analysis, in: *Journal of Accounting and Economics* 12 (1990), S. 309 – 337.

Franz, K.-P.: Moderne Methoden der Kostenbeeinflussung, in: *Kostenrechnungspraxis* 1992, S. 127 – 134.

Franz, K.-P.: Target Costing: Konzept und kritische Bereiche, in: *Controlling* 1993a, S. 124 – 130.

Franz, K.-P.: Kostenverursachung und Kostenzurechnung, in: *W. Wittmann* et al (Hrsg.): *Handwörterbuch der Betriebswirtschaft*, 5. Auflage, Teilband 2, Stuttgart 1993b, Sp. 2418 – 2426.

Franz, K.-P., und *P. Kajüter*: Kostenmanagement in Deutschland, in: *Franz, K.-P.*, und *P. Kajüter* (Hrsg.): *Kostenmanagement*, Stuttgart 1997, S. 480 – 502.

Franz, K.-P., und *P. Kajüter* (Hrsg.): *Kostenmanagement*, 1. Auflage, Stuttgart 1997; 2. Auflage, Stuttgart 2002.

Franz, K.-P., und *P. Kajüter*: Proaktives Kostenmanagement, in: *Franz, K.-P.*, und *P. Kajüter* (Hrsg.): *Kostenmanagement*, 2. Auflage, Stuttgart 2002a, S. 3 – 32.

Franz, K.-P., und *P. Kajüter*: Kostenmanagement in Deutschland, in: *Franz, K.-P.*, und *P. Kajüter* (Hrsg.): *Kostenmanagement*, 2. Auflage, Stuttgart 2002b, S. 569 – 585.

Franzen, W.: Entscheidungswirkungen von Voll- oder Teilkosteninformationen, in *Zeitschrift für betriebswirtschaftliche Forschung* 1984, S. 1084 – 1091.

Frese, E.: Koordination, in: *E. Grochla* (Hrsg.): *Handwörterbuch der Betriebswirtschaft*, 4. Auflage, Teilband 2, Stuttgart 1975, Sp. 2263 – 2273.

Frese, E. (Hrsg.): *Handwörterbuch der Organisation*, 3. Auflage, Stuttgart 1992.

Frese, E.: Grundlagen der Organisation, 8. Auflage, Wiesbaden 2000.

Frese, E., und *H. Glaser*: Verrechnungspreise in Spartenorganisationen, in: *Die Betriebswirtschaft* 1980, S. 109 – 123.

Freidank, C.-C., U. Götze, B. Huch und *J. Weber* (Hrsg.): *Kostenmanagement – Aktuelle Konzepte und Anwendungen*, Berlin et al. 1997.

Fröhling, O.: Thesen zur Prozeßkostenrechnung, in: *Zeitschrift für Betriebswirtschaft* 1992, S. 723 – 741.

Fröhling, O.: Dynamisches Kostenmanagement, München 1994.

Gaugler, E.: Zukunftsaspekte der anwendungsorientierten Betriebswirtschaftslehre, Stuttgart 1986.

Gjesdal, F.: Accounting for Stewardship, in: *Journal of Accounting Research* 1981, S. 208 – 231.

Glaser, H.: Prozeßkostenrechnung – Darstellung und Kritik, in: *Zeitschrift für betriebswirtschaftliche Forschung* 1992, S. 275 – 288.

Glaser, H.: Zur Relativität von Kostenabweichungen, in: *Betriebswirtschaftliche Forschung und Praxis* 1999, S. 21 – 32.

Glaser, H.: Kostenkontrolle, in: *H.-U. Küpper* und *A. Wagenhofer* (Hrsg.): *Handwörterbuch Unternehmensrechnung und Controlling*, 4. Auflage, Stuttgart 2002, Sp. 1079 – 1089.

Gleich, R.: Wettbewerbsorientierung im Controlling durch strategisches Kostenmanagement, in: *J. Risak* und *A. Deyhle* (Hrsg.): *Controlling – State of the Art und Entwicklungstendenzen*, Wiesbaden 1991, S. 135 – 155.

Gonik, J.: Tie Salesmen´s Bonuses to Their Forecasts, in: *Harvard Business Review* May/June 1978, S. 116 – 123; wiederabgedruckt in: *Rappaport, A.* (Hrsg.): *Information for Decision Making*, 3. Auflage, Englewood Cliffs, NJ 1982, S. 357 – 367.

Gordon, L.A., und *K.J. Silvester*: Stock Market Reactions to Activity-Based Costing Adoptions, in: *Journal of Accounting and Public Policy* 18 (1999), S. 229 – 251.

Gosselin, M.: The Effect of Strategy and Organizational Structure on the Adoption and Implementation of Activity-Based Costing, in: *Accounting, Organizations and Society* 1997, S. 105 – 122.

Göpfert, I.: Budgetierung, in: *W. Wittmann* et al (Hrsg.): *Handwörterbuch der Betriebswirtschaft*, 5. Auflage, Teilband 1, Stuttgart 1993, Sp. 589 – 602.

Götze, U.: Lebenszykluskosten, in: *T.M. Fischer* (Hrsg.): *Kosten-Controlling*, Stuttgart 2000, S. 265 – 289.

Götze, U.: *Kostenrechnung und Kostenmanagement*, 3. Auflage, Berlin et al 2004.

Göx, R.F.: Pretiale Lenkung als Instrument der Wettbewerbsstrategie, in: *Zeitschrift für betriebswirtschaftliche Forschung* 1998, S. 260 – 288.

Göx, R.F.: *Strategische Transferpreispolitik im Dyopol*, Wiesbaden 1999.

Göx, R.F.: The Impact of Cost-Based Pricing Rules on Capacity Planning under Uncertainty, in: *Schmalenbach Business Review* 2001, S. 197 – 228.

Göx, R.F., und *J.R. Schöndube*: Strategic Transfer Pricing With Risk-Averse Agents, in: *Schmalenbach Business Review 2004, S. 98 – 118.*

Göx, R.F., und *J.T. Wunsch*: Cost Center or Profit Center?, in: *Die Unternehmung* 2003, S. 291 – 309.

Grabski, S.V.: Transfer Pricing in Complex Organizations: A Review and Integration of Recent Empirical and Analytical Research, in: *Journal of Accounting Literature* 1985, S. 33 – 75.

Grauert, H., und *I. Lieb*: *Differential- und Integralrechnung* I, 4. Auflage, Berlin et al. 1976.

Groves, T.M.: Incentives in Teams, in: *Econometrica* 1973, S. 617 – 631.

Groves, T.M, und *M. Loeb*: Incentives in a Divisionalized Firm, in: *Management Science* 1979, S. 221 – 230.

Günther, T.: *Unternehmenswertorientiertes Controlling*, München 1997.

Gutschelhofer, A., und *C. Riegler*: Angelpunkte für ein strategisches Kostenmanagement, in: *Österreichische Zeitschrift für Rechnungswesen* 1994, S. 62 – 68.

Haberstock, L.: *Kostenrechnung II – (Grenz-)Plankostenrechnung*, 7. Auflage, Hamburg 1986.

Hachmeister, D.: Der Cash Flow Return on Investment als Erfolgsgröße einer wertorientierten Unternehmensführung, in: *Zeitschrift für betriebswirtschaftliche Forschung* 1997, S. 556 – 579.

Hahn, D., und *G. Laßmann*: *Produktionswirtschaft – Controlling industrieller Produktion*, Heidelberg und Wien 1986.

Hansen, S.C., *D.T. Otley* und *W.A. Van der Stede*: Practice Developments in Budgeting: An Overview and Research Perspective, in: *Journal of Management Accounting Research* 2003, S. 95 – 116.

Harris, M., *C. Kriebel* und *A. Raviv*: Asymmetric Information, Incentives, and Intrafirm Resource Allocation, in: *Management Science* 1982, S. 604 – 620.

Harris, M., und *R. Townsend*: Resource Allocation under Asymmetric Information, in: *Econometrica* 1981, S. 33 – 64.

Hart, O.D., und *B. Holmström*: The Theory of Contracts, in: *T.F. Bewley* (Hrsg.): *Advances in Economic Theory*, Cambridge, MA 1987, S. 71 – 155.

Hax, H.: Kostenbewertung mit Hilfe der mathematischen Programmierung, in: *Zeitschrift für Betriebswirtschaft* 1965a, S. 197 – 210.

Hax, H.: *Die Koordination von Entscheidungen*, Köln 1965b.

Hax, H.: *Entscheidungsmodelle in der Unternehmung – Einführung in Operations Research*, Reinbek bei Hamburg 1974.

Hax, H.: Verrechnungspreise, in: *E. Kosiol* (Hrsg.): *Handwörterbuch des Rechnungswesens*, 2. Auflage, Stuttgart 1981, Sp. 1688 – 1699.

Hax, H.: *Investitionstheorie*, 5. Auflage, Würzburg und Wien 1985.

Hax, H.: Integration externer und interner Unternehmensrechnung, in: *H.-U. Küpper* und *A. Wagenhofer* (Hrsg.): Handwörterbuch Unternehmensrechnung und Controlling, 4. Auflage, Stuttgart 2002, Sp. 758 – 767.

Hax, H., *W. Kern* und *H.-H. Schröder* (Hrsg.): *Zeitaspekte in betriebswirtschaftlicher Theorie und Praxis*, Stuttgart 1989.

Hax, H., und H. Laux: Flexible Planung – Verfahrensregeln und Entscheidungsmodelle für die Planung bei Ungewißheit, in: *Zeitschrift für betriebswirtschaftliche Forschung* 1972, S. 318 – 340.

Hergert, M., und D. Morris: Accounting Data for Value Chain Analysis, in: *Strategic Management Journal* 1989, S. 175 – 188.

Hertz, D.: Risk Analysis in Capital Investment, in: *Harvard Business Review* 1964, S. 95 – 106.

Heßen, H.-P., und S. Wesseler: Marktorientierte Zielkostensteuerung bei der Audi AG, in: *Controlling* 1994, S. 148 – 154.

Hiromoto, T.: Another Hidden Edge – Japanese Management Accounting, in: *Harvard Business Review* 1988, July/August, S. 22 – 26.

Hiromoto, T.: Management Accounting in Japan, in: *Controlling* 1989, S. 316 – 322.

Hiromoto, T.: Wie das Management Accounting seine Bedeutung zurückgewinnt, in: *IFUA Horváth und Partner GmbH* (Hrsg.): *Prozeßkostenmanagement*, München 1991, S. 27 – 46.

Hirshleifer, J.: On the Economics of Transfer Pricing, in: *Journal of Business* 1956, S. 172 – 184.

Hofmann, C.: Anreizorientierte Controllingsysteme – Budgetierungs-, Ziel- und Verrechnungspreis-systeme, Stuttgart 2001.

Hofmann, C.: Investitionssteuerung über Budgets oder Verrechnungspreise?, in: *Zeitschrift für Betriebswirtschaft* 2002, S. 529 – 556.

Hofmann, C., und T. Pfeiffer: Investitionsbudgetierung und Anreizprobleme: Ist der Groves-Mechanismus nur third-best?, in: *Zeitschrift für Betriebswirtschaft* 2003, S. 559 – 582.

Hoitsch, H.-J., und P. Winter: Die Cash Flow at Risk-Methode als Instrument eines integriert-holistischen Risikomanagements, in: *Controlling & Management* 2004, S. 235 – 246.

Holmström, B., und J. Ricart i Costa: Managerial Incentives and Capital Management, in: *Quarterly Journal of Economics* 1986, S. 835 – 860.

Holmstrom, B., und J. Tirole: Transfer Pricing and Organizational Form, in: *Journal of Law, Economics & Organization* 1991, S. 201 – 228.

Homburg, C.: Hierarchische Controllingkonzeption, Heidelberg 2001.

Homburg, C., und J. Stephan: Kennzahlenbasiertes Risikocontrolling in Industrie- und Handelsunternehmen, in: *Zeitschrift für Controlling und Management* 2004, S. 313 – 325.

Horngren, C.T., G. Foster und S.M. Datar: Cost Accounting: A Managerial Emphasis, 9. Auflage, Englewood Cliffs, NJ 1997; 10. Auflage, Englewood Cliffs, NJ 2000.

Horváth, P.: Revolution im Rechnungswesen. Strategisches Kostenmanagement, in: *Horváth, P.* (Hrsg.): Strategieunterstützung durch das Controlling: Revolution im Rechnungswesen, Stuttgart 1990, S. 175 – 193.

Horváth, P.: Schnittstellenüberwindung durch das Controlling, in: *P. Horváth* (Hrsg.): *Synergien durch Schnittstellen-Controlling*, Stuttgart 1991, S. 1 – 23.

Horváth, P. (Hrsg.): *Synergien durch Schnittstellen-Controlling*, Stuttgart 1991.

Horváth, P.: Controlling, 9. Auflage, München 2003.

Horváth, P., J. Dambrowski, H. Jung und S. Posselt: Die Budgetierung im Planungs- und Kontrollsystem der Unternehmung – Erste Ergebnisse einer empirischen Untersuchung, in: *Die Betriebswirtschaft* 1985, S. 138 – 155.

Horváth, P., und R.N. Herter: Benchmarking – Vergleich mit den Besten der Besten, in: *Controlling* 1992, S. 4 – 11.

Horváth, P., und R. Mayer: Prozeßkostenrechnung – Der neue Weg zu mehr Kostentransparenz und wirkungsvolleren Unternehmensstrategien, in: *Controlling* 1989, S. 214 – 219.

Horváth, P., und W. Seidenschwarz: Zielkostenmanagement, in: *Controlling* 1992, S. 142 – 150.

Horváth, P., und T. Tani: Japanese-German Comparison of Target Cost Management, Arbeitspapier 1997.

Hostettler, S.: Economic Value Added, 5. Auflage, Bern et al. 2002.

Hummel, S., und *W. Männel: Kostenrechnung 1 – Grundlagen, Aufbau und Anwendung,* 4. Auflage, Wiesbaden 1986.

Hummel, S., und *W. Männel: Kostenrechnung 2 – Moderne Verfahren und Systeme,* 3. Auflage, Wiesbaden 1983.

International Federation of Accountants: The Measurement And Management Of Intellectual Capital: An Introduction, International Management Accounting Study 7, September 1998.

IFUA Horváth und Partner GmbH (Hrsg.): *Prozeßkostenmanagement,* München 1991.

Inderfurth, K.: Starre und flexible Investitionsplanung, Wiesbaden 1982.

Innes, J., F. Mitchell, und *S. Sinclair:* Activity-Based Costing in the U.K.'s Largest Companies: A Comparison of 1994 and 1999 Survey Results, in: *Management Accounting Research* 2000, S. 349 – 362.

Ittner, C.D., und *D.F. Larcker:* Innovations in Performance Measurement: Trends and Research Implications, in: *Journal of Management Accounting Research* 1998, S. 205 – 238.

Ittner, C.D., und *D.F. Larcker:* Assessing Empirical Research in Management Accounting: A Value-Based Management Perspective, in: *Journal of Accounting and Economics* 32 (2001), S. 349 – 410.

Jacob, H.: Neuere Entwicklungen der Kostenrechnung (I), Wiesbaden 1976.

Jacob, H. (Hrsg.): *Industriebetriebslehre,* 4. Auflage, Wiesbaden 1990.

Jacobs, F.H.: An Evaluation of the Effectiveness of some Cost Variance Investigation Models, in: *Journal of Accounting Research* 1978, S. 190 – 203.

Jaedicke, R.K., und *A.A. Robichek:* Cost-Volume-Profit Analysis under Uncertainty, in: *The Accounting Review* 1964, S. 917 – 926.

Jennergren, L.P.: On the Design of Incentives in Business Firms – A Survey of Some Research, in: *Management Science* 1980, S. 180 – 201.

Jennergren, L.P.: Entscheidungsprozesse und Schummeln in einem Planungsproblem von Hirshleifer: Eine Übersicht, in: *Zeitschrift für Betriebswirtschaft* 1982, S. 370 –380.

Jensen, M.C.: Paying People to Lie: the Truth about the Budgeting Process, in: *European Financial Management* 2003, S. 379 – 406.

Johnson, G.L., und *S.S. Simik:* Multiproduct C-V-P Analysis under Uncertainty, in: *Journal of Accounting Research* 1971, S. 278 – 286.

Johnson, H.T., und *R.S. Kaplan: The Rise and Fall of Management Accounting,* Boston 1987.

Jost, P.J. (Hrsg.): *Die Prinzipal-Agenten-Theorie in der Betriebswirtschaftslehre,* Stuttgart 2001a.

Jost, P.J.(Hrsg.): *Die Spieltheorie in der Betriebswirtschaftslehre,* Stuttgart 2001b.

Kajüter, P.: Proaktives Kostenmanagement, Wiesbaden 2000.

Kanodia, C.: Risk Sharing and Transfer Price Systems under Uncertainty, in: *Journal of Accounting Research* 1979, S. 74 – 98.

Kanodia, C.: Participative Budgets as Coordination and Motivational Devices, in: *Journal of Accounting Research* 1993, S. 172 – 189.

Kaplan, R.S.: Optimal Investigation Strategies with Imperfect Information, in: *Journal of Accounting Research* 1969, S. 32 – 43.

Kaplan, R.S.: The Significance and Investigation of Cost Variances: Survey and Extensions, in: *Journal of Accounting Research* 1975, S. 311 – 337.

Kaplan, R.S.: The Evolution of Management Accounting, in: *The Accounting Review* 1984, S. 390 – 418.

Kaplan, R.S.: Das neue Rollenverständnis für den Controller, in: *Controlling* 1995, S. 60 – 70.

Kaplan, R.S., und *A.A. Atkinson: Advanced Management Accounting,* 2. Auflage, Englewood Cliffs, NJ 1989.

Kaplan, R.S., und *D.P. Norton*: *Balanced Scorecard*, Boston, MA 1996; deutsche Übersetzung: Stuttgart 1997.

Kennedy, T., und *J. Affleck-Graves*: The Impact of Activity-Based Costing Techniques on Firm Performance, in: *Journal of Management Accounting Research* 2001, S. 19 – 45.

Kett, I., und *A. Brink*: Die Relevanz fixer Kosten in risikobehafteten Entscheidungssituationen, in: *Der Betrieb* 1985, S. 1034 – 1037.

Kieninger, M.: Prozeßkostenrechnung – die Antwort auf veränderte Kostenstrukturen, in: *Deutsches Steuerrecht* 1991, S. 1092 – 1099.

Kilger, W.: *Optimale Produktions- und Absatzplanung*, Opladen 1973.

Kilger, W.: Kostentheoretische Grundlagen der Grenzplankostenrechnung, in: *Zeitschrift für betriebswirtschaftliche Forschung* 1976a, S. 679 – 693.

Kilger, W.: Die Entstehung und Weiterentwicklung der Grenzplankostenrechnung als entscheidungsorientiertes System der Kostenrechnung, in: *H. Jacob* (Hrsg.): *Neuere Entwicklungen der Kostenrechnung* (I), Wiesbaden 1976b, S. 9 – 39.

Kilger, W.: Grenzplankostenrechnung, in: *K. Chmielewicz* (Hrsg.): *Entwicklungslinien der Kosten- und Erlösrechnung*, Stuttgart 1983, S. 57 – 81.

Kilger, W.: *Flexible Plankostenrechnung und Deckungsbeitragsrechnung*, 10. Auflage, bearbeitet durch *K. Vikas*, Wiesbaden 1993.

Kilger, W., J. Pampel und *K. Vikas*: *Flexible Plankostenrechnung und Deckungsbeitragsrechnung*, 11. Auflage, Wiesbaden 2002.

Kim, S.K., und *Y.S. Suh*: Conditional Monitoring Policy under Moral Hazard, in: *Management Science* 1992, S. 1106 – 1120.

Kirby, A.J., S. Reichelstein, P.K. Sen und *T.-Y. Paik*: Participation, Slack, and Budget-Based Performance Evaluation, in: *Journal of Accounting Research* 1991, S. 109 – 128.

Kistner, K.-P., und *A. Luhmer*: Zur Ermittlung der Kosten der Betriebsmittel in der statischen Produktionstheorie, in: *Zeitschrift für Betriebswirtschaft* 1981, S. 165 – 180.

Kloock, J.: Kurzfristige Produktionsplanungsmodelle auf der Basis von Entscheidungsfeldern mit den Alternativen Fremd- und Eigenfertigung (mit variablen Produktionstiefen), in: *Zeitschrift für betriebswirtschaftliche Forschung* 1974, S. 671 – 682.

Kloock, J.: Aufgaben und Systeme der Unternehmensrechnung, in: *Betriebswirtschaftliche Forschung und Praxis* 1978, S. 493 – 510.

Kloock, J.: Mehrperiodige Investitionsrechnungen auf der Basis kalkulatorischer und handelsrechtlicher Erfolgsrechnungen, in: *Zeitschrift für betriebswirtschaftliche Forschung* 1981a, S. 873 – 890.

Kloock, J.: Erfolgsrechnungen auf der Basis produktionsanalytischer Kostenrechnungen, in: *G. Fandel* (Hrsg.): *Operations Research Proceedings* 1980, Berlin et al. 1981b, S. 502 – 520.

Kloock, J.: Perspektiven der Kostenrechnung aus investitionstheoretischer und anwendungsorientierter Sicht, in: *E. Gaugler* u.a. (Hrsg.): *Zukunftsaspekte der anwendungsorientierten Betriebswirtschaftslehre*, Stuttgart 1986, S. 289 – 302.

Kloock, J.: Erfolgsrevision mit Deckungsbeitrags-Kontrollrechnungen, in: *Betriebswirtschaftliche Forschung und Praxis* 1987, S. 109 – 126.

Kloock, J.: Erfolgskontrolle mit der differenziert-kumulativen Abweichungsanalyse, in: *Zeitschrift für Betriebswirtschaft* 1988, S 423 – 434.

Kloock, J.: *Unternehmensrechnung und Revision*, Teil I: Kurzfristige Planungsrechnungen, 5. Auflage, Köln 1989.

Kloock, J.: Verrechnungspreise, in: *E. Frese* (Hrsg.): *Handwörterbuch der Organisation*, 3. Auflage, Stuttgart 1992, Sp. 2554 – 2572.

Kloock, J.: Neuere Entwicklungen des Kostenkontrollmanagements, in: *F. Dellmann* und *K.-P. Franz* (Hrsg.): *Neuere Entwicklungen im Kostenmanagement*, Bern 1994, S. 607 – 644.

Kloock, J.: Kalkulatorische Planungsrechnungen aus investitionstheoretischer Sicht, in: *Zeitschrift für betriebswirtschaftliche Forschung* Sonderheft 47, 1995, S. 51 – 97.

Kloock, J.: Kommentar (zum Beitrag von Glaser), in: *Betriebswirtschaftliche Forschung und Praxis* 1999, S. 32 – 34.

Kloock, J., und *W. Bommes*: Methoden der Kostenabweichungsanalyse, in: *Kostenrechnungspraxis* 1982, S. 225 – 237.

Kloock, J., und *M. Coenen*: Cash-Flow-Return on Investment als Rentabilitätskennzahl aus externer Sicht, in: *Das Wirtschaftsstudium* 1996, S. 1101 – 1107.

Kloock, J., und *E. Dörner*: Kostenkontrolle bei mehrstufigen Produktionsprozessen, in: *OR Spektrum* 1988, S. 129 – 143.

Kloock, J., H. Sabel und *W. Schuhmann*: Die Erfahrungskurve in der Unternehmenspolitik – Theoretische Präzisierungen und praktische Perspektiven, in: *Zeitschrift für Betriebswirtschaft*, Ergänzungsheft 2/1987, S. 3 – 51.

Kloock, J., und *U. Schiller*: Marginal Costing: Cost Budgeting and Cost Variance Analysis, in: *Management Accounting Research* 1997, S. 299 – 323.

Kloock, J., G. Sieben und *T. Schildbach*: *Kosten- und Leistungsrechnung*, 8. Auflage, Düsseldorf 1999.

Korn, E., S. Lengsfeld und *U. Schiller*: Controlling, in: *Jost, P.J.*(Hrsg.): *Die Spieltheorie in der Betriebswirtschaftslehre*, Stuttgart 2001, S. 377 – 427.

Kottas, J.F., und *A.H.-L. Lau*: Direct Simulation in Stochastic CVP Analysis, in: *The Accounting Review* 1978, S. 698 – 707.

Kottas, J.F., A.H.-L. Lau und *H.-S. Lau*: A General Approach to Stochastic Management Planning Models: An Overview, in: *The Accounting Review* 1978, S. 389 – 401.

KPMG (Hrsg.): *Shareholder Value Konzepte. Eine Untersuchung der DAX 100 Unternehmen*, Frankfurt a.M. 2000.

Krahnen, J.P.: Kostenschlüsselung und Investitionsentscheidung: Plädoyer für eine empirisch orientierte Kostenrechnungsforschung, in: *Zeitschrift für Betriebswirtschaft* 1994, S. 189 – 202.

Kräkel, M.: *Organisation und Management*, 2. Auflage, Tübingen 2004.

Kren, L., und *W.M. Liao*: The Role of Accounting Information in the Control of Organizations: A Review of the Evidence, in: *Journal of Accounting Literature* 1988, S. 280 – 309.

Krönung, H.-D.: *Kostenrechnung und Unsicherheit*, Wiesbaden 1988.

Kruschwitz, L.: Die Kalkulation von Kuppelprodukten, in: *Kostenrechnungspraxis* 1973, S. 219 – 230.

Kruschwitz, L.: Zur Programmplanung bei Kuppelproduktion, in: *Zeitschrift für betriebswirtschaftliche Forschung* 1974, S. 96 – 109.

Kruschwitz, L.: *Investitionsrechnung*, 9. Auflage, München und Wien 2003.

Kruschwitz, L.: *Finanzierung und Investition*, 4. Auflage, München und Wien 2004.

Kuhn, H.W., und *A.W. Tucker* (Hrsg.): *Contributions to the Theory of Games*, Vol. II, Princeton, NJ 1953.

Kunz, A.H., und *D. Pfaff*: Agency theory, performance ealuation, and the hypothetical construct of intrinsic motivation, in: *Accounting, Organization, and Society* 2002, S. 275 – 295.

Kunz, A.H., und *T. Pfeiffer*: Investitionsbudgetierung und implizite Verträge: Wie resistent ist der Groves-Mechanismus bei dynamischer Interaktion?, in: *Zeitschrift für betriebswirtschaftliche Forschung* 1999, S. 203 – 223.

Künzi, H.P., und *W. Krelle*: *Nichtlineare Programmierung*, 2. Auflage, Berlin et al. 1979.

Küpper, H.-U.: Kosten- und entscheidungstheoretische Ansatzpunkte zur Behandlung des Fixkostenproblems in der Kostenrechnung, in: *Zeitschrift für betriebswirtschaftliche Forschung* 1984, S. 794 – 811.

Küpper, H.-U.: Investitionstheoretische Fundierung der Kostenrechnung, in: *Zeitschrift für betriebswirtschaftliche Forschung* 1985a, S. 26 – 46.

Küpper, H.-U.: Investitionstheoretischer Ansatz einer integrierten betrieblichen Planungsrechnung, in: *W. Ballwieser* und *K.H. Berger* (Hrsg.): *Information und Wirtschaftlichkeit*, Wiesbaden 1985b, S. 405 – 432.

Küpper, H.-U.: Investitionstheoretische versus kontrolltheoretische Abschreibung: Alternative oder gleichartige Konzepte einer entscheidungsorientierten Kostenrechnung?, in: *Zeitschrift für Betriebswirtschaft* 1988a, S. 397 – 415.

Küpper, H.-U.: Koordination und Interdependenz als Bausteine einer konzeptionellen und theoretischen Fundierung des Controlling, in: *W. Lücke* (Hrsg.): *Betriebswirtschaftliche Steuerungs- und Kontrollprobleme*, Wiesbaden 1988a, S. 163 – 183.

Küpper, H.-U.: Gegenstand und Ansätze einer dynamischen Theorie der Kostenrechnung, in: *H. Hax, W. Kern* und *H.H. Schröder* (Hrsg.): *Zeitaspekte in betriebswirtschaftlicher Theorie und Praxis*, Stuttgart 1989, S. 43 – 59.

Küpper, H.-U.: Verknüpfung von Investitions- und Kostenrechnung als Kern einer umfassenden Planungs- und Kontrollrechnung, in: *Betriebswirtschaftliche Forschung und Praxis* 1990, S. 253 – 267.

Küpper, H.-U.: Bestands- und zahlungsstromorientierte Berechnung von Zinsen in der Kosten- und Leistungsrechnung, in: *Zeitschrift für betriebswirtschaftliche Forschung* 1991, S. 3 – 20.

Küpper, H.-U.: Controlling, in: *W. Wittmann* et al (Hrsg.): *Handwörterbuch der Betriebswirtschaft*, 5. Auflage, Teilband 1, Stuttgart 1993a, Sp. 647 – 661.

Küpper, H.-U.: Kostenrechnung auf investitionstheoretischer Basis, in: *J. Weber* (Hrsg.): *Zur Neuausrichtung der Kostenrechnung – Entwicklungsperspektiven für die 90er Jahre*, Stuttgart 1993b, S. 79 – 136.

Küpper, H.-U.: Industrielles Controlling, in: *M. Schweitzer* (Hrsg.): *Industriebetriebslehre*, 2. Auflage, München 1994, S. 781 – 891.

Küpper, H.-U.: *Controlling*, 3. Auflage, Stuttgart 2001.

Küpper, H.-U., und *A. Wagenhofer* (Hrsg.): *Handwörterbuch Unternehmensrechnung und Controlling*, 4. Auflage, Stuttgart 2002.

Küpper, H.-U., B. Winckler und *S. Zhang*: Planungsverfahren und Planungsinformationen als Instrumente des Controlling, in: *Die Betriebswirtschaft* 1990, S. 435 – 458.

Küpper, H.-U., und *S. Zhang*: Der Verlauf anlagenabhängiger Kosten als Bestimmungsgröße variabler Abschreibungen, in: *Zeitschrift für Betriebswirtschaft* 1991, S. 109 – 126.

Küting, K., und *P. Lorson*: Grenzplankostenrechnung versus Prozeßkostenrechnung, in: *Betriebs Berater* 1991, S. 1421 – 1433.

Lambert, D.R.: Transfer Pricing and Interdivisional Conflict, in: *California Management Review* 21 (4), 1979, S. 70 – 75

Lambert, R.A.: Variance Investigation in Agency Settings, in: *Journal of Accounting Research* 1985, S. 633 – 647.

Lange, J.-U., und *B.D. Schauer*: Ausgestaltung und Rechenzwecke mittelständischer Kostenrechnung, in: *Kostenrechnungspraxis* 1996, S. 202 – 208.

Laßmann, G.: *Die Kosten- und Erlösrechnung als Instrument der Planung und Kontrolle in Industriebetrieben*, Düsseldorf 1968.

Laßmann, G.: Gestaltungsformen der Kosten- und Erlösrechnung im Hinblick auf Planungs- und Kontrollaufgaben, in: *Die Wirtschaftsprüfung* 1973, S. 4 – 17.

Laßmann, G.: Einflußgrößenrechnung, in: *E. Kosiol* (Hrsg.): *Handwörterbuch des Rechnungswesens*, 2. Auflage, Stuttgart 1981, Sp. 427 – 438.

Laßmann, G.: Betriebsmodelle, in: *K. Chmielewicz* (Hrsg.): *Entwicklungslinien der Kosten- und Erlösrechnung*, Stuttgart 1983, S. 87 – 108.

Laux, H.: Entscheidungstheorie, 5. Auflage, Berlin et al. 2002.

Laux, H.: Erfolgssteuerung und Organisation 1, Berlin et al. 1995.

Laux, H.: Individualisierung und Periodenerfolgsrechnung, in: *C. Scholz* (Hrsg.): *Individualisierung als Paradigma*, FS Drumm, Stuttgart et al. 1998, S. 102 – 133.

Laux, H., und F. Liermann: Grundfragen der Erfolgskontrolle, Berlin 1986.

Laux, H., und F. Liermann: Grundformen der Koordination in der Unternehmung: Die Tendenz zur Hierarchie, in: *Zeitschrift für betriebswirtschaftliche Forschung* 1989, S. 807 – 828.

Laux, H., und F. Liermann: Grundlagen der Organisation, 5. Auflage, Berlin et al. 2003.

Lengsfeld, S.: Kostenkontrolle und Kostenänderungspotentiale, Wiesbaden 1999.

Lengsfeld, S., und U. Schiller: Kostencontrolling, in: *Zeitschrift für Betriebswirtschaft* 2001, Ergänzungsheft 2, S. 81 – 96.

Lere, J.C.: Product Pricing Based on Accounting Costs, in: *The Accounting Review* 1986, S. 318 – 324.

Leisten, R., und Ausborn, M.: Produktlebenszyklus, in: *H.-U. Küpper* und *A. Wagenhofer* (Hrsg.): *Handwörterbuch Unternehmensrechnung und Controlling*, 4. Auflage, Stuttgart 2002, Sp. 1530 – 1540.

Lev, B.: Intangibles – Management, Measurement, and Reporting, Washington, DC 2001.

Lewis, Th.G., und S. Lehmann: Überlegene Investitionsentscheidungen durch CFROI, in: *Betriebswirtschaftliche Forschung und Praxis* 1992, S. 1 – 13.

Link, J.: Schwachpunkte der kumulativen Abweichungsanalyse in der Erfolgskontrolle, in: *Zeitschrift für Betriebswirtschaft* 1987, S. 780 – 792.

Link, J.: Erfolgskontrolle unter ceteris-paribus-Bedingungen?, in: *Zeitschrift für Betriebswirtschaft* 1988b, S. 1204 – 1215.

Lipe, M.G.: Analyzing the Variance Investigation Decision: The Effects of Outcomes, Mental Accounting, and Framing, in: *The Accounting Review* 1993, S. 748 – 764.

Lipe, M.G., und S.E. Salterio: The Balanced Scorecard: Judgmental Effects of Common and Unique Performance Measures, in: *Accounting Review* 2000, S. 283 – 298.

Loeb, M., und W.A. Magat: Soviet Success Indicators and the Evaluation of Divisional Management, in: *Journal of Accounting Research* 1978a, S. 103 – 121.

Loeb, M., und W.A. Magat: Success Indicators in the Soviet Union: The Problem of Incentives and Efficient Allocations, in: *The American Economic Review* 1978b, S. 173 – 181.

Lohmann, U.: Prozeßkostenrechnung, in: *Controller Magazin* 1991, S. 265 – 275.

Lorson, P.: Prozeßkostenrechnung versus Grenzplankostenrechnung, in: *Kostenrechnungspraxis* 1992, S. 7 – 14.

Lücke, W.: Investitionsrechnung auf der Basis von Ausgaben oder Kosten?, in: *Zeitschrift für handelswissenschaftliche Forschung* 1955, S. 310 – 324.

Lücke, W.: Die kalkulatorischen Zinsen im betrieblichen Rechnungswesen, in: *Zeitschrift für Betriebswirtschaft* 1965, S. 3 – 28.

Lücke, W.: Betriebswirtschaftliche Steuerungs- und Kontrollprobleme, Wiesbaden 1988.

Lüder, K.: Ein entscheidungstheoretischer Ansatz zur Bestimmung auszuwertender Plan-Ist-Abweichungen, in: *Zeitschrift für betriebswirtschaftliche Forschung* 1970, S. 632 – 649.

Lüder, K., und L. Streitferdt: Die kurzfristige Erfolgsrechnung als Kontrollinstrument der Unternehmensführung, in: *Betriebswirtschaftliche Forschung und Praxis* 1978, S. 545 – 564.

Luhmer, A.: Fixe und variable Abschreibungskosten und optimale Investitionsdauer – Zu einem Aufsatz von Peter Swoboda, in: *Zeitschrift für Betriebswirtschaft* 1980, S. 897 – 903.

Luhmer, A.: Koordination, in: *H.-U. Küpper* und *A. Wagenhofer* (Hrsg.): *Handwörterbuch Unternehmensrechnung und Controlling*, 4. Auflage, Stuttgart 2002, Sp. 1033 – 1041.

Luptácik, M.: *Nichtlineare Programmierung mit ökonomischen Anwendungen*, Königstein/Ts. 1981.

Magee, R.P.: Cost-Volume-Profit Analysis, Uncertainty, and Capital Market Equilibrium, in: *Journal of Accounting Research* 1975, S. 257 – 266.

Magee, R.P.: Equilibria in Budget Participation, in: *Journal of Accounting Research* 1980, S. 551 – 573.

Magee, R.P.: *Advanced Managerial Accounting*, New York 1986.

Magee, R.P.: Variable Cost Allocation in a Principal/Agent Setting, in: *The Accounting Review* 1988, S. 42 – 54.

Mahlert, A.: *Die Abschreibungen in der entscheidungsorientierten Kostenrechnung*, Köln und Opladen 1976.

Makowski, L.: Competitive Stock Markets, in: *Review of Economic Studies* 1983a, S. 305 – 330.

Makowski, L.: Competition and Unanimity Revisited, in: *American Economic Review* 1983b, S. 329 – 339.

Makowski, L., und *L. Pepall:* Easy Proofs of Unanimity and Optimality without Spanning: A Pedagogical Note, in: *Journal of Finance* 1985, S. 1245 – 1251.

Maltry, H.: *Plankosten- und Prospektivkostenrechnung*, Bergisch-Gladbach 1989.

Maltry, H.: Überlegungen zur Entscheidungsrelevanz von Fixkosten im Rahmen operativer Planungsrechnungen, in: *Betriebswirtschaftliche Forschung und Praxis* 1990, S. 294 – 311.

Mandl, G., und *K. Rabel:* *Unternehmensbewertung*, Wien 1997.

Männel, W.: Zur Gestaltung der Erlösrechnung, in: *K. Chmielewicz* (Hrsg.): *Entwicklungslinien der Kosten- und Erlösrechnung*, Stuttgart 1983a, S. 119 – 150.

Männel, W.: Grundkonzeption einer entscheidungsorientierten Erlösrechnung, in: *Kostenrechnungspraxis* 1983b, S. 55 – 70

Männel, W.: Die Bedeutung der Erlösrechnung für die Ergebnisrechnung, in: *W. Männel* (Hrsg.): *Handbuch Kostenrechnung*, Wiesbaden 1992, S. 631 – 655

Männel, W. (Hrsg.): *Handbuch Kostenrechnung*, Wiesbaden 1992.

Männel, W.: Erlösrechnung, in: *K. Chmielewicz* und *M. Schweitzer* (Hrsg.): *Handwörterbuch des Rechnungswesens*, 3. Auflage, Stuttgart 1993a, Sp. 562 – 580.

Männel, W.: Moderne Konzepte für Kostenrechnung, Controlling und Kostenmanagement, in: *Kostenrechnungspraxis* 1993b, S. 69 – 78.

Marusev, A.W., und *A. Pfingsten:* Das Lücke-Theorem bei gekrümmter Zinsstruktur-Kurve, in: *Zeitschrift für betriebswirtschaftliche Forschung* 1993, S. 361 – 365.

Maus, S.: *Strategiekonforme Kostenrechnung*, Stuttgart 1996.

Mayer, E., und *J. Weber* (Hrsg.): *Handbuch Controlling*, Stuttgart 1990.

Mayer, R.: Prozeßkostenrechnung und Prozeßkostenmanagement: Konzept, Vorgehensweise und Einsatzmöglichkeiten, in: *IFUA Horváth and Partner GmbH* (Hrsg.): *Prozeßkostenmanagement*, München 1991a, S. 73 – 99.

Mayer, R.: Die Prozeßkostenrechnung als Instrument des Schnittstellenmanagements, in: *P. Horváth* (Hrsg.): *Synergien durch Schnittstellen-Controlling*, Stuttgart 1991b, S. 211 – 226.

McAfee, R.P., und *J. McMillan:* Auctions and Bidding, in: *Journal of Economic Literature* 1987a, S. 699 – 738.

McAfee, R.P., und *J. McMillan:* Competition for Agency Contracts, in: *Rand Journal of Economics* 1987b, S. 296 – 307.

McIntyre, E.: A Note on the Joint Variance, in: *The Accounting Review* 1976, S. 151 – 155.

Melumad, N., D. Mookherjee und *S. Reichelstein:* A Theory of Responsibility Centers, in: *Journal of Accounting and Economics* 1992, S. 445 – 484.

Melumad, N., und *S. Reichelstein*: Centralization versus Delegation and the Value of Communication, in: *Journal of Accounting Research* 1987, S. 1 – 18.

Melumad, N., und *S. Reichelstein*: Value of Communication in Agencies, in: *Journal of Economic Theory* 47 (1989), S. 334 – 368.

Merchant, K.A.: How and Why Firms disregard the Controllability Principle, in: *W.J. Bruns* und *R. S. Kaplan (Hrsg.): Accounting and Management. Field Study Perspectives*, Boston, MA 1987, S. 316 – 338.

Merchant, K.A., und *M.D. Shields*: When and Why to Measure Costs *Less* Accurately to Improve Decision Making, in: *Accounting Horizons*, June 1993, S. 76 – 81.

Miller, B.L., und *A.G. Buckman*: Cost Allocation and Opportunity Costs, in: *Management Science* 1987, S. 626 – 639.

Miller, R.E., und *M.H. Morris*: Multiproduct C-V-P Analysis and Uncertainty: A Linear Programming Approach, in: *Journal of Business Finance and Accounting* 1985, S. 495 – 505.

Miller, J.G., und *T.E. Vollmann*: The Hidden Factory, in: *Harvard Business Review*, September-October 1985, S. 142 – 150.

Mills, R.W., und *C. Sweeting*: *Pricing Decisions in Practice*, London 1988.

Mohnen, A.: *Performancemessung und die Steuerung von Investitionsentscheidungen*, Wiesbaden 2002.

Möller, H.P., und *F. Schmidt* (Hrsg.): *Rechnungswesen als Instrument für Führungsentscheidungen*, FS Coenenberg, Stuttgart 1998.

Monden, Y., und *M. Sakurai* (Hrsg.): *Japanese Management Accounting*, Cambridge, MA, und Norwalk, CT 1989.

Monissen, H.G., und *B. Huber*: Sind fixe Kosten entscheidungsrelevant?, in: *Zeitschrift für betriebswirtschaftliche Forschung* 1992, S. 1096 – 1108.

Moore, C.L., L.K. Anderson und *R.K. Jaedicke*: *Managerial Accounting*, 7. Auflage, Cincinatti, OH 1988.

Münstermann, H.: *Unternehmungsrechnung*, Wiesbaden 1969.

Münstermann, H.: Bilanztheorien, dynamische, in: *E. Kosiol* (Hrsg.): *Handwörterbuch des Rechnungswesens*, 2. Auflage, Stuttgart 1981, Sp. 270 – 285.

Myerson, R.B.: Incentive Compatibility and the Bargaining Problem, in: *Econometrica* 1979, S. 61 – 73.

Neus, W., und *P. Nippel*: Was ist strategisch an strategischem Verhalten?, in: *Zeitschrift für betriebswirtschaftliche Forschung* 1996, S. 423 – 442.

Nießen, W.: *Erlösrechnungssysteme und deren Eignung als Planungs- und Kontrollinstrumente*, Essen 1982.

Nitzsch, R.v.: Entscheidungsrelevanz aktionsfixer Größen in deskriptiver und präskriptiver Sicht, in: *Die Betriebswirtschaft* 1992, S. 605 – 619.

Noreen, E.: Conditions Under Which Activity-Based Cost Systems Provide Relevant Costs, in: *Journal of Management Accounting Research*, Fall 1991, S. 159 – 168.

Noreen, E. und *N. Soderstrom*: Are Overhead Costs Strictly Proportional to Activity? Evidence from Hospital Service Departments, in: *Journal of Accounting and Economics* 17 (1994), S. 255 – 287.

Noreen, E. und *N. Soderstrom*: The Accuracy of Proportional Cost Models: Evidence from Hospital Service Departments, in: *Review of Accounting Studies* 1997, S. 89 – 114.

Oehler, A., und *M. Unser*: *Finanzwirtschaftliches Risikomanagement*, 2. Auflage, Berlin et al. 2002.

O'Hanlon, J., und *K. Peasnell*: Wall Street's Contribution to Management Accounting: The Stern Stewart EVA® Financial Management System, in: *Management Accounting Research* 1998, S. 421 – 444.

Ohlson, J.A.: Earnings, Book Values and Dividends in Security Valuation, in: *Contemporary Accounting Research* 11 (1995), S. 661 – 687.

Ohlson, J.A.: On Accounting-Based Valuation Formulae, Arbeitspapier, New York University, Juli 2003.

Ordelheide, D., *B. Rudolph* und *E. Büsselmann*: *Betriebswirtschaftliche und Ökonomische Theorie*, Stuttgart 1991.

Osband, K., und *S. Reichelstein*: Information-Eliciting Compensation Schemes, in: *Journal of Public Economics* 1985, S. 107 – 115.

Peasnell, K.V.: Some Formal Connections Between Economic Values and Yields and Accounting Numbers, in: *Journal of Business Finance and Accounting* 1982, S. 361 – 381.

Penman, S.H.: A Synthesis of Equity Valuation Techniques and the Terminal Value Calculation for the Dividend Discount Model, in: *Review of Accounting Studies* 1997, S. 303 – 323.

Penno, M.: Accounting Systems, Participation in Budgeting, and Performance Evaluation, in: *The Accounting Review* 1990, S. 303 – 314.

Pfaff, D.: *Kostenrechnung, Unsicherheit und Organisation*, Heidelberg 1993a.

Pfaff, D.: Ein Beitrag zur theoretischen Begründung der Vollkostenrechnung, in: *J. Weber* (Hrsg.): *Zur Neuausrichtung der Kostenrechnung – Entwicklungsperspektiven für die 90er Jahre*, Stuttgart 1993b, S. 137 – 160.

Pfaff, D.: Zur Notwendigkeit einer eigenständigen Kostenrechnung, in: *Zeitschrift für betriebswirtschaftliche Forschung* 1994, S. 1065 – 1084.

Pfaff, D.: Kostenrechnung, Verhaltenssteuerung und Controlling, in: *Die Unternehmung* 1995a, S. 437 – 455.

Pfaff, D.: Der Wert von Kosteninformationen für die Verhaltenssteuerung in Unternehmen, in: *Zeitschrift für betriebswirtschaftliche Forschung*, Sonderheft 34/1995b, S. 119 – 156.

Pfaff, D.: Wertorientierte Unternehmenssteuerung, Investitionsentscheidungen und Anreizprobleme, in: *Betriebswirtschaftliche Forschung und Praxis* 1998, S. 491 – 516.

Pfaff, D., und *O. Bärtl*: Wertorientierte Unternehmenssteuerung – Ein kritischer Vergleich ausgewählter Konzepte, in: *Zeitschrift für betriebswirtschaftliche Forschung*, Sonderheft 41/1999, S. 85 – 115.

Pfaff, D., *A. Kunz* und *T. Pfeiffer*: Balanced Scorecard als Bemessungsgrundlage finanzieller Anreizsysteme – Eine theorie- und empiriegelietete Analyse der resultierenden Grundprobleme, in: *Betriebswirtschaftliche Forschung und Praxis* 2000, S. 36 – 55.

Pfaff, D., und *C. Leuz*: Groves-Schemata – Ein geeignetes Instrument zur Steuerung der Resourcenallokation in Unternehmen?, in: *Zeitschrift für betriebswirtschaftliche Forschung* 1995, S. 659 – 690.

Pfaff, D., und *T. Pfeiffer*: Verrechnungspreise und ihre formaltheoretische Analyse: Zum State of the Art, in: *Die Betriebswirtschaft* 2004, S. 296 – 319.

Pfaff, D., und *U. Stefani*. Wertorientierte Unternehmensführung, Residualgewinne und Anreizprobleme, in: *Zeitschrift für betriebswirtschaftliche Forschung* 2003, Sonderheft 50, S. 51 – 76.

Pfaff, D., und *J. Weber*: Zweck der Kostenrechnung?, in: *Die Betriebswirtschaft* 1998, S. 151 – 165.

Pfaff, D., und *B.E. Weißenberger*: Institutionenökonomische Fundierung, in: *T.M. Fischer* (Hrsg.): *Kosten-Controlling*, Stuttgart 2000, S. 109 – 134.

Pfeiffer, T.: Good and Bad News for the Implementation of Shareholder-Value Concepts in Decentralized Organizations, in: *Schmalenbach Business Review* 2000, S. 68 – 91.

Pfeiffer, T.: Kostenbasierte oder verhandlungsorientierte Verrechnungspreise? Weiterführende Überlegungen zur Leistungsfähigkeit der Verfahren, in: *Zeitschrift für Betriebswirtschaft* 2002, S. 1269 – 1296.

Pfeiffer, T.: Anreizkompatible Unternehmenssteuerung, Performancemaße und Erfolgsrechnung, in: *Die Betriebswirtschaft* 2003, S. 43 – 59.

Poensgen, H.O.: *Geschäftsbereichsorganisation*, Opladen 1973.

Porter, M.A.: *Competitive Strategy*, New York 1980.

Porter, M.A.: *Competitive Advantage*, New York 1985; deutsche Übersetzung: *Wettbewerbsvorteile*, Frankfurt 1986.

Poterba, J.M., und *L.H. Summers*: A CEO Survey of U.S. Companies' Time Horizons and Hurdle Rates, in: *Sloan Management Review* 1995, S. 43 – 53.

Preinreich, G.A.D.: Goodwill in Accountancy, in: *Journal of Accountancy*, July 1937, S. 28 – 50.

Rajan, M.V.: Cost Allocation in Multiagent Settings, in: *The Accounting Review* 1992a, S. 527 – 545.

Rajan, M.V.: Management Control Systems and the Implementation of Strategies, in: *Journal of Accounting Research* 1992b, S. 227 – 248.

Rappaport, A.: *Creating Shareholder Value. The New Standard for Business Performance*, New York, London 1986.

Reece, J.S., und *W. R. Cool.*: Measuring Investment Center Performance, in: *A. Rappaport* (Hrsg.): *Information for Decision Making*, 3. Auflage, Englewood Cliffs, NJ 1982, S. 264 – 277.

Reichelstein, S.: Constructing Incentive Schemes for Government Contracts: An Application of Agency Theory, in: *The Accounting Review* 1992, S. 712 – 731.

Reichelstein, S.: Investment Decisions and Managerial Performance Evaluation, in: *Review of Accounting Studies* 1997, S. 157 – 180.

Reichelstein, S.: Providing Managerial Incentives: Cash Flows versus Accrual Accounting, in: *Journal of Accounting Research* 2000, S. 243 – 270.

Reichelstein, S., und *K. Osband*: Incentives in Government Contracts, in: *Journal of Public Economics* 1984, S. 257 – 270.

Reichmann, T.: *Kosten und Preisgrenzen*, Wiesbaden 1973.

Reichmann, T.: *Controlling mit Kennzahlen und Managementberichten*, 6. Auflage, München 2001.

Reiß, M., und *H. Corsten*: Gestaltungsdomänen des Kostenmanagements, in : *W. Männel* (Hrsg.): *Handbuch Kostenrechnung*, Wiesbaden 1992, S. 1478 – 1491.

Richter, F., und *D. Honold*: Das Schöne, das Unattraktive und das Hässliche an EVA & Co., *Finanz Betrieb* 2000, S. 265 – 274.

Riebel, P.: Thesen zur Einzelkosten- und Deckungsbeitragsrechnung, in: *K. Chmielewicz* (Hrsg.): *Entwicklungslinien der Kosten- und Erlösrechnung*, Stuttgart 1983, S. 21 – 47.

Riebel, P.: Deckungsbeitragsrechnung, in: *K. Chmielewicz* und *M. Schweitzer* (Hrsg.): *Handwörterbuch des Rechnungswesens*, 3. Auflage, Stuttgart 1993, Sp. 364 – 379.

Riebel, P.: *Einzelkosten- und Deckungsbeitragsrechnung*, 7. Auflage, Wiesbaden 1994.

Riegler, C.: Marktorientierung im Kostenmanagement, in: *A. Wagenhofer* und *A. Gutschelhofer* (Hrsg.): *Controlling und Unternehmensführung*, Wien 1995, S. 145 – 170.

Riegler, C.: *Verhaltenssteuerung durch Target Costing*, Stuttgart 1996.

Riegler, C.: Zielkosten, in: *T.M. Fischer* (Hrsg.): *Kosten-Controlling*, Stuttgart 2000, S. 237 –263.

Riezler, S.: Produktlebenszykluskostenmanagement, in: *Franz, K.-P.*, und *P. Kajüter* (Hrsg.): *Kostenmanagement*, 2. Auflage, Stuttgart 2002, S. 207 – 223.

Riley, D.: *Competitive Cost Based Investment Strategies for Industrial Companies*, New York 1987.

Rinne, H., *B. Rüger* und *H. Strecker* (Hrsg.): *Grundlagen der Statistik und ihre Anwendungen*, FS Weichselberger, Heidelberg 1995.

Risak, J., und *A. Deyhle* (Hrsg.): *Controlling – State of the Art und Entwicklungstendenzen*, Wiesbaden 1991.

Rogerson, W.P.: Intertemporal Cost Allocation and Managerial Investment Incentives: A Theory Explaining the Use of Economic Value Added as a Performance Measure, in: *Journal of Political Economy* 1997, S. 770 – 795.

Ronen, J., und *K.R. Balachandran:* An Approach to Transfer Pricing Under Uncertainty, in: *Journal of Accounting Research* 1988, S. 300 – 314.

Ronen, J., und *G. McKinney:* Transfer Pricing for Divisional Autonomy, in: *Journal of Accounting Research* 1970, S. 99 – 112.

Ross, M.: Capital Budgeting Practices of Twelve Large Manufacturers, in: *Financial Management,* Winter 1986, S. 15 – 22.

Ross, S.A., R.W. Westerfield und *J.F. Jaffe: Corporate Finance,* 6. Auflage, Homewood, IL 2002.

Roth, A.E., und *R.E. Verrecchia:* The Shapley Value as Applied to Cost Allocation – A Reinterpretation, in: *Journal of Accounting Research* 1979, S. 295 – 303.

Rückle, D., und *A. Klein:* Product-Life-Cycle-Cost Management, in: *F. Dellmann* und *K.-P. Franz* (Hrsg.): *Neuere Entwicklungen im Kostenmanagement,* Bern 1994, S. 335 – 367.

Rudolph, B.: Zur Bedeutung der kapitaltheoretischen Separationstheoreme für die Investitionsplanung, in: *Zeitschrift für Betriebswirtschaft* 1983, S. 261 – 287.

Rummel, K.: Einheitliche Kostenrechnung auf der Grundlage einer vorausgesetzten Proportionalität der Kosten zu betrieblichen Größen, 3. Auflage, Düsseldorf 1967.

Sakurai, M: Target Costing and How to Use it, in: *Journal of Cost Management,* Summer 1989, S. 39 – 50.

Sappington, D.: Limited Liability Contracts between Principal and Agent, in: *Journal of Economic Theory* 29 (1983), S. 1 – 21.

Schall, L.D.: Asset Valuation, Firm Investment, and Firm Diversification, in: *Journal of Business* 1972, S. 11 – 28.

Schauenberg, B.: Die Gefahr von Fehlentscheidungen bei ungenauen Kosteninformationssystemen, in: *K. Spremann* und *E. Zur* (Hrsg.): *Controlling – Grundlagen, Informationssysteme, Anwendungen,* Wiesbaden 1992, S. 37 – 47.

Scheffen, O.: Zur Entscheidungsrelevanz fixer Kosten, in: *Zeitschrift für betriebswirtschaftliche Forschung* 1993, S. 319 – 341.

Schehl, M.: Die Kostenrechnung der Industrieunternehmen vor dem Hintergrund unternehmensexterner und -interner Strukturwandlungen, Berlin 1994.

Scherm, E., und *G. Pietsch* (Hrsg.): *Controlling – Theorien und Konzeptionen,* Wiesbaden 2004.

Scherrer, G.: Kostenrechnung, 2. Auflage, Stuttgart 1991.

Schildbach, T.: Vollkostenrechnung als Orientierungshilfe, in: *Die Betriebswirtschaft* 1993, S. 345 – 359.

Schildbach, T.: Entwicklungslinien in der Kosten- und internen Unternehmensrechnung, in: *Zeitschrift für betriebswirtschaftliche Forschung,* Sonderheft 34/1995, S. 1 – 18.

Schildbach, T.: Cost Accounting in Germany, in: *Management Accounting Research* 1997, S. 261 – 276.

Schildbach, T., und *R. Ewert:* Preisuntergrenzen in sequentiellen Entscheidungsprozessen, in: *H. Hax, W. Kern* und *H.-H. Schröder* (Hrsg.): *Zeitaspekte in betriebswirtschaftlicher Theorie und Praxis,* Stuttgart 1989, S. 231 – 244.

Schiller, U.: Informationsorientiertes Controlling in dezentralisierten Unternehmen, Stuttgart 2000a.

Schiller, U.: Strategische Selbstbindung durch Verrechnungspreise?, in: *Zeitschrift für betriebswirtschaftliche Forschung,* Sonderheft 45, 2000b, S. 1 – 21.

Schiller, U.: Vom Nutzen (un-)informierter Agenten: Eine informationsökonomische Betrachtung des Controllings, in: *Zeitschrift für betriebswirtschaftliche Forschung* 2001, S. 3 – 19.

Schiller, U.: Kostenrechnung, in: *M. Bitz, M. Domsch, R. Ewert* und *F.W. Wagner* (Hrsg.): *Vahlen's Kompendium der BWL,* 5. Aufl., München 2005 (in Druck).

Schiller, U., und *S. Lengsfeld:* Strategische und operative Planung mit der Prozeßkostenrechnung, in: *Zeitschrift für Betriebswirtschaft* 1998, S. 525 – 547.

Schneider, D.: Entscheidungsrelevante fixe Kosten, Abschreibungen und Zinsen zur Substanzerhaltung – Zwei Beispiele von "Betriebsblindheit" in Kostentheorie und Kostenrechnung, in: *Der Betrieb* 1984, S. 2521 – 2528.

Schneider, D.: Vollkostenrechnung oder Teilkostenrechnung?, in: *Der Betrieb* 1985, S. 2159 – 2162.

Schneider, D.: Grundsätze anreizverträglicher innerbetrieblicher Erfolgsrechnung zur Steuerung und Kontrolle von Fertigungs- und Vertriebsentscheidungen, in: *Zeitschrift für Betriebswirtschaft* 1988a, S. 1181 – 1192.

Schneider, D.: Reformvorschläge zu einer anreizverträglichen Wirtschaftsrechnung bei mehrperiodiger Lieferung und Leistung, in: *Zeitschrift für Betriebswirtschaft* 1988b, S. 1371 – 1386.

Schneider, D.: Versagen des Controlling durch eine überholte Kostenrechnung, in: *Der Betrieb* 1991, S. 765 – 772.

Schneider, D.: Wider den Grundsatz relevanter Kosten, in: *Die Betriebswirtschaft* 1992, S. 709 – 715.

Schneider, D.: *Betriebswirtschaftslehre, Band 2: Rechnungswesen*, 2. Auflage, München und Wien 1997.

Schoenfeld, H.M.W.: Kapazitätskosten und ihre Behandlung in der Kostenrechnung – ein ungelöstes betriebswirtschaftliches Problem, in: *H. Corsten* et al. (Hrsg.): *Kapazitätsmessung, Kapazitätsgestaltung, Kapazitätsoptimierung – eine betriebswirtschaftliche Kernfrage*, FS Kern, Stuttgart 1992, S. 195 – 207.

Scholz, C. (Hrsg.): *Individualisierung als Paradigma*, FS Drumm, Stuttgart et al. 1998.

Schremper, R., und *O. Pälchen*: Wertrelevanz rechnungswesenbasierter Erfolgskennzahlen, in: *Die Betriebswirtschaft* 2001, S. 542 – 559.

Schweitzer, M.: *Industriebetriebslehre*, 2. Auflage, München 1994.

Schweitzer, M., und *H.-U. Küpper*: *Systeme der Kosten- und Erlösrechnung*, 8. Auflage, München 2003.

Schweitzer, M., und *E. Troßmann*: *Break-Even-Analysen*, Stuttgart 1986.

Schweitzer, Marcus: Prozeßorientierte Kostenrechnung, in: *Wirtschaftswissenschaftliches Studium* 1992, S. 618 – 622.

Scotchmer, S.: Professional Advice and Other Hazards. Puzzle 4: Green Avocados, in: *Journal of Economic Perspectives*, Fall 1990, S. 189 – 195.

Seicht, G.: Die stufenweise Grenzkostenrechnung, in: *Zeitschrift für Betriebswirtschaft* 1963, S. 693 – 709.

Seicht, G.: *Kosten- und Leistungsrechnung*, 7. Auflage, Wien 1993.

Seidenschwarz, W.: Target Costing – Schnittstellenbewältigung mit Zielkosten, in: *P. Horváth* (Hrsg.): *Synergien durch Schnittstellen-Controlling*, Stuttgart 1991a, S. 191 – 209.

Seidenschwarz, W.: Target Costing: Ein japanischer Ansatz für das Kostenmanagement, in: *Controlling* 1991b, S. 198 – 203.

Seidenschwarz, W.: *Target Costing*, München 1993.

Shank, J.K.: Strategic Cost Management: New Wine, or Just New Bottles? in: Journal of *Management Accounting Research*, Fall 1989, S. 47 – 64.

Shank, J.K., und *V. Govindarajan*: Making Strategy Explicit in Cost Analysis: A Case Study, in: *Sloan Management Review*, Spring 1988, S. 19 – 29.

Shank, J.K., und *V. Govindarajan*: Strategic Cost Management: The Value Chain Perspective, in: *Journal of Management Accounting Research*, Fall 1992a, S. 179 – 197.

Shank, J.K., und *V. Govindarajan*: Strategic Cost Management and the Value Chain, in: *Journal of Cost Management*, Winter 1992b, S. 5 – 21.

Shank, J.K., und *V. Govindarajan*: *Strategic Cost Management*, New York et al. 1993.

Shapley, L.S.: A Value for *n*-person Games, in: *H.W. Kuhn* und *A.W. Tucker* (Hrsg.): *Contributions to the Theory of Games*, Vol. II, Princeton, NJ 1953, S. 307 – 317.

Sharman, P.A.: Kritische Betrachtungen zum Stand der Kostenrechnung in den USA, in: *Der Controlling-Berater* 2004, S. 273 – 284.

Sharman, P.A., und *K. Vikas*: Was kann ein Controller in den USA aus der mehr als 60-jährigen Entwicklung und Erfahrung der deutschen Kostenrechnung lernen, in: *Controlling-Berater* 2005.

Shields, M.D., und *S.M. Young*: Managing Product Life Cycle Costs: An Organizational Model, in: *Journal of Cost Management*, Fall 1991, S. 39 – 52.

Sieben, G., und *T. Schildbach*: *Betriebswirtschaftliche Entscheidungstheorie*, 4. Auflage, Düsseldorf 1994.

Siegel, T.: Zur Irrelevanz fixer Kosten bei Unsicherheit, in: *Der Betrieb* 1985, S. 2157 – 2159.

Siegel, T.: Sichere Fixkosten bei Unsicherheit: Ein semantischer Dissens, in: *Betriebswirtschaftliche Forschung und Praxis* 1991, S. 482 – 490.

Siegel, T.: Zur Diskussion um die Entscheidungsrelevanz sicherer Fixkosten bei sonstiger Unsicherheit, in: *Die Betriebswirtschaft* 1992, S. 715 – 721.

Simmonds, K.: The Accounting Assessment of Competitive Position, in: *European Journal of Marketing* 1986, S. 16 – 31.

Simmonds, K.: Strategisches Management Accounting, in: *Controlling* 1989, S. 264 – 269.

Simon, H.: *Preismanagement*, 2. Auflage, Wiesbaden 1992.

Solomons, D.: *Divisional Performance – Measurement and Control*, Homewood, IL 1965.

Spremann, K., und *E. Zur* (Hrsg.): *Controlling – Grundlagen, Informationssysteme, Anwendungen*, Wiesbaden 1992.

Spremann, K.: Agent and Principal, in: *Bamberg, G.* und *Spremann, K.* (Hrsg.): *Agency Theory, Information, and Incentives*, Berlin et al. 1987, S. 3 – 37.

Steinmann, H. (Hrsg.): *Planung und Kontrolle*, München 1991.

Steinmann, H., U. Guthunz und *F. Hasselberg*: Kostenführerschaft und Kostenrechnung, in: *W. Männel* (Hrsg.): *Handbuch Kostenrechnung*, Wiesbaden 1992, S. 1459 – 1477.

Steinmann, H., und *G. Schreyögg*: *Management*, 4. Auflage, Wiesbaden 1997.

Stelter, D.: Wertorientierte Anreizsysteme, in: W. Bühler und T. Siegert (Hrsg.): *Unternehmenssteuerung und Anreizsysteme*, Stuttgart 1999, S. 207 – 241.

Stepan, A., und *E.O. Fischer*: *Betriebswirtschaftliche Optimierung*, 7. Auflage, München und Wien 2001.

Stern, J.M., G.B. Stewart und *D.H. Chew*: The EVA® Financial Management System, *Journal of Applied Corporate Finance*, Summer 1995, S. 32 – 46. Zitiert nach dem Wiederabdruck in: *J.M. Stern* und *D.H. Chew* (Hrsg.): *The Revolution in Corporate Finance*, 3. Auflage, Malden, MA 1998, S. 474 – 488.

Stewart, G.B.: *The Quest for Value – The EVA™ Management Guide*, New York, NY 1991.

Stewart, G.B.: EVA: Fact and Fantasy, in: *Journal of Applied Corporate Finance* 1994, S. 71 – 84.

Stoi, R.: Prozeßkostenmanagement in Deutschland, in: *Controlling*, Heft 2, 1999, S. 53 – 60.

Strack, R., und *U. Villis*: RAVE: Die nächste Generation im Shareholder Value Management, in: *Zeitschrift für Betriebswirtschaft* 2001, S. 67 – 84.

Streim, H.: Profit Center-Konzeption und Budgetierung, in: *Die Unternehmung* 1975, S. 23 – 42.

Streitferdt, L.: *Entscheidungsregeln zur Abweichungsauswertung*, Würzburg, Wien 1983.

Streitferdt, L.: Produktionsprogrammplanung, in: *W. Wittmann* et al (Hrsg.): *Handwörterbuch der Betriebswirtschaft*, 5. Auflage, Teilband 2, Stuttgart 1993, Sp. 3478 – 3491.

Striening, H.-D.: Prozeßmanagement im indirekten Bereich, in: *Controlling 1989*, S. 324 – 331.

Suh, Y.S.: Collusion and Noncontrollable Cost Allocation, in: *Journal of Accounting Research*, Supplement 1987, S. 22 – 46.

Susman, G.I.: Product Life Cycle Management, in: *Journal of Cost Management*, Summer 1989, S. 8 – 22.

Swieringa, R.J., und *J.H. Waterhouse*: Organizational Views of Transfer Pricing, in: *Accounting, Organizations and Society* 1982, S. 149 – 166.

Swoboda, P.: Die Kostenbewertung in Kostenrechnungen, die der betrieblichen Preispolitik oder der staatlichen Preisfestsetzung dienen, in: *Zeitschrift für betriebswirtschaftliche Forschung* 1973, S. 353 – 367.

Swoboda, P.: Die Ableitung variabler Abschreibungskosten aus Modellen zur Optimierung der Investitionsdauer, in: *Zeitschrift für Betriebswirtschaft* 1979, S. 565 – 580.

Swoboda, P.: *Investition und Finanzierung*, 5. Auflage, Göttingen 1996.

Swoboda, P., A. Stepan und *J. Zechner: Kostenrechnung und Preispolitik*, 22. Auflage, Wien 2004.

Takayama, A.: *Mathematical Economics*, 2. Auflage, Cambridge 1985.

Tanaka, M.: Cost Planning and Control Systems in the Design Phase of a New Product, in: *Y. Monden* und *M. Sakurai* (Hrsg.): *Japanese Management Accounting – A World Class Approach to Profit Management*, Cambridge, MA 1989, S. 49 – 71.

Tanzola, F.J.: Performance Rating for Divisional Control, in: *W. E. Thomas* (Hrsg.): *Readings in Cost Accounting, Budgeting and Control*, Cincinatti, OH 1988, S. 513 – 519.

Thaler, R.H.: Anomalies – The Winner's Curse, in: *Journal of Economic Perspectives*, Winter 1988, S. 191 – 202.

Thomas, A.L.: *A Behavioural Analysis of Joint-Cost Allocation and Transfer Pricing*, Lancaster 1980.

Thomas, W.L.: *Readings in Cost Accounting, Budgeting and Control*, Cincinatti, OH 1988.

Tijs, S.H., und *T.S.H. Driessen*: Game Theory and Cost Allocation Problems, in: *Management Science* 1986, S. 1015 – 1028.

Tirole, J.: *The Theory of Industrial Organization*, Cambridge, MA 1988.

Trautmann, S.: *Koordination dynamischer Planungssysteme*, Wiesbaden 1981.

Troßmann, E.: Gemeinkosten-Budgetierung als Controlling-Instrument in Bank und Versicherung, in: *K. Spremann* und *E. Zur* (Hrsg.): *Controlling – Grundlagen, Informationssysteme, Anwendungen*, Wiesbaden 1992, S. 511 – 539.

Troßmann, E.: Kostentheorie und Kostenrechnung, in: *W. Wittmann* et al (Hrsg.): *Handwörterbuch der Betriebswirtschaft*, 5. Auflage, Teilband 2, Stuttgart 1993, Sp. 2385 – 2401.

Troßmann, E., und *S. Trost*: Was wissen wir über steigende Gemeinkosten? – Empirische Belege zu einem vieldiskutierten betrieblichen Problem, in: *Kostenrechnungspraxis* 1996, S. 65 – 74.

Vancil, R.F.: *Decentralization: Managerial Ambiguity by Design*, Homewood, IL 1979.

Vikas, K.: *Controlling im Dienstleistungsbereich mit Grenzplankostenrechnung*, Wiesbaden 1988.

Vikas, K.: *Neue Konzepte für das Kostenmanagement*, Wiesbaden 1991.

Wagenhofer, A.: Abweichungsanalysen bei der Erfolgskontrolle aus agency theoretischer Sicht, in: *Betriebswirtschaftliche Forschung und Praxis* 1992a, S. 319 – 338.

Wagenhofer, A.: Verrechnungspreise zur Koordination bei Informationsasymmetrie, in: *K. Spremann* und *E. Zur* (Hrsg.): *Controlling – Grundlagen, Informationssysteme, Anwendungen*, Wiesbaden 1992b, S. 637 – 656.

Wagenhofer, A.: Kostenrechnung und Agency Theorie, in: *J. Weber* (Hrsg.): *Zur Neuausrichtung der Kostenrechnung – Entwicklungsperspektiven für die 90er Jahre*, Stuttgart 1993, S. 161 – 185.

Wagenhofer, A.: Transfer Pricing Under Asymmetric Information, in: *European Accounting Review* 1994, S. 71 – 104.

Wagenhofer, A.: Verursachungsgerechte Kostenschlüsselung und die Steuerung dezentraler Preisentscheidungen, in: *Zeitschrift für betriebswirtschaftliche Forschung*, Sonderheft 34/1995a, S. 81 – 118.

Wagenhofer, A.: Verhaltenssteuerung durch Verrechnungspreise, in: *A.-W. Scheer* (Hrsg.): *Rechnungswesen und EDV, 16. Saarbrücker Arbeitstagung 1995*, Heidelberg 1995b, S. 281 – 301.

Wagenhofer, A.: Kostenrechnung und Verhaltenssteuerung, in: *C.-C. Freidank, U. Götze, B. Huch* und *J. Weber* (Hrsg.): *Kostenmanagement – Neuere Konzepte und Anwendungen*, Berlin et al. 1997, S. 57 – 78.

Wagenhofer, A.: Ermittlung von Verrechnungspreisen für Profit Center, in: *Kostenrechnungspraxis*, Sonderheft 1/1998, S. 23 – 30.

Wagenhofer, A.: Anreizkompatible Gestaltung des Rechnungswesens, in: *W. Bühler* und *T. Siegert* (Hrsg.): *Unternehmenssteuerung und Anreizsysteme*, Stuttgart 1999, S. 183 – 205.

Wagenhofer, A., und *R. Ewert*: *Externe Unternehmensrechnung*, Berlin et al. 2003.

Wagenhofer, A. und *A. Gutschelhofer* (Hrsg.): *Controlling und Unternehmensführung*, Wien 1995.

Wagenhofer, A. und *G. Hrebicek* (Hrsg.): *Wertorientiertes Management*, Stuttgart 2000.

Wagenhofer, A., und *C. Riegler*: Verhaltenssteuerung durch die Wahl von Bezugsgrößen, in: *F. Dellmann* und *K.-P. Franz* (Hrsg.): *Neue Entwicklungen im Kostenmanagement*, Bern 1994, S. 463 – 494.

Wagenhofer, A., und *C. Riegler*: Gewinnabhängige Managemententlohnung und Investitionsanreize, in: *Betriebswirtschaftliche Forschung und Praxis* 1999, S. 70 – 90.

Wagner, F.W.: Ertragsteuern in der Kosten- und Erlösrechnung – Ein Beitrag zur Theorie des Partialkalküls, in: *Zeitschrift für betriebswirtschaftliche Forschung* 1999, S. 662 – 676.

Waldmann, K.-H.: Qualitätsregelkarten mit Gedächtnis, in: *Zeitschrift für betriebswirtschaftliche Forschung* 1992, S. 867 – 883.

Waller, W.S.: Slack in Participative Budgeting: The Joint Effect of a Truth-Inducing Pay Scheme and Risk Preferences, in: *Accounting, Organizations and Society* 1988, S. 87 – 98.

Waller, W.S., und *R.A. Bishop*: An Experimental Study of Incentive Pay Schemes, Communication, and Intrafirm Resource Allocation, in: *The Accounting Review* 1990, S. 812 – 836.

Weber, J.: Change Management für die Kostenrechnung zum Veränderungsbedarf der Kostenrechnung, in: *Controlling* 1990, S. 120 – 126.

Weber, J.: Produktions-, Transaktions- und Koordinationskostenrechnung, in: *Kostenrechnungspraxis*, Sonderheft 1/1993a, S. 19 – 23.

Weber, J. (Hrsg.): *Zur Neuausrichtung der Kostenrechnung – Entwicklungsperspektiven für die 90er Jahre*, Stuttgart 1993b.

Weber, J.: Kostenrechnung-(s)-Dynamik – Einflüsse hoher unternehmensex- und -interner Veränderungen auf die Gestaltung der Kostenrechnung, in: *Betriebswirtschaftliche Forschung und Praxis* 1995, S. 565 – 581.

Weber, J.: Selektives Rechnungswesen, in: *Zeitschrift für Betriebswirtschaft* 1996, S. 925 – 946.

Weber, J.: *Einführung in das Controlling*, 9. Auflage, Stuttgart 2002.

Weber, J., und *B. Hirsch* (Hrsg.): *Controlling als akademische Disziplin*, Wiesbaden 2002.

Weber, J., und *B. Weißenberger*: Relative Einzelkosten- und Deckungsbeitragsrechnung: A Critical Evaluation of Riebel's Approach, in: *Management Accounting Research* 1997, S. 277 – 298.

Weilenmann, P.: Dezentrale Führung: Leistungsbeurteilung und Verrechnungspreise, in: *Zeitschrift für Betriebswirtschaft* 1989, S. 932 – 956.

Weitzman, M.L.: The New Soviet Incentive Model, in: *Bell Journal of Economics* 1976, S. 251 – 257.

Weitzman, M.L.: The "ratchet principle" and performance incentives, in: *Bell Journal of Economics* 1980, S. 302 – 308.

Welsch, G., R. Hilton und *P.N. Gordon*: *Budgeting – Profit Planning and Control*, 5. Auflage, Englewood Cliffs, NJ 1988.

Welzel, O.: *Möglichkeiten und Grenzen der Stochastischen Break-Even-Analyse als Grundlage von Entscheidungsverfahren*, Heidelberg 1987.

Wielenberg, S.: Negotiated Transfer Pricing, Specific Investment, and Optimal Capacity Choice, in: *Review of Accounting Studies* 2000, S. 197 – 216.

Wildemann, H.: Die Fabrik als Labor, in: *Zeitschrift für Betriebswirtschaft* 1990, S. 611 – 630.

Wilhelm, J.: *Finanztitelmärkte und Unternehmensfinanzierung*, Berlin et al. 1983.

Wilhelm, J.: *Arbitrage Theory*, Berlin et al. 1985.

Williamson, O.: *Markets and Hierarchies. Analysis and Antitrust Implications*, New York 1975.

Wilms, S.: *Abweichungsanalysemethoden der Kostenkontrolle*, Bergisch-Gladbach und Köln 1988.

Witt, F.-J.: Praxisakzeptanz des Erlöscontrolling: Symptom- versus Ursachenanalyse, in: *Zeitschrift für Betriebswirtschaft* 1990, S. 443 – 450.

Wittmann, W., W. Kern, R. Köhler, H.-U. Küpper und K. v. Wysocki (Hrsg.): *Handwörterbuch der Betriebswirtschaft*, 5. Auflage, Stuttgart 1993.

Young, R.A.: A Note on 'Economically Optimal Performance Evaluation and Control Systems': The Optimality of Two-Tailed Investigation, in: *Journal of Accounting Research* 1986, S. 231 – 240.

Young, S.M.: Participative Budgeting: The Effects of Risk Aversion and Asymmetric Information on Budgetary Slack, in: *Journal of Accounting Research* 1985, S. 829 – 842.

Young, S.M. und F.H. Selto: New Manufacturing Practices and Cost Management: A Review of the Literature and Directions for Research, in: *Journal of Accounting Literature* 1991, S. 265 – 298.

Yunker, J.A., und P.J. Yunker: Cost-Volume-Profit Analysis under Uncertainty: An Integration of Economic and Accounting Concepts, in: *Journal of Economics and Business* 1982, S. 21 – 37.

Zelewski, S.: Competitive Bidding aus der Sicht des Ausschreibers – ein spieltheoretischer Ansatz, in: *Zeitschrift für betriebswirtschaftliche Forschung* 1988, S. 407 – 421.

Zimmermann, J.L.: The Costs and Benefits of Cost Allocations, in: *The Accounting Review* 1979, S. 504 – 521.

Zimmerman, J.L.: EVA and Divisional Performance Measurement: Capturing Synergies and Other Issues, in: *Journal of Applied Corporate Finance*, Summer 1997, S. 98 – 109.

Zimmerman, J.L.: *Accounting for Decision Making and Control*, 3. Auflage, Chicago et al. 2000.

Stichwortverzeichnis